大学生 [本 科 非数学类] 数学竞

第 2 版

高等数学
精题·精讲·精练

陈启浩　编著

机 械 工 业 出 版 社

本书是本科大学生数学竞赛辅导书，可供自学使用，也可用于竞赛培训.

书中通过典型例题的精解来梳理重点方法，同时穿插介绍一些有普遍性的解题技巧，通过题解后的总结和讨论使方法更系统和实用. 本书的例题精选自国内外各种数学竞赛，其中既有基本概念和基本方法运用的例题，也有综合性和技巧性较强的例题. 在例题之后还精选了一些练习题并在练习题之后附上解题过程和答案. 书后附有第一到第八届大学生数学竞赛初赛与决赛试题及精解.

图书在版编目（CIP）数据

大学生(本科 非数学类)数学竞赛辅导第2版高等数学精题精讲精练/陈启浩编著. —2版. — 北京：机械工业出版社，2018.2（2024.2重印）

ISBN 978-7-111-60118-0

Ⅰ. ①大… Ⅱ. ①陈… Ⅲ. ①高等数学－高等学校－教学参考资料 Ⅳ. ①O13

中国版本图书馆 CIP 数据核字（2018）第 116717 号

机械工业出版社（北京市百万庄大街 22 号 邮政编码 100037）

策划编辑：韩效杰 责任编辑：韩效杰 汤 嘉

责任校对：郑 婕 封面设计：路恩中

责任印制：张 博

北京建宏印刷有限公司印刷

2024 年 2 月第 2 版第 3 次印刷

184mm×260mm · 31.25 印张 · 769 千字

标准书号：ISBN 978-7-111-60118-0

定价：79.00 元

第 2 版前言

本书自 2013 年出版以来，深受全国数学竞赛（非数学专业）参赛同学和指导教师的欢迎.

从众多读者，特别是指导教师的反馈来看，大家对本书的题目选择评价很高，也有很多老师询问如何能找到如此丰富而精致的题目. 我想，这主要归功于作者几十年来，广泛阅读了国内众多习题集和学习辅导材料，对于好题目的积累和研究做了很多工作，也从中收获了极大乐趣.

好的题目总是能得到数学爱好者们的共同认可. 从第五届至第八届（2014～2017）全国大学生数学竞赛试题来看，有很多题目与本书的例题或练习题相同或相似，在此，作者的心情比较复杂. 一方面，这对本书的写作质量是一种认可，作者很受鼓舞. 另一方面，作者不希望参加数学竞赛的同学因为"押题"的目的去购买本书，希望同学们不要丧失了品味把玩这些有趣的数学题的精神头儿. 我始终认为，这些较为"精致"的问题，是回报丰厚的问题，能为愿意投入时间和精力的同学们带来更大的乐趣和满足.

此次再版，改正了原书的一些不当之处，并添加了第五届至第八届预赛和决赛试题与精解.

由于作者水平有限，本版仍然难免有错漏之处，在此热切希望同学和老师们不吝赐教，同时也希望听到大家更多的宝贵建议和意见！

请大家发邮件到：cqhshuxue@qq.com.

北京邮电大学教授
陈启浩

前　言

在大学生中开展数学竞赛，必能进一步激发他们学习数学的热情，提高他们分析、推演各种数学问题的能力．毫无疑问，这是一项对提高大学数学教学质量和大学生的数学修养都极为有益的重要举措．

本书旨在为复习迎赛的大学生提供一份参考资料，帮助学生进一步融会贯通高等数学理论，熟练掌握各种计算方法和解题技巧，在较短时期内，使学生对各种高等数学问题的求解能力有一个较大幅度的提高，从容面对数学竞赛．

全书共七章，每章由以下四部分组成：

一、核心内容提要　这里简要地列出了全章的核心内容（注意：不是全部内容）．

二、典型例题精解　这是全章的主要部分，其中的例题有来自国内外数学竞赛题与硕士研究生入学试题，也有来自作者在长期数学教学中积累的问题，它们都是具有较强的综合性和技巧性、需用较多的概念和计算方法、结合解题技巧才能获解的问题，对每道例题都按分析、精解及附注作出精细、快捷的解答，并且例题分 A 组、B 组两个层次，或 A 组、B 组及 C 组三个层次，循序渐进．

三、主要方法梳理　这里对全章的解题方法（其中许多方法已在"典型例题精解"中使用过了）进行总结、整理，使之系统化和实用化．因此，本书不是一本"题解集"，而是一本能帮助读者准确地掌握许多有效的解题方法的参考书．

四、精选备赛练习题　这些练习题都经过精心挑选和编排，分 A 组和 B 组两个层次，由浅入深，它们既能衡量读者已经达到的水平和具有的能力，又能通过练习进一步提高读者分析问题和解决问题的本领．为了方便读者使用本书，每章后都附有该章练习题的解答．

本书最后附有第一～四届全国大学生（本科　非数学类）数学竞赛初赛与决赛试题及其详细解答．

本书编写仓促，错讹之处请读者和同仁批评指正．可通过 cqhsx@gmail.com 联系我．

北京邮电大学教授　陈启浩

目　　录

第一章
极限与连续

一、核心内容提要

1. 函数极限运算法则

以下的 $x \to x_0$ 也可以换为 $x \to x_0^+$，$x \to x_0^-$，$x \to \infty$，$x \to +\infty$ 或 $x \to -\infty$.

(1) 设 $\lim\limits_{x \to x_0} f(x) = A$，$\lim\limits_{x \to x_0} g(x) = B$，$k$ 为常数，则

$$\lim\limits_{x \to x_0} [f(x) \pm g(x)] = A \pm B, \quad \lim\limits_{x \to x_0} k f(x) = kA, \quad \lim\limits_{x \to x_0} f(x) g(x) = AB;$$

(2) 设 $\lim\limits_{x \to x_0} f(x) = A$，$\lim\limits_{x \to x_0} g(x) = B \neq 0$，则

$$\lim\limits_{x \to x_0} \frac{f(x)}{g(x)} = \frac{A}{B};$$

(3) 设 $\lim\limits_{x \to x_0} f(x) = A > 0$，$\lim\limits_{x \to x_0} g(x) = B$，则

$$\lim\limits_{x \to x_0} [f(x)]^{g(x)} = A^B;$$

(4) 设 $\lim\limits_{x \to x_0} \varphi(x) = u_0$，$\lim\limits_{u \to u_0} f(u) = A$，且在点 x_0 的某个去心邻域内，$u = \varphi(x) \neq u_0$，则

$$\lim\limits_{x \to x_0} f(\varphi(x)) = \lim\limits_{u \to u_0} f(u) = A.$$

注：数列极限是特殊的函数极限，所以以上运算法则对数列极限也是适合的.

2. 数列极限存在准则

准则 Ⅰ 设数列 $\{x_n\}$，如果存在数列 $\{y_n\}$，$\{z_n\}$，使得

$$y_n \leqslant x_n \leqslant z_n (n=1,2,\cdots)，且 \lim\limits_{n \to \infty} y_n = \lim\limits_{n \to \infty} z_n = A,$$

则 $\lim\limits_{n \to \infty} x_n = A$.

准则 Ⅱ   如果数列 $\{x_n\}$ 单调不减有上界或单调不增有下界，则 $\lim\limits_{n \to \infty} x_n$ 存在.

3. 施笃兹定理

设数列 $\{x_n\}$ 与 $\{y_n\}$，其中 $\{y_n\}$ 单调增加且趋于 $+\infty$. 如果 $\lim\limits_{n \to \infty} \dfrac{x_n - x_{n-1}}{y_n - y_{n-1}}$ 存在或为 ∞，则

$$\lim\limits_{n \to \infty} \frac{x_n}{y_n} = \lim\limits_{n \to \infty} \frac{x_n - x_{n-1}}{y_n - y_{n-1}}.$$

4. 重要极限与常用极限

(1) 重要极限

$$\lim_{x\to 0}\frac{\sin x}{x}=1;推广形式:\lim_{x\to 0}\frac{\sin kx}{x}=k(其中,k 为常数).$$

$$\lim_{x\to\infty}\left(1+\frac{1}{x}\right)^x=e 或\lim_{x\to 0}(1+x)^{\frac{1}{x}}=e,推广形式:\lim_{x\to\infty}\left(1+\frac{k}{x}\right)^x=e^k 或\lim_{x\to 0}(1+kx)^{\frac{1}{x}}=e^k(其$$

中,k 为常数).

(2)常用极限

$$\lim_{x\to 0}\frac{\ln(1+x)}{x}=1,\lim_{x\to 0}\frac{e^x-1}{x}=1 以及\lim_{x\to 0}\frac{(1+x)^\alpha-1}{x}=\alpha.$$

5. 无穷小与等价无穷小

以下的 $x\to x_0$ 也可以换为 $x\to x_0^+,x\to x_0^-,x\to\infty,x\to +\infty$ 或 $x\to -\infty$.

(1)无穷小

设 $\lim_{x\to x_0}f(x)=0$,则称 $f(x)$ 是 $x\to x_0$ 时的无穷小,它有以下性质:

性质 1. 有限个无穷小之和或之积为无穷小;

性质 2. 有界函数与无穷小之积为无穷小;

性质 3. 不恒为零的无穷小的倒数是无穷大量,无穷大量的倒数为无穷小.

(2)等价无穷小

设 $f(x),g(x)$ 都是 $x\to x_0$ 时的无穷小,如果 $\lim_{x\to x_0}\frac{f(x)}{g(x)}=1$,则称 $f(x)$ 与 $g(x)$ 是 $x\to x_0$ 时的等价无穷小,记为 $f(x)\sim g(x)(x\to x_0)$,等价无穷小有以下性质(以下使用的 $\alpha(x),\beta(x),$ $\gamma(x),\alpha_1(x),\beta_1(x)$ 都是 $x\to x_0$ 时的无穷小):

性质 1:如果 $\alpha(x)\sim\beta(x),\beta(x)\sim\gamma(x)(x\to x_0)$,则 $\alpha(x)\sim\gamma(x)(x\to x_0)$;

性质 2:如果 $\alpha(x)\sim\beta(x),\alpha_1(x)\sim\beta_1(x)(x\to x_0)$,则 $\alpha(x)\alpha_1(x)\sim\beta(x)\beta_1(x)(x\to x_0)$;

性质 3:如果 $\alpha(x)\sim\beta(x),\alpha_1(x)=o(\alpha(x))(x\to x_0)$(这里 $\alpha_1(x)=o(\alpha(x))(x\to x_0)$

表示 $x\to x_0$ 时,$\alpha_1(x)$ 是比 $\alpha(x)$ 的高阶无穷小),则 $\alpha(x)+\alpha_1(x)\sim\beta(x)(x\to x_0)$;

性质 4:设 $\alpha(x)\sim\alpha_1(x),\beta(x)\sim\beta_1(x)(x\to x_0)$.如果 $\lim_{x\to x_0}\frac{\alpha_1(x)}{\beta_1(x)}$ 存在或为 ∞,则 $\lim_{x\to x_0}\frac{\alpha(x)}{\beta(x)}=$

$\lim_{x\to x_0}\frac{\alpha_1(x)}{\beta_1(x)}$(等价无穷小代替定理).

6. 洛必达法则

以下的 $x\to x_0$ 也可以换为 $x\to x_0^+,x\to x_0^-,x\to\infty,x\to +\infty$ 或 $x\to -\infty$.

(1)$\frac{0}{0}$ 型洛必达法则

设 $\lim_{x\to x_0}f(x)=\lim_{x\to x_0}g(x)=0$,在点 $x=x_0$ 的某个去心邻域内 $f(x),g(x)$ 可导且 $g'(x)\neq 0$,

则当 $\lim_{x\to x_0}\frac{f'(x)}{g'(x)}$ 存在或为 ∞ 时,$\lim_{x\to x_0}\frac{f(x)}{g(x)}=\lim_{x\to x_0}\frac{f'(x)}{g'(x)}$.

(2)$\frac{\infty}{\infty}$ 型洛必达法则

设 $\lim_{x\to x_0}f(x)=\lim_{x\to x_0}g(x)=\infty$,在点 $x=x_0$ 的某个去心邻域内 $f(x),g(x)$ 可导且 $g'(x)\neq 0$,

则当 $\lim\limits_{x\to x_0}\dfrac{f'(x)}{g'(x)}$ 存在或为 ∞ 时，$\lim\limits_{x\to x_0}\dfrac{f(x)}{g(x)}=\lim\limits_{x\to x_0}\dfrac{f'(x)}{g'(x)}$.

7. 函数连续性与间断点

（1）函数的连续性

设函数 $f(x)$ 在点 $x=x_0$ 的邻域内有定义，且 $\lim\limits_{x\to x_0}f(x)=f(x_0)$，则称 $f(x)$ 在点 $x=x_0$ 处连续，称 $x=x_0$ 是 $f(x)$ 的连续点；否则称 $f(x)$ 在点 $x=x_0$ 处间断，称 $x=x_0$ 是 $f(x)$ 的间断点.

（2）函数间断点的分类

设 $x=x_0$ 是 $f(x)$ 的间断点. 如果 $\lim\limits_{x\to x_0^+}f(x)$ 与 $\lim\limits_{x\to x_0^-}f(x)$ 都存在，则称 $x=x_0$ 是 $f(x)$ 的第一类间断点，其中当 $\lim\limits_{x\to x_0^+}f(x)=\lim\limits_{x\to x_0^-}f(x)$ 时，称 $x=x_0$ 为可去间断点；当 $\lim\limits_{x\to x_0^+}f(x)\neq\lim\limits_{x\to x_0^-}f(x)$ 时，称 $x=x_0$ 为跳跃间断点.

设 $x=x_0$ 是 $f(x)$ 的间断点，但不是第一类间断点，则称 $x=x_0$ 是 $f(x)$ 的第二类间断点.

8. 连续函数在闭区间上的性质

性质1.（有界性定理）设函数 $f(x)$ 在 $[a,b]$ 上连续，则 $f(x)$ 在 $[a,b]$ 上有界，且有最大值与最小值.

性质2.（介值定理）设函数 $f(x)$ 在 $[a,b]$ 上连续，且 $A=f(a)$，$B=f(b)$，则对介于 A 与 B 之间的任一实数 C，存在 $\xi\in(a,b)$，使得 $f(\xi)=C$.

特别地，设函数 $f(x)$ 在 $[a,b]$ 上连续，且 M,m 分别是它在 $[a,b]$ 上的最大值与最小值，则对任意介于 M 与 m 之间的实数 C，存在 $\xi\in(a,b)$，使得 $f(\xi)=C$.

性质3.（零点定理）设 $f(x)$ 在 $[a,b]$ 上连续，且 $f(a)f(b)<0$，则存在 $\xi\in(a,b)$，使得 $f(\xi)=0$.

二、典型例题精解

A 组

例1.1 极限 $\lim\limits_{n\to\infty}\left(\dfrac{1^2}{n^4}+\dfrac{1^2+2^2}{n^4}+\cdots+\dfrac{1^2+2^2+\cdots+n^2}{n^4}\right)=$ _____.

分析 将 $\dfrac{1^2}{n^4}+\dfrac{1^2+2^2}{n^4}+\cdots+\dfrac{1^2+2^2+\cdots+n^2}{n^4}$ 的各项分子加在一起后再计算极限.

精解 由于

$$1^2+(1^2+2^2)+\cdots+(1^2+2^2+\cdots+n^2)$$

$$=\sum_{k=1}^{n}(1^2+2^2+\cdots+k^2)=\sum_{k=1}^{n}\frac{1}{6}k(k+1)(2k+1)$$

$$=\frac{1}{6}\sum_{k=1}^{n}(2k^3+3k^2+k)=\frac{1}{3}\sum_{k=1}^{n}k^3+\frac{1}{2}\sum_{k=1}^{n}k^2+\frac{1}{6}\sum_{k=1}^{n}k$$

$$=\frac{1}{3}\left[\frac{1}{2}n(n+1)\right]^2+\frac{1}{2}\cdot\frac{1}{6}n(n+1)(2n+1)+\frac{1}{6}\cdot\frac{1}{2}n(n+1)$$

$$-\frac{1}{12}[n^2(n+1)^2+n(n+1)(2n+1)+n(n+1)],$$

所以,

$$\lim_{n\to\infty}\left(\frac{1^2}{n^4}+\frac{1^2+2^2}{n^4}+\cdots+\frac{1^2+2^2+\cdots+n^2}{n^4}\right)$$

$$=\frac{1}{12}\lim_{n\to\infty}\frac{n^2(n+1)^2+n(n+1)(2n+1)+n(n+1)}{n^4}$$

$$=\frac{1}{12}\lim_{n\to\infty}\frac{n^4}{n^4}=\frac{1}{12}.$$

附注 计算和的极限 $\lim\limits_{n\to\infty}\sum\limits_{k=1}^{n}x_k$ 时,首先考虑的是将和中各项加在一起,即用一个比较简单的表达式表示 $\sum\limits_{k=1}^{n}x_k$.

解题时用到以下公式:

$$\sum_{k=1}^{n}k=\frac{1}{2}n(n+1),\quad \sum_{k=1}^{n}k^2=\frac{1}{6}n(n+1)(2n+1),\quad \sum_{k=1}^{n}k^3=\left[\frac{1}{2}n(n+1)\right]^2.$$

例 1.2 设 $a_i>0(i=1,2,\cdots,n)$,则 $\lim\limits_{x\to0}\left[\frac{1}{n}(a_1^x+a_2^x+\cdots+a_n^x)\right]^{\frac{1}{x}}=$ _____.

分析 本题是 1^∞ 型未定式极限的计算问题.

精解
$$\lim_{x\to0}\left[\frac{1}{n}(a_1^x+a_2^x+\cdots+a_n^x)\right]^{\frac{1}{x}}=\lim_{x\to0}e^{\frac{1}{x}\ln\frac{1}{n}(a_1^x+a_2^x+\cdots+a_n^x)},\qquad(1)$$

其中,

$$\lim_{x\to0}\frac{\ln\frac{1}{n}(a_1^x+a_2^x+\cdots+a_n^x)}{x}=\lim_{x\to0}\frac{\ln\left[1+\frac{1}{n}\sum_{i=1}^{n}(a_i^x-1)\right]}{x}$$

$$=\lim_{x\to0}\frac{\frac{1}{n}\sum_{i=1}^{n}(a_i^x-1)}{x}=\frac{1}{n}\sum_{i=1}^{n}\lim_{x\to0}\frac{a_i^x-1}{x}$$

$$=\frac{1}{n}\sum_{i=1}^{n}\ln a_i=\frac{1}{n}\ln(a_1a_2\cdots a_n).$$

将它代入式(1)得

$$\lim_{x\to0}\left[\frac{1}{n}(a_1^x+a_2^x+\cdots+a_n^x)\right]^{\frac{1}{x}}=e^{\frac{1}{n}\ln(a_1a_2\cdots a_n)}=\sqrt[n]{a_1a_2\cdots a_n}.$$

附注 对 1^∞ 型未定式极限 $\lim\limits_{x\to x_0}[f(x)]^{g(x)}$ 总是按以下步骤计算:

(1)将幂指函数指数化,即

$$\lim_{x\to x_0}[f(x)]^{g(x)}=\lim_{x\to x_0}e^{g(x)\ln f(x)}=e^{\lim\limits_{x\to x_0}g(x)\ln f(x)}.\qquad(*)$$

(2)计算 $\infty\cdot0$ 型未定式极限 $\lim\limits_{x\to x_0}g(x)\ln f(x)$,然后将计算结果代入式(*)的右边.

例 1.3 $\lim\limits_{x\to\infty}\left(\dfrac{3x-5}{x^3\sin\frac{1}{x^2}}-3\right)\sin x^2=$ _____.

分析 由于 $x \to \infty$ 时, $\sin x^2$ 的极限不存在, 但却是有界的, 所以从考虑 $\lim\limits_{x \to \infty}\left(\dfrac{3x-5}{x^3\sin\frac{1}{x^2}}-3\right)$ 入手计算本题.

精解 由于 $\lim\limits_{x \to \infty}x^2\sin\dfrac{1}{x^2}\xlongequal{\diamond\, t=\frac{1}{x^2}}\lim\limits_{t \to 0}\dfrac{\sin t}{t}=1$, 所以

$$\lim_{x \to \infty}\left(\frac{3x-5}{x^3\sin\frac{1}{x^2}}-3\right)=\lim_{x \to \infty}\frac{3x-5}{x^3\sin\frac{1}{x^2}}-3=\lim_{x \to \infty}\frac{3x}{x^3\sin\frac{1}{x^2}}-3$$

$$=\lim_{x \to \infty}\frac{3}{x^2\sin\frac{1}{x^2}}-3=\frac{3}{1}-3=0,$$

即 $\dfrac{3x-5}{x^3\sin\frac{1}{x^2}}-3$ 是 $x \to \infty$ 时的无穷小, 而 $\sin x^2$ 是有界函数, 所以 $x \to \infty$ 时, $\left(\dfrac{3x-5}{x^3\sin\frac{1}{x^2}}-3\right)\sin x^2$ 是无穷小, 从而有

$$\lim_{x \to \infty}\left(\frac{3x-5}{x^3\sin\frac{1}{x^2}}-3\right)\sin x^2=0.$$

附注 有界函数与无穷小之积仍为无穷小, 是无穷小的重要性质之一, 应记住.

例 1.4 极限 $\lim\limits_{x \to \infty}\dfrac{\ln\sqrt{\sin\frac{1}{x}+\cos\frac{1}{x}}}{\sin\frac{1}{x}+\cos\frac{1}{x}-1}$ 与 $\lim\limits_{x \to 1}\dfrac{x^x-x}{\ln x-x+1}$ 分别为_____.

分析 第一个极限中令 $t=\sin\dfrac{1}{x}+\cos\dfrac{1}{x}-1$, 第二个极限中令 $t=x-1$, 把所给极限都转换成 $t \to 0$ 时的极限.

精解 $\lim\limits_{x \to \infty}\dfrac{\ln\sqrt{\sin\frac{1}{x}+\cos\frac{1}{x}}}{\sin\frac{1}{x}+\cos\frac{1}{x}-1}\xlongequal{\diamond\, t=\sin\frac{1}{x}+\cos\frac{1}{x}-1}\dfrac{1}{2}\lim\limits_{t \to 0}\dfrac{\ln(1+t)}{t}=\dfrac{1}{2}.$

$$\lim_{x \to 1}\frac{x^x-x}{\ln x-x+1}=\lim_{x \to 1}\frac{x(x^{x-1}-1)}{\ln x-(x-1)}$$

$$=\lim_{x \to 1}\frac{e^{(x-1)\ln x}-1}{\ln x-(x-1)}\xlongequal{\diamond\, t=x-1}\lim_{t \to 0}\frac{e^{t\ln(1+t)}-1}{\ln(1+t)-t}$$

$$=\lim_{t \to 0}\frac{t\ln(1+t)}{\ln(1+t)-t}=\lim_{t \to 0}\frac{t^2}{\ln(1+t)-t}$$

$$=\lim_{t \to 0}\frac{t^2}{-\frac{1}{2}t^2}=-2.$$

其中,利用 $\ln(1+t)$ 的带佩亚诺型余项的麦克劳林公式得

$$\ln(1+t)-t=t-\frac{1}{2}t^2+o(t^2)-t=-\frac{1}{2}t^2+o(t^2)\sim-\frac{1}{2}t^2(t\to0).$$

附注 在函数极限计算中往往需施行变量代换,使得便于应用重要极限或常用极限,或便于寻找等价无穷小,或便于应用洛必达法则.根据极限的特点选择适当的变量代换,往往能快捷求得所给极限.如本题中的 $\lim\limits_{x\to\infty}\dfrac{\ln\sqrt{\sin\frac{1}{x}+\cos\frac{1}{x}}}{\sin\frac{1}{x}+\cos\frac{1}{x}-1}$,选择变量代换,$t=\sin\dfrac{1}{x}+\cos\dfrac{1}{x}-1$ 使得问题快捷获解.

例 1.5 设当 $x\to0$ 时,$\arcsin(\sin^2x)\ln(1+x^2)$ 是比 $(e^x-1)\sin x^n$ 高阶的无穷小,而 $\sin(\sqrt{1-x^{n+1}}-1)$ 是比 $\ln^2(e^{\sin^2x}+\sqrt{1-\cos x})$ 高阶的无穷小,则正整数 $n=$_____.

分析 只要确定 $x\to0$ 时,$\arcsin(\sin^2x)\ln(1+x^2)$,$(e^x-1)\sin x^n$,$\sin(\sqrt{1-x^{n+1}}-1)$ 及 $\ln^2(e^{\sin^2x}+\sqrt{1-\cos x})$ 的形如 cx^k 的等价无穷小,即可由题设确定 n 的值.

精解 由于 $x\to0$ 时,

$$\arcsin(\sin^2x)\ln(1+x^2)\sim\sin^2x\cdot x^2\sim x^4,$$

$$(e^x-1)\sin x^n\sim x\cdot x^n=x^{n+1},$$

$$\sin(\sqrt{1-x^{n+1}}-1)\sim\sqrt{1-x^{n+1}}-1\sim-\frac{1}{2}x^{n+1},$$

$$\ln^2(e^{\sin^2x}+\sqrt{1-\cos x})=\ln^2(1+(e^{\sin^2x}-1+\sqrt{1-\cos x}))$$

$$\sim(e^{\sin^2x}-1+\sqrt{1-\cos x})^2$$

$$\sim1-\cos x(因为x\to0时,e^{\sin^2x}-1是比\sqrt{1-\cos x}高阶的无穷小)$$

$$\sim\frac{1}{2}x^2,$$

所以,由 $\arcsin(\sin^2x)\ln(1+x^2)$ 是比 $(e^x-1)\sin x^n$ 高阶的无穷小知

$$4>n+1;\tag{1}$$

由 $\sin(\sqrt{1-x^{n+1}}-1)$ 是比 $\ln^2(e^{\sin^2x}+\sqrt{1-\cos x})$ 高阶的无穷小知

$$n+1>2.\tag{2}$$

因此,由式(1)、式(2)得 $n+1=3$,即 $n=2$.

附注 应熟记以下的 $x\to0$ 时的等价无穷小:

$$\sin x\sim x,\quad\tan x\sim x,\quad\arcsin x\sim x,\quad\arctan x\sim x,$$

$$e^x-1\sim x,\quad\ln(1+x)\sim x,\quad(1+x)^\mu-1\sim\mu x(\mu\neq0),$$

$$1-\cos x\sim\frac{1}{2}x^2.$$

例 1.6 使得 $\lim\limits_{x\to\infty}\left(\dfrac{x-a}{x+a}\right)^x=\displaystyle\int_a^{+\infty}xe^{-2x}dx$ 成立的 $a=$_____.

分析 计算 $\lim\limits_{x\to\infty}\left(\dfrac{x-a}{x+a}\right)^x$ 和 $\displaystyle\int_a^{+\infty}xe^{-2x}dx$,得到一个关于 a 的方程,解之可得 a 的值.

精解 $\lim\limits_{x\to\infty}\left(\dfrac{x-a}{x+a}\right)^x=\lim\limits_{x\to\infty}\dfrac{\left(1-\dfrac{a}{x}\right)^x}{\left(1+\dfrac{a}{x}\right)^x}=\dfrac{\mathrm{e}^{-a}}{\mathrm{e}^a}=\mathrm{e}^{-2a}$,

$$\int_a^{+\infty}x\,\mathrm{e}^{-2x}\,\mathrm{d}x=-\frac{1}{2}\int_a^{+\infty}x\,\mathrm{d}\mathrm{e}^{-2x}=-\frac{1}{2}\left(x\,\mathrm{e}^{-2x}\Big|_a^{+\infty}-\int_a^{+\infty}\mathrm{e}^{-2x}\,\mathrm{d}x\right)$$

$$=\frac{1}{2}a\,\mathrm{e}^{-2a}+\frac{1}{4}\mathrm{e}^{-2a}.$$

所以,由题设得方程

$$\mathrm{e}^{-2a}=\frac{1}{2}a\,\mathrm{e}^{-2a}+\frac{1}{4}\mathrm{e}^{-2a},\ \text{即}\ a=\frac{3}{2}.$$

附注 重要极限 $\lim\limits_{x\to\infty}\left(1+\dfrac{1}{x}\right)^x=\mathrm{e}$ 的推广形式是 $\lim\limits_{x\to\infty}\left(1+\dfrac{k}{x}\right)^x=\mathrm{e}^k$,记住它可以加快计算速度.

例 1.7 设函数 $F(x)=\displaystyle\int_0^{x^2}t\sin(x^2-t^2)^{\frac{1}{2}}\,\mathrm{d}t$,则 $\lim\limits_{x\to0^+}\dfrac{F(x)}{x^3}=$ _____ .

分析 本题的极限需用洛必达法则计算,即需对 $F(x)$ 求导,因此应先将 x 从 $\displaystyle\int_0^{x^2}t\sin(x^2-t^2)^{\frac{1}{2}}\,\mathrm{d}t$ 的被积函数中移出.

精解 因为 $F(x)=\displaystyle\int_0^{x^2}t\sin(x^2-t^2)^{\frac{1}{2}}\,\mathrm{d}t$

$$=-\frac{1}{2}\int_0^{x^2}\sin(x^2-t^2)^{\frac{1}{2}}\,\mathrm{d}(x^2-t^2)\xrightarrow{\ \text{令}\ u=x^2-t^2\ }-\frac{1}{2}\int_{x^2}^0\sin\sqrt{u}\,\mathrm{d}u$$

$$=\frac{1}{2}\int_0^{x^2}\sin\sqrt{u}\,\mathrm{d}u,$$

所以 $\quad\lim\limits_{x\to0^+}\dfrac{F(x)}{x^3}=\lim\limits_{x\to0^+}\dfrac{\dfrac{1}{2}\displaystyle\int_0^{x^2}\sin\sqrt{u}\,\mathrm{d}u}{x^3}\xrightarrow{\ \text{洛必达法则}\ }\lim\limits_{x\to0^+}\dfrac{x\sin x}{3x^2}=\dfrac{1}{3}.$

附注 本题解答中有两点值得注意:

(1) 对形如 $\displaystyle\int_a^{\alpha(x)}f(x,t)\,\mathrm{d}t$ 的函数求导时,应先将 x 从被积函数中移出;

(2) 计算 $\dfrac{0}{0}$ 型未定式极限 $\lim\limits_{x\to x_0}\dfrac{f(x)}{g(x)}$ 时,如果 $f(x)$ 或 $g(x)$ 是积分上限函数,则可用洛必达法则消去积分运算.

例 1.8 设 $\lim\limits_{x\to-\infty}\left[\sqrt{x^2-x+1}-(ax+b)\right]=0$,则常数 a,b 分别为 _____ .

分析 将函数有理化后再计算极限.

精解 $0=\lim\limits_{x\to-\infty}\left[\sqrt{x^2-x+1}-(ax+b)\right]=\lim\limits_{x\to-\infty}\dfrac{x^2-x+1-(ax+b)^2}{\sqrt{x^2-x+1}+(ax+b)}$

$$=\lim\limits_{x\to-\infty}\dfrac{(1-a^2)x^2-(1+2ab)x+(1-b^2)}{\sqrt{x^2-x+1}+(ax+b)}$$

$$=\lim\limits_{x\to-\infty}\dfrac{(1-a^2)x-(1+2ab)+\dfrac{1-b^2}{x}}{-\sqrt{1-\dfrac{1}{x}+\dfrac{1}{x^2}}+a+\dfrac{b}{x}},$$

由此可得

$$\begin{cases} 1-a^2=0, \\ 1+2ab=0, \\ -1+a\neq 0, \end{cases} \text{即} \ a=-1, b=\frac{1}{2}.$$

附注 题解中应注意的是:当 $x\to-\infty$ 时,$\dfrac{\sqrt{x^2-x+1}}{x}=-\sqrt{1-\dfrac{1}{x}+\dfrac{1}{x^2}}.$

例 1.9 设函数 $f(x)=\begin{cases} \dfrac{\int_0^{\sin^2 x}\ln(1+t)\mathrm{d}t}{\mathrm{e}^{2x^2}-2\mathrm{e}^{x^2}+1}, & x\neq 0, \\ a, & x=0 \end{cases}$ 在点 $x=0$ 处连续,则常数 $a=$ _____.

分析 由 $f(x)$ 在点 $x=0$ 处连续得

$$a=\lim_{x\to 0}\frac{\int_0^{\sin^2 x}\ln(1+t)\mathrm{d}t}{\mathrm{e}^{2x^2}-2\mathrm{e}^{x^2}+1},$$

于是计算上式右边的极限即得 a 的值.

精解 $\quad a=\lim_{x\to 0}\dfrac{\int_0^{\sin^2 x}\ln(1+t)\mathrm{d}t}{\mathrm{e}^{2x^2}-2\mathrm{e}^{x^2}+1}=\lim_{x\to 0}\dfrac{\int_0^{\sin^2 x}\ln(1+t)\mathrm{d}t}{(\mathrm{e}^{x^2}-1)^2}$

$$=\lim_{x\to 0}\frac{\int_0^{\sin^2 x}\ln(1+t)\mathrm{d}t}{x^4}\xlongequal{\text{洛必达法则}}\lim_{x\to 0}\frac{\ln(1+\sin^2 x)\cdot\sin 2x}{4x^3}$$

$$=\lim_{x\to 0}\frac{\sin^2 x\cdot 2x}{4x^3}=\lim_{x\to 0}\frac{x^2\cdot 2x}{4x^3}=\frac{1}{2}.$$

由此可知,当 $f(x)$ 在点 $x=0$ 处连续时,常数 $a=\dfrac{1}{2}.$

附注 由于极限 $\lim\limits_{x\to 0}\dfrac{\int_0^{\sin^2 x}\ln(1+t)\mathrm{d}t}{(\mathrm{e}^{x^2}-1)^2}$ 的分子是积分上限函数,所以需施行洛必达法则,消除其中的积分运算.

例 1.10 设函数 $f(x)=\begin{cases} \sin x\cdot\ln(x^2-1)^2, & x\leqslant 0, \\ \dfrac{\sin\pi x}{x(x^2+2x-3)}, & x>0, \end{cases}$ 则 $f(x)$ 的间断点(需指明类型)为

_____.

分析 分 $x<0, x>0$ 及 $x=0$ 三种情形考虑函数 $f(x)$ 的间断点.

精解 $\quad x<0$ 时,$f(x)=\sin x\cdot\ln(x^2-1)^2$ 有间断点 $x=-1$,由于 $\lim\limits_{x\to -1}\dfrac{1}{f(x)}=\lim\limits_{x\to -1}\dfrac{1}{\sin x\cdot\ln(x^2-1)^2}=0$,所以 $\lim\limits_{x\to -1}f(x)=\lim\limits_{x\to -1}\left[\sin x\cdot\ln(x^2-1)^2\right]=\infty.$ 因此 $x=-1$ 是第二类间断点(无穷间断点).

$x>0$ 时,$f(x)=\dfrac{\sin\pi x}{x(x^2+2x-3)}$ 有间断点 $x=1$,由于

$$\lim_{x\to 1}f(x)=\lim_{x\to 1}\frac{\sin\pi x}{x(x+3)(x-1)}=\frac{1}{4}\lim_{x\to 1}\frac{\sin\pi x}{x-1}\xlongequal{\diamondsuit t=x-1}\frac{1}{4}\lim_{t\to 0}\frac{-\sin\pi t}{t}=-\frac{\pi}{4},$$

所以 $x=1$ 是第一类间断点(可去间断点).

下面考虑 $x=0$ 的情形. 由于

$$\lim_{x \to 0^-} f(x) = \lim_{x \to 0^-} [\sin x \cdot \ln(x^2-1)^2] = 0,$$

$$\lim_{x \to 0^+} f(x) = \lim_{x \to 0^+} \frac{\sin \pi x}{x(x^2+2x-3)} = -\frac{1}{3} \lim_{x \to 0^+} \frac{\sin \pi x}{x} = -\frac{\pi}{3},$$

即 $\lim\limits_{x \to 0^-} f(x), \lim\limits_{x \to 0^+} f(x)$ 都存在,但不相等,所以 $x=0$ 是第一类间断点(跳跃间断点).

附注　对于第一类间断点,应分清是可去间断点还是跳跃间断点.

例 1.11　(1)设数列 $\{x_n\}$ 定义如下:

$$x_1 \in (0,1), x_{n+1} = x_n(1-x_n)(n=1,2,\cdots).$$

证明: $\lim\limits_{n \to \infty} x_n = 0$ 和 $\lim\limits_{n \to \infty} n x_n = 1$.

(2) 设数列 $\{y_n\}$ 定义如下:

$$y_1 \in \left(0, \frac{\pi}{2}\right), y_{n+1} = \sin y_n. (n=1,2,\cdots).$$

证明: $\lim\limits_{n \to \infty} y_n = 0$ 和 $\lim\limits_{n \to \infty} \sqrt{n} y_n = \sqrt{3}$.

分析　(1) 由于 $\{x_n\}$ 是由递推式定义的,所以用数列极限存在准则Ⅱ证明 $\lim\limits_{n \to \infty} x_n = 0$,然后对数列 $\left\{\dfrac{n}{\dfrac{1}{x_n}}\right\}$ 应用施笃兹定理证明 $\lim\limits_{n \to \infty} n x_n = 1$.

(2) 由于 $\{y_n\}$ 是由递推式定义的,所以也用数列极限存在准则Ⅱ证明 $\lim\limits_{n \to \infty} y_n = 0$,然后用施笃兹定理证明 $\lim\limits_{n \to \infty} n y_n^2 = 3$,由此得到 $\lim\limits_{n \to \infty} \sqrt{n} y_n = \sqrt{3}$.

精解　(1) 由 $x_1 \in (0,1)$ 得

$$0 < x_2 = x_1(1-x_1) \leqslant \left(\frac{x_1+1-x_1}{2}\right)^2 = \frac{1}{4},$$

同理可证 $0 < x_n < \dfrac{1}{4}(n=3,4,\cdots)$,所以 $\{x_n\}$ 有界,并且由此推出正项数列 $\{x_n\}$ 有

$$\frac{x_{n+1}}{x_n} = 1 - x_n < 1(n=1,2,\cdots),$$

即 $\{x_n\}$ 单调减少. 因此由数列极限存在准则Ⅱ知 $\lim\limits_{n \to \infty} x_n$ 存在,记为 A,则 $A \in \left[0, \dfrac{1}{4}\right)$. 令 $n \to \infty$ 对递推式 $x_{n+1} = x_n(1-x_n)$ 两边取极限得 $A = A(1-A)$. 解此方程得 $A=0$,即 $\lim\limits_{n \to \infty} x_n = 0$.

由于 $\{n x_n\} = \left\{\dfrac{n}{\dfrac{1}{x_n}}\right\}$,其中 $\left\{\dfrac{1}{x_n}\right\}$ 单调增加趋于 $+\infty$,且

$$\lim_{n \to \infty} \frac{n-(n-1)}{\dfrac{1}{x_n} - \dfrac{1}{x_{n-1}}} = \lim_{n \to \infty} \frac{x_n x_{n-1}}{x_{n-1} - x_n} = \lim_{n \to \infty} \frac{x_{n-1}(1-x_{n-1})x_{n-1}}{x_{n-1} - x_{n-1}(1-x_{n-1})}$$

$$= \lim_{n \to \infty} (1 - x_{n-1}) = 1,$$

所以,由施笃兹定理知

$$\lim_{n \to \infty} n x_n = \lim_{n \to \infty} \frac{n}{\dfrac{1}{x_n}} = 1.$$

(2) 由 $y_1 \in \left(0, \dfrac{\pi}{2}\right)$ 得

$$0 < y_2 = \sin y_1 < y_1 < \frac{\pi}{2},$$

同理可证 $0 < y_{n+1} < y_n < \dfrac{\pi}{2} (n=2,3,\cdots)$. 由此知 $\{y_n\}$ 单调减少有界,故由数列极限存在准则 Ⅱ 得 $\lim\limits_{n \to \infty} y_n$ 存在,记为 B,则 $B \in \left[0, \dfrac{\pi}{2}\right)$. 令 $n \to \infty$ 对递推式 $y_{n+1} = \sin y_n$ 两边取极限得 $B = \sin B$. 该方程在 $\left[0, \dfrac{\pi}{2}\right)$ 上仅有解 $B=0$,即 $\lim\limits_{n \to \infty} y_n = 0$.

由于 $\{n y_n^2\} = \left\{\dfrac{n}{\frac{1}{y_n^2}}\right\}$,其中 $\left\{\dfrac{1}{y_n^2}\right\}$ 单调增加趋于 $+\infty$,且

$$\lim_{n \to \infty} \frac{n-(n-1)}{\frac{1}{y_n^2} - \frac{1}{y_{n-1}^2}} = \lim_{n \to \infty} \frac{y_{n-1}^2 \sin^2 y_{n-1}}{y_{n-1}^2 - \sin^2 y_{n-1}} = \lim_{y_n \to 0} \frac{y_{n-1}^2 \sin y_{n-1}^2}{y_{n-1}^2 - \sin^2 y_{n-1}} = 3$$

(这是由于 $\lim\limits_{y \to 0} \dfrac{y^2 \sin^2 y}{y^2 - \sin^2 y} = \lim\limits_{y \to 0} \dfrac{y^4}{y^2 - \sin^2 y} = \lim\limits_{y \to 0}\left(\dfrac{y}{y + \sin y} \cdot \dfrac{y^3}{y - \sin y}\right)$

$= \dfrac{1}{2} \lim\limits_{y \to 0} \dfrac{y^3}{y - \sin y} \xlongequal{\text{洛必达法则}} \dfrac{1}{2} \lim\limits_{y \to 0} \dfrac{3y^2}{1 - \cos y} = \dfrac{1}{2} \cdot 3 \cdot 2 = 3$),

所以由施笃兹定理知

$$\lim_{n \to \infty} n y_n^2 = 3, \text{即} \lim_{n \to \infty} \sqrt{n} y_n = \sqrt{3}.$$

附注 本题的(1)与(2)解法相同. 现对 $\lim\limits_{n \to \infty} x_n$ 与 $\lim\limits_{n \to \infty} n x_n$ 的计算指出以下两点:

(1) 由于数列 $\{x_n\}$ 是由递推式定义,所以用数列极限存在准则 Ⅱ 计算 $\lim\limits_{n \to \infty} x_n$.

(2) 由于 $\lim\limits_{n \to \infty} n x_n = \lim\limits_{n \to \infty} \dfrac{n}{\frac{1}{x_n}}$,其中 $\left\{\dfrac{1}{x_n}\right\}$ 单调增加趋于 $+\infty$,所以应用施笃兹定理计算.

例 1.12 求下列数列极限:

(1) $\lim\limits_{n \to \infty} \sin(\pi \sqrt{1+n^2})$;

(2) $\lim\limits_{n \to \infty} n \sin(2\pi \mathrm{e} n!)$.

分析 (1) 利用 $\sin(\pi \sqrt{1+n^2}) = (-1)^{n-1} \sin(n\pi - \pi \sqrt{1+n^2})$ 计算所给的极限.

(2) 利用 e^x 的带拉格朗日型余项的麦克劳林公式,得到 $\mathrm{e} n!$ 的小数部分,由此算出所给的极限.

精解 (1) $\lim\limits_{n \to \infty} \sin(\pi \sqrt{1+n^2}) = \lim\limits_{n \to \infty} (-1)^{n-1} \sin(n\pi - \pi \sqrt{1+n^2})$

$$= \lim_{n \to \infty} (-1)^n \sin \frac{\pi}{n + \sqrt{1+n^2}}$$

$$= \lim_{n \to \infty} \left[(-1)^n \cdot \frac{\pi}{n + \sqrt{1+n^2}}\right] = 0.$$

(2) 对任意实数 $x > 0$ 有

$$\mathrm{e}^x = 1 + x + \frac{1}{2!}x^2 + \cdots + \frac{1}{n!}x^n + \frac{1}{(n+1)!}x^{n+1} + \frac{\mathrm{e}^\xi}{(n+2)!}x^{n+2} \quad (0 < \xi < x),$$

所以,当 $n \to \infty$ 时

$$e = 1 + 1 + \frac{1}{2!} + \cdots + \frac{1}{n!} + \frac{1}{(n+1)!} + \frac{e^\theta}{(n+2)!} (0 < \theta < 1)$$

$$= 1 + 1 + \frac{1}{2!} + \cdots + \frac{1}{n!} + \frac{1}{(n+1)!} (1 + o(1)),$$

即

$$2\pi e n! = 2\pi \left[\left(1 + 1 + \frac{1}{2!} + \cdots + \frac{1}{n!} \right) n! + \frac{1}{n+1} (1 + o(1)) \right]$$

$$= 2\pi k + \frac{2\pi}{n+1} (1 + o(1)) \left(\text{其中 } k = \left(1 + 1 + \frac{1}{2!} + \cdots + \frac{1}{n!} \right) n! \text{ 是正整数} \right).$$

从而

$$\sin(2\pi e n!) = \sin \left(\frac{2\pi}{n+1} (1 + o(1)) \right) \sim \frac{2\pi}{n+1} (n \to \infty).$$

于是有 $\lim\limits_{n \to \infty} n \sin(2\pi e n!) = \lim\limits_{n \to \infty} \left(n \cdot \frac{2\pi}{n+1} \right) = 2\pi.$

附注 本题(2)获解的关键是将 $en!$ 写成 $k + \frac{1}{n+1} (1 + o(1)) (n \to \infty)$,这里 k 是正整数. 这一结果是利用 e^x 的 $n+1$ 阶麦克劳林公式(带拉格朗日型余项)得到的.

例 1.13 设数列 $\{u_n\}$ 由递推公式 $u_1 = b, u_{n+1} = u_n^2 + (1 - 2a) u_n + a^2 (n = 1, 2, \cdots)$ 确定的. 求使 $\lim\limits_{n \to \infty} u_n$ 存在的 a 与 b 应满足的关系.

分析 用数列极限存在准则Ⅱ求解本题. 容易证明 $\{u_n\}$ 单调不减,因此可由使 $\{u_n\}$ 有界确定 a 与 b 应满足的关系.

精解 由于 $u_{n+1} = u_n^2 + (1 - 2a) u_n + a^2 = u_n + (u_n - a)^2 \geqslant u_n (n = 1, 2, \cdots)$,所以 $\{u_n\}$ 单调不减. 如果 $\lim\limits_{n \to \infty} u_n$ 存在,记为 A,则令 $n \to \infty$ 对所给递推式两边取极限得 $A = A + (A - a)^2$,所以 $A = a$. 由此可知 a, b 必须满足

$$\begin{cases} u_1 \leqslant a, \\ u_2 \leqslant a, \end{cases} \text{即} \begin{cases} b \leqslant a, \\ b + (b - a)^2 \leqslant a. \end{cases}$$

由此得到 $a - 1 \leqslant b \leqslant a$. 下面用数学归纳法证明 $u_n \leqslant a (n = 1, 2, \cdots)$.

显然 $u_1 \leqslant a, u_2 \leqslant a$. 设 $u_k \leqslant a$,则 $u_k \geqslant u_1 = b \geqslant 1 - a$. 于是

$$u_{k+1} = u_k^2 + (1 - 2a) u_k + a^2 \leqslant a.$$

(这是由于函数 $y = x^2 + (1 - 2a) x + a^2$ 在 $[a - 1, a]$ 上的最大值为 $y(a - 1) = y(a) = a$. 由此可知 $u_n \leqslant a (n = 1, 2, \cdots)$. 于是由数列极限存在准则Ⅱ知,在 $a - 1 \leqslant b \leqslant a$ 的条件下 $\{u_n\}$ 收敛.

综上所述,使 $\lim\limits_{n \to \infty} u_n$ 存在的 a 与 b 应满足的条件为 $a - 1 \leqslant b \leqslant a$.

附注 本题实际证明了 $\lim\limits_{n \to \infty} u_n$ 存在的充分必要条件是 $a - 1 \leqslant b \leqslant a$.

例 1.14 设正项数列 $\{x_n\}$ 满足

$$x_{n+1} + \frac{1}{x_n} < 2 \quad (n = 1, 2, \cdots).$$

证明 $\lim\limits_{n \to \infty} x_n$ 存在,并计算其值.

分析 先利用数列极限存在准则Ⅱ证明 $\lim\limits_{n \to \infty} x_n$ 存在,然后令 $n \to \infty$ 对 $x_{n+1} + \frac{1}{x_n} < 2 (n = 1, 2, \cdots)$ 两边取极限算出其值.

精解 由于 $x_n > 0 (n = 1, 2, \cdots)$,且

11

$$\sqrt{\frac{x_{n+1}}{x_n}} \leqslant \frac{1}{2}\left(x_{n+1}+\frac{1}{x_n}\right)<1 \quad (n=1,2,\cdots), \tag{1}$$

即$\{x_n\}$单调减少有下界,所以由数列极限存在准则 II 知,$\lim\limits_{n\to\infty}x_n$ 存在,记为 A,则 $A\geqslant 0$.

如果 $A=0$,则令 $n\to\infty$对题设

$$x_{n+1}+\frac{1}{x_n}<2(n=1,2,\cdots),$$

两边取极限得$+\infty\leqslant 2$,这与题设结论矛盾,所以 $A>0$.

令 $n\to\infty$对式(1)取极限得$\frac{1}{2}\left(A+\frac{1}{A}\right)=1$,即 $A=1$. 所以 $\lim\limits_{n\to\infty}x_n=1$.

附注 解题过程中值得注意的是,计算 A 的值时,不是令 $n\to\infty$对 $x_{n+1}+\frac{1}{x_n}<2(n=1,2,\cdots)$取极限,而是对式(1)取极限得到的.

例 1.15 求极限 $\lim\limits_{x\to+\infty}\left[\sqrt[4]{x^4+x^3+x^2+x+1}-\sqrt[3]{x^3+x^2+x+1}\cdot\dfrac{\ln(x+\mathrm{e}^x)}{x}\right]$.

分析 先对极限进行化简,即设法去掉函数第二项中的因子$\dfrac{\ln(x+\mathrm{e}^x)}{x}$后再行计算.

精解 由于

$$\lim_{x\to+\infty}\left[\sqrt[4]{x^4+x^3+x^2+x+1}-\sqrt[3]{x^3+x^2+x+1}\cdot\frac{\ln(x+\mathrm{e}^x)}{x}\right]$$

$$=\lim_{x\to+\infty}\left\{\sqrt[4]{x^4+x^3+x^2+x+1}-\sqrt[3]{x^3+x^2+x+1}\left[1+\frac{\ln(1+x\mathrm{e}^{-x})}{x}\right]\right\}$$

$$=\lim_{x\to+\infty}\left(\sqrt[4]{x^4+x^3+x^2+x+1}-\sqrt[3]{x^3+x^2+x+1}\right)-\lim_{x\to+\infty}\left[\sqrt[3]{x^3+x^2+x+1}\cdot\frac{\ln(1+x\mathrm{e}^{-x})}{x}\right],$$

并且

$$\lim_{x\to+\infty}\left[\sqrt[3]{x^3+x^2+x+1}\cdot\frac{\ln(1+x\mathrm{e}^{-x})}{x}\right]=\lim_{x\to+\infty}\left[\sqrt[3]{1+\frac{1}{x}+\frac{1}{x^2}+\frac{1}{x^3}}\cdot\ln(1+x\mathrm{e}^{-x})\right]=0,$$

所以,

$$\lim_{x\to+\infty}\left[\sqrt[4]{x^4+x^3+x^2+x+1}-\sqrt[3]{x^3+x^2+x+1}\cdot\frac{\ln(x+\mathrm{e}^x)}{x}\right]$$

$$=\lim_{x\to+\infty}\left(\sqrt[4]{x^4+x^3+x^2+x+1}-\sqrt[3]{x^3+x^2+x+1}\right)$$

$$\xLeftarrow{\diamondsuit t=\frac{1}{x}}\lim_{t\to 0^+}\frac{\sqrt[4]{1+t+t^2+t^3+t^4}-\sqrt[3]{1+t+t^2+t^3}}{t}$$

$$=\lim_{t\to 0^+}\frac{\sqrt[4]{1+t+t^2+t^3+t^4}-1}{t}-\lim_{t\to 0^+}\frac{\sqrt[3]{1+t+t^2+t^3}-1}{t}$$

$$=\lim_{t\to 0^+}\frac{\sqrt[4]{1+t}-1}{t}-\lim_{t\to 0^+}\frac{\sqrt[3]{1+t}-1}{t}=\frac{1}{4}-\frac{1}{3}=-\frac{1}{12}.$$

附注 本题解答中有两点值得注意:

(1)在计算极限时,要注意化简,本题就是先将所给极限化简为 $\lim\limits_{x\to+\infty}(\sqrt[4]{x^4+x^3+x^2+x+1}-\sqrt[3]{x^3+x^2+x+1})$后再行计算.

(2)$\lim\limits_{x\to+\infty}(\sqrt[4]{x^4+x^3+x^2+x+1}-\sqrt[3]{x^3+x^2+x+1})$是$\infty-\infty$型未定式极限. 由于它的极

限过程是 $x \to +\infty$，所以令 $t=\dfrac{1}{x}$，将极限过程转换成 $t \to 0^+$，由此也将 $\infty-\infty$ 未定式极限转换

成 $\dfrac{0}{0}$ 型未定式极限，但对此未定式极限不宜直接用洛必达法则，而宜利用常用极限公式

$\lim\limits_{x \to 0}\dfrac{(1+x)^{\alpha}-1}{x}=\alpha$ 计算.

例 1.16 已知函数 $f(x)$ 满足 $\lim\limits_{x \to 0}\dfrac{\ln\left(1+\dfrac{f(x)}{1-\cos x}\right)}{2^x-1}=4$，求极限 $\lim\limits_{x \to 0}\dfrac{f(x)}{x^3}$.

分析 从题设推出 $\lim\limits_{x \to 0}\dfrac{f(x)}{1-\cos x}=0$ 入手计算 $\lim\limits_{x \to 0}\dfrac{f(x)}{x^3}$.

精解 由

$$\lim\limits_{x \to 0}\ln\left(1+\frac{f(x)}{1-\cos x}\right)=\lim\limits_{x \to 0}\frac{\ln\left(1+\dfrac{f(x)}{1-\cos x}\right)}{2^x-1} \cdot \lim\limits_{x \to 0}(2^x-1)=4 \cdot 0=0, \text{推出} \lim\limits_{x \to 0}\frac{f(x)}{1-\cos x}=0,$$

所以

$$4=\lim\limits_{x \to 0}\frac{\ln\left(1+\dfrac{f(x)}{1-\cos x}\right)}{2^x-1}=\lim\limits_{x \to 0}\frac{\dfrac{f(x)}{1-\cos x}}{x\ln 2}=\lim\limits_{x \to 0}\frac{f(x)}{(1-\cos x) \cdot x\ln 2}$$

$$=\lim\limits_{x \to 0}\frac{f(x)}{\dfrac{1}{2}x^2 \cdot x\ln 2}=\frac{2}{\ln 2}\lim\limits_{x \to 0}\frac{f(x)}{x^3},$$

因此，$\lim\limits_{x \to 0}\dfrac{f(x)}{x^3}=2\ln 2$.

附注 类似本题解题思路可以计算下列问题：

已知 $\lim\limits_{x \to 0}\left[1+x+\dfrac{f(x)}{x}\right]^{\frac{1}{x}}=\mathrm{e}^2$，求 $\lim\limits_{x \to 0}\dfrac{f(x)}{x^2}$.

解答如下：

由题设得 $\mathrm{e}^2=\mathrm{e}^{\lim\limits_{x \to 0}\ln\left(1+x+\frac{f(x)}{x}\right)/x}$，即 $\lim\limits_{x \to 0}\dfrac{\ln\left(1+x+\dfrac{f(x)}{x}\right)}{x}=2$. 由此推出 $\lim\limits_{x \to 0}\left(x+\dfrac{f(x)}{x}\right)=0$，所以

$$2=\lim\limits_{x \to 0}\frac{\ln\left(1+x+\dfrac{f(x)}{x}\right)}{x}=\lim\limits_{x \to 0}\frac{x+\dfrac{f(x)}{x}}{x}=1+\lim\limits_{x \to 0}\frac{f(x)}{x^2},$$

因此，$\lim\limits_{x \to 0}\dfrac{f(x)}{x^2}=2-1=1$.

例 1.17 设 $x \to 0$ 时，$\mathrm{e}^x(1+Bx+Cx^2)=1+Ax+o(x^3)$，求常数 A, B, C 的值及等式左边函数 $\mathrm{e}^x(1+Bx+Cx^2)$ 的 n 阶导数.

分析 所给等式中的 e^x 用它的带佩亚诺型余项的三阶麦克劳林公式代入，比较等式两边关于 x 的同次幂系数即可算出 A, B, C 的值，然后由高阶导数求导公式算出 $\mathrm{e}^x(1+Bx+Cx^2)$ 的 n 阶导数.

精解 e^x 的带佩亚诺型余项的三阶麦克劳林公式为

$$e^x = 1 + x + \frac{1}{2}x^2 + \frac{1}{6}x^3 + o(x^3).$$

将它代入所给等式得

$$\left(1+x+\frac{1}{2}x^2+\frac{1}{6}x^3+o(x^3)\right)(1+Bx+Cx^2)=1+Ax+o(x^3),$$

即

$$1+(1+B)x+\left(\frac{1}{2}+B+C\right)x^2+\left(\frac{1}{6}+\frac{B}{2}+C\right)x^3+o(x^3)=1+Ax+o(x^3).$$

比较上式关于 x 的同次幂系数得

$$\begin{cases} 1+B=A, \\ \dfrac{1}{2}+B+C=0, \\ \dfrac{1}{6}+\dfrac{B}{2}+C=0, \end{cases}$$

解此方程组得 $A=\dfrac{1}{3}, B=-\dfrac{2}{3}, C=\dfrac{1}{6}$.

所以,所给等式左边 $=e^x\left(1-\dfrac{2}{3}x+\dfrac{1}{6}x^2\right)\xlongequal{\text{记}}f(x)$,于是

$$\begin{aligned} f^{(n)}(x) &= \sum_{i=0}^{n} C_n^i \left(1-\frac{2}{3}x+\frac{1}{6}x^2\right)^{(i)}(e^x)^{(n-i)} = e^x\sum_{i=0}^{2}C_n^i\left(1-\frac{2}{3}x+\frac{1}{6}x^2\right)^{(i)} \\ &= e^x\left[\left(1-\frac{2}{3}x+\frac{1}{6}x^2\right)+n\left(-\frac{2}{3}+\frac{1}{3}x\right)+\frac{1}{2}n(n-1)\cdot\frac{1}{3}\right] \\ &= e^x\left[\left(1-\frac{5}{6}n+\frac{1}{6}n^2\right)+\left(-\frac{2}{3}+\frac{1}{3}n\right)x+\frac{1}{6}x^2\right]. \end{aligned}$$

附注 要熟记常用函数 $e^x, \sin x, \cos x, \ln(1+x), (1+x)^\alpha$ 的带佩亚诺型余项的麦克劳林公式:

$$e^x=1+x+\frac{1}{2!}x^2+\cdots+\frac{1}{n!}x^n+o(x^n),(n \text{ 阶})$$

$$\sin x=x-\frac{1}{3!}x^3+\cdots+(-1)^n\frac{1}{(2n+1)!}x^{2n+1}+o(x^{2n+2}),(2n+2 \text{ 阶})$$

$$\cos x=1-\frac{1}{2!}x^2+\cdots+(-1)^n\frac{1}{(2n)!}x^{2n}+o(x^{2n+1}),(2n+1 \text{ 阶})$$

$$\ln(1+x)=x-\frac{1}{2}x^2+\cdots+(-1)^{n-1}\frac{1}{n}x^n+o(x^n),(n \text{ 阶})$$

$$(1+x)^\alpha=1+\alpha x+\frac{\alpha(\alpha-1)}{2}x^2+\cdots+\frac{\alpha(\alpha-1)\cdots(\alpha-n+1)}{n!}x^n+o(x^n).(n \text{ 阶})$$

例 1.18 设函数 $f(x)$ 在 $(0,1)$ 上有定义,且函数 $e^x f(x)$ 与函数 $e^{-f(x)}$ 在 $(0,1)$ 上都是单调增加的,证明: $f(x)$ 在 $(0,1)$ 内连续.

分析 只要证明对任意 $x_0 \in (0,1)$,有 $\lim\limits_{x \to x_0^+} f(x) = \lim\limits_{x \to x_0^-} f(x) = f(x_0)$ 即可.

精解 对任意 $x_0 \in (0,1)$.

当 $x_0 < x < 1$ 时,由 $e^x f(x)$ 单调增加知

$$e^{x_0} f(x_0) < e^x f(x),\text{ 即 } e^{x_0-x}f(x_0) < f(x); \tag{1}$$

由 $e^{-f(x)}$ 单调增加知

$$e^{-f(x_0)} < e^{-f(x)},\text{ 即 } f(x) < f(x_0). \tag{2}$$

所以由式(1)、式(2)得

$$e^{x_0-x}f(x_0) < f(x) < f(x_0).$$

此外,$\lim\limits_{x \to x_0^+} e^{x_0-x}f(x_0) = \lim\limits_{x \to x_0^+} f(x_0) = f(x_0)$,因此有 $\lim\limits_{x \to x_0^+} f(x) = f(x_0)$.

同理可证,$\lim\limits_{x \to x_0^-} f(x) = f(x_0)$,由此证得 $f(x)$ 在 $(0,1)$ 的任一点 x_0 处是连续的,从而 $f(x)$ 在 $(0,1)$ 内连续.

附注 题解中使用了与数列极限存在准则 I 相似的结论:

设函数 $f(x),\varphi(x),\psi(x)$ 在点 $x = x_0$ 的某个去心邻域内满足

$$\varphi(x) \leqslant f(x) \leqslant \psi(x),$$

且 $\lim\limits_{x \to x_0}\varphi(x) = \lim\limits_{x \to x_0}\psi(x) = A$,则 $\lim\limits_{x \to x_0} f(x) = A$.

这里 $x \to x_0$ 改为 $x \to x_0^+, x \to x_0^-, x \to \infty, x \to +\infty$ 及 $x \to -\infty$ 也可.

B 组

例 1.19 设数列 $x_n = \dfrac{1 \cdot 3 \cdot 5 \cdot \cdots \cdot (2n-1)}{2 \cdot 4 \cdot 6 \cdot \cdots \cdot 2n}(n = 1,2,\cdots)$,求极限 $\lim\limits_{n \to \infty} \sqrt[n]{x_n}$.

分析 适当缩小与放大 x_n,然后用数列极限存在准则 I 计算 $\lim\limits_{n \to \infty} \sqrt[n]{x_n}$.

精解 首先,有 $x_n = \dfrac{1 \cdot 3 \cdot 5 \cdot \cdots \cdot (2n-1)}{2 \cdot 4 \cdot 6 \cdot \cdots \cdot 2n} = \dfrac{3}{2} \cdot \dfrac{5}{4} \cdot \cdots \cdot \dfrac{2n-1}{2n-2} \cdot \dfrac{1}{2n} > \dfrac{1}{2n}$. $\qquad$ (1)

其次,由 $x_n = \dfrac{1}{2} \cdot \dfrac{3}{4} \cdot \dfrac{5}{6} \cdot \cdots \cdot \dfrac{2n-1}{2n} < \dfrac{2}{3} \cdot \dfrac{4}{5} \cdot \cdots \cdot \dfrac{2n}{2n+1} \overset{\text{记}}{=\!=\!=} y_n$

$\left(\text{这是由于} \dfrac{2k-1}{2k} < \dfrac{2k}{2k+1}, k = 1,2,\cdots\right)$ 得

$$x_n^2 < x_n y_n = \left(\dfrac{1}{2} \cdot \dfrac{3}{4} \cdot \dfrac{5}{6} \cdot \cdots \cdot \dfrac{2n-1}{2n}\right)\left(\dfrac{2}{3} \cdot \dfrac{4}{5} \cdot \cdots \cdot \dfrac{2n}{2n+1}\right) = \dfrac{1}{2n+1},$$

即

$$x_n < \sqrt{\dfrac{1}{2n+1}}. \qquad (2)$$

显然,式(1)、式(2)对 $n = 1,2,\cdots$ 都成立,所以有

$$\sqrt[n]{\dfrac{1}{2n}} < \sqrt[n]{x_n} < \sqrt[2n]{\dfrac{1}{2n+1}} \qquad (n = 1,2,\cdots),$$

并且 $\lim\limits_{n \to \infty} \sqrt[n]{\dfrac{1}{2n}} = \lim\limits_{n \to \infty} \sqrt[2n]{\dfrac{1}{2n+1}} = 1$,因此由数列极限存在准则 I 得 $\lim\limits_{n \to \infty} \sqrt[n]{x_n} = 1$.

附注 在题解中也可以看到

$$\dfrac{1}{2n} < x_n < \sqrt{\dfrac{1}{2n+1}} \qquad (n = 1,2,\cdots),$$

并且 $\lim\limits_{n \to \infty} \dfrac{1}{2n} = \lim\limits_{n \to \infty} \sqrt{\dfrac{1}{2n+1}} = 0$,因此由数列极限存在准则 I 得 $\lim\limits_{n \to \infty} x_n = 0$.

例 1.20 设数列 $\{x_n\}$ 定义如下:

$$x_0 = 7, \quad x_1 = 3, \quad 3x_n = 2x_{n-1} + x_{n-2}(n = 2,3,\cdots).$$

(1)求极限 $\lim\limits_{n \to \infty} x_n$;

（2）记上述极限的值为 a，求级数 $\displaystyle\sum_{n=1}^{\infty}(-1)^{n-1}n^2\left(\frac{a}{8}\right)^n$ 的和.

分析 （1）将所给递推式改写 $x_n-x_{n-1}=-\dfrac{1}{3}(x_{n-1}-x_{n-2})(n=2,3,\cdots)$，利用这一递推式及 $x_0=7,x_1=3$ 确定数列 $\{x_n-x_{n-1}\}$，由此计算 $\lim\limits_{n\to\infty}x_n$.

（2）考虑幂级数 $\displaystyle\sum_{n=1}^{\infty}(-1)^{n-1}n^2x^n$，利用幂级数性质算出它的和函数 $s(x)$，由此可得到 $\displaystyle\sum_{n=1}^{\infty}(-1)^{n-1}n^2\left(\frac{a}{8}\right)^n$.

精解 （1）由所给递推式得

$$x_n-x_{n-1}=\left(-\frac{1}{3}\right)^1(x_{n-1}-x_{n-2})=\left(-\frac{1}{3}\right)^2(x_{n-2}-x_{n-3})$$

$$=\cdots=\left(-\frac{1}{3}\right)^{n-1}(x_1-x_0)=\left(-\frac{1}{3}\right)^{n-1}(3-7)=12\left(-\frac{1}{3}\right)^n.$$

所以

$$x_n=\sum_{i=1}^{n}(x_i-x_{i-1})+x_0=\sum_{i=1}^{n}12\left(-\frac{1}{3}\right)^i+7.$$

从而

$$\lim_{n\to\infty}x_n=\sum_{n=1}^{\infty}12\left(-\frac{1}{3}\right)^n+7=12\times\frac{-\dfrac{1}{3}}{1-\left(-\dfrac{1}{3}\right)}+7=4.$$

（2）考虑幂级数 $\displaystyle\sum_{n=1}^{\infty}(-1)^{n-1}n^2x^n$，它的收敛区间为 $(-1,1)\left(\text{显然，}\dfrac{a}{8}=\dfrac{1}{2}\in(-1,1)\right)$.

在 $(-1,1)$ 内，

$$\sum_{n=1}^{\infty}(-1)^{n-1}n^2x^n=x^2\sum_{n=2}^{\infty}(-1)^{n-1}n(n-1)x^{n-2}+x\sum_{n=1}^{\infty}(-1)^{n-1}nx^{n-1}$$

$$=-x^2\sum_{n=2}^{\infty}[(-x)^n]''-x\sum_{n=1}^{\infty}[(-x)^n]'$$

$$=-x^2\left[\sum_{n=2}^{\infty}(-x)^n\right]''-x\left[\sum_{n=1}^{\infty}(-x)^n\right]'$$

$$=-x^2\left(\frac{x^2}{1+x}\right)''-x\left(\frac{-x}{1+x}\right)'$$

$$=-\frac{2x^2}{(1+x)^3}+\frac{x}{(1+x)^2}=\frac{-x^2+x}{(1+x)^3},$$

所以，

$$\sum_{n=1}^{\infty}(-1)^{n-1}n^2\left(\frac{a}{8}\right)^n=\sum_{n=1}^{\infty}(-1)^{n-1}n^2\left(\frac{1}{2}\right)^n=\left.\frac{-x^2+x}{(1+x)^3}\right|_{x=\frac{1}{2}}=\frac{2}{27}.$$

附注 当数列 $\{x_n\}$ 是由递推式：$x_0,x_n=f(x_{n-1})(n=1,2,\cdots)$ 定义时，总是考虑用数列极限存在准则Ⅱ计算 $\lim\limits_{n\to\infty}x_n$，但本题的递推式比较复杂，因此根据递推式的特点利用

$$x_n=\sum_{i=1}^{n}(x_i-x_{i-1})+x_0$$

写出 x_n 的表达式，然后计算 $\lim\limits_{n\to\infty}x_n$.

例 1.21 求下列极限：

(1) $\lim\limits_{x \to 2}\left(\sqrt{3-x}+\ln\dfrac{x}{2}\right)^{\frac{1}{\sin^2(x-2)}}$;

(2) $\lim\limits_{x \to +\infty}\arctan(x-\sin x \cdot \ln x)$.

分析　(1) 所给极限是 1^∞ 型未定式极限, 因此先将函数指数化, 即

$$\left(\sqrt{3-x}+\ln\dfrac{x}{2}\right)^{\frac{1}{\sin^2(x-2)}}=\mathrm{e}^{\ln\left(\sqrt{3-x}+\ln\frac{x}{2}\right)/\sin^2(x-2)},$$

然后计算 $\dfrac{0}{0}$ 型未定式极限 $\lim\limits_{x \to 2}\dfrac{\ln\left(\sqrt{3-x}+\ln\dfrac{x}{2}\right)}{\sin^2(x-2)}$.

(2) 只要证明 $x-\sin x \cdot \ln x \to +\infty (x \to +\infty)$ 即可.

精解　(1) 由于

$$\lim\limits_{x \to 2}\dfrac{\ln\left(\sqrt{3-x}+\ln\dfrac{x}{2}\right)}{\sin^2(x-2)}\xlongequal{\text{令}\ t=x-2}\lim\limits_{t \to 0}\dfrac{\ln\left(\sqrt{1-t}+\ln\left(1+\dfrac{t}{2}\right)\right)}{\sin^2 t}$$

$$=\lim\limits_{t \to 0}\dfrac{\ln\left(1+(\sqrt{1-t}-1)+\ln\left(1+\dfrac{t}{2}\right)\right)}{\sin^2 t}$$

$$=\lim\limits_{t \to 0}\dfrac{\sqrt{1-t}-1+\ln\left(1+\dfrac{t}{2}\right)}{t^2}$$

$$=\lim\limits_{t \to 0}\dfrac{\left[\dfrac{1}{2}(-t)+\dfrac{1}{2}\cdot\dfrac{1}{2}\left(\dfrac{1}{2}-1\right)t^2+o(t^2)\right]+\left[\dfrac{t}{2}-\dfrac{1}{2}\left(\dfrac{t}{2}\right)^2+o(t^2)\right]}{t^2}$$

$$=\lim\limits_{t \to 0}\dfrac{-\dfrac{1}{4}t^2+o(t^2)}{t^2}=-\dfrac{1}{4},$$

所以, $\lim\limits_{x \to 2}\left(\sqrt{3-x}+\ln\dfrac{x}{2}\right)^{\frac{1}{\sin^2(x-2)}}=\mathrm{e}^{-\frac{1}{4}}$.

(2) 由于 $\lim\limits_{x \to +\infty}\dfrac{1}{x-\sin x \cdot \ln x}=\lim\limits_{x \to +\infty}\dfrac{1}{x\left(1-\sin x \cdot \dfrac{\ln x}{x}\right)}=0$,并且当 x 充分大时

$x-\sin x \cdot \ln x>0$,所以 $\lim\limits_{x \to +\infty}(x-\sin x \cdot \ln x)=+\infty$,从而

$$\lim\limits_{x \to +\infty}\arctan(x-\sin x \cdot \ln x)=\dfrac{\pi}{2}.$$

附注　计算 $0^0,1^\infty,\infty^0$ 三种未定式极限 $\lim\limits_{x \to x_0}[f(x)]^{g(x)}$ 时,总是将函数指数化,转化成 $\lim\limits_{x \to x_0}[f(x)]^{g(x)}=\mathrm{e}^{\lim\limits_{x \to x_0}g(x)\ln f(x)}$,于是只要算出 $\lim\limits_{x \to x_0}g(x)\ln f(x)$ 即可以得到 $\lim\limits_{x \to x_0}[f(x)]^{g(x)}$.

例 1.22　求下列极限:

(1) $\lim\limits_{x \to 0^+}x^{x^x-1}$;

(2) $\lim\limits_{x \to +\infty}(x^{\frac{1}{x}}-1)^{\frac{1}{\ln x}}$.

分析　本题的两个极限都是 0^0 型未定式极限,因此先指数化,然后再考虑应用等价无穷小代替或洛必达法则,计算指数部分的未定式极限.

精解 (1) $\lim\limits_{x\to 0^+}x^{x^x-1}=\mathrm{e}^{\lim\limits_{x\to 0^+}(x^x-1)\ln x}$,   (1)

其中, $\lim\limits_{x\to 0^+}(x^x-1)\ln x=\lim\limits_{x\to 0^+}\dfrac{\mathrm{e}^{x\ln x}-1}{\dfrac{1}{\ln x}}=\lim\limits_{x\to 0^+}\dfrac{x\ln x}{\dfrac{1}{\ln x}}=\lim\limits_{x\to 0^+}x\ln^2 x=0.$ (2)

将式(2)代入式(1)得

$$\lim\limits_{x\to 0^+}x^{x^x-1}=\mathrm{e}^0=1.$$

(2) $\lim\limits_{x\to +\infty}(x^{\frac{1}{x}}-1)^{\frac{1}{\ln x}}=\mathrm{e}^{\lim\limits_{x\to +\infty}\frac{\ln(x^{\frac{1}{x}}-1)}{\ln x}},$ (3)

其中, $\lim\limits_{x\to +\infty}\dfrac{\ln(x^{\frac{1}{x}}-1)}{\ln x}=\lim\limits_{x\to +\infty}\dfrac{\ln(\mathrm{e}^{\frac{\ln x}{x}}-1)}{\ln x}$

$$\xlongequal{\text{洛必达法则}}\lim\limits_{x\to +\infty}\dfrac{\dfrac{1}{\mathrm{e}^{\frac{\ln x}{x}}-1}\cdot \mathrm{e}^{\frac{\ln x}{x}}\cdot \dfrac{1-\ln x}{x^2}}{\dfrac{1}{x}}$$

$$=\lim\limits_{x\to +\infty}\dfrac{\dfrac{1-\ln x}{x}}{\mathrm{e}^{\frac{\ln x}{x}}-1}=\lim\limits_{x\to +\infty}\dfrac{\dfrac{1-\ln x}{x}}{\dfrac{\ln x}{x}}$$

$$=\lim\limits_{x\to +\infty}\dfrac{1-\ln x}{\ln x}=-1. \qquad\qquad (4)$$

将式(4)代入式(3)得

$$\lim\limits_{x\to +\infty}(x^{\frac{1}{x}}-1)^{\frac{1}{\ln x}}=\mathrm{e}^{-1}=\dfrac{1}{\mathrm{e}}.$$

附注 (ⅰ)本题中用到下列极限:

$$\lim\limits_{x\to 0^+}x^x=1,\ \lim\limits_{x\to +\infty}x^{\frac{1}{x}}=1,$$

$$\lim\limits_{x\to 0^+}x\ln^2 x=0,\ \lim\limits_{x\to +\infty}\dfrac{\ln x}{x}=0.$$

(ⅱ)在极限 $\lim\limits_{x\to +\infty}\dfrac{\ln(x^{\frac{1}{x}}-1)}{\ln x}$ 的计算中, $\lim\limits_{x\to +\infty}\dfrac{1-\ln x}{(\mathrm{e}^{\frac{\ln x}{x}}-1)x}$ 写成 $\lim\limits_{x\to +\infty}\dfrac{\dfrac{1-\ln x}{x}}{\mathrm{e}^{\frac{\ln x}{x}}-1}$ 后才能作等价无穷小代替,即

$$\lim\limits_{x\to +\infty}\dfrac{1-\ln x}{(\mathrm{e}^{\frac{\ln x}{x}}-1)x}=\lim\limits_{x\to +\infty}\dfrac{\dfrac{1-\ln x}{x}}{\mathrm{e}^{\frac{\ln x}{x}}-1}=\lim\limits_{x\to +\infty}\dfrac{\dfrac{1-\ln x}{x}}{\dfrac{\ln x}{x}}.$$

例 1.23 求 $x\to 0$ 时,函数 $f(x)=\tan(\tan x)-\sin(\sin x)$ 的等价无穷小.

分析 先写出 $\sin x,\tan x$ 的带佩亚诺型余项的二阶和四阶麦克劳林公式,并由此分别确定 $\sin(\sin x)$ 和 $\tan(\tan x)$ 的带佩亚诺型余项的二阶和四阶麦克劳林公式,这样即可得到 $x\to 0$ 时 $f(x)$ 的等价无穷小.

精解 $\sin x$ 的带佩亚诺型余项的二阶和四阶麦克劳林公式为

$$\sin x=x+o(x^2),$$

$$\sin x = x - \frac{1}{3!}x^3 + o(x^4) = x - \frac{1}{6}x^3 + o(x^4),$$

下面计算 $\tan x$ 的带佩亚诺型余项的二阶和四阶麦克劳林公式：

由于 $\tan x|_{x=0} = 0$，

$(\tan x)'|_{x=0} = \sec^2 x|_{x=0} = 1$，

$(\tan x)''|_{x=0} = (\sec^2 x)'|_{x=0} = 2\sec^2 x\tan x|_{x=0} = 0$，

$(\tan x)'''|_{x=0} = (2\sec^2 x\tan x)'|_{x=0} = (4\sec^2 x\tan^2 x + 2\sec^4 x)|_{x=0} = 2$，

所以 $\tan x$ 的带佩亚诺型余项的二阶和四阶麦克劳林公式为

$$\tan x = x + o(x^2),$$

$$\tan x = x + \frac{2}{3!}x^3 + o(x^4) = x + \frac{1}{3}x^3 + o(x^4),$$

于是

$$\sin(\sin x) = \sin x - \frac{1}{6}\sin^3 x + o(\sin^4 x)$$

$$= \left(x - \frac{1}{6}x^3 + o(x^4)\right) - \frac{1}{6}(x + o(x^2))^3 + o(x^4)$$

$$= \left(x - \frac{1}{6}x^3 + o(x^4)\right) - \frac{1}{6}(x^3 + o(x^4)) + o(x^4)$$

$$= x - \frac{1}{3}x^3 + o(x^4),$$

$$\tan(\tan x) = \tan x + \frac{1}{3}\tan^3 x + o(\tan^4 x)$$

$$= \left(x + \frac{1}{3}x^3 + o(x^4)\right) + \frac{1}{3}(x + o(x^2))^3 + o(x^4)$$

$$= \left(x + \frac{1}{3}x^3 + o(x^4)\right) + \frac{1}{3}(x^3 + o(x^4)) + o(x^4)$$

$$= x + \frac{2}{3}x^3 + o(x^4).$$

由此得到

$$\tan(\tan x) - \sin(\sin x) = \left(x + \frac{2}{3}x^3 + o(x^4)\right) - \left(x - \frac{1}{3}x^3 + o(x^4)\right)$$

$$= x^3 + o(x^4) \sim x^3 \ (x \to 0).$$

即 $x \to 0$ 时，$\tan(\tan x) - \sin(\sin x)$ 的等价无穷小为 x^3.

附注 由于 $\sin x$ 是奇函数，所以 $\sin x$ 在 $x=0$ 处的二阶和四阶导数都为零，因此它的二阶和四阶麦克劳林公式(带佩亚诺型余项)分别为 $x + o(x^2)$ 和 $x - \frac{1}{6}x^3 + o(x^4)$. 对于 $\tan x$ 也有同样的说法.

例 1.24 计算极限

$$\lim_{x \to 0} \frac{1}{x^4}\left[\ln(1 + \sin^2 x) - 6(\sqrt[3]{2 - \cos x} - 1)\right].$$

分析 利用 $\ln(1+x)$ 和 $\sqrt[3]{1+x}$ 的二阶麦克劳林公式(带佩亚诺型余项)寻找到 $\ln(1 + \sin^2 x) - 6(\sqrt[3]{2 - \cos x} - 1)$ 在 $x \to 0$ 时的等价无穷小后计算所给的极限.

20

精解 当 $x \to 0$ 时，由 $\ln(1+x) = x - \dfrac{1}{2}x^2 + o(x^2)$ 得

$$\ln(1+\sin^2 x) = \sin^2 x - \frac{1}{2}(\sin^2 x)^2 + o(x^4) = \sin^2 x - \frac{1}{2}\sin^4 x + o(x^4), \qquad (1)$$

由 $\sqrt[3]{1+x} = 1 + \dfrac{1}{3}x + \dfrac{\dfrac{1}{3}\left(\dfrac{1}{3}-1\right)}{2!}x^2 + o(x^2) = 1 + \dfrac{1}{3}x - \dfrac{1}{9}x^2 + o(x^2)$ 得

$$\sqrt[3]{2-\cos x} = \sqrt[3]{1+2\sin^2 \frac{x}{2}} = 1 + \frac{1}{3}\left(2\sin^2 \frac{x}{2}\right) - \frac{1}{9}\left(2\sin^2 \frac{x}{2}\right)^2 + o(x^4)$$

$$= 1 + \frac{2}{3}\sin^2 \frac{x}{2} - \frac{4}{9}\sin^4 \frac{x}{2} + o(x^4). \qquad (2)$$

于是

$$\ln(1+\sin^2 x) - 6(\sqrt[3]{2-\cos x} - 1)$$

$$= \sin^2 x - \frac{1}{2}\sin^4 x + o(x^4) - 6\left(1 + \frac{2}{3}\sin^2 \frac{x}{2} - \frac{4}{9}\sin^4 \frac{x}{2} + o(x^4) - 1\right)$$

$$= \left(\sin^2 x - 4\sin^2 \frac{x}{2}\right) - \frac{1}{2}\sin^4 x + \frac{8}{3}\sin^4 \frac{x}{2} + o(x^4)$$

$$= -4\sin^4 \frac{x}{2} - \frac{1}{2}\sin^4 x + \frac{8}{3}\sin^4 \frac{x}{2} + o(x^4)$$

$$= -\frac{4}{3}\sin^4 \frac{x}{2} - \frac{1}{2}\sin^4 x + o(x^4) \sim -\frac{4}{3}\sin^4 \frac{x}{2} - \frac{1}{2}\sin^4 x,$$

从而

$$\lim_{x \to 0} \frac{1}{x^4}\left[\ln(1+\sin^2 x) - 6(\sqrt[3]{2-\cos x} - 1)\right]$$

$$= \lim_{x \to 0} \frac{-\dfrac{4}{3}\sin^4 \dfrac{x}{2} - \dfrac{1}{2}\sin^4 x}{x^4} = -\frac{4}{3}\left(\frac{1}{2}\right)^4 - \frac{1}{2} = -\frac{7}{12}.$$

附注 寻找 $\ln(1+\sin^2 x) - 6(\sqrt[3]{2-\cos x} - 1)$ 的等价无穷小，即分别寻找 $\ln(1+\sin^2 x)$ 与 $\sqrt[3]{2-\cos x}$ 的等价无穷小时，只利用 $\ln(1+x)$ 和 $\sqrt[3]{1+x}$ 的二阶麦克劳林公式(带佩亚诺型余项)写出式(1)和式(2)，而没有更进一步写出式(1)与式(2)的麦克劳林公式，这样做会使计算快捷些.

例 1.25 求极限 $\lim\limits_{x \to 0} \dfrac{\displaystyle\int_0^x \sum_{n=0}^{\infty} (-1)^n \dfrac{1}{2^n(2n+1)!} t^{2n+1} \, \mathrm{d}t - \dfrac{x^2}{2}}{x^3(\sqrt[3]{1+x} - \mathrm{e}^x)}$.

分析 先算出幂级数 $\displaystyle\sum_{n=0}^{\infty} (-1)^n \dfrac{1}{2^n(2n+1)!} t^{2n+1}$ 的和函数，并对 $x^3(\sqrt[3]{1+x} - \mathrm{e}^x)$ 作等价无穷小代替，然后用洛必达法则计算所给极限.

精解 $\displaystyle\sum_{n=0}^{\infty} (-1)^n \dfrac{1}{2^n(2n+1)!} t^{2n+1} = \sqrt{2} \sum_{n=0}^{\infty} (-1)^n \dfrac{1}{(2n+1)!} \left(\dfrac{t}{\sqrt{2}}\right)^{2n+1}$

$$= \sqrt{2}\sin \frac{t}{\sqrt{2}} (-\infty < t < +\infty),$$

此外

$$x^3(\sqrt[3]{1+x} - \mathrm{e}^x) = x^3\left[\left(1 + \frac{1}{3}x + o(x)\right) - (1 + x + o(x))\right]$$

$$=-\frac{2}{3}x^4+o(x^4)\sim-\frac{2}{3}x^4\,(x\to0),$$

所以，

$$\lim_{x\to0}\frac{\displaystyle\int_0^x\sum_{n=0}^{\infty}(-1)^n\frac{1}{2^n(2n+1)!}t^{2n+1}\mathrm{d}t-\frac{x^2}{2}}{x^3(\sqrt[3]{1+x}-\mathrm{e}^x)}$$

$$=\lim_{x\to0}\frac{\displaystyle\int_0^x\sqrt{2}\sin\frac{t}{\sqrt{2}}\mathrm{d}t-\frac{x^2}{2}}{-\frac{2}{3}x^4}\xlongequal{\text{洛必达法则}}\lim_{x\to0}\frac{\sqrt{2}\sin\frac{x}{\sqrt{2}}-x}{-\frac{8}{3}x^3}$$

$$\xlongequal{\text{洛必达法则}}\lim_{x\to0}\frac{\cos\frac{x}{\sqrt{2}}-1}{-8x^2}=\lim_{x\to0}\frac{-\frac{1}{2}\left(\frac{x}{\sqrt{2}}\right)^2}{-8x^2}=\frac{1}{32}.$$

附注　题解中的等价无穷小 $x^3(\sqrt[3]{1+x}-\mathrm{e}^x)\sim-\frac{2}{3}x^4\,(x\to0)$ 是利用常用函数的带佩亚诺型余项的麦克劳林公式找到的.

例 1.26　求极限 $I=\lim\limits_{x\to0}\frac{1}{x}\int_0^x[1+f(t-\sin t+1,\sqrt{1+t^3}+1)]^{\frac{1}{\ln(1+t^3)}}\mathrm{d}t$，其中函数 $f(u,v)$ 具有连续偏导数，且满足 $f(tu,tv)=t^2f(u,v)$，$f(1,2)=0$ 和 $f'_u(1,2)=3$.

分析　对所给极限应用洛必达法则，消去积分运算，然后利用题设中关于 f 的条件计算极限.

精解
$$I=\lim_{x\to0}\frac{\displaystyle\int_0^x[1+f(t-\sin t+1,\sqrt{1+t^3}+1)]^{\frac{1}{\ln(1+t^3)}}\mathrm{d}t}{x}$$

$$\xlongequal{\text{洛必达法则}}\lim_{x\to0}[1+f(x-\sin x+1,\sqrt{1+x^3}+1)]^{\frac{1}{\ln(1+x^3)}}$$

$$=\mathrm{e}^{\lim\limits_{x\to0}\frac{\ln[1+f(x-\sin x+1,\sqrt{1+x^3}+1)]}{\ln(1+x^3)}}$$

$$=\mathrm{e}^{\lim\limits_{x\to0}\frac{f(x-\sin x+1,\sqrt{1+x^3}+1)}{x^3}},\tag{1}$$

其中，

$$\lim_{x\to0}\frac{f(x-\sin x+1,\sqrt{1+x^3}+1)}{x^3}$$

$$\xlongequal{\text{洛必达法则}}\lim_{x\to0}\frac{f'_u(x-\sin x+1,\sqrt{1+x^3}+1)(1-\cos x)+f'_v(x-\sin x+1,\sqrt{1+x^3}+1)\frac{3x^2}{2\sqrt{1+x^3}}}{3x^2}$$

$$=f'_u(1,2)\lim_{x\to0}\frac{1-\cos x}{3x^2}+f'_v(1,2)\lim_{x\to0}\frac{\frac{3x^2}{2\sqrt{1+x^3}}}{3x^2}=\frac{1}{6}f'_u(1,2)+\frac{1}{2}f'_v(1,2).\tag{2}$$

将式(2)代入式(1)得

$$I=\mathrm{e}^{\frac{1}{6}f'_u(1,2)+\frac{1}{2}f'_v(1,2)}.\tag{3}$$

此外，$f(tu,tv)=t^2f(u,v)$ 的两边分别对 t 求导得

$$f'_1(tu,tv)u+f'_2(tu,tv)v=2tf(u,v).$$

令上式中的 $t=1, u=1, v=2$ 得

$$f'_u(1,2) \cdot 1 + f'_v(1,2) \cdot 2 = 2f(1,2), \text{即 } f'_v(1,2) = -\frac{3}{2}.$$

将 $f'_u(1,2)=3, f'_v(1,2)=-\frac{3}{2}$ 代入式(3)得

$$I = \mathrm{e}^{\frac{1}{6} \times 3 + \frac{1}{2} \times (-\frac{3}{2})} = \mathrm{e}^{-\frac{1}{4}}.$$

附注 题解中两次应用洛必达法则,都是必须的.

第一次使用洛必达法则是为了消去积分运算;第二次使用洛必达法则是由于此时的 $f(u,v)$ 是抽象函数,要将题设条件用上去必须求导.

例 1.27 求下列极限:

(1) $\lim\limits_{n\to\infty} u_n$,其中 $u_n = \int_0^1 |\ln t| [\ln(1+t)]^n \mathrm{d}t (n=1,2,\cdots)$;

(2) $\lim\limits_{n\to\infty} \left[\int_0^1 \left(1+\sin\frac{\pi}{2}t\right)^n \mathrm{d}t \right]^{\frac{1}{n}}$.

分析 利用数列极限存在准则 I 求解(1)与(2).

精解 (1) 对 $n=1,2,\cdots$ 有

$$0 < u_n < (\ln 2)^n \int_0^1 |\ln t| \mathrm{d}t,$$

并且,$\lim\limits_{n\to\infty} 0 = \lim\limits_{n\to\infty} (\ln 2)^n \int_0^1 |\ln t| \mathrm{d}t = 0$,所以由数列极限存在准则 I 得

$$\lim\limits_{n\to\infty} u_n = 0.$$

(2) 利用 $\frac{2}{\pi}x < \sin x < 1 (0 < x < \frac{\pi}{2})$ 可得

$$\int_0^1 (1+t)^n \mathrm{d}t < \int_0^1 \left(1+\sin\frac{\pi}{2}t\right)^n \mathrm{d}t < \int_0^1 (1+1)^n \mathrm{d}t,$$

即

$$\frac{1}{n+1}(2^{n+1}-1) < \int_0^1 \left(1+\sin\frac{\pi}{2}t\right)^n \mathrm{d}t < 2^n \quad (n=1,2,\cdots).$$

由此得到 $\sqrt[n]{\frac{1}{n+1}(2^{n+1}-1)} < \left[\int_0^1 \left(1+\sin\frac{\pi}{2}t\right)^n \mathrm{d}t\right]^{\frac{1}{n}} < 2 \quad (n=1,2,\cdots)$,

并且 $\lim\limits_{n\to\infty} \sqrt[n]{\frac{1}{n+1}(2^{n+1}-1)} = \lim\limits_{n\to\infty} 2 = 2$. 所以由数列极限存在准则 I 得

$$\lim\limits_{n\to\infty} \left[\int_0^1 \left(1+\sin\frac{\pi}{2}t\right)^n \mathrm{d}t\right]^{\frac{1}{n}} = 2.$$

附注 这里给出 $\frac{2}{\pi}x < \sin x (0 < x < \frac{\pi}{2})$,即 $t < \sin\frac{\pi}{2}t (0 < t < 1)$ 的证明:

记 $f(t) = \sin\frac{\pi}{2}t - t$,则它在 $[0,1]$ 上连续,在 $\left(0, \frac{\pi}{2}\right)$ 内可导且有

$$f'(t) = \frac{\pi}{2}\cos\frac{\pi}{2}t - 1 \begin{cases} >0, & 0 < t < \frac{2}{\pi}\arccos\frac{2}{\pi}, \\ =0, & t = \frac{2}{\pi}\arccos\frac{2}{\pi}, \\ <0, & \frac{2}{\pi}\arccos\frac{2}{\pi} < t < 1. \end{cases}$$

所以 $f(t) > \min\{f(0), f(1)\} = 0(0 < t < 1)$. 由此得到 $t < \sin\dfrac{\pi}{2}t(0 < t < 1)$.

例 1.28 设 $f(x)$ 是 $[0, +\infty)$ 上的单调不增的非负连续函数，

$$a_n = \sum_{i=1}^{n} f(i) - \int_1^n f(x)\mathrm{d}x \quad (n = 1, 2, \cdots).$$

证明：数列 $\{a_n\}$ 收敛.

分析 应用数列极限存在准则 Ⅱ 证明 $\{a_n\}$ 收敛.

精解 由于对 $n = 1, 2, \cdots$，有

$$
\begin{aligned}
a_n &= \sum_{i=1}^{n} f(i) - \int_1^n f(x)\mathrm{d}x \\
&= \sum_{i=1}^{n} \left[f(i) - \int_i^{i+1} f(x)\mathrm{d}x \right] + \int_n^{n+1} f(x)\mathrm{d}x \\
&= \sum_{i=1}^{n} \int_i^{i+1} [f(i) - f(x)]\mathrm{d}x + \int_n^{n+1} f(x)\mathrm{d}x \\
&\geqslant 0 \,(\text{由于} f(x) \text{单调不增，所以对} i = 1, 2, \cdots, n, x \in [i, i+1] \text{有} f(i) - f(x) \geqslant \\
&\quad 0, \text{此外由} f(x) \text{非负得} \int_n^{n+1} f(x)\mathrm{d}x \geqslant 0),
\end{aligned}
$$

所以 $\{a_n\}$ 有下界. 此外，对 $n = 1, 2, \cdots$，

$$
\begin{aligned}
a_{n+1} - a_n &= \left[\sum_{i=1}^{n+1} f(i) - \int_1^{n+1} f(x)\mathrm{d}x \right] - \left[\sum_{i=1}^{n} f(i) - \int_1^n f(x)\mathrm{d}x \right] \\
&= f(n+1) - \int_n^{n+1} f(x)\mathrm{d}x = \int_n^{n+1} [f(n+1) - f(x)]\mathrm{d}x \\
&\leqslant 0 \,(\text{由于} f(x) \text{单调不增，所以对} n = 1, 2, \cdots, x \in [n, n+1] \text{有} f(n+1) \\
&\quad - f(x) \leqslant 0),
\end{aligned}
$$

所以 $\{a_n\}$ 单调不增. 因此由数列极限存在准则 Ⅱ 知 $\{a_n\}$ 收敛.

附注 作为本题的特例，记

$$a_n = 1 + \frac{1}{2} + \frac{1}{3} + \cdots + \frac{1}{n} - \ln n (n = 1, 2, \cdots),$$

则 $\{a_n\}$ 收敛.

例 1.29 设函数 $f(x) = \dfrac{1}{\pi x} + \dfrac{1}{(1-x)\sin \pi x} - \dfrac{1}{\pi(1-x)^2}, x \in \left[\dfrac{1}{2}, 1\right)$.

(1) 如何补充定义 $f(1)$，使得 $f(x)$ 在 $\left[\dfrac{1}{2}, 1\right]$ 上连续？

(2) 在(1)的补充定义下，求 $f'_-(1)$.

分析 (1) 补充定义 $f(1) = \lim\limits_{x \to 1^-} f(x)$ 就能使得 $f(x)$ 在 $\left[\dfrac{1}{2}, 1\right]$ 上连续.

(2) 根据 $f(1)$ 的补充定义，可由下式计算 $f'_-(1)$：

$$f'_-(1) = \lim_{x \to 1^-} \frac{f(x) - f(1)}{x - 1}.$$

精解 (1) 由于 $f(x)$ 在 $\left[\dfrac{1}{2}, 1\right)$ 上连续，所以只要补充定义

$$f(1) = \lim_{x \to 1^-} f(x),$$

即可使得 $f(x)$ 在 $\left[\dfrac{1}{2},1\right]$ 上连续,其中

$$
\begin{aligned}
\lim_{x\to1^-}f(x) &= \lim_{x\to1^-}\left[\frac{1}{\pi x}+\frac{1}{(1-x)\sin\pi x}-\frac{1}{\pi(1-x)^2}\right]\\
&= \frac{1}{\pi}+\lim_{x\to1^-}\left[\frac{1}{(1-x)\sin\pi x}-\frac{1}{\pi(1-x)^2}\right]\\
&= \frac{1}{\pi}+\frac{1}{\pi}\lim_{x\to1^-}\frac{\pi(1-x)-\sin\pi x}{(1-x)^2\sin\pi x}\\
&\xlongequal{\diamondsuit\, t=1-x}\frac{1}{\pi}+\frac{1}{\pi}\lim_{t\to0^+}\frac{\pi t-\sin\pi t}{t^2\sin\pi t}\\
&= \frac{1}{\pi}+\frac{1}{\pi}\lim_{t\to0^+}\frac{\pi t-\sin\pi t}{\pi t^3}\\
&\xlongequal{\text{洛必达法则}}\frac{1}{\pi}+\frac{1}{\pi}\lim_{t\to0^+}\frac{1-\cos\pi t}{3t^2}\\
&= \frac{1}{\pi}+\frac{1}{\pi}\cdot\frac{\frac{1}{2}\pi^2}{3}=\frac{1}{\pi}+\frac{1}{6}\pi.
\end{aligned}
$$

因此补充定义 $f(1)=\dfrac{1}{\pi}+\dfrac{1}{6}\pi$,使得 $f(x)$ 在 $\left[\dfrac{1}{2},1\right]$ 上连续.

(2) 在(1)的补充定义下,

$$
\begin{aligned}
f'_-(1) &= \lim_{x\to1^-}\frac{f(x)-f(1)}{x-1}\\
&= \lim_{x\to1^-}\frac{\dfrac{1}{\pi x}+\dfrac{1}{(1-x)\sin\pi x}-\dfrac{1}{\pi(1-x)^2}-\left(\dfrac{1}{\pi}+\dfrac{\pi}{6}\right)}{x-1}\\
&= \lim_{x\to1^-}\frac{\dfrac{1}{\pi x}-\dfrac{1}{\pi}}{x-1}+\lim_{x\to1^-}\frac{\dfrac{1}{(1-x)\sin\pi x}-\dfrac{1}{\pi(1-x)^2}-\dfrac{\pi}{6}}{x-1}\\
&= -\frac{1}{\pi}-\frac{1}{\pi}\lim_{x\to1^-}\frac{\pi(1-x)-\sin\pi x-\dfrac{\pi^2}{6}(1-x)^2\sin\pi x}{(1-x)^3\sin\pi x}\\
&\xlongequal{\diamondsuit\, t=1-x}-\frac{1}{\pi}-\frac{1}{\pi}\lim_{t\to0^+}\frac{\pi t-\sin\pi t-\dfrac{\pi^2}{6}t^2\sin\pi t}{t^3\sin\pi t}\\
&= -\frac{1}{\pi}-\frac{1}{\pi}\lim_{t\to0^+}\frac{\pi t-\sin\pi t-\dfrac{\pi^2}{6}t^2\sin\pi t}{\pi t^4}. \quad\quad (1)
\end{aligned}
$$

由于

$$
\begin{aligned}
&\pi t-\sin\pi t-\frac{\pi^2}{6}t^2\sin\pi t\\
&= \pi t-\left(\pi t-\frac{1}{3!}\pi^3 t^3+o(t^4)\right)-\frac{\pi^2}{6}t^2(\pi t+o(t^2))\\
&= o(t^4)\,(t\to0^+),
\end{aligned}
$$

代入式(1)得

$$
f'_-(1)=-\frac{1}{\pi}-\frac{1}{\pi}\lim_{t\to0^+}\frac{o(t^4)}{\pi t^4}=-\frac{1}{\pi}.
$$

附注 题解中,计算 $\lim\limits_{t\to 0^+}\dfrac{\pi t-\sin \pi t}{\pi t^3}$ 是使用洛必达法则,而计算 $\lim\limits_{t\to 0^+}\dfrac{\pi t-\sin \pi t-\frac{\pi^2}{6}t^2\sin \pi t}{\pi t^4}$ 不是使用洛必达法则(这是因为分子表达式比较复杂),而是利用麦克劳林公式(带佩亚诺型余项)寻找分子的等价无穷小.

由此可见,对于 $\dfrac{0}{0}$ 型未定式极限的计算,虽然有诸多方法可以采用,但应根据函数的表达式选择恰当的方法,才能使计算快捷.

例 1.30 设函数 $f(x)$ 在 $[0,+\infty)$ 上连续,且 $\int_0^1 f(x)\mathrm{d}x<-\dfrac{1}{2}$,$\lim\limits_{x\to+\infty}\dfrac{f(x)}{x}=0$,证明:存在 $\xi\in(0,+\infty)$,使得 $f(\xi)+\xi=0$.

分析 作辅助函数 $F(x)=f(x)+x$,于是只要证明存在 $\xi\in(0,+\infty)$,使得 $F(\xi)=0$ 即可.

精解 显然 $F(x)=f(x)+x$ 在 $[0,+\infty)$ 上连续,并且由 $\lim\limits_{x\to+\infty}\dfrac{F(x)}{x}=\lim\limits_{x\to+\infty}\dfrac{f(x)}{x}+1=1$ 知 $\lim\limits_{x\to+\infty}\dfrac{1}{F(x)}=\lim\limits_{x\to+\infty}\left[\dfrac{x}{F(x)}\cdot\dfrac{1}{x}\right]=0$,即 $F(+\infty)=\lim\limits_{x\to+\infty}F(x)=+\infty$. 此外由 $\int_0^1 F(x)\mathrm{d}x=\int_0^1[f(x)+x]\mathrm{d}x=\int_0^1 f(x)\mathrm{d}x+\dfrac{1}{2}<0$ 知存在 $\eta\in[0,1]$,使得 $F(\eta)=\int_0^1 F(x)\mathrm{d}x<0$(根据积分中值定理),于是由连续函数的零点定理(推广形式)知,存在 $\xi\in(\eta,+\infty)\subset(0,+\infty)$,使得 $F(\xi)=0$,即 $f(\xi)+\xi=0$.

附注 连续函数的零点定理是:

设函数 $f(x)$ 在 $[a,b]$ 上连续,且 $f(a)f(b)<0$,则存在 $\xi\in(a,b)$,使得 $f(\xi)=0$.

这个定理有多种推广,例如:

设函数 $f(x)$ 在 $[a,+\infty)$ 上连续,且 $f(a)f(+\infty)<0$,则存在 $\xi\in(a,+\infty)$,使得 $f(\xi)=0$(其中 $f(+\infty)=\lim\limits_{x\to+\infty}f(x)$ 可为常数,或 $+\infty$,或 $-\infty$).

本题就是应用这个推广形式给出问题的证明.

例 1.31 设 $f(x),g(x)$ 都是 $[a,b]$ 上的连续函数,且有数列 $\{x_n\}\subset[a,b]$,使得 $g(x_n)=f(x_{n+1})$,$n=1,2,\cdots$. 证明:存在 $x_0\in[a,b]$,使得 $f(x_0)=g(x_0)$.

分析 先利用数列极限存在准则 II 证明数列 $\{f(x_n)\}$ 与 $\{g(x_n)\}$ 有相同的极限,然后从 $\{x_n\}$ 选出一个收敛的子数列 $\{x_{n_i}\}$,记它的极限为 x_0,则得证 $f(x_0)=g(x_0)$.

精解 如果 $f(x_1)=g(x_1)$,则取 $x_0=x_1$,结论得证. 下面设 $f(x_1)<g(x_1)$(当 $f(x_1)>g(x_1)$ 时也可同样证明),此时需分两种情形证明:

(1) 如果存在某个正整数 $k(k\geqslant 2)$,使得 $f(x_k)>g(x_k)$(不妨设 $x_1<x_k$),记 $\varphi(x)=f(x)-g(x)$,则 $\varphi(x)$ 在 $[x_1,x_k]$ 上连续,且 $\varphi(x_1)\varphi(x_k)<0$,所以由连续函数零点定理知,存在 $x_0\in(x_1,x_k)\subset[a,b]$,使得 $\varphi(x_0)=0$,由此结论得证.

(2) 如果对任意 $n=2,3,\cdots$ 都有 $f(x_n)\leqslant g(x_n)$,则

$$f(x_1)<g(x_1)=f(x_2)\leqslant g(x_2)=f(x_3)\leqslant\cdots\leqslant g(x_{n-1})=f(x_n)\leqslant g(x_n)$$
$$=f(x_{n+1})\leqslant\cdots,$$

即数列 $\{f(x_n)\}$ 单调不减,此外 $\{f(x_n)\}$ 有上界,所以由数列极限存在准则 II 知 $\lim\limits_{n\to\infty}f(x_n)$ 存在,

于是由递推公式 $g(x_n)=f(x_{n+1})(n=1,2,\cdots)$ 知 $\lim\limits_{n\to\infty}g(x_n)$ 存在,且 $\lim\limits_{n\to\infty}g(x_n)=\lim\limits_{n\to\infty}f(x_n)=A$.

现从 $\{x_n\}$ 中选取一个收敛的子数列 $\{x_{n_i}\}$,记其极限为 x_0,则 $x_0\in[a,b]$,且 $\lim\limits_{n_i\to\infty}f(x_{n_i})=\lim\limits_{n\to\infty}f(x_n)=\lim\limits_{n\to\infty}g(x_n)=\lim\limits_{n_i\to\infty}g(x_{n_i})$,于是由 $f(x)$ 和 $g(x)$ 的连续性得

$$f(x_0)=f(\lim_{n_i\to\infty}x_{n_i})=\lim_{n_i\to\infty}f(x_{n_i})$$
$$=\lim_{n_i\to\infty}g(x_{n_i})=g(\lim_{n_i\to\infty}x_{n_i})=g(x_0),$$

即 $f(x_0)=g(x_0)$,由此结论得证.

附注 记住以下的结论:

设 $\{x_n\}$ 是有界闭区间 $[a,b]$ 上的数列,则从中必可选出收敛的子数列 $\{x_{n_i}\}$,记 $\lim\limits_{n_i\to\infty}x_{n_i}=x_0$,则 $x_0\in[a,b]$.

例 1.32 设数列 $\{a_n\}$ 满足 $(2-a_n)a_{n+1}=1(n=1,2,\cdots)$,证明极限 $\lim\limits_{n\to\infty}a_n=1$.

分析 首先 $a_1\neq2$,其次由

$$a_3=\frac{1}{2-a_2}=\frac{1}{2-\dfrac{1}{2-a_1}}=\frac{1-\dfrac{a_1}{2}}{\dfrac{3}{2}-a_1}$$

知 $a_1\neq\dfrac{3}{2}$. 此外,$a_1=1$ 时,$a_n=1(n=2,3,\cdots)$. 于是 a_1 可能取值的范围为

$$(-\infty,1]\cup\left(1,\frac{3}{2}\right)\cup\left(\frac{3}{2},2\right)\cup(2,+\infty).$$

故只要分别讨论 a_1 在各个区间上取值时 $\lim\limits_{n\to\infty}a_n$ 的存在性即可.

精解 如果 $\lim\limits_{n\to\infty}a_n$ 存在,记其值为 A,则对

$$(2-a_n)a_{n+1}=1(n=1,2,\cdots)$$

的两边令 $n\to\infty$ 取极限得 $(2-A)A=1$,即 $A=1$. 因此下面证明:a_1 在上述各个区间上取值时,$\lim\limits_{n\to\infty}a_n$ 都存在.

(1) 当 $a_1\leqslant1$ 时,容易推出 $a_n\leqslant1(n=2,3,\cdots)$,且由

$$a_{n+1}-a_n=\frac{1}{2-a_n}-a_n\geqslant0,\quad 即\ a_{n+1}\geqslant a_n(n=1,2,\cdots)$$

知,此时 $\{a_n\}$ 单调不减有上界,所以 $\lim\limits_{n\to\infty}a_n$ 存在.

(2) 当 $\dfrac{3}{2}<a_1<2$ 时,$a_3=\dfrac{1-\dfrac{a_1}{2}}{\dfrac{3}{2}-a_1}<0<1$. 因此视 a_3 为 (1) 中的 a_1 即知,此时 $\lim\limits_{n\to\infty}a_n$ 存在.

(3) 当 $a_1>2$ 时,$a_2=\dfrac{1}{2-a_1}<0<1$. 因此视 a_2 为 (1) 中的 a_1 即知,此时 $\lim\limits_{n\to\infty}a_n$ 存在.

(4) 当 $1<a_1<\dfrac{3}{2}$ 时,与 (1) 中同样可证 $\{a_n\}$ 单调增加. 如果此时 $\{a_n\}$ 有界,则 $\lim\limits_{n\to\infty}a_n=A$,且 $A\geqslant a_1>1=A$,这是矛盾的. 所以存在正整数 n_0,使得 $a_{n_0}>2$. 于是视 a_{n_0} 为 (3) 中的 a_1 知,此时 $\lim\limits_{n\to\infty}a_n$ 存在.

综上所述,证明了当 $a_1 \in \left(-\infty, \frac{3}{2}\right) \cup \left(\frac{3}{2}, 2\right) \cup (2, +\infty)$, 即由 $(2-a_n)a_{n+1} = 1(n = 1, 2,$ $\cdots)$ 确定的 $\{a_n\}$ 存在,因此有 $\lim\limits_{n \to \infty} a_n = 1$.

附注 由于 $\{a_n\}$ 是由递推式确定的,所以应利用数列极限存在准则 II 计算 $\lim\limits_{n \to \infty} a_n$. 但在计算之前应先确定使得 $\{a_n\}$ 存在的 a_1 的取值范围及各个范围内 $\lim\limits_{n \to \infty} a_n$ 的存在性.

例 1.33 证明下列各题:

(1) 设 $\lim\limits_{n \to \infty} x_n = a$, $\lim\limits_{n \to \infty} x_n = b$, 则 $\lim\limits_{n \to \infty} \dfrac{x_1 y_n + x_2 y_{n-1} + \cdots + x_n y_1}{n} = ab$.

(2) 设数列 $\{a_n\}$, 如果存在正整数 p, 使得 $\lim\limits_{n \to \infty}(a_{n+p} - a_n) = \lambda$, 则 $\lim\limits_{n \to \infty} \dfrac{a_n}{n} = \dfrac{\lambda}{p}$.

分析 (1) 将 $x_n = a + \alpha_n$, $y_n = b + \beta_n$ (其中 $n \to \infty$ 时 $\alpha_n \to 0$, $\beta_n \to 0$) 代入

$$\frac{x_1 y_n + x_2 y_{n-1} + \cdots + x_n y_1}{n}$$

即可证明其极限为 ab.

(2) 设 $\{a_n\}$ 划分成 p 个子数列

$$a_1, a_{1+p}, a_{1+2p}, \cdots, a_{1+kp}, \cdots$$
$$a_2, a_{2+p}, a_{2+2p}, \cdots, a_{2+kp}, \cdots$$
$$\vdots$$
$$a_p, a_{p+p}, a_{p+2p}, \cdots, a_{p+kp}, \cdots$$

然后用施笃兹定理证明各个子数列都收敛于 $\dfrac{\lambda}{p}$ 即可.

精解 (1) 由 $\lim\limits_{n \to \infty} x_n = a$, $\lim\limits_{n \to \infty} y_n = b$ 知,对 $n = 1, 2, \cdots$, 有

$$x_n = a + \alpha_n, \quad y_n = b + \beta_n (\text{其中 } n \to \infty \text{ 时 } \alpha_n \to 0, \beta_n \to 0).$$

将它们代入 $x_1 y_n + x_2 y_{n-1} + \cdots + x_n y_1$ 得

$x_1 y_n + x_2 y_{n-1} + \cdots + x_n y_1$
$= (a + \alpha_1)(b + \beta_n) + (a + \alpha_2)(b + \beta_{n-1}) + \cdots + (a + \alpha_n)(b + \beta_1)$
$= nab + a(\beta_1 + \beta_2 + \cdots + \beta_n) + b(\alpha_1 + \alpha_2 + \cdots + \alpha_n) + (\alpha_1 \beta_n + \alpha_2 \beta_{n-1} + \cdots + \alpha_n \beta_1)$,

于是

$$\frac{x_1 y_n + x_2 y_{n-1} + \cdots + x_n y_1}{n}$$

$$= ab + a \cdot \frac{\beta_1 + \beta_2 + \cdots + \beta_n}{n} + b \cdot \frac{\alpha_1 + \alpha_2 + \cdots + \alpha_n}{n} +$$

$$\frac{\alpha_1 \beta_n + \alpha_2 \beta_{n-1} + \cdots + \alpha_n \beta_1}{n}. \tag{1}$$

由施笃兹定理知

$$\lim_{n \to \infty}\left(a \cdot \frac{\beta_1 + \beta_2 + \cdots + \beta_n}{n}\right) = a \lim_{n \to \infty} \frac{\beta_1 + \beta_2 + \cdots + \beta_n}{n}$$

$$= a \cdot \lim_{n \to \infty} \frac{(\beta_1 + \beta_2 + \cdots + \beta_n) - (\beta_1 + \beta_2 + \cdots + \beta_{n-1})}{n - (n-1)} = a \lim_{n \to \infty} \beta_n = 0, \tag{2}$$

同样, $$\lim_{n \to \infty}\left(b \cdot \frac{\alpha_1 + \alpha_2 + \cdots + \alpha_n}{n}\right) = 0. \tag{3}$$

此外，由 $\beta_n \rightarrow 0 (n \rightarrow \infty)$，所以存在常数 $M > 0$，使得 $|\beta_n| \leqslant M (n = 1, 2, \cdots)$. 由 $\alpha_n \rightarrow 0 (n \rightarrow \infty)$ 知 $|\alpha_n| \rightarrow 0 (n \rightarrow \infty)$，所以

$$\left| \frac{\alpha_1 \beta_n + \alpha_2 \beta_{n-1} + \cdots + \alpha_n \beta_1}{n} \right| \leqslant M \cdot \frac{|\alpha_1| + |\alpha_2| + \cdots + |\alpha_n|}{n} \rightarrow 0 (n \rightarrow \infty)$$

（这里因为由施笃兹定理 $\lim\limits_{n \to \infty} \dfrac{|\alpha_1| + |\alpha_2| + \cdots + |\alpha_n|}{n} = \lim\limits_{n \to \infty} |\alpha_n| = 0$），即

$$\lim_{n \to \infty} \frac{\alpha_1 \beta_n + \alpha_2 \beta_{n-1} + \cdots + \alpha_n \beta_1}{n} = 0. \tag{4}$$

令 $n \rightarrow \infty$ 对式（1）取极限，且将式（2）～式（4）代入得

$$\lim_{n \to \infty} \frac{x_1 y_n + x_2 y_{n-1} + \cdots + x_n y_1}{n} = ab + 0 + 0 + 0 = ab.$$

（2）对构成 $\{a_n\}$ 的各个子数列都应用施笃兹定理得

$$\lim_{k \to \infty} \frac{a_{1+kp}}{1+kp} = \lim_{k \to \infty} \frac{a_{1+kp} - a_{1+(k-1)p}}{(1+kp) - [1+(k-1)p]} = \lim_{k \to \infty} \frac{a_{1+kp} - a_{1+(k-1)p}}{p} = \frac{\lambda}{p},$$

同样有 $\lim\limits_{k \to \infty} \dfrac{a_{2+kp}}{2+kp} = \cdots = \lim\limits_{k \to \infty} \dfrac{a_{p+kp}}{p+kp} = \dfrac{\lambda}{p}, \cdots$，

即构成 $\{a_n\}$ 的 p 个子数列的极限都存在且同为 $\dfrac{\lambda}{p}$，所以 $\lim\limits_{n \to \infty} \dfrac{a_n}{n} = \dfrac{\lambda}{p}$.

附注 本题中的（1）与（2）都是用施笃兹定理证明的，它的下列推论也是常用的：设 $\lim\limits_{n \to \infty} x_n = a$，则 $\lim\limits_{n \to \infty} \dfrac{x_1 + x_2 + \cdots + x_n}{n} = a$.

三、主要方法梳理

1. $\dfrac{0}{0}$ 型未定式极限计算方法

以下的 $x \rightarrow x_0$ 也可以换成 $x \rightarrow x_0^+, x \rightarrow x_0^-, x \rightarrow \infty, x \rightarrow +\infty$ 或 $x \rightarrow -\infty$.

设 $\lim\limits_{x \to x_0} \dfrac{f(x)}{g(x)}$ 是 $\dfrac{0}{0}$ 型未定式极限，它的计算步骤是：

（1）化简 $\lim\limits_{x \to x_0} \dfrac{f(x)}{g(x)}$.

先用初等运算将 $\lim\limits_{x \to x_0} \dfrac{f(x)}{g(x)}$ 转换成便于应用极限运算法则，或便于应用重要极限公式及常用极限公式，或便于应用洛必达法则的形式. 例如，约去 $f(x), g(x)$ 的公因子，分子或分母有理化，适当分项以及变量代换（作变量代换往往无常法可循，需根据所给极限的特点具体选择，如在 $x \rightarrow \infty$ 时往往令 $t = \dfrac{1}{x}$，$x \rightarrow x_0 (x_0 \neq 0)$ 时往往令 $t = x - x_0$）.

其次，用极限运算法则将非未定式部分先行算出，用重要极限公式或常用极限公式将有关部分算出.

如经以上处理后仍未算出所给的极限，则应分别寻找分子与分母的等价无穷小. 除利用常用的等价无穷小（即 $x \rightarrow 0$ 时，$\sin x \sim x$，$\tan x \sim x$，$\arcsin x \sim x$，$\arctan x \sim x$，$\ln(1+x) \sim x$，

$\mathrm{e}^x-1\sim x,(1+x)^\alpha-1\sim\alpha x(\alpha\neq0),1-\cos x\sim\dfrac{1}{2}x^2\Big)$ 外,有时也应用常用函数 $\mathrm{e}^x,\sin x,\cos x,$ $\ln(1+x),(1+x)^\alpha$ 的带佩亚诺型余项的麦克劳林公式. 然后用等价无穷代换进行计算.

(2) 如果 $\lim\limits_{x\to x_0}\dfrac{f(x)}{g(x)}$ 不易化简(例如 $f(x)$ 或 $g(x)$ 是积分上限函数,或抽象函数),则应考虑应用洛必达法则,消去其中的积分运算,或将已知条件代入,然后再作化简和计算.

2. $\dfrac{\infty}{\infty}$ 型及其他类型未定式极限的计算方法

(1) $\dfrac{\infty}{\infty}$ 型未定式极限有两种计算方法:

其一,应用 $\dfrac{\infty}{\infty}$ 型洛必达法则,其二,转换成 $\dfrac{0}{0}$ 型未定式极限.

(2) $0\cdot\infty$ 型与 $\infty-\infty$ 型未定式极限的计算方法:

利用初等运算(如通分等)或变量代换将它们转换成 $\dfrac{0}{0}$ 型或 $\dfrac{\infty}{\infty}$ 型未定式极限,然后进行计算.

(3) 0^0 型、1^∞ 型及 ∞^0 型未定式极限的计算方法:

设 $\lim\limits_{x\to x_0}[f(x)]^{g(x)}$ 是 0^0 型、1^∞ 型或 ∞^0 型未定式极限,则总是将它指数化,即转换成 $\mathrm{e}^{\lim\limits_{x\to x_0}g(x)\ln f(x)}$ 后计算相应的 $0\cdot\infty$ 型未定式极限 $\lim\limits_{x\to x_0}g(x)\ln f(x)$. 如果它的值为 A,则

$$\lim_{x\to x_0}[f(x)]^{g(x)}=\mathrm{e}^A.$$

3. 数列极限的计算方法

数列 $\{x_n\}$ 的极限 $\lim\limits_{n\to\infty}x_n$ 的计算方法通常有以下四种:

(1) 利用数列极限的运算法则.

(2) 利用函数极限计算数列极限. 记 $f(n)=x_n$,如果利用函数极限的某种计算方法算出 $\lim\limits_{x\to+\infty}f(x)=A$,则得 $\lim\limits_{n\to\infty}x_n=A$.

(3) 利用数列极限存在准则. 当数列极限不易用运算法则或转换成函数极限计算时,可考虑应用数列极限存在准则 I 与准则 II 计算. 在应用数列极限存在准则 I 时,需寻找满足

$$y_n\leqslant x_n\leqslant z_n(n=1,2,\cdots)\text{ 及 }\lim_{n\to\infty}y_n\text{ 与 }\lim_{n\to\infty}z_n\text{ 存在且相等}$$

的数列 $\{y_n\},\{z_n\}$,它们可对 x_n 作适当缩小与放大得到. 在应用数列极限准则 II 时,需判定 $\{x_n\}$ 是单调不减有上界或单调不增有下界. $\{x_n\}$ 的有界性往往容易判定,而其单调性的判定有以下四种方法:

其一,如果 $x_{n+1}-x_n\geqslant0$(或 $\leqslant0$)$(n=1,2,\cdots)$,则 $\{x_n\}$ 单调不减(或单调不增);

其二,如果 $\{x_n\}$ 是正项数列,则当 $\dfrac{x_{n+1}}{x_n}\geqslant1$(或 $\leqslant1$)$(n=1,2,\cdots)$ 时,$\{x_n\}$ 单调不减(或单调不增);

其三,记 $f(n)=x_n$,如果函数 $f(x)$ 在 $[1,+\infty)$ 上单调不减(或单调不增),则当 $x_2\geqslant x_1$(或 $x_2\leqslant x_1$)时,则 $\{x_n\}$ 单调不减(或单调不增).

其四,当数列 $\{x_n\}$ 由递推式 $x_1,x_{n+1}=f(x_n)(n=1,2,\cdots)$ 确定时,如果函数 $f(x)$ 在 $[k,+\infty)(k$ 是某个正整数)上单调不减(例如 $f'(x)\geqslant0,x\in[k,+\infty))$,则当 $x_k\leqslant x_{k+1}$ 时,数列 $x_k,x_{k+1},\cdots,x_n,\cdots$ 单调不减;当 $x_k\geqslant x_{k+1}$ 时,数列 $x_k,x_{k+1},x_n,\cdots$ 单调不增.

(4) 利用施笃兹定理计算. 当要计算数列极限 $\lim\limits_{n\to\infty}\dfrac{x_n}{y_n}$ 时,如果 $\{y_n\}$ 单调增加趋于 $+\infty$,则可考虑应用施笃兹定理,即计算 $\lim\limits_{n\to\infty}\dfrac{x_n-x_{n-1}}{y_n-y_{n-1}}$,当它存在或为 ∞ 时,有 $\lim\limits_{n\to\infty}\dfrac{x_n}{y_n}=\lim\limits_{n\to\infty}\dfrac{x_n-x_{n-1}}{y_n-y_{n-1}}$.

4. 连续函数零点定理的应用

连续函数的零点定理是:

设 $f(x)$ 在 $[a,b]$ 上连续,且 $f(a)f(b)<0$,则存在 $\xi\in(a,b)$,使得 $f(\xi)=0$.

因此,对 $[a,b]$ 上的连续函数 $f(x)$,如果要证明存在 $\xi\in(a,b)$,使得 $f(\xi)=0$,需在 (a,b) 内找到两点 $c,d(c<d)$,使得 $f(c)f(d)<0$;如果要证明存在 $\xi\in(a,b)$,使得 $G(\xi,f(\xi))=0$(其中 $G(\xi,f(\xi))$ 是关于 ξ 与 $f(\xi)$ 的某个代数式),则需作辅助函数 $F(x)=G(x,f(x))$(这里 $G(x,f(x))$ 是将欲证等式左边的 ξ 改为 x 所得),并在 (a,b) 内寻找满足 $F(c)F(d)<0$ 的两个不同点 c 与 d.

连续函数零点定理有各种形式的推广,例如

(1) 设 $f(x)$ 在 $[a,b]$ 上连续,且 $f(a)f(b)\leqslant0$,则存在 $\xi\in[a,b]$,使得 $f(\xi)=0$;

(2) 设 $f(x)$ 在 $[a,+\infty)$ 上连续,且 $f(a)f(+\infty)<0$,则存在 $\xi\in(a,+\infty)$,使得 $f(\xi)=0$;

(3) 设 $f(x)$ 在 $(-\infty,+\infty)$ 上连续,且 $f(-\infty)f(+\infty)<0$,则存在 ξ,使得 $f(\xi)=0$.

上述的 $f(+\infty)$ 与 $f(-\infty)$ 分别表示 $\lim\limits_{x\to+\infty}f(x)$ 与 $\lim\limits_{x\to-\infty}f(x)$.

四、精选备赛练习题

A 组

1.1 极限 $\lim\limits_{n\to\infty}\left(\dfrac{n-\ln n}{n+2\ln n}\right)^{\frac{n}{\ln n}}=$ ＿＿＿＿＿＿＿＿.

1.2 当 $x\to0$ 时,$x-\sin x\cdot\cos x\cdot\cos2x$ 与 cx^k 为等价无穷小,则常数 c,k 分别为 ＿＿＿＿＿.

1.3 函数 $f(x)=\lim\limits_{n\to\infty}\dfrac{\ln(e^x+x^n)}{\sqrt{n}}$ 的定义域为 ＿＿＿＿＿＿＿.

1.4 极限 $\lim\limits_{x\to0}\left(\sin\dfrac{x}{2}+\cos2x\right)^{\frac{1}{x}}=$ ＿＿＿＿＿＿＿.

1.5 设 $\lim\limits_{x\to0}\dfrac{a\tan x+b(1-\cos x)}{\ln(1-2x)+c(1-e^{-x^2})}=2$,则常数 $a=$ ＿＿＿＿＿＿＿.

1.6 极限 $\lim\limits_{x\to\frac{\pi}{2}}(\sin x)^{\tan x}=$ ＿＿＿＿＿＿＿.

1.7 设函数 $f(x)=x-[x]$($[x]$ 表示不超过 x 的最大整数),则极限 $\lim\limits_{x\to+\infty}\dfrac{1}{x}\int_0^x f(t)\mathrm{d}t=$

_____.

1.8 当 $x \to 0$ 时,无穷小

A. $\sqrt{1+\tan x} - \sqrt{1+\sin x}$；

B. $\sqrt{1+2x} - \sqrt[3]{1+3x}$；

C. $x - \left(\dfrac{4}{3} - \dfrac{1}{3}\cos x\right)\sin x$；

D. $\mathrm{e}^{x^4-x} - 1$

从低阶到高阶的排列顺序为_____.

1.9 设 $\lim\limits_{x\to 0}\dfrac{\sqrt{1+f(x)\tan x}-1}{\mathrm{e}^{2x}-1}=3$,则 $\lim\limits_{x\to 0}f(x)=$ _____.

1.10 设函数 $f(x)=\dfrac{\sqrt{1+x}-\sqrt[3]{1+x}}{\sin x}$,欲使 $f(x)$ 在 $(-1,\pi)$ 内连续,必须定义 $f(0)=$

_____.

1.11 求极限 $\lim\limits_{n\to\infty}\left(\dfrac{\sin x_n}{x_n}\right)^{\frac{1}{x_n^2}}$,其中数列 $\{x_n\}$ 收敛于零.

1.12 讨论函数 $f(x)=\lim\limits_{n\to\infty}\sqrt[n]{3+(3x)^n+x^{2n}}$ 在 $[0,+\infty)$ 上的连续性.

1.13 求极限 $\lim\limits_{x\to\infty}\left[x\mathrm{e}^{\frac{1}{x}}\arctan\dfrac{x^2+x-1}{(x+1)(x+2)}-\dfrac{\pi}{4}x\right]$.

1.14 求 $x\to+\infty$ 时,函数 $f(x)=\left(x^3-x^2+\dfrac{1}{2}x\right)\mathrm{e}^{\frac{1}{x}}-\sqrt{x^6+1}-\dfrac{1}{6}$ 的等价无穷小.

1.15 设函数 $f(x)=\begin{cases}\dfrac{\ln(1+ax^3)}{x-\arcsin x}, & x<0, \\ 6, & x=0, \\ \dfrac{\mathrm{e}^{ax}+x^2-ax-1}{x\sin\dfrac{x}{4}}, & x>0,\end{cases}$ 求:

(1) 当 a 为何值时,$f(x)$ 在点 $x=0$ 处连续?

(2) 当 $f(x)$ 在点 $x=0$ 处连续时,是否可导? 如可导算出 $f'(0)$;如不可导算出 $f'_-(0)$ 和 $f'_+(0)$.

B 组

1.16 设函数 $f(x)$ 在 $(-\infty,+\infty)$ 上连续,且 $\lim\limits_{x\to\infty}\dfrac{f(x)}{x^n}=0$($n$ 是正整数),证明:

(1) 当 n 是奇数时,存在 $\xi\in(-\infty,+\infty)$,使得 $\xi^n+f(\xi)=0$;

(2) 当 n 是偶数时,存在 $\eta\in(-\infty,+\infty)$,使得对一切 $x\in(-\infty,+\infty)$ 有
$$\eta^n+f(\eta)\leqslant x^n+f(x).$$

1.17 设函数 $f(x)$ 在 $[a,b]$ 上连续,$a<c<d<b$,证明:对任意正数 p 和 q,存在 $\xi\in[c,d]$,使得 $pf(c)+qf(d)=(p+q)f(\xi)$.

1.18 求极限 $\lim\limits_{n\to\infty}\dfrac{1}{n}\displaystyle\int_{\frac{1}{n}}^{1}\dfrac{\cos 2t}{4t^2}\mathrm{d}t$.

1.19 确定 a,b,c 的值,使得
$$\lim\limits_{x\to 0}\dfrac{ax-\sin x}{\displaystyle\int_{b}^{x}\dfrac{\ln(1+t^3)}{t}\mathrm{d}t}=c\,(其中,c\neq 0).$$

1.20 求曲线 $y=\dfrac{x^{1+x}}{(1+x)^x}(x>0)$ 的非铅直渐近线方程.

1.21 求极限 $I=\lim\limits_{t\to0^+}\lim\limits_{x\to+\infty}\dfrac{\displaystyle\int_0^{\sqrt t}\mathrm dx\int_{x^2}^t\sin y^2\mathrm dy}{\left[\left(\dfrac2\pi\arctan\dfrac x{t^2}\right)^x-1\right]\arctan t^{\frac32}}.$

1.22 设 $\lim\limits_{n\to\infty}a_n=a$,求极限 $\lim\limits_{n\to\infty}\dfrac{a_1+2a_2+\cdots+na_n}{n(n+1)}.$

1.23 设数列 $\{x_n\}$ 由递推式 $x_0=a,x_1=b,x_{n+1}=\dfrac{x_{n-1}+(2n-1)x_n}{2n}(n=1,2,\cdots)$ 确定,求极限 $\lim\limits_{n\to\infty}x_n.$

1.24 设有上界数列 $\{a_n\}$ 满足 $a_n\leqslant a_{n+2},a_n\leqslant a_{n+3}(n=1,2,\cdots)$,证明:极限 $\lim\limits_{n\to\infty}a_n$ 存在.

1.25 求下列极限:

(1) $\lim\limits_{n\to\infty}\left(\sin\dfrac1{n^2}+\sin\dfrac2{n^2}+\cdots+\sin\dfrac n{n^2}\right);$

(2) $\lim\limits_{n\to\infty}\left(1+\dfrac1{n^2}\right)\left(1+\dfrac2{n^2}\right)\cdots\left(1+\dfrac n{n^2}\right).$

1.26 设函数 $f(x)=\begin{cases}2x+1,&x<-1,\\x^3,&-1\leqslant x<2,\\x^2+4,&x\geqslant2.\end{cases}$ 又设 α,β 分别是 $y=f(x)$ 的反函数 $y=g(x)$ 的最小不可导点与最大不可导点,求极限 $\lim\limits_{n\to\infty}x_n$,其中数列 $\{x_n\}$ 定义如下:
$$x_0\in(\alpha,\beta),\quad x_{n+1}=\dfrac{2(1+x_n)}{2+x_n}.$$

1.27 设对任意 $x,y\in[a,b]$ 有
$$a\leqslant f(x)\leqslant b,|f(x)-f(y)|\leqslant k|x-y|(其中,常数\ k\in(0,1)).$$
证明:存在唯一的 $\xi\in[a,b]$,使得 $\xi=f(\xi)$.

1.28 设函数 $f(x)$ 在点 $x=0$ 的某个邻域内有连续的二阶导数,且 $f(0)=f'(0)=0$,$f''(x)>0$.求极限 $I=\lim\limits_{x\to0}\dfrac{\displaystyle\int_0^{u(x)}f(t)\mathrm dt}{\displaystyle\int_0^x f(t)\mathrm dt}$,其中 $u(x)$ 是曲线 $y=f(x)$ 在点 $(x,f(x))$ 处的切线与 x 轴交点的横坐标.

1.29 设 a_1,b_1 是实数,记
$$a_n=\int_0^1\max\{b_{n-1},x\}\mathrm dx,\quad b_n=\int_0^1\min\{a_{n-1},x\}\mathrm dx,\quad n=2,3,\cdots.$$
求极限 $\lim\limits_{n\to\infty}a_n$ 和 $\lim\limits_{n\to\infty}b_n.$

1.30 设 $f(x)$ 是连续函数,对任意 x 满足 $f(2x^2-1)=xf(x)$,且 $f(1)=0$. 证明:对于 $-1\leqslant x\leqslant1$,恒有 $f(x)=0$.

附:解答

1.1　$\lim\limits_{n\to\infty}\left(\dfrac{n-\ln n}{n+2\ln n}\right)^{\frac{n}{\ln n}}=\lim\limits_{n\to\infty}\dfrac{\left(1-\dfrac{\ln n}{n}\right)^{\frac{n}{\ln n}}}{\left(1+\dfrac{2\ln n}{n}\right)^{\frac{n}{\ln n}}}=\dfrac{\mathrm{e}^{-1}}{\mathrm{e}^2}=\dfrac{1}{\mathrm{e}^3}.$

1.2　当 $x\to0$ 时,$x-\sin x\cdot\cos x\cdot\cos 2x=x-\dfrac{1}{4}\sin 4x$

$$=x-\dfrac{1}{4}\left[4x-\dfrac{1}{6}(4x)^3+o(x^4)\right]$$

$$=\dfrac{8}{3}x^3+o(x^4)\sim\dfrac{8}{3}x^3,$$

所以 $c=\dfrac{8}{3},k=3.$

1.3　当 $-1<x\leqslant1$ 时,$f(x)=\lim\limits_{n\to\infty}\dfrac{\ln(\mathrm{e}^x+x^n)}{\sqrt{n}}=0$;

当 $x>1$ 时,$f(x)=\lim\limits_{n\to\infty}\dfrac{\ln(\mathrm{e}^x+x^n)}{\sqrt{n}}=\lim\limits_{n\to\infty}\dfrac{n\ln x+\ln\left(\dfrac{\mathrm{e}^x}{x^n}+1\right)}{\sqrt{n}}=\infty$;

当 $x\leqslant-1$ 时,对奇数 n,$\dfrac{\ln(\mathrm{e}^x+x^n)}{\sqrt{n}}$ 无定义,从而 $f(x)=\lim\limits_{n\to\infty}\dfrac{\ln(\mathrm{e}^x+x^n)}{\sqrt{n}}$ 不存在.

因此 $f(x)$ 的定义域为 $(-1,1]$.

1.4　$\lim\limits_{x\to0}\left(\sin\dfrac{x}{2}+\cos 2x\right)^{\frac{1}{x}}=\mathrm{e}^{\lim\limits_{x\to0}\frac{\ln\left(\sin\frac{x}{2}+\cos 2x\right)}{x}}$,其中

$$\lim\limits_{x\to0}\dfrac{\ln\left(\sin\dfrac{x}{2}+\cos 2x\right)}{x}=\lim\limits_{x\to0}\dfrac{\ln\left(1+\left(\sin\dfrac{x}{2}+\cos 2x-1\right)\right)}{x}$$

$$=\lim\limits_{x\to0}\dfrac{\sin\dfrac{x}{2}+(\cos 2x-1)}{x}=\lim\limits_{x\to0}\dfrac{\sin\dfrac{x}{2}}{x}=\dfrac{1}{2}.$$

所以,$\lim\limits_{x\to0}\left(\sin\dfrac{x}{2}+\cos 2x\right)^{\frac{1}{x}}=\mathrm{e}^{\frac{1}{2}}.$

1.5　由 $2=\lim\limits_{x\to0}\dfrac{a\tan x+b(1-\cos x)}{\ln(1-2x)+c(1-\mathrm{e}^{-x^2})}=\lim\limits_{x\to0}\dfrac{a\tan x}{\ln(1-2x)}=a\lim\limits_{x\to0}\dfrac{x}{-2x}=-\dfrac{a}{2}$ 得,$a=-4.$

1.6　$\lim\limits_{x\to\frac{\pi}{2}}(\sin x)^{\tan x}=\mathrm{e}^{\lim\limits_{x\to\frac{\pi}{2}}\tan x\ln\sin x}$,

其中 $\lim\limits_{x\to\frac{\pi}{2}}\tan x\ln\sin x\xrightarrow{\text{令}t=\frac{\pi}{2}-x}\lim\limits_{t\to0}\cot t\ln\cos t=\lim\limits_{t\to0}\dfrac{\ln(1+(\cos t-1))}{\tan t}$

$$=\lim\limits_{t\to0}\dfrac{\cos t-1}{t}=0.$$

所以,$\lim\limits_{x\to\frac{\pi}{2}}(\sin x)^{\tan x}=\mathrm{e}^0=1.$

1.7　设 $n\leqslant x<n+1$,则

$$\frac{1}{n+1}\int_0^n (t-[t])\mathrm{d}t < \frac{1}{x}\int_0^x (t-[t])\mathrm{d}t < \frac{1}{n}\int_0^{n+1}(t-[t])\mathrm{d}t.$$

由于

$$\frac{1}{n+1}\int_0^n (t-[t])\mathrm{d}t = \frac{1}{n+1}\cdot\frac{1}{2}\cdot n \to \frac{1}{2}(n\to\infty),$$

$$\frac{1}{n}\int_0^{n+1}(t-[t])\mathrm{d}t = \frac{1}{n}\cdot\frac{1}{2}\cdot(n+1) \to \frac{1}{2}(n\to\infty),$$

所以 $\displaystyle\lim_{x\to+\infty}\frac{1}{x}\int_0^x (t-[t])\mathrm{d}t = \frac{1}{2}$.

1.8　由于 $x\to 0$ 时

A. $\sqrt{1+\tan x}-\sqrt{1+\sin x}=\dfrac{\tan x-\sin x}{\sqrt{1+\tan x}+\sqrt{1+\sin x}}=\dfrac{\sin x(1-\cos x)}{\cos x(\sqrt{1+\tan x}+\sqrt{1+\sin x})}$

$$\sim\frac{1}{2}\cdot x\cdot\frac{1}{2}x^2=\frac{1}{4}x^3,$$

B. $\sqrt{1+2x}-\sqrt[3]{1+3x}=\left[1+\dfrac{1}{2}(2x)+\dfrac{\dfrac{1}{2}\left(\dfrac{1}{2}-1\right)}{2}(2x)^2+o(x^2)\right]-$

$$\left[1+\frac{1}{3}(3x)+\frac{\dfrac{1}{3}\left(\dfrac{1}{3}-1\right)}{2}(3x)^2+o(x^2)\right]$$

$$=\frac{1}{2}x^2+o(x^2)\sim\frac{1}{2}x^2,$$

C. $x-\left(\dfrac{4}{3}-\dfrac{1}{3}\cos x\right)\sin x$

$$=x-\left[\frac{4}{3}-\frac{1}{3}\left(1-\frac{1}{2}x^2+\frac{1}{24}x^4+o(x^5)\right)\right]\left(x-\frac{1}{6}x^3+\frac{1}{120}x^5+o(x^6)\right)$$

$$=x-\left(1+\frac{1}{6}x^2-\frac{1}{72}x^4+o(x^5)\right)\left(x-\frac{1}{6}x^3+\frac{1}{120}x^5+o(x^6)\right)$$

$$=x-\left(x-\frac{1}{30}x^5+o(x^6)\right)\sim\frac{1}{30}x^5,$$

D. $\mathrm{e}^{x^4-x}-1\sim x^4-x\sim -x,$

所以从低阶到高阶排列顺序为(D)(B)(A)(C).

1.9　由 $3=\displaystyle\lim_{x\to0}\frac{\sqrt{1+f(x)\tan x}-1}{\mathrm{e}^{2x}-1}=\lim_{x\to0}\frac{\dfrac{1}{2}f(x)\tan x}{2x}=\frac{1}{4}\lim_{x\to0}f(x)\cdot\lim_{x\to0}\frac{\tan x}{x}$

$$=\frac{1}{4}\lim_{x\to0}f(x),$$

可知 $\displaystyle\lim_{x\to0}f(x)=12$.

1.10　$f(0)=\displaystyle\lim_{x\to0}f(x)=\lim_{x\to0}\frac{\sqrt{1+x}-\sqrt[3]{1+x}}{\sin x}=\lim_{x\to0}\frac{\sqrt{1+x}-\sqrt[3]{1+x}}{x}$

$$=\lim_{x\to0}\frac{\sqrt{1+x}-1}{x}-\lim_{x\to0}\frac{\sqrt[3]{1+x}-1}{x}=\frac{1}{2}-\frac{1}{3}=\frac{1}{6}.$$

1.11 由于 $\lim\limits_{x\to 0}\left(\dfrac{\sin x}{x}\right)^{\frac{1}{x^2}}=\mathrm{e}^{\lim\limits_{x\to 0}\ln\frac{\left(\frac{\sin x}{x}\right)}{x^2}}$

其中，$\lim\limits_{x\to 0}\dfrac{\ln\left(\dfrac{\sin x}{x}\right)}{x^2}=\lim\limits_{x\to 0}\dfrac{\ln\left(1+\left(\dfrac{\sin x}{x}-1\right)\right)}{x^2}=\lim\limits_{x\to 0}\dfrac{\dfrac{\sin x}{x}-1}{x^2}=\lim\limits_{x\to 0}\dfrac{\sin x-x}{x^3}$

$\xlongequal{\text{洛必达法则}}\lim\limits_{x\to 0}\dfrac{\cos x-1}{3x^2}=\lim\limits_{x\to 0}\dfrac{-\dfrac{1}{2}x^2}{3x^2}=-\dfrac{1}{6}$,

所以 $\lim\limits_{x\to 0}\left(\dfrac{\sin x}{x}\right)^{\frac{1}{x^2}}=\mathrm{e}^{-\frac{1}{6}}$. 从而 $\lim\limits_{n\to\infty}\left(\dfrac{\sin x_n}{x_n}\right)^{\frac{1}{x_n^2}}=\mathrm{e}^{-\frac{1}{6}}$.

1.12 当 $0\leqslant x<\dfrac{1}{3}$ 时，$\lim\limits_{n\to\infty}\sqrt[n]{3+(3x)^n+x^{2n}}=\lim\limits_{n\to\infty}\sqrt[n]{3}=1$；

当 $x=\dfrac{1}{3}$ 时，$\lim\limits_{n\to\infty}\sqrt[n]{3+(3x)^n+x^{2n}}=\lim\limits_{n\to\infty}\sqrt[n]{4}=1$；

当 $\dfrac{1}{3}<x<3$ 时，$\lim\limits_{n\to\infty}\sqrt[n]{3+(3x)^n+x^{2n}}=\lim\limits_{n\to\infty}\sqrt[n]{(3x)^n}=3x$；

当 $x=3$ 时，$\lim\limits_{n\to\infty}\sqrt[n]{3+(3x)^n+x^{2n}}=\lim\limits_{n\to\infty}\sqrt[n]{2\cdot 9^n}=9$；

当 $x>3$ 时，$\lim\limits_{n\to\infty}\sqrt[3]{3+(3x)^n+x^{2n}}=\lim\limits_{n\to\infty}\sqrt[n]{x^{2n}}=x^2$.

综上所述得

$$f(x)=\begin{cases}1, & 0\leqslant x\leqslant\dfrac{1}{3},\\[2mm] 3x, & \dfrac{1}{3}<x\leqslant 3,\\[2mm] x^2, & x>3.\end{cases}$$

由 $f(x)$ 的表达式知 $f(x)$ 在 $[0,+\infty)$ 上连续.

1.13 $\lim\limits_{x\to\infty}\left[x\mathrm{e}^{\frac{1}{x}}\arctan\dfrac{x^2+x-1}{(x+1)(x+2)}-\dfrac{\pi}{4}x\right]$

$=\lim\limits_{x\to\infty}x(\mathrm{e}^{\frac{1}{x}}-1)\arctan\dfrac{x^2+x-1}{(x+1)(x+2)}+\lim\limits_{x\to\infty}x\left[\arctan\dfrac{x^2+x-1}{(x+1)(x+2)}-\dfrac{\pi}{4}\right]$,

其中，

$\lim\limits_{x\to\infty}x(\mathrm{e}^{\frac{1}{x}}-1)\arctan\dfrac{x^2+x-1}{(x+1)(x+2)}=\lim\limits_{x\to\infty}\dfrac{\mathrm{e}^{\frac{1}{x}}-1}{\dfrac{1}{x}}\cdot\lim\limits_{x\to\infty}\arctan\dfrac{x^2+x-1}{(x+1)(x+2)}$

$=1\cdot\arctan 1=\dfrac{\pi}{4}$,

$\lim\limits_{x\to\infty}x\left[\arctan\dfrac{x^2+x-1}{(x+1)(x+2)}-\dfrac{\pi}{4}\right]=\lim\limits_{x\to\infty}x\left[\arctan\dfrac{x^2+x-1}{(x+1)(x+2)}-\arctan 1\right]$

$=\lim\limits_{x\to\infty}x\arctan\dfrac{\dfrac{x^2+x-1}{(x+1)(x+2)}-1}{1+\dfrac{x^2+x-1}{(x+1)(x+2)}\cdot 1}\left(\text{这里利用 }\arctan b-\arctan a=\arctan\dfrac{b-a}{1+ab}\right)$

$=\lim\limits_{x\to\infty}x\arctan\dfrac{-2x-3}{2x^2+4x+1}=\lim\limits_{x\to\infty}\left(x\cdot\dfrac{-2x-3}{2x^2+4x+1}\right)=-1$.

所以，$\lim\limits_{x \to \infty}\left[xe^{\frac{1}{x}}\arctan\dfrac{x^2+x-1}{(x+1)(x+2)}-\dfrac{\pi}{4}x\right]=\dfrac{\pi}{4}-1.$

1. 14   令 $t=\dfrac{1}{x}$，则

$$f\left(\frac{1}{t}\right)=\left(\frac{1}{t^3}-\frac{1}{t^2}+\frac{1}{2t}\right)e^t-\sqrt{\frac{1}{t^6}+1}-\frac{1}{6}$$

$$=\left(\frac{1}{t^3}-\frac{1}{t^2}+\frac{1}{2t}\right)\left(1+t+\frac{1}{2}t^2+\frac{1}{6}t^3+\frac{1}{24}t^4+o(t^4)\right)-\frac{1}{t^3}(1+o(t^5))-\frac{1}{6}$$

$$=\left(\frac{1}{t^3}+\frac{1}{6}+\frac{1}{8}t+o(t)\right)-\left(\frac{1}{t^3}+o(t^2)\right)-\frac{1}{6}=\frac{1}{8}t+o(t)\sim\frac{1}{8}t(t \to 0^+).$$

所以 $x \to +\infty$ 时，$f(x)$ 的等价无穷小为 $\dfrac{1}{8x}.$

1. 15   (1) 要使 $f(x)$ 在点 $x=0$ 处连续，a 必须满足

$$\lim_{x \to 0^-}f(x)=\lim_{x \to 0^+}f(x)=6,\text{即}\begin{cases}\lim\limits_{x \to 0^-}\dfrac{\ln(1+ax^3)}{x-\arcsin x}=6,\\[3mm]\lim\limits_{x \to 0^+}\dfrac{e^{ax}+x^2-ax-1}{x\sin\dfrac{x}{4}}=6.\end{cases} \tag{1}$$

由于 $\lim\limits_{x \to 0^-}\dfrac{\ln(1+ax^3)}{x-\arcsin x}=a\lim\limits_{x \to 0^-}\dfrac{x^3}{x-\arcsin x}$

$$\xlongequal{\text{洛必达法则}}a\lim_{x \to 0^-}\frac{3x^2}{1-\dfrac{1}{\sqrt{1-x^2}}}=3a\lim_{x \to 0^-}\left(\sqrt{1-x^2}\cdot\frac{x^2}{\sqrt{1-x^2}-1}\right)$$

$$=3a\lim_{x \to 0^-}\frac{x^2}{\sqrt{1-x^2}-1}=3a\lim_{x \to 0^-}\frac{x^2}{-\dfrac{1}{2}x^2}=-6a,$$

$$\lim_{x \to 0^+}\frac{e^{ax}+x^2-ax-1}{x\sin\dfrac{x}{4}}=\lim_{x \to 0^+}\frac{e^{ax}+x^2-ax-1}{x\cdot\dfrac{x}{4}}=4\left(\lim_{x \to 0^+}\frac{e^{ax}-ax-1}{x^2}+1\right)$$

$$\xlongequal{\text{洛必达法则}}4\lim_{x \to 0^+}\frac{a(e^{ax}-1)}{2x}+4=2a^2+4,$$

所以式(1)成为 $\begin{cases}-6a=6,\\2a^2+4=6,\end{cases}$ 即 $a=-1.$

(2) 由(1)的计算知

$$f(x)=\begin{cases}\dfrac{\ln(1-x^3)}{x-\arcsin x},&x<0,\\[3mm]6,&x=0,\\[3mm]\dfrac{e^{-x}+x^2+x-1}{x\sin\dfrac{x}{4}},&x>0,\end{cases}$$

于是，

$$f_-'(0)=\lim_{x \to 0^-}\frac{f(x)-f(0)}{x-0}=\lim_{x \to 0^-}\frac{\dfrac{\ln(1-x^3)}{x-\arcsin x}-6}{x}$$

$$= \lim_{x \to 0^-} \frac{\ln(1-x^3) - 6x + 6\arcsin x}{x(x - \arcsin x)}.$$

由于 $\arcsin x = \int_0^x (1-t^2)^{-\frac{1}{2}} dt = \int_0^x \left(1 + \frac{1}{2}t^2 + o(t^3)\right) dt = x + \frac{1}{6}x^3 + o(x^4)$，

所以，$x \to 0^-$ 时，

$$\ln(1-x^3) - 6x + 6\arcsin x = -x^3 + o(x^4) - 6x + 6\left(x + \frac{1}{6}x^3 + o(x^4)\right) = o(x^4),$$

$$x(x - \arcsin x) = x\left[x - \left(x + \frac{1}{6}x^3 + o(x^4)\right)\right] = -\frac{1}{6}x^4 + o(x^5) \sim -\frac{1}{6}x^4.$$

因此，$f'_-(0) = \lim_{x \to 0^-} \frac{o(x^4)}{-\frac{1}{6}x^4} = 0.$

此外

$$f'_+(0) = \lim_{x \to 0^+} \frac{f(x) - f(0)}{x} = \lim_{x \to 0^+} \frac{\dfrac{e^{-x} + x^2 + x - 1}{x \sin \dfrac{x}{4}} - 6}{x}$$

$$= \lim_{x \to 0^+} \frac{e^{-x} + x^2 + x - 1 - 6x\sin\dfrac{x}{4}}{x^2 \sin\dfrac{x}{4}},$$

其中，$x \to 0^+$ 时，

$$e^{-x} + x^2 + x - 1 - 6x\sin\frac{x}{4}$$

$$= \left(1 - x + \frac{1}{2}x^2 - \frac{1}{6}x^3 + o(x^3)\right) + x^2 + x - 1 - 6x\left(\frac{x}{4} + o(x^2)\right)$$

$$= -\frac{1}{6}x^3 + o(x^3) \sim -\frac{1}{6}x^3,$$

$$x^2 \sin\frac{x}{4} \sim \frac{1}{4}x^3.$$

所以，$f'_+(0) = \lim_{x \to 0^+} \dfrac{-\dfrac{1}{6}x^3}{\dfrac{1}{4}x^3} = -\dfrac{2}{3}.$

由此可知，$f(x)$ 在 $x = 0$ 处不可导，其中 $f'_-(0) = 0$，$f'_+(0) = -\dfrac{2}{3}$.

1.16　(1) 由于 $F(x) = x^n + f(x)$ 在 $(-\infty, +\infty)$ 上连续，且当 n 是奇数时 $\lim\limits_{x \to -\infty} F(x) = -\infty$，$\lim\limits_{x \to +\infty} F(x) = +\infty$，所以，存在 $\xi \in (-\infty, +\infty)$，使得 $F(\xi) = 0$，即 $\xi^n + f(\xi) = 0$.

(2) 当 n 是偶数时，由 $\lim\limits_{x \to \infty} F(x) = +\infty$ 知对 $M = |F(0)| + 1 > 0$，存在 $N > 0$，当 $|x| > N$ 时有

$$F(0) < M < F(x).$$

此外，存在 $\eta \in [-N, N] \subset (-\infty, +\infty)$，使得 $F(\eta)$ 是 $F(x)$ 在 $[-N, N]$ 上的最小值，于是在 $[-N, N]$ 上，$F(x) \geqslant F(\eta)$，特别有 $F(0) \geqslant F(\eta)$. 所以对于任意 $x \in (-\infty, +\infty)$ 有 $F(\eta) \leqslant$

$F(x)$,即 $\eta^n + f(\eta) \leqslant x^n + f(x)$.

1.17 记 $f(x)$ 在 $[c,d]$ 上的最小值为 m,最大值为 M,则

$$\frac{pf(c)+qf(d)}{p+q} \geqslant \frac{pm+qn}{p+q} = m,$$

$$\frac{pf(c)+qf(d)}{p+q} \leqslant \frac{pM+qM}{p+q} = M,$$

所以由连续函数介值定理知,存在 $\xi \in [c,d]$,使得 $f(\xi) = \dfrac{pf(c)+qf(d)}{p+q}$,即

$$pf(c)+qf(d) = (p+q)f(\xi).$$

1.18 由于 $0 < t \leqslant 1$ 时,$1-2t^2 < \cos 2t < 1$,所以

$$\frac{1}{4t^2} - \frac{1}{2} < \frac{\cos 2t}{4t^2} < \frac{1}{4t^2}.$$

于是有

$$\frac{1}{4} - \frac{3}{4n} + \frac{1}{2n^2} = \frac{1}{n}\int_{\frac{1}{n}}^{1}\left(\frac{1}{4t^2} - \frac{1}{2}\right)\mathrm{d}t < \frac{1}{n}\int_{\frac{1}{n}}^{1}\frac{\cos 2t}{4t^2}\mathrm{d}t < \frac{1}{n}\int_{\frac{1}{n}}^{1}\frac{1}{4t^2}\mathrm{d}t = \frac{1}{4} - \frac{1}{4n},$$

即

$$\frac{1}{4} - \frac{3}{4n} + \frac{1}{2n^2} < \frac{1}{n}\int_{\frac{1}{n}}^{1}\frac{\cos 2t}{4t^2}\mathrm{d}t < \frac{1}{4} - \frac{1}{4n} \quad (n = 2,3,\cdots),$$

于是由 $\lim\limits_{n\to\infty}\left(\dfrac{1}{4} - \dfrac{3}{4n} + \dfrac{1}{2n^2}\right) = \lim\limits_{n\to\infty}\left(\dfrac{1}{4} - \dfrac{1}{4n}\right) = \dfrac{1}{4}$ 得

$$\lim_{n\to\infty}\frac{1}{n}\int_{\frac{1}{n}}^{1}\frac{\cos 2t}{4t^2}\mathrm{d}t = \frac{1}{4}.$$

1.19 如果 $b \neq 0$,则当 $b < 0$ 时,

$$\lim_{x\to 0}\int_{b}^{x}\frac{\ln(1+t^3)}{t}\mathrm{d}t = \int_{b}^{0}\frac{\ln(1+t^3)}{t}\mathrm{d}t > 0;$$

当 $b > 0$ 时,

$$\lim_{x\to 0}\int_{b}^{x}\frac{\ln(1+t^3)}{t}\mathrm{d}t = \int_{b}^{0}\frac{\ln(1+t^3)}{t}\mathrm{d}t < 0.$$

就是说,$b \neq 0$ 时 $\lim\limits_{x\to 0}\displaystyle\int_{b}^{x}\dfrac{\ln(1+t^3)}{t}\mathrm{d}t$ 的值不为零,由此得到

$$c = \lim_{x\to 0}\frac{ax - \sin x}{\displaystyle\int_{b}^{x}\frac{\ln(1+t^3)}{t}\mathrm{d}t} = 0.$$

这与题设 $c \neq 0$ 矛盾,因此 $b = 0$,从而

$$c = \lim_{x\to 0}\frac{ax - \sin x}{\displaystyle\int_{0}^{x}\frac{\ln(1+t^3)}{t}\mathrm{d}t} \xlongequal{\text{洛必达法则}} \lim_{x\to 0}\frac{a - \cos x}{\dfrac{\ln(1+x^3)}{x}}. \tag{1}$$

由此可得 $\lim\limits_{x\to 0}(a-\cos x) = 0$,即 $a = 1$,将它代入式(1)得

$$c = \lim_{x\to 0}\frac{1-\cos x}{\dfrac{\ln(1+x^3)}{x}} = \lim_{x\to 0}\frac{\dfrac{1}{2}x^2}{x^2} = \frac{1}{2}.$$

1.20 因为 $a = \lim\limits_{x\to+\infty}\dfrac{y}{x} = \lim\limits_{x\to+\infty}\dfrac{x^x}{(1+x)^x} = \lim\limits_{x\to+\infty}\dfrac{1}{\left(1+\dfrac{1}{x}\right)^x} = \dfrac{1}{\mathrm{e}}$,

$$b = \lim_{x \to +\infty}(y - ax) = \lim_{x \to +\infty}\left[\frac{x^{1+x}}{(1+x)^x} - \frac{1}{e}x\right] = \lim_{x \to +\infty}x\left[\frac{1}{\left(1+\frac{1}{x}\right)^x} - \frac{1}{e}\right]$$

$$\xlongequal{令 t = \frac{1}{x}} \lim_{t \to 0^+}\frac{e - (1+t)^{\frac{1}{t}}}{et(1+t)^{\frac{1}{t}}} = \frac{1}{e}\lim_{t \to 0^+}\frac{1 - e^{\frac{1}{t}\ln(1+t) - 1}}{t}$$

$$= -\frac{1}{e}\lim_{t \to 0^+}\frac{\frac{1}{t}\ln(1+t) - 1}{t} = -\frac{1}{e}\lim_{t \to 0^+}\frac{\ln(1+t) - t}{t^2}$$

$$= -\frac{1}{e}\lim_{t \to 0^+}\frac{\left(t - \frac{1}{2}t^2 + o(t^2)\right) - t}{t^2} = -\frac{1}{e}\lim_{t \to 0^+}\frac{-\frac{1}{2}t^2}{t^2} = \frac{1}{2e}.$$

所以,所给曲线的非铅直渐近线方程为 $y = \dfrac{1}{e}x + \dfrac{1}{2e}$.

1.21 由于 $\lim\limits_{x \to +\infty}\left(\dfrac{2}{\pi}\arctan\dfrac{x}{t^2}\right)^x = e^{\lim\limits_{x \to +\infty}x\ln\left(\frac{2}{\pi}\arctan\frac{x}{t^2}\right)}$,

其中,

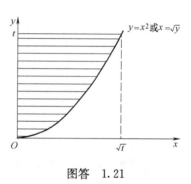

$$\lim_{x \to +\infty}x\ln\left(\frac{2}{\pi}\arctan\frac{x}{t^2}\right) = \lim_{x \to +\infty}\frac{\ln\left(1 + \left(\frac{2}{\pi}\arctan\frac{x}{t^2} - 1\right)\right)}{\frac{1}{x}}$$

$$= \lim_{x \to +\infty}\frac{\frac{2}{\pi}\arctan\frac{x}{t^2} - 1}{\frac{1}{x}}$$

图答 1.21

$$\xlongequal{洛必达法则} \lim_{x \to +\infty}\frac{\frac{2}{\pi}\frac{t^2}{t^4 + x^2}}{-\frac{1}{x^2}} = -\frac{2}{\pi}t^2,$$

所以, $I = \lim\limits_{t \to 0^+}\dfrac{\displaystyle\int_0^{\sqrt{t}}dx\int_{x^2}^{t}\sin y^2 dy}{(e^{-\frac{2}{\pi}t^2} - 1)\arctan t^{\frac{3}{2}}}.$

由于 $(e^{-\frac{2}{\pi}t^2} - 1)\arctan t^{\frac{3}{2}} \sim -\dfrac{2}{\pi}t^2 \cdot t^{\frac{3}{2}} = -\dfrac{2}{\pi}t^{\frac{7}{2}}\ (t \to 0^+)$,

$\displaystyle\int_0^{\sqrt{t}}dx\int_{x^2}^{t}\sin y^2 dy = \iint\limits_{D}\sin y^2 d\sigma$ (其中, $D = \{(x,y)\mid x^2 \leqslant y \leqslant t, 0 \leqslant x \leqslant \sqrt{t}$, 如图答 1.21

的阴影部分所示)

$$= \int_0^t dy\int_0^{\sqrt{y}}\sin y^2 dx = \int_0^t \sqrt{y}\sin y^2 dy.$$

因此，$I = \lim\limits_{t \to 0^+} \dfrac{\displaystyle\int_0^t \sqrt{y}\sin y^2 \mathrm{d}y}{-\dfrac{2}{\pi}t^{\frac{7}{2}}} \xlongequal{\text{洛必达法则}} \lim\limits_{t \to 0^+} \dfrac{\sqrt{t}\sin t^2}{-\dfrac{7}{\pi}t^{\frac{5}{2}}} = -\dfrac{\pi}{7}$.

1.22 $\lim\limits_{n \to \infty} \dfrac{a_1 + 2a_2 + \cdots + na_n}{n(n+1)} \xlongequal{\text{施笃兹定理}}$

$$\lim_{n \to \infty} \frac{(a_1 + 2a_2 + \cdots + na_n) - [a_1 + 2a_2 + \cdots + (n-1)a_{n-1}]}{n(n+1) - (n-1)n}$$

$$= \lim_{n \to \infty} \frac{na_n}{2n} = \frac{1}{2}a.$$

1.23 由于 $x_{n+1} - x_n = \left(-\dfrac{1}{2n}\right)(x_n - x_{n-1}) = \cdots$

$$= \left(-\frac{1}{2n}\right)\left(-\frac{1}{2(n-1)}\right)\cdots\left(-\frac{1}{2}\right)(x_1 - x_0)$$

$$= (-1)^n \frac{b-a}{2^n \cdot n!},$$

即
$$x_n - x_{n-1} = (-1)^{n-1}\frac{b-a}{2^{n-1} \cdot (n-1)!} \quad (n = 1, 2, \cdots),$$

所以，$x_n = \displaystyle\sum_{i=1}^{n}(x_i - x_{i-1}) + x_0 = \sum_{i=1}^{n}(-1)^{i-1}\frac{b-a}{2^{i-1} \cdot (i-1)!} + a.$

由此得到 $\lim\limits_{n \to \infty} x_n = \displaystyle\sum_{n=1}^{\infty}(-1)^{n-1}\frac{b-a}{2^{n-1} \cdot (n-1)!} + a$

$$= (b-a)\sum_{n=0}^{\infty}\frac{1}{n!}\left(-\frac{1}{2}\right)^n + a$$

$$= (b-a)\mathrm{e}^{-\frac{1}{2}} + a.$$

1.24 $\{a_n\}$ 由子数列 $\{a_{2n}\}$ 与 $\{a_{2n-1}\}$ 组成.

由于数列 $\{a_{2n}\}$ 有上界，且由 $a_{2n} \leqslant a_{2n+2} = a_{2(n+1)}(n = 1, 2, \cdots)$ 知 $\{a_{2n}\}$ 单调不减，所以由数列极限存在准则 Ⅱ 知 $\lim\limits_{n \to \infty} a_{2n}$ 存在，记为 A.

同理可知 $\lim\limits_{n \to \infty} a_{2n-1}$ 存在记为 B.

此外，考虑数列 $\{a_{3n}\}$，则它是有上界的，且由 $a_{3n} \leqslant a_{3n+3} = a_{3(n+1)}(n = 1, 2, \cdots)$ 知该数列单调不减，所以由数列极限存在准则 Ⅱ 知 $\lim\limits_{n \to \infty} a_{3n}$ 存在，记为 C.

由 $\{a_{2n}\}$ 与 $\{a_{3n}\}$ 有收敛的公共子数列 $\{a_{6n}\}$，它的极限应为 A，也应为 C.

由此得到 $A=C.$ （1）

由 $\{a_{2n-1}\}$ 与 $\{a_{3n}\}$ 也有收敛的公共子数列 $\{a_{6n-3}\}$，它的极限应为 B，也应为 C，由此得到 $B=C.$ （2）

由式（1），式（2）得 $A=B.$ 从而 $\lim\limits_{n\to\infty}a_n$ 存在.

1.25 （1）利用不等式 $x-\dfrac{1}{6}x^3<\sin x<x(0<x<1)$ 得

$$\sum_{i=1}^{n}\left[\frac{i}{n^2}-\frac{1}{6}\left(\frac{i}{n^2}\right)^3\right]<\sin\frac{1}{n^2}+\sin\frac{2}{n^2}+\cdots+\sin\frac{n}{n^2}<\sum_{i=1}^{n}\frac{i}{n^2}(n=1,2,\cdots),$$

其中，$\displaystyle\sum_{i=1}^{n}\frac{i}{n^2}=\frac{1}{n^2}\cdot\frac{1}{2}n(n+1)\to\frac{1}{2}(n\to\infty),$

$$\sum_{i=1}^{n}\left[\frac{i}{n^2}-\frac{1}{6}\left(\frac{i}{n^2}\right)^3\right]=\sum_{i=1}^{n}\frac{i}{n^2}-\frac{1}{6n^6}\left[\frac{1}{2}n(n+1)\right]^2\to\frac{1}{2}(n\to\infty).$$

所以，由数列极限存在准则 I 得

$$\lim_{n\to\infty}\left(\sin\frac{1}{n^2}+\sin\frac{2}{n^2}+\cdots+\sin\frac{n}{n^2}\right)=\frac{1}{2}.$$

（2）$\displaystyle\lim_{n\to\infty}\left(1+\frac{1}{n^2}\right)+\left(1+\frac{2}{n^2}\right)\cdots\left(1+\frac{n}{n^2}\right)=e^{\displaystyle\lim_{n\to\infty}\left[\ln\left(1+\frac{1}{n^2}\right)+\ln\left(1+\frac{2}{n^2}\right)+\cdots+\ln\left(1+\frac{n}{n^2}\right)\right]}.$ （1）

利用不等式 $x-\dfrac{1}{2}x^2<\ln(1+x)<x(0<x<1)$ 得

$$\sum_{i=1}^{n}\left[\frac{i}{n^2}-\frac{1}{2}\left(\frac{i}{n^2}\right)^2\right]<\ln\left(1+\frac{1}{n^2}\right)+\ln\left(1+\frac{2}{n^2}\right)+\cdots+\ln\left(1+\frac{n}{n^2}\right)<\sum_{i=1}^{n}\frac{i}{n^2},$$

其中，$\displaystyle\sum_{i=1}^{n}\frac{i}{n^2}=\frac{1}{n^2}\cdot\frac{1}{2}n(n+1)\to\frac{1}{2}(n\to\infty),$

$$\sum_{i=1}^{n}\left[\frac{i}{n^2}-\frac{1}{2}\left(\frac{i}{n^2}\right)^2\right]=\sum_{i=1}^{n}\frac{i}{n^2}-\frac{1}{2n^4}\cdot\frac{1}{6}n(n+1)(2n+1)\to\frac{1}{2}(n\to\infty).$$

所以 $\displaystyle\lim_{n\to\infty}\left[\ln\left(1+\frac{1}{n^2}\right)+\ln\left(1+\frac{2}{n^2}\right)+\cdots+\ln\left(1+\frac{n}{n^2}\right)\right]=\frac{1}{2}.$ （2）

将式（2）代入式（1）得

$$\lim_{n\to\infty}\left(1+\frac{1}{n^2}\right)\left(1+\frac{2}{n^2}\right)\cdots\left(1+\frac{n}{n^2}\right)=e^{\frac{1}{2}}.$$

1.26 由 $y=f(x)$ 的表达式得其反函数

$$y = g(x) = \begin{cases} \dfrac{1}{2}(x-1), & x < -1, \\ \sqrt[3]{x}, & -1 \leqslant x < 8, \\ \sqrt{x-4}, & x \geqslant 8. \end{cases}$$

容易知道, $y=g(x)$ 的不可导点为 $x=-1,0,8$. 所以 $\alpha=-1,\beta=8$.

由于 $x_0 \in (-1,8)$, 所以 $x_{n+1} = \dfrac{2(1+x_n)}{2+x_n} > 0 (n=0,1,2,\cdots)$, 即 $\{x_n\}$ 有下界. 此外由 x_{n+1}

$= \dfrac{2(1+x_n)}{2+x_n} = 2 - \dfrac{2}{2+x_n} < 2 (n=0,1,2,\cdots)$ 知 $\{x_n\}$ 有上界.

将递推式 $x_{n+1} = \dfrac{2(1+x_n)}{2+x_n}$ 右边的 x_n 改为 x, 记如此得到的函数为 $\varphi(x)$, 即 $\varphi(x) = \dfrac{2(1+x)}{2+x} (0 < x < 2)$. 由于

$$\varphi'(x) = \frac{2}{(2+x)^2} > 0 \quad (0 < x < 2),$$

于是, 不管 $x_0 \leqslant x_1$ 或 $x_0 > x_1$, 根据数列极限存在准则 Ⅱ 知, $x_0 \in (-1,8)$ 时, $\lim\limits_{n\to\infty} x_n$ 存在. 记其极限值为 A, 令 $n \to \infty$ 在递推式两边取极限得

$$A = \frac{2(1+A)}{2+A}, \text{即 } A = \sqrt{2}.$$

因此
$$\lim\limits_{n\to\infty} x_n = \sqrt{2}.$$

1.27 设 $x_0 \in [a,b]$, 则对任给 $\varepsilon > 0$, 存在 $\delta \in (0,\varepsilon)$, 当 $|x-x_0| < \delta$ 时,
$$|f(x)-f(x_0)| \leqslant k|x-x_0| < |x-x_0| < \delta < \varepsilon,$$

所以 $f(x)$ 在点 x_0 处连续. 于是由 x_0 是 $[a,b]$ 的任一点知 $f(x)$ 在 $[a,b]$ 上连续.

记 $F(x)=f(x)-x$, 则 $F(x)$ 在 $[a,b]$ 上连续, 且
$$F(a)F(b) = [f(a)-a][f(b)-b] \leqslant 0.$$

所以由连续函数零点定理(推广形式)知方程 $F(x)=0$ 有实根, 即存在 $\xi \in [a,b]$, 使得 $\xi = f(\xi)$.

设另有满足 $\alpha=f(\alpha)$ 的 $\alpha \in [a,b]$, 则
$$|\xi-\alpha| = |f(\xi)-f(\alpha)| \leqslant k|\xi-\alpha| < |\xi-\alpha|.$$

这是矛盾的, 由此知满足 $\xi=f(\xi)$ 的 ξ 是唯一的.

1.28 由曲线在点 $(x,f(x))(x \neq 0)$ 处的切线方程为
$$Y - f(x) = f'(x)(X-x)$$

得 $u(x) = x - \dfrac{f(x)}{f'(x)}$（其中，由 $f''(x) > 0$ 知，当 $x > 0$ 时 $f'(x) > f'(0) = 0$；当 $x < 0$ 时，

$f'(x) < f'(0) = 0$，即 $x \neq 0$ 时，$f'(x) \neq 0$).

由于 $\lim\limits_{x\to 0} u(x) = \lim\limits_{x\to 0}\left[x - \dfrac{f(x)}{f'(x)} \right] = -\lim\limits_{x\to 0}\dfrac{f(x)}{f'(x)} \xlongequal{\text{洛必达法则}} -\lim\limits_{x\to 0}\dfrac{f'(x)}{f''(x)} = -\dfrac{f'(0)}{f''(0)} = 0$，

$\lim\limits_{x\to 0} u'(x) = \lim\limits_{x\to 0}\left\{ 1 - \dfrac{[f'(x)]^2 - f(x)f''(x)}{[f'(x)]^2} \right\} = \lim\limits_{x\to 0}\dfrac{f(x)f''(x)}{[f'(x)]^2} = f''(0) \cdot \lim\limits_{x\to 0}\dfrac{f(x)}{[f'(x)]^2}$

$\xlongequal{\text{洛必达法则}} f''(0) \cdot \lim\limits_{x\to 0}\dfrac{f'(x)}{2f'(x)f''(x)} = \dfrac{1}{2}$，

所以，

$$
\begin{aligned}
I &= \lim_{x\to 0}\dfrac{\displaystyle\int_0^{u(x)} f(t)\,\mathrm{d}t}{\displaystyle\int_0^x f(t)\,\mathrm{d}t} \xlongequal{\text{洛必达法则}} \lim_{x\to 0}\dfrac{f(u(x))u'(x)}{f(x)} \\[2mm]
&= \dfrac{1}{2}\lim_{x\to 0}\dfrac{f(u(x))}{f(x)} \xlongequal{\text{洛必达法则}} \dfrac{1}{2}\lim_{x\to 0}\dfrac{f'(u(x))u'(x)}{f'(x)} \\[2mm]
&= \dfrac{1}{4}\lim_{x\to 0}\dfrac{f'(u(x))}{f'(x)} \xlongequal{\text{洛必达法则}} \dfrac{1}{4}\lim_{x\to 0}\dfrac{f''(u(x))u'(x)}{f''(x)} \\[2mm]
&= \dfrac{1}{8}\lim_{x\to 0}\dfrac{f''(u(x))}{f''(x)} = \dfrac{1}{8}\cdot\dfrac{f''(0)}{f''(0)} = \dfrac{1}{8}.
\end{aligned}
$$

1.29 先考虑数列 $\{a_n\}$ 和 $\{b_n\}$ 的有界性. 对 $n = 2, 3, \cdots$，有

$$
a_n = \int_0^1 \max\{b_{n-1}, x\}\,\mathrm{d}x \geqslant \int_0^1 x\,\mathrm{d}x = \dfrac{1}{2},
$$

$$
b_n = \int_0^1 \min\{a_{n-1}, x\}\,\mathrm{d}x \leqslant \int_0^1 x\,\mathrm{d}x = \dfrac{1}{2},
$$

所以对于 $n = 3, 4, \cdots$，有

$$
\begin{aligned}
a_n &= \int_0^1 \max\{b_{n-1}, x\}\,\mathrm{d}x \leqslant \int_0^1 \max\left\{\dfrac{1}{2}, x\right\}\,\mathrm{d}x \\[2mm]
&= \int_0^{\frac{1}{2}} \max\left\{\dfrac{1}{2}, x\right\}\,\mathrm{d}x + \int_{\frac{1}{2}}^1 \max\left\{\dfrac{1}{2}, x\right\}\,\mathrm{d}x \\[2mm]
&= \int_0^{\frac{1}{2}} \dfrac{1}{2}\,\mathrm{d}x + \int_{\frac{1}{2}}^1 x\,\mathrm{d}x = \dfrac{1}{4} + \dfrac{3}{8} = \dfrac{5}{8}.
\end{aligned}
$$

$$
\begin{aligned}
b_n &= \int_0^1 \min\{a_{n-1}, x\}\,\mathrm{d}x \geqslant \int_0^1 \min\left\{\dfrac{1}{2}, x\right\}\,\mathrm{d}x \\[2mm]
&= \int_0^{\frac{1}{2}} \min\left\{\dfrac{1}{2}, x\right\}\,\mathrm{d}x + \int_{\frac{1}{2}}^1 \min\left\{\dfrac{1}{2}, x\right\}\,\mathrm{d}x
\end{aligned}
$$

$$= \int_0^{\frac{1}{2}} x \mathrm{d}x + \int_{\frac{1}{2}}^1 \frac{1}{2} \mathrm{d}x = \frac{1}{8} + \frac{1}{4} = \frac{3}{8}.$$

因此　$\frac{1}{2} \leqslant a_n \leqslant \frac{5}{8}, \frac{3}{8} \leqslant b_n \leqslant \frac{1}{2}, n=3,4,\cdots,$ 即 $\{a_n\},\{b_n\}$ 都是有界的.

于是,对于 $n=3,4,\cdots,$ 有

$$a_{n+1} = \int_0^1 \max\{b_n, x\} \mathrm{d}x = \int_0^{b_n} \max\{b_n, x\} \mathrm{d}x + \int_{b_n}^1 \max\{b_n, x\} \mathrm{d}x$$

$$= \int_0^{b_n} b_n \mathrm{d}x + \int_{b_n}^1 x \mathrm{d}x = \frac{1}{2} + \frac{1}{2} b_n^2,$$

$$b_{n+1} = \int_0^1 \min\{a_n, x\} \mathrm{d}x = \int_0^{a_n} \min\{a_n, x\} \mathrm{d}x + \int_{a_n}^1 \min\{a_n, x\} \mathrm{d}x$$

$$= \int_0^{a_n} x \mathrm{d}x + \int_{a_n}^1 a_n \mathrm{d}x = a_n - \frac{1}{2} a_n^2,$$

即　　　　　$$a_{n+1} = \frac{1}{2} + \frac{1}{2} b_n^2, b_{n+1} = a_n - \frac{1}{2} a_n^2, n=3,4,\cdots. \tag{1}$$

将式(1)的第二式代入第一式得

$$a_{n+1} = \frac{1}{2} + \frac{1}{2} \left(a_{n-1} - \frac{1}{2} a_{n-1}^2 \right)^2 \quad (n=3,4,\cdots). \tag{2}$$

记 $f(x) = \frac{1}{2} + \frac{1}{2} \left(x - \frac{1}{2} x^2 \right)^2 \left(\frac{1}{2} \leqslant x \leqslant \frac{5}{8} \right)$ (即将式(2)的右边 a_{n-1} 换成 x 所得的函数),

则 $f'(x) = \left(x - \frac{1}{2} x^2 \right) (1-x) > 0 \left(\frac{1}{2} \leqslant x \leqslant \frac{5}{8} \right).$ 所以,不管 $a_2 \geqslant a_4$ 或 $a_2 \leqslant a_4$, $\{a_{2n}\}$ 的极限存在,记为 $A_1.$ 由于 $\{a_{2n}\}$ 应满足

$$a_{2n+2} = \frac{1}{2} + \frac{1}{2} \left(a_{2n} - \frac{1}{2} a_{2n}^2 \right)^2 \quad (n=1,2,\cdots). \tag{3}$$

所以令 $n \to \infty$ 对式(3)的两边取极限得

$$A_1 = \frac{1}{2} + \frac{1}{2} \left(A_1 - \frac{1}{2} A_1^2 \right)^2.$$

同理可以证明 $\{a_{2n+1}\}$ 的极限存在,记为 $A_2,$ 则 A_2 满足

$$A_2 = \frac{1}{2} + \frac{1}{2} \left(A_2 - \frac{1}{2} A_2^2 \right)^2.$$

于是, A_1, A_2 都是方程 $x^4 - 4x^3 + 4x^2 - 8x + 4 = 0$ 在 $\left[\frac{1}{2}, \frac{5}{8} \right]$ 上的实根,由于

$$x^4 - 4x^3 + 4x^2 - 8x + 4 = (x^4 - 4x^3 + 2x^2) + (2x^2 - 8x + 4)$$

$$= x^2(x^2 - 4x + 2) + 2(x^2 - 4x + 2) = (x^2 + 2)(x^2 - 4x + 2),$$

所以方程 $x^4-4x^3+4x^2-8x+4=0$ 在 $\left[\dfrac{1}{2},\dfrac{5}{8}\right]$ 上的实根,即为方程 $x^2-4x+2=0$ 在

$\left[\dfrac{1}{2},\dfrac{5}{8}\right]$ 上的唯一实根 $x=2-\sqrt{2}$. 因此 $A_1=A_2=2-\sqrt{2}$. 由于 $\{a_n\}$ 是由子数列 $\{a_{2n}\}$ 与 $\{a_{2n+1}\}$

组成,且它们有相同的极限,所以 $\lim\limits_{n\to\infty}a_n=2-\sqrt{2}$.

由式(1)的第二式知 $\{b_n\}$ 的极限存在,记为 B,则对该式两边取极限得

$$B=(2-\sqrt{2})-\frac{1}{2}(2-\sqrt{2})^2=\sqrt{2}-1.$$

1.30　令 $x=\cos\theta(0\leqslant\theta\leqslant\pi)$,则所给等式成为

$$f(\cos 2\theta)=\cos\theta f(\cos\theta).$$

于是有

$$\begin{aligned}
f(\cos\theta)&=\cos\frac{\theta}{2}f\left(\cos\frac{\theta}{2}\right)\\
&=\cos\frac{\theta}{2}\cos\frac{\theta}{2^2}f\left(\cos\frac{\theta}{2^2}\right)\\
&=\cos\frac{\theta}{2}\cos\frac{\theta}{2^2}\cos\frac{\theta}{2^3}f\left(\cos\frac{\theta}{2^3}\right)\\
&=\cos\frac{\theta}{2}\cos\frac{\theta}{2^2}\cos\frac{\theta}{2^3}\cdots\cos\frac{\theta}{2^n}f\left(\cos\frac{\theta}{2^n}\right),
\end{aligned}$$

即

$$f(\cos\theta)=\cos\frac{\theta}{2}\cos\frac{\theta}{2^2}\cos\frac{\theta}{2^3}\cdots\cos\frac{\theta}{2^n}f\left(\cos\frac{\theta}{2^n}\right). \tag{1}$$

令 $n\to\infty$ 对式(1)两边取极限得

$$f(\cos\theta)=\lim_{n\to\infty}\left[\cos\frac{\theta}{2}\cos\frac{\theta}{2^2}\cdots\cos\frac{\theta}{2^n}\cdot f\left(\cos\frac{\theta}{2^n}\right)\right]. \tag{2}$$

其中

$$\left|\cos\frac{\theta}{2}\cos\frac{\theta}{2^2}\cdots\cos\frac{\theta}{2^n}\right|\leqslant 1,$$

$$\lim_{n\to\infty}f\left(\cos\frac{\theta}{2^n}\right)=f\left(\lim_{n\to\infty}\cos\frac{\theta}{2^n}\right)=f(1)=0.$$

所以式(2)右边极限为零. 从而

$$f(\cos\theta)=0(0\leqslant\theta\leqslant\pi),\text{即 } f(x)=0(-1\leqslant x\leqslant 1).$$

第二章
一元函数微分学

一、核心内容提要

1. 导数

函数 $f(x)$ 在点 x_0 处的导数 $f'(x_0)$，左导数 $f'_-(x_0)$ 及右导数 $f'_+(x_0)$ 分别定义为

$$f'(x_0) = \lim_{x \to x_0} \frac{f(x) - f(x_0)}{x - x_0},$$

$$f'_-(x_0) = \lim_{x \to x_0^-} \frac{f(x) - f(x_0)}{x - x_0}, \quad f'_+(x_0) = \lim_{x \to x_0^+} \frac{f(x) - f(x_0)}{x - x_0}.$$

$f(x)$ 在点 x_0 处可导的充分必要条件是它在点 x_0 处的左、右导数都存在且相等.

$f(x)$ 在点 x 处的导数记为 $f'(x)$（也称 $f(x)$ 的导函数，或导数）.

$f'(x_0)$ 是曲线 $y = f(x)$ 在点 $(x_0, f(x_0))$ 处的切线斜率.

2. 高阶导数

$f^{(n)}(x_0)$ 是 $f^{(n-1)}(x)$ 在点 x_0 处的导数，称为函数 $f(x)$ 在点 x_0 处的 n 阶导数. $f^{(n)}(x)$ 是 $f^{(n-1)}(x)$ 的导数，称为函数 $f(x)$ 的 n 阶导数. 高阶导数的主要运算法则是：

设 $u(x), v(x)$ 都是可导函数，则

$$[u(x) \pm v(x)]^{(n)} = u^{(n)}(x) \pm v^{(n)}(x),$$

$$[u(x)v(x)]^{(n)} = \sum_{i=0}^{n} C_n^i u^{(i)}(x) v^{(n-i)}(x) \text{（其中 } u^{(0)}(x) = u(x), v^{(0)}(x) = v(x)\text{）}.$$

常用函数的高阶导数：

$$(e^{ax})^{(n)} = a^n e^{ax},$$

$$[\sin(ax+b)]^{(n)} = a^n \sin\left(ax + b + \frac{n\pi}{2}\right),$$

$$[\cos(ax+b)]^{(n)} = a^n \cos\left(ax + b + \frac{n\pi}{2}\right),$$

$$\left(\frac{1}{ax+b}\right)^{(n)} = (-1)^n \frac{a^n \cdot n!}{(ax+b)^{n+1}},$$

$$[\ln(ax+b)]^{(n)} = (-1)^{n-1} \frac{a^n \cdot (n-1)!}{(ax+b)^n}.$$

3. 微分

函数 $f(x)$ 在点 x_0 处可微的充分必要条件是 $f(x)$ 在点 x_0 处可导，且

$$dy \mid_{x=x_0} = f'(x_0)dx.$$

函数 $f(x)$ 在点 x 处的微分记为 $\mathrm{d}y$,且 $\mathrm{d}y=f'(x)\mathrm{d}x$.

微分形式不变性:

设 $y=f(u)$ 可导,则无论 u 是自变量或是另一个变量的可微函数,都有

$$\mathrm{d}y = f'(u)\mathrm{d}u.$$

4. 微分中值定理

(1) 费马引理

设函数 $f(x)$ 在点 x_0 的某个邻域内有定义,且在点 x_0 处可导. 如果对这个邻域内的任意 x 有 $f(x)\leqslant f(x_0)$(或 $f(x)\geqslant f(x_0)$),则 $f'(x_0)=0$.

由此可得以下结论.

设函数 $f(x)$ 在 $[a,b]$ 上连续,在 (a,b) 内可导. 如果 $f(x)$ 在点 $x_0\in(a,b)$ 取到其在 $[a,b]$ 上的最大值(或最小值),则 $f'(x_0)=0$.

(2) 罗尔定理

设函数 $f(x)$ 在 $[a,b]$ 上连续,在 (a,b) 内可导,且 $f(a)=f(b)$,则存在 $\xi\in(a,b)$,使得 $f'(\xi)=0$.

(3) 拉格朗日中值定理

设函数 $f(x)$ 在 $[a,b]$ 上连续,在 (a,b) 内可导,则存在 $\xi\in(a,b)$,使得

$$f'(\xi) = \frac{f(b)-f(a)}{b-a}, \text{即 } f(b)-f(a) = f'(\xi)(b-a).$$

(4) 柯西中值定理

设函数 $f(x),g(x)$ 都在 $[a,b]$ 上连续,在 (a,b) 内可导且 $g'(x)\neq0$,则存在 $\xi\in(a,b)$,使得

$$\frac{f(b)-f(a)}{g(b)-g(a)}=\frac{f'(\xi)}{g'(\xi)}.$$

5. 泰勒公式

(1) 带佩亚诺型余项的泰勒公式

设函数 $f(x)$ 在点 x_0 处具有直到 n 阶的导数,则对位于点 x_0 的某个邻域内的任意 x 都有

$$f(x) = f(x_0)+f'(x_0)(x-x_0)+\frac{1}{2!}f''(x_0)(x-x_0)^2+\cdots+\frac{1}{n!}f^{(n)}(x_0)(x-x_0)^n+o[(x-x_0)^n].$$

(2) 带拉格朗日型余项的泰勒公式(泰勒中值定理)

设函数 $f(x)$ 在包含点 x_0 的区间 (a,b) 内具有直到 $n+1$ 阶的导数,则对任意 $x\in(a,b)$ 都有

$$f(x) = f(x_0)+f'(x_0)(x-x_0)+\frac{1}{2!}f''(x_0)(x-x_0)^2+\cdots+\frac{1}{n!}f^{(n)}(x_0)(x-x_0)^n+R_n(x),$$

其中 $R_n(x)=\frac{1}{(n+1)!}f^{(n+1)}(\xi)(x-x_0)^{n+1}$($\xi$ 是介于 x_0 与 x 之间的实数).

泰勒中值定理也可以叙述为:

设函数 $f(x)$ 在 $[a,b]$ 上具有直到 n 阶的连续导数,在 (a,b) 内有 $n+1$ 阶导数,则对 $[a,b]$ 上的 x_0 及任意 x 都有

$$f(x) = f(x_0)+f'(x_0)(x-x_0)+\frac{1}{2!}f''(x_0)(x-x_0)^2+\cdots+\frac{1}{n!}f^{(n)}(x_0)(x-x_0)^n+R_n(x),$$

其中 $R_n(x)$ 同上.

6. 函数的单调性与曲线的凹凸性的判定

(1) 函数单调性的判定

设函数在 (a,b) 内可导(或在 $[a,b]$ 上连续,在 (a,b) 内可导).

如果在 (a,b) 内 $f'(x)>0$,则 $f(x)$ 在 (a,b) 内(或 $[a,b]$ 上)单调增加;

如果在 (a,b) 内 $f'(x)<0$,则 $f(x)$ 在 (a,b) 内(或 $[a,b]$ 上)单调减少.

(2) 曲线凹凸性的判定

设函数 $f(x)$ 在 $[a,b]$ 上连续且在 (a,b) 内二阶可导.

如果在 (a,b) 内 $f''(x)>0$,则曲线 $y=f(x)(x\in[a,b])$ 是凹的;

如果在 (a,b) 内 $f''(x)<0$,则曲线 $y=f(x)(x\in[a,b])$ 是凸的.

7. 函数极值的必要条件与充分条件

(1) 函数极值的必要条件

设函数 $f(x)$ 在点 x_0 处取到极值,则 $f'(x_0)$ 或为零,或不存在.

(2) 函数极值的充分条件

第一充分条件 设函数 $f(x)$ 在点 x_0 的某个去心邻域上可导.

如果 $f'(x)$ 在点 x_0 的两侧变号,则 $f(x_0)$ 是一个极值(当 $f'(x)$ 在点 x_0 的左侧为正,右侧为负时,$f(x_0)$ 是一个极大值;当 $f'(x)$ 在点 x_0 的左侧为负,右侧为正时,$f(x_0)$ 是一个极小值). 如果 $f'(x)$ 在点 x_0 的两侧不变号,则 $f(x_0)$ 不是一个极值.

第二充分条件 设函数 $f(x)$ 在点 x_0 处具有二阶导数,且 $f'(x_0)=0$,则当 $f''(x_0)\neq 0$ 时,$f(x_0)$ 是极值(当 $f''(x_0)<0$ 时,$f(x_0)$ 是极大值;当 $f''(x_0)>0$ 时,$f(x_0)$ 是极小值).

二、典型例题精解

A 组

例 2.1 设函数 $f(x)$ 在点 $x=0$ 处连续,且

$$\lim_{x\to 0}\left(\frac{\sin x}{x^2}+\frac{f(x)}{x}\right)=2,$$

则 $f'(0)=\underline{\qquad}$.

分析 将所给极限改写成 $\lim_{x\to 0}\dfrac{\frac{\sin x}{x}+f(x)}{x}=2$,由此可以算得 $f(0)$,然后由导数定义算出 $f'(0)$.

精解 由于所给极限可以写成

$$\lim_{x\to 0}\frac{\frac{\sin x}{x}+f(x)}{x}=2,$$

所以有 $\lim_{x\to 0}\left[\dfrac{\sin x}{x}+f(x)\right]=0$,由此由 $f(x)$ 在点 $x=0$ 处连续得到

$$f(0) = \lim_{x \to 0} f(x) = -\lim_{x \to 0} \frac{\sin x}{x} = -1.$$

于是由题设中所给极限得

$$2 = \lim_{x \to 0}\left[\left(\frac{\sin x}{x^2} - \frac{1}{x}\right) + \frac{f(x) - f(0)}{x}\right].$$

由于　$\lim_{x \to 0}\left(\frac{\sin x}{x^2} - \frac{1}{x}\right) = \lim_{x \to 0}\frac{\sin x - x}{x^2} \xlongequal{\text{洛必达法则}} \lim_{x \to 0}\frac{\cos x - 1}{2x} = 0.$

从而 $f'(0) = \lim_{x \to 0}\frac{f(x) - f(0)}{x} = 2 - \lim_{x \to 0}\frac{\sin x - x}{x^2} = 2.$

附注　本题是由 $f(x)$ 在点 $x = 0$ 处连续及所给的极限，算出 $f'(0)$.

例 2.2　设 $f'(1) = 1$，则极限 $\lim_{x \to 0}\frac{f(\ln(1+x^2) + e^x - x) - f(1)}{\tan x \cdot (\sqrt{1+x} - 1)} = $ _____.

分析　由于 $f(x)$ 仅在点 $x = 1$ 处可导，所以应利用导数定义计算所给极限.

精解　$\lim_{x \to 0}\frac{f(\ln(1+x^2) + e^x - x) - f(1)}{\tan x \cdot (\sqrt{1+x} - 1)} = \lim_{x \to 0}\frac{f(\ln(1+x^2) + e^x - x) - f(1)}{x \cdot \frac{1}{2}x}$

$\xlongequal[x \to 0]{\text{记 } t = \ln(1+x^2) + e^x - x - 1} 2\lim_{\substack{x \to 0}}\left[\frac{f(1+t) - f(1)}{t} \cdot \frac{\ln(1+x^2) + e^x - x - 1}{x^2}\right]$

$= 2\lim_{t \to 0}\frac{f(1+t) - f(1)}{t} \cdot \lim_{x \to 0}\frac{\ln(1+x^2) + e^x - x - 1}{x^2}$

$= 2f'(1)\left[\lim_{x \to 0}\frac{\ln(1+x^2)}{x^2} + \lim_{x \to 0}\frac{e^x - x - 1}{x^2}\right]$

$= 2 \cdot 1 \cdot \left[1 + \lim_{x \to 0}\frac{\left(1 + x + \frac{1}{2}x^2 + o(x^2)\right) - x - 1}{x^2}\right]$

$= 2\left(1 + \frac{1}{2}\right) = 3.$

附注　由于 $f(x)$ 仅在 $x = 1$ 处可导，不能用洛必达法则直接计算所给极限，只能用导数定义计算.

例 2.3　设函数 $f(x)$ 在点 $x = 1$ 可导，且 $f(1) = 0$，$f'(1) = 2$，则极限

$$\lim_{x \to 0}\frac{f(\sin^2 x + \cos x)}{x^2 + x\tan x} = $$ _____.

分析　由于 $f(x)$ 仅在点 $x = 1$ 处可导，所以应由导数定义计算所给极限.

精解　$\lim_{x \to 0}\frac{f(\sin^2 x + \cos x)}{x^2 + x\tan x} = \lim_{x \to 0}\left[\frac{f(1 + (\sin^2 x + \cos x - 1)) - f(1)}{\sin^2 x + \cos x - 1} \cdot \frac{\sin^2 x + \cos x - 1}{x^2 + x\tan x}\right]$

$= \lim_{x \to 0}\frac{f(1 + (\sin^2 x + \cos x - 1)) - f(1)}{\sin^2 x + \cos x - 1} \cdot \lim_{x \to 0}\frac{\sin^2 x + \cos x - 1}{x^2 + x\tan x},$ (1)

其中，$\lim_{x \to 0}\frac{f(1 + (\sin^2 x + \cos x - 1)) - f(1)}{\sin^2 x + \cos x - 1} \xlongequal{\text{令 } t = \sin^2 x + \cos x - 1} \lim_{t \to 0}\frac{f(1+t) - f(1)}{t} = f'(1) = 2,$

(2)

$$\lim_{x \to 0} \frac{\sin^2 x + \cos x - 1}{x^2 + x\tan x} = \lim_{x \to 0} \frac{\dfrac{\sin^2 x + (\cos x - 1)}{x^2}}{\dfrac{x^2 + x\tan x}{x^2}} = \frac{1 - \dfrac{1}{2}}{1 + 1} = \frac{1}{4}. \tag{3}$$

将式(2)、式(3)代入式(1)得

$$\lim_{x \to 0} \frac{f(\sin^2 x + \cos x)}{x^2 + x\tan x} = 2 \cdot \frac{1}{4} = \frac{1}{2}.$$

附注　由于 $f(x)$ 仅在点 $x=1$ 处可导,所以不能用洛必达法则直接计算所给极限,只能用导数定义计算.

例2.4　设函数 $f(x)$ 在点 x_0 处可导,$\{\alpha_n\}$,$\{\beta_n\}$ 都是收敛于零的正项数列,则极限

$$\lim_{n \to \infty} \frac{f(x_0 + \alpha_n) - f(x_0 - \beta_n)}{\alpha_n + \beta_n} = \underline{\hspace{2cm}}.$$

分析　由 $f(x)$ 在点 x_0 处可导,可将 $f(x_0 + \alpha_n)$ 与 $f(x_0 - \beta_n)$ 写成

$$f(x_0 + \alpha_n) = f(x_0) + f'(x_0)\alpha_n + o(\alpha_n), \quad f(x_0 - \beta_n) = f(x_0) - f'(x_0)\beta_n + o(\beta_n).$$

精解　由 $f(x)$ 在点 x_0 处可导知,$\lim\limits_{n \to \infty} \dfrac{f(x_0 + \alpha_n) - f(x_0)}{\alpha_n} = f'(x_0)$,即

$$f(x_0 + \alpha_n) = f(x_0) + f'(x_0)\alpha_n + o(\alpha_n),$$

同样有

$$f(x_0 - \beta_n) = f(x_0) - f'(x_0)\beta_n + o(\beta_n),$$

所以

$$\frac{f(x_0 + \alpha_n) - f(x_0 - \beta_n)}{\alpha_n + \beta_n} = f'(x_0) + \frac{o(\alpha_n) - o(\beta_n)}{\alpha_n + \beta_n}.$$

由于 $\left| \dfrac{o(\alpha_n) + o(\beta_n)}{\alpha_n + \beta_n} \right| \leqslant \dfrac{|o(\alpha_n)|}{\alpha_n + \beta_n} + \dfrac{|o(\beta_n)|}{\alpha_n + \beta_n} \leqslant \dfrac{|o(\alpha_n)|}{\alpha_n} + \dfrac{|o(\beta_n)\}}{\beta_n} \to 0 (n \to \infty)$,

因此,$\lim\limits_{n \to \infty} \dfrac{f(x_0 + \alpha_n) - f(x_0 - \beta_n)}{\alpha_n + \beta_n} = f'(x_0)$.

附注　题解中使用了:"由 $f(x)$ 在点 x_0 处可导知,$\lim\limits_{n \to \infty} \dfrac{f(x_0 + \alpha_n) - f(x_0)}{\alpha_n} = f'(x_0)$".但反

之未必成立,即由 $\lim\limits_{n \to \infty} \dfrac{f(x_0 + \alpha_n) - f(x_0)}{\alpha_n}$ 存在,未必能推出 $f(x)$ 在点 x_0 处可导.

例2.5　设 $f(0) = 0$,则下列条件都是函数 $f(x)$ 在点 $x=0$ 处可导的 _____.
(填写充分而非必要条件,必要而非充分条件或充分必要条件).

(1) $\lim\limits_{h \to 0} \dfrac{1}{h^3} f(h - \sin h)$ 存在;　(2) $\lim\limits_{h \to 0} \dfrac{1}{h} f(1 - e^h)$ 存在.

分析　利用函数 $f(x)$ 在点 $x=0$ 处可导的定义与所给条件的关系给出证明.

精解　(1) 由 $\lim\limits_{h \to 0} \dfrac{f(h - \sin h)}{h^3} = \lim\limits_{h \to 0} \left[\dfrac{f(h - \sin h) - f(0)}{h - \sin h} \cdot \dfrac{h - \sin h}{h^3} \right]$

$$\xlongequal{x = h - \sin h} \lim_{x \to 0} \frac{f(x) - f(0)}{x} \cdot \lim_{h \to 0} \frac{h - \sin h}{h^3} = \frac{1}{6} \lim_{x \to 0} \frac{f(x) - f(0)}{x}$$

(其中 $\lim\limits_{h \to 0} \dfrac{h - \sin h}{h^3} \xlongequal{\text{洛必达法则}} \lim\limits_{h \to 0} \dfrac{1 - \cos h}{3h^2} = \dfrac{1}{6}$)知 $\lim\limits_{h \to 0} \dfrac{1}{h^3} f(h - \sin h)$ 存在是 $f(x)$ 在点 $x=0$ 可

导的充分必要条件.

(2) 由 $\lim\limits_{h\to 0}\dfrac{1}{h}f(1-e^h)=\lim\limits_{h\to 0}\dfrac{f(1-e^h)-f(0)}{h}$

$$=\lim\limits_{h\to 0}\left[\frac{f(0+(1-e^h))-f(0)}{1-e^h}\cdot\frac{1-e^h}{h}\right]$$

$$=\lim\limits_{x\to 0}\frac{f(x)-f(0)}{x}(\text{其中}\ \iota-1-e^h)$$

可知 $\lim\limits_{h\to 0}\dfrac{1}{h}f(1-e^h)$ 存在是 $f(x)$ 在点 $x=0$ 处可导的充分必要条件.

附注 如果将(1)改为 $\lim\limits_{h\to 0}\dfrac{1}{h^2}f(h-\sin h)$,则它是 $f(x)$ 在点 $x=0$ 处可导的必要而非充分条件. 必要性是明显的,但充分性不成立,例如对函数 $f(x)=|x|$,虽然由

$$\lim\limits_{h\to 0}\frac{1}{h^2}f(h-\sin h)=\lim\limits_{h\to 0}\frac{|h-\sin h|}{h^2}=\lim\limits_{h\to 0}\left(\left|\frac{h-\sin h}{h^3}\right||h|\right)$$

$$=\left|\lim\limits_{h\to 0}\frac{h-\sin h}{h^3}\right|\lim\limits_{h\to 0}|h|=\frac{1}{6}\cdot 0=0,$$

但 $f'(0)$ 不存在.

例 2.6 设函数 $f(x)$ 在 (a,b) 内具有连续的导数,$\lim\limits_{x\to a^+}f(x)=+\infty,\lim\limits_{x\to b^-}f(x)=-\infty$,且对任意 $x\in(a,b)$ 有 $f'(x)+f^2(x)\geqslant-1$,则 $b-a$ 与 π 的关系为_____.

分析 记 $y=f(x)$,则题设不等式成为 $\dfrac{\mathrm{d}y}{\mathrm{d}x}+y^2+1\geqslant 0$,即 $\dfrac{\mathrm{d}}{\mathrm{d}x}(\arctan y+x)\geqslant 0$. 故作辅助函数 $F(x)=\arctan f(x)+x$ 证明问题的结论.

精解 记 $F(x)=\arctan f(x)+x$,则 $F(x)$ 在 (a,b) 内可导且

$$F'(x)=\frac{f'(x)}{1+f^2(x)}+1=\frac{f'(x)+f^2(x)+1}{1+f^2(x)}\geqslant 0,$$

即 $F(x)$ 在 (a,b) 内单调不减,于是

$$\lim\limits_{x\to a^+}F(x)\leqslant\lim\limits_{x\to b^-}F(x),\text{即}\lim\limits_{x\to a^+}[\arctan f(x)+x]\leqslant\lim\limits_{x\to b^-}[\arctan f(x)+x].$$

利用 $\lim\limits_{x\to a^+}f(x)=+\infty,\lim\limits_{x\to b^-}f(x)=-\infty$ 得

$$\frac{\pi}{2}+a\leqslant-\frac{\pi}{2}+b,\text{即}\ b-a\geqslant\pi.$$

附注 证明本题的关键是作辅助函数 $F(x)$,将它取为所给条件 $f'(x)+f^2(x)+1\geqslant 0$ 左边的一个原函数.

例 2.7 设函数 $f(x)=\begin{cases}\dfrac{\ln(1+x)}{x}+\sin x, & x>0,\\ 1, & x=0,\\ \dfrac{\tan x}{x}+e^{\frac{1}{2}x}-1, & x<0,\end{cases}$ 则 $f'(0)=$_____.

分析 先计算 $f'_+(0)$ 和 $f'_-(0)$,如果它们相等则求得 $f'(0)$.

精解 由于 $f'_+(0)=\lim\limits_{x\to 0^+}\dfrac{f(x)-f(0)}{x-0}=\lim\limits_{x\to 0^+}\dfrac{\dfrac{\ln(1+x)}{x}+\sin x-1}{x}$

$$=\lim\limits_{x\to 0^+}\frac{\ln(1+x)-x}{x^2}+\lim\limits_{x\to 0^+}\frac{\sin x}{x}$$

$$= \lim_{x \to 0^+} \frac{x - \frac{1}{2}x^2 + o(x^2) - x}{x^2} + 1 = -\frac{1}{2} + 1 = \frac{1}{2},$$

$$f'_-(0) = \lim_{x \to 0^-} \frac{f(x) - f(0)}{x - 0} = \lim_{x \to 0^-} \frac{\frac{\tan x}{x} + e^{\frac{1}{2}x} - 2}{x} = \lim_{x \to 0^-} \frac{\tan x - x}{x^2} + \lim_{x \to 0^-} \frac{e^{\frac{1}{2}x} - 1}{x}$$

$$= \lim_{x \to 0^-} \frac{\tan x - x}{x^2} + \frac{1}{2} \xlongequal{\text{洛必达法则}} \lim_{x \to 0^-} \frac{\sec^2 x - 1}{2x} + \frac{1}{2} = \lim_{x \to 0^-} \frac{\tan^2 x}{2x} + \frac{1}{2} = \frac{1}{2},$$

所以 $f'(0) = \frac{1}{2}$.

附注 求分段函数 $f(x)$ 在分段点 $x = a$ 处的导数,可先计算它的左、右导数 $f'_-(a)$, $f'_+(a)$. 如果它们存在且都为 A,则 $f'(a) = A$;如果 $f'_-(a)$, $f'_+(a)$ 中至少有一个不存在,或虽然 $f'_-(a)$, $f'_+(a)$ 都存在但不相等,则 $f'(a)$ 不存在.

例 2.8 设 $y = y(x)$ 是由 $x - \int_1^{y+x} e^{-t^2} dt = 0$ 所确定的隐函数,则 $y'(0)$, $y''(0)$ 分别为 _____.

分析 从所给等式两边对 x 求导入手,此时应注意 y 是 x 的函数.

精解 所给等式两边对 x 求导得

$$1 - e^{-(y+x)^2}(y' + 1) = 0. \tag{1}$$

由题设等式得 $x = 0$ 时 $y = 1$. 将它代入式(1)得 $y'(0) = e - 1$.

式(1)的两边对 x 求导得

$$2e^{-(y+x)^2}(y + x)(y' + 1)^2 - e^{-(y+x)^2}y'' = 0,$$

即

$$y'' = 2(y + x)(y' + 1)^2.$$

从而

$$y''(0) = 2(y + x)(y' + 1)^2 \Big|_{\substack{x=0, y(0)=1 \\ y'(0)=e-1}} = 2e^2.$$

附注 由方程 $F(x, y) = 0$ 确定的隐函数 $y = y(x)$ 求导,总是从所给方程两边对 x 求导(此时应注意 y 是 x 的函数)出发计算.

例 2.9 设 $f(x) = \max\{\sin x, \cos x\}(0 < x < 2\pi)$,则 $f''(x) = $ _____.

分析 先写出 $f(x)(0 < x < 2\pi)$ 的表达式,然后计算 $f'(x)$,再计算 $f''(x)$.

精解 由图 2.9 可知

$$f(x) = \begin{cases} \cos x, & 0 < x < \dfrac{\pi}{4}, \\ \sin x, & \dfrac{\pi}{4} \leqslant x < \dfrac{5\pi}{4}, \\ \cos x, & \dfrac{5\pi}{4} \leqslant x < 2\pi, \end{cases}$$

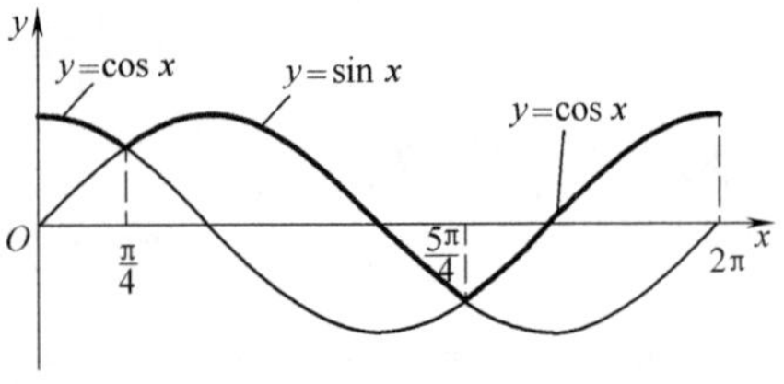

图 2.9

所以,在 $\left(0, \dfrac{\pi}{4}\right)$ 内,$f'(x) = (\cos x)' = -\sin x$,

在 $\left(\dfrac{\pi}{4}, \dfrac{5\pi}{4}\right)$ 内,$f'(x) = (\sin x)' = \cos x$,

在 $\left(\dfrac{5\pi}{4},2\pi\right)$ 内，$f'(x)=(\cos x)'=-\sin x$，

由于 $\lim\limits_{x\to\left(\frac{\pi}{4}\right)^-}f'(x)=\lim\limits_{x\to\left(\frac{\pi}{4}\right)^-}(-\sin x)=-\dfrac{\sqrt 2}{2}$，$\lim\limits_{x\to\left(\frac{\pi}{4}\right)^+}f'(x)=\lim\limits_{x\to\left(\frac{\pi}{4}\right)^+}\cos x=\dfrac{\sqrt 2}{2}$，所以

$f(x)$ 在点 $x=\dfrac{\pi}{4}$ 处不可导；

由于 $\lim\limits_{x\to\left(\frac{5\pi}{4}\right)^-}f'(x)=\lim\limits_{x\to\left(\frac{5\pi}{4}\right)^-}\cos x=-\dfrac{\sqrt 2}{2}$，$\lim\limits_{x\to\left(\frac{5\pi}{4}\right)^+}f'(x)=\lim\limits_{x\to\left(\frac{5\pi}{4}\right)^+}(-\sin x)=\dfrac{\sqrt 2}{2}$，所以

$f(x)$ 在点 $x=\dfrac{5\pi}{4}$ 处不可导.

因此，$f'(x)=\begin{cases}-\sin x,&x\in\left(0,\dfrac{\pi}{4}\right)\cup\left(\dfrac{5\pi}{4},2\pi\right),\\[2mm]\cos x,&x\in\left(\dfrac{\pi}{4},\dfrac{5\pi}{4}\right).\end{cases}$

从而，$f''(x)=\begin{cases}-\cos x,&x\in\left(0,\dfrac{\pi}{4}\right)\cup\left(\dfrac{5\pi}{4},2\pi\right),\\[2mm]-\sin x,&x\in\left(\dfrac{\pi}{4},\dfrac{5\pi}{4}\right).\end{cases}$

附注　对于连续的分段函数 $\varphi(x)=\begin{cases}\varphi_1(x),&x\leqslant x_0,\\\varphi_2(x),&x>x_0,\end{cases}$（其中 $\varphi_1(x),\varphi_2(x)$ 分别在 $x<x_0$

和 $x>x_0$ 可导），当已算出 $\varphi'(x)=\varphi_1'(x)(x<x_0)$ 和 $\varphi'(x)=\varphi_2'(x)(x>x_0)$ 时，计算 $\varphi(x)$ 在点 $x=x_0$ 处的导数，可利用 $\lim\limits_{x\to x_0^-}\varphi'(x)$ 和 $\lim\limits_{x\to x_0^+}\varphi'(x)$，如果这两个极限存在且都为 A，则 $\varphi'(x_0)=A$；如果这两个极限都存在，但不相等，则 $\varphi'(x_0)$ 不存在.

例 2.10　设 $f(x)=\sin\dfrac{x}{2}+\cos 2x,g(x)=\dfrac{1+2x-x^2}{\sqrt{1-x}}$，则 $f^{(n)}(x)$ 和 $g^{(n)}(0)$ 分别为

_____.

分析　对 $f(x)$ 的 n 阶导数可利用常用函数 $\sin(ax+b)$ 与 $\cos(ax+b)$ 的 n 阶导数公式计算，而 $g(x)$ 在 $x=0$ 处的 n 阶导数则可将 $g(x)$ 表示成麦克劳林公式（带佩亚诺型余项）得到.

精解　$f^{(n)}(x)=\left(\sin\dfrac{x}{2}+\cos 2x\right)^{(n)}=\left(\sin\dfrac{x}{2}\right)^{(n)}+(\cos 2x)^{(n)}$

$$=\dfrac{1}{2^n}\sin\left(\dfrac{x}{2}+\dfrac{n\pi}{2}\right)+2^n\cos\left(2x+\dfrac{n\pi}{2}\right).$$

由于

$g(x)=\dfrac{1+2x-x^2}{\sqrt{1-x}}=(1+2x-x^2)(1-x)^{-\frac{1}{2}}$

$$=(1+2x-x^2)\left[1+\left(-\dfrac{1}{2}\right)(-x)+\dfrac{-\dfrac{1}{2}\left(-\dfrac{1}{2}-1\right)}{2!}(-x)^2+\cdots+\right.$$

$$\dfrac{-\dfrac{1}{2}\left(-\dfrac{1}{2}-1\right)\cdots\left(-\dfrac{1}{2}-n+3\right)}{(n-2)!}(-x)^{n-2}+\dfrac{-\dfrac{1}{2}\left(-\dfrac{1}{2}-1\right)\cdots\left(-\dfrac{1}{2}-n+2\right)}{(n-1)!}(-x)^{n-1}+$$

$$\frac{-\frac{1}{2}\left(-\frac{1}{2}-1\right)\cdots\left(-\frac{1}{2}-n+1\right)}{n!}(-x)^n+o(x^n)\Bigg]$$

$$=1+\frac{5}{2}x+\frac{3}{8}x^2+\cdots+\left[(-1)^n\frac{-\frac{1}{2}\left(-\frac{1}{2}-1\right)\cdots\left(-\frac{1}{2}-n+1\right)}{n!}+\right.$$

$$2(-1)^{n-1}\frac{-\frac{1}{2}\left(-\frac{1}{2}-1\right)\cdots\left(-\frac{1}{2}-n+2\right)}{(n-1)!}-$$

$$\left.(-1)^{n-2}\frac{-\frac{1}{2}\left(-\frac{1}{2}-1\right)\cdots\left(-\frac{1}{2}-n+3\right)}{(n-2)!}\right]x^n+o(x^n)$$

所以 $g'(0)=\frac{5}{2},g''(0)=2!\cdot\frac{3}{8}=\frac{3}{4}$,

$$g^{(n)}(0)=n!\left[(-1)^n\frac{-\frac{1}{2}\left(-\frac{1}{2}-1\right)\cdots\left(-\frac{1}{2}-n+1\right)}{n!}+2(-1)^{n-1}\frac{-\frac{1}{2}\left(-\frac{1}{2}-1\right)\cdots\left(-\frac{1}{2}-n+2\right)}{(n-1)!}-\right.$$

$$\left.(-1)^{n-2}\frac{-\frac{1}{2}\left(-\frac{1}{2}-1\right)\cdots\left(-\frac{1}{2}-n+3\right)}{(n-2)!}\right]$$

$$=n!\left[\frac{1\cdot3\cdot\cdots\cdot(2n-1)}{2^n n!}+2\cdot\frac{1\cdot3\cdot\cdots\cdot(2n-3)}{2^{n-1}(n-1)!}-\frac{1\cdot3\cdot\cdots\cdot(2n-5)}{2^{n-2}(n-2)!}\right]$$

$$=\frac{1\cdot3\cdot\cdots\cdot(2n-5)}{2^{n-2}}\left[\frac{(2n-3)(2n-1)}{4}+2\cdot\frac{n(2n-3)}{2}-n(n-1)\right]$$

$$=\frac{1\cdot3\cdot\cdots\cdot(2n-5)}{2^{n-3}}\left(n^2-2n+\frac{3}{8}\right)\quad(n\geqslant3).$$

附注 计算初等函数 $\varphi(x)$ 的 n 阶导数 $\varphi^{(n)}(0)$,利用常用函数的麦克劳林公式(带佩亚诺型余项)往往是一种快捷方法.

常用函数的麦克劳林公式(带佩亚诺型余项)为:$x\to0$ 时,

$$e^x=1+x+\frac{1}{2!}x^2+\cdots+\frac{1}{n!}x^n+o(x^n)\quad(-\infty<x<+\infty),$$

$$\sin x=x-\frac{1}{3!}x^3+\cdots+(-1)^{n-1}\frac{1}{(2n-1)!}x^{2n-1}+o(x^{2n})\quad(-\infty<x<+\infty),$$

$$\cos x=1-\frac{1}{2!}x^2+\cdots+(-1)^n\frac{1}{(2n)!}x^{2n}+o(x^{2n+1})\quad(-\infty<x<+\infty),$$

$$\ln(1+x)=x-\frac{1}{2}x^2+\cdots+(-1)^{n-1}\frac{1}{n}x^n+o(x^n)\quad(-1<x\leqslant1),$$

$$(1+x)^a=1+x+\frac{a(a-1)}{2!}x^2+\cdots+\frac{a(a-1)(a-n+1)}{n!}x^n+o(x^n)\quad(-1<x<1).$$

例 2.11 设常数 $a>1,b>0$,则当方程 $\log_a x=x^b$ 有实根时,a,b 应满足_____.

分析 将方程转换成 $\frac{\ln x}{x^b}=\ln a$,于是使函数 $\frac{\ln x}{x^b}-\ln a$ 的最大值大于等于零,即可得到所求的 a,b 应满足的关系式.

精解 记 $f(x)=\frac{\ln x}{x^b}-\ln a$,则它的定义域为 $(0,+\infty)$,于是,由

$$f'(x)=\frac{1-b\ln x}{x^{b+1}}\begin{cases}>0, & 0<x<\mathrm{e}^{\frac{1}{b}}, \\ =0, & x=\mathrm{e}^{\frac{1}{b}}, \\ <0, & x>\mathrm{e}^{\frac{1}{b}}\end{cases}$$

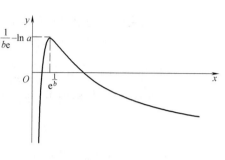

图　2.11

知 $f(x)$ 在 $(0,+\infty)$ 上的最大值为 $f(\mathrm{e}^{\frac{1}{b}})=\frac{1}{be}-\ln a$. 所以,当方程 $\log_a x=x^b$,即 $\frac{\ln x}{x^b}=\ln a$ 有实根时,a,b 应满足:

$$f(\mathrm{e}^{\frac{1}{b}})\geqslant 0,\ \text{即}\ \frac{1}{be}\geqslant \ln a\ \text{或}\ 1<a\leqslant \mathrm{e}^{\frac{1}{be}}.$$

附注　容易看到,当 a,b 满足 $1<a<\mathrm{e}^{\frac{1}{be}}$ 时,方程 $\log_a x=x^b$ 有且只有两个实根. 这是因为此时有 $\lim\limits_{x\to+\infty}f(x)=\lim\limits_{x\to+\infty}\left(\frac{\ln x}{x^b}-\ln a\right)=-\ln a<0,\ \lim\limits_{x\to 0^+}f(x)=\lim\limits_{x\to 0^+}\left(\frac{\ln x}{x^b}-\ln a\right)=-\infty$,从而 $y=f(x)$ 如图 2.11 所示. 由图可知,此时方程 $\log_a x=x^b$ 有且仅有两个实根. 当 a,b 满足 $1<a=\mathrm{e}^{\frac{1}{be}}$ 时,方程 $\log_a x=x^b$ 有唯一的实根.

例 2.12　函数 $f(x)=|x|\mathrm{e}^{-|x-1|}$ 的极小值为_____.

分析　先求出 $f(x)$ 的所有可能极值点(包括分段点),然后列表找出其中的极小值点,算出极小值.

精解　$f(x)$ 的定义域为 $(-\infty,+\infty)$,且

$$f(x)=\begin{cases}-x\mathrm{e}^{x-1}, & x<0, \\ x\mathrm{e}^{x-1}, & 0\leqslant x\leqslant 1, \\ x\mathrm{e}^{-(x-1)}, & x>1.\end{cases}$$

显然,在 $(-\infty,0)\bigcup(0,1)\bigcup(1,+\infty)$ 上可导,且

$$f'(x)=\begin{cases}-(1+x)\mathrm{e}^{x-1}, & x<0, \\ (x+1)\mathrm{e}^{x-1}, & 0<x<1, \\ (1-x)\mathrm{e}^{-(x-1)}, & x>1.\end{cases}$$

由此可知,$f(x)$ 的所有可能极值点为 $x=-1$(驻点)及 $x=0,1$(分段点). 据此列表:

x	$(-\infty,-1)$	-1	$(-1,0)$	0	$(0,1)$	1	$(1,+\infty)$
$f'(x)$	$+$		$-$		$+$		$-$
$f(x)$	↗		↘		↗		↘

由表可知,$f(x)$ 的极小值 $f(0)=0$.

附注　题解中直接将分段点 $x=0,1$ 列入可能极值点,使计算简单化(即不必计算 $f(x)$ 在点 $x=0,1$ 处的导数). 计算分段函数极值都是按此思路考虑的.

例 2.13　设函数 $f(x)$ 具有连续的二阶导数,且满足

$$xf''(x)+3x[f'(x)]^2=1-\mathrm{e}^{-x},$$

则当 $x=x_0\neq 0$ 与 $x=0$ 都是 $f(x)$ 的极值点时,$f(x_0)$ 与 $f(0)$ 分别为_____(填极大值或极小值).

分析　分别用极值的第二充分条件确定 $f(x_0)$ 与 $f(0)$ 是极大值还是极小值.

精解　由于 $x=x_0$ 是 $f(x)$ 的极值点,所以有 $f'(x_0)=0$,从而由题设中所给等式得 $x_0 f''(x_0)=1-e^{-x_0}$,即 $f''(x_0)=\dfrac{1-e^{-x_0}}{x_0}>0$. 因此 $f(x_0)$ 是 $f(x)$ 的极小值.

由于 $x=0$ 是 $f(x)$ 的极值点,所以有 $f'(0)=0$. 对 $x\neq 0$ 时由题设所给等式得

$$f''(x)=\frac{1-e^{-x}}{x}-3[f'(x)]^2.$$

令 $x\to 0$ 对上式两边取极限,并利用 $f'(x),f''(x)$ 连续得

$$f''(0)=\lim_{x\to 0}\frac{1-e^{-x}}{x}-3[f'(0)]^2=\lim_{x\to 0}\frac{1-e^{-x}}{x}=1>0,$$

所以 $f(0)$ 也是 $f(x)$ 的极小值.

附注　当函数二阶可导时,通常用极值的第二充分条件,判定驻点是否为极大值点或极小值点.

例 2.14　求函数 $f(x)=2\tan x-\tan^2 x$ 在 $\left[0,\dfrac{\pi}{2}\right)$ 上的最值.

分析　由于 $\lim\limits_{x\to\left(\frac{\pi}{2}\right)^-} f(x)=-\infty$ 知, $f(x)$ 在 $\left[0,\dfrac{\pi}{2}\right)$ 上无最小值,因此只要计算 $f(x)$ 在 $\left[0,\dfrac{\pi}{2}\right)$ 上的最大值即可.

精解　由于 $f'(x)=2\sec^2 x-2\tan x\sec^2 x=2\sec^2 x(1-\tan x)\begin{cases}>0,&0<x<\dfrac{\pi}{4},\\[2mm]=0,&x=\dfrac{\pi}{4},\\[2mm]<0,&\dfrac{\pi}{4}<x<\dfrac{\pi}{2},\end{cases}$ 所以

$f(x)$ 在 $\left[0,\dfrac{\pi}{2}\right)$ 上的最大值为 $f\left(\dfrac{\pi}{4}\right)=1$.

由于 $\lim\limits_{x\to\left(\frac{\pi}{2}\right)^-} f(x)=-\infty$,所以 $f(x)$ 无最小值.

例 2.15　已知 $f(x)$ 是周期为 5 的连续函数,它在点 $x=0$ 的某个邻域内满足关系式

$$f(1+\sin x)-3f(1-\sin x)=8x+o(x),$$

且 $f(x)$ 在点 $x=1$ 处可导,则曲线 $y=f(x)$ 在点 $(6,f(6))$ 处的切线方程为_____.

分析　所求的切线方程为

$$y-f(6)=f'(6)(x-6).$$

利用周期函数性质得 $f(6)=f(1),f'(6)=f'(1)$. 所以欲求切线方程只要算出 $f(1)$ 和 $f'(1)$ 即可.

精解　由于 $f(x)$ 是连续函数,所以由

$$\lim_{x\to 0}[f(1+\sin x)-3f(1-\sin x)]=\lim_{x\to 0}[8x+o(x)]$$

得 $-2f(1)=0$,即 $f(6)=f(1)=0$.

由

$$8=\lim_{x\to 0}\frac{8x+o(x)}{x}=\lim_{x\to 0}\frac{f(1+\sin x)-3f(1-\sin x)}{x}$$

$$=\lim_{x\to 0}\frac{f(1+\sin x)-f(1)}{x}-3\lim_{x\to 0}\frac{f(1-\sin x)-f(1)}{x}$$

$$=\lim_{x\to 0}\left[\frac{f(1+\sin x)-f(1)}{\sin x}\cdot\frac{\sin x}{x}\right]-3\lim_{x\to 0}\left[\frac{f(1-\sin x)-f(1)}{-\sin x}\cdot\frac{-\sin x}{x}\right]$$

$$=f'(1)\cdot 1-3\cdot f'(1)\cdot(-1)=4f'(1)$$

得 $f'(1)=2$,即 $f'(6)=f'(1)=2$.因此,所求的切线方程为

$$y-0=2(x-6),\quad 即\ y=2(x-6).$$

附注 周期函数有以下性质:设 $f(x)$ 是以 $T(T>0)$ 为周期的函数.

(1) 如果 $f(x)$ 在点 x_0 处可导,则 $f'(T+x_0)=f'(x_0)$;

(2) 如果 $f(x)$ 连续,则对任意实数 a 有 $\int_a^{a+T}f(x)\mathrm{d}x=\int_0^T f(x)\mathrm{d}x$.

B 组

例 2.16 记 $p(x)=x^3+ax^2+bx+c$.设方程 $p(x)=0$ 有三个相异的实根 x_1,x_2,x_3(其中,$x_1<x_2<x_3$).证明:

(1) $p'(x_1)>0,p'(x_2)<0,p'(x_3)>0$;

(2) 如果 $\int_{x_1}^{x_3}p(x)\mathrm{d}x>0$,则存在 $\xi\in(x_1,x_2)$,使得

$\int_\xi^{x_3}p(x)\mathrm{d}x=0.$

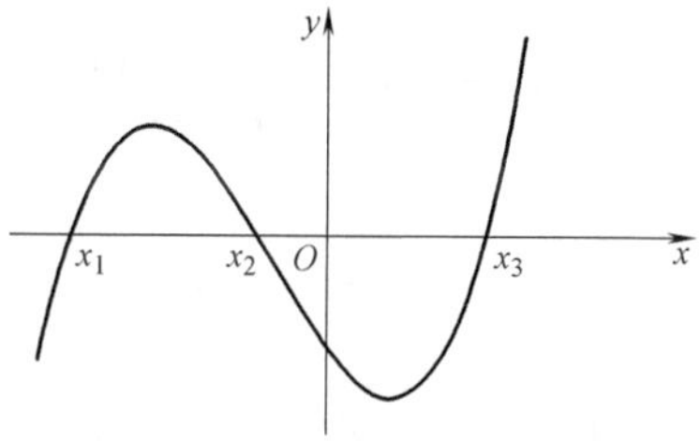

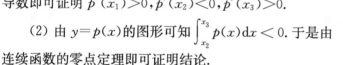

分析 (1) 计算 $p(x)=(x-x_1)(x-x_2)(x-x_3)$ 的导数即可证明 $p'(x_1)>0,p'(x_2)<0,p'(x_3)>0$.

(2) 由 $y=p(x)$ 的图形可知 $\int_{x_2}^{x_3}p(x)\mathrm{d}x<0$.于是由连续函数的零点定理即可证明结论.

图 2.16

精解 (1) 由题设知

$$p(x)=(x-x_1)(x-x_2)(x-x_3),$$

所以 $p'(x)=(x-x_2)(x-x_3)+(x-x_1)(x-x_3)+(x-x_1)(x-x_2)$.其中 $x_1<x_2<x_3$,由此可得

$$p'(x_1)=(x_1-x_2)(x_1-x_3)>0,$$
$$p'(x_2)=(x_2-x_1)(x_2-x_3)<0,$$
$$p'(x_3)=(x_3-x_1)(x_3-x_2)>0.$$

(2) 由于 $\lim\limits_{x\to -\infty}p(x)=-\infty$,$\lim\limits_{x\to +\infty}p(x)=+\infty$,所以 $y=p(x)$ 的概图如图 2.16 所示.记 $F(x)=\int_x^{x_3}p(t)\mathrm{d}t$,则它是连续函数,且由题设知 $F(x_1)=\int_{x_1}^{x_3}p(x)\mathrm{d}x>0$,此外,由图可知,

$$F(x_2)=\int_{x_2}^{x_3}p(t)\mathrm{d}t<0.$$

所以,由连续函数零点定理知存在 $\xi\in(x_1,x_2)$,使得 $F(\xi)=0$,即 $\int_\xi^{x_3}p(t)\mathrm{d}t=0$.

附注 由于 $p(t)$ 是三次多项式,所以可由图直接得到 $\int_{x_2}^{x_3}p(t)\mathrm{d}t<0$.

例 2.17 设函数 $f(x)=\begin{cases}\dfrac{1}{2}(A-x^2), & x<x_0, \\[2mm] \dfrac{1}{x}, & x\geqslant x_0\end{cases}$ 在点 $x_0(0<x_0<2)$ 处连续(其中 A 与 x_0

都是常数),记曲线 $C:y=f(x)$ 在点 $M\left(x_0,\dfrac{1}{x_0}\right)$ 处的左切线为 l_-,右切线为 l_+,并记由 C,l_- 及 y 轴围成的图形 D_1 的面积为 S_1,由 C,l_+,直线 $x=4$ 及 x 轴围成的图形 D_2 的面积为 S_2.

(1) 求使 $S=S_1+S_2$ 为最小的 x_0;

(2) 当 $f(x)$ 可导时,求 x_0,A 及对应的 S 的值.

分析 (1) 先写出 l_- 与 l_+ 的方程,画图,写出 $S=S_1+S_2$ 的表达式,并计算使它取最小值的 x_0.

(2) 利用(1)的计算,确定 $f(x)$ 可导时 x_0 与 A 及对应的 S 值.

精解 (1) 由 $f(x)$ 在点 x_0 处连续知

$$\lim_{x\to x_0^-}f(x)=f(x_0),\text{即}\lim_{x\to x_0^-}\frac{1}{2}(A-x^2)=\frac{1}{x_0},\text{所以}\quad A=x_0^2+\frac{2}{x_0}. \tag{1}$$

由此可得

$$f'_-(x_0)=\lim_{x\to x_0^-}\frac{f(x)-f(x_0)}{x-x_0}=\lim_{x\to x_0^-}\frac{\frac{1}{2}(A-x^2)-\frac{1}{x_0}}{x-x_0}\xlongequal{\text{式(1)代入}}\lim_{x\to x_0^-}\frac{\frac{1}{2}(x_0^2-x^2)}{x-x_0}=-x_0, \tag{2}$$

$$f'_+(x_0)=\lim_{x\to x_0^+}\frac{f(x)-f(x_0)}{x-x_0}=\lim_{x\to x_0^+}\frac{\frac{1}{x}-\frac{1}{x_0}}{x-x_0}=-\frac{1}{x_0^2}. \tag{3}$$

因此,$l_-:y-\dfrac{1}{x_0}=-x_0(x-x_0)$,即 $y=-x_0x+x_0^2+\dfrac{1}{x_0}$;$l_+:y-\dfrac{1}{x_0}=-\dfrac{1}{x_0^2}(x-x_0)$,即 $y=-\dfrac{1}{x_0^2}x+\dfrac{2}{x_0}$.

由图 2.17 得

$$S_1=\int_0^{x_0}\left[\left(-x_0x+x_0^2+\frac{1}{x_0}\right)-\frac{1}{2}(A-x^2)\right]\mathrm{d}x\xlongequal{\text{式(1)代入}}\frac{1}{6}x_0^3,$$

$$S_2=\int_{x_0}^4\frac{1}{x}\mathrm{d}x-\frac{1}{2}\cdot x_0\cdot\frac{1}{x_0}=-\ln x_0+2\ln 2-\frac{1}{2},$$

所以,$S=S_1+S_2=\dfrac{1}{6}x_0^3-\ln x_0+2\ln 2-\dfrac{1}{2}\ (0<x_0<2)$.

由于 $\dfrac{\mathrm{d}S}{\mathrm{d}x_0}=\dfrac{1}{2}x_0^2-\dfrac{1}{x_0}=\dfrac{x_0^3-2}{2x_0}\begin{cases}<0, & 0<x_0<\sqrt[3]{2}, \\ =0, & x_0=\sqrt[3]{2}, \\ >0, & \sqrt[3]{2}<x_0<2,\end{cases}$ 所以使 S 为最小的 $x_0=\sqrt[3]{2}$.

(2) 当 $f(x)$ 可导时,必在点 x_0 处可导.于是有

$$f'_-(x_0)=f'_+(x_0),$$

即 $\quad -x_0=-\dfrac{1}{x_0^2}$(由式(1)、式(2)),所以 $x_0=1$,代入式(1)得 $A=3$.此时对应地有

$$S=\left(\frac{1}{6}x_0^3-\ln x_0+2\ln 2-\frac{1}{2}\right)\bigg|_{x_0=1}=2\ln 2-\frac{1}{3}.$$

附注　函数 $F(x)$在(a,b)内连续，在(a,b)内未必有最大值与最小值，但如果 $F(x)$在(a,b)内有唯一极小值点 x_0（或唯一极大值点 x_0），则 x_0 即为 $F(x)$在(a,b)的最小值点（或最大值点）.

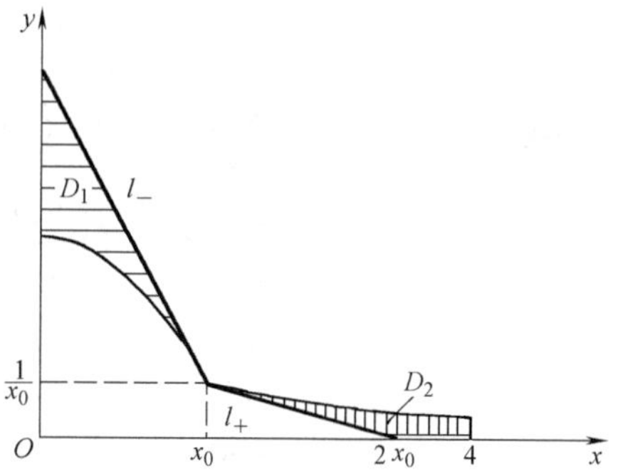

图　2.17

例 2.18　设函数 $f(x)$在$(-\infty,+\infty)$上三阶可导，证明：存在实数 ξ，使得

$$f(\xi)\cdot f'(\xi)\cdot f''(\xi)\cdot f'''(\xi)\geqslant 0.$$

分析　分两种情形考虑：

(1) $f(x),f'(x),f''(x),f'''(x)$中至少有一个在某点 a 处为零；

(2) $f(x),f'(x),f''(x),f'''(x)$中每一个都在$(-\infty,+\infty)$上不为零.

精解　(1) 如果 $f(x),f'(x),f''(x),f'''(x)$中至少有一个在某点 a 处为零，则可取 $\xi=a$.

(2) 如果 $f(x),f'(x),f''(x),f'''(x)$中每一个都在$(-\infty,+\infty)$上不为零，则不失一般性可设$f''(x)>0,x\in(-\infty,+\infty)$. 这是因为当$f''(x)<0,x\in(-\infty,+\infty)$时，令

$$g(x)=-f(x).$$

则 $g''(x)>0,x\in(-\infty,+\infty)$，且当存在实数 ξ，使得 $g(\xi)\cdot g'(\xi)\cdot g''(\xi)\cdot g'''(\xi)>0$ 时，必有 $f(\xi)\cdot f'(\xi)\cdot f''(\xi)\cdot f'''(\xi)>0$.

进一步设$f'''(x)>0,x\in(-\infty,+\infty)$也是不失一般性的，这是因为当$f'''(x)<0$，$x\in(-\infty,+\infty)$时，令 $h(x)=f(-x)$. 则 $h'''(x)>0,x\in(-\infty,+\infty)$，且当存在实数 ξ，使得 $h(\xi)\cdot h'(\xi)\cdot h''(\xi)\cdot h'''(\xi)>0$ 时，必有 $\eta=-\xi$，使得 $f(\eta)\cdot f'(\eta)\cdot f''(\eta)\cdot f'''(\eta)>0$.

于是下面就在$f''(x)>0,f'''(x)>0(x\in(-\infty,+\infty))$的假定下证明本题. 此时，对任意实数 x 和 a，有$f'(x)$的一阶泰勒公式（带拉格朗日型余项）.

$$\begin{aligned}f'(x)&=f'(a)+f''(a)(x-a)+\frac{1}{2!}f'''(\eta)(x-a)^2\ (\eta\text{是介于}x\text{与}a\text{之间的实数})\\&>f'(a)+f''(a)(x-a)\to+\infty(x\to+\infty).\end{aligned}$$

由此可知，当 x 充分大，例如 $x\geqslant N$（N 是某个正数）时，$f'(x)>0$. 于是，对任意大于 N 的实数 x，由

$$\begin{aligned}f(x)&=f(N)+f'(N)(x-N)+\frac{1}{2!}f''(\theta)(x-N)^2(\theta\in(N,x))\\&>f(N)+f'(N)(x-N)\to+\infty(x\to+\infty)\end{aligned}$$

知，当 x 充分大，例如 $x\geqslant N_1>N$ 时，$f(x)>0$.

因此可以取 $\xi=N_1$，使得 $f(\xi)\cdot f'(\xi)\cdot f''(\xi)\cdot f'''(\xi)>0$.

附注　本题获证的关键是将问题转换成在$f''(x)>0,f'''(x)>0(x\in(-\infty,+\infty))$的条件下证明存在 ξ，使得 $f(\xi)f'(\xi)f''(\xi)f'''(\xi)>0$.

例 2.19　设函数 $f(x)=\frac{\sin x}{x}(x>0)$，记

$$f^{(n)}(x)=(-1)^n\frac{n!}{x^{n+1}}[p_n(x)\cos x+q_n(x)\sin x],$$

其中 $p_n(x),q_n(x)$是 x 的多项式. 求$\lim\limits_{n\to\infty}p_n(x)$和$\lim\limits_{n\to\infty}q_n(x)$.

分析　用莱布尼茨公式算出 $f^{(n)}(x)$，确定 $p_n(x)$和 $q_n(x)$，由此计算极限

$$\lim_{n\to\infty}p_n(x) \text{ 和} \lim_{n\to\infty}q_n(x).$$

精解

$$f^{(n)}(x) = \sum_{i=0}^{n} C_n^i \left(\frac{1}{x}\right)^{(i)} (\sin x)^{(n-i)}$$

$$= \sum_{i=0}^{n} C_n^i (-1)^i \frac{i!}{x^{i+1}} \sin\left[x + \frac{(n-i)\pi}{2}\right]$$

$$= \sum_{i=0}^{n} C_n^i (-1)^i \frac{i!}{x^{i+1}}\left[\sin\frac{(n-i)\pi}{2}\cos x + \cos\frac{(n-i)\pi}{2}\sin x\right]$$

$$= \sum_{i=0}^{n} C_n^i (-1)^i \frac{i!}{x^{i+1}} \sin\frac{(n-i)\pi}{2}\cos x + \sum_{i=0}^{n} C_n^i (-1)^i \frac{i!}{x^{i+1}} \cos\frac{(n-i)\pi}{2}\sin x$$

$$= (-1)^n \frac{n!}{x^{n+1}}\left\{\left[\sum_{i=0}^{n}(-1)^{n-i}\frac{1}{(n-i)!}\sin\frac{(n-i)\pi}{2}x^{n-i}\right]\cos x +\right.$$

$$\left.\left[\sum_{i=0}^{n}(-1)^{n-i}\frac{1}{(n-i)!}\cos\frac{(n-i)\pi}{2}x^{n-i}\right]\sin x\right\},$$

由此可知

$$p_n(x) = \sum_{i=0}^{n}(-1)^{n-i}\frac{1}{(n-i)!}\sin\frac{(n-i)\pi}{2}x^{n-i}$$

$$\xeq{令k=n-i}\sum_{k=0}^{n}(-1)^k\frac{1}{k!}\left(\sin\frac{k\pi}{2}\right)x^k,$$

同样可得

$$q_n(x) = \sum_{k=0}^{n}(-1)^k\frac{1}{k!}\left(\cos\frac{k\pi}{2}\right)x^k.$$

所以，

$$\lim_{n\to\infty}p_n(x) = \lim_{n\to\infty}\sum_{k=0}^{n}(-1)^k\frac{1}{k!}\left(\sin\frac{k\pi}{2}\right)x^k = \sum_{n=0}^{\infty}(-1)^n\frac{1}{n!}\left(\sin\frac{n\pi}{2}\right)x^n$$

$$= -\sum_{n=0}^{\infty}(-1)^n\frac{1}{(2n+1)!}x^{2n+1} = -\sin x,$$

$$\lim_{n\to\infty}q_n(x) = \lim_{n\to\infty}\sum_{k=0}^{n}(-1)^k\frac{1}{k!}\left(\cos\frac{k\pi}{2}\right)x^k = \sum_{k=0}^{\infty}(-1)^k\frac{1}{k!}\left(\cos\frac{k\pi}{2}\right)x^k$$

$$= \sum_{n=0}^{\infty}(-1)^n\frac{1}{(2n)!}x^{2n} = \cos x.$$

附注 题解中使用的公式

$$[u(x)v(x)]^{(n)} = \sum_{i=1}^{n} C_n^i u^{(i)}(x) v^{(n-i)}(x),$$

$$\left(\frac{1}{x-a}\right)^{(n)} = (-1)^n\frac{n!}{(x-a)^{n+1}},$$

及 $\left[\sin(ax+b)\right]^{(n)} = a^n\sin\left(ax+b+\frac{n\pi}{2}\right), \left[\cos(ax+b)\right]^{(n)} = a^n\cos\left(ax+b+\frac{n\pi}{2}\right)$

都应记住.

例 2.20 设函数 $f(x) = \begin{cases} \dfrac{g(x)-e^{-x}}{x}, & x\neq 0, \\ 0, & x=0, \end{cases}$

(1) 当函数 $g(x)$ 满足 $g(0)=g''(0)=g'''(0)=1, g'(0)=-1$ 时，求 $f''(x)$；

(2) 当函数 $g(x)$ 满足 $g(0)=1,g'(0)=-1$ 及 $g''(0)$ 存在时,讨论 $|f(x)|$ 在点 $x=0$ 处的可导性.

分析 (1) 先算出 $f'(x)(x\neq 0)$ 和 $f'(0)$,然后计算 $f''(x)(x\neq 0)$ 和 $f''(0)$.

(2) 根据 $|f(x)|$ 在点 $x=0$ 处可导的定义判断 $x=0$ 是否为 $|f(x)|$ 的可导点.

精解 (1) 当 $x\neq 0$ 时,$f'(x)=\left[\dfrac{g(x)-\mathrm{e}^{-x}}{x}\right]'=\dfrac{xg'(x)-g(x)+(1+x)\mathrm{e}^{-x}}{x^2}$. 此外,

由 $\quad \lim\limits_{x\to 0}f'(x)=\lim\limits_{x\to 0}\dfrac{xg'(x)-g(x)+(1+x)\mathrm{e}^{-x}}{x^2}$

$\underline{\underline{\text{洛必达法则}}}\dfrac{1}{2}\lim\limits_{x\to 0}\dfrac{xg''(x)-x\mathrm{e}^{-x}}{x}=\dfrac{1}{2}\lim\limits_{x\to 0}[g''(x)-\mathrm{e}^{-x}]=0$ 知 $f'(0)=0$.

下面计算 $f''(x)$.

当 $x\neq 0$ 时,$f''(x)=\left[\dfrac{xg'(x)-g(x)+(1+x)\mathrm{e}^{-x}}{x^2}\right]'$

$$=\dfrac{x^2g''(x)-2xg'(x)+2g(x)-(x^2+2x+2)\mathrm{e}^{-x}}{x^3}.$$

此外,$\quad f''(0)=\lim\limits_{x\to 0}\dfrac{f'(x)-f'(0)}{x}$

$$=\lim\limits_{x\to 0}\dfrac{xg'(x)-g(x)+(1+x)\mathrm{e}^{-x}}{x^3}$$

$$\underline{\underline{\text{洛必达法则}}}\lim\limits_{x\to 0}\dfrac{xg''(x)-x\mathrm{e}^{-x}}{3x^2}$$

$$=\dfrac{1}{3}\lim\limits_{x\to 0}\dfrac{g''(x)-\mathrm{e}^{-x}}{x}$$

$$=\dfrac{1}{3}\left[\lim\limits_{x\to 0}\dfrac{g''(x)-g''(0)}{x}-\lim\limits_{x\to 0}\dfrac{\mathrm{e}^{-x}-1}{x}\right]$$

$$=\dfrac{1}{3}[g'''(0)-(-1)]=\dfrac{2}{3}.$$

所以,$f''(x)=\begin{cases}\dfrac{x^2g''(x)-2xg'(x)+2g(x)-(x^2+2x+2)\mathrm{e}^{-x}}{x^3}, & x\neq 0,\\[3mm] \dfrac{2}{3}, & x=0.\end{cases}$

(2) 由于 $\quad \lim\limits_{x\to 0}\dfrac{g(x)-\mathrm{e}^{-x}}{x^2}\underline{\underline{\text{洛必达法则}}}\dfrac{1}{2}\lim\limits_{x\to 0}\dfrac{g'(x)+\mathrm{e}^{-x}}{x}$

$$=\dfrac{1}{2}\left[\lim\limits_{x\to 0}\dfrac{g'(x)-g'(0)}{x}+\lim\limits_{x\to 0}\dfrac{\mathrm{e}^{-x}-1}{x}\right]=\dfrac{1}{2}[g''(0)-1],$$

所以由 $\quad \lim\limits_{x\to 0^+}\dfrac{|f(x)|-|f(0)|}{x}=\lim\limits_{x\to 0^+}\dfrac{\left|\dfrac{g(x)-\mathrm{e}^{-x}}{x}\right|}{x}$

$$=\left|\lim\limits_{x\to 0^+}\dfrac{g(x)-\mathrm{e}^{-x}}{x^2}\right|=\dfrac{1}{2}|g''(0)-1|,$$

$$\lim\limits_{x\to 0^-}\dfrac{|f(x)|-|f(0)|}{x}=\lim\limits_{x\to 0^-}\dfrac{\left|\dfrac{g(x)-\mathrm{e}^{-x}}{x}\right|}{x}$$

$$= -\left| \lim_{x \to 0^-} \frac{g(x) - e^{-x}}{x^2} \right| = -\frac{1}{2} |g''(0) - 1|$$

知,当且仅当 $g''(0) = 1$ 时,$|f(x)|$ 在点 $x = 0$ 处的右导数与左导数相等,$|f(x)|$ 在 $x = 0$ 处可导.

附注 (1) 本题(1)中的 $f'(0)$ 与 $f''(0)$ 是不同方法计算的.

由于 $f'(x)(x \neq 0)$ 已算出,且 $\lim_{x \to 0} f'(x)$ 存在,所以有 $f'(0) = \lim_{x \to 0} f'(x)$.

虽然 $f''(x)(x \neq 0)$ 已算出,但计算 $\lim_{x \to 0} f''(x)$ 却是十分复杂的,故按定义计算 $f''(0)$.

(2) 以下结论是有用的:

当函数 $\varphi(x)$ 在点 $x = x_0$ 处可导时,函数 $|\varphi(x)|$ 在点 $x = x_0$ 处可导的充分必要条件是 $\varphi(x_0) \neq 0$ 或 $\varphi(x_0) = \varphi'(x_0) = 0$.

例 2.21 设函数 $f(x)$ 连续,且 $f(0) = f'(0) = 0$,记

$$F(x) = \begin{cases} \displaystyle\int_0^x du \int_0^u f(t) dt, & x \leqslant 0, \\ \displaystyle\int_{-x}^0 \ln(1 + f(x + t)) dt, & x > 0, \end{cases}$$

求 $F'(x)$ 和 $F''(0)$.

分析 先算出 $x < 0$ 时的 $F'(x)$ 和 $x > 0$ 时的 $F'(x)$. 如果 $\lim_{x \to 0^-} F'(x) = \lim_{x \to 0^+} F'(x) = A$,则得到 $F'(0) = A$. 然后利用导数的定义计算 $F''_-(0)$ 和 $F''_+(0)$,由此得到 $F''(0)$.

精解 当 $x < 0$ 时,$F'(x) = \displaystyle\int_0^x f(t) dt$;

当 $x > 0$ 时,由

$$F(x) = \int_{-x}^0 \ln(1 + f(x + t)) dt \xlongequal{u = x + t} \int_0^x \ln(1 + f(u)) du$$

得 $F'(x) = \ln(1 + f(x))$.

由于

$$\lim_{x \to 0^-} F'(x) = \lim_{x \to 0^-} \int_0^x f(t) dt = 0,$$

$$\lim_{x \to 0^+} F'(x) = \lim_{x \to 0^+} \ln(1 + f(x)) = \ln(1 + f(0)) = 0,$$

所以 $F'(0) = 0$. 从而

$$F'(x) = \begin{cases} \displaystyle\int_0^x f(t) dt, & x < 0, \\ 0, & x = 0, \\ \ln(1 + f(x)), & x > 0. \end{cases}$$

由于 $F''_-(0) = \lim_{x \to 0^-} \dfrac{F'(x) - F'(0)}{x - 0} = \lim_{x \to 0^-} \dfrac{\displaystyle\int_0^x f(t) dt}{x} \xlongequal{洛必达法则} \lim_{x \to 0^-} f(x) = 0,$

$F''_+(0) = \lim_{x \to 0^+} \dfrac{F'(x) - F'(0)}{x - 0} = \lim_{x \to 0^+} \dfrac{\ln(1 + f(x))}{x}$

$\qquad = \lim_{x \to 0^+} \dfrac{f(x)}{x} = \lim_{x \to 0^+} \dfrac{f(x) - f(0)}{x - 0} = f'(0) = 0,$

所以,$F''(0) = 0$.

附注 计算分段函数 $f(x)$ 在分段点 x_0 处的导数,通常有两种方法:

(1) 如果已经算出了 $x<x_0$ 时的 $f'(x)$ 和 $x>x_0$ 时的 $f'(x)$,则计算 $f'(x_0)$ 可以从计算 $\lim\limits_{x\to x_0^-}f'(x)$ 和 $\lim\limits_{x\to x_0^+}f'(x)$ 得到,即当这两个极限都存在且都为 A 时,$f'(x_0)=A$. 本题的 $F'(0)$ 就是如此计算的.

(2) 如果问题是只要计算 $f'(x_0)$(即不需计算 $x<x_0$ 时的 $f'(x)$ 和 $x>x_0$ 时的 $f'(x)$),则 $f'(x_0)$ 可按导数定义计算 $f'_-(x_0)$ 和 $f'_+(x_0)$ 得到. 本题的 $F'(0)$ 就是如此计算的.

例 2.22 设函数 $y=\dfrac{1}{\sqrt{1-x^2}}\arcsin x$,求 $y^{(n)}(0)$.

分析 由于直接计算 $y^{(n)}(0)$ 是不容易的,因此设法建立关于 $y^{(n)}(0)$ 与 $y^{(n-1)}(0)$ 等的一个递推式,由此得到 $y^{(n)}(0)$.

精解 将 $y=\dfrac{1}{\sqrt{1-x^2}}\arcsin x$ 改写成

$$y\sqrt{1-x^2}-\arcsin x=0, \tag{1}$$

两边求导得

$$y'\sqrt{1-x^2}-\frac{xy}{\sqrt{1-x^2}}-\frac{1}{\sqrt{1-x^2}}=0,$$

即

$$(1-x^2)y'-xy-1=0. \tag{2}$$

两边求导得

$$(1-x^2)y''-3xy'-y=0, \tag{3}$$

继续求导得

$$(1-x^2)y'''-5xy''-4y'=0, \tag{4}$$

$$(1-x^2)y^{(4)}-7xy'''-9y''=0. \tag{5}$$

依次类推得

$$(1-x^2)y^{(n)}-(2n-1)xy^{(n-1)}-(n-1)^2y^{(n-2)}=0. \tag{6}$$

由式(1)得 $y(0)=0$,由式(2)得 $y'(0)=1$,由式(3)得 $y''(0)=0$,由式(4)得 $y'''(0)=4$,由式(5)得 $y^{(4)}(0)=0,\cdots$,所以当 $n=0,2,4,\cdots$ 时,$y^{(n)}(0)=0$;当 $n=3,5,\cdots$ 时,由式(6)得

$$\begin{aligned}
y^{(n)}(0)&=(n-1)^2y^{(n-2)}(0)=(n-1)^2(n-3)^2y^{(n-4)}(0)\\
&=\cdots=(n-1)^2(n-3)^2\cdots2^2y'(0)\\
&=[2\cdot4\cdot\cdots\cdot(n-3)(n-1)]^2.
\end{aligned}$$

因此 $y^{(n)}(0)=\begin{cases}0, & n=0,2,4,\cdots,\\1, & n=1,\\ [2\cdot4\cdot\cdots\cdot(n-3)(n-1)]^2, & n=3,5,\cdots.\end{cases}$

附注 由于 $y=\dfrac{1}{\sqrt{1-x^2}}\arcsin x$ 的麦克劳林级数不易写出,所以利用麦克劳林级数计算 $y^{(n)}(0)$ 的方法在此失效. 因此通过建立关于 $y^{(n)}(0)$ 的递推式计算 $y^{(n)}(0)$.

例 2.23 已知曲线 L 的极坐标方程 $r=1-\cos\theta$,求 L 上对应 $\theta=\dfrac{\pi}{6}$ 的点处的切线与法线的直角坐标方程.

分析 将 L 方程用参数方程表示,即

$$\begin{cases} x = (1 - \cos \theta)\cos \theta, \\ y = (1 - \cos \theta)\sin \theta. \end{cases}$$

由此即可求得 L 在对应 $\theta = \dfrac{\pi}{6}$ 的点处的切线与法线的直角坐标方程.

精解 由 L 的参数方程

$$\begin{cases} x = (1 - \cos \theta)\cos \theta, \\ y = (1 - \cos \theta)\sin \theta, \end{cases} \quad 即 \quad \begin{cases} x = \cos \theta - \dfrac{1}{2} - \dfrac{1}{2}\cos 2\theta, \\ y = \sin \theta - \dfrac{1}{2}\sin 2\theta \end{cases}$$

得 $\dfrac{\mathrm{d}y}{\mathrm{d}x} = \dfrac{\mathrm{d}\left(\sin \theta - \dfrac{1}{2}\sin 2\theta\right)}{\mathrm{d}\left(\cos \theta - \dfrac{1}{2} - \dfrac{1}{2}\cos 2\theta\right)} = \dfrac{\cos \theta - \cos 2\theta}{-\sin \theta + \sin 2\theta}$，所以

$$\left. \frac{\mathrm{d}y}{\mathrm{d}x} \right|_{\theta = \frac{\pi}{6}} = \left. \frac{\cos \theta - \cos 2\theta}{-\sin \theta + \sin 2\theta} \right|_{\theta = \frac{\pi}{6}} = 1.$$

因此，L 在对应 $\theta = \dfrac{\pi}{6}$ 的点处的

切线方程为 $y - \left(\dfrac{1}{2} - \dfrac{\sqrt{3}}{4}\right) = 1 \cdot \left[x - \left(\dfrac{\sqrt{3}}{2} - \dfrac{3}{4}\right)\right]$，即 $y = x + \dfrac{5}{4} - \dfrac{3\sqrt{3}}{4}$；

法线方程为 $y - \left(\dfrac{1}{2} - \dfrac{\sqrt{3}}{4}\right) = (-1) \cdot \left[x - \left(\dfrac{\sqrt{3}}{2} - \dfrac{3}{4}\right)\right]$，即 $y = -x + \dfrac{\sqrt{3}}{4} - \dfrac{1}{4}$.

附注 计算由极坐标表示的曲线 $r = r(\theta)$ 的切线与法线方程时，总是先将该曲线表示成参数方程 $\begin{cases} x = r(\theta)\cos \theta, \\ y = r(\theta)\sin \theta. \end{cases}$

例 2.24 设函数 $f(x)$ 在 $[a, b]$ 上连续，在 (a, b) 内二阶可导，且 $f(a) = f(b) = 0$，$f'_+(a) > 0$，$f'_-(b) > 0$，证明：

(1) 存在 $\xi \in (a, b)$，使得 $f''(\xi) = 0$；

(2) 存在 $\eta_1, \eta_2 \in (a, b)$，使得 $f''(\eta_1) < 0, f''(\eta_2) > 0$.

分析 (1) 利用 $f'_+(a) > 0$，$f'_-(b) > 0$ 可以找到点 $\alpha, \beta \in (a, b)(\alpha < \beta)$，使得 $f(\alpha) > 0, f(\beta) < 0$，从而得到 $\xi \in (\alpha, \beta)$，使得 $f''(\xi) = 0$.

(2) 分别在 $[a, \alpha]$ 和 $[\alpha, b]$ 上应用拉格朗日中值定理得到 $\xi_1, \xi_2 \in (a, b)$，再在 $[\xi_1, \xi_2]$ 上应用拉格朗日中值定理即可得到使 $f''(\eta_1) < 0$ 的 $\eta_1 \in (a, b)$.

将上述的 $[a, \alpha]$ 和 $[\alpha, b]$ 分别改为 $[a, \beta]$，$[\beta, b]$，同样可得使 $f''(\eta_2) > 0$ 的 $\eta_2 \in (a, b)$.

精解 (1) 由 $0 < f'_+(a) = \lim\limits_{x \to a^+} \dfrac{f(x) - f(a)}{x - a} = \lim\limits_{x \to a^+} \dfrac{f(x)}{x - a}$ 知存在 $\alpha \in (a, b)$，使得 $f(\alpha) > 0$；

由 $0 < f'_-(b) = \lim\limits_{x \to b^-} \dfrac{f(x) - f(b)}{x - b} = \lim\limits_{x \to b^-} \dfrac{f(x)}{x - b}$ 知存在 $\beta \in (\alpha, b)$，使得 $f(\beta) < 0$. 于是，由 $f(x)$ 在 $[\alpha, \beta]$ 上连续及连续函数零点定理得证存在 $c \in (\alpha, \beta) \subset (a, b)$，使得 $f(c) = 0$.

这样一来，对 $a < c < b$ 有 $f(a) = f(c) = f(b)(= 0)$，分别在 $[a, c]$ 和 $[c, b]$ 上对 $f(x)$ 应用罗尔定理得 $\xi_1 \in (a, c)$ 和 $\xi_2 \in (c, b)$，使得

$$f'(\xi_1) = f'(\xi_2) = 0.$$

于是，在$[\xi_1,\xi_2]$上对$f'(x)$应用罗尔定理得$\xi\in(\xi_1,\xi_2)\subset(a,b)$，使得$f''(\xi)=0$.

（2）在$[a,\alpha]$，$[\alpha,b]$上分别对$f(x)$应用拉格朗日中值定理得

$$f'(\alpha_1)=\frac{f(\alpha)-f(a)}{\alpha-a}=\frac{f(\alpha)}{\alpha-a}>0(\alpha_1\in(a,\alpha)),$$

$$f'(\alpha_2)=\frac{f(b)-f(\alpha)}{b-\alpha}=\frac{-f(\alpha)}{b-\alpha}<0(\alpha_2\in(\alpha,b)).$$

于是，在$[\alpha_1,\alpha_2]$上对$f'(x)$应用拉格朗日中值定理知存在$\eta_1\in(\alpha_1,\alpha_2)\subset(a,b)$，使得

$$f''(\eta_1)=\frac{f'(\alpha_2)-f'(\alpha_1)}{\alpha_2-\alpha_1}<0.$$

在$[a,\beta]$，$[\beta,b]$上分别对$f(x)$应用拉格朗日中值定理得

$$f'(\beta_1)=\frac{f(\beta)-f(a)}{\beta-a}=\frac{f(\beta)}{\beta-a}<0(\beta_1\in(a,\beta)),$$

$$f'(\beta_2)=\frac{f(b)-f(\beta)}{b-\beta}=\frac{-f(\beta)}{b-\beta}>0(\beta_2\in(\beta,b)).$$

于是，在$[\beta_1,\beta_2]$上对$f'(x)$应用拉格朗日中值定理知存在$\eta_2\in(\beta_1,\beta_2)\subset(a,b)$，使得

$$f''(\eta_2)=\frac{f'(\beta_2)-f'(\beta_1)}{\beta_2-\beta_1}>0.$$

附注　(1)(2)获证的关键是由$f'_+(a)>0$得到$\alpha\in(a,b)$使得$f(\alpha)>0$；由$f'_-(b)>0$得到$\beta\in(\alpha,b)$使得$f(\beta)<0$.

例 2.25　设函数$f(x)$在$[0,1]$上有连续的导数，在$(0,1)$内二阶可导，且$f(0)=f(1)$.证明：存在$\xi\in(0,1)$，使得

$$f''(\xi)=\frac{2f'(\xi)}{1-\xi}.$$

分析　解本题的关键是作辅助函数，具体如下：

将欲证等式中的ξ改为x得

$$(1-x)f''(x)-2f'(x)=0,\text{即}\frac{\mathrm{d}}{\mathrm{d}x}[(1-x)^2f'(x)]=0,$$

所以，$(1-x)^2f'(x)=C$.因此作辅助函数$F(x)=(1-x)^2f'(x)$.

精解　记$F(x)=(1-x)^2f'(x)$，则$F(x)$在$[0,1]$上连续，在$(0,1)$内可导，且$F(1)=0$.此外由$f(0)=f(1)$知存在$\xi_1\in(0,1)$，使得$f'(\xi_1)=0$，即$F'(\xi_1)=0$.由此可知，$F(x)$在$[\xi_1,1]$上满足罗尔定理条件，因此存在$\xi\in(\xi_1,1)\subset(0,1)$，使得$F'(\xi)=0$，即$f''(\xi)=\frac{2f'(\xi)}{1-\xi}$.

附注　欲证等式中虽然出现二阶导数.但是如果令$g(x)=f'(x)$，则本题成为：

设$g(x)$在$[0,1]$上连续，$(0,1)$内可导，且$g(a)=0(a$是$(0,1)$内的点)，证明：存在$\xi\in(0,1)$，使得

$$g'(\xi)=\frac{2g(\xi)}{1-\xi}.\tag{1}$$

现在很容易想到应作辅助函数$G(x)=(1-x)^2g(x)$，这是因为将式(1)中的ξ改为x，得微分方程

$$g'(x)=\frac{2g(x)}{1-x}.$$

它的通解为$(1-x)^2g(x)=C$.从而本题的辅助函数为$F(x)=(1-x)^2f'(x)$.

例 2.26 设有实数 $a_1, a_2, \cdots, a_n$,其中 $a_1 < a_2 < \cdots < a_n$,函数 $f(x)$ 在 $[a_1, a_n]$ 上有 n 阶导数,并满足

$$f(a_1) = f(a_2) = \cdots = f(a_n) = 0.$$

证明:对任意 $c \in [a_1, a_n]$,都相应地存在 $\xi \in (a_1, a_n)$,使得

$$f(c) = \frac{(c-a_1)(c-a_2)\cdots(c-a_n)}{n!} f^{(n)}(\xi).$$

分析 分 $c = a_i$(某个 i)与 $c \neq a_i (i = 1, 2, \cdots, n)$ 两种情形证明.

精解 当 $c = a_i$(某个 $i, i = 1, 2, \cdots, n$)时,由 $f(c) = (c-a_1)(c-a_2)\cdots(c-a_n) = 0$ 知,此时可取 $[a_1, a_n]$ 上任一点为 ξ,都有

$$f(c) = \frac{(c-a_1)(c-a_2)\cdots(c-a_n)}{n!} f^{(n)}(\xi).$$

当 $c \neq a_i (i = 1, 2, \cdots, n)$ 时,记 $g(x) = (x-a_1)(x-a_2)\cdots(x-a_n)$ 及

$$F(x) = f(x)g(c) - f(c)g(x),$$

则 $F(x)$ 在 $[a_1, a_n]$ 上 n 阶可导,且 $F(a_1) = F(a_2) = \cdots = F(a_n) = F(c)(=0)$. 所以存在 $\xi \in (a_1, a_n)$,使得 $F^{(n)}(\xi) = 0$,即

$$f^{(n)}(\xi)g(c) = f(c)g^{(n)}(\xi). \tag{1}$$

由于 $g^{(n)}(x) = n!$,所以由式(1)证得,存在 $\xi \in (a_1, a_n)$ 使得

$$f(c) = \frac{(c-a_1)(c-a_2)\cdots(c-a_n)}{n!} f^{(n)}(\xi).$$

附注 罗尔定理也可作如下的推广:

(1) 设 $a_1 < a_2 < a_3$,$f(x)$ 在 $[a_1, a_3]$ 上连续,在 (a_1, a_3) 内二阶可导,且 $f(a_1) = f(a_2) = f(a_3)$,则存在 $\xi \in (a_1, a_3)$,使得 $f''(\xi) = 0$.

(2) 设 $a_1 < a_2 < a_3 < a_4$,$f(x)$ 在 $[a_1, a_4]$ 上连续,在 (a_1, a_4) 内三阶可导,且 $f(a_1) = f(a_2) = f(a_3) = f(a_4)$,则存在 $\xi \in (a_1, a_4)$,便得 $f^{(3)}(\xi) = 0$.

$\vdots$

(3) 设 $a_1 < a_2 < \cdots < a_{n+1}$,$f(x)$ 在 $[a_1, a_{n+1}]$ 上连续,在 (a_1, a_{n+1}) 内 n 阶可导,且 $f(a_1) = f(a_2) = \cdots = f(a_{n+1})$,则存在 $\xi \in (a_1, a_{n+1})$,使得 $f^{(n)}(\xi) = 0$.

本题的 $c \neq a_i (i = 1, 2, \cdots, n)$ 时的 ξ 就是按(3)证得的.

例 2.27 设 $a > 0, b > 0$,证明:

$$2ab \leq e^{a-1} + a\ln a + e^{b-1} + b\ln b.$$

分析 如果证明了 $ab \leq e^{a-1} + b\ln b (a > 0, b > 0)$,就可推出

$$2ab \leq e^{a-1} + a\ln a + e^{b-1} + b\ln b (a > 0, b > 0).$$

因此从证明 $ab \leq e^{a-1} + b\ln b (a > 0, b > 0)$ 入手. 此时可将 b 改为 x 转换为证明函数不等式

$$ax \leq e^{a-1} + x\ln x (x > 0).$$

精解 记 $f(x) = e^{a-1} + x\ln x - ax$,则 $f(x)$ 在 $(0, +\infty)$ 上可导,且

$$f'(x) = 1 + \ln x - a \begin{cases} < 0, & 0 < x < e^{a-1}, \\ = 0, & x = e^{a-1}, \\ > 0, & x > e^{a-1}. \end{cases}$$

由此可知，$f(x)$在$(0,+\infty)$上的最小值为$f(\mathrm{e}^{a-1})=0$. 从而对任意$b>0$有
$$f(b)\geqslant 0,\ \text{即}\ ab\leqslant \mathrm{e}^{a-1}+b\ln b \quad (a>0,b>0). \tag{1}$$
同样可得
$$ab\leqslant \mathrm{e}^{b-1}+a\ln a \quad (a>0,b>0). \tag{2}$$
于是由式(1)、式(2)得
$$2ab\leqslant \mathrm{e}^{a-1}+a\ln a+\mathrm{e}^{b-1}+b\ln b \quad (a>0,b>0).$$

附注 题解中有两点值得注意：

(1) 题解中首先化简欲证不等式为$ab\leqslant \mathrm{e}^{a-1}+b\ln b(a>0,b>0)$使问题简单化；

(2) 在证明$ab\leqslant \mathrm{e}^{a-1}+b\ln b$时，用$x$代替$b$(代替$a$也可)，转换成函数不等式，然后用导数方法给出证明. 所谓导数方法具体如下：

设函数$f(x)$在(a,b)内可导. 如果$f'(x)\geqslant 0$，且$\lim\limits_{x\to a^{+}}f(x)\geqslant 0$，则$f(x)\geqslant 0(x\in(a,b))$；如果$f'(x)\leqslant 0$，且$\lim\limits_{x\to b^{-}}f(x)\geqslant 0$，则$f(x)\geqslant 0(x\in(a,b))$；如果
$$f'(x)\begin{cases}<0, & a<x<x_0,\\ =0, & x=x_0, \\ >0, & x_0<x<b,\end{cases} \quad \text{且}\ f(x_0)\geqslant 0,$$
则$f(x)\geqslant 0(x\in(a,b))$.

例 2.28 证明以下不等式：

(1) 当$0<x<1$时，$\sqrt{\dfrac{1-x}{1+x}}<\dfrac{\ln(1+x)}{\arcsin x}$；

(2) 当$0<x<\dfrac{\pi}{2}$时，$\dfrac{\sin x}{x}>\cos^{\frac{1}{3}}x$.

分析 (1) 将对数函数与反三角函数分列于不等式两边，则欲证的不等式成为
$$\sqrt{\frac{1-x}{1+x}}\arcsin x<\ln(1+x),\ \text{即}\ \sqrt{1-x^2}\arcsin x<(1+x)\ln(1+x).$$
作辅助函数$f(x)=(1+x)\ln(1+x)-\sqrt{1-x^2}\arcsin x$，并用导数方法证明$f(x)>0(0<x<1)$.

(2) 将三角函数集中到不等式一边，则欲证的不等式成为
$$\cos^{-\frac{1}{3}}x\cdot \sin x>x.$$
作辅助函数$f(x)=\cos^{-\frac{1}{3}}x\cdot \sin x-x$，并用导数方法证明$f(x)>0\left(0<x<\dfrac{\pi}{2}\right)$.

精解 (1) 记$f(x)=(1+x)\ln(1+x)-\sqrt{1-x^2}\arcsin x$，则$f(x)$在$(0,1)$内可导且
$$f'(x)=\ln(1+x)+\frac{x}{\sqrt{1-x^2}}\arcsin x>0.$$
所以，对于任意$x\in(0,1)$，有
$$f(x)>\lim_{x\to 0^{+}}f(x)=\lim_{x\to 0^{+}}[(1+x)\ln(1+x)-\sqrt{1-x^2}\arcsin x]=0,$$
即
$$\sqrt{\frac{1-x}{1+x}}<\frac{\ln(1+x)}{\arcsin x}(0<x<1).$$

(2) 记 $f(x)=\cos^{-\frac{1}{3}}x \cdot \sin x-x$,则 $f(x)$ 在 $\left(0,\dfrac{\pi}{2}\right)$ 内可导且

$$f'(x)=\frac{1}{3}\sin^2 x \cdot \cos^{-\frac{4}{3}}x+\cos^{\frac{2}{3}}x-1$$

$$=\frac{2}{3}\cos^{\frac{2}{3}}x+\frac{1}{3}\cos^{-\frac{4}{3}}x-1.$$

为了确定 $f'(x)$ 在 $\left(0,\dfrac{\pi}{2}\right)$ 的符号,计算 $f''(x)$. 在 $\left(0,\dfrac{\pi}{2}\right)$ 内

$$f''(x)=-\frac{4}{9}\cos^{-\frac{1}{3}}x \cdot \sin x+\frac{4}{9}\cos^{-\frac{7}{3}}x \cdot \sin x$$

$$=\frac{4}{9}\cos^{-\frac{7}{3}}x(1-\cos^2 x)\sin x=\frac{4}{9}\cos^{-\frac{7}{3}}x \cdot \sin^3 x>0,$$

所以,对任意 $x\in\left(0,\dfrac{\pi}{2}\right)$ 有

$$f'(x)>\lim_{x\to 0^+}f'(x)=\lim_{x\to 0^+}\left(\frac{2}{3}\cos^{\frac{2}{3}}x+\frac{1}{3}\cos^{-\frac{4}{3}}x-1\right)=0.$$

从而,对任意 $x\in\left(0,\dfrac{\pi}{2}\right)$ 有

$$f(x)>\lim_{x\to 0^+}f(x)=\lim_{x\to 0^+}(\cos^{-\frac{1}{3}}x\sin x-x)=0,$$

即

$$\frac{\sin x}{x}>\cos^{\frac{1}{3}}x\left(x\in\left(0,\frac{\pi}{2}\right)\right).$$

附注 题解中有两点值得注意:

(1) 用导数方法证明函数不等式时,往往要对欲证不等式进行变形. 通常

  (a) 将对数函数与反三角函数分列于不等式两边;

  (b) 将三角函数尽量集中到不等式一边,且与幂函数分列于不等式两边;

  (c) 无理函数尽量有理化;

  (d) 去掉分母.

(2) 当辅助函数 $f(x)$ 的导数 $f'(x)$ 的符号不易确定时,可考虑 $f''(x)$(如本题(2)的解答).

例 2.29 证明:方程 $xe^{2x}-2x-\cos x+\dfrac{1}{2}x^2=0$ 有且仅有两个实根.

分析 记 $f(x)=xe^{2x}-2x-\cos x+\dfrac{1}{2}x^2$,先由 $f(-1)>0,f(0)<0,f(1)>0$ 证明方程 $f(x)=0$ 在 $[-1,1]$ 上有且仅有两个实根,然后证明在 $(-\infty,-1)\cup(1,+\infty)$ 上方程 $f(x)=0$ 无实根.

精解 记 $f(x)=xe^{2x}-2x-\cos x+\dfrac{1}{2}x^2$,则 $f(x)$ 是连续函数,且

$$f(-1)=-e^{-2}+2-\cos 1+\frac{1}{2}>0,$$

$$f(0)=-1<0,$$

$$f(1)=e^2-2-\cos 1+\frac{1}{2}>0.$$

所以,由连续函数零点定理知方程 $f(x)=0$ 在 $(-1,1)$ 内有两个实根 x_1,x_2. 如果在 $(-1,1)$ 内方程 $f(x)=0$ 还有不同于 x_1,x_2 的根 x_3,不妨设 $x_1<x_2<x_3$,则 $f(x_1)=f(x_2)=f(x_3)$. 由于

$f(x)$二阶可导,所以,存在 $\xi\in(x_1,x_3)$,使得
$$f''(\xi)=0. \tag{1}$$
另一方面,由 $f'(x)=e^{2x}(1+2x)-2+\sin x+x$ 得
$$f''(x)=4e^{2x}(1+x)+\cos x+1>0,$$
所以 $\qquad f''(\xi)=4e^{2\xi}(1+\xi)+\cos\xi+1>0. \tag{2}$

由式(1)、式(2)矛盾知 x_3 不存在. 由此证明了方程 $f(x)=0$ 在$[-1,1]$上有且仅有两个实根.

此外,当 $x<-1$ 时,由 $f'(x)<0$ 知 $f(x)>f(-1)>0$;当 $x>1$ 时,由 $f'(x)>0$ 知 $f(x)>f(1)>0$,从而方程 $f(x)=0$ 在 $(-\infty,-1)\bigcup(1,+\infty)$ 上无实根.

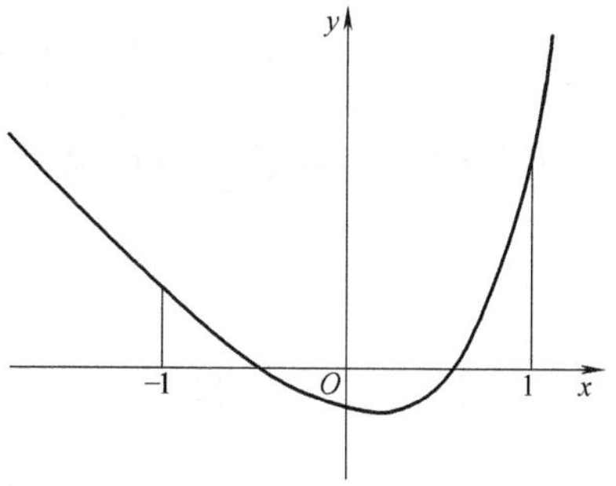

综上所述,方程 $f(x)=0$ 有且仅有两个实根.

附注 由上述证明可知,曲线 $y=f(x)$ 的概图如图 2.29 所示.

图 2.29

例 2.30 设函数 $f(x)$ 在点 $x=0$ 处连续,$f(0)=0$,且
$$\lim_{x\to0}\frac{f(3x)-f(x)}{x}=a.$$

证明:$f'(0)=\dfrac{a}{2}$.

分析 从证明 $f'_+(0)$ 与 $f'_-(0)$ 都为 $\dfrac{a}{2}$ 入手.

精解 由 $\lim\limits_{x\to0}\dfrac{f(3x)-f(x)}{x}=a$ 知,$\lim\limits_{x\to0^+}\dfrac{f(3x)-f(x)}{x}=a$,即对任给 $\varepsilon>0$,存在 $\delta>0$,当 $0<x<\delta$ 时,
$$\left|\frac{f(3x)-f(x)}{x}-a\right|<\varepsilon,\text{即 } x(a-\varepsilon)<f(3x)-f(x)<x(a+\varepsilon). \tag{1}$$
由式(1)可得
$$\frac{x}{3}(a-\varepsilon)<f(x)-f\left(\frac{x}{3}\right)<\frac{x}{3}(a+\varepsilon),$$
$$\frac{x}{3^2}(a-\varepsilon)<f\left(\frac{x}{3}\right)-f\left(\frac{x}{3^2}\right)<\frac{x}{3^2}(a+\varepsilon),$$
$$\frac{x}{3^3}(a-\varepsilon)<f\left(\frac{x}{3^2}\right)-f\left(\frac{x}{3^3}\right)<\frac{x}{3^3}(a+\varepsilon),$$
$$\vdots$$
$$\frac{x}{3^n}(a-\varepsilon)<f\left(\frac{x}{3^{n-1}}\right)-f\left(\frac{x}{3^n}\right)<\frac{x}{3^n}(a+\varepsilon),$$
将以上不等式相加得
$$\frac{x}{3}(a-\varepsilon)\cdot\frac{1-\dfrac{1}{3^n}}{1-\dfrac{1}{3}}<f(x)-f\left(\frac{x}{3^n}\right)<\frac{x}{3}(a+\varepsilon)\cdot\frac{1-\dfrac{1}{3^n}}{1-\dfrac{1}{3}}.$$
令 $n\to\infty$,对上式各边取极限得
$$\frac{1}{2}(a-\varepsilon)x\leqslant f(x)-\lim_{n\to\infty}f\left(\frac{x}{3^n}\right)\leqslant\frac{1}{2}(a+\varepsilon)x.$$

由 $f(x)$ 在 $x=0$ 处连续,且 $f(0)=0$ 得

$$-\frac{1}{2}\varepsilon < \frac{f(x)-f(0)}{x} - \frac{1}{2}a < \frac{1}{2}\varepsilon,$$

即对任给 $\varepsilon > 0$,存在 $\delta > 0$,当 $0 < x < \delta$ 时 $\left| \frac{f(x)-f(0)}{x} - \frac{a}{2} \right| < \frac{\varepsilon}{2}$. 所以

$$f'_+(0) = \lim_{x \to 0^+} \frac{f(x)-f(0)}{x} = \frac{a}{2}.$$

同理可证 $f'_-(0)=\frac{a}{2}$. 因此 $f'(0)=\frac{a}{2}$.

附注 当 $f'(0)$ 存在时,$\lim_{x \to 0}\frac{f(3x)-f(x)}{x}=2f'(0)$. 反之,当 $\lim_{x \to 0}\frac{f(3x)-f(x)}{x}$ 存在时,$f'(0)$ 未必存在,而本题告诉我们:$f(x)$ 在 $x=0$ 处连续,$f(0)=0$ 时,如果 $\lim_{x \to 0}\frac{f(3x)-f(x)}{x}$ 存在,则 $f'(0)$ 也存在.

C 组

例 2.31 设 $y=f(x)$ 是 $[0,1]$ 上的非负连续函数.

(1) 证明:存在点 $x_0 \in (0,1)$,使得在 $[0,x_0]$ 上以 $f(x_0)$ 为高的矩形面积等于在 $[x_0,1]$ 上以曲线 $y=f(x)$ 为曲边的曲边梯形面积;

(2) 又设 $f(x)$ 在 $(0,1)$ 内可导,且 $f'(x) > -\frac{2f(x)}{x}$,证明:(1)中的 x_0 是唯一的.

分析 本题(1)实际上是证明存在点 $x_0 \in (0,1)$,使得

$$x_0 f(x_0) = \int_{x_0}^1 f(x)\mathrm{d}x.$$

将上式中的 x_0 改为 x 得 $xf(x) - \int_x^1 f(t)\mathrm{d}t = 0$,即 $\frac{\mathrm{d}}{\mathrm{d}x}\left[x\int_1^x f(t)\mathrm{d}t \right] = 0$,由此得到 $x\int_1^x f(t)\mathrm{d}t = C$ 故作辅助函数 $F(x) = x\int_1^x f(t)\mathrm{d}t$,对它在 $[0,1]$ 上应用罗尔定理即可证明题中的结论.

(2) 只要证明 $F''(x) \neq 0 (x \in (0,1))$ 即可证得 x_0 是唯一的.

精解 (1) 记 $F(x) = x\int_1^x f(t)\mathrm{d}t$,则它在 $[0,1]$ 上满足罗尔定理条件,所以,存在 $x_0 \in (0,1)$,使得 $F'(x_0)=0$,即 $x_0 f(x_0) = \int_{x_0}^1 f(x)\mathrm{d}x$.

(2) 由于 $F'(x) = xf(x) + \int_1^x f(t)\mathrm{d}t$,

$$F''(x) = 2f(x) + xf'(x) = x\left[\frac{2f(x)}{x} + f'(x) \right] > 0 (x \in (0,1)),$$

所以,当方程 $F'(x)=0$ 在 $(0,1)$ 有实根时,必唯一. (1)中已证 $F'(x)=0$ 在 $(0,1)$ 内有实根 x_0,所以这个 x_0 是唯一的.

附注 本题如果作辅助函数

$$G(x) = xf(x) - \int_x^1 f(t)\mathrm{d}t,$$

则由于 $G(0)G(1)\leqslant 0$，由连续函数零点定理的推广形式，只能得到存在 $x_0\in[0,1]$，使得 $G(x_0)=0$．显然这不符合要求．

例 2.32 讨论方程 $x-\dfrac{\pi}{2}\sin x=k$ 在 $\left(0,\dfrac{\pi}{2}\right)$ 内实根个数与参数 k 的取值之间的关系．

分析 记 $f(x)=x-\dfrac{\pi}{2}\sin x-k$，确定它在 $\left(0,\dfrac{\pi}{2}\right)$ 内的最小值，并讨论最小值取负值、零值及正值与 k 的关系，由此即可得到方程 $x-\dfrac{\pi}{2}\sin x=k$ 在 $\left(0,\dfrac{\pi}{2}\right)$ 内实根个数与参数 k 取值之间的关系．

精解 记 $f(x)=x-\dfrac{\pi}{2}\sin x-k$，则它在 $\left[0,\dfrac{\pi}{2}\right]$ 上连续，且

$$f'(x)=1-\frac{\pi}{2}\cos x\begin{cases}<0, & 0<x<\arccos\dfrac{2}{\pi},\\[2mm] =0, & x=\arccos\dfrac{2}{\pi},\\[2mm] >0, & \arccos\dfrac{2}{\pi}<x<\dfrac{\pi}{2}.\end{cases}$$

所以 $f(x)$ 在 $\left[0,\dfrac{\pi}{2}\right]$ 上的最小值

$$f\left(\arccos\frac{2}{\pi}\right)=\arccos\frac{2}{\pi}-\sqrt{\frac{\pi^2}{4}-1}-k\begin{cases}<0, & k\geqslant 0, & (1)\\[2mm] <0, & \arccos\dfrac{2}{\pi}-\sqrt{\dfrac{\pi^2}{4}-1}<k<0, & (2)\\[2mm] =0, & k=\arccos\dfrac{2}{\pi}-\sqrt{\dfrac{\pi^2}{4}-1}, & (3)\\[2mm] >0, & k<\arccos\dfrac{2}{\pi}-\sqrt{\dfrac{\pi^2}{4}-1}, & (4)\end{cases}$$

并且，当 $k\geqslant 0$ 时，$f(0)=f\left(\dfrac{\pi}{2}\right)=-k\leqslant 0$；当 $k<0$ 时，$f(0)=f\left(\dfrac{\pi}{2}\right)=-k>0$，所以曲线 $y=f(x)$ 如图 2.32 所示(图 2.32a、b、c、d 分别对应式(1)、式(2)、式(3)、式(4))．由图可知

(1) 当 $\arccos\dfrac{2}{\pi}-\sqrt{\dfrac{\pi^2}{4}-1}<k<0$ 时，方程 $x-\dfrac{\pi}{2}\sin x=k$ 在 $\left(0,\dfrac{\pi}{2}\right)$ 内有两个实根；

(2) 当 $k=\arccos\dfrac{2}{\pi}-\sqrt{\dfrac{\pi^2}{4}-1}$ 时，方程 $x-\dfrac{\pi}{2}\sin x=k$ 在 $\left(0,\dfrac{\pi}{2}\right)$ 内只有一个实根；

(3) 当 $k\geqslant 0$ 或 $k<\arccos\dfrac{2}{\pi}-\sqrt{\dfrac{\pi^2}{4}-1}$ 时，方程 $x-\dfrac{\pi}{2}\sin x=k$ 在 $\left(0,\dfrac{\pi}{2}\right)$ 内无实根．

附注 (1)讨论方程 $f(x;k)=0$ 的实根个数与其中的参数 k 的取值关系时，总是通过画出对应不同 k 值的曲线 $y=f(x;k)$ 的概图快捷地确定这种关系．

(2) 题解中要注意的是：

$k>\arccos\dfrac{2}{\pi}-\sqrt{\dfrac{\pi^2}{4}-1}$ 时，$f(x)$ 在 $\left(0,\dfrac{\pi}{2}\right)$ 内的最小值 $f\left(\arccos\dfrac{2}{\pi}\right)<0$，但并不能由此断定此时方程 $f(x)=0$ 必有两个实根，而需作进一步分析，即要观察 $f(0)$ 与 $f\left(\dfrac{\pi}{2}\right)$ 的值是否为正，当且仅当它们的值都为正时，才能说此时方程 $f(x)=0$ 必有两个实根．

71

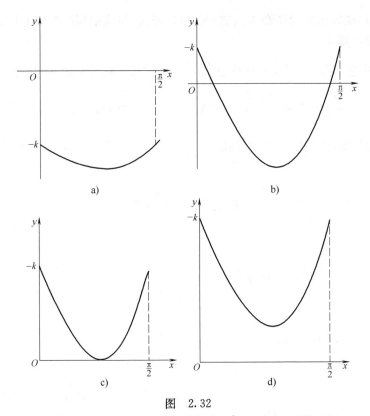

图 2.32

例 2.33 (1) 设函数 $f(x)$ 在 $(-1,1)$ 内可导,且 $f'(x)>0$,证明:对 $(-1,1)$ 内的任意不为零的 x,存在唯一的 $\theta(x)\in(0,1)$,使得

$$\int_0^x f(t)\mathrm{d}t + \int_0^{-x} f(t)\mathrm{d}t = x[f(\theta(x)x) - f(-\theta(x)x)];$$

(2) 求极限 $\lim\limits_{x\to 0}\theta(x)$.

分析 (1) 记 $F(u) = \int_0^u f(t)\mathrm{d}t + \int_0^{-u} f(t)\mathrm{d}t$,对它在 $[0,x]$ 或 $[x,0]$ 上应用拉格朗日中值定理,先证明 $\theta(x)$ 的存在性,再证明唯一性.

(2) 将由(1)推得的等式两边同除以 x^2 后令 $x\to 0$ 取极限即可算出 $\lim\limits_{x\to 0}\theta(x)$.

精解 (1) 记 $F(u) = \int_0^u f(t)\mathrm{d}t + \int_0^{-u} f(t)\mathrm{d}t$,则 $F(u)$ 在 $[0,x]$ 或 $[x,0]$(其中 $x\in(-1,0)\bigcup(0,1)$)上可导,所以由拉格朗日中值定理知存在 $\theta(x)\in(0,1)$,使得

$$F(x) - F(0) = F'(\theta(x)x)x,$$

即

$$\int_0^x f(t)\mathrm{d}t + \int_0^{-x} f(t)\mathrm{d}t = x[f(\theta(x)x) - f(-\theta(x)x)]. \tag{1}$$

下面证明对 $x\in(-1,0)\bigcup(0,1)$,$\theta(x)$ 是唯一的.

设另有 $\eta(x)\in(0,1)$ 使得式(1)成立,即有

$$\int_0^x f(t)\mathrm{d}t + \int_0^{-x} f(t)\mathrm{d}t = x[f(\eta(x)x) - f(-\eta(x)x)]. \tag{2}$$

由式(1)、式(2)得 $f(\theta(x)x) - f(-\theta(x)x) = f(\eta(x)x) - f(-\eta(x)x)$,

即 $f(\theta(x)x) - f(\eta(x)x) = f(-\theta(x)x) - f(-\eta(x)x).$

对上式两边分别应用拉格朗日中值定理知存在 $\xi_1(x)\in[\theta(x)x,\eta(x)x]$ 或 $[\eta(x)x,$ $\theta(x)x]\subset(-1,1)$ 以及 $\xi_2(x)\in[-\theta(x)x,-\eta(x)x]$ 或 $[-\eta(x)x,-\theta(x)x]\subset(-1,1)$，使得

$$f'(\xi_1)[\theta(x)-\eta(x)]x=f'(\xi_2)[\eta(x)-\theta(x)]x,$$

即

$$f'(\xi_2)+f'(\xi_2)=0.$$

显然它与假定 $f'(x)>0(x\in(-1,1))$ 矛盾. 因此, 满足式(1)的 $\theta(x)$ 对 x 是唯一的.

(2) 式(1)的两边同除以 x^2, 并令 $x\to 0$ 取极限得

73

$$\lim_{x\to 0}\frac{\int_0^x f(t)\mathrm{d}t+\int_0^{-x}f(t)\mathrm{d}t}{x^2}=\lim_{x\to 0}\left[\frac{f(\theta(x)x)-f(-\theta(x)x)}{\theta(x)x}\cdot\theta(x)\right]. \quad (3)$$

由于

$$\lim_{x\to 0}\frac{\int_0^x f(t)\mathrm{d}t+\int_0^{-x}f(t)\mathrm{d}t}{x^2}\xrightarrow{\text{洛必达法则}}\lim_{x\to 0}\frac{f(x)-f(-x)}{2x}$$

$$=\frac{1}{2}\left[\lim_{x\to 0}\frac{f(x)-f(0)}{x}+\lim_{x\to 0}\frac{f(-x)-f(0)}{-x}\right]=f'(0),$$

$$\lim_{x\to 0}\frac{f(\theta(x)x)-f(-\theta(x)x)}{\theta(x)x}=\lim_{x\to 0}\frac{f(\theta(x)x)-f(0)}{\theta(x)x}+\lim_{x\to 0}\frac{f(-\theta(x)x)-f(0)}{-\theta(x)x}$$

$$=2f'(0),$$

所以, 由式(3)知 $\lim_{x\to 0}\theta(x)$ 存在, 且满足

$$f'(0)=2f'(0)\cdot\lim_{x\to 0}\theta(x),$$

因此, $\lim_{x\to 0}\theta(x)=\dfrac{1}{2}$（这里利用 $f'(0)>0$）.

附注　题解中, 以下三点值得注意:

(1) 由于题中只假定 $f(x)$ 在 $(-1,1)$ 内可导, 所以其导数在点 $x=0$ 处未必连续, 因此计算 $\lim\limits_{x\to 0}\dfrac{f(x)-f(-x)}{2x}$ 时如使用洛必达法则不能得到有用的结果.

(2) 式(3)的右边不能直接写成

$$\lim_{x\to 0}\frac{f(\theta(x)x)-f(-\theta(x)x)}{x}=\lim_{x\to 0}\frac{f(\theta(x)x)-f(-\theta(x)x)}{\theta(x)x}\cdot\lim_{x\to 0}\theta(x), \quad (4)$$

而只能确认 $\lim\limits_{x\to 0}\dfrac{f(\theta(x)x)-f(-\theta(x)x)}{x}$，$\lim\limits_{x\to 0}\dfrac{f(\theta(x)x)-f(-\theta(x)x)}{\theta(x)x}$ 都存在（其中, 第一个极限是通过 $\lim\limits_{x\to 0}\dfrac{\int_0^x f(t)\mathrm{d}t+\int_0^{-x}f(t)\mathrm{d}t}{x^2}$ 存在得到确认）后才可以写出式(4).

(3) 在计算 $\lim\limits_{x\to 0}\theta(x)$ 之前必须确认 $\theta(x)$ 对 $x\in(-1,0)\cup(0,1)$ 是唯一的, 即必须确认 $\theta(x)$ 是 x 的函数（在点 $x=0$ 的去心邻域内）.

例 2.34　设函数 $f(x)$ 在 $[a,b]$ 上连续, 在 (a,b) 内可导, 且 $f(x)$ 不为线性函数. 证明: 存在 $\xi\in(a,b)$, 使得 $|f'(\xi)|>\left|\dfrac{f(b)-f(a)}{b-a}\right|$.

分析　本题实际上是: 当 $f(b)-f(a)\geqslant 0$ 时, 只要证明存在 $\xi_1\in(a,b)$, 使得 $f'(\xi_1)>\dfrac{f(b)-f(a)}{b-a}$, 当 $f(b)-f(a)<0$ 时, 只要证明存在 $\xi_2\in(a,b)$, 使得 $f'(\xi_2)<\dfrac{f(b)-f(a)}{b-a}$.

精解 记 $F(x)=f(x)-\dfrac{f(b)-f(a)}{b-a}(x-a)$，则 $F(x)$ 在 $[a,b]$ 上连续，在 (a,b) 内可导，且 $F(a)=F(b)$.由于 $f(x)$ 不是线性函数，所以 $F(x)$ 不可能为常数函数，从而存在 $c\in(a,b)$，使得 $F(c)\neq F(a)=F(b)$，不妨 $F(c)>F(a)=F(b)$.

如果 $f(b)-f(a)\geqslant 0$，则对 $F(x)$ 在 $[a,c]$ 上应用拉格朗日中值定理知，存在 $\xi_1\in(a,c)$ 使得 $F'(\xi_1)=\dfrac{F(c)-F(a)}{c-a}>0$，即 $f'(\xi_1)>\dfrac{f(b)-f(a)}{b-a}$.取 $\xi=\xi_1$ 证得存在 $\xi\in(a,b)$，使得

$$|f'(\xi)|>\left|\frac{f(b)-f(a)}{b-a}\right|.$$

如果 $f(b)-f(a)<0$，则对 $F(x)$ 在 $[c,b]$ 上应用拉格朗日中值定理知，存在 $\xi_2\in(c,b)$，使得 $F'(\xi_2)=\dfrac{F(b)-F(c)}{b-c}<0$，即 $f'(\xi_2)<\dfrac{f(b)-f(a)}{b-a}$.取 $\xi=\xi_2$ 证得存在 $\xi\in(a,b)$，使得

$$|f'(\xi)|>\left|\frac{f(b)-f(a)}{b-a}\right|.$$

附注 本题结论与拉格朗日中值定理的结论相似，所以作辅助函数

$$F(x)=f(x)-\frac{f(b)-f(a)}{b-a}(x-a).$$

它是证明拉格朗日中值定理所使用的辅助函数.

例 2.35 设函数 $f(x)$ 具有三阶连续导数，且对任意 $x\in(-\infty,+\infty)$，$f(x)$，$f'(x)$，$f''(x)$，$f'''(x)$ 都取正值及 $f'''(x)\leqslant f(x)$.证明：

$$f'(x)<2f(x)(x\in(-\infty,+\infty)).$$

分析 可利用 $f''(x)f'''(x)\leqslant f''(x)f(x)<f''(x)f(x)+[f'(x)]^2$，

$$2f'(x)f''(x)<2f'(x)f''(x)+2f(x)f'''(x)=[2f(x)f''(x)]'$$

证明 $f'(x)<2f(x)$.

精解 对任意 $x\in(-\infty,+\infty)$，由 $f'''(x)\leqslant f(x)$ 及 $f'(x)>0$，$f''(x)>0$ 得

$$f''(x)f'''(x)\leqslant f''(x)f(x)\leqslant f''(x)f(x)+[f'(x)]^2,$$

即

$$\frac{\mathrm{d}}{\mathrm{d}x}[f''(x)]^2<\frac{\mathrm{d}}{\mathrm{d}x}[2f(x)f'(x)]或\frac{\mathrm{d}}{\mathrm{d}x}\{2f(x)f'(x)-[f''(x)]^2\}>0.$$

由此得到 $2f(x)f'(x)-[f''(x)]^2>\lim\limits_{x\to-\infty}\{2f(x)f'(x)-[f''(x)]^2\}=0$(见附注)，即

$$[f''(x)]^2<2f(x)f'(x)，或 f''(x)<\sqrt{2f(x)f'(x)}. \tag{1}$$

此外，对任意 $x\in(-\infty,+\infty)$，由 $f(x)>0$ 和 $f'''(x)>0$ 得

$$f'(x)f''(x)<f'(x)f''(x)+f(x)f'''(x),$$

即

$$\frac{\mathrm{d}}{\mathrm{d}x}[f'(x)]^2<\frac{\mathrm{d}}{\mathrm{d}x}[2f(x)f''(x)]或\frac{\mathrm{d}}{\mathrm{d}x}\{2f(x)f''(x)-[f'(x)]^2\}>0.$$

由此得到 $2f(x)f''(x)-[f'(x)]^2>\lim\limits_{x\to-\infty}\{2f(x)f''(x)-[f'(x)]^2\}=0$(见附注)，即

$$[f'(x)]^2<2f(x)f''(x)(-\infty<x<+\infty). \tag{2}$$

将式(1)代入式(2)得

$$[f'(x)]^2<2f(x)\sqrt{2f(x)f'(x)}=[2f(x)]^{\frac{3}{2}}[f'(x)]^{\frac{1}{2}},$$

即

$$[f'(x)]^{\frac{3}{2}}<[2f(x)]^{\frac{3}{2}}.$$

由此得到 $f'(x) < 2f(x)(-\infty < x < +\infty)$.

附注 题解中 $\lim\limits_{x \to -\infty}\{2f(x)f'(x) - [f''(x)]^2\} = 0$ 和 $\lim\limits_{x \to -\infty}\{2f(x)f''(x) - [f'(x))]^2\} = 0$ 的证明如下：

实际上只要证明 $\lim\limits_{x \to -\infty}f'(x) = \lim\limits_{x \to -\infty}f''(x) = 0$ 即可.

由于在 $(-\infty, +\infty)$ 中，$f(x)$ 单调增加大于零，所以 $\lim\limits_{x \to -\infty}f(x)$ 存在记为 A. 对任意 $x \in (-\infty, +\infty)$，在 $[x, x+1]$ 上对 $f(x)$ 应用拉格朗日中值定理，则存在 $\xi \in (x, x+1)$，使得

$$f'(\xi) = f(x+1) - f(x).$$

令 $x \to -\infty$，对上式两边取极限得

$$\lim\limits_{x \to -\infty}f'(\xi) = A - A = 0, \text{即} \lim\limits_{x \to -\infty}f'(x) = 0.$$

同样可证

$$\lim\limits_{x \to -\infty}f''(x) = 0.$$

例 2.36 设函数 $f(x)$ 在 $[-2, 2]$ 上二阶可导，且 $|f(x)| \leqslant 1$，$f(-2) = f(0) = f(2)$，又设 $[f(0)]^2 + [f'(0)]^2 = 4$，证明：存在 $\xi \in (-2, 2)$，使得 $f(\xi) + f''(\xi) = 0$.

分析 本题关键是作辅助函数. 为此将欲证等式中的 ξ 改为 x 得

$$f(x) + f''(x) = 0,$$

两边同乘 $f'(x)$ 得 $f(x)f'(x) + f'(x)f''(x) = 0$，即 $\dfrac{\mathrm{d}}{\mathrm{d}x}\{[f(x)]^2 + [f'(x)]^2\} = 0$.

由此得到 $[f(x)]^2 + [f'(x)]^2 = C$（任意常数），故作辅助函数

$$F(x) = [f(x)]^2 + [f'(x)]^2.$$

只要证明 $F(x)$ 在 $(-2, 2)$ 内可取到最值，即能得到 $\xi \in (-2, 2)$，使得 $F'(\xi) = 0$，从而推得 $f(\xi) + f'(\xi) = 0$.

精解 记 $F(x) = [f(x)]^2 + [f'(x)]^2$，则 $F(x)$ 在 $[-2, 2]$ 上可导.

由于 $f(x)$ 在 $[-2, 2]$ 上可导及 $f(-2) = f(0) = f(2)$，所以存在 $a \in (-2, 0)$ 及 $b \in (0, 2)$，使得 $f'(a) = f'(b) = 0$. 由此得到

$$F(a) = [f(a)]^2 + [f'(a)]^2 \leqslant 1,$$
$$F(b) = [f(b)]^2 + [f'(b)]^2 \leqslant 1.$$

于是，由题设 $F(0) = 4$ 知，$F(x)$ 在 $[a, b]$ 上的最大值 M 必在 (a, b) 内取到，即存在 $\xi \in (a, b)$，使得 $F(\xi) = M$，从而 $F'(\xi) = 0$，即

$$f'(\xi)[f(\xi) + f''(\xi)] = 0. \tag{1}$$

由于 $F(\xi) = [f(\xi)]^2 + [f'(\xi)]^2 \geqslant F(0) = 4$，而 $f(\xi) \leqslant 1$，所以有 $f'(\xi) \neq 0$. 将它代入式 (1) 得 $f(\xi) + f''(\xi) = 0(\xi \in (a, b) \subset (-2, 2))$.

附注 对于在 $[a, b]$ 上连续，在 (a, b) 内可导的函数 $f(x)$，要证明存在 $\xi \in (a, b)$，使得 $f'(\xi) = 0$ 通常有以下两种方法：

(1) 应用罗尔定理，即如果存在使得 $f(x_0) = f(x_1)$ 的点 $x_0, x_1 \in [a, b](x_0 < x_1)$，则由罗尔定理知存在 $\xi \in (a, b)$，使得 $f'(\xi) = 0$.

(2) 应用费马定理，即如果 $f(x)$ 在 (a, b) 内取到其在 $[a, b]$ 上的最大值 M（或最小值 m），即存在 $\xi \in (a, b)$ 使得 $f(\xi) = M$（或 $f(\xi) = m$），则 $f'(\xi) = 0$.

例 2.37 设 $f_n(x) = x + x^2 + \cdots + x^n(n = 2, 3, \cdots)$.

(1) 证明：方程 $f_n(x)=1$ 在 $[0,+\infty)$ 上有唯一实根 $x_n(n=2,3,\cdots)$；

(2) 求极限 $\lim\limits_{n\to\infty}x_n$.

分析 (1) 记 $g_n(x)=f_n(x)-1$，利用连续函数零点定理(推广形式)证明方程 $g_n(x)=0$ 在 $[0,+\infty)$ 上有实根，再利用 $g_n(x)$ 的单调性证明实根是唯一的.

(2) 利用数列极限存在准则 Ⅱ 证明 $\lim\limits_{n\to\infty}x_n$ 存在，并计算这一极限.

精解 (1) 记 $g_n(x)=f_n(x)-1$，则 $g_n(x)$ 在 $[0,+\infty)$ 上可导，且 $g_n'(x)=1+2x+\cdots+nx^{n-1}>0(x\in(0,+\infty))$ 以及 $g_n(0)=-1<0,g(1)=n-1>0$ 知方程 $g_n(x)=0$ 在 $(0,1)$ 内有且只有一个实根，在 $[1,+\infty)$ 上无实根，所以方程 $f_n(x)=1$ 在 $[0,+\infty)$ 上有唯一实根 x_n，以上对 $n=2,3,\cdots$，都正确.

(2) 由(1)知 $x_n>0(n=2,3,\cdots)$，即 $\{x_n\}$ 有下界，下面考虑 $\{x_n\}$ 的单调性，由于

$$0=1-1$$
$$=f_{n+1}(x_{n+1})-f_n(x_n)$$
$$=(x_{n+1}+x_{n+1}^2+\cdots+x_{n+1}^n+x_{n+1}^{n+1})-(x_n+x_n^2+\cdots+x_n^n)$$
$$=(x_{n+1}-x_n)[1+(x_{n+1}+x_n)+\cdots+(x_{n+1}^{n-1}+x_{n+1}^{n-2}x_n+\cdots+x_n^{n-1})]+x_{n+1}^{n+1},$$

所以，$(x_{n+1}-x_n)[1+(x_{n+1}+x_n)+\cdots+(x_{n+1}^{n-1}+x_{n+1}^{n-2}x_n+\cdots+x_n^{n-1})]=-x_{n+1}^{n+1}<0.$

由此得到 $x_{n+1}-x_n<0(n=2,3,\cdots)$. 因此 $\{x_n\}$ 单调减少. 于是，由数列极限存在准则 Ⅱ 知 $\lim\limits_{n\to\infty}x_n$ 存在，记为 A. 此外，由 $\{x_n\}$ 单调减少知 $x_n<x_2<1$，所以，$\lim\limits_{n\to\infty}x_n^n=0$. 下面计算 A 的值.

$f_n(x_n)=1$，即 $x_n+x_n^2+\cdots+x_n^n=1$. 左边相加得

$$\frac{x_n(1-x_n^n)}{1-x_n}=1.$$

令 $n\to\infty$ 对上式两边取极限，注意 $\lim\limits_{n\to\infty}x_n^n=0$ 得

$$\frac{A}{1-A}=1,\ \text{即}\ A=\frac{1}{2}.$$

所以，$\lim\limits_{n\to\infty}x_n=\frac{1}{2}.$

附注 方程 $f_n(x)=1$ 在 $[0,+\infty)$ 上有唯一实根 x_n，且这个实根位于 $(0,1)$ 内. 注意到这一点是十分有用的，它保证了 $\lim\limits_{n\to\infty}x_n^n=0$.

例 2.38 设函数 $f(x)$ 在 $[a,b]$ 上有连续的导数，且存在 $c\in(a,b)$，使得 $f'(c)=0$. 证明：存在 $\xi\in(a,b)$，使得 $f'(\xi)=\dfrac{f(\xi)-f(a)}{b-a}$.

分析 本题关键是作辅助函数，具体如下：

将欲证等式中的 ξ 改为 x 得 $f'(x)=\dfrac{f(x)-f(a)}{b-a}$，即

$$[f(x)-f(a)]'-\frac{1}{b-a}[f(x)-f(a)]=0.$$

上式两边同乘 $\mathrm{e}^{-\frac{x}{b-a}}$ 得

$$\mathrm{e}^{-\frac{x}{b-a}}[f(x)-f(a)]'-\mathrm{e}^{-\frac{x}{b-a}}\cdot\frac{1}{b-a}[f(x)-f(a)]=0,$$

即

$$\frac{\mathrm{d}}{\mathrm{d}x}\{\mathrm{e}^{-\frac{x}{b-a}}[f(x)-f(a)]\}=0.$$

所以 $\mathrm{e}^{-\frac{x}{b-a}}[f(x)-f(a)]=C$(任意常数). 故作辅助函数 $F(x)=\mathrm{e}^{-\frac{x}{b-a}}[f(x)-f(a)]$.

精解 记 $F(x)=\mathrm{e}^{-\frac{x}{b-a}}[f(x)-f(a)]$,显然 $F(x)$ 在 $[a,b]$ 上有连续的导数,且 $F(a)=0$.
下面分两种情形证明本题:

(1) 设 $F(c)=0$(即 $f(c)=f(a)$),则由罗尔定理知存在 $\xi\in(a,c)\subset(a,b)$,使得 $F'(\xi)=0$,即 $f'(\xi)=\dfrac{f(\xi)-f(a)}{b-a}$.

(2) 设 $F(c)\neq0$(即 $f(c)\neq f(a)$),不妨设 $F(c)>0$,则对 $F(x)$ 在 $[a,c]$ 上应用拉格朗日中值定理知存在 $x_1\in(a,c)$,使得

$$F'(x_1)=\frac{F(c)-F(a)}{c-a}=\frac{F(c)}{c-a}>0,\tag{1}$$

另一方面

$$F'(c)=\mathrm{e}^{-\frac{c}{b-a}}\Big[f'(c)-\frac{f(c)-f(a)}{b-a}\Big]$$

$$=-\frac{1}{b-a}\mathrm{e}^{-\frac{c}{b-a}}[f(c)-f(a)]=-\frac{1}{b-a}F(c)<0.\tag{2}$$

所以由 $F'(x)$ 在 $[a,c]$ 上连续及连续函数零点定理知存在 $\xi\in(a,c)\subset(a,b)$,使得 $F'(\xi)=0$,即 $f'(\xi)=\dfrac{f(\xi)-f(a)}{b-a}$.

附注 当 $f(x)$ 在 $[a,b]$ 上有连续的导数时,要证明存在 $\xi\in(a,b)$,使得 $f'(\xi)=0$,常用的有以下两种方法:

(1) 如果可以找到不同的两点 $x_1,x_2\in[a,b]$,使得 $f'(x_1)f'(x_2)<0$,则由连续函数零点定理知存在 $\xi\in(x_1,x_2)\subset(a,b)$,使得 $f'(\xi)=0$.

(2) 如果可以找到不同两点 $\xi_1,\xi_2\in[a,b]$,使得 $f(\xi_1)=f(\xi_2)$,则由罗尔定理知存在 $\xi\in(\xi_1,\xi_2)\subset(a,b)$,使得 $f'(\xi)=0$.

本题题解中,这两种方法都使用了.

例 2.39 设函数 $\varphi(x)$ 可导,且满足 $\varphi(0)=0$. 又设 $\varphi'(x)$ 单调减少.

(1) 证明:对 $x\in(0,1)$,有 $\varphi(1)x<\varphi(x)<\varphi'(0)x$;

(2) 若 $\varphi(1)\geqslant0,\varphi'(0)\leqslant1$,任取 $x_0\in(0,1)$,令 $x_n=\varphi(x_{n-1})(n=1,2,\cdots)$,证明:$\lim\limits_{n\to\infty}x_n$ 存在,并求该极限值.

分析 (1) 在 $\varphi(0)=0,\varphi'(x)$ 单调减少的假设下,可利用拉格朗日中值定理证明所给的不等式.

(2) 利用 $\varphi(1)\geqslant0,\varphi'(0)\leqslant1$ 及(1)中证明的不等式可得到 $\{x_n\}$ 是单调减少有下界的数列,于是 $\lim\limits_{n\to\infty}x_n$ 存在,然后计算这个极限值.

精解 (1) 对任意 $x\in(0,1)$,$\varphi(t)$ 在 $[0,x]$ 上满足拉格朗日中值定理条件,所以,存在 $\xi_1\in(0,x)$,使得

$$\varphi(x)-\varphi(0)=\varphi'(\xi_1)(x-0),$$

即

$$\varphi(x)=\varphi'(\xi_1)x<\varphi'(0)x \quad (由于 \varphi'(x) 是单调减少的). \tag{1}$$

对任意 $x\in(0,1),\varphi(t)$ 在 $[x,1]$ 上满足拉格朗日中值定理条件,所以,存在 $\xi_2\in(x,1)$ (显然 $\xi_2>\xi_1$)使得

$$\begin{aligned}\varphi(1)-\varphi(x)&=\varphi'(\xi_2)(1-x)<\varphi'(\xi_1)(1-x)(利用 \varphi'(x) 的单调减少的假定)\\&=\varphi'(\xi_1)-\varphi'(\xi_1)x\\&=\varphi'(\xi_1)-\varphi(x) \quad (利用式(1)),\end{aligned}$$

即 $\varphi(1)<\varphi'(\xi_1)$,由此得到 $\varphi(1)x<\varphi'(\xi_1)x=\varphi(x)$(利用式(1)).

(2) 由于 $x_{n+1}=\varphi(x_n)<\varphi'(0)x_n\leqslant x_n(n=0,1,2,\cdots)$,所以 $\{x_n\}$ 单调减少. 此外,由

$$x_{n+1}=\varphi(x_n)>\varphi(1)x_n>\varphi^2(1)x_{n-1}>\cdots>\varphi^{n+1}(1)x_0\geqslant 0$$

知 $\{x_n\}$ 有下界. 因此,由数列极限存在准则 Ⅱ 知 $\lim\limits_{n\to\infty}x_n$ 存在,记为 a,显然 $a\geqslant 0$. 下面用反证法证明 $a=0$.

如果 $a>0$(显然 $a<x_0<1$),则令 $n\to\infty$ 对所给的递推式 $x_{n+1}=\varphi(x_n)(n=0,1,2,\cdots)$ 的两边取极限得

$$a=\varphi(a). \tag{2}$$

由于 $a\in(0,1)$,所以由(1)的结论得

$$\varphi(a)<\varphi'(0)a\leqslant a. \tag{3}$$

将式(3)代入式(2)得 $a<a$. 由此矛盾得 $a=0$. 因此有 $\lim\limits_{n\to\infty}x_n=0$.

附注 在题中假设 $\varphi(0)=0,\varphi(1)\geqslant 0$ 及 $\varphi'(x)$ 单调减少下,顺便可以证明 $\varphi'(x)>0(x\in[0,1])$,具体如下:

对任意 $x\in[0,1]$ 有

$$\varphi'(x)>\varphi'(1)=\lim\limits_{x\to 1^-}\frac{\varphi(x)-\varphi(1)}{x-1}\geqslant\lim\limits_{x\to 1^-}\frac{\varphi(1)x-\varphi(1)}{x-1}=\varphi(1)\geqslant 0.$$

例 2.40 设 $f(x)$ 在 $[a,b]$ 上二阶可导,且 $|f''(x)|\geqslant 1$. 证明:

(1) 如果 $f(a)=f(b)=0$,则 $\max\limits_{a\leqslant x\leqslant b}|f(x)|\geqslant\dfrac{1}{8}(b-a)^2$;

(2) 如果 $b-a=2$,则在曲线 $y=f(x)(a\leqslant x\leqslant b)$ 上存在点 $C=(c,f(c))$ $(c\in(a,b))$,使得 $\triangle ABC$ 的面积 $S\geqslant\dfrac{1}{2}$,其中 $A=(a,f(a)),B=(b,f(b))$.

分析 (1) 由于题设中有 $f''(x)$,所以应从 $f(x)$ 在点 $x=x_0$ 处的泰勒公式入手,这里 x_0 可以取为 $|f(x)|$ 的最大值点.

(2) 记 $F(x)=\dfrac{1}{2}\begin{vmatrix}1 & 1 & 1\\ a & b & x\\ f(a) & f(b) & f(x)\end{vmatrix}$,则由曲线 $y=f(x)$ 上三点 $A(a,f(a)),B(b,$

$f(b))$ 以及 $M(x,f(x))$ 构成的 $\triangle ABM$ 的面积 $S=|F(x)|$. 故只要检验 $F(x)$ 在 $[a,b]$ 上二阶可导,$|F''(x)|\geqslant 1$ 及 $F(a)=F(b)=0$,由(1)的结论可知存在点 C,使得 $\triangle ABC$ 的面积 $S\geqslant\dfrac{1}{2}$.

精解 (1) 由 $f(x)$ 在 $[a,b]$ 上连续知 $|f(x)|$ 在 $[a,b]$ 上连续,所以存在 $x_0\in[a,b]$,使得 $|f(x_0)|=\max\limits_{a\leqslant x\leqslant b}|f(x)|$.

由 $|f''(x)|\geqslant 1$ 知 $|f(x)|$ 不恒为常数. 因此由 $|f(a)|=|f(b)|=0$ 知 $|f(x)|$ 的最大值

在(a,b)内取到，即 $x_0 \in (a,b)$，显然 $f(x_0)$是 $f(x)$的最值，从而由费马引理知有
$$f'(x_0) = 0.$$
于是 $f(x)$在点 x_0 处的一阶泰勒公式为
$$f(x) = f(x_0) + f'(x_0)(x-x_0) + \frac{1}{2!}f''(\xi)(x-x_0)^2$$
$$= f(x_0) + \frac{1}{2}f''(\xi)(x-x_0)^2 \quad (\text{其中 } x \in [a,b], \xi \text{ 是介于 } x_0 \text{ 与 } x \text{ 之间的实数}),$$
特别有
$$f(a) = f(x_0) + \frac{1}{2}f''(\xi_1)(a-x_0)^2(\xi_1 \text{ 是对应于 } x=a \text{ 的 } \xi),$$
即
$$|f(x_0)| = \frac{1}{2}|f''(\xi_1)|(x-x_0)^2 \geqslant \frac{1}{2}(x_0-a)^2; \tag{1}$$
$$f(b) = f(x_0) + \frac{1}{2}f''(\xi_2)(b-x_0)^2 \quad (\xi_2 \text{ 是对应于 } x=b \text{ 的 } \xi),$$
即
$$|f(x_0)| = \frac{1}{2}|f''(\xi_2)|(b-x_0)^2 \geqslant \frac{1}{2}(b-x_0)^2. \tag{2}$$
由式(1)、式(2)得
$$\max_{a \leqslant x \leqslant b}|f(x)| = |f(x_0)| \geqslant \max\left\{\frac{1}{2}(x_0-a)^2, \frac{1}{2}(b-x_0)^2\right\}$$
$$\geqslant \frac{1}{2} \cdot \text{函数} \max\{(x-a)^2, (b-x)^2\} \text{在}(a,b)\text{内的最小值}$$
$$= \frac{1}{2} \cdot \max\{(x-a)^2, (b-x)^2\}\Big|_{x=\frac{1}{2}(a+b)} \text{(图 2.40)}$$
$$= \frac{1}{2} \cdot \frac{1}{4}(b-a)^2 = \frac{1}{8}(b-a)^2.$$

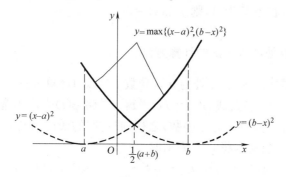

图 2.40

(2) 记 $F(x) = \dfrac{1}{2}\begin{vmatrix} 1 & 1 & 1 \\ a & b & x \\ f(a) & f(b) & f(x) \end{vmatrix}$

$$= \frac{1}{2}\{(b-a)[f(x)-f(a)] - (x-a)[f(b)-f(a)]\},$$

则$\triangle ABM$ 的面积 $S = |F(x)|$（其中 $M=(x, f(x))$）．

由于 $F(x)$ 在 $[a,b]$ 上二阶可导, 且 $|F''(x)|=\dfrac{1}{2}(b-a)|f''(x)|=\dfrac{1}{2}\times 2|f''(x)|\geqslant 1$, 此外, $F(a)=F(b)=0$, 所以由(1)知

$$\max_{a\leqslant x\leqslant b}|F(x)|\geqslant \frac{1}{8}(b-a)^2=\frac{1}{8}\times 2^2=\frac{1}{2}.$$

因此与(1)同样可证存在 $c\in(a,b)$, 使得 $F(c)=\max\limits_{a\leqslant x\leqslant b}|F(x)|$. 于是存在点 $C(c,f(c))$, 使得 $\triangle ABC$ 的面积 $S\geqslant\dfrac{1}{2}$.

附注 当问题的条件或结论中出现高阶导数, 要证明存在 ξ, 使得某个表达式成立时, 往往需利用函数在某些特殊点处的泰勒公式. 本题取特殊点为 x_0, 是为使泰勒公式简单些(因为 $f'(x_0)=0$).

三、主要方法梳理

1. 分段函数在分段点处的导数计算方法

设分段函数在分段点 x_0 附近的表达式为 $f(x)=\begin{cases} f_1(x), & x<x_0, \\ a, & x=x_0, \\ f_2(x), & x>x_0. \end{cases}$ 其中, $f_1(x)$ 与 $f_2(x)$

分别在 $x<x_0$ 与 $x>x_0$ 可导, 且 $f(x)$ 在点 $x=x_0$ 处连续, 则 $f(x)$ 在点 $x=x_0$ 处的导数有以下两种计算方法:

(1)当 $f(x)$ 在 $x<x_0$ 与 $x>x_0$ 的导数未算出时, 应根据定义先计算 $f'_-(x_0), f'_+(x_0)$, 如果它们存在且都等于 A, 则 $f'(x_0)=A$.

(2)当 $f(x)$ 在 $x<x_0$ 与 $x>x_0$ 的导数 $f'_1(x)$ 与 $f'_2(x)$ 都已算出时, 可先计算 $\lim\limits_{x\to x_0^-}f'_1(x)$ 与 $\lim\limits_{x\to x_0^+}f'(x)$, 如果它们存在且都为 A, 则 $f'(x_0)=A$.

2. 初等函数在一点处高阶导数的计算方法

设 $f(x)$ 是初等函数, 它在点 x_0 处的 n 阶导数 $f^{(n)}(x_0)$ 计算方法:

先令 $t=x-x_0$ 将 $f(x)$ 转换成 $\varphi(t)=f(t+x_0)$, 并将 $\varphi(t)$ 表示为常用函数 $\mathrm{e}^t, \sin t, \cos t,$ $\ln(1+t), (1+t)^\alpha$ 或它们与 $t^m(m$ 是正整数)之积, 或它们的线性组合, 然后利用常用函数的麦克劳林公式(带佩亚诺型余项), 将 $\varphi(t)$ 表示成

$$\varphi(t)=a_0+a_1 t+a_2 t^2+\cdots+a_n t^n+o(t^n),$$

则

$$f^{(n)}(x_0)=\varphi^{(n)}(0)=n!\ a_n.$$

3. 初等函数高阶导数的计算方法

设 $f(x)$ 是初等函数, 则它的 n 阶导数 $f^{(n)}(x)$ 的计算方法是:

将 $f(x)$ 表示成若干个常用函数的线性组合, 这里的常用函数是指 $x^m, a^x, \dfrac{1}{ax+b}, \ln(ax+$

b),$\sin(ax+b)$,$\cos(ax+b)$,然后利用高阶导数的运算法则和上述常用函数的 n 阶导数公式计算 $f^{(n)}(x)$.

如果 $f(x)$ 不易表示成若干个上述的常用函数的线性组合时,例如 $f(x)$ 是两个常用函数之积,则可以考虑应用莱布尼茨公式 $[u(x)v(x)]^{(n)}=\sum\limits_{i=0}^{n}C_n^i u^{(i)}(x)v^{(n-i)}(x)$ 和上述常用函数的 n 阶导数公式计算 $f^{(n)}(x)$.

当上述方法不能求得 $f^{(n)}(x)$ 时,可考虑计算 $f'(x)$,$f''(x)$,$\cdots$,从中寻找它们的表达式的规律,或建立 $f^{(n)}(x)$ 与 $f^{(n-1)}(x)$ 等之间的递推式,由此算出 $f^{(n)}(x)$.

4. 存在 ξ,使得 $f'(\xi)=0$ 或使得 $G(\xi,f(\xi),f'(\xi))=0$ 的命题的证明方法

（1）当函数 $f(x)$ 在 $[a,b]$ 上或 (a,b) 内满足某些条件时,证明存在 $\xi\in(a,b)$,使得 $f'(\xi)=0$ 的方法是:

（a）当 $f(x)$ 在 (a,b) 内可导时,想法在 (a,b) 内找到两点 x_1,x_2($x_1<x_2$),使得 $f(x_1)=f(x_2)$,则由罗尔定理即可证明存在 $\xi\in(x_1,x_2)\subset(a,b)$,使得 $f'(\xi)=0$.

（b）当 $f(x)$ 在 (a,b) 内具有连续的导数时,如果在 (a,b) 内不易找到使得 $f(x_1)=f(x_2)$ 的两点 x_1,x_2($x_1<x_2$),则想法在 (a,b) 内找到两点 ξ_1,ξ_2($\xi_1<\xi_2$) ,使得 $f'(\xi_1)f'(\xi_2)<0$,于是由连续函数的零点定理可证明存在 $\xi\in(\xi_1,\xi_2)\subset(a,b)$,使得 $f'(\xi)=0$.

（2）当函数 $f(x)$ 在 $[a,b]$ 上或 (a,b) 内满足某些条件时,证明存在 $\xi\in(a,b)$,使得 $G(\xi,f(\xi),f'(\xi))=0$(其中 $G(\xi,f(\xi),f'(\xi))$ 是 ξ,$f(\xi)$,$f'(\xi)$ 的代数式,其中可以不出现 ξ,$f(\xi)$,但必出现 $f'(\xi)$)的方法是:

（a）当 $G(\xi,f(\xi),f'(\xi))=0$ 可以改写成

$$\varphi'(\xi)=\frac{\varphi(b)-\varphi(a)}{b-a}\text{ 或 }\frac{\varphi'(\xi)}{\psi'(\xi)}=\frac{\varphi(b)-\varphi(a)}{\psi(b)-\psi(a)}\qquad(*)$$

时,考虑应用拉格朗日中值定理或柯西中值定理.

（b）当 $G(\xi,f(\xi),f'(\xi))=0$ 不可改写成形如式（*）的表达式时,先把 $G(\xi,f(\xi),f'(\xi))$ 中的 ξ 改为 x,并求解以 $f(x)$ 为未知函数的微分方程 $G(x,f(x),f'(x))=0$,如得其通解为 $F(x)=C$(C 是任意常数),则取辅助函数为 $F(x)$,然后在 $[a,b]$ 上找到满足 $F(x_1)=F(x_2)$ 的两点 x_1,x_2($x_1<x_2$),由罗尔定理可证明存在 $\xi\in(a,b)$,使得 $F'(\xi)=0$,即 $G(\xi,f(\xi),f'(\xi))=0$.

5. 存在 ξ,使得 $f''(\xi)=k(\geqslant k)$ 或 $f'''(\xi)=k(\geqslant k)$ 的命题的证明方法

当函数 $f(x)$ 在 $[a,b]$ 上或 (a,b) 内满足某些条件时,要证明 $f''(\xi)=k$(或 $f''(\xi)\geqslant k$),或者 $f'''(\xi)=k$(或 $f'''(\xi)\geqslant k$),这里 k 为常数,通常是利用 $f(x)$ 在某个特殊点 $x_0\in[a,b]$(或 (a,b))处的泰勒公式(带拉格朗日型余项),特殊点 x_0 可以取为条件中给定的点,也可以是 $f(x)$ 的最值点,区间的中点 $\dfrac{a+b}{2}$,当区间是闭区间 $[a,b]$ 时,也可以取为端点 a 或 b 等.

6. 函数极值和最值的计算方法

（1）函数 $f(x)$ 的极值计算方法是:

先确定 $f(x)$ 的定义域,并在定义域上求出 $f(x)$ 的可能极值点(它来自 $f(x)$ 的驻点与 $f(x)$ 的不可导点.当 $f(x)$ 是分段函数时,还应将分段点列入到可能极值点),记为 $x_1,x_2,\cdots,x_n$.然后利用函数极值的充分条件逐一判定 $x_1,x_2,\cdots,x_n$ 是否为极值点,如果是极值点,确定其为极大值点还是极小值点,并算出相应的极值.

(2) 连续函数 $f(x)$ 在 $[a,b]$ 上最值的计算方法

先确定 $f(x)$ 在 $[a,b]$ 内的所有可能极值点,记为 $x_1,x_2,\cdots,x_n$,然后比较 $f(x_1),f(x_2),\cdots,f(x_n),f(a),f(b)$,其中的最大者与最小者分别是 $f(x)$ 在 $[a,b]$ 上的最大值与最小值.

7. 函数不等式的证明方法

设函数 $f(x),g(x)$ 在 (a,b) 内可导,则证明不等式 $f(x)<g(x)$ $(x\in(a,b))$ 的方法是:

先作辅助函数 $F(x)=g(x)-f(x)$,并计算 $F'(x)$,如果在 (a,b) 内 $F'(x)>0$,且 $\lim\limits_{x\to a^+}F(x)=A\geqslant 0$,则在 (a,b) 内 $f(x)<g(x)$;如果在 (a,b) 内 $F'(x)<0$,且 $\lim\limits_{x\to b^-}F(x)=B\geqslant 0$,则在 (a,b) 内 $f(x)<g(x)$.如果存在 $x_0\in(a,b)$,使得

$$F'(x)=\begin{cases}<0, & a<x<x_0, \\ =0, & x=x_0, \\ >0, & x_0<x<b,\end{cases}\quad 且\ F(x_0)\geqslant 0,$$

则在 (a,b) 内 $f(x)\leqslant g(x)$(且仅在 $x=x_0$ 处取等号).

当辅助函数 $F(x)=f(x)-g(x)$ 比较复杂,其导函数的符号不易确定时,则可先将 $f(x)<g(x)$ 作等价变形(例如,将不等式中的分母转移到分子中去,无理函数尽量有理化,对数函数与反三角函数尽量分列于不等式两边的分子中,三角函数尽量集中到不等式的一边,并尽量与幂函数分列于不等式两边,等等)后再作辅助函数.

8. 方程实根个数判定方法

设函数 $f(x)$ 连续,则方程 $f(x)=0$ 的实根个数的判定方法是:

先利用 $f'(x)$ 确定 $f(x)$ 的单调性,画出曲线 $y=f(x)$ 的概图,然后确定该曲线与 x 轴的交点个数,即方程 $f(x)=0$ 的实根个数.

特别地,如果函数 $f(x)$ 在 (a,b) 内可导,则

(1) 当 $\lim\limits_{x\to a^+}f(x)\cdot\lim\limits_{x\to b^-}f(x)<0$,且 $f'(x)\neq 0$ 时,方程 $f(x)=0$ 在 (a,b) 内有且仅有一个实根;

(2) 当 $\lim\limits_{x\to a^+}f(x),\lim\limits_{x\to b^-}f(x)$ 都大于零(包括为 $+\infty$),且

$$f'(x)=\begin{cases}<0, & a<x<x_0, \\ =0, & x=x_0, \\ >0, & x_0<x<b,\end{cases}\quad f(x_0)<0\ 时,$$

或者,当 $\lim\limits_{x\to a^+}f(x),\lim\limits_{x\to b^-}f(x)$ 都小于零(包括为 $-\infty$),且

$$f'(x)=\begin{cases}>0, & a<x<x_0, \\ =0, & x=x_0, \\ <0, & x_0<x<b,\end{cases}\quad f(x_0)>0\ 时,$$

方程 $f(x)=0$ 在 (a,b) 内有且仅有两个实根.

四、精选备赛练习题

A　组

2.1　设函数 $f(x)$ 在点 $x=1$ 处可导,且 $f'(1)=1$,则

$$\lim_{x\to 0}\frac{f(1+x)+f(1+2\sin x)-2f(1-3\tan x)}{x}=\underline{\qquad}.$$

2.2　设函数 $f(x)$ 在点 $x=0$ 处可导,且 $\lim\limits_{x\to 0}\dfrac{\cos x-1}{\mathrm{e}^{f(x)}-1}=1$,则 $f'(0)=\underline{\qquad}$.

2.3　设函数 $f(x)=\begin{cases}\dfrac{\sin ax}{\sqrt{1-\cos x}}, & x<0, \\ b, & x=0, \\ \dfrac{1}{x}\big[\ln x-\ln(x+x^2)\big], & x>0,\end{cases}$ 在点 $x=0$ 处连续,则常数 a,b 以及

$f'(0)$ 分别为 $\underline{\qquad}$.

2.4　设函数 $g(x)$ 满足 $g'(x)+g(x)\sin x=\cos x$,且 $g(0)=0$,则 $\lim\limits_{x\to 0}\dfrac{g'(x)-1}{x}=\underline{\qquad}$.

2.5　设函数 $f(x)$ 在点 $x=0$ 的某个邻域内有连续的二阶导数,且 $\lim\limits_{x\to 0}\left[1+x+\dfrac{f(x)}{x}\right]^{\frac{1}{x}}=\mathrm{e}^3$,则 $f''(0)=\underline{\qquad}$.

2.6　函数 $y=x[x]$ 在 $(-2,2)$ 上的不可导点为 $\underline{\qquad}$.

2.7　设函数 $f(x)$ 在点 $x=0$ 的某个邻域内可展开成泰勒级数,且 $f\left(\dfrac{1}{n}\right)=\dfrac{1}{n^2}$ $(n=1,2,\cdots)$,则 $f(0),f'(0),f''(0)$ 分别为 $\underline{\qquad}$.

2.8　设 $f(x)=\dfrac{x^2+1}{x^2-1}$ 及 $g(x)=x^2\ln(1-x)\sin x$,则 $f^{(n)}(x)$ 及 $g^{(n)}(0)$ 分别为 $\underline{\qquad}$.

2.9　设函数 $f(x)=\begin{cases}3x^2+2x^3, & x\leqslant 0, \\ \ln(1+x)-x^2, & x>0,\end{cases}$ 则 $f'(x)$ 的极小值为 $\underline{\qquad}$.

2.10　函数 $y=|\sin x+\cos x+\tan x+\cot x+\sec x+\csc x|$ 的最小值为 $\underline{\qquad}$.

2.11　求曲线 $y=\begin{cases}\cos x, & -\dfrac{\pi}{2}<x<0, \\ 1-\dfrac{1}{2}x^2, & 0\leqslant x<1\end{cases}$ 的曲率 $K(x)$ 的最大值.

2.12　求方程 $4\arctan x-x+\dfrac{4\pi}{3}-\sqrt{3}=0$ 的实根个数.

2.13　设函数 $f(x)$ 满足方程

$$3f(x)+4x^2 f\left(-\dfrac{1}{x}\right)+\dfrac{7}{x}=0,$$

求 $f(x)$ 的极值.

2.14 设函数 $q(x)<0$,证明:微分方程 $y''+q(x)y=0$ 的任一非零解至多有一个零点.

2.15 设函数 $f(x)$ 在 $[a,b]$ 上具有连续导数,且当 $x\in(0,1)$ 时,$0<f'(x)<1$,$f(0)=0$.
试用柯西中值定理证明:

$$\left[\int_0^1 f(x)\mathrm{d}x\right]^2 > \int_0^1 [f(x)]^3\mathrm{d}x.$$

B 组

2.16 (1) 设 $f(x)=\mathrm{e}^{\frac{1}{1+x}}$,求 $f^{(5)}(0)$.

(2) 设 $y=y(x)$ 是由方程 $x^3+y^3+xy-1=0$ 确定的隐函数,求 $y^{(3)}(0)$.

(3) 设 $y=y(x)$ 由参数方程

$$\begin{cases} x=\cos t^2, \\ y=t\cos t^2 - \int_1^{t^2} \dfrac{1}{2\sqrt{u}}\cos u\mathrm{d}u \end{cases}$$

确定,求 $\dfrac{\mathrm{d}^2 y}{\mathrm{d}x^2}\Big|_{t=\sqrt{\frac{\pi}{2}}}$.

2.17 设函数 $y=\operatorname{arccot} x$,求 $y^{(n)}(x)$.

2.18 设函数 $f(x)=(1+x^2+ax^4)\mathrm{e}^{-x^2}$,按正数 a 的取值讨论 $f(x)$ 的最大值.

2.19 设 a 是正的常数. 证明:方程 $a\mathrm{e}^x=1+x+\dfrac{1}{2}x^2$ 有唯一实根.

2.20 已知函数 $f(x)$ 在 $[0,1]$ 上三阶可导,且 $f(0)=-1$,$f(1)=0$,$f'(0)=0$. 证明:对任意 $x\in(0,1)$,存在 $\xi\in(0,1)$,使得

$$f(x)=-1+x^2+\dfrac{x^2(x-1)}{3!}f'''(\xi).$$

2.21 设函数 $f(x)=\dfrac{1}{5}(x^3+4x^2+6x-6)$,并定义数列 $\{x_n\}$ 如下:

$$x_0, x_{n+1}=f(x_n), n=0,1,2,\cdots.$$

(1) 求使数列 $\{x_n\}$ 收敛的 x_0 的取值范围以及对应的 $\lim\limits_{n\to\infty}x_n$ 的值;

(2) 记(1)中 x_0 的取值范围为 $[a,b]$,求函数 $g(x)=\dfrac{3}{2}x^2-2x+\ln x+\dfrac{1}{2}$ 在 $[\min\{|a|, |b|\},\max\{|a|,|b|\}]$ 上的最大值与最小值.

2.22 求使不等式

$$\left(1+\dfrac{1}{n}\right)^{n+\alpha} \leqslant \mathrm{e} \leqslant \left(1+\dfrac{1}{n}\right)^{n+\beta}$$

对所有自然数 $n=1,2,3,\cdots$ 都成立的最大实数 α 与最小实数 β.

2.23 设函数 $f(x)$ 在 $(1,+\infty)$ 上可微,且对 $x>1$ 满足

$$f'(x)=\dfrac{x^2-f^2(x)}{x^2[f^2(x)+1]},$$

证明: $\lim\limits_{x\to\infty}[f(x)+x]=+\infty$.

2.24 设函数 $f(x)$ 在 $[-1,1]$ 上三阶可导.

(1) 证明：当 $f(-1)=0, f(1)=1, f'(0)=0$ 时，存在 $\xi_1 \in (-1,1)$，使得 $f'''(\xi_1) \geqslant 3$；

(2) 又设 $f'''(x)$ 在 $[-1,1]$ 上连续，证明：存在 $\xi_2 \in (-1,1)$，使得 $f'''(\xi_2)=3$.

2.25　(1) 设函数 $f(x)$ 在 $[a,b]$ 上连续，在 (a,b) 内二阶可导．证明：存在 $\xi \in (a,b)$，使得

$$f(a)+f(b)-2f\left(\frac{a+b}{2}\right)=\frac{1}{4}(b-a)^2 f''(\xi).$$

(2) 设函数 $f(x)$ 在 $(-\infty,+\infty)$ 上可微，且 $f(0)=0$，$|f'(x)| \leqslant p|f(x)|$，其中 $0<p<1$．证明：$f(x) \equiv 0 (-\infty < x < +\infty)$.

2.26　设函数 $f(x)$ 在 $[a,b]$ 上二阶可导，证明：对 $x \in [a,b]$ 存在 $\xi \in (a,b)$，使得

$$\frac{1}{x-b}\left[\frac{f(x)-f(a)}{x-a}-\frac{f(b)-f(a)}{b-a}\right]=\frac{1}{2}f''(\xi).$$

2.27　设 $f(x)$ 在 $[-1,1]$ 上具有连续的三阶导数，证明：存在 $\xi \in (-1,1)$，使得

$$\frac{f'''(\xi)}{6}=\frac{f(1)-f(-1)}{2}-f'(0).$$

2.28　设函数 $f(x)$ 在 $[0,1]$ 上二阶可导，且 $f(0)=0, f(1)=1, f'(0)=f'(1)=0$，证明：存在 $\xi \in (0,1)$，使得 $|f''(\xi)| \geqslant 4$.

2.29　证明下列不等式.

(1) 当 $0<x<\frac{\pi}{2}$ 时，$\csc^2 x < \frac{1}{x^2}+1-\frac{4}{\pi^2}$；

(2) 当 $-1<x<1$ 时，$x\ln\frac{1+x}{1-x}+\cos x \geqslant 1+\frac{x^2}{2}$.

2.30　证明下列各题：

(1) 设函数 $f(x)$ 在 $(0,+\infty)$ 上具有连续的二阶导数，且

$$|f''(x)+2xf'(x)+(x^2+1)f(x)| \leqslant 1,$$

则 $\lim\limits_{x \to +\infty} f(x)=0$.

(2) 设函数 $f(x)$ 二阶可导，且满足 $f(x)+f''(x)=-xg(x)f'(x)$，其中 $g(x)$ 是非负函数，则 $f(x)$ 有界.

附：解答

2.1　$\lim\limits_{x \to 0}\dfrac{f(1+x)+f(1+2\sin x)-2f(1-3\tan x)}{x}$

$=\lim\limits_{x \to 0}\dfrac{f(1+x)-f(1)}{x}+\lim\limits_{x \to 0}\left[\dfrac{f(1+2\sin x)-f(1)}{2\sin x} \cdot \dfrac{2\sin x}{x}\right]-$

$\qquad 2\lim\limits_{x \to 0}\left[\dfrac{f(1-3\tan x)-f(1)}{-3\tan x} \cdot \dfrac{-3\tan x}{x}\right]$

$=f'(1)+f'(1)\times 2-2f'(1)\times(-3)=9.$

2.2　由 $\lim\limits_{x \to 0}\dfrac{\cos x-1}{e^{f(x)}-1}=1$ 知 $f(0)=\lim\limits_{x \to 0}f(x)=0$，从而由

$$1=\lim\limits_{x \to 0}\frac{\cos x-1}{e^{f(x)}-1}=\lim\limits_{x \to 0}\frac{-\frac{1}{2}x^2}{f(x)}=-\frac{1}{2}\lim\limits_{x \to 0}\frac{x}{\dfrac{f(x)-f(0)}{x}}$$

知 $\lim\limits_{x\to 0}\dfrac{f(x)-f(0)}{x}=0$，即 $f'(0)-0$.

2.3 由于 $f(x)$ 在点 $x=0$ 处连续，所以有

$$\begin{cases} f(0)=\lim\limits_{x\to 0^+}f(x), \\ \lim\limits_{x\to 0^-}f(x)=\lim\limits_{x\to 0^+}f(x), \end{cases} \quad 即\begin{cases} b=\lim\limits_{x\to 0^+}\dfrac{1}{x}[\ln x-\ln(x+x^2)], \\ \lim\limits_{x\to 0^-}\dfrac{\sin ax}{\sqrt{1-\cos x}}=\lim\limits_{x\to 0^+}\dfrac{1}{x}[\ln x-\ln(x+x^2)], \end{cases}$$

于是，由 $\lim\limits_{x\to 0^+}\dfrac{1}{x}[\ln x-\ln(x+x^2)]=-\lim\limits_{x\to 0^+}\dfrac{\ln(1+x)}{x}=-1$ 得 $b=-1$.

由 $\lim\limits_{x\to 0^-}\dfrac{\sin ax}{\sqrt{1-\cos x}}=-1$，即 $\lim\limits_{x\to 0^-}\dfrac{ax}{-\dfrac{1}{\sqrt{2}}x}=-1$，得 $a=\dfrac{1}{\sqrt{2}}$.

对上述算得 a,b，有 $f(x)=\begin{cases} \dfrac{\sin\frac{1}{\sqrt{2}}x}{\sqrt{1-\cos x}}, & x<0, \\ -1, & x=0, \\ \dfrac{1}{x}[\ln x-\ln(x+x^2)], & x>0. \end{cases}$ 所以，由

$$\begin{aligned} f'_-(0) &= \lim_{x\to 0^-}\frac{f(x)-f(0)}{x}=\lim_{x\to 0^-}\frac{\dfrac{\sin\frac{1}{\sqrt{2}}x}{\sqrt{1-\cos x}}+1}{x} \\ &= \lim_{x\to 0^-}\frac{\sin\frac{1}{\sqrt{2}}x+\sqrt{1-\cos x}}{x\sqrt{1-\cos x}}=\lim_{x\to 0^-}\frac{\sin\frac{1}{\sqrt{2}}x-\sqrt{2}\sin\frac{x}{2}}{-\dfrac{1}{\sqrt{2}}x^2} \\ &= \lim_{x\to 0^-}\frac{\dfrac{1}{\sqrt{2}}x+o(x^2)-\sqrt{2}\left[\dfrac{x}{2}+o(x^2)\right]}{-\dfrac{1}{\sqrt{2}}x^2}=\lim_{x\to 0}\frac{o(x^2)}{-\dfrac{1}{\sqrt{2}}x^2}=0, \end{aligned}$$

$$\begin{aligned} f'_+(0) &= \lim_{x\to 0^+}\frac{f(x)-f(0)}{x}=\lim_{x\to 0^+}\frac{\dfrac{1}{x}[\ln x-\ln(x+x^2)]+1}{x} \\ &= \lim_{x\to 0^+}\frac{-\ln(1+x)+x}{x^2}=\lim_{x\to 0^+}\frac{-x+\dfrac{1}{2}x^2+o(x^2)+x}{x^2}=\lim_{x\to 0^+}\frac{\dfrac{1}{2}x^2}{x^2}=\frac{1}{2} \end{aligned}$$

知 $f'(0)$ 不存在.

2.4 对所给等式两边求导得

$$g''(x)+g'(x)\sin x+g(x)\cos x=-\sin x,$$

于是，$g''(0)=0$. 此外，$g'(0)=1$ 可由所给等式直接得到. 于是有

$$\lim_{x \to 0} \frac{g'(x)-1}{x} = \lim_{x \to 0} \frac{g'(x)-g'(0)}{x} = g''(0) = 0.$$

2.5 由 $e^3 = \lim_{x \to 0} \left[1 + x + \frac{f(x)}{x}\right]^{\frac{1}{x}} = e^{\lim_{x \to 0} \frac{1}{x} \ln\left[1 + x + \frac{f(x)}{x}\right]}$ 得

$$3 = \lim_{x \to 0} \frac{1}{x} \ln\left(1 + x + \frac{f(x)}{x}\right) = \lim_{x \to 0} \frac{x + \frac{f(x)}{x}}{x} = 1 + \lim_{x \to 0} \frac{f(x)}{x^2},$$

即 $\lim\limits_{x \to 0} \dfrac{f(x)}{x^2} = 2.$ (1)

由题设 $f(x)$ 在点 $x=0$ 的某个邻域内有连续的二阶导数知

$$f(x) = f(0) + f'(0)x + \frac{1}{2} f''(\xi)x^2 \ (\xi \text{ 是介于 } 0 \text{ 与 } x \text{ 之间的实数}).$$

代入式(1)知 $f(0) = f'(0) = 0$，因此式(1)成为

$$2 = \lim_{x \to 0} \frac{1}{2} f''(\xi) = \lim_{\xi \to 0} \frac{1}{2} f''(\xi) = \frac{1}{2} f''(0), \text{ 即 } f''(0) = 4.$$

2.6 $y = x[x] = \begin{cases} -2x, & -2 < x < -1, \\ -x, & -1 \leqslant x < 0, \\ 0, & 0 \leqslant x < 1, \\ x, & 1 \leqslant x < 2, \end{cases}$

函数 y 在 $(-2,-1) \bigcup (-1,0) \bigcup (0,1) \bigcup (1,2)$ 上可导，在点 $x=-1,1$ 处间断，此外 $y'_-(0) = -1, y'_+(0) = 0$，所以函数 $y = x[x]$ 在 $(-2,2)$ 内的不可导点为 $x = -1,0,1.$

2.7 $f(x)$ 在点 $x=0$ 的某个邻域 $(-\delta,\delta)$（δ 是某个正数）内的泰勒级数为

$$f(x) = \sum_{n=0}^{\infty} \frac{1}{n!} f^{(n)}(0) x^n,$$

故当 n 充分大时，$\dfrac{1}{n} \in (-\delta,\delta)$，所以有

$$\frac{1}{n^2} = f\left(\frac{1}{n}\right) = \sum_{k=0}^{\infty} \frac{1}{k!} f^{(k)}(0) \left(\frac{1}{n}\right)^k = f(0) + f'(0) \cdot \frac{1}{n} + \frac{1}{2} f''(0) \cdot \frac{1}{n^2} + o\left(\frac{1}{n^2}\right).$$

由此可知，$f(0) = f'(0) = 0, f''(0) = 2.$

2.8 由 $f(x) = 1 + \dfrac{2}{x^2-1} = 1 + \dfrac{1}{x-1} - \dfrac{1}{x+1}$ 得

$$f^{(n)}(x) = \left(\frac{1}{x-1}\right)^{(n)} - \left(\frac{1}{x+1}\right)^{(n)} = (-1)^n n! \left[\frac{1}{(x-1)^{n+1}} - \frac{1}{(x+1)^{n+1}}\right].$$

$$g'(0) = [x^2 \ln(1-x) \sin x]' \big|_{x=0} = 0,$$
$$g''(0) = [x^2 \ln(1-x) \sin x]'' \big|_{x=0} = 0,$$

$$g^{(n)}(0) = \sum_{i=0}^{n} C_n^i (x^2)^{(i)} [\ln(1-x) \sin x]^{(n-i)} \big|_{x=0}$$
$$= n(n-1) [\ln(1-x) \sin x]^{(n-2)} \big|_{x=0}$$
$$= n(n-1) \left\{ \ln(1-x) \sin\left[x + \frac{(n-2)\pi}{2}\right] + \right.$$
$$\left. \sum_{i=1}^{n-2} C_{n-2}^i (-1)^{i-1} \frac{(i-1)!(-1)^i}{(1-x)^i} \sin\left[x + \frac{(n-2-i)\pi}{2}\right] \right\} \Bigg|_{x=0}$$

$$=-n(n-1)\sum_{i=1}^{n-2}C_{n-2}^{i}(i-1)!\sin\frac{(n-2-i)\pi}{2}(n\geqslant 3).$$

2.9 当 $x<0$ 时, $f(x)=3x^2+2x^3$, $f'(x)=6(x+x^2)$, $f''(x)=6(1+2x)$;

当 $x>0$ 时, $f(x)=\ln(1+x)-x^2$, $f'(x)=\dfrac{1-2x-2x^2}{1+x}$, $f''(x)=-\dfrac{3+4x+3x^2}{(1+x)^2}$.

于是由 $\lim\limits_{x\to 0^-}f'(x)=\lim\limits_{x\to 0^-}6(x+x^2)=0$, $\lim\limits_{x\to 0^+}f'(x)=\dfrac{1+2x-2x^2}{1+x}=1$ 知 $f(x)$ 在点 $x=0$ 处不可导,因此有

$$f'(x)=\begin{cases}6(x+x^2), & x<0,\\ \dfrac{1-2x-2x^2}{1+x}, & x>0,\end{cases} \qquad f''(x)=\begin{cases}6(1+2x), & x<0,\\ -\dfrac{3+4x+2x^2}{(1+x)^2}, & x>0.\end{cases}$$

由此可知 $f'(x)$ 有唯一的可能极值点 $x=-\dfrac{1}{2}$,且当 $x<-\dfrac{1}{2}$ 时 $f''(x)<0$,当 $-\dfrac{1}{2}<x<0$ 时 $f''(x)>0$,所以 $f'(x)$ 的极小值为 $f'\left(-\dfrac{1}{2}\right)=-\dfrac{3}{2}$.

2.10 y 是 2π 为周期的周期函数,在一个周期 $(0,2\pi)$ $\left($除去 $x=\dfrac{\pi}{2},\pi,\dfrac{3\pi}{2}\right)$ 内,

令 $z=\sin x+\cos x=\sqrt{2}\cos\left(\dfrac{\pi}{4}-x\right)$,则 $\sin x+\cos x+\tan x+\cot x+\sec x+\csc x=z+$

$\dfrac{2}{z^2-1}+\dfrac{2z}{z^2-1}=z+\dfrac{2}{z-1}$.

所以,
$$y=\left|z+\frac{2}{z-1}\right|$$
$$=\frac{z^2-z+2}{|z-1|}, z\in[-\sqrt{2},-1)\cup(-1,1)\cup(1,\sqrt{2}]$$
$$=\begin{cases}-\dfrac{z^2-z+2}{z-1}, & z\in[-\sqrt{2},-1)\cup(-1,1),\\ \dfrac{z^2-z+2}{z-1}, & z\in(1,\sqrt{2}].\end{cases}$$

记 $f(z)=\dfrac{z^2-z+2}{z-1}$,则 $f'(z)=\dfrac{z^2-2z-1}{(z-1)^2}\begin{cases}>0, & x\in[-\sqrt{2},-1)\cup(-1,1-\sqrt{2}),\\ =0, & x=1-\sqrt{2},\\ <0, & x\in(1-\sqrt{2},1)\cup(1,\sqrt{2}],\end{cases}$

所以,$-f(z)$ 在 $[-\sqrt{2},-1)\cup(-1,1)$ 的最小值为 $-f(1-\sqrt{2})=2\sqrt{2}-1$.

$f(z)$ 在 $(1,\sqrt{2}]$ 上的最小值为 $f(\sqrt{2})=3\sqrt{2}+2$.

因此,y 的最小值为 $2\sqrt{2}-1$.

2.11 当 $-\dfrac{\pi}{2}<x<0$ 时, $y'=-\sin x$, $y''=-\cos x$;当 $0<x<1$ 时, $y'=-x$, $y''=-1$,并且由 $y'_-(0)=\lim\limits_{x\to 0^-}(-\sin x)=0$, $y'_+(0)=\lim\limits_{x\to 0^+}(-x)=0$ 得 $y'(0)=0$;

由 $y''_-(0)=\lim\limits_{x\to 0^-}(-\cos x)=-1$, $y''_+(0)=\lim\limits_{x\to 0^+}(-1)=-1$ 得 $y''(0)=-1$,

所以,

$$K(x)=\frac{|y''(x)|}{\{1+[y'(x)]^2\}^{\frac{3}{2}}}=\begin{cases}\dfrac{|\cos x|}{[1+(-\sin x)^2]^{\frac{3}{2}}}, & -\dfrac{\pi}{2}<x<0,\\[3mm] \dfrac{|-1|}{[1+0^2]^{\frac{3}{2}}}, & x=0,\\[3mm] \dfrac{|-1|}{[1+(-x)^2]^{\frac{3}{2}}}, & 0<x<1\end{cases}$$

$$=\begin{cases}\dfrac{\cos x}{(1+\sin^2 x)^{\frac{3}{2}}}, & -\dfrac{\pi}{2}<x<0,\\[3mm] 1, & x=0,\\[3mm] \dfrac{1}{(1+x^2)^{\frac{3}{2}}}, & 0<x<1,\end{cases}$$

且是 x 的连续函数. 由于

当 $-\dfrac{\pi}{2}<x<0$ 时,

$$K'(x)=\left[\frac{\cos x}{(1+\sin^2 x)^{\frac{3}{2}}}\right]'=\frac{-\sin x(1+\sin^2 x)^{\frac{3}{2}}-\cos x\cdot\frac{3}{2}(1+\sin^2 x)^{\frac{1}{2}}2\sin x\cos x}{(1+\sin^2 x)^3}$$

$$=\frac{2\sin x(\sin^2 x-2)}{(1+\sin^2 x)^{\frac{5}{2}}}>0;$$

当 $0<x<1$ 时,

$$K'(x)=-\frac{3x}{(1+x^2)^{\frac{5}{2}}}<0.$$

所以, $K(0)=1$ 是 $K(x)$ 的最大值.

2.12　记 $f(x)=4\arctan x-x+\dfrac{4\pi}{3}-\sqrt{3}$,则它在 $(-\infty,+\infty)$ 上可导,且

$$f'(x)=\frac{3-x^2}{1+x^2}.$$

由此可知, $f(x)$ 有驻点 $x=-\sqrt{3},\sqrt{3}$. 据此列表如下:

x	$-\infty$	$(-\infty,-\sqrt{3})$	$-\sqrt{3}$	$(-\sqrt{3},\sqrt{3})$	$\sqrt{3}$	$(\sqrt{3},+\infty)$	$+\infty$
$f'(x)$		$-$	0	$+$	0	$-$	
$f(x)$	$+\infty$	↘	0	↗	$+$	↘	$-\infty$

由表可知,方程 $f(x)=0$,即 $4\arctan x-x+\dfrac{4\pi}{3}-\sqrt{3}=0$ 仅有两个实根: $x_1=-\sqrt{3}$,

$x_2\in(\sqrt{3},+\infty)$.

2.13　用 $-\dfrac{1}{x}$ 代替所给方程

$$3f(x)+4x^2f\left(-\frac{1}{x}\right)+\frac{7}{x}=0 \tag{1}$$

中的 x 得

$$3f\left(-\frac{1}{x}\right)+\frac{4}{x^2}f(x)-7x=0. \tag{2}$$

式(1)、式(2)中消去 $f\left(\dfrac{1}{x}\right)$ 得

$$f(x)=4x^3+\frac{3}{x},$$

由 $f'(x)=12x^2-\dfrac{3}{x^2}=\dfrac{12\left(x^4-\dfrac{1}{4}\right)}{x^2}$ 得 $f(x)$ 的可能极值点 $x=0,-\dfrac{1}{\sqrt{2}},\dfrac{1}{\sqrt{2}}$,据此列表得

x	$\left(-\infty,-\dfrac{1}{\sqrt{2}}\right)$	$-\dfrac{1}{\sqrt{2}}$	$\left(-\dfrac{1}{\sqrt{2}},0\right)$	0	$\left(0,\dfrac{1}{\sqrt{2}}\right)$	$\dfrac{1}{\sqrt{2}}$	$\left(\dfrac{1}{\sqrt{2}},+\infty\right)$
$f'(x)$	$+$	0	$-$	不存在	$-$	0	$+$
$f(x)$	↗		↘		↘		↗

由表可知,$f(x)$ 的极大值为 $f\left(-\dfrac{1}{\sqrt{2}}\right)=-4\sqrt{2}$,极小值为 $f\left(\dfrac{1}{\sqrt{2}}\right)=4\sqrt{2}$.

2.14　设 $y(x)$ 是所给方程的任一非零解,如果它的零点多于 1 个,其中 x_1,x_2 是两个相邻的零点,不妨设 $x_1<x_2$,不失一般性可设曲线 $y=y(x)$ 在点 $(x_1,0)$ 处由下而上地穿过 x 轴,则该曲线在点 $(x_2,0)$ 处由上而下地穿过 x 轴,于是有

$$y'(x_1)=\lim_{x\to x_1^+}\frac{y(x)-y(x_1)}{x-x_1}=\lim_{x\to x_1^+}\frac{y(x)}{x-x_1}\geqslant 0,$$

$$y'(x_2)=\lim_{x\to x_2^-}\frac{y(x)-y(x_2)}{x-x_2}=\lim_{x\to x_2^-}\frac{y(x)}{x-x_2}\leqslant 0.$$

在 $[x_1,x_2]$ 上对 $y'(x)$ 应用拉格朗日中值定理知存在 $\xi\in(x_1,x_2)$,使得

$$y''(\xi)=\frac{y'(x_2)-y'(x_1)}{x_2-x_1}\leqslant 0. \tag{1}$$

另一方面,由于 $y(x)>0(x\in(x_1,x_2))$ 和题设 $q(x)<0$,所以 $y''=-q(x)y(x)>0(x\in(x_1,x_2))$,特别有

$$y''(\xi)>0. \tag{2}$$

由式(1)、式(2)矛盾推出微分方程 $y''+q(x)y=0$ 的任一非零解的零点个数至多为一个.

2.15　记 $u_1(x)=\left[\displaystyle\int_0^x f(t)\mathrm{d}t\right]^2$,则 $u_1(x)$ 在 $[0,1]$ 上连续,$(0,1)$ 内可导.

记 $v_1(x)=\displaystyle\int_0^x[f(t)]^3\mathrm{d}t$,则 $v_1(t)$ 在 $[0,1]$ 上连续,$(0,1)$ 内可导,且由 $f'(x)>0,f(0)=0$ 知 $(0,1)$ 内 $f(x)>0$,所以 $v_1'(x)=[f(x)]^3\neq 0(x\in(0,1))$. 因此由柯西中值定理知存在 $\xi_1\in(0,1)$,使得

$$\frac{u_1(x)}{v_1(x)}=\frac{u_1(x)-u_1(0)}{v_1(x)-v_1(0)}=\frac{u_1'(\xi_1)}{v_1'(\xi_1)}=\frac{2\displaystyle\int_0^{\xi_1}f(t)\mathrm{d}t\cdot f(\xi_1)}{f^3(\xi_1)}=\frac{2\displaystyle\int_0^{\xi_1}f(t)\mathrm{d}t}{f^2(\xi_1)}. \tag{1}$$

记 $u_2(x)=2\displaystyle\int_0^x f(t)\mathrm{d}t$,则 $u_2(x)$ 在 $[0,\xi_1]$ 上连续,$(0,\xi_1)$ 内可导.

记 $v_2(x)=f^2(x)$,则 $v_2(x)$ 在 $[0,\xi_1]$ 上连续,$(0,\xi_1)$ 内可导,且 $v_2'(x)\neq 0(x\in(0,\xi_1))$,因此由柯西中值定理知存在 $\xi\in(0,\xi_1)\subset(0,1)$,使得

$$\frac{2\displaystyle\int_0^{\xi_1} f(t)\mathrm{d}t}{f^2(\xi_1)} = \frac{u_2(\xi_1)-u_2(0)}{v_2(\xi_1)-v_1(0)} = \frac{u_2'(\xi)}{v_2'(\xi)} = \frac{2f(\xi)}{2f(\xi)f'(\xi)} = \frac{1}{f'(\xi)} > 1. \tag{2}$$

将式(2)代入式(1)得

$$\frac{u_1(x)}{v_1(x)} > 1, \quad 即 \left[\int_0^1 f(x)\mathrm{d}x\right]^2 > \int_0^1 [f(x)]^3\mathrm{d}x.$$

2.16 (1)当 $x \to 0$ 时，

$$f(x) = \mathrm{e}^{\frac{1}{1+x}} = \mathrm{e} \cdot \mathrm{e}^{-\frac{x}{1+x}}$$

$$= \mathrm{e}\left[1 + \left(-\frac{x}{1+x}\right) + \frac{1}{2!}\left(-\frac{x}{1+x}\right)^2 + \frac{1}{3!}\left(-\frac{x}{1+x}\right)^3 + \frac{1}{4!}\left(-\frac{x}{1+x}\right)^4 + \right.$$

$$\left. \frac{1}{5!}\left(-\frac{x}{1+x}\right)^5 + o(x^5)\right]$$

$$= \mathrm{e}\left[1 - x(1-x+x^2-x^3+x^4+o(x^4)) + \frac{1}{2}x^2(1-x+x^2-x^3+o(x^3))^2 - \right.$$

$$\left. \frac{1}{6}x^3(1-x+x^2+o(x^2))^3 + \frac{1}{24}x^4(1-x+o(x))^4 - \frac{1}{120}x^5(1+o(1))^5 + o(x^5)\right]$$

$$= \mathrm{e}\left[\cdots + \left(-1-2-1-\frac{1}{6}-\frac{1}{120}\right)x^5 + o(x^5)\right]$$

$$= \mathrm{e}\left(\cdots - \frac{501}{120}x^5 + o(x^5)\right),$$

所以 $f^{(5)}(0) = 5! \times \left(-\dfrac{501}{120}\right)\mathrm{e} = -501\mathrm{e}.$

(2)设 $y(x) = a_0 + a_1 x + a_2 x^2 + a_3 x^3 + o(x^3)(x \to 0)$，代入所给方程 $x^3 + y^3 + xy - 1 = 0$

得 $x^3 + [a_0 + a_1 x + a_2 x^2 + a_3 x^3 + o(x^3)]^3 + x[a_0 + a_1 x + a_2 x^2 + a_3 x^3 + o(x^3)] - 1 = 0,$

即 $x^3 + a_0^3 + 3a_0^2[a_1 x + a_2 x^2 + a_3 x^3 + o(x^3)] + 3a_0[a_1 x + a_2 x^2 + o(x^2)]^2 + [a_1 x + o(x)]^3 + a_0 x + a_1 x^2 + a_2 x^3 + o(x^3) - 1 = 0,$

$x^3 + a_0^3 + [3a_0^2 a_1 x + 3a_0^2 a_2 x^2 + 3a_0^2 a_3 x^3 + o(x^3)] + [3a_0 a_1^2 x^2 + 6a_0 a_1 a_2 x^3 + o(x^3)] + [a_1^3 x^3 + o(x^3)] + a_0 x + a_1 x^2 + a_2 x^3 + o(x^3) - 1 = 0.$

比较上式两边关于 x 同次幂的系数得

$$\begin{cases} a_0^3 - 1 = 0, \\ 3a_0^2 a_1 + a_0 = 0, \\ 3a_0^2 a_2 + 3a_0 a_1^2 + a_1 = 0, \\ 1 + 3a_0^2 a_3 + 6a_0 a_1 a_2 + a_1^3 + a_2 = 0. \end{cases}$$

解此方程组得 $a_0 = 1, a_1 = -\dfrac{1}{3}, a_2 = 0, a_3 = -\dfrac{26}{81}$，因此

$$y^{(3)}(0) = 3! \times a_3 = -\frac{52}{27}.$$

(3)由于 $\mathrm{d}x = -2t\sin t^2\mathrm{d}t, \mathrm{d}y = -2t^2\sin t^2\mathrm{d}t$，所以

$$\frac{\mathrm{d}^2 y}{\mathrm{d}x^2} = \frac{\mathrm{d}\left(\frac{\mathrm{d}y}{\mathrm{d}x}\right)}{\mathrm{d}x} = \frac{\mathrm{d}\left(\frac{-2t^2\sin t^2\mathrm{d}t}{-2t\sin t^2\mathrm{d}t}\right)}{-2t\sin t^2\mathrm{d}t}$$

$$= \frac{\mathrm{d}t}{-2t\sin t^2\mathrm{d}t} = -\frac{1}{2t\sin t^2}.$$

由此得到

$$\frac{\mathrm{d}^2 y}{\mathrm{d}x^2}\bigg|_{t=\sqrt{\frac{\pi}{2}}}=-\frac{1}{2\sqrt{\frac{\pi}{2}}\sin\frac{\pi}{2}}=-\frac{1}{\sqrt{2\pi}}.$$

2.17 由 $y=\operatorname{arccot} x$ 得 $x=\cot y$,所以

$$\frac{\mathrm{d}y}{\mathrm{d}x}=\frac{1}{\frac{\mathrm{d}x}{\mathrm{d}y}}=\frac{1}{-\frac{1}{\sin^2 y}}=-\sin^2 y=(-1)^1(1-1)!\ \sin y\sin y,$$

$$\frac{\mathrm{d}^2 y}{\mathrm{d}x^2}=\frac{\mathrm{d}}{\mathrm{d}x}(-\sin^2 y)=-\frac{\mathrm{d}}{\mathrm{d}y}(\sin^2 y)\frac{\mathrm{d}y}{\mathrm{d}x}=-\sin 2y(-\sin^2 y)$$

$$=\sin^2 y\sin 2y=(-1)^2(2-1)!\ \sin^2 y\sin 2y,$$

$$\frac{\mathrm{d}^3 y}{\mathrm{d}x^3}=\frac{\mathrm{d}}{\mathrm{d}x}(\sin^2 y\sin 2y)=\frac{\mathrm{d}}{\mathrm{d}y}(\sin^2 y\sin 2y)\frac{\mathrm{d}y}{\mathrm{d}x}$$

$$=(2\sin y\cos y\sin 2y+2\sin^2 y\cos 2y)(-\sin^2 y)$$

$$=-2\sin^3 y(\cos y\sin 2y+\sin y\cos 2y)$$

$$=-2\sin^3 y\sin 3y=(-1)^3(3-1)!\ \sin^3 y\sin 3y,$$

$$\frac{\mathrm{d}^4 y}{\mathrm{d}x^4}=\frac{\mathrm{d}}{\mathrm{d}x}(-2\sin^3 y\sin 3y)=-2\frac{\mathrm{d}}{\mathrm{d}y}(\sin^3 y\sin 3y)\frac{\mathrm{d}y}{\mathrm{d}x}$$

$$=2\sin^2 y(3\sin^2 y\cos y\sin 3y+3\sin^3 y\cos 3y)$$

$$=6\sin^4 y(\cos 3y\sin 3y+\sin y\cos 3y)$$

$$=6\sin^4 y\sin 4y=(-1)^4(4-1)!\ \sin^4 y\sin 4y,$$

依次类推得

$$\frac{\mathrm{d}^n y}{\mathrm{d}x^n}=(-1)^n(n-1)!\ \sin^n y\sin ny \quad (n=1,2,\cdots).$$

2.18 $\quad f'(x)=(2x+4ax^3)\mathrm{e}^{-x^2}-2x(1+x^2+ax^4)\mathrm{e}^{-x^2}$

$$=-2ax^3\left(x^2+\frac{1-2a}{a}\right)\mathrm{e}^{-x^2},$$

因此,当 $0<a\leqslant\frac{1}{2}$ 时,由 $f'(x)<0(x\in(0,+\infty))$ 知 $f(x)$ 在 $[0,+\infty)$ 上有最大值 $f(0)$,无最小值. 于是由 $f(x)$ 为偶函数得到,在 $(-\infty,+\infty)$ 上 $f(x)$ 有最大值 $f(0)=1$,无最小值.

当 $a>\frac{1}{2}$ 时,由 $f'(x)=-2ax^3\left(x+\sqrt{\frac{2a-1}{a}}\right)\left(x-\sqrt{\frac{2a-1}{a}}\right)\begin{cases}>0,& 0<x<\sqrt{\frac{2a-1}{a}},\\ =0,& x=\sqrt{\frac{2a-1}{a}},\\ <0,& x>\sqrt{\frac{2a-1}{a}},\end{cases}$

并且 $f(0)=1$, $\lim\limits_{x\to+\infty}f(x)=0$,所以 $f(x)$ 在 $[0,+\infty)$ 上有最大值 $f\left(\sqrt{\frac{2a-1}{a}}\right)$,但无最小值. 于是由 $f(x)$ 为偶函数得到,在 $(-\infty,+\infty)$ 上 $f(x)$ 有最大值 $f\left(\sqrt{\frac{2a-1}{a}}\right)=f\left(-\sqrt{\frac{2a-1}{a}}\right)=$

$(4a-1)\mathrm{e}^{-\frac{2a-1}{a}}$,无最小值.

2.19 记 $f(x)=a\mathrm{e}^x-\left(1+x+\dfrac{x^2}{2}\right)$,则 $f(x)$ 在 $(-\infty,+\infty)$ 上连续,且

$$\lim_{x\to-\infty}f(x)=\lim_{x\to-\infty}\left(a\mathrm{e}^x-1-x-\frac{x^2}{2}\right)=-\infty,$$

$$\lim_{x\to+\infty}f(x)=\lim_{x\to+\infty}\left(a\mathrm{e}^x-1-x-\frac{x^2}{2}\right)=+\infty,$$

所以,由连续函数的零点定理(推广形式)知方程 $f(x)=0$,即 $a\mathrm{e}^x=1+x+\dfrac{x^2}{2}$ 有实根. 下面分两种情形证明实根的唯一性.

(1)当 $a\geqslant1$ 时,

$$f'(x)=a\mathrm{e}^x-(1+x),$$

$$f''(x)=a\mathrm{e}^x-1\begin{cases}<0,& x<-\ln a,\\=0,& x=-\ln a,\\>0,& x>-\ln a,\end{cases}$$

由此可知 $f'(-\ln a)=\ln a$ 是 $f'(x)$ 的最小值. 即 $a>1$ 时,$f'(x)>0$;$a=1$ 时,$f'(x)\geqslant0$(仅当 $x=0$ 时取等号). 所以 $f(x)$ 单调增加,从而方程 $f(x)=0$ 的实根是唯一的.

(2)当 $0<a<1$ 时,如果方程 $f(x)=0$ 的实根个数 $\geqslant2$,设 x_1,x_2 为其中最小与次最小的两个根,显然它们都不为零,由于 $\lim\limits_{x\to-\infty}f(x)=-\infty$,所以曲线 $y=f(x)$ 由下而上地与 x 轴相交于点 x_1,接着曲线由上而下地与 x 轴相交于点 x_2. 于是

$$f'(x_2)=\lim_{x\to x_2^-}\frac{f(x)-f(x_2)}{x-x_2}=\lim_{x\to x_2^-}\frac{f(x)}{x-x_2}\leqslant0,\tag{1}$$

另一方面

$$f'(x_2)=a\mathrm{e}^{x_2}-(1+x_2)=a\mathrm{e}^{x_2}-\left(1+x_2+\frac{1}{2}x_2{}^2\right)+\frac{1}{2}x_2{}^2=\frac{1}{2}x_1{}^2>0.\tag{2}$$

式(1)、式(2)矛盾,表明 $0<a<1$ 时,方程 $f(x)=0$ 的实根也是唯一的.

2.20 由欲证的等式可知 $f'''(\xi)=6\cdot\dfrac{f(x)+1-x^2}{x^2(x-1)}$. 另外,将欲证的不等式中的 x 换成 t 得

$$f(t)=-1+t^2+\frac{t^2(t-1)}{3!}f'''(\xi)$$

$$=-1+t^2+\frac{t^2(t-1)}{3!}\cdot6\frac{f(x)+1-x^2}{x^2(x-1)}$$

$$=-1+t^2+\frac{f(x)+1-x^2}{x^2(x-1)}t^2(t-1),$$

或者

$$f(t)+1-t^2-\frac{f(x)+1-x^2}{x^2(x-1)}t^2(t-1)=0.$$

因此,作辅助函数 $g(t)=f(t)+1-t^2-\dfrac{f(x)+1-x^2}{x^2(x-1)}t^2(t-1)$,则 $g(t)$ 在 $[0,x]$ 和 $[x,1]$ 上都满足罗尔定理条件,所以存在 $\xi_1\in(0,x)$ 和 $\xi_2\in(x,1)$,使得

$$g'(\xi_1)=g'(\xi_2)=0.$$

此外,由

$$g'(t)=f'(t)-2t-\frac{f(x)+1-x^2}{x^2(x-1)}(3t^2-2t)$$

知 $g'(0)=0$. 于是,对 $[0,1]$ 上三阶可导函数 $g(t)$,存在 $\xi\in(0,1)$,使得 $g'''(\xi)=0$,即

$$f'''(\xi)=6\cdot\frac{f(x)+1-x^2}{x^2(x-1)}.$$

由此得到

$$f(x)=-1+x^2+\frac{x^2(x-1)}{3!}f'''(\xi).$$

2.21 (1) $f'(x)=\frac{1}{5}(3x^2+8x+6)>0(x\in(-\infty,+\infty))$. (1)

方程 $f(x)=x$,即 $x^3+4x^2+x-6=(x+3)(x+2)(x-1)=0$ 有实根 $x=-3,-2,1$.

当 $x_0=1$ 时,$x_n=1(n=1,2,\cdots)$,所以 $\lim\limits_{n\to\infty}x_n=1$.

当 $x_0\in[-2,1)$ 时,

$$x_1-x_0=\frac{1}{5}(x_0{}^3+4x_0{}^2+6x_0-6)-x_0=\frac{1}{5}(x_0+3)(x_0+2)(x_0-1)\leqslant0,$$

即 $x_1\leqslant x_0$,所以由式(1)知 $\{x_n\}$ 单调减少. 此外,当 $x\in[-2,1)$ 时,$f(x)\geqslant f(-2)=-2$(且仅在 $x=-2$ 处取等号),即此时 $\{x_n\}$ 有下界. 所以由数列极限存在准则 II 知 $\lim\limits_{n\to\infty}x_n$ 存在. 记为 α,则 α 满足 $-2\leqslant\alpha<1$ 及 $\alpha=f(\alpha)$,所以 $\alpha=-2$,即 $\lim\limits_{n\to\infty}x_n=-2$.

当 $x_0\in(-3,-2)$ 时,

$$x_1-x_0=\frac{1}{5}(x_0{}^3+4x_0{}^2+6x_0-6)-x_0=\frac{1}{5}(x_0+3)(x_0+2)(x_0-1)>0,$$

即 $x_1>x_0$,所以由式(1)知 $\{x_n\}$ 单调增加. 此外,当 $x\in(-3,-2)$ 时 $f(x)<f(-2)=-2$,即此时 $\{x_n\}$ 有上界,所以由数列极限存在准则 II 知 $\lim\limits_{n\to\infty}x_n$ 存在,记为 β. 则 β 满足 $-3<\beta\leqslant-2$ 及 $\beta=f(\beta)$,即 $\beta=-2$,即 $\lim\limits_{n\to\infty}x_n=-2$.

当 $x_0=-3$ 时,$x_n=-3(n=1,2,\cdots)$,所以 $\lim\limits_{n\to\infty}x_n=-3$.

当 $x_0\in(1,+\infty)$ 时,$x_1-x_0=\frac{1}{5}(x_0+3)(x_0+2)(x_0-1)>0$,即 $x_1>x_0$,所以由式(1)知 $\{x_n\}$ 单调增加. 如果此时 $\{x_n\}$ 收敛于 α_1,则 $\alpha_1>x_0>1$,且 α_1 满足 $\alpha_1=f(\alpha_1)$. 这与方程 $f(x)=x$ 在 $(1,+\infty)$ 上无实根矛盾. 因此 $x_0\in(1,+\infty)$ 时,$\{x_n\}$ 发散. 同样可证 $x_0\in(-\infty,-3)$ 时,$\{x_n\}$ 也是发散的.

综上所述,使 $\{x_n\}$ 收敛的 $x_0\in[-3,1]$,且

$x_0=1$ 时,$\lim\limits_{n\to\infty}x_n=1$;$x_0\in(-3,1)$时,$\lim\limits_{n\to\infty}x_n=-2$;$x_0=-3$ 时,$\lim\limits_{n\to\infty}x_n=-3$.

(2) 由(1)的计算知 $a=-3,b=1$,因此

$$[\min\{|a|,|b|\},\max\{|a|,|b|\}]=[1,3].$$

$g(x)$ 在 $[1,3]$ 上连续,在 $(1,3)$ 内可导,且

$$g'(x)=3x-2+\frac{1}{x}=\frac{1}{x}(3x^2-2x+1)>0,$$

所以,$g(x)$ 在 $[1,3]$ 上的最大值为 $g(3)=8+\ln 3$,最小值为 $g(1)=0$.

2.22 所给不等式等价于

$$(n+\alpha)\ln\left(1+\frac{1}{n}\right)\leqslant 1\leqslant(n+\beta)\ln\left(1+\frac{1}{n}\right),$$

即

$$\alpha\leqslant\frac{1}{\ln\left(1+\dfrac{1}{n}\right)}-n\leqslant\beta.$$

故要计算使 $\left(1+\dfrac{1}{n}\right)^{n+\alpha}\leqslant\mathrm{e}\leqslant\left(1+\dfrac{1}{n}\right)^{n+\beta}$ 对所有自然数 n 都成立的最大实数 α 与最小实数 β，就是计算函数

$$f(x)=\begin{cases}\dfrac{1}{\ln(1+x)}-\dfrac{1}{x}, & 0<x\leqslant 1,\\[2mm]\lim\limits_{x\to 0^+}\left[\dfrac{1}{\ln(1+x)}-\dfrac{1}{x}\right], & x=0\end{cases}$$

在 $[0,1]$ 上的最小值与最大值，具体计算如下：

由于 $\lim\limits_{x\to 0^+}\left[\dfrac{1}{\ln(1+x)}-\dfrac{1}{x}\right]=\lim\limits_{x\to 0^+}\dfrac{x-\ln(1+x)}{x\ln(1+x)}$

$$=\lim\limits_{x\to 0^+}\dfrac{x-\left(x-\dfrac{1}{2}x^2+o(x^2)\right)}{x^2}=\lim\limits_{x\to 0^+}\dfrac{\dfrac{1}{2}x^2+o(x^2)}{x^2}=\dfrac{1}{2},$$

所以 $f(x)=\begin{cases}\dfrac{1}{\ln(1+x)}-\dfrac{1}{x}, & 0<x\leqslant 1,\\[2mm]\dfrac{1}{2}, & x=0,\end{cases}$ 它在 $[0,1]$ 上连续，在 $(0,1)$ 内可导且

$$f'(x)=\left[\dfrac{1}{\ln(1+x)}-\dfrac{1}{x}\right]'=-\dfrac{1}{(1+x)\ln^2(1+x)}+\dfrac{1}{x^2}=\dfrac{(1+x)\ln^2(1+x)-x^2}{x^2(1+x)\ln^2(1+x)}$$

$$=\dfrac{\left[\ln(1+x)+\dfrac{x}{\sqrt{1+x}}\right]}{x^2\ln^2(1+x)}\left[\ln(1+x)-\dfrac{x}{\sqrt{1+x}}\right]<0$$

（这是因为由

$$\left[\ln(1+x)-\dfrac{x}{\sqrt{1+x}}\right]'=\dfrac{1}{1+x}-\dfrac{2+x}{2(1+x)^{\frac{3}{2}}}=-\dfrac{1+(1+x)-2\sqrt{1+x}}{2(1+x)^{\frac{3}{2}}}$$

$$=-\dfrac{(\sqrt{1+x}-1)^2}{2(1+x)^{\frac{3}{2}}}<0(x\in(0,1)),$$

由此得 $\ln(1+x)-\dfrac{x}{\sqrt{1+x}}<\left[\ln(1+x)-\dfrac{x}{\sqrt{1+x}}\right]\bigg|_{x=0}=0(x\in(0,1))$，即 $f(x)$ 在 $[0,1]$ 上单调减少，从而 $f(x)$ 在 $[0,1]$ 上的最小值为 $f(1)=\dfrac{1}{\ln 2}-1$，最大值为 $f(0)=\dfrac{1}{2}$.

由此得到，使所给不等式对所有自然数 n 都成立的最大 $\alpha=f(1)=\dfrac{1}{\ln 2}-1$，最小 $\beta=f(0)$ $=\dfrac{1}{2}$.

2.23 记 $g(x)=f(x)+x$，则由 $g'(x)=f'(x)+1=\dfrac{x^2-f^2(x)}{x^2[f^2(x)+1]}+1=$

$$\frac{2x^2+(x^2-1)f^2(x)}{x^2[f^2(x)+1]}>\frac{2}{f^2(x)+1}>0(x>1)知 \lim_{x\to+\infty}g(x)存在或为+\infty,记为 L.$$

如果 $L<+\infty$,则对 $g(x)$ 在 $[x,x+1](x>1)$ 上应用拉格朗日中值定理知存在 $\xi\in(x,x+1)$,使得

$$g'(\xi)=g(x+1)-g(x).$$

令 $x\to+\infty$,对上式两边取极限得

$$\lim_{x\to+\infty}g'(\xi)=L-L=0,即 \lim_{x\to+\infty}g'(x)=0. \tag{1}$$

另一方面,令 $x\to+\infty$,对 $g'(x)=\dfrac{x^2-f^2(x)}{x^2[f^2(x)+1]}+1$,即 $g'(x)=\dfrac{\dfrac{1}{x^2}\left\{1-\left[\dfrac{g(x)}{x}-1\right]^2\right\}}{\left[\dfrac{g(x)}{x}-1\right]^2+1}+$

1 取极限(利用 $\lim_{x\to+\infty}g(x)=L$)得

$$\lim_{x\to+\infty}g'(x)=1. \tag{2}$$

式(1)、式(2)矛盾知 $L=+\infty$,即

$$\lim_{x\to+\infty}[f(x)+x]=+\infty.$$

2.24 由于 $f(x)$ 在 $[-1,1]$ 上三阶可导,且 $f'(0)=0$. 所以 $f(x)$ 在点 $x=0$ 处的二阶泰勒公式

$$f(x)=f(0)+f'(0)x+\frac{1}{2!}f''(0)x^2+\frac{1}{3!}f'''(\eta)x^3$$

$$=f(0)+\frac{1}{2}f''(0)x^2+\frac{1}{6}f'''(\eta)x^3(x\in[-1,1],\eta 是介于 0 与 x 之间的实数). \tag{1}$$

令式(1)中的 $x=-1,1$ 分别得

$$f(-1)=f(0)+\frac{1}{2}f''(0)\times(-1)^2+\frac{1}{6}f'''(\eta_1)(-1)^3,$$

即

$$0=f(0)+\frac{1}{2}f''(0)-\frac{1}{6}f'''(\eta_1); \tag{2}$$

$$f(1)=f(0)+\frac{1}{2}f''(0)\times 1^2+\frac{1}{6}f'''(\eta_2)\times 1^3,$$

即

$$1=f(0)+\frac{1}{2}f''(0)+\frac{1}{6}f'''(\eta_2), \tag{3}$$

其中 η_1,η_2 是分别对应于 $x=-1,1$ 的 η.

(1) 式(3)-式(2)得

$$f'''(\eta_1)+f'''(\eta_2)=6. \tag{4}$$

如果 $f'''(\eta_1)\geqslant f'''(\eta_2)$,取 $\xi_1=\eta_1$. 由此由式(4)证得存在 $\xi_1\in(-1,1)$,使得 $f'''(\xi_1)\geqslant 3$. 如果 $f'''(\eta_1)<f'''(\eta_2)$,取 $\xi_1=\eta_2$,于是由此也由式(4)证得存在 $\xi_1\in(-1,1)$,使得 $f'''(\xi_1)\geqslant 3$.

(2) 当 $f'''(x)$ 在 $[-1,1]$ 上连续时,记 $M=\max\limits_{x\in[\eta_1,\eta_2]}f'''(x),m=\min\limits_{x\in[\eta_1,\eta_2]}f'''(x)$,则

$$m\leqslant\frac{1}{2}[f'''(\eta_1)+f'''(\eta_2)]\leqslant M.$$

于是,由连续函数介值定理知,存在 $\xi_2 \in [\eta_1, \eta_2] \subset (-1,1)$,使得

$$f'''(\xi_2) = \frac{1}{2}[f'''(\eta_1) + f'''(\eta_2)] \xlongequal{\text{由式}(4)} 3.$$

2.25 (1) 由于 $f(a) + f(b) - 2f\left(\dfrac{a+b}{2}\right) = \left[f(b) - f\left(\dfrac{a+b}{2}\right)\right] - \left[f\left(\dfrac{a+b}{2}\right) - f(a)\right]$

$$= \left[f\left(\frac{a+b}{2} + \frac{b-a}{2}\right) - f\left(\frac{a+b}{2}\right)\right] - \left[f\left(a + \frac{b-a}{2}\right) - f(a)\right],$$

所以,作辅助函数 $\varphi(x) = f\left(x + \dfrac{b-a}{2}\right) - f(x)$.

由于 $\varphi(x)$ 在 $\left[a, \dfrac{a+b}{2}\right]$ 上满足拉格朗日中值定理条件,所以,存在 $\eta \in \left(a, \dfrac{a+b}{2}\right)$,使得

$$\varphi\left(\frac{a+b}{2}\right) - \varphi(a) = \varphi'(\eta)\left(\frac{a+b}{2} - a\right) = \frac{b-a}{2}\left[f'\left(\eta + \frac{b-a}{2}\right) - f'(\eta)\right]. \tag{1}$$

由于 $f'(x)$ 在 $\left[\eta, \eta + \dfrac{b-a}{2}\right]$ 上满足拉格朗日中值定理条件,所以,存在 $\xi \in \left(\eta, \eta + \dfrac{b-a}{2}\right)$,使得

$$f'\left(\eta + \frac{b-a}{2}\right) - f'(\eta) = \frac{b-a}{2}f''(\xi). \tag{2}$$

将式(2)代入式(1)得

$$f(a) + f(b) - 2f\left(\frac{a+b}{2}\right) = \frac{1}{4}(b-a)^2 f''(\xi)\left(\xi \in \left(\eta, \eta + \frac{b-a}{2}\right) \subset (a,b)\right).$$

(2) 设 $f(x)$ 在 $[0,1]$ 上不恒为零,则 $|f(x)|$ 在 $[0,1]$ 上的最大值 $M > 0$. 由于 $|f(x)|$ 是连续函数,故存在 $x_0 \in (0,1]$,使得 $|f(x_0)| = M$. 于是

$$M = |f(x_0)| = |f(x_0) - f(0)|$$
$$= |f'(\xi)x_0| \ (\text{对} \ f(x) \ \text{在} [0,x_0] \text{上应用拉格朗日中值定理}, \xi \in (0,x_0))$$
$$\leqslant |f'(\xi)| \leqslant p|f(\xi)| \leqslant pM,$$

即 $(1-p)M \leqslant 0$. 于是由 $0 < p < 1$ 得 $M = 0$. 这与上述假定 $|f(x)|$ 在 $[0,1]$ 不恒为零矛盾,从而 $|f(x)| \equiv 0$,即 $f(x) \equiv 0 (x \in [0,1]$.

利用 $f(1) = 0$,同样可证 $f(x) \equiv 0 (x \in (1,2])$.

重复以上方法可得 $f(x) \equiv 0 (x \in (2, +\infty))$ 以及 $f(x) \equiv 0 (x \in (-\infty, 0))$.

由此证得

$$f(x) \equiv 0 (x \in (-\infty, +\infty)).$$

2.26 过点 $(a, f(a)), (x, f(x))(x \in (a,b)), (b, f(b))$ 的二次抛物线方程为

$$y(t) = \frac{(t-x)(t-b)}{(a-x)(a-b)}f(a) + \frac{(t-a)(t-b)}{(x-a)(x-b)}f(x) + \frac{(t-a)(t-x)}{(b-a)(b-x)}f(b).$$

作辅助函数

$$F(t) = f(t) - y(t),$$

则 $F(t)$ 在 $[a,b]$ 上二阶可导,且 $F(a) = F(x) = F(b)(=0)$,所以两次应用罗尔定理可得 $\xi \in (a,b)$,使得 $F''(\xi) = 0$,即

$$f''(\xi) = y''(\xi) = \frac{2}{(a-x)(a-b)}f(a) + \frac{2}{(x-a)(x-b)}f(x) + \frac{2}{(b-a)(b-x)}f(b).$$

由此得证 $\dfrac{1}{x-b}\left[\dfrac{f(x)-f(a)}{x-a}-\dfrac{f(b)-f(a)}{b-a}\right]=\dfrac{1}{2}f''(\xi)$.

2.27 由 $f(x)$ 在 $[-1,1]$ 上具有三阶导数知,对 $x\in[-1,1]$ 有

$$f(x)=f(0)+f'(0)x+\frac{1}{2}f''(0)x^2+\frac{1}{6}f'''(\eta)x^3(\eta\text{ 是}(-1,1)\text{内的实数}).$$

特别有

$$f(1)=f(0)+f'(0)+\frac{1}{2}f''(0)+\frac{1}{6}f'''(\eta_1)(\eta_1\text{ 是对应 }x=1\text{ 的 }\eta), \tag{1}$$

$$f(-1)=f(0)-f'(0)+\frac{1}{2}f''(0)-\frac{1}{6}f'''(\eta_2)(\eta_2\text{ 是对应 }x=-1\text{ 的 }\eta). \tag{2}$$

式(1)—式(2)得

$$f(1)-f(-1)=2f'(0)+\frac{1}{6}[f'''(\eta_1)+f'''(\eta_2)]. \tag{3}$$

由 $f'''(x)$ 在 $[-1,1]$ 上连续,所以 $f'''(x)$ 在 $[-1,1]$ 上有最大值 M 与最小值 m,因此

$$m\leqslant\frac{1}{2}[f'''(\eta_1)+f'''(\eta_2)]\leqslant M.$$

从而由连续函数的介值定理知存在 $\xi\in(\eta_1,\eta_2)$ 或 (η_2,η_1)(显然 $\xi\in(-1,1)$),使得

$$f'''(\xi)=\frac{1}{2}[f'''(\eta_1)+f'''(\eta_2)]. \tag{4}$$

将式(4)代入式(3)得

$$f(1)-f(-1)=2f'(0)+\frac{1}{3}f'''(\xi),$$

即 $\dfrac{f'''(\xi)}{6}=\dfrac{f(1)-f(-1)}{2}-f'(0)(\xi\in(-1,1)).$

2.28 由 $f(x)$ 在 $[0,1]$ 上二阶可导知,对任意 $x\in[0,1]$ 有

$$f(x)=f(0)+f'(0)x+\frac{1}{2}f''(\eta_1)x^2=\frac{1}{2}f''(\eta_1)x^2$$

及 $f(x)=f(1)+f'(1)(x-1)+\dfrac{1}{2}f''(\eta_2)(x-1)^2=1+\dfrac{1}{2}f''(\eta_2)(x-1)^2,$

其中 η_1,η_2 分别是介于 0 与 x,x 与 1 的实数,特别有

$$f\left(\frac{1}{2}\right)=\frac{1}{8}f''(\xi_1)(\xi_1\text{ 是对应 }x=\frac{1}{2}\text{的 }\eta_1),$$

$$f\left(\frac{1}{2}\right)=1+\frac{1}{8}f''(\xi_2)(\xi_2\text{ 是对应 }x=\frac{1}{2}\text{ 的 }\eta_2).$$

以上两式相减得

$$|f''(\xi_1)-f''(\xi_2)|=8,\text{即}|f''(\xi_1)|+|f''(\xi_2)|\geqslant 8.$$

当 $|f''(\xi_1)|\geqslant|f''(\xi_2)|$ 时,取 $\xi=\xi_1$;当 $|f''(\xi_1)|<|f''(\xi_2)|$ 时,取 $\xi=\xi_2$,则 $\xi\in(0,1)$,使得 $|f''(\xi)|\geqslant 4$.

2.29 (1) 记 $f(x)=\dfrac{1}{x^2}+1-\dfrac{4}{\pi^2}-\csc^2 x$,则 $f(x)$ 在 $\left(0,\dfrac{\pi}{2}\right)$ 内可导且

$$f'(x)=-\frac{2}{x^3}+2\csc^2 x\cot x=\frac{2(x^3\cos x-\sin^3 x)}{x^3\sin^3 x}$$

$$= \frac{2\cos x(x^3 - \sin^3 x\cos^{-1} x)}{x^3 \sin^3 x}$$

$$= \frac{2\cos x(x - \sin x\cos^{-\frac{1}{3}} x)(x^2 + x\sin x\cos^{-\frac{1}{3}} x + \sin^2 x\cos^{-\frac{2}{3}} x)}{x^3 \sin^3 x}, \tag{1}$$

记 $\varphi(x) = x - \sin x\cos^{-\frac{1}{3}} x$，则 $\varphi(x)$ 在 $\left(0, \dfrac{\pi}{2}\right)$ 可导且

$$\varphi'(x) = 1 - \cos^{\frac{2}{3}} x - \frac{1}{3}\sin^2 x\cos^{-\frac{4}{3}} x$$

$$= 1 - \frac{2}{3}\cos^{\frac{2}{3}} x - \frac{1}{3}\cos^{-\frac{4}{3}} x$$

$$= 1 - \frac{1}{3}(\cos^{\frac{2}{3}} x + \cos^{\frac{2}{3}} x + \cos^{-\frac{4}{3}} x)$$

$$\leqslant 1 - \sqrt[3]{\cos^{\frac{2}{3}} x \cdot \cos^{\frac{2}{3}} x \cdot \cos^{-\frac{4}{3}} x} \left(\text{利用} \frac{1}{3}(a+b+c) \geqslant \sqrt[3]{abc}\right)$$

$$= 0,$$

所以，$\varphi(x) < \lim\limits_{x \to 0^+} \varphi(x) = 0$，即 $x - \sin x\cos^{-\frac{1}{3}} x < 0 \left(x \in \left(0, \dfrac{\pi}{2}\right)\right)$，从而由式(1)知 $f'(x) < 0$ $\left(x \in \left(0, \dfrac{\pi}{2}\right)\right)$，即 $f(x) > \lim\limits_{x \to \left(\frac{\pi}{2}\right)^-} \left(\dfrac{1}{x^2} + 1 - \dfrac{4}{\pi^2} - \csc^2 x\right) = 0 \left(x \in \left(0, \dfrac{\pi}{2}\right)\right)$.

由此证得 $\quad \csc^2 x < \dfrac{1}{x^2} + 1 - \dfrac{4}{\pi^2} \left(x \in \left(0, \dfrac{\pi}{2}\right)\right)$.

(2) $x = 0$ 时，不等式两边均为零.

记 $f(x) = x\ln\dfrac{1+x}{1-x} + \cos x - 1 - \dfrac{x^2}{2}$；则它在 $(-1, 1)$ 内是偶函数，故只要证明 $f(x) \geqslant 0$ ($x \in (0, 1)$) 即可.

由于 $\quad \cos x - 1 > \left(1 - \dfrac{x^2}{2}\right) - 1 = -\dfrac{x^2}{2}$，所以只要证明

$$x\ln\frac{1+x}{1-x} - x^2 \geqslant 0, \text{即} \ln\frac{1+x}{1-x} - x \geqslant 0 (x \in (0, 1)).$$

为此记 $\varphi(x) = \ln\dfrac{1+x}{1-x} - x$，则 $\varphi(x)$ 在 $[0, 1)$ 上连续，在 $(0, 1)$ 内可导且

$$\varphi'(x) = \frac{1+x^2}{1-x^2} > 0,$$

所以有 $\varphi(x) > \varphi(0) = 0$，即有 $\ln\dfrac{1+x}{1-x} - x \geqslant 0 (x \in (0, 1))$. 结合开头所述得证

$$x\ln\frac{1+x}{1-x} + \cos x \geqslant 1 + \frac{x^2}{2} (-1 < x < 1).$$

2.30　(1) 由于 $\left[f(x)e^{\frac{x^2}{2}}\right]'' = \left\{\left[f'(x) + xf(x)\right]e^{\frac{x^2}{2}}\right\}'$

$$= \left[f''(x) + 2xf'(x) + (x^2+1)f(x)\right]e^{\frac{x^2}{2}};$$

所以 $\quad \lim\limits_{x \to +\infty} f(x) = \lim\limits_{x \to +\infty} \dfrac{f(x)e^{\frac{x^2}{2}}}{e^{\frac{x^2}{2}}}$

$$\xlongequal{\text{两次应用洛必达法则}} \lim_{x \to +\infty} \frac{[f''(x) + 2xf'(x) + (x^2+1)f(x)]e^{\frac{x^2}{2}}}{(x^2+1)e^{\frac{x^2}{2}}}$$

$$= \lim_{x \to +\infty} \frac{f''(x) + 2xf'(x) + (x^2+1)f(x)}{x^2+1}$$

$=0$(由题设知,分子是有界的,故这个极限为零).

(2) 由题设得

$$f(x)f'(x) + f'(x)f''(x) = -xg(x)[f'(x)]^2,$$

即 $\{[f(x)]^2 + [f'(x)]^2\}' = -2xg(x)[f'(x)]^2 \begin{cases} \geqslant 0, x < 0, \\ = 0, x = 0, \\ \leqslant 0, x > 0. \end{cases}$ 由此可知,

$0 \leqslant [f(x)]^2 + [f'(x)]^2 \leqslant [f(0)]^2 + [f'(0)]^2 \xlongequal{\text{记}} M^2(M > 0)$,即 $0 \leqslant [f(x)]^2 \leqslant M^2$.

因此 $|f(x)| \leqslant M$,即证得 $f(x)$ 是有界的.

第三章
一元函数积分学

一、核心内容提要

1. 换元积分法与分部积分法

换元积分法与分部积分法是不定积分与定积分的两种基本计算方法.

利用以下公式计算不定积分(定积分)的方法称为不定积分(定积分)的换元积分法:

$$\int f(x)\mathrm{d}x \xrightarrow{\ \diamondsuit\, x=\varphi(t)\ } \int f(\varphi(t))\varphi'(t)\mathrm{d}t \ \left(\int_a^b f(x)\mathrm{d}x \xrightarrow{\ \diamondsuit\, x=\varphi(t)\ } \int_\alpha^\beta f(\varphi(t))\varphi'(t)\mathrm{d}t,\ \text{其中 } x \right.$$

从 a 变到 b 时,t 从 α 变到 β,且同时当 t 从 α 变到 β 时,x 从 a 变到 b).

利用以下公式计算不定积分(定积分)的方法称为不定积分(定积分)的分部积分法:

$$\int u(x)\mathrm{d}v(x) = u(x)v(x) - \int v(x)\mathrm{d}u(x) \ \left(\int_a^b u(x)\mathrm{d}v(x) = u(x)v(x)\Big|_a^b - \int_a^b v(x)\mathrm{d}u(x)\right).$$

2. 积分上限函数的性质

称 $F(x) = \displaystyle\int_a^x f(t)\mathrm{d}t$ 是函数 $f(x)$ 的积分上限函数,它有以下性质:

当 $f(x)$ 在 $[a,b]$ 上可积时,$F(x)$ 在 $[a,b]$ 上连续;

当 $f(x)$ 在 $[a,b]$ 上连续时,$F(x)$ 在 $[a,b]$ 上可导,且 $F'(x) = f(x)$.

3. 不定积分与定积分的关系

设函数 $f(x)$ 在 $[a,b]$ 上连续,则 $\displaystyle\int_a^b f(x)\mathrm{d}x = F(b) - F(a)$,其中 $F(x)$ 是 $f(x)$ 的一个原函数,它可由 $f(x)$ 的不定积分算得;同时 $\displaystyle\int f(x)\mathrm{d}x = \int_a^x f(t)\mathrm{d}t + C$,其中 $\displaystyle\int_a^x f(t)\mathrm{d}t$ 可由 $f(x)$ 的定积分算得.

4. 定积分的性质

(1) 设函数 $f(x)$ 在 $[a,b]$ 上可积,且在 $[a,b]$ 上的最小值与最大值分别为 m,M,则 $m(b-a) \leqslant \displaystyle\int_a^b f(x)\mathrm{d}x \leqslant M(b-a)$. 设函数 $f(x)$ 在 $[a,b]$ 上连续且不为常数,如果它在 $[a,b]$ 上的最小值与最大值分别为 m,M,则 $m(b-a) < \displaystyle\int_a^b f(x)\mathrm{d}x < M(b-a)$.

(2) 设函数 $f(x)$ 在 $[-a,a]$ $(a>0)$ 上连续,则

$$\int_{-a}^{a} f(x)\mathrm{d}x = \begin{cases} 2\int_{0}^{a} f(x)\mathrm{d}x, & f(x) \text{ 是偶函数}, \\ 0, & f(x) \text{ 是奇函数}. \end{cases}$$

(3) 设函数 $f(x)(-\infty < x < +\infty)$ 是连续的周期函数,周期为 $T(T>0)$,则

$$\int_{a}^{a+T} f(x)\mathrm{d}x = \int_{0}^{T} f(x)\mathrm{d}x = \int_{-\frac{T}{2}}^{\frac{T}{2}} f(x)\mathrm{d}x, \quad \int_{0}^{nT} f(x)\mathrm{d}x = n\int_{0}^{T} f(x)\mathrm{d}x(n \text{ 是整数}).$$

5. 积分中值定理

设函数 $f(x)$ 在 $[a,b]$ 上连续,则存在 $\xi \in [a,b]$,使得 $\int_{a}^{b} f(x)\mathrm{d}x = f(\xi)(b-a)$.

注 (1) 积分中值定理可以精确为:

设函数 $f(x)$ 在 $[a,b]$ 上连续,则存在 $\xi \in (a,b)$,使得 $\int_{a}^{b} f(x)\mathrm{d}x = f(\xi)(b-a)$.

(2) 积分中值定理可推广为:

设函数 $f(x)$ 在 $[a,b]$ 上连续,$g(x)$ 在 $[a,b]$ 上可积且不变号,则存在 $\xi \in [a,b]$,使得 $\int_{a}^{b} f(x)g(x)\mathrm{d}x = f(\xi)\int_{a}^{b} g(x)\mathrm{d}x$. 这里的 ξ 也可精确为 $\xi \in (a,b)$.

6. 平面图形面积

设平面图形 D 是由直线 $x=a, x=b(a<b)$ 及曲线 $y=f_1(x), y=f_2(x)$(其中 $f_1(x)$, $f_2(x)$ 都在 $[a,b]$ 上连续)围成,则它的面积 $S = \int_{a}^{b} |f_1(x) - f_2(x)|\mathrm{d}x$;

设平面图形 D 是由直线 $y=c, y=d(c<d)$ 及曲线 $x=\varphi_1(y), x=\varphi_2(y)$(其中 $\varphi_1(y)$, $\varphi_2(y)$ 都在 $[c,d]$ 上连续)围成,则它的面积 $S = \int_{c}^{d} |\varphi_1(y) - \varphi_2(y)|\mathrm{d}y$.

设平面图形 D 是由射线 $\theta=\alpha, \theta=\beta(0 \leqslant \alpha < \beta \leqslant 2\pi)$ 及曲线 $r=r_1(\theta), r=r_2(\theta)(r_1(\theta), r_2(\theta)$ 都在 $[\alpha,\beta]$ 上连续)围成,则 D 的面积 $S = \frac{1}{2}\int_{\alpha}^{\beta} |r_1^2(\theta) - r_2^2(\theta)|\mathrm{d}\theta$.

7. 旋转体体积

设平面图形 $D = \{(x,y) \,|\, a \leqslant x \leqslant b, 0 \leqslant f_1(x) \leqslant y \leqslant f_2(x)\}$,则它绕 x 轴旋转一周而成的旋转体体积 $V = \pi\int_{a}^{b} [f_2^2(x) - f_1^2(x)]\mathrm{d}x$;设平面图形 $D = \{(x,y) \,|\, 0 \leqslant a \leqslant x \leqslant b, 0 \leqslant y \leqslant f(x)\}$,则它绕 y 轴旋转一周而成的旋转体体积 $V = 2\pi\int_{a}^{b} xf(x)\mathrm{d}x$.

设平面图形 $D = \{(x,y) \,|\, c \leqslant y \leqslant d, 0 \leqslant \varphi_1(y) \leqslant x \leqslant \varphi_2(y)\}$,则它绕 y 轴旋转一周而成的旋转体体积 $V = \pi\int_{a}^{b} [\varphi_2^2(y) - \varphi_1^2(y)]\mathrm{d}y$;设平面图形 $D = \{(x,y) \,|\, 0 \leqslant c \leqslant y \leqslant d, 0 \leqslant x \leqslant \varphi(y)\}$,则它绕 x 轴旋转一周而成的旋转体体积 $V = 2\pi\int_{c}^{d} y\varphi(y)\mathrm{d}y$.

二、典型例题精解

A 组

例 3.1 不定积分 $\int \dfrac{\mathrm{e}^x(1+x)}{1-x\mathrm{e}^x}\mathrm{d}x$，$\int \dfrac{x+\sin x \cdot \cos x}{(\cos x - x\sin x)^2}\mathrm{d}x$ 分别为_____.

分析 注意 $\mathrm{e}^x(1+x)\mathrm{d}x = \mathrm{d}(x\mathrm{e}^x)$ 即可算出 $\int \dfrac{\mathrm{e}^x(1+x)}{1-x\mathrm{e}^x}\mathrm{d}x$. 对第二个不定积分的被积函数，分子分母同除以 $\cos^2 x$，并注意此时分子成为 $x\mathrm{d}\tan x + \tan x\mathrm{d}x = \mathrm{d}(x\tan x)$，由此即可算出 $\int \dfrac{x+\sin x \cdot \cos x}{(\cos x - x\sin x)^2}\mathrm{d}x$.

精解
$$\int \frac{\mathrm{e}^x(1+x)}{1-x\mathrm{e}^x}\mathrm{d}x = \int \frac{1}{1-x\mathrm{e}^x}\mathrm{d}(x\mathrm{e}^x) = -\int \frac{1}{1-x\mathrm{e}^x}\mathrm{d}(1-x\mathrm{e}^x)$$
$$= -\ln|1-x\mathrm{e}^x| + C.$$

$$\int \frac{x+\sin x \cdot \cos x}{(\cos x - x\sin x)^2}\mathrm{d}x = \int \frac{x\mathrm{d}\tan x + \tan x\mathrm{d}x}{(1-x\tan x)^2}$$
$$= \int \frac{1}{(1-x\tan x)^2}\mathrm{d}(x\tan x) = -\int \frac{1}{(1-x\tan x)^2}\mathrm{d}(1-x\tan x)$$
$$= \frac{1}{1-x\tan x} + C.$$

附注 本题的两个不定积分都是用凑微法计算的：即

将不定积分 $\int f(x)\mathrm{d}x$ 的被积式 $f(x)\mathrm{d}x$ 凑成 $g'(u(x))\mathrm{d}u(x)$ 由此得到 $\int f(x)\mathrm{d}x = g(u(x)) + C$.

这是不定积分计算中的常用方法之一.

例 3.2 设 $y'(x) = \arctan(x-2)^2$，且 $y(0)=0$，则定积分 $\displaystyle\int_0^2 y(x)\mathrm{d}x =$ _____.

分析 用分部积分计算 $\displaystyle\int_0^2 y(x)\mathrm{d}x$.

精解
$$\int_0^2 y(x)\mathrm{d}x = xy(x)\Big|_0^2 - \int_0^2 xy'(x)\mathrm{d}x$$

$$= 2y(2) - \int_0^2 x\arctan(x-2)^2\mathrm{d}x$$

$$= 2y(2) - \int_0^2 (x-2)\arctan(x-2)^2\mathrm{d}x - 2\int_0^2 \arctan(x-2)^2\mathrm{d}x$$

$$= 2y(2) - \int_{-2}^0 t\arctan t^2\mathrm{d}t - 2\int_0^2 y'(x)\mathrm{d}x \quad (\text{其中 } t = x-2)$$

$$= 2y(2) - \frac{1}{2}\int_{-2}^0 \arctan t^2\mathrm{d}t^2 - 2[y(2)-y(0)]$$

$$= -\frac{1}{2}\left(t^2\arctan t^2\Big|_{-2}^0 - \int_{-2}^0 \frac{2t^3}{1+t^4}\mathrm{d}t\right)$$

$$= 2\arctan 4 + \frac{1}{4}\ln(1+t^4)\Big|_{-2}^0 = 2\arctan 4 - \frac{1}{4}\ln 17.$$

附注 本题对 $\int_0^2 y(x)\mathrm{d}x$ 采用分部积分法,是为了避开计算 $y(x)$(它是不易计算的).

例 3.3 设 $f(\ln x)=\begin{cases}1,&0<x\leqslant 1,\\\sqrt{x},&x>1,\end{cases}$ 以及 $g(\ln x)=\dfrac{\ln(1+x)}{x}$,则积分 $\int_{-1}^1 f(x)\mathrm{d}g(x)=\underline{\qquad}$.

分析 先写出 $f(x)$ 与 $g(x)$ 的表达式,然后按 $f(x)$ 的分段,对 $\int_{-1}^1 f(x)\mathrm{d}g(x)$ 进行分段积分.

精解 由于 $f(x)=\begin{cases}1,&x\leqslant 0,\\e^{\frac{1}{2}x},&x>0,\end{cases}$ $g(x)=\dfrac{\ln(1+e^x)}{e^x}(-\infty<x<+\infty)$,

所以
$$\int_{-1}^1 f(x)\mathrm{d}g(x)=\int_{-1}^0 f(x)\mathrm{d}g(x)+\int_0^1 f(x)\mathrm{d}g(x)$$
$$=\int_{-1}^0 \mathrm{d}g(x)+\int_0^1 f(x)\mathrm{d}g(x)$$
$$=g(x)\Big|_{-1}^0+f(x)g(x)\Big|_0^1-\int_0^1 g(x)\mathrm{d}f(x)$$
$$=\frac{\ln(1+e^x)}{e^x}\Big|_{-1}^0+\left[e^{\frac{1}{2}x}\cdot\frac{\ln(1+e^x)}{e^x}\right]\Big|_0^1-\int_0^1 \frac{\ln(1+e^x)}{e^x}\cdot\frac{1}{2}e^{\frac{1}{2}x}\mathrm{d}x$$
$$=\ln 2-e[\ln(1+e)-1]+\left[e^{-\frac{1}{2}x}\ln(1+e^x)\right]\Big|_0^1+\int_0^1\ln(1+e^x)\mathrm{d}e^{-\frac{1}{2}x}$$
$$=\ln 2-e\ln(1+e)+e+\left[e^{-\frac{1}{2}x}\ln(1+e^x)\right]\Big|_0^1+$$
$$\left[e^{-\frac{1}{2}x}\ln(1+e^x)\right]\Big|_0^1-\int_0^1\frac{e^{\frac{x}{2}}}{1+e^x}\mathrm{d}x$$
$$=\ln 2-e\ln(1+e)+e+2\left[e^{-\frac{1}{2}}\ln(1+e)-\ln 2\right]-2\int_0^1\frac{1}{1+e^x}\mathrm{d}e^{\frac{x}{2}}$$
$$=e-\ln 2+(2e^{-\frac{1}{2}}-e)\ln(1+e)-2\left(\arctan e^{\frac{x}{2}}\Big|_0^1\right)$$
$$=e-\ln 2+(2e^{-\frac{1}{2}}-e)\ln(1+e)-2\arctan e^{\frac{1}{2}}+\frac{\pi}{2}.$$

附注 题解中,为避开出现 $g'(x)$ 的复杂表达式,故对 $\int_0^1 f(x)\mathrm{d}g(x)$ 采用分部积分法.

例 3.4 已知函数 $f(x)$ 满足方程
$$f(x)=3x-\sqrt{1-x^2}\int_0^1 f(x)\mathrm{d}x,$$
则 $f(x)$ 的表达式为 $\underline{\qquad}$.

分析 只要算出 $\int_0^1 f(x)\mathrm{d}x$ 即可得到 $f(x)$ 的表达式,故记 $A=\int_0^1 f(x)\mathrm{d}x$,并计算 $\int_0^1 f(x)\mathrm{d}x=\int_0^1(3x-A\sqrt{1-x^2})\mathrm{d}x$.

精解 记 $A=\int_0^1 f(x)\mathrm{d}x$,则所给的等式成为
$$f(x)=3x-A\sqrt{1-x^2}.$$

于是 $\int_0^1 f(x)\mathrm{d}x = \int_0^1 (3x - A\sqrt{1-x^2})\mathrm{d}x = \frac{3}{2} - A\int_0^1 \sqrt{1-x^2}\mathrm{d}x = \frac{3}{2} - \frac{\pi}{4}A$,

即 $A = \frac{3}{2} - \frac{\pi}{4}A$, 所以 $A = \frac{6}{4+\pi}$. 因此

$$f(x) = 3x - \frac{6}{4+\pi}\sqrt{1-x^2}.$$

附注　与本题相似的问题总是将定积分记为 A, 然后对所给等式积分, 算出常数 A, 由此得到所求的表达式.

例 3.5　设函数 $f(x) = \begin{cases} \sin x, & x \geqslant 0, \\ e^x - 1, & x < 0, \end{cases}$ 则 $\int f(x+1)\mathrm{d}x = $ _____.

分析　由于 $f(x+1) = \begin{cases} \sin(x+1), & x \geqslant -1, \\ e^{x+1} - 1, & x < -1, \end{cases}$ 所以可按 $\int f(x+1)\mathrm{d}x = \int_{-1}^x f(t+1)\mathrm{d}t + C$ 计算所给的不定积分.

精解　$\displaystyle\int f(x+1)\mathrm{d}x = \int_{-1}^x f(t+1)\mathrm{d}t + C$

$$= \begin{cases} \displaystyle\int_{-1}^x \sin(t+1)\mathrm{d}t + C, & x \geqslant -1, \\ \displaystyle\int_{-1}^x (e^{t+1} - 1)\mathrm{d}t + C, & x < -1 \end{cases}$$

$$= \begin{cases} -\cos(x+1) + 1 + C, & x \leqslant -1, \\ e^{x+1} - x - 2 + C, & x < -1. \end{cases}$$

附注　$\int_a^x f(t)\mathrm{d}t$ 是连续函数 $f(x)$ 的一个原函数, 所以当 $f(x)$ 是分段函数时, 它的不定积分 $\int f(x)\mathrm{d}x$ 可按

$$\int f(x)\mathrm{d}x = \int_a^x f(x)\mathrm{d}t + C$$

计算, 其中 a 是 $f(x)$ 的最靠左边的分段点的坐标.

例 3.6　设函数 $f(x)$ 在 $(0, +\infty)$ 上连续, 对任意正数 a, b, 积分 $\int_a^{ab} f(x)\mathrm{d}x$ 与 a 无关, 且 $f(1) = 1$, 则 $\int f(e^x + 1)\mathrm{d}x = $ _____.

分析　由 $\int_a^{ab} f(x)\mathrm{d}x$ 与 a 无关知 $\frac{\mathrm{d}}{\mathrm{d}a}\int_a^{ab} f(x)\mathrm{d}x = 0$, 由此即可得到 $f(x)$ 的表达式. 然后计算 $\int f(e^x + 1)\mathrm{d}x$.

精解　由 $\frac{\mathrm{d}}{\mathrm{d}a}\int_a^{ab} f(x)\mathrm{d}x = 0$ 得 $bf(ab) - f(a) = 0$.

将 $a = 1$ 代入上式, 并利用 $f(1) = 1$ 得 $f(b) = \frac{1}{b}$. 从而 $f(x) = \frac{1}{x}\ (x \in (0, +\infty))$. 于是,

$$\int f(e^x + 1)\mathrm{d}x = \int \frac{1}{e^x + 1}\mathrm{d}x = \int \frac{e^{-x}}{1 + e^{-x}}\mathrm{d}x = -\int \frac{1}{1 + e^{-x}}\mathrm{d}(1 + e^{-x}) = -\ln(1 + e^{-x}) + C.$$

附注　本题获解的关键是, 由题设 $\int_a^{ab} f(x)\mathrm{d}x$ 与 a 无关推出 $\frac{\mathrm{d}}{\mathrm{d}a}\int_a^{ab} f(x)\mathrm{d}x = 0$.

例 3.7 函数 $y = \int_0^x \dfrac{1}{1-\sin^5 t}\mathrm{d}t$ 的定义域是_____.

分析 $y = \int_0^x \dfrac{1}{1-\sin^5 t}\mathrm{d}t$ 的定义域是从点 $x=0$ 开始向右、左两边扩展使得该积分收敛的 x 的全体,因此可从寻找被积函数 $\dfrac{1}{1-\sin^5 t}$ 的无穷型间断点入手.

精解 $\dfrac{1}{1-\sin^5 t}$ 的无穷型间断点有 $t=\cdots,-\dfrac{7\pi}{2},-\dfrac{3\pi}{2},\dfrac{\pi}{2},\dfrac{5\pi}{2},\cdots$,其中与 $t=0$ 最靠近的左右两点是 $t=-\dfrac{3\pi}{2},\dfrac{\pi}{2}$,由于对于每个 $x \in \left(-\dfrac{3\pi}{2},\dfrac{\pi}{2}\right),\int_0^x \dfrac{1}{1-\sin^5 t}\mathrm{d}t$ 都是定积分,而

$$\lim_{t\to\left(\frac{\pi}{2}\right)^-}\left(t-\frac{\pi}{2}\right)\cdot\frac{1}{1-\sin^5 t}\xrightarrow{\text{洛必达法则}}\lim_{t\to\left(\frac{\pi}{2}\right)^-}\frac{1}{-5\sin^4 t\cos t}=-\infty,$$

$$\lim_{t\to\left(-\frac{3\pi}{2}\right)^+}\left[t-\left(-\frac{3\pi}{2}\right)\right]\cdot\frac{1}{1-\sin^5 t}\xrightarrow{\text{洛必达法则}}\lim_{t\to\left(-\frac{3\pi}{2}\right)^+}\frac{1}{-5\sin^4 t\cos t}=+\infty,$$

即 $\int_0^{\frac{\pi}{2}}\dfrac{1}{1-\sin^5 t}\mathrm{d}t$ 与 $\int_0^{-\frac{3\pi}{2}}\dfrac{1}{1-\sin^5 t}\mathrm{d}t=-\int_{-\frac{3\pi}{2}}^0\dfrac{1}{1-\sin^5 t}\mathrm{d}t$ 都发散,所以 $y=\int_0^x\dfrac{1}{1-\sin^5 t}\mathrm{d}t$ 仅在 $\left(-\dfrac{3\pi}{2},\dfrac{\pi}{2}\right)$ 内有定义,从而 y 的定义域为 $\left(-\dfrac{3\pi}{2},\dfrac{\pi}{2}\right)$.

附注 当 $x=-\dfrac{3\pi}{2},\dfrac{\pi}{2}$ 时,$\int_0^x\dfrac{1}{1-\sin^5 t}\mathrm{d}t$ 是广义积分,所以 $y=\int_0^x\dfrac{1}{1-\sin^5 t}\mathrm{d}t$ 在此两点是否有定义决定于对应的广义积分是否收敛. 本题就是按此思路获解的.

例 3.8 设 $y(x-y)^2=x$,则不定积分 $\displaystyle\int\dfrac{1}{x-3y}\mathrm{d}x=$ _____.

分析 将方程 $y(x-y)^2=x$ 确定的隐函数 $y=y(x)$ 用参数方程表示后积分.

精解 记 $t=x-y$,代入所给方程得 $x(t^2-1)=t^3$,所以由方程 $y(x-y)^2=x$ 确定的隐函数 $y=y(x)$ 的参数方程表示为

$$\begin{cases} x=\dfrac{t^3}{t^2-1}, \\[2mm] y=\dfrac{t}{t^2-1}. \end{cases}$$

于是

$$\int\frac{1}{x-3y}\mathrm{d}x=\int\frac{1}{\dfrac{t^3}{t^2-1}-\dfrac{3t}{t^2-1}}\mathrm{d}\left(\frac{t^3}{t^2-1}\right)$$

$$=\int\frac{t^2-1}{t(t^2-3)}\cdot\frac{3t^2(t^2-1)-t^3\cdot 2t}{(t^2-1)^2}\mathrm{d}t$$

$$=\int\frac{t}{t^2-1}\mathrm{d}t=\frac{1}{2}\ln|t^2-1|+C$$

$$=\frac{1}{2}\ln|(x-y)^2-1|+C.$$

附注 设 $y=y(x)$ 是由方程 $F(x,y)=0$ 确定的隐函数,则计算 $\displaystyle\int f(x,y)\mathrm{d}x$(其中 f 是已知函数)时,如果 $y=y(x)$ 的具体表达式无法从 $F(x,y)=0$ 确定时,可设法将 $y=y(x)$ 表示成参数方程 $x=x(t),y=y(t)$,然后将它们代入 $\displaystyle\int f(x,y)\mathrm{d}x$ 转换成关于 t 的不定积分后再计算.

例 3.9　极限 $\lim\limits_{n\to\infty}\int_0^{\frac{\pi}{2}}\sin^n x\,\mathrm{d}x=$ _____ .

分析　将积分区间分为两个小区间：$\left[0,\dfrac{\pi}{2}-\varepsilon\right]$ 和 $\left[\dfrac{\pi}{2}-\varepsilon,\dfrac{\pi}{2}\right]$（其中 ε 是充分小的正数），

分别估计在上述两个区间上的定积分,由此算出 $\lim\limits_{n\to\infty}\int_0^{\frac{\pi}{2}}\sin^n x\,\mathrm{d}x$.

精解　对充分小的正数 ε,有

$$0<\int_0^{\frac{\pi}{2}-\varepsilon}\sin^n x\,\mathrm{d}x<\frac{\pi}{2}\left[\sin\left(\frac{\pi}{2}-\varepsilon\right)\right]^n,$$

$$0<\int_{\frac{\pi}{2}-\varepsilon}^{\frac{\pi}{2}}\sin^n x\,\mathrm{d}x<1\cdot\left[\frac{\pi}{2}-\left(\frac{\pi}{2}-\varepsilon\right)\right]=\varepsilon,$$

所以 $0<\int_0^{\frac{\pi}{2}}\sin^n x\,\mathrm{d}x<\dfrac{\pi}{2}\left[\sin\left(\dfrac{\pi}{2}-\varepsilon\right)\right]^n+\varepsilon<2\varepsilon(n$ 充分大$)$,即 n 充分大时.

$$0<\int_0^{\frac{\pi}{2}}\sin^n x\,\mathrm{d}x<2\varepsilon.$$

因此,由数列极限定义知 $\lim\limits_{n\to\infty}\int_0^{\frac{\pi}{2}}\sin^n x\,\mathrm{d}x=0$.

附注　对所给定积分进行估计时,必须将积分区间分成两个小区间,否则只能得到 $0<\int_0^{\frac{\pi}{2}}\sin^n x\,\mathrm{d}x<\dfrac{\pi}{2}\cdot1$,由此是算不出极限 $\lim\limits_{n\to\infty}\int_0^{\frac{\pi}{2}}\sin^n x\,\mathrm{d}x$ 的.

例 3.10　广义积分 $\int_0^{+\infty}\dfrac{\ln x}{x^2+a^2}\mathrm{d}x(a>0)=$ _____ .

分析　先令 $t=\dfrac{x}{a}$ 转换成计算 $\int_0^{+\infty}\dfrac{\ln t}{1+t^2}\mathrm{d}x$,然后将它表示成 $\int_0^1\dfrac{\ln t}{1+t^2}\mathrm{d}t+\int_1^{+\infty}\dfrac{\ln t}{1+t^2}\mathrm{d}t$,

再令 $u=\dfrac{1}{t}$,算出 $\int_0^{+\infty}\dfrac{\ln t}{1+t^2}\mathrm{d}t$.

精解　$\displaystyle\int_0^{+\infty}\frac{\ln x}{x^2+a^2}\mathrm{d}x\xlongequal{\text{令}t=\frac{x}{a}}\frac{1}{a}\int_0^{+\infty}\frac{\ln a+\ln t}{1+t^2}\mathrm{d}t$

$$=\frac{\ln a}{a}\int_0^{+\infty}\frac{1}{1+t^2}\mathrm{d}t+\frac{1}{a}\int_0^{+\infty}\frac{\ln t}{1+t^2}\mathrm{d}t=\frac{\pi\ln a}{2a}+\frac{1}{a}\int_0^{+\infty}\frac{\ln t}{1+t^2}\mathrm{d}t,\quad(1)$$

其中

$$\int_0^{+\infty}\frac{\ln t}{1+t^2}\mathrm{d}t=\int_0^1\frac{\ln t}{1+t^2}\mathrm{d}x+\int_1^{+\infty}\frac{\ln t}{1+t^2}\mathrm{d}t$$

$$=\int_0^1\frac{\ln t}{1+t^2}\mathrm{d}t+\int_0^1\frac{-\ln u}{1+u^2}\mathrm{d}u\quad\left(\text{其中 }u=\frac{1}{t}\right)$$

$$=0.\qquad\qquad(2)$$

将式(2)代入式(1)得 $\int_0^{+\infty}\dfrac{\ln x}{x^2+a^2}\mathrm{d}x=\dfrac{\pi\ln a}{2a}$.

附注　注意题解中使用的两个变量代换,都是很必要的.第一个变量代换 $t=\dfrac{x}{a}$ 目的是将所给广义积分中的 a 转换成1,以便为第二个变量代换做好准备.

例 3.11　设函数 $f(x)$ 和 $g(x)$ 都有连续的导数,且 $f'(x)=g(x),g'(x)=2\mathrm{e}^x-f(x)$,

$f(0)=0,g(0)=2$,求定积分$\int_0^\pi\left[\dfrac{g(x)}{1+x}-\dfrac{f(x)}{(1+x)^2}\right]\mathrm{d}x$.

分析 将所给定积分表示成$\int_0^\pi\dfrac{g(x)}{1+x}\mathrm{d}x-\int_0^\pi\dfrac{f(x)}{(1+x)^2}\mathrm{d}x$,对其中的第二个定积分施行分部积分法,消去第一个定积分.

精解
$$\int_0^\pi\left[\dfrac{g(x)}{1+x}-\dfrac{f(x)}{(1+x)^2}\right]\mathrm{d}x=\int_0^\pi\dfrac{g(x)}{1+x}\mathrm{d}x-\int_0^\pi\dfrac{f(x)}{(1+x)^2}\mathrm{d}x$$

$$=\int_0^\pi\dfrac{g(x)}{1+x}\mathrm{d}x+\int_0^\pi f(x)\mathrm{d}\dfrac{1}{1+x}=\int_0^\pi\dfrac{g(x)}{1+x}\mathrm{d}x+\left[\dfrac{f(x)}{1+x}\bigg|_0^\pi-\int_0^\pi\dfrac{f'(x)}{1+x}\mathrm{d}x\right]$$

$$=\int_0^\pi\dfrac{g(x)}{1+x}\mathrm{d}x+\dfrac{f(\pi)}{1+\pi}-\int_0^\pi\dfrac{g(x)}{1+x}\mathrm{d}x=\dfrac{f(\pi)}{1+\pi}. \tag{1}$$

下面计算$f(\pi)$,为此先算出$f(x)$. 由题设得
$$f''(x)=g'(x)=2\mathrm{e}^x-f(x),\text{即}f''(x)+f(x)=2\mathrm{e}^x. \tag{2}$$

式(2)的通解为
$$f(x)=C_1\cos x+C_2\sin x+\mathrm{e}^x, \tag{3}$$

并且
$$f'(x)=-C_1\sin x+C_2\cos x+\mathrm{e}^x. \tag{4}$$

将$f(0)=0,f'(0)=g(0)=2$代入式(3)、式(4)得$C_1=-1,C_2=1$,将它们代入式(3)得
$$f(x)=-\cos x+\sin x+\mathrm{e}^x.$$

从而$f(\pi)=1+\mathrm{e}^\pi$,代入式(1)得
$$\int_0^\pi\left[\dfrac{g(x)}{1+x}-\dfrac{f(x)}{(1+x)^2}\right]\mathrm{d}x=\dfrac{1+\mathrm{e}^\pi}{1+\pi}.$$

附注 由题解可知,虽然所给定积分的被积函数中出现$f(x)$和$g(x)$两个函数,但不必计算$g(x)$的表达式,因为关于$g(x)$的定积分$\int_0^\pi\dfrac{g(x)}{1+x}\mathrm{d}x$在计算中消去了.

例3.12 设函数$f(x)=\begin{cases}x^2+ax+b, & x\leqslant0,\\ x^2(1+\ln x), & x>0\end{cases}$在点$x=0$处可微,求:

(1) 常数a,b的值;

(2) $f(x)$的在$[-1,1]$上的值域$[c,d]$;

(3) $\int_c^d|f(x)|\mathrm{d}x$.

分析 (1)a,b可由方程组
$$\begin{cases}\lim\limits_{x\to0^+}f(x)=f(0),\\ f'_-(0)=f'_+(0)\end{cases}$$
确定(这是因为$f(x)$在点$x=0$处连续,可微).

(2) 计算$f(x)$在$[-1,1]$上的最小值m与最大值M,则$[c,d]=[m,M]$.

(3) 写出$|f(x)|$在$[c,d]$上的表达式,然后计算$\int_c^d|f(x)|\mathrm{d}x$.

精解 (1) 由于$f(x)$在点$x=0$处可微(隐含连续),所以a,b应满足方程组

$$\begin{cases} \lim\limits_{x\to 0^+}f(x)=f(0), \\ f_-'(0)=f_+'(0), \end{cases} \quad 即 \quad \begin{cases} \lim\limits_{x\to 0^+}x^2(1+\ln x)=b, & (1) \\ \lim\limits_{x\to 0^-}\dfrac{(x^2+ax+b)-b}{x}=\lim\limits_{x\to 0^+}\dfrac{x^2(1+\ln x)-b}{x}. & (2) \end{cases}$$

由式(1)得 $b=0$,代入式(2)得 $a=0$.

(2) 由(1)知 $f(x)=\begin{cases} x^2, & x\leqslant 0, \\ x^2(1+\ln x), & x>0. \end{cases}$ 由于连续函数 $f(x)$ 在 $[-1,1]$ 上的值域

$[c,d]=[m,M]$,其中 m,M 分别是 $f(x)$ 在 $[-1,1]$ 上的最小值与最大值,下面计算 m 与 M.

当 $-1<x<0$ 时,$f'(x)=2x$;当 $0<x<1$ 时,$f'(x)=x(3+2\ln x)$,所以 $f(x)$ 在 $(-1,1)$ 内的可能极值点为 $x=\mathrm{e}^{-\frac{3}{2}}$(驻点),$0$(分段点).因此

$$c=m=\min\left\{f(\mathrm{e}^{-\frac{3}{2}}),f(0),f(-1),f(1)\right\}=\min\left\{-\frac{1}{2}\mathrm{e}^{-3},0,1,1\right\}=-\frac{1}{2}\mathrm{e}^{-3},$$

$$d=M=\max\left\{f(\mathrm{e}^{-\frac{3}{2}}),f(0),f(-1),f(1)\right\}=\max\left\{-\frac{1}{2}\mathrm{e}^{-3},0,1,1\right\}=1.$$

从而 $f(x)$ 在 $[-1,1]$ 上的值域为 $\left[-\frac{1}{2}\mathrm{e}^{-3},1\right]$.

(3) 由于被积函数 $|f(x)|=\begin{cases} x^2, & -\dfrac{1}{2}\mathrm{e}^{-3}\leqslant x\leqslant 0, \\ -x^2(1+\ln x), & 0<x\leqslant \dfrac{1}{\mathrm{e}}, \\ x^2(1+\ln x), & \dfrac{1}{\mathrm{e}}<x\leqslant 1, \end{cases}$

所以,

$$\int_c^d|f(x)|\,\mathrm{d}x=\int_{-\frac{1}{2}\mathrm{e}^{-3}}^0 x^2\,\mathrm{d}x+\int_0^{\frac{1}{\mathrm{e}}}-x^2(1+\ln x)\,\mathrm{d}x+\int_{\frac{1}{\mathrm{e}}}^1 x^2(1+\ln x)\,\mathrm{d}x. \tag{3}$$

其中

$$\int_{-\frac{1}{2}\mathrm{e}^{-3}}^0 x^2\,\mathrm{d}x=\frac{1}{24\mathrm{e}^9}, \tag{4}$$

$$\int_0^{\frac{1}{\mathrm{e}}}-x^2(1+\ln x)\,\mathrm{d}x=-\frac{1}{3}\left[x^3(1+\ln x)\Big|_0^{\frac{1}{\mathrm{e}}}-\int_0^{\frac{1}{\mathrm{e}}}x^2\,\mathrm{d}x\right]=\frac{1}{9\mathrm{e}^3}, \tag{5}$$

$$\int_{\frac{1}{\mathrm{e}}}^1 x^2(1+\ln x)\,\mathrm{d}x=\frac{1}{3}\left[x^3(1+\ln x)\Big|_{\frac{1}{\mathrm{e}}}^1-\int_{\frac{1}{\mathrm{e}}}^1 x^2\,\mathrm{d}x\right]=\frac{2}{9}+\frac{1}{9\mathrm{e}^3}. \tag{6}$$

将式(4)～式(6)代入式(3)得

$$\int_c^d|f(x)|\,\mathrm{d}x=\frac{1}{24\mathrm{e}^9}+\frac{2}{9\mathrm{e}^3}+\frac{2}{9}.$$

附注 题解中有两点值得注意:

(1) 当函数 $f(x)$ 在点 $x=0$ 处可微时,必在此点处连续;

(2) 当函数 $f(x)$ 在 $[a,b]$ 上连续时,它的值域为 $[m,M]$,其中 $m=\min\limits_{a\leqslant x\leqslant b}f(x),M=\max\limits_{a\leqslant x\leqslant b}f(x)$.

例 3.13 过原点作曲线 $L:y=\sqrt{x-1}$ 的切线 l,记由 L,l 及 x 轴围成的图形为 D. 求:

(1) D 绕 x 轴旋转一周而成的旋转体的表面积 S;

(2) D 绕 y 轴旋转一周而成的旋转体体积 V.

分析　先写出切线 l 的方程,并画出 D 的图形,然后计算 S 和 V.

精解　切线方程应为 $y=kx$. 设切点为 (x_0,y_0),则 k,x_0,y_0 满足

$$\begin{cases} y_0 = kx_0, \\ y_0 = \sqrt{x_0-1}, \\ k = \dfrac{1}{2\sqrt{x_0-1}}. \end{cases}$$

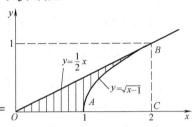

解此方程组得 $x_0=2,y_0=1,k=\dfrac{1}{2}$. 所以切线方程为 $y=\dfrac{1}{2}x$,据此可画出 D 的图形如图 3.13 的阴影部分所示.

图　3.13

(1) D 绕 x 轴旋转一周而成的旋转体的表面积 $S=S_1+S_2$,其中 S_1 是由 $\overline{OB}$ 绕 x 轴旋转一周而成的旋转体的表面积,S_2 是由曲线 $\widehat{AB}$ 绕 x 轴旋转一周而成的旋转体的表面积:

$$S_1 = 2\pi\int_0^2 y\sqrt{1+(y')^2}\,\mathrm{d}x \quad \left(\text{其中 } y=\frac{1}{2}x\right)$$

$$= 2\pi\int_0^2 \frac{1}{2}x\sqrt{1+\left[\left(\frac{1}{2}x\right)'\right]^2}\,\mathrm{d}x = 2\pi\cdot\frac{\sqrt{5}}{4}\int_0^2 x\,\mathrm{d}x = \sqrt{5}\pi,$$

$$S_2 = 2\pi\int_1^2 y\sqrt{1+(y')^2}\,\mathrm{d}x \quad \left(\text{其中 } y=\sqrt{x-1}\right)$$

$$= 2\pi\int_1^2 \sqrt{x-1}\cdot\sqrt{1+\left[\left(\sqrt{x-1}\right)'\right]^2}\,\mathrm{d}x$$

$$= \pi\int_1^2 \sqrt{4x-3}\,\mathrm{d}x = \frac{\pi}{6}(5\sqrt{5}-1).$$

所以,$S = S_1+S_2 = \sqrt{5}\pi + \dfrac{\pi}{6}(5\sqrt{5}-1) = \dfrac{\pi}{6}(11\sqrt{5}-1)$.

(2) D 绕 y 轴旋转一周而成的旋转体体积 $V=V_1-V_2$,其中 V_1 是 $\triangle OCB$ 绕 y 轴旋转一周而成的旋转体体积,V_2 是曲边三角形 ACB 绕 y 轴旋转一周而成的旋转体体积:

$$V_1 = 2\pi\int_0^2 xy\,\mathrm{d}x\left(\text{其中 } y=\frac{1}{2}x\right)$$

$$= 2\pi\int_0^2 \frac{1}{2}x^2\,\mathrm{d}x = \frac{8}{3}\pi,$$

$$V_2 = 2\pi\int_1^2 xy\,\mathrm{d}x\left(\text{其中 } y=\sqrt{x-1}\right)$$

$$= 2\pi\int_1^2 x\sqrt{x-1}\,\mathrm{d}x = \frac{32}{15}\pi,$$

所以 $V = V_1-V_2 = \dfrac{8}{3}\pi - \dfrac{32}{15}\pi = \dfrac{8}{15}\pi$.

附注　曲边梯形 $D=\{(x,y)\,|\,0\leqslant a\leqslant x\leqslant b,0\leqslant y\leqslant f(x)\}$ 绕 x 轴旋转一周而成的旋转体体积

$$V_x = \pi\int_a^b [f(x)]^2\,\mathrm{d}x,$$

绕 y 轴旋转一周而成的旋转体体积

$$V_y = 2\pi \int_a^b x f(x) \, \mathrm{d}x.$$

例 3.14 设函数 $F(x) = -\dfrac{1}{2}(1 + \mathrm{e}^{-1}) + \displaystyle\int_{-1}^1 |x - t| \mathrm{e}^{-t^2} \, \mathrm{d}t$,证明:在 $[-1,1]$ 上方程 $F(x) = 0$ 有且仅有两个实根.

分析 注意 $F(x)$ 是偶函数,因此只要证明在 $[0,1]$ 上方程 $F(x) = 0$ 有且仅有一个实根且 $F(0) \neq 0$ 即可.

精解 对于 $x \in [-1,1]$ 有

$$
\begin{aligned}
F(-x) &= -\frac{1}{2}(1 + \mathrm{e}^{-1}) + \int_{-1}^1 |-x - t| \mathrm{e}^{-t^2} \, \mathrm{d}t \\
&= -\frac{1}{2}(1 + \mathrm{e}^{-1}) + \int_{-1}^1 |-x + \tau| \mathrm{e}^{-\tau^2} \, \mathrm{d}\tau \quad (\text{其中 } \tau = -t) \\
&= -\frac{1}{2}(1 + \mathrm{e}^{-1}) + \int_{-1}^1 |x - t| \mathrm{e}^{-t^2} \, \mathrm{d}t = F(x),
\end{aligned}
$$

所以,$F(x)$ 在 $[-1,1]$ 上是偶函数,此外由

$$
\begin{aligned}
F(0) &= -\frac{1}{2}(1 + \mathrm{e}^{-1}) + \int_{-1}^1 |t| \mathrm{e}^{-t^2} \, \mathrm{d}t \\
&= -\frac{1}{2}(1 + \mathrm{e}^{-1}) + 2\int_0^1 t \mathrm{e}^{-t^2} \, \mathrm{d}t \\
&= -\frac{1}{2}(1 + \mathrm{e}^{-1}) + (-\mathrm{e}^{-t^2}) \Big|_0^1 = \frac{1}{2} - \frac{3}{2\mathrm{e}} < 0, \\
F(1) &= -\frac{1}{2}(1 + \mathrm{e}^{-1}) + \int_{-1}^1 |1 - t| \mathrm{e}^{-t^2} \, \mathrm{d}t \\
&= -\frac{1}{2}(1 + \mathrm{e}^{-1}) + \int_{-1}^1 (1 - t) \mathrm{e}^{-t^2} \, \mathrm{d}t \\
&= -\frac{1}{2}(1 + \mathrm{e}^{-1}) + 2\int_0^1 \mathrm{e}^{-t^2} \, \mathrm{d}t > 0,
\end{aligned}
$$

以及

$$
\begin{aligned}
F'(x) &= \frac{\mathrm{d}}{\mathrm{d}x} \int_{-1}^1 |x - t| \mathrm{e}^{-t^2} \, \mathrm{d}t = \frac{\mathrm{d}}{\mathrm{d}x} \Big[\int_{-1}^x (x - t) \mathrm{e}^{-t^2} \, \mathrm{d}t + \int_x^1 (t - x) \mathrm{e}^{-t^2} \, \mathrm{d}t \Big] \\
&= \frac{\mathrm{d}}{\mathrm{d}x} \Big[x \Big(\int_{-1}^x \mathrm{e}^{-t^2} \, \mathrm{d}t - \int_x^1 \mathrm{e}^{-t^2} \, \mathrm{d}t \Big) - \int_{-1}^x t \mathrm{e}^{-t^2} \, \mathrm{d}t + \int_x^1 t \mathrm{e}^{-t^2} \, \mathrm{d}t \Big] \\
&= \int_{-1}^x \mathrm{e}^{-t^2} \, \mathrm{d}t - \int_x^1 \mathrm{e}^{-t^2} \, \mathrm{d}t \\
&= \int_{-1}^x \mathrm{e}^{-t^2} \, \mathrm{d}t + \int_{-x}^{-1} \mathrm{e}^{-\tau^2} \, \mathrm{d}\tau \quad (\text{其中 } \tau = -t) \\
&= \int_{-1}^x \mathrm{e}^{-t^2} \, \mathrm{d}t + \int_{-x}^{-1} \mathrm{e}^{-t^2} \, \mathrm{d}t = \int_{-x}^x \mathrm{e}^{-t^2} \, \mathrm{d}t = 2\int_0^x \mathrm{e}^{-t^2} \, \mathrm{d}t > 0 \, (0 < x < 1)
\end{aligned}
$$

知方程 $F(x) = 0$ 在 $(0,1)$ 内有唯一实根,从而由 $F(0)$,$F(1)$ 都不为零可知方程 $F(x) = 0$ 在 $[0,1]$ 上有且仅有一个实根. 因此由 $F(x)$ 是偶函数知方程 $F(x) = 0$ 在 $[-1,1]$ 上有且仅有两个实根.

附注 要在对称区间 $[-a,a]$ 上证明方程 $F(x) = 0$(其中 $F(x)$ 是连续函数)有且仅有两个实根的问题,往往是从证明 $F(x)$ 是否为偶函数入手.

例 3.15 设函数 $f(x)$ 在 $[a,b]$ 上不恒为零,且其导数连续及 $f(a)=0$,证明:存在 $\xi \in (a,b)$,使得

$$|f'(\xi)| > \frac{1}{(b-a)^2}\int_a^b f(x)\mathrm{d}x.$$

分析 分 $\int_a^b f(x)\mathrm{d}x < 0$, $\int_a^b f(x)\mathrm{d}x = 0$ 及 $\int_a^b f(x)\mathrm{d}x > 0$ 三种情形证明.

精解 当 $\int_a^b f(x)\mathrm{d}x < 0$ 时,对于任意 $x \in (a,b)$ 有

$$|f'(x)| > \frac{1}{(b-a)^2}\int_a^b f(x)\mathrm{d}x,$$

因此,此时可取 ξ 为 (a,b) 内的任一点.

当 $\int_a^b f(x)\mathrm{d}x = 0$ 时,必有点 $x_0 \in (a,b)$,使得 $f'(x_0) \neq 0$(实际上如果 $f'(x) \equiv 0, x \in (a,b)$,则 $f(x) \equiv C\,(x \in [a,b])$,如此得到 $f(x) \equiv 0, x \in [a,b]$,这与题设矛盾),于是此时可取 $\xi = x_0$.

当 $\int_a^b f(x)\mathrm{d}x > 0$ 时,由

$$\begin{aligned}\frac{1}{b-a}\int_a^b f(x)\mathrm{d}x &= f(\eta)(\eta \in (a,b)) \\ &= f(\eta) - f(a) = f'(\xi_1)(\eta - a) \quad (\xi_1 \in (a,\eta) \subset (a,b))\end{aligned}$$

知 $f'(\xi_1) = \dfrac{1}{(b-a)(\eta-a)}\int_a^b f(x)\mathrm{d}x > \dfrac{1}{(b-a)^2}\int_a^b f(x)\mathrm{d}x,$

从而有

$$|f'(\xi_1)| > \frac{1}{(b-a)^2}\int_a^b f(x)\mathrm{d}x.$$

由此可知,此时可取 $\xi = \xi_1$.

附注 题解中用到的积分中值定理是:

设 $f(x)$ 在 $[a,b]$ 上连续,则存在 $\xi \in [a,b]$,使得

$$\int_a^b f(x)\mathrm{d}x = f(\xi)(b-a).$$

定理中的 ξ 可以精确为 $\xi \in (a,b)$,它的具体证明如下:

记 $F(x) = \int_a^x f(t)\mathrm{d}t\,(x \in [a,b])$,则 $F(x)$ 在 $[a,b]$ 上可导,所以由拉格朗日中值定理知,存在 $\xi \in (a,b)$,使得 $F(b) - F(a) = F'(\xi)(b-a)$,即

$$\int_a^b f(x)\mathrm{d}x = f(\xi)(b-a).$$

B   组

例 3.16 求下列不定积分:

(1) $\displaystyle\int \frac{1}{(1+x)^3(2+x)^3}\mathrm{d}x$;

(2) $\displaystyle\int \ln(\sqrt{1+x} + \sqrt{1-x})\mathrm{d}x.$

分析 (1) 将被积函数(有理函数)分成部分分式后积分.

（2）用配项积分方法（即通过配上一个适当的不定积分）计算.

精解　（1）如用常规方法分被积函数为部分分式,则计算量较大,现根据被积函数的特殊性将其快捷地分成部分分式. 由于

$$\frac{1}{(1+x)^3(2+x)^3} = \left[\frac{1}{(1+x)(2+x)}\right]^3 = \left(\frac{1}{1+x} - \frac{1}{2+x}\right)^3$$

$$= \frac{1}{(1+x)^3} - \frac{3}{(1+x)(2+x)}\left(\frac{1}{1+x} - \frac{1}{2+x}\right) - \frac{1}{(2+x)^3}$$

$$= \frac{1}{(1+x)^3} - 3\left(\frac{1}{1+x} - \frac{1}{2+x}\right)^2 - \frac{1}{(2+x)^3}$$

$$= \frac{1}{(1+x)^3} - \frac{3}{(1+x)^2} + \frac{6}{(1+x)(2+x)} - \frac{3}{(2+x)^2} - \frac{1}{(2+x)^3}$$

$$= \frac{1}{(1+x)^3} - \frac{3}{(1+x)^2} + \frac{6}{1+x} - \frac{6}{2+x} - \frac{3}{(2+x)^2} - \frac{1}{(2+x)^3},$$

所以

$$\int \frac{1}{(1+x)^3(2+x)^3}\mathrm{d}x$$

$$= \int \frac{1}{(1+x)^3}\mathrm{d}x - \int \frac{3}{(1+x)^2}\mathrm{d}x + \int \frac{6}{1+x}\mathrm{d}x - \int \frac{6}{2+x}\mathrm{d}x - \int \frac{3}{(2+x)^2}\mathrm{d}x - \int \frac{1}{(2+x)^3}\mathrm{d}x$$

$$= -\frac{1}{2(1+x)^2} + \frac{3}{1+x} + 6\ln|1+x| - 6\ln|2+x| + \frac{3}{2+x} + \frac{1}{2(2+x)^2} + C.$$

（2）记 $I_1 = \int \ln(\sqrt{1+x} + \sqrt{1-x})\mathrm{d}x$,显然 I_1 不易计算,于是设法引入一个不定积分 I_2,使得 $I_1 + I_2$ 与 $I_1 - I_2$ 都容易计算,由此算出 I_1,这种方法称为配项积分法. 现引入不定积分 $I_2 = \int \ln(\sqrt{1+x} - \sqrt{1-x})\mathrm{d}x$. 于是

$$I_1 + I_2 = \int \left[\ln(\sqrt{1+x} + \sqrt{1-x}) + \ln(\sqrt{1+x} - \sqrt{1-x})\right]\mathrm{d}x$$

$$= \int \ln(2x)\mathrm{d}x = x\ln(2x) - x + C_1, \tag{1}$$

$$I_1 - I_2 = \int \left[\ln(\sqrt{1+x} + \sqrt{1-x}) - \ln(\sqrt{1+x} - \sqrt{1-x})\right]\mathrm{d}x$$

$$= \int \ln\frac{1+\sqrt{1-x^2}}{x}\mathrm{d}x \xlongequal{\diamondsuit x = \sin t} \int \ln\cot\frac{t}{2}\mathrm{d}\sin t$$

$$= \sin t \cdot \ln\cot\frac{t}{2} + \int \sin t \cdot \frac{1}{2\cot\frac{t}{2} \cdot \sin^2\frac{t}{2}}\mathrm{d}t$$

$$= \sin t \cdot \ln\cot\frac{t}{2} + \int \mathrm{d}t = \sin t \cdot \ln\cot\frac{t}{2} + t + C_2$$

$$= x\ln\frac{1+\sqrt{1-x^2}}{x} + \arcsin x + C_2$$

$$= x\ln\frac{(\sqrt{1+x} + \sqrt{1-x})^2}{2x} + \arcsin x + C_2. \tag{2}$$

式（1）＋式（2）得

$$2I_1 = x\ln 2x - x + x\ln \frac{(\sqrt{1+x}+\sqrt{1-x})^2}{2x} + \arcsin x + C_1 + C_2$$

$$= 2x\ln(\sqrt{1+x}+\sqrt{1-x}) - x + \arcsin x + 2C \quad (其中\ 2C = C_1 + C_2),$$

即 $I_1 = x\ln(\sqrt{1+x}+\sqrt{1-x}) - \frac{1}{2}x + \frac{1}{2}\arcsin x + C.$

附注 （1）有理函数的不定积分，总是将被积函数分成部分分式后再逐项积分．有时，可根据有理函数的特点，直接得到它的部分分式，而不必按常规的方法，例如，使用待定系数法进行复杂计算，本题（1）就是如此．

（2）配项积分法也是一种常用的不定积分方法，当不定积分 I 不易直接计算（如使用换元积分法与分部积分法不易奏效）时，可考虑用配项积分法计算，这一方法的关键是引入 I_2，它要求 $I_1 + I_2$ 与 $I_1 - I_2$ 都比较容易计算．

例 3.17 计算下列定积分：

（1）$\displaystyle\int_{-2}^{2} x\ln(1+\mathrm{e}^x)\,\mathrm{d}x$；

（2）$\displaystyle\int_{0}^{1} \mathrm{e}^x \left(\frac{1-x}{1+x^2}\right)^2 \mathrm{d}x$；

（3）$\displaystyle\int_{0}^{4\pi} (\sin^{10}x \cdot \cos^8 x + \sin x \cdot \sin 2x \cdot \sin 4x)\,\mathrm{d}x$．

分析 （1）由于 $[-2, 2]$ 是对称区间，所以考虑利用奇、偶函数的定积分性质计算．

（2）用分项积分法计算所给定积分，即 $\displaystyle\int_{0}^{1} \mathrm{e}^x \left(\frac{1-x}{1+x^2}\right)^2 \mathrm{d}x = \int_{0}^{1} \frac{\mathrm{e}^x}{1+x^2}\mathrm{d}x - \int_{0}^{1} \frac{2x\mathrm{e}^x}{(1+x^2)^2}\mathrm{d}x$，且对右边第二个定积分施行分部积分法．

（3）被积函数是周期函数，利用周期函数的定积分性质计算所给定积分．

精解 （1）积分区间是对称区间，但被积函数是非奇非偶函数，因此将被积函数 $f(x) = x\ln(1+\mathrm{e}^x)$ 写成

$$f(x) = \underbrace{\frac{1}{2}[f(x)+f(-x)]}_{\text{偶函数}} + \underbrace{\frac{1}{2}[f(x)-f(-x)]}_{\text{奇函数}}$$

$$= \underbrace{\frac{1}{2}[x\ln(1+\mathrm{e}^x)+(-x)\ln(1+\mathrm{e}^{-x})]}_{} + \underbrace{\frac{1}{2}[x\ln(1+\mathrm{e}^x)-(-x)\ln(1+\mathrm{e}^{-x})]}_{\text{奇函数}}$$

$$= \underbrace{\frac{1}{2}x^2 + \frac{1}{2}[x\ln(1+\mathrm{e}^x)-(-x)\ln(1+\mathrm{e}^{-x})]}_{\text{奇函数}},$$

所以

$$\int_{-2}^{2} x\ln(1+\mathrm{e}^x)\,\mathrm{d}x$$

$$= \int_{-2}^{2} \frac{1}{2}x^2\,\mathrm{d}x + \int_{-2}^{2} \frac{1}{2}[x\ln(1+\mathrm{e}^x)-(-x)\ln(1+\mathrm{e}^{-x})]\,\mathrm{d}x$$

$$= \int_{0}^{2} x^2\,\mathrm{d}x = \frac{8}{3}.$$

（2）$\displaystyle\int_{0}^{1} \mathrm{e}^x\left(\frac{1-x}{1+x^2}\right)^2 \mathrm{d}x = \int_{0}^{1} \frac{\mathrm{e}^x}{1+x^2}\mathrm{d}x - \int_{0}^{1} \frac{2x\mathrm{e}^x}{(1+x^2)^2}\mathrm{d}x$

$$= \int_{0}^{1} \frac{\mathrm{e}^x}{1+x^2}\mathrm{d}x + \int_{0}^{1} \mathrm{e}^x\,\mathrm{d}\frac{1}{1+x^2}$$

114

$$= \int_0^1 \frac{e^x}{1+x^2} dx + \left(\frac{e^x}{1+x^2} \Big|_0^1 - \int_0^1 \frac{e^x}{1+x^2} dx \right) = \frac{1}{2} e - 1.$$

（3）被积函数是 2π 为周期的周期函数，所以由周期函数的定积分性质得

$$\int_0^{4\pi} (\sin^{10} x \cdot \cos^8 x + \sin x \cdot \sin 2x \cdot \sin 4x) dx$$

$$= 2 \int_{-\pi}^{\pi} (\sin^{10} x \cdot \cos^8 x + \sin x \cdot \sin 2x \cdot \sin 4x) dx$$

$$= 4 \int_0^{\pi} \sin^{10} x \cdot \cos^8 x dx$$

$$= 4 \left(\int_0^{\frac{\pi}{2}} \sin^{10} x \cdot \cos^8 x dx + \int_{\frac{\pi}{2}}^{\pi} \sin^{10} x \cdot \cos^8 x dx \right)$$

$$= 4 \left(\int_0^{\frac{\pi}{2}} \sin^{10} x \cdot \cos^8 x dx + \int_0^{\frac{\pi}{2}} \cos^{10} t \cdot \sin^8 t dt \right) \quad \left(\text{其中 } t = x - \frac{\pi}{2} \right)$$

$$= 4 \left(\int_0^{\frac{\pi}{2}} \sin^{10} x \cdot \cos^8 x dx + \int_0^{\frac{\pi}{2}} \cos^{10} x \cdot \sin^8 x dx \right)$$

$$= 4 \int_0^{\frac{\pi}{2}} \sin^8 x \cdot \cos^8 x dx = \frac{1}{2^6} \int_0^{\frac{\pi}{2}} \sin^8 2x dx$$

$$= \frac{1}{2^6} \int_{-\frac{\pi}{4}}^{\frac{\pi}{4}} \sin^8 2x dx \quad \text{（由于 } \sin^8 2x \text{ 是以 } \frac{\pi}{2} \text{ 为周期的周期函数）}$$

$$= \frac{1}{2^7} \int_{-\frac{\pi}{2}}^{\frac{\pi}{2}} \sin^8 u du \quad \text{（其中 } u = 2x \text{）}$$

$$= \frac{1}{2^6} \int_0^{\frac{\pi}{2}} \sin^8 u du = \frac{1}{2^6} \cdot \frac{7 \cdot 5 \cdot 3 \cdot 1}{8 \cdot 6 \cdot 4 \cdot 2} \cdot \frac{\pi}{2} = \frac{35\pi}{2^{14}}.$$

附注 （1）区间 $[-a,a]$ $(a > 0)$ 上连续函数 $f(x)$ 的定积分 $\int_{-a}^{a} f(x) dx$ 有以下性质：

$$\int_{-a}^{a} f(x) dx = \begin{cases} 0, & \text{当 } f(x) \text{ 是奇函数}, \\ 2 \int_0^a f(x) dx, & \text{当 } f(x) \text{ 是偶函数}, \\ \int_0^a [f(x) + f(-x)] dx, & \text{当 } f(x) \text{ 是非奇非偶函数}. \end{cases}$$

（2）设 $f(x)$ 是周期为 $T(T > 0)$ 的连续的周期函数，则

$$\int_0^{nT} f(x) dx = n \int_0^T f(x) dx, \int_a^{a+T} f(x) dx = \int_0^T f(x) dx = \int_{-\frac{T}{2}}^{\frac{T}{2}} f(x) dx.$$

（3）下列积分公式是常用的，应记住：当 $n > 1$ 时

$$\int_0^{\frac{\pi}{2}} \sin^n x dx = \int_0^{\frac{\pi}{2}} \cos^n x dx = \begin{cases} \frac{(n-1)(n-3)\cdots 1}{n(n-2)\cdots 2} \cdot \frac{\pi}{2}, & n \text{ 为偶数}, \\ \frac{(n-1)(n-3)\cdots 2}{n(n-2)\cdots 3}, & n \text{ 为奇数}. \end{cases}$$

例 3.18 求下列广义积分：

（1）$\int_0^{+\infty} \frac{\arctan x}{(1+x^2)^{\frac{5}{2}}} dx$；

（2）$\int_0^{+\infty} \frac{e^{-x^2}}{\left(x^2 + \frac{1}{2} \right)^2} dx \left(\text{其中，} \int_0^{+\infty} e^{-x^2} dx = \frac{\sqrt{\pi}}{2} \right).$

分析 (1) 令 $x=\tan t$ 将所求广义积分转换成定积分.

(2) 先注意 $\dfrac{1}{\left(x^2+\dfrac{1}{2}\right)^2}\mathrm{d}x=-\dfrac{1}{2x}\mathrm{d}\left(\dfrac{1}{x^2+\dfrac{1}{2}}\right)$,算出不定积分 $\displaystyle\int\dfrac{\mathrm{e}^{-x^2}}{\left(x^2+\dfrac{1}{2}\right)^2}\mathrm{d}x$,由此可得所求的广义积分.

精解 (1) $\displaystyle\int_0^{+\infty}\frac{\arctan x}{(1+x^2)^{\frac{5}{2}}}\mathrm{d}x\xlongequal{\text{令}\ x=\tan t}\int_0^{\frac{\pi}{2}}\frac{t}{\sec^5 t}\cdot\sec^2 t\,\mathrm{d}t$

$$=\int_0^{\frac{\pi}{2}}t\cos^3 t\,\mathrm{d}t=\int_0^{\frac{\pi}{2}}t(1-\sin^2 t)\mathrm{d}\sin t=\int_0^{\frac{\pi}{2}}t\,\mathrm{d}\left(\sin t-\frac{1}{3}\sin^3 t\right)$$

$$=t\left(\sin t-\frac{1}{3}\sin^3 t\right)\Big|_0^{\frac{\pi}{2}}-\int_0^{\frac{\pi}{2}}\left(\sin t-\frac{1}{3}\sin^3 t\right)\mathrm{d}t$$

$$=\frac{\pi}{3}+\int_0^{\frac{\pi}{2}}\left(\frac{2}{3}+\frac{1}{3}\cos^2 t\right)\mathrm{d}\cos t$$

$$=\frac{\pi}{3}+\left(\frac{2}{3}\cos t+\frac{1}{9}\cos^3 t\right)\Big|_0^{\frac{\pi}{2}}=\frac{\pi}{3}-\frac{7}{9}.$$

(2) 由于

$$\int\frac{\mathrm{e}^{-x^2}}{\left(x^2+\dfrac{1}{2}\right)^2}\mathrm{d}x=-\int\mathrm{e}^{-x^2}\cdot\frac{1}{2x}\mathrm{d}\left(\frac{1}{x^2+\dfrac{1}{2}}\right)$$

$$=-\frac{\mathrm{e}^{-x^2}}{2x\left(x^2+\dfrac{1}{2}\right)}+\int\frac{1}{x^2+\dfrac{1}{2}}\mathrm{d}\frac{\mathrm{e}^{-x^2}}{2x}$$

$$=-\frac{\mathrm{e}^{-x^2}}{2x\left(x^2+\dfrac{1}{2}\right)}-\int\frac{\mathrm{e}^{-x^2}}{x^2}\mathrm{d}x=-\frac{\mathrm{e}^{-x^2}}{2x\left(x^2+\dfrac{1}{2}\right)}+\int\mathrm{e}^{-x^2}\mathrm{d}\frac{1}{x}$$

$$=-\frac{\mathrm{e}^{-x^2}}{2x\left(x^2+\dfrac{1}{2}\right)}+\frac{\mathrm{e}^{-x^2}}{x}+2\int\mathrm{e}^{-x^2}\mathrm{d}x=\frac{x\mathrm{e}^{-x^2}}{x^2+\dfrac{1}{2}}+2\int\mathrm{e}^{-x^2}\mathrm{d}x,$$

所以

$$\int_0^{+\infty}\frac{\mathrm{e}^{-x^2}}{\left(x^2+\dfrac{1}{2}\right)^2}\mathrm{d}x=\frac{x\mathrm{e}^{-x^2}}{x^2+\dfrac{1}{2}}\Big|_0^{+\infty}+2\int_0^{+\infty}\mathrm{e}^{-x^2}\mathrm{d}x.$$

$$=2\int_0^{+\infty}\mathrm{e}^{-x^2}\mathrm{d}x=\sqrt{\pi}.$$

附注 (1) 有时,借助变量代换可以将广义积分转换成易于计算的定积分,本题(1)就是如此.

(2) 应记住公式 $\displaystyle\int_0^{+\infty}\mathrm{e}^{-x^2}\mathrm{d}x=\frac{\sqrt{\pi}}{2}$.

例 3.19 设函数 $f(x)$ 在 $[a,b]$ 上有连续的导数,且 $f(a)=0$,证明:

$$\int_a^b f^2(x)\mathrm{d}x\leqslant\frac{(b-a)^2}{2}\int_a^b[f'(x)]^2\mathrm{d}x.$$

分析　将欲证不等式中的 b 改为 x，并记

$$F(x) = \frac{(x-a)^2}{2}\int_a^x [f'(t)]^2 \mathrm{d}t - \int_a^x f^2(t)\mathrm{d}t,$$

然后根据函数单调性证明 $F(b) \geqslant 0$.

精解　记 $F(x) = \dfrac{(x-a)^2}{2}\displaystyle\int_a^x [f'(t)]^2\mathrm{d}t - \int_a^x f^2(t)\mathrm{d}t$，则 $F(x)$ 在 $[a,b]$ 上可导且

$$\begin{aligned}
F'(x) &= (x-a)\int_a^x [f'(t)]^2\mathrm{d}x + \frac{(x-a)^2}{2}[f'(x)]^2 - f^2(x)\\
&\geqslant (x-a)\int_a^x [f'(t)]^2\mathrm{d}t - f^2(x)\\
&= (x-a)\int_a^x [f'(t)]^2\mathrm{d}t - \left[\int_a^x 1\cdot f'(t)\mathrm{d}t\right]^2\\
&\geqslant (x-a)\int_a^x [f'(t)]^2\mathrm{d}t - \int_a^x 1^2\mathrm{d}t\cdot\int_a^x [f'(t)]^2\mathrm{d}t\\
&= (x-a)\int_a^x [f'(t)]^2\mathrm{d}t - (x-a)\int_a^x [f'(t)]^2\mathrm{d}t = 0,
\end{aligned}$$

所以 $F(b) \geqslant F(a) = 0$，即

$$\int_a^b f^2(x)\mathrm{d}x \leqslant \frac{(b-a)^2}{2}\int_a^b [f'(x)]^2\mathrm{d}x.$$

附注　(1) 证明如本题这样的关于 a,b 的文字不等式，通常将其中的 b 或 a 改为 x，将欲证的不等式转换成函数不等式，然后用导数方法证明函数不等式成立，从而推出欲证的不等式.

(2) 题解中

$$\left[\int_a^x 1\cdot f'(t)\mathrm{d}t\right]^2 \leqslant \int_a^x 1^2\mathrm{d}t\cdot\int_a^x [f'(t)]^2\mathrm{d}t$$

是根据柯西不等式推得的. 柯西不等式是：

设 $f(x), g(x)$ 在 $[a,b]$ 上连续，则

$$\left[\int_a^b f(x)g(x)\mathrm{d}x\right]^2 \leqslant \int_a^b f^2(x)\mathrm{d}x\cdot\int_a^b g^2(x)\mathrm{d}x.$$

例 3.20　设函数 $f(x)$ 在 $\left[0, \dfrac{\pi}{4}\right]$ 上单调可导，且满足

$$\int_0^{f(x)} f^{-1}(t)\mathrm{d}t = \int_0^x t\left(\frac{\sin t - \cos t}{\sin t + \cos t}\right)\mathrm{d}t,$$

其中 f^{-1} 是 f 的反函数，求 $f(x)$ 的表达式.

分析　所给等式两边求导算出 $f'(x)$，然后积分得到 $f(x)$ 的表达式.

精解　所给等式两边求导得

$$f^{-1}(f(x))f'(x) = x\left(\frac{\sin x - \cos x}{\sin x + \cos x}\right). \tag{1}$$

由于 $f^{-1}(f(x)) = x$，将它代入式(1)，对任意 $x \in \left(0, \dfrac{\pi}{4}\right]$ 有

$$f'(x) = \frac{\sin x - \cos x}{\sin x + \cos x} \quad\left(\text{此外定义 } f'(0) = \lim_{x\to 0^+} f'(x) = \lim_{x\to 0^+}\frac{\sin x - \cos x}{\sin x + \cos x} = -1\right),$$

所以

$$f(x) - f(0) = \int_0^x f'(x)\mathrm{d}x = \int_0^x \frac{\sin t - \cos t}{\sin t + \cos t}\mathrm{d}t$$

117

$$=-\int_0^x \frac{1}{\sin t+\cos t}\mathrm{d}(\sin t+\cos t)=\quad \ln(\sin x \mid \cos x) \quad \left(x\in\left[0,\frac{\pi}{4}\right]\right). \quad (2)$$

下面计算 $f(0)$：

在题设等式两边令 $x=0$ 得

$$\int_0^{f(0)} f^{-1}(t)\mathrm{d}t=0. \quad (3)$$

由 $f(x)$ 定义在 $\left[0,\frac{\pi}{4}\right]$ 上知 $f^{-1}(x)\in\left[0,\frac{\pi}{4}\right]$，所以由 $f^{-1}(x)$ 的单调性有 $f(0)=0$. 将它代入式(2)得

$$f(x)=-\ln(\sin x+\cos x) \quad \left(x\in\left[0,\frac{\pi}{4}\right]\right).$$

附注　题设中 $f(x)$ 的单调性保证了 $f^{-1}(x)$ 的存在及单调；又由 $f(x)$ 定义在 $\left[0,\frac{\pi}{4}\right]$ 上知 $f^{-1}(x)\in\left[0,\frac{\pi}{4}\right]$，从而于由式(3)推出 $f(0)=0$. 以上两点值得注意.

例 3.21　设曲线 $y=ax^2+bx+c$ 通过原点，且当 $0\leqslant x\leqslant 1$ 时 $y\geqslant 0$. 又设它与 x 轴，直线 $x=1$ 围成的图形 D 的面积为 $\frac{1}{3}$.

(1) 求使 D 绕 x 轴旋转一周而成的旋转体体积 V_x 最小时的常数 a,b,c 的值；

(2) 对(1)求得的 a,b,c，求 D 绕 y 轴旋转一周而成的旋转体体积 V_y.

分析　(1) 由曲线 $y=ax^2+bx+c$ 通过原点，D 的面积为 $\frac{1}{3}$ 及使 V_x 取最小值三个条件确定 a,b,c 的值.

(2) 由(1)确定的 a,b,c 的值利用公式 $2\pi\int_0^1 x(ax^2+bx+c)\mathrm{d}x$ 计算 V_y.

精解　(1) 由曲线 $y=ax^2+bc+c$ 通过原点得

$$c=0. \quad (1)$$

由 D 的面积为 $\frac{1}{3}$ 得

$$\int_0^1 (ax^2+bx+c)\mathrm{d}x=\frac{1}{3},$$

将式(1)代入得 $\frac{1}{3}a+\frac{1}{2}b=\frac{1}{3}$，即

$$b=\frac{2}{3}-\frac{2}{3}a. \quad (2)$$

D 绕 x 轴旋转一周而成的旋转体体积

$$V_x=\pi\int_0^1 (ax^2+bx+c)^2\mathrm{d}x\xlongequal{\text{式(1)、式(2)代入}}\pi\int_0^1\left[ax^2+\left(\frac{2}{3}-\frac{2}{3}a\right)x\right]^2\mathrm{d}x$$

$$=\pi\left[\frac{1}{5}a^2+\frac{1}{3}(a-a^2)+\frac{4}{27}(1-a)^2\right]=\pi\left(\frac{2}{135}a^2+\frac{1}{27}a+\frac{4}{27}\right).$$

由

$$\frac{\mathrm{d}V_x}{\mathrm{d}a} = \pi\left(\frac{4}{135}a + \frac{1}{27}\right) = \frac{4\pi}{135}\left(a + \frac{5}{4}\right) \begin{cases} < 0, & a < -\frac{5}{4}, \\[2mm] = 0, & a = -\frac{5}{4}, \\[2mm] > 0, & a > -\frac{5}{4} \end{cases}$$

知 V_x 在 $a = -\frac{5}{4}$ 时取最小值. 所以所求的常数为 $a = -\frac{5}{4}, b = \frac{3}{2}, c = 0$.

（2）由（1）知 $y = -\frac{5}{4}x^2 + \frac{3}{2}x$，它的图形如图 3.21

所示,所以

D 绕 y 轴旋转一周而成的旋转体体积

$$V_y = 2\pi\int_0^1 x\left(-\frac{5}{4}x^2 + \frac{3}{2}x\right)\mathrm{d}x = \frac{3}{8}\pi.$$

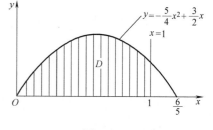

图　3.21

附注　平面图形 $D = \{(x, y) \mid 0 \leqslant a \leqslant x \leqslant b, 0 \leqslant y \leqslant f(x)\}$ 绕 x 轴及绕 y 轴旋转一周而成的旋转体体积的计算公式分别为

$$V_x = \pi\int_a^b f^2(x)\mathrm{d}x, \quad V_y = 2\pi\int_a^b xf(x)\mathrm{d}x.$$

例 3.22　设函数 $f(x) = \int_x^{x+\frac{\pi}{2}} |\sin t|\,\mathrm{d}t$.

（1）证明：π 为 $f(x)$ 的一个周期；

（2）求 $f(x)$ 的值域；

（3）记曲线 $y = f(x)$，直线 $x = 0, x = \pi$ 及 $y = 0$ 围成的平面图形为 D，求 D 的面积 S.

分析　（1）证明对任意实数 x 都有 $f(x + \pi) = f(x)$ 即可.

（2）$f(x)$ 的值域为 $[m, M]$，其中 m, M 分别是 $f(x)$ 在 $[0, \pi]$ 上的最小值与最大值.

（3）计算 $\int_0^\pi f(x)\mathrm{d}x$.

精解　（1）对任意 $x \in (-\infty, +\infty)$ 有

$$f(x + \pi) = \int_{x+\pi}^{(x+\pi)+\frac{\pi}{2}} |\sin t|\,\mathrm{d}t = \int_{x+\pi}^{(x+\frac{\pi}{2})+\pi} |\sin t|\,\mathrm{d}t$$

$$= \int_x^{x+\frac{\pi}{2}} |\sin t|\,\mathrm{d}t \quad \text{（由于} |\sin t| \text{是以} \pi \text{为周期的周期函数）}$$

$$= f(x),$$

所以,π 为 $f(x)$ 的一个周期.

（2）由于 $f(x)$ 的一个周期为 π,且是连续函数,所以只要算出 $f(x)$ 在 $[0, \pi]$ 上的最小值 m 和最大值 M 即得 $f(x)$ 的值域 $[m, M]$.

由 $f'(x) = \left| \sin\left(x + \frac{\pi}{2}\right) \right| - |\sin x|$

$$= |\cos x| - |\sin x| = \begin{cases} \cos x - \sin x, & 0 \leqslant x < \frac{\pi}{2}, \\[2mm] -\cos x - \sin x, & \frac{\pi}{2} \leqslant x \leqslant \pi \end{cases}$$

119

得 $f'(x) = 0$ 在 $(0, \pi)$ 内的实根为 $\dfrac{\pi}{4}, \dfrac{3\pi}{4}$，所以 $f(x)$ 的可能极值点为 $x = \dfrac{\pi}{4}, \dfrac{3\pi}{4}$（驻点）及 $x = \dfrac{\pi}{2}$（分段点）.

$$\text{由于} f\left(\frac{\pi}{4}\right) = \int_{\frac{\pi}{4}}^{\frac{\pi}{4} + \frac{\pi}{2}} |\sin t| \, dt = \int_{\frac{\pi}{4}}^{\frac{3\pi}{4}} \sin t \, dt = -\cos t \Big|_{\frac{\pi}{4}}^{\frac{3\pi}{4}} = \sqrt{2},$$

$$f\left(\frac{3\pi}{4}\right) = \int_{\frac{3\pi}{4}}^{\frac{3\pi}{4} + \frac{\pi}{2}} |\sin t| \, dt = \int_{\frac{3\pi}{4}}^{\frac{5\pi}{4}} |\sin t| \, dt = \int_{-\frac{\pi}{4}}^{\frac{\pi}{4}} |\sin t| \, dt$$

$$= 2 \int_0^{\frac{\pi}{4}} \sin t \, dt = -2\cos t \Big|_0^{\frac{\pi}{4}} = 2 - \sqrt{2},$$

$$f\left(\frac{\pi}{2}\right) = \int_{\frac{\pi}{2}}^{\frac{\pi}{2} + \frac{\pi}{2}} |\sin t| \, dt = \int_{\frac{\pi}{2}}^{\pi} \sin t \, dt = 1,$$

$$f(0) = \int_0^{\frac{\pi}{2}} |\sin t| \, dt = \int_0^{\frac{\pi}{2}} \sin t \, dt = 1,$$

$$f(\pi) = f(0) = 1,$$

所以，

$$m = \min\left\{ f\left(\frac{\pi}{4}\right), f\left(\frac{3\pi}{4}\right), f\left(\frac{\pi}{2}\right), f(0), f(\pi) \right\} = \min\{\sqrt{2}, 2 - \sqrt{2}, 1, 1, 1\} = 2 - \sqrt{2},$$

$$M = \max\left\{ f\left(\frac{\pi}{4}\right), f\left(\frac{3\pi}{4}\right), f\left(\frac{\pi}{2}\right), f(0), f(\pi) \right\} = \max\{\sqrt{2}, 2 - \sqrt{2}, 1, 1, 1\} = \sqrt{2}.$$

由此得到 $f(x)$ 的值域为 $[2 - \sqrt{2}, \sqrt{2}]$.

(3) D 的面积为

$$S = \int_0^\pi |f(x)| \, dx = \int_0^\pi f(x) \, dx \quad (\text{由 } f(x) \text{ 的定义知 } f(x) \geqslant 0)$$

$$= x f(x) \Big|_0^\pi - \int_0^\pi x f'(x) \, dx$$

$$= \pi f(\pi) - \left[\int_0^{\frac{\pi}{2}} x(\cos x - \sin x) \, dx + \int_{\frac{\pi}{2}}^\pi x(-\cos x - \sin x) \, dx \right], \tag{1}$$

其中

$$\int_{\frac{\pi}{2}}^\pi x(-\cos x - \sin x) \, dx \xrightarrow{\quad u = x - \frac{\pi}{2} \quad} \int_0^{\frac{\pi}{2}} \left(u + \frac{\pi}{2} \right)(\sin u - \cos u) \, du$$

$$= -\int_0^{\frac{\pi}{2}} x(\cos x - \sin x) \, dx + \frac{\pi}{2} \int_0^{\frac{\pi}{2}} (\sin x - \cos x) \, dx$$

$$= -\int_0^{\frac{\pi}{2}} x(\cos x - \sin x) \, dx. \tag{2}$$

将式(2)代入式(1)得

$$S = \pi f(\pi) - \left[\int_0^{\frac{\pi}{2}} x(\cos x - \sin x) \, dx - \int_0^{\frac{\pi}{2}} x(\cos x - \sin x) \, dx \right] = \pi f(\pi) = \pi.$$

附注 注意本题(3)的解法，它不是先算 $f(x)$ 的表达式再计算 $\int_0^\pi f(x) \, dx$，而是对 $\int_0^\pi f(x) \, dx$ 施行分部积分法后充分利用(2)中的计算结果，例如 $f'(x), f(\pi)$ 等，这样使计算变得简捷些.

例 3.23 (1) 求不定积分 $\int f(x)\mathrm{d}x$,其中 $f(x)=\begin{cases} x^2, & 0\leqslant x\leqslant 1, \\ 3-2x^3, & 1<x\leqslant 2, \\ 0, & \text{其他;} \end{cases}$

(2) 求函数 $f(x)=\begin{cases} \mathrm{e}^{\sin x}\cos x, & x\leqslant 0, \\ \sin\sqrt{x}+1, & x>0, \end{cases}$ 的原函数 $F(x)$,其中 $F(-\pi)=\dfrac{1}{2}$;

(3) 求定积分 $\displaystyle\int_a^b x\mathrm{e}^{-|x|}\mathrm{d}x$ (其中 $a\leqslant b$).

分析 (1) 由于 $\displaystyle\int f(x)\mathrm{d}x=\int_0^x f(t)\mathrm{d}t+C$,所以先算出 $\displaystyle\int_0^x f(t)\mathrm{d}t$.

(2) 由于 $F(x)=\displaystyle\int_0^x f(t)\mathrm{d}t+C$,所以先算 $\displaystyle\int_0^x f(t)\mathrm{d}t$,然后利用 $F(-\pi)=\dfrac{1}{2}$ 确定常数 C,即得所求的原函数.

(3) 先算 $F(x)=\displaystyle\int_0^x t\mathrm{e}^{-|t|}\mathrm{d}t$,则 $\displaystyle\int_a^b x\mathrm{e}^{-|x|}\mathrm{d}x=F(b)-F(a)$.

精解 (1) 计算 $\displaystyle\int_0^x f(t)\mathrm{d}t$,它是 $f(x)$ 的一个原函数:

当 $x\leqslant 0$ 时,$\displaystyle\int_0^x f(x)\mathrm{d}t=\int_0^x 0\mathrm{d}t=0$;

当 $0<x\leqslant 1$ 时,$\displaystyle\int_0^x f(t)\mathrm{d}t=\int_0^x t^2\mathrm{d}t=\frac{1}{3}x^3$;

当 $1<x\leqslant 2$ 时,$\displaystyle\int_0^x f(t)\mathrm{d}t=\int_0^1 f(t)\mathrm{d}t+\int_1^x(3-2t^3)\mathrm{d}t$

$$=\frac{1}{3}x^3\Big|_{x=1}+\left(3t-\frac{1}{2}t^4\right)\Big|_1^x=-\frac{13}{6}+3x-\frac{1}{2}x^4;$$

当 $x>2$ 时,$\displaystyle\int_0^x f(t)\mathrm{d}t=\int_0^2 f(x)\mathrm{d}t+\int_2^x 0\mathrm{d}t=\left(-\frac{13}{6}+3x-\frac{1}{2}x^4\right)\Big|_{x=2}=-\frac{25}{6}$,

所以

$$\int f(x)\mathrm{d}x=\int_0^x f(t)\mathrm{d}t+C=\begin{cases} C, & x\leqslant 0, \\ \dfrac{1}{3}x^3+C, & 0<x\leqslant 1, \\ -\dfrac{13}{6}+3x-\dfrac{1}{2}x^4+C, & 1<x\leqslant 2, \\ -\dfrac{25}{6}+C, & x>2. \end{cases}$$

(2) $F(x)=\displaystyle\int_0^x f(t)\mathrm{d}t+C$,其中 C 是某个常数. 下面计算 $\displaystyle\int_0^x f(t)\mathrm{d}t$.

当 $x\leqslant 0$ 时,$\displaystyle\int_0^x f(x)\mathrm{d}t=\int_0^x \mathrm{e}^{\sin t}\cos t\mathrm{d}t=\int_0^x \mathrm{e}^{\sin t}\mathrm{d}\sin t=\mathrm{e}^{\sin t}\Big|_0^x=\mathrm{e}^{\sin x}-1$;

当 $x>0$ 时,$\displaystyle\int_0^x f(t)\mathrm{d}t=\int_0^x(\sin\sqrt{t}+1)\mathrm{d}t=\int_0^x\sin\sqrt{t}\mathrm{d}t+x$

$$\xlongequal{\text{令}u=\sqrt{t}}2\int_0^{\sqrt{x}}u\sin u\mathrm{d}u+x=-2\int_0^{\sqrt{x}}u\mathrm{d}\cos u+x$$

$$=-2(u\cos u-\sin u)\Big|_0^{\sqrt x}+x=2\sin\sqrt x-2\sqrt x\cos\sqrt x+x.$$

所以

$$F(x)=\begin{cases} e^{\sin x}-1+C, & x\leqslant 0, \\ 2\sin\sqrt x-2\sqrt x\cos\sqrt x+x+C, & x>0. \end{cases}$$

此外由 $F(-\pi)=\dfrac{1}{2}$ 得

$$(e^{\sin x}-1+C)\Big|_{x=-\pi}=\frac{1}{2},\text{即 } C=\frac{1}{2}.$$

因此,

$$F(x)=\begin{cases} e^{\sin x}-\dfrac{1}{2}, & x\leqslant 0, \\[2mm] 2\sin\sqrt x-2\sqrt x\cos\sqrt x+x+\dfrac{1}{2}, & x>0. \end{cases}$$

(3) 由于

当 $x\leqslant 0$ 时,$\displaystyle\int_0^x te^{-|t|}\mathrm dt=\int_0^x te^t\mathrm dt=(t-1)e^t\Big|_0^x=(x-1)e^x+1;$

当 $x>0$ 时,$\displaystyle\int_0^x te^{-|t|}\mathrm dt=\int_0^x te^{-t}\mathrm dt=-(t+1)e^{-t}\Big|_0^x=(-x-1)e^{-x}+1,$

所以

$$\int_0^x te^{-|t|}\mathrm dt=\begin{cases} (x-1)e^x+1, & x\leqslant 0, \\ (-x-1)e^{-x}+1, & x>0 \end{cases}=-(|x|+1)e^{-|x|}+1.$$

因此,

$$\int_a^b xe^{-|x|}\mathrm dx=\big[-(|x|+1)e^{-|x|}+1\big]\Big|_a^b=(|a|+1)e^{-|a|}-(|b|+1)e^{-|b|}.$$

附注 (1) 计算分段函数 $f(x)$ 的不定积分可按以下公式计算:

$$\int f(x)\mathrm dx=\int_{x_0}^x f(t)\mathrm dt+C,$$

其中,x_0 是 $f(x)$ 的最靠左边的分段点的坐标.

(2) 注意本题(3)的解法,如果直接计算 $\displaystyle\int_a^b xe^{-|x|}\mathrm dx$,需先去掉被积函数中的绝对值号,显然它与 $x=0$ 是否属于 $[a,b]$ 有关,因此需分多种情形讨论,比较复杂.

例 3.24 计算下列和的极限:

(1) $\displaystyle\lim_{n\to\infty}\frac{1}{n^3}\sum_{i=1}^n i\sqrt{n^2-i^2}$;

(2) $\displaystyle\lim_{n\to\infty}\sum_{i=1}^n\left(1+\frac{i}{n}\right)\sin\frac{\pi i}{n^2}$.

分析 (1) $\displaystyle\frac{1}{n^3}\sum_{i=1}^n i\sqrt{n^2-i^2}=\frac{1}{n}\sum_{i=1}^n\frac{i}{n}\sqrt{1-\left(\frac{i}{n}\right)^2}$,它是函数 $f(x)=x\sqrt{1-x^2}$ 在 $[0,1]$ 的积分和式,所以可用定积分定义计算所给和的极限.

(2) $\displaystyle\sum_{i=1}^n\left(1+\frac{i}{n}\right)\sin\frac{\pi i}{n^2}$ 不是某个函数的积分和式,但对它作适当缩小、放大后再用定积分

定义计算.

精解 （1）$\lim\limits_{n\to\infty}\dfrac{1}{n^3}\sum\limits_{i=1}^{n}i\sqrt{n^2-i^2}=\lim\limits_{n\to\infty}\dfrac{1}{n}\sum\limits_{i=1}^{n}\dfrac{i}{n}\sqrt{1-\left(\dfrac{i}{n}\right)^2}$

$$=\int_0^1 x\sqrt{1-x^2}\,\mathrm{d}x=\left[-\dfrac{1}{3}(1-x^2)^{\frac{3}{2}}\right]\Big|_0^1=\dfrac{1}{3}.$$

（2）利用公式 $x-\dfrac{1}{6}x^3<\sin x<x\left(x\in\left(0,\dfrac{\pi}{2}\right)\right)$ 对 $\sum\limits_{i=1}^{n}\left(1+\dfrac{i}{n}\right)\sin\dfrac{\pi i}{n^2}$ 进行适当缩小和放大：

$$\sum_{i=1}^{n}\left(1+\dfrac{i}{n}\right)\left(\dfrac{\pi i}{n^2}-\dfrac{\pi^3 i^3}{6n^6}\right)<\sum_{i=1}^{n}\left(1+\dfrac{i}{n}\right)\sin\dfrac{\pi i}{n^2}<\sum_{i=1}^{n}\left(1+\dfrac{i}{n}\right)\dfrac{\pi i}{n^2},n=1,2,\cdots,$$

其中，$\sum\limits_{i=1}^{n}\left(1+\dfrac{i}{n}\right)\dfrac{\pi i}{n^2}=\dfrac{1}{n}\sum\limits_{i=1}^{n}\left(1+\dfrac{i}{n}\right)\dfrac{\pi i}{n}$ 是 $\pi x(1+x)$ 在 $[0,1]$ 上的积分和式，所以

$$\lim_{n\to\infty}\sum_{i=1}^{n}\left(1+\dfrac{i}{n}\right)\dfrac{\pi i}{n^2}=\lim_{n\to\infty}\dfrac{1}{n}\sum_{i=1}^{n}\left(1+\dfrac{i}{n}\right)\dfrac{\pi i}{n}=\int_0^1\pi x(1+x)\,\mathrm{d}x=\dfrac{5}{6}\pi,$$

$$\sum_{i=1}^{n}\left(1+\dfrac{i}{n}\right)\left(\dfrac{\pi i}{n^2}-\dfrac{\pi^3 i^3}{6n^6}\right)=\sum_{i=1}^{n}\left(1+\dfrac{i}{n}\right)\dfrac{\pi i}{n^2}-\dfrac{\pi^3}{6n^2}\cdot\dfrac{1}{n}\sum_{i=1}^{n}\left(1+\dfrac{i}{n}\right)\left(\dfrac{i}{n}\right)^3,$$

所以

$$\lim_{n\to\infty}\sum_{i=1}^{n}\left(1+\dfrac{i}{n}\right)\left(\dfrac{\pi i}{n}-\dfrac{\pi^3 i^3}{6n^6}\right)$$

$$=\lim_{n\to\infty}\dfrac{1}{n}\sum_{i=1}^{n}\left(1+\dfrac{i}{n}\right)\dfrac{\pi i}{n}-\lim_{n\to\infty}\dfrac{\pi^3}{6n^2}\cdot\lim_{n\to\infty}\dfrac{1}{n}\sum_{i=1}^{n}\left(1+\dfrac{i}{n}\right)\left(\dfrac{i}{n}\right)^3$$

$$=\dfrac{5}{6}\pi-0\cdot\int_0^1 x^3(1+x)\,\mathrm{d}x=\dfrac{5}{6}\pi.$$

因此由数列极限存在准则 I 得

$$\lim_{n\to\infty}\sum_{i=1}^{n}\left(1+\dfrac{i}{n}\right)\sin\dfrac{\pi i}{n^2}=\dfrac{5}{6}\pi.$$

附注 （1）和式的极限 $\lim\limits_{n\to\infty}\sum\limits_{i=1}^{n}x_i$ 通常有以下三种计算方法：

（a）将 $\sum\limits_{i=1}^{n}x_i$ 加在一起后再计算极限（如例 1.1 题）.

（b）观察 $\sum\limits_{i=1}^{n}x_i$ 是否是某个连续函数 $f(x)$ 在 $[a,b]$ 上的积分和式，即 $\sum\limits_{i=1}^{n}x_i$ 能否写成

$$\sum_{i=1}^{n}x_i=\dfrac{b-a}{n}\sum_{i=1}^{n}f\left(a+\dfrac{(b-a)i}{n}\right)\left(\text{或}\dfrac{b-a}{n}\sum_{i=0}^{n-1}f\left(a+\dfrac{(b-a)i}{n}\right)\right).$$

如果 $\sum\limits_{i=1}^{n}x_i$ 是 $f(x)$ 在 $[a,b]$ 上的积分和式，则

$$\lim_{n\to\infty}\sum_{i=1}^{n}x_i=\int_a^b f(x)\,\mathrm{d}x.$$

（c）如果 $\sum\limits_{i=1}^{n}x_i$ 不易加在一起，也不是某个函数的积分和式，则对 $\sum\limits_{i=1}^{n}x_i$ 作适当缩小与放大，使得

123

$$\sum_{i=1}^{n} y_i \leqslant \sum_{i=1}^{n} x_i \leqslant \sum_{i=1}^{n} z_i,$$

而 $\lim_{n\to\infty}\sum_{i=1}^{n} y_i, \lim_{n\to\infty}\sum_{i=1}^{n} z_i$ 都较容易计算(例如按方法(a)或(b)),且它们同为 A,则 $\lim_{n\to\infty}\sum_{i=1}^{n} x_i = A$.

(2) 本题(3) 使用了不等式

$$x - \frac{1}{6}x^3 < \sin x < x \quad \left(x \in \left(0, \frac{\pi}{2}\right)\right).$$

它的证明如下:

$\sin x < x\left(x \in \left(0, \frac{\pi}{2}\right)\right)$ 是显然的,现给出 $x - \frac{1}{6}x^3 < \sin x\left(x \in \left(0, \frac{\pi}{2}\right)\right)$ 的证明. 记

$$f(x) = \sin x - x + \frac{1}{6}x^3,$$

则 $f(x)$ 在 $\left[0, \frac{\pi}{2}\right]$ 上二阶可导且

$$f'(x) = \cos x - 1 + \frac{1}{2}x^2 = -2\sin \frac{x^2}{2} + \frac{1}{2}x^2 > -2\left(\frac{x}{2}\right)^2 + \frac{1}{2}x^2 = 0\left(x \in \left(0, \frac{\pi}{2}\right)\right),$$

所以,

$$f(x) > f(0) = 0, \text{即 } x - \frac{1}{6}x^3 < \sin x \quad \left(x \in \left(0, \frac{\pi}{2}\right)\right).$$

例 3.25 设 $x = x(y)$ 是函数 $y = y(x) = e^x - e^{-x} - \frac{1}{2}\sin x$ 的反函数,求由曲线 $x = x(y)$,直线 $y = y(\pi)$ 及 y 轴围成的平面图形 D 绕 y 轴旋转一周而成的旋转体体积 V.

分析 画出 D 的图形,然后用旋转体体积计算公式计算 V.

精解 由于 $y' = e^x + e^{-x} - \frac{1}{2}\cos x > 0$,所以曲线 $y = y(x)$ 单调上升,且通过原点,因此 D 如图3.25阴影部分所示.

由于 $y = y(x)$ 的反函数不易算得,因此用以下方法计算 V:

$V =$ 矩形 $OABC$ 绕 y 轴旋转一周而成的旋转体体积 — 曲边三角形 OAB 绕 y 轴旋转一周而成的旋转体体积

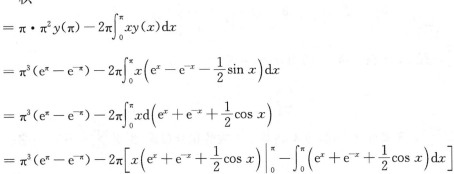

图 3.25

$$= \pi \cdot \pi^2 y(\pi) - 2\pi \int_0^\pi xy(x)\,\mathrm{d}x$$

$$= \pi^3(e^\pi - e^{-\pi}) - 2\pi\int_0^\pi x\left(e^x - e^{-x} - \frac{1}{2}\sin x\right)\mathrm{d}x$$

$$= \pi^3(e^\pi - e^{-\pi}) - 2\pi\int_0^\pi x\,\mathrm{d}\left(e^x + e^{-x} + \frac{1}{2}\cos x\right)$$

$$= \pi^3(e^\pi - e^{-\pi}) - 2\pi\left[x\left(e^x + e^{-x} + \frac{1}{2}\cos x\right)\Big|_0^\pi - \int_0^\pi\left(e^x + e^{-x} + \frac{1}{2}\cos x\right)\mathrm{d}x\right]$$

$$= \pi^3(e^\pi - e^{-\pi}) - 2\pi^2\left(e^\pi + e^{-\pi} - \frac{1}{2}\right) + 2\pi\left(e^x - e^{-x} + \frac{1}{2}\sin x\right)\Big|_0^\pi$$

$$= \pi^3(e^\pi - e^{-\pi}) - 2\pi^2\left(e^\pi + e^{-\pi} - \frac{1}{2}\right) + 2\pi(e^\pi - e^{-\pi})$$

$$= (\pi^3 + 2\pi)(e^\pi - e^{-\pi}) - 2\pi^2(e^\pi + e^{-\pi}) + \pi^2.$$

附注 图 3.25 的 D 绕 y 轴旋转一周产生的旋转体体 V 照理可按以下公式计算：

$$V = \pi\int_0^{y(\pi)}[x(y)]^2 dy. \tag{1}$$

由于 $y = y(x)$ 单调增加，所以 $x = x(y)$ 存在，但它的具体表达式不易写出来，因此不宜用式(1) 计算.

例 3.26 设 $f(x) = \int_0^x \cos\frac{1}{t} dt$，求 $f'(0)$.

分析 用导数定义计算 $f'(0)$.

精解 显然 $f(0) = 0$，所以

$$f'(0) = \lim_{x\to 0}\frac{f(x) - f(0)}{x} = \lim_{x\to 0}\frac{1}{x}\int_0^x \cos\frac{1}{t} dt$$

$$= -\lim_{x\to 0}\frac{1}{x}\int_0^x t^2 d\sin\frac{1}{t} = -\lim_{x\to 0}\frac{1}{x}\left(x^2\sin\frac{1}{x} - \int_0^x 2t\sin\frac{1}{t} dt\right)$$

$$= \lim_{x\to 0}\frac{\int_0^x 2t\sin\frac{1}{t} dt}{x} \xlongequal{\text{洛必达法则}} \lim_{x\to 0} 2x\sin\frac{1}{x} = 0.$$

附注 由于 $\left|\cos\frac{1}{t}\right| \leqslant 1 (x \neq 0)$，所以 $\cos\frac{1}{t}$ 可积，即 $\int_0^x \cos\frac{1}{t} dt$ 是定积分，且 $f(0) = 0$，当 $x \neq 0$ 时 $f'(x)$ 可按积分上限函数求导公式计算，$f'(x) = \cos\frac{1}{x}$，但 $f'(0)$ 不能按 $f'(x)|_{x=0}$ 计算，需按导数定义计算.

例 3.27 求 $\lim_{x\to +\infty}\dfrac{\int_0^x |\sin t| dt}{x}$.

分析 对充分大的 x，存在唯一的正整数 n 使得

$$n\pi \leqslant x < (n+1)\pi,$$

于是 $\int_0^x |\sin t| dt = \int_0^{n\pi} |\sin t| dt + \int_{n\pi}^x |\sin t| dt.$

据此即可计算所给的极限.

精解 对充分大的 x，存在唯一的正整数 n 使得

$$n\pi \leqslant x < (n+1)\pi, \tag{1}$$

所以，$\int_0^x |\sin t| dt = \int_0^{n\pi} |\sin t| dt + \int_{n\pi}^x |\sin t| dt$

$$= n\int_0^\pi \sin t dt + \int_{n\pi}^x |\sin t| dt (这里利用 |\sin t| 是以 \pi 为周期的周期函数)$$

$$= 2n + \int_{n\pi}^x |\sin t| dt, \tag{2}$$

其中，$$0 \leqslant \int_{n\pi}^x |\sin t| dt < \pi. \tag{3}$$

将式(1)与式(3)代入式(2)得

$$\frac{2n}{(n+1)\pi} \leqslant \frac{\int_0^x |\sin t|\,\mathrm{d}t}{x} < \frac{2n+\pi}{n\pi}.$$

并且 $\lim\limits_{x\to+\infty} \dfrac{2n}{(n+1)\pi} = \lim\limits_{n\to\infty} \dfrac{2n}{(n+1)\pi} = \dfrac{2}{\pi}$, $\lim\limits_{x\to+\infty} \dfrac{2n+\pi}{n\pi} = \lim\limits_{n\to\infty} \dfrac{2n+\pi}{n\pi} = \dfrac{2}{\pi}$, 所以

$$\lim_{x\to+\infty} \frac{\int_0^x |\sin t|\,\mathrm{d}t}{x} = \frac{2}{\pi}.$$

附注 这里使用了与数列极限存在准则 Ⅰ 相似的结论:

设 $\varphi(x) \leqslant f(x) \leqslant g(x)$, $(x \geqslant N, N$ 是某个正整数$)$, 且 $\lim\limits_{x\to+\infty} \varphi(x) = \lim\limits_{x\to+\infty} g(x) = A$,

则 $\qquad \lim\limits_{x\to+\infty} f(x) = A.$

例 3.28 证明:反常积分 $\displaystyle\int_0^{+\infty} \dfrac{1}{1+x^2\sin^2 x}\mathrm{d}x$ 发散.

分析 将 $[0,+\infty)$ 分割成 $[n\pi,(n+1)\pi)(n=0,1,2,\cdots)$, 把所给的反常积分转换成无穷级数, 然后证明该无穷级数是发散的即可.

精解
$$\int_0^{+\infty} \frac{1}{1+x^2\sin^2 x}\mathrm{d}x = \sum_{n=0}^{\infty} \int_{n\pi}^{(n+1)\pi} \frac{1}{1+x^2\sin^2 x}\mathrm{d}x$$

$$\xlongequal{\text{令}\ t=x-n\pi} \sum_{n=0}^{\infty} \int_0^{\pi} \frac{1}{1+(t+n\pi)^2\sin^2 t}\mathrm{d}t \xlongequal{\text{记}} \sum_{n=0}^{\infty} u_n,$$

其中, $u_n = \displaystyle\int_0^{\pi} \dfrac{1}{1+(n\pi+t)^2\sin^2 t}\mathrm{d}t > \int_0^{\frac{1}{(n+1)\pi}} \dfrac{1}{1+(n+1)^2\pi^2\sin^2 t}\mathrm{d}t$

$$> \int_0^{\frac{1}{(n+1)\pi}} \frac{1}{1+(n+1)^2\pi^2 \cdot \left[\dfrac{1}{(n+1)\pi}\right]^2}\mathrm{d}t(\text{利用当}\ t>0\ \text{时}\ \sin t < t)$$

$$= \frac{1}{2\pi(n+1)}(n=0,1,2,\cdots).$$

所以, 正项级数 $\displaystyle\sum_{n=0}^{\infty} u_n$ 发散, 从而 $\displaystyle\int_0^{+\infty} \dfrac{1}{1+x^2\sin^2 x}\mathrm{d}x$ 发散.

附注 本题获证的关键是将所给的反常积分表示成正项级数, 然后由正项级数发散, 确定所给的反常积分发散, 这种判定反常积分收敛性的方法是常用的.

例 3.29 设函数 $f(x)$ 在 $[-1,1]$ 上可积, 在点 $x=0$ 处连续, 又设

$$\Phi_n(x) = \begin{cases} \mathrm{e}^{nx}, & x \in [-1,0), \\ (1-x)^n, & x \in [0,1]. \end{cases}$$

证明: $\lim\limits_{n\to\infty} \dfrac{n}{2}\displaystyle\int_{-1}^1 f(x)\Phi_n(x)\mathrm{d}x = f(0).$

分析 先证 $\lim\limits_{n\to\infty}\displaystyle\int_{-1}^1 \dfrac{n}{2}\Phi_n(x)\mathrm{d}x = 1$, 于是问题转换成证明

$$\lim_{n\to\infty}\int_{-1}^1 \frac{n}{2}\Phi_n(x)[f(x)-f(0)]\mathrm{d}x = 0.$$

精解 由于 $\displaystyle\int_{-1}^1 \dfrac{n}{2}\Phi_n(x)\mathrm{d}x = \int_{-1}^0 \dfrac{n}{2}\mathrm{e}^{nx}\mathrm{d}x + \int_0^1 \dfrac{n}{2}(1-x)^n\mathrm{d}x$

$$= \frac{1}{2} e^{nx} \Big|_{-1}^{0} - \frac{n}{2(n+1)} (1-x)^{n+1} \Big|_{0}^{1}$$

$$= \frac{1}{2} - \frac{1}{2} e^{-n} + \frac{n}{2(n+1)} \to 1 (n \to \infty),$$

即 $\lim\limits_{n\to\infty} \int_{-1}^{1} \frac{n}{2} \Phi_n(x) \mathrm{d}x = 1.$ 于是

$$\lim\limits_{n\to\infty} \frac{n}{2} \int_{-1}^{1} f(x) \Phi_n(x) \mathrm{d}x - f(0) = \lim\limits_{n\to\infty} \int_{-1}^{1} \frac{n}{2} \Phi_n(x) [f(x) - f(0)] \mathrm{d}x.$$

显然,由 $f(x)$ 在 $[-1,1]$ 上可积知 $f(x)$ 在 $[-1,1]$ 上有界,即存在 $M > 0$,使得

$$| f(x) | \leqslant M (x \in [-1,1]).$$

由于 $f(x)$ 在点 $x = 0$ 处连续,所以对任意 $\varepsilon > 0$,存在 $0 < \delta < 1$,使得 $x \in (-\delta, \delta)$ 时,$| f(x) - f(0) | < \frac{\varepsilon}{2}.$ 因此将 $[-1,1]$ 划分成三个小区间 $[-1, -\delta]$,$(-\delta, \delta)$ 及 $[\delta, 1]$,从而有

$$\int_{-1}^{1} \frac{n}{2} \Phi_n(x) [f(x) - f(0)] \mathrm{d}x$$

$$= \int_{-1}^{-\delta} \frac{n}{2} \Phi_n(x) [f(x) - f(0)] \mathrm{d}x + \int_{-\delta}^{\delta} \frac{n}{2} \Phi_n(x) [f(x) - f(0)] \mathrm{d}x$$

$$+ \int_{\delta}^{1} \frac{n}{2} \Phi_n(x) [f(x) - f(0)] \mathrm{d}x,$$

其中 $\left| \int_{-1}^{-\delta} \frac{n}{2} \Phi_n(x) [f(x) - f(0)] \mathrm{d}x \right| \leqslant 2M \int_{-1}^{-\delta} \frac{n}{2} e^{nx} \mathrm{d}x = M(e^{-n\delta} - e^{-n}),$

$\left| \int_{-\delta}^{\delta} \frac{n}{2} \Phi_n(x) [f(x) - f(0)] \mathrm{d}x \right| < \frac{\varepsilon}{2} \int_{-1}^{1} \frac{n}{2} \Phi_n(x) \mathrm{d}x = \frac{\varepsilon}{2},$

$\left| \int_{\delta}^{1} \frac{n}{2} \Phi_n(x) [f(x) - f(0)] \mathrm{d}x \right| \leqslant 2M \int_{\delta}^{1} \frac{n}{2} (1-x)^n \mathrm{d}x = \frac{nM}{n+1} (1-\delta)^{n+1}.$

于是 $\left| \int_{-1}^{1} \frac{n}{2} \Phi_n(x) [f(x) - f(0)] \mathrm{d}x \right| < M(e^{-n\delta} - e^{-n}) + \frac{\varepsilon}{2} + \frac{nM}{n+1} (1-\delta)^{n+1}.$ $\hspace{2em}$ (1)

由于 $\lim\limits_{n\to\infty} \Big[M(e^{-n\delta} - e^{-n}) + \frac{nM}{n+1} (1-\delta)^{n+1} \Big] = 0$,所以对上述的 $\varepsilon > 0$,存在正整数 N,当 $n > N$ 时,

$$M(e^{-n\delta} - e^{-n}) + \frac{nM}{n+1} (1-\delta)^{n+1} < \frac{\varepsilon}{2}.$$

将它代入式 (1) 知,当 $n > N$ 时

$$\left| \int_{-1}^{1} \frac{n}{2} \Phi_n(x) [f(x) - f(0)] \mathrm{d}x \right| < \varepsilon,$$

从而有 $\lim\limits_{n\to\infty} \int_{-1}^{1} \frac{n}{2} \Phi_n(x) [f(x) - f(0)] \mathrm{d}x = 0$,即 $\lim\limits_{n\to\infty} \frac{n}{2} \int_{-1}^{1} f(x) \Phi_n(x) \mathrm{d}x = f(0).$

附注 本题获证的关键是:

(1) $\lim\limits_{n\to\infty} \int_{-1}^{1} \frac{n}{2} \Phi_n(x) \mathrm{d}x = 1;$

(2) 按题设将 $[-1,1]$ 划分成 $[-1, -\delta]$,$(-\delta, \delta)$ 和 $[\delta, 1]$,然后对 $\frac{n}{2} \Phi_n(x) [f(x) - f(0)]$ 在各个小区间上的积分进行估计.

127

例 3.30 设 $f(x)$ 在 $[a,b]$ 上连续,证明: $f(x)$ 在 $[a,b]$ 上恒为常数的充分必要条件是:对任意在 $[a,b]$ 上连续且满足 $\int_a^b g(x)\mathrm{d}x = 0$ 的函数 $g(x)$,都有 $\int_a^b f(x)g(x)\mathrm{d}x = 0$.

分析 必要性是显然的,对于充分性只要取 $g(x) = \dfrac{1}{b-a}\int_a^b f(x)\mathrm{d}x - f(x)$ 即可.

精解 必要性. 设 $f(x) = C(x \in [a,b], C$ 是常数),则对任意在 $[a,b]$ 上连续且满足 $\int_a^b g(x)\mathrm{d}x = 0$ 的 $g(x)$,都有

$$\int_a^b f(x)g(x)\mathrm{d}x = C\int_a^b g(x)\mathrm{d}x = 0.$$

充分性. 记 $g(x) = m - f(x)\left($ 其中 $m = \dfrac{1}{b-a}\int_a^b f(x)\mathrm{d}x\right)$,则 $g(x)$ 在 $[a,b]$ 上连续,且

$$\int_a^b g(x)\mathrm{d}x = \int_a^b [m - f(x)]\mathrm{d}x = \int_a^b f(x)\mathrm{d}x - \int_a^b f(x)\mathrm{d}x = 0.$$

于是当 $\int_a^b f(x)g(x)\mathrm{d}x = 0$ 时,

$$\int_a^b [m - f(x)]^2 \mathrm{d}x = \int_a^b [m - f(x)]g(x)\mathrm{d}x$$
$$= m\int_a^b g(x)\mathrm{d}x - \int_a^b f(x)g(x)\mathrm{d}x = 0.$$

由此得到,对 $x \in [a,b]$ 有 $f(x) = m$(常数).

附注 要证明 $f(x) = C(x \in [a,b], C$ 为常数),通常有两种方法:

(1) 当 $f(x)$ 可导时,可通过证明 $f'(x) = 0(x \in (a,b))$ 得到 $f(x) = C(x \in [a,b])$.

(2) 当 $f(x)$ 连续时,可考虑证明 $\int_a^b [f(x) - m]^2 \mathrm{d}x = 0$,其中 $m = \dfrac{1}{b-a}\int_a^b f(x)\mathrm{d}x$.

C 组

例 3.31 求极限 $\lim\limits_{x \to 0^+} x\int_x^1 \dfrac{\cos t}{t^2}\mathrm{d}t$.

分析 由于所给极限为 $\lim\limits_{x \to 0^+} \dfrac{\int_x^1 \dfrac{\cos t}{t^2}\mathrm{d}t}{\dfrac{1}{x}}$,为了使用洛必达法则,应先确认 $\lim\limits_{x \to 0^+} \int_x^1 \dfrac{\cos t}{t^2}\mathrm{d}t = \infty$.

精解 对任意 $x > 0$ 有

$$\int_x^1 \frac{\cos t}{t^2}\mathrm{d}t = -\int_x^1 \cos t\,\mathrm{d}\frac{1}{t} = -\left(\frac{\cos t}{t}\Big|_x^1 + \int_x^1 \frac{\sin t}{t}\mathrm{d}t\right) = -\cos 1 + \frac{\cos x}{x} - \int_x^1 \frac{\sin t}{t}\mathrm{d}t,$$

所以

$$\lim_{x \to 0^+}\int_x^1 \frac{\cos t}{t^2}\mathrm{d}t = -\cos 1 + \lim_{x \to 0^+}\frac{\cos x}{x} - \int_0^1 \frac{\sin t}{t}\mathrm{d}t = +\infty.$$

因此,

$$\lim_{x \to 0^+} x\int_x^1 \frac{\cos t}{t^2}\mathrm{d}t = \lim_{x \to 0^+} \frac{\int_x^1 \dfrac{\cos t}{t^2}\mathrm{d}x}{\dfrac{1}{x}} \xlongequal{\text{洛必达法则}} \lim_{x \to 0^+}\frac{-\dfrac{\cos x}{x^2}}{-\dfrac{1}{x^2}} = \lim_{x \to 0^+}\cos x = 1.$$

附注 计算 $\dfrac{0}{0}$ 型或 $\dfrac{\infty}{\infty}$ 型未定式极限 $\lim\limits_{x \to x_0} \dfrac{f(x)}{g(x)}$ 时,如果 $f(x)$ 或 $g(x)$ 是积分上限(或下限)的函数,则应该使用洛必达法则计算这一极限. 由于洛必达法则只能用于 $\dfrac{0}{0}$ 型或 $\dfrac{\infty}{\infty}$ 型未定式极限,因此首先要计算 $\lim\limits_{x \to x_0} f(x)$ 或 $\lim\limits_{x \to x_0} g(x)$. 本题就是如此,先计算 $\lim\limits_{x \to 0^+} \int_x^1 \dfrac{\cos t}{t^2}\mathrm{d}t$,确认所给极限是 $\dfrac{\infty}{\infty}$ 型未定式极限后再施行洛必达法则.

例 3.32 设 $f(x), g(x)$ 在 $[0,1]$ 上有连续导数,且 $f(0)=0, f'(x) \geqslant 0, g'(x) \geqslant 0$,证明:对任意 $a \in [0,1]$ 有

$$\int_0^a g(x)f'(x)\mathrm{d}x + \int_0^1 f(x)g'(x)\mathrm{d}x \geqslant f(a)g(1).$$

分析 将欲证不等式中的 a 改为 x,作辅助函数

$$F(x) = \int_0^x g(t)f'(t)\mathrm{d}t + \int_0^1 f(t)g'(t)\mathrm{d}t - f(x)g(1).$$

精解 记 $F(x) = \int_0^x g(t)f'(t)\mathrm{d}t + \int_0^1 f(t)g'(t)\mathrm{d}t - f(x)g(1)$,则 $F(x)$ 在 $[0,1]$ 上可导,且 $F'(x) = g(x)f'(x) - f'(x)g(1) = f'(x)[g(x)-g(1)] \leqslant 0$(这里利用了题设 $f'(x) \geqslant 0$, $g'(x) \geqslant 0$). 所以对于任意 $a \in [0,1]$ 有

$$F(a) \geqslant F(1) = \int_0^1 g(t)f'(t)\mathrm{d}t + \int_0^1 f(t)g'(t)\mathrm{d}t - f(1)g(1)$$

$$= \int_0^1 \mathrm{d}[f(t)g(t)] - f(1)g(1) = f(1)g(1) - f(0)g(0) - f(1)g(1) = 0,$$

即

$$\int_0^a g(x)f'(x)\mathrm{d}x + \int_0^1 f(x)g'(x)\mathrm{d}x \geqslant f(a)g(1).$$

附注 本题采用的是证明文字不等式的常用方法,即将 a 改为 x,并作适当的辅助函数.

例 3.33 设函数 $f(x)$ 在 $[a,b]$ 上连续,在 (a,b) 内二阶可导,且

$$\frac{1}{b-a}\int_a^b f(x)\mathrm{d}x = \frac{1}{2}[f(a)+f(b)].$$

证明:存在 $\xi \in (a,b)$,使得 $f''(\xi)=0$.

分析 从所给等式入手. 由于

$$\frac{1}{2}[f(a)+f(b)](b-a) = \int_a^b \Big[f(a) + \frac{f(b)-f(a)}{b-a}(x-a)\Big]\mathrm{d}x,$$

所以,所给等式成为

$$\int_a^b \Big[f(x) - f(a) - \frac{f(b)-f(a)}{b-a}(x-a)\Big]\mathrm{d}x = 0. \tag{1}$$

故作辅助函数 $g(x) = f(x) - f(a) - \dfrac{f(b)-f(a)}{b-a}(x-a)$.

精解 记 $g(x) = f(x) - f(a) - \dfrac{f(b)-f(a)}{b-a}(x-a)$,则 $g(x)$ 在 $[a,b]$ 上连续,在 (a,b) 内二阶可导,且 $g(a)=g(b)=0$. 此外根据 $\int_a^b g(x)\mathrm{d}x = 0$(见式(1)),由积分中值定理得存在 $\eta \in (a,b)$,使得 $g(\eta)=0$. 因此存在 $\xi \in (a,b)$,使得 $g''(\xi)=0$,即 $f''(\xi)=0$.

附注 题解中的 $\eta\in(a,b)$，已在例 3.15 附注中叙述过了.

例 3.34 设函数 $f_1(x)=\begin{cases}x, & x\geqslant 0,\\ 0, & \text{其他,}\end{cases}$ $f_2(x)=\begin{cases}\sin x, & 0\leqslant x<\dfrac{\pi}{2},\\ \cos x, & \dfrac{\pi}{2}\leqslant x\leqslant\pi,\\ 0, & \text{其他,}\end{cases}$

求积分

$$\int_{-\infty}^{+\infty}f_1(x)f_2(t-x)\mathrm{d}t.$$

分析 由于 $\int_{-\infty}^{+\infty}f_1(x)f_2(t-x)\mathrm{d}x\xrightarrow{u=t-x}\int_{-\infty}^{+\infty}f_1(t-u)f_2(u)\mathrm{d}u$，所以，先写二元函数 $f_1(t-u)f_2(u)$ 的表达式，并画出这个函数的值在 uOt 平面上的分布，据此计算 $\int_{-\infty}^{+\infty}f_1(t-u)f_2(u)\mathrm{d}u$.

精解 $f_1(t-u)f_2(u)=\begin{cases}(t-u)\sin u, & t-u\geqslant 0, & 0\leqslant u<\dfrac{\pi}{2},\\ (t-u)\cos u, & t-u\geqslant 0, & \dfrac{\pi}{2}\leqslant u\leqslant\pi,\\ 0, & & \text{其他,}\end{cases}$

即 $f_1(t-u)f_2(u)$ 在 uOt 平面上，除在阴影部分 D 上取值为 $(t-u)\sin u$ 或 $(t-u)\cos u$ 外，在其他部分都取值为零，如图 3.34 所示. 由图可知：

当 $t\leqslant 0$ 时，

$$\int_{-\infty}^{+\infty}f_1(t-u)f_2(u)\mathrm{d}u=\int_{-\infty}^{+\infty}0\mathrm{d}u=0.$$

当 $0<t\leqslant\dfrac{\pi}{2}$ 时，

$$\int_{-\infty}^{+\infty}f_1(t-u)f_2(u)\mathrm{d}u=\int_0^t(t-u)\sin u\mathrm{d}u$$
$$=-\left[(t-u)\cos u+\sin u\right]\Big|_{u=0}^{u=t}=t-\sin t.$$

当 $\dfrac{\pi}{2}<t\leqslant\pi$ 时，

$$\int_{-\infty}^{+\infty}f_1(t-u)f_2(u)\mathrm{d}u$$
$$=\int_0^{\frac{\pi}{2}}(t-u)\sin u\mathrm{d}u+\int_{\frac{\pi}{2}}^t(t-u)\cos u\mathrm{d}u$$
$$=-\left[(t-u)\cos u+\sin u\right]\Big|_{u=0}^{u=\frac{\pi}{2}}+$$
$$\left[(t-u)\sin u-\cos u\right]\Big|_{u=\frac{\pi}{2}}^{u=t}$$
$$=(t-1)-\cos t-\left(t-\dfrac{\pi}{2}\right)$$
$$=-\cos t+\dfrac{\pi}{2}-1.$$

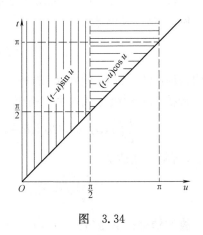

图 3.34

当 $t>\pi$ 时，

$$\int_{-\infty}^{+\infty} f_1(t-u)f_2(u)\mathrm{d}u = \int_0^{\frac{\pi}{2}}(t-u)\sin u\mathrm{d}u + \int_{\frac{\pi}{2}}^{\pi}(t-u)\cos u\mathrm{d}u$$

$$= (t-1) + 1 - \left(t-\frac{\pi}{2}\right) = \frac{\pi}{2}.$$

所以，

$$\int_{-\infty}^{+\infty} f_1(x)f_2(t-x)\mathrm{d}x = \int_{-\infty}^{+\infty} f_1(t-u)f_2(u)\mathrm{d}u = \begin{cases} 0, & t\leqslant 0, \\ t-\sin t, & 0<t\leqslant\frac{\pi}{2}, \\ \frac{\pi}{2}-1-\cos t, & \frac{\pi}{2}<t\leqslant\pi, \\ \frac{\pi}{2}, & t>\pi. \end{cases}$$

附注 类似本题的积分称为卷积型积分．计算卷积型积分 $\int_{-\infty}^{+\infty} f_1(x)f_2(t-x)\mathrm{d}x$ 时，应先画出被积函数 $f_1(x)f_2(t-x)$ 或 $f_1(t-x)f_2(x)$ 的值在 xOt 平面的分布．

例 3.35 求由曲线 $y=\sin x$ 与 $y=\sin 2x(0\leqslant x\leqslant\pi)$ 围成的平面图形 D 绕 x 轴旋转一周而成的旋转体体积 V．

分析 画出 D 的图形，适当分块，逐一计算各块绕 x 轴旋转一周产生的旋转体体积，然后相加即得 V．

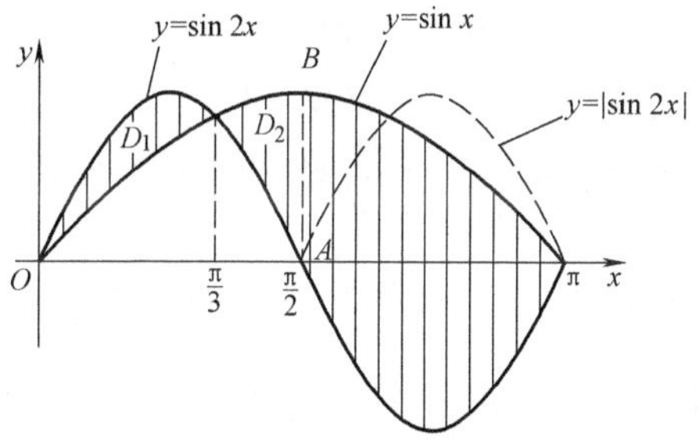

精解 D 的图形如图 3.35 的阴影部分所示．

分别记由 D_1，D_2，曲边三角形 OAB 绕 x 轴旋转一周而成的旋转体体积为 V_1，V_2，V_3，则由图 3.35 可知，D 绕 x 轴旋转一周而成的旋转体体积为

$$V = V_1 + V_2 + V_3 + V_1 = 2V_1 + V_2 + V_3, \tag{1}$$

其中 $V_1 = \pi\int_0^{\frac{\pi}{3}}(\sin^2 2x - \sin^2 x)\mathrm{d}x$

$$= \frac{\pi}{2}\int_0^{\frac{\pi}{3}}[(1-\cos 4x)-(1-\cos 2x)]\mathrm{d}x$$

$$= \frac{\pi}{2}\int_0^{\frac{\pi}{3}}(\cos 2x - \cos 4x)\mathrm{d}x = \frac{3\sqrt{3}}{16}\pi, \tag{2}$$

$$V_2 = \pi\int_{\frac{\pi}{3}}^{\frac{\pi}{2}}(\sin^2 x - \sin^2 2x)\mathrm{d}x$$

$$= \frac{\pi}{2}\int_{\frac{\pi}{3}}^{\frac{\pi}{2}}(\cos 4x - \cos 2x)\mathrm{d}x = \frac{3\sqrt{3}}{16}\pi, \tag{3}$$

$$V_3 = \pi\int_0^{\frac{\pi}{2}}\sin^2 x\mathrm{d}x = \pi\cdot\frac{1}{2}\cdot\frac{\pi}{2} = \frac{\pi^2}{4}. \tag{4}$$

将式(2)、式(3)、式(4)代入式(1)得

图 3.35

131

$$V = 2 \cdot \frac{3\sqrt{3}}{16}\pi + \frac{3\sqrt{3}}{16}\pi + \frac{\pi}{4}^2 = \frac{9\sqrt{3}}{16}\pi + \frac{\pi}{4}^2.$$

附注 本题计算的关键是,画出 D 的图形,并根据图形的特点分析得到 $V = 2V_1 + V_2 + V_3$.

例 3.36 求下列极限:

(1) $\lim\limits_{n\to\infty} \dfrac{1}{n}\sum\limits_{i=1}^{n}\left(\left[\dfrac{2n}{i}\right] - 2\left[\dfrac{n}{i}\right]\right)$;

(2) $\lim\limits_{x\to\infty} \dfrac{1}{x}\int_0^x (t - [t])^2 \mathrm{d}t$,其中 $[x]$ 表示不超过 x 的最大整数.

分析 (1)是积分和式极限,将它转换成定积分后计算.

(2)对 $\int_0^x (t - [t])^2 \mathrm{d}t$ 作适当的估计后再计算极限.

精解 (1)由定积分定义知

$$\lim_{n\to\infty} \frac{1}{n}\sum_{i=1}^{n}\left(\left[\frac{2n}{i}\right] - 2\left[\frac{n}{i}\right]\right) = \lim_{n\to\infty} \frac{1}{n}\sum_{i=1}^{n}\left(\left[\frac{2}{i/n}\right] - 2\left[\frac{1}{i/n}\right]\right) = \int_0^1\left(\left[\frac{2}{x}\right] - 2\left[\frac{1}{x}\right]\right)\mathrm{d}x.$$

下面计算上式右边的定积分:

$$\int_0^1\left(\left[\frac{2}{x}\right] - 2\left[\frac{1}{x}\right]\right)\mathrm{d}x = \sum_{n=1}^{\infty}\int_{\frac{1}{n+1}}^{\frac{1}{n}}\left(\left[\frac{2}{x}\right] - 2\left[\frac{1}{x}\right]\right)\mathrm{d}x.$$

其中,当 $\dfrac{1}{n+1} < x \leqslant \dfrac{1}{n}$ 时,由 $n \leqslant \dfrac{1}{x} < n+1$ 得 $2\left[\dfrac{1}{x}\right] = 2n$;当 $\dfrac{1}{n+1} < x \leqslant \dfrac{1}{n}$ 时,由 $2n \leqslant \dfrac{2}{x} < 2(n+$

$1)$知此时应分两种情形考虑: $2n \leqslant \dfrac{2}{x} < 2n+1$ $\left(\text{即} \dfrac{2}{2n+1} < x \leqslant \dfrac{1}{n}\right)$ 和 $2n+1 \leqslant \dfrac{2}{x} < 2n+2$

$\left(\text{即} \dfrac{1}{n+1} < x \leqslant \dfrac{2}{2n+1}\right)$,前者 $\left[\dfrac{2}{x}\right] = 2n$,后者 $\left[\dfrac{2}{x}\right] = 2n+1$. 由以上分析可知,

$$\left[\frac{2}{x}\right] - 2\left[\frac{1}{x}\right] = \begin{cases}(2n+1) - 2n, & \dfrac{1}{n+1} < x \leqslant \dfrac{2}{2n+1}, \\ 2n - 2n, & \dfrac{2}{2n+1} < x \leqslant \dfrac{1}{n}\end{cases} = \begin{cases}1, & \dfrac{1}{n+1} < x \leqslant \dfrac{2}{2n+1}, \\ 0, & \dfrac{2}{2n+1} < x \leqslant \dfrac{1}{n}.\end{cases}$$

所以

$$\int_0^1\left(\left[\frac{2}{x}\right] - 2\left[\frac{1}{x}\right]\right)\mathrm{d}x = \sum_{n=1}^{\infty}\left(\frac{2}{2n+1} - \frac{1}{n+1}\right) = 2\sum_{n=1}^{\infty}\left(\frac{1}{2n+1} - \frac{1}{2n+2}\right)$$

$$= 2\left[\sum_{n=1}^{\infty}(-1)^{n-1}\frac{1}{n} - 1 + \frac{1}{2}\right] = 2\sum_{n=1}^{\infty}(-1)^{n-1}\frac{1}{n} - 1$$

$$= 2\sum_{n=1}^{\infty}(-1)^{n-1}\frac{1}{n}x^n\bigg|_{x=1} - 1 = 2\ln(1+x)\bigg|_{x=1} - 1 = 2\ln 2 - 1.$$

(2)当 $n \leqslant x < n+1$ 时,

$$\int_0^x (t - [t])^2 \mathrm{d}t = \sum_{i=0}^{n-1}\int_i^{i+1}(t - i)^2 \mathrm{d}t + \int_n^x(t - n)^2 \mathrm{d}t = \frac{1}{3}[n + (x - n)^3],$$

所以

$$\frac{n}{3(n+1)} < \frac{1}{x}\int_0^x(t - [t])^2 \mathrm{d}t \leqslant \frac{n+1}{3n}, n = 1, 2, \cdots.$$

由于 $\lim\limits_{n\to\infty}\dfrac{n}{3(n+1)} = \lim\limits_{n\to\infty}\dfrac{n+1}{3n} = \dfrac{1}{3}$,并且当 $x\to+\infty$ 时有 $n\to\infty$,所以

$$\lim_{x \to +\infty} \frac{1}{x} \int_0^x (t - [t])^2 \mathrm{d}t = \frac{1}{3}.$$

附注 第(2)题的题解中利用了与数列极限存在准则 I 相似的结论:

设函数 $f(x), \varphi(x), \psi(x)$ 在 $x > N(N$ 是某个正数)范围内满足

$$\varphi(x) \leqslant f(x) \leqslant \psi(x)$$

且 $\lim\limits_{x \to +\infty} \varphi(x) = \lim\limits_{x \to +\infty} \psi(x) = A$,则 $\lim\limits_{x \to +\infty} f(x) = A$.

例 3.37 设函数 $f(x)$ 在 $[a,b]$ 上二阶可导,且 $f''(x) \geqslant 0$,证明:

(1)对于任意 $t \in [0,1]$ 及 $[a,b]$ 上的任意两点 $x_1, x_2 (x_1 < x_2)$ 有

$$f(tx_1 + (1-t)x_2) \leqslant tf(x_1) + (1-t)f(x_2);$$

(2) $f\left(\dfrac{a+b}{2}\right) \leqslant \dfrac{1}{b-a} \displaystyle\int_a^b f(x) \mathrm{d}x \leqslant \dfrac{1}{2}[f(a) + f(b)]$.

分析 (1)由于 $f(x)$ 在 $[a,b]$ 上二阶可导,所以可利用 $f(x)$ 在点 $tx_1 + (1-t)x_2$ 处的一阶泰勒公式证明不等式.

(2)利用(1)的结论证明(2).

精解 (1)对任意 $t \in [0,1]$ 有 $tx_1 + (1-t)x_2 \in [x_1, x_2] \subseteq [a,b]$,所以 $f(x)$ 在点 $tx_1 + (1-t)x_2$ 处的一阶泰勒公式为

$$f(x) = f(tx_1 + (1-t)x_2) + f'(tx_1 + (1-t)x_2)[x - tx_1 - (1-t)x_2] +$$
$$\frac{1}{2}f''(\xi)[x - tx_1 - (1-t)x_2]^2$$
$$\geqslant f(tx_1 + (1-t)x_2) + f'(tx_1 + (1-t)x_2)[x - tx_1 - (1-t)x_2], \tag{1}$$

其中 $x \in [a,b]$,ξ 是介于 x 与 $tx_1 + (1-t)x_2$ 之间的实数.

分别将 $x = x_1, x_2$ 代入式(1)得

$$f(x_1) \geqslant f(tx_1 + (1-t)x_2) + f'(tx_1 + (1-t)x_2)(1-t)(x_1 - x_2), \tag{2}$$
$$f(x_2) \geqslant f(tx_1 + (1-t)x_2) + f'(tx_1 + (1-t)x_2)t(x_2 - x_1). \tag{3}$$

于是,由 $t \cdot$ 式(2)$+ (1-t) \cdot$ 式(3)得

$$f(tx_1 + (1-t)x_2) \leqslant tf(x_1) + (1-t)f(x_2).$$

(2) $\displaystyle\int_a^b f(x)\mathrm{d}x \xlongequal{\text{令} x = ta + (1-t)b} \int_0^1 f(ta + (1-t)b)(b-a)\mathrm{d}t$

$$= (b-a)\int_0^1 f(ta + (1-t)b)\mathrm{d}t \leqslant (b-a)\int_0^1 [tf(a) + (1-t)f(b)]\mathrm{d}t$$

$$= (b-a) \cdot \frac{1}{2}[f(a) + f(b)],$$

即

$$\frac{1}{b-a}\int_a^b f(x)\mathrm{d}x \leqslant \frac{1}{2}[f(a) + f(b)]. \tag{4}$$

$\displaystyle\int_a^b f(x)\mathrm{d}x = \int_a^{\frac{a+b}{2}} f(x)\mathrm{d}x + \int_{\frac{a+b}{2}}^b f(x)\mathrm{d}x = \int_{\frac{a+b}{2}}^b f(a+b-u)\mathrm{d}u + \int_{\frac{a+b}{2}}^b f(x)\mathrm{d}x$

$$\left(\text{其中令} x = a+b-u, \text{是为了将} \left[a, \frac{a+b}{2}\right] \text{变为} \left[\frac{a+b}{2}, b\right]\right)$$

$$= \int_{\frac{a+b}{2}}^b f(a+b-x)\mathrm{d}x + \int_{\frac{a+b}{2}}^b f(x)\mathrm{d}x = 2\int_{\frac{a+b}{2}}^b \left[\frac{1}{2}f(a+b-x) + \frac{1}{2}f(x)\right]\mathrm{d}x$$

133

$$\geqslant 2\int_{\frac{a+b}{2}}^{b}f\left(\frac{1}{2}(a+b-x)+\left(1-\frac{1}{2}\right)x\right)\mathrm{d}x=2\int_{\frac{a+b}{2}}^{b}f\left(\frac{a+b}{2}\right)\mathrm{d}x=f\left(\frac{a+b}{2}\right)(b-a),$$

即
$$f\left(\frac{a+b}{2}\right)\leqslant\frac{1}{b-a}\int_{a}^{b}f(x)\mathrm{d}x. \tag{5}$$

式(4)、式(5)证明了(2)中的不等式．

附注 注意(2)的证明中两次使用变量代换，它们都是为了利用(1)中证明的结论：

在证明式(4)时，使用的变量代换是 $x=ta+(1-t)b$；

在证明式(5)时，使用的变量代换是 $x=a+b-u$．

例 3.38 设函数 $f(x)$ 在 $[0,1]$ 上有二阶连续导数，证明：

(1) 对任意 $\xi\in\left(0,\frac{1}{4}\right)$ 和 $\eta\in\left(\frac{3}{4},1\right)$ 有

$$|f'(x)|<2|f(\xi)-f(\eta)|+\int_{0}^{1}|f''(x)|\mathrm{d}x\quad(x\in[0,1]);$$

(2) 当 $f(0)=f(1)=0$ 及 $f(x)\neq0(x\in(0,1))$ 时有

$$\int_{0}^{1}\left|\frac{f''(x)}{f(x)}\right|\mathrm{d}x\geqslant4.$$

分析 (1)先对 $f(x)$ 在 $[\xi,\eta]$ 上应用拉格朗日中值定理得

$$|f(\xi)-f(\eta)|=|f'(\theta)||\eta-\xi|\geqslant\frac{1}{2}|f'(\theta)|\quad(\theta\in(\xi,\eta)).$$

由此使欲证的不等式成为易于证明的不等式 $|f'(x)|-|f'(\theta)|<\int_{0}^{1}|f''(x)|\mathrm{d}x$．

(2)分 $\int_{0}^{1}\left|\frac{f''(x)}{f(x)}\right|\mathrm{d}x$ 发散和收敛两种情形讨论，当 $\int_{0}^{1}\left|\frac{f''(x)}{f(x)}\right|\mathrm{d}x$ 收敛时将被积函数 $\left|\frac{f''(x)}{f(x)}\right|$ 缩小为 $\left|\frac{f''(x)}{f(x_0)}\right|$ (其中 $|f(x_0)|=\max_{0\leqslant x\leqslant1}|f(x)|$)再进行计算．

精解 (1) $f(x)$ 在 $[\xi,\eta]$ 上满足拉格朗日中值定理条件，所以存在 $\theta\in(\xi,\eta)$，使得
$$f(\xi)-f(\eta)=f'(\theta)(\eta-\xi),$$

由此得到
$$|f(\xi)-f(\eta)|=|f'(\theta)||\eta-\xi|>\frac{1}{2}|f'(\theta)|.$$

于是，对于 $x\in[0,1]$ 有
$$|f'(x)|-2|f(\xi)-f(\eta)|<|f'(x)|-|f'(\theta)|$$
$$\leqslant|f'(x)-f'(\theta)|\leqslant\left|\int_{\theta}^{x}f''(t)\mathrm{d}t\right|\leqslant\int_{0}^{1}|f''(x)|\mathrm{d}x,$$

即 $|f'(x)|<2|f(\xi)-f(\eta)|+\int_{0}^{1}|f''(x)|\mathrm{d}x$．

(2) 如果 $\int_{0}^{1}\left|\frac{f''(x)}{f(x)}\right|\mathrm{d}x$ 发散，则显然有 $\int_{0}^{1}\left|\frac{f''(x)}{f(x)}\right|\mathrm{d}x\geqslant4$，以下设 $\int_{0}^{1}\left|\frac{f''(x)}{f(x)}\right|\mathrm{d}x$ 收敛．

由 $f(x)$ 在 $[0,1]$ 上连续知 $|f(x)|$ 也在 $[0,1]$ 上连续，所以存在 $x_0\in[0,1]$，使得 $|f(x_0)|=\max_{0\leqslant x\leqslant1}|f(x)|$，由于 $f(x)\neq0(x\in(0,1))$，且 $f(0)=f(1)=0$，所以 $x_0\in(0,1)$，且 $|f(x_0)|>0$．

$f(x)$ 在 $[0,x_0]$ 和 $[x_0,1]$ 上都满足拉格朗日中值定理条件，所以存在 $\xi_1\in(0,x_0)$ 和 $\xi_2\in(x_0,1)$，使得

$$f(x_0) - f(0) = f'(\xi_1)(x_0 - 0), \text{即} f(x_0) = f'(\xi_1)x_0;$$
$$f(1) - f(x_0) = f'(\xi_2)(1 - x_0), \text{即} -f(x_0) = f'(\xi_2)(1 - x_0).$$

于是，

$$\int_0^1 \left| \frac{f''(x)}{f(x)} \right| \mathrm{d}x \geqslant \frac{1}{|f(x_0)|} \int_0^1 |f''(x)| \mathrm{d}x \geqslant \frac{1}{|f(x_0)|} \left| \int_{\xi_1}^{\xi_2} f''(x)\mathrm{d}x \right|$$

$$= \frac{1}{|f(x_0)|} |f'(\xi_2) - f'(\xi_1)| = \frac{1}{|f(x_0)|} \left| -\frac{f(x_0)}{1-x_0} - \frac{f(x_0)}{x_0} \right|$$

$$= \frac{1}{1-x_0} + \frac{1}{x_0} = \frac{1}{x_0(1-x_0)} \geqslant \frac{1}{x_0(1-x_0)} \Big|_{x_0 = \frac{1}{2}} = 4.$$

附注　在本题的两个小题证明中，都巧妙地应用了拉格朗日中值定理：

(1)中，由于应用拉格朗日中值定理，使得欲证的不等式成为

$$|f'(x)| - |f'(\theta)| < \int_0^1 |f''(x)| \mathrm{d}x,$$

它是容易证明的．

(2)中，不是在[0,1]上直接应用拉格朗日中值定理，而是利用特殊点 x_0 将[0,1]分成 [0,x_0]与[x_0,1]两个小区间，而分别在小区间上应用拉格朗日中值定理．

例 3.39　设函数 $f(x)$ 在[a,b]上有连续的导数，证明：

$$\lim_{n \to \infty} n \left[\int_a^b f(x)\mathrm{d}x - \frac{b-a}{n} \sum_{i=1}^n f\left(a + \frac{i(b-a)}{n}\right) \right] = \frac{b-a}{2}[f(a) - f(b)].$$

分析　从　$\displaystyle\int_a^b f(x)\mathrm{d}x - \frac{b-a}{n} \sum_{i=1}^n f\left(a + \frac{i(b-a)}{n}\right)$

$$= \sum_{i=1}^n \int_{a+\frac{(i-1)(b-a)}{n}}^{a+\frac{i(b-a)}{n}} f(x)\mathrm{d}x - \sum_{i=1}^n \frac{b-a}{n} f\left(a + \frac{i(b-1)}{n}\right)$$

入手，考虑计算所给的极限．

精解

$$\int_a^b f(x)\mathrm{d}x - \frac{b-a}{n} \sum_{i=1}^n f\left(a + \frac{i(b-a)}{n}\right)$$

$$= \sum_{i=1}^n \int_{a+\frac{(i-1)(b-a)}{n}}^{a+\frac{i(b-a)}{n}} \left[f(x) - f\left(a + \frac{i(b-a)}{n}\right) \right]\mathrm{d}x$$

$$= \sum_{i=1}^n \int_{x_{i-1}}^{x_i} [f(x) - f(x_i)]\mathrm{d}x \quad \left(\text{其中 } x_i = a + \frac{i(b-a)}{n}, i = 1, 2, \cdots, n\right)$$

$$= \sum_{i=1}^n \int_{x_{i-1}}^{x_i} \frac{f(x) - f(x_i)}{x - x_i}(x - x_i)\mathrm{d}x$$

$$\left(\text{定义} \frac{f(x) - f(x_i)}{x - x_i} \Big|_{x=x_i} = f'(x_i), \text{则} \frac{f(x) - f(x_i)}{x - x_i}\right.$$

$$\left.\text{在}[x_{i-1}, x_i]\text{上连续}, i = 1, 2, \cdots, n\right)$$

$$= \sum_{i=1}^n \frac{f(\eta_i) - f(x_i)}{\eta_i - x_i} \int_{x_{i-1}}^{x_i} (x - x_i)\mathrm{d}x$$

$$\left(\text{这里应用了推广形式的积分中值定理}, \eta_i \in [x, x_i], i = 1, 2, \cdots, n\right)$$

$$-\sum_{i=1}^{n}f'(\xi_i)\Bigl(-\frac{1}{2}\Bigr)(x_{i-1}-x_i)^2$$

（这里应用了拉格朗日中值定理,$\xi_i\in(\eta_i,x_i),i=1,2,\cdots,n$）

$$=-\frac{b-a}{2n}\cdot\frac{(b-a)}{n}\sum_{i=1}^{n}f'(\xi_i),$$

所以,

$$\lim_{n\to\infty}n\Bigl[\int_a^b f(x)\mathrm{d}x-\frac{b-a}{n}\sum_{i=1}^{n}f(x_i)\Bigr]$$

$$=-\frac{b-a}{2}\lim_{n\to\infty}\frac{b-a}{n}\sum_{i=1}^{n}f'(\xi_i)$$

$$=-\frac{b-a}{2}\int_a^b f'(x)\mathrm{d}x=\frac{b-a}{2}[f(a)-f(b)].$$

附注 （1）推广形式的积分中值定理是:

设函数 $f(x)$ 在 $[a,b]$ 上连续,函数 $g(x)$ 在 $[a,b]$ 上可积且不变号,则存在 $\xi\in[a,b]$,使得 $\int_a^b f(x)g(x)\mathrm{d}x=f(\xi)\int_a^b g(x)\mathrm{d}x$（这里的 ξ 可以精确到 $\xi\in(a,b)$）.

（2）题解中连续使用了积分中值定理和微分中值定理,但使用次序不能颠倒,如下面这样则是错误的:

$$\sum_{i=1}^{n}\int_{x_{i-1}}^{x_i}\frac{f(x)-f(x_i)}{x-x_i}(x-x_i)\mathrm{d}x$$

$$=\sum_{i=1}^{n}\int_{x_{i-1}}^{x_i}f'(\eta_i)(x-x_i)\mathrm{d}x\quad\text{(应用拉格朗日中值定理,}\eta_i\in(x,x_i),i=1,2,\cdots,n)$$

$$=\sum_{i=1}^{n}f'(\xi_i)\int_{x_{i-1}}^{x_i}(x-x_i)\mathrm{d}x\quad\text{(应用推广形式的积分中值定理,}\xi_i\in[x_{i-1},x_i],i=1,2,\cdots,n).$$

其错误是 $f'(\eta_i)$ 中的 η_i 与 x 有关,而 $f'(\eta_i)$ 未必是 x 的连续函数,从而未必满足推广形式的积分中值定理的条件,所以对 $i=1,2,\cdots,n,\int_{x_{i-1}}^{x_i}f'(\eta_i)(x-x_i)\mathrm{d}x$ 未必可以写成 $f'(\xi_i)\int_{x_{i-1}}^{x_i}(x-x_i)\mathrm{d}x$ 的形式.

例 3.40 设曲线 $y=y(x)=\lim_{\alpha\to-\infty}\dfrac{x}{1+x^2-e^{\alpha x}}$ 和直线 $l:y=\dfrac{1}{2}x$ 围成的平面图形为 D,求 D 绕直线 $y=\dfrac{1}{2}x$ 旋转一周而成的旋转体体积 V.

分析 先写出 $y=y(x)$ 的具体表达式,并画出 D 的图形,然后用元素法计算 V.

精解 当 $x\geqslant 0$ 时,$\lim_{\alpha\to-\infty}\dfrac{x}{1+x^2-e^{\alpha x}}=\dfrac{x}{1+x^2}$;

当 $x<0$ 时,$\lim_{\alpha\to-\infty}\dfrac{x}{1+x^2-e^{\alpha x}}=0$.

所以 $y(x)=\begin{cases}\dfrac{x}{1+x^2}, & x\geqslant 0,\\ 0, & x<0,\end{cases}$ 从而 D 的

图形如图 3.40a 的阴影部分所示. 下面用元素法计算 V:

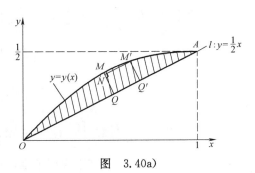

图 3.40a)

在 $\overset{\frown}{OA}$（其中 O 与 A 都是曲线 $y=y(x)$ 与直线 $y=\dfrac{1}{2}x$ 的交点）上任取点 $M\left(s,\dfrac{s}{1+s^2}\right)$，$M'\left(s+\Delta s,\dfrac{s+\Delta s}{1+(s+\Delta s)^2}\right)(s\in[0,1])$，由点 M,M' 分别作直线 l 的垂线与 l 交于点 Q,Q'，则 MQ 的方程

$$2x+y-\frac{3s+2s^3}{1+s^2}=0,$$

于是点 M' 到 MQ 的距离为

$$|M'N|=\frac{\left|2(s+\Delta s)+\dfrac{s+\Delta s}{1+(s+\Delta s)^2}-\dfrac{3s+2s^3}{1+s^2}\right|}{\sqrt{2^2+1^2}}$$

$$=\frac{1}{\sqrt{5}}\left|\frac{3(s+\Delta s)+2(s+\Delta s)^3}{1+(s+\Delta s)^2}-\frac{3s+2s^3}{1+s^2}\right|$$

$$\approx\frac{1}{\sqrt{5}}\left|\left(\frac{3s+2s^3}{1+s^2}\right)'\right|\mathrm{d}s\quad(\text{略去}\Delta s\text{的高阶无穷小})$$

$$=\frac{1}{\sqrt{5}}\cdot\frac{3+3s^2+2s^4}{(1+s^2)^2}\mathrm{d}s,$$

$$|MQ|=\frac{\left|s-\dfrac{2s}{1+s^2}\right|}{\sqrt{1^2+(-2)^2}}=\frac{1}{\sqrt{5}}\frac{|s-s^3|}{1+s^2}.$$

由此可得，由 $MQ,M'Q'$ 将 D 割下的一小块绕 l 旋转一周而成的旋转体体积

$$\Delta V\approx\pi\cdot|MQ|^2\cdot|M'N|\approx\frac{\pi}{5}\left(\frac{s-s^3}{1+s^2}\right)^2\cdot\frac{1}{\sqrt{5}}\frac{3+3s^2+2s^4}{(1+s^2)^2}\mathrm{d}s,$$

$$=\frac{\pi}{5\sqrt{5}}\frac{(s-s^3)^2(3+3s^2+2s^4)}{(1+s^2)^4}\mathrm{d}s,$$

所以

$$V=\frac{\pi}{5\sqrt{5}}\int_0^1\frac{(s-s^3)^2(3+3s^2+2s^4)}{(1+s^2)^4}\mathrm{d}s$$

$$=\frac{\pi}{5\sqrt{5}}\int_0^1\left[2s^2-9+\frac{23s^6+43s^4+37s^2+9}{(1+s^2)^4}\right]\mathrm{d}s$$

$$=\frac{\pi}{5\sqrt{5}}\left[-\frac{25}{3}+\int_0^1\frac{23s^6+43s^4+37s^2+9}{(1+s^2)^4}\mathrm{d}s\right],$$

其中，$\quad\displaystyle\int_0^1\frac{23s^6+43s^4+37s^2+9}{(1+s^2)^4}\mathrm{d}s$

$$\xlongequal{\text{令}s=\tan t}\int_0^{\frac{\pi}{4}}\frac{23\tan^6 t+43\tan^4 t+37\tan^2 t+9}{\sec^8 t}\sec^2 t\mathrm{d}t$$

$$= \int_0^{\frac{\pi}{4}} (23\tan^6 t + 43\tan^4 t + 37\tan^2 t + 9)\cos^6 t\, dt$$

$$= \int_0^{\frac{\pi}{4}} (23\sin^6 t + 43\sin^4 t\cos^2 t + 37\sin^2 t\cos^4 t + 9\cos^6 t)\, dt$$

$$= \int_0^{\frac{\pi}{4}} (23 - 23\cos^2 t + 20\cos^4 t - 8\cos^6 t)\, dt$$

$$= \int_0^{\frac{\pi}{4}} \left(\frac{31}{2} - \frac{9}{2}\cos 2t + 2\cos^2 2t - \cos^3 2t \right) dt$$

$$\xlongequal{u=2t} \frac{31}{8}\pi + \frac{1}{2}\int_0^{2\pi} \left(-\frac{9}{2}\cos u + 2\cos^2 u - \cos^3 u \right) du = \frac{33\pi}{8} - \frac{31}{12}$$

因此 $V = \dfrac{\pi}{5\sqrt{5}}\left(-\dfrac{25}{3} + \dfrac{3\pi}{8} - \dfrac{31}{12} \right) = \dfrac{\pi}{5\sqrt{5}}\left(\dfrac{33\pi}{8} - \dfrac{131}{12} \right).$

附注 设平面图形 D 是由曲线 $\overset{\frown}{AB}: y = f(x)$,直线 $l: y = kx + b\,(k \neq 0)$ 及直线 $y = -\dfrac{1}{k}x + b_1$, $y = -\dfrac{1}{k}x + b_2$, $(b_1 < b_2)$ 围成(其中 A,B 的横坐标分别为 $x_1, x_2, x_1 < x_2$),且直线 $y = -\dfrac{1}{k}x + \beta\,(b_1 < \beta < b_2)$ 与曲线 $\overset{\frown}{AB}$ 只有一个交点(见图 3.40b),则 D 绕 l 旋转一周而成的旋转体体积 V 可由元素法计算如下:

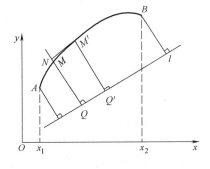

图 3.40b)

(1) 在 $\overset{\frown}{AB}$ 上任取点 $M(s, f(s))$ 和 $M'(s + \Delta s, f(s + \Delta s))\,(s \in (x_1, x_2))$;

(2) 过点 M, M' 分别作 l 的垂线交于点 Q, Q',MQ 和 $M'Q'$ 割下的一小块绕 l 旋转一周产生的旋转体体积元 $dV = \pi |MQ|^2 \cdot |M'N|$(略去其中关于 Δs 的高阶无穷小,这里 $M'N$ 是点 M' 到 MQ 的距离);

(3) 计算 $V = \displaystyle\int_{x_1}^{x_2} dV.$

三、主要方法梳理

1. 不定积分计算方法

计算不定积分除利用基本积分公式和基本积分性质外,还有以下五种常用方法:

(1) 分项积分法

将被积函数适当地表示成若干项的代数和,使每项的积分都是容易计算的,于是利用不定积分性质逐项积分,即可算出所给的不定积分.

(2) 换元积分法

换元积分法是选取适当的变量代换将所给的不定积分转换成易于计算的不定积分.其关

键是选取适当的变量代换,这需根据不定积分 $\int f(x)\mathrm{d}x$ 中被积函数 $f(x)$ 的特点决定,但以下五点有助于快捷地选取适当的变量代换:

1) 如果 $f(x)=f_1(\varphi(x))\varphi'(x)$,则作变量代换 $t=\varphi(x)$.

2) 如果 $f(x)$ 中含有 $\sqrt{a^2-x^2}$,$\sqrt{a^2+x^2}$ 或 $\sqrt{x^2-a^2}$(其中常数 $a\neq 0$),则对应地作变量代换 $x=a\sin t$,$x=a\tan t$,$x=a\sec t$.

3) 如果 $f(x)$ 中含有 $\sqrt[n]{ax+b}$(a,b 是常数,$a\neq 0$,n 是大于 1 的正整数),则作变量代换 $t=\sqrt[n]{ax+b}$;如果 $f(x)$ 中含有 $\arcsin\sqrt[n]{ax+b}$ 或同时含有 $\sqrt[n]{ax+b}$ 与 $\arcsin\sqrt[n]{ax+b}$(a,b 是常数,$a\neq 0$,n 是大于 1 的正整数),则作变量代换 $t=\arcsin\sqrt[n]{ax+b}$;如果 $f(x)$ 中含有 $\arctan\sqrt[n]{ax+b}$ 或同时含有 $\sqrt[n]{ax+b}$ 与 $\arctan\sqrt[n]{ax+b}$(a,b 是常数,$a\neq 0$,n 是大于 1 的正整数),则作变量代换 $t=\arctan\sqrt[n]{ax+b}$.

4) 如果 $f(x)$ 中同时含有 $\sqrt[n_1]{ax+b}$,$\sqrt[n_2]{ax+b}$(其中 a,b 是常数,$a\neq 0$,n_1,n_2 都是大于 1 的正整数),则作变量代换 $t=\sqrt[n]{ax+b}$(其中 n 是 n_1 与 n_2 的最小公倍数).

5) 如果 $f(x)$ 中含有 $\sqrt[n]{\dfrac{ax+b}{cx+d}}$(其中 a,b,c,d 是常数,a,c 都不为零,n 是大于 1 的正整数),则作变量代换 $t=\sqrt[n]{\dfrac{ax+b}{cx+d}}$.

当不定积分 $\int f(x)\mathrm{d}x$ 的被积函数 $f(x)$ 比较复杂,不易找到适当的变量代换时,可以考虑将不定积分 $\int f(x)\mathrm{d}x$ 表示成若干个,例如两个不定积分之和

$$\int f(x)\mathrm{d}x = \int f_1(x)\mathrm{d}x + \int f_2(x)\mathrm{d}x,$$

然后对每个不定积分分别考虑选取适当的变量代换.

(3) 分部积分法

当 $f(x)$ 是两种不同类型初等函数之积时,用分部积分法计算不定积分 $\int f(x)\mathrm{d}x$ 是十分有效的. 分部积分法公式是

$$\int u(x)\mathrm{d}v(x) = u(x)v(x) - \int v(x)\mathrm{d}u(x).$$

注意以下三点,使用分部积分法往往可快捷算出不定积分 $\int f(x)\mathrm{d}x$:

1)利用分部积分法时,应将 $\int f(x)\mathrm{d}x$ 表示为 $\int u(x)\mathrm{d}v(x)$,其中 $u(x)$ 的选取应遵循 $v(x)$ 和 $\int v(x)\mathrm{d}u(x)$ 都比较容易计算的原则,例如,

当 $f(x)$ 是对数函数或反三角函数时,选 $u(x)=f(x)$;

当 $f(x)$ 是幂函数与三角函数或指数函数之积时,选 $u(x)$ 为幂函数;

当 $f(x)$ 是幂函数与反三角函数或对数函数之积时,选 $u(x)$ 为反三角函数或对数函数.

2)当 $f(x)$ 中含有 $\sqrt{a^2-x^2}$ 与 $\arcsin\dfrac{x}{a}$ 之积或 $\sqrt{a^2+x^2}$ 与 $\arctan\dfrac{x}{a}$ 之积时,往往需用分部

积分法计算,但要先作变量代换 $x=a\sin t$ 或 $x=a\tan t$,再使用分部积分法,这样可以使计算快捷些.

3)当 $f(x)$ 较复杂时,可以适当地将 $\int f(x)\mathrm{d}x$ 表示成两个不定积分之和:

$$\int f(x)\mathrm{d}x = \int f_1(x)\mathrm{d}x + \int f_2(x)\mathrm{d}x,$$

对其中的一个不定积分,例如 $\int f_1(x)\mathrm{d}x$,使用分部积分法,使由此产生的不定积分与 $\int f_2(x)\mathrm{d}x$ 合并成一个任意常数或一个简单的不定积分,从而快捷地算出 $\int f(x)\mathrm{d}x$.

(4) 配项积分法

当不定积分 $I_1 = \int f(x)\mathrm{d}x$ 不易计算时,配上一个相关的不定积分 $I_2 = \int g(x)\mathrm{d}x$,如果

$$I_1 + I_2 = \int [f(x)+g(x)]\mathrm{d}x = F_1(x) + C_1,$$

$$I_1 - I_2 = \int [f(x)-g(x)]\mathrm{d}x = F_2(x) + C_2,$$

则得到 $I_1 = \dfrac{1}{2}[F_1(x)+F_2(x)]+C$,其中 $C = \dfrac{1}{2}(C_1+C_2)$. 这种计算不定积分的方法称为配项积分法.

配上去的不定积分 $I_2 = \int g(x)\mathrm{d}x$ 必须是适当的,即要求 $\int [f(x)+g(x)]\mathrm{d}x$ 与 $\int [f(x)-g(x)]\mathrm{d}x$ 都是比较容易计算的.

(5) 有理函数积分法

有理函数的不定积分,总是将被积函数分成部分分式后逐项积分得到,但是,按常规方法将有理函数分成部分分式的计算量往往较大,因此有时根据有理函数的特点“凑出”部分分式.

当有理函数的分母很难分解成一次因式与两次因式之积时,可将有理函数分成若干个易于积分的有理函数之和,然后逐项积分之.

三角函数有理式 $f(x)=R(\sin x,\cos x)$(其中,$R(\xi,\eta)$ 是关于 ξ,η 的有理式),通过以下所述的变量代换将 $f(x)$ 转换成有理函数,然后按有理函数积分法计算之:

当 $R(-\sin x,-\cos x)=R(\sin x,\cos x)$ 时,作变量代换 $t=\tan x$;

当 $R(\sin x,-\cos x)=-R(\sin x,\cos x)$ 时,作变量代换 $t=\sin x$;

当 $R(-\sin x,\cos x)=-R(\sin x,\cos x)$ 时,作变量代换 $t=\cos x$;

当不属于以上三种情形时,作变量代换 $t=\tan \dfrac{x}{2}$.

2. 定积分计算方法

计算定积分除直接使用牛顿-莱布尼茨公式或与换元积分法、分部积分法结合使用牛顿-莱布尼茨公式外,还有以下两种常用方法:

(1) 巧用换元积分法和分部积分法

这一方法包括以下两点:

1) 对欲计算的定积分 $I = \int_a^b f(x)\mathrm{d}x$ 作适当的变量代换或施行分部积分法,建立 I 应满足的一个简单方程,解此方程即得 I.

2) 将 I 适当地表示成两个定积分之和:$I = I_1 + I_2$,然后对其中一个,例如 I_1,通过适当的变量代换或施行分部积分法,与 I_2 合并成一个常数或一个简单的定积分,由此算得 I.

（2）利用被积函数的奇偶性和周期性

利用下列的定积分性质,也是定积分计算的常用方法:

1) 设 $f(x)$ 是连续函数,则

$$\int_{-a}^{a} f(x)\mathrm{d}x = \begin{cases} 2\int_0^a f(x)\mathrm{d}x, & f(x) \text{ 是偶函数}, \\ 0, & f(x) \text{ 是奇函数}. \end{cases} \qquad (*)$$

注　当欲求的定积分 $\int_a^b f(x)\mathrm{d}x$ 的积分区间 $[a,b]$ 不是对称区间时,可作变量代换 $t = x - \dfrac{a+b}{2}$ 转化为对称区间 $\left[-\dfrac{b-a}{2}, \dfrac{b-a}{2} \right]$ 上的定积分,即

$$\int_a^b f(x)\mathrm{d}x = \int_{-\frac{b-a}{2}}^{\frac{b-a}{2}} f\left(t + \frac{a+b}{2} \right)\mathrm{d}t,$$

然后考虑应用上述公式（*）;

当欲求的定积分 $\int_{-a}^{a} f(x)\mathrm{d}x$ 的被积函数 $f(x)$ 是非奇非偶函数时,可将 $f(x)$ 改写成

$$f(x) = \underbrace{\frac{1}{2}\left[f(x) + f(-x) \right]}_{\text{偶函数}} + \underbrace{\frac{1}{2}\left[f(x) - f(-x) \right]}_{\text{奇函数}},$$

则得 $\int_{-a}^{a} f(x)\mathrm{d}x = \int_0^a \left[f(x) + f(-x) \right]\mathrm{d}x$. 右边的定积分往往比左边的简单.

2) 设 $f(x)$ 是连续函数,且是以 $T(T > 0)$ 为周期的周期函数,则有

$$\int_a^{a+T} f(x)\mathrm{d}x = \int_0^T f(x)\mathrm{d}x = \int_{-\frac{T}{2}}^{\frac{T}{2}} f(x)\mathrm{d}x \quad (a \text{ 是实数}),$$

$$\int_a^{a+nT} f(x)\mathrm{d}x = n\int_0^T f(x)\mathrm{d}x = n\int_{-\frac{T}{2}}^{\frac{T}{2}} f(x)\mathrm{d}x \quad (a \text{ 是实数}, n \text{ 是整数}).$$

3. 平面图形面的积计算方法

平面图形 D 的面积计算方法是:

先画出 D 的简图,并判断其对称性. 如果 D 关于 x 轴（或 y 轴）对称,则只要计算 D 的上半平面（右半平面）部分的面积 $S_{上}(S_{右})$,就可以得到 D 的面积

$$S = 2S_{上}(2S_{右});$$

如果 D 关于 x 轴与 y 轴都对称,则只要计算 D 的第一象限部分的面积 S_1,就可以得 D 的面积

$$S = 4S_1.$$

将 D 的根据对称性而缩小的图形仍记为 D.

然后判断 D 的类型,并根据相应的公式计算 D 的面积,具体如下:

如果 D 是 X 型,即 D 是由直线 $x = a, x = b(a < b)$ 和曲线 $y = f_1(x), y = f_2(x)$（$f_1(x)$, $f_2(x)$ 都是 $[a,b]$ 上的连续函数且 $f_2(x) \leqslant f_1(x)$）围成的平面图形,则 D 的面积

$$S = \int_a^b [f_1(x) - f_2(x)] dx;$$

如果 D 是 Y 型,即 D 是由直线 $y = c, y = d(c < d)$ 和曲线 $x = g_1(y), x = g_2(y)(g_1(y),$ $g_2(y)$ 都是 $[c, d]$ 上的连续函数且 $g_2(y) \leqslant g_1(y))$ 围成的平面图形,则 D 的面积

$$S = \int_c^d [g_1(y) - g_2(y)] dy;$$

如果 D 是角域的一部分,即 D 是由射线 $\theta = \alpha, \theta = \beta(0 \leqslant \alpha < \beta \leqslant 2\pi)$ 和曲线 $r = r_1(\theta),$ $r = r_2(\theta)(r_1(\theta), r_2(\theta)$ 都是 $[\alpha, \beta]$ 上的连续函数且 $r_2(\theta) \leqslant r_1(\theta))$ 围成的平面图形,则 D 的面积

$$S = \frac{1}{2} \int_\alpha^\beta [r_1^2(\theta) - r_2^2(\theta)] d\theta;$$

如果 D 既不是 X 型与 Y 型,又不是角域一部分,则用平行于 y 轴(x 轴)的直线将 D 分成若干个小的 X 型(Y 型)图形,分别计算各个小图形的面积,然后逐一相加.

四、精选备赛练习题

A 组

3.1 设 $f'(\sin^2 x) = \cos 2x + \tan^2 x \left(0 < x < \frac{\pi}{2}\right)$,则函数 $f(x) = $ _____.

3.2 已知 $f'(x) \cdot \int_0^2 f(x) dx = 8$,且 $f(0) = 0$,则函数 $f(x) = $ _____.

3.3 设函数 $f(x)$ 满足 $f'(x) = \ln x^{\frac{1}{3}}, f(1) = 0$,则不定积分 $\int f(x^2) dx = $ _____.

3.4 设函数 $F(x) = \int_0^{x^2} e^{-t^2} dt$,则定积分 $\int_{-2}^3 x^2 F'(x) dx = $ _____.

3.5 定积分 $\int_0^{\frac{\pi}{2}} \frac{1}{1 + \tan^{\frac{3}{2}} x} dx = $ _____.

3.6 不定积分 $\int \frac{\ln(1+x) - \ln x}{x(1+x)} dx = $ _____.

3.7 不定积分 $\int \frac{1}{\sin^6 x + \cos^6 x} dx = $ _____.

3.8 不定积分 $\int \frac{1}{(1+x^4)\sqrt[4]{1+x^4}} dx = $ _____.

3.9 广义积分 $\int_1^{+\infty} \frac{1}{x\sqrt{1 + x^5 + x^{10}}} dx = $ _____.

3.10 $n \neq 0$ 时,不定积分 $\int \frac{x^{3n-1}}{(x^{2n}+1)^2} dx = $ _____.

3.11 求下列不定积分:

(1) $\int \ln^2(x + \sqrt{1+x^2}) dx$;

(2) $\int \frac{x \ln(x + \sqrt{1+x^2})}{(1-x^2)^2} dx$;

(3) $\displaystyle\int e^{-\sin x}\,\frac{\sin 2x}{\sin^4\left(\dfrac{\pi}{4}-\dfrac{x}{2}\right)}\,dx.$

3.12 证明：$0<\displaystyle\int_0^{\sqrt{2\pi}}\sin x^2\,dx<\sqrt{2\pi}(\sqrt{2}-1).$

3.13 设 $F_0(x)=\ln x,\ F_{n+1}(x)=\displaystyle\int_0^x F_n(t)\,dt,\ n=0,1,2,\cdots,$ 其中 $x>0$，求极限

$$\lim_{n\to\infty}\frac{n!F_n(1)}{\ln n}.$$

3.14 求极限 $\displaystyle\lim_{n\to\infty}\left[\int_0^1\left(1+\sin\frac{\pi}{2}t\right)^n dt\right]^{\frac{1}{n}}.$

3.15 设 $f(x)$ 在 $[0,\pi]$ 上连续，在 $(0,\pi)$ 内可导，且

$$\int_0^\pi f(x)\cos x\,dx=\int_0^\pi f(x)\sin x\,dx=0,$$

证明：存在 $\xi\in(0,\pi)$，使得 $f'(\xi)=0.$

3.16 设 $y=y(x)$ 是由方程 $(x^2+y^2)^2=2a^2(x^2-y^2)$ 所确定的隐函数，求不定积分 $\displaystyle\int\frac{dx}{y(x^2+y^2+a^2)}.$

3.17 设 $f(x)$ 是连续函数，常数 a,b 满足 $a^2+b^2\neq 0$，证明：

$$\int_0^{2\pi}f(a\cos x+b\sin x)\,dx=2\int_0^\pi f(\sqrt{a^2+b^2}\cos x)\,dx.$$

3.18 设函数 $f(x)$ 在 $[-1,1]$ 上连续，证明：

$$\lim_{h\to 0^+}\int_{-1}^1\frac{h}{h^2+x^2}f(x)\,dx=\pi f(0).$$

3.19 设函数 $f(x)$ 在 $[0,1]$ 上具有连续的二阶导数，证明：

$$\int_0^1 x^n f(x)\,dx=\frac{f(1)}{n}-\frac{f(1)+f'(1)}{n^2}+o\left(\frac{1}{n^2}\right)(n\to\infty).$$

3.20 计算下列广义积分：

(1) $\displaystyle\int_0^{\frac{\pi}{2}}\frac{x}{\tan x}\,dx;$

(2) $\displaystyle\int_0^\pi\frac{x\sin x}{1-\cos x}\,dx.$

B 组

3.21 求下列不定积分：

(1) $\displaystyle\int\ln\left(1+\sqrt{\frac{1+x}{x}}\right)dx;$

(2) $\displaystyle\int\frac{1}{1+x^2+x^4}\,dx;$

(3) $\displaystyle\int\frac{1}{(\sin x+2\sec x)^2}\,dx.$

3.22 求下列定积分

(1) $\displaystyle\int_{\frac{\pi}{3}}^{\frac{2\pi}{3}}(\mathrm{e}^{\cos x}-\mathrm{e}^{-\cos x})\mathrm{d}x$；

(2) $\displaystyle\int_{\frac{1}{2}}^{2}\Big(1+x-\frac{1}{x}\Big)\mathrm{e}^{x+\frac{1}{x}}\mathrm{d}x$；

(3) $\displaystyle\int_{-2}^{3}\min\Big\{\frac{1}{\sqrt{\mid x\mid}},x^2,x\Big\}\mathrm{d}x$.

3.23　计算下列广义积分：

(1) $\displaystyle\int_{0}^{+\infty}\frac{x\ln x}{(1+x^2)^2}\mathrm{d}x$；

(2) $\displaystyle\int_{\frac{1}{2}}^{\frac{3}{2}}\frac{1}{\sqrt{\mid x-x^2\mid}}\mathrm{d}x$.

3.24　证明：$\displaystyle\int_{0}^{\frac{\pi}{2}}\frac{\sin x}{1+x^2}\mathrm{d}x<\int_{0}^{\frac{\pi}{2}}\frac{\cos x}{1+x^2}\mathrm{d}x$.

3.25　设函数 $f(x)=\displaystyle\int_{x}^{x+1}\sin\mathrm{e}^t\mathrm{d}t(-\infty<x<+\infty)$，证明：$\mathrm{e}^x\mid f(x)\mid\leqslant 2(-\infty<x<+\infty)$.

3.26　设函数 $f(x)=\begin{cases}2x+\dfrac{3}{2}x^2, & -1\leqslant x<0,\\[2mm] \dfrac{x\mathrm{e}^x}{(\mathrm{e}^x+1)^2}, & 0\leqslant x\leqslant 1,\end{cases}$　求函数 $F(x)=\displaystyle\int_{-1}^{x}f(t)\mathrm{d}t$.

3.27　设函数 $f(x)=\begin{cases}\mathrm{e}^{ax+a^2x^2}, & x\leqslant 0,\\ b(x-1)^2, & x>0\end{cases}$在点 $x=0$ 处连续，问常数 $a,b(b>0)$ 取何值时，定积分 $\displaystyle\int_{-1}^{2}\ln f(x)\mathrm{d}x$ 取最小值，并求最小值.

3.28　设在 $[a,b](1<a<b)$ 上，数 p 和 q 满足条件 $px+q\geqslant\ln x$，求使得积分

$$\int_{a}^{b}(px+q-\ln x)\mathrm{d}x$$

取最小值的 p 和 q 的值.

3.29　计算定积分

$$\int_{\mathrm{e}^{-2n\pi}}^{1}\Big|\frac{\mathrm{d}}{\mathrm{d}x}\cos\Big(\ln\frac{1}{x}\Big)\Big|\ln\frac{1}{x}\mathrm{d}x(\text{其中 }n\text{ 为正整数}).$$

3.30　设 $0<y<2,I(y)=\displaystyle\int_{0}^{2}\mid x-y\mid\mathrm{e}^{-x}\mathrm{d}x$，求函数 $I(y)$ 的极值.

3.31　设函数 $f(x)=\begin{cases}x+1, & x\leqslant 0,\\ x^{2x}, & x>0,\end{cases}$ $A=\displaystyle\lim_{n\to\infty}\frac{1}{n^3}\iint\limits_{D_1}[\sqrt{x^2+y^2}]\mathrm{d}\sigma$（其中，$D_1=\{(x,y)\mid x^2+y^2\leqslant n^2\}$，$[x]$ 表示不超过 x 的最大整数），求二次函数 $y=y(x)$，其最大值为 A，且其图形通过点 $(\alpha,0)$，$(\beta,0)$（其中，α,β 分别是 $f(x)$ 的最小和最大的极值点），并求曲线 $y=y(x)$ 与 x 轴围成的图形 D 绕 y 轴旋转一周而成的旋转体体积 V.

3.32　在 xOy 平面上重叠地放有边长为 $\mid a\mid+\mid b\mid$ 的两个正方形 S_1 和 S_2（它们的中心位于原点，边与坐标轴平行），其中 a,b 是使极限 $\displaystyle\lim_{x\to 0}\dfrac{\mathrm{e}^x-\dfrac{1+ax}{1+bx}}{x^3}$ 存在的常数. 现将 S_2 平移到正

方形 S_t，其中心为点 t，设 $S_1 \bigcap S_t$ 的面积不小于 $\frac{1}{2}$，求动点 t 在第一象限内变动时，其变动范围 D 的面积.

3.33 证明下列不等式：

(1) $\frac{3}{5} < \int_0^1 e^{-x^2} dx < \frac{4}{5}$;

(2) $\frac{\pi}{4}\left(1 - \frac{1}{e}\right) < \left(\int_0^1 e^{-x^2} dx\right)^2 < \frac{\pi}{4}(1 - e^{-\frac{\pi}{4}})$.

3.34 设函数 $f(x)$ 在 $[a,b]$ 上有连续的导数，证明：

$$\left|\frac{1}{b-a}\int_a^b f(x)dx\right| + \int_a^b |f'(x)| \, dx \geqslant \max_{x \in [a,b]} |f(x)| .$$

3.35 设在 $(0,1)$ 内只有有限个零点的函数 $f(x)$ 在 $[0,1]$ 上有连续的导数，且 $\int_0^1 f(x)dx = 0$. 证明：对每个 $\alpha \in (0,1)$，有 $\left|\int_0^\alpha f(x)dx\right| \leqslant \frac{1}{8} \max_{0 \leqslant x \leqslant 1} |f'(x)|$.

3.36 求从原点到曲线 $y^2 = x^3$ 上一点的弧长，已知此点处曲线的切线与 x 轴成 $\frac{\pi}{4}$ 角.

3.37 证明：$\int_0^{2\pi} e^{\sin x} dx < 2\pi e^{\frac{1}{4}}$.

3.38 计算以下各题

(1) 在平面上，有一条从点 $(a,0)$ 向右的射线，其线密度为常数 ρ，在点 $(0,h)(h > 0)$ 处有一质量为 m 的质点，求射线对该质点的引力.

(2) 已知两根均匀的竿子 l_1 与 l_2，每根质量都为 m，长度为 $2a$，相互平行，相距为 b，且它们的中心连线与这两根竿子都垂直，试计算 l_1 对 l_2 的引力.

3.39 证明以下各题：

(1) 设广义积分 $\int_a^{+\infty} f(x)dx$ 收敛，且 $\lim\limits_{x \to +\infty} f(x)$ 存在，则 $\lim\limits_{x \to +\infty} f(x) = 0$;

(2) 设广义积分 $\int_a^{+\infty} f(x)dx$ 与 $\int_a^{+\infty} f'(x)dx$ 都收敛，则 $\lim\limits_{x \to +\infty} f(x) = 0$.

附：解答

3.1 记 $t = \sin^2 x$，则

$$f'(t) = f'(\sin^2 x) = 1 - 2\sin^2 x + \frac{\sin^2 x}{1 - \sin^2 x}$$

$$= 1 - 2t + \frac{t}{1-t} = -2t + \frac{1}{1-t}.$$

所以 $f(t) = \int\left(-2t + \frac{1}{1-t}\right)dt = -t^2 - \ln(1-t) + C$，从而

$$f(x) = -x^2 - \ln(1-x) + C (0 < x < 1).$$

3.2 记 $A = \int_0^2 f(x)dx$，则有 $f'(x) = \frac{8}{A}$，从而 $f(x) = f(0) + \int_0^x \frac{8}{A}dt = \frac{8}{A}x$. 于是

$$A = \int_0^2 f(x)\mathrm{d}x = \int_0^2 \frac{8}{A}x\mathrm{d}x = \frac{16}{A},$$

由此得 $A = -4, 4$,从而 $f(x) = -2x$ 或 $f(x) = 2x$.

3.3　$f(x) - f(1) = \int_1^x \ln t^{\frac{1}{3}}\mathrm{d}t = \frac{1}{3}(x\ln x - x + 1)$,即 $f(x) = \frac{1}{3}(x\ln x - x + 1)$.

所以

$$\int f(x^2)\mathrm{d}x = \int \frac{1}{3}(x^2\ln x^2 - x^2 + 1)\mathrm{d}x = \frac{2}{3}\int x^2\ln x\mathrm{d}x - \frac{1}{9}x^3 + \frac{1}{3}x$$

$$= \frac{2}{3}\left(\frac{1}{3}x^3\ln x - \int \frac{1}{3}x^2\mathrm{d}x\right) - \frac{1}{9}x^3 + \frac{1}{3}x$$

$$= \frac{2}{9}x^3\ln x - \frac{5}{27}x^3 + \frac{1}{3}x + C.$$

3.4　$\int_{-2}^3 x^2 F'(x)\mathrm{d}x = \int_{-2}^3 x^2 \cdot 2x\mathrm{e}^{-x^4}\mathrm{d}x$

$$= -\frac{1}{2}\mathrm{e}^{-x^4}\Big|_{-2}^3 = \frac{1}{2}(\mathrm{e}^{-16} - \mathrm{e}^{-81}).$$

3.5　由 $\int_0^{\frac{\pi}{2}} \frac{1}{1 + \tan^{\frac{3}{2}}x}\mathrm{d}x \xrightarrow{\text{令}\,t = \frac{\pi}{2} - x} \int_0^{\frac{\pi}{2}} \frac{1}{1 + \cot^{\frac{3}{2}}t}\mathrm{d}t$

$$= \int_0^{\frac{\pi}{2}} \frac{\tan^{\frac{3}{2}}t}{1 + \tan^{\frac{3}{2}}t}\mathrm{d}t = \int_0^{\frac{\pi}{2}} \frac{\tan^{\frac{3}{2}}x}{1 + \tan^{\frac{3}{2}}x}\mathrm{d}x$$

得

$$2\int_0^{\frac{\pi}{2}} \frac{1}{1 + \tan^{\frac{3}{2}}x}\mathrm{d}x = \int_0^{\frac{\pi}{2}} \frac{1}{1 + \tan^{\frac{3}{2}}x}\mathrm{d}x + \int_0^{\frac{\pi}{2}} \frac{\tan^{\frac{3}{2}}x}{1 + \tan^{\frac{3}{2}}x}\mathrm{d}x = \frac{\pi}{2},$$

所以　　$\int_0^{\frac{\pi}{2}} \frac{1}{1 + \tan^{\frac{3}{2}}x}\mathrm{d} = \frac{\pi}{4}.$

3.6　$\int \frac{\ln(1+x) - \ln x}{x(1+x)}\mathrm{d}x = \int \ln \frac{1+x}{x}\mathrm{d}\ln \frac{x}{1+x}$

$$= -\int \ln \frac{1+x}{x}\mathrm{d}\ln \frac{1+x}{x} = -\frac{1}{2}\ln^2\frac{1+x}{x} + C.$$

3.7　由于　$\sin^6 x + \cos^6 x = (\sin^2 x + \cos^2 x)(\sin^4 x - \sin^2 x\cos^2 x + \cos^4 x)$

$$= (\sin^2 x + \cos^2 x)^2 - 3\sin^2 x\cos^2 x$$

$$= 1 - \frac{3}{4}\sin^2 2x = \frac{1}{4}(1 + 3\cos^2 2x),$$

所以

$$\int \frac{1}{\sin^6 x + \cos^6 x}\mathrm{d}x = \int \frac{1}{\frac{1}{4}(1 + 3\cos^2 2x)}\mathrm{d}x$$

$$= 2\int \frac{1}{4 + \tan^2 2x}\mathrm{d}\tan 2x = \arctan\left(\frac{\tan 2x}{2}\right) + C.$$

3.8　$\int \frac{1}{(1+x^4)\sqrt[4]{1+x^4}}\mathrm{d}x = \int \frac{1}{(1+x^4)^{\frac{5}{4}}}\mathrm{d}x = \int \frac{1}{x^5\left(1 + \frac{1}{x^4}\right)^{\frac{5}{4}}}\mathrm{d}x$

$$\xlongequal{\diamondsuit\, t=\frac{1}{x^4}} -\frac{1}{4}\int \frac{1}{(1+t)^{\frac{5}{4}}}\mathrm{d}(t+1) = (1+t)^{-\frac{1}{4}}+C = \frac{x}{\sqrt[4]{1+x^4}}+C.$$

3.9 $\displaystyle\int_1^{+\infty} \frac{1}{x\,\sqrt{1+x^5+x^{10}}}\mathrm{d}x = \int_1^{+\infty} \frac{1}{\sqrt{1+x^{-5}+x^{-10}}}\mathrm{d}\left(-\frac{1}{5}x^{-5}\right)$

$$\xlongequal{\diamondsuit\, t=x^{-5}} \frac{1}{5}\int_0^1 \frac{1}{\sqrt{1+t+t^2}}\mathrm{d}t = \frac{1}{5}\int_0^1 \frac{1}{\sqrt{\left(t+\frac{1}{2}\right)^2+\left(\frac{\sqrt{3}}{2}\right)^2}}\mathrm{d}t$$

$$= \frac{1}{5}\ln\left[\left(t+\frac{1}{2}\right)+\sqrt{\left(t+\frac{1}{2}\right)^2+\left(\frac{\sqrt{3}}{2}\right)^2}\right]\Big|_0^1 = \frac{1}{5}\ln\left(1+\frac{2}{\sqrt{3}}\right).$$

3.10 $\displaystyle\int \frac{x^{3n-1}}{(x^{2n}+1)^2}\mathrm{d}x = \frac{1}{n}\int \frac{x^{2n}}{(x^{2n}+1)^2}\mathrm{d}x^n \xlongequal{\diamondsuit\, x^n=\tan t} \frac{1}{n}\int \frac{\tan^2 t}{\sec^4 t}\mathrm{d}\tan t$

$$= \frac{1}{n}\int \sin^2 t\,\mathrm{d}t = \frac{1}{2n}\int(1-\cos 2t)\mathrm{d}t = \frac{1}{2n}(t-\sin t\cos t)+C$$

$$= \frac{1}{2n}\left(\arctan x^n - \frac{x^n}{\sqrt{1+x^{2n}}}\cdot\frac{1}{\sqrt{1+x^{2n}}}\right)+C$$

$$= \frac{1}{2n}\left(\arctan x^n - \frac{x^n}{1+x^{2n}}\right)+C.$$

3.11 （1）取 $u(x)=\ln^2(x+\sqrt{1+x^2})$ 对所给的不定积分施行分部积分法.

$$\int \ln^2(x+\sqrt{1+x^2})\mathrm{d}x = x\ln^2(x+\sqrt{1+x^2}) - \int x\mathrm{d}\ln^2(x+\sqrt{1+x^2})$$

$$= x\ln^2(x+\sqrt{1+x^2}) - 2\int \ln(x+\sqrt{1+x^2})\cdot\frac{x}{\sqrt{1+x^2}}\mathrm{d}x$$

$$= x\ln^2(x+\sqrt{1+x^2}) - 2\int \ln(x+\sqrt{1+x^2})\mathrm{d}\sqrt{1+x^2}$$

$$= x\ln^2(x+\sqrt{1+x^2}) - 2\left[\sqrt{1+x^2}\ln(x+\sqrt{1+x^2}) - \int \sqrt{1+x^2}\cdot\frac{1}{\sqrt{1+x^2}}\mathrm{d}x\right]$$

$$= x\ln^2(x+\sqrt{1+x^2}) - 2\sqrt{1+x^2}\ln(x+\sqrt{1+x^2}) + 2x + C.$$

（2）被积函数很复杂，所以先用分部积分法进行化简.

$$\int \frac{x\ln(x+\sqrt{1+x^2})}{(1-x^2)^2}\mathrm{d}x = \int \ln(x+\sqrt{1+x^2})\mathrm{d}\frac{1}{2(1-x^2)}$$

$$= \frac{\ln(x+\sqrt{1+x^2})}{2(1-x^2)} - \frac{1}{2}\int \frac{1}{(1-x^2)\sqrt{1+x^2}}\mathrm{d}x\,(\text{这个积分较原来的简单})$$

$$\xlongequal{\text{积分中令}\, x=\tan t} \frac{\ln(x+\sqrt{1+x^2})}{2(1-x^2)} - \frac{1}{2}\int \frac{1}{(1-\tan^2 t)\sec t}\sec^2 t\,\mathrm{d}t$$

$$= \frac{\ln(x+\sqrt{1+x^2})}{2(1-x^2)} - \frac{1}{2}\int \frac{\cos t}{\cos^2 t-\sin^2 t}\mathrm{d}t$$

$$= \frac{\ln(x+\sqrt{1+x^2})}{2(1-x^2)} - \frac{1}{2}\int \frac{1}{1-2\sin^2 t}\mathrm{d}\sin t$$

$$= \frac{\ln (x+\sqrt{1+x^2})}{2(1-x^2)} - \frac{1}{4\sqrt{2}}\ln\left|\frac{1+\sqrt{2}\sin t}{1-\sqrt{2}\sin t}\right| + C$$

$$\xlongequal{\text{由图答}3.11} \frac{\ln (x+\sqrt{1+x^2})}{2(1-x^2)} - \frac{1}{4\sqrt{2}}\ln\left|\frac{1+\sqrt{2}\cdot\dfrac{x}{\sqrt{1+x^2}}}{1-\sqrt{2}\cdot\dfrac{x}{\sqrt{1+x^2}}}\right| + C$$

图答　3.11

$$= \frac{\ln (x+\sqrt{1+x^2})}{2(1-x^2)} - \frac{1}{4\sqrt{2}}\ln\left|\frac{\sqrt{1+x^2}+\sqrt{2}x}{\sqrt{1+x^2}-\sqrt{2}x}\right| + C.$$

(3) $\displaystyle\int e^{-\sin x}\frac{\sin 2x}{\sin^4\left(\dfrac{\pi}{4}-\dfrac{x}{2}\right)}\mathrm{d}x = \int e^{-\sin x}\frac{2\sin x\cos x}{\left[\dfrac{1-\cos\left(\dfrac{\pi}{2}-x\right)}{2}\right]^2}\mathrm{d}x$

$$= 8\int e^{-\sin x}\frac{(-\sin x)}{(1-\sin x)^2}\mathrm{d}(-\sin x)\xlongequal{t=-\sin x}8\int e^t\cdot\frac{t}{(1+t)^2}\mathrm{d}t = -8\int te^t\mathrm{d}\frac{1}{1+t}$$

$$= -8\left[te^t\cdot\frac{1}{1+t}-\int\frac{1}{1+t}\cdot(1+t)e^t\mathrm{d}t\right] = -8\left(\frac{t}{1+t}e^t - e^t\right) + C = \frac{8}{1+t}e^t + C$$

$$= \frac{8}{1-\sin x}e^{-\sin x} + C.$$

3.12 $\displaystyle\int_0^{\sqrt{2\pi}}\sin x^2\mathrm{d}x\xlongequal{\text{令}t=x^2}\int_0^{2\pi}\frac{\sin t}{2\sqrt{t}}\mathrm{d}t = \int_0^{\pi}\frac{\sin t}{2\sqrt{t}}\mathrm{d}t + \int_{\pi}^{2\pi}\frac{\sin t}{2\sqrt{t}}\mathrm{d}t$

$$= \int_0^{\pi}\frac{\sin t}{2\sqrt{t}}\mathrm{d}t - \int_0^{\pi}\frac{\sin u}{2\sqrt{u+\pi}}\mathrm{d}u\quad(\text{其中 } u = t-\pi)$$

$$= \int_0^{\pi}\frac{\sin t}{2\sqrt{t}}\mathrm{d}t - \int_0^{\pi}\frac{\sin t}{2\sqrt{t+\pi}}\mathrm{d}t = \frac{1}{2}\int_0^{\pi}\sin t\left(\frac{1}{\sqrt{t}}-\frac{1}{\sqrt{t+\pi}}\right)\mathrm{d}t.$$

由于 $(0,\pi)$ 内 $\sin t\left(\dfrac{1}{\sqrt{t}}-\dfrac{1}{\sqrt{t+\pi}}\right)>0$，所以 $\dfrac{1}{2}\displaystyle\int_0^{\pi}\sin t\left(\dfrac{1}{\sqrt{t}}-\dfrac{1}{\sqrt{t+\pi}}\right)\mathrm{d}t > 0.$

另一方面

$$\frac{1}{2}\int_0^{\pi}\sin t\left(\frac{1}{\sqrt{t}}-\frac{1}{\sqrt{t+\pi}}\right)\mathrm{d}t < \frac{1}{2}\int_0^{\pi}\left(\frac{1}{\sqrt{t}}-\frac{1}{\sqrt{t+\pi}}\right)\mathrm{d}t$$

$$= (\sqrt{t}-\sqrt{t+\pi})\Big|_0^{\pi} = \sqrt{2\pi}(\sqrt{2}-1).$$

由此证得

$$0 < \int_0^{\sqrt{2\pi}}\sin x^2\mathrm{d}x < \sqrt{2\pi}(\sqrt{2}-1).$$

3.13 $F_0(x) = \ln x,$

$$F_1(x) = \int_0^x F_0(t)\mathrm{d}t = \frac{1}{1!}(\ln x - 1)x,$$

$$F_2(x) = \int_0^x F_1(t)\mathrm{d}t = \int_0^x(\ln t - 1)t\mathrm{d}t = \frac{1}{2}\int_0^x(\ln t - 1)\mathrm{d}t^2$$

$$= \frac{1}{2}\left[(\ln t - 1)t^2\Big|_0^x - \int_0^x t\mathrm{d}t\right] = \frac{1}{2!}(\ln x - 1 - \frac{1}{2})x^2,$$

$$F_3(x) = \int_0^x F_2(t)\,\mathrm{d}t = \int_0^x \frac{1}{2!}\left(\ln t - 1 - \frac{1}{2}\right)t^2\,\mathrm{d}t$$

$$= \frac{1}{3!}\int_0^x \left(\ln t - 1 - \frac{1}{2}\right)\mathrm{d}t^3 = \frac{1}{3!}\left[\left(\ln t - 1 - \frac{1}{2}\right)t^3\Big|_0^x - \int_0^x t^2\,\mathrm{d}t\right]$$

$$= \frac{1}{3!}\left(\ln x - 1 - \frac{1}{2} - \frac{1}{3}\right)x^3.$$

依次类推得

$$F_n(x) = \frac{1}{n!}\left(\ln x - \sum_{i=1}^n \frac{1}{i}\right)x^n.$$

所以，

$$\lim_{n\to\infty}\frac{n!F_n(1)}{\ln n} = \lim_{n\to\infty}\frac{n!\cdot\dfrac{-1}{n!}\displaystyle\sum_{i=1}^n \frac{1}{i}}{\ln n} = -\lim_{n\to\infty}\frac{\displaystyle\sum_{i=1}^n \frac{1}{i}}{\ln n}. \tag{1}$$

由 $\displaystyle\int_2^{n+1}\frac{1}{x}\mathrm{d}x < \sum_{i=2}^n \frac{1}{i} < \int_1^n \frac{1}{x}\mathrm{d}x$,

即 $1 + \ln(n+1) - \ln 2 < \displaystyle\sum_{i=1}^n \frac{1}{i} < 1 + \ln n$,

得 $\dfrac{1+\ln(n+1)-\ln 2}{\ln n} < \dfrac{\displaystyle\sum_{i=1}^n \frac{1}{i}}{\ln n} < \dfrac{1+\ln n}{\ln n}(n = 2,3,\cdots)$,

并且 $\displaystyle\lim_{n\to\infty}\frac{1+\ln(n+1)-\ln 2}{\ln n} = \lim_{n\to\infty}\frac{1+\ln n}{\ln n} = 1.$

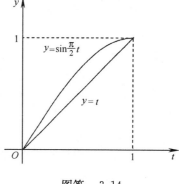

所以,由数到极限存在准则 Ⅰ 得 $\displaystyle\lim_{n\to\infty}\frac{\displaystyle\sum_{i=1}^n \frac{1}{i}}{\ln n} = 1.$

将它代入式(1) 得 $\displaystyle\lim_{n\to\infty}\frac{n!F_n(1)}{\ln n} = -1.$

3.14 $\displaystyle\int_0^1\left(1 + \sin\frac{\pi}{2}t\right)^n\mathrm{d}t \leqslant 2^n(n = 1,2,\cdots);$

另一方面,由图答 3.14 可知 $t < \sin\dfrac{\pi}{2}t(t \in (0,1))$,

图答 3.14

所以有

$$\int_0^1\left(1 + \sin\frac{\pi}{2}t\right)^n\mathrm{d}t > \int_0^1(1+t)^n\mathrm{d}t = \frac{1}{n+1}(2^{n+1} - 1) > \frac{2^n}{n+1}(n = 1,2,\cdots),$$

即对 $n = 1,2,\cdots$ 有

$$\frac{2^n}{n+1} \leqslant \int_0^1\left(1 + \sin\frac{\pi}{2}t\right)^n\mathrm{d}t \leqslant 2^n,$$

或者 $\displaystyle 2\sqrt[n]{\frac{1}{(n+1)}} \leqslant \left[\int_0^1\left(1 + \sin\frac{\pi}{2}t\right)^n\mathrm{d}t\right]^{\frac{1}{n}} \leqslant 2.$

于是,由 $\displaystyle\lim_{n\to\infty}2\sqrt[n]{\frac{1}{2(n+1)}} = \lim_{n\to\infty}2 = 2$ 及数列极限存在准则 Ⅰ 知

$$\lim_{n\to\infty}\left[\int_0^1\left(1+\sin\frac{\pi}{2}t\right)^n\mathrm{d}t\right]^{\frac{1}{n}}=2.$$

3.15 由 $\int_0^\pi f(x)\sin x\mathrm{d}x=0$ 及积分中值定理知,存在 $\xi_1\in(0,\pi)$,使得 $f(\xi_1)\sin\xi_1=0$. 由于 $\sin\xi_1\neq0$,所以得到,存在 $\xi_1\in(0,\pi)$,使得 $f(\xi_1)=0$.

此外存在与 ξ_1 互异的 $\xi_2\in(0,\pi)$,使得 $f(\xi_2)=0$. 事实上,如果不存在如此的 ξ_2,则 $f(x)$ 在 $(0,\pi)$ 内只有一个零点 ξ_1,此时可设:当 $x\in(0,\xi_1)$ 时,$f(x)>0$;当 $x\in(\xi_1,\pi)$ 时,$f(x)<0$. 于是有

$$\int_0^\pi f(x)\sin(\xi_1-x)\mathrm{d}x=\int_0^{\xi_1}f(x)\sin(\xi_1-x)\mathrm{d}x+\int_{\xi_1}^\pi f(x)\sin(\xi_1-x)\mathrm{d}x>0, \quad (1)$$

此外, $\int_0^\pi f(x)\sin(\xi_1-x)\mathrm{d}x=\sin\xi_1\int_0^\pi f(x)\cos x\mathrm{d}x-\cos\xi_1\int_0^\pi f(x)\sin x\mathrm{d}x=0.$ (2)

式(1)、式(2)矛盾表明存在与 ξ_1 不同的 $\xi_2\in(0,\pi)$,使得 $f(\xi_2)=0$.

由以上证明表明 $f(x)$ 在 $[\xi_1,\xi_2]$ 上满足罗尔定理条件,所以存在 $\xi\in(\xi_1,\xi_2)\subset(0,\pi)$,使得 $f'(\xi)=0$.

3.16 令 $y=tx$,则由所给方程得

$$x=\sqrt{2}a\frac{\sqrt{1-t^2}}{1+t^2},y=\sqrt{2}at\cdot\frac{\sqrt{1-t^2}}{1+t^2}.$$

所以 $\displaystyle\int\frac{1}{y(x^2+y^2+a^2)}\mathrm{d}x=\int\frac{1}{\sqrt{2}at\cdot\dfrac{\sqrt{1-t^2}}{1+t^2}\cdot\dfrac{a^2(3-t^2)}{1+t^2}}\cdot\frac{\sqrt{2}at(t^2-3)}{\sqrt{1-t^2}(1+t^2)^2}\mathrm{d}t$

$$=\frac{1}{a^2}\int\frac{1}{t^2-1}\mathrm{d}t=\frac{1}{2a^2}\ln\left|\frac{t-1}{t+1}\right|+C$$

$$=\frac{1}{2a^2}\ln\left|\frac{x-y}{x+y}\right|+C.$$

3.17 $\displaystyle\int_0^{2\pi}f(a\cos x+b\sin x)\mathrm{d}x=\int_0^{2\pi}f(\sqrt{a^2+b^2}\cos(x-\theta))\mathrm{d}x$

$$\left(其中\ \theta=\arccos\frac{a}{\sqrt{a^2+b^2}}\right)$$

$$\xrightarrow{\diamondsuit\ t=x-\theta}\int_{-\theta}^{2\pi-\theta}f(\sqrt{a^2+b^2}\cos t)\mathrm{d}t=\int_{-\pi}^\pi f(\sqrt{a^2+b^2}\cos t)\mathrm{d}t$$

$$(由于\ f(\sqrt{a^2+b^2}\cos t)\ 是周期为\ 2\pi\ 的周期函数)$$

$$=2\int_0^\pi f(\sqrt{a^2+b^2}\cos t)\mathrm{d}t(由于\ f(\sqrt{a^2+b^2}\cos t)\ 是偶函数)$$

$$=2\int_0^\pi f(\sqrt{a^2+b^2}\cos x)\mathrm{d}x.$$

3.18 $\displaystyle\int_{-1}^1\frac{h}{h^2+x^2}f(x)\mathrm{d}x=\int_{-1}^{-\sqrt{h}}\frac{h}{h^2+x^2}f(x)\mathrm{d}x+\int_{-\sqrt{h}}^{\sqrt{h}}\frac{h}{h^2+x^2}f(x)\mathrm{d}x+$

$$\int_{\sqrt{h}}^1\frac{h}{h^2+x^2}f(x)\mathrm{d}x$$

$$= f(\xi_1) \int_{-1}^{-\sqrt{h}} \frac{h}{h^2 + x^2} dx$$

$$+ f(\xi_2) \int_{-\sqrt{h}}^{\sqrt{h}} \frac{h}{h^2 + x^2} dx + f(\xi_3) \int_{\sqrt{h}}^{1} \frac{h}{h^2 + x^2} dx$$

$$= f(\xi_1) \left[\arctan\left(-\frac{1}{\sqrt{h}}\right) - \arctan\left(-\frac{1}{h}\right) \right] +$$

$$f(\xi_2) \cdot 2\arctan\frac{1}{\sqrt{h}} + f(\xi_3)\left(\arctan\frac{1}{\sqrt{h}} - \arctan\frac{1}{h}\right),$$

其中 $\xi_1 \in [-1, -\sqrt{h}], \xi_2 \in [-\sqrt{h}, \sqrt{h}], \xi_3 \in [\sqrt{h}, 1]$.

由于 $f(x)$ 在 $[-1,1]$ 上连续, 所以有界, 即存在 $M > 0$, 使得 $|f(x)| \leqslant M(x \in [-1,1])$,

所以, $\left| f(\xi_1)\left[\arctan\left(-\frac{1}{\sqrt{h}}\right) - \arctan\left(-\frac{1}{h}\right)\right] \right| \leqslant M\left(\arctan\frac{1}{\sqrt{h}} - \arctan\frac{1}{h}\right) \to 0(h \to 0^+)$,

即

$$\lim_{h \to 0^+} f(\xi_1)\left[\arctan\left(-\frac{1}{\sqrt{h}}\right) - \arctan\left(-\frac{1}{h}\right)\right] = 0.$$

同样可得

$$\lim_{h \to 0^+} f(\xi_3)\left(\arctan\frac{1}{\sqrt{h}} - \arctan\frac{1}{h}\right) = 0.$$

此外,

$$\lim_{h \to 0^+}\left[f(\xi_2) \cdot 2\arctan\frac{1}{\sqrt{h}}\right] = f(0) \cdot 2 \cdot \frac{\pi}{2} = \pi f(0),$$

于是

$$\lim_{h \to 0^+} \int_{-1}^{1} \frac{h}{h^2 + x^2} f(x) dx = 0 + \pi f(0) + 0 = \pi f(0).$$

3.19 $\displaystyle\int_{0}^{1} x^n f(x) dx = \frac{1}{n+1} \int_{0}^{1} f(x) dx^{n+1}$

$$= \frac{1}{n+1}\left[f(1) - \int_{0}^{1} x^{n+1} f'(x) dx\right]$$

$$= \frac{f(1)}{n+1} - \frac{1}{(n+1)(n+2)} \int_{0}^{1} f'(x) dx^{n+2}$$

$$= \frac{f(1)}{n+1} - \frac{f'(1)}{(n+1)(n+2)} + \frac{1}{(n+1)(n+2)} \int_{0}^{1} x^{n+2} f''(x) dx$$

$$= \frac{f(1)}{n+1} - \frac{f'(1)}{(n+1)(n+2)} + \frac{f''(\xi)}{(n+1)(n+2)(n+3)} (\text{其中 } \xi \in [0,1])$$

$$= \frac{f(1)}{n\left(1+\frac{1}{n}\right)} - \frac{f'(1)}{n^2\left(1+\frac{1}{n}\right)\left(1+\frac{2}{n}\right)} + o\left(\frac{1}{n^2}\right) \Big(\text{ 由于 } f''(x) \text{ 在}$$

$$[0,1] \text{ 上连续, 所以存在 } M > 0, \text{使得 } |f(x)| \leqslant M(x \in [0,1])$$

$$\text{所以,} \frac{f''(\xi)}{(n+1)(n+2)(n+3)} = o\left(\frac{1}{n^2}\right)\Big)$$

$$= \frac{f(1)}{n}\left(1 - \frac{1}{n} + o\left(\frac{1}{n}\right)\right) - \frac{f'(1)}{n^2}(1 + o(1)) + o\left(\frac{1}{n^2}\right)$$

$$= \frac{f(1)}{n} - \frac{f(1) + f'(1)}{n^2} + o\left(\frac{1}{n^2}\right)(n \to \infty).$$

3.20   (1) $\displaystyle\int_{0}^{\frac{\pi}{2}} \frac{x}{\tan x} dx = \int_{0}^{\frac{\pi}{2}} x d\ln\sin x = x\ln\sin x \Big|_{0}^{\frac{\pi}{2}} - \int_{0}^{\frac{\pi}{2}} \ln\sin x dx$

$$=-\int_0^{\frac{\pi}{2}}\mathrm{lnsin}x\mathrm{d}x.\tag{1}$$

记 $I=\int_0^{\frac{\pi}{2}}\mathrm{lnsin}x\mathrm{d}x$, 则

$$I=2\int_0^{\frac{\pi}{4}}\mathrm{lnsin}2t\mathrm{d}t\text{(其中 }x=2t)$$

$$=\frac{\pi}{2}\mathrm{ln}2+2\int_0^{\frac{\pi}{4}}\mathrm{lnsin}t\mathrm{d}t+2\int_0^{\frac{\pi}{4}}\mathrm{lncos}t\mathrm{d}t$$

$$=\frac{\pi}{2}\mathrm{ln}2+2\int_0^{\frac{\pi}{4}}\mathrm{lnsin}t\mathrm{d}t+2\int_{\frac{\pi}{4}}^{\frac{\pi}{2}}\mathrm{lnsin}u\mathrm{d}u\Big(\text{其中 }t=\frac{\pi}{2}-u\Big)$$

$$=\frac{\pi}{2}\mathrm{ln}2+2\int_0^{\frac{\pi}{4}}\mathrm{lnsin}t\mathrm{d}t+2\int_{\frac{\pi}{4}}^{\frac{\pi}{2}}\mathrm{lnsin}t\mathrm{d}t$$

$$=\frac{\pi}{2}\mathrm{ln}2+2\int_0^{\frac{\pi}{2}}\mathrm{lnsin}t\mathrm{d}t=\frac{\pi}{2}\mathrm{ln}2+2I,$$

即 $I=\frac{\pi}{2}\mathrm{ln}2+2I$, 所以, $I=-\frac{\pi}{2}\mathrm{ln}2.$ $\qquad(2)$

将式(2) 代入式(1) 得 $\int_0^{\frac{\pi}{2}}\frac{x}{\tan x}\mathrm{d}x=\frac{\pi}{2}\mathrm{ln}2.$

(2) $\int_0^\pi\frac{x\sin x}{1-\cos x}\mathrm{d}x=\int_0^\pi x\mathrm{dln}(1-\cos x)$

$$=x\mathrm{ln}(1-\cos x)\Big|_0^\pi-\int_0^\pi\mathrm{ln}(1-\cos x)\mathrm{d}x$$

$$=\pi\mathrm{ln}2-\int_0^\pi\Big(\mathrm{ln}2+2\mathrm{lnsin}\frac{x}{2}\Big)\mathrm{d}x$$

$$=\pi\mathrm{ln}2-\pi\mathrm{ln}2-2\int_0^\pi\mathrm{lnsin}\frac{x}{2}\mathrm{d}x$$

$$=-4\int_0^{\frac{\pi}{2}}\mathrm{lnsin}u\mathrm{d}u\Big(\text{其中 }u=\frac{x}{2}\Big)$$

$$=-4I\Big(I=\int_0^{\frac{\pi}{2}}\mathrm{lnsin}u\mathrm{d}u=-\frac{\pi}{2}\mathrm{ln}2,\text{见式}(2)\Big)$$

$$=2\pi\mathrm{ln}2.$$

3.21 (1) $\int\mathrm{ln}\Big(1+\sqrt{\frac{1+x}{x}}\Big)\mathrm{d}x\xrightarrow{\text{令}t=1+\sqrt{\frac{1+x}{x}}}\int\mathrm{ln}\,t\mathrm{d}\frac{1}{t^2-2t}$

$$=\frac{\mathrm{ln}\,t}{t^2-2t}-\int\frac{1}{t^2(t-2)}\mathrm{d}t$$

$$=\frac{\mathrm{ln}\,t}{t^2-2t}-\int\Big[-\frac{1}{4t}-\frac{1}{2t^2}+\frac{1}{4(t-2)}\Big]\mathrm{d}t$$

$$=\frac{\mathrm{ln}\,t}{t^2-2t}+\frac{1}{4}\mathrm{ln}\,\Big|\frac{t}{t-2}\Big|-\frac{1}{2t}+C$$

$$=x\mathrm{ln}\,\Big(1+\sqrt{\frac{1+x}{x}}\Big)+\frac{1}{2}x-\frac{1}{2}\sqrt{x(1+x)}+\frac{1}{2}\mathrm{ln}\,(\sqrt{1+x}+\sqrt{x})+C.$$

(2) 记 $I_1=\int\frac{1}{1+x^2+x^4}\mathrm{d}x,I_2=\int\frac{x^2}{1+x^2+x^4}\mathrm{d}x$, 则

$$I_1 + I_2 = \int \left(\frac{1}{1+x^2+x^4} + \frac{x^2}{1+x^2+x^4} \right) dx = \int \frac{1+x^2}{1+x^2+x^4} dx$$

$$= \int \frac{1+\dfrac{1}{x^2}}{x^2+1+\dfrac{1}{x^2}} dx = \int \frac{1}{\left(x-\dfrac{1}{x}\right)^2+3} d\left(x-\frac{1}{x}\right)$$

$$= \frac{1}{\sqrt{3}}\arctan \frac{x-\dfrac{1}{x}}{\sqrt{3}} + C_1 = \frac{1}{\sqrt{3}}\arctan \frac{x^2-1}{\sqrt{3}x} + C_1, \tag{1}$$

$$I_1 - I_2 = \int \left(\frac{1}{1+x^2+x^4} - \frac{x^2}{1+x^2+x^4} \right) dx = \int \frac{1-x^2}{1+x^2+x^4} dx$$

$$= -\int \frac{1-\dfrac{1}{x^2}}{x^2+1+\dfrac{1}{x^2}} dx = -\int \frac{1}{\left(x+\dfrac{1}{x}\right)^2-1} d\left(x+\frac{1}{x}\right)$$

$$= -\frac{1}{2}\ln \left| \frac{x+\dfrac{1}{x}-1}{x+\dfrac{1}{x}+1} \right| + C_2 = \frac{1}{2}\ln \frac{x^2+x+1}{x^2-x+1} + C_2, \tag{2}$$

所以式(1)＋式(2) 得

$$2I_1 = \frac{1}{\sqrt{3}}\arctan \frac{x^2-1}{\sqrt{3}x} + \frac{1}{2}\ln \frac{x^2+x+1}{x^2-x+1} + 2C \quad (2C = C_1 + C_2),$$

即

$$\int \frac{1}{1+x^2+x^4} dx = \frac{1}{2\sqrt{3}}\arctan \frac{x^2-1}{\sqrt{3}x} + \frac{1}{4}\ln \frac{x^2+x+1}{x^2-x+1} + C.$$

(3) $\displaystyle\int \frac{1}{(\sin x + 2\sec x)^2} dx \xlongequal{\text{分子分母同乘以 } \sec^2 x} \int \frac{\sec^2 x}{\left[\sec x(\sin x + 2\sec x)\right]^2} dx$

$$= \int \frac{1}{(2\tan^2 x + \tan x + 2)^2} d\tan x \xlongequal{\text{令 } t = \tan x} \int \frac{1}{(2t^2+t+2)^2} dt. \tag{1}$$

由于 $\displaystyle\int \frac{1}{2t^2+t+2} dt = t \cdot \frac{1}{2t^2+t+2} - \int t d\left(\frac{1}{2t^2+t+2} \right)$

$$= \frac{t}{2t^2+t+2} + \int \frac{t(4t+1)}{(2t^2+t+2)^2} dt$$

$$= \frac{t}{2t^2+t+2} + \int \frac{2(2t^2+t+2) - \left(t+\dfrac{1}{4}\right) - \dfrac{15}{4}}{(2t^2+t+2)^2} dt$$

$$= \frac{t}{2t^2+t+2} + \int \frac{2}{2t^2+t+2} dt - \frac{1}{4}\int \frac{1}{(2t^2+t+2)^2} d(2t^2+t+2) - \frac{15}{4}\int \frac{1}{(2t^2+t+2)^2} dt$$

$$= \frac{t}{2t^2+t+2} + \int \frac{2}{2t^2+t+2} dt + \frac{1}{4(2t^2+t+2)} - \frac{15}{4}\int \frac{1}{(2t^2+t+2)^2} dt,$$

所以, $\displaystyle\int \frac{1}{(2t^2+t+2)^2} dt = \frac{4}{15}\left[\frac{t}{2t^2+t+2} + \frac{1}{4(2t^2+t+2)} + \int \frac{1}{2t^2+t+2} dt \right]$

$$= \frac{4t}{15(2t^2+t+2)} + \frac{1}{15(2t^2+t+2)} + \frac{2}{15}\int \frac{1}{\left(t+\dfrac{1}{4}\right)^2 + \dfrac{15}{16}} dt$$

$$-\frac{4t}{15(2t^2+t+2)}+\frac{1}{15(2t^2+t+2)}+\frac{8}{15\sqrt{15}}\arctan\frac{4t+1}{\sqrt{15}}+C. \qquad (2)$$

将式(2)代入式(1)得

$$\int\frac{1}{(\sin x+2\sec x)^2}\mathrm{d}x=\frac{4t}{15(2t^2+t+2)}+\frac{1}{15(2t^2+t+2)}+\frac{8}{15\sqrt{15}}\arctan\frac{4t+1}{\sqrt{15}}+C$$

$$=\frac{4\tan x}{15(2\tan^2 x+\tan x+2)}+\frac{1}{15(2\tan^2 x+\tan x+2)}+\frac{8}{15\sqrt{15}}\arctan\frac{4\tan x+1}{\sqrt{15}}+C.$$

3.22 (1) $\displaystyle\int_{\frac{\pi}{3}}^{\frac{2\pi}{3}}(\mathrm{e}^{\cos x}-\mathrm{e}^{-\cos x})\mathrm{d}x\xrightarrow{\diamondsuit\, t=\cos x}\int_{-\frac{1}{2}}^{\frac{1}{2}}\frac{\mathrm{e}^t-\mathrm{e}^{-t}}{\sqrt{1-t^2}}\mathrm{d}t.$

由于 $\dfrac{\mathrm{e}^t-\mathrm{e}^{-t}}{\sqrt{1-t^2}}$ 是奇函数,所以 $\displaystyle\int_{\frac{\pi}{3}}^{\frac{2\pi}{3}}(\mathrm{e}^{\cos x}-\mathrm{e}^{-\cos x})\mathrm{d}x=0.$

(2) $\displaystyle\int_{\frac{1}{2}}^{2}\left(1+x-\frac{1}{x}\right)\mathrm{e}^{x+\frac{1}{x}}\mathrm{d}x=\int_{\frac{1}{2}}^{2}\mathrm{e}^{x+\frac{1}{x}}\mathrm{d}x+\int_{\frac{1}{2}}^{2}x\left(1-\frac{1}{x^2}\right)\mathrm{e}^{x+\frac{1}{x}}\mathrm{d}x$

$$=\int_{\frac{1}{2}}^{2}\mathrm{e}^{x+\frac{1}{x}}\mathrm{d}x+\int_{\frac{1}{2}}^{2}x\mathrm{d}\mathrm{e}^{x+\frac{1}{x}}=\int_{\frac{1}{2}}^{2}\mathrm{e}^{x+\frac{1}{x}}\mathrm{d}x+x\mathrm{e}^{x+\frac{1}{x}}\Big|_{\frac{1}{2}}^{2}-\int_{\frac{1}{2}}^{2}\mathrm{e}^{x+\frac{1}{x}}\mathrm{d}x$$

$$=2\mathrm{e}^{\frac{5}{2}}-\frac{1}{2}\mathrm{e}^{\frac{5}{2}}=\frac{3}{2}\mathrm{e}^{\frac{5}{2}}.$$

(3) 记 $f(x)=\min\left\{\dfrac{1}{\sqrt{|x|}},x^2,x\right\}$,则 $y=$

$f(x)$ 的图形如图答 3.22 所示,由图可知

$$f(x)=\begin{cases}x, & -2\leqslant x<0,\\ x^2, & 0\leqslant x<1,\\ \dfrac{1}{\sqrt{x}}, & 1\leqslant x\leqslant3.\end{cases}$$

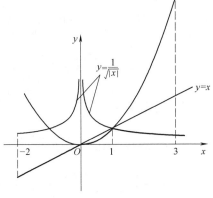

图答 3.22

所以 $\displaystyle\int_{-2}^{3}\min\left\{\dfrac{1}{\sqrt{|x|}},x^2,x\right\}\mathrm{d}x=\int_{-2}^{0}x\mathrm{d}x+$

$\displaystyle\int_{0}^{1}x^2\mathrm{d}x+\int_{1}^{3}\frac{1}{\sqrt{x}}\mathrm{d}x=2\sqrt{3}-\frac{11}{3}.$

3.23 (1) $\displaystyle\int_{0}^{+\infty}\frac{x\ln x}{(1+x^2)^2}\mathrm{d}x=\int_{0}^{1}\frac{x\ln x}{(1+x^2)^2}\mathrm{d}x+\int_{1}^{+\infty}\frac{x\ln x}{(1+x^2)^2}\mathrm{d}x$

$$=\int_{0}^{1}\frac{x\ln x}{(1+x^2)^2}\mathrm{d}x-\int_{0}^{1}\frac{t\ln t}{(1+t^2)^2}\mathrm{d}t\left(\text{其中 }t=\frac{1}{x}\right)$$

$$=\int_{0}^{1}\frac{x\ln x}{(1+x^2)^2}\mathrm{d}x-\int_{0}^{1}\frac{x\ln x}{(1+x^2)^2}\mathrm{d}x=0.$$

(2) $\displaystyle\int_{\frac{1}{2}}^{1}\frac{1}{\sqrt{|x-x^2|}}\mathrm{d}x=2\int_{\frac{1}{2}}^{1}\frac{1}{\sqrt{1-x}}\mathrm{d}\sqrt{x}=2\int_{\frac{1}{2}}^{1}\frac{1}{\sqrt{1-(\sqrt{x})^2}}\mathrm{d}\sqrt{x}$

$$=2\arcsin\sqrt{x}\Big|_{\frac{1}{2}}^{1}=2\left(\frac{\pi}{2}-\frac{\pi}{4}\right)=\frac{\pi}{2},$$

$$\int_1^{\frac{3}{2}} \frac{1}{\sqrt{|x-x^2|}}\mathrm{d}x = \int_1^{\frac{3}{2}} \frac{1}{\sqrt{x^2-x}}\mathrm{d}x = \int_1^{\frac{3}{2}} \frac{1}{\sqrt{\left(x-\frac{1}{2}\right)^2-\frac{1}{4}}}\mathrm{d}x$$

$$= \ln\left|x-\frac{1}{2}+\sqrt{\left(x-\frac{1}{2}\right)^2-\frac{1}{4}}\right|\Big|_1^{\frac{3}{2}} = \ln(2+\sqrt{3}).$$

所以，$\displaystyle\int_{\frac{1}{2}}^{\frac{3}{2}} \frac{1}{\sqrt{|x-x^2|}}\mathrm{d}x = \int_{\frac{1}{2}}^1 \frac{1}{\sqrt{|x-x^2|}}\mathrm{d}x + \int_1^{\frac{3}{2}} \frac{1}{\sqrt{|x-x^2|}}\mathrm{d}x = \frac{\pi}{2} + \ln(2+\sqrt{3}).$

3.24　由 $\displaystyle\int_0^{\frac{\pi}{2}} \frac{\sin x}{1+x^2}\mathrm{d}x - \int_0^{\frac{\pi}{2}} \frac{\cos x}{1+x^2}\mathrm{d}x = \int_0^{\frac{\pi}{2}} \frac{\sin x - \cos x}{1+x^2}\mathrm{d}x$

$$= \int_0^{\frac{\pi}{4}} \frac{\sin x - \cos x}{1+x^2}\mathrm{d}x + \int_{\frac{\pi}{4}}^{\frac{\pi}{2}} \frac{\sin x - \cos x}{1+x^2}\mathrm{d}x$$

$$= \int_0^{\frac{\pi}{4}} \frac{\sin x - \cos x}{1+x^2}\mathrm{d}x + \int_0^{\frac{\pi}{4}} \frac{\cos u - \sin u}{1+\left(\frac{\pi}{2}-u\right)^2}\mathrm{d}u \left(u = \frac{\pi}{2}-x\right)$$

$$= \int_0^{\frac{\pi}{4}} (\sin x - \cos x)\left[\frac{1}{1+x^2} - \frac{1}{1+\left(\frac{\pi}{2}-x\right)^2}\right]\mathrm{d}x$$

$$= \int_0^{\frac{\pi}{4}} (\sin x - \cos x)\frac{\left(\frac{\pi}{2}\right)^2-\pi x}{(1+x^2)\left[1+\left(\frac{\pi}{2}-x\right)^2\right]}\mathrm{d}x < 0$$

知　$\displaystyle\int_0^{\frac{\pi}{2}} \frac{\sin x}{1+x^2}\mathrm{d}x < \int_0^{\frac{\pi}{2}} \frac{\cos x}{1+x^2}\mathrm{d}x.$

3.25　因为 $f(x) = \displaystyle\int_x^{x+1} \sin \mathrm{e}^t \mathrm{d}t \xrightarrow{\text{令}u=\mathrm{e}^t} \int_{\mathrm{e}^x}^{\mathrm{e}^{x+1}} \frac{\sin u}{u}\mathrm{d}u$

$$= -\int_{\mathrm{e}^x}^{\mathrm{e}^{x+1}} \frac{1}{u}\mathrm{d}\cos u = -\left(\frac{\cos u}{u}\Big|_{\mathrm{e}^x}^{\mathrm{e}^{x+1}} + \int_{\mathrm{e}^x}^{\mathrm{e}^{x+1}} \frac{\cos u}{u^2}\mathrm{d}u\right)$$

$$= -\left(\frac{\cos \mathrm{e}^{x+1}}{\mathrm{e}^{x+1}} - \frac{\cos \mathrm{e}^x}{\mathrm{e}^x} + \int_{\mathrm{e}^x}^{\mathrm{e}^{x+1}} \frac{\cos u}{u^2}\mathrm{d}u\right),$$

所以，$|f(x)| = \left|\dfrac{\cos \mathrm{e}^{x+1}}{\mathrm{e}^{x+1}} - \dfrac{\cos \mathrm{e}^x}{\mathrm{e}^x} + \displaystyle\int_{\mathrm{e}^x}^{\mathrm{e}^{x+1}} \frac{\cos u}{u^2}\mathrm{d}u\right|$

$$\leqslant \frac{|\cos \mathrm{e}^{x+1}|}{\mathrm{e}^{x+1}} + \frac{|\cos \mathrm{e}^x|}{\mathrm{e}^x} + \int_{\mathrm{e}^x}^{\mathrm{e}^{x+1}} \frac{|\cos u|}{u^2}\mathrm{d}u$$

$$\leqslant \frac{1}{\mathrm{e}^{x+1}} + \frac{1}{\mathrm{e}^x} + \int_{\mathrm{e}^x}^{\mathrm{e}^{x+1}} \frac{1}{u^2}\mathrm{d}u$$

$$= \frac{1}{\mathrm{e}^{x+1}} + \frac{1}{\mathrm{e}^x} + \frac{1}{\mathrm{e}^x} - \frac{1}{\mathrm{e}^{x+1}} = \frac{2}{\mathrm{e}^x} \quad (-\infty < x < +\infty).$$

由此得到　$\mathrm{e}^x|f(x)| \leqslant \mathrm{e}^x \cdot \dfrac{2}{\mathrm{e}^x} = 2 \quad (-\infty < x < +\infty).$

3.26　当 $x \in [-1,0]$ 时，

$$F(x) = \int_{-1}^x f(t)\mathrm{d}t = \int_{-1}^x \left(2t + \frac{3}{2}t^2\right)\mathrm{d}t = \frac{1}{2}x^3 + x^2 - \frac{1}{2};$$

当 $x \in (0,1]$ 时，

$$F(x) = \int_{-1}^{x} f(t)\,\mathrm{d}t = \int_{-1}^{0} f(t)\,\mathrm{d}t + \int_{0}^{x} \frac{t\mathrm{e}^t}{(\mathrm{e}^t+1)^2}\,\mathrm{d}t$$

$$= F(0) + \int_{0}^{x} t\mathrm{d}\left(-\frac{1}{\mathrm{e}^t+1}\right) = -\frac{1}{2} - \frac{t}{\mathrm{e}^t+1}\bigg|_{0}^{x} + \int_{0}^{x} \frac{1}{\mathrm{e}^t+1}\,\mathrm{d}t$$

$$= -\frac{1}{2} - \frac{x}{\mathrm{e}^x+1} + \int_{0}^{x} \frac{\mathrm{e}^{-t}}{1+\mathrm{e}^{-t}}\,\mathrm{d}t = -\frac{1}{2} - \frac{x}{\mathrm{e}^x+1} - \ln(1+\mathrm{e}^{-t})\bigg|_{0}^{x}$$

$$= -\frac{1}{2} - \frac{x}{\mathrm{e}^x+1} - \ln(1+\mathrm{e}^{-x}) + \ln 2.$$

所以,$F(x) = \begin{cases} \dfrac{1}{2}x^3 + x^2 - \dfrac{1}{2}, & -1 \leqslant x \leqslant 0, \\[2mm] \ln 2 - \dfrac{1}{2} - \dfrac{x}{\mathrm{e}^x+1} - \ln(1+\mathrm{e}^{-x}), & 0 < x \leqslant 1. \end{cases}$

3.27 由 $f(x)$ 在点 $x=0$ 处连续可得

$$\lim_{x\to 0^+} f(x) = f(0), \text{即} \lim_{x\to 0^+} b(x-1)^2 = 1,$$

由此得到 $b=1$,于是

$$f(x) = \begin{cases} \mathrm{e}^{ax+a^2x^2}, & x \leqslant 0, \\ (x-1)^2 & x>0, \end{cases} \quad \ln f(x) = \begin{cases} ax + a^2x^2, & x \in (-\infty, 0], \\ 2\ln|x-1|, & x \in (0,1) \bigcup (1, +\infty). \end{cases}$$

从而 $\displaystyle \int_{-1}^{2} \ln f(x)\,\mathrm{d}x = \int_{-1}^{0} (ax+a^2x^2)\,\mathrm{d}x + \int_{0}^{2} 2\ln|x-1|\,\mathrm{d}x$

$$= -\frac{1}{2}a + \frac{1}{3}a^2 + \int_{0}^{2} 2\ln|x-1|\,\mathrm{d}x \xlongequal{\text{记}} I(a).$$

由于 $I'(a) = -\dfrac{1}{2} + \dfrac{2}{3}a \begin{cases} < 0, & a < \dfrac{3}{4}, \\[1mm] = 0, & a = \dfrac{3}{4}, \\[1mm] > 0, & a > \dfrac{3}{4}. \end{cases}$ 所以 $I(a)$,即 $\displaystyle\int_{-1}^{2} \ln f(x)\,\mathrm{d}x$ 在 $a = \dfrac{3}{4}$ 处取到最

小值.

由上计算知 $a = \dfrac{3}{4}, b = 1.$

下面计算最小值 $I\left(\dfrac{3}{4}\right)$:

$$I\left(\frac{3}{4}\right) = -\frac{1}{2} \cdot \frac{3}{4} + \frac{1}{3} \cdot \left(\frac{3}{4}\right)^2 + \int_{0}^{2} 2\ln|x-1|\,\mathrm{d}x$$

$$= -\frac{3}{16} + 2\left(\int_{0}^{1} \ln|x-1|\,\mathrm{d}x + \int_{1}^{2} \ln|x-1|\,\mathrm{d}x\right)$$

$$= -\frac{3}{16} + 2\left\{\left[(x-1)\ln|x-1| - x\right]\bigg|_{0}^{1} + \left[(x-1)\ln|x-1| - x\right]\bigg|_{1}^{2}\right\}$$

$$= -\frac{3}{16} + (-4) = -\frac{67}{16}.$$

3.28 使 $\displaystyle\int_{a}^{b} (px+q-\ln x)\,\mathrm{d}x$ 最小,直线 $y = px+q$ 应与曲线 $y = \ln x (x \in [a,b])$ 相切.设切点为 (x_0, y_0)(其中 $a < x_0 < b$),则

$$\begin{cases} y_0 = px_0 + q, \\ y_0 = \ln x_0, \\ p = (\ln x)'\big|_{x=x_0}. \end{cases}$$

解此方程组得 $p = \dfrac{1}{x_0}, q = \ln x_0 - 1$，于是

$$\int_a^b (px + q - \ln x)\mathrm{d}x = \int_a^b \left(\frac{x}{x_0} + \ln x_0 - 1 - \ln x \right)\mathrm{d}x$$

$$= \frac{1}{2x_0}(b^2 - a^2) + (\ln x_0 - 1)(b - a) - \int_a^b \ln x\mathrm{d}x \xlongequal{\text{记}} I(x_0)\,(a < x_0 < b).$$

由于 $\dfrac{\mathrm{d}I}{\mathrm{d}x_0} = -\dfrac{b^2 - a^2}{2x_0^2} + \dfrac{b-a}{x_0} = \dfrac{b-a}{x_0^2}\left(x_0 - \dfrac{a+b}{2} \right)$
$$\begin{cases} < 0, & 0 < x_0 < \dfrac{a+b}{2}, \\ = 0, & x_0 = \dfrac{a+b}{2}, \\ > 0, & \dfrac{a+b}{2} < x_0 < b, \end{cases}$$

所以 $I(x_0)$ 在 $x_0 = \dfrac{a+b}{2}$ 处取得最小值，从而使得积分

$$\int_a^b (px + q - \ln x)\mathrm{d}x$$

取最小值的 $p = \dfrac{2}{a+b}, q = \ln\dfrac{a+b}{2} - 1$。

3.29 由于 $\left[\cos\left(\ln\dfrac{1}{x} \right) \right]' = \sin\left(\ln\dfrac{1}{x} \right)\dfrac{1}{x}$，所以

$$\int_{\mathrm{e}^{-2n\pi}}^1 \left| \frac{\mathrm{d}}{\mathrm{d}x}\cos\left(\ln\frac{1}{x} \right) \right| \ln\frac{1}{x}\mathrm{d}x = \int_{\mathrm{e}^{-2n\pi}}^1 \left| \sin\left(\ln\frac{1}{x} \right) \right| \frac{1}{x}\ln\frac{1}{x}\mathrm{d}x \xlongequal{\diamondsuit\, t = \ln\frac{1}{x}} \int_0^{2n\pi} t\,|\sin t|\,\mathrm{d}t$$

$$= \sum_{k=0}^{n-1}\left(\int_{2k\pi}^{(2k+1)\pi} t\sin t\mathrm{d}t - \int_{(2k+1)\pi}^{(2k+2)\pi} t\sin t\mathrm{d}t \right)$$

$$= \sum_{k=0}^{n-1} (-t\cos t + \sin t)\Big|_{2k\pi}^{(2k+1)\pi} - (-t\cos t + \sin t)\Big|_{(2k+1)\pi}^{(2k+2)\pi}$$

$$= \sum_{k=0}^{n-1} \big[(4k+1)\pi + (4k+3)\pi \big] = 4\pi\sum_{k=0}^{n-1}(2k+1) = 4n^2\pi.$$

3.30 由 $I(y) = \displaystyle\int_0^y (y-x)\mathrm{e}^{-x}\mathrm{d}x + \int_y^2 (x-y)\mathrm{e}^{-x}\mathrm{d}x$

$$= y\int_0^y \mathrm{e}^{-x}\mathrm{d}x - \int_0^y x\mathrm{e}^{-x}\mathrm{d}x + \int_y^2 x\mathrm{e}^{-x}\mathrm{d}x - y\int_y^2 \mathrm{e}^{-x}\mathrm{d}x \quad (0 < y < 2)$$

得
$$I'(y) = \int_0^y \mathrm{e}^{-x}\mathrm{d}x + y\mathrm{e}^{-y} - y\mathrm{e}^{-y} - y\mathrm{e}^{-y} - \int_y^2 \mathrm{e}^{-x}\mathrm{d}x + y\mathrm{e}^{-y}$$

$$= \int_0^y \mathrm{e}^{-x}\mathrm{d}x - \int_y^2 \mathrm{e}^{-x}\mathrm{d}x = 1 + \mathrm{e}^{-2} - 2\mathrm{e}^{-y}.$$

由 $I'(y) = 0$，即 $1 + \mathrm{e}^{-2} - 2\mathrm{e}^{-y} = 0$ 得 $y = -\ln\dfrac{1 + \mathrm{e}^{-2}}{2} \in (0, 2)$，且

$$I''(y) = \Big|_{-\ln\frac{1+\mathrm{e}^{-2}}{2}} = 2\mathrm{e}^{-y}\Big|_{-\ln\frac{1+\mathrm{e}^{-2}}{2}} = 1 + \mathrm{e}^{-2} > 0,$$

所以 $I(y)$ 在 $(0,2)$ 内无极大值,只有唯一的极小值 $I\left(-\ln\dfrac{1+\mathrm{e}^{-2}}{2}\right)$.

由于 $I(y)=y(1-\mathrm{e}^{-y})-1+(y+1)\mathrm{e}^{-y}-3\mathrm{e}^{-2}+(y+1)\mathrm{e}^{-y}+y(\mathrm{e}^{-2}-\mathrm{e}^{-y})$

$$=-1-3\mathrm{e}^{-2}+(1+\mathrm{e}^{-2})y+2\mathrm{e}^{-y},$$

所以,$I\left(-\ln\dfrac{1+\mathrm{e}^{-2}}{2}\right)=-1-3\mathrm{e}^{-2}-(1+\mathrm{e}^{-2})\ln\dfrac{1+\mathrm{e}^{-2}}{2}+(1+\mathrm{e}^{-2})$

$$=-2\mathrm{e}^2-(1+\mathrm{e}^{-2})\ln\dfrac{1+\mathrm{e}^{-2}}{2}.$$

3.31 $A=\lim\limits_{n\to\infty}\dfrac{1}{n^3}\iint\limits_{D_1}\left[\sqrt{x^2+y^2}\right]\mathrm{d}\sigma\xlongequal{\text{极坐标}}\lim\limits_{n\to\infty}\dfrac{1}{n^3}\int_0^{2\pi}\mathrm{d}\theta\int_0^n[r]r\mathrm{d}r$

$$=2\pi\lim\limits_{n\to\infty}\dfrac{1}{n^3}\int_0^n[r]r\mathrm{d}r,$$

其中,由 $r-1<[r]\leqslant r$ 知 $(r-1)r<[r]r\leqslant r^2$,从而有

$$\dfrac{1}{3}-\dfrac{1}{2n}=\dfrac{1}{n^3}\int_0^n(r-1)r\mathrm{d}r<\dfrac{1}{n^3}\int_0^n[r]r\mathrm{d}r\leqslant\dfrac{1}{n^3}\int_0^n r^2\mathrm{d}r=\dfrac{1}{3}.$$

于是,由 $\lim\limits_{n\to\infty}\left(\dfrac{1}{3}-\dfrac{1}{2n}\right)=\lim\limits_{n\to\infty}\dfrac{1}{3}=\dfrac{1}{3}$ 和数列极限存在准则 I 得 $\lim\limits_{n\to\infty}\dfrac{1}{n^3}\int_1^n[r]r\mathrm{d}r=\dfrac{1}{3}$.

从而 $A=\dfrac{2\pi}{3}$.

由于在 $(-\infty,0)\bigcup(0,+\infty)$ 上 $f'(x)=\begin{cases}1, & x<0,\\ 2x^{2x}(1+\ln x), & x>0,\end{cases}$ 所以 $f(x)$ 的可能极

值点为 $x=\dfrac{1}{\mathrm{e}}$(驻点)$,0$(分段点). 据此列表

x	$(-\infty,0)$	0	$\left(0,\dfrac{1}{\mathrm{e}}\right)$	$\dfrac{1}{\mathrm{e}}$	$\left(\dfrac{1}{\mathrm{e}},+\infty\right)$
$f'(x)$	$+$		$-$		$+$

由表可知,$f(x)$ 仅有极值点 $x=0,\dfrac{1}{\mathrm{e}}$,所以,$\alpha=0,\beta=\dfrac{1}{\mathrm{e}}$.

于是,所求的二次函数 $y(x)$ 应有如下形式:

$$y(x)=c(x-\alpha)(x-\beta)=cx\left(x-\dfrac{1}{\mathrm{e}}\right).$$

由它的最大值为 $\dfrac{2\pi}{3}$ 得 $y\left(\dfrac{1}{2\mathrm{e}}\right)=\dfrac{2\pi}{3}$,即 $c\cdot\dfrac{1}{2\mathrm{e}}\left(-\dfrac{1}{2\mathrm{e}}\right)=\dfrac{2\pi}{3}$,所以 $c=-\dfrac{8}{3}\pi\mathrm{e}^2$.

因此所求的二次函数 $y(x)$ 为

$$y(x)=-\dfrac{8}{3}\pi\mathrm{e}^2x\left(x-\dfrac{1}{\mathrm{e}}\right).$$

由此可得 D 绕 y 轴旋转一周而成的旋转体体积

$$V=2\pi\int_0^{\frac{1}{\mathrm{e}}}xy(x)\mathrm{d}x=2\pi\int_0^{\frac{1}{\mathrm{e}}}x\cdot\left[-\dfrac{8}{3}\pi\mathrm{e}^2x\left(x-\dfrac{1}{\mathrm{e}}\right)\right]\mathrm{d}x$$

$$=\dfrac{16}{3}\pi^2\mathrm{e}^2\int_0^{\frac{1}{\mathrm{e}}}\left(\dfrac{1}{\mathrm{e}}x^2-x^3\right)\mathrm{d}x=\left(\dfrac{2\pi}{3\mathrm{e}}\right)^2.$$

3.32   由 $\lim\limits_{x\to0}\dfrac{\mathrm{e}^x-\dfrac{1+ax}{1+bx}}{x^3}=\lim\limits_{x\to0}\dfrac{\mathrm{e}^x(1+bx)-1-ax}{x^3(1+bx)}$

$$= \lim_{x \to 0} \frac{\left(1 + x + \frac{1}{2}x^2 + \frac{1}{6}x^3 + o(x^3)\right)(1 + bx) - 1 - ax}{x^3}$$

$$= \lim_{x \to 0} \frac{\left[1 + (1+b)x + \left(\frac{1}{2} + b\right)x^2 + \left(\frac{1}{6} + \frac{b}{2}\right)x^3 + o(x^3)\right] - 1 - ax}{x^3}$$

$$= \lim_{x \to 0} \frac{\left[(1 - a + b)x + \left(\frac{1}{2} + b\right)x^2 + \left(\frac{1}{6} + \frac{b}{2}\right)x^3 + o(x^3)\right]}{x^3}$$

存在得方程组

$$\begin{cases} 1 - a + b = 0, \\ \dfrac{1}{2} + b = 0. \end{cases}$$

解此方程组得 $a = \dfrac{1}{2}, b = -\dfrac{1}{2}$，并且 $|a| + |b| = 1$．

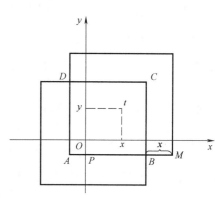

由于点 t 是 S_t 的中心，设其坐标为 (x, y)，则

$S_1 \bigcap S_t$ 的面积

＝图答 3.32 中矩形 $ABCD$ 的面积

$= |AB| \cdot |AD|,$ 　　　　　　(1)

其中 $|AB| = |AM| - |MB| = 1 - x,$

同样 $|AD| = 1 - y.$

图答　3.32

将它们代入式(1) 得 $D = \left\{ (x, y) \,\middle|\, (1 - x)(1 - y) \geqslant \dfrac{1}{2}, 0 < x < \dfrac{1}{2}, 0 < y < \dfrac{1}{2} \right\}$，所以 D 的面积为

$$S = \int_0^{\frac{1}{2}} \left[1 - \frac{1}{2(1 - x)}\right] dx = \frac{1}{2} - \frac{1}{2} \ln 2.$$

3.33　(1) 由于对 $x \in (-\infty, +\infty)$ 有

$$1 - x^2 + \frac{1}{2!}x^4 - \frac{1}{3!}x^6 < e^{-x^2} < 1 - x^2 + \frac{1}{2!}x^4,$$

所以

$$\int_0^1 \left(1 - x^2 + \frac{1}{2!}x^4 - \frac{1}{3!}x^6\right) dx < \int_0^1 e^{-x^2} dx < \int_0^1 \left(1 - x^2 + \frac{1}{2!}x^4\right) dx. \qquad (1)$$

其中

$$\int_0^1 \left(1 - x^2 + \frac{1}{2!}x^4 - \frac{1}{3!}x^6\right) dx = 1 - \frac{1}{3} + \frac{1}{10} - \frac{1}{42} = \frac{26}{35} > \frac{3}{5}, \qquad (2)$$

$$\int_0^1 \left(1 - x^2 + \frac{1}{2!}x^4\right) dx = 1 - \frac{1}{3} + \frac{1}{10} = \frac{23}{30} < \frac{4}{5}. \qquad (3)$$

将式(2)、式(3) 代入式(1) 得证　　$\dfrac{3}{5} < \displaystyle\int_0^1 e^{-x^2} dx < \dfrac{4}{5}.$

(2) $\left(\displaystyle\int_0^1 e^{-x^2} dx\right)^2 = \int_0^1 e^{-x^2} dx \int_0^1 e^{-y^2} dy = \iint\limits_D e^{-(x^2 + y^2)} d\sigma,$

其中 $D = \{(x, y) \,|\, 0 \leqslant x \leqslant 1, 0 \leqslant y \leqslant 1\}$．现对该二重积分进行适当的缩小，记

$$D_1 = \{(x,y) \mid x^2 + y^2 \leqslant 1 \mid x \geqslant 0, y \geqslant 0\},$$

则

$$\iint_D e^{-(x^2+y^2)} d\sigma > \iint_{D_1} e^{-(x^2+y^2)} d\sigma$$

$$\xrightarrow{\text{极坐标}} \int_0^{\frac{\pi}{2}} d\theta \int_0^1 e^{-r^2} r dr = \frac{\pi}{4}(1 - e^{-1}).$$

由此证得

$$\frac{\pi}{4}\left(1 - \frac{1}{e}\right) < \left(\int_0^1 e^{-x^2} dx\right)^2. \tag{4}$$

为了证明 $\iint_D e^{-(x^2+y^2)} d\sigma < \frac{\pi}{4}(1 - e^{-\frac{4}{\pi}})$，考虑

$$D_a = \{(x,y) \mid x^2 + y^2 \leqslant a^2, x \geqslant 0, y \geqslant 0\}(a > 0),$$

则

$$\iint_D e^{-(x^2+y^2)} d\sigma \xrightarrow{\text{极坐标}} \int_0^{\frac{\pi}{2}} d\theta \int_0^a e^{-r^2} r dr = \frac{\pi}{4}(1 - e^{-a^2}),$$

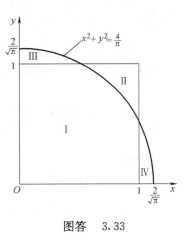

图答 3.33

要使右边为 $\frac{\pi}{4}(1 - e^{-\frac{4}{\pi}})$，应取 $a = \frac{2}{\sqrt{\pi}}$，于是可证如下：

作圆弧 $x^2 + y^2 = \frac{4}{\pi}$，记 $D_2 = \left\{(x,y) \mid x^2 + y^2 \leqslant \frac{4}{\pi}, x \geqslant 0, y \geqslant 0\right\}$，显然 D_2 与 D 的面积相等. D 被该圆弧划分成 Ⅰ，Ⅱ；D_3 与 D 不重叠部分为记为 Ⅲ，Ⅳ(如图答 3.33 所示). 于是

$$\iint_D e^{-(x^2+y^2)} d\sigma = \iint_{\text{Ⅰ}} e^{-(x^2+y^2)} d\sigma + \iint_{\text{Ⅱ}} e^{-(x^2+y^2)} d\sigma < \iint_{\text{Ⅰ}} e^{-(x^2+y^2)} d\sigma + \iint_{\text{Ⅲ∪Ⅳ}} e^{-(x^2+y^2)} d\sigma$$

$$\left(\text{由于}(x^2+y^2)\Big|_{\text{Ⅱ}} > (x^2+y^2)\Big|_{\text{Ⅲ∪Ⅳ}}^{\text{Ⅲ}}\right)$$

$$= \iint_{D_2} e^{-(x^2+y^2)} d\sigma = \frac{\pi}{4}(1 - e^{-\frac{4}{\pi}}). \tag{5}$$

式(4)、式(5) 证明了(2) 的结论.

3.34 由 $f(x)$ 在 $[a,b]$ 上连续知 $|f(x)|$ 在 $[a,b]$ 上连续，所以由连续函数最值定理知存在 $x_0 \in [a,b]$，使得 $|f(x_0)| = \max\limits_{a \leqslant x \leqslant b} |f(x)|$，此外由积分中值定理知存在 $\eta \in [a,b]$，使得 $f(\eta) = \frac{1}{b-a}\int_a^b f(x) dx$. 不妨设 $\eta \leqslant x_0$. 当 $\eta = x_0$ 时，结论显然成立. 下面设 $\eta < x_0$，则

$$\left|\frac{1}{b-a}\int_a^b f(x) dx\right| + \int_a^b |f'(x)| dx \geqslant |f(\eta)| + \left|\int_\eta^{x_0} f'(x) dx\right|$$

$$= |f(\eta)| + |f(x_0) - f(\eta)| \geqslant |f(\eta) + f(x_0) - f(\eta)|$$

$$= |f(x_0)| = \max\limits_{a \leqslant x \leqslant b} |f(x)|.$$

3.35 记 $B = \max\limits_{0 \leqslant x \leqslant 1} |f'(x)|$，设 $f(x)$ 在 $(0,1)$ 内零点中坐标最小者为 x_0，又设 $0 < x < x_0$ 时，$f(x) > 0$. 由 $f'(x) > -B$ 得

$$f(x_0) - f(x) = f'(\xi)(x_0 - x)(\xi \in (x, x_0)),$$

即

$$f(x) < B(x_0 - x).$$

于是，

$$0 < \int_0^{x_0} f(x) dx < \int_0^{x_0} B(x_0 - x) dx = \frac{1}{2} B x_0^2.$$

从而，当 $\alpha \in (0, x_0]$ 时，

$$0 < \int_0^\alpha f(x)\mathrm{d}x < \frac{1}{2}B\alpha^2 \leqslant \frac{1}{8}B, \quad \text{即} \left| \int_0^\alpha f(x)\mathrm{d}x \right| \leqslant \frac{1}{8} \max_{0 \leqslant x \leqslant 1} |f'(x)|.$$

下面考虑,$\alpha \in (x_0, 1)$的情形.

对于$x_0 < x < 1$,

$$f(x) - f(x_0) = f'(\eta)(x - x_0) \quad (\eta \in (x_0, x)),$$

即

$$f(x) > -B(x - x_0).$$

于是,

$$\int_{x_0}^1 f(x)\mathrm{d}x > -\int_{x_0}^1 B(x - x_0)\mathrm{d}x = -\frac{1}{2}B(1 - x_0)^2.$$

由此得到

$$0 < \int_0^{x_0} f(x)\mathrm{d}x = -\int_{x_0}^1 f(x)\mathrm{d}x < \frac{1}{2}B(1 - x_0)^2 \quad \left(\text{这里利用了} \int_0^1 f(x)\mathrm{d}x = 0\right).$$

从而当$\alpha \in \left(\frac{1}{2}, 1\right)$时,

$$0 < \int_0^\alpha f(x)\mathrm{d}x < \frac{1}{2}B(1 - \alpha)^2 < \frac{1}{8}B,$$

即

$$\left| \int_0^\alpha f(x)\mathrm{d}x \right| \leqslant \frac{1}{8} \max_{0 \leqslant x \leqslant 1} |f'(x)|.$$

由此证得,对每个$\alpha \in (0, 1)$,有$\left| \int_0^\alpha f(x)\mathrm{d}x \right| \leqslant \frac{1}{8} \max_{0 \leqslant x \leqslant 1} |f'(x)|$.

3.36 曲线方程两边求导得$y' = \dfrac{3x^2}{2y}$,设所求的点的坐标为(x_0, y_0),则它满足

$$\begin{cases} \dfrac{3x_0^2}{2y_0} = 1, \\ y_0^2 = x_0^3. \end{cases}$$

解此方程组得$(x_0, y_0) = \left(\dfrac{4}{9}, \dfrac{8}{27}\right)$. 所以所求的弧长

$$s = \int_0^{\frac{4}{9}} \sqrt{1 + (y')^2}\,\mathrm{d}x = \int_0^{\frac{4}{9}} \sqrt{1 + \frac{9x^4}{4y^2}}\,\mathrm{d}x$$

$$= \int_0^{\frac{4}{9}} \sqrt{1 + \frac{9}{4}x}\,\mathrm{d}x = \frac{8}{27}(2\sqrt{2} - 1).$$

3.37 由于对任意实数t有

$$\mathrm{e}^t = 1 + t + \frac{1}{2!}t^2 + \cdots + \frac{t^n}{n} + \cdots.$$

所以 $\displaystyle\int_0^{2\pi} \mathrm{e}^{\sin x}\,\mathrm{d}x = \int_{-\pi}^\pi \mathrm{e}^{\sin x}\,\mathrm{d}x = \int_{-\pi}^\pi \sum_{n=0}^\infty \frac{1}{n!}(\sin x)^n\,\mathrm{d}x$

$$= \sum_{m=0}^\infty \int_0^\pi \frac{2}{(2m)!}(\sin x)^{2m}\,\mathrm{d}x = \sum_{m=0}^\infty \frac{2}{(2m)!}\int_{-\frac{\pi}{2}}^{\frac{\pi}{2}}(\sin x)^{2m}\,\mathrm{d}x$$

$$= \sum_{m=0}^\infty \frac{4}{(2m)!}\int_0^{\frac{\pi}{2}}(\sin x)^{2m}\,\mathrm{d}x$$

$$= \sum_{m=0}^{\infty} \frac{4}{(2m)!} \frac{(2m-1)(2m-3)\cdots 1}{2m(2m-2)\cdots 2} \cdot \frac{\pi}{2}$$

$$< 2\pi \sum_{m=0}^{\infty} \frac{1}{m!} \left(\frac{1}{4}\right)^m = 2\pi e^{\frac{1}{4}}.$$

3.38 （1）射线与质点如图答 3.38a 所示，射线对质点的引力为

$$\boldsymbol{F} = \int_a^{+\infty} \frac{G\rho m}{(x^2+h^2)^{\frac{3}{2}}} (x\boldsymbol{i} - h\boldsymbol{j})\,\mathrm{d}x$$

$$= G\rho m \left[\int_a^{+\infty} \frac{x}{(x^2+h^2)^{\frac{3}{2}}}\,\mathrm{d}x\boldsymbol{i} - h\int_a^{+\infty} \frac{1}{(x^2+h^2)^{\frac{3}{2}}}\,\mathrm{d}x\boldsymbol{j} \right] \qquad (1)$$

其中，$$\int_a^{+\infty} \frac{x}{(x^2+h^2)^{\frac{3}{2}}}\,\mathrm{d}x = -\frac{1}{\sqrt{x^2+h^2}}\Big|_a^{+\infty} = \frac{1}{\sqrt{a^2+h^2}}, \qquad (2)$$

$$\int_a^{+\infty} \frac{1}{(x^2+h^2)^{\frac{3}{2}}}\,\mathrm{d}x = \frac{x}{h^2\sqrt{x^2+h^2}}\Big|_a^{+\infty} = \frac{1}{h^2} - \frac{a}{h^2\sqrt{a^2+h^2}}. \qquad (3)$$

将式（2）、式（3）代入式（1）得

$$\boldsymbol{F} = G\rho m \left[\frac{1}{\sqrt{a^2+h^2}}\boldsymbol{i} - \frac{1}{h}\left(1 - \frac{a}{\sqrt{a^2+h^2}}\right)\boldsymbol{j} \right].$$

（2）两根竿子 l_1 与 l_2 的相对位置如图答 3.38b 所示，现所建坐标系也在同图中所示，则 l_1 对 l_2 的引力为

$$\boldsymbol{F} = G\int_{-a}^a \frac{m}{2a}\,\mathrm{d}x_2 \int_{-a}^a \frac{\frac{m}{2a}}{[(x_1-x_2)^2+b^2]^{3/2}} [(x_1-x_2)\boldsymbol{i} - b\boldsymbol{j}]\,\mathrm{d}x_1$$

$$= \frac{Gm^2}{4a^2}\int_{-a}^a \mathrm{d}x_2 \int_{-a}^a \frac{x_1-x_2}{[(x_1-x_2)^2+b^2]^{3/2}}\,\mathrm{d}x_1\boldsymbol{i} -$$

$$\frac{Gm^2 b}{4a^2}\int_{-a}^a \mathrm{d}x_2 \int_{-a}^a \frac{1}{[(x_1-x_2)^2+b^2]^{3/2}}\,\mathrm{d}x_1\boldsymbol{j} \xlongequal{\text{记}} F_x\boldsymbol{i} - F_y\boldsymbol{j}.$$

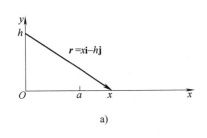

a)

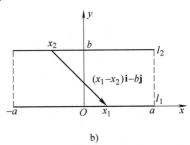

b)

图答 3.38

根据图中的坐标系知 F 的水平分量 $F_x = 0$，现计算 F_y 的值：

$$F_y = \frac{Gm^2 b}{4a^2}\int_{-a}^a \mathrm{d}x_2 \int_{-a}^a \frac{1}{[(x_1-x_2)^2+b^2]^{3/2}}\,\mathrm{d}x_1$$

$$= \frac{Gm^2 b}{4a^2}\int_{-a}^a \frac{x_1-x_2}{b^2\sqrt{(x_1-x_2)^2+b^2}}\Big|_{x_1=-a}^{x_1=a}\,\mathrm{d}x_2$$

$$= \frac{Gm^2}{4a^2 b}\int_{-a}^a \left[\frac{a-x_2}{\sqrt{(a-x_2)^2+b^2}} + \frac{a+x_2}{\sqrt{(a+x_2)^2+b^2}} \right]\mathrm{d}x_2$$

$$= \frac{Gm^2}{4a^2 b}\Big[-\sqrt{(a-x_2)^2+b^2}+\sqrt{(a+x_2)^2+b^2}\Big]\Big|_{x_2=-a}^{x_2=a}$$

$$= \frac{Gm^2}{2a^2 b}(\sqrt{4a^2+b^2}-b).$$

所以所求的 l_1 对 l_2 的引力为

$$F = -\frac{Gm^2}{2a^2 b}(\sqrt{4a^2+b^2}-b)\mathbf{j}.$$

3.39　(1) 设 $\lim\limits_{x\to+\infty}f(x)=A\neq 0$,不妨设 $A>0$,则对任意 $\varepsilon\in(0,A)$,存在 $N>0$,使得当 $x>N$ 时有 $f(x)>A-\varepsilon$. 于是

$$\int_a^{+\infty}f(x)\mathrm{d}x = \int_a^N f(x)\mathrm{d}x + \int_N^{+\infty}f(x)\mathrm{d}x$$

$$= \int_a^N f(x)\mathrm{d}x + \lim_{b\to+\infty}\int_N^b f(x)\mathrm{d}x \, (b>N)$$

$$> \int_a^N f(x)\mathrm{d}x + \lim_{b\to+\infty}(A-\varepsilon)(b-N) = +\infty$$

（由于 $\int_a^{+\infty}f(x)\mathrm{d}x$ 收敛,所以 $\int_a^N f(x)\mathrm{d}x$ 是定积分,其值对确定的 N 是常数）,

这与 $\int_a^{+\infty}f(x)\mathrm{d}x$ 收敛矛盾,从而 $A=0$,即 $\lim\limits_{x\to+\infty}f(x)=0$.

(2) 由 $\int_a^{+\infty}f'(x)\mathrm{d}x$ 收敛及

$$\int_a^{+\infty}f'(x)\mathrm{d}x = \lim_{x\to+\infty}\int_a^x f'(t)\mathrm{d}t = \lim_{x\to+\infty}f(x)-f(a)$$

知 $\lim\limits_{x\to+\infty}f(x)$ 存在,从而由已证的(1)知 $\lim\limits_{x\to+\infty}f(x)=0$.

第四章
多元函数微分学

一、核心内容提要

1. 二元函数微分学概念及它们之间的相互关系

二元函数 $f(x,y)$ 微分学概念有：

(1) $f(x,y)$ 在点 $P_0(x_0,y_0)$ 处极限存在，即 $\lim\limits_{(x,y)\to(x_0,y_0)} f(x,y)$ 存在；

(2) $f(x,y)$ 在点 $P_0(x_0,y_0)$ 处连续，即 $\lim\limits_{(x,y)\to(x_0,y_0)} f(x,y) = f(x_0,y_0)$；

(3) $f(x,y)$ 在点 $P_0(x_0,y_0)$ 处的两个偏导数存在，即

$$f'_x(x_0,y_0) = \lim\limits_{x\to x_0} \frac{f(x,y_0)-f(x_0,y_0)}{x-x_0} \text{ 和 } f'_y(x_0,y_0) = \lim\limits_{y_0\to y} \frac{f(x_0,y)-f(x_0,y_0)}{y-y_0} \text{ 存在}；$$

(4) $f(x,y)$ 在点 $P_0(x_0,y_0)$ 处可微，即

$$f(x_0+\Delta x,y_0+\Delta y)-f(x_0,y_0) = A(x_0,y_0)\Delta x+B(x_0,y_0)\Delta y+o(\rho),$$

其中 $A(x_0,y_0),B(x_0,y_0)$ 只与 x_0,y_0 有关，$\rho = \sqrt{(\Delta x)^2+(\Delta y)^2}$.

(5) $f(x,y)$ 两个偏导数 $f'_x(x,y),f'_y(x,y)$ 在点 $P_0(x_0,y_0)$ 处连续，即

$$\lim\limits_{(x,y)\to(x_0,y_0)} f'_x(x,y) = f'_x(x_0,y_0), \quad \lim\limits_{(x,y)\to(x_0,y_0)} f'_y(x,y) = f'_y(x_0,y_0).$$

以上五个二元函数微分学概念之间有下图所示的相互关系：

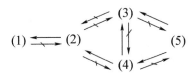

其中，$M \to N$ 表示命题 M 必可推出命题 N，$M \nrightarrow N$ 表示命题 M 未必能推出命题 N.

2. 二元复合函数与二元隐函数的偏导数计算公式

（1）二元复合函数偏导数计算公式

以复合函数 $z = f(\varphi(x,y),\psi(x,y))$ 为例.

设二元函数 $u=\varphi(x,y),v=\psi(x,y)$ 都在点 (x,y) 处可微，$z=f(u,v)$ 在对应点 (u,v) 处有连续偏导数，则复合函数 $z = f(\varphi(x,y),\psi(x,y))$ 在点 (x,y) 的偏导数计算公式为

$$\frac{\partial z}{\partial x} = \frac{\partial z}{\partial u}\frac{\partial u}{\partial x}+\frac{\partial z}{\partial v}\frac{\partial v}{\partial x},$$

$$\frac{\partial z}{\partial y} = \frac{\partial z}{\partial u}\frac{\partial u}{\partial y}+\frac{\partial z}{\partial v}\frac{\partial v}{\partial y}.$$

（2）二元隐函数求导公式

以由方程 $F(x,y,z)=0$ 确定的二元隐函数 $z=z(x,y)$ 为例.

设函数 $F(x,y,z)$ 在点 (x,y,z) 的某个邻域内具有连续偏导数,且 $F_z(x,y,z)\neq0$,则由方程 $F(x,y,z)=0$ 确定的二元隐函数 $z=z(x,y)$ 的偏导数计算公式为

$$\frac{\partial z}{\partial x}=-\frac{F_x(x,y,z)}{F_z(x,y,z)},\ \frac{\partial z}{\partial y}=-\frac{F_y(x,y,z)}{F_z(x,y,z)}.$$

3. 空间曲线的切线与法平面方程,曲面的切平面与法线方程

（1）空间曲线的切线与法平面方程

设空间曲线 $\begin{cases}x=x(t),\\y=y(t),\\z=z(t)\end{cases}$（其中 $x(t),y(t),z(t)$ 都在 t_0 处可导,且导数不全为零）,则它在对应 t_0 的点 (x_0,y_0,z_0) 处的切线方程为

$$\frac{x-x_0}{x'(t_0)}=\frac{y-y_0}{y'(t_0)}=\frac{z-z_0}{z'(t_0)},$$

法平面方程为

$$x'(t_0)(x-x_0)+y'(t_0)(y-y_0)+z'(t_0)(z-z_0)=0.$$

（2）曲面的切平面与法线方程

设曲面 $F(x,y,z)=0$（其中函数 $F(x,y,z)$ 的偏导数在点 (x_0,y_0,z_0) 处连续且不全为零）,则它在点 (x_0,y_0,z_0) 处的切平面方程为

$$F'_x(x_0,y_0,z_0)(x-x_0)+F'_y(x_0,y_0,z_0)(y-y_0)+F'_z(x_0,y_0,z_0)(z-z_0)=0,$$

法线方程为

$$\frac{x-x_0}{F'_x(x_0,y_0,z_0)}=\frac{y-y_0}{F'_y(x_0,y_0,z_0)}=\frac{z-z_0}{F'_z(x_0,y_0,z_0)}.$$

4. 二元函数极值与最值

（1）二元函数极值的必要条件与充分条件

必要条件:

设二元函数 $f(x,y)$ 在点 (x_0,y_0) 处取到极值,则以下 1)～3) 中必有一条成立:

1) $f'_x(x_0,y_0)=0$ 且 $f'_y(x_0,y_0)=0$;

2) $f'_x(x_0,y_0)=0$ 且 $f'_y(x_0,y_0)$ 不存在,或者 $f'_y(x_0,y_0)=0$ 且 $f'_x(x_0,y_0)$ 不存在;

3) $f'_x(x_0,y_0)$ 与 $f'_y(x_0,y_0)$ 都不存在.

充分条件:

设二元函数 $f(x,y)$ 在点 (x_0,y_0) 的某个邻域内连续且有二阶偏导数,$f'_x(x_0,y_0)=f'_y(x_0,y_0)=0$,记 $A=f''_{xx}(x_0,y_0),B=f''_{xy}(x_0,y_0),C=f''_{yy}(x_0,y_0)$.

1) 如果 $AC-B^2>0$,则 $f(x_0,y_0)$ 是 $f(x,y)$ 的极值,且当 $A<0$ 时 $f(x_0,y_0)$ 是极大值,当 $A>0$ 时 $f(x_0,y_0)$ 是极小值;

2) 如果 $AC-B^2<0$,则 $f(x_0,y_0)$ 不是 $f(x,y)$ 的极值;

3) 如果 $AC-B^2=0$,则 $f(x_0,y_0)$ 可能是 $f(x,y)$ 的极值,也可能不是 $f(x,y)$ 的极值,需

另行讨论.

(2) 条件极值

计算二元函数 $f(x,y)$ 在附加条件 $\varphi(x,y)=0$ 下的条件极值,通常利用拉格朗日乘数法,即构造拉格朗日函数

$$F(x,y)=f(x,y)+\lambda\varphi(x,y),$$

并求解方程组

$$\begin{cases} F_x(x,y)=0, \\ F_y(x,y)=0, \\ \varphi(x,y)=0, \end{cases}$$

设其解为 (x_0,y_0,λ_0)(其中 $\lambda_0\neq0$),则 (x_0,y_0) 即为 $f(x,y)$ 在附加条件 $\varphi(x,y)=0$ 下的可能极值点.

(3) 二元连续函数在有界闭区域上的最值.

设二元函数 $f(x,y)$ 在有界闭区域 D 上连续,C 是 D 的边界曲线,如果 $f(x,y)$ 在 D 的内部有可能极值点 $(x_1,y_1),(x_2,y_2),\cdots,(x_n,y_n)$,则

$f(x,y)$ 在 D 上的最大值 $=\max\{f(x_1,y_1),f(x_2,y_2),\cdots,f(x_n,y_n),\max\limits_{(x,y)\in C}f(x,y)\}$,

$f(x,y)$ 在 D 上的最小值 $=\min\{f(x_1,y_1),f(x_2,y_2),\cdots,f(x_n,y_n),\min\limits_{(x,y)\in C}f(x,y)\}$.

二、典型例题精解

A 组

例 4.1 椭球面 $x^2+y^2+z^2-xy=1$ 在坐标平面 yOz 上投影的表达式为_____.

分析 从 x 轴正向看过去,椭球面可以分解为前后两块,它们的交线在 yOz 平面上的投影曲线围成的图形即为该椭球面在 yOz 平面的投影.

精解 由于所给的椭球面方程可以改写成 $\left(x-\dfrac{y}{2}\right)^2+\dfrac{3}{4}y^2+z^2=1$,它与平面 $x-\dfrac{y}{2}=0$

的交线 $\begin{cases} \dfrac{3}{4}y^2+z^2=1, \\ x-\dfrac{y}{2}=0 \end{cases}$ 位于柱面 $3y^2+4z^2=4$ 上,它与 yOz 平面上的投影为 $\begin{cases} 3y^2+z^2=4, \\ x=0, \end{cases}$

因此椭球面在 yOz 平面的投影的表达式为 $\begin{cases} 3y^2+4z^2\leqslant4, \\ x=0. \end{cases}$

附注 注意椭球面 $x^2+y^2+z^2-xy=1$ 在 yOz 平面上的投影不是

$$\begin{cases} x^2+y^2+z^2-xy\leqslant1, \\ x=0, \end{cases} \quad \text{即} \quad \begin{cases} y^2+z^2\leqslant1, \\ x=0. \end{cases}$$

例 4.2 设函数 $f(x,y)$ 可微,$f(1,2)=2$,$f_x'(1,2)=3$,$f_y'(1,2)=4$. 记 $\varphi(x)=f(x,f(x,2x))$,则 $\varphi'(1)=$_____.

分析 算出 $\varphi'(x)$，然后将 $x=1$ 代入，利用题设条件即得 $\varphi'(1)$．

精解 $\varphi'(x)=f_1'(x,f(x,2x))+f_2'(x,f(x,2x))[f_1'(x,2x)+2f_2'(x,2x)]$，

所以由题设条件得

$$\begin{aligned}\varphi'(1)&=f_1'(1,2)+f_2'(1,2)[f_1'(1,2)+2f_2'(1,2)]\\&=f_x'(1,2)+f_y'(1,2)[f_x'(1,2)+2f_y'(1,2)]\\&=3+4\times(3+2\times4)=47.\end{aligned}$$

附注 题解中 $f_1'(x,f(x,2x))$ 表示对 $f(u,v)$ 的第一个变量求偏导数（这里以不写 $f_x'(x,f(x,2x))$ 为好），同样，$f_2'(x,f(x,2x))$ 表示对 $f(u,v)$ 的第二个变量求偏导数．

例 4.3 设向量 $\boldsymbol{u}=3\boldsymbol{i}-4\boldsymbol{j}$，$v=4\boldsymbol{i}+3\boldsymbol{j}$，且可微函数 $f(x,y)$ 在点 P 处有 $\dfrac{\partial f}{\partial \boldsymbol{u}}\bigg|_P=-6$，$\dfrac{\partial f}{\partial v}\bigg|_P=17$，此外设 $\Delta x=0.01$，$\Delta y=-0.05$，则 $\mathrm{d}f|_P=$ _____．

分析 由题设算出 $\dfrac{\partial f}{\partial x}\bigg|_P$ 和 $\dfrac{\partial f}{\partial y}\bigg|_P$，由此即可得到 $\mathrm{d}f|_P=\dfrac{\partial f}{\partial x}\bigg|_P\cdot\Delta x+\dfrac{\partial f}{\partial y}\bigg|_P\cdot\Delta y$．

精解 由于 $\boldsymbol{u}$ 的方向余弦为 $\left(\dfrac{3}{5},-\dfrac{4}{5}\right)$，$v$ 的方向余弦为 $\left(\dfrac{4}{5},\dfrac{3}{5}\right)$，所以由方向导数的计算公式和题设 $\dfrac{\partial f}{\partial \boldsymbol{u}}\bigg|_P=-6$，$\dfrac{\partial f}{\partial v}\bigg|_P=17$ 得

$$\begin{cases}\dfrac{\partial f}{\partial x}\bigg|_P\times\dfrac{3}{5}+\dfrac{\partial f}{\partial y}\bigg|_P\times\left(-\dfrac{4}{5}\right)=-6,\\[3mm]\dfrac{\partial f}{\partial x}\bigg|_P\times\dfrac{4}{5}+\dfrac{\partial f}{\partial y}\bigg|_P\times\dfrac{3}{5}=17.\end{cases}$$

解此方程组得 $\dfrac{\partial f}{\partial x}\bigg|_P=10$，$\dfrac{\partial f}{\partial y}\bigg|_P=15$．所以

$$\mathrm{d}f|_P=\dfrac{\partial f}{\partial x}\bigg|_P\cdot\Delta x+\dfrac{\partial f}{\partial y}\bigg|_P\cdot\Delta y=10\times0.01+15\times(-0.05)=-0.65.$$

附注 可微函数 $f(x,y)$ 在点 $P(x,y)$ 处沿方向 $\boldsymbol{l}$（$\boldsymbol{l}$ 的方向余弦为 $(\cos\alpha,\sin\alpha)$）的方向导数为

$$\dfrac{\partial f}{\partial \boldsymbol{l}}\bigg|_P=\dfrac{\partial f}{\partial x}\bigg|_P\cdot\cos\alpha+\dfrac{\partial f}{\partial y}\bigg|_P\cdot\sin\alpha.$$

同样，可微函数 $f(x,y,z)$ 在点 $P(x,y,z)$ 处沿方向 $\boldsymbol{l}$（$\boldsymbol{l}$ 的方向余弦为 $(\cos\alpha,\cos\beta,\cos\gamma)$）的方向导数为

$$\dfrac{\partial f}{\partial \boldsymbol{l}}\bigg|_P=\dfrac{\partial f}{\partial x}\bigg|_P\cdot\cos\alpha+\dfrac{\partial f}{\partial y}\bigg|_P\cdot\cos\beta+\dfrac{\partial f}{\partial z}\bigg|_P\cdot\cos\gamma.$$

例 4.4 设 $z=z(x,y)$ 是由方程 $2\sin(x+2y-3z)=x+2y-3z$ 确定的二元隐函数，则 $z_x'+z_y'=$ _____．

分析 所给方程两边分别对 x 和 y 求偏导数（此时应注意 z 是 x,y 的函数）得到 z_x' 与 z_y'，从而得到 $z_x'+z_y'$．

精解 所给方程两边分别对 x 和 y 求偏导数得

$$\begin{cases}2\cos(x+2y-3z)(1-3z_x')=1-3z_x', & (1)\\2\cos(x+2y-3z)(2-3z_y')=2-3z_y', & (2)\end{cases}$$

由式(1)、式(2)得

$$\begin{cases} 1-3z'_x = 0, \\ 2-3z'_y = 0. \end{cases}$$

所以，$z'_x + z'_y = 1$.

附注 由方程 $F(x,y,z)=0$ 确定的二元隐函数 $z=z(x,y)$ 求偏导数可以用公式

$$\frac{\partial z}{\partial x} = -\frac{F'_x(x,y,z)}{F'_z(x,y,z)}, \quad \frac{\partial z}{\partial y} = -\frac{F'_y(x,y,z)}{F'_z(x,y,z)}.$$

但通常是所给方程 $F(x,y,z)=0$ 两边分别对 x 与 y 求偏导数(此时应注意 z 是 x,y 的函数)来计算 $\dfrac{\partial z}{\partial x},\dfrac{\partial z}{\partial y}$.

例 4.5 设 $f(x,y,z)=e^x yz^2$，其中 $z=z(x,y)$ 是由方程 $x+y+z+xyz=0$ 确定的二元隐函数，则 $f'_x(0,1,-1)=$ _____.

分析 先算出 $f'_x(x,y,z)$，然后将 $x=0,y=1,z=-1$ 代入计算 $f'_x(0,1,-1)$.

精解
$$f'_x(x,y,z)=(e^x yz^2+e^x y\cdot 2z)\frac{\partial z}{\partial x}. \tag{1}$$

方程 $x+y+z+xyz=0$ 两边对 x 求偏导数得

$$1+\frac{\partial z}{\partial x}+yz+xy\frac{\partial z}{\partial x}=0, \quad 即\frac{\partial z}{\partial x}=-\frac{1+yz}{1+xy}. \tag{2}$$

将式(2)代入式(1)得

$$f'_x(x,y,z)=(e^x yz^2+2e^x yz)\left(-\frac{1+yz}{1+xy}\right).$$

于是，$f'_x(0,1,-1)=(e^x yz^2+2e^x yz)\left(-\dfrac{1+yz}{1+xy}\right)\Big|_{(0,1,-1)}=0$.

附注 计算 f'_x 时应注意 z 是 x 与 y 的函数，所以 f'_x 与 f'_1 是不同的.

例 4.6 设函数 $z=y^{x\ln y}$，则 $\dfrac{\partial^2 z}{\partial x\partial y}=$ _____.

分析 先将函数指数化，即 $z=e^{x\ln^2 y}$，然后计算 $\dfrac{\partial^2 z}{\partial x\partial y}$.

精解 因为 $\dfrac{\partial z}{\partial x}=\dfrac{\partial}{\partial x}e^{x\ln^2 y}=e^{x\ln^2 y}\cdot\ln^2 y$，所以

$$\frac{\partial^2 z}{\partial x\partial y}=\frac{\partial}{\partial y}(e^{x\ln^2 y})\ln^2 y+e^{x\ln^2 y}\frac{\partial}{\partial y}(\ln^2 y)$$

$$=e^{x\ln^2 y}x\cdot 2\ln y\cdot\frac{1}{y}\ln^2 y+e^{x\ln^2 y}\cdot 2\ln y\cdot\frac{1}{y}$$

$$=2e^{x\ln^2 y}\cdot\frac{\ln y}{y}(x\ln^2 y+1)$$

$$=2y^{x\ln y-1}\cdot\ln y(x\ln^2 y+1).$$

附注 二元幂指函数 $[f(x,y)]^{g(x,y)}$ 求偏导数时，总是先将它指数化，即
$$[f(x,y)]^{g(x,y)}=e^{g(x,y)\ln f(x,y)}.$$

例 4.7 设 $z=z(x,y)$ 是由方程 $f(y-x,yz)=0$ 确定的二元隐函数，其中函数 f 具有连

续的二阶偏导数，且 $f_1' \neq 0$，则 $\dfrac{\partial^2 z}{\partial x \partial y} = $ _____（$y \neq 0$）.

分析　先由隐函数求偏导数方法算出 $\dfrac{\partial z}{\partial x}$，然后对 $\dfrac{\partial z}{\partial x}$ 计算关于 y 的偏导数.

精解　所给方程两边分别对 x 与 y 求偏导数得

$$f_1' \cdot (-1) + f_2' \cdot y \frac{\partial z}{\partial x} = 0, \quad f_1' + f_2'\left(z + y\frac{\partial z}{\partial y}\right) = 0,$$

所以 $\dfrac{\partial z}{\partial x} = \dfrac{f_1'}{y f_2'}$，$z + y\dfrac{\partial z}{\partial y} = -\dfrac{f_1'}{f_2'}$. 从而

$$
\begin{aligned}
\frac{\partial^2 z}{\partial x \partial y} &= \frac{\left(\dfrac{\partial}{\partial y} f_1'\right) \cdot y f_2' - f_1' \cdot \dfrac{\partial}{\partial y}(y f_2')}{(y f_2')^2}\\[2mm]
&= \frac{\left[f_{11}'' + f_{12}''\left(z + y\dfrac{\partial z}{\partial y}\right)\right] \cdot y f_2' - f_1'\left\{f_2' + y\left[f_{21}'' + f_{22}''\left(z + y\dfrac{\partial z}{\partial y}\right)\right]\right\}}{(y \cdot f_2')^2}\\[2mm]
&= \frac{y f_{11}'' f_2' - y f_{12}'' f_1' - f_1' f_2' - y\left[(f_{12}'' f_2' - f_{22}'' f_1')\left(z + y\dfrac{\partial z}{\partial y}\right)\right]}{y^2 (f_2')^2}\\[2mm]
&= \frac{(y f_{11}'' f_2' - y f_{12}'' f_1' - f_1' f_2') f_2' - y\left[(f_{12}'' f_2' - f_{22}'' f_1')(-f_1')\right]}{y^2 (f_2')^3}\\[2mm]
&= \frac{y f_{11}'' (f_2')^2 - f_1' (f_2')^2 - y f_{22}'' (f_1')^2}{y^2 (f_2')^3}.
\end{aligned}
$$

附注　由于 f 具有连续的二阶偏导数，所以 $f_{12}'' = f_{21}''$.

例 4.8　设 $w = f(x, y, z)$，$\varphi(x^2, \mathrm{e}^y, z) = 0$，$y = \sin x$，其中三元函数 f, φ 都具有连续的一阶偏导数，且 $\dfrac{\partial \varphi}{\partial z} \neq 0$，则 $\dfrac{\mathrm{d}w}{\mathrm{d}x} = $ _____.

分析　先画出函数关系图，然后按复合函数求导法则计算 $\dfrac{\mathrm{d}w}{\mathrm{d}x}$.

精解　函数关系图如图 4.8 所示，所以

$$\frac{\mathrm{d}w}{\mathrm{d}x} = f_x' + f_y'\frac{\mathrm{d}y}{\mathrm{d}x} + f_z'\frac{\mathrm{d}z}{\mathrm{d}x}, \tag{1}$$

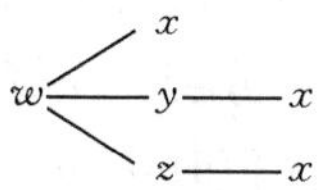

图　4.8

其中，$\dfrac{\mathrm{d}y}{\mathrm{d}x} = \cos x$. 此外，方程 $\varphi(x^2, \mathrm{e}^y, z) = 0$ 两边对 x 求导数得

$$\varphi_1'\frac{\mathrm{d}x^2}{\mathrm{d}x} + \varphi_2'\frac{\mathrm{d}\mathrm{e}^y}{\mathrm{d}y}\frac{\mathrm{d}y}{\mathrm{d}x} + \varphi_z'\frac{\mathrm{d}z}{\mathrm{d}x} = 0, \quad \text{即}\quad 2x\varphi_1' + \mathrm{e}^y\cos x \cdot \varphi_2' + \varphi_z'\frac{\mathrm{d}z}{\mathrm{d}x} = 0.$$

所以，$\dfrac{\mathrm{d}z}{\mathrm{d}x} = -\dfrac{2x\varphi_1' + \mathrm{e}^y\cos x \cdot \varphi_2'}{\varphi_z'}$.

将上述算得的 $\dfrac{\mathrm{d}y}{\mathrm{d}x}$，$\dfrac{\mathrm{d}z}{\mathrm{d}x}$ 代入式（1）得

$$\frac{\mathrm{d}w}{\mathrm{d}x} = f_x' + f_y'\cos x - f_z' \cdot \frac{2x\varphi_1' + \mathrm{e}^y\cos x \cdot \varphi_2'}{\varphi_z'}.$$

附注　在计算复合函数偏导数时，如果函数关系比较复杂，则应先画出这个复合函数的关

系图,然后根据关系图按复合函数求偏导数法则计算偏导数.

例 4.9 设函数 $z = z(x, y)$ 满足 $x^2 \dfrac{\partial z}{\partial x} + y^2 \dfrac{\partial z}{\partial y} = z^2$,又设

$$u = x, \quad v = \frac{1}{y} - \frac{1}{x}, \quad \psi = \frac{1}{z} - \frac{1}{x},$$

则函数 $\psi(u, v)$ 的偏导数 $\dfrac{\partial \psi}{\partial u} = $ _____.

分析 先画出 ψ 与自变量之间 u, v 的关系图,然后计算 $\dfrac{\partial \psi}{\partial u}$.

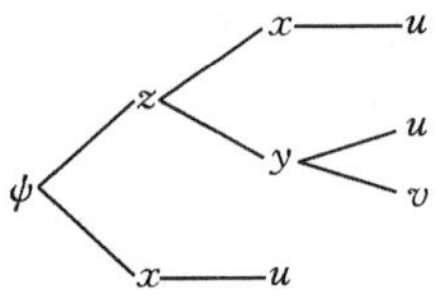

精解 由题设知,ψ 与 u, v 的复合函数关系图如图 4.9 所示.

所以,$\dfrac{\partial \psi}{\partial u} = -\dfrac{1}{z^2} \left(\dfrac{\partial z}{\partial x} \dfrac{\mathrm{d}x}{\mathrm{d}u} + \dfrac{\partial z}{\partial y} \dfrac{\partial y}{\partial u} \right) + \dfrac{1}{x^2} \dfrac{\mathrm{d}x}{\mathrm{d}u},$ (1)

图 4.9

由 $u = x, v = \dfrac{1}{y} - \dfrac{1}{x}$ 得 $x = u, y = \dfrac{u}{1 + uv}$,所以

$$\frac{\mathrm{d}x}{\mathrm{d}u} = 1,$$

$$\frac{\partial y}{\partial u} = \frac{(1 + uv) - uv}{(1 + uv)^2} = \frac{1}{(1 + uv)^2} = \left(\frac{y}{x} \right)^2.$$

将它们入式(1)得

$$\frac{\partial \psi}{\partial u} = -\frac{1}{z^2} \left[\frac{\partial z}{\partial x} + \frac{\partial z}{\partial y} \cdot \left(\frac{y}{x} \right)^2 \right] + \frac{1}{x^2} = -\frac{1}{z^2} \cdot \frac{1}{x^2} \left(x^2 \frac{\partial z}{\partial x} + y^2 \frac{\partial z}{\partial y} \right) + \frac{1}{x^2}$$

$$= -\frac{1}{x^2} \cdot \frac{1}{z^2} \cdot z^2 + \frac{1}{x^2} \left(\text{这里利用题设 } x^2 \frac{\partial z}{\partial x} + y^2 \frac{\partial z}{\partial y} = z^2 \right)$$

$$= 0.$$

附注 ψ 与 u, v 之间的复合函数关系比较复杂,因此必须先画出关系图,然后按图计算 $\dfrac{\partial \psi}{\partial u}$.

例 4.10 设 $f(x, y) = 3x + 4y - ax^2 - 2ay^2 - 2bxy$,则 $f(x, y)$ 有唯一极小值与有唯一极大值时,a, b 应分别满足的条件分别为 _____.

分析 先算出 $f(x, y)$ 的唯一可能极值点,然后分别确定,$f(x, y)$ 有唯一极小值与有唯一极大值时,a, b 应分别满足的条件.

精解 $\dfrac{\partial f}{\partial x} = 3 - 2ax - 2by, \dfrac{\partial f}{\partial y} = 4 - 4ay - 2bx$,要使方程组 $\begin{cases} \dfrac{\partial f}{\partial x} = 0, \\ \dfrac{\partial f}{\partial y} = 0 \end{cases}$ 即 $\begin{cases} ax + by = \dfrac{3}{2}, \\ bx + 2ay = 2 \end{cases}$,有唯

一解,该方程组的系数行列式必不为零,即 $2a^2 - b^2 \neq 0$,这时的唯一解记为 $x = x_0, y = y_0$.

由 $\dfrac{\partial^2 f}{\partial x^2} = -2a, \dfrac{\partial^2 f}{\partial x \partial y} = -2b, \dfrac{\partial^2 f}{\partial y^2} = -4a$ 知

$$\Delta = \left[\frac{\partial^2 f}{\partial x^2} \cdot \frac{\partial^2 f}{\partial y^2} - \left(\frac{\partial^2 f}{\partial x \partial y} \right)^2 \right] \Bigg|_{(x_0, y_0)} = 4(2a^2 - b^2).$$

因此,当 $\begin{cases} \Delta > 0, \\ \dfrac{\partial^2 f}{\partial x^2} > 0, \end{cases}$ 即 $2a^2 - b^2 > 0$ 且 $a < 0$ 时,$f(x, y)$ 有唯一极小值 $f(x_0, y_0)$;

当 $\begin{cases} \Delta>0, \\ \dfrac{\partial^2 f}{\partial x^2}<0, \end{cases}$ 即 $2a^2-b^2>0$ 且 $a>0$ 时，$f(x,y)$ 有唯一极

大值 $f(x_0,y_0)$.

附注 在 aOb 平面上，$f(x,y)$ 有唯一极小值的区域 D_1 $=\{(a,b)\,|\,2a^2-b^2>0,a<0\}$ 与有唯一极大值区域 $D_2=\{(a,b)\,|\,2a^2-b^2>0,a>0\}$，如图 4.10 所示.

例 4.11 求使二元函数

$$f_n(x,y)=\begin{cases} \dfrac{(x+y)^n}{x^2+y^2}, & x^2+y^2\neq0, \\ 0, & x^2+y=0 \end{cases}$$

在点 $(0,0)$ 处连续的正整数 n，并对以上的 n 计算二重积分 I_n $=\displaystyle\iint\limits_{D}f_n(x,y)\mathrm{d}\sigma$，其中 $D=\{(x,y)\,|\,x^2+y^2\leqslant1\}$.

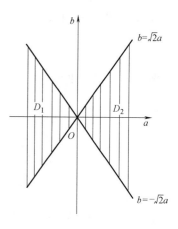

图 4.10

分析 对 $n=1,2,\cdots$ 检验 $f_n(x,y)$ 在点 $(0,0)$ 处的连续性，由此确定 n 的值，然后对上述 n，用极坐标计算二重积分 I_n.

精解 $f_1(x,y)=\begin{cases} \dfrac{x+y}{x^2+y^2}, & x^2+y^2\neq0, \\ 0, & x^2+y^2=0. \end{cases}$ 由于 $\displaystyle\lim_{\substack{(x,y)\to(0,0)\\ \text{沿直线}\,y=x}}f_1(x,y)=\lim_{x\to0}\dfrac{1}{x}$ 不存在，所

以，$f_1(x,y)$ 在点 $(0,0)$ 处不连续.

$$f_2(x,y)=\begin{cases} \dfrac{(x+y)^2}{x^2+y^2}, & x^2+y^2\neq0, \\ 0, & x^2+y^2=0. \end{cases}$$

由于

$$\lim_{\substack{(x,y)\to(0,0)\\ \text{沿直线}\,y=x}}f_2(x,y)=\lim_{x\to0}\dfrac{4x^2}{2x^2}=2, \qquad \lim_{\substack{(x,y)\to(0,0)\\ \text{沿直线}\,y=-x}}f_2(x,y)=\lim_{x\to0}\dfrac{0}{2x^2}=0,$$

所以，$f_2(x,y)$ 在点 $(0,0)$ 处不连续.

当 $n\geqslant3$ 时，由于

$$|f_n(x,y)|=\dfrac{(x+y)^2}{x^2+y^2}|(x+y)^{n-2}|\leqslant\left(1+\dfrac{|2xy|}{x^2+y^2}\right)|(x+y)^{n-2}|$$

$$\leqslant2|(x+y)^{n-2}|\to0\,((x,y)\to(0,0)),$$

所以，$f_n(x,y)$ 在点 $(0,0)$ 处连续.

对 $n\geqslant3$ 有

$$I_n=\iint\limits_{D}f_n(x,y)\mathrm{d}\sigma=\iint\limits_{D}\dfrac{(x+y)^n}{x^2+y^2}\mathrm{d}\sigma\xrightarrow{\text{极坐标}}\int_{-\frac{\pi}{4}}^{\pi-\frac{\pi}{4}}\mathrm{d}\theta\int_0^1 r^{n-1}(\cos\theta+\sin\theta)^n\mathrm{d}r$$

$$=\dfrac{1}{n}\int_{-\frac{\pi}{4}}^{\pi-\frac{\pi}{4}}2^{\frac{n}{2}}\sin^n\left(\theta+\dfrac{\pi}{4}\right)\mathrm{d}\theta\xrightarrow{\text{令}\,t=\theta+\frac{\pi}{4}}\dfrac{2^{\frac{n}{2}}}{n}\int_{-\pi}^{\pi}\sin^n t\,\mathrm{d}t.$$

171

于是,当 $n = 3, 5, \cdots$ 时,

$$I_n = \frac{2^{\frac{n}{2}}}{n} \int_{-\pi}^{\pi} \sin^n t \, \mathrm{d}t = 0;$$

当 $n = 4, 6, \cdots$ 时,

$$I_n = \frac{2^{\frac{n}{2}}}{n} \int_{-\pi}^{\pi} \sin^n t \, \mathrm{d}t = \frac{2^{\frac{n}{2}+1}}{n} \int_0^{\pi} \sin^n t \, \mathrm{d}t$$

$$= \frac{2^{\frac{n}{2}+2}}{n} \int_0^{\frac{\pi}{2}} \sin^n t \, \mathrm{d}t = \frac{2^{\frac{n}{2}+2}}{n} \cdot \frac{(n-1)(n-3)\cdots 1}{n(n-2)\cdots 2} \cdot \frac{\pi}{2}$$

$$= \frac{(n-1)(n-3)\cdots 3}{n^2(n-2)\cdots 2} \cdot 2^{\frac{n+2}{2}} \pi.$$

附注 证明二元函数极限 $\lim\limits_{(x,y)\to(x_0,y_0)} f(x,y)$ 不存在通常可用以下两种方法:

方法1:如果当 (x,y) 按某种方式趋于点 (x_0, y_0) 时, $\lim\limits_{(x,y)\to(x_0,y_0)} f(x,y)$ 不存在;

方法2:如果当 (x,y) 按某两种不同方式趋于点 (x_0, y_0) 时, $\lim\limits_{(x,y)\to(x_0,y_0)} f(x,y)$ 都存在,但不相等.

例4.12 设二元函数 $f(x,y) = \begin{cases} (a\sqrt{|x|} + x^2 + y^2 + b) \dfrac{\sin(xy^2)}{x^2 + y^4}, & x^2 + y^2 \neq 0, \\ 0, & x^2 + y^2 = 0 \end{cases}$ 在

点 $(0,0)$ 处可微.

(1) 求常数 a, b 的值;

(2) 按(1)求得的 a, b,求 $f''_{xy}(0,0)$ 和 $f''_{yx}(0,0)$.

分析 (1) 由 $f(x,y)$ 在点 $(0,0)$ 可微得方程组

$$\begin{cases} \lim\limits_{(\Delta x, \Delta y)\to(0,0)} f(\Delta x, \Delta y) = f(0,0), \\ \lim\limits_{(\Delta x, \Delta y)\to(0,0)} \dfrac{f(\Delta x, \Delta y) - f(0,0) - f'_x(0,0)\Delta x - f'_y(0,0)\Delta y}{\sqrt{(\Delta x)^2 + (\Delta y)^2}} = 0, \end{cases}$$

由此可确定 a, b 的值.

(2) 对于(1)确定的 a, b,先算出 $f'_x(x,y), f'_y(x,y)$,然后用定义计算 $f''_{xy}(0,0)$ 和 $f''_{yx}(0,0)$.

精解 (1) 由 $f(x,y)$ 在点 $(0,0)$ 处可微必在 $(0,0)$ 处连续,于是有方程组

$$\begin{cases} \lim\limits_{(\Delta x, \Delta y)\to(0,0)} f(\Delta x, \Delta y) = f(0,0), & (1) \\ \lim\limits_{(\Delta x, \Delta y)\to(0,0)} \dfrac{f(\Delta x, \Delta y) - f(0,0) - f'_x(0,0)\Delta x - f'_y(0,0)\Delta y}{\sqrt{(\Delta x)^2 + (\Delta y)^2}} = 0. & (2) \end{cases}$$

由式(1)知 $0 = \lim\limits_{\substack{(\Delta x, \Delta y)\to(0,0) \\ 沿\Delta x=(\Delta y)^2}} [a\sqrt{|\Delta x|} + (\Delta x)^2 + (\Delta y)^2 + b] \dfrac{\sin[\Delta x(\Delta y)^2]}{(\Delta x)^2 + (\Delta y)^4}$

$$= b \lim_{\Delta y \to 0} \frac{\sin(\Delta y)^4}{2(\Delta y)^4} = \frac{1}{2}b,$$

所以, $b = 0$.

将 $f'_x(0,0) = \lim\limits_{x\to 0} \dfrac{f(x,0) - f(0,0)}{x} = \lim\limits_{x\to 0} \dfrac{0}{x} = 0,$

$$f'_y(0,0) = \lim_{y \to 0} \frac{f(0,y) - f(0,0)}{y} = \lim_{y \to 0} \frac{0}{y} = 0,$$

及由上述计算的 $b = 0$ 代入式(2) 得

$$0 = \lim_{\substack{(\Delta x, \Delta y) \to (0,0) \\ \text{沿} \Delta x = (\Delta y)^2}} \frac{\left[a\sqrt{|\Delta x|} + (\Delta x)^2 + (\Delta y)^2 \right] \dfrac{\sin\left[\Delta x(\Delta y)^2\right]}{(\Delta x)^2 + (\Delta y)^4}}{\sqrt{(\Delta x)^2 + (\Delta y)^2}}$$

$$= \lim_{\Delta y \to 0} \frac{a|\Delta y| + (\Delta y)^4 + (\Delta y)^2}{|\Delta y| \sqrt{(\Delta y)^2 + 1}} \cdot \frac{\sin (\Delta y)^4}{2(\Delta y)^4} = \frac{1}{2}a,$$

所以 $a = 0$.

(2) 由(1)知 $f(x,y) = \begin{cases} \dfrac{x^2 + y^2}{x^2 + y^4} \sin (xy^2), & x^2 + y^2 \neq 0, \\ 0, & x^2 + y^2 = 0. \end{cases}$

当 $x^2 + y^2 \neq 0$ 时,

$$f'_x(x,y) = \frac{2x(y^4 - y^2)}{(x^2 + y^4)^2} \sin (xy^2) + \frac{(x^2 + y^2)y^2}{x^2 + y^4} \cos (xy^2),$$

所以, $f''_{xy}(0,0) = \lim_{y \to 0} \frac{f'_x(0,y) - f'_x(0,0)}{y} = \lim_{y \to 0} \frac{1}{y}$ 不存在.

当 $x^2 + y^2 \neq 0$ 时,

$$f'_y(x,y) = \frac{2y(x^2 + y^4) - (x^2 + y^2)4y^3}{(x^2 + y^4)^2} \sin (xy^2) + \frac{(x^2 + y^2)2xy}{x^2 + y^4} \cos (xy^2),$$

所以 $f''_{yx}(0,0) = \lim_{x \to 0} \frac{f'_y(x,0) - f'_y(0,0)}{x} = \lim_{x \to 0} \frac{0}{x} = 0.$

附注 注意以下的事实:

二元函数 $f(x,y)$ 在点 (x_0, y_0) 处可微必在点 (x_0, y_0) 处连续,但 $f'_x(x_0, y_0)$, $f'_y(x_0, y_0)$ 都存在时, $f(x,y)$ 在点 (x_0, y_0) 处未必可微也未必连续.

例 4.13 已知二元函数

$$f(x,y) = \begin{cases} \dfrac{x^3}{x^2 + y^2}, & (x,y) \neq (0,0), \\ 0, & (x,y) = (0,0). \end{cases}$$

(1)求 $f'_x(x,y)$, $f'_y(x,y)$;

(2)设方向 l 与 x 轴正方向的夹角为 α,求 $\left. \dfrac{\partial f(x,y)}{\partial l} \right|_{(0,0)}$;

(3)证明: $f(x,y)$ 在点 $(0,0)$ 连续而不可微.

分析 (1)先计算 $(x,y) \neq (0,0)$ 时的 $f'_x(x,y)$ 和 $f'_y(x,y)$,然后按偏导数定义计算 $f'_x(0,0)$ 和 $f'_y(0,0)$.

(2)按方向导数定义计算 $\left. \dfrac{\partial f(x,y)}{\partial l} \right|_{(0,0)}$.

(3)按函数连续与可微定义判定 $f(x,y)$ 在点 $(0,0)$ 处连续而不可微.

精解 (1)当 $(x,y) \neq (0,0)$ 时,

$$f'_x(x,y)=\frac{\partial}{\partial x}\left(\frac{x^3}{x^2+y^2}\right)=\frac{x^2(x^2+3y^2)}{(x^2+y^2)^2},$$

$$f'_y(x,y)=\frac{\partial}{\partial y}\left(\frac{x^3}{x^2+y^2}\right)=-\frac{2x^3y}{(x^2+y^2)^2}.$$

此外，$\quad f'_x(0,0)=\lim_{x\to 0}\frac{f(x,0)-f(0,0)}{x}=\lim_{x\to 0}\frac{x}{x}=1,$

$$f'_y(0,0)=\lim_{y\to 0}\frac{f(0,y)-f(0,0)}{y}=\lim_{y\to 0}\frac{0}{y}=0,$$

所以，$\quad f'_x(x,y)=\begin{cases}\dfrac{x^2(x^2+3y^2)}{(x^2+y^2)^2},&(x,y)\neq(0,0),\\[2mm]1,&(x,y)=(0,0);\end{cases}$

$$f'_y(x,y)=\begin{cases}-\dfrac{2x^3y}{(x^2+y^2)^2},&(x,y)\neq(0,0),\\[2mm]0,&(x,y)=(0,0).\end{cases}$$

(2)由于 l 方向的任一点可以表示成 $x=r\cos\alpha,y=r\sin\alpha(r\geqslant 0)$，所以

$$\left.\frac{\partial f(x,y)}{\partial l}\right|_{(0,0)}=\lim_{r\to 0^+}\frac{f(r\cos\alpha,r\sin\alpha)}{r}$$

$$=\lim_{r\to 0^+}\frac{\dfrac{r^3\cos^3\alpha}{r^2}}{r}=\cos^3\alpha.$$

(3)由于 $(x,y)\to(0,0)$ 时，$|f(x,y)|\leqslant\dfrac{x^2+y^2}{x^2+y^2}|x|=|x|\to 0$，所以

$$\lim_{(x,y)\to(0,0)}f(x,y)=0=f(0,0),$$

即 $f(x,y)$ 在点 $(0,0)$ 处连续．

由于 $(x,y)\neq(0,0)$ 时，

$$\frac{f(x,y)-f(0,0)-f'_x(0,0)x-f'_y(0,0)y}{\sqrt{x^2+y^2}}=\frac{\dfrac{x^3}{x^2+y^2}-x}{\sqrt{x^2+y^2}}=\frac{-xy^2}{(x^2+y^2)^{\frac{3}{2}}},$$

所以由 $\lim_{\substack{(x,y)\to(0,0)\\ \text{沿直线}y=x(x>0)}}\dfrac{f(x,y)-f(0,0)-f'_x(0,0)x-f'_y(0,0)y}{\sqrt{x^2+y^2}}=\lim_{x\to 0^+}\dfrac{-x^3}{2\sqrt{2}x^3}=-\dfrac{1}{2\sqrt{2}}\neq 0$

知 $f(x,y)$ 在点 $(0,0)$ 处不可微．

附注 由于 $f(x,y)$ 在点 $(0,0)$ 处不可微，所以(2)中的 $\left.\dfrac{\partial f(x,y)}{\partial l}\right|_{(0,0)}$ 不能按公式

$$\left.\frac{\partial f(x,y)}{\partial l}\right|_{(0,0)}=f'_x(0,0)\cos\alpha+f'_y(0,0)\sin\alpha$$

计算,应像题解那样按方向导数定义计算．

例 4.14 设二元函数 $f(x,y)$ 可微,l_1,l_2 是两个给定的方向,它们之间的夹角为 $\varphi\in(0,\pi)$,证明：

$$(f'_x)^2+(f'_y)^2\leqslant\frac{2}{\sin^2\varphi}\left[\left(\frac{\partial f}{\partial l_1}\right)^2+\left(\frac{\partial f}{\partial l_2}\right)^2\right].$$

分析　按方向导数的计算公式写出 $\dfrac{\partial f}{\partial \boldsymbol{l}_1},\dfrac{\partial f}{\partial \boldsymbol{l}_2}$ 即可证明所给的不等式.

精解　设 $\boldsymbol{l}_1$ 与 x 轴正向夹角为 θ,则 $\boldsymbol{l}_1$ 的方向余弦为 $(\cos\theta,\sin\theta)$,$\boldsymbol{l}_2$ 的方向余弦为 $(\cos(\theta+\varphi),\sin(\theta+\varphi))$,于是由 $f(x,y)$ 可微得

$$\frac{\partial f}{\partial \boldsymbol{l}_1}=f'_x\cos\theta+f'_y\sin\theta,$$

$$\frac{\partial f}{\partial \boldsymbol{l}_2}=f'_x\cos(\theta+\varphi)+f'_y\sin(\theta+\varphi),$$

即

$$f'_x=\frac{1}{\sin\varphi}\left[\frac{\partial f}{\partial \boldsymbol{l}_1}\sin(\theta+\varphi)-\frac{\partial f}{\partial \boldsymbol{l}_2}\sin\theta\right],$$

$$f'_y=\frac{1}{\sin\varphi}\left[-\frac{\partial f}{\partial \boldsymbol{l}_1}\cos(\theta+\varphi)+\frac{\partial f}{\partial \boldsymbol{l}_2}\cos\theta\right].$$

所以,

$$(f'_x)^2+(f'_y)^2=\frac{1}{\sin^2\varphi}\left[\left(\frac{\partial f}{\partial \boldsymbol{l}_1}\right)^2+\left(\frac{\partial f}{\partial \boldsymbol{l}_2}\right)^2-2\frac{\partial f}{\partial \boldsymbol{l}_1}\cdot\frac{\partial f}{\partial \boldsymbol{l}_2}\cos\varphi\right]$$

$$\leqslant\frac{1}{\sin^2\varphi}\left[\left(\frac{\partial f}{\partial \boldsymbol{l}_1}\right)^2+\left(\frac{\partial f}{\partial \boldsymbol{l}_2}\right)^2+2\left|\frac{\partial f}{\partial \boldsymbol{l}_1}\right|\left|\frac{\partial f}{\partial \boldsymbol{l}_2}\right|\right]$$

$$\leqslant\frac{2}{\sin^2\varphi}\left[\left(\frac{\partial f}{\partial \boldsymbol{l}_1}\right)^2+\left(\frac{\partial f}{\partial \boldsymbol{l}_2}\right)^2\right].$$

附注　由于 $f(x,y)$ 可微,所以可以用方向导数计算公式计算 $\dfrac{\partial f}{\partial \boldsymbol{l}_1}$ 与 $\dfrac{\partial f}{\partial \boldsymbol{l}_2}$.

例 4.15　某公司通过电视和报纸两种形式作广告,已知销售收入 R(万元)与电视广告费 x(万元)、报纸广告费 y(万元)有如下关系:

$$R(x,y)=13+15x+33y-8xy-2x^2-10y^2.$$

(1) 在广告费不限条件下,求最佳广告策略及获取的利润;

(2) 如果提供的广告费用是 2 万元,求相应的最佳广告策略及获取的利润.

分析　利润函数

$$L(x,y)=R(x,y)-(x+y)\quad(x\geqslant0,y\geqslant0).$$

(1) 计算 $L(x,y)$ 的最大值;

(2) 计算 $L(x,y)$ 在 $x+y=2$ 条件下的最大值.

精解　利润函数为

$$L(x,y)=R(x,y)-(x+y)=13+14x+32y-8xy-2x^2-10y^2\;(x\geqslant0,y\geqslant0),$$

(1) $\dfrac{\partial L(x,y)}{\partial x}=14-8y-4x,\dfrac{\partial L(x,y)}{\partial y}=32-8x-20y.$

解方程组 $\begin{cases}\dfrac{\partial L}{\partial x}=0,\\[2mm]\dfrac{\partial L}{\partial y}=0\end{cases}$ 得唯一驻点 $(1.5,1)$. 由问题的实际意义知 L 在 $x\geqslant0,y\geqslant0$ 时存在最大

值,所以 L 的最大值 $L(1.5,1)=39.5$,即电视广告费与报纸广告费分别为 1.5 万元与 1 万元

为最佳广告策略,获取的利润为 39.5 万元.

(2) 本小题是在 $x+y=2$ 的条件下,计算 $L(x,y)$ 的最大值,因此用拉格朗日乘数法.记拉格朗日函数

$$F(x,y)=L(x,y)+\lambda(x+y-2)$$
$$=13+14x+32y-8xy-2x^2-10y^2+\lambda(x+y-2).$$

$$\frac{\partial F}{\partial x}=14-8y-4x+\lambda,\ \frac{\partial F}{\partial y}=32-8x-20y+\lambda.$$

解方程组 $\begin{cases}\dfrac{\partial L}{\partial x}=0,\\[2mm]\dfrac{\partial L}{\partial y}=0,\\[2mm]x+y=2,\end{cases}$ 即 $\begin{cases}14-8y-4x+\lambda=0,\\32-8x-20y+\lambda=0,\\x+y=2\end{cases}$ 得唯一解: $x=0.75,y=1.25$.

由问题的实际意义知,在 $x+y=2$ 时,L 必有最大值,所以 L 的最大值为 $L(0.75,1.25)=39.25$,即电视广告费与报纸广告费分别为 0.75 万元与 1.25 万元为最佳广告策略,获取的利润为 39.25 万元.

附注 照理 $L(1.5,1)$ 与 $L(0.75,1.25)$ 分别是(1)与(2)题的最大值这一结论应进行检验,但对实际问题可以根据问题的意义直接断定这一结论,而可略去检验这一步.

例 4.16 设函数 $f(x,y,z)$ 连续,且 $\displaystyle\int_0^1\mathrm{d}x\int_0^{\sqrt{1-x^2}}\mathrm{d}y\int_{\frac{1}{4}(x^2+y^2)}^{\frac{1}{4}}f(x,y,z)\mathrm{d}z=\iiint\limits_{\Omega}f(x,y,z)\mathrm{d}v$,求 Ω 的边界曲面 S 上的点 $P(x_0,y_0,z_0)$,使 S 在点 P 处的切平面 π 经过曲线 Γ: $\begin{cases}x^2-y^2+z^2=1,\\xy+xz=-2\end{cases}$ 在点 $Q(1,-1,-1)$ 处的切线 l.

分析 先确定 l 的方程和计算 S 的方程,然后用平面束方法计算点 P 的坐标 (x_0,y_0,z_0).

精解 记 $F(x,y,z)=x^2-y^2+z^2-1,G(x,y,z)=xy+xz+2$,则曲线 Γ 在点 $Q(1,-1,-1)$ 处的切向量为

$$(F_x',F_y',F_z')|_Q\times(G_x',G_y',G_z')|_Q=\begin{vmatrix}\boldsymbol{i}&\boldsymbol{j}&\boldsymbol{k}\\2&2&-2\\-2&1&1\end{vmatrix}=(4,2,6),$$

所以,曲线 Γ 在点 Q 处的切线 l 的方程为

$$\frac{x-1}{4}=\frac{y+1}{2}=\frac{z+1}{6},$$

即

$$\begin{cases}x-2y-3=0,\\3x-2z-5=0.\end{cases}$$

由 $\displaystyle\int_0^1\mathrm{d}x\int_0^{\sqrt{1-x^2}}\mathrm{d}y\int_{\frac{1}{4}(x^2+y^2)}^{\frac{1}{4}}f(x,y,z)\mathrm{d}z=\iiint\limits_{\Omega}f(x,y,z)\mathrm{d}v$ 知,

$$\Omega = \left\{ (x,y,z) \,\middle|\, \frac{1}{4}(x^2+y^2) \leqslant z \leqslant \frac{1}{4}, 0 \leqslant y \leqslant \sqrt{1-x^2}, 0 \leqslant x \leqslant 1 \right\},$$

即 Ω 是由抛物面 $z = \frac{1}{4}(x^2+y^2)$ 的第一象限部分与三个平面 $x=0, y=0, z=\frac{1}{4}$ 围成的立体.

记 $S = S_1 + S_2$，其中 S_1 是 S 位于三个平面上的部分，S_2 是 S 位于抛物面上部分. 由于上述三个平面的切平面即为它们自己，不可能经过 l，因此点 $P(x_0,y_0,z_0)$ 要从 S_2 上去寻找.

设过 l 的切平面 π 的方程为

$$(3x-2z-5) + \lambda(x-2y-3) = 0,$$

即

$$(\lambda+3)x - 2\lambda y - 2z = 3\lambda + 5 \quad (\lambda \text{ 是待定常数}).$$

记 $H(x,y,z) = \frac{1}{4}(x^2+y^2) - z$，则 S_2 在点 $P(x_0,y_0,z_0)$ 的法向量为

$$(H'_x, H'_y, H'_z)\big|_P = \left(\frac{1}{2}x, \frac{1}{2}y, -1\right)\bigg|_P = \left(\frac{1}{2}x_0, \frac{1}{2}y_0, -1\right),$$

于是有以下方程组

$$
\begin{cases}
\dfrac{\lambda+3}{\frac{1}{2}x_0} = \dfrac{-2\lambda}{\frac{1}{2}y_0} = \dfrac{-2}{-1}, & (1) \\[3mm]
(\lambda+3)x_0 - 2\lambda y_0 - 2z_0 = 3\lambda + 5, & (2) \\[3mm]
z_0 = \dfrac{1}{4}(x_0^2 + y_0^2). & (3)
\end{cases}
$$

由式(1)得

$$x_0 = \lambda + 3, \quad y_0 = -2\lambda. \tag{4}$$

将它们代入式(3)得

$$z_0 = \frac{1}{4}(5\lambda^2 + 6\lambda + 9). \tag{5}$$

将式(4)、式(5)代入式(2)得

$$(\lambda+3)^2 + 4\lambda^2 - \frac{1}{2}(5\lambda^2 + 6\lambda + 9) = 3\lambda + 5,$$

即 $\lambda = -\dfrac{1}{\sqrt{5}} \left(\text{另一个根 } \lambda = \dfrac{1}{\sqrt{5}} \text{不合题意，舍去}\right)$. 由此得到

$$x_0 = 3 - \frac{1}{\sqrt{5}}, \quad y_0 = \frac{2}{\sqrt{5}}, \quad z_0 = \frac{5}{2} - \frac{3}{2\sqrt{5}},$$

即 $P = \left(3 - \dfrac{1}{\sqrt{5}}, \dfrac{2}{\sqrt{5}}, \dfrac{5}{2} - \dfrac{3}{2\sqrt{5}}\right)$.

附注　要确定过直线 $l: \begin{cases} A_1 x + B_1 y + C_1 z + D_1 = 0, \\ A_2 x + B_2 y + C_2 z + D_2 = 0 \end{cases}$（其中 A_1, B_1, C_1 与 A_2, B_2, C_2 不成比例）以及满足某些其他条件的平面方程时，通常采用平面束方法. 过直线 l 的平面束方程为

$$(A_1 x + B_1 y + C_1 z + D_1) + \lambda(A_2 x + B_2 y + C_2 z + D_2) = 0.$$

例 4.17 求空间曲线 $\begin{cases} x^2+y^2+z^2=\dfrac{9}{4}, \\ 3x^2+(y-1)^2+z^2=\dfrac{17}{4} \end{cases}$ 上对应 $x=1$ 的点处的切线方程与法平面方程.

分析 先由曲线方程算出对应 $x=1$ 的点,然后算出该点处的曲线的切向量(即法平面的法向量)即可.

精解 当 $x=1$ 时,曲线方程成为

$$\begin{cases} y^2+z^2=\dfrac{5}{4}, \\ (y-1)^2+z^2=\dfrac{5}{4}, \end{cases} \quad \text{它的解为 } y=\dfrac{1}{2}, z=1 \text{ 及 } y=\dfrac{1}{2}, z=-1.$$

所以,曲线上对应 $x=1$ 的点为 $A\left(1,\dfrac{1}{2},1\right)$ 和 $B\left(1,\dfrac{1}{2},-1\right)$.

记 $F(x,y,z)=x^2+y^2+z^2-\dfrac{9}{4}$,$Q(x,y,z)=3x^2+(y-1)^2+z^2-\dfrac{17}{4}$,则

$$F'_x=2x, F'_y=2y, F'_z=2z; Q'_x=6x, Q'_y=2(y-1), Q'_z=2z.$$

(1)曲线在点 $A\left(1,\dfrac{1}{2},1\right)$ 处的切向量为

$$\begin{vmatrix} \boldsymbol{i} & \boldsymbol{j} & \boldsymbol{k} \\ 2 & 1 & 2 \\ 6 & -1 & 2 \end{vmatrix}=4\boldsymbol{i}+8\boldsymbol{j}-8\boldsymbol{k},$$

所以,曲线在点 A 处的切线方程为

$$\frac{x-1}{4}=\frac{y-\dfrac{1}{2}}{8}=\frac{z-1}{-8}, \text{即 } x-1=\frac{2y-1}{4}=\frac{z-1}{-2}.$$

法平面方程为

$$4(x-1)+8\left(y-\frac{1}{2}\right)-8(z-1)=0, \text{即 } x+2y-2z=0.$$

(2)曲线在点 $B\left(1,\dfrac{1}{2},-1\right)$ 处的切向量为

$$\begin{vmatrix} \boldsymbol{i} & \boldsymbol{j} & \boldsymbol{k} \\ 2 & 1 & -2 \\ 6 & -1 & -2 \end{vmatrix}=-4\boldsymbol{i}-8\boldsymbol{j}-8\boldsymbol{k},$$

所以,曲线在点 B 处的切线方程为

$$\frac{x-1}{-4}=\frac{y-\dfrac{1}{2}}{-8}=\frac{z+1}{-8}, \text{即 } x-1=\frac{2y-1}{4}=\frac{z+1}{2}.$$

法平面方程为

$$-4(x-1)-8\left(y-\frac{1}{2}\right)-8(z+1)=0, \text{即 } x+2y+2z=0.$$

附注 设空间曲线方程为

$$\begin{cases} F(x,y,z)=0, \\ G(x,y,z)=0, \end{cases}$$

则该曲线在点 Q 处的切向量或法平面的法向量为

$$\begin{vmatrix} \boldsymbol{i} & \boldsymbol{j} & \boldsymbol{k} \\ F'_x & F'_y & F'_z \\ G'_x & G'_y & G'_z \end{vmatrix}_Q.$$

例 4.18 设锥面 $S: z=\sqrt{4+x^2+4y^2}$，平面 $\pi: x+2y+2z=2$，求以点 P 为中心与 π 相切的球面方程与切点坐标，其中 P 是 S 上到 π 距离最小的点.

分析 用拉格朗日乘数法确定点 P 的坐标及其到 π 的距离，由此即可写出所求的球面方程，并且过点 P 且与 π 垂直的直线与 π 的交点即为切点.

精解 S 上任一点 (x,y,z) 到 π 的距离为

$$d(x,y,z)=\frac{|x+2y+2z-2|}{\sqrt{1^2+2^2+2^2}}=\frac{1}{3}|x+2y+2z-2|.$$

作拉格朗日函数

$$F(x,y,z;\lambda)=(x+2y+2z-2)^2+\lambda(4+x^2+4y^2-z^2) \quad (z\geqslant 2),$$

则

$$F'_x=2(x+2y+2z-2)+2\lambda x,$$
$$F'_y=4(x+2y+2z-2)+8\lambda y,$$
$$F'_z=4(x+2y+2z-2)-2\lambda z.$$

所以由拉格朗日乘数法得

$$\begin{cases} F'_x=0, \\ F'_y=0, \\ F'_z=0, \\ 4+x^2+4y^2-z^2=0, \end{cases} \quad 即 \quad \begin{cases} 2(x+2y+2z-2)+2\lambda x=0, & (1) \\ 4(x+2y+2z-2)+8\lambda y=0, & (2) \\ 4(x+2y+2z-2)-2\lambda z=0, & (3) \\ 4+x^2+4y^2-z^2=0. & (4) \end{cases}$$

由式(1)、式(3)得 $x=-\frac{1}{2}z$；由式(2)、式(3)得 $y=-\frac{1}{4}z$，将它们代入式(4)得 $z=2\sqrt{2}$，所以 $(x+2y+2z-2)^2$ 在约束条件 $4+x^2+4y^2-z^2=0$ 下，有唯一的可能极值点 $\left(-\sqrt{2},-\frac{\sqrt{2}}{2},2\sqrt{2}\right)$.

由问题的实际意义知，S 上到 π 的距离最小的点是存在的，它就是点 $\left(-\sqrt{2},-\frac{\sqrt{2}}{2},2\sqrt{2}\right)$，因此 $P=\left(-\sqrt{2},-\frac{\sqrt{2}}{2},2\sqrt{2}\right)$，最小距离为 $d\left(-\sqrt{2},-\frac{\sqrt{2}}{2},2\sqrt{2}\right)=\frac{2}{3}(\sqrt{2}-1)$.

由此可知，以 P 为中心与 π 相切的球面方程为

$$(x+\sqrt{2})^2+\left(y+\frac{\sqrt{2}}{2}\right)^2+(z-2\sqrt{2})^2=\frac{4}{9}(3-2\sqrt{2}).$$

下面计算切点坐标：

过点 P 作 π 的垂线 l，则 l 的方程为

$$\frac{x+\sqrt{2}}{1}=\frac{y+\frac{\sqrt{2}}{2}}{2}=\frac{z-2\sqrt{2}}{2},$$

即

$$\begin{cases} x = -\sqrt{2} + t, \\ y = -\dfrac{\sqrt{2}}{2} + 2t, \\ z = 2\sqrt{2} + 2t, \end{cases} \tag{5}$$

将它代入 π 的方程得

$$(-\sqrt{2} + t) + 2\left(-\dfrac{\sqrt{2}}{2} + 2t\right) + 2(2\sqrt{2} + 2t) = 2,$$

即 $t = \dfrac{2}{9}(1 - \sqrt{2})$. 将它代入式(5)得切点坐标为

$$\left(\dfrac{1}{9}(2 - 11\sqrt{2}), \dfrac{1}{18}(8 - 18\sqrt{2}), \dfrac{2}{9}(2 - 7\sqrt{2})\right).$$

附注 空间直线与平面交点往往可按以下方法快捷算得:

先将空间直线方程改写成参数方程,然后将它代入平面方程即可确定交点的参数值,再将此参数值代入参数方程即可确定交点的坐标.

例 4.19 求二元函数 $f(x, y) = x^2 - xy + y^2 - 2x + y$ 在 xOy 平面上的最值.

分析 先说明 $f(x, y)$ 无最大值,然后计算它的最小值.

精解 由 $f(x, y) = x^2 + y^2 - xy - 2x + y \geqslant \dfrac{1}{2}(x^2 + y^2) - 2x + y$ 知

$$\lim_{x \to \infty} f(x, y) = +\infty, \lim_{y \to \infty} f(x, y) = +\infty \tag{1}$$

因此 $f(x, y)$ 在 xOy 平面上无最大值.

由 $\begin{cases} f'_x(x, y) = 0, \\ f'_y(x, y) = 0, \end{cases}$ 即 $\begin{cases} 2x - y = 2, \\ -x + 2y = -1 \end{cases}$ 得 $x = 1, y = 0$,即 $f(x, y)$ 在 xOy 平面上有唯一驻点,

由于 $f''_{xx}(x, y) = 2 > 0$,以及由 $f''_{yy}(x, y) = 2, f''_{xy}(x, y) = -1$ 得

$$\{f''_{xx}(x, y) f''_{yy}(x, y) - [f''_{xy}(x, y)]^2\}_{(1,0)} = 3 > 0,$$

所以 $f(1, 0) = -1$ 是 $f(x, y)$ 的唯一的极小值.

由式(1)可知,存在 $M > 1$,当 $|x| > M$ 或 $|y| > M$ 时

$$f(x, y) > -1 = f(1, 0). \tag{2}$$

而在有界闭区域 $D = \{(x, y) \mid |x| \leqslant M, |y| \leqslant M\}$ 上 $f(x, y)$ 的最小值即为极小值 $f(1, 0) = -1$. 因此结合式(2)知, $f(x, y)$ 在 xOy 平面的最小值为 -1.

附注 设函数 $f(x, y)$ 在 D 上连续且在 D 的内部有唯一的极小值点(极大值点)(x_0, y_0),则当 D 是有界区域时, $f(x_0, y_0)$ 必是 $f(x, y)$ 在 D 上的最小值(最大值);当 D 是无界区域时,以上结论未必正确.

例 4.20 设二元函数 $f(x, y)$ 在圆周 $C: x^2 + y^2 = a^2 (a > 0)$ 上连续,证明:存在 C 的一条直径(它的两个端点为 $(x_0, y_0), (x_1, y_1)$),使得 $f(x_0, y_0) = f(x_1, y_1)$

分析 令 $x = a\cos\theta, y = a\sin\theta$,则 C 上的 f 转换成 θ 的连续函数,然后利用零点定理即可得到结论.

精解　C 的参数方程为 $\begin{cases} x=a\cos\theta, \\ y=a\sin\theta \end{cases} (0\leqslant\theta\leqslant2\pi)$，所以

$$f(x,y)\big|_C=f(a\cos\theta,a\sin\theta)\xlongequal{记}\varphi(\theta),$$

则 $\varphi(\theta)$ 在 $[0,2\pi]$ 上连续，且是周期为 2π 的周期函数．

本题就是证明存在 $\theta_0\in[0,\pi]$，使得

$$\varphi(\theta_0)=\varphi(\pi+\theta_0).$$

将上式中的 θ_0 改为 θ 得 $\varphi(\theta)=\varphi(\pi+\theta)(\theta\in[0,\pi])$，故记

$$F(\theta)=\varphi(\theta)-\varphi(\pi+\theta),$$

则 $F(\theta)$ 在 $[0,\pi]$ 上连续，且

$$\begin{aligned}
F(0)F(\pi)&=[\varphi(0)-\varphi(\pi)][\varphi(\pi)-\varphi(2\pi)]\\
&=[\varphi(0)-\varphi(\pi)][\varphi(\pi)-\varphi(0)]（利用 \varphi(\theta) 的周期性）\\
&\leqslant0.
\end{aligned}$$

所以由零点定理（推广形式）知，存在 $\theta_0\in[0,\pi]$，使得 $F(\theta_0)=0$，即 $\varphi(\theta_0)=\varphi(\pi+\theta_0)$，或者

$$f(a\cos\theta_0,a\sin\theta_0)=f(a\cos(\pi+\theta_0);a\sin(\pi+\theta_0)).$$

由此表明，在 C 上存在两点 (x_0,y_0) 和 (x_1,y_1)，其中 $x_0=a\cos\theta_0$，$y_0=a\sin\theta_0$，$x_1=a\cos(\pi+\theta_0)$，$y_1=a\sin(\pi+\theta_0)$（它们是 C 的直径上的两个端点），使得

$$f(x_0,y_0)=f(x_1,y_1).$$

附注　本题获证的关键是将 C 用参数方程表示，由此把 C 上的二元函数 $f(x,y)$ 转换成一元函数 $\varphi(\theta)$，然后可考虑应用零点定理．

B　组

例 4.21　设函数 $f(x),g(x)$ 是具有连续导数的函数，且
$$w=yf(xy)\mathrm{d}x+xg(xy)\mathrm{d}y.$$
(1) 如果存在函数 $u=u(x,y)$，使得 $\mathrm{d}u=w$，求 $f(x)-g(x)$；

(2) 如果 $f(x)=\varphi'(x)$，求函数 $u=u(x,y)$，使得 $\mathrm{d}u=w$．

分析　(1) 由 $\mathrm{d}u=w$ 知 $\dfrac{\partial[yf(xy)]}{\partial y}=\dfrac{\partial[xg(xy)]}{\partial x}$，由此可以算出 $f(x)-g(x)$．

(2) 在题设条件下，
$$\mathrm{d}u=yf(xy)\mathrm{d}x+xg(xy)\mathrm{d}y,$$
将 $f(x)=\varphi'(x)$ 及利用 (1) 算得的结果代入上式右边，得 $\mathrm{d}u=\mathrm{d}F(x,y)$，则 $u=F(x,y)+C$．

精解　(1) 由 $\mathrm{d}u=w$ 知

$$\frac{\partial[yf(xy)]}{\partial y}=\frac{\partial[xg(xy)]}{\partial x}，即\ f(xy)+xyf'(xy)=g(xy)+xyg'(xy). \tag{1}$$

记 $t=xy,h(t)=f(t)-g(t)$，则式(1)成为

$$th'(t)+h(t)=0,即[th(t)]'=0.$$

所以 $h(t)=\dfrac{C_1}{t}$，从而 $f(x)-g(x)=\dfrac{C_1}{x}$．

(2) 由于 $\mathrm{d}u = yf(xy)\mathrm{d}x + xg(xy)\mathrm{d}y = y\varphi'(xy)\mathrm{d}x + \left[x\varphi'(xy) - \dfrac{C_1}{y}\right]\mathrm{d}y$

$$= y\varphi'(xy)\mathrm{d}x + x\varphi'(xy)\mathrm{d}y - \dfrac{C_1}{y}\mathrm{d}y = \mathrm{d}[\varphi(xy) - C_1\ln|y|],$$

所以 $u = \varphi(xy) - C_1\ln|y| + C_2$.

附注 当 $u(x,y)\mathrm{d}x + v(x,y)\mathrm{d}y$ 是某个二元函数的全微分(其中 $u(x,y), v(x,y)$ 都具有连续的偏导数)时, 有 $\dfrac{\partial u(x,y)}{\partial y} = \dfrac{\partial v(x,y)}{\partial x}$.

例 4.22 设 $u = \dfrac{1}{2}(x+y)$, $v = \dfrac{1}{2}(x-y)$, $w = z\mathrm{e}^y$, 取 u, v 为新自变量, 记此时的 $w = z\mathrm{e}^y$ 为 $w = w(u,v)$. 求方程

$$\frac{\partial^2 z}{\partial x^2} + \frac{\partial^2 z}{\partial x\partial y} + \frac{\partial z}{\partial x} = z$$

在 $w = w(u,v)$ 及新变量 u, v 下的表示形式.

分析 将 z 表示成 $z = w(u,v)\mathrm{e}^{-y}$, $u = \dfrac{1}{2}(x+y)$, $v = \dfrac{1}{2}(x-y)$ 的复合函数后计算 $\dfrac{\partial z}{\partial x}$, $\dfrac{\partial^2 z}{\partial x^2}$, $\dfrac{\partial^2 z}{\partial x\partial y}$, 即可得到所求的形式.

精解 由 $z = w(u,v)\mathrm{e}^{-y}$, $u = \dfrac{1}{2}(x+y)$, $v = \dfrac{1}{2}(x-y)$ 得

$$\frac{\partial z}{\partial x} = \left(\frac{\partial w}{\partial u}\frac{\partial u}{\partial x} + \frac{\partial w}{\partial v}\frac{\partial v}{\partial x}\right)\mathrm{e}^{-y} = \frac{1}{2}\left(\frac{\partial w}{\partial u} + \frac{\partial w}{\partial v}\right)\mathrm{e}^{-y}. \tag{1}$$

求式(1)的全微分得

$$\mathrm{d}\left(\frac{\partial z}{\partial x}\right) = \mathrm{d}\left[\frac{1}{2}\left(\frac{\partial w}{\partial u} + \frac{\partial w}{\partial v}\right)\mathrm{e}^{-y}\right] = \frac{1}{2}\mathrm{d}\left(\frac{\partial w}{\partial u} + \frac{\partial w}{\partial v}\right)\mathrm{e}^{-y} + \frac{1}{2}\left(\frac{\partial w}{\partial u} + \frac{\partial w}{\partial v}\right)\mathrm{d}\mathrm{e}^{-y}$$

$$= \frac{1}{2}\left(\frac{\partial^2 w}{\partial^2 u}\mathrm{d}u + \frac{\partial^2 w}{\partial u\partial v}\mathrm{d}v + \frac{\partial^2 w}{\partial v\partial u}\mathrm{d}u + \frac{\partial^2 w}{\partial v^2}\mathrm{d}v\right)\mathrm{e}^{-y} - \frac{1}{2}\left(\frac{\partial w}{\partial u} + \frac{\partial w}{\partial v}\right)\mathrm{e}^{-y}\mathrm{d}y$$

$$= \frac{1}{4}\left[\frac{\partial^2 w}{\partial u^2}(\mathrm{d}x+\mathrm{d}y) + \frac{\partial^2 w}{\partial u\partial v}(\mathrm{d}x-\mathrm{d}y) + \frac{\partial^2 w}{\partial u\partial v}(\mathrm{d}x+\mathrm{d}y) + \frac{\partial^2 w}{\partial v^2}(\mathrm{d}x-\mathrm{d}y)\right]\mathrm{e}^{-y} -$$

$$\frac{1}{2}\left(\frac{\partial w}{\partial u} + \frac{\partial w}{\partial v}\right)\mathrm{e}^{-y}\mathrm{d}y,$$

即 $\dfrac{\partial^2 z}{\partial x^2}\mathrm{d}x + \dfrac{\partial^2 z}{\partial x\partial y}\mathrm{d}y = \dfrac{1}{4}\left(\dfrac{\partial^2 w}{\partial u^2} + 2\dfrac{\partial^2 w}{\partial u\partial v} + \dfrac{\partial^2 w}{\partial v^2}\right)\mathrm{e}^{-y}\mathrm{d}x +$

$$\left[\frac{1}{4}\left(\frac{\partial^2 w}{\partial u^2} - \frac{\partial^2 w}{\partial v^2}\right)\mathrm{e}^{-y} - \frac{1}{2}\left(\frac{\partial w}{\partial u} + \frac{\partial w}{\partial v}\right)\mathrm{e}^{-y}\right]\mathrm{d}y,$$

所以,

$$\frac{\partial^2 z}{\partial x^2} = \frac{1}{4}\left(\frac{\partial^2 w}{\partial u^2} + 2\frac{\partial^2 w}{\partial u\partial v} + \frac{\partial^2 w}{\partial v^2}\right)\mathrm{e}^{-y},$$

$$\frac{\partial^2 z}{\partial x\partial y} = \frac{1}{4}\left(\frac{\partial^2 w}{\partial u^2} - \frac{\partial^2 w}{\partial v^2}\right)\mathrm{e}^{-y} - \frac{1}{2}\left(\frac{\partial w}{\partial u} + \frac{\partial w}{\partial v}\right)\mathrm{e}^{-y}.$$

于是 $\dfrac{\partial^2 z}{\partial x^2} + \dfrac{\partial^2 z}{\partial x\partial y} + \dfrac{\partial z}{\partial x}$

$$= \frac{1}{4}\left(\frac{\partial^2 w}{\partial u^2} + 2\frac{\partial^2 w}{\partial u\partial v} + \frac{\partial^2 w}{\partial v^2}\right)\mathrm{e}^{-y} + \frac{1}{4}\left(\frac{\partial^2 w}{\partial u^2} - \frac{\partial^2 w}{\partial v^2}\right)\mathrm{e}^{-y} -$$

$$\frac{1}{2}\left(\frac{\partial w}{\partial u}+\frac{\partial w}{\partial v}\right)e^{-y}+\frac{1}{2}\left(\frac{\partial w}{\partial u}+\frac{\partial w}{\partial v}\right)e^{-y}$$

$$=\frac{1}{2}\left(\frac{\partial^2 w}{\partial u^2}+\frac{\partial^2 w}{\partial u\partial v}\right)e^{-y}.$$

由此得到,所给方程在 $w=w(u,v)$ 及新变量 u,v 下成为

$$\frac{\partial^2 w}{\partial u^2}+\frac{\partial^2 w}{\partial u\partial v}=2w.$$

附注 当同时要计算多个偏导数或高阶偏导数时,往往通过计算全微分来得到.

例如,设 $w=f(u,v),u=u(x,y),v=v(x,y)$,则 $\dfrac{\partial w}{\partial x},\dfrac{\partial w}{\partial y}$ 可由计算 $\mathrm{d}w$ 同时得到.

由于 $\mathrm{d}w=\mathrm{d}f(u,v)=\dfrac{\partial f}{\partial u}\mathrm{d}u+\dfrac{\partial f}{\partial v}\mathrm{d}v$(全微分形式不变性)

$$=\frac{\partial f}{\partial u}\left(\frac{\partial u}{\partial x}\mathrm{d}x+\frac{\partial u}{\partial y}\mathrm{d}y\right)+\frac{\partial f}{\partial v}\left(\frac{\partial v}{\partial x}\mathrm{d}x+\frac{\partial v}{\partial y}\mathrm{d}y\right)$$

$$=\left(\frac{\partial f}{\partial u}\frac{\partial u}{\partial x}+\frac{\partial f}{\partial v}\frac{\partial v}{\partial x}\right)\mathrm{d}x+\left(\frac{\partial f}{\partial u}\frac{\partial u}{\partial y}+\frac{\partial f}{\partial v}\frac{\partial v}{\partial y}\right)\mathrm{d}y,$$

所以,同时得到

$$\frac{\partial w}{\partial x}=\frac{\partial f}{\partial u}\frac{\partial u}{\partial x}+\frac{\partial f}{\partial v}\frac{\partial v}{\partial x},\frac{\partial w}{\partial y}=\frac{\partial f}{\partial u}\frac{\partial u}{\partial y}+\frac{\partial f}{\partial v}\frac{\partial v}{\partial y}.$$

同样,$\dfrac{\partial^2 w}{\partial x^2},\dfrac{\partial^2 w}{\partial x\partial y}$ 可由计算 $\mathrm{d}\left(\dfrac{\partial w}{\partial x}\right)$ 同时得到.

例 4.23 设二元函数 $f(x,y)=\begin{cases}(x^2+y^2)\sin\dfrac{1}{\sqrt{x^2+y^2}}, & x^2+y^2\neq 0,\\ 0, & x^2+y^2=0,\end{cases}$ 判定

(1) $f(x,y)$ 在点 $(0,0)$ 处的可微性;

(2) 在点 $(0,0)$ 处 $f(x,y)$ 的二阶偏导数的存在性.

分析 (1) 根据二元函数在点 $(0,0)$ 可微的定义判定 $f(x,y)$ 在点 $(0,0)$ 的可微性,即判定

极限 $\lim\limits_{(\Delta x,\Delta y)\to(0,0)}\dfrac{f(0+\Delta x,0+\Delta y)-f(0,0)-f_x'(0,0)\Delta x-f_y'(0,0)\Delta y}{\sqrt{(\Delta x)^2+(\Delta y)^2}}$ 是否为零.

(2) 用定义逐一计算 $f_{xx}''(0,0),f_{yy}''(0,0),f_{xy}''(0,0),f_{yx}''(0,0)$,由此判定在点 $(0,0)$ 处 $f(x,y)$ 的二阶偏导数的存在性.

精解 (1) 由于

$$f_x'(0,0)=\lim_{x\to 0}\frac{f(x,0)-f(0,0)}{x}=\lim_{x\to 0}\frac{x^2\sin\dfrac{1}{|x|}}{x}=\lim_{x\to 0}x\sin\frac{1}{|x|}=0,$$

同理有 $f_y'(0,0)=0$,所以

$$\lim_{(\Delta x,\Delta y)\to(0,0)}\frac{f(0+\Delta x,0+\Delta y)-f(0,0)-f_x'(0,0)\Delta x-f_y'(0,0)\Delta y}{\sqrt{(\Delta x)^2+(\Delta y)^2}}$$

$$=\lim_{(\Delta x,\Delta y)\to(0,0)}\frac{[(\Delta x)^2+(\Delta y)^2]\sin\dfrac{1}{\sqrt{(\Delta x)^2+(\Delta y)^2}}}{\sqrt{(\Delta x)^2+(\Delta y)^2}}$$

$$- \lim_{(\Delta x, \Delta y) \to (0,0)} \sqrt{(\Delta x)^2 + (\Delta y)^2} \sin \frac{1}{\sqrt{(\Delta x)^2 + (\Delta y)^2}} = 0.$$

因此 $f(x,y)$ 在点 $(0,0)$ 处可微.

(2) 容易算出,当 $x^2 + y^2 \neq 0$ 时

$$f_x'(x,y) = 2x \sin \frac{1}{\sqrt{x^2+y^2}} - x(x^2+y^2)^{-\frac{1}{2}} \cos \frac{1}{\sqrt{x^2+y^2}},$$

$$f_y'(x,y) = 2y \sin \frac{1}{\sqrt{x^2+y^2}} - y(x^2+y^2)^{-\frac{1}{2}} \cos \frac{1}{\sqrt{x^2+y^2}}.$$

于是由 $\quad \lim_{x \to 0} \dfrac{f_x'(x,0) - f_x'(0,0)}{x} = \lim_{x \to 0} \dfrac{2x \sin \dfrac{1}{|x|} - \dfrac{x}{|x|} \cos \dfrac{1}{|x|}}{x}$

$$= \lim_{x \to 0} \left(2\sin \frac{1}{|x|} - \frac{1}{|x|} \cos \frac{1}{|x|} \right) 不存在$$

知 $f_{xx}''(0,0)$ 不存在. 同理可证 $f_{yy}''(0,0)$ 不存在. 此外,

$$f_{xy}''(0,0) = \lim_{y \to 0} \frac{f_x'(0,y) - f_x'(0,0)}{y} = \lim_{y \to 0} \frac{0}{y} = 0,$$

同理 $\quad f_{yx}''(0,0) = 0.$

附注 由本题可知 $f(x,y)$ 在点 $(0,0)$ 处可微,只能保证 $f_x'(0,0)$ 与 $f_y'(0,0)$ 都存在,但不能保证 $f(x,y)$ 在点 $(0,0)$ 处的四个二阶偏导数都存在.

例 4.24 设函数 $f(x)$ 在 $[1,+\infty)$ 上连续,$f(1)=1$,且满足

$$\int_1^{xy} f(t) \mathrm{d}t = x \int_1^y f(t) \mathrm{d}t + y \int_1^x f(t) \mathrm{d}t \, (x>1, y>1),$$

求:(1) $f(x)$ 的表达式 $(x \geqslant 1)$;

(2) 由方程 $F(x\mathrm{e}^{x+y}, f(xy)) = x^2 + y^2$ 确定的隐函数 $y=y(x)$ 的导数 $\dfrac{\mathrm{d}y}{\mathrm{d}x}$(其中 $F(u,v)$ 是可微的二元函数).

分析 (1) 所给等式两边顺序对 x 和 y 求偏导数,建立 $f(x)$ 满足的微分方程,解之即可得到 $f(x)$ 的表达式.

(2) 由隐函数求导方法计算 $\dfrac{\mathrm{d}y}{\mathrm{d}x}$.

精解 (1) 所给等式两边对 x 求偏导数得

$$f(xy)y = \int_1^y f(t) \mathrm{d}t + yf(x). \tag{1}$$

式(1) 的两边对 y 求偏导数得

$$f'(xy)xy + f(xy) = f(y) + f(x). \tag{2}$$

式(2) 中令 $y=1$ 得

$$xf'(x) = 1 \quad (利用 f(1)=1),$$

所以,在 $[1,+\infty)$ 上有 $f'(x) = \dfrac{1}{x}$,从而 $f(x) = \ln x + C$. 再由 $f(1)=1$ 得 $C=1$,因此

$$f(x) = \ln x + 1 \quad (x \in [1, +\infty)).$$

(2) 由(1) 知所给方程为

$$F(x\mathrm{e}^{x+y}, \ln(xy)+1) = x^2 + y^2.$$

上式两边对 x 求导(此时 y 是 x 的函数)得

$$F_1' \cdot \mathrm{e}^{x+y}\left[1 + x\left(1 + \frac{\mathrm{d}y}{\mathrm{d}x}\right)\right] + F_2' \cdot \left(\frac{1}{x} + \frac{1}{y}\frac{\mathrm{d}y}{\mathrm{d}x}\right) = 2x + 2y\frac{\mathrm{d}y}{\mathrm{d}x},$$

即　　$\left(F_1' \cdot x\mathrm{e}^{x+y} + F_2' \cdot \dfrac{1}{y} - 2y\right)\dfrac{\mathrm{d}y}{\mathrm{d}x} = 2x - F_1' \cdot \mathrm{e}^{x+y}(1+x) - F_2' \cdot \dfrac{1}{x}$,

所以，　　$\dfrac{\mathrm{d}y}{\mathrm{d}x} = \dfrac{2x - F_1' \cdot \mathrm{e}^{x+y}(1+x) - F_2' \cdot \frac{1}{x}}{F_1' \cdot x\mathrm{e}^{x+y} + F_2' \cdot \frac{1}{y} - 2y} = \dfrac{y\left[2x^2 - F_1' \cdot \mathrm{e}^{x+y}(1+x)x - F_2'\right]}{x\left[F_1' \cdot xy\mathrm{e}^{x+y} + F_2' - 2y^2\right]}.$

附注　当未知函数出现在变上限积分的被积函数中时，为了计算这个未知函数，总是先对所给等式两边求导或求偏导数，转换成关于这个未知函数的微分方程.

本题所给的等式中出现两个自变量 x 和 y，为了求解 $f(x)$，需将所给等式两边对 x 求偏导数后，再对 y 求偏导数，以消去积分运算，转换成关于 $f(x)$ 的微分方程.

例 4.25　设向量 $\boldsymbol{\beta} = (1, 2, c)$ 及直线 L 的方向向量 $\boldsymbol{s} = (l, m, n)$ $(n > 0)$，其中 L 过点 $M(2, -1, 3)$，与直线 $L_1: \dfrac{x-1}{1} = \dfrac{y}{-1} = \dfrac{z+2}{1}$ 相交，与平面 $\pi_1: 3x - 2y + z + 5 = 0$ 的夹角为 α_0，求使得 $\boldsymbol{\beta}$ 与 $\boldsymbol{s}$ 的夹角为最小的 c 值，其中 α_0 是使二元函数

$$f(x, y) = \begin{cases} \dfrac{x^5}{(y - x^2)^2 + x^6}, & x^2 + y^2 \neq 0, \\ 0, & x^2 + y^2 = 0 \end{cases}$$

的方向导数 $\dfrac{\mathrm{d}f}{\mathrm{d}\boldsymbol{\tau}}\Big|_{(0,0)} \neq 0$($\boldsymbol{\tau}$ 的方向余弦为 $\cos\alpha, \sin\alpha, \alpha \in [0, 2\pi)$)的 α 的最大值.

分析　先计算 α_0，即使方向导数 $\dfrac{\mathrm{d}f}{\mathrm{d}\boldsymbol{\tau}}\Big|_{(0,0)} \neq 0$ 为最大的 α 值，然后确定向量 $\boldsymbol{s}$，最后计算使 $\boldsymbol{\beta}$ 与 $\boldsymbol{s}$ 的夹角为最小的 c 值.

精解　由于在方向 $\boldsymbol{\tau}$ 上，$x = r\cos\alpha, y = r\sin\alpha$，所以对 $\alpha \in [0, 2\pi)$ 有

$$\frac{\mathrm{d}f}{\mathrm{d}\boldsymbol{\tau}}\Big|_{(0,0)} = \lim_{r \to 0^+} \frac{f(r\cos\alpha, r\sin\alpha) - f(0,0)}{r}(根据方向导数的定义)$$

$$= \lim_{r \to 0^+} \frac{\frac{r^5\cos^5\alpha}{(r\sin\alpha - r^2\cos^2\alpha)^2 + r^6\cos^6\alpha}}{r}$$

$$= \lim_{r \to 0^+} \frac{r^2\cos^5\alpha}{(\sin\alpha - r\cos^2\alpha)^2 + r^4\cos^6\alpha} = \begin{cases} 1, & \alpha = 0, \\ -1, & \alpha = \pi, \\ 0, & 其他. \end{cases}$$

由此可知，仅当 $\alpha = 0, \pi$ 时，$\dfrac{\mathrm{d}f}{\mathrm{d}\boldsymbol{\tau}}\Big|_{(0,0)} \neq 0$，所以，$\alpha_0 = \max\{0, \pi\} = \pi$.

记 $M_0 = (1, 0, -2)$(L_1 上的点)，$\boldsymbol{s}_1 = (1, -1, 1)$($L_1$ 的方向向量)，$\boldsymbol{n} = (3, -2, 1)$(平面 π_1 的法向量)，则 l, m, n 满足

$$\begin{cases} [\overrightarrow{M_0M}, \boldsymbol{s}_1, \boldsymbol{s}] = 0(即 L 与 L_1 相交), \\ \boldsymbol{n} \cdot \boldsymbol{s} = 0(即 L 与 \pi_1 的夹角为 \alpha_0 = \pi，或者说 L 与 \pi_1 平行), \end{cases}$$

即
$$\begin{cases} \begin{vmatrix} 1 & -1 & 5 \\ 1 & -1 & 1 \\ l & m & n \end{vmatrix}=0, \\ 3l-2m+n=0. \end{cases} \quad 解此方程组得 \ l=-\frac{1}{5}n, m=\frac{1}{5}n.$$

设 $\boldsymbol{\beta}$ 与 $\boldsymbol{s}$ 的夹角为 γ,则 $\gamma \in [0,\pi]$,且

$$\cos \gamma = \frac{1 \cdot l + 2 \cdot m + c \cdot n}{\sqrt{1^2+2^2+c^2} \cdot \sqrt{l^2+m^2+n^2}}$$

$$= \frac{\frac{1}{5}n+cn}{\sqrt{5^2+c^2} \cdot \sqrt{\left(-\frac{1}{5}n\right)^2+\left(\frac{1}{5}n\right)^2+n^2}} = \frac{1+5c}{3\sqrt{3} \cdot \sqrt{5+c^2}}.$$

由于

$$\frac{d\cos \gamma}{dc} = \frac{1}{3\sqrt{3}} \cdot \frac{5\sqrt{5+c^2}-(1+5c)\dfrac{c}{\sqrt{5+c^2}}}{5+c^2}$$

$$= \frac{1}{3\sqrt{3}} \cdot \frac{25-c}{(5+c^2)^{\frac{3}{2}}} \begin{cases} >0, & c<25, \\ =0, & c=25, \\ <0, & c>25, \end{cases}$$

所以,$\cos \gamma$ 在 $c=25$ 时取最大值. 由于 $\cos \gamma$ 在 $[0,\pi]$ 内是单调减少函数,所以使 $\boldsymbol{\beta}$ 与 $\boldsymbol{s}$ 的夹角为最小的 $c=25$.

附注 两条空间直线 $\dfrac{x-x_i}{l_i}=\dfrac{y-y_i}{m_i}=\dfrac{z-z_i}{n_i}$ $(i=1,2)$ 相交的充分必要条件是混合积

$$[(x_1-x_2,y_1-y_2,z_1-z_2),(l_1,m_1,n_1),(l_2,m_2,n_2)]=0.$$

题解中使用了这一结论.

例 4.26 设具有二阶偏导数的二元函数 $z=z(x,y)$ 满足

$$\frac{\partial^2 z}{\partial x \partial y}=x+y, z(x,0)=x \ 及 \ z(0,y)=y^2.$$

求曲面 $S: z=z(x,y)$ 上的点 P,使曲面 S 在点 P 处的切平面 π_P 与平面 $\pi: x+y-z=0$ 平行,并求适合上述条件的所有点 P 中距原点最近的点 P_0 到 π 与平面 $x=0$ 的交线 l 的距离.

分析 先算出 $z(x,y)$ 的表达式及点 P 的坐标. 然后计算 P_0 到 l 的距离.

精解 由 $\dfrac{\partial^2 z}{\partial x \partial y}=x+y$ 得

$$\frac{\partial z}{\partial x}=\int(x+y)dy=xy+\frac{1}{2}y^2+\varphi(x) \quad (\varphi(x) \ 是待定的可微函数),$$

于是 $\quad \dfrac{\partial z(x,0)}{\partial x}=\varphi(x).$ \hfill (1)

另一方面,由 $z(x,0)=x$ 得 $\dfrac{\partial z(x,0)}{\partial x}=1.$ \hfill (2)

比较式(1)、式(2)得 $\varphi(x)=1$,于是 $\dfrac{\partial z}{\partial x}=xy+\dfrac{1}{2}y^2+1.$ 由此可得

$$z=\int\left(xy+\frac{1}{2}y^2+1\right)dx=\frac{1}{2}x^2y+\frac{1}{2}xy^2+x+\psi(y) \quad (\psi(y) \ 是待定的可微函数).$$

利用 $z(0,y)=y^2$ 得 $\varphi(y)=y^2$，所以

$$z=\frac{1}{2}x^2y+\frac{1}{2}xy^2+x+y^2. \ (S\text{ 的方程})$$

设点 P 的坐标为 (x_0,y_0,z_0)，则 S 在点 P 处的法向量为

$$(z_x',z_y',-1)|_P=\left(x_0y_0+\frac{1}{2}y_0^2+1,\frac{1}{2}x_0^2+x_0y_0+2y_0,-1\right).$$

于是由 π_P 与 $\pi:x+y-z=1$ 平行知

$$\frac{x_0y_0+\frac{1}{2}y_0^2+1}{1}=\frac{\frac{1}{2}x_0^2+x_0y_0+2y_0}{1}=\frac{-1}{-1},$$

即

$$\begin{cases}x_0y_0+\frac{1}{2}y_0^2=0,\\ \frac{1}{2}x_0^2+x_0y_0+2y_0=1.\end{cases}$$

解此方程组得 $P=(x_0,y_0,z_0)=(\sqrt{2},0,\sqrt{2}),(-\sqrt{2},0,-\sqrt{2}),\left(\frac{-4-\sqrt{10}}{3},\frac{8+2\sqrt{10}}{3},z_1\right),$
$\left(\frac{-4+8\sqrt{10}}{3},\frac{8-2\sqrt{10}}{3},z_2\right)$，其中距原点最近的点 $P_0=(\sqrt{2},0,\sqrt{2})$ 或 $(-\sqrt{2},0,-\sqrt{2})$.

由于 l 的方程为 $\begin{cases}x+y-z=1,\\x=0,\end{cases}$ 即 $\frac{x}{0}=\frac{y}{1}=\frac{z}{1},$

所以，P_0 到 l 的距离 $d=\frac{|(\pm\sqrt{2}-0,0-0,\pm\sqrt{2}-0)\times(0,1,1)|}{|(0,1,1)|}$

$$=\frac{|\mp\sqrt{2}\boldsymbol{i}\mp\sqrt{2}\boldsymbol{j}\pm\sqrt{2}\boldsymbol{k}|}{\sqrt{2}}=\sqrt{3}.$$

附注 （1） 函数 $f(x)$ 的不定积分为 $\int f(x)\mathrm{d}x=F(x)+C$（其中 $F(x)$ 是 $f(x)$ 的一个原函数，C 是任意常数）；二元函数 $g(x,y)$ 关于 x 的不定积分 $\int g(x,y)\mathrm{d}x=G(x,y)+\varphi(y)$（其中 $G(x,y)$ 是 $g(x,y)$ 的当 y 任意固定时的原函数，而 $\varphi(y)$ 是 y 任意函数）.

（2）点 $M(a,b,c)$ 到平面 $\pi:Ax+By+Cz+D=0$ 的距离 d 的计算公式为

$$d=\frac{|Aa+Bb+Cc+D|}{\sqrt{A^2+B^2+C^2}},$$

点 $M(a,b,c)$ 到直线 $l:\frac{x-x_0}{l}=\frac{y-y_0}{m}=\frac{z-z_0}{n}$ 的距离 d 的计算公式为

$$d=\frac{|(a-x_0,b-y_0,c-z_0)\times(l,m,n)|}{|(l,m,n)|}.$$

例 4.27 设对任意 x,y 有 $\left(\frac{\partial f}{\partial x}\right)^2+\left(\frac{\partial f}{\partial y}\right)^2=4$，用变量代换 $\begin{cases}x=uv,\\y=\frac{1}{2}(u^2-v^2)\end{cases}$ 将 $f(x,y)$ 变换成 $g(u,v)$.

（1）求满足 $a\left(\frac{\partial g}{\partial u}\right)^2-b\left(\frac{\partial g}{\partial v}\right)^2=u^2+v^2$ 中的常数 a,b 的值；

(2) 对(1)求得的 a,b,将(1)中的表达式用极坐标 r,θ(其中 $u=r\cos\theta,v=r\sin\theta$)表示.

分析 (1) 对 $g(u,v)=f\left(uv,\dfrac{1}{2}(u^2-v^2)\right)$ 求偏导数后代入 $a\left(\dfrac{\partial g}{\partial u}\right)^2-b\left(\dfrac{\partial g}{\partial v}\right)^2=u^2+v^2$ 即可得到常数 a,b 的值.

(2) 利用 $r=\sqrt{u^2+v^2}$,$\theta=\arctan\dfrac{v}{u}$,将 $\dfrac{\partial g}{\partial u}$ 和 $\dfrac{\partial g}{\partial v}$ 用 $\dfrac{\partial g}{\partial r}$,$\dfrac{\partial g}{\partial \theta}$ 表示,由此可以将(1)中的表达式改写成极坐标形式.

精解 (1)由 $g(u,v)=f\left(uv,\dfrac{1}{2}(u^2-v^2)\right)$ 得

$$\frac{\partial g}{\partial u}=\frac{\partial f}{\partial x}v+\frac{\partial f}{\partial y}u,\quad \frac{\partial g}{\partial v}=\frac{\partial f}{\partial x}u-\frac{\partial f}{\partial y}v.$$

将它们代入 $a\left(\dfrac{\partial g}{\partial u}\right)^2-b\left(\dfrac{\partial g}{\partial v}\right)^2=u^2+v^2$ 得

$$a\left(\frac{\partial f}{\partial x}v+\frac{\partial f}{\partial y}u\right)^2-b\left(\frac{\partial f}{\partial x}u-\frac{\partial f}{\partial y}v\right)^2=u^2+v^2,$$

即 $\quad (av^2-bu^2)\left(\dfrac{\partial f}{\partial x}\right)^2+2(auv+buv)\dfrac{\partial f}{\partial x}\cdot\dfrac{\partial f}{\partial y}+(au^2-bv^2)\left(\dfrac{\partial f}{\partial y}\right)^2=u^2+v^2.$

将 $\left(\dfrac{\partial f}{\partial y}\right)^2=4-\left(\dfrac{\partial f}{\partial x}\right)^2$ 代入上式得

$$(a+b)(v^2-u^2)\left(\frac{\partial f}{\partial x}\right)^2+2(a+b)uv\frac{\partial f}{\partial x}\frac{\partial f}{\partial y}+4au^2-4bv^2=u^2+v^2.$$

由此可得

$$\begin{cases}a+b=0,\\4a=1,\\4b=-1,\end{cases}\quad 即\quad a=\frac{1}{4},b=-\frac{1}{4}.$$

(2) 由 $r=\sqrt{u^2+v^2}$,$\theta=\arctan\dfrac{v}{u}$ 得

$$\frac{\partial g}{\partial u}=\frac{\partial g}{\partial r}\frac{\partial r}{\partial u}+\frac{\partial g}{\partial \theta}\frac{\partial \theta}{\partial u}=\frac{\partial g}{\partial r}\cdot\frac{u}{\sqrt{u^2+v^2}}-\frac{\partial g}{\partial \theta}\cdot\frac{v}{u^2+v^2}$$

$$=\frac{\partial g}{\partial r}\cdot\cos\theta-\frac{\partial g}{\partial \theta}\cdot\frac{\sin\theta}{r},$$

$$\frac{\partial g}{\partial v}=\frac{\partial g}{\partial r}\frac{\partial r}{\partial v}+\frac{\partial g}{\partial \theta}\frac{\partial \theta}{\partial v}=\frac{\partial g}{\partial r}\cdot\frac{v}{\sqrt{u^2+v^2}}+\frac{\partial g}{\partial \theta}\cdot\frac{u}{u^2+v^2}$$

$$=\frac{\partial g}{\partial r}\cdot\sin\theta+\frac{\partial g}{\partial \theta}\cdot\frac{\cos\theta}{r}.$$

将它们代入由(1)算得的等式 $\dfrac{1}{4}\left(\dfrac{\partial g}{\partial u}\right)^2+\dfrac{1}{4}\left(\dfrac{\partial g}{\partial v}\right)^2=u^2+v^2$ 得

$$\left(\frac{\partial g}{\partial r}\cdot\cos\theta-\frac{\partial g}{\partial \theta}\cdot\frac{\sin\theta}{r}\right)^2+\left(\frac{\partial g}{\partial r}\cdot\sin\theta+\frac{\partial g}{\partial \theta}\cdot\frac{\cos\theta}{r}\right)^2=4r^2,$$

即 $$\left(\frac{\partial g}{\partial r}\right)^2+\frac{1}{r^2}\left(\frac{\partial g}{\partial \theta}\right)^2=4r^2.$$

188

附注 （1）与（2）中都要计算 $\dfrac{\partial g}{\partial u}$，但它们计算方法不同.

在（1）中 $\dfrac{\partial g}{\partial u}$ 是直接按变量代换 $\begin{cases} x=uv, \\ y=\dfrac{1}{2}(u^2-v^2) \end{cases}$ 计算，而（2）中 $\dfrac{\partial g}{\partial u}$ 不是按变量代换

$\begin{cases} u=r\cos\theta, \\ v=r\sin\theta \end{cases}$ 计算，而是按它们的逆代换 $\begin{cases} r=\sqrt{u^2+v^2}, \\ \theta=\arctan\dfrac{v}{u} \end{cases}$ 计算，这样简单些.

例 4.28 （1）设函数 $f(t)$ 在 $[1,+\infty)$ 上有连续的二阶导数，$f(1)=0$，$f'(1)=1$，且二元函数 $z=(x^2+y^2)f(x^2+y^2)$ 满足

$$\frac{\partial^2 z}{\partial x^2}+\frac{\partial^2 z}{\partial y^2}=0,$$

求 $f(t)$ 在 $[1,+\infty)$ 上的最大值；

（2）设函数 $f(t)$ 在 $(0,+\infty)$ 上有连续的二阶导数，$f(1)=0$，$f'(1)=1$，又 $u=f(\sqrt{x^2+y^2+z^2})$ 满足

$$\frac{\partial^2 u}{\partial x^2}+\frac{\partial^2 u}{\partial y^2}+\frac{\partial^2 u}{\partial z^2}=0,$$

求 $f(t)$ 在 $(0,+\infty)$ 上的表达式.

分析 （1）令 $t=x^2+y^2$，由 $\dfrac{\partial^2 z}{\partial x^2}+\dfrac{\partial^2 z}{\partial y^2}=0$ 推出 $f(t)$ 所满足的微分方程，求出 $f(t)$ 的表达式即可得到 $f(t)$ 在 $[1,+\infty)$ 上的最大值.

（2）令 $t=\sqrt{x^2+y^2+z^2}$，将 $\dfrac{\partial^2 u}{\partial x^2}+\dfrac{\partial^2 u}{\partial y^2}+\dfrac{\partial^2 u}{\partial z^2}=0$ 转换成 $f(t)$ 的微分方程，解此微分方程求出 $f(t)$ 的表达式.

精解 （1）令 $t=x^2+y^2$，则 $z=tf(t)$，所以

$$\frac{\partial z}{\partial x}=\frac{\partial t}{\partial x}f(t)+tf'(t)\frac{\partial t}{\partial x}=2x[f(t)+tf'(t)],$$

$$\frac{\partial^2 z}{\partial x^2}=2[f(t)+tf'(t)]+4x^2[2f'(t)+tf''(t))]$$

$$=2f(t)+(8x^2+2t)f'(t)+4x^2tf''(t).$$

同理

$$\frac{\partial^2 z}{\partial y^2}=2f(t)+(8y^2+2t)f'(t)+4y^2tf''(t).$$

于是 $\dfrac{\partial^2 z}{\partial x^2}+\dfrac{\partial^2 z}{\partial y^2}=0$ 成为

$$4t^2f''(t)+12tf'(t)+4f(t)=0,$$

即 $$t^2f''(t)+3tf'(t)+f(t)=0. \text{（二阶欧拉方程）} \tag{1}$$

令 $t=\mathrm{e}^u$，则式（1）成为

$$\frac{\mathrm{d}^2 f}{\mathrm{d}u^2}+2\frac{\mathrm{d}f}{\mathrm{d}u}+f=0,$$

它的通解为

$$f(t) = C_1 u\mathrm{e}^{-u} + C_2 \mathrm{e}^{-u} = \frac{C_1 \ln t + C_2}{t}. \tag{2}$$

利用 $f(1) = 0, f'(1) = 1$ 得 $C_2 = 0, C_1 = 1$, 将它们代入式(2)得

$$f(t) = \frac{\ln t}{t}.$$

由于 $f'(t) = \dfrac{1 - \ln t}{t^2} \begin{cases} > 0 & 1 < t < \mathrm{e}, \\ = 0, & t = \mathrm{e}, \\ < 0, & t > \mathrm{e}, \end{cases}$ 所以 $f(t)$ 在 $[1, +\infty)$ 上的最大值为 $f(\mathrm{e}) = \dfrac{1}{\mathrm{e}}$.

(2) 记 $t = \sqrt{x^2 + y^2 + z^2}$, 则 $u = f(t)$, 所以

$$\frac{\partial u}{\partial x} = f'(t) \frac{x}{\sqrt{x^2 + y^2 + z^2}} = f'(t) \frac{x}{t},$$

$$\begin{aligned}\frac{\partial^2 u}{\partial x^2} &= f''(t) \frac{x^2}{t^2} + f'(t) \frac{t - x \cdot \dfrac{x}{t}}{t^2} \\ &= f''(t) \frac{x^2}{t^2} + f'(t) \frac{t^2 - x^2}{t^3},\end{aligned}$$

同理

$$\frac{\partial^2 y}{\partial y^2} = f''(t) \frac{y^2}{t^2} + f'(t) \frac{t^2 - y^2}{t^3},$$

$$\frac{\partial^2 u}{\partial z^2} = f''(t) \frac{z^2}{t^2} + f'(t) \frac{t^2 - z^2}{t^3},$$

于是, $\dfrac{\partial^2 u}{\partial x^2} + \dfrac{\partial^2 u}{\partial y^2} + \dfrac{\partial^2 u}{\partial z^2} = 0$ 成为

$$f''(t) + \frac{2}{t} f'(t) = 0. \tag{3}$$

由此可得

$$f'(t) = \frac{C_1}{t^2}.$$

将 $f'(1) = 1$ 代入得 $C_1 = 1$. 因此 $f'(t) = \dfrac{1}{t^2}$. 从而

$$f(t) = C_2 - \frac{1}{t}.$$

将 $f(1) = 0$ 代入得 $C_2 = 1$. 所以 $f(t) = 1 - \dfrac{1}{t}$.

附注 实际上式(3)也是二阶欧拉方程(因为它可以改写为 $t^2 f''(t) + 2t f'(t) = 0$), 因此可以用求解式(1)的方法求解式(3). 但基于式(3)的特殊性, 用题解中的方法(即降阶法)更加快捷.

例 4.29 设二元函数 $u = f(x, y)$ 具有二阶连续偏导数, 且满足方程

$$4 \frac{\partial^2 u}{\partial x^2} + 12 \frac{\partial^2 u}{\partial x \partial y} + 5 \frac{\partial^2 u}{\partial y^2} = 0.$$

确定常数 a, b 的值, 使得该方程在变换 $\xi = x + ay, \eta = x + by$ 下化简为 $\dfrac{\partial^2 u}{\partial \xi \partial \eta} = 0$.

分析 由于所给方程可以表示为

$$\left(2\frac{\partial}{\partial x}+\frac{\partial}{\partial y}\right)\left(2\frac{\partial}{\partial x}+5\frac{\partial}{\partial y}\right)u=0,$$

所以计算在变换 $\xi=x+ay$，$\eta=x+by$ 下的 $2\dfrac{\partial}{\partial x}+5\dfrac{\partial}{\partial y}$ 与 $2\dfrac{\partial}{\partial x}+\dfrac{\partial}{\partial y}$ 可得到所给方程在变换 $\xi=x+ay$，$\eta=x+by$ 下的方程，与 $\dfrac{\partial^2 u}{\partial \xi \partial \eta}=0$ 比较即可得到 a,b 的值.

精解　由于所给方程可以写成

$$\left(2\frac{\partial}{\partial x}+\frac{\partial}{\partial y}\right)\left(2\frac{\partial}{\partial x}+5\frac{\partial}{\partial y}\right)u=0, \tag{1}$$

其中，

$$2\frac{\partial}{\partial x}+5\frac{\partial}{\partial y}=2\left(\frac{\partial}{\partial \xi}\frac{\partial \xi}{\partial x}+\frac{\partial}{\partial \eta}\frac{\partial \eta}{\partial x}\right)+5\left(\frac{\partial}{\partial \xi}\frac{\partial \xi}{\partial y}+\frac{\partial}{\partial \eta}\frac{\partial \eta}{\partial y}\right)$$

$$=2\left(\frac{\partial}{\partial \xi}+\frac{\partial}{\partial \eta}\right)+5\left(a\frac{\partial}{\partial \xi}+b\frac{\partial}{\partial \eta}\right)$$

$$=(2+5a)\frac{\partial}{\partial \xi}+(2+5b)\frac{\partial}{\partial \eta}. \tag{2}$$

同理有

$$2\frac{\partial}{\partial x}+\frac{\partial}{\partial y}=(2+a)\frac{\partial}{\partial \xi}+(2+b)\frac{\partial}{\partial \eta}. \tag{3}$$

将式(2)、式(3)代入式(1)得

$$\left[(2+a)\frac{\partial}{\partial \xi}+(2+b)\frac{\partial}{\partial \eta}\right]\left[(2+5a)\frac{\partial}{\partial \xi}+(2+5b)\frac{\partial}{\partial \eta}\right]u=0,$$

即　$(2+a)(2+5a)\dfrac{\partial^2 u}{\partial \xi}+\left[(2+a)(2+5b)+(2+5a)(2+b)\right]\dfrac{\partial^2 u}{\partial \xi \partial \eta}+(2+b)(2+5b)\dfrac{\partial^2 u}{\partial \eta^2}=0, \tag{4}$

将式(4)与 $\dfrac{\partial^2 u}{\partial \xi \partial \eta}=0$ 比较得

$$\begin{cases} (2+a)(2+5a)=0, \\ (2+b)(2+5b)=0, \\ (2+a)(2+5b)+(2+5a)(2+b)\neq 0. \end{cases}$$

解此方程与不等式组得

$$a=-2,b=-\frac{2}{5} \text{ 或 } a=-\frac{2}{5},b=-2.$$

附注　题解中将所给方程写成式(1)，然后计在 $\xi=x+ay$，$\eta=x+by$ 下的 $2\dfrac{\partial}{\partial x}+5\dfrac{\partial}{\partial y}$ 与 $2\dfrac{\partial}{\partial x}+\dfrac{\partial}{\partial y}$，而不必直接计算 $\dfrac{\partial^2 u}{\partial x^2},\dfrac{\partial^2 u}{\partial x \partial y},\dfrac{\partial^2 u}{\partial y^2}$，使得问题快捷获解.

例 4.30　证明：二元函数 $z=x^n\varphi\left(\dfrac{y}{x}\right)+x^{-n}\psi\left(\dfrac{y}{x}\right)$ 满足方程

$$x^2\frac{\partial^2 z}{\partial x^2}+2xy\frac{\partial^2 z}{\partial x \partial y}+y^2\frac{\partial^2 z}{\partial y^2}+x\frac{\partial z}{\partial x}+y\frac{\partial z}{\partial y}=n^2 z.$$

其中函数 φ,ψ 都具有二阶连续偏导数.

分析　由于 $\left(x\dfrac{\partial}{\partial x}+y\dfrac{\partial}{\partial y}\right)^2 z=\left(x\dfrac{\partial}{\partial x}+y\dfrac{\partial}{\partial y}\right)\left(x\dfrac{\partial z}{\partial x}+y\dfrac{\partial z}{\partial y}\right)$

$$=x\frac{\partial}{\partial x}\Big(x\frac{\partial z}{\partial x}+y\frac{\partial z}{\partial y}\Big)+y\frac{\partial}{\partial y}\Big(x\frac{\partial z}{\partial x}+y\frac{\partial z}{\partial y}\Big)$$

$$=x^2\frac{\partial^2 z}{\partial x^2}+2xy\frac{\partial^2 z}{\partial x\partial y}+y^2\frac{\partial^2 z}{\partial y^2}+x\frac{\partial z}{\partial x}+y\frac{\partial z}{\partial y}, \tag{1}$$

所以,从计算 $\Big(x\dfrac{\partial}{\partial x}+y\dfrac{\partial}{\partial y}\Big)z$ 入手.

精解 由于

$$\Big(x\frac{\partial}{\partial x}+y\frac{\partial}{\partial y}\Big)z=x\frac{\partial z}{\partial x}+y\frac{\partial z}{\partial y}$$

$$=x\Big[nx^{n-1}\varphi\Big(\frac{y}{x}\Big)-x^{n-2}y\varphi'\Big(\frac{y}{x}\Big)-nx^{-n-1}\psi\Big(\frac{y}{x}\Big)-x^{-n-2}y\psi'\Big(\frac{y}{x}\Big)\Big]+$$

$$y\Big[x^{n-1}\varphi'\Big(\frac{y}{x}\Big)+x^{-n-1}\psi'\Big(\frac{y}{x}\Big)\Big]$$

$$=n\Big[x^n\varphi\Big(\frac{y}{x}\Big)-x^{-n}\psi\Big(\frac{y}{x}\Big)\Big]=nz, \tag{2}$$

所以, $\Big(x\dfrac{\partial}{\partial x}+y\dfrac{\partial}{\partial y}\Big)^2z=\Big(x\dfrac{\partial}{\partial x}+y\dfrac{\partial}{\partial y}\Big)\Big(x\dfrac{\partial}{\partial x}+y\dfrac{\partial}{\partial y}\Big)z$

$$=n\Big(x\frac{\partial}{\partial x}+y\frac{\partial}{\partial y}\Big)z=n\cdot nz=n^2z.$$

于是,由式(1)知 $x^2\dfrac{\partial^2 z}{\partial x^2}+2xy\dfrac{\partial^2 z}{\partial x\partial y}+y^2\dfrac{\partial^2 z}{\partial y^2}+x\dfrac{\partial z}{\partial x}+y\dfrac{\partial z}{\partial y}=n^2z.$

附注 由于注意到

$$\Big(x\frac{\partial}{\partial x}+y\frac{\partial}{\partial y}\Big)^2z=x^2\frac{\partial^2 z}{\partial x^2}+2xy\frac{\partial^2 z}{\partial x\partial y}+y^2\frac{\partial^2 z}{\partial y^2}+x\frac{\partial z}{\partial x}+y\frac{\partial z}{\partial y},$$

所以从计算 $\Big(x\dfrac{\partial}{\partial x}+y\dfrac{\partial}{\partial y}\Big)z$ 入手,使得计算过程简化.

例 4.31 在椭球面 $\Sigma:2x^2+2y^2+z^2=1$ 上求一点 $P(x_0,y_0,z_0)(x_0>0,z_0>0)$ 使得 Σ 在点 P 处的法向量与向量 $(-1,1,1)$ 垂直,且使函数 $\varphi(x,y,z)=x^2+y^2+z^3$ 在点 P 处的梯度的模为最小.

分析 先用拉格朗日乘数法在 Σ 上求所有使 $|\mathbf{grad}\varphi(x,y,z)|$ 取最小值的点,然后从中选取能使 Σ 的法向量与向量 $(-1,1,1)$ 垂直的点.

精解 在 Σ 上求使 $|\mathbf{grad}\varphi(x,y,z)|=\sqrt{4x^2+4y^2+9z^4}$ 取最小值点,即为计算函数 $g(x,y,z)=\sqrt{4x^2+4y^2+9z^4}$ 在 $2x^2+2y^2+z^2=1$ 条件下取最小值的点,或者计算函数 $f(z)=2-2z^2+9z^4$(将 $2x^2+2y^2+z^2=1$ 代入 $g^2(x,y,z)$ 化简的结果)在 $2x^2+2y^2+z^2=1$ 条件下取最小值的点. 由 $f(z)=2-2z^2+9z^4(z>0)$ 有

$$f'(z)=-4z+36z^3=36z\Big(z^2-\frac{1}{9}\Big)=36z\Big(z+\frac{1}{3}\Big)\Big(z-\frac{1}{3}\Big).$$

在 $z>0$ 上, $f'(z)=0$ 仅有根 $z=\dfrac{1}{3}$,且

$$f'(z)<0\Big(0<z<\frac{1}{3}\Big),f'(z)>0\Big(z>\frac{1}{3}\Big),$$

所以 $f(z)(z>0)$ 在 $z=\dfrac{1}{3}$ 处取到最小值.

将 $z=\dfrac{1}{3}$ 代入约束条件 $2x^2+2y^2+z^2=1$ 得 $x^2+y^2=\dfrac{4}{9}$. 于是 $|\mathbf{grad}f(x,y,z)|$ 在半圆 C:

$$\begin{cases} x^2+y^2=\dfrac{4}{9}, \\ z=\dfrac{1}{3} \end{cases} (x>0;位于 \Sigma 上)的每一点处都取到最小值.$$

设 $(x,y,z)\in C$,且 Σ 在该点处的法向量与 $(-1,1,1)$ 垂直,则 x,y,z 满足方程组

$$\begin{cases} x^2+y^2=\dfrac{4}{9}, \\ z=\dfrac{1}{3}, \\ (4x,4y,2z)\cdot(-1,1,1)=0, \end{cases} \quad 即 \begin{cases} x^2+y^2=\dfrac{4}{9}, \\ z=\dfrac{1}{3}, \\ -2x+2y+z=0. \end{cases}$$

解此方程组得 $x=\dfrac{\sqrt{31}+1}{12},y=\dfrac{\sqrt{31}-1}{12},z=\dfrac{1}{3}$. 因此所求的点

$$P(x_0,y_0,z_0)=\left(\dfrac{\sqrt{31}+1}{12},\dfrac{\sqrt{31}-1}{12},\dfrac{1}{3}\right).$$

附注　题解中值得注意的是:将目标函数 $g(x,y,z)$ 化简为 $f(z)=2-2z^2+9z^4(z>0)$,它是一元函数,使计算最小值问题简化.

例 4.32　设有一小山,取它的底面所在的平面为 xOy 平面,其底部所占区域为 $D=\{(x,y)\mid x^2+y^2-xy\leqslant75\}$,小山高度函数 $h(x,y)=75-x^2-y^2+xy$.

(1) 设 $M(x_0,y_0)$ 是 D 上一点,问 $h(x,y)$ 在该点处沿平面上什么方向的方向导数最大?若记此方向导数的最大值为 $g(x_0,y_0)$,试写出 $g(x_0,y_0)$ 的表达式.

(2) 现欲利用此小山开展攀岩活动,为此需要在山脚寻找一上山坡度最大的点作为攀登的起点,也就是说,要在 D 的边界线 $x^2+y^2-xy=75$ 上找到使(1)中的 $g(x,y)$ 达到最大值的点. 试确定攀登起点的位置.

分析　(1) $h(x,y)$ 在沿点 $M(x_0,y_0)$ 处梯度方向的方向导数为最大,其最大值

$$g(x_0,y_0)=|\mathbf{grad}h(x,y)|\big|_M.$$

(2) 攀登的起点位置就是 $g(x,y)$ 在约束条件 $x^2+y^2-xy=75$ 下取最大值之点,可利用拉格朗日乘数法计算.

精解　(1) 由梯度的几何意义知,$h(x,y)$ 在点 $M(x_0,y_0)$ 处沿梯度

$$\mathbf{grad}h(x,y)\big|_M=\left[\dfrac{\partial h(x,y)}{\partial x}\boldsymbol{i}+\dfrac{\partial h(x,y)}{\partial y}\boldsymbol{j}\right]\Big|_M=(-2x_0+y_0)\boldsymbol{i}+(-2y_0+x_0)\boldsymbol{j}$$

方向的方向导数最大,且最大值为

$$\begin{aligned} g(x_0,y_0)&=|\mathbf{grad}h(x,y)|_M=\sqrt{(-2x_0+y_0)^2+(-2y_0+x_0)^2}\\ &=\sqrt{5x_0^2+5y_0^2-8x_0y_0}. \end{aligned}$$

(2) 用拉格朗日乘数法计算 $g(x,y)=\sqrt{5x^2+5y^2-8xy}$ 在约束条件 $x^2+y^2-xy-75=0$ 下取最大值的点,或者计算 $g^2(x,y)$ 在约束条件 $x^2+y^2-xy-75=0$ 下取最大值的点. 进一步说,计算 $f(x,y)=375-3xy$(利用 $x^2+y^2-xy-75=0$ 化简 $g^2(x,y)$)在约束条件 $x^2+y^2-xy-75=0$ 下取最大值的点. 故作拉格朗日函数

$$F(x,y,\lambda)=f(x,y)+\lambda(x^2+y^2-xy-75)$$
$$=375-3xy+\lambda(x^2+y^2-xy-75),$$

则 $F_x{}'=-3y+\lambda(2x-y)$，$F_y{}'=-3x+\lambda(2y-x)$．

从方程组 $\begin{cases} F_x{}'=0, \\ F_y{}'=0, \\ x^2+y^2-xy-75=0, \end{cases}$ 即 $\begin{cases} -3y+\lambda(2x-y)=0, & (1)\\ -3x+\lambda(2y-x)=0, & (2)\\ x^2+y^2-xy-75=0 & (3) \end{cases}$

的式(1)，式(2)消去 λ 得 $x^2=y^2$，即 $y=x,y=-x$．

当 $y=x$ 时，由式(3)得 $x=y=\pm5\sqrt{3}$；当 $y=-x$ 时，由式(3)得 $x=\pm5,y=\mp5$．

于是，$f(x,y)$ 在约束条件 $x^2+y^2-xy=75$ 下，可能极值点为

$$M_1(5\sqrt{3},5\sqrt{3}),M_2(-5\sqrt{3},-5\sqrt{3}),M_3(5,-5),M_4(-5,5).$$

由于 $f|_{M_1}=f|_{M_2}=150,f|_{M_3}=f|_{M_4}=500$，所以 $f(x,y)$ 在约束条件 $x^2+y^2-xy=75$ 下在点 M_3 或 M_4 处取到最大值，也就是攀登起点位置为点 M_3 或点 M_4．

附注 第(2)小题的题解中值得注意的是，不直接将 $g(x,y)$ 取作目标函数，而用 $x^2+y^2-xy-75=0$ 对 $g^2(x,y)$ 进行化简后的 $f(x,y)$ 作为目标函数，这样做不改变问题要找的 $g(x,y)$ 的最大值点，但计算得到化简．

对于多元函数的条件极值问题，往往化简目标函数后再计算．

例 4.33 (1)求二元函数 $z=x^2+y^2$ 在圆域 $D=\{(x,y)\mid(x-2)^2+(y-1)^2\leqslant9\}$ 上的最值；

(2)求三元函数 $u=x+y+z$ 在由曲面 $\Sigma:z=x^2+y^2$ 与平面 $\pi:z=1$ 围成的有界闭区域 Ω 上的最值．

分析 (1)先计算 z 在 D 内部的所有可能极值点，并计算对应的 z 值，然后计算 z 在 D 的边界上的最值．于是以上计算得到的各个值中，最大(小)者即为 z 的最大(小)值．

(2) 先计算 u 在 Ω 内部的所有可能极值点，并计算对应的 u 值，然后分别计算 u 在 Ω 的边界 S_1(位于 Σ 上)和 S_2(位于 π 上)的最值．于是以上计算得到的值中，最大(小)者即为 u 的最大(小)值．

精解 (1) 对 $z=x^2+y^2$ 求偏导数得 $\dfrac{\partial z}{\partial x}=2x,\dfrac{\partial z}{\partial y}=2y$．解方程组 $\begin{cases} \dfrac{\partial z}{\partial x}=0, \\ \dfrac{\partial z}{\partial y}=0, \end{cases}$ 即

$\begin{cases} 2x=0, \\ 2y=0 \end{cases}$ 得唯一可能极值点 $(0,0)\in D$ 的内部，且 $z(0,0)=0$．

记 $F(x,y)=x^2+y^2+\lambda[(x-2)^2+(y-1)^2-9]$，则

$$\frac{\partial F}{\partial x}=2x+2\lambda(x-2),\frac{\partial F}{\partial y}=2y+2\lambda(y-1).$$

由方程组 $\begin{cases} \dfrac{\partial F}{\partial x}=0, \\ \dfrac{\partial F}{\partial y}=0, \\ (x-2)^2+(y-1)^2=9, \end{cases}$ 即 $\begin{cases} (1+\lambda)x-2\lambda=0, & (1)\\ (1+\lambda)y-\lambda=0, & (2)\\ (x-2)^2+(y-1)^2=9 & (3) \end{cases}$

的式(1)、式(2)知 $x=2y$,将它代入式(3)得 $x=2\pm\dfrac{6}{\sqrt{5}}$,$y=1\pm\dfrac{3}{\sqrt{5}}$,即 $\left(2+\dfrac{6}{\sqrt{5}},1+\dfrac{3}{\sqrt{5}}\right)$ 和 $\left(2-\dfrac{6}{\sqrt{5}},1-\dfrac{3}{\sqrt{5}}\right)$ 是 $z=x^2+y^2$ 在 D 的边界上的可能极值点,且

$$z\left(2+\frac{6}{\sqrt{5}},1+\frac{3}{\sqrt{5}}\right)=14+6\sqrt{5},\ z\left(2-\frac{6}{\sqrt{5}},1-\frac{3}{\sqrt{5}}\right)=14-6\sqrt{5}.$$

由此可知,在 D 上,z 的最大值为 $\max\{0,14+6\sqrt{5},14-6\sqrt{5}\}=14+6\sqrt{5}$,最小值为 $\min\{0,14+6\sqrt{5},14-6\sqrt{5}\}=0$.

(2) 对 $u=x+y+z$ 求偏导数得

$$\frac{\partial u}{\partial x}=\frac{\partial u}{\partial y}=\frac{\partial u}{\partial z}=1,$$

所以,u 在 Ω 内部无可能极值点.

计算 $u=x+y+z$ 在 $S_1=\{(x,y,z)\,|\,x^2+y^2=z\leqslant1\}$ 上的可能极值点:

记 $G(x,y,z)=x+y+z+\lambda(x^2+y^2-z)(0\leqslant z\leqslant1)$,则由

$$\begin{cases}G_x'=0,\\G_y'=0,\\G_z'=0,\\x^2+y^2=z,\end{cases}\quad 即\begin{cases}1+2\lambda x=0,\\1+2\lambda y=0,\\1-\lambda=0,\\x^2+y^2=z\end{cases}$$

得 u 在 S_1 上的可能极值点为 $\left(-\dfrac{1}{2},-\dfrac{1}{2},\dfrac{1}{2}\right)$.

计算 $u=x+y+z$ 在 $S_2=\{(x,y,x)\,|\,x^2+y^2\leqslant1,z=1\}$ 上,即 $\varphi(x,y)=x+y+1$ 在 $x^2+y^2\leqslant1$ 上的可能极值点:

由于 $\varphi(x,y)$ 在 $x^2+y^2<1$ 内无可能极值点,所以只要计算 $\varphi(x,y)$ 在圆周 $x^2+y^2=1$ 上的可能极值点即可. 为此

记 $H(x,y)=x+y+1+\mu(x^2+y^2-1)$,则由

$$\begin{cases}H_x'=0,\\H_y'=0,\\x^2+y^2=1,\end{cases}\quad 即\begin{cases}1+2\mu x=0,\\1+2\mu y=0,\\x^2+y^2=1\end{cases}$$

得 $\varphi(x,y)$ 在 $x^2+y^2=1$ 的可能极值点为 $\left(\dfrac{1}{\sqrt{2}},\dfrac{1}{\sqrt{2}}\right)$ 和 $\left(-\dfrac{1}{\sqrt{2}},-\dfrac{1}{\sqrt{2}}\right)$.

因此,$u=x+y+z$ 在 Ω 上的可能极值点有 $\left(-\dfrac{1}{2},-\dfrac{1}{2},\dfrac{1}{2}\right)$,$\left(\dfrac{1}{\sqrt{2}},\dfrac{1}{\sqrt{2}},1\right)$ 和 $\left(-\dfrac{1}{\sqrt{2}},-\dfrac{1}{\sqrt{2}},1\right)$. 于是,$u$ 在 Ω 上的

$$最大值=\max\left\{u\left(-\frac{1}{2},-\frac{1}{2},\frac{1}{2}\right),u\left(\frac{1}{\sqrt{2}},\frac{1}{\sqrt{2}},1\right),u\left(-\frac{1}{\sqrt{2}},-\frac{1}{\sqrt{2}},1\right)\right\}$$

$$=\max\left\{-\frac{1}{2},\sqrt{2}+1,-\sqrt{2}+1\right\}=\sqrt{2}+1,$$

$$最小值=\min\left\{u\left(-\frac{1}{2},-\frac{1}{2},\frac{1}{2}\right),u\left(\frac{1}{\sqrt{2}},\frac{1}{\sqrt{2}},1\right),u\left(-\frac{1}{\sqrt{2}},-\frac{1}{\sqrt{2}},1\right)\right\}$$

$$=\min\left\{-\frac{1}{2},\sqrt{2}+1,-\sqrt{2}+1\right\}=-\frac{1}{2}.$$

附注 二元或三元连续函数在有界闭区域上有最大值与最小值. 它们可以按以下步骤计算(以二元函数 $f(x,y)$ 和有界闭区域 D 为例)：

(1) 计算在 D 内部 $f(x,y)$ 的可能极值点,设为 $(x_i,y_i)(i=1,2,\cdots,n)$；

(2) 计算在 D 的边界上 $f(x,y)$ 的可能极值点,记为 $(\alpha_j,\beta_j)(j=1,2,\cdots,m)$；

(3) 比较 $f(x_i,y_i)(i=1,2,\cdots,n)$ 和 $f(\alpha_j,\beta_j)(j=1,2,\cdots,m)$ 的大小,其中最大者即为 $f(x,y)$ 在 D 上的最大值,最小者即为 $f(x,y)$ 在 D 上的最小值.

例 4.34 已知椭球面 $\frac{x^2}{3}+y^2+\frac{z^2}{2}=1$ 被过原点的平面 $2x+y+z=0$ 截成一个椭圆,求此椭圆的面积.

分析 只要算出该椭圆的长、短半轴即可,它们分别为原点到椭圆上点 (x,y,z) 的距离 $d=\sqrt{x^2+y^2+z^2}$ 的最大值与最小值,因此问题就转换成用拉格朗日乘数法计算 $d^2=x^2+y^2+z^2$ 在约束条件 $\frac{x^2}{3}+y^2+\frac{z^2}{2}=1$ 与 $2x+y+z=0$ 下的最大值与最小值.

精解 记 $F(x,y,z)=x^2+y^2+z^2+\lambda\left(\frac{x^2}{3}+y^2+\frac{z^2}{2}-1\right)+\mu(2x+y+z)$,则

$$F'_x=2x+\frac{2}{3}\lambda x+2\mu, F'_y=2y+2\lambda y+\mu, F'_z=2z+\lambda z+\mu,$$

于是,由方程组

$$\begin{cases} F'_x=2x+\frac{2}{3}\lambda x+2\mu=0, & (1) \\ F'_y=2y+2\lambda y+\mu=0, & (2) \\ F'_z=2z+\lambda z+\mu=0, & (3) \\ \frac{x^2}{3}+y^2+\frac{z^2}{2}=1, & (4) \\ 2x+y+z=0 & (5) \end{cases}$$

式(1)、式(2)、式(3)分别与 x,y,z 相乘后相加得

$$2(x^2+y^2+z^2)+2\lambda\left(\frac{x^2}{3}+y^2+\frac{z^2}{2}\right)+\mu(2x+y+z)=0.$$

将式(4)、式(5)代入上式得

$$\lambda=-d^2. \qquad (6)$$

将式(6)代入式(1)得 $(d^2-3)x=3\mu$,显然 $d^2\neq3$(因为 $d^2=3$ 时 $\mu=0$,不合题意),所以有

$$x=\frac{3\mu}{d^2-3}. \qquad (7)$$

将式(6)代入式(2),式(3)得

$$y=\frac{\mu}{2(d^2-1)},z=\frac{\mu}{d^2-2}. \qquad (8)$$

将式(7)、式(8)代入式(5)得

$$\frac{6\mu}{d^2-3}+\frac{\mu}{2(d^2-1)}+\frac{\mu}{d^2-2}=0,$$

即
$$15(d^2)^2-49d^2+36=0.$$

这是原点到椭圆上点 (x,y,z) 的距离平方 d^2 的可能极值所满足的方程.

该方程有两个不同实根,记为 d_1^2,d_2^2(设 $d_1^2>d_0^2$),则 $\sqrt{d_1^2}$, $\sqrt{d_2^2}$ 分别是原点到椭圆的最大距离(即长半轴)与最小距离(即短半轴),故此椭圆面积 $S=\pi\sqrt{d_1^2 d_2^2}=\pi\sqrt{\dfrac{36}{15}}=2\pi\sqrt{\dfrac{3}{5}}$.

附注　本题解答中,不是从式(1)～式(5)直接算出 d^2 在约束条件下的可能极值点,而是从式(1)～式(5)推出 d^2 应满足的一个二次方程,由此直接算出椭圆的面积,这样计算快捷些.

例 4.35　设半径为 R 的圆 C.

(1) 是否存在 C 的面积为 $\dfrac{\sqrt{3}}{4}\pi R^2$ 的内接三角形? 说明你的理由;

(2) 是否存在 C 的面积为 $\dfrac{\sqrt{2}}{4}\pi R^2$ 的内接三角形? 说明你的理由.

分析　(1)写出 C 的内接三角形面积表达式,并计算它的最大值.如果最大值 $<\dfrac{\sqrt{3}}{4}\pi R^2$,则不存在 C 的面积为 $\dfrac{\sqrt{3}}{4}\pi R^2$ 的内接三角形.

(2) 考虑一类特殊的 C 的内接三角形,使它的面积是一元连续函数 $f(x)$,然后利用零点定理,证明存在 ξ,使得 $f(\xi)=\dfrac{\sqrt{2}}{4}\pi R^2$.

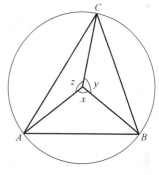

图　4.35

精解　(1)设 C 及它的任一内接三角形 ABC 如图 4.35 所示,记各边对应的圆心角分别为 $x,y,z=2\pi-x-y$,则 $\triangle ABC$ 的面积为

$$S=\frac{1}{2}R^2[\sin x+\sin y+\sin(2\pi-x-y)]$$

$$=\frac{1}{2}R^2[\sin x+\sin y-\sin(x+y)]\ (0<x<\pi,0<y<\pi).$$

令　$\begin{cases}S'_x=0,\\ S'_y=0\end{cases}$　得方程组

$$\begin{cases}\cos x-\cos(x+y)=0, & (1)\\ \cos y-\cos(x+y)=0. & (2)\end{cases}$$

则由式(1)、式(2)知 $x=y$.将它代入式(1)得 $2\cos^2 x-\cos x-1=0$.解此方程得 $x=\dfrac{2\pi}{3}$.此外有 $y=\dfrac{2\pi}{3}$,所以有唯一的可能极值点 $\left(\dfrac{2\pi}{3},\dfrac{2\pi}{3}\right)$.由于 C 必有面积为最大的内接三角形,所以 S 的最大值为 $S\left(\dfrac{2\pi}{3},\dfrac{2\pi}{3}\right)=\dfrac{3\sqrt{3}}{4}R^2$.

由此可知,不存在 C 的面积为 $\dfrac{\sqrt{3}}{4}\pi R^2\left(>\dfrac{3\sqrt{3}}{4}R^2\right)$ 的内接三角形.

(2) 记 $f(x)=S\left(x,\dfrac{2\pi}{3}\right)-\dfrac{\sqrt{2}}{4}\pi R^2$

$$=\dfrac{1}{2}R^2\left[\sin x+\dfrac{\sqrt{3}}{2}-\sin\left(\dfrac{2\pi}{3}+x\right)\right]-\dfrac{\sqrt{2}}{4}\pi R^2 \quad (0<x<\pi),$$

则 $f(x)$ 在 $\left[0,\dfrac{2\pi}{3}\right]$ 上连续,且

$$f(0)=-\dfrac{\sqrt{2}}{4}R^2<0, f\left(\dfrac{2\pi}{3}\right)=\dfrac{3\sqrt{3}}{4}R^2-\dfrac{\sqrt{2}}{4}\pi R^2>0.$$

所以由零点定理知,存在 $\xi\in\left(0,\dfrac{2\pi}{3}\right)\subset(0,\pi)$,使得 $f(\xi)=0$,即存在 C 的内接三角形

$\left(\text{它的三个中心角分别为 }\xi,\dfrac{2\pi}{3},\left(\dfrac{4\pi}{3}-\xi\right)\right)$,使它的面积为 $\dfrac{\sqrt{2}}{4}\pi R^2$.

附注 由(1)知,C 的内接三角形面积的最大值为 $S\left(\dfrac{3\pi}{2},\dfrac{3\pi}{2}\right)=\dfrac{3\sqrt{3}}{4}R^2$,最小值为 0. 由于 0

$<\dfrac{\sqrt{2}}{4}\pi R^2<\dfrac{3\sqrt{3}}{4}R^2$,所以在(2)中可考虑一元函数 $f(x)=S\left(x,\dfrac{3\pi}{2}\right)$(即圆心角分别为 $x,\dfrac{2\pi}{3},\dfrac{4\pi}{3}$

$-x$ 的圆的内接三角形面积),并证明存在 $\xi\in(0,\pi)$,使得 $f(\xi)=\dfrac{\sqrt{2}}{4}\pi R^2$.

例 4.36 证明:$\dfrac{1}{4}(x^2+y^2)\leqslant e^{x+y-2}$ 对 $x\geqslant0,y\geqslant0$ 成立.

分析 欲证的不等式可以改为 $(x^2+y^2)e^{-(x+y)}\leqslant4e^{-2}$ ($x\geqslant0,y\geqslant0$),所以,可从计算函数 $f(x,y)=(x^2+y^2)e^{-(x+y)}$ 在 $D=\{(x,y)\mid x\geqslant0,y\geqslant0\}$ 上的最大值入手.

精解 记函数 $f(x,y)=(x^2+y^2)e^{-(x+y)}$.

令 $\begin{cases}f'_x(x,y)=0,\\ f'_y(x,y)=0\end{cases}$ 得方程组 $\begin{cases}2x-x^2-y^2=0,\\ 2y-x^2-y^2=0.\end{cases}$ 　　　(1)　　　(2)

由式(1)、式(2)知 $y=x$,代入式(1)得 $x-x^2=0$,它有解 $x=0,1$. 由此可知,上述方程组在 D 的内部有唯一解 $x=1,y=1$,即 $f(x,y)$ 在 D 的内部有唯一可能极值点 $(1,1)$,且 $f(1,1)=2e^{-2}$. 此外,对任意 $x>0$,$\lim\limits_{y\to+\infty}f(x,y)=0$;对任意 $y>0$,$\lim\limits_{x\to+\infty}f(x,y)=0$. 所以 $f(x,y)$ 在 D 的内部最大值为 $f(1,1)=2e^{-2}$.

下面考虑在 D 的边界上 $f(x,y)$ 取值情形:

在 $x=0(y\geqslant0)$ 时,$f(x,y)$ 成为 $\varphi(y)=y^2e^{-y}(y\geqslant0)$. 由

$$\varphi'(y)=(2y-y^2)e^{-y}\begin{cases}>0, & 0<y<2,\\ =0, & y=2,\\ <0, & y>2\end{cases}$$

知 $\varphi(y)$ 在 $y\geqslant0$ 时有最大值 $\varphi(2)=4e^{-2}$,即 $f(x,y)$ 在半轴 $x=0(y\geqslant0)$ 上有最大值 $4e^{-2}$. 同样 $f(x,y)$ 在半轴 $y=0(x\geqslant0)$ 上有最大值 $4e^{-2}$.

综上所述,$f(x,y)$ 在 D 上的最大值为 $4e^{-2}$. 因此不等式

$$(x^2+y^2)e^{-(x+y)}\leqslant4e^{-2},\text{即}\dfrac{1}{4}(x^2+y^2)\leqslant e^{x+y-2}\text{对 }x\geqslant0,y\geqslant0\text{ 成立}.$$

附注 本题中的 $f(x,y)$ 的最大值应是 D 内的最大值与 D 的边界,即半轴 $x=0(y\geqslant0)$ 与

半轴 $y=0(x\geqslant0)$ 上的最大值之最大者.

例 4.37 证明：对 $0<x<1,y>0$ 有 $\mathrm{e}yx^y(1-x)<1$.

分析 欲证的不等式可改写成

$$yx^y(1-x)<\mathrm{e}^{-1}.$$

记 $f(x,y)=yx^y(1-x)$，则只要证明 $f(x,y)$ 在 $D=\{(x,y)\mid 0<x<1,y>0\}$ 上的最大值小于 e^{-1} 即可.

精解 对 $x\in(0,1)$，由

$$f'_y=x^y(1-x)(1+y\ln x)\begin{cases}>0,0<y<-\dfrac{1}{\ln x},\\[2mm]=0,y=-\dfrac{1}{\ln x},\\[2mm]<0,y>-\dfrac{1}{\ln x}\end{cases}$$

知，$\displaystyle\max_{y\in(0,+\infty)}f(x,y)=f(x,y)\Big|_{y=-\frac{1}{\ln x}}=-\dfrac{1-x}{\ln x}x^{-\frac{1}{\ln x}}$

$$=-\dfrac{1-x}{\ln x}\mathrm{e}^{-\frac{1}{\ln x}\cdot\ln x}=\dfrac{x-1}{\ln x}\mathrm{e}^{-1}.$$

记 $\varphi(x)=\dfrac{x-1}{\ln x}\mathrm{e}^{-1}(0<x<1)$，则

$$\varphi'(x)=\mathrm{e}^{-1}\cdot\dfrac{\ln x+\dfrac{1}{x}-1}{\ln^2 x}>0\text{（这是因为}(\ln x+\dfrac{1}{x}-1)'=\dfrac{1}{x}-\dfrac{1}{x^2}<0\text{，所以 }\ln x+\dfrac{1}{x}-1>$$

$$(\ln x+\dfrac{1}{x}-1)\Big|_{x=1}=0\quad(0<x<1)),$$

从而，对 $x\in(0,1)$，

$$\varphi(x)<\lim_{x\to1^-}\varphi(x)=\lim_{x\to1^-}\dfrac{x-1}{\ln x}\mathrm{e}^{-1}=\mathrm{e}^{-1},$$

由此可知 $\qquad f(x,y)$ 在 D 上的最大值 $<\mathrm{e}^{-1}$，即

$$yx^y(1-x)<\mathrm{e}^{-1}(0<x<1,y>0).$$

附注 （ⅰ）注意本题确认 $f(x,y)$ 最大值 $<\mathrm{e}^{-1}$ 所采用的方法，这种方法对于计算无界区域上的二元函数的最值往往是很有用的.

（ⅱ）顺便指出 $f(x,y)$ 在 D 上无驻点.

由于 $f'_x=x^y\cdot\dfrac{y}{2}(y-xy-x),f'_y=x^y(1-x)(1+y\ln x)$，所以 D 上的方程组

$$\begin{cases}f'_x=0,\\f'_y=0,\end{cases}\text{即}\begin{cases}x^y\cdot\dfrac{y}{x}(y-xy-x)=0,\\x^y(1-x)(1+y\ln x)=0,\end{cases}\text{化简后成为}\begin{cases}y-xy-x=0,\\1+y\ln x=0.\end{cases}\tag{1}$$

如果 $f(x,y)$ 在 D 上有驻点，其横坐标应是方程 $x\ln x=x-1$（它是从式(1)消去 y 所得的方程）在 $(0,1)$ 内的解.

记 $\varphi(x)=x\ln x-x+1$，则由 $\varphi'(x)=1+\ln x-1=\ln x<0(0<x<1)$ 知 $\varphi(x)>\lim_{x\to1^-}\varphi(x)=0$，即方程 $x\ln x=x-1$ 在 $(0,1)$ 内无解. 以上矛盾的结论表明式(1)在 D 上无解，即 $f(x,y)$ 在

199

D 上无驻点.

例 4.38 证明:函数 $f(x,y)=(x-y)^2+\left(\sqrt{2-x^2}-\dfrac{9}{y}\right)^2$ 在区域 $D=\{(x,y)\,|\,0<x<\sqrt{2},y>0\}$ 上的最小值为 8.

分析 先计算 $f(x,y)$ 在 D 内的可能极值点,如果只有一个 (x_0,y_0),且 $f(x_0,y_0)=8$,此外可以断定 $f(x,y)$ 在 D 内无最大值,则证得 $f(x,y)$ 的最小值为 8.

精解 $\dfrac{\partial f}{\partial x}=2(x-y)-2\left(\sqrt{2-x^2}-\dfrac{9}{y}\right)\cdot\dfrac{x}{\sqrt{2-x^2}},$

$\dfrac{\partial f}{\partial y}=-2(x-y)+2\left(\sqrt{2-x^2}-\dfrac{9}{y}\right)\cdot\dfrac{9}{y^2}.$

令 $\begin{cases}\dfrac{\partial f}{\partial x}=0,\\[2mm]\dfrac{\partial f}{\partial y}=0,\end{cases}$

即 $\begin{cases}(x-y)-\left(\sqrt{2-x^2}-\dfrac{9}{y}\right)\cdot\dfrac{x}{\sqrt{2-x^2}}=0, & (1)\\[4mm](x-y)-\left(\sqrt{2-x^2}-\dfrac{9}{y}\right)\cdot\dfrac{9}{y^2}=0. & (2)\end{cases}$

由式(1)、式(2)得

$$\left(\sqrt{2-x^2}-\dfrac{9}{y}\right)\left(\dfrac{x}{\sqrt{2-x^2}}-\dfrac{9}{y^2}\right)=0,$$

所以有 $\sqrt{2-x^2}-\dfrac{9}{y}=0$,或 $\dfrac{x}{\sqrt{2-x^2}}-\dfrac{9}{y^2}=0.$ $\qquad\qquad(3)$

由式(1)与式(3)的第一式得方程组 $\begin{cases}\sqrt{2-x^2}-\dfrac{9}{y}=0,\\[2mm]x-y=0,\end{cases}$ 该方程组无解.

由式(1)与式(3)的第二式得方程组 $\begin{cases}\dfrac{x}{\sqrt{2-x^2}}-\dfrac{9}{y^2}=0,\\[2mm]y^4=81,\end{cases}$ 该方程组有唯一解 $x=1,y=3.$

即 $f(x,y)$ 在 D 内有唯一可能极值点 $(1,3)$.

由于对任意 $x\in(0,\sqrt{2})$,$y\to0^+$ 时都有 $f(x,y)\to+\infty$,所以 $f(x,y)$ 在 D 内无最大值.因此,在 $(1,3)$ 处 $f(x,y)$ 取到最小值 $f(1,3)=8$.

附注 只有一个可能极值点 (x_0,y_0) 的函数 $f(x,y)$,在开区域 D(有界的,或无界的)内的最值为 $f(x_0,y_0)$.至于是最大值还是最小值,则当 $f(x,y)$ 具有实际意义时,可根据实际意义判断;当 $f(x,y)$ 不具有实际意义时,则应从数学上判断 $f(x,y)$ 无最大(最小)值后,才能断定 $f(x_0,y_0)$ 是最小(最大)值,本题就是如此做的.

例 4.39 证明以下问题:

(1) 设函数 $f(x,y)$ 的偏导数在 xOy 平面连续,且 $f(0,0)=0$,

$$|f_x'(x,y)|\leqslant2|x-y|,\ |f_y'(x,y)|\leqslant2|x-y|,$$

证明:$|f(5,4)|\leqslant1.$

(2) 设函数 $f(x,y)$ 在 xOy 平面连续和存在偏导数，且 $f(0,0)=0$，又设在 $D=\{(x,y)\mid x^2+y^2\leqslant 5\}$ 上，$|\mathbf{grad}f(x,y)|\leqslant 1$，证明：$|f(1,2)|\leqslant\sqrt{5}$.

分析 (1) 先算出 $f(4,4)$，然后由 $f(5,4)-f(4,4)=\displaystyle\int_4^5 f_x'(x,4)\mathrm{d}x$ 估计 $|f(5,4)|$.

(2) 利用 $f(x,y)$ 的拉格朗日中值定理得

$$f(1,2)=f(0,0)+f_x'(\xi,\eta)(1-0)+f_y'(\xi,\eta)(2-0)$$

以及 $|f_x'(\xi,\eta)\boldsymbol{i}+f_y'(\xi,\eta)\boldsymbol{j}|\leqslant 1$，估计 $|f(1,2)|$.

精解 (1) 由题设知 $f_x'(x,x)=f_y'(x,x)=0$，所以

$$f(4,4)-f(0,0)=\int_0^4\mathrm{d}f(x,x)=\int_0^4 f_x'(x,x)\mathrm{d}x+f_y'(x,x)\mathrm{d}y=0,$$

即 $f(4,4)=0$. 由此得到

$$|f(5,4)|=|f(5,4)-f(4,4)|$$
$$=\left|\int_4^5 f_x'(x,4)\mathrm{d}x\right|\leqslant\int_4^5|f_x'(x,4)|\,\mathrm{d}x\leqslant\int_4^5 2(x-4)\mathrm{d}x=1.$$

(2) 由 $f(x,y)$ 的拉格朗日中值定理得

$$f(1,2)=f(0,0)+f_x'(\xi,\eta)(1-0)+f_y'(\xi,\eta)(2-0)\quad(\text{其中}(\xi,\eta)\in D)$$
$$=f_x'(\xi,\eta)+2f_y'(\xi,\eta)$$
$$=(f_x'(\xi,\eta)\boldsymbol{i}+f_y'(\xi,\eta)\boldsymbol{j})\cdot(\boldsymbol{i}+2\boldsymbol{j})$$
$$=\mathbf{gard}f(x,y)\mid_{(\xi,\eta)}\cdot(\boldsymbol{i}+2\boldsymbol{j}),$$

所以，$|f(1,2)|\leqslant\mathbf{gard}f(x,y)\mid_{(\xi,\eta)}\cdot\sqrt{1^2+2^2}\leqslant 1\cdot\sqrt{5}=\sqrt{5}$.

附注 二元函数 $f(x,y)$ 的拉格朗日中值定理是：

设 $f(x,y)$ 在 $D=\{(x,y)\mid(x-x_0)^2+(y-y_0)^2\leqslant r^2\}$ 上连续，在 D 的内部有偏导数，则对 D 上的一任一点 (x_0+h,y_0+k)，存在 $\theta\in(0,1)$，使得

$$f(x_0+h,x_0+k)-f(x_0,y_0)=f_x'(x_0+\theta h,y_0+\theta k)h+f_y'(x_0+\theta h,y_0+\theta k)k.$$

(2) 的题解中的 $\xi=\theta\cdot 1=\theta,\eta=\theta\cdot 2=2\theta(0<\theta<1)$，所以

$$\xi^2+\eta^2=\theta^2(1^2+2^2)=5\theta^2<5,\text{即}(\xi,\eta)\in D.$$

例 4.40 设三角形的三个顶点分别位于曲线 $f(x,y)=0,\varphi(x,y)=0$ 及 $\psi(x,y)=0$ 上．证明：如果该三角形的面积达到极值，则曲线在三角形顶点处的法线都通过该三角形的垂心（即三角形底边上三条高线的交点）．

分析 设三角形为如图 4.40 所示的 $\triangle ABC$，其中 A,B,C 的坐标分别为 $(x_1,y_1),(x_2,y_2)$ 及 (x_3,y_3)，它们分别在曲线 $f(x,y)=0,\varphi(x,y)=0$ 及 $\psi(x,y)=0$ 上．于是可从 $\triangle ABC$ 的面积达到极值入手证明．

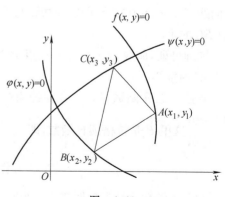

图 4.40

精解 △ABC 的面积达到极值,即

$$\Phi(x_1,x_2,x_3,y_1,y_2,y_3)=\begin{vmatrix} x_1 & y_1 & 1 \\ x_2 & y_2 & 1 \\ x_3 & y_3 & 1 \end{vmatrix}=x_1y_2+x_2y_3+x_3y_1-x_3y_2-x_2y_1-x_1y_3$$

在约束条件 $f(x_1,y_1)=0,\varphi(x_2,y_2)=0$ 及 $\psi(x_3,y_3)=0$ 取到极值. 于是,对于拉格朗日函数

$$F(x_1,x_2,x_3,y_1,y_2,y_3;\lambda_1,\lambda_2,\lambda_3)=\Phi+\lambda_1 f+\lambda_2\varphi+\lambda_3\psi,$$

有

$$\begin{cases} F'_{x_1}=y_2-y_3+\lambda_1 f'_{x_1}=0, & (1) \\ F'_{x_2}=y_3-y_1+\lambda_2\varphi_{x_2}=0, & (2) \\ F'_{x_3}=y_1-y_2+\lambda_3\psi_{x_3}=0, & (3) \\ F'_{y_1}=x_3-x_2+\lambda_1 f'_{y_1}=0, & (4) \\ F'_{y_2}=x_1-x_3+\lambda_2\varphi'_{y_2}=0, & (5) \\ F'_{y_3}=x_2-x_1+\lambda_3\psi'_{y_3}=0. & (6) \end{cases}$$

下面分 $f'_{y_1}=0$ 与 $f'_{y_1}\neq 0$ 证明曲线 $f(x,y)=0$ 在点 A 处的法线通过△ABC 的垂心.

(1)如果 $f'_{y_1}=0$,则由式(4)知 $x_2=x_3$,即△ABC 的边 BC 垂直于 x 轴,此时,曲线 $f(x,y)=0$ 在点 A 处的切线方程为

$$f'_{x_1}\cdot(x-x_1)+f'_{y_1}\cdot(y-y_1)=0,\text{即 } x=x_1.$$

也就是说,曲线 $f(x,y)=0$ 在点 A 处的法线垂直边 BC,即曲线 $f(x,y)=0$ 在点 A 处的法线通过△ABC 的垂心.

(2)如果 $f'_{y_1}\neq 0$,则△ABC 的边 BC 的斜率为 $\dfrac{y_3-y_2}{x_3-x_2}$,而曲线在点 A 处的切线斜率为 $-\dfrac{f'_{x_1}}{f'_{y_1}}$,即法线斜率为 $\dfrac{f'_{y_1}}{f'_{x_1}}$. 由式(1)、式(2)知

$$\frac{y_3-y_2}{x_3-x_2}\cdot\frac{f'_{y_1}}{f'_{x_1}}=-1$$

即曲线 $f(x,y)=0$ 在点 A 处的法线与 BC 垂直,所以曲线 $f(x,y)=0$ 在点 A 处的法线通过△ABC 的垂心.

同理可证,曲线 $\varphi(x,y)=0$ 在点 B 处的法线与曲线 $\psi(x,y)=0$ 在点 C 处的法线都通过△ABC 的垂心.

附注 二元函数 $f(x,y)$ 在约束条件 $\varphi(x,y)=0$ 下在点 (x_0,y_0) 处取到极值时必有 $\begin{cases} F'_x=0, \\ F'_y=0, \end{cases}$ 这里 F 是拉格朗日函数,即

$$F(x,y,\lambda)=f(x,y)+\lambda\varphi(x,y).$$

对多元函数及约束条件多于一个时也有类似的结论.

本题就是利用上述结论证明的.

三、主要方法梳理

1. 二元函数偏导数与二阶偏导数的计算方法

设二元函数 $z=z(x,y)$,则计算 $\dfrac{\partial z(x,y)}{\partial x}$ 时,只要将 y 看做固定的,然后对一元函数 $z(x,y)$ 求导即可. 对 $\dfrac{\partial z(x,y)}{\partial y}$, $\dfrac{\partial^2 z(x,y)}{\partial x^2}$, $\dfrac{\partial^2 z(x,y)}{\partial x\partial y}$, $\dfrac{\partial^2 z(x,y)}{\partial y\partial x}$, $\dfrac{\partial^2 z(x,y)}{\partial y^2}$ 也可同样计算,但注意以下两点,将使求偏导数计算变得快捷些:

(1) 观察 $z=z(x,y)$ 是否具有对称性或反对称性(如果将自变量 x,y 互换后, $z(x,y)$ 不变,则称 $z=z(x,y)$ 具有对称性;如果将自变量 x,y 互换后, $z(x,y)$ 成为 $-z(x,y)$,则称 $z=z(x,y)$ 具有反对称性).

如果 $z=z(x,y)$ 具有对称性,则 $\dfrac{\partial z(x,y)}{\partial y}$, $\dfrac{\partial z^2(x,y)}{\partial y^2}$, $\dfrac{\partial^2 z(x,y)}{\partial y\partial x}$ 可分别从互换 $\dfrac{\partial z(x,y)}{\partial x}$, $\dfrac{\partial z^2(x,y)}{\partial x^2}$, $\dfrac{\partial^2 z(x,y)}{\partial x\partial y}$ 的计算结果中的 x,y 得到.

如果 $z=z(x,y)$ 具有反对称性,则 $\dfrac{\partial z(x,y)}{\partial y}$, $\dfrac{\partial^2 z(x,y)}{\partial y^2}$, $\dfrac{\partial^2 z(x,y)}{\partial y\partial x}$ 可分别从互换 $-\dfrac{\partial z(x,y)}{\partial x}$, $-\dfrac{\partial^2 z(x,y)}{\partial x^2}$, $-\dfrac{\partial^2 z(x,y)}{\partial x\partial y}$ 的计算结果中的 x,y 得到.

如果 $z=z(x,y)$ 既不具有对称性,又不具有反对称性,但能表示成一个对称函数 $\varphi(x,y)$ 与一个反对称函数 $\psi(x,y)$ 之和,则对 $\varphi(x,y),\psi(x,y)$ 分别应用上述结论即可由 $\dfrac{\partial z(x,y)}{\partial x}$, $\dfrac{\partial^2 z(x,y)}{\partial x^2}$, $\dfrac{\partial^2 z(x,y)}{\partial x\partial y}$ 直接得到 $\dfrac{\partial z(x,y)}{\partial y}$, $\dfrac{\partial^2 z(x,y)}{\partial y^2}$, $\dfrac{\partial^2 z(x,y)}{\partial y\partial x}$.

注　当 $z=z(x,y)$ 具有连续的二阶偏导数时,有 $\dfrac{\partial^2 z(x,y)}{\partial x\partial y}=\dfrac{\partial^2 z(x,y)}{\partial y\partial x}$,即此时不需检验 $z(x,y)$ 的对称性,可直接由 $\dfrac{\partial^2 z(x,y)}{\partial x\partial y}$ 得到 $\dfrac{\partial^2 z(x,y)}{\partial y\partial x}=\dfrac{\partial^2 z(x,y)}{\partial x\partial y}$.

(2) 当需同时计算二元函数 $z=z(x,y)$ 的 $\dfrac{\partial z(x,y)}{\partial x}$, $\dfrac{\partial z(x,y)}{\partial y}$, 或 $\dfrac{\partial^2 z(x,y)}{\partial x^2}$, $\dfrac{\partial^2 z(x,y)}{\partial x\partial y}$, 或 $\dfrac{\partial^2 z(x,y)}{\partial y^2}$, $\dfrac{\partial^2 z(x,y)}{\partial y\partial x}$ 时,可以利用全微分形式不变性,由计算 $\mathrm{d}z(x,y)$ 同时得到 $\dfrac{\partial z(x,y)}{\partial x}$, $\dfrac{\partial z(x,y)}{\partial y}$;由计算 $\mathrm{d}\dfrac{\partial z(x,y)}{\partial x}$ 同时得到 $\dfrac{\partial^2 z(x,y)}{\partial x^2}$, $\dfrac{\partial^2 z(x,y)}{\partial x\partial y}$;由计算 $\mathrm{d}\dfrac{\partial z(x,y)}{\partial y}$ 同时得到 $\dfrac{\partial^2 z(x,y)}{\partial y\partial x}$, $\dfrac{\partial^2 z(x,y)}{\partial y^2}$.

这一方法,对于计算由方程组 $\begin{cases} F(x,y,u,v)=0, \\ G(x,y,u,v)=0 \end{cases}$ 确定的两个二元函数 $u=u(x,y),v=v(x,y)$ 的一阶偏导数和二阶偏导数特别有效.

2. 二元函数极值的计算方法

设二元函数 $z=f(x,y)$,它的极值计算方法如下:

(1) 计算 $z=f(x,y)$ 的定义域,并计算它在定义域中的所有可能极值点. $f(x,y)$ 的所有可能极值点是使 $f_x'(x,y)$ 为零或不存在,且 $f_y'(x,y)$ 为零或不存在的点的全体.记为 (x_i,y_i) $(i=1,2,\cdots,n)$;

(2) 逐一判定 $f(x_i,y_i)$ $(i=1,2,\cdots,n)$ 是否为极值,并且当为极值时判定是极大值还是极小值.判定方法:

记 $A=f_{xx}''(x,y)$,$B=f_{xy}''(x,y)$,$C=f_{yy}''(x,y)$,$\Delta=AC-B^2$,则

当 $\Delta(x_i,y_i)>0$ 时,$f(x_i,y_i)$ 是极值,且当 $A(x_i,y_i)>0$ 时,$f(x_i,y_i)$ 为极小值,当 $A(x_i,y_i)<0$ 时,$f(x_i,y_i)$ 为极大值;当 $\Delta(x_i,y_i)<0$ 时,$f(x_i,y_i)$ 不是极值;当 $\Delta(x_i,y_i)=0$ 时,$f(x_i,y_i)$ 可能为极值,也可能不为极值,需另行计算.

3. 二元函数条件极值计算方法

二元函数 $z=f(x,y)$ 在约束条件 $\varphi(x,y)=0$ 下的条件极值的计算方法如下:

如果 $\varphi(x,y)=0$ 可以写成显函数 $y=\psi_1(x)$ 或 $x=\psi_2(y)$,则上述条件极值问题转化成计算 $z=f(x,\psi_1(x))$ 或 $z=f(\psi_2(y),y)$ 的极值.

如果 $\varphi(x,y)$ 不易写成显函数形式,则用拉格朗日乘数法计算 $f(x,y)$ 的条件极值,具体如下:

(1) 作拉格朗日函数 $F(x,y)=f(x,y)+\lambda\varphi(x,y)$. 此时可以将 $\varphi(x,y)=0$ 代入 $f(x,y)$ 或取 $f^2(x,y)$,$\ln f(x,y)$ 等代替 $f(x,y)$,使得 $F(x,y)$ 易于求偏导数;

(2) 求解方程组 $\begin{cases} F_x'(x,y)=0, \\ F_y'(x,y)=0, \\ \varphi(x,y)=0 \end{cases}$ 的解,记为 (x_i,y_i) $(i=1,2,\cdots,n)$,它们是 $z=f(x,y)$ 在约束条件 $\varphi(x,y)=0$ 下的可能极值点.

(3) 逐一判定 $f(x_i,y_i)$ $(i=1,2,\cdots,n)$ 是否为极值.

当题中要求计算的是 $z=f(x,y)$ 在 $\varphi(x,y)=0$ 下的最大值(最小值)时,如果此时由拉格朗日乘数法知只有唯一的可能极值点,则 $z=f(x,y)$ 在这个可能极值点必取到最大值(最小值),至于是最大值还是最小值,可由问题的实际意义判定;如果此时由拉格朗日乘数法得到的可能极值点不是一个,则 $z=f(x,y)$ 在这些可能极值点处的值的最大者即为最大值(最小者即为最小值).当题中要求计算的是 $z=f(x,y)$ 在约束条件 $\varphi(x,y)=0$ 下的极值时,通过计算 $z=f(x,y(x))$(其中 $y=y(x)$ 是由 $\varphi(x,y)=0$ 确定的隐函数)的导数检验各个 x_i,即 (x_i,y_i) 是否极值点,从而确定 $f(x,y)$ 的极值.

4. 二元连续函数最值的计算方法

二元连续函数 $f(x,y)$ 在区域 D 上的最值计算方法如下:

计算 $f(x,y)$ 在 D 的内部的所有可能极值点,记为 (x_i,y_i) $(i=1,2,\cdots,n)$;如果 D 是闭区域,还应计算 $f(x,y)$ 在 D 的边界上的所有可能极值点,记为 (α_j,β_j) $(j=1,2,\cdots,m)$ $((\alpha_j,\beta_j),j=1,2,\cdots,m$ 可利用条件极值的拉格朗日乘数法计算),然后比较 $f(x_i,y_i)$ $(i=1,2,\cdots,n)$,

$f(\alpha_j,\beta_j)(j=1,2,\cdots,m).$（如果 D 是无界区域，还应与 $f(x,y)$ 在无穷远处的极限值比较）大小，最大者即为 $f(x,y)$ 在 D 上的最大值，最小者即为 $f(x,y)$ 在 D 的最小值.

四、精选备赛练习题

A 组

4.1 将边长为 6 的正方形 $ABCD$ 用平行于 AB 的线段 EF，GH 分成三等分，并沿 EF，GH 将该正方形折围成三棱柱，使 BA,CD 与 z 轴重合，点 B,C 与原点 O 重合，EF 在 zOx 平面上，HG 在第一卦限，此时正方形的对角线 BD 被折成空间折线 $BP\text{-}PQ\text{-}QA$，则线段 PQ 在直角坐标系 $Oxyz$ 中绕 z 轴旋转一周而成的旋转曲面 Σ 的方程为____.

4.2 设函数 $z(x,y)=\dfrac{\sin(xy)\cos\sqrt{y+2}-(y-1)\cos x}{1+\sin x+\sin(y-1)}$，则 $\mathrm{d}z|_{(0,1)}=$_____.

4.3 设 $x=x(y,z)$ 是由方程 $x+2y+z=2\sqrt{xyz}$ 确定的隐函数，则 $\dfrac{\partial x}{\partial y}=$_____.

4.4 设函数 $z=\arctan\dfrac{x+xy}{1-x^2y}$，则 $\dfrac{\partial^2 x}{\partial z^2}=$_____.

4.5 设函数 $z=\dfrac{1}{x}f(xy)+yf(x+y)$，其中 $f(u)$ 可导，则 $\dfrac{\partial^2 z}{\partial x\partial y}=$_____.

4.6 设 $\begin{cases}z=ux+y\varphi(u)+\psi(u),\\0=x+y\varphi'(u)+\psi'(u),\end{cases}$ 其中函数 $z=z(x,y)$ 具有二阶连续偏导数，则
$$\dfrac{\partial^2 z}{\partial x^2}\cdot\dfrac{\partial^2 z}{\partial y^2}-\left(\dfrac{\partial^2 z}{\partial x\partial y}\right)^2=\underline{\qquad\qquad}.$$

4.7 满足 $\dfrac{\partial^2 z}{\partial y^2}=2$ 及 $z(x,0)=1,z_y'(x,0)=x$ 的函数 $z(x,y)=$_____.

4.8 设函数 $F(x,y,z,u)=0$，又 $z=\varphi(x,y,v),v=\psi(x,y,u)$，其中 F,φ,ψ 有连续偏导数，且 $F_4'+F_3'\varphi_3'\psi_3'\neq0$，则 $\dfrac{\partial u}{\partial x}=$_____.

4.9 设函数 $u=\cos^2(xy)+\dfrac{y}{z^2}$，直线 $L:\begin{cases}\dfrac{1}{3}x-\dfrac{1}{2}z=1,\\y-2z+4=0,\end{cases}$ 则 u 在点 $(0,0,1)$ 处沿直线 L 的方向导数为_____（规定 L 上与 z 轴正向夹角为锐角的方向为 L 的方向）.

4.10 设函数 $f(x,y)$ 可微，且对任意 x,y,t 满足 $f(tx,ty)=t^2f(x,y)$，$P_0(1,-2,2)$ 是曲面 $\Sigma:z=f(x,y)$ 上的一点，则当 $f_x'(1,-2)=4$ 时，Σ 在点 P_0 处的法线方程为_____.

4.11 已知函数 $z=f(x,y)$ 有连续的二阶偏导数，且 $f_x'(x,y)\neq0$，$\dfrac{\partial^2 z}{\partial x^2}\cdot\dfrac{\partial^2 z}{\partial y^2}-\left(\dfrac{\partial^2 z}{\partial x\partial y}\right)^2=0$，又设 $x=x(y,z)$ 是由 $z=f(x,y)$ 确定的隐函数，求
$$\dfrac{\partial^2 x}{\partial y^2}\cdot\dfrac{\partial^2 x}{\partial z^2}-\left(\dfrac{\partial^2 x}{\partial y\partial z}\right)^2.$$

4.12 设函数 $f(t)$ 三阶可导, $f(0)=0$, $f'(0)=1$, 记 $u=f(xyz)$, 且

$$\frac{\partial^3 u}{\partial x \partial y \partial z}=x^2 y^2 z^2 f'''(xyz),$$

求: (1) $f(t)$ 的表达式;

(2) $f(t)$ 在 $t=1$ 处的 100 阶导数.

4.13 求函数 $z=\frac{1}{13}(2x+3y-6)^2$ 在约束条件 $x^2+4y^2=4$ 下的极值.

4.14 证明: 曲面 $S: z^2=(x^2+y^2) f\left(\frac{y}{x}\right)$ 的切平面都经过一个定点, 其中 $f(u)$ 具有连续导数.

4.15 在椭球面 $2x^2+2y^2+z^2=1$ 上求一点, 使函数 $f(x,y,z)=x^2+y^2+z^2$ 在该点处沿方向 $l=i-j$ 的方向导数最大.

4.16 设二元函数 $f(x,y)$ 有连续的偏导数, 且 $f(x,x^2)=1$.

(1) 如果 $f'_x(x,x^2)=x$, 求 $f'_y(x,x^2)$;

(2) 如果 $f'_y(x,y)=x^2+2y$, 求 $f(x,y)$.

4.17 已知二元函数 $z=z(x,y)$ 满足方程

$$z''_{xx}+2z''_{xy}+z''_{yy}=0.$$

作自变量代换 $u=x+y$, $v=x-y$ 及函数代换 $w=xy-z$, 求代换后的方程.

4.18 设二元函数 $f(x,y)$ 具有二阶连续偏导数, $g(x,y)=f(e^{xy}, x^2+y^2)$, 且 $f(x,y)=1-x-y+o(\sqrt{(x-1)^2+y^2})$. 证明: $g(x,y)$ 在点 $(0,0)$ 处取得极值, 判定其是极大值还是极小值, 并算出此极值.

4.19 设二元函数 $f(x,y)$ 具有一阶连续偏导数, 且 $f(0,1)=f(1,0)$. 证明: 在圆 $C: x^2+y^2=1$ 上存在满足 $y\frac{\partial f}{\partial x}-x\frac{\partial f}{\partial y}$ 的不同两点.

B 组

4.20 求通过三条直线

$$\begin{cases} x=0, \\ y-z=0, \end{cases} \quad \begin{cases} x=0, \\ x+y-z=-2 \end{cases} \quad \text{及} \begin{cases} x=\sqrt{2}, \\ y-z=0 \end{cases}$$

的正圆柱面 S 的方程.

4.21 设 $\Omega: x^2+y^2+z^2\leqslant 1$, 证明: $\frac{4\sqrt[5]{2}\pi}{3}<\iiint\limits_{\Omega}\sqrt[5]{x+2y-2z+5}\,\mathrm{d}v<\frac{4\sqrt[5]{8}\pi}{3}$.

4.22 设函数 f 和 g 具有连续偏导数, 求由方程组 $\begin{cases} u=f(xy-u, \sqrt{u^2+z^2}), \\ g(x,y,z)=0 \end{cases}$ 确定的隐函数 $u=u(x,y)$ 的偏导数 $\frac{\partial u}{\partial x}$ 和 $\frac{\partial u}{\partial y}$ (其中, $g'_z\neq 0$).

4.23 设变换 $\begin{cases} u=x+a\sqrt{y}, \\ v=x+2\sqrt{y}, \end{cases}$ 把方程 $\frac{\partial^2 z}{\partial x^2}-y\frac{\partial^2 z}{\partial y^2}-\frac{1}{2}\frac{\partial z}{\partial y}=0$ (其中 z 具有连续的二阶偏导数) 化为 $\frac{\partial^2 z}{\partial u \partial v}=0$, 求常数 a 的值.

4.24　设函数 $u=f(x,y,z)$ 是可微函数，如果 $\dfrac{f'_x}{x}=\dfrac{f'_y}{y}=\dfrac{f'_z}{z}$，证明：$u$ 仅为 $r=\sqrt{x^2+y^2+z^2}$ 的函数.

4.25　设在上半空间 $z>0$ 上函数 $u(x,y,z)$ 有连续的二阶偏导数，且
$$u'_x=2x+y+z+x\varphi(r),\ u'_y=x+y\varphi(r),\ u'_z=x+z+z\varphi(r),$$
其中，$r=\sqrt{x^2+y^2+z^2}$，$\lim\limits_{r\to 0^+}\varphi(r)$ 存在，$\lim\limits_{(x,y,z)\to(0,0,0)}u(x,y,z)=0$，$\mathrm{div}\,\mathbf{grad}\,u(x,y,z)=0$，求 $u(x,y,z)$ 的表达式.

4.26　证明：函数 $f(x,y)=Ax^2+2Bxy+Cy^2$ 在约束条件 $g(x,y)=1-\dfrac{x^2}{a^2}-\dfrac{y^2}{b^2}=0$ 下有最大值与最小值，且它们是方程 $k^2-(Aa^2+Cb^2)k+(AC-B^2)a^2b^2=0$ 的根.

4.27　设圆 $C:(x-1)^2+y^2=1$ 含于椭圆 $\dfrac{x^2}{a^2}+\dfrac{y^2}{b^2}=1(a>b>0)$ 之内，问 a,b 取何值时，此椭圆的面积为最小，并求此时椭圆的面积.

4.28　设曲面 $S:(x-y)^2-z^2=1$.

(1) 求 S 在点 $M(1,0,0)$ 处的切平面 π 的方程；

(2) 证明：原点到 S 的最短距离等于原点到 π 的距离.

4.29　设平面 $\pi:\dfrac{x}{3}+\dfrac{y}{4}+\dfrac{z}{5}=1$ 和柱面 $S:x^2+y^2=1$ 的交线为 C，求：

(1) C 在 yOz 平面上的投影曲线方程；

(2) C 到 xOy 平面的最短距离.

4.30　设椭球面 $\Sigma:x^2+3y^2+z^2=1$，π 为 Σ 在第一卦限内的切平面. 求：

(1) 使 π 与三个坐标平面围成的四面体体积最小的切点坐标；

(2) 使 π 被三个坐标平面截出的三角形的面积最小的切点坐标.

4.31　设函数 $z=f(x,y)$ 具有二阶连续偏导数，且 $f'_y\neq 0$. 证明：对任意常数 $C,f(x,y)=C$ 为一直线的充分必要条件是
$$(f'_y)^2f''_{xx}-2f'_xf'_yf''_{xy}+(f'_x)^2f''_{yy}=0.$$

4.32　设函数 $f(x,y)$ 有一阶连续偏导数，$r=\sqrt{x^2+y^2}$，证明：当 $\lim\limits_{r\to+\infty}\left(x\dfrac{\partial f}{\partial x}+y\dfrac{\partial f}{\partial y}\right)=1$ 时，$f(x,y)$ 有最小值.

4.33　设 C 是半径为 R 的圆.

(1) 问是否存在 C 的面积为 $\dfrac{3}{2}\pi R^2$ 的外切三角形？说明你的理由；

(2) 问是否存在 C 的面积为 $2\pi R^2$ 的外切三角形？说明你的理由.

4.34　设二元函数 $f(x,y)=(x^2-y^2)\mathrm{e}^{-x^2-y^2}$，求 $f(x,y)$ 的极值与最值.

附：解答

4.1　由题设画图如图答 4.1 所示，由图可知，

点 $P=(2,0,2),Q=(1,\sqrt{3},4)$，所以 PQ 的方程为

$$\frac{x-2}{1-2}=\frac{y-0}{\sqrt{3}-0}=\frac{z-2}{4-2}, \text{即}\begin{cases} x=-\dfrac{1}{2}t+3, \\[2mm] y=\dfrac{\sqrt{3}}{2}t-\sqrt{3}, \\[2mm] z=t, \end{cases}$$

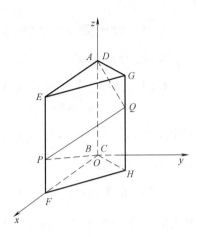

所以,PQ 绕 z 轴旋转一周而成的旋转曲面 Σ 的参数方程为

$$\begin{cases} x^2+y^2=\left(-\dfrac{1}{2}t+3\right)^2+\left(\dfrac{\sqrt{3}}{2}t-\sqrt{3}\right)^2, \\[2mm] z=t, \end{cases}$$

即 $\begin{cases} x^2+y^2=t^2-6t+12, \\ z=t, \end{cases}$ $(2\leqslant t\leqslant 4)$.

消去参数 t 得 Σ 的方程为

图答　4.1

$x^2+y^2=z^2-6z+12$,即 $x^2+y^2-(z-3)^2=3(2\leqslant z\leqslant 4)$.

4.2　由于 $z_x'(0,1)=\lim\limits_{x\to 0}\dfrac{z(x,1)-z(0,1)}{x}=\lim\limits_{x\to 0}\dfrac{\sin x\cdot\cos\sqrt{3}}{x(1+\sin x)}=\cos\sqrt{3}$,

$z_y'(0,1)=\lim\limits_{y\to 1}\dfrac{z(0,y)-z(0,1)}{y-1}=\lim\limits_{y\to 1}\dfrac{-(y-1)}{(y-1)[1+\sin(y-1)]}=-1$,

所以,$\mathrm{d}z\big|_{(0,1)}=z_x'(0,1)\mathrm{d}x+z_y'(0,1)\mathrm{d}y=\cos\sqrt{3}\mathrm{d}x-\mathrm{d}y$.

4.3　所给方程两边对 y 求偏导数(其中 x 是 y,z 的函数)得

$$\frac{\partial x}{\partial y}+2=\frac{1}{\sqrt{xyz}}\cdot z\left(y\frac{\partial x}{\partial y}+x\right),$$

所以 $\dfrac{\partial x}{\partial y}=\dfrac{\sqrt{x}(\sqrt{xz}-2\sqrt{y})}{\sqrt{y}(\sqrt{x}-\sqrt{yz})}$.

4.4　$z=\arctan x+\arctan xy$.两边对 z 求偏导数(x 是 y,z 的函数),得:

$$1=\frac{1}{1+x^2}\frac{\partial x}{\partial z}+\frac{y}{1+x^2y^2}\frac{\partial x}{\partial z}=\left(\frac{1}{1+x^2}+\frac{y}{1+x^2y^2}\right)\frac{\partial x}{\partial z},$$

所以 $\dfrac{\partial x}{\partial z}=\dfrac{1+x^2+x^2y^2+x^4y^2}{1+x^2y^2+y(1+x^2)}$.从而

$$\frac{\partial^2 x}{\partial z^2}=\frac{\left(2x\dfrac{\partial x}{\partial z}+2xy^2\dfrac{\partial x}{\partial z}+4x^3y^2\dfrac{\partial x}{\partial z}\right)[1+x^2y^2+y(1+x^2)]-(1+x^2+x^2y^2+x^4y^2)\left[2xy^2\dfrac{\partial x}{\partial z}+2xy\dfrac{\partial x}{\partial z}\right]}{[1+x^2y^2+y(1+x^2)]^2}$$

$$=\frac{(2x+2xy^2+4x^3y^2)[1+x^2y^2+y(1+x^2)]-(1+x^2+x^2y^2+x^4y^2)(2xy^2+2xy)}{[1+x^2y^2+y(1+x^2)]^2}\frac{\partial x}{\partial z}$$

$$=\frac{(2x+2xy^3+4x^3y^2+4x^3y^3+2x^5y^3 2x^5y^4)(1+x^2+x^2y^2+x^4y^2)}{[(1+x^2y^2+y(1+x^2)]^3}.$$

4.5　由 $\dfrac{\partial z}{\partial x}=-\dfrac{1}{x^2}f(xy)+\dfrac{y}{x}f'(xy)+yf'(x+y)$ 得

$$\frac{\partial^2 z}{\partial x \partial y} = -\frac{1}{x}f'(xy) + \frac{1}{x}f'(xy) + yf''(xy) + f'(x+y) + yf''(x+y)$$

$$= yf''(xy) + f'(x+y) + yf''(x+y).$$

4.6　$\dfrac{\partial z}{\partial x} = u + x\dfrac{\partial u}{\partial x} + y\varphi'(u)\dfrac{\partial u}{\partial x} + \psi'(u)\dfrac{\partial u}{\partial x}$

$$= u + [x + y\varphi'(u) + \psi'(u)]\frac{\partial u}{\partial x} = u,$$

$$\frac{\partial^2 z}{\partial x^2} = \frac{\partial u}{\partial x}, \frac{\partial^2 z}{\partial x \partial y} = \frac{\partial u}{\partial y}.$$

$$\frac{\partial z}{\partial y} = x\frac{\partial u}{\partial y} + \varphi(u) + y\varphi'(u)\frac{\partial u}{\partial y} + \psi'(u)\frac{\partial u}{\partial y}$$

$$= \varphi(u) + [x + y\varphi'(u) + \psi'(u)]\frac{\partial u}{\partial y} = \varphi(u),$$

$$\frac{\partial^2 z}{\partial y^2} = \varphi'(u)\frac{\partial u}{\partial y}.$$

所以，

$$\frac{\partial^2 z}{\partial x^2} \cdot \frac{\partial^2 z}{\partial y^2} - \left(\frac{\partial^2 z}{\partial x \partial y}\right)^2 = \varphi'(u)\frac{\partial u}{\partial x}\frac{\partial u}{\partial y} - \left(\frac{\partial u}{\partial y}\right)^2. \tag{1}$$

由　$0 = 1 + y\varphi''(u)\dfrac{\partial u}{\partial x} + \psi''(u)\dfrac{\partial u}{\partial x}$　得

$$\frac{\partial u}{\partial x} = -\frac{1}{y\varphi''(u) + \psi''(u)},$$

由　$0 = \varphi'(u) + y\varphi''(u)\dfrac{\partial u}{\partial y} + \psi''(u)\dfrac{\partial u}{\partial y}$　得

$$\frac{\partial u}{\partial y} = -\frac{\varphi'(u)}{y\varphi''(u) + \psi''(u)}.$$

将它们代入式(1)得　　　　　　$\dfrac{\partial^2 z}{\partial x^2} \cdot \dfrac{\partial^2 z}{\partial y^2} - \left(\dfrac{\partial^2 z}{\partial x \partial y}\right)^2 = 0$.

4.7　由 $z'_y(x,y) = \displaystyle\int 2\mathrm{d}y = 2y + \varphi(x)$（其中 $\varphi(x)$ 是待定函数）得 $z'_y(x,0) = \varphi(x)$. 于

是由题设得 $\varphi(x) = x$. 从而由 $z'_y(x,y) = 2y + x$ 得 $z(x,y) = \displaystyle\int (2y+x)\mathrm{d}y = y^2 + xy + \psi(x)$.

特别有 $z(x,0) = \psi(x)$，于是有题设得 $\psi(x) = 1$. 因此 $z(x,y) = y^2 + xy + 1$.

4.8　$u = u(x,y)$ 由方程 $F(x,y,\varphi(x,y,\psi(x,y,u)),u) = 0$ 确定，所以有

$$F'_1 + F'_3\left[\varphi'_1 + \varphi'_3\left(\psi'_1 + \psi'_3\frac{\partial u}{\partial x}\right)\right] + F'_4\frac{\partial u}{\partial x} = 0,$$

因此,由 $F'_4 + F'_3 \cdot \varphi'_3 \cdot \psi'_3 \neq 0$ 得

$$\frac{\partial u}{\partial x} = -\frac{F'_1 + F'_3 \cdot (\varphi'_1 + \varphi'_3 \cdot \psi'_1)}{F'_3 \cdot \varphi'_3 \cdot \psi'_3 + F'_4}.$$

4.9 由于 L 的方程可以写成

$$\frac{x-3}{3} = \frac{y+4}{4} = \frac{z}{2},$$

所以,L 的方向余弦为

$$\frac{3}{\sqrt{3^2+4^2+2^2}} = \frac{3}{\sqrt{29}}, \frac{4}{\sqrt{3^2+4^2+2^2}} = \frac{4}{\sqrt{29}}, \frac{2}{\sqrt{3^2+4^2+2^2}} = \frac{2}{\sqrt{29}}.$$

从而 $\left.\dfrac{\mathrm{d}u}{\mathrm{d}L}\right|_{(0,0,1)} = \left.\dfrac{\partial u}{\partial x}\right|_{(0,0,1)} \times \dfrac{3}{\sqrt{29}} + \left.\dfrac{\partial u}{\partial y}\right|_{(0,0,1)} \times \dfrac{4}{\sqrt{29}} + \left.\dfrac{\partial u}{\partial z}\right|_{(0,0,1)} \times \dfrac{2}{\sqrt{29}},$ $\qquad(1)$

其中

$$\left.\frac{\partial u}{\partial x}\right|_{(0,0,1)} = -2\cos(xy) \cdot \sin(xy) \cdot y\Big|_{(0,0,1)} = 0,$$

$$\left.\frac{\partial u}{\partial y}\right|_{(0,0,1)} = \left[-2\cos(xy) \cdot \sin(xy) \cdot x + \frac{1}{z^2}\right]\Big|_{(0,0,1)} = 1,$$

$$\left.\frac{\partial u}{\partial z}\right|_{(0,0,1)} = -\frac{2y}{z^3}\Big|_{(0,0,1)} = 0.$$

将它们代入式(1)得 $\left.\dfrac{\mathrm{d}u}{\mathrm{d}L}\right|_{(0,0,1)} = 1 \times \dfrac{4}{\sqrt{29}} = \dfrac{4}{\sqrt{29}}.$

4.10 $f(tx,ty) = t^2 f(x,y)$ 两边对 t 求导得

$$xf'_1(tx,ty) + yf'_2(tx,ty) = 2tf(x,y).$$

将 $t=1$ 代入上式得

$$xf'_x(x,y) + yf'_y(x,y) = 2f(x,y).$$

将 $x=1,y=-2$ 代入上式得

$$f'_x(1,-2) - 2f'_y(1,-2) = 2f(1,-2),$$

即 $4-2f'_y(1,-2)=4.$ 由此得到 $f'_y(1,-2)=0.$ 于是 Σ 在 P_0 处的法线方程为

$$\frac{x-1}{f'_x(1,-2)} = \frac{y+2}{f'_y(1,-2)} = \frac{z-2}{-1}, 即 \frac{x-1}{4} = \frac{y+2}{0} = \frac{z-2}{-1}.$$

4.11 在 $x=x(y,z)$ 下 $z=f(x,y)$ 的两边计算关于 y 和 z 的偏导数得

$$0 = f'_x \frac{\partial x}{\partial y} + f'_y, 即 \frac{\partial x}{\partial y} = -\frac{f'_y}{f'_x};$$

$$1 = f'_x \frac{\partial x}{\partial z}, 即 \frac{\partial x}{\partial z} = \frac{1}{f'_x}.$$

所以 $\dfrac{\partial^2 x}{\partial y^2} = \dfrac{\partial}{\partial y}\left(-\dfrac{f_y'}{f_x'}\right) = -\dfrac{\left(f_{yx}''\dfrac{\partial x}{\partial y} + f_{yy}''\right)f_x' - f_y'\left(f_{xx}''\dfrac{\partial x}{\partial y} + f_{xy}''\right)}{(f_x')^2}$

$\qquad = -\dfrac{f_y'f_{xx}''\dfrac{\partial x}{\partial y} - f_x'f_{yy}'' + \left(f_y' - f_x'\dfrac{\partial x}{\partial y}\right)f_{xy}''}{(f_x')^2}$

$\qquad = \dfrac{f_y'f_{xx}''\left(-\dfrac{f_y'}{f_x'}\right) - f_x'f_{yy}'' + \left[f_y' - f_x'\left(-\dfrac{f_y'}{f_x'}\right)\right]f_{xy}''}{(f_x')^2}$

$\qquad = \dfrac{-(f_y')^2 f_{xx}'' - (f_x')^2 f_{yy}'' + 2f_x'f_y'f_{xy}''}{(f_x')^3},$

$\dfrac{\partial^2 x}{\partial y \partial z} = -\dfrac{f_{yx}''\dfrac{\partial x}{\partial z} \cdot f_x' - f_y' \cdot f_{xx}''\dfrac{\partial x}{\partial z}}{(f_x')^2}$

$\qquad = \dfrac{f_y' \cdot f_{xx}'' \cdot \dfrac{1}{f_x'} - f_{xy}''\dfrac{1}{f_x'}f_x'}{(f_x')^2} = \dfrac{f_y'f_{xx}'' - f_x'f_{xy}''}{(f_x')^3},$

$\dfrac{\partial^2 x}{\partial z^2} = -\dfrac{f_{xx}''\dfrac{\partial x}{\partial z}}{(f_x')^2} = -\dfrac{f_{xx}'' \cdot \dfrac{1}{f_x'}}{(f_x')^2} = -\dfrac{f_{xx}''}{(f_x')^3},$

因此， $\dfrac{\partial^2 x}{\partial y^2} \cdot \dfrac{\partial^2 x}{\partial z^2} - \left(\dfrac{\partial^2 x}{\partial y \partial z}\right)^2$

$\qquad = \dfrac{-(f_y')^2 f_{xx}'' - (f_x')^2 f_{yy}'' + 2f_x'f_y'f_{xy}''}{(f_x')^3} \cdot \left(-\dfrac{f_{xx}''}{(f_x')^3}\right) - \left(\dfrac{f_y'f_{xx}'' - f_x'f_{xy}''}{(f_x')^3}\right)^2$

$\qquad = \dfrac{1}{(f_x')^6}\big[(f_y')^2 (f_{xx}'')^2 + (f_x')^2 f_{xx}''f_{yy}'' - 2f_x'f_y'f_{xx}''f_{xy}'' -$

$\qquad\quad (f_y')^2 (f_{xx}'')^2 - (f_x')^2 (f_{xy}'')^2 + 2f_x'f_y'f_{xx}''f_{xy}''\big]$

$\qquad = \dfrac{1}{(f_x')^4}\big[f_{xx}''f_{yy}'' - (f_{xy}'')^2\big] = 0 \quad$（由题设知 $f_{xx}''f_{yy}'' - (f_{xy}'')^2 = 0$）.

4.12　(1) 记 $t = xyz$，则 $u = f(t)$，所以有

$\qquad \dfrac{\partial u}{\partial x} = f'(t) \cdot yz,$

$\qquad \dfrac{\partial^2 u}{\partial x \partial y} = f''(t) \cdot xyz^2 + f'(t) \cdot z,$

$\qquad \dfrac{\partial^3 u}{\partial x \partial y \partial z} = f'''(t)x^2 y^2 z^2 + 2f''(t)xyz + f''(t)xyz + f'(t)$

$\qquad\qquad = t^2 f'''(t) + 3tf''(t) + f'(t).$ 　　　　　　　　　　　(1)

将式(1)与题设 $\dfrac{\partial^2 u}{\partial x \partial y \partial z} = x^2 y^2 z^2 f'''(xyz) = t^2 f'''(t)$ 比较得

$3tf''(t) + f'(t) = 0$，即 $f''(t) + \dfrac{1}{3t}f'(t) = 0$ （关于 $f'(t)$ 的一阶线性微分方程）.

解此微分方程得 $f'(t) = C_1 \mathrm{e}^{-\int \frac{1}{3t}\mathrm{d}t} = C_1 t^{-\frac{1}{3}}.$ 　　　　　　　　　(2)

将 $f'(1)=1$ 代入式(2) 得 $C_1=1$,所以 $f'(t)-t^{-\frac{1}{3}}$,从而 $f(t)=\dfrac{3}{2}t^{\frac{2}{3}}+C_2$.　　(3)

将 $f(0)=0$ 代入式(3) 得 $C_2=0$,因此 $f(t)=\dfrac{3}{2}t^{\frac{2}{3}}$.

(2) $f(t)$ 在 $t=1$ 处的泰勒级数为

$$f(t)=\frac{3}{2}t^{\frac{3}{2}}=\frac{3}{2}\big[1+(t-1)\big]^{\frac{2}{3}}$$

$$=\frac{3}{2}\left[1+\sum_{n=1}^{\infty}\frac{\dfrac{2}{3}\left(\dfrac{2}{3}-1\right)\left(\dfrac{2}{3}-2\right)\cdots\left(\dfrac{2}{3}-n+1\right)}{n!}(t-1)^n\right]$$

$$=\frac{3}{2}+\sum_{n=1}^{\infty}\frac{\left(\dfrac{2}{3}-1\right)\left(\dfrac{2}{3}-2\right)\cdots\left(\dfrac{2}{3}-n+1\right)}{n!}(t-1)^n\quad(\mid t-1\mid<1)$$

所以　$f^{(100)}(1)=100!\,\dfrac{\left(\dfrac{2}{3}-1\right)\left(\dfrac{2}{3}-2\right)\cdots\left(\dfrac{2}{3}-100+1\right)}{100!}=-\dfrac{1\cdot4\cdot7\cdot\cdots\cdot295}{3^{99}}.$

4.13　记 $F(x,y,\lambda)=\dfrac{1}{13}(2x+3y-6)^2+\lambda(x^2+4y^2-4)$,

则　$F'_x=\dfrac{4}{13}(2x+3y-6)+2\lambda x,F'_y=\dfrac{6}{13}(2x+3y-6)+8\lambda y.$

由拉格朗日乘数法得方程组

$$\begin{cases}F'_x=0,\\[1mm]F'_y=0,\\[1mm]x^2+4y^2=4,\end{cases}\quad\text{即}\quad\begin{cases}\dfrac{2}{13}(2x+3y-6)+\lambda x=0,&(1)\\[2mm]\dfrac{3}{13}(2x+3y-6)+4\lambda y=0,&(2)\\[2mm]x^2+4y^2=4.&(3)\end{cases}$$

由式(1)、式(2)消去 λ 得 $x=\dfrac{8}{3}y.$ 将代入式(3)得 $y=\pm\dfrac{3}{5},x=\pm\dfrac{8}{5}.z$ 在约束条件 $x^2+4y^2=4$ 下的可能极值点为 $\left(\dfrac{8}{5},\dfrac{3}{5}\right)$ 和 $\left(-\dfrac{8}{5},-\dfrac{3}{5}\right).$

下面判别这两个可能极值点是否极值点:

由题设知 $y=y(x)$ 是由方程 $x^2+4y^2=4$ 确定的隐函数,则 $\dfrac{dy}{dx}=-\dfrac{x}{4y}\left(\dfrac{dy}{dx}\bigg|_{\left(\frac{8}{5},\frac{3}{5}\right)}=\right.$
$\dfrac{dy}{dx}\bigg|_{\left(-\frac{8}{5},-\frac{3}{5}\right)}=-\dfrac{2}{3}\Big).$ 于是,

$$\frac{dz}{dx}=\frac{2}{13}(2x+3y-6)\left(2+3\frac{dy}{dx}\right)$$

$$=\frac{2}{13}(2x+3y-6)\left(2-\frac{3}{4}\cdot\frac{x}{y}\right)$$

$$=\frac{2}{13}\left(4x+6y-12-\frac{3}{2}\cdot\frac{x^2}{y}-\frac{9}{4}x+\frac{9}{2}\cdot\frac{x}{y}\right),$$

$$\frac{d^2z}{dx^2}=\frac{2}{13}\left(4+6\frac{dy}{dx}-\frac{3}{2}\,\frac{2xy-x^2\dfrac{dy}{dx}}{y^2}-\frac{9}{4}+\frac{9}{2}\,\frac{y-x\dfrac{dy}{dx}}{y^2}\right).$$

212

所以,由 $\dfrac{\mathrm{d}^2 z}{\mathrm{d}x^2}\Big|_{\left(\frac{8}{5},\frac{3}{5}\right)}>0$ 知 $\left(\dfrac{8}{5},\dfrac{3}{5}\right)$ 是极小值点,极小值 $z\left(\dfrac{8}{5},\dfrac{3}{5}\right)=\dfrac{1}{13}$;

由 $\dfrac{\mathrm{d}^2 z}{\mathrm{d}x^2}\Big|_{\left(-\frac{8}{5},-\frac{3}{5}\right)}<0$ 知 $\left(-\dfrac{8}{5},-\dfrac{3}{5}\right)$ 是极大值点,极大值 $z\left(-\dfrac{8}{5},-\dfrac{3}{5}\right)=\dfrac{121}{13}$.

4.14　设 (x_0,y_0,z_0) 是 S 上的任一点,记

$$F(x,y,z)=(x^2+y^2)f\left(\frac{y}{x}\right)-z^2,$$

则 S 在点 (x_0,y_0,z_0) 处的法向量为

$$(F'_x,F'_y,F'_z)\big|_{(x_0,y_0,z_0)}$$

$$=\left(2x_0 f\left(\frac{y_0}{x_0}\right)-\frac{(x_0^2+y_0^2)y_0}{x_0^2}f'\left(\frac{y_0}{x_0}\right),2y_0 f\left(\frac{y_0}{x_0}\right)+\frac{x_0^2+y_0^2}{x_0}f'\left(\frac{y_0}{x_0}\right),-2z_0\right).$$

所以 S 在点 (x_0,y_0,z_0) 处的切平面方程为

$$\left[2x_0 f\left(\frac{y_0}{x_0}\right)-\frac{(x_0^2+y_0^2)y_0}{x_0^2}f'\left(\frac{y_0}{x_0}\right)\right](x-x_0)+\left[2y_0 f\left(\frac{y_0}{x_0}\right)+\frac{x_0^2+y_0^2}{x_0}f'\left(\frac{y_0}{x_0}\right)\right](y-y_0)-$$

$$2z_0(z-z_0)=0,$$

化简得

$$\left[2x_0 f\left(\frac{y_0}{x_0}\right)-\frac{(x_0^2+y_0^2)y_0}{x_0^2}f'\left(\frac{y_0}{x_0}\right)\right]x+\left[2y_0 f\left(\frac{y_0}{x_0}\right)+\frac{x_0^2+y_0^2}{x_0}f'\left(\frac{y_0}{x_0}\right)\right]y-2z_0 z$$

$$=\left[2x_0^2 f\left(\frac{y_0}{x_0}\right)-\frac{(x_0^2+y_0^2)y_0}{x_0^2}f'\left(\frac{y_0}{x_0}\right)\right]+\left[2y_0^2 f\left(\frac{y_0}{x_0}\right)+\frac{(x_0^2+y_0^2)y_0}{x_0}f'\left(\frac{y_0}{x_0}\right)\right]-2z_0^2$$

$$=2\left[(x_0^2+y_0^2)f\left(\frac{y_0}{x_0}\right)-z_0^2\right]=0\quad\left(\text{这是因为 } x_0,y_0,z_0 \text{ 满足 } z_0^2=(x_0^2+y_0^2)f\left(\frac{y_0}{x_0}\right)\right),$$

即 S 在点 (x_0,y_0,z_0) 处的切平面方程为

$$\left[2x_0 f\left(\frac{y_0}{x_0}\right)-\frac{(x_0^2+y_0^2)y_0}{x_0^2}f'\left(\frac{y_0}{x_0}\right)\right]x+\left[2y_0 f\left(\frac{y_0}{x_0}\right)+\frac{x_0^2+y_0^2}{x_0}f'\left(\frac{y_0}{x_0}\right)\right]y-2z_0 z=0.$$

由此可知,S 的切平面都经过定点 $(0,0,0)$.

4.15　l 的方向余弦为 $\cos\alpha=\dfrac{1}{\sqrt{2}},\cos\beta=-\dfrac{1}{\sqrt{2}},\cos\gamma=0$,则 $f(x,y,z)$ 在点 (x,y,z) 处的

方向导数为

$$\frac{\mathrm{d}f}{\mathrm{d}l}=\frac{\partial f}{\partial x}\cos\alpha+\frac{\partial f}{\partial y}\cos\beta+\frac{\partial f}{\partial z}\cos\gamma=\sqrt{2}(x-y),$$

记 $F(x,y,z)=(x-y)+\lambda(2x^2+2y^2+z^2-1)$,由拉格朗日乘数法得方程组

$$\begin{cases}F'_x=0,\\ F'_y=0,\\ F'_z=0,\\ 2x^2+2y^2+z^2=1,\end{cases}\quad\text{即}\quad\begin{cases}1+4\lambda x=0, & (1)\\ -1+4\lambda y=0, & (2)\\ 2\lambda z=0, & (3)\\ 2x^2+2y^2+z^2=1. & (4)\end{cases}$$

由式(1)、式(2)、式(3)得 $y=-x,z=0$. 将它们代入式(4)得 $x=\pm\dfrac{1}{2},y=\mp\dfrac{1}{2},z=0$ 所以,

$\sqrt{2}(x-y)$ 在约束条件 $2x^2+2y^2+z^2=1$ 下的可能极值点为

$$M_1=\left(-\frac{1}{2},\frac{1}{2},0\right)\text{ 和 }M_2=\left(\frac{1}{2},-\frac{1}{2},0\right),$$

且最大值为 $\max\{\sqrt{2}(x-y)\big|_{M_1},\sqrt{2}(x-y)\big|_{M_2}\}=\sqrt{2}(x-y)\big|_{M_2}=\sqrt{2}$,由此可知,所求的点为 M_2 $=\left(\dfrac{1}{2},-\dfrac{1}{2},0\right)$.

4.16 (1)对 $f(x,x^2)=1$ 的两边求全微分得
$$f'_x(x,x^2)+f'_y(x,x^2)\cdot 2x=0.$$

所以,当 $f'_x(x,x^2)=x$ 时, $f'_y(x,x^2)=-\dfrac{1}{2x}f'_x(x,x^2)=-\dfrac{1}{2}$.

(2)由 $f'_y(x,y)=x^2+2y$ 得
$$f(x,y)=\int(x^2+2y)\mathrm{d}y=x^2y+y^2+\varphi(x). \tag{1}$$

式(1)中令 $y=x^2$ 得
$$1=f(x,x^2)=2x^4+\varphi(x),\text{即 } \varphi(x)=1-2x^4. \tag{2}$$

将式(2)代入式(1)得 $f(x,y)=x^2y+y^2+1-2x^4$.

4.17 由于 $z=xy-w$,所以所给方程为改写成
$$w''_{xx}+2w''_{xy}+w''_{yy}=2. \tag{1}$$

由于 $\quad w''_{xx}+2w''_{xy}+w''_{yy}=\left(\dfrac{\partial}{\partial x}+\dfrac{\partial}{\partial y}\right)\left(\dfrac{\partial}{\partial x}+\dfrac{\partial}{\partial y}\right)w$
$$=\left[\left(\dfrac{\partial}{\partial u}+\dfrac{\partial}{\partial v}\right)+\left(\dfrac{\partial}{\partial u}-\dfrac{\partial}{\partial v}\right)\right]\left[\left(\dfrac{\partial}{\partial u}+\dfrac{\partial}{\partial v}\right)+\left(\dfrac{\partial}{\partial u}-\dfrac{\partial}{\partial v}\right)\right]w$$
$$=4\dfrac{\partial}{\partial u}\left(\dfrac{\partial w}{\partial u}\right)=4\dfrac{\partial^2 w}{\partial u^2},$$

所以将它代入式(1)得 $\quad \dfrac{\partial^2 w}{\partial u^2}=\dfrac{1}{2}$.

4.18 由 $f(x,y)=1-x-y+o(\sqrt{(x-1)^2+y^2})$知
$$f'_x(1,0)=-1,f'_y(1,0)=-1.$$

由 $\quad g'_x=f'_1\cdot ye^{xy}+f'_2\cdot 2x,g'_y=f'_1\cdot xe^{xy}+f'_2\cdot 2y$

得 $\quad g'_x(0,0)=g'_y(0,0)=0$,即点$(0,0)$是$g(x,y)$的驻点.

由于 $\quad g''_{xx}=(f''_{11}\cdot ye^{xy}+f''_{12}\cdot 2x)ye^{xy}+f'_1\cdot y^2e^{xy}+(f''_{12}\cdot ye^{xy}+f''_{22}\cdot 2x)2x+2f'_2$,
$$g''_{xy}=(f''_{11}\cdot xe^{xy}+f''_{12}\cdot 2y)ye^{xy}+f'_1e^{xy}(1+xy)+(f''_{12}\cdot xe^{xy}+f''_{22}\cdot 2y)\cdot 2x,$$
$$g''_{yy}=(f''_{11}\cdot xe^{xy}+f''_{12}\cdot 2y)xe^{xy}+f'_1\cdot x^2e^{xy}+(f''_{12}\cdot xe^{xy}+f''_{22}\cdot 2y)2y+2f'_2,$$

所以, $\qquad g''_{xx}(0,0)=2f'_x(1,0)=-2<0,$

同样, $g''_{yy}(0,0)=2,g''_{xy}(0,0)=-1,$
$$g''_{xx}(0,0)g''_{yy}(0,0)-[g''_{xy}(0,0)]^2=(-2)\cdot(-2)-(-1)^2>0.$$

因此, $g(x,y)$ 在点$(0,0)$处取得极大值 $g(0,0)=f(1,0)=0$.

4.19 记 $F(0)=f(x,y)\big|_C=f(\cos\theta,\sin\theta)$,则 $F(\theta)$ 在 $[0,2\pi]$ 上可导,且 $F(0)=F\left(\dfrac{\pi}{2}\right)=$ $F(2\pi)$(这是因为 $F(0)=f(1,0),F\left(\dfrac{\pi}{2}\right)=f(0,1),F(2\pi)=f(1,0)$,所以由题设知 $F(0)=$ $F\left(\dfrac{\pi}{2}\right)=F(2\pi)$),因此由罗尔定律知存在 $\xi\in\left(0,\dfrac{\pi}{2}\right)$ 与 $\eta\in\left(\dfrac{\pi}{2},2\pi\right)$,使得 $F'(\xi)=F'(\eta)=0$.

记 $(x_0,y_0)=(\cos\xi,\sin\xi),(x_1,y_1)=(\cos\eta,\sin\eta)$,则它们是 C 上的不同两点,且

$$\left(-y\frac{\partial f}{\partial x}+x\frac{\partial f}{\partial y}\right)\Big|_{(x_0,y_0)}=-\sin\xi f'_x(\cos\xi,\sin\xi)+\cos\xi f'_y(\cos\xi,\sin\xi)$$

$$=\frac{\mathrm{d}f(\cos\theta,\sin\theta)}{\mathrm{d}\theta}\Big|_{\theta=\xi}=F'(\xi)=0,$$

即在点 (x_0,y_0) 处满足 $\quad y\dfrac{\partial f}{\partial x}=x\dfrac{\partial f}{\partial y}.$

同理可证,在点 (x_1,y_1) 处满足 $y\dfrac{\partial f}{\partial x}=x\dfrac{\partial f}{\partial y}.$

4.20 所给的三条直线相互平行,且都与平面 $\pi:y+z=0$ 垂直,这三条直线与 π 的交点分别为

$$O(0,0,0),A(0,-1,1)\ \text{及}\ B(\sqrt{2},0,0).$$

显然 $|OA|^2+|OB|^2=|AB|^2$,所以过点 O,A,B 的位于平面 π 的圆上,其圆心是 AB 的中点 $C\left(\dfrac{\sqrt{2}}{2},-\dfrac{1}{2},\dfrac{1}{2}\right)$,半径为

$$R=|AC|=\sqrt{\left(\frac{\sqrt{2}}{2}\right)^2+\left(\frac{1}{2}\right)^2+\left(-\frac{1}{2}\right)^2}=1,$$

所以该圆的方程为

$$\begin{cases}\left(x-\dfrac{\sqrt{2}}{2}\right)^2+\left(y+\dfrac{1}{2}\right)^2+\left(z-\dfrac{1}{2}\right)^2=1,\\ y+z=0.\end{cases} \tag{1}$$

通过上述圆上的任一点 (x_0,y_0,z_0) 与所给三条直线中任一条平行的直线的方程为

$$\frac{x-x_0}{0}=\frac{y-y_0}{1}=\frac{z-z_0}{1},\ \text{即}\begin{cases}x=x_0,\\ y=y_0+t,\\ z=z_0+t,\end{cases}\text{或}\begin{cases}x_0=x,\\ y_0=y-t,\\ z_0=z-t.\end{cases} \tag{2}$$

其中 x_0,y_0,z_0 满足式(1),即有

$$\begin{cases}\left(x_0-\dfrac{\sqrt{2}}{2}\right)^2+\left(y_0+\dfrac{1}{2}\right)^2+\left(z_0-\dfrac{1}{2}\right)^2=1,\\ y_0+z_0=0.\end{cases} \tag{3}$$

将式(2)代入式(3)得

$$\begin{cases}\left(x-\dfrac{\sqrt{2}}{2}\right)^2+\left(y-t+\dfrac{1}{2}\right)^2+\left(z-t-\dfrac{1}{2}\right)^2=1\\ t=\dfrac{1}{2}(y+z)\end{cases}$$

从中消去 t 得所求的正圆柱面方程

$$\left(x-\frac{\sqrt{2}}{2}\right)^2+\frac{1}{2}(y-z+1)^2=1,$$

即 $\quad 2x^2+y^2+z^2-2yz-\sqrt{2}x+2y-2z=0.$

4.21 记 $f(x,y,z)=x+2y-2z+5$,由于 $\dfrac{\partial f}{\partial x}=1$,所以 $f(x,y,z)$ 在 Ω 内部无极值点,从而它的最值在 Ω 的边界 $S:x^2+y^2+z^2=1$ 上取到.

记 $F(x,y,z)=x+2y-2z+5+\lambda(x^2+y^2+z^2-1)$,则由

$$\begin{cases} F_x'=0, \\ F_y'=0, \\ F_z'=0, \\ x^2+y^2+z^2=1, \end{cases} 即 \begin{cases} 1+2\lambda x=0, \\ 2+2\lambda y=0, \\ -2+2\lambda z=0, \\ x^2+y^2+z^2=1 \end{cases}$$

得 $f(x,y,z)$ 在约束条件 $x^2+y^2+z^2=1$ 下的可能极值点为 $\left(-\dfrac{1}{3},-\dfrac{2}{3},\dfrac{2}{3}\right)$ 和 $\left(\dfrac{1}{3},\dfrac{2}{3},-\dfrac{2}{3}\right)$. 所以

$$f(x,y,z)在 \Omega 上的最大值 = \max\left\{f\left(-\dfrac{1}{3},-\dfrac{2}{3},\dfrac{2}{3}\right),f\left(\dfrac{1}{3},\dfrac{2}{3},-\dfrac{2}{3}\right)\right\} = \max\{2,8\}=8,$$

$$最小值 = \min\left\{f\left(-\dfrac{1}{3},-\dfrac{2}{3},\dfrac{2}{3}\right),f\left(\dfrac{1}{3},\dfrac{2}{3},-\dfrac{2}{3}\right)\right\} = \min\{2,8\}=2.$$

因此,

$$\iiint\limits_{\Omega} \sqrt[5]{x+2y-2z+5}\,\mathrm{d}v < \iiint\limits_{\Omega} \sqrt[5]{8}\,\mathrm{d}v = \sqrt[5]{8}\cdot\frac{4}{3}\pi = \frac{4\sqrt[5]{8}\pi}{3},$$

$$\iiint\limits_{\Omega} \sqrt[5]{x+2y-2z+5}\,\mathrm{d}v > \iiint\limits_{\Omega} \sqrt[5]{2}\,\mathrm{d}v = \sqrt[5]{2}\cdot\frac{4}{3}\pi = \frac{4\sqrt[5]{2}\pi}{3}.$$

4.22 对方程 $g(x,y,z)=0$ 的两边求全微分得

$$g_x'\mathrm{d}x+g_y'\mathrm{d}y+g_z'\mathrm{d}z=0, 即 \mathrm{d}z=-\frac{g_x'}{g_z'}\mathrm{d}x-\frac{g_y'}{g_z'}\mathrm{d}y. \tag{1}$$

对方程 $u=f(xy-u,\sqrt{u^2+z^2})$ 的两边求全微分得

$$\mathrm{d}u = f_1'\cdot\mathrm{d}(xy-u)+f_2'\cdot\mathrm{d}\sqrt{u^2+z^2}$$

$$= f_1'\cdot(y\mathrm{d}x+x\mathrm{d}y-\mathrm{d}u)+f_2'\cdot\frac{u\mathrm{d}u+z\mathrm{d}z}{\sqrt{u^2+z^2}},$$

即 $\left(1+f_1'-\dfrac{uf_2'}{\sqrt{u^2+z^2}}\right)\mathrm{d}u = yf_1'\mathrm{d}x+xf_1'\mathrm{d}y+\dfrac{zf_2'}{\sqrt{u^2+z^2}}\mathrm{d}z$

$$= yf_1'\mathrm{d}x+xf_1'\mathrm{d}y-\frac{zf_2'}{\sqrt{u^2+z^2}}\left(\frac{g_x'}{g_z'}\mathrm{d}x+\frac{g_y'}{g_z'}\mathrm{d}y\right) \quad (式(1)\,代入)$$

$$= \left(yf_1'-\frac{zf_2'g_x'}{g_z'\sqrt{u^2+z^2}}\right)\mathrm{d}x+\left(xf_1'-\frac{zf_2'g_y'}{g_z'\sqrt{u^2+z^2}}\right)\mathrm{d}y.$$

所以

$$\frac{\partial u}{\partial x} = \frac{yf_1'-\dfrac{zf_2'g_x'}{g_z'\sqrt{u^2+z^2}}}{1+f_1'-\dfrac{uf_2'}{\sqrt{u^2+z^2}}} = \frac{yf_1'g_z'\sqrt{u^2+z^2}-zf_2'g_x'}{[(1+f_1')\sqrt{u^2+z^2}-uf_2']g_z'},$$

$$\frac{\partial u}{\partial y} = \frac{xf_1'-\dfrac{zf_2'g_y'}{g_z'\sqrt{u^2+z^2}}}{1+f_1'-\dfrac{uf_2'}{\sqrt{u^2+z^2}}} = \frac{xf_1'g_z'\sqrt{u^2+z^2}-zf_2'g_y'}{[(1+f_1')\sqrt{u^2+z^2}-uf_2']g_z'}.$$

4.23 由于 $\dfrac{\partial z}{\partial x}=\dfrac{\partial z}{\partial u}\dfrac{\partial u}{\partial x}+\dfrac{\partial z}{\partial v}\dfrac{\partial v}{\partial x}=\dfrac{\partial z}{\partial u}+\dfrac{\partial z}{\partial v}$,

$$\frac{\partial^2 z}{\partial x^2} = \left(\frac{\partial^2 z}{\partial u^2}\frac{\partial u}{\partial x}+\frac{\partial^2 z}{\partial u\partial v}\frac{\partial v}{\partial x}\right)+\left(\frac{\partial^2 z}{\partial v\partial u}\frac{\partial u}{\partial x}+\frac{\partial^2 z}{\partial v^2}\frac{\partial v}{\partial x}\right)$$

$$=\frac{\partial^2 z}{\partial u^2}+2\frac{\partial^2 z}{\partial u\partial v}+\frac{\partial^2 z}{\partial v^2},$$

$$\frac{\partial z}{\partial y}=\frac{\partial z}{\partial u}\frac{\partial u}{\partial y}+\frac{\partial z}{\partial v}\frac{\partial v}{\partial y}=\Big(a\frac{\partial z}{\partial u}+2\frac{\partial z}{\partial v}\Big)\frac{1}{2\sqrt{y}},$$

$$\frac{\partial^2 z}{\partial y^2}=\Big[a\Big(\frac{\partial^2 z}{\partial u^2}\frac{\partial u}{\partial y}+\frac{\partial^2 z}{\partial u\partial v}\frac{\partial v}{\partial y}\Big)+2\Big(\frac{\partial^2 z}{\partial v\partial u}\frac{\partial u}{\partial y}+\frac{\partial^2 z}{\partial v^2}\frac{\partial v}{\partial y}\Big)\Big]\frac{1}{2\sqrt{y}}+$$

$$\Big(a\frac{\partial z}{\partial u}+2\frac{\partial z}{\partial v}\Big)\Big(-\frac{1}{4y^{\frac{3}{2}}}\Big)$$

$$=\frac{1}{4y}\Big(a^2\frac{\partial^2 z}{\partial u^2}+4a\frac{\partial^2 z}{\partial u\partial v}+4\frac{\partial^2 z}{\partial v^2}\Big)-\frac{1}{4y^{\frac{3}{2}}}\Big(a\frac{\partial z}{\partial u}+2\frac{\partial z}{\partial v}\Big),$$

所以， $\dfrac{\partial^2 z}{\partial x^2}-y\dfrac{\partial^2 z}{\partial y^2}-\dfrac{1}{2}\dfrac{\partial z}{\partial y}$

$$=\Big(\frac{\partial^2 z}{\partial u^2}+2\frac{\partial^2 z}{\partial u\partial v}+\frac{\partial^2 z}{\partial v^2}\Big)-y\Big[\frac{1}{4y}\Big(a^2\frac{\partial^2 z}{\partial u^2}+4a\frac{\partial^2 z}{\partial u\partial v}+4\frac{\partial^2 z}{\partial v^2}\Big)-\frac{1}{4y^{\frac{3}{2}}}\Big(a\frac{\partial z}{\partial u}+2\frac{\partial z}{\partial v}\Big)\Big]-$$

$$\frac{1}{2}\Big(a\frac{\partial z}{\partial u}+2\frac{\partial z}{\partial v}\Big)\frac{1}{2\sqrt{y}}$$

$$=\Big(1-\frac{a^2}{4}\Big)\frac{\partial^2 z}{\partial u^2}+(2-a)\frac{\partial^2 z}{\partial u\partial v}.$$

由此可知，要将 $\dfrac{\partial^2 z}{\partial x^2}-y\dfrac{\partial^2 z}{\partial y^2}-\dfrac{1}{2}\dfrac{\partial z}{\partial y}=0$ 化为 $\dfrac{\partial^2 z}{\partial u\partial v}=0$ 必须有

$$\begin{cases}1-\dfrac{a^2}{4}=0,\\[2mm]2-a\neq0,\end{cases}$$

即 $a=-2$.

4.24 引入球面坐标 $\begin{cases}x=r\cos\theta\sin\varphi,\\y=r\sin\theta\sin\varphi,\\z=r\cos\varphi,\end{cases}$ 则 $u=f(r\cos\theta\sin\varphi,r\sin\theta\sin\varphi,r\cos\varphi)$.

$$\frac{\partial u}{\partial\theta}=f_x'\cdot(-r\sin\theta\sin\varphi)+f_y'\cdot r\cos\theta\sin\varphi$$

$$=-yf_x'+xf_y'=xy\Big(-\frac{f_x'}{x}+\frac{f_y'}{y}\Big)=0,$$

$$\frac{\partial u}{\partial\varphi}=f_x'\cdot r\cos\theta\cos\varphi+f_y'\cdot r\sin\theta\cos\varphi+f_z'(-r\sin\varphi)$$

$$=\frac{f_x'}{x}\cdot r^2\cos^2\theta\sin\varphi\cos\varphi+\frac{f_y'}{y}\cdot r^2\sin^2\theta\sin\varphi\cos\varphi-\frac{f_z'}{z}\cdot r^2\sin\varphi\cos\varphi$$

$$=\frac{f_x'}{x}\cdot r^2(\cos^2\theta+\sin^2\theta)\sin\varphi\cos\varphi-\frac{f_x'}{x}r^2\sin\varphi\cos\varphi=0.$$

由此可知，u 与 θ,φ 都无关，因此 u 仅为 $r=\sqrt{x^2+y^2+z^2}$ 的函数.

4.25 由 $\mathrm{div}\mathbf{grad}u(x,y,z)=0$，即 $\dfrac{\partial u_x'}{\partial x}+\dfrac{\partial u_y'}{\partial y}+\dfrac{\partial u_z'}{\partial z}=0$ 得

$$\frac{\partial}{\partial x}[2x+y+z+x\varphi(r)]+\frac{\partial}{\partial y}[x+y\varphi(r)]+\frac{\partial}{\partial z}[x+z+z\varphi(r)]=0,$$

217

即 $\left[2+\varphi(r)+\dfrac{x^2}{r}\varphi'(r)\right]+\left[\varphi(r)+\dfrac{y^2}{r}\varphi'(r)\right]+\left[1+\varphi(r)+\dfrac{z^2}{r}\varphi'(r)\right]=0,$

化简得

$$r\varphi'(r)+3\varphi(r)+3=0, 即\ \varphi'(r)+\frac{3}{r}\varphi(r)=-\frac{3}{r}.$$

它的通解为

$$\varphi(r)=\mathrm{e}^{-\int\frac{3}{r}\mathrm{d}r}\left(C+\int-\frac{3}{r}\mathrm{e}^{\int\frac{3}{r}\mathrm{d}r}\mathrm{d}r\right)=\frac{C}{r^3}-1,$$

利用 $\lim\limits_{r\to 0^+}\varphi(r)$ 存在得 $C=0$,因此 $\varphi(r)=-1$. 从而

$$u'_x=x+y+z, u'_y=x-y, u'_z=x.$$

由此可得

$$\begin{aligned}
\mathrm{d}u&=(x+y+z)\mathrm{d}x+(x-y)\mathrm{d}y+x\mathrm{d}z\\
&=(x\mathrm{d}x-y\mathrm{d}y)+\left[(y+z)\mathrm{d}x+x\mathrm{d}(y+z)\right]\\
&=\mathrm{d}\left[\frac{1}{2}(x^2-y^2)+x(y+z)\right]=0,
\end{aligned}$$

从而,

$$u=\frac{1}{2}(x^2-y^2)+x(y+z)+C_1.$$

利用 $\lim\limits_{(x,y,z)\to(0,0,0)}u(x,y,z)=0$ 得 $C_1=0$. 因此

$$u(x,y,z)=\frac{1}{2}(x^2-y^2)+x(y+z).$$

4.26 由于 $f(x,y)=Ax^2+2Bxy+Cy^2$ 在有界闭集

$$L=\{(x,y)\mid g(x,y)=0\}=\left\{(x,y)\,\Big|\,1-\frac{x^2}{a^2}-\frac{y^2}{b^2}=0\right\}\quad (闭曲线)$$

上连续,所以由连续函数在有界闭集上有最大值与最小值知 $f(x,y)$ 在约束条件 $g(x,y)=0$ 下有最大值与最小值.

记 $F(x,y,\lambda)=f(x,y)+\lambda g(x,y)=Ax^2+2Bxy+Cy^2+\lambda\left(1-\dfrac{x^2}{a^2}-\dfrac{y^2}{b^2}\right)$,则方程组

$$\begin{cases}\dfrac{\partial F}{\partial x}=0,\\[2mm]\dfrac{\partial F}{\partial y}=0,\qquad 即\\[2mm]1-\dfrac{x^2}{a^2}-\dfrac{y^2}{b^2}=0,\end{cases}\qquad\begin{cases}\left(A-\dfrac{\lambda}{a^2}\right)x+By=0,&(1)\\[2mm]Bx+\left(C-\dfrac{\lambda}{b^2}\right)y=0,&(2)\\[2mm]\dfrac{x^2}{a^2}+\dfrac{y^2}{b^2}=1&(3)\end{cases}$$

的解必是式(1)、式(2)的非零解. 从而

$$\begin{vmatrix}A-\dfrac{\lambda}{a^2}&B\\[3mm]B&C-\dfrac{\lambda}{b^2}\end{vmatrix}=0, 即\ \lambda^2-(Aa^2+Cb^2)\lambda+(AC-B^2)a^2b^2=0. \qquad(4)$$

设 (x_1,y_1) 是 $f(x,y)$ 在约束条件 $g(x,y)=0$ 下的最大值点,则 x_1,y_1 及其对应的 λ(记为 λ_1)满足式(1)、式(2)、式(3),即

$$\begin{cases} \left(A-\dfrac{\lambda_1}{a^2}\right)x_1+By_1=0, \\[2mm] Bx_1+\left(C-\dfrac{\lambda_1}{b^2}\right)y_1=0,\quad\text{即} \\[2mm] \dfrac{x_1^2}{a^2}+\dfrac{y_1^2}{b^2}=1, \end{cases} \qquad \begin{cases} \left(A-\dfrac{\lambda_1}{a^2}\right)x_1^2+Bx_1y_1=0, & (5) \\[2mm] Bx_1y_1+\left(C-\dfrac{\lambda_1}{b^2}\right)y_1^2=0, & (6) \\[2mm] \dfrac{x_1^2}{a^2}+\dfrac{y_1^2}{b^2}=1. & (7) \end{cases}$$

式(5)+式(6)及式(7)得

$$Ax_1^2+2Bx_1y_1+Cy_1^2=\frac{\lambda_1}{a^2}x_1^2+\frac{\lambda_1}{b^2}y_1^2=\lambda_1,$$

即 $\lambda_1=Ax_1^2+2Bx_1y_1+Cy_1^2$ 是 $f(x,y)$ 的最大值.

设 (x_2,y_2) 是 $f(x,y)$ 在约束条件 $g(x,y)=0$ 下的最小值点,则同样可以得到 x_2,y_2 对应的 λ 值 $\lambda_2=Ax_2^2+2Bx_2y_2+Cy_2^2$.

由此可知,$f(x,y)$ 在约束条件 $g(x,y)=0$ 下的最大值与最小值是方程式(4),即方程

$$\lambda^2-(Aa^2+Cb^2)\lambda+(AC-B^2)a^2b^2=0$$

的根.

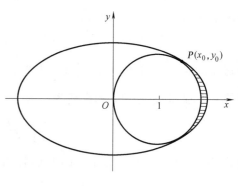

图答　4.27

4.27　要使椭圆 $\dfrac{x^2}{a^2}+\dfrac{y^2}{b^2}=1$ 的面积 $f(a,b)=\pi ab(a>0,b>0)$ 最小,应使它与 C 相切,如图答 4.27 所示. 记第一象限内的切点为 $P(x_0,y_0)$,则有

$$\begin{cases} -\dfrac{x_0-1}{y_0}=-\dfrac{b^2x_0}{a^2y_0}, \\[3mm] 1-(x_0-1)^2=b^2\left(1-\dfrac{x_0^2}{a^2}\right). \end{cases}$$

由第一式得 $x_0=\dfrac{a^2}{a^2-b^2}$,将它代入第二式得 $a^2-a^2b^2+b^4=0$.

因此本题即为计算 $f(a,b)$ 在约束条件 $a^2-a^2b^2+b^4=0$ 下的最小值,记

$$F(a,b,\lambda)=\pi ab+\lambda(a^2-a^2b^2+b^4),$$

令 $\begin{cases} F_a'=0, \\ F_b'=0, \quad\text{即} \\ a^2-a^2b^2+b^4=0, \end{cases}$ $\begin{cases} \pi b+2\lambda(a-ab^2)=0, & (1) \\ \pi a+2\lambda(-a^2b+2b^3)=0, & (2) \\ a^2-a^2b^2+b^4=0. & (3) \end{cases}$

由式(1)、式(2)消去 λ 得 $a^2=2b^4$. 将它代入式(3)得 $b=\sqrt{\dfrac{3}{2}}$,从而有 $a=\dfrac{3}{\sqrt{2}}$.

由于,题中已指出问题必有最小值,而现已算得 $f(a,b)$ 在 $a^2-a^2b^2+b^4=0$ 下有唯一可能极值点 $\left(\dfrac{3}{\sqrt{2}},\sqrt{\dfrac{3}{2}}\right)$,所以 $f(a,b)$ 必在此点处取到最小值,因此所求的 $a=\dfrac{3}{\sqrt{2}},b=\sqrt{\dfrac{3}{2}}$. 此时椭圆面积为 $\pi ab=\dfrac{3\sqrt{3}}{2}\pi$.

4.28　(1) 记 $F(x,y,z)=(x-y)^2-z^2-1$,则 S 在点 M 处的法向量为

$$(F'_x, F'_y, F'_z)|_M = (2(x-y), -2(x-y), -2z)|_M = (2, -2, 0).$$

所以,S 在点 M 处的切平面 π 的方程为

$$2(x-1) - 2(y-0) + 0(z-0) = 0, 即 \ x-y-1=0.$$

(2) 原点到 S 的距离 $d(x, y, z) = \sqrt{x^2+y^2+z^2}$,记

$$G(x, y, z) = x^2 + y^2 + z^2 + \lambda[(x-y)^2 - z^2 - 1],$$

则由 $\begin{cases} G'_x = 0, \\ G'_y = 0, \end{cases}$ 即 $\begin{cases} x + \lambda(x-y) = 0, \\ y - \lambda(x-y) = 0, \end{cases}$ 得 $x = -y$.

即 $d^2(x, y, z)$ 在约束条件 $(x-y)^2 - z^2 = 1$ 下必在 $x = -y$ 处取得最小值,此时 $d^2(x, y, z) = 2x^2 + z^2$,约束条件成为 $4x^2 - z^2 = 1$. 记

$$\varphi(x) = 2x^2 + z^2 = 6x^2 - 1 \quad (将 \ 4x^2 - z^2 = 1 \ 代入 \ 2x^2 + z^2 \ 化简),$$

则它在 $|x| \geqslant \frac{1}{2}$ 上的最小值 $\varphi\left(\pm\frac{1}{2}\right) = \frac{1}{2}$. 因此原点到 S 的最短距离为 $\sqrt{\frac{1}{2}}$. 此外,根据(1)算得的 π 方程知,原点到 π 的距离为

$$\left.\frac{|x-y-1|}{\sqrt{1^2 + (-1)^2}}\right|_{(0,)0} = \frac{1}{\sqrt{2}}$$

因此,原点到 S 的最短距离等于原点到 π 的距离.

4.29 (1) 从 C 的方程 $\begin{cases} \dfrac{x}{3} + \dfrac{y}{4} + \dfrac{z}{5} = 1, \\ x^2 + y^2 = 1 \end{cases}$ 中消去 x 得 $9\left(1 - \dfrac{y}{4} - \dfrac{z}{5}\right)^2 + y^2 = 1$,

所以 C 在 yOz 平面上的投影曲线方程为

$$\begin{cases} 9\left(1 - \dfrac{y}{4} - \dfrac{z}{5}\right)^2 + y^2 = 1 \quad (-1 \leqslant y \leqslant 1), \\ x = 0. \end{cases}$$

(2) C 位于上半空间中,所以 C 到 xOy 平面的距离为 z,因此 z 在约束条件 $\dfrac{x}{3} + \dfrac{y}{4} + \dfrac{z}{5} = 1$ 和 $x^2 + y^2 = 1$ 下的最小值即为 C 到 xOy 平面的最短距离. 故记

$$F(x, y, z) = z + \lambda\left(\frac{x}{3} + \frac{y}{4} + \frac{z}{5} - 1\right) + \mu(x^2 + y^2 - 1).$$

令 $\begin{cases} F'_x = 0, \\ F'_y = 0, \\ F'_z = 0, \\ \dfrac{x}{3} + \dfrac{y}{4} + \dfrac{z}{5} = 1, \\ x^2 + y^2 = 1, \end{cases}$ 即 $\begin{cases} \dfrac{1}{3}\lambda + 2\mu x = 0, & (1) \\ \dfrac{1}{4}\lambda + 2\mu y = 0, & (2) \\ 1 + \dfrac{1}{5}\lambda = 0, & (3) \\ \dfrac{x}{3} + \dfrac{y}{4} + \dfrac{z}{5} = 1, & (4) \\ x^2 + y^2 = 1. & (5) \end{cases}$

由式(1)、式(2)得 $3x = 4y$,代入式(5)得 $x = \dfrac{4}{5}, -\dfrac{4}{5}, y = \dfrac{3}{5}, -\dfrac{3}{5}$. 代入式(4)得 $z = \dfrac{35}{12}, \dfrac{85}{12}$. 于是,$z$ 在约束条件 $\dfrac{x}{3} + \dfrac{y}{4} + \dfrac{z}{5} = 1$ 和 $x^2 + y^2 = 1$ 下的最小值为 $\dfrac{35}{12}$,即 C 到 xOy 平面的距离为

$\dfrac{35}{12}$.

4.30 设切点为 (x_0, y_0, z_0)，则 $x_0 > 0, y_0 > 0, z_0 > 0$，
且 $x_0^2 + 3y_0^2 + z_0^2 = 1$. 记 $F(x, y, z) = x^2 + 3y^2 + z^2 - 1$，则 Σ
在点 (x_0, y_0, z_0) 的法向量为

$$(F_x', F_y', F_z')\big|_{(x_0, y_0, z_0)} = (2x_0, 6y_0, 2z_0).$$

所以 Σ 在点 (x_0, y_0, z_0) 处的切平面 π 的方程为

$$2x_0(x - x_0) + 6y_0(y - y_0) + 2z_0(z - z_0) = 0,$$

即

$$\frac{x}{\dfrac{1}{x_0}} + \frac{y}{\dfrac{1}{3y_0}} + \frac{z}{\dfrac{1}{z_0}} = 1. \qquad (1)$$

（1）由式（1）可知，π 与三个坐标平面围成的四面体
$O\text{-}ABC$（如图答 4.30 所示）的体积

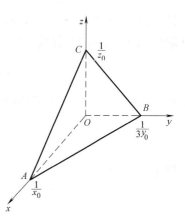

图答 4.30

$$V(x_0, y_0, z_0) = \frac{1}{6} \cdot \frac{1}{x_0} \cdot \frac{1}{3y_0} \cdot \frac{1}{z_0} = \frac{1}{18 x_0 y_0 z_0}.$$

下面用初等数学方法计算使 $V(x_0, y_0, z_0)$ 在约束条件 $x_0 + 3y_0^2 + z_0^2 = 1$ 下的最小值点：由

$$V(x_0, y_0, z_0) = \frac{\sqrt{3}}{18} \cdot \frac{1}{x_0 \cdot \sqrt{3} y_0 \cdot z_0} = \frac{\sqrt{3}}{18} \cdot \frac{1}{\sqrt{x_0^2 \cdot 3y_0^2 \cdot z_0^2}}$$

$$\geqslant \frac{\sqrt{3}}{18} \cdot \frac{1}{\sqrt{\left(\dfrac{x_0^2 + 3y_0^2 + z_0^2}{3}\right)^3}} = \frac{\sqrt{3}}{18} \cdot 3\sqrt{3} = \frac{1}{2}$$

知 $V(x_0, y_0, z_0)$ 的最小值为 $\dfrac{1}{2}$，且仅在 $x_0 = \sqrt{3} y_0 = z_0$ 时取最小值 $\dfrac{1}{2}$. 故使 $V(x_0, y_0, z_0)$ 在 $x_0^2 +$
$3y_0^2 + z_0^2 = 1$ 下取最小值的点的坐标是方程组

$$\begin{cases} x_0^2 + 3y_0^2 + z_0^2 = 1, \\ x_0 = \sqrt{3} y_0 = z_0 \end{cases}$$

的解，即 $(x_0, y_0, z_0) = \left(\dfrac{\sqrt{3}}{3}, \dfrac{1}{3}, \dfrac{\sqrt{3}}{3}\right)$（所求的切点）.

（2）π 被三个坐标平面截下的三角形 ABC（如图答 4.30 所示）的面积

$$S(x_0, y_0, z_0) = \frac{1}{2}|\vec{AC} \times \vec{AB}| = \frac{1}{2}\begin{Vmatrix} \boldsymbol{i} & \boldsymbol{j} & \boldsymbol{k} \\ -\dfrac{1}{x_0} & 0 & \dfrac{1}{z_0} \\ -\dfrac{1}{x_0} & \dfrac{1}{3y_0} & 0 \end{Vmatrix}$$

$$= \frac{1}{2}\left|\left(-\frac{1}{3y_0 z_0}, -\frac{1}{x_0 z_0}, -\frac{1}{3x_0 y_0}\right)\right| \quad \text{（向量的模）}$$

$$= \frac{1}{2}\sqrt{\frac{1}{9y_0^2 z_0^2} + \frac{1}{x_0^2 z_0^2} + \frac{1}{9x_0^2 y_0^2}} = \frac{1}{6}\sqrt{\frac{1}{y_0^2 z_0^2} + \frac{9}{x_0^2 z_0^2} + \frac{1}{x_0^2 y_0^2}}$$

$$= \frac{1}{6}\sqrt{\frac{x_0^2 + 9y_0^2 + z_0^2}{x_0^2 y_0^2 z_0^2}}.$$

221

记 $f(x_0,y_0,z_0)=\dfrac{x_0^2+9y_0^2+z_0^2}{x_0^2y_0^2z_0^2}$，则本题即为寻找 $f(x_0,y_0,z_0)$ 在约束条件 $x_0^2+3y_0^2+z_0^2=1$ 下的最小值点. 由于 $f(x_0,y_0,z_0)$ 及约束条件中，x_0 与 z_0 地位相同，所以最小值点必在 $x_0=z_0$ 处取到. 从而问题成为寻找

$$\varphi(y_0,z_0)=f(z_0,y_0,z_0)=\frac{9y_0^2+2z_0^2}{y_0^2z_0^4}$$

在约束条件 $3y_0^2+2z_0^2=1$ 下的最小值点，即计算函数

$$g(z_0)=\frac{3(3-4z_0^2)}{(1-2z_0^2)z_0^4},0<z_0<\frac{1}{\sqrt{2}}$$

的最小值点. 由于

$$g'(z_0)=-\frac{3-11z_0^2+8z_0^4}{(1-2z_0^2)^2z_0^5}\begin{cases}<0,&0<z_0<\dfrac{\sqrt{6}}{4},\\[2mm]=0,&z_0=\dfrac{\sqrt{6}}{4},\\[2mm]>0,&\dfrac{\sqrt{6}}{4}<z_0<\dfrac{1}{\sqrt{2}},\end{cases}$$

所以 $g(z_0)$ 在点 $z_0=\dfrac{\sqrt{6}}{4}$ 处取到最小值，从而 $S(x_0,y_0,z_0)$ 的最小值点为 $\left(\dfrac{\sqrt{6}}{4},\dfrac{\sqrt{3}}{6},\dfrac{\sqrt{6}}{4}\right)$，它即为所求的切点.

4.31 设 $f(x,y)=C$ 为一直线，则 $f(x,y)=ax+by$（a,b 不全为零）. 由此得到 $f''_{xx}=f''_{yy}=f''_{xy}\equiv0$. 所以欲证等式成立.

由 $f'_y\neq0$ 知可将 y 看做由方程 $f(x,y)=C$ 确定的隐函数 $y=y(x)$，求导得 $f'_x+f'_y\dfrac{\mathrm{d}y}{\mathrm{d}x}=0$，即 $\dfrac{\mathrm{d}y}{\mathrm{d}x}=-\dfrac{f'_x}{f'_y}$. 于是

$$\begin{aligned}\frac{\mathrm{d}^2y}{\mathrm{d}x^2}&=\frac{\mathrm{d}}{\mathrm{d}x}\left(-\frac{f'_x}{f'_y}\right)=-\frac{\left(f''_{xx}+f''_{xy}\dfrac{\mathrm{d}y}{\mathrm{d}x}\right)f'_y-f'_x\left(f''_{yx}+f''_{yy}\dfrac{\mathrm{d}y}{\mathrm{d}x}\right)}{(f'_y)^2}\\[3mm]&=-\frac{f'_yf''_{xx}-f'_xf''_{xy}-f'_xf''_{yx}+\dfrac{(f'_x)^2}{f'_y}f''_{yy}}{(f'_y)^2}\\[3mm]&=-\frac{(f'_y)^2f''_{xx}-2f'_xf'_yf''_{xy}+(f'_x)^2f''_{yy}}{(f'_y)^3}(利用了\ f''_{xy}=f''_{yx})\\[3mm]&=0\quad(利用题中所给等式),\end{aligned}$$

所以 $y=y(x)$ 是线性函数，从而 $f(x,y)=C$ 表示一条直线.

4.32 设从原点出发且过点 (x,y) 的射线为 L，记它与 x 轴正向的夹角为 θ，则 L 的方向余弦为 $(\cos\theta,\sin\theta)$，且

$$r\frac{\partial f}{\partial L}=r\left(\frac{\partial f}{\partial x}\cos\theta+\frac{\partial f}{\partial y}\sin\theta\right)=x\frac{\partial f}{\partial x}+y\frac{\partial f}{\partial y}.$$

所以,由题设 $\lim\limits_{r\to+\infty}\left(x\dfrac{\partial f}{\partial x}+y\dfrac{\partial f}{\partial y}\right)=1$ 知,存在 $a>0$,当 $r\geqslant a$ 时,$x\dfrac{\partial f}{\partial x}+y\dfrac{\partial f}{\partial y}>0$ 即 $\dfrac{\partial f}{\partial L}>0$. 由 $f(x,y)$ 有一阶连续偏导数知,在 L 上 $f(x,y)$ 关于 x,y 连续,所以对 L 上的任一点 $M(|OM|>a)$ 都有 $f(M)>f(M_0)$,其中 M_0 是射线 L 与圆 $x^2+y^2=a^2$ 的交点. 由于 L 是 xOy 平面上的任一条射线,所以 $f(x,y)$ 在 $D_1=\{(x,y)\,|\,x^2+y^2\geqslant a^2\}$ 上的最小值在圆 $x^2+y^2=a^2$ 上取到.

此外,由 $f(x,y)$ 在有界闭区域 $D_2=\{(x,y)\,|\,x^2+y^2\leqslant a^2\}$ 上连续,所以必可取到最小值,记为 m.

综上所述,$f(x,y)$ 在 xOy 平面上有最小值 m.

4.33　(1) 设 C 及它的任一外切三角形 ABC 如图答 4.33 所示,记各边对应的圆心角分别为 $2x,2y,2z=2\pi-2x-2y$,则外切三角形 $\triangle ABC$ 的面积为

$$S=R^2[\tan x+\tan y+\tan(\pi-x-y)]$$
$$=R^2[\tan x+\tan y-\tan(x+y)]$$

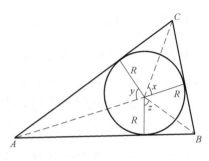

图答　4.33

$\left(0<x<\dfrac{\pi}{2},0<y<\dfrac{\pi}{2},x+y>\dfrac{\pi}{2}\right)$. 显然交换 x 与 y 不改变 S 的表达式,所以 $S(x,y)$ 必在直线 $y=x$ 上取得最值,将 $y=x$ 代入 S 得

$$\varphi(x)=R^2(2\tan x-\tan 2x)\left(0<x<\dfrac{\pi}{2}\right).$$

由于

$$\varphi'(x)=2R^2(\sec^2 x-\sec^2 2x)=2R^2\cdot\dfrac{\cos^2 2x-\cos^2 x}{\cos^2 x\cos^2 2x}$$

$$=2R^2\cdot\dfrac{4\cos^4 x-5\cos^2 x+1}{\cos^2 x\cdot\cos^2 2x}\begin{cases}<0,&0<x<\dfrac{\pi}{3},\\[2mm]=0,&x=\dfrac{\pi}{3},\\[2mm]>0,&\dfrac{\pi}{3}<x<\dfrac{\pi}{2},\end{cases}$$

所以 $\varphi(x)$ 在 $x=\dfrac{\pi}{3}$ 处取到最小值 $S\left(\dfrac{\pi}{3},\dfrac{\pi}{3},\dfrac{\pi}{3}\right)=3\sqrt{3}R^2$.

由于 $3\sqrt{3}R^2>\dfrac{3}{2}\pi R^2$,所以 C 不存在面积为 $\dfrac{3}{2}\pi R^2$ 的外切圆.

(2) 记 $f(x)=S\left(x,\dfrac{\pi}{3}\right)-2\pi R^2=R^2\left[\tan x+\sqrt{3}-\tan\left(\dfrac{\pi}{3}+x\right)\right]-2\pi R^2$,则 $f(x)$ 在 $\left(0,\dfrac{\pi}{2}\right)$ 内连续,且

$$f\left(\dfrac{\pi}{3}\right)=3\sqrt{3}R^2-2\pi R^2<0,\quad \lim\limits_{x\to\left(\frac{\pi}{2}\right)^-}f(x)=+\infty.$$

所以,由连续函数零点定理(推广形式)知,存在 $\xi\in\left(\dfrac{\pi}{3},\dfrac{\pi}{2}\right)$ 使得 $f(\xi)=0$,即存在所给圆的外切三角形$\left(\text{它的三个半圆心角分别为 }2\xi,\dfrac{3\pi}{3},\dfrac{4\pi}{3}-2\xi\right)$,使得它的面积为 $2\pi R^2$.

4.34　$f(x,y)$ 在 xOy 平面上定义,且在其上有

$$f'_x = -2x(x^2 - y^2 - 1)e^{-x^2 - y^2}, \quad f'_y = -2y(x^2 - y^2 + 1)e^{-x^2 - y^2},$$

$$f''_{xx} = 2(2x^4 - 2x^2 y^2 - 5x^2 + y^2 + 1)e^{-x^2 - y^2}, \quad f''_{xy} = 4xy(x^2 - y^2)e^{-x^2 - y^2},$$

$$f''_{yy} = -2(2y^4 - 2x^2 y^2 - 5y^2 + x^2 + 1)e^{-x^2 - y^2}.$$

由 $\begin{cases} f'_x = 0, \\ f'_y = 0, \end{cases}$ 即 $\begin{cases} -2x(x^2 - y^2 - 1)e^{-x^2 - y^2} = 0, \\ -2y(x^2 - y^2 + 1)e^{-x^2 - y^2} = 0 \end{cases}$ 得驻点

$M_0(0,0), M_1(0,1), M_2(0,-1), M_3(1,0), M_4(-1,0)$.

由于 $[f''_{xx} \cdot f''_{yy} - (f''_{xy})^2]\Big|_{M_0} = 2 \cdot (-2) - 0^2 < 0$, 所以点 M_0 不是极值点.

由于 $f''_{xx}\Big|_{M_1} = 4e^{-1} > 0$, $[f''_{xx} \cdot f''_{yy} - (f''_{xy})^2]\Big|_{M_1} = 4e^{-1} \cdot 4e^{-1} - 0^2 > 0$, 所以点 M_1 是极小值点, 极小值为 $f(0,1) = -e^{-1}$.

同样, M_2 是极小值点, 极小值 $f(0,-1) = -e^{-1}$.

由于 $f''_{xx}\Big|_{M_3} = -4e^{-1} < 0$, $[f''_{xx} \cdot f''_{yy} - (f''_{xy})^2]\Big|_{M_3} = (-4e^{-1}) \cdot (-4e^{-1}) - 0^2 > 0$, 所以, M_3 是极大值点, 极大值为 $f(1,0) = e^{-1}$.

同样, M_4 是极大值点, 极大值 $f(-1,0) = e^{-1}$.

下面考虑 $f(x,y)$ 的最值.

由于 $f(x,y) \xlongequal{极坐标} \cos 2\theta \cdot r^2 e^{-r^2}$, 所以, 当 $r \to +\infty$ 时, $f(x,y) \to 0$, 即对小于 e^{-1} 的任意正数 ε, 存在 $R > 1$, 当 $r > R$ 时, $|f(x,y)| < \varepsilon$, 在有界闭区域 $D = \{(x,y) \mid x^2 + y^2 \leqslant R^2\}$ 上, 连续函数 $f(x,y)$ 必有最大值与最小值. 由于 $M_i \in D(i=1,2,3,4)$, 所以 $f(1,0) = f(-1,0) = e^{-1}$ 是 $f(x,y)$ 在 D 上的最大值, 从而也是 $f(x,y)$ 在 xOy 平面上的最大值; 同样 $f(0,1) = f(0,-1) = -e^{-1}$ 是 $f(x,y)$ 在 xOy 平面上的最小值.

第五章
多元函数积分学

一、核心内容提要

1. 二重积分计算公式

设 $f(x,y)$ 是有界闭区域 D 上的连续函数,则 D 上的二重积分 $\iint\limits_{D} f(x,y)\mathrm{d}\sigma$ 总是转换成二次积分计算,具体如下:

(1) 当 $D=\{(x,y)\,|\,y_1(x)\leqslant y\leqslant y_2(x),a\leqslant x\leqslant b\}$($X$ 型区域)时,
$$\iint\limits_{D} f(x,y)\mathrm{d}\sigma = \int_a^b \mathrm{d}x \int_{y_1(x)}^{y_2(x)} f(x,y)\mathrm{d}y;$$

(2) 当 $D=\{(x,y)\,|\,x_1(y)\leqslant x\leqslant x_2(y),c\leqslant y\leqslant d\}$($Y$ 型区域)时,
$$\iint\limits_{D} f(x,y)\mathrm{d}\sigma = \int_c^d \mathrm{d}y \int_{x_1(y)}^{x_2(y)} f(x,y)\mathrm{d}x;$$

(3) 当 $D=\{(r,\theta)\,|\,r_1(\theta)\leqslant r\leqslant r_2(\theta),0\leqslant\alpha\leqslant\theta\leqslant\beta\leqslant 2\pi\}$(角域)时,
$$\iint\limits_{D} f(x,y)\mathrm{d}\sigma = \int_\alpha^\beta \mathrm{d}\theta \int_{r_1(\theta)}^{r_2(\theta)} f(r\cos\theta,r\sin\theta)r\mathrm{d}r.$$

2. 二重积分换元公式

设 $f(x,y)$ 在 xOy 平面上的有界闭区域 D 上连续,变换
$$T: x=x(u,v), y=y(u,v)$$
将 uOv 平面上的有界闭区域 D' 一一对应地变为 xOy 平面上的 D,且满足:

(1) $x(u,v),y(u,v)$ 在 D' 上具有连续偏导数;

(2) D' 上雅可比式
$$J(u,v)=\frac{\partial(x,y)}{\partial(u,v)}=\begin{vmatrix} \dfrac{\partial x}{\partial u} & \dfrac{\partial x}{\partial v} \\[2mm] \dfrac{\partial y}{\partial u} & \dfrac{\partial y}{\partial v} \end{vmatrix}\neq 0,$$

则有 $\iint\limits_{D} f(x,y)\mathrm{d}x\mathrm{d}y = \iint\limits_{D'} f(x(u,v),y(u,v))\,|J(u,v)|\,\mathrm{d}u\mathrm{d}v$(二重积分换元公式).

附注 当 $J(u,v)$ 只在 D' 内个别点上或一条曲线上为零,而在其他点上都不为零时,二重积分换元公式仍成立.

3. 三重积分计算公式

设 $f(x,y,z)$ 是有界闭区域 Ω 上的连续函数,则 Ω 上的三重积分 $\iiint\limits_{\Omega} f(x,y,z)\mathrm{d}v$ 总是转换

一个定积分与一个二重积分计算,具体如下:

(1) 当 $\Omega=\{(x,y,z)\,|\,z_1(x,y)\leqslant z\leqslant z_2(x,y),(x,y)\in D_{xy}\}$(其中,$D_{xy}$ 是 Ω 在 xOy 平面上的投影)时,

$$\iiint_{\Omega}f(x,y,z)\mathrm{d}v=\iint_{D_{xy}}\mathrm{d}\sigma\int_{z_1(x,y)}^{z_2(x,y)}f(x,y,z)\mathrm{d}z.$$

当 $\Omega=\{(x,y,z)\,|\,y_1(x,z)\leqslant y\leqslant y_2(x,z),(x,z)\in D_{xz}\}$(其中,$D_{xz}$ 是 Ω 在 xOz 平面上的投影),或者 $\Omega=\{(x,y,z)\,|\,x_1(y,z)\leqslant x\leqslant x_2(y,z),(y,z)\in D_{yz}\}$(其中,$D_{yz}$ 是 Ω 在 yOz 平面上的投影)时,也有类似的计算公式.

(2) 当 $\Omega=\{(x,y,z)\,|\,(x,y)\in D_z,z_1\leqslant z\leqslant z_2\}$(其中,$D_z$ 是 Ω 的竖坐标为 z 的截面在 xOy 平面的投影)时,

$$\iiint_{\Omega}f(x,y,z)\mathrm{d}v=\int_{z_1}^{z_2}\mathrm{d}z\iint_{D_z}f(x,y,z)\mathrm{d}\sigma.$$

当 $\Omega=\{(x,y,z)\,|\,(x,z)\in D_y,y_1\leqslant y\leqslant y_2\}$(其中,$D_y$ 是 Ω 的纵坐标为 y 的截面在 xOz 平面上的投影),或者 $\Omega=\{(x,y,z)\,|\,(y,z)\in D_x,x_1\leqslant x\leqslant x_2\}$(其中,$D_x$ 是 Ω 的横坐标为 x 的截面在 yOz 平面上的投影)时,也有类似的计算公式.

(3) 当在球面坐标系下,$\Omega=\{(r,\theta,\varphi)\,|\,r_1(\theta,\varphi)\leqslant r\leqslant r_2(\theta,\varphi),\theta_1(\varphi)\leqslant\theta\leqslant\theta_2(\varphi),0\leqslant\alpha\leqslant\varphi\leqslant\beta\leqslant\pi\}$ 时,

$$\iiint_{\Omega}f(x,y,z)\mathrm{d}\sigma=\int_{\alpha}^{\beta}\mathrm{d}\varphi\int_{\theta_1(\varphi)}^{\theta_2(\varphi)}\mathrm{d}\theta\int_{r_1(\theta,\varphi)}^{r_2(\theta,\varphi)}f(r\cos\theta\sin\varphi,r\sin\theta\sin\varphi,r\cos\varphi)r^2\sin\varphi\mathrm{d}r.$$

当 $\Omega=\{(r,\theta,\varphi)\,|\,r_1(\theta,\varphi)\leqslant r\leqslant r_2(\theta,\varphi),\varphi_1(\theta)\leqslant\varphi\leqslant\varphi_2(\theta),0\leqslant\alpha\leqslant\theta\leqslant\beta\leqslant 2\pi\}$ 时,也有类似的计算公式.

4. 曲线积分计算公式

(1) 关于弧长的曲线积分计算公式

设 $\overset{\frown}{AB}$ 是光滑或分段光滑的简单平面曲线,它的参数方程为 $\begin{cases}x=x(t),\\y=y(t),\end{cases}t\in[t_0,t_1]$,$f(x,y)$ 连续,则 $\displaystyle\int_{\overset{\frown}{AB}}f(x,y)\mathrm{d}s=\int_{t_0}^{t_1}f(x(t),y(t))\sqrt{[x'(t)]^2+[y'(t)]^2}\mathrm{d}t.$

设 $\overset{\frown}{AB}$ 是光滑或分段光滑的简单空间曲线,它的参数方程为 $\begin{cases}x=x(t),\\y=y(t),\\z=z(t),\end{cases}t\in[t_0,t_1]$,$f(x,y,z)$ 连续,则

$$\int_{\overset{\frown}{AB}}f(x,y,z)\mathrm{d}s=\int_{t_0}^{t_1}f(x(t),y(t),z(t))\sqrt{[x'(t)]^2+[y'(t)]^2+[z'(t)]^2}\mathrm{d}t.$$

(2) 关于坐标的曲线积分计算公式

设 $\overset{\frown}{AB}$ 是光滑或分段光滑的简单有向平面曲线,它的参数方程为 $\begin{cases}x=x(t),\\y=y(t),\end{cases}$,$A,B$ 对应的参数分别为 t_0,t_1,$P(x,y),Q(x,y)$ 连续,则

$$\int_{\widehat{AB}} P(x,y)\mathrm{d}x + Q(x,y)\mathrm{d}y = \int_{t_0}^{t_1} [P(x(t),y(t))x'(t) + Q(x(t),y(t))y'(t)]\mathrm{d}t.$$

设 $\widehat{AB}$ 是光滑或分段光滑的简单有向空间曲线,它的参数方程为 $\begin{cases} x=x(t), \\ y=y(t), \\ z=z(t), \end{cases}$ A,B 对应的参数分别为 $t_0, t_1, P(x,y,z), Q(x,y,z), R(x,y,z)$ 连续,则

$$\int_{\widehat{AB}} P(x,y,z)\mathrm{d}x + Q(x,y,z)\mathrm{d}y + R(x,y,z)\mathrm{d}z$$

$$= \int_{t_0}^{t_1} [P(x(t),y(t),z(t))x'(t) + Q(x(t),y(t),z(t))y'(t) + R(x(t),y(t),z(t))z'(t)]\mathrm{d}t.$$

5. 曲面积分计算公式

(1) 关于面积的曲面积分计算公式

设 $\Sigma: z=z(x,y)$ 是光滑或分块光滑曲面,$f(x,y,z)$ 连续,则

$$\iint_{\Sigma} f(x,y,z)\mathrm{d}S = \iint_{D_{xy}} f(x,y,z(x,y))\sqrt{1+(z_x')^2+(z_y')^2}\,\mathrm{d}\sigma$$

(其中,D_{xy} 是 Σ 在 xOy 平面上的投影),当 $\Sigma: y=y(x,z)$ 或 $x=x(y,z)$ 时,也有类似的计算公式.

(2) 关于坐标的曲面积分计算公式

设 $\Sigma: z=z(x,y)$ 是光滑或分块光滑有向曲面,$R(x,y,z)$ 连续,则

$$\iint_{\Sigma} R(x,y,z)\mathrm{d}x\mathrm{d}y = \pm \iint_{D_{xy}} R(x,y,z(x,y))\mathrm{d}x\mathrm{d}y$$

(其中,D_{xy} 是 Σ 在 xOy 平面上的投影;如果 Σ 是上侧曲面(下侧曲面),则上式右边积分号前取正号(负号)).

当 $\Sigma: x=x(y,z)$ 时 $\iint_{\Sigma} P(x,y,z)\mathrm{d}y\mathrm{d}z$ 和当 $\Sigma: y=y(x,z)$ 时 $\iint_{\Sigma} Q(x,y,z)\mathrm{d}x\mathrm{d}z$ 也有类似的计算公式.

6. 三个重要公式

(1) 格林公式

设 D 是以光滑或分段光滑闭曲线 C 为边界的有界闭区域,函数 $P(x,y), Q(x,y)$ 在 D 上具有连续的偏导数,则

$$\oint_C P(x,y)\mathrm{d}x + Q(x,y)\mathrm{d}y = \iint_D \left(\frac{\partial Q}{\partial x} - \frac{\partial P}{\partial y} \right)\mathrm{d}\sigma,$$

其中左边的曲线积分是沿 C 的正向.

(2) 斯托克斯公式

设 Γ 是光滑或分段光滑的有向空间闭曲线,Σ 是以 Γ 为边界的光滑或分块光滑的曲面,且其侧与 Γ 的方向符合右手规则,函数 $P(x,y,z), Q(x,y,z), R(x,y,z)$ 具有连续的偏导数,则

$$\oint_{\Gamma} P(x,y,z)\mathrm{d}x + Q(x,y,z)\mathrm{d}y + R(x,y,z)\mathrm{d}z$$

$$=\iint_{\Sigma}\begin{vmatrix} \mathrm{d}y\mathrm{d}z & \mathrm{d}z\mathrm{d}x & \mathrm{d}x\mathrm{d}y \\ \dfrac{\partial}{\partial x} & \dfrac{\partial}{\partial y} & \dfrac{\partial}{\partial z} \\ P(x,y,z) & Q(x,y,z) & R(x,y,z) \end{vmatrix}$$

$$=\iint_{\Sigma}\begin{vmatrix} \cos\alpha & \cos\beta & \cos\gamma \\ \dfrac{\partial}{\partial x} & \dfrac{\partial}{\partial y} & \dfrac{\partial}{\partial z} \\ P(x,y,z) & Q(x,y,z) & R(x,y,z) \end{vmatrix}\mathrm{d}S,$$

其中 $\cos\alpha,\cos\beta,\cos\gamma$ 是有向曲面 Σ 在点 (x,y,z) 处法向量的方向余弦.

(3) 高斯公式

设空间有界闭区域 Ω 由光滑或分块光滑的闭曲面 Σ 围成,函数 $P(x,y,z),Q(x,y,z),$ $R(x,y,z)$ 具有连续的偏导数,则

$$\oiint_{\Sigma(外侧)} P(x,y,z)\mathrm{d}y\mathrm{d}z + Q(x,y,z)\mathrm{d}z\mathrm{d}x + R(x,y,z)\mathrm{d}x\mathrm{d}y = \iiint_{\Omega}\left(\frac{\partial P}{\partial x} + \frac{\partial Q}{\partial y} + \frac{\partial R}{\partial z}\right)\mathrm{d}v.$$

二、典型例题精解

A 组

例 5.1 设 $D=\{(x,y)\,|\,x\geqslant 0,y\geqslant 0,x+y\leqslant 1\}$,则二重积分 $\displaystyle\iint_{D}\min\{x,y\}\mathrm{d}\sigma = $ _____.

分析 根据 D 的对称性化简被积函数与积分区域,然后计算所给的二重积分.

精解 D 如图 5.1 中 $\triangle OAB$ 所示,显然它关于直线 $y=$ x 对称,且在对称点处,$\min\{x,y\}$ 的值彼此相等. 于是

$$\iint_{D}\min\{x,y\}\mathrm{d}\sigma = 2\iint_{D_1}\min\{x,y\}\mathrm{d}x\mathrm{d}y$$

$$(D_1\ 如图\ 5.1\ 阴影部分所示)$$

$$= 2\iint_{D_1}x\mathrm{d}x\mathrm{d}y = 2\int_{0}^{\frac{1}{2}}\mathrm{d}x\int_{x}^{1-x}x\mathrm{d}y$$

$$= 2\int_{0}^{\frac{1}{2}}(x-2x^2)\mathrm{d}x = \frac{1}{12}.$$

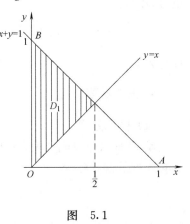

图 5.1

附注 计算二重积分时,应首先利用积分区域的对称性进行化简.

例 5.2 设 $f(u)$ 是连续的奇函数,D 是由直线 $x=1,y=1$ 及曲线 $y=-x^3$ 围成的平面区域,则 $\displaystyle\iint_{D}[x^3 + f(xy)]\mathrm{d}\sigma = $ _____.

分析　画出 D 的图形，利用对称性计算所给的二重积分.

精解　D 如图 5.2 所示，用曲线 $y=x^3$ 将 D 分成 D_1 与 D_2（D_1，D_2 如图 5.2 所示）.

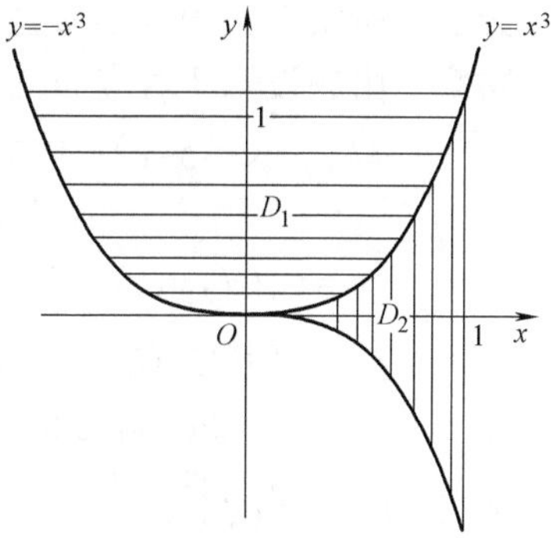

图　5.2

由于 D_1 关于 y 轴对称，而 $x^3+f(xy)$ 在对称点处的值互为相反数，所以

$$\iint_{D_1}[x^3+f(xy)]\mathrm{d}\sigma=0.$$

由于 D_2 关于 x 轴对称，而 $f(xy)$ 在对称点处的值互为相反数，所以

$$\begin{aligned}\iint_{D_2}[x^3+f(xy)]\mathrm{d}\sigma&=\iint_{D_2}x^3\mathrm{d}\sigma+\iint_{D_2}f(xy)\mathrm{d}\sigma\\&=\iint_{D_2}x^3\mathrm{d}\sigma=\int_0^1\mathrm{d}x\int_{-x^3}^{x^3}x^3\mathrm{d}y=2\int_0^1x^6\mathrm{d}x=\frac{2}{7}.\end{aligned}$$

从而　$$\iint_D[x^3+f(xy)]\mathrm{d}\sigma=\iint_{D_1}[x^3+f(xy)]\mathrm{d}\sigma+\iint_{D_2}[x^3+f(xy)]\mathrm{d}\sigma=\frac{2}{7}.$$

附注　本题利用积分区域的对称性，将要求的二重积分化简为 $\iint\limits_{D_2}x^3\mathrm{d}\sigma$.

例 5.3　下列三个二重积分值由小到大排列为________.

$$I_1=\iint_{x^2+y^2\leqslant1}\cos(xy)\mathrm{d}\sigma,\quad I_2=\iint_{|x|+|y|\leqslant1}\cos(xy)\mathrm{d}\sigma,\quad I_3=\iint_{\max\{|x|,|y|\}\leqslant1}\cos(xy)\mathrm{d}\sigma.$$

分析　I_1，I_2，I_3 的被积函数都是相同的且大于零，所以只要比较积分区域的大小即可确定它们的排序.

精解　由于曲线 $x^2+y^2=1$，$|x|+|y|=1$ 以及 $\max\{|x|,|y|\}=1$ 如图 5.3 所示. 所以，由图可知 I_2 的积分区域最小，I_3 的积分区域最大. 于是所给的三个二重积分由小到大的排列为 I_2，I_1，I_3.

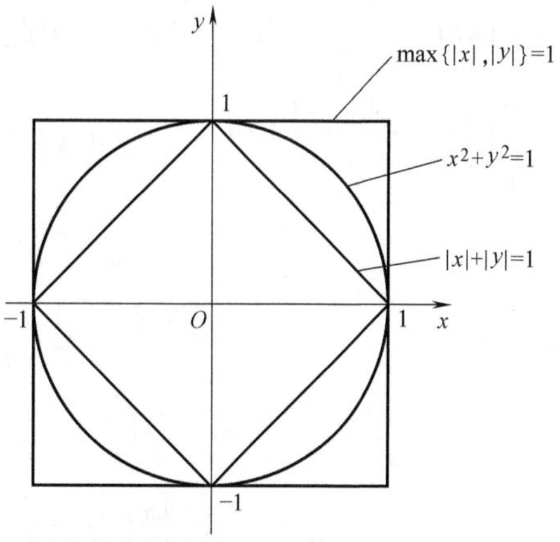

图　5.3

附注　以下两个结论对比较二重积分的大小是有用的：

(1) 如果在 D 上 $f_1(x,y)$，$f_2(x,y)$ 都连续，且 $f_1(x,y)\leqslant f_2(x,y)$，则

$$\iint_D f_1(x,y)\mathrm{d}\sigma\leqslant\iint_D f_2(x,y)\mathrm{d}\sigma;$$

(2) 如果 $D_1\subseteq D_2$，$f(x,y)$ 在 D_2 上连续且取非负值，则

$$\iint_{D_1}f(x,y)\mathrm{d}\sigma\leqslant\iint_{D_2}f(x,y)\mathrm{d}\sigma.$$

例 5.4　积分 $I=\int_0^{2\pi}\mathrm{d}\theta\int_0^1\mathrm{d}r\int_0^{1-r^2}\mathrm{e}^{-(1-z)^2}r\mathrm{d}z=$________.

分析 所给三次积分不易直接计算,因此改变积分次序,即按 r,θ,z 次序计算.

精解 由题设知 I 对应的三重积分的积分区域

$$\Omega = \{(x,y,z) \mid 0 \leqslant z \leqslant 1-(x^2+y^2),(x,y) \in D_{xy}\}$$

(其中 $D_{xy} = \{(x,y) \mid x^2+y^2 \leqslant 1\}$ 是 Ω 在 xOy 平面上的投影)

$$= \{(x,y,z) \mid (x,y) \in D_z,0 \leqslant z \leqslant 1\}$$

(其中 $D_z = \{(x,y) \mid x^2+y^2 \leqslant 1-z\} = \{(r,\theta) \mid 0 \leqslant r \leqslant \sqrt{1-z},0 \leqslant \theta \leqslant 2\pi\}$ 是 Ω 的竖坐标为 z 的截面在 xOy 平面上的投影),

所以, $I = \displaystyle\int_0^{2\pi}\mathrm{d}\theta\int_0^1\mathrm{d}r\int_0^{1-r^2}\mathrm{e}^{-(1-z)^2}r\mathrm{d}z$

$$= \iint_\Omega \mathrm{e}^{-(1-z)^2}\mathrm{d}\sigma = \int_0^1\mathrm{d}z\int_0^{2\pi}\mathrm{d}\theta\int_0^{\sqrt{1-z}}\mathrm{e}^{-(1-z)^2}r\mathrm{d}r$$

$$= \int_0^1\mathrm{e}^{-(1-z)^2}\pi(1-z)\mathrm{d}z = \frac{\pi}{2}\int_0^1\mathrm{e}^{-(1-z)^2}\mathrm{d}[-(1-z)^2]$$

$$= \frac{\pi}{2}\mathrm{e}^{-(1-z)^2}\Big|_0^1 = \frac{\pi}{2}\Big(1-\frac{1}{\mathrm{e}}\Big).$$

附注 为改变积分次序,应先确定积分区域 Ω,并将它表示成可以按 r,θ,z 次序积分的形式.

例 5.5 设 $\Omega = \{(x,y,z) \mid x^2+y^2+z^2 \leqslant 1\}$, a,b,c 都是大于零的常数,则 $\displaystyle\iiint_\Omega\Big(\frac{x^2}{a^2}+\frac{y^2}{b^2}+\frac{z^2}{c^2}\Big)\mathrm{d}v = \underline{\qquad}$.

分析 利用 Ω 的对称性计算所给的三重积分.

精解 由于 Ω 关于平面 $y=x$ 对称,所以

$$\iiint_\Omega(x^2-y^2)\mathrm{d}v = 0, \text{即} \iiint_\Omega x^2\mathrm{d}v = \iiint_\Omega y^2\mathrm{d}v.$$

同样可得 $\displaystyle\iiint_\Omega x^2\mathrm{d}v = \iiint_\Omega z^2\mathrm{d}v.$ 因此

$$\iiint_\Omega\Big(\frac{x^2}{a^2}+\frac{y^2}{b^2}+\frac{z^2}{c^2}\Big)\mathrm{d}v = \frac{1}{a^2}\iiint_\Omega x^2\mathrm{d}v+\frac{1}{b^2}\iiint_\Omega y^2\mathrm{d}v+\frac{1}{c^2}\iiint_\Omega z^2\mathrm{d}v = \Big(\frac{1}{a^2}+\frac{1}{b^2}+\frac{1}{c^2}\Big)\iiint_\Omega x^2\mathrm{d}v$$

$$= \frac{1}{3}\Big(\frac{1}{a^2}+\frac{1}{b^2}+\frac{1}{c^2}\Big)\iiint_\Omega(x^2+y^2+z^2)\mathrm{d}v$$

$$\xlongequal{\text{球面坐标}} \frac{1}{3}\Big(\frac{1}{a^2}+\frac{1}{b^2}+\frac{1}{c^2}\Big)\int_0^\pi\mathrm{d}\varphi\int_0^{2\pi}\mathrm{d}\theta\int_0^1 r^2\cdot r^2\sin\varphi\mathrm{d}r$$

$$= \frac{1}{3}\Big(\frac{1}{a^2}+\frac{1}{b^2}+\frac{1}{c^2}\Big)\cdot 2\cdot 2\pi\cdot\frac{1}{5}$$

$$= \frac{4\pi}{15}\Big(\frac{1}{a^2}+\frac{1}{b^2}+\frac{1}{c^2}\Big).$$

附注 利用 Ω 的对称性推出 $\displaystyle\iiint_\Omega x^2\mathrm{d}v = \iiint_\Omega y^2\mathrm{d}v = \iiint_\Omega z^2\mathrm{d}v$ 是本题获解的关键.

例 5.6 当球 $\Omega_1: x^2+y^2+z^2 \leqslant R^2$ 和球 $\Omega_2: x^2+y^2+z^2 \leqslant 2Rz(R>0)$ 的公共部分体积为 $\frac{5\pi}{12}$ 时, Ω_1 的表面位于 Ω_2 内的部分 S_1 的面积 $A = \underline{\qquad}$.

分析　先确定 R 的值，然后计算 S_1 的面积.

精解　记 $\Omega=\Omega_1\bigcap\Omega_2=\{(x,y,z)\mid R-\sqrt{R^2-x^2-y^2}\leqslant z\leqslant\sqrt{R^2-x^2-y^2},(x,y)\in D_{xy}\}$，

其中 $D_{xy}=\left\{(x,y)\,\Big|\,x^2+y^2\leqslant\dfrac{3}{4}R^2\right\}$ 是 Ω 在 xOy 平面的投影，所以 Ω 的体积

$$V=\iiint\limits_{\Omega}\mathrm{d}v=\iint\limits_{D_{xy}}\mathrm{d}\sigma\int_{R-\sqrt{R^2-x^2-y^2}}^{\sqrt{R^2-x^2-y^2}}\mathrm{d}z$$

$$=\iint\limits_{D_{xy}}(2\sqrt{R^2-x^2-y^2}-R)\mathrm{d}\sigma\xeqm{极坐标}\int_0^{2\pi}\mathrm{d}\theta\int_0^{\frac{\sqrt3}{2}R}(2\sqrt{R^2-r^2}-R)r\mathrm{d}r$$

$$=2\pi\int_0^{\frac{\sqrt3}{2}R}(2\sqrt{R^2-r^2}-R)r\mathrm{d}r=2\pi\left[-\frac{2}{3}(R^2-r^2)^{\frac{3}{2}}-\frac{1}{2}Rr^2\right]\Big|_0^{\frac{\sqrt3}{2}R}=\frac{5\pi}{12}R^3.$$

于是由题设得

$$\frac{5\pi}{12}R^3=\frac{5\pi}{12},\text{ 即 }R=1.$$

由此得到 S_1 的面积

$$A=\iint\limits_{D_{xy}}\sqrt{1+(z_x')^2+(z_y')^2}\,\Big|_{z=\sqrt{1-x^2-y^2}}\mathrm{d}\sigma$$

$$=\iint\limits_{D_{xy}}\frac{1}{\sqrt{1-x^2-y^2}}\mathrm{d}x\mathrm{d}y\xeqm{极坐标}\int_0^{2\pi}\mathrm{d}\theta\int_0^{\frac{\sqrt3}{2}}\frac{r}{\sqrt{1-r^2}}\mathrm{d}r$$

$$=2\pi(-\sqrt{1-r^2})\,\Big|_0^{\frac{\sqrt3}{2}}=\pi.$$

附注　由于组成 Ω 的边界曲面是两块不同的球面，因此不宜用球面坐标计算 $\iiint\limits_{\Omega}\mathrm{d}v$，而应用直角坐标计算.

例 5.7　设 C 是正向椭圆 $\dfrac{x^2}{4}+\dfrac{y^2}{9}=1$，则曲线积分 $\oint\limits_C\dfrac{\mathrm{d}x+\mathrm{d}y}{|x|+|y|}=$ ＿＿＿＿.

分析　写出 C 的参数方程，代入曲线积分，将其转换成定积分.

精解　C 的参数方程为 $\begin{cases}x=2\cos t,\\y=3\sin t,\end{cases}$ 起点参数为 $t=-\pi$，终点参数为 $t=\pi$. 于是

$$\oint\limits_C\frac{\mathrm{d}x+\mathrm{d}y}{|x|+|y|}=\int_{-\pi}^{\pi}\frac{-2\sin t+3\cos t}{|2\cos t|+|3\sin t|}\mathrm{d}t=6\int_0^{\pi}\frac{\cos t}{|2\cos t|+3\sin t}\mathrm{d}t$$

$$=6\left(\int_0^{\frac{\pi}{2}}\frac{\cos t}{2\cos t+3\sin t}\mathrm{d}t+\int_{\frac{\pi}{2}}^{\pi}\frac{\cos t}{-2\cos t+3\sin t}\mathrm{d}t\right)$$

$$=6\int_0^{\frac{\pi}{2}}\frac{\cos t}{2\cos t+3\sin t}\mathrm{d}t+6\int_0^{\frac{\pi}{2}}\frac{-\cos u}{2\cos u+3\sin u}\mathrm{d}u(\text{其中 }u=\pi-t)$$

$$=6\left[\int_0^{\frac{\pi}{2}}\left(\frac{\cos t}{2\cos t+3\sin t}-\frac{\cos t}{2\cos t+3\sin t}\right)\mathrm{d}t\right]=0.$$

附注　虽然积分曲线 C 是正向闭曲线，但本题不能用格林公式求解，因此用通常方法解，

即将 C 改写成参数方程,将所给的曲线积分转换成定积分.

例 5.8 设 L 是椭圆 $\dfrac{x^2}{4}+y^2=1$,其周长为 l,则曲线积分 $\oint\limits_L(2x^2y+x^2+4y^2)\mathrm{d}s=$

_____.

分析 利用 L 的对称性化简所给曲线积分后再行计算.

精解 由于 L 关于 x 轴对称,而 $2x^2y$ 在对称点处的值互为相反数,所以 $\oint\limits_L 2x^2y\mathrm{d}s=0$.

因此,$\oint\limits_L(2x^2y+x^2+4y^2)\mathrm{d}s=\oint\limits_L(x^2+4y^2)\mathrm{d}s=4\int\limits_L\left(\dfrac{x^2}{4}+y^2\right)\mathrm{d}s=4\int\limits_L\mathrm{d}s=4l.$

附注 关于弧长的曲线积分 $\int\limits_C f(x,y)\mathrm{d}s$,在计算前应先作化简,它可从以下两方面入手(以平面情形为例):

(1) 利用积分曲线的对称性

设积分曲线 C 具有某种对称性,且在这种对称性下,C 被划分成 C_1 与 C_2 两部分. 如果 $f(x,y)$ 在对称点处的值互为相反数,则 $\int\limits_C f(x,y)\mathrm{d}s=0$;如果 $f(x,y)$ 在对称点处的值彼此相等,则 $\int\limits_C f(x,y)\mathrm{d}s=2\int\limits_{C_1}f(x,y)\mathrm{d}s.$

(2) 利用积分曲线方程

将积分曲线方程代入被积函数 $f(x,y)$,化简它的表达式.

本题题解中就是从上述两方面入手化简所给曲线积分后计算得到的.

例 5.9 设 C 是位于平面 $\pi:x\cos\alpha+y\cos\beta+z\cos\gamma=d$(其中 $\cos\alpha,\cos\beta,\cos\gamma$ 是 π 法向量的方向余弦)上的闭曲线,且其围成的有界闭区域 D 的面积为 A,C 的方向为使 D 位于它的

内部,则曲线积分 $\oint\limits_C\begin{vmatrix}\mathrm{d}x&\mathrm{d}y&\mathrm{d}z\\\cos\alpha&\cos\beta&\cos\gamma\\x&y&z\end{vmatrix}=$ _____.

分析 由于 C 是位于平面 π 上的闭曲线,所以利用斯托克斯公式计算所给的曲线积分.

精解 $\oint\limits_C\begin{vmatrix}\mathrm{d}x&\mathrm{d}y&\mathrm{d}z\\\cos\alpha&\cos\beta&\cos\gamma\\x&y&z\end{vmatrix}$

$=\oint\limits_C(z\cos\beta-y\cos\gamma)\mathrm{d}x+(x\cos\gamma-z\cos\alpha)\mathrm{d}y+(y\cos\alpha-x\cos\beta)\mathrm{d}z$

$\underline{\underline{\text{斯托克斯公式}}}\iint\limits_D\begin{vmatrix}\cos\alpha&\cos\beta&\cos\gamma\\\dfrac{\partial}{\partial x}&\dfrac{\partial}{\partial y}&\dfrac{\partial}{\partial z}\\z\cos\beta-y\cos\gamma&x\cos\gamma-z\cos\alpha&y\cos\alpha-x\cos\beta\end{vmatrix}\mathrm{d}S$

$=2\iint\limits_D(\cos^2\alpha+\cos^2\beta+\cos^2\gamma)\mathrm{d}S=2\iint\limits_D\mathrm{d}S=2A.$

附注 应用斯托克斯公式将闭曲线上的关于坐标的曲线积分转换成曲面积分时有两种方式,即

$$\oint_C P(x,y,z)\mathrm{d}x + Q(x,y,z)\mathrm{d}y + R(x,y,z)\mathrm{d}z$$

$$=\iint_\Sigma \begin{vmatrix} \cos\alpha & \cos\beta & \cos\gamma \\ \dfrac{\partial}{\partial x} & \dfrac{\partial}{\partial y} & \dfrac{\partial}{\partial z} \\ P & Q & R \end{vmatrix}\mathrm{d}S$$

（其中 Σ 是以 C 为边界的曲面，Σ 的侧与 C 方向一致，$\cos\alpha$, $\cos\beta$, $\cos\gamma$ 是 Σ 的在点 (x,y,z) 处的法向量的方向余弦）

$$或 \iint_\Sigma \begin{vmatrix} \mathrm{d}y\mathrm{d}z & \mathrm{d}z\mathrm{d}x & \mathrm{d}x\mathrm{d}y \\ \dfrac{\partial}{\partial x} & \dfrac{\partial}{\partial y} & \dfrac{\partial}{\partial z} \\ P & Q & R \end{vmatrix}.$$

当 Σ 是平面一部分时，以采用

$$\oint_C P(x,y,z)\mathrm{d}x + Q(x,y,z)\mathrm{d}y + R(x,y,z)\mathrm{d}z = \iint_\Sigma \begin{vmatrix} \cos\alpha & \cos\beta & \cos\gamma \\ \dfrac{\partial}{\partial x} & \dfrac{\partial}{\partial y} & \dfrac{\partial}{\partial z} \\ P & Q & R \end{vmatrix}\mathrm{d}S$$

为宜.

例 5.10 设 $I(a)=\iint_\Sigma \dfrac{1}{(a+x+y+z)^2}\mathrm{d}S$，其中常数 $a\geqslant 1$，Σ 是由平面 $\pi: x+y+z=1$ 及三个坐标平面围成的四面体的表面，则 $I(a)$ 的最大值＝_____.

分析 由于 $I(a)\leqslant I(1)$，所以 $I(a)(a\geqslant 1)$ 的最大值为 $I(1)$，因此只要计算 $I(1)$ 即可.

精解 由于 $\Sigma=\Sigma_1+\Sigma_2+\Sigma_3+\Sigma_4$，其中 $\Sigma_1,\Sigma_2,\Sigma_3,\Sigma_4$ 分别是 Σ 位于 xOy 平面，yOz 平面，xOz 平面及 π 上部分，并且

$$\iint_{\Sigma_1}\frac{1}{(1+x+y+z)^2}\mathrm{d}S = \iint_{\Sigma_1}\frac{1}{(1+x+y)^2}\mathrm{d}\sigma（其中 \Sigma_1=\{(x,y)\mid x+y\leqslant 1, x\geqslant 0, y\geqslant 0\}）$$

$$=\int_0^1\mathrm{d}x\int_0^{1-x}\frac{1}{(1+x+y)^2}\mathrm{d}y$$

$$=\int_0^1\left(\frac{1}{1+x}-\frac{1}{2}\right)\mathrm{d}x = \ln 2 - \frac{1}{2}.$$

同样可以得

$$\iint_{\Sigma_2}\frac{1}{(1+x+y+z)^2}\mathrm{d}S = \iint_{\Sigma_3}\frac{1}{(1+x+y+z)^2}\mathrm{d}S = \ln 2 - \frac{1}{2}.$$

此外，$\displaystyle\iint_{\Sigma_4}\frac{1}{(1+x+y+z)^2}\mathrm{d}S = \iint_{\Sigma_4}\frac{1}{(1+1)^2}\mathrm{d}S = \frac{1}{4}\iint_{\Sigma_4}\mathrm{d}S = \frac{\sqrt{3}}{8}\left(由于 \Sigma_4 的面积为 \frac{\sqrt{3}}{2}\right).$

所以 $I(a)$ 在 $a\geqslant 1$ 时的最大值 $I(1)=3\left(\ln 2 - \dfrac{1}{2}\right)+\dfrac{\sqrt{3}}{8}.$

附注 题解中根据曲面积分的本身，直接推得 $I(a)$ 在 $a\geqslant 1$ 时的最大值 $I(1)$，这样使题解变得快捷些.

例 5.11 求二重积分 $\displaystyle\iint_D \frac{\sqrt{x^2+y^2}}{\sqrt{4a^2-x^2-y^2}}\mathrm{d}\sigma$，其中 D 是由曲线 $y=-a+\sqrt{a^2-x^2}\,(a>0)$ 和直线 $y=-x$ 围成的区域.

233

分析 D 如图 5.11 阴影部分所示,是圆的一部分,所以用极坐标计算所给的二重积分.

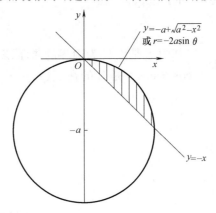

$y=-a+\sqrt{a^2-x^2}$
或 $r=-2a\sin\theta$

$y=-x$

图　5.11

精解 $\displaystyle\iint_D\frac{\sqrt{x^2+y^2}}{\sqrt{4a^2-x^2-y^2}}\mathrm{d}\sigma\xlongequal{\text{极坐标}}\int_{-\frac{\pi}{4}}^0\mathrm{d}\theta\int_0^{-2a\sin\theta}\frac{r}{\sqrt{4a^2-r^2}}r\mathrm{d}r$

$\displaystyle=\int_{-\frac{\pi}{4}}^0\mathrm{d}\theta\int_0^{-2a\sin\theta}\left(\frac{4a^2}{\sqrt{4a^2-r^2}}-\sqrt{4a^2-r^2}\right)\mathrm{d}r$

$\displaystyle=\int_{-\frac{\pi}{4}}^0\left[4a^2\arcsin\frac{r}{2a}-\left(\frac{r}{2}\sqrt{4a^2-r^2}+2a^2\arcsin\frac{r}{2a}\right)\right]\Big|_0^{-2a\sin\theta}\mathrm{d}\theta$

$\displaystyle=\int_{-\frac{\pi}{4}}^0\left(2a^2\arcsin\frac{r}{2a}-\frac{r}{2}\sqrt{4a^2-r^2}\right)\Big|_0^{-2a\sin\theta}\mathrm{d}\theta$

$\displaystyle=2a^2\int_{-\frac{\pi}{4}}^0\left(-\theta+\frac{1}{2}\sin 2\theta\right)\mathrm{d}\theta=2a^2\left(-\frac{\theta^2}{2}-\frac{1}{4}\cos 2\theta\right)\Big|_{-\frac{\pi}{4}}^0$

$\displaystyle=a^2\left(\frac{\pi^2}{16}-\frac{1}{2}\right).$

附注 由题解可知,以下两个不定积分也应作为基本公式记住:

$$\int\sqrt{a^2-x^2}\mathrm{d}x=\frac{a^2}{2}\arcsin\frac{x}{a}+\frac{x}{2}\sqrt{a^2-x^2}+C,$$

$$\int\sqrt{a^2\pm x^2}\mathrm{d}x=\frac{a^2}{2}\ln|x+\sqrt{a^2\pm x^2}|+\frac{x}{2}\sqrt{a^2\pm x^2}+C.$$

例 5.12 求曲面 $z=xy$ 与平面 $x+y+z=1,z=0$ 所围区域的立体 Ω 的体积 V.

分析 Ω 是一曲顶柱体,它的体积 V 可由二重积分计算.

精解 Ω 的底是 xOy 平面上的三角形区域

$$D=\{(x,y)\,|\,x+y\leqslant1,x\geqslant0,y\geqslant0\}.$$

Ω 的曲顶由曲面 $z=xy$ 与平面 $x+y+z=1$ 组成,它们的交线 $\begin{cases}z=xy,\\x+y+z=1\end{cases}$ 在 xOy 平面的投影为 $x+y+xy=1$,它位于 D 上,将 D 分成 D_1 与 D_2 两部,如图 5.12 所示.D_1 上的曲顶是曲面 $z=xy$,D_2 上的曲顶是平面 $x+y+z=1$,所以

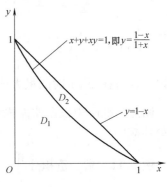

$x+y+xy=1$,即 $y=\dfrac{1-x}{1+x}$

$y=1-x$

D_2

D_1

图　5.12

$$V = \iint\limits_{D_1} xy \, d\sigma + \iint\limits_{D_2} (1 - x - y) \, d\sigma$$

$$= \int_0^1 dx \int_0^{\frac{1-x}{1+x}} xy \, dy + \int_0^1 dx \int_{\frac{1-x}{1+x}}^{1-x} (1 - x - y) \, dy$$

$$= \int_0^1 x \cdot \frac{1}{2} \left(\frac{1-x}{1+x} \right)^2 dx + \int_0^1 \frac{1}{2} \left[\frac{x(1-x)}{1+x} \right]^2 dx$$

$$= \frac{1}{2} \int_0^1 \frac{x(1-x)^2}{1+x} dx \xrightarrow{\Diamond t = 1+x} \frac{1}{2} \int_1^2 \left(-\frac{4}{t} + 8 - 5t + t^2 \right) dt$$

$$= \frac{17}{12} - 2\ln 2.$$

附注　题解中的曲线 $x+y+xy=1$，即 $y = \dfrac{1-x}{1+x}$，可以改成

$$y + 1 = \frac{2}{1+x}.$$

它是以直线 $x=-1$ 及 $y=-1$ 为渐近线的双曲线，通过点 $(1,0)$ 和 $(0,1)$，所以，如图 5.12 所示.

例 5.13　求曲线积分

$$I = \oint_L (y^2 + z^2) dx + (z^2 + x^2) dy + (x^2 + y^2) dz,$$

其中 L 是球面 $x^2 + y^2 + z^2 = 2bx$ 与柱面 $x^2 + y^2 = 2ax(0 < a < b)$ 的交线 $(z \geqslant 0)$，L 的方向规定为：从 z 轴正向往下看，曲线 L 所围的球面部分 S 总在 L 的左边.

分析　由于 L 是闭曲线，所以可以利用斯托克斯公式计算 I，并可取曲面为 S.

精解　由斯托克斯公式得

$$I = \oint_L (y^2 + z^2) dx + (z^2 + x^2) dy + (x^2 + y^2) dz$$

$$= \iint\limits_S \begin{vmatrix} \cos \alpha & \cos \beta & \cos \gamma \\ \dfrac{\partial}{\partial x} & \dfrac{\partial}{\partial y} & \dfrac{\partial}{\partial z} \\ y^2 + z^2 & z^2 + x^2 & x^2 + y^2 \end{vmatrix} dS, \tag{1}$$

其中 $\cos \alpha, \cos \beta, \cos \gamma$ 是 S（上侧）法向量的方向余弦，记 $F(x,y,z) = x^2 + y^2 + z^2 - 2bx$，则 S 在点 (x,y,z) 的法向量为 $\{F'_x, F'_y, F'_z\} = \{2x - 2b, 2y, 2z\}$，所以 $\cos \alpha = \dfrac{x-b}{\sqrt{(x-b)^2 + y^2 + z^2}} = \dfrac{x-b}{b}$，$\cos \beta = \dfrac{y}{\sqrt{(x-b)^2 + y^2 + z^2}} = \dfrac{y}{b}$，$\cos \gamma = \dfrac{z}{\sqrt{(x-b)^2 + y^2 + z^2}} = \dfrac{z}{b}$. 将它们代入 (1) 得

$$I = \iint\limits_S \begin{vmatrix} \dfrac{x-b}{b} & \dfrac{y}{b} & \dfrac{z}{b} \\ \dfrac{\partial}{\partial x} & \dfrac{\partial}{\partial y} & \dfrac{\partial}{\partial z} \\ y^2 + z^2 & z^2 + x^2 & x^2 + y^2 \end{vmatrix} dS$$

$$= 2 \iint\limits_S \left[(y - z) \frac{x-b}{b} + (z - x) \frac{y}{b} + (x - y) \frac{z}{b} \right] dS$$

$$= 2 \iint\limits_{S} (z-y) \mathrm{d}S = 2 \iint\limits_{S} z \mathrm{d}S \quad \text{(由于 } S \text{ 关于平面 } y=0 \text{ 对称,在对称点处 } y \text{ 取的值互为相}$$

$$\text{反数,所以} \iint\limits_{S} y \mathrm{d}S = 0)$$

$$= 2 \iint\limits_{D_{xy}} z \sqrt{1+(z'_x)^2+(z'_y)^2} \bigg|_{z=\sqrt{2bx-x^2-y^2}} \mathrm{d}\sigma \quad (D_{xy}=\{(x,y)\,|\,x^2+y^2\leqslant 2ax\} \text{ 是 } S \text{ 在}$$

$$xOy \text{ 平面的投影)}$$

$$= 2 \iint\limits_{D_{xy}} \sqrt{2bx-x^2-y^2} \cdot \sqrt{1+\left(\frac{b-x}{\sqrt{2bx-x^2-y^2}}\right)^2+\left(\frac{y}{\sqrt{2bx-x^2-y^2}}\right)^2} \mathrm{d}\sigma$$

$$= 2 \iint\limits_{D_{xy}} b \mathrm{d}\sigma = 2b \cdot \pi a^2 = 2\pi a^2 b.$$

附注 使用斯托克斯公式时,如果 Σ 是球面或球面的一部分,则往往采用以下形式:

$$\oint\limits_{L} P(x,y,z)\mathrm{d}x + Q(x,y,z)\mathrm{d}y + R(x,y,z)\mathrm{d}z$$

$$= \iint\limits_{\Sigma} \begin{vmatrix} \cos\alpha & \cos\beta & \cos\gamma \\ \dfrac{\partial}{\partial x} & \dfrac{\partial}{\partial y} & \dfrac{\partial}{\partial z} \\ P & Q & R \end{vmatrix} \mathrm{d}S.$$

例 5.14 设 $A = \iint\limits_{S} x^2 z \mathrm{d}y\mathrm{d}z + y^2 z \mathrm{d}z\mathrm{d}x + xz^2 \mathrm{d}x\mathrm{d}y$,其中 S 是曲面 $az = x^2+y^2 (0\leqslant z\leqslant a)$ 的第一卦限部分上侧,求满足 $f(0)=A, f'(0)=-A$ 的二阶可导函数 $f(x)$,使得

$$y[f(x)+3\mathrm{e}^{2x}]\mathrm{d}x + f'(x)\mathrm{d}y$$

是某个二元函数的全微分.

分析 先计算所给的曲面积分,确定 A 的值,然后利用 $y[f(x)+3\mathrm{e}^{2x}]\mathrm{d}x+f'(x)\mathrm{d}y$ 是某个二元函数的全微分的必要条件建立关于 $f(x)$ 的微分方程,由此算出 $f(x)$.

精解 $A = \iint\limits_{S} x^2 z \mathrm{d}y\mathrm{d}z + y^2 z \mathrm{d}z\mathrm{d}x + xz^2 \mathrm{d}x\mathrm{d}y$

$$= \iint\limits_{S+S_1+S_2+S_3} x^2 z \mathrm{d}y\mathrm{d}z + y^2 z \mathrm{d}z\mathrm{d}x + xz^2 \mathrm{d}x\mathrm{d}y -$$

$$\iint\limits_{S_1} x^2 z \mathrm{d}y\mathrm{d}z + y^2 z \mathrm{d}z\mathrm{d}x + xz^2 \mathrm{d}x\mathrm{d}y -$$

$$\iint\limits_{S_2} x^2 z \mathrm{d}y\mathrm{d}z + y^2 z \mathrm{d}z\mathrm{d}x + xz^2 \mathrm{d}x\mathrm{d}y -$$

$$\iint\limits_{S_3} x^2 z \mathrm{d}y\mathrm{d}z + y^2 z \mathrm{d}z\mathrm{d}x + xz^2 \mathrm{d}x\mathrm{d}y \text{（其中 } S_1, S_2 \text{ 分别是 } S \text{ 在平面 } y=0 \text{ 与平面}$$

$$x=0 \text{ 上的投影,方向分别为右侧与前侧,}$$
$$S_3 \text{ 是 } S \text{ 在平面 } z=a \text{ 上的投影,方向为下}$$
$$\text{侧)}$$

$$=-\iint\limits_{\Sigma} x^2 z\mathrm{d}y\mathrm{d}z + y^2 z\mathrm{d}z\mathrm{d}x + xz^2 \mathrm{d}x\mathrm{d}y - \iint\limits_{S_3} a^2 x\mathrm{d}x\mathrm{d}y$$

（其中 Σ 是由 $S+S_1+S_2+S_3$ 围成的闭曲面,方向为外侧）

$$=-\iiint\limits_{\Omega} 2z(2x+y)\mathrm{d}v + \iint\limits_{D_{xy}} a^2 x\mathrm{d}\sigma \ (\Omega \text{ 是 } \Sigma \text{ 围成的立体}, D_{xy}=\{(x,y)\,|\,x^2+y^2\leqslant$$

$$a^2, x\geqslant 0, y\geqslant 0\} \text{ 是 } S_3 \text{ 或 } \Omega \text{ 在 } xOy \text{ 平面的投影})$$

$$=-\iint\limits_{D_{xy}} \mathrm{d}\sigma \int_{\frac{x^2+y^2}{a}}^{a} 2z(2x+y)\mathrm{d}z + \iint\limits_{D_{xy}} a^2 x\mathrm{d}\sigma$$

$$=\iint\limits_{D_{xy}} \left[\frac{(x^2+y^2)^2}{a^2}(2x+y) - a^2(x+y)\right]\mathrm{d}\sigma$$

$$\xrightarrow{\text{极坐标}} \int_0^{\frac{\pi}{2}} \mathrm{d}\theta \int_0^a \left[(2\cos\theta+\sin\theta)\frac{r^6}{a^2} - (\cos\theta+\sin\theta)a^2 r^2\right]\mathrm{d}r$$

$$=\frac{1}{7}a^5 \int_0^{\frac{\pi}{2}} (2\cos\theta+\sin\theta)\mathrm{d}\theta - \frac{1}{3}a^5 \int_0^{\frac{\pi}{2}} (\cos\theta+\sin\theta)\mathrm{d}\theta$$

$$=\frac{3}{7}a^5 - \frac{2}{3}a^5 = -\frac{5}{21}a^5.$$

下面计算 $f(x)$：

由于 $y[f(x)+3\mathrm{e}^{2x}]\mathrm{d}x + f'(x)\mathrm{d}y$ 是某个二元函数的全微分,所以

$$\frac{\partial\{y[f(x)+3\mathrm{e}^{2x}]\}}{\partial y} = \frac{\mathrm{d}f'(x)}{\mathrm{d}x},$$

即
$$f''(x) - f(x) = 3\mathrm{e}^{2x}. \text{（二阶常系数线性微分方程）} \tag{1}$$

式(1)对应的齐次线性微分方程的通解为

$$y = C_1\mathrm{e}^x + C_2\mathrm{e}^{-x},$$

此外式(1)有特解 $y^* = \mathrm{e}^{2x}$. 所以式(1)的通解为

$$f(x) = C_1\mathrm{e}^x + C_2\mathrm{e}^{-x} + \mathrm{e}^{2x}, \tag{2}$$

且
$$f'(x) = C_1\mathrm{e}^x - C_2\mathrm{e}^{-x} + 2\mathrm{e}^{2x}.$$

由 $f(0)=A, f'(0)=-A$ 得方程组

$$\begin{cases} A = C_1 + C_2 + 1, \\ -A = C_1 - C_2 + 2, \end{cases}$$

解此方程组得 $C_1 = -\frac{3}{2}, C_2 = A+\frac{1}{2} = \frac{1}{2} - \frac{5}{21}a^5.$ 将它们代入式(2)得

$$f(x) = -\frac{3}{2}\mathrm{e}^x + \left(\frac{1}{2} - \frac{5}{21}a^5\right)\mathrm{e}^{-x} + \mathrm{e}^{2x}.$$

附注 由于 S 不是闭曲面,所以要使用高斯公式计算 A,必须添加有向曲面 S_1, S_2, S_3,使得 $S+S_1+S_2+S_3$ 成为一个有向闭曲面. 这是计算曲面积分常用的方法.

例 5.15 设球 $\Sigma: x^2+y^2+z^2=2y$,求曲面积分 $\oiint\limits_{\Sigma}(x^2+2y^2+3z^2)\mathrm{d}S.$

分析 将欲求的曲面积分转换成对坐标的曲面积分,然后用高斯公式计算.

精解 记 $F(x,y,z)=x^2+y^2+z^2-2y$,则 Σ 在点 (x,y,z) 处的外法向量为 $\{2x,2y-2,2z\}$,从而外法向量的方向余弦 $\cos\alpha,\cos\beta,\cos\gamma$ 分别为

$$\frac{x}{\sqrt{x^2+(y-1)^2+z^2}}=x,\frac{y-1}{\sqrt{x^2+(y-1)^2+z^2}}=y-1,\frac{z}{\sqrt{x^2+(y-1)^2+z^2}}=z,$$

（由于 $(x,y,z)\in\Sigma$,所以 $x^2+(y-1)^2+z^2=1$）.

因此

$$\oiint\limits_{\Sigma}(x^2+2y^2+3z^2)\mathrm{d}S=\oiint\limits_{\Sigma}(x\cdot x+2(y+1)\cdot(y-1)+3z\cdot z+2)\mathrm{d}S$$

$$=\oiint\limits_{\Sigma(外侧)}[x\cos\alpha+2(y+1)\cos\beta+3z\cos\gamma]\mathrm{d}S+2\oiint\limits_{\Sigma}\mathrm{d}S$$

$$=\oiint\limits_{\Sigma(外侧)}x\mathrm{d}y\mathrm{d}z+2(y+1)\mathrm{d}z\mathrm{d}x+3z\mathrm{d}x\mathrm{d}y+2\cdot4\pi\cdot1^2$$

$$\underline{\underline{\text{高斯公式}}}\iiint\limits_{\Omega}(1+2+3)\mathrm{d}v+8\pi(\Omega\text{ 是 }\Sigma\text{ 围成的球体})$$

$$=6\cdot\frac{4}{3}\pi\cdot1^3+8\pi=16\pi.$$

附注 设 Σ 是有向曲面, $P(x,y,z),Q(x,y,z),R(x,y,z)$ 连续,则

$$\iint\limits_{\Sigma}(P\cos\alpha+Q\cos\beta+R\cos\gamma)\mathrm{d}S$$

$$=\iint\limits_{\Sigma}P\mathrm{d}y\mathrm{d}z+Q\mathrm{d}z\mathrm{d}x+R\mathrm{d}x\mathrm{d}y,$$

其中, $\cos\alpha,\cos\beta,\cos\gamma$ 是 Σ 在点 (x,y,z) 处的法向量方向余弦,其中法向量与 Σ 的侧符合右手规则. 这一公式给出了两类曲面积分之间的相互转换. 本题就是利用这一公式把对面积的曲面积分转换成对坐标的曲面积分.

例 5.16 计算下列二重积分:

(1) $\displaystyle\iint\limits_{D}x^2y^2\mathrm{d}x\mathrm{d}y$,其中 D 是由两条双曲线 $xy=1,xy=2$ 和两条直线 $y=x,y=4x$ 围成的在第一象限内的闭区域;

(2) $\displaystyle\iint\limits_{D}\mathrm{e}^{\frac{x}{x+y}}\mathrm{d}x\mathrm{d}y$,其中 D 是由直线 $x+y=1$ 和 $x=0,y=0$ 围成的闭区域;

(3) $\displaystyle\iint\limits_{D}\left(\frac{x^2}{a^2}+\frac{y^2}{b^2}\right)\mathrm{d}x\mathrm{d}y$,其中 D 是由椭圆 $\dfrac{x^2}{a^2}+\dfrac{y^2}{b^2}=1(a,b>0)$ 围成的闭区域;

分析 本题的各个二重积分都不易直接转换成二次积分计算,所以引入适当的变量代换,利用二重积分换元公式计算.

精解 (1) D 的边界是由两条双曲线 $xy=u(u=1,2)$ 和两条直线 $y=vx(v=1,4)$ 围成,所以引入变量代换

$$\begin{cases}u=xy,\\v=\dfrac{y}{x}.\end{cases}\qquad\text{即}\qquad\begin{cases}x=\sqrt{\dfrac{u}{v}},\\y=\sqrt{uv}.\end{cases}$$

它将 D 变换成 $D'=\{(u,v)\,|\,1\leqslant u\leqslant2,1\leqslant v\leqslant4\}$,并且

$$J = \frac{\partial(x,y)}{\partial(u,v)} = \begin{vmatrix} \dfrac{1}{2}\sqrt{\dfrac{1}{uv}} & -\dfrac{1}{2v}\sqrt{\dfrac{u}{v}} \\[2mm] \dfrac{1}{2}\sqrt{\dfrac{v}{u}} & \dfrac{1}{2}\sqrt{\dfrac{u}{v}} \end{vmatrix} = \frac{1}{2v},$$

所以由二重积分换元公式得

$$\iint\limits_{D} x^2 y^2 \mathrm{d}x\mathrm{d}y = \iint\limits_{D'} u^2 \cdot \left| \frac{1}{2v} \right| \mathrm{d}u\mathrm{d}v = \frac{1}{2}\iint\limits_{D'} \frac{u^2}{v}\mathrm{d}u\mathrm{d}v$$

$$= \frac{1}{2}\int_1^2 u^2 \mathrm{d}u \cdot \int_1^4 \frac{1}{v}\mathrm{d}v = \frac{7}{3}\ln 2.$$

(2) 由于 D 的边界有直线 $x+y=1(x\geqslant 0, y\geqslant 0)$ 和 $x=0, y=0$，并且被积函数中出现 $\dfrac{y}{x+y}$，所以引入变量变换

$$\begin{cases} u = x+y, \\ v = \dfrac{y}{x+y} \end{cases} ((x,y)\in D), \quad 即 \begin{cases} x = u(1-v), \\ y = uv \end{cases} (0\leqslant u\leqslant 1, 0\leqslant v\leqslant 1),$$

它将 D 变换成 $D' = \{(u,v) \mid 0\leqslant u\leqslant 1, 0\leqslant v\leqslant 1\}$，并且

$$J = \frac{\partial(x,y)}{\partial(u,v)} = \begin{vmatrix} 1-v & -u \\ v & u \end{vmatrix} = u,$$

所以由二重积分换元公式得

$$\iint\limits_{D} \mathrm{e}^{\frac{y}{x+y}}\mathrm{d}x\mathrm{d}y = \iint\limits_{D'} \mathrm{e}^v |u| \mathrm{d}u\mathrm{d}v = \iint\limits_{D'} u\mathrm{e}^v \mathrm{d}u\mathrm{d}v$$

$$= \int_0^1 u\mathrm{d}u \int_0^1 \mathrm{e}^v \mathrm{d}v = \frac{1}{2}(\mathrm{e}-1).$$

(3) 引入变量变换

$$\begin{cases} x = ar\cos\theta, \\ y = br\sin\theta \end{cases} (0\leqslant r\leqslant 1, 0\leqslant\theta\leqslant 2\pi),$$

它将 D 变成圆域 $D' = \{(r,\theta) \mid 0\leqslant r\leqslant 1, 0\leqslant\theta\leqslant 2\pi\}$，并且

$$J = \frac{\partial(x,y)}{\partial(r,\theta)} \begin{vmatrix} a\cos\theta & -ar\sin\theta \\ b\sin\theta & br\cos\theta \end{vmatrix} = abr,$$

所以由二重积分换元公式得

$$\iint\limits_{D} \left(\frac{x^2}{a^2} + \frac{y^2}{b^2} \right)\mathrm{d}x\mathrm{d}y = \iint\limits_{D'} r^2 \cdot |abr| \mathrm{d}r\mathrm{d}\theta = ab\int_0^{2\pi}\mathrm{d}\theta \int_0^1 r^3 \mathrm{d}r = \frac{\pi}{2}ab.$$

附注 利用二重积分换元公式计算二重积分时，变量代换总是按以下原则适当选择：使变换后的被积函数比较简单（例如，是两个一元函数之积），积分区域比较规则（例如，矩形或圆），从而使变换后的二重积分容易转换成二次积分.

$$\textbf{B} \qquad \textbf{组}$$

例 5.17 设二元函数 $f(x,y) = \begin{cases} x^2, & |x|+|y|<1, \\[2mm] \dfrac{1}{\sqrt{x^2+y^2}}, & 1\leqslant |x|+|y|\leqslant 2, \end{cases}$ 求二重积分

$$\iint\limits_{D} f(x,y)\mathrm{d}\sigma, 其中 D - \{(x,y)\mid\mid x\mid+\mid y\mid\leqslant 2\}.$$

分析　先利用积分区域的对称性化简二重积分,然后再根据函数 $f(x,y)$ 表达式将 D 适当分块,逐块计算 $f(x,y)$ 的二重积分并相加即得 $\iint\limits_{D} f(x,y)\mathrm{d}\sigma.$

精解　由于 D 既关于 x 轴对称,又关于 y 轴对称,且在对称点处 $f(x,y)$ 的值彼此相等,所以

$$\iint\limits_{D} f(x,y)\mathrm{d}\sigma = 4\iint\limits_{D_1} f(x,y)\mathrm{d}\sigma(D_1 是 D 的第一象限部分). \tag{1}$$

由于 $D_1 = D_1' + D_2'$,其中 $D_1' = \{(x,y)\mid x+y<1, x\geqslant 0, y\geqslant 0\}$,$D_2' = \{(x,y)\mid 1\leqslant x+y\leqslant 2, x\geqslant 0, y\geqslant 0\}$(它们如图 5.17 所示),所以

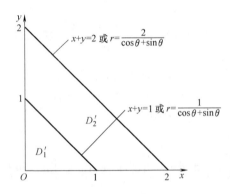

图　5.17

$$\iint\limits_{D_1} f(x,y)\mathrm{d}\sigma = \iint\limits_{D_1'} x^2\mathrm{d}\sigma + \iint\limits_{D_2'} \frac{1}{\sqrt{x^2+y^2}}\mathrm{d}\sigma, \tag{2}$$

其中

$$\iint\limits_{D_1'} x^2\mathrm{d}\sigma = \int_0^1\mathrm{d}x\int_0^{1-x} x^2\mathrm{d}y = \int_0^1(x^2-x^3)\mathrm{d}x = \frac{1}{12}, \tag{3}$$

$$\iint\limits_{D_2'} \frac{1}{\sqrt{x^2+y^2}}\mathrm{d}\sigma = \int_0^{\frac{\pi}{2}}\mathrm{d}\theta\int_{\frac{1}{\cos\theta+\sin\theta}}^{\frac{2}{\cos\theta+\sin\theta}} \frac{1}{r}\cdot r\mathrm{d}r = \int_0^{\frac{\pi}{2}} \frac{1}{\cos\theta+\sin\theta}\mathrm{d}\theta$$

$$= \int_0^{\frac{\pi}{2}} \frac{1}{\sqrt{2}\cos\left(\theta-\frac{\pi}{4}\right)}\mathrm{d}\theta = \frac{1}{\sqrt{2}}\ln\left|\sec\left(\theta-\frac{\pi}{4}\right)+\tan\left(\theta-\frac{\pi}{4}\right)\right|\Big|_0^{\frac{\pi}{2}}$$

$$= \frac{1}{\sqrt{2}}[\ln(\sqrt{2}+1)-\ln(\sqrt{2}-1)] = \sqrt{2}\ln(\sqrt{2}+1). \tag{4}$$

将式(3)、式(4)代入式(2)得

$$\iint\limits_{D_1} f(x,y)\mathrm{d}\sigma = \frac{1}{12}+\sqrt{2}\ln(\sqrt{2}+1).$$

将它代入式(1)得

$$\iint\limits_D f(x,y)\mathrm{d}\sigma = 4\left[\frac{1}{12} + \sqrt{2}\ln\,(\sqrt{2}+1)\right] = \frac{1}{3} + 4\sqrt{2}\ln\,(\sqrt{2}+1).$$

附注 本题的 $f(x,y)$ 是分块函数,但计算它在 D 上的二重积分时,也是先利用对称性进行化简,此外,题解中用极坐标计算 $\iint\limits_{D_2'}\frac{1}{\sqrt{x^2+y^2}}\mathrm{d}\sigma$,这是必须的.

例 5.18 设空间区域 Ω 由三个柱面 $x^2+y^2=a^2$,$y^2+z^2=a^2$ 及 $x^2+z^2=a^2(a>0)$ 围成,求:(1) Ω 的体积 V;

(2) Ω 的表面积 A.

分析 由对称性知,Ω 被三个坐标平面等分为八部分,在第一卦限内的那部分是由柱面 $x^2+y^2=a^2$,$y^2+z^2=a^2$,$x^2+z^2=a^2$ 及平面 $x=0,y=0,z=0$ 围成的立体(如图 5.18 所示),它又被平面 $y=x$ 平分成两部分,其中位于 $x\geqslant y$ 部分是以 xOy 平面上的区域 $D=\{(x,y)\mid x^2+y^2\leqslant a^2,0\leqslant y\leqslant x\}$ 为底,位于柱面 $x^2+z^2=a^2$ 上的曲面 ABC 为顶(记为 Σ,则 Σ 的方程为 $z=\sqrt{a^2-x^2}$)的曲顶柱体.算出它的体积及曲面 Σ 的面积,即可得到 V 与 A.

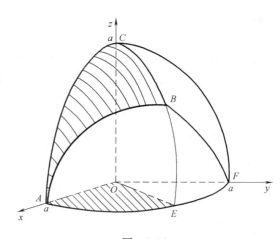

图 5.18

精解 (1)由分析中所述知

$$V = 16\iint\limits_D \sqrt{a^2-x^2}\mathrm{d}\sigma \xlongequal{\text{极坐标}} 16\int_0^{\frac{\pi}{4}}\mathrm{d}\theta\int_0^a \sqrt{a^2-r^2\cos^2\theta}\,r\,\mathrm{d}r$$

$$= \frac{16}{3}a^3\int_0^{\frac{\pi}{4}}\frac{1-\sin^3\theta}{\cos^2\theta}\mathrm{d}\theta = \frac{16}{3}a^3\left(\tan\theta - \frac{1}{\cos\theta} - \cos\theta\right)\Big|_0^{\frac{\pi}{4}}$$

$$= \frac{16}{3}a^3\cdot\frac{3(2-\sqrt{2})}{2} = 8(2-\sqrt{2})a^3.$$

(2) $A = 32\iint\limits_D \sqrt{1+(z_x')^2+(z_y')^2}\,\Big|_\Sigma\,\mathrm{d}\sigma = 32a\iint\limits_D\frac{1}{\sqrt{a^2-x^2}}\mathrm{d}\sigma$

$$= 32a\int_0^{\frac{\pi}{4}}\mathrm{d}\theta\int_0^a\frac{r}{\sqrt{a^2-r^2\cos^2\theta}}\mathrm{d}r = 32a^2\int_0^{\frac{\pi}{4}}\left(\frac{1}{\cos^2\theta} - \frac{\sin\theta}{\cos^2\theta}\right)\mathrm{d}\theta$$

$$= 32a^2\left(\tan\theta - \frac{1}{\cos\theta}\right)\Big|_0^{\frac{\pi}{4}} = 32(2-\sqrt{2})a^2.$$

附注 本题获解的关键,对 Ω 图形经过分析得到以 D 为底、曲面 ABC 为曲顶的曲顶柱体是 Ω 的 $\frac{1}{16}$,而曲面 ABC 是 Ω 表面的 $\frac{1}{32}$.

例 5.19 设函数 $f(x,y,z)$ 连续,$\int_0^1\mathrm{d}x\int_0^1\mathrm{d}y\int_0^{x^2+y^2}f(x,y,z)\mathrm{d}z = \iiint\limits_\Omega f(x,y,z)\mathrm{d}v$,记 Ω 在 xOz 平面上的投影区域为 D_{xz}.

(1) 求二重积分 $I=\iint\limits_{D_{xz}}\sqrt{|z-x^2|}\,d\sigma$;

(2) 写出三重积分 $\iiint\limits_{\Omega}f(x,y,z)dv$ 的积分次序为 y,z,x 的三次积分.

分析 (1)先根据给定的积分等式确定 Ω 及它到 xOz 平面的投影 D_{xz},用 xOz 平面上的曲线 $z=x^2$,将 D_{xz} 分成两部分,在每部分上对 $|z-x^2|$ 作二重积分,由此算出 I.

(2) 先将 $\iiint\limits_{\Omega}f(x,y,z)dv$ 表示成先对 y 的定积分和对 x 与 z 的二重积分,然后写出积分次序为 y,z,x 的三次积分.

精解 (1)由所给的积分等式知

$$\Omega=\{(x,y,z)\mid 0\leqslant z\leqslant x^2+y^2,0\leqslant y\leqslant 1,0\leqslant x\leqslant 1\},$$

即 Ω 是由抛物面 $z=x^2+y^2$,平面 $x=1,y=1$ 及三坐标平面围成的立体,它在 xOz 平面上的投影 D_{xz} 为图 5.19 的曲边梯形 $OABC$,其中曲边 $\overset{\frown}{BC}$: $z=x^2+1$(它是曲线 $\begin{cases}z=x^2+y^2,\\y=1\end{cases}$ 在 xOz 平面的投影),其余三条为直线 $x=0,x=1$ 以及 $z=0$.

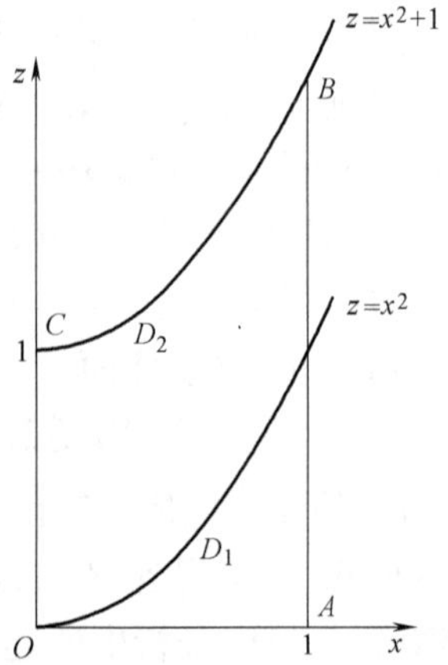

图 5.19

下面计算二重积分 $\iint\limits_{D_{xz}}\sqrt{|z-x^2|}\,d\sigma$,为了去掉被积函数中的绝对值,用曲线 $z=x^2$ 将 D_{xz} 划分成 D_1 与 D_2 两部分,如图 5.19 所示,其中

$$D_1=\{(x,z)\mid 0\leqslant z\leqslant x^2,0\leqslant x\leqslant 1\},$$
$$D_2=\{(x,z)\mid x^2\leqslant z\leqslant x^2+1,0\leqslant x\leqslant 1\}.$$

于是

$$\begin{aligned}\iint\limits_{D_{xz}}\sqrt{|z-x^2|}\,d\sigma&=\iint\limits_{D_1}\sqrt{x^2-z}\,d\sigma+\iint\limits_{D_2}\sqrt{z-x^2}\,d\sigma\\&=\int_0^1dx\int_0^{x^2}\sqrt{x^2-z}\,dz+\int_0^1dx\int_{x^2}^{x^2+1}\sqrt{z-x^2}\,dz\\&=\int_0^1\frac{2}{3}x^3dx+\int_0^1\frac{2}{3}dx=\frac{1}{6}+\frac{2}{3}=\frac{5}{6}.\end{aligned}$$

(2) 由于 $\Omega=\{(x,y,z)\mid y_1(x,z)\leqslant y\leqslant y_2(x,z),(x,z)\in D_{xz}=D_1+D_2\}$,其中

$$y_1(x,z)=\begin{cases}0, & (x,z)\in D_1,\\\sqrt{z-x^2}, & (x,z)\in D_2\end{cases};y_2(x,z)=1,(x,z)\in D_{xz},$$

所以

$$\begin{aligned}\iiint\limits_{\Omega}f(x,y,z)dv&=\iint\limits_{D_{xz}}d\sigma\int_{y_1(x,z)}^{y_2(x,z)}f(x,y,z)dy\\&=\iint\limits_{D_1}d\sigma\int_0^1f(x,y,z)dy+\iint\limits_{D_2}d\sigma\int_{\sqrt{z-x^2}}^1f(x,y,z)dy\\&\xlongequal{\text{由图 5.19}}\int_0^1dx\int_0^{x^2}dz\int_0^1f(x,y,z)dy+\int_0^1dx\int_{x^2}^{x^2+1}dz\int_{\sqrt{z-x^2}}^1f(x,y,z)dy.\end{aligned}$$

附注　本题获解的关键有二：

(1) 画出 D_{xz}. 它是一曲边梯形，其中曲边是抛物面 $z=x^2+y^2$ 与平面 $y=1$ 的交线在 xOz 平面的投影，即 xOz 平面上的曲线 $z=x^2+1$，其余三条直线边分别是平面 $x=0,x=1$ 及 $z=0$ 与 xOz 平面的交线，如图 5.19 所示.

(2) 用曲线 $z=x^2$ 将 D_{xz} 划分成 D_1 与 D_2 两部分，这条曲线是 xOz 平面与抛物面 $z=x^2+y^2$ 的交线.

这一划分，在计算二重积分 $\iint\limits_{D_{xz}}\sqrt{|z-x^2|}\,\mathrm{d}\sigma$ 时是需要的，在将三重积分 $\iiint\limits_{\Omega}f(x,y,z)\mathrm{d}v$ 转换成 y,z,x 次序的三次积分时也是需要的.

例 5.20　设 Ω 为曲线 $L:\begin{cases} y^2-z^2=1,\\ x=0 \end{cases}$ 绕 z 轴旋转一周而成的旋转曲面 Σ 与平面 $z=-1,z=1$ 围成的立体. 求：

(1) 三重积分 $\iiint\limits_{\Omega}(x^2+y^2)\mathrm{d}v$；

(2) 曲面积分 $\iint\limits_{\Sigma(外侧)}x^3\mathrm{d}y\mathrm{d}z+y^3\mathrm{d}z\mathrm{d}x-z\mathrm{d}x\mathrm{d}y.$

分析　(1) 根据 Ω 的生成，应按先 x,y 后 z 的顺序计算 $\iiint\limits_{\Omega}(x^2+y^2)\mathrm{d}v.$

(2) 用高斯公式将曲面积分转换成 Ω 上的三重积分后再计算.

精解　(1) 由于 Σ 的方程为 $x^2+y^2-z^2=1$，所以
$$\Omega=\{(x,y,z)\mid (x,y)\in D_z=\{(x,y)\mid x^2+y^2\leqslant z^2+1\},-1\leqslant z\leqslant 1\}.$$
于是

$$\iiint\limits_{\Omega}(x^2+y^2)\mathrm{d}v=\int_{-1}^1\mathrm{d}z\iint\limits_{D_z}(x^2+y^2)\mathrm{d}\sigma\xlongequal{极坐标}\int_{-1}^1\mathrm{d}z\int_0^{2\pi}\mathrm{d}\theta\int_0^{\sqrt{z^2+1}}r^2\cdot r\mathrm{d}r$$

$$=\frac{\pi}{2}\int_{-1}^1(z^2+1)^2\mathrm{d}z=\pi\int_0^1(z^4+2z^2+1)\mathrm{d}z=\frac{28}{15}\pi.$$

(2) Ω 的上底与下底分别记为 S_1 与 S_2，且取 S_1 为上侧，S_2 为下侧，则它们在 xOy 平面上的投影都为 $D_{xy}=\{(x,y)\mid x^2+y^2\leqslant 2\}$. 于是

$$\iint\limits_{\Sigma(外侧)}x^3\mathrm{d}y\mathrm{d}z+y^3\mathrm{d}z\mathrm{d}x-z\mathrm{d}x\mathrm{d}y=\iint\limits_{\Sigma(外侧)+S_1+S_2}x^3\mathrm{d}y\mathrm{d}z+y^3\mathrm{d}z\mathrm{d}x-z\mathrm{d}x\mathrm{d}y-$$

$$\iint\limits_{S_1}x^3\mathrm{d}y\mathrm{d}z+y^3\mathrm{d}z\mathrm{d}x-z\mathrm{d}x\mathrm{d}y-$$

$$\iint\limits_{S_2}x^3\mathrm{d}y\mathrm{d}z+y^3\mathrm{d}z\mathrm{d}x-z\mathrm{d}x\mathrm{d}y(这里 \Sigma(外侧)+S_1+S_2 是 \Omega 表面的外侧)，\quad(1)$$

其中，

$$\iint\limits_{\Sigma(外侧)+S_1+S_2}x^3\mathrm{d}y\mathrm{d}z+y^3\mathrm{d}z\mathrm{d}x-z\mathrm{d}x\mathrm{d}y$$

$$\xlongequal{高斯公式}3\iiint\limits_{\Omega}(x^2+y^2)\mathrm{d}v-\iiint\limits_{\Omega}\mathrm{d}v$$

$$\xrightarrow{\text{利用(1)的结果}} 3 \times \frac{28}{15}\pi - \int_{-1}^{1} dz \iint_{D_z} d\sigma$$

$$= \frac{28}{5}\pi - \int_{-1}^{1} \pi(z^2+1)dz = \frac{28}{5}\pi - \frac{8}{3}\pi = \frac{44}{15}\pi, \tag{2}$$

$$\iint_{S_1} x^3 dydz + y^3 dzdx - zdxdy + \iint_{S_2} x^3 dydz + y^3 dzdx - zdxdy$$

$$= -\iint_{D_{xy}} dxdy + \iint_{D_{xy}} dxdy = 0. \tag{3}$$

将式(2)、式(3)代入式(1)和

$$\iint_{\Sigma(\text{外侧})} x^3 dydz + y^3 dzdx - zdxdy = \frac{44}{15}\pi.$$

附注 注意题解中的 $\iiint_{\Omega} dv$ 也可以用旋转体体积计算公式直接计算,具体如下:

$\iiint_{\Omega} dv = yOz$ 平面上的曲线 $y^2 - z^2 = 1(-1 \leqslant z \leqslant 1)$ 绕 z 轴旋转一周而成的体积

$$= \pi \int_{-1}^{1} y^2 dz = \pi \int_{-1}^{1}(1+z^2)dz = \frac{8}{3}\pi.$$

例 5.21 计算三重积分 $\iiint_{\Omega}[e^{(x^2+y^2+z^2)^{\frac{3}{2}}} + \tan(x+y+z)]dv$,其中 $\Omega = \{(x,y,z) \mid x^2+y^2+z^2 \leqslant 1\}$.

分析 先用球面坐标计算 $\iiint_{\Omega} e^{(x^2+y^2+z^2)^{\frac{3}{2}}} dv$,再利用 Ω 的对称性计算 $\iiint_{\Omega} \tan(x+y+z)dv$.

精解 $\iiint_{\Omega} e^{(x^2+y^2+z^2)^{\frac{3}{2}}} dv \xrightarrow{\text{球面坐标}} \int_0^{2\pi} d\theta \int_0^{\pi} d\varphi \int_0^1 e^{r^3} r^2 \sin\varphi dr = 2\pi \int_0^{\pi} \sin\varphi d\varphi \int_0^1 e^{r^3} r^2 dr$

$$= 2\pi \cdot 2 \cdot \frac{1}{3}(e-1) = \frac{4\pi}{3}(e-1). \tag{1}$$

由于 Ω 关于平面 $\pi: x+y+z=0$ 对称,且 $\tan(x+y+z)$ 在对称点处的值互为相反数,所以 $\iiint_{\Omega} \tan(x+y+z)dv = 0.$ \tag{2}

由式(1)、式(2) 知 $\iiint_{\Omega}[e^{(x^2+y^2+z^2)^{\frac{3}{2}}} + \tan(x+y+z)]d\sigma = \frac{4\pi}{3}(e-1).$

附注 下面证明 $\tan(x+y+z)$ 在关于平面 π 对称的点处的值互为相反数.

设 $(x_0, y_0, z_0) \in \Omega$ 的对称点为 (x_1, y_1, z_1),则它们连线的中点 $\left(\frac{x_0+x_1}{2}, \frac{y_0+y_1}{2}, \frac{z_0+z_1}{2}\right)$ 位于平面 π 上,即有

$$\frac{x_0+x_1}{2} + \frac{y_0+y_1}{2} + \frac{z_0+z_1}{2} = 0 \text{ 或 } x_1+y_1+z_1 = -(x_0+y_0+z_0),$$

所以 $\tan(x_1+y_1+z_1) = -\tan(x_0+y_0+z_0)$,即 $\tan(x+y+z)$ 在关于 π 对称的点处取互为相反数的值.

例 5.22 设函数 $f(x) = \begin{cases} e^x, & x \geqslant 0, \\ e^{-x}, & x < 0, \end{cases} g(x) = \begin{cases} 1, & 0 \leqslant x \leqslant 2, \\ 0, & \text{其他}, \end{cases}$ 求积分 $\int_C f(x)g(y-x)ds,$

其中 $C: |x| + |y| = 1$.

分析　先确定 $f(x)g(y-x)$ 的表达式,然后计算它在 C 上关于弧长的曲线积分.

精解　由于 $f(x) = \begin{cases} \mathrm{e}^x, & x \geqslant 0, -\infty < y < +\infty, \\ \mathrm{e}^{-x}, & x < 0, -\infty < y < +\infty, \end{cases}$

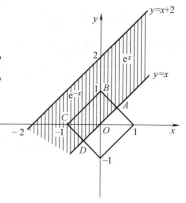

图　5.22

$$g(y-x) = \begin{cases} 1, & 0 \leqslant y-x \leqslant 2, \\ 0, & 其他, \end{cases}$$

所以 $f(x)g(y-x) = \begin{cases} \mathrm{e}^x, & x \geqslant 0, 0 \leqslant y-x \leqslant 2, \\ \mathrm{e}^{-x}, & x < 0, 0 \leqslant y-x \leqslant 2, \\ 0, & 其他, \end{cases}$

即 $f(x)g(y-x)$ 的函数值仅在图 5.22 阴影部分不为零.

于是,由图 5.22 可知

$$\int_C f(x)g(y-x)\mathrm{d}s = \int_{\overline{AB}} \mathrm{e}^x\mathrm{d}s + \int_{\overline{BC}} \mathrm{e}^{-x}\mathrm{d}s + \int_{\overline{CD}} \mathrm{e}^{-x}\mathrm{d}s. \tag{1}$$

由于 $\overline{AB}$ 的参数方程为 $\begin{cases} x=t, \\ y=1-t, \end{cases}$ 点 A 的参数为 $t=\dfrac{1}{2}$,点 B 的参数为 $t=0$,所以

$$\int_{\overline{AB}} \mathrm{e}^x\mathrm{d}s = \int_0^{\frac{1}{2}} \mathrm{e}^t \sqrt{(t')^2 + [(1-t)']^2}\,\mathrm{d}t = \sqrt{2}\int_0^{\frac{1}{2}} \mathrm{e}^t\mathrm{d}t = \sqrt{2}(\sqrt{\mathrm{e}}-1). \tag{2}$$

由于 $\overline{BC}$ 的参数方程为 $\begin{cases} x=t, \\ y=1+t, \end{cases}$ 点 B 的参数为 $t=0$,点 C 的参数为 $t=-1$,所以

$$\int_{\overline{BC}} \mathrm{e}^{-x}\mathrm{d}s = \int_{-1}^0 \mathrm{e}^{-t} \sqrt{(t')^2 + [(1+t)']^2}\,\mathrm{d}t = \sqrt{2}\int_{-1}^0 \mathrm{e}^{-t}\mathrm{d}t = \sqrt{2}(\mathrm{e}-1). \tag{3}$$

由于 $\overline{CD}$ 的参数方程为 $\begin{cases} x=t, \\ y=-1-t, \end{cases}$ 点 C 的参数为 $t=-1$,点 D 的参数为 $t=-\dfrac{1}{2}$,所以

$$\int_{\overline{CD}} \mathrm{e}^{-x}\mathrm{d}s = \int_{-1}^{-\frac{1}{2}} \mathrm{e}^{-t} \sqrt{(t')^2 + [(-1-t)']^2}\,\mathrm{d}t = \sqrt{2}\int_{-1}^{-\frac{1}{2}} \mathrm{e}^{-t}\mathrm{d}t = \sqrt{2}(\mathrm{e}-\sqrt{\mathrm{e}}). \tag{4}$$

将式(2)、式(3)、式(4)代入式(1)得

$$\int_C f(x)g(y-x)\mathrm{d}s = \sqrt{2}(\sqrt{\mathrm{e}}-1) + \sqrt{2}(\mathrm{e}-1) + \sqrt{2}(\mathrm{e}-\sqrt{\mathrm{e}}) = 2\sqrt{2}(\mathrm{e}-1).$$

附注　这里要注意的是:在计算对弧长的曲线积分时,如果是采用将曲线 C 的参数方程代入曲线积分转换成定积分的方法,则这个定积分的上、下限分别是 C 的起点参数与终点参数中的大者与小者.

例 5.23　证明以下问题:

(1) 设曲线 $C: y = \sin x (0 \leqslant x \leqslant \pi)$,则 $\dfrac{3\sqrt{2}}{8}\pi^2 \leqslant \int_C x\mathrm{d}s \leqslant \dfrac{\sqrt{2}}{2}\pi$;

(2) 设曲线 $C: x^2 + y^2 + x + y = 0$ 的方向为逆时针方向,则

$$\frac{\pi}{2} \leqslant \oint_C -y\sin x^2\mathrm{d}x + x\cos y^2\mathrm{d}y \leqslant \frac{\pi}{\sqrt{2}}.$$

分析　(1) 先将 $\int_C x\mathrm{d}s$ 转换成定积分,然后对被积函数进行适当缩小与放大,估计定积

分.

(2) 利用格林公式将 $\oint_C -y\sin x^2 + x\cos y^2\,\mathrm{d}y$ 转换成二重积分,然对被积函数进行适当缩小与放大,估计二重积分.

精解 (1) $\displaystyle\int_C x\,\mathrm{d}s = \int_0^\pi x\,\sqrt{1+\cos^2 x}\,\mathrm{d}x.$ (1)

由于

$$\int_0^\pi x\,\sqrt{1+\cos^2 x}\,\mathrm{d}x \xrightarrow{\;\;\diamondsuit\, t = x - \frac{\pi}{2}\;\;} \int_{-\frac{\pi}{2}}^{\frac{\pi}{2}} \left(t + \frac{\pi}{2}\right)\sqrt{1+\sin^2 t}\,\mathrm{d}t$$

$$= \int_{-\frac{\pi}{2}}^{\frac{\pi}{2}} \frac{\pi}{2}\,\sqrt{1+\sin^2 t}\,\mathrm{d}t = \pi\int_0^{\frac{\pi}{2}} \sqrt{1+\sin^2 t}\,\mathrm{d}t,$$ (2)

将式(2)代入式(1)得

$$\int_C x\,\mathrm{d}s = \pi\int_0^{\frac{\pi}{2}} \sqrt{1+\sin^2 x}\,\mathrm{d}x.$$ (3)

显然,$\sqrt{1+\sin^2 x} \leqslant \sqrt{2}$,所以它也可以写成

$$1+\sin^2 x \leqslant \sqrt{2}\,\sqrt{1+\sin^2 x},\;\text{即}\;\frac{\sqrt{2}}{2}(1+\sin^2 x) \leqslant \sqrt{1+\sin^2 x},$$

于是有

$$\frac{\sqrt{2}}{2}(1+\sin^2 x) \leqslant \sqrt{1+\sin^2 x} \leqslant \sqrt{2}$$

以上不等式的各边在 $\left[0,\dfrac{\pi}{2}\right]$ 上积分得

$$\frac{3\sqrt{2}}{8}\pi \leqslant \int_0^{\frac{\pi}{2}} \sqrt{1+\sin^2 x}\,\mathrm{d}x \leqslant \frac{\sqrt{2}}{2}\pi.$$

将它代入式(3)得

$$\pi\cdot\frac{3\sqrt{2}}{8}\pi \leqslant \int_C x\,\mathrm{d}s \leqslant \pi\cdot\frac{\sqrt{2}}{2}\pi,\;\text{即}\;\frac{3\sqrt{2}}{8}\pi^2 \leqslant \int_C x\,\mathrm{d}s \leqslant \frac{\sqrt{2}}{2}\pi^2.$$

(2) 由格林公式得

$$\oint_C -y\sin x^2\,\mathrm{d}x + x\cos y^2\,\mathrm{d}y$$

$$= \iint_D (\cos y^2 + \sin x^2)\,\mathrm{d}\sigma,$$ (4)

其中 $D = \{(x,y)\mid x^2 + y^2 + x + y \leqslant 0\} = \left\{(x,y)\,\middle|\,\left(x+\dfrac{1}{2}\right)^2 + \left(y+\dfrac{1}{2}\right)^2 \leqslant \dfrac{1}{2}\right\}$ 是由 C 围成的区域(圆),如图 5.23 所示. 由图可知 D 的各点中,最小的横坐标为 $x = -\dfrac{1}{2}(\sqrt{2}+1)$.

由图可知,D 关于直线 $y = x$ 对称,且在对称点处

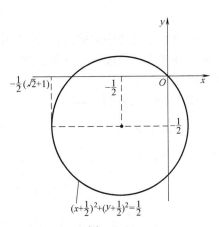

图 5.23

函数 $\cos y^2 - \cos x^2$ 取值互为相反数，所以 $\iint\limits_{D}(\cos y^2 - \cos x^2)\mathrm{d}\sigma = 0$，

即
$$\iint\limits_{D}\cos y^2\mathrm{d}\sigma = \iint\limits_{D}\cos x^2\mathrm{d}\sigma.$$

将它代入式(4)得

$$\oint_C -y\sin x^2\mathrm{d}x + x\cos y^2\mathrm{d}y = \iint\limits_{D}(\cos x^2 + \sin x^2)\mathrm{d}\sigma$$

$$= \iint\limits_{D}\sqrt{2}\sin\left(x^2 + \frac{\pi}{4}\right)\mathrm{d}\sigma. \qquad (5)$$

由于在 D 上，$\dfrac{\pi}{4} \leqslant x^2 + \dfrac{\pi}{4} \leqslant \left[-\dfrac{1}{2}(\sqrt{2}+1)\right]^2 + \dfrac{\pi}{4}$，即 $\dfrac{\pi}{4} \leqslant x^2 + \dfrac{\pi}{4} \leqslant \dfrac{3\pi}{4}$，所以有

$$\frac{\sqrt{2}}{2} \leqslant \sin\left(x^2 + \frac{\pi}{4}\right) \leqslant 1, \text{即 } 1 \leqslant \sqrt{2}\sin\left(x^2 + \frac{\pi}{4}\right) \leqslant \sqrt{2}.$$

以上不等式的各边在 D 上积分得

$$\frac{\pi}{2} \leqslant \iint\limits_{D}\sqrt{2}\sin\left(x^2 + \frac{\pi}{4}\right)\mathrm{d}\sigma \leqslant \frac{\pi}{\sqrt{2}},$$

将它代入式(5)得

$$\frac{\pi}{2} \leqslant \oint_C -y\sin x^2\mathrm{d}x + x\cos y^2\mathrm{d}y \leqslant \frac{\pi}{\sqrt{2}}.$$

附注 平面曲线积分的估计，通常按以下思路进行：

(1) 关于弧长的曲线积分，总是将它转化为定积分，通过对定积分的估计获得关于弧长的曲线积分的估计；

(2) 关于坐标的曲线积分，总是想法利用格林公式转化为二重积分，通过对二重积分的估计，获得关于坐标的曲线积分的估计．

本题就是按此思路进行不等式证明的．

例 5.24 设闭曲线 $L:\begin{cases}x^2+y^2+z^2=1,\\ x^2+y^2+z^2=2z\end{cases}$ 的方向与 z 轴正向满足右手法则，求曲线积分

$$\oint_L |y-x|\mathrm{d}x + z\mathrm{d}z.$$

分析 先将 L 写成参数方程，然后代入曲线积分转换成定积分，并计算这个定积分．

精解 由于 $\begin{cases}x^2+y^2+z^2=1,\\ x^2+y^2+z^2=2z\end{cases}$ 即为 $\begin{cases}z=\dfrac{1}{2},\\ x^2+y^2=\dfrac{3}{4},\end{cases}$ 所以 L 的参数方程为

$$\begin{cases}x = \dfrac{\sqrt{3}}{2}\cos t,\\[2mm] y = \dfrac{\sqrt{3}}{2}\sin t, \text{起点参数为} -\dfrac{5\pi}{4}, \text{终点参数为} \dfrac{3\pi}{4}.\\[2mm] z = \dfrac{1}{2}\end{cases}$$

于是 $\oint_L |y-x|\,\mathrm{d}x + z\,\mathrm{d}z = \oint_L |y-x|\,\mathrm{d}x$(由于 L 是位于平面 $z=\dfrac{1}{2}$ 上,所以 $\mathrm{d}z=0$)

$$= \int_{-\frac{5\pi}{4}}^{\frac{3\pi}{4}} \left| \frac{\sqrt{3}}{2}\sin t - \frac{\sqrt{3}}{2}\cos t \right| \cdot \left(-\frac{\sqrt{3}}{2}\sin t \right)\mathrm{d}t = -\frac{3}{4}\int_{-\frac{5\pi}{4}}^{\frac{3\pi}{4}} \sqrt{2}\left| \cos\left(t+\frac{\pi}{4} \right) \right| \sin t\,\mathrm{d}t$$

$$\xrightarrow{\;\text{令}\,u=t+\frac{\pi}{4}\;} -\frac{3\sqrt{2}}{4}\int_{-\pi}^{\pi} |\cos u|\sin\left(u-\frac{\pi}{4} \right)\mathrm{d}u$$

$$= -\frac{3}{4}\int_{-\pi}^{\pi} |\cos u|(\sin u - \cos u)\mathrm{d}u = \frac{3}{2}\int_{0}^{\pi} |\cos u|\cos u\,\mathrm{d}u$$

$$\xrightarrow{\;v=u-\frac{\pi}{2}\;} -\frac{3}{2}\int_{-\frac{\pi}{2}}^{\frac{\pi}{2}} |\sin u|\sin u\,\mathrm{d}u = 0.$$

附注 本题题解中有两点值得注意:

(1) 由于被积函数中有 $|y-x|$,所以不能用斯托克斯公式计算;

(2) L 的起点与终点的参数分别取为 $-\dfrac{5\pi}{4}$ 与 $\dfrac{3\pi}{4}$,是为了使后面出现的定积分的积分区间为对称区间,以使计算简化.

例 5.25 设 S 为上半椭球面 $\dfrac{x^2}{2}+\dfrac{y^2}{2}+z^2=1(z\geqslant 0)$,点 $P(x,y,z)\in S$,π 是 S 在点 P 处的切平面,$d(x,y,z)$ 为原点到 π 的距离,求

(1) $I_1 = \iint\limits_{S} \dfrac{z}{d(x,y,z)}\mathrm{d}S$;

(2) $I_2 = \iint\limits_{S(\text{上侧})} \dfrac{1}{d^2(x,y,z)}(\mathrm{d}y\mathrm{d}z+\mathrm{d}z\mathrm{d}x+\mathrm{d}x\mathrm{d}y)$.

分析 (1) 先写出 S 在点 P 处的切平面方程和求出 $d(x,y,z)$ 的表达式,然后计算关于面积的曲面积分.

(2) 将对坐标的曲面积分转换成对面积的曲面积分,然后利用 I_1 的计算结果计算 I_2.

精解 记 $F(x,y,z)=\dfrac{x^2}{2}+\dfrac{y^2}{2}+z^2-1$,则

$$F'_x(x,y,z)=x,\ F'_y(x,y,z)=y,\ F'_z(x,y,z)=2z.$$

所以 S 在点 $P(x,y,z)$ 处的切平面 π 的方程为

$$x(X-x)+y(Y-y)+2z(Z-z)=0,$$

即 $\quad xX+yY+2zZ-2=0$ (这里利用了 x,y,z 满足 $\dfrac{x^2}{2}+\dfrac{y^2}{2}+z^2=1$).

由此得到原点到 π 的距离

$$d(x,y,z) = \frac{|xX+yY+2zZ-2|}{\sqrt{x^2+y^2+4z^2}}\bigg|_{(X,Y,Z)=(0,0,0)} = \frac{2}{\sqrt{x^2+y^2+4z^2}}.$$

(1) $I_1 = \iint\limits_{S} \dfrac{z}{d(x,y,z)}\mathrm{d}S = \dfrac{1}{2}\iint\limits_{S} z\sqrt{x^2+y^2+4z^2}\,\mathrm{d}S$

$$= \frac{1}{2}\iint\limits_{D_{xy}} z\sqrt{x^2+y^2+4z^2}\cdot\sqrt{1+\left(\frac{\partial z}{\partial x}\right)^2+\left(\frac{\partial z}{\partial y}\right)^2}\bigg|_{z=\sqrt{1-\frac{x^2}{2}-\frac{y^2}{2}}}\mathrm{d}\sigma$$

$$(D_{xy}=\{(x,y)\,|\,x^2+y^2\leqslant 2\}\ \text{是}\ S\ \text{在}\ xOy\ \text{平面上的投影})$$

$$= \frac{1}{2} \iint\limits_{D_{xy}} \sqrt{1 - \frac{x^2}{2} - \frac{y^2}{2}} \cdot \sqrt{4 - x^2 - y^2} \, \frac{\sqrt{4 - x^2 - y^2}}{2\sqrt{1 - \frac{x^2}{2} - \frac{y^2}{2}}} \mathrm{d}\sigma$$

$$= \frac{1}{4} \iint\limits_{D_{xy}} (4 - x^2 - y^2) \mathrm{d}\sigma \xlongequal{\text{极坐标}} \frac{1}{4} \int_0^{2\pi} \mathrm{d}\theta \int_0^{\sqrt{2}} (4 - r^2) r \mathrm{d}r$$

$$= \frac{\pi}{2} \left(2r^2 - \frac{1}{4}r^4 \right) \Big|_0^{\sqrt{2}} = \frac{3\pi}{2}.$$

（2）由于 S 在点 $P(x,y,z)$ 处的法向量为 $(x,y,2z)$，所以它的上侧的方向余弦为

$$\cos \alpha = \frac{x}{\sqrt{x^2 + y^2 + 4z^2}},$$

$$\cos \beta = \frac{y}{\sqrt{x^2 + y^2 + 4z^2}},$$

$$\cos \gamma = \frac{2z}{\sqrt{x^2 + y^2 + 4z^2}},$$

因此

$$\mathrm{d}y\mathrm{d}z = \cos \alpha \mathrm{d}S = \frac{x}{2} d(x,y,z) \mathrm{d}S,$$

$$\mathrm{d}z\mathrm{d}x = \cos \beta \mathrm{d}S = \frac{y}{2} d(x,y,z) \mathrm{d}S,$$

$$\mathrm{d}x\mathrm{d}y = \cos \gamma \mathrm{d}S = z d(x,y,z) \mathrm{d}S.$$

将它们代入 I_2 得

$$I_2 = \iint\limits_{S(\text{上侧})} \frac{1}{d^2(x,y,z)} (\mathrm{d}y\mathrm{d}z + \mathrm{d}z\mathrm{d}x + \mathrm{d}x\mathrm{d}y)$$

$$= \iint\limits_S \frac{1}{d^2(x,y,z)} \left(\frac{x}{2} + \frac{y}{2} + z \right) d(x,y,z) \mathrm{d}S$$

$$= \frac{1}{2} \iint\limits_S \frac{1}{d(x,y,z)} (x + y + 2z) \mathrm{d}S$$

$$= \iint\limits_S \frac{z}{d(x,y,z)} \mathrm{d}S \quad (\text{由于 } S \text{ 关于平面 } x = 0 \text{ 对称，在对称点处 } \frac{x}{d(x,y,z)} \text{ 的值互为}$$

$$\text{相反数，所以} \iint\limits_S \frac{x}{d(x,y,z)} \mathrm{d}S = 0, \text{同样}, \iint\limits_S \frac{y}{d(x,y,z)} \mathrm{d}S = 0)$$

$$= I_1 = \frac{3\pi}{2}.$$

附注 应记住对面积的曲面积分与对坐标的曲面积分的转换公式：

设 $(\cos \alpha, \cos \beta, \cos \gamma)$ 是有向曲面 S 在其上的点 (x,y,z) 处法向量的方向余弦，

则

$$\iint\limits_{S(\text{给定的一侧})} P(x,y,z)\mathrm{d}y\mathrm{d}z + Q(x,y,z)\mathrm{d}z\mathrm{d}x + R(x,y,z)\mathrm{d}x\mathrm{d}y$$

$$= \iint\limits_S [P(x,y,z)\cos \alpha + Q(x,y,z)\cos \beta + R(x,y,z)\cos \gamma]\mathrm{d}S.$$

例 5.26 设函数 $u(x,y)$ 在有界闭区域 D 上有二阶连续偏导数且满足

$$\frac{\partial^2 u}{\partial x^2} + \frac{\partial^2 u}{\partial y^2} = 0.$$

249

记 D 的边界为 L，L 的外法线向量为 $\boldsymbol{n}$，且当 $(x,y)\in L$ 时，$u(x,y)=A$.

(1) 求曲线积分 $\oint_L u\dfrac{\partial u}{\partial \boldsymbol{n}}\mathrm{d}s$ 的值；

(2) 证明：$u(x,y)\equiv A$，$(x,y)\in D$.

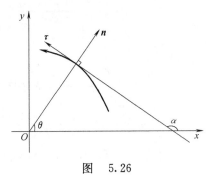

图　5.26

分析 (1) 将 $\oint_L u\dfrac{\partial u}{\partial \boldsymbol{n}}\mathrm{d}s$ 转换成关于坐标的曲线积分，然后利用格林公式计算.

(2) 利用 $u(x,y)=A((x,y)\in L)$ 推出 $\dfrac{\partial u}{\partial x}=\dfrac{\partial u}{\partial y}=0((x,y)\in D$ 的内部)，由此可得

$$u(x,y)\equiv A((x,y)\in D).$$

精解 (1) 设 L 在点 (x,y) 处 $\boldsymbol{n}$ 的方向余弦为 $(\cos\theta,\sin\theta)$，L 在同一点的正向切向量 $\boldsymbol{\tau}$ 的方向余弦为 $(\cos\alpha,\sin\alpha)$（如图 5.26 所示），则 $\alpha=\dfrac{\pi}{2}+\theta$，所以

$$\oint_L u\frac{\partial u}{\partial \boldsymbol{n}}\mathrm{d}s=A\oint_L \frac{\partial u}{\partial \boldsymbol{n}}\mathrm{d}s=A\oint_L\left(\frac{\partial u}{\partial x}\cos\theta+\frac{\partial u}{\partial y}\sin\theta\right)\mathrm{d}s$$

$$=A\oint_L\left(\frac{\partial u}{\partial x}\sin\alpha-\frac{\partial u}{\partial y}\cos\alpha\right)\mathrm{d}s$$

$$=A\oint_L-\frac{\partial u}{\partial y}\mathrm{d}x+\frac{\partial u}{\partial x}\mathrm{d}y(注意\ \sin\alpha\mathrm{d}s=\mathrm{d}y,\cos\alpha\mathrm{d}s=\mathrm{d}x)$$

$$\underline{\underline{格林公式}}\ A\iint_D\left(\frac{\partial^2 u}{\partial x^2}+\frac{\partial^2 u}{\partial y^2}\right)\mathrm{d}\sigma=0.$$

(2) 由(1)证得的 $0=\oint_L u\dfrac{\partial u}{\partial \boldsymbol{n}}\mathrm{d}s$ 也可以写成

$$0=\oint_L u\frac{\partial u}{\partial \boldsymbol{n}}\mathrm{d}s=\oint_L-u\frac{\partial u}{\partial y}\mathrm{d}x+u\frac{\partial u}{\partial x}\mathrm{d}y$$

$$\underline{\underline{格林公式}}\ \iint_D\left[\frac{\partial}{\partial x}\left(u\frac{\partial u}{\partial x}\right)+\frac{\partial}{\partial y}\left(u\frac{\partial u}{\partial y}\right)\right]\mathrm{d}\sigma$$

$$=\iint_D\left[\left(\frac{\partial u}{\partial x}\right)^2+\left(\frac{\partial u}{\partial y}\right)^2+u\left(\frac{\partial^2 u}{\partial x^2}+\frac{\partial^2 u}{\partial y^2}\right)\right]\mathrm{d}\sigma$$

$$=\iint_D\left[\left(\frac{\partial u}{\partial x}\right)^2+\left(\frac{\partial u}{\partial y}\right)^2\right]\mathrm{d}\sigma,$$

即 $\iint_D\left[\left(\dfrac{\partial u}{\partial y}\right)^2+\left(\dfrac{\partial u}{\partial y}\right)^2\right]\mathrm{d}\sigma=0$，所以 $\dfrac{\partial u}{\partial x}=\dfrac{\partial u}{\partial y}=0$，即 $u(x,y)=C((x,y)\in D)$. 于是由题设条件 $u(x,y)=A((x,y)\in L)$ 得 $C=A$. 从而证得

$$u(x,y)\equiv A\quad((x,y)\in D).$$

附注 本题的解题关键是将关于弧长的曲线积分转换成关于坐标的曲线积分. 题解中给出了这种转换的方法.

C 组

例 5.27 设 $a = \iint\limits_{D} \cos \dfrac{x-y}{x+y} \mathrm{d}\sigma$，其中 $D = \{(x,y) \mid x+y \leqslant 1, x \geqslant 0, y \geqslant 0\}$，求由曲面 S_1：

$z = \sqrt{4x - x^2 - y^2}$，$S_2：z = \sqrt{2x - x^2 - y^2}$ 及 $S_3：z = \sqrt{\dfrac{\sin 1}{2a}(x^2 + y^2)}$ 围成的位于 S_3 之内

的立体 Ω 的体积 V.

分析 用极坐标计算 $\iint\limits_{D} \cos \dfrac{x-y}{x+y} \mathrm{d}\sigma$，确定 a 的值，然后用球面坐标计算 Ω 的体积 V.

精解 由于在极坐标系下，$D = \left\{(r,\theta) \,\middle|\, r \leqslant \dfrac{1}{\cos\theta + \sin\theta}, 0 \leqslant \theta \leqslant \dfrac{\pi}{2}\right\}$，所以

$$a = \iint\limits_{D} \cos \dfrac{x-y}{x+y} \mathrm{d}\sigma \xlongequal{\text{极坐标}} \int_0^{\frac{\pi}{2}} \mathrm{d}\theta \int_0^{\frac{1}{\cos\theta+\sin\theta}} \cos\left(\dfrac{\cos\theta - \sin\theta}{\cos\theta + \cos\theta}\right) \cdot r \mathrm{d}r$$

$$= \dfrac{1}{2} \int_0^{\frac{\pi}{2}} \cos\left(\dfrac{\cos\theta - \sin\theta}{\cos\theta + \sin\theta}\right) \dfrac{1}{(\cos\theta + \sin\theta)^2} \mathrm{d}\theta$$

$$= -\dfrac{1}{4} \int_0^{\frac{\pi}{2}} \cos\left(\dfrac{\cos\theta - \sin\theta}{\cos\theta + \sin\theta}\right) \mathrm{d}\left(\dfrac{\cos\theta - \sin\theta}{\cos\theta + \sin\theta}\right)$$

$$= -\dfrac{1}{4} \sin\left(\dfrac{\cos\theta - \sin\theta}{\cos\theta + \sin\theta}\right)\Bigg|_0^{\frac{\pi}{2}} = \dfrac{1}{2}\sin 1.$$

于是 $S_3：z = \sqrt{x^2 + y^2}$. 下面计算 S_1, S_2, S_3 围成的立体位于 S_3 之内的立体 Ω 的体积 V. 由于在球面坐标系下，

$$\Omega = \left\{(r,\theta,\varphi) \,\middle|\, 2\cos\theta\sin\varphi \leqslant r \leqslant 4\cos\theta\sin\varphi, 0 \leqslant \varphi \leqslant \dfrac{\pi}{4}, -\dfrac{\pi}{2} \leqslant \theta \leqslant \dfrac{\pi}{2}\right\},$$

所以

$$V = \iiint\limits_{\Omega} \mathrm{d}v = \int_{-\frac{\pi}{2}}^{\frac{\pi}{2}} \mathrm{d}\theta \int_0^{\frac{\pi}{4}} \mathrm{d}\varphi \int_{2\cos\theta\sin\varphi}^{4\cos\theta\sin\varphi} r^2 \sin\varphi \mathrm{d}r$$

$$= \dfrac{56}{3} \int_{-\frac{\pi}{2}}^{\frac{\pi}{2}} \cos^3\theta \mathrm{d}\theta \int_0^{\frac{\pi}{4}} \sin^4\varphi \mathrm{d}\varphi, \tag{1}$$

其中，

$$\int_{-\frac{\pi}{2}}^{\frac{\pi}{2}} \cos^3\theta \mathrm{d}\theta = 2\int_0^{\frac{\pi}{2}} \cos^3\theta \mathrm{d}\theta = 2 \cdot \dfrac{2}{3} = \dfrac{4}{3}, \tag{2}$$

$$\int_0^{\frac{\pi}{4}} \sin^4\varphi \mathrm{d}\varphi = \dfrac{1}{4} \int_0^{\frac{\pi}{4}} (1 - \cos 2\varphi)^2 \mathrm{d}\varphi \xlongequal{\text{令}t=2\varphi} \dfrac{1}{8} \int_0^{\frac{\pi}{2}} (1 - \cos t)^2 \mathrm{d}t$$

$$= \dfrac{1}{8} \int_0^{\frac{\pi}{2}} (1 - 2\cos t + \cos^2 t) \mathrm{d}t = \dfrac{1}{8}\left(\dfrac{\pi}{2} - 2 \cdot 1 + \dfrac{1}{2} \cdot \dfrac{\pi}{2}\right)$$

$$= \dfrac{1}{8}\left(\dfrac{3\pi}{4} - 2\right). \tag{3}$$

将式(2)、式(3)代入式(1)得

$$V = \dfrac{56}{3} \cdot \dfrac{4}{3} \cdot \dfrac{1}{8}\left(\dfrac{3\pi}{4} - 2\right) = \dfrac{7}{3}\pi - \dfrac{56}{9}.$$

附注 （1）由于 Ω 是圆锥体的一部分，所以用球面坐标计算它的体积，为此首先要用球面

坐标表示 Ω. 由于 Ω 位于两个球面之间，所以

$$2\cos\theta\sin\varphi \leqslant r \leqslant 4\cos\theta\sin\varphi.$$

此外，Ω 位于前半圆锥体（即 $z \leqslant \sqrt{x^2+y^2}$，$x \geqslant 0$）内，所以

有 $0 \leqslant \varphi \leqslant \dfrac{\pi}{4}$.

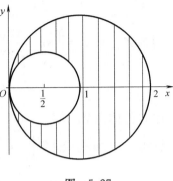

此外，Ω 在 xOy 面上的投影如图 5.27 阴影部分所

示，所以有 $-\dfrac{\pi}{2} \leqslant \theta \leqslant \dfrac{\pi}{2}$.

（2）二重积分 $\displaystyle\iint_D \cos\dfrac{x-y}{x+y}\mathrm{d}\sigma$ 也可利用二重积分换元

图　5.27

公式计算：

令 $\begin{cases} u=x+y, \\ v=\dfrac{x-y}{x+y}, \end{cases}$ 则它将 D 变换成 $D'=\left\{(u,v)\ \middle|\ 0 \leqslant u \leqslant 1,\ -1 \leqslant v \leqslant 1\right\}$，且由

$\begin{cases} x=\dfrac{1}{2}u(1+v), \\ y=\dfrac{1}{2}u(1-v) \end{cases}$ 得 $J=\begin{vmatrix} \dfrac{1}{2}(1+v) & \dfrac{1}{2}u \\ \dfrac{1}{2}(1-v) & -\dfrac{1}{2}u \end{vmatrix}=-\dfrac{1}{2}u$，所以由二重积分换元公式得

$$\iint_D \cos\frac{x-y}{x+y}\mathrm{d}\sigma = \iint_D \cos\frac{x-y}{x+y}\mathrm{d}x\mathrm{d}y = \iint_{D'} \cos v \cdot \left|-\frac{u}{2}\right|\mathrm{d}u\mathrm{d}v$$

$$= \frac{1}{2}\int_0^1 u\mathrm{d}u \cdot \int_{-1}^1 \cos v\mathrm{d}v = \frac{1}{2}\sin 1.$$

例 5.28　设 $D=\left\{(x,y)\ \middle|\ x+y \leqslant 1, x \geqslant 0, y \geqslant 0\right\}$，求二重积分

$$\iint_D \frac{(x+y)\ln\left(1+\dfrac{y}{x}\right)}{\sqrt{1-x-y}}\mathrm{d}x\mathrm{d}y.$$

分析　由于 D 是角域的一部分，所以可用极坐标计算所给的二重积分，此时

$$D=\left\{(r,\theta)\ \middle|\ r \leqslant \frac{1}{\cos\theta+\sin\theta}, 0 \leqslant \theta \leqslant \frac{\pi}{2}\right\}$$

精解　$\displaystyle\iint_D \frac{(x+y)\ln\left(1+\dfrac{y}{x}\right)}{\sqrt{1-x-y}}\mathrm{d}x\mathrm{d}y$

$$\xlongequal{\text{极坐标}} \int_0^{\frac{\pi}{2}}\mathrm{d}\theta \int_0^{\frac{1}{\cos\theta+\sin\theta}} \frac{r(\cos\theta+\sin\theta)\ln(1+\tan\theta)}{\sqrt{1-r(\cos\theta+\sin\theta)}} \cdot r\mathrm{d}r$$

$$= \int_0^{\frac{\pi}{2}}\ln(1+\tan\theta)\mathrm{d}\theta \int_0^{\frac{1}{\cos\theta+\sin\theta}} \frac{r(\cos\theta+\sin\theta)}{\sqrt{1-r(\cos\theta+\sin\theta)}} \cdot r\mathrm{d}r$$

$$\xlongequal{\text{令}\ t=1-r(\cos\theta+\sin\theta)} \int_0^{\frac{\pi}{2}} \frac{\ln(1+\tan\theta)}{(\cos\theta+\sin\theta)^2}\mathrm{d}\theta \int_0^1 \frac{(1-t)^2}{\sqrt{t}}\mathrm{d}t, \tag{1}$$

其中， $\displaystyle\int_0^{\frac{\pi}{2}}\frac{\ln(1+\tan\theta)}{(\cos\theta+\sin\theta)^2}\mathrm{d}\theta=\int_0^{\frac{\pi}{2}}\frac{\ln(1+\tan\theta)}{(1+\tan\theta)^2}\mathrm{d}\tan\theta$

$$\xlongequal{\diamondsuit\,\tau=\tan\theta}\int_0^{+\infty}\frac{\ln(1+\tau)}{(1+\tau)^2}\mathrm{d}\tau$$

$$=-\int_0^{+\infty}\ln(1+\tau)\mathrm{d}\frac{1}{1+\tau}$$

$$=-\left[\frac{\ln(1+\tau)}{1+\tau}\Big|_0^{+\infty}-\int_0^{+\infty}\frac{1}{(1+\tau)^2}\mathrm{d}\tau\right]$$

$$=\int_0^{+\infty}\frac{1}{(1+\tau)^2}\mathrm{d}\tau=1,\tag{2}$$

$$\int_0^1\frac{(1-t)^2}{\sqrt{t}}\mathrm{d}t=\int_0^1(t^{-\frac{1}{2}}-2t^{\frac{1}{2}}+t^{\frac{3}{2}})\mathrm{d}t$$

$$=\left(2t^{\frac{1}{2}}-\frac{4}{3}t^{\frac{3}{2}}+\frac{2}{5}t^{\frac{5}{2}}\right)\Big|_0^1=\frac{16}{15}.\tag{3}$$

将式(2)、式(3)代入式(1)得

$$\iint\limits_D\frac{(x+y)\ln\left(1+\frac{y}{x}\right)}{\sqrt{1-x-y}}\mathrm{d}x\mathrm{d}y=\frac{16}{15}.$$

附注 本题也可以利用二重积分换元公式计算，具体如下：

令 $\begin{cases}u=x+y,\\ v=\dfrac{y}{x},\end{cases}$ 则它将 D 变换成区域 $D'=\{(u,v)\,|\,0\leqslant u\leqslant 1,v\geqslant 0\}$，并且由 $\begin{cases}x=\dfrac{u}{1+v},\\ y=\dfrac{uv}{1+v}\end{cases}$ 得

$$J=\frac{\partial(x,y)}{\partial(u,v)}=\begin{vmatrix}\dfrac{1}{1+v}&-\dfrac{u}{(1+v)^2}\\[2mm]\dfrac{v}{1+v}&\dfrac{u}{(1+v)^2}\end{vmatrix}=\frac{u}{(1+v)^2}.$$

所以，由二重积分换元公式得

$$\iint\limits_D\frac{(x+y)\ln\left(1+\frac{y}{x}\right)}{\sqrt{1-x-y}}\mathrm{d}x\mathrm{d}y=\iint\limits_{D'}\frac{u\ln(1+v)}{\sqrt{1-u}}\cdot\frac{u}{(1+v)^2}\mathrm{d}u\mathrm{d}v$$

$$=\int_0^1\frac{u^2}{\sqrt{1-u}}\mathrm{d}u\cdot\int_0^{+\infty}\frac{\ln(1+v)}{(1+v)^2}\mathrm{d}v,\tag{4}$$

其中 $\displaystyle\int_0^1\frac{u^2}{\sqrt{1-u}}\mathrm{d}u\xlongequal{t=1-u}\int_0^1\frac{(1-t)^2}{\sqrt{t}}\mathrm{d}t=\frac{16}{15}$（见式(3)），$\tag{5}$

$$\int_0^{+\infty}\frac{\ln(1+v)}{(1+v)^2}\mathrm{d}v=1（见式(2)）.\tag{6}$$

将式(5)、式(6)代入式(4)得

$$\iint\limits_D\frac{(x+y)\ln\left(1+\frac{y}{x}\right)}{\sqrt{1-x-y}}\mathrm{d}x\mathrm{d}y=\frac{16}{15}.$$

例 5.29 设 $f(t)$ 是连续函数，证明：

$$\iint\limits_{x^2+y^2\leqslant 1} f(x+y)\mathrm{d}x\mathrm{d}y = \int_{-\sqrt 2}^{\sqrt 2} \sqrt{2-t^2} f(t)\mathrm{d}t.$$

分析 将 $\iint\limits_{x^2+y^2\leqslant 1} f(x+y)\mathrm{d}x\mathrm{d}y$ 化为二次积分,然后化简为定积分 $\int_{-\sqrt 2}^{\sqrt 2} \sqrt{2-t^2} f(t)\mathrm{d}t.$

精解
$$\iint\limits_{x^2+y^2\leqslant 1} f(x+y)\mathrm{d}\sigma = \int_{-1}^{1}\mathrm{d}x\int_{-\sqrt{1-x^2}}^{\sqrt{1-x^2}} f(x+y)\mathrm{d}y$$

$$= \int_{-1}^{1}\left(\int_{x-\sqrt{1-x^2}}^{x+\sqrt{1-x^2}} f(p)\mathrm{d}p\right)\mathrm{d}x(\text{其中 } p = x+y)$$

$$\xlongequal{\text{分部积分法}} x\int_{x-\sqrt{1-x^2}}^{x+\sqrt{1-x^2}} f(p)\mathrm{d}p\bigg|_{x=-1}^{x=1}$$

$$-\int_{-1}^{1} x\big[f(x+\sqrt{1-x^2})\mathrm{d}(x+\sqrt{1-x^2})$$

$$-f(x-\sqrt{1-x^2})\mathrm{d}(x-\sqrt{1-x^2})\big]$$

$$=-\int_{-1}^{1} xf(x+\sqrt{1-x^2})\mathrm{d}(x+\sqrt{1-x^2})$$

$$+\int_{-1}^{1} xf(x-\sqrt{1-x^2})\mathrm{d}(x-\sqrt{1-x^2}), \tag{1}$$

其中, $\int_{-1}^{1} xf(x+\sqrt{1-x^2})\mathrm{d}(x+\sqrt{1-x^2})$

$$\xlongequal{\text{令 } u = x+\sqrt{1-x^2}} \int_{-1}^{\sqrt 2}\left(\frac{u}{2}-\frac{\sqrt{2-u^2}}{2}\right)f(u)\mathrm{d}u+\int_{\sqrt 2}^{1}\left(\frac{u}{2}+\frac{\sqrt{2-u^2}}{2}\right)f(u)\mathrm{d}u, \tag{2}$$

$$\int_{-1}^{1} xf(x-\sqrt{1-x^2})\mathrm{d}(x-\sqrt{1-x^2})$$

$$\xlongequal{\text{令 } v = x-\sqrt{1-x^2}} \int_{-\sqrt 2}^{1}\left(\frac{v}{2}+\frac{\sqrt{1-v^2}}{2}\right)f(v)\mathrm{d}v+\int_{-1}^{-\sqrt 2}\left(\frac{v}{2}-\frac{\sqrt{1-v}}{2}\right)f(v)\mathrm{d}v$$

$$= \int_{-\sqrt 2}^{1}\left(\frac{u}{2}+\frac{\sqrt{1-u^2}}{2}\right)f(u)\mathrm{d}u+\int_{-1}^{-\sqrt 2}\left(\frac{u}{2}-\frac{\sqrt{1-u^2}}{2}\right)f(u)\mathrm{d}u. \tag{3}$$

将式(2)、式(3) 代入式(1) 得
$$\iint\limits_{x^2+y^2\leqslant 1} f(x+y)\mathrm{d}\sigma = -\int_{-1}^{\sqrt 2}\left(\frac{u}{2}-\frac{\sqrt{2-u^2}}{2}\right)f(u)\mathrm{d}u-\int_{\sqrt 2}^{1}\left(\frac{u}{2}+\frac{\sqrt{2-u^2}}{2}\right)f(u)\mathrm{d}u$$

$$+\int_{-\sqrt 2}^{1}\left(\frac{u}{2}+\frac{\sqrt{2-u^2}}{2}\right)f(u)\mathrm{d}u+\int_{-1}^{-\sqrt 2}\left(\frac{u}{2}-\frac{\sqrt{2-u^2}}{2}\right)f(u)\mathrm{d}u$$

$$=-\int_{-\sqrt 2}^{\sqrt 2}\left(\frac{u}{2}-\frac{\sqrt{2-u^2}}{2}\right)f(u)\mathrm{d}u+\int_{-\sqrt 2}^{\sqrt 2}\left(\frac{u}{2}+\frac{\sqrt{2-u^2}}{2}\right)f(u)\mathrm{d}u$$

$$= \int_{-\sqrt 2}^{\sqrt 2} \sqrt{2-u^2} f(u)\mathrm{d}u = \int_{-\sqrt 2}^{\sqrt 2} \sqrt{2-t^2} f(t)\mathrm{d}t$$

附注 本题也可以用二重积分换元公式将所给的二重积分转化成定积分.

254

对直角坐标系 xOy 绕原点 O 正向旋转 $\dfrac{\pi}{4}$ 角得直角坐标系 uOv(如图 5.29 所示),则

$$\begin{cases} x=\dfrac{\sqrt{2}}{2}u-\dfrac{\sqrt{2}}{2}v, \\[2mm] y=\dfrac{\sqrt{2}}{2}u+\dfrac{\sqrt{2}}{2}v. \end{cases}$$

在此变量变换下,$D=\big\{(x,y)\,\big|\,x^2+y^2\leqslant 1\big\}$ 变换成 $D'=$ $\big\{(u,v)\,\big|\,u^2+v^2\leqslant 1\big\}$ $\Big($这是由于 $x^2+y^2=\Big(\dfrac{\sqrt{2}}{2}u-\dfrac{\sqrt{2}}{2}v\Big)^2+$ $\Big(\dfrac{\sqrt{2}}{2}u+\dfrac{\sqrt{2}}{2}v\Big)^2=u^2+v^2\Big)$,

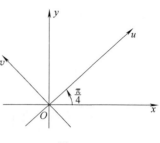

图 5.29

并且

$$J=\frac{\partial(x,y)}{\partial(u,v)}=\begin{vmatrix} \dfrac{\sqrt{2}}{2} & -\dfrac{\sqrt{2}}{2} \\[2mm] \dfrac{\sqrt{2}}{2} & \dfrac{\sqrt{2}}{2} \end{vmatrix}=1,$$

所以,由二重积分换元公式得

$$\iint\limits_{x^2+y^2\leqslant 1} f(x+y)\mathrm{d}x\mathrm{d}y = \iint\limits_{u^2+v^2\leqslant 1} f(\sqrt{2}u)\cdot 1\cdot \mathrm{d}u\mathrm{d}v$$

$$= \int_{-1}^{1}\mathrm{d}u\int_{-\sqrt{1-u^2}}^{\sqrt{1-u^2}} f(\sqrt{2}u)\mathrm{d}v$$

$$= 2\int_{-1}^{1} f(\sqrt{2}u)\sqrt{1-u^2}\,\mathrm{d}u$$

$$\xhookrightarrow{\text{令}\ t=\sqrt{2}u} 2\int_{-\sqrt{2}}^{\sqrt{2}} f(t)\sqrt{1-\dfrac{t^2}{2}}\cdot \dfrac{1}{\sqrt{2}}\mathrm{d}t$$

$$= \int_{-\sqrt{2}}^{\sqrt{2}} f(t)\sqrt{2-t^2}\,\mathrm{d}t.$$

例 5.30 设抛物面 $\Sigma_1 : z=1+x^2+y^2$ 及圆柱面 $\Sigma_2 : (x-1)^2+y^2=1$.

(1) 求 Σ_1 的一个切平面 π_0,使得由它及 Σ_1 与 Σ_2 围成的立体 Ω 体积达到最小;

(2) 当由(1)确定的最小体积的立体 Ω_0 上有质量分布,其密度 $\rho=1$,求 Ω_0 的质心坐标.

分析 (1) 先求 Σ_1 的任一点 (α,β,γ) 的切平面 π 的方程,并确定由 π,Σ_1 和 Σ_2 围成的立体 Ω 的体积 $V(\alpha,\beta,\gamma)$,然后计算使 $V(\alpha,\beta,\gamma)$ 为最小的 π_0.

(2) 利用质心坐标公式计算 Ω_0 的质心坐标.

精解 (1) 设 $P(\alpha,\beta,\gamma)$ 是 Σ_1 上的任一点,则 Σ_1 在点 P 处的法向量为

$$(2x,2y,-1)\big|_P=(2\alpha,2\beta,-1),$$

所以,Σ_1 在点 P 处的切平面 π 的方程为

$$2\alpha(x-\alpha)+2\beta(y-\beta)-(z-\gamma)=0,$$

即 $\qquad\qquad z=2\alpha x+2\beta y-\gamma+2$(这里利用了 $\gamma=1+\alpha^2+\beta^2$). $\qquad$ (1)

于是,由 π,Σ_1 和 Σ_2 围成的立体 Ω 的体积

$$V(\alpha,\beta,\gamma) = \iiint\limits_{\Omega} \mathrm{d}v = \iint\limits_{D_{xy}} \mathrm{d}\sigma \int_{2\alpha+2\beta y-\gamma+2}^{1+x^2+y^2} \mathrm{d}z \text{ (其中 } D_{xy} = \{(x,y)\,|\,(x-1)^2+y^2 \leqslant 1\} \text{ 是 } \Omega \text{ 在}$$

$$xOy \text{ 平面的投影, 它的极坐标表达式为} \{(r,\theta)\,|\,r \leqslant 2\cos\theta, -\frac{\pi}{2} \leqslant \theta \leqslant \frac{\pi}{2}\})$$

$$= \iint\limits_{D_{xy}} (x^2+y^2-2\alpha x-2\beta y+\gamma-1)\mathrm{d}\sigma$$

$$\xlongequal{\text{极坐标}} \int_{-\frac{\pi}{2}}^{\frac{\pi}{2}} \mathrm{d}\theta \int_0^{2\cos\theta} \left[r^2-2(\alpha\cos\theta+\beta\sin\theta)r+\gamma-1\right]r\mathrm{d}r$$

$$= \int_{-\frac{\pi}{2}}^{\frac{\pi}{2}} \left[4\cos^4\theta-\frac{16}{3}(\alpha\cos\theta+\beta\sin\theta)\cos^3\theta+2(\gamma-1)\cos^2\theta\right]\mathrm{d}\theta$$

$$= 4\int_0^{\frac{\pi}{2}} \left[\left(2-\frac{8}{3}\alpha\right)\cos^4\theta+(\gamma-1)\cos^2\theta\right]\mathrm{d}\theta = \left(\frac{1}{2}-2\alpha+\gamma\right)\pi,$$

即 $V(\alpha,\beta,\gamma) = \left(\frac{1}{2}-2\alpha+\gamma\right)\pi$, 其中 α,β,γ 满足 $\gamma=1+\alpha^2+\beta^2$, 即 $1+\alpha^2+\beta^2-\gamma=0$.

记 $F(\alpha,\beta,\gamma;\lambda) = V(\alpha,\beta,\gamma)+\lambda(1+\alpha^2+\beta^2-\gamma)$

$$= \left(\frac{1}{2}-2\alpha+\gamma\right)\pi+\lambda(1+\alpha^2+\beta^2-\gamma),$$

令
$$\begin{cases} \dfrac{\partial F}{\partial \alpha}=0, \\[2mm] \dfrac{\partial F}{\partial \beta}=0, \\[2mm] \dfrac{\partial F}{\partial \gamma}=0, \\[2mm] 1+\alpha^2+\beta^2-\gamma=0, \end{cases} \quad 即 \begin{cases} -2\pi+2\lambda\alpha=0, \\ 2\lambda\beta=0, \\ \pi-\lambda=0, \\ 1+\alpha^2+\beta^2-\gamma=0, \end{cases}$$

则此方程组只有唯一解 $\alpha=1,\beta=0,\gamma=2$, 即 $V(\alpha,\beta,\gamma)$ 在约束条件 $\gamma=1+\alpha^2+\beta^2$ 下只有唯一可能极值点. 由问题本身知 $V(\alpha,\beta,\gamma)$ 有最小值, 因此这个最小值必在 $\alpha=1,\beta=0,\gamma=2$ 处取到. 将它的代入式(1)得所求的切平面 π_0 的方程为 $z=2x$.

(2) 设由 π_0,Σ_1 和 Σ_2 围成的立体 Ω_0 的质心为 $(\bar{x},\bar{y},\bar{z})$, 则

$$\bar{x} = \frac{\iiint\limits_{\Omega_0} x\mathrm{d}v}{\iiint\limits_{\Omega_0} \mathrm{d}v}, \bar{y} = \frac{\iiint\limits_{\Omega_0} y\mathrm{d}v}{\iiint\limits_{\Omega_0} \mathrm{d}v}, \bar{z} = \frac{\iiint\limits_{\Omega_0} z\mathrm{d}v}{\iiint\limits_{\Omega_0} \mathrm{d}v}, \tag{2}$$

其中, $\iiint\limits_{\Omega_0} \mathrm{d}v = V(1,0,2) = \dfrac{1}{2}\pi$,

$$\iiint\limits_{\Omega_0} x\mathrm{d}v = \iint\limits_{D_{xy}} \mathrm{d}\sigma \int_{2x}^{1+x^2+y^2} x\,\mathrm{d}z = \iint\limits_{D_{xy}} x(1+x^2+y^2-2x)\mathrm{d}\sigma \tag{3}$$

$$\xlongequal{\text{极坐标}} \int_{-\frac{\pi}{2}}^{\frac{\pi}{2}} \mathrm{d}\theta \int_0^{2\cos\theta} r\cos\theta(1+r^2-2r\cos\theta)\cdot r\mathrm{d}r$$

$$= 8\int_{-\frac{\pi}{2}}^{\frac{\pi}{2}} \left(\frac{1}{3}\cos^4\theta-\frac{1}{5}\cos^6\theta\right)\mathrm{d}\theta = 16\int_0^{\frac{\pi}{2}} \left(\frac{1}{3}\cos^4\theta-\frac{1}{5}\cos^6\theta\right)\mathrm{d}\theta = \frac{\pi}{2}, \tag{4}$$

$$\iiint\limits_{\Omega_0} y \mathrm{d}v = 0 \quad (\text{由于 } \Omega_0 \text{ 关于平面 } y=0 \text{ 对称},\text{且在对称点处 } y \text{ 的值互为相反数}),\quad (5)$$

$$\iiint\limits_{\Omega_0} z \mathrm{d}\sigma = \iint\limits_{D_{xy}} \mathrm{d}\sigma \int_{2x}^{1+x^2+y^2} z \mathrm{d}z = \frac{1}{2} \iint\limits_{D_{xy}} \left[(1+x^2+y^2)^2 - 4x^2 \right] \mathrm{d}\sigma$$

$$\xrightarrow{\text{极坐标}} \frac{1}{2} \int_{-\frac{\pi}{2}}^{\frac{\pi}{2}} \mathrm{d}\theta \int_0^{2\cos\theta} \left[(1+r^2)^2 - 4r^2\cos^2\theta \right] r \mathrm{d}r$$

$$= \frac{1}{2} \int_{-\frac{\pi}{2}}^{\frac{\pi}{2}} \left(2\cos^2\theta + 8\cos^4\theta - \frac{16}{3}\cos^6\theta \right) \mathrm{d}\theta$$

$$= 2 \int_0^{\frac{\pi}{2}} \left(\cos^2\theta + 4\cos^4\theta - \frac{8}{3}\cos^6\theta \right) \mathrm{d}\theta = \frac{7\pi}{6}. \quad (6)$$

将式(3)、式(4)、式(5)、式(6)代入式(2)得

$$\bar{x} = 1, \bar{y} = 0, \bar{z} = \frac{7}{3}.$$

附注　题解中多次应用了常用定积分公式

$$\int_0^{\frac{\pi}{2}} \cos^n x \mathrm{d}x = \int_0^{\frac{\pi}{2}} \sin^n x \mathrm{d}x = \begin{cases} \dfrac{(n-1)(n-3)\cdots 2}{n(n-2)\cdots 3}, & n = 3,5,7,\cdots, \\ \dfrac{(n-1)(n-3)\cdots 1}{n(n-2)\cdots 2} \cdot \dfrac{\pi}{2}, & n = 2,4,6,\cdots. \end{cases}$$

例 5.31　设曲面 $S_1 : z = 13 - x^2 - y^2$ 和球面 $S_2 : x^2 + y^2 + z^2 = 25$.

(1) S_1 将 S_2 分成三块,求这三块曲面面积;

(2) 记 $\Omega : x^2 + y^2 + z^2 \leqslant 25$,求 Ω 位于 S_1 之内部分的体积 V.

分析　(1) S_1 将 S_2 分成三块,其中有两块位于 S_1 之内,记在上半空间的为 Σ_1,在下半空间为 Σ_2,用曲面面积公式算出 Σ_1 与 Σ_2 的面积后即得到第三块曲面(记为 Σ_3)的面积.

(2) Ω 位于 S_1 之内的部分可以理解为 yOz 平面上的一个区域绕 z 轴旋转而成的旋转体,由此求得 V.

精解　(1) S_1 与 S_2 交线方程为

$$\begin{cases} z = 13 - x^2 - y^2, \\ x^2 + y^2 + z^2 = 25, \end{cases}$$

它即为圆 $\begin{cases} x^2 + y^2 = 9, \\ z = 4, \end{cases}$ 和 $\begin{cases} x^2 + y^2 = 16, \\ z = -3. \end{cases}$

$\Sigma_1 = \{ (x,y,z) \mid z = \sqrt{25 - x^2 - y^2}, 4 \leqslant z \leqslant 5 \}$,它在 xOy 平面的投影 $D'_{xy} = \{ (x,y) \mid x^2 + y^2 \leqslant 9 \}$,所以

$$\Sigma_1 \text{ 的面积} = \iint\limits_{\Sigma_1} \mathrm{d}S = \iint\limits_{D_{xy}} \sqrt{1 + \left(\frac{\partial z}{\partial x} \right)^2 + \left(\frac{\partial z}{\partial y} \right)^2} \Bigg|_{z = \sqrt{25 - x^2 - y^2}} \mathrm{d}\sigma$$

$$= \iint\limits_{D_{xy}} \frac{5}{\sqrt{25 - x^2 - y^2}} \mathrm{d}\sigma \xrightarrow{\text{极坐标}} \int_0^{2\pi} \mathrm{d}\theta \int_0^3 \frac{5}{\sqrt{25 - r^2}} \cdot r \mathrm{d}r = 10\pi.$$

$\Sigma_2 = \{ (x,y,z) \mid z = -\sqrt{25 - x^2 - y^2}, -5 \leqslant z \leqslant -3 \}$,它在 xOy 平面的投影 $D'_{xy} = \{ (x, y) \mid x^2 + y^2 \leqslant 16 \}$,所以

$$\Sigma_2 \text{ 的面积} = \iint\limits_{\Sigma_2} dS = \iint\limits_{D_{xy}} \sqrt{1 + \left(\frac{\partial z}{\partial x}\right)^2 + \left(\frac{\partial z}{\partial y}\right)^2}\Bigg|_{z=\sqrt{25-x^2-y^2}} d\sigma$$

$$= \iint\limits_{D_{xy}} \frac{5}{\sqrt{25-x^2-y^2}} d\sigma \xrightarrow{\text{极坐标}} \int_0^{2\pi} d\theta \int_0^4 \frac{5}{\sqrt{25-r^2}} \cdot r dr = 20\pi.$$

由此可以得到 Σ_3 的面积 $= 4\pi \cdot 5^2 - 10\pi - 20\pi = 70\pi$.

(2) Ω 位于 S_1 之内部分是图 5.31 所示的 yOz 平面上区域 D 绕 z 轴旋转一周而成的旋转体体积,而 $D = D_1 \bigcup D_2 \bigcup D_3$,如图 5.31 所示.

于是

$$V = \pi\left[\int_4^5 (\sqrt{25-z^2})^2 dz + \int_{-3}^4 (\sqrt{13-z})^2 dz + \int_{-5}^{-3} (\sqrt{25-z^2})^2 dz\right]$$

$$= \pi\left[\int_4^5 (25-z^2) dz + \int_{-3}^4 (13-z) dz + \int_{-5}^{-3} (25-z^2) dz\right] = \frac{63}{2}\pi.$$

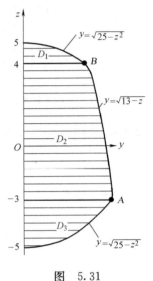

图 5.31

附注 顺便可以计算 S_1 位于 S_2 内部分 Σ 的面积.

Σ 是图 5.31 中的 $\overparen{AB}$ 绕 z 轴旋转一周而成的旋转曲面,所以它的面积为

$$2\pi\int_{-3}^4 y\sqrt{1+(y')^2}\Bigg|_{y=\sqrt{13-z}} dz = 2\pi\int_{-3}^4 \sqrt{13-z} \cdot \frac{\sqrt{53-4z}}{2\sqrt{13-z}} dz$$

$$= \pi\int_{-3}^4 \sqrt{53-4z} dz = \frac{\pi}{6}(65^{\frac{3}{2}} - 37^{\frac{3}{2}}).$$

例 5.32 设 $D = \{(x,y) \mid 0 \leqslant x \leqslant 1, 0 \leqslant y \leqslant 1\}$,记其正向边界曲线为 L,证明:

$$\oint_L x e^{\sin y} dy - y e^{-\sin x} dx = \oint_L x e^{-\sin y} dy - y e^{\sin x} dx \geqslant 2.$$

分析 先用格林公式将曲线积分转换成二重积分,然后利用二重积分性质证明所给的两个曲线积分相等,且都大于等于 2.

精解
$$\oint_L x e^{\sin y} dy - y e^{-\sin x} dx \xrightarrow{\text{格林公式}} \iint\limits_D (e^{\sin y} + e^{-\sin x}) d\sigma, \tag{1}$$

$$\oint_L x e^{-\sin y} dy - y e^{\sin x} dx \xrightarrow{\text{格林公式}} \iint\limits_D (e^{-\sin y} + e^{\sin x}) d\sigma. \tag{2}$$

由于 D 关于直线 $y = x$ 对称,所以有

$$\iint\limits_D e^{\sin y} d\sigma = \iint\limits_D e^{\sin x} d\sigma, \tag{3}$$

同理
$$\iint\limits_D e^{-\sin y} d\sigma = \iint\limits_D e^{-\sin x} d\sigma. \tag{4}$$

将式(3)、式(4)代入式(1)、式(2)得

$$\oint_L x e^{\sin y} dy - y e^{-\sin x} dx = \oint_L x e^{-\sin y} dy - y e^{\sin x} dx$$

$$= \iint\limits_D (e^{\sin x} + e^{-\sin x}) d\sigma \geqslant \iint\limits_D 2\sqrt{e^{\sin x} \cdot e^{-\sin x}} d\sigma = 2.$$

附注　当积分 D 关于直线 $y=x$ 对称时有

$$\iint\limits_{D} f(x,y)\mathrm{d}\sigma = \iint\limits_{D} f(y,x)\mathrm{d}\sigma,$$

因此题中有

$$\iint\limits_{D} \mathrm{e}^{\sin y}\mathrm{d}\sigma = \iint\limits_{D} \mathrm{e}^{\sin x}\mathrm{d}\sigma, \iint\limits_{D} \mathrm{e}^{-\sin y}\mathrm{d}\sigma = \iint\limits_{D} \mathrm{e}^{-\sin x}\mathrm{d}x.$$

例 5.33　设函数 $f(x)$ 具有一阶连续导数，L 是上半平面 $(y>0)$ 内的有向分段光滑曲线，其起点为 (a,b)，终点为 (c,d)，记

$$I = \int_{L} \frac{1}{y}[1+y^2 f(xy)]\mathrm{d}x + \frac{x}{y^2}[y^2 f(xy)-1]\mathrm{d}y.$$

（1）证明 I 与 L 无关；

（2）当 $ab=cd$ 时，求 I 的值.

分析　（1）只要证明在上半平面 $(y>0)$ 上，$\dfrac{1}{y}[1+y^2 f(xy)]\mathrm{d}x + \dfrac{x}{y^2}[y^2 f(xy)-1]\mathrm{d}y$ 是某个二元函数 $\varphi(x,y)$ 的全微分即可.

（2）由（1）可得

$$I = \int_{(a,b)}^{(c,d)} \mathrm{d}\varphi(x,y) = \varphi(c,d) - \varphi(a,b).$$

精解　（1）由于在上半平面 $(y>0)$ 上有

$$\frac{1}{y}[1+y^2 f(xy)]\mathrm{d}x + \frac{x}{y^2}[y^2 f(xy)-1]\mathrm{d}y$$

$$=\frac{y\mathrm{d}x - x\mathrm{d}y}{y^2} + f(xy)(y\mathrm{d}x + x\mathrm{d}y)$$

$$=\mathrm{d}\left(\frac{x}{y}\right) + f(xy)\mathrm{d}(xy)$$

$$=\mathrm{d}\left[\frac{x}{y} + F(xy)\right].$$

其中 $F(u)$ 是 $f(u)$ 的一个原函数，即

$$\frac{1}{y}[1+y^2 f(xy)]\mathrm{d}x + \frac{x}{y^2}[y^2 f(xy)-1]\mathrm{d}y$$

是二元函数 $\varphi(x,y) = \dfrac{x}{y} + F(xy)$ 的全微分，所以 I 与积分路径 L 无关.

（2）由（1）知

$$I = \int_{(a,b)}^{(c,d)} \mathrm{d}\varphi(x,y) = \varphi(c,d) - \varphi(a,b)$$

$$=\frac{c}{d} + F(cd) - \frac{a}{b} - F(ab)$$

$$=\frac{c}{d} - \frac{a}{b} \quad （这里利用 ab = cd 得到 F(cd) - F(ab) = 0）.$$

附注　设 $P(x,y),Q(x,y)$ 在单连通区域 G 上具有一阶连续的偏导数，则曲线积分

$$\int_{L} P(x,y)\mathrm{d}x + Q(x,y)\mathrm{d}y$$

与位于 G 内的路径 L 无关的命题与以下（1）（2）（3）都是等价的：

(1) 对 G 内的任意光滑或分段光滑有向闭曲线 C 都有

$$\oint_C P(x,y)\mathrm{d}x + Q(x,y)\mathrm{d}y = 0;$$

(2) 在 G 内有 $\dfrac{\partial Q}{\partial x} = \dfrac{\partial P}{\partial y}$;

(3) 存在二元可微函数 $\varphi(x,y)$,使得 $\mathrm{d}\varphi(x,y) = P(x,y)\mathrm{d}x + Q(x,y)\mathrm{d}y$ 在 G 内成立.

例 5.34 设 $f(r,t) = \displaystyle\oint_{x^2+xy+y^2=r^2} \dfrac{y\mathrm{d}x - x\mathrm{d}y}{(x^2+y^2)^t}$,求极限 $\lim\limits_{r\to+\infty} f(r,t)$.

分析 将积分曲线 $x^2+xy+y^2=r^2$ 用参数方程表示,使曲线积分转换定积分,并将 r 移到积分号之外,由此即可计算极限 $\lim\limits_{r\to+\infty} f(r,t)$.

由于 $x^2+xy+y^2 = \left(x+\dfrac{y}{2}\right)^2 + \left(\dfrac{\sqrt{3}}{2}y\right)^2$,所以令 $\begin{cases} x+\dfrac{y}{2} = r\cos\tau, \\[2mm] \dfrac{\sqrt{3}}{2}y = r\sin\tau, \end{cases}$

则得到积分曲线的如下的参数表示

$$\begin{cases} x = \dfrac{r}{\sqrt{3}}(\sqrt{3}\cos\tau - \sin\tau), \\[3mm] y = \dfrac{r}{\sqrt{3}} \cdot 2\sin\tau \end{cases} \quad (0 \leqslant \tau \leqslant 2\pi).$$

由于它使得 x^2+y^2 的参数表示十分复杂,所以重新考虑.

令 $\begin{cases} x=u+v, \\ y=u-v, \end{cases}$ 则 $x^2+xy+y^2 = 3u^2+v^2$,于是令 $\begin{cases} u=\dfrac{r}{\sqrt{3}}\cos\theta, \\[2mm] v=r\sin\theta, \end{cases}$ 从而得积分曲线的参数表示

$$\begin{cases} x = \dfrac{r}{\sqrt{3}}(\cos\theta + \sqrt{3}\sin\theta), \\[3mm] y = \dfrac{r}{\sqrt{3}}(\cos\theta - \sqrt{3}\sin\theta) \end{cases} \quad (0 \leqslant \theta \leqslant 2\pi), \tag{1}$$

它使 $x^2+y^2 = \dfrac{2}{3}r^2(\cos^2\theta + 3\sin^2\theta)$,表达式十分简单,所以以下用式(1)的这一参数表示计算所给曲线积分.

精解 $f(r,t) = \displaystyle\oint_{x^2+xy+y^2=r^2} \dfrac{y\mathrm{d}x - x\mathrm{d}y}{(x^2+y^2)^t} = \int_0^{2\pi} \dfrac{\sqrt{3}\left(\dfrac{2r^2}{3}\right)}{\left(\dfrac{2r^2}{3}\right)^t (\cos^2\theta + 3\sin^2\theta)^t}\mathrm{d}\theta$

$$= \sqrt{3}\left(\dfrac{2r^2}{3}\right)^{1-t} \int_0^{2\pi} \dfrac{1}{(\cos^2\theta + 3\sin^2\theta)^t}\mathrm{d}\theta,$$

对任意实数 t,$\displaystyle\int_0^{2\pi} \dfrac{1}{(\cos^2\theta + 3\sin^2\theta)^t}\mathrm{d}\theta$ 是定积分,其值大于零,且与 r 无关,所以

$$\lim_{r\to+\infty} f(r,t) = \lim_{r\to+\infty} \sqrt{3}\left(\dfrac{2r^2}{3}\right)^{1-t} \int_0^{2\pi} \dfrac{1}{(\cos^2\theta + 3\sin^2\theta)^t}\mathrm{d}\theta.$$

显然, $t > 1$ 时, $\lim\limits_{r \to +\infty} f(r,t) = 0$; $t < 1$ 时 $\lim\limits_{r \to +\infty} f(r,t) = \infty$. 此外, $t = 1$ 时,

$$\lim_{r \to +\infty} f(r,t) = \lim_{r \to +\infty} \sqrt{3} \int_0^{2\pi} \frac{1}{\cos^2\theta + 3\sin^2\theta} d\theta = 4\sqrt{3} \int_0^{\frac{\pi}{2}} \frac{1}{\cos^2\theta + 3\sin^2\theta} d\theta$$

$$= 4 \int_0^{\frac{\pi}{2}} \frac{1}{1 + 3\tan^2\theta} d\sqrt{3}\tan\theta = 4\arctan(\sqrt{3}\tan\theta)\Big|_0^{\frac{\pi}{2}} = 2\pi.$$

因此 $\lim\limits_{r \to +\infty} f(r,t) = \begin{cases} 0, & t > 1, \\ 2\pi, & t = 1, \\ \infty & t < 1. \end{cases}$

附注 由于 C 是闭曲线, 因此按常规 $f(r,t) = \oint_C \dfrac{y \mathrm{d}x - x \mathrm{d}y}{(x^2 + y^2)^t}$ 应按以下方法计算:

记 C_ε 是正向圆周 $x^2 + y^2 = \varepsilon^2$ (ε 是充分小的正数, 使得 C_ε 位于 C 的内部), 则

$$\oint_C \frac{y\mathrm{d}x - x\mathrm{d}y}{(x^2+y^2)^t} = \oint_{C+C_\varepsilon^-} \frac{y\mathrm{d}x - x\mathrm{d}y}{(x^2+y^2)^t} + \oint_{C_\varepsilon} \frac{y\mathrm{d}x - x\mathrm{d}y}{(x^2+y^2)^t} \quad (\text{其中 } C_\varepsilon^- \text{ 是 } C_\varepsilon \text{ 的反向})$$

显然, 上式右边第二个积分容易计算, 但第一个积分, 即使应用格林公式转换成二重积分, 也是不易计算的. 因此, 现述的方法不应采用.

例 5.35 设曲面 Σ 是由空间曲线 $C: x = t, y = 2t, z = t^2 (0 \leqslant t \leqslant 1)$ 绕 z 轴旋转一周而成的旋转曲面, 其法向量与 z 轴正向成钝角, 已知连续函数 $f(x,y,z)$ 满足

$$f(x,y,z) = (x+y+z)^2 + \iint_\Sigma f(x,y,z)\mathrm{d}y\mathrm{d}z + x^2\mathrm{d}x\mathrm{d}y.$$

求 $f(x,y,z)$ 的表达式.

分析 先写出 Σ 的方程, 并算出 $\iint_\Sigma x^2\mathrm{d}x\mathrm{d}y$, 记 $A = \iint_\Sigma f(x,y,z)\mathrm{d}y\mathrm{d}z$, 然后积分算出 A 的值, 得到 $f(x,y,z)$ 的表达式.

精解 由于 C 绕 z 轴旋转, 所以产生的旋转曲面方程为

$$\begin{cases} x^2 + y^2 = 5t^2, \\ z = t^2, \end{cases}$$

消去 t 得 Σ 的方程为 $x^2 + y^2 = 5z (0 \leqslant z \leqslant 1)$, 于是

$$\iint_\Sigma x^2\mathrm{d}x\mathrm{d}y = -\iint_{D_{xy}} x^2\mathrm{d}x\mathrm{d}y, \tag{1}$$

其中 $D_{xy} = \{(x,y) \mid x^2 + y^2 \leqslant 5\}$ 是 Σ 在 xOy 平面的投影, 由于 Σ 的法向量的指向与 z 轴正向成钝角, 所以 Σ 是下侧曲面, 从而转化为 D_{xy} 上的二重积分时, 应在积分号前加负号.

$$\iint_{D_{xy}} x^2\mathrm{d}x\mathrm{d}y = \int_0^{2\pi} \mathrm{d}\theta \int_0^{\sqrt{5}} r^2\cos^2\theta \cdot r\mathrm{d}r = \frac{25}{4} \int_0^{2\pi} \cos^2\theta \mathrm{d}\theta$$

$$= \frac{25}{8} \int_0^{2\pi} (1 + \cos 2\theta)\mathrm{d}\theta = \frac{25\pi}{4}.$$

将它代入式(1)得

$$\iint_\Sigma x^2\mathrm{d}x\mathrm{d}y = -\frac{25\pi}{4}.$$

261

记 $A = \iint\limits_{\Sigma} f(x,y,z)\mathrm{d}y\mathrm{d}z$,则题设的等式成为

$$f(x,y,z) = (x+y+z)^2 + A - \frac{25\pi}{4}. \tag{2}$$

于是有 $\iint\limits_{\Sigma} f(x,y,z)\mathrm{d}y\mathrm{d}z = \iint\limits_{\Sigma}\left[(x+y+z)^2 + A - \frac{25\pi}{4}\right]\mathrm{d}y\mathrm{d}z$,

即 $\qquad A = \iint\limits_{\Sigma}\left[(x+y+z)^2 + A - \frac{25\pi}{4}\right]\mathrm{d}y\mathrm{d}z$

$\qquad\qquad = \oiint\limits_{\Sigma+S}\left[(x+y+z)^2 + A - \frac{25\pi}{4}\right]\mathrm{d}y\mathrm{d}z -$

$\qquad\qquad \iint\limits_{S}\left[(x+y+z)^2 + A - \frac{25\pi}{4}\right]\mathrm{d}y\mathrm{d}z$

$$\text{(其中上侧曲面 } S = \{(x,y,z) \mid x^2 + y^2 \leqslant 5, z = 1\})$$

$\qquad\qquad = \iiint\limits_{\Omega} \dfrac{\partial\left[(x+y+z)^2 + A - \frac{25\pi}{4}\right]}{\partial x}\mathrm{d}v\,(\Omega \text{ 是由外侧闭曲面 } \Sigma+S \text{ 围成的立体})$

$\qquad\qquad = \iiint\limits_{\Omega} 2(x+y+z)\mathrm{d}v$

$\qquad\qquad = \iiint\limits_{\Omega} 2z\mathrm{d}v\,(\text{由于 } \Omega \text{ 关于平面 } x = 0 \text{ 对称,在对称点处 } 2x \text{ 取值互为相反数,所以}$

$$\iiint\limits_{\Omega} 2x\mathrm{d}\sigma = 0, \text{同理} \iiint\limits_{\Omega} 2y\mathrm{d}\sigma = 0)$$

$\qquad\qquad = \iint\limits_{D_{xy}}\mathrm{d}\sigma\int_{\frac{1}{5}(x^2+y^2)}^{1} 2z\mathrm{d}z = \iint\limits_{D_{xy}}\left[1 - \frac{1}{25}(x^2+y^2)^2\right]\mathrm{d}\sigma$

$$\qquad\qquad = \int_0^{2\pi}\mathrm{d}\theta\int_0^{\sqrt{5}}\left(1 - \frac{1}{25}r^4\right)r\mathrm{d}r = \frac{10\pi}{3}. \tag{3}$$

将式(3)代入式(2)得

$$f(x,y,z) = (x+y+z)^2 - \frac{35}{12}\pi.$$

附注 由于 $\iint\limits_{\Sigma} f(x,y,z)\mathrm{d}y\mathrm{d}z$ 是常数,记为 A,然后算出 A 的值. 这类题都可按此方法求解.

例 5.36 计算曲面积分

$$I = \iint\limits_{\Sigma}(y^2 - 2y)\mathrm{d}z\mathrm{d}x + (z+1)^2\mathrm{d}x\mathrm{d}y,$$

其中 Σ 为曲面 $z = x^2 + y^2$ 夹于平面 $z = 1$ 与 $z = 2$ 之间的那部分的外侧.

分析 可以分别从计算 $\iint\limits_{\Sigma}(y^2 - 2y)\mathrm{d}z\mathrm{d}x$ 与 $\iint\limits_{\Sigma}(z+1)^2\mathrm{d}x\mathrm{d}y$ 入手

精解 $\iint\limits_{\Sigma}(y^2 - 2y)\mathrm{d}z\mathrm{d}x = \iint\limits_{\Sigma_1}(y^2 - 2y)\mathrm{d}z\mathrm{d}x + \iint\limits_{\Sigma_2}(y^2 - 2y)\mathrm{d}z\mathrm{d}x$,

其中 Σ_1, Σ_2 是 Σ 被平面 $y = 0$ 划分成的左、右两部分,$\Sigma_1 : y = -\sqrt{z-x^2}$(左侧);$\Sigma_2 : y =$

$\sqrt{z-x^2}$（右侧），它们在 xOz 平面上的投影都为 $D_{xx}=\{(x,z)\,|-\sqrt{z}\leqslant x\leqslant\sqrt{z},1\leqslant z\leqslant 2\}$.
所以，

$$
\begin{aligned}
\iint\limits_{\Sigma}(y^2-2y)\mathrm{d}z\mathrm{d}x &=\iint\limits_{\Sigma_1}(y^2-2y)\mathrm{d}z\mathrm{d}x+\iint\limits_{\Sigma_2}(y^2-2y)\mathrm{d}z\mathrm{d}x\\
&=-\iint\limits_{D_{xx}}(z-x^2+2\sqrt{z-x^2})\mathrm{d}\sigma+\iint\limits_{D_{xx}}(z-x^2-2\sqrt{z-x^2})\mathrm{d}\sigma\\
&=-4\iint\limits_{D_{xx}}\sqrt{z-x^2}\,\mathrm{d}\sigma=-4\int_1^2\mathrm{d}z\int_{-\sqrt{z}}^{\sqrt{z}}\sqrt{z-x^2}\,\mathrm{d}x\\
&=-8\int_1^2\mathrm{d}z\int_0^{\sqrt{z}}\sqrt{z-x^2}\,\mathrm{d}x\\
&=-8\int_1^2\left(\frac{x}{2}\sqrt{z-x^2}+\frac{z}{2}\arcsin\frac{x}{\sqrt{z}}\right)\Big|_{x=0}^{x=\sqrt{z}}\mathrm{d}z\\
&=-8\int_1^2\frac{\pi}{4}z\mathrm{d}z=-3\pi.
\end{aligned}
\tag{1}
$$

此外，Σ 在 xOy 平面上的投影为 $D_{xy}=\{(x,y)\,|\,1\leqslant x^2+y^2\leqslant 2\}$，所以

$$
\iint\limits_{\Sigma}(z+1)^2\mathrm{d}x\mathrm{d}y=-\iint\limits_{D_{xy}}(x^2+y^2+1)^2\mathrm{d}x\mathrm{d}y\xlongequal{\text{极坐标}}-\int_0^{2\pi}\mathrm{d}\theta\int_1^{\sqrt{2}}(r^2+1)^2 r\mathrm{d}r=-\frac{19}{3}\pi.
\tag{2}
$$

由式(1),式(2) 得

$$
I=\iint\limits_{\Sigma}(y^2-2y)\mathrm{d}z\mathrm{d}x+(z+1)^2\mathrm{d}x\mathrm{d}y=-3\pi-\frac{19}{3}\pi=-\frac{28}{3}\pi.
$$

附注 本题也可以用高斯公式计算,具体如下：

分别记 Σ_1',Σ_2' 为平面 $z=1$,$z=2$ 被 Σ 截下部分,且取 Σ_1' 为下侧,Σ_2' 为上侧,则 $\Sigma+\Sigma_1'+\Sigma_2'$ 是一个外侧闭曲面,记它围成的立体为 Ω,则

$$
\begin{aligned}
I=\iint\limits_{\Sigma}(y^2-2y)\mathrm{d}z\mathrm{d}x+(z+1)^2\mathrm{d}x\mathrm{d}y=&\iint\limits_{\Sigma+\Sigma_1'+\Sigma_2'}(y^2-2y)\mathrm{d}z\mathrm{d}x+(z+1)^2\mathrm{d}x\mathrm{d}y-\\
&\iint\limits_{\Sigma_1'}(y^2-2y)\mathrm{d}z\mathrm{d}x+(z+1)^2\mathrm{d}x\mathrm{d}y-\iint\limits_{\Sigma_2'}(y^2-2y)\mathrm{d}z\mathrm{d}x+(z+1)^2\mathrm{d}x\mathrm{d}y,
\end{aligned}
\tag{3}
$$

其中，

$$
\begin{aligned}
\iint\limits_{\Sigma+\Sigma_1'+\Sigma_2'}(y^2-2y)\mathrm{d}z\mathrm{d}x+(z+1)^2\mathrm{d}x\mathrm{d}y&\xlongequal{\text{高斯公式}}\iiint\limits_{\Omega}\left[\frac{\partial(y^2-2y)}{\partial y}+\frac{\partial(z+1)^2}{\partial z}\right]\mathrm{d}v\\
&=\iiint\limits_{\Omega}[2y-2+2(z+1)]\mathrm{d}v\\
&=2\iiint\limits_{\Omega}z\mathrm{d}v\,(\text{由于}\,\Omega\,\text{关于平面}\,y=0\,\text{对称且}\,2y\,\text{在对称点处的值互为相反数,所以}\iiint\limits_{\Omega}2y\mathrm{d}v=0)\\
&=2\int_1^2\mathrm{d}z\iint\limits_{D_z}z\mathrm{d}\sigma\,(D_z=\{(x,y)\,|\,x^2+y^2\leqslant z\}\,\text{是}\,\Omega\,\text{在竖坐标为}\,z\,\text{的平面上的截面})\\
&=2\int_1^2\pi z^2\mathrm{d}z=\frac{14}{3}\pi,
\end{aligned}
\tag{4}
$$

263

$$\iint\limits_{\Sigma_1} (y^2 - 2y)\mathrm{d}z\mathrm{d}x + (z+1)^2 \mathrm{d}x\mathrm{d}y = \iint\limits_{\Sigma_1} 4\mathrm{d}x\mathrm{d}y$$

$$= -4\iint\limits_{D'_{xy}} \mathrm{d}x\mathrm{d}y \ (D'_{xy} = \{(x,y) \mid x^2 + y^2 \leqslant 1\} \text{ 是 } \Sigma'_1 \text{ 在 } xOy \text{ 平面的投影})$$

$$= -4\pi, \tag{5}$$

$$\iint\limits_{\Sigma_2} (y^2 - 2y)\mathrm{d}z\mathrm{d}x + (z+1)^2 \mathrm{d}x\mathrm{d}y = \iint\limits_{\Sigma_2} 9\mathrm{d}x\mathrm{d}y$$

$$= 9\iint\limits_{D''_{xy}} \mathrm{d}x\mathrm{d}y \ (D''_{xy} = \{(x,y) \mid x^2 + y^2 \leqslant 2\} \text{ 是 } \Sigma'_2 \text{ 在 } xOy \text{ 平面的投影})$$

$$= 18\pi, \tag{6}$$

将式(4)、式(5)、式(6) 代入式(3) 得

$$I = \frac{14}{3}\pi + 4\pi - 18\pi = -\frac{28}{3}\pi.$$

例 5.37　计算曲面积分 $\iint\limits_{\Sigma} x^2 y\cos \gamma \mathrm{d}S$,其中 Σ 是曲面 $x^2 + y^2 + z^2 = a^2 \left(z \leqslant \dfrac{a}{2}, a > 0\right)$,$\gamma$ 是 Σ 的在点 (x, y, z) 处的法线与 z 轴正向的夹角,且 $\cos \gamma > 0$.

分析　由平面 $z = 0$ 将 Σ 分成的两部分 Σ_1 与 Σ_2,它们分别位于 $z \geqslant 0$ 和 $z < 0$ 内,然后分别计算 $\iint\limits_{\Sigma_1} x^2 z\cos \gamma \mathrm{d}S$ 和 $\iint\limits_{\Sigma_2} x^2 z\cos \gamma \mathrm{d}S$.

精解　由平面 $z = 0$ 将 Σ 分成的两部分 Σ_1 与 Σ_2 的方程分别 $y = \sqrt{a^2 - x^2 - y^2}$ 和 $y = -\sqrt{a^2 - x^2 - y^2}$. 由 $\cos \gamma > 0$ 知,在对坐标的曲面积分中,Σ_1 和 Σ_2 都应为上侧,于是

$$\iint\limits_{\Sigma} x^2 z\cos \gamma \ \mathrm{d}S = \iint\limits_{\Sigma(\text{上侧})} x^2 z\mathrm{d}x\mathrm{d}y = \iint\limits_{\Sigma_1(\text{上侧})} x^2 z\mathrm{d}x\mathrm{d}y + \iint\limits_{\Sigma_2(\text{上侧})} x^2 z\mathrm{d}x\mathrm{d}y$$

$$= \iint\limits_{D'_{xy}} x^2 \sqrt{a^2 - x^2 - y^2}\mathrm{d}\sigma + \iint\limits_{D''_{xy}} x^2 (-\sqrt{a^2 - x^2 - y^2})\mathrm{d}\sigma$$

$$= \iint\limits_{D'_{xy}} x^2 \sqrt{a^2 - x^2 - y^2}\mathrm{d}\sigma - \iint\limits_{D''_{xy}} x^2 \sqrt{a^2 - x^2 - y^2}\mathrm{d}\sigma,$$

其中 $D'_{xy} = \left\{(x,y) \ \middle| \ \dfrac{3}{4}a^2 \leqslant x^2 + y^2 \leqslant a^2\right\}$,$D''_{xy} = \{(x,y) \mid x^2 + y^2 \leqslant a^2\}$ 分别是 Σ_1 与 Σ_2 在 xOy 平面的投影. 所以

$$\iint\limits_{\Sigma} x^2 z\cos \gamma \mathrm{d}S = -\iint\limits_{D''_{xy} - D'_{xy}} x^2 \sqrt{a^2 - x^2 - y^2}\mathrm{d}\sigma$$

$$\xlongequal{\text{极坐标}} -\int_0^{2\pi} \mathrm{d}\theta \int_0^{\frac{\sqrt{3}}{2}a} r^2 \cos^2 \theta \sqrt{a^2 - r^2} \cdot r\mathrm{d}r$$

$$= -\int_0^{2\pi} \cos^2 \theta \mathrm{d}\theta \cdot \int_0^{\frac{\sqrt{3}}{2}a} r^3 \sqrt{a^2 - r^2}\mathrm{d}r$$

$$= -\pi \int_0^{\frac{\sqrt{3}}{2}a} r^3 \sqrt{a^2 - r^2}\, \mathrm{d}r$$

$$\xrightarrow{\ \ 令\ t = \sqrt{a^2 - r^2}\ \ } -\pi \int_{\frac{1}{2}a}^{a} (a^2 t^2 - t^4)\, \mathrm{d}t = -\frac{47}{480}\pi a^5.$$

附注　计算 $\displaystyle\iint_{\Sigma(上侧)} x^2 z\,\mathrm{d}x\mathrm{d}y$ 时,必须将 Σ 分成 Σ_1 与 Σ_2 两部分,因为在这两部分上 z 的表达式不同.

例 5.38　已知点 $A(1,0,0)$ 与点 $B(1,1,1)$,Σ 是由直线 $\overline{AB}$ 绕 z 轴旋转一周而成的旋转曲面介于平面 $z = 0$ 与 $z = 1$ 之间部分的外侧,函数 $f(x)$ 在 $(-\infty, +\infty)$ 上具有连续导数,计算曲面积分

$$I = \iint_{\Sigma} [xf(xy) - 2x]\mathrm{d}y\mathrm{d}z + [y^2 - yf(xy)]\mathrm{d}z\mathrm{d}x + (z+1)^2\mathrm{d}x\mathrm{d}y.$$

分析　先写出 Σ 的方程,然后利用高斯公式计算 I.

精解　$\overline{AB}$ 的参数方程为 $\begin{cases} x = 1, \\ y = t, \\ z = t \end{cases} (0 \leqslant t \leqslant 1)$,则由

$$x^2 + y^2 = 1 + t^2 = 1 + z^2$$

知,Σ 的方程为

$$x^2 + y^2 = 1 + z^2 \ (0 \leqslant z \leqslant 1).$$

于是

$$I = \iint_{\Sigma} [xf(xy) - 2x]\mathrm{d}y\mathrm{d}z + [y^2 - yf(xy)]\mathrm{d}z\mathrm{d}x + (z+1)^2\mathrm{d}x\mathrm{d}y$$

$$= \oiint_{\Sigma + S_0 + S_1} [xf(xy) - 2x]\mathrm{d}y\mathrm{d}z + [y^2 - yf(xy)]\mathrm{d}z\mathrm{d}x + (z+1)^2\mathrm{d}x\mathrm{d}y -$$

$$\iint_{S_0} [xf(xy) - 2x]\mathrm{d}y\mathrm{d}z + [y^2 - yf(xy)]\mathrm{d}z\mathrm{d}x + (z+1)^2\mathrm{d}x\mathrm{d}y -$$

$$\iint_{S_1} [xf(xy) - 2x]\mathrm{d}y\mathrm{d}z + [y^2 - yf(xy)]\mathrm{d}z\mathrm{d}x + (z+1)^2\mathrm{d}x\mathrm{d}y, \tag{1}$$

其中 S_0, S_1 分别是平面 $z = 0$ 与 $z = 1$ 被 Σ 截下部分,前者为下侧,后者为上侧,它们在 xOy 平面上的投影分别为 $D'_{xy} = \{(x,y) \mid x^2 + y^2 \leqslant 1\}$ 与 $D''_{xy} = \{(x,y) \mid x^2 + y^2 \leqslant 2\}$,$\Sigma + S_0 + S_1$ 组成闭曲面外侧,记由它围成的立体为 Ω.

$$\oiint_{\Sigma + S_0 + S_1} [xf(xy) - 2x]\mathrm{d}y\mathrm{d}z + [y^2 - yf(xy)]\mathrm{d}z\mathrm{d}x + (z+1)^2\mathrm{d}x\mathrm{d}y$$

$$\xrightarrow{\ 高斯公式\ } \iiint_{\Omega} \left\{ \frac{\partial[xf(xy) - 2x]}{\partial x} + \frac{\partial[y^2 - yf(xy)]}{\partial y} + \frac{\partial(z+1)^2}{\partial z} \right\} \mathrm{d}v$$

$$= 2\iiint_{\Omega} (y + z)\mathrm{d}v = 2\iiint_{\Omega} z\,\mathrm{d}v \ (由于\ \Omega\ 关于平面\ y = 0\ 对称,y\ 在对称点处的值互为$$

$$相反数,所以 \iiint_{\Omega} y\,\mathrm{d}v = 0.)$$

265

$$= 2 \int_0^1 dz \iint\limits_{D_z} z d\sigma \text{(其中} D_z = \left\{ (x,y) \mid x^2 + y^2 \leqslant 1 + z^2 \right\} \text{是} \Omega \text{的竖坐标为} z \text{的截面在}$$

$$xOy \text{ 平面的投影)}$$

$$= 2 \int_0^1 z \cdot \pi (1 + z^2) dz = \frac{3}{2} \pi. \tag{2}$$

$$\iint\limits_{S_0} [xf(xy) - 2x] dydz + [y^2 - yf(xy)] dzdx + (z+1)^2 dxdy$$

$$= -\iint\limits_{D_{xy}} d\sigma = -\pi, \tag{3}$$

$$\iint\limits_{S_1} [xf(xy) - 2x] dydz + [y^2 - yf(xy)] dzdx + (z+1)^2 dxdy$$

$$= \iint\limits_{D_{xy}} 4d\sigma = 8\pi. \tag{4}$$

将式(2)、式(3)、式(4)代入式(1)得

$$I = \frac{3}{2} \pi - (-\pi) - 8\pi = -\frac{11}{2} \pi.$$

附注 当 Ω 是以坐标轴(例如 z 轴)为旋转轴的旋转体时,三重积分 $\iiint\limits_{\Omega} f(x,y,z) dv$ 往往按先 x,y 后 z 的次序计算,本题的 $\iiint\limits_{\Omega} z dv$ 就是按先 x,y 后 z 计算的.

266

三、主要方法梳理

1. 二重积分计算方法

设 $f(x,y)$ 是有界闭区域 D 上的连续函数,则二重积分 $\iint\limits_{D} f(x,y) d\sigma$ 可按以下方法计算:

首先,画出 D 的简图,从以下两方面入手化简 $\iint\limits_{D} f(x,y) d\sigma$:

(1) 按 D 的对称性,化简 $\iint\limits_{D} f(x,y) d\sigma$.

当 D 具有某种对称性时,如果 $f(x,y)$ 在对称点处的值互为相反数,则 $\iint\limits_{D} f(x,y) d\sigma = 0$;如果 $f(x,y)$ 在对称点处的值彼此相等,则 $\iint\limits_{D} f(x,y) d\sigma = 2 \iint\limits_{D_1} f(x,y) d\sigma$(其中,$D_1$ 是 D 按它所具的对称性划分成的两部分之一).

当 D 具有某种对称性,但 $f(x,y)$ 在对称点处的值既不互为相反数,也不彼此相等时,可将 $f(x,y)$ 适当地表示为若干个函数之和,然后分别考虑各个函数在对称点处值的相互关系.

在二重积分 $\iint\limits_{D} f(x,y)\mathrm{d}\sigma$ 计算中,常见的 D 的对称性有以下三种:

1) D 关于 x 轴(或关于 y 轴)对称. 它指的是对任意 $(x,y) \in D$ 都有 $(x,-y) \in D$(或 $(-x,y) \in D$). 此时点 (x,y) 与点 $(x,-y)$(或点 $(-x,y)$)为对称点.

2) D 关于原点对称. 它指的是对任意 $(x,y) \in D$ 都有 $(-x,-y) \in D$. 此时点 (x,y) 与点 $(-x,-y)$ 为对称点.

3) D 关于直线 $y=x$(或直线 $y=-x$)对称. 它指的是对任意 $(x,y) \in D$ 都有 $(y,x) \in D$(或 $(-y,-x) \in D$). 此时点 (x,y) 与点 (y,x)(或点 $(-y,-x)$)为对称点.

(2) 对 D 作适当的划分或添加,化简 $\iint\limits_{D} f(x,y)\mathrm{d}\sigma$.

当 D 比较复杂时,可将它适当地划分成若干块,例如 D_1 与 D_2 两块. 如果 $\iint\limits_{D_1} f(x,y)\mathrm{d}\sigma$,$\iint\limits_{D_2} f(x,y)\mathrm{d}\sigma$ 都较易计算,则可由 $\iint\limits_{D} f(x,y)\mathrm{d}\sigma = \iint\limits_{D_1} f(x,y)\mathrm{d}\sigma + \iint\limits_{D_2} f(x,y)\mathrm{d}\sigma$ 算出 $\iint\limits_{D} f(x,y)\mathrm{d}\sigma$;或适当地补上一块 D_3,记 $D_0 = D + D_3$,如果 $\iint\limits_{D_0} f(x,y)\mathrm{d}\sigma$ 和 $\iint\limits_{D_3} f(x,y)\mathrm{d}\sigma$ 都较易计算,则可由

$$\iint\limits_{D} f(x,y)\mathrm{d}\sigma = \iint\limits_{D_0} f(x,y)\mathrm{d}\sigma - \iint\limits_{D_3} f(x,y)\mathrm{d}\sigma \text{ 算出 } \iint\limits_{D} f(x,y)\mathrm{d}\sigma.$$

经以上化简处理后剩下要计算的二重积分往往比 $\iint\limits_{D} f(x,y)\mathrm{d}\sigma$ 简单,此时可按"核心内容提要"的"二重积分计算公式"计算(这里要指出的是,当积分区域是由点 (a,b) 出发的两条射线之间的角域的一部分时,仍用极坐标计算,此时极坐标与直角坐标的关系为 $\begin{cases} x = a + r\cos\theta, \\ y = b + r\sin\theta, \end{cases}$ 但仍有 $\mathrm{d}\sigma = \mathrm{d}x\mathrm{d}y = r\mathrm{d}r\mathrm{d}\theta$). 如果此时的二重积分仍然不易用"二重积分计算公式"计算,则可考虑用"二重积分换元公式".

2. 三重积分计算方法

设 $f(x,y,z)$ 是有界闭区域 Ω 上的连续函数,则三重积分 $\iiint\limits_{\Omega} f(x,y,z)\mathrm{d}v$ 可按以下方法计算:

首先它可从以下两方面入手化简 $\iiint\limits_{\Omega} f(x,y,z)\mathrm{d}v$:

(1) 按 Ω 的对称性化简 $\iiint\limits_{\Omega} f(x,y,z)\mathrm{d}v$.

当 Ω 具有某种对称性时,如果 $f(x,y,z)$ 在对称点处的值互为相反数,则 $\iiint\limits_{\Omega} f(x,y,z)\mathrm{d}v = 0$;如果 $f(x,y,z)$ 在对称点处的值彼此相等,则 $\iiint\limits_{\Omega} f(x,y,z)\mathrm{d}v = 2\iiint\limits_{\Omega_1} f(x,y,z)\mathrm{d}v$(其中,$\Omega_1$ 是 Ω 按它所具有的对称性划分成的两部分之一). 当 Ω 具有某种对称性,但 $f(x,y,z)$ 在对称点处的值既不互为相反数,也不彼此相等时,可将 $f(x,y,z)$ 适当地表示为若干个函数之和,然后分

别考虑各个函数在对称点处值的相互关系.

在三重积分 $\iiint\limits_{\Omega} f(x,y,z)\mathrm{d}v$ 计算中,常见的 Ω 的对称性有以下三种:

1) Ω 关于坐标平面对称. 例如,关于 xOy 平面对称,它指的是对任意 $(x,y,z) \in \Omega$ 都有 $(x,y,-z) \in \Omega$. 此时点 (x,y,z) 与点 $(x,y,-z)$ 为对称点.

2) Ω 关于原点对称. 它指的是对任意 $(x,y,z) \in \Omega$ 都有 $(-x,-y,-z) \in \Omega$. 此时点 (x,y,z) 与点 $(-x,-y,-z)$ 为对称点.

3) Ω 关于某个非坐标平面对称. 例如,关于平面 $y=x$ 时. 它指的是对任意 $(x,y,z) \in \Omega$ 都有 $(y,x,z) \in \Omega$. 此时点 (x,y,z) 与点 (y,x,z) 为对称点.

(2) 对 Ω 作适当划分或添加,化简 $\iiint\limits_{\Omega} f(x,y,z)\mathrm{d}v$.

当 Ω 比较复杂时,可将它适当地划分成若干块,例如 Ω_1 与 Ω_2 两块,如果 $\iiint\limits_{\Omega_1} f(x,y,z)\mathrm{d}v$,$\iiint\limits_{\Omega_2} f(x,y,z)\mathrm{d}v$ 都比较容易计算,则可则由

$$\iiint\limits_{\Omega} f(x,y,z)\mathrm{d}v = \iiint\limits_{\Omega_1} f(x,y,z)\mathrm{d}v + \iiint\limits_{\Omega_2} f(x,y,z)\mathrm{d}v$$

算出 $\iiint\limits_{\Omega} f(x,y,z)\mathrm{d}v$;或适当地添加一块 Ω_3,记 $\Omega_0 = \Omega + \Omega_3$. 如果 $\iiint\limits_{\Omega_0} f(x,y,z)\mathrm{d}v$ 和 $\iiint\limits_{\Omega_3} f(x,y,z)\mathrm{d}v$ 都比较容易计算,则可由

$$\iiint\limits_{\Omega} f(x,y,z)\mathrm{d}v = \iiint\limits_{\Omega_0} f(x,y,z)\mathrm{d}v - \iiint\limits_{\Omega_3} f(x,y,z)\mathrm{d}v$$

算出 $\iiint\limits_{\Omega} f(x,y,z)\mathrm{d}v$.

经上述化简后剩下要计算的三重积分往往比 $\iiint\limits_{\Omega} f(x,y,z)\mathrm{d}v$ 简单,此时可按"核心内容提要"的"三重积分计算公式"计算. 这里要指出的是,当积分区域是球心在点 (a,b,c) 的球体或其一部分时,仍用球面坐标计算,此时球面坐标与直角坐标的关系为 $\begin{cases} x=a+r\cos\theta\sin\varphi, \\ y=b+r\sin\theta\sin\varphi, \\ z=c+r\cos\varphi, \end{cases}$ 但仍有 $\mathrm{d}v=\mathrm{d}x\mathrm{d}y\mathrm{d}z=r^2\sin\varphi\,\mathrm{d}r\mathrm{d}\varphi\mathrm{d}\theta$.

3. 关于弧长的曲线积分计算方法

以平面情形为例.

设 $f(x,y)$ 是连续函数,C 是平面上的光滑或分段光滑的简单曲线,则 $\int_C f(x,y)\mathrm{d}s$ 可按以下方法计算:

首先化简 $\int_C f(x,y)\mathrm{d}s$,它可从以下两个方面入手:

（1）利用 C 的方程化简 $f(x,y)$，从而化简 $\int_C f(x,y)\mathrm{d}s$；

（2）利用 C 的对称性化简 $\int_C f(x,y)\mathrm{d}s$.

当 C 具有某种对称性时，如果 $f(x,y)$ 在对称点处的值互为相反数，则 $\int_C f(x,y)\mathrm{d}s=0$；如果 $f(x,y)$ 在对称点处的值彼此相等，则 $\int_C f(x,y)\mathrm{d}s=2\int_{C_1} f(x,y)\mathrm{d}s$（其中 C_1 是 C 按其所具有的对称性被划分成的两部分之一）. 如果 $f(x,y)$ 在对称点处的值既不互为相反数，也不彼此相等，则可考虑将 $f(x,y)$ 适当地表示成若干个函数之和，然后分别考虑各个函数在对称点处值的相互关系. 关于弧长曲线积分 $\int_C f(x,y)\mathrm{d}s$ 的计算中，常见的 C 的对称性有与平面区域 D 的对称性相同的三种.

经以上化简处理后剩下要计算的关于弧长的曲线积分往往比 $\int_C f(x,y)\mathrm{d}s$ 简单，此时可按"核心内容提要"的"关于弧长曲线积分计算公式"计算.

4. 关于坐标的曲线积分计算方法

平面情形

设 $P(x,y),Q(x,y)$ 是连续函数，C 是光滑或分段光滑的简单有向曲线，则 $\int_C P(x,y)\mathrm{d}x+Q(x,y)\mathrm{d}y$ 可以按以下方法计算：

如果 C 是正向闭曲线，其围成的闭区域为 D，且 $P(x,y),Q(x,y)$ 在 D 上具有连续偏导数，则考虑应用格林公式计算，即可由

$$\oint_C P(x,y)\mathrm{d}x+Q(x,y)\mathrm{d}y=\iint_D\left(\frac{\partial Q}{\partial x}-\frac{\partial P}{\partial y}\right)\mathrm{d}\sigma$$

计算 $\oint_C P(x,y)\mathrm{d}x+Q(x,y)\mathrm{d}y$. 如果 C 不是闭曲线，有时适当添加上一段曲线 C_1，使得 $C+C_1$ 成为闭曲线（不妨设其为正向），则可由

$$\int_C P(x,y)\mathrm{d}x+Q(x,y)\mathrm{d}y=\oint_{C+C_1}P(x,y)\mathrm{d}x+Q(x,y)\mathrm{d}y-\int_{C_1}P(x,y)\mathrm{d}x+Q(x,y)\mathrm{d}y$$

$$=\iint_D\left(\frac{\partial Q}{\partial x}-\frac{\partial P}{\partial y}\right)\mathrm{d}\sigma-\int_{C_1}P(x,y)\mathrm{d}x+Q(x,y)\mathrm{d}y$$

计算 $\int_C P(x,y)\mathrm{d}x+Q(x,y)\mathrm{d}y$，其中 D 是由 $C+C_1$ 围成的闭区域.

如果不易用格林公式计算 $\int_C P(x,y)\mathrm{d}x+Q(x,y)\mathrm{d}y$，则考虑按"核心内容提要"的"关于坐标的曲线积分计算公式"计算.

空间情形

设 $P(x,y,z),Q(x,y,z)$ 和 $R(x,y,z)$ 都是连续函数，C 是光滑或分段光滑的简单有向曲

线,则 $\int\limits_C P(x,y,z)\mathrm{d}x+Q(x,y,z)\mathrm{d}y+R(x,y,z)\mathrm{d}z$ 可以按以下方法计算:

如果 C 是闭曲线,Σ 是以 C 为边界的有向曲面,其侧与 C 的方向符合右手规则,且 $P(x,y,z)$,
$Q(x,y,z)$ 和 $R(x,y,z)$ 具有连续偏导数,则可考虑应用斯托克斯公式,即可由

$$\oint\limits_C P\mathrm{d}x+Q\mathrm{d}y+R\mathrm{d}z=\iint\limits_\Sigma \begin{vmatrix} \mathrm{d}y\mathrm{d}z & \mathrm{d}z\mathrm{d}x & \mathrm{d}x\mathrm{d}y \\ \dfrac{\partial}{\partial x} & \dfrac{\partial}{\partial y} & \dfrac{\partial}{\partial z} \\ P & Q & R \end{vmatrix} 或 \iint\limits_\Sigma \begin{vmatrix} \cos\alpha & \cos\beta & \cos\gamma \\ \dfrac{\partial}{\partial x} & \dfrac{\partial}{\partial y} & \dfrac{\partial}{\partial z} \\ P & Q & R \end{vmatrix}\mathrm{d}S$$

计算 $\int\limits_C P\mathrm{d}x+Q\mathrm{d}y+R\mathrm{d}z$,其中 $\cos\alpha,\cos\beta,\cos\gamma$ 是有向曲面 Σ 上任一点的法线方向余弦. 如果
C 不是闭曲线,有时适当添上一段曲线 C,使得 $C+C_1$ 是闭曲线,则可由

$$\int\limits_C P\mathrm{d}x+Q\mathrm{d}y+R\mathrm{d}z=\oint\limits_{C+C_1} P\mathrm{d}x+Q\mathrm{d}y+R\mathrm{d}z-\int\limits_{C_1} P\mathrm{d}x+Q\mathrm{d}y+R\mathrm{d}z$$

计算 $\int\limits_C P\mathrm{d}x+Q\mathrm{d}y+R\mathrm{d}z$,其中对 $\oint\limits_{C+C_1} P\mathrm{d}x+Q\mathrm{d}y+R\mathrm{d}z$ 应用斯托克斯公式.

如果不易用斯托克斯公式计算 $\int\limits_C P\mathrm{d}x+Q\mathrm{d}y+R\mathrm{d}z$,则考虑按"核心内容提要"的"关于坐标的曲线积分计算公式"计算.

5. 关于面积的曲面积分计算方法

设 $f(x,y,z)$ 是连续函数,Σ 是光滑成分块光滑曲面,则 $\iint\limits_\Sigma f(x,y,z)\mathrm{d}S$ 可以按以下方法计算:

首先化简 $\iint\limits_\Sigma f(x,y,z)\mathrm{d}S$,它可以从以下两个方面入手:

(1) 利用 Σ 的方程化简 $f(x,y,z)$,从而化简 $\iint\limits_\Sigma f(x,y,z)\mathrm{d}S$;

(2) 利用 Σ 的对称性化简 $\iint\limits_\Sigma f(x,y,z)\mathrm{d}S$.

当 Σ 具有某种对称性时,如果 $f(x,y,z)$ 在对称点处的值互为相反数,则 $\iint\limits_\Sigma f(x,y,z)\mathrm{d}S=0$;如果 $f(x,y,z)$ 在对称点处的值彼此相等,则 $\iint\limits_\Sigma f(x,y,z)\mathrm{d}S=2\iint\limits_{\Sigma_1} f(x,y,z)\mathrm{d}S$(其中,$\Sigma_1$ 是 Σ 按其所具有的对称性被划分成的两部分之一). 如果 $f(x,y,z)$ 在对称点处既不互为相反数,也不彼此相等,则可考虑将 $f(x,y,z)$ 适当地表示成若干个函数之和,然后分别考虑各个函数在对称点处值的相互关系.

在曲面积分 $\iint\limits_\Sigma f(x,y,z)\mathrm{d}S$ 的计算中,常见的 Σ 的对称性有与空间区域 Ω 的对称性相同的三种.

经以上化简处理后剩下要计算的关于面积的曲面积分往往比 $\iint\limits_{\Sigma} f(x,y,z)\mathrm{d}S$ 简单,此时可按"核心内容提要"的"关于面积的曲面积分计算公式"计算.

6. 关于坐标的曲面积分计算方法

设 $P(x,y,z)$,$Q(x,y,z)$ 和 $R(x,y,z)$ 都是连续函数,Σ 是光滑或分块光滑有向曲面,则 $\iint\limits_{\Sigma} P\mathrm{d}y\mathrm{d}z + Q\mathrm{d}z\mathrm{d}x + R\mathrm{d}x\mathrm{d}y$ 可以按以下方法计算:

如果 Σ 是外侧闭曲面,Ω 是由 Σ 围成的闭区域,$P(x,y,z)$,$Q(x,y,z)$ 和 $R(x,y,z)$ 在 Ω 上具有连续的偏导数,则可考虑应用高斯公式,即可由

$$\oiint\limits_{\Sigma} P\mathrm{d}y\mathrm{d}z + Q\mathrm{d}z\mathrm{d}x + R\mathrm{d}x\mathrm{d}y = \iiint\limits_{\Omega}\left(\frac{\partial P}{\partial x} + \frac{\partial Q}{\partial y} + \frac{\partial R}{\partial z}\right)\mathrm{d}v$$

计算 $\oiint\limits_{\Sigma} P\mathrm{d}y\mathrm{d}z + Q\mathrm{d}z\mathrm{d}x + R\mathrm{d}x\mathrm{d}y$. 如果 Σ 不是闭曲面,有时适当添上一块曲面 Σ_1,使得 $\Sigma + \Sigma_1$ 是闭曲面(不妨设其是外侧闭曲面),则可由

$$\iint\limits_{\Sigma} P\mathrm{d}y\mathrm{d}z + Q\mathrm{d}z\mathrm{d}x + R\mathrm{d}x\mathrm{d}y = \oiint\limits_{\Sigma+\Sigma_1} P\mathrm{d}y\mathrm{d}z + Q\mathrm{d}z\mathrm{d}x + R\mathrm{d}x\mathrm{d}y - \iint\limits_{\Sigma_1} P\mathrm{d}y\mathrm{d}z + Q\mathrm{d}z\mathrm{d}x + R\mathrm{d}x\mathrm{d}y$$

计算 $\iint\limits_{\Sigma} P\mathrm{d}y\mathrm{d}z + Q\mathrm{d}z\mathrm{d}x + R\mathrm{d}x\mathrm{d}y$,其中对 $\oiint\limits_{\Sigma+\Sigma_1} P\mathrm{d}y\mathrm{d}z + Q\mathrm{d}z\mathrm{d}x + R\mathrm{d}x\mathrm{d}y$ 应用高斯公式.

如果不易应用高斯公式计算 $\iint\limits_{\Sigma} P\mathrm{d}y\mathrm{d}z + Q\mathrm{d}z\mathrm{d}x + R\mathrm{d}x\mathrm{d}y$,则考虑按"核心内容提要"的"关于坐标的曲面积分计算公式"计算.

四、精选备赛练习题

A　组

5.1　设 $f(x,y)$ 是连续函数,D 是由曲线 $xy=1(x>0)$,直线 $y=x$,$y=0$ 围成的平面无界区域,则 $I = \iint\limits_{D} f(x,y)\mathrm{d}\sigma$ 在极坐标下的先 θ 后 r 次序的二次积分为_____.

5.2　$\displaystyle\int_{-1}^{1}\mathrm{d}x\int_{1}^{|x|}\mathrm{e}^{y^2}\mathrm{d}y =$ _____.

5.3　由曲面 $z = x^2 + y^2$ 与 $z = 2 - \sqrt{x^2+y^2}$ 围成的立体 Ω 的表面积为_____.

5.4　设 Ω 是由 xOy 平面上的抛物线 $y^2 = 2x$ 绕 x 轴旋转一周而成的旋转曲面 S 与平面 $x = a(a>0)$ 围成的立体,则使三重积分 $I(a) = \iiint\limits_{\Omega}\left(y^2 + z^2 - \dfrac{x}{a}\right)\mathrm{d}v$ 为最小的 $a =$ _____.

5.5　设曲线 $C: \begin{cases} x^2 + y^2 + z^2 = R^2, \\ x + y + z = 0, \end{cases}$ 则 $\displaystyle\oint_{C} x^2 \mathrm{d}s =$ _____.

5.6　已知 $\displaystyle\int_{(0,0)}^{(t,t^2)} f(x,y)\mathrm{d}x + x\cos y\mathrm{d}y = t^2$,$f(x,y)$ 有一阶连续偏导数,则 $f(x,y) =$

_____ .

5.7 设曲面 $\Sigma : x^2 + y^2 + z^2 = 4$, 则 $\iint\limits_{\Sigma} (xy + 2x^2 + y^2) \mathrm{d}S = $ _____ .

5.8 设 Σ 是球面 $x^2 + y^2 + z^2 = a^2 (a > 0)$ 的外侧, $\cos \alpha, \cos \beta, \cos \gamma$ 是其上任一点处外法线向量的方向余弦, 则

$$\iint\limits_{\Sigma} \frac{x \cos \alpha + y \cos \beta + z \cos \gamma}{(x^2 + y^2 + z^2)^{\frac{3}{2}}} \mathrm{d}S = \underline{\hspace{3cm}} .$$

5.9 设有一半径为 R 的球形物体, 其内任一点 P 处的体密度 $\rho = \dfrac{1}{|PP_0|}$, 其中 P_0 为一定点, 它到球心的距离为 $a (a > R)$, 则该物体的质量为 _____ .

5.10 设函数 $f(x, y)$ 在单位圆上有连续的偏导数, 且边界上的值恒为零, 记 $D_\varepsilon = \left\{ (x, y) \mid \varepsilon^2 \leqslant x^2 + y^2 \leqslant 1 \right\}$, 则极限 $\lim\limits_{\varepsilon \to 0^+} \dfrac{1}{2\pi} \iint\limits_{D_\varepsilon} \dfrac{x f'_x + y f'_y}{x^2 + y^2} \mathrm{d}\sigma = $ _____ .

5.11 计算以下二重积分:

(1) $\iint\limits_{D} \sqrt{|x - |y||} \mathrm{d}\sigma$, 其中 $D = \left\{ (x, y) \mid 0 \leqslant x \leqslant 2, -1 \leqslant y \leqslant 1 \right\}$;

(2) $\iint\limits_{D} |x - y| \mathrm{d}\sigma$, 其中 $D = \left\{ (x, y) \mid x^2 + y^2 \leqslant 2(x + y) \right\}$.

5.12 设函数 $f(x) = \begin{cases} x, & -1 \leqslant x \leqslant 2, \\ 0, & \text{其他,} \end{cases}$ 求二重积分 $\iint\limits_{xOy\text{平面}} f(x) f(x^2 - y) \mathrm{d}\sigma$.

5.13 设 $f(x)$ 是连续的偶函数, 证明

$$\iint\limits_{D} f(x - y) \mathrm{d}x \mathrm{d}y = 2 \int_0^{2a} (2a - u) f(u) \mathrm{d}u,$$

其中, $D = \left\{ (x, y) \mid |x| \leqslant a, |y| \leqslant a \right\} (a > 0)$.

5.14 设球面 $\Sigma : x^2 + y^2 + (z+1)^2 = 4$, 从原点向 Σ 上任一点 Q 处的切平面作垂线, 垂足为 P. 当 Q 在球面上变动时, 点 P 的轨迹形成一闭曲面 S, 求由 S 围成的立体 Ω 的体积 V.

5.15 设 C 是平面 π 上的一条正向光滑或分段光滑闭曲线, 且 π 的单位法向量为 $\boldsymbol{n} = (a, b, c)$. 证明: C 包围的平面图形面积为

$$\frac{1}{2} \oint\limits_{C} (bz - cy) \mathrm{d}x + (cx - az) \mathrm{d}y + (ay - bx) \mathrm{d}z.$$

5.16 计算曲面积分

$$I = \oiint\limits_{\Sigma} \frac{2}{x \cos^2 x} \mathrm{d}y \mathrm{d}z + \frac{1}{\cos^2 y} \mathrm{d}z \mathrm{d}x - \frac{1}{z \cos^2 z} \mathrm{d}x \mathrm{d}y,$$

其中, 曲面 Σ 是球面: $x^2 + y^2 + z^2 = 1$ 的外侧.

B 组

5.17 求曲线 $C : |\ln x| + |\ln y| = 1$ 围成的平面图形面积 A.

5.18 设 D 是由曲线 $y = f(x) = \sqrt{\dfrac{x^3}{x+3}} - x - 11 (x < -3)$ 的渐近线及直线 $y = y_0$ (y_0 是函数 $f(x) (x < -3)$ 的最小值) 围成的平面区域, 求 $\varphi(x, y)$ 在 D 上的平均值, 其中

$$\varphi(x,y)=\begin{cases} xy, & x<0,0\leqslant y<1, \\ 0, & \text{其他}. \end{cases}$$

5.19　设 $D=\{(x,y)\,|\,x^2+y^2\leqslant r^2\}(r>0),(x,y)\in D.$ 用 $l(x,y)$ 表示以点 $P=(x,y)$ 为圆心，$\delta(\delta>0)$ 为半径的圆位于 D 的外边的那段弧的长度，求极限

$$\lim_{\delta\to 0^+}\frac{1}{\delta^2}\iint\limits_{D}l(x,y)\mathrm{d}x\mathrm{d}y.$$

5.20　求曲面 $(z+1)^2=(x-z-1)^2+y^2$ 与平面 $z=0$ 与 $z=a$ 围成的立体 Ω 的体积 V，其中 $a=\displaystyle\sum_{n=1}^{\infty}\frac{1+\dfrac{1}{2}+\cdots+\dfrac{1}{n}}{(n+1)(n+2)}.$

5.21　计算下列空间区域 Ω 的体积

(1) Ω 由曲面 $(x^2+y^2)^2+z^4=y$ 围成；

(2) Ω 由曲面 $\left(\dfrac{x^2}{a^2}+\dfrac{y^2}{b^2}\right)^2+\dfrac{z^4}{c^4}=z(a>0,b>0,c>0)$ 围成.

5.22　设 $A>0,AC-B^2>0$，求平面曲线 $Ax^2+2Bxy+Cy^2=1$ 围成的图形的面积.

5.23　设函数 $f(x,y)$ 在 $D=\{(x,y)\,|\,0\leqslant x\leqslant 1,0\leqslant y\leqslant 1\}$ 上连续，且满足

$$\iint\limits_{D}f(x,y)\mathrm{d}\sigma=0,\iint\limits_{D}xyf(x,y)\mathrm{d}\sigma=1.$$

求二重积分 $A=\displaystyle\iint\limits_{D}\left|xy-\frac{1}{4}\right|\mathrm{d}\sigma$，并证明：存在 $(\xi,\eta)\in D$，使得 $\left|f(\xi,\eta)\right|\geqslant\dfrac{1}{A}.$

5.24　设 $\overset{\frown}{OA}$ 是从原点 O 沿曲线 $y=a\sin x(a>0)$ 到点 $A(\pi,0)$ 的弧段.

(1) 求使曲线积分

$$I(a)=\int_{\overset{\frown}{OA}}(1+y^3)\mathrm{d}x+(2x+y)\mathrm{d}y$$

取最小值的 a；

(2) 限对(1)算得的 a 值，计算椭圆 $D_1=\left\{(x,y)\,\Big|\,\dfrac{4x^2}{a^2}+\dfrac{y^2}{4}\leqslant 1\right\}$ 与圆 $D_2=\{(x,y)\,|\,x^2+y^2\leqslant 1\}$ 公共部分的面积 $S.$

5.25　设函数 $f(x),g(x)$ 都具有二阶连续导数，C 为 xOy 平面上的任一光滑或分段光滑曲线，且曲线积分

$$\oint_{C}[y^2f(x)+2ye^x+2yg(x)]\mathrm{d}x+2[yg(x)+f(x)]\mathrm{d}y=0.$$

(1) 求满足 $f(0)=g(0)=0$ 的 $f(x)$ 与 $g(x)$ 的表达式；

(2) 按(1)算得的 $f(x)$ 和 $g(x)$，计算曲线积分

$$I=\int_{\overset{\frown}{OA}}[y^2f(x)+2ye^x+2yg(x)]\mathrm{d}x+2[yg(x)+f(x)]\mathrm{d}y,$$

其中，$\overset{\frown}{OA}$ 是从原点 $O(0,0)$ 到点 $A(1,1)$ 的任一光滑或分段光滑曲线.

5.26　设函数 $P(x,y),Q(x,y)$ 都具有连续偏导数,且对以任意点 (x_0,y_0) 为圆心、任意正数 r 为半径的上半圆 C 有

$$\int_C P(x,y)\mathrm{d}x + Q(x,y)\mathrm{d}y = 0.$$

证明:在 xOy 平面上有 $P(x,y)\equiv 0,\dfrac{\partial Q}{\partial x}\equiv 0.$

5.27　计算曲线积分

$$I = \oint_L (y^2 + z^2)\mathrm{d}x + (z^2 + x^2)\mathrm{d}y + (x^2 + y^2)\mathrm{d}z,$$

其中,L 是球面 $\Sigma : x^2 + y^2 + z^2 = 2r_1 x$ 与柱面 $x^2 + y^2 = 2r_2 x(0 < r_2 < r_1, z > 0)$ 的交线,方向与其所围成的球面 Σ 上较小部分那一块的外法线方向符合右手法则.

5.28　求曲面积分

$$I = \iint_S xyz(y^2 z^2 + z^2 x^2 + x^2 y^2)\mathrm{d}S,$$

其中 S 是球面 $x^2 + y^2 + z^2 = a^2 (a > 0)$ 的第一卦限部分.

5.29　计算曲面积分 $I = \iint_S P(x,y,z)\mathrm{d}y\mathrm{d}z + Q(x,y,z)\mathrm{d}z\mathrm{d}x + R(x,y,z)\mathrm{d}x\mathrm{d}y =$
$\iint_S \dfrac{x\mathrm{d}y\mathrm{d}z + y\mathrm{d}z\mathrm{d}x + z\mathrm{d}x\mathrm{d}y}{(x^2 + y^2 + z^2)^{\frac{3}{2}}}$,其中 S 是曲面 $1 - \dfrac{z}{7} = \dfrac{(x-2)^2}{25} + \dfrac{(y-1)^2}{16}(z \geqslant 0)$ 的上侧.

5.30　设函数 $u(x,y),v(x,y)$ 在闭区域 $D = \left\{(x,y) \Big| x^2 + \dfrac{y^2}{4} \leqslant 1\right\}$ 上具有一阶连续偏导数,在 D 的边界上有 $u(x,y) = 1, v(x,y) = y$,记

$$\boldsymbol{f}(x,y) = v\boldsymbol{i} + u\boldsymbol{j},$$

$$\boldsymbol{g}(x,y) = \left(\dfrac{\partial u}{\partial x} - \dfrac{\partial u}{\partial y}\right)\boldsymbol{i} + \left(\dfrac{\partial v}{\partial x} - \dfrac{\partial v}{\partial y}\right)\boldsymbol{j},$$

求积分 $\iint_D \boldsymbol{f} \cdot \boldsymbol{g}\mathrm{d}\sigma.$

5.31　设球面 $\Sigma : x^2 + y^2 + z^2 = R^2 (R > 0)$ 上有质量分布,其面密度为常数 ρ,求具有单位质量的质点 $M(0,0,a)(a > R)$ 所受到的引力 $\boldsymbol{F}$.

5.32　设函数 $u(x)$ 在 $[0,1]$ 上连续,且 $u(x) = 1 + \lambda \int_x^1 u(y)u(y-x)\mathrm{d}y$,证明:数 $\lambda \leqslant \dfrac{1}{2}$.

附:解答

5.1　D 如图答 5.1 所示,$r = \sqrt{2}$ 将 D 划分成 D_1, D_2(如图答 5.1 所示).

于是 $\displaystyle\iint_D f(x,y)\mathrm{d}\sigma = \iint_{D_1} f(x,y)\mathrm{d}\sigma + \iint_{D_2} f(x,y)\mathrm{d}\sigma$

$$= \int_0^{\sqrt{2}}\mathrm{d}r\int_0^{\frac{\pi}{4}} f(r\cos\theta, r\sin\theta)r\mathrm{d}\theta + \int_{\sqrt{2}}^{+\infty}\mathrm{d}r\int_0^{\frac{1}{2}\arcsin\frac{2}{r^2}} f(r\cos\theta, r\sin\theta)r\mathrm{d}\theta.$$

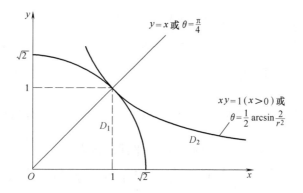

图答　5.1

5.2　$\displaystyle\int_{-1}^{1}\mathrm{d}x\int_{1}^{|x|}\mathrm{e}^{y^2}\mathrm{d}y=-\int_{-1}^{1}\mathrm{d}x\int_{|x|}^{1}\mathrm{e}^{y^2}\mathrm{d}y=\iint\limits_{D}\mathrm{e}^{y^2}\mathrm{d}\sigma$

（其中，D 如图答 5.2 阴影部分所示）

$\displaystyle=\int_{0}^{1}\mathrm{d}y\int_{-y}^{y}\mathrm{e}^{y^2}\mathrm{d}x$

$\displaystyle=\int_{0}^{1}2y\mathrm{e}^{y^2}\mathrm{d}y=\mathrm{e}-1.$

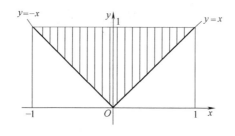

图答　5.2

5.3　Ω 的表面由 Σ_1 与 Σ_2 两部分组成，其中 Σ_1 位于曲面 $z=x^2+y^2$ 上，所以 Σ_1 的面积

$$S_1=\iint\limits_{D}\sqrt{1+(z'_x)^2+(z'_y)^2}\,\Big|_{z=x^2+y^2}\mathrm{d}\sigma$$

（其中 $D=\{(x,y)\,|\,x^2+y^2\leqslant1\}$ 是 Ω 在 xOy 平面上的投影）

$$=\iint\limits_{D}\sqrt{1+4(x^2+y^2)}\,\mathrm{d}\sigma\xrightarrow{\text{极坐标}}\int_{0}^{2\pi}\mathrm{d}\theta\int_{0}^{1}\sqrt{1+4r^2}\,r\mathrm{d}r=\frac{\pi}{6}(5\sqrt5-1);$$

Σ_2 位于曲面 $z=2-\sqrt{x^2+y^2}$ 上，所以 Σ_2 的面积

$$S_2=\iint\limits_{D}\sqrt{1+(z'_x)^2+(z'_y)^2}\,\Big|_{z=2-\sqrt{x^2+y^2}}\mathrm{d}\sigma$$

$$=\iint\limits_{D}\sqrt2\,\mathrm{d}\sigma=\sqrt2\pi.$$

所以 Ω 的表面积 $S=S_1+S_2=\dfrac{\pi}{6}(5\sqrt5-1)+\sqrt2\pi.$

　5.4　xOy 平面上的抛物线 $y^2=2x$ 绕 x 轴旋转一周而成的旋转曲面 S 的方程为

$$2x=y^2+z^2.$$

于是 $\Omega = \left\{ (x,y,z) \mid \dfrac{1}{2}(y^2 + z^2) \leqslant x \leqslant a \right\}.$

由此可得

$$I(a) = \iiint\limits_{\Omega} \left(y^2 + z^2 - \frac{x}{a} \right) \mathrm{d}v$$

$$= \int_0^a \mathrm{d}x \iint\limits_{D_x} \left(y^2 + z^2 - \frac{x}{a} \right) \mathrm{d}\sigma (\text{其 } D_x = \left\{ (y,z) \mid y^2 + z^2 \leqslant 2x \right\} \text{是 } \Omega \text{ 的横坐标为 } x \text{ 的截}$$

面在 yOz 平面的投影).

其中 $\iint\limits_{D_x} \left(y^2 + z^2 - \dfrac{x}{a} \right) \mathrm{d}\sigma \xrightarrow{\text{极坐标}} \int_0^{2\pi} \mathrm{d}\theta \int_0^{\sqrt{2x}} \left(r^2 - \dfrac{x}{a} \right) r \mathrm{d}r = 2\pi \left(1 - \dfrac{1}{a} \right) x^2,$

所以 $I(a) = \int_0^a 2\pi \left(1 - \dfrac{1}{a} \right) x^2 \mathrm{d}x = \dfrac{2\pi}{3}(a^3 - a^2)$，即 $I(a) = \dfrac{2\pi}{3}(a^3 - a^2)(a > 0)$，且

$$I'(a) = 2\pi a \left(a - \frac{2}{3} \right) \begin{cases} < 0, & 0 < a < \dfrac{2}{3}, \\ = 0, & a = \dfrac{2}{3}, \\ > 0, & a > \dfrac{2}{3}, \end{cases} \quad \text{因此使 } I(a) \text{ 取最小值的 } a = \dfrac{2}{3}.$$

5.5 $\displaystyle\oint_C x^2 \mathrm{d}s = \frac{1}{3} \oint_C (x^2 + y^2 + z^2) \mathrm{d}s = \frac{R^2}{3} \oint_C \mathrm{d}s = \frac{R^2}{3} \cdot (C \text{ 的周长})$，其中 C 是平面 $x + y + z = 0$ 上的圆周，其半径为 R.

所以，$\displaystyle\oint_C x^2 \mathrm{d}s = \frac{R^2}{3} \cdot 2\pi R = \frac{2\pi}{3} R^3.$

5.6 由曲线积分与路程无关得

$$\frac{\partial f(x,y)}{\partial y} = \frac{\partial (x\cos y)}{\partial x} = \cos y，\text{即 } f(x,y) = \sin y + C(x) (C(x) \text{ 是待定的连续函数})，\quad (1)$$

所以，$\displaystyle\int_{(0,0)}^{(t,t^2)} [\sin y + C(x)] \mathrm{d}x + x\cos y \mathrm{d}y = t^2$，即

$$\int_0^t C(x) \mathrm{d}x + \int_{(0,0)}^{(t,t^2)} \mathrm{d}(x\sin y) = t^2.$$

由此得到

$$\int_0^t C(x) \mathrm{d}x = t^2 - (x\sin y) \Big|_{(0,0)}^{(t,t^2)} = t^2 - t\sin t^2,$$

即 $C(t) = 2t - \sin t^2 - 2t^2 \cos t^2$，或 $C(x) = 2x - \sin x^2 - 2x^2 \cos x^2$. 将它代入式(1)得

$$f(x,y) = \sin y + 2x - \sin x^2 - 2x^2 \cos x^2.$$

5.7 由对称性可知

$$\iint\limits_{\Sigma} xy \mathrm{d}S = 0, \quad \iint\limits_{\Sigma} x^2 \mathrm{d}S = \iint\limits_{\Sigma} z^2 \mathrm{d}S,$$

所以 $\displaystyle\iint\limits_{\Sigma} (xy + 2x^2 + y^2) \mathrm{d}S = \iint\limits_{\Sigma} (x^2 + y^2 + z^2) \mathrm{d}S = 4 \iint\limits_{\Sigma} \mathrm{d}S = 4 \cdot 4\pi \cdot 2^2 = 64\pi.$

5.8 $\displaystyle\iint\limits_{\Sigma} \frac{x\cos\alpha + y\cos\beta + z\cos\gamma}{(x^2 + y^2 + z^2)^{\frac{3}{2}}} \mathrm{d}S = \frac{1}{a^3} \iint\limits_{\Sigma} (x\cos\alpha + y\cos\beta + z\cos\gamma) \mathrm{d}S$

$$= \frac{1}{a^3} \oiint\limits_{\Sigma(\text{外侧})} x\mathrm{d}y\mathrm{d}z + y\mathrm{d}z\mathrm{d}x + z\mathrm{d}x\mathrm{d}y \xrightarrow{\text{高斯公式}} \frac{1}{a^3} \iiint\limits_{\Omega} 3\mathrm{d}v \quad (\Omega \text{ 是球体 } x^2+y^2+z^2 \leqslant a^2)$$

$$= \frac{1}{a^3} \cdot 3 \cdot \frac{4\pi a^3}{3} = 4\pi.$$

5.9 设球形物体为 $\Omega = \left\{ (x,y,z) \,\middle|\, x^2+y^2+z^2 \leqslant R^2 \right\}$，$P_0 = (0,0,a)$，则物体的质量为

$$m = \iiint\limits_{\Omega} \rho \mathrm{d}V = \iiint\limits_{\Omega} \frac{1}{\sqrt{x^2+y^2+(z-a)^2}} \mathrm{d}v$$

$$\xrightarrow{\text{球面坐标}} \int_0^{2\pi} \mathrm{d}\theta \int_0^a \mathrm{d}r \int_0^\pi \frac{1}{\sqrt{r^2-2ar\cos\varphi+a^2}} r^2 \sin\varphi \mathrm{d}\varphi$$

$$= \frac{2\pi}{a} \int_0^a r \cdot \sqrt{r^2-2ar\cos\varphi+a^2} \Big|_0^\pi \mathrm{d}r = \frac{4\pi}{a} \int_0^a r^2 \mathrm{d}r = \frac{4\pi}{3} a^2.$$

5.10 记 $\begin{cases} x=r\cos\theta, \\ y=r\sin\theta, \end{cases}$ 则 $\dfrac{\partial f}{\partial r} = \dfrac{\partial f}{\partial x}\dfrac{\partial x}{\partial r} + \dfrac{\partial f}{\partial y}\dfrac{\partial y}{\partial r} = \dfrac{\partial f}{\partial x}\cos\theta + \dfrac{\partial f}{\partial y}\sin\theta = \dfrac{1}{r}(xf'_x + yf'_y)$，

所以 $\displaystyle\iint\limits_{D_\varepsilon} \frac{xf'_x + yf'_y}{x^2+y^2} \mathrm{d}\sigma = \iint\limits_{D_\varepsilon} \frac{1}{r^2} \cdot r \frac{\partial f}{\partial r} \cdot r\mathrm{d}r\mathrm{d}\theta = \int_0^{2\pi} \mathrm{d}\theta \int_\varepsilon^1 \frac{\partial f}{\partial r} \mathrm{d}r$

$$= \int_0^{2\pi} \Big[f(r\cos\theta, r\sin\theta)\big|_{r=1} - f(r\cos\theta, r\sin\theta)\big|_{r=\varepsilon} \Big] \mathrm{d}\theta$$

$$= -\int_0^{2\pi} f(\varepsilon\cos\theta, \varepsilon\sin\theta) \mathrm{d}\theta \quad (\text{利用 } f(x,y) \text{ 在单位圆的边界上取值为零})$$

$$= -2\pi f(\varepsilon\cos\xi, \varepsilon\sin\xi) \quad (\text{其中 } \xi \in [0,2\pi])$$

于是，$\displaystyle\lim_{\varepsilon\to 0^+} \frac{1}{2\pi} \iint\limits_{D_\varepsilon} \frac{xf'_x + yf'_y}{x^2+y^2} \mathrm{d}\sigma = \lim_{\varepsilon\to 0^+} [-f(\varepsilon\cos\xi, \varepsilon\sin\xi)]$

$$= -f(\lim_{\varepsilon\to 0^+}\varepsilon\cos\xi, \lim_{\varepsilon\to 0^+}\varepsilon\sin\xi) = -f(0,0).$$

5.11 (1)D 如图答 5.11a 所示的正方形 $PQRS$，它关于 x 轴对称，且在对称点处被积函数 $\sqrt{|x-|y||}$ 值彼此相等，所以有

$$\iint\limits_D \sqrt{|x-|y||} \mathrm{d}\sigma = 2\iint\limits_{D_1} \sqrt{|x-y|} \mathrm{d}\sigma, \tag{1}$$

其中 D_1 是 D 的上半平面部分，如图答 5.11a 的阴影部分所示. 由于

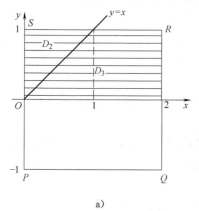

a)

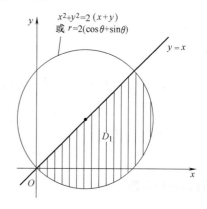

b)

图答 5.11

$$|x-y|=\begin{cases}x-y, & x-y\geqslant 0,\\ y-x, & x-y<0,\end{cases}$$ 所以用直线 $y=x$ 将 D_1 划分或 D_2，D_3 两部分（见图答 5.11a），于是

$$\iint\limits_{D_1}\sqrt{|x-y|}\,\mathrm{d}\sigma=\iint\limits_{D_2}\sqrt{y-x}\,\mathrm{d}\sigma+\iint\limits_{D_3}\sqrt{x-y}\,\mathrm{d}\sigma$$

$$=\int_0^1\mathrm{d}y\int_0^y\sqrt{y-x}\,\mathrm{d}x+\int_0^1\mathrm{d}y\int_y^2\sqrt{x-y}\,\mathrm{d}x$$

$$=\int_0^1-\frac{2}{3}(y-x)^{\frac{3}{2}}\Big|_{x=0}^{x=y}\mathrm{d}y+\int_0^1\frac{2}{3}(x-y)^{\frac{3}{2}}\Big|_{x=y}^{x=2}\mathrm{d}y$$

$$=\int_0^1\frac{2}{3}y^{\frac{3}{2}}\,\mathrm{d}y+\int_0^1\frac{2}{3}(2-y)^{\frac{3}{2}}\,\mathrm{d}y=\frac{16\sqrt{2}}{15}. \tag{2}$$

将式（2）代入式（1）得

$$\iint\limits_{D}\sqrt{|x-|y||}\,\mathrm{d}\sigma=2\times\frac{16\sqrt{2}}{15}=\frac{32\sqrt{2}}{15}.$$

（2）D 如图答 5.11b 所示的圆，它关于直线 $y=x$ 对称，且在对称点处被积函数 $|x-y|$ 的值彼此相等，所以有

$$\iint\limits_{D}|x-y|\,\mathrm{d}\sigma=2\iint\limits_{D_1}|x-y|\,\mathrm{d}\sigma, \tag{3}$$

其中，D_1 是 D 的位于直线 $y=x$ 下方部分，如图答 5.11b 的阴影部分所示．在极坐标系下，

$$D_1=\left\{(r,\theta)\,\Big|\,0\leqslant r\leqslant 2(\cos\theta+\sin\theta),-\frac{\pi}{4}\leqslant\theta\leqslant\frac{\pi}{4}\right\},$$

所以，

$$\iint\limits_{D_1}|x-y|\,\mathrm{d}\sigma=\iint\limits_{D_1}(x-y)\,\mathrm{d}\sigma$$

$$=\int_{-\frac{\pi}{4}}^{\frac{\pi}{4}}\mathrm{d}\theta\int_0^{2(\cos\theta+\sin\theta)}r(\cos\theta-\sin\theta)\cdot r\,\mathrm{d}r$$

$$=\frac{8}{3}\int_{-\frac{\pi}{4}}^{\frac{\pi}{4}}(\cos\theta-\sin\theta)(\cos\theta+\sin\theta)^3\,\mathrm{d}\theta=\frac{8}{3}\int_{-\frac{\pi}{4}}^{\frac{\pi}{4}}(\cos\theta+\sin\theta)^3\,\mathrm{d}(\cos\theta+\sin\theta)$$

$$=\frac{8}{3}\cdot\frac{1}{4}(\cos\theta+\sin\theta)^4\Big|_{-\frac{\pi}{4}}^{\frac{\pi}{4}}=\frac{8}{3}. \tag{4}$$

将式（4）代入式（3）得

$$\iint\limits_{D}|x-y|\,\mathrm{d}\sigma=2\times\frac{8}{3}=\frac{16}{3}.$$

5.12 $f(x)$，$f(x^2-y)$ 可以分别表示为

$$f(x)=\begin{cases}x, & -1\leqslant x\leqslant 2,-\infty<y<+\infty,\\ 0, & \text{其他},\end{cases}$$

$$f(x^2-y)=\begin{cases}x^2-y, & -1\leqslant x^2-y\leqslant 2,\\ 0, & \text{其他},\end{cases}$$

所以，被积函数

$$f(x)f(x^2-y)=\begin{cases}x(x^2-y), & -1\leqslant x\leqslant 2,-1\leqslant x^2-y\leqslant 2,\\ 0, & \text{其他}\end{cases}$$

$$= \begin{cases} x(x^2-y), & -1\leqslant x\leqslant 2, x^2-2\leqslant y\leqslant x^2+1, \\ 0, & \text{其他}, \end{cases}$$

即 $f(x)f(x^2-y)$ 在图答 5.12 的阴影部分（记为 D）取值 $x(x^2-y)$，在 xOy 平面的其他部分都取值为零，所以，

$$\iint\limits_{xOy\text{平面}} f(x)f(x^2-y)\mathrm{d}\sigma = \iint\limits_{D} x(x^2-y)\mathrm{d}\sigma$$

$$= \int_{-1}^{2}\mathrm{d}x\int_{x^2-2}^{x^2+1}x(x^2-y)\mathrm{d}y$$

$$= \int_{-1}^{2}-\frac{1}{2}x(x^2-y)^2\Big|_{y=x^2-2}^{y=x^2+1}\mathrm{d}x$$

$$= \frac{3}{2}\int_{-1}^{2}x\mathrm{d}x = \frac{9}{4}.$$

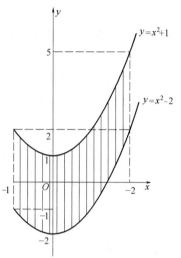

图答 5.12

5.13 令 $\begin{cases} u=x-y, \\ v=x+y, \end{cases}$ 即 $\begin{cases} x=\dfrac{1}{2}(u+v), \\ y=\dfrac{1}{2}(v-u), \end{cases}$ 它们把

D 变换成 $D' = \{(u,v)\mid |u|+|v|\leqslant 2a\}$，并且 $J=$

$$\frac{\partial(x,y)}{\partial(u,v)} = \begin{vmatrix} \dfrac{1}{2} & \dfrac{1}{2} \\ -\dfrac{1}{2} & \dfrac{1}{2} \end{vmatrix} = \frac{1}{2},$$ 所以由二重积分换元公式得

$$\iint\limits_{D} f(x-y)\mathrm{d}x\mathrm{d}y = \iint\limits_{D'} f(u)\cdot\frac{1}{2}\mathrm{d}u\mathrm{d}v = 2\iint\limits_{D_1'}\frac{1}{2}f(u)\mathrm{d}u\mathrm{d}v$$

（D' 关于 v 轴对称，D_1' 是 D' 的右半平面部分）

$$= \int_{0}^{2a}\mathrm{d}u\int_{-2a+u}^{2a-u}f(u)\mathrm{d}v = \int_{0}^{2a}(4a-2u)f(u)\mathrm{d}u$$

$$= 2\int_{0}^{2a}(2a-u)f(u)\mathrm{d}u.$$

5.14 设点 Q 为 (x_0,y_0,z_0)，则 $\Sigma: F(x,y,z)=0$ （其中 $F(x,y,z)=x^2+y^2+(z+1)^2-4$）在点 Q 处的法向量为 $(2x_0,2y_0,2(z_0+1))$，

其中， $\qquad x_0^2+y_0^2+(z_0+1)^2=4.$ $\qquad\qquad$ (1)

所以，Σ 在点 Q 处的切平面方程为

$$2x_0(x-x_0)+2y_0(y-y_0)+2(z_0+1)(z-z_0)=0,$$

即 $\qquad x_0x+y_0y+(z_0+1)z=3-z_0$（利用式(1)）.

因此，点 P 的坐标 x,y,z 满足方程组

$$\begin{cases} x_0x+y_0y+(z_0+1)z=3-z_0\text{（切平面方程）}, & (2) \\ \dfrac{x}{x_0}=\dfrac{y}{y_0}=\dfrac{z}{z_0+1}\text{（从原点向切平面所引垂线的方程）}. & (3) \end{cases}$$

式(3) 可以改写成 $\qquad \begin{cases} x_0=xt, \\ y_0=yt, \\ z_0+1=zt, \end{cases}$ $\qquad\qquad$ (4)

将式(4) 代入式(1)、式(2) 得

$$(x^2 + y^2 + z^2)t^2 = 4, \tag{5}$$

$$(x^2 + y^2 + z^2 + z)t = 4. \tag{6}$$

由式(5)、式(6) 消去 t 得 S 的方程为

$$(x^2 + y^2 + z^2 + z)^2 = 4(x^2 + y^2 + z^2). \tag{7}$$

下面用球面坐标计算 S 围成的立体 Ω 的体积 V.

由于在球面坐标系下，S 的方程成为

$$(r + \cos \varphi)^2 = 4, \text{ 即 } r = 2 - \cos \varphi,$$

所以 $\Omega = \{(r, \theta, \varphi) \,|\, r \leqslant 2 - \cos \varphi, 0 \leqslant \theta \leqslant 2\pi, 0 \leqslant \varphi \leqslant \pi\}$，因此它的体积

$$V = \int_0^{2\pi} \mathrm{d}\theta \int_0^{\pi} \mathrm{d}\varphi \int_0^{2-\cos\varphi} r^2 \sin \varphi \mathrm{d}r$$

$$= 2\pi \int_0^{\pi} \frac{1}{3} \sin \varphi (2 - \cos \varphi)^3 \mathrm{d}\varphi = \frac{2\pi}{3} \cdot \frac{1}{4} (2 - \cos \varphi)^4 \Big|_0^{\pi} = \frac{40}{3}\pi.$$

5.15　$\dfrac{1}{2} \oint_C (bz - cy)\mathrm{d}x + (cx - az)\mathrm{d}y + (ay - bx)\mathrm{d}z$

$$= \frac{1}{2} \iint_D \begin{vmatrix} a & b & c \\ \dfrac{\partial}{\partial x} & \dfrac{\partial}{\partial y} & \dfrac{\partial}{\partial z} \\ bz - cy & cx - az & ay - bx \end{vmatrix} \mathrm{d}S \quad (\text{其中 } D \text{ 是 } \pi \text{ 上由 } C \text{ 围成的区域})$$

$$= \iint_D (a^2 + b^2 + c^2)\mathrm{d}S = \iint_D \mathrm{d}S = D \text{ 的面积}.$$

5.16　$I = \oiint_{\Sigma} \dfrac{2}{x\cos^2 x} \mathrm{d}y\mathrm{d}z + \dfrac{1}{\cos^2 y} \mathrm{d}z\mathrm{d}x - \dfrac{1}{z\cos^2 z} \mathrm{d}x\mathrm{d}y$

$$= \oiint_{\Sigma} \left(\frac{2}{x\cos^2 x} \cdot x + \frac{1}{\cos^2 y} \cdot y - \frac{1}{z\cos^2 z} \cdot z \right) \mathrm{d}S$$

$$= \oiint_{\Sigma} \left(\frac{2}{\cos^2 x} + \frac{y}{\cos^2 y} - \frac{1}{\cos^2 z} \right) \mathrm{d}S = \oiint_{\Sigma} \frac{y}{\cos^2 y} \mathrm{d}S + \oiint_{\Sigma} \left(\frac{2}{\cos^2 x} - \frac{1}{\cos^2 z} \right) \mathrm{d}S. \tag{1}$$

由于 Σ 关于 xOz 平面对称，在对称点处 $\dfrac{y}{\cos^2 y}$ 的值互为相反数，所以

$$\oiint_{\Sigma} \frac{y}{\cos^2 y} \mathrm{d}S = 0. \tag{2}$$

由于 Σ 关于平面 $z = x$ 对称，在对称点处 $\dfrac{1}{\cos^2 x} - \dfrac{1}{\cos^2 z}$ 的值互为相反数，所以

$$\oiint_{\Sigma} \left(\frac{1}{\cos^2 x} - \frac{1}{\cos^2 z} \right) \mathrm{d}S = 0, \text{ 即 } \oiint_{\Sigma} \frac{1}{\cos^2 x} \mathrm{d}S = \oiint_{\Sigma} \frac{1}{\cos^2 z} \mathrm{d}S. \text{ 于是有}$$

$$\oiint_{\Sigma} \left(\frac{2}{\cos^2 x} - \frac{1}{\cos^2 z} \right) \mathrm{d}S = \oiint_{\Sigma} \frac{1}{\cos^2 z} \mathrm{d}S = 2 \iint_{\Sigma_1} \frac{1}{\cos^2 z} \mathrm{d}S$$

（由于 Σ 关于 xOy 平面对称，在对称点处 $\dfrac{1}{\cos^2 z}$ 的值彼此相等，其中 Σ_1

是 Σ 的 $z \geqslant 0$ 部分，它的方程为 $z = \sqrt{1 - x^2 - y^2}$）

$$=2\iint\limits_{D}\frac{1}{\cos^2\sqrt{1-x^2-y^2}}\cdot\frac{1}{\sqrt{1-x^2-y^2}}\mathrm{d}\sigma$$

（其中 $D=\{(x,y)\,|\,x^2+y^2\leqslant1\}$ 是 Σ 在 xOy 平面的投影）

$$\xlongequal{\text{极坐标}}2\int_0^{2\pi}\mathrm{d}\theta\int_0^1\frac{1}{\cos^2\sqrt{1-r^2}}\cdot\frac{1}{\sqrt{1-r^2}}\cdot r\mathrm{d}r$$

$$=-4\pi\int_0^1\frac{1}{\cos^2\sqrt{1-r^2}}\mathrm{d}\sqrt{1-r^2}=-4\pi\tan\sqrt{1-r^2}\Big|_0^1=4\pi\tan 1.$$

5.17 C 只出现于第一象限：

当 $x\geqslant1$ 且 $y\geqslant1$ 时，C 的方程成为 $\ln x+\ln y=1$，即 $xy=\mathrm{e}$；

当 $x\geqslant1$ 且 $0<y<1$ 时，C 的方程成为 $\ln x-\ln y=1$，即 $y=\dfrac{1}{\mathrm{e}}x$；

当 $0<x<1$ 且 $y\geqslant1$ 时，C 的方程成为 $-\ln x+\ln y=1$，即 $y=\mathrm{e}x$；

当 $0<x<1$ 且 $0<y<1$ 时，C 的方程成为 $-\ln x-\ln y$ $=1$，即 $xy=\dfrac{1}{\mathrm{e}}$.

由它们围成的区域 D 如图答 5.17 的阴影部分所示．由于 D 是角域的一部分，所以用极坐标计算它的面积 A.

$$A=\int_{\arctan\frac{1}{\mathrm{e}}}^{\arctan\mathrm{e}}\mathrm{d}\theta\int_{\sqrt{\frac{1}{\mathrm{e}\sin\theta\cos\theta}}}^{\sqrt{\frac{\mathrm{e}}{\sin\theta\cos\theta}}}r\mathrm{d}r$$

$$=\frac{1}{2}\int_{\arctan\frac{1}{\mathrm{e}}}^{\arctan\mathrm{e}}\left(\mathrm{e}-\frac{1}{\mathrm{e}}\right)\frac{1}{\sin\theta\cos\theta}\mathrm{d}\theta$$

$$=\frac{1}{2}\left(\mathrm{e}-\frac{1}{\mathrm{e}}\right)\ln\tan\theta\Big|_{\arctan\frac{1}{\mathrm{e}}}^{\arctan\mathrm{e}}=\mathrm{e}-\frac{1}{\mathrm{e}}.$$

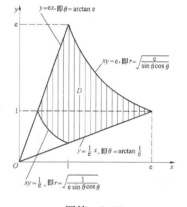

图答　5.17

A 也可以用"二重积分换元公式"计算，具体如下：

由 D 的边界曲线，令

$$\begin{cases}y=ux,\\xy=v,\end{cases}\quad\text{即}\quad\begin{cases}x=\sqrt{\dfrac{v}{u}},\\y=\sqrt{uv},\end{cases}$$

它把 D 变换为 $D'=\left\{(u,v)\,\Big|\,\dfrac{1}{\mathrm{e}}\leqslant u\leqslant\mathrm{e},\dfrac{1}{\mathrm{e}}\leqslant v\leqslant\mathrm{e}\right\}$，并且

$$J=\frac{\partial(x,y)}{\partial(u,v)}=\begin{vmatrix}-\dfrac{1}{2}\sqrt{\dfrac{v}{u^3}}&\dfrac{1}{2}\dfrac{1}{\sqrt{uv}}\\[2mm]\dfrac{1}{2}\sqrt{\dfrac{v}{u}}&\dfrac{1}{2}\sqrt{\dfrac{u}{v}}\end{vmatrix}=-\frac{1}{2u},$$

所以，由"二重积分换元公式"得

$$\iint\limits_{D}\mathrm{d}x\mathrm{d}y=\iint\limits_{D'}|J|\mathrm{d}u\mathrm{d}v=\int_{\frac{1}{\mathrm{e}}}^{\mathrm{e}}\mathrm{d}v\int_{\frac{1}{\mathrm{e}}}^{\mathrm{e}}\frac{1}{2u}\mathrm{d}u=\mathrm{e}-\frac{1}{\mathrm{e}}.$$

5.18 $f(x)$ 在 $(-\infty,-3)$ 上可导，且

$$f'(x)=\left(-x\sqrt{\frac{x}{x+3}}-x-11\right)'=-\sqrt{\frac{x}{x+3}}+\frac{3}{2}x\sqrt{\frac{x+3}{x}}\frac{1}{(x+3)^2}-1$$

$$= \frac{\sqrt{x(x+3)(2x+9)} - 2(x+3)^2}{2(x+3)^2}.$$

由于方程 $f'(x)=0$,即 $\sqrt{x(x+3)(2x+9)} - 2(x+3)^2 = 0$ 在 $(-\infty,-3)$ 上只有一个根 $x=-4$,且

$$f'(x) \begin{cases} <0 & x<-4, \\ =0, & x=-4, \\ >0, & -4<x<-3, \end{cases} \quad \text{所以 } f(x) \text{ 在}(-\infty,-3)\text{上最小值为 } f(-4)=1,\text{因此 } y_0=1.$$

显然曲线 $y=f(x)$ $(x<-3)$ 有铅直渐近线 $x=-3$,此外,由

$$a = \lim_{x \to -\infty} \frac{f(x)}{x} = \lim_{x \to -\infty} \frac{-x\sqrt{\dfrac{x}{x+3}} - x - 11}{x}$$

$$= \lim_{x \to -\infty} \left(-\sqrt{\frac{x}{x+3}} - 1 - \frac{11}{x} \right) = -2,$$

$$b = \lim_{x \to -\infty} [f(x) - ax] = \lim_{x \to -\infty} \left(-x\sqrt{\frac{x}{x+3}} + x - 11 \right)$$

$$= \lim_{x \to -\infty} x\left(1 - \sqrt{\frac{x}{x+3}} \right) - 11$$

$$= \lim_{x \to -\infty} \frac{x\left(1 - \dfrac{x}{x+3} \right)}{1 + \sqrt{\dfrac{x}{x+3}}} - 11 = -\frac{19}{2}$$

知曲线 $y=f(x)$ 有斜渐近线 $y=-2x-\dfrac{19}{12}$. 除上述两条渐近线外曲线 $y=f(x)$ 无其他渐近线,所以 D 如图答 5.18 的 $\triangle ABC$ 所示,其中 $A(-3,1)$,$B\left(-\dfrac{21}{4},1\right)$,$C\left(-3,-\dfrac{7}{2}\right)$. 所以,$D$ 的面积

$$S = \frac{1}{2}|AC| \times |AB| = \frac{1}{2} \times \frac{9}{2} \times \frac{9}{4} = \frac{81}{16}.$$

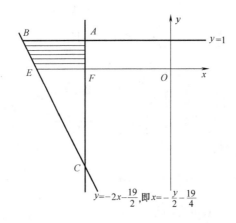

图答 5.18

于是,由平均值的定义知,$\varphi(x,y)$ 在 D 上的平均值为

$$\frac{1}{S}\iint\limits_{D}\varphi(x,y)\mathrm{d}\sigma=\frac{16}{81}\iint\limits_{D\cap D_1}xy\mathrm{d}\sigma$$

($D\cap D_1$ 如图答 5.18 阴影部分所示的梯形 $ABEF$,其中 $E=\left(-\frac{19}{4},0\right),F=(-3,0)$)

$$=\frac{16}{81}\int_0^1\mathrm{d}y\int_{-\frac{y}{2}-\frac{19}{4}}^{-3}xy\mathrm{d}x$$

$$=-\frac{2}{81}\int_0^1\left(\frac{217}{4}y+19y^2+y^3\right)\mathrm{d}y=-\frac{809}{972}.$$

5.19 设点 P 的极坐标为 (ρ,θ),则

$$l(x,y)=l(\rho\cos\theta,\rho\sin\theta),$$

显然 l 与 θ 无关,只与 ρ 有关,因此可将它记为 $L(\rho)$,并且,当 $0\leqslant\rho\leqslant r-\delta$(此时,$P$ 为圆心的圆位于 O 为圆心的圆之内)时,$L(\rho)=0$;当 $r-\delta<\rho\leqslant r$ 时,由图答 5.19 知

$$L(\rho)=2\delta\varphi=2\delta\arccos\frac{r^2-\rho^2-\delta^2}{2\rho\delta}$$

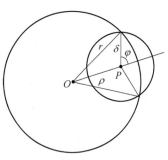

图答 5.19

于是 $$\lim_{\delta\to0^+}\frac{1}{\delta^2}\iint\limits_{D}l(x,y)\mathrm{d}x\mathrm{d}y=\lim_{\delta\to0^+}\frac{1}{\delta^2}\int_0^{2\pi}\mathrm{d}\theta\int_0^rL(\rho)\rho\mathrm{d}\rho$$

$$=\lim_{\delta\to0^+}\frac{2\pi}{\delta^2}\int_{r-\delta}^r2\delta\rho\arccos\frac{r^2-\rho^2-\delta^2}{2\rho\delta}\mathrm{d}\rho$$

$$=4\pi\lim_{\delta\to0^+}\frac{1}{\delta}\int_{r-\delta}^r\rho\arccos\frac{r^2-\rho^2-\delta^2}{2\rho\delta}\mathrm{d}\rho$$

$$\xlongequal{\text{令}\rho=r-\delta u}4\pi\lim_{\delta\to0^+}\int_0^1(r-\delta u)\arccos\frac{2ur-\delta(1+u^2)}{2(r-\delta u)}\mathrm{d}u$$

$$=4\pi\int_0^1\left[\lim_{\delta\to0^+}(r-\delta u)\arccos\frac{2ur-\delta(1+u^2)}{2(r-\delta u)}\right]\mathrm{d}u$$

$$\left(\text{由于}(r-\delta u)\arccos\frac{2ur-\delta(1+u^2)}{2(r-\delta u)}\text{ 在}(u,\delta)\in[0,1]\times\left[0,\frac{1}{2}r\right]\text{上连续}\right)$$

$$=4\pi r\int_0^1\arccos u\mathrm{d}u=4\pi r\left(u\arccos u\Big|_0^1+\int_0^1\frac{u}{\sqrt{1-u^2}}\mathrm{d}u\right)$$

$$=4\pi r\cdot(-\sqrt{1-u^2})\Big|_0^1=4\pi r.$$

5.20 由于 $$\sum_{k=1}^n\frac{1+\frac{1}{2}+\cdots+\frac{1}{k}}{(k+1)(k+2)}=\sum_{k=1}^n\left(\frac{1+\frac{1}{2}+\cdots+\frac{1}{k}}{k+1}-\frac{1+\frac{1}{2}+\cdots+\frac{1}{k}}{k+2}\right)$$

$$=\sum_{k=1}^n\left[\frac{1+\frac{1}{2}+\cdots+\frac{1}{k}}{k+1}-\frac{1+\frac{1}{2}+\cdots+\frac{1}{k}+\frac{1}{k+1}}{k+2}+\frac{1}{(k+1)(k+2)}\right]$$

$$=\sum_{k=1}^n\left[\frac{1+\frac{1}{2}+\cdots+\frac{1}{k}}{k+1}-\frac{1+\frac{1}{2}\cdots+\frac{1}{k}+\frac{1}{k+1}}{k+2}\right]+\sum_{k=1}^n\frac{1}{(k+1)(k+2)}$$

$$= \left[\frac{1}{2} - \frac{1 + \frac{1}{2} + \cdots + \frac{1}{n} + \frac{1}{n+1}}{n+2} \right] + \left[\frac{1}{2} - \frac{1}{(n+1)(n+2)} \right]$$

$$= 1 - \frac{1}{(n+1)(n+2)} - \frac{1 + \frac{1}{2} + \cdots + \frac{1}{n} + \frac{1}{n+1}}{n+2}$$

所以, $a = \sum_{n=1}^{\infty} \frac{1 + \frac{1}{2} + \cdots + \frac{1}{n}}{(n+1)(n+2)} = \lim_{n \to \infty} \sum_{k=1}^{n} \frac{1 + \frac{1}{2} + \cdots + \frac{1}{k}}{(k+1)(k+2)}$

$$= 1 - 0 - \lim_{n \to \infty} \frac{1 + \frac{1}{2} + \cdots + \frac{1}{n} + \frac{1}{n+1}}{n+2}.$$

由于 $0 < \dfrac{1 + \frac{1}{2} + \cdots + \frac{1}{n} + \frac{1}{n+1}}{n+2} = \dfrac{1}{n+2} + \dfrac{\frac{1}{2} + \cdots + \frac{1}{n} + \frac{1}{n+1}}{n+2}$

$$< \frac{1}{n+2} + \frac{1}{n+2} \int_1^{n+1} \frac{1}{x} \mathrm{d}x = \frac{1}{n+2} + \frac{1}{n+2} \ln(n+1) \quad (n = 1, 2, \cdots),$$

且 $\lim_{n \to \infty} 0 = \lim_{n \to \infty} \left[\frac{1}{n+2} + \frac{1}{n+2} \ln(n+1) \right] = 0$, 所以由数列极限存在准则 I 知

$$\lim_{n \to \infty} \frac{1 + \frac{1}{2} + \cdots + \frac{1}{n} + \frac{1}{n+1}}{n+2} = 0, \text{从而} a = 1.$$

下面计算 V:

$$V = \iiint_{\Omega} \mathrm{d}V = \int_0^1 \mathrm{d}z \iint_{D_z} \mathrm{d}\sigma$$

$$= \int_0^1 \pi (z+1)^2 \mathrm{d}z = \frac{7}{3} \pi \quad (\text{其中 } D_z = \{ (x,y) \mid (x-z-1)^2 + y^2 \leqslant (z+1)^2 \text{ 是 } \Omega \text{ 的}$$

竖坐标为 z 的截面在 xOy 平面上的投影).

5.21 (1) Ω 的球面坐标表示式为 $\Omega = \{ (r, \theta, \varphi) \mid r \leqslant \sqrt[3]{\dfrac{\sin\theta\sin\varphi}{\sin^4\varphi + \cos^4\varphi}}, 0 \leqslant \theta \leqslant \pi, 0 \leqslant \varphi \leqslant \pi \}$

(由于 Ω 位于右半空间 $y \geqslant 0$ 内, 所以 $0 \leqslant \theta \leqslant \pi$), 因此

Ω 的体积 $= \iiint_{\Omega} \mathrm{d}x\mathrm{d}y\mathrm{d}z = \int_0^{\pi} \mathrm{d}\theta \int_0^{\pi} \mathrm{d}\varphi \int_0^{\sqrt[3]{\frac{\sin\theta\sin\varphi}{\sin^4\varphi + \cos^4\varphi}}} r^2 \sin\varphi \mathrm{d}r$

$$= \frac{1}{3} \int_0^{\pi} \sin\theta \mathrm{d}\theta \int_0^{\pi} \frac{\sin^2\varphi}{\sin^4\varphi + \cos^4\varphi} \mathrm{d}\varphi$$

$$= \frac{1}{3} \cdot 2 \cdot 2 \int_0^{\frac{\pi}{2}} \frac{\sin^2\varphi}{\sin^4\varphi + \cos^4\varphi} \mathrm{d}\varphi$$

$$= \frac{4}{3} \int_0^{\frac{\pi}{2}} \frac{\tan^2\varphi}{1 + \tan^4\varphi} \mathrm{d}\tan\varphi \xrightarrow{\text{令 } t = \tan\varphi} \frac{4}{3} \int_0^{+\infty} \frac{t^2}{1 + t^4} \mathrm{d}t$$

$$= \frac{4}{3} \left(\int_0^1 \frac{t^2}{1+t^4} dt + \int_1^{+\infty} \frac{t^2}{1+t^4} dt \right)$$

$$= \frac{4}{3} \left(\int_1^{+\infty} \frac{1}{1+u^4} du + \int_1^{+\infty} \frac{t^2}{1+t^4} dt \right) \left(其中\ u = \frac{1}{t} \right)$$

$$= \frac{4}{3} \int_1^{+\infty} \frac{1+t^2}{1+t^4} dt = \frac{4}{3} \int_1^{+\infty} \frac{1+\frac{1}{t^2}}{t^2+\frac{1}{t^2}} dt$$

$$= \frac{4}{3} \int_1^{+\infty} \frac{1}{\left(t-\frac{1}{t}\right)^2 + 2} d\left(t - \frac{1}{t}\right) = \frac{4}{3} \cdot \frac{1}{\sqrt{2}} \arctan \frac{t-\frac{1}{t}}{\sqrt{2}} \Big|_1^{+\infty} = \frac{\sqrt{2}}{3} \pi.$$

（2）引入广义球面坐标

$$x = ar\cos\theta\sin\varphi,\ y = br\sin\theta\sin\varphi,\ z = cr\cos\varphi,$$

则 Ω 可表示为 $\Omega = \left\{ (r, \theta, \varphi) \mid r \leqslant \sqrt[3]{\dfrac{c\cos\varphi}{\sin^4\varphi + \cos^4\varphi}}, 0 \leqslant \theta \leqslant 2\pi, 0 \leqslant \varphi \leqslant \dfrac{\pi}{2} \right\}$

$\left(\text{由于}\ \Omega\ \text{位于上半空间}\ z \geqslant 0\ \text{内，所以}\ 0 \leqslant \varphi \leqslant \dfrac{\pi}{2}\right)$，并且 $dxdydz = abcr^2\sin\varphi dr d\theta d\varphi$，因此

$$\Omega\ 的体积 = \iiint_{\Omega} dv = \int_0^{2\pi} d\theta \int_0^{\frac{\pi}{2}} d\varphi \int_0^{\sqrt[3]{\frac{c\cos\varphi}{\sin^4\varphi+\cos^4\varphi}}} abcr^2 \sin\varphi dr$$

$$= \frac{2\pi}{3} abc^2 \int_0^{\frac{\pi}{2}} \frac{\sin\varphi\cos\varphi}{\sin^4\varphi + \cos^4\varphi} d\varphi = \frac{2\pi}{3} abc^2 \int_0^{\frac{\pi}{2}} \frac{\tan\varphi}{1+\tan^4\varphi} d\tan\varphi$$

$$= \frac{\pi}{3} abc^2 \arctan(\tan^2\varphi) \Big|_0^{\frac{\pi}{2}} = \frac{\pi}{3} abc^2 \varphi \Big|_0^{\frac{\pi}{2}} = \frac{\pi^2}{6} abc^2.$$

5.22 曲线方程可以改写成

$$A\left(x + \frac{B}{A} y\right)^2 + \left(C - \frac{B^2}{A}\right) y^2 = 1.$$

记 $\begin{cases} u = \sqrt{A}\left(x + \dfrac{B}{A} y\right), \\ v = \sqrt{C - \dfrac{B^2}{A}} y, \end{cases}$ 则 $\begin{cases} x = \dfrac{1}{\sqrt{A}} u - \dfrac{B}{\sqrt{A}} \dfrac{1}{\sqrt{AC - B^2}} v, \\ y = \dfrac{\sqrt{A}}{\sqrt{AC - B^2}} v, \end{cases}$ 且

$$J = \frac{\partial(x, y)}{\partial(u, v)} = \begin{vmatrix} \dfrac{1}{\sqrt{A}} & -\dfrac{B}{\sqrt{A}} \dfrac{1}{\sqrt{AC - B^2}} \\ 0 & \dfrac{\sqrt{A}}{\sqrt{AC - B}} \end{vmatrix} = \frac{1}{\sqrt{AC - B^2}};$$

所以，所求的图形面积 $S = \iint\limits_{Ax^2 + 2Bxy + Cy^2 \leqslant 1} d\sigma = \iint\limits_{u^2 + v^2 \leqslant 1} \frac{1}{\sqrt{AC - B^2}} d\sigma_1 = \frac{\pi}{\sqrt{AC - B^2}}.$

5.23 由于 $A = \iint\limits_{D} \left| xy - \frac{1}{4} \right| d\sigma$

$$= \iint\limits_{D_1} \left(\frac{1}{4} - xy \right) d\sigma + \iint\limits_{D_2} \left(xy - \frac{1}{4} \right) d\sigma$$

$$= \left[\iint\limits_{D} \left(\frac{1}{4} - xy \right) \mathrm{d}\sigma - \iint\limits_{D_2} \left(\frac{1}{4} - xy \right) \mathrm{d}\sigma \right] + \iint\limits_{D_2} \left(xy - \frac{1}{4} \right) \mathrm{d}\sigma$$

$$= \iint\limits_{D} \left(\frac{1}{4} - xy \right) \mathrm{d}\sigma + 2 \iint\limits_{D_2} \left(xy - \frac{1}{4} \right) \mathrm{d}\sigma \left(\text{其中} D_1, D_2 \text{是} D \text{被曲线} xy = \frac{1}{4} \text{划} \right.$$

$$\left. \text{分成的两部分(如图答 5.23 所示)} \right)$$

$$= \int_0^1 \mathrm{d}x \int_0^1 \left(\frac{1}{4} - xy \right) \mathrm{d}y + 2 \int_{\frac{1}{4}}^1 \mathrm{d}x \int_{\frac{1}{4x}}^1 \left(xy - \frac{1}{4} \right) \mathrm{d}y$$

$$= \int_0^1 \left(\frac{1}{4} y - \frac{1}{2} xy^2 \right) \Big|_{y=0}^{y=1} \mathrm{d}x + 2 \int_{\frac{1}{4}}^1 \left(\frac{1}{2} xy^2 - \frac{1}{4} y \right) \Big|_{y=\frac{1}{4x}}^{y=1} \mathrm{d}x$$

$$= \int_0^1 \left(\frac{1}{4} - \frac{1}{2} x \right) \mathrm{d}x + 2 \int_{\frac{1}{4}}^1 \left(\frac{1}{2} x - \frac{1}{4} + \frac{1}{32x} \right) \mathrm{d}x$$

$$= \frac{3}{32} + \frac{1}{8} \ln 2 > 0.$$

用反证法证明题中的结论.

设 $|f(x,y)| < \dfrac{1}{A} ((x,y) \in D)$,则

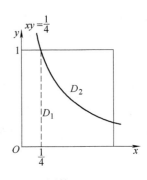

图答 5.23

$$\iint\limits_{D} \left| \left(xy - \frac{1}{4} \right) f(x,y) \right| \mathrm{d}\sigma \geqslant \iint\limits_{D} \left(xy - \frac{1}{4} \right) f(x,y) \mathrm{d}\sigma$$

$$= \iint\limits_{D} xy f(x,y) \mathrm{d}\sigma - \frac{1}{4} \iint\limits_{D} f(x,y) \mathrm{d}\sigma$$

$$= 1 - 0 = 1 \left(\text{利用题设条件} \iint\limits_{D} f(x,y) \mathrm{d}\sigma = 0 \text{ 和} \right.$$

$$\left. \iint\limits_{D} xy f(x,y) \mathrm{d}\sigma = 1 \right). \tag{1}$$

另一方面,

$$\iint\limits_{D} \left| \left(xy - \frac{1}{4} \right) f(x,y) \right| \mathrm{d}\sigma \leqslant M \iint\limits_{D} \left| xy - \frac{1}{4} \right| \mathrm{d}\sigma \left(\text{其中} M = \max_{(x,y) \in D} |f(x,y)|, \text{显然} \right.$$

$$\left. M < \frac{1}{A} \right)$$

$$< \frac{1}{A} \cdot A = 1. \tag{2}$$

式(1) 与式(2) 是矛盾的,它表明存在点 $(\xi,\eta) \in D$,使得 $|f(\xi,\eta)| \geqslant \dfrac{1}{A}$.

5.24 (1) $I(a) = \displaystyle\int_{\overset{\frown}{OA}} (1+y^3) \mathrm{d}x + (2x+y) \mathrm{d}y$

$$= \int_{\overset{\frown}{OA}+\overline{AO}} (1+y^3) \mathrm{d}x + (2x+y) \mathrm{d}y - \int_{\overline{AO}} (1+y^3) \mathrm{d}x + (2x+y) \mathrm{d}y$$

$$= -\oint_C (1+y^3) \mathrm{d}x + (2x+y) \mathrm{d}y + \int_{\overline{OA}} (1+y^3) \mathrm{d}x + (2x+y) \mathrm{d}y$$

(其中 C 是正向闭曲线,与 $\overset{\frown}{OA}+\overline{AO}$ 方向相反,记由它围成的区域为

$$D, 此外 \overline{OA}: \begin{cases} x = t, \\ y = 0 \end{cases} 起点参数为 t = 0, 终点参数为 t = \pi)$$

$$\xrightarrow{\text{格林公式}} -\iint\limits_{D} \left[\frac{\partial(2x+y)}{\partial x} - \frac{\partial(1+y^3)}{\partial y} \right] d\sigma + \int_0^\pi dt$$

$$= -\iint\limits_{D}(2 - 3y^2) d\sigma + \pi = -\int_0^\pi dx \int_0^{a\sin x}(2 - 3y^2) dy + \pi$$

$$= -\int_0^\pi (2a\sin x - a^3 \sin^3 x) dx + \pi = \frac{4}{3}a^3 - 4a + \pi,$$

即 $I(a) = \dfrac{4}{3}a^3 - 4a + \pi (a > 0)$.

由于 $I'(a) = 4a^2 - 4 = 4(a+1)(a-1) \begin{cases} < 0, & 0 < a < 1, \\ = 0, & a = 1, \\ > 0, & a > 1, \end{cases}$

所以, 使 $I(a)$ 取最小值的 $a = 1$.

(2) 对于 $a = 1$,

$$D_1 \bigcap D_2 = \left\{ (x,y) \,\middle|\, 4x^2 + \frac{y^2}{4} \leqslant 1 \right\} \bigcap \left\{ (x,y) \,\middle|\, x^2 + y^2 \leqslant 1 \right\} 的面积 = 4\iint\limits_{D} d\sigma, \qquad (1)$$

其中, D 是 $D_1 \bigcap D_2$ 的位于第一象限部分, 如图答 5.24 阴影部分所示. 记 A 为椭圆 $4x^2 + \dfrac{y^2}{4} = 1$ 与圆 $x^2 + y^2 = 1$ 在第一象限的交点, 则 $A = \left(\dfrac{1}{\sqrt{5}}, \dfrac{2}{\sqrt{5}} \right)$. $\overline{OA}$ 将 D 分成 D'_1 与 D'_2 两部分 (如图答 5.24 所示), 于是

$$\iint\limits_{D} d\sigma = D'_1 \text{ 的面积} + \iint\limits_{D'_2} d\sigma$$

$$= \frac{1}{2} \cdot 1^2 \cdot \left(\frac{\pi}{2} - \arctan 2 \right) +$$

$$\int_0^{\arctan 2} d\theta \int_0^{\left(4\cos^2\theta + \frac{\sin^2\theta}{4}\right)^{-\frac{1}{2}}} r\, dr$$

$$= \frac{\pi}{4} - \frac{1}{2}\arctan 2 + \frac{1}{2}\int_0^{\arctan 2} \frac{1}{4\cos^2\theta + \frac{\sin^2\theta}{4}} d\theta$$

$$= \frac{\pi}{4} - \frac{1}{2}\arctan 2 + 2\int_0^{\arctan 2} \frac{1}{16 + \tan^2\theta} d\tan\theta$$

$$= \frac{\pi}{4} - \frac{1}{2}\arctan 2 + \frac{1}{2}\arctan\left(\frac{\tan\theta}{4} \right) \Bigg|_0^{\arctan 2}$$

$$= \frac{\pi}{4} - \frac{1}{2}\arctan 2 + \frac{1}{2}\arctan \frac{1}{2}. \qquad (2)$$

将式 (2) 代入式 (1) 得 D_1 与 D_2 的公共部分面积为

$$S = 4\left(\frac{\pi}{4} - \frac{1}{2}\arctan 2 + \frac{1}{2}\arctan \frac{1}{2} \right)$$

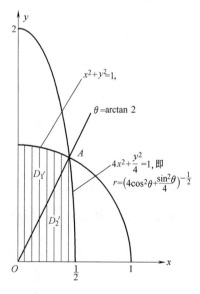

图答　5.24

287

$$=\pi-2\arctan 2+2\arctan \frac{1}{2}$$

$$=\pi-2\arctan \frac{2-\frac{1}{2}}{1+2\cdot \frac{1}{2}}=\pi-2\arctan \frac{3}{4}.$$

5.25 (1)由于对任意闭曲线 C 有

$$\oint_C [y^2 f(x)+2ye^x+2yg(x)]\mathrm{d}x+2[yg(x)+f(x)]\mathrm{d}y=0,$$

所以

$$\frac{\partial \{2[yg(x)+f(x)]\}}{\partial x}=\frac{\partial [y^2 f(x)+2ye^x+2yg(x)]}{\partial y},$$

即 $2yg'(x)+2f'(x)=2yf(x)+2e^x+2g(x)$,或者

$$y[g'(x)-f(x)]=g(x)-f'(x)+e^x.$$

由于上式对任意 x 与 y 都正确,所以有

$$\begin{cases} f'(x)=g(x)+e^x, & (1) \\ g'(x)=f(x). & (2) \end{cases}$$

式(1)的两边求导得

$$f''(x)=g'(x)+e^x. \tag{3}$$

将式(2)代入式(3)得

$$f''(x)-f(x)=e^x(\text{二阶常系数线性微分方程}) \tag{4}$$

式(4)对应的齐次线性微分方程的通解为 $C_1 e^x+C_2 e^{-x}$,且式(4)有特解 $\frac{x}{2}e^x$,所以式(4)的通解为

$$f(x)=C_1 e^x+C_2 e^{-x}+\frac{x}{2}e^x, \tag{5}$$

且

$$f'(x)=C_1 e^x-C_2 e^{-x}+\frac{1}{2}(1+x)e^x.$$

将 $f(0)=0,f'(0)=1$ (在式(1)中令 $x=0$ 且利用 $g(0)=0$ 得 $f'(0)=1$)代入以上两式得

$$\begin{cases} 0=C_1+C_2, \\ 1=C_1-C_2+\frac{1}{2}, \end{cases} \text{即 } C_1=\frac{1}{4},C_2=-\frac{1}{4}.$$

将它们代入式(5)得 $f(x)=\frac{1}{4}e^x-\frac{1}{4}e^{-x}+\frac{x}{2}e^x.$

将 $f(x)$ 的表达式代入式(1)得

$$g(x)=\left(\frac{1}{4}e^x-\frac{1}{4}e^{-x}+\frac{x}{2}e^x\right)'-e^x=\left[\frac{1}{4}e^x+\frac{1}{4}e^{-x}+\frac{1}{2}(1+x)e^x\right]-e^x$$

$$=-\frac{1}{4}e^x+\frac{1}{4}e^{-x}+\frac{x}{2}e^x$$

（2）由题设可知，曲线积分 I 与路径无关，所以

$$\int_{\overset{\frown}{OA}} \left[y^2 f(x) + 2y e^x + 2y g(x) \right] \mathrm{d}x + 2 \left[y g(x) + f(x) \right] \mathrm{d}y$$

$$= \int_{I+II} \left[y^2 f(x) + 2y e^x + 2y g(x) \right] \mathrm{d}x + 2 \left[y g(x) + f(x) \right] \mathrm{d}y \text{（积}$$

分路径I＋II如图答 5.25 所示）

$$= 2 \int_0^1 \left[y g(1) + f(1) \right] \mathrm{d}y = g(1) + 2 f(1)$$

$$= \left(-\frac{1}{4} e + \frac{1}{4} e^{-1} + \frac{1}{2} e \right) + 2 \left(\frac{1}{4} e - \frac{1}{4} e^{-1} + \frac{1}{2} e \right) = \frac{7}{4} e - \frac{1}{4e}.$$

图答　5.25

5.26　不妨设 C 为如图答 5.26 所示的正向半圆 $\overset{\frown}{BA}$（这里 (x_0, y_0) 是 xOy 平面上的任一点，r 是任意正数），则

$$0 = \int_C P(x, y) \mathrm{d}x + Q(x, y) \mathrm{d}y$$

$$= \oint_{\overset{\frown}{BA} + \overline{AB}} P(x, y) \mathrm{d}x + Q(x, y) \mathrm{d}y$$

$$- \int_{\overline{AB}} P(x, y) \mathrm{d}x + Q(x, y) \mathrm{d}y$$

图答　5.26

$$\underset{\text{格林公式}}{=\!=\!=\!=} \iint_D \left(\frac{\partial Q}{\partial x} - \frac{\partial P}{\partial y} \right) \mathrm{d}\sigma - \int_{x_0-r}^{x_0+r} P(x, y_0) \mathrm{d}x \quad （D \text{ 是由 } \overset{\frown}{BA} + \overline{AB} \text{ 围成的区域）}$$

$$= \left(\frac{\partial Q}{\partial x} - \frac{\partial P}{\partial y} \right) \Big|_{(\xi, \eta)} \cdot \frac{1}{2} \pi r^2 - P(\tau, y_0) \cdot 2r \quad （\text{其中，} (\xi, \eta) \in D, \text{它由二重积分的中值定}$$

理得到；$\tau \in [x_0 - r, x_0 + r]$，它由定积分

中值定理得到）.

所以有

$$\left(\frac{\partial Q}{\partial x} - \frac{\partial P}{\partial y} \right) \Big|_{(\xi, \eta)} \cdot \frac{\pi r}{4} = P(\tau, y_0). \tag{1}$$

令 $r \to 0^+$，对上式两边取极限得

$$P(x_0, y_0) = \lim_{r \to 0^+} P(\tau, y_0) = \lim_{r \to 0^+} \left(\frac{\partial Q}{\partial x} - \frac{\partial P}{\partial y} \right) \Big|_{(\xi, \eta)} \cdot \frac{\pi r}{4} = 0. \tag{2}$$

由于 (x_0, y_0) 是任意一点，所以有 $P(x, y) \equiv 0$（在 xOy 平面上）.

将式（2）代入式（1）得　$\dfrac{\partial Q}{\partial x} \Big|_{(\xi, \eta)} = 0$，于是

$$\frac{\partial Q}{\partial x} \Big|_{(x_0, y_0)} = \lim_{r \to 0^+} \frac{\partial Q}{\partial x} \Big|_{(\xi, \eta)} = 0.$$

由于 (x_0, y_0) 是任意一点，所以有 $\dfrac{\partial Q}{\partial x} \equiv 0$（在 xOy 平面上）.

5.27　记题中的 Σ 上被 L 围成的一块为 $S: x^2 + y^2 + z^2 = 2r_1 x (z > 0)$.

记　$F(x, y, z) = x^2 + y^2 + z^2 - 2r_1 x$，则在 S 上的点 (x, y, z) 处的法向量为

$$(2x - 2r_1, 2y, 2z),$$

所以它与 L 方向符合右手法则的方向余弦为

$$(\cos\alpha,\cos\beta,\cos\gamma) = \left(\frac{x-r_1}{\sqrt{(x-r_1)^2+y^2+z^2}}, \frac{y}{\sqrt{(x-r_1)^2+y^2+z^2}}, \frac{z}{\sqrt{(x-r_1)^2+y^2+z^2}}\right)$$

$$= \left(\frac{x-r_1}{r_1}, \frac{y}{r_1}, \frac{z}{r_1}\right).$$

从而,由斯托克斯公式有

$$I = \iint\limits_{S} \begin{vmatrix} \cos\alpha & \cos\beta & \cos\gamma \\ \dfrac{\partial}{\partial x} & \dfrac{\partial}{\partial y} & \dfrac{\partial}{\partial z} \\ y^2+z^2 & z^2+x^2 & x^2+y^2 \end{vmatrix} \mathrm{d}S = \iint\limits_{S} \begin{vmatrix} \dfrac{x-r_1}{r_1} & \dfrac{y}{r_1} & \dfrac{z}{r_1} \\ \dfrac{\partial}{\partial x} & \dfrac{\partial}{\partial y} & \dfrac{\partial}{\partial z} \\ y^2+z^2 & z^2+x^2 & x^2+y^2 \end{vmatrix} \mathrm{d}S$$

$$= \frac{2}{r_1}\iint\limits_{S} \left[(y-z)(x-r_1)+(z-x)y+(x-y)z\right]\mathrm{d}S$$

$$= 2\iint\limits_{S} z\mathrm{d}S - 2\iint\limits_{S} y\mathrm{d}S$$

$$= 2\iint\limits_{S} z\mathrm{d}S \quad (\text{由于 } S \text{ 关于 } xOz \text{ 平面对称,在对称点处 } y \text{ 互为相反数,所以}\iint\limits_{S} y\mathrm{d}S = 0)$$

$$= 2r_1\iint\limits_{S} \frac{z}{r_1}\mathrm{d}S = 2r_1\iint\limits_{S} \cos\gamma\mathrm{d}S = 2r_1\iint\limits_{S(\text{上侧})} \mathrm{d}x\mathrm{d}y$$

$$= 2r_1\iint\limits_{D_{xy}} \mathrm{d}x\mathrm{d}y (D_{xy} = \{(x,y) \mid x^2+y^2 \leqslant 2r_2 x\} \text{ 是 } S \text{ 在 } xOy \text{ 平面的投影})$$

$$= 2r_1 \cdot \pi r_2^2 = 2\pi r_1 r_2^2.$$

5.28　记 $F(x,y,z) = x^2+y^2+z^2-a^2$,则在 S 上的点 (x,y,z) 处的法向量为 $(2x,2y,2z)$,所以它的外侧法向量的方向余弦

$$\cos\alpha = \frac{x}{\sqrt{x^2+y^2+z^2}} = \frac{x}{a}, \cos\beta = \frac{y}{a}, \cos\gamma = \frac{z}{a}.$$

从而,

$$I = a\iint\limits_{S} \left(y^3 z^3 \cdot \frac{x}{a} + z^3 x^3 \cdot \frac{y}{a} + x^3 y^3 \cdot \frac{z}{a}\right)\mathrm{d}S$$

$$= a\iint\limits_{S} (y^3 z^3\cos\alpha + z^3 x^3\cos\beta + x^3 y^3\cos\gamma)\mathrm{d}S$$

$$= a\iint\limits_{S(\text{外侧})} y^3 z^3\mathrm{d}y\mathrm{d}z + z^3 x^3\mathrm{d}z\mathrm{d}x + x^3 y^3\mathrm{d}x\mathrm{d}y. \tag{1}$$

由于　x 与 z 对调不改变 S 的方程,因此有

$$\iint\limits_{S(\text{外侧})} y^3 z^3\mathrm{d}y\mathrm{d}z = \iint\limits_{S(\text{外侧})} x^3 y^3\mathrm{d}x\mathrm{d}y = \iint\limits_{S(\text{上侧})} x^3 y^3\mathrm{d}x\mathrm{d}y,$$

同样,y 与 z 对调不改变 S 的方程,因此有

$$\iint\limits_{S(\text{外侧})} z^3 x^3\mathrm{d}z\mathrm{d}x = \iint\limits_{S(\text{上侧})} x^3 y^3\mathrm{d}x\mathrm{d}y.$$

将它们代入式(1) 得

$$I = 3a \iint\limits_{S(\text{上侧})} x^3 y^3 \mathrm{d}x\mathrm{d}y = 3a \iint\limits_{D_{xy}} x^3 y^3 \mathrm{d}x\mathrm{d}y \quad (D_{xy} = \{(x,y) \mid x^2+y^2 \leqslant a^2, x \geqslant 0, y \geqslant 0\}$$

是 S 在 xOy 平面上的投影)

$$\xrightarrow{\text{极坐标}} 3a \int_0^{\frac{\pi}{2}} \mathrm{d}\theta \int_0^a r^3 \cos^3\theta \cdot r^3 \sin^3\theta \cdot r\mathrm{d}r$$

$$= \frac{3}{8}a^9 \int_0^{\frac{\pi}{2}} \cos^3\theta \sin^3\theta \mathrm{d}\theta$$

$$= \frac{3}{8}a^9 \int_0^{\frac{\pi}{2}} (1-\sin^2\theta)\sin^3\theta \mathrm{d}\sin\theta$$

$$= \frac{3}{8}a^9 \cdot \left(\frac{1}{4}-\frac{1}{6}\right) = \frac{1}{32}a^9.$$

5.29　取 ε 为充分小的正数,作上半球面　$x^2+y^2+z^2=\varepsilon^2(z\geqslant 0)$,并将它的下侧记为 S_ε'. 此外记从 S_2(S 在 xOy 平面的投影,下侧)上去掉 $\{(x,y) \mid x^2+y^2\leqslant\varepsilon^2\}$(记它的上侧为 S_ε'')后的剩下部分记为 S_3,取 $S_1=S_\varepsilon'+S_3$. 于是有

$$I = \oiint\limits_{S+S_1} P(x,y,z)\mathrm{d}y\mathrm{d}z + Q(x,y,z)\mathrm{d}z\mathrm{d}x + R(x,y,z)\mathrm{d}x\mathrm{d}y -$$

$$\iint\limits_{S_\varepsilon'} P(x,y,z)\mathrm{d}y\mathrm{d}z + Q(x,y,z)\mathrm{d}z\mathrm{d}x + R(x,y,z)\mathrm{d}x\mathrm{d}y -$$

$$\iint\limits_{S_3} P(x,y,z)\mathrm{d}y\mathrm{d}z + Q(x,y,z)\mathrm{d}z\mathrm{d}x + R(x,y,z)\mathrm{d}x\mathrm{d}y, \tag{1}$$

其中

$$\oiint\limits_{S+S_1} P(x,y,z)\mathrm{d}y\mathrm{d}z + Q(x,y,z)\mathrm{d}z\mathrm{d}x + R(x,y,z)\mathrm{d}x\mathrm{d}y$$

$$= \iiint\limits_{\Omega} \left(\frac{\partial P}{\partial x}+\frac{\partial Q}{\partial y}+\frac{\partial R}{\partial z}\right)\mathrm{d}v = \iiint\limits_{\Omega} 0\mathrm{d}v = 0(\text{其中 } \Omega \text{ 是由有向闭曲面 } S+S_1 \text{ 围成的立体}).$$

$$\tag{2}$$

$$\iint\limits_{S_\varepsilon'} P(x,y,z)\mathrm{d}y\mathrm{d}z + Q(x,y,z)\mathrm{d}z\mathrm{d}x + R(x,y,z)\mathrm{d}x\mathrm{d}y$$

$$= \iint\limits_{S_\varepsilon'} \frac{x\mathrm{d}y\mathrm{d}z + y\mathrm{d}z\mathrm{d}x + z\mathrm{d}x\mathrm{d}y}{\varepsilon^3}$$

$$= \frac{1}{\varepsilon^3}\left(\iint\limits_{S_\varepsilon'+S_\varepsilon''} x\mathrm{d}y\mathrm{d}z + y\mathrm{d}z\mathrm{d}x + z\mathrm{d}x\mathrm{d}y - \iint\limits_{S_\varepsilon''} x\mathrm{d}y\mathrm{d}z + y\mathrm{d}z\mathrm{d}x + z\mathrm{d}x\mathrm{d}y\right)$$

$$= -\frac{1}{\varepsilon^3} \iiint\limits_{\Omega_\varepsilon} \left(\frac{\partial x}{\partial x}+\frac{\partial y}{\partial y}+\frac{\partial z}{\partial z}\right)\mathrm{d}v$$

(其中 Ω_ε 是闭曲面 $S_\varepsilon'+S_\varepsilon''$ 围成的上半球 $x^2+y^2+z^2\leqslant\varepsilon^2(z\geqslant 0)$)

$$= -\frac{1}{\varepsilon^3} \cdot 3 \cdot \frac{2}{3}\pi\varepsilon^3 = -2\pi. \tag{3}$$

$$\iint\limits_{S_3} P(x,y,z)\mathrm{d}y\mathrm{d}z + Q(x,y,z)\mathrm{d}z\mathrm{d}x + R(x,y,z)\mathrm{d}x\mathrm{d}y = 0(\text{由于 } S_3 \text{ 在平面 } z=0 \text{ 上}). \tag{4}$$

将式(2)、式(3)、式(4)代入式(1)得 $I=0-(-2\pi)-0=2\pi$.

5.30 $\displaystyle\iint_D \boldsymbol{f}\cdot\boldsymbol{g}\mathrm{d}\sigma=\iint_D(v\boldsymbol{i}+u\boldsymbol{j})\cdot\left[\left(\frac{\partial u}{\partial x}-\frac{\partial u}{\partial y}\right)\boldsymbol{i}+\left(\frac{\partial v}{\partial x}-\frac{\partial v}{\partial y}\right)\boldsymbol{j}\right]\mathrm{d}\sigma$

$\displaystyle=\iint_D\left[v\left(\frac{\partial u}{\partial x}-\frac{\partial u}{\partial y}\right)+u\left(\frac{\partial v}{\partial x}-\frac{\partial v}{\partial y}\right)\right]\mathrm{d}\sigma$

$\displaystyle=\iint_D\left[\left(v\frac{\partial u}{\partial x}+u\frac{\partial v}{\partial x}\right)-\left(v\frac{\partial u}{\partial y}+u\frac{\partial v}{\partial y}\right)\right]\mathrm{d}\sigma$

$\displaystyle=\iint_D\left[\frac{\partial(uv)}{\partial x}-\frac{\partial(uv)}{\partial y}\right]\mathrm{d}\sigma$

$\displaystyle\xlongequal{\text{格林公式}}\oint_C uv\mathrm{d}x+uv\mathrm{d}y=\oint_C y\mathrm{d}x+y\mathrm{d}y$ （其中 D 的边界曲线 C：$\begin{cases}x=\cos t,\\ y=2\sin t,\end{cases}$ 起点 参数 $t=-\pi$，终点参数 $t=\pi$）

$\displaystyle=\int_{-\pi}^{\pi}2\sin t(-\sin t+2\cos t)\mathrm{d}t$

$\displaystyle=-\int_0^{\pi}4\sin^2 t\mathrm{d}t=-\int_0^{\pi}2(1-\cos 2t)\mathrm{d}t=-2\pi$.

5.31 $\displaystyle\boldsymbol{F}=G\rho\left\{\iint_{\Sigma}\frac{x}{[x^2+y^2+(z-a)^2]^{\frac{3}{2}}}\mathrm{d}S\,\boldsymbol{i}+\iint_{\Sigma}\frac{y}{[x^2+y^2+(z-a)^2]^{\frac{3}{2}}}\mathrm{d}S\boldsymbol{j}+\right.$

$\displaystyle\left.\iint_{\Sigma}\frac{z-a}{[x^2+y^2+(z-a)^2]^{\frac{3}{2}}}\mathrm{d}S\boldsymbol{k}\right\}$（其中 G 是引力系数）. $\hfill(1)$

由于 S 关于 yOz 平面对称，函数 $\dfrac{x}{[x^2+y^2+(z-a)^2]^{\frac{3}{2}}}$ 在对称点处的值互为相反数，所以

$$\iint_{\Sigma}\frac{x}{[x^2+y^2+(z-a)^2]^{\frac{3}{2}}}\mathrm{d}S=0. \tag{2}$$

同理 $\displaystyle\iint_{\Sigma}\frac{y}{[x^2+y^2+(z-a)^2]^{\frac{3}{2}}}\mathrm{d}S=0. \hfill(3)$

下面计算式(1)的右边第三个曲面积分：

$\displaystyle\iint_{\Sigma}\frac{z-a}{[x^2+y^2+(z-a)^2]^{\frac{3}{2}}}\mathrm{d}S\xlongequal[\substack{x=R\cos\theta\sin\varphi\\y=R\sin\theta\sin\varphi\\z=R\cos\varphi}]{\text{球面坐标}}\int_0^{2\pi}\mathrm{d}\theta\int_0^{\pi}\frac{R\cos\varphi-a}{(R^2+a^2-2aR\cos\varphi)^{\frac{3}{2}}}\cdot R^2\sin\varphi\mathrm{d}\varphi$

$\displaystyle=2\pi\int_0^{\pi}\frac{R\cos\varphi-a}{(R^2+a^2-2aR\cos\varphi)^{\frac{3}{2}}}\cdot R^2\sin\varphi\mathrm{d}\varphi$

$\displaystyle=-\frac{2\pi R}{a}\int_0^{\pi}(R\cos\varphi-a)\mathrm{d}(R^2+a^2-2aR\cos\varphi)^{-\frac{1}{2}}$

$\displaystyle=-\frac{2\pi R}{a}\left[(R\cos\varphi-a)(R^2+a^2-2aR\cos\varphi)^{-\frac{1}{2}}\Big|_0^{\pi}+\right.$

$\displaystyle\left.\frac{1}{2a}\int_0^{\pi}(R^2+a^2-2aR\cos\varphi)^{-\frac{1}{2}}\mathrm{d}(R^2+a^2-2aR\cos\varphi)\right]$

$\displaystyle=-\frac{2\pi R}{a}\left[(-R-a)(R+a)^{-1}-(R-a)(a-R)^{-1}+\frac{1}{2a}\cdot 2(R^2+a^2-2aR\cos\varphi)^{\frac{1}{2}}\Big|_0^{\pi}\right]$

$\displaystyle=-\frac{2\pi R}{a^2}[(R+a)-(a-R)]=-\frac{4\pi R^2}{a^2}. \hfill(4)$

将式(2)、式(3)、式(4)代入式(1)得 $\boldsymbol{F} = -\dfrac{4\pi G\rho R^2}{a^2}\boldsymbol{k}.$

5.32 所给等式两边在$[0,1]$上积分得

$$\int_0^1 u(x)\mathrm{d}x = \int_0^1 \left[1 + \lambda \int_x^1 u(y)u(y-x)\mathrm{d}y \right] \mathrm{d}x$$

$$= 1 + \lambda \int_0^1 \mathrm{d}x \int_x^1 u(y)u(y-x)\mathrm{d}y$$

$$= 1 + \lambda \int_0^1 \mathrm{d}y \int_0^y u(y)u(y-x)\mathrm{d}x \quad \text{(按图答 5.32}$$

交换积分次序)

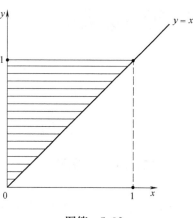

图答 5.32

$$\xlongequal{\text{令}\, t=y-x} 1 + \lambda \int_0^1 \mathrm{d}y \int_0^y u(y)u(t)\mathrm{d}t$$

$$= 1 + \lambda \int_0^1 \left[u(y) \cdot \int_0^y u(t)\mathrm{d}t \right] \mathrm{d}y$$

$$= 1 + \lambda \int_0^1 \left[\int_0^y u(t)\mathrm{d}t \right] \mathrm{d}\left[\int_0^y u(t)\mathrm{d}t \right]$$

$$= 1 + \lambda \cdot \frac{1}{2} \left[\int_0^y u(t)\mathrm{d}t \right]^2 \Big|_0^1 = 1 + \frac{\lambda}{2}\left[\int_0^1 u(t)\mathrm{d}t \right]^2.$$

记 $a = \displaystyle\int_0^1 u(t)\mathrm{d}t$,则 a 为实数,且上式成为

$$\lambda a^2 - 2a + 2 = 0.$$

这意味着以 a 为未知数的一元二次方程有实数解,所以有

$$(-2)^2 - 4 \cdot \lambda \cdot 2 \geqslant 0,\ \text{即}\ \lambda \leqslant \frac{1}{2}.$$

第六章
无 穷 级 数

一、核心内容提要

1. 级数收敛性的定义

设级数 $\sum\limits_{n=1}^{\infty} u_n$，如果它的部分和数列 $\{s_n\}$ $\left(s_n = \sum\limits_{k=1}^{n} u_k\right)$ 收敛于 s，则称 $\sum\limits_{n=1}^{\infty} u_n$ 收敛，其和为 s；如果 $\{s_n\}$ 发散，则称 $\sum\limits_{n=1}^{\infty} u_n$ 发散.

$\sum\limits_{n=1}^{\infty} u_n$ 收敛的必要而非充分条件是 $\lim\limits_{n \to \infty} u_n = 0$.

$\sum\limits_{n=1}^{\infty} u_n$ 收敛的充分必要条件是：对任给 $\varepsilon > 0$，存在正整数 N，使得当 $n > N$ 时，对任意正整数 p，都有 $\mid u_{N+1} + u_{N+2} + \cdots + u_{N+p} \mid < \varepsilon$（柯西审敛原理）.

2. 正项级数收敛性判定法

正项级数 $\sum\limits_{n=1}^{\infty} u_n$ 收敛的充分必要条件是部分和数列 $\{s_n\}$ 有界，

正项级数收敛性有以下三个判定法：

（1）比较法　设 $\sum\limits_{n=1}^{\infty} u_n$ 是正项级数，如果存在收敛（发散）的正项级数 $\sum\limits_{n=1}^{\infty} v_n$，则当 $u_n \leqslant kv_n (u_n \geqslant kv_n)(n = 1, 2, \cdots, k$ 是正数$)$ 时，$\sum\limits_{n=1}^{\infty} u_n$ 收敛（发散）.

称 $\sum\limits_{n=1}^{\infty} v_n$ 为比较级数，常用的比较级数有

$\sum\limits_{n=1}^{\infty} aq^n (a > 0, q > 0)$. 当 $0 < q < 1$ 时，$\sum\limits_{n=1}^{\infty} aq^n$ 收敛；当 $q \geqslant 1$ 时，$\sum\limits_{n=1}^{\infty} aq^n$ 发散.

$\sum\limits_{n=1}^{\infty} \dfrac{1}{n^p} (p$ 是常数$)$. 当 $p > 1$ 时，$\sum\limits_{n=1}^{\infty} \dfrac{1}{n^p}$ 收敛；当 $p \leqslant 1$ 时，$\sum\limits_{n=1}^{\infty} \dfrac{1}{n^p}$ 发散.

$\sum\limits_{n=2}^{\infty} \dfrac{1}{n^\alpha \ln^\beta n} (\alpha, \beta$ 是常数$)$. 当 $\alpha > 1$，或 $\alpha = 1$ 而 $\beta > 1$ 时，$\sum\limits_{n=2}^{\infty} \dfrac{1}{n^\alpha \ln^\beta n}$ 收敛，其他情况时，$\sum\limits_{n=2}^{\infty} \dfrac{1}{n^\alpha \ln^\beta n}$ 发散.

（2）比值法

设正项级数 $\sum\limits_{n=1}^{\infty} u_n$,如果 $\lim\limits_{n\to\infty} \dfrac{u_{n+1}}{u_n} = \rho$,则

当 $\rho < 1$ 时,$\sum\limits_{n=1}^{\infty} u_n$ 收敛;当 $\rho > 1$ 时,$\sum\limits_{n=1}^{\infty} u_n$ 发散;当 $\rho = 1$ 时,$\sum\limits_{n=1}^{\infty} u_n$ 可能收敛,也可能发散,需用其他方法判定.

（3）根值法

设正项级数 $\sum\limits_{n=1}^{\infty} u_n$,如果 $\lim\limits_{n\to\infty} \sqrt[n]{u_n} = \rho$,则

当 $\rho < 1$ 时,$\sum\limits_{n=1}^{\infty} u_n$ 收敛;当 $\rho > 1$ 时,$\sum\limits_{n=1}^{\infty} u_n$ 发散;当 $\rho = 1$ 时,$\sum\limits_{n=1}^{\infty} u_n$ 可能收敛,也可能发散,需用其他方法判定.

3. 任意项级数的收敛性

设 $\sum\limits_{n=1}^{\infty} u_n$ 是任意项级数,如果 $\sum\limits_{n=1}^{\infty} |u_n|$ 收敛,则称 $\sum\limits_{n=1}^{\infty} u_n$ 绝对收敛;如果 $\sum\limits_{n=1}^{\infty} |u_n|$ 发散,而 $\sum\limits_{n=1}^{\infty} u_n$ 收敛,则称 $\sum\limits_{n=1}^{\infty} u_n$ 条件收敛.

交错级数 $\sum\limits_{n=1}^{\infty} (-1)^{n-1} u_n$（其中 $u_n > 0, n = 1, 2, \cdots$）的莱布尼茨定理：

设 $\{u_n\}$ 单调减少收敛于零,则 $\sum\limits_{n=1}^{\infty} (-1)^{n-1} u_n$ 收敛.

4. 幂级数 $\sum\limits_{n=0}^{\infty} a_n x^n$ 的收敛区间和收敛域

如果幂级数 $\sum\limits_{n=0}^{\infty} a_n x^n$ 在 $(-R, R)$ $(R > 0)$ 内收敛,在 $(-\infty, -R) \bigcup (R, +\infty)$ 上发散,则称 $(-R, R)$ 为 $\sum\limits_{n=0}^{\infty} a_n x^n$ 的收敛区间 （如果 $R = +\infty$,则 $\sum\limits_{n=0}^{\infty} a_n x^n$ 的收敛区间为 $(-\infty, +\infty)$）,其中 R 称为 $\sum\limits_{n=0}^{\infty} a_n x^n$ 的收敛半径.

当 $R > 0$ 时,收敛区间 $(-R, R)$ 及使 $\sum\limits_{n=0}^{\infty} a_n x^n$ 收敛的点 $x = -R$ 与 $x = R$ 称为 $\sum\limits_{n=0}^{\infty} a_n x^n$ 的收敛域. 显然,当 $\sum\limits_{n=0}^{\infty} a_n x^n$ 的收敛区间为 $(-\infty, +\infty)$ 时,它即为收敛域.

5. 函数 $f(x)$ 展开成 x 的幂级数

设 $f(x)$ 在点 $x = 0$ 的某个邻域内有各阶导数,则它在这一邻域内可展开成 x 的幂级数,即 $f(x) = \sum\limits_{n=0}^{\infty} \dfrac{1}{n!} f^{(n)}(0) x^n$ （这一表达式称为 $f(x)$ 在点 $x = 0$ 处的泰勒展开式,或麦克劳林展开式,其右边也称 $f(x)$ 在点 $x = 0$ 处的泰勒级数,或麦克劳林级数）的充分必要条件是,$f(x)$ 的 n 阶泰勒公式的拉格朗日型余项 $R_n(x) = \dfrac{1}{(n+1)!} f^{n+1}(\xi) x^{n+1}$（$\xi$ 是介于 0 与 x 之间的实数）

在 $n \to \infty$ 时的极限为零.

常用函数的 x 幂级数展开式(即麦克劳林展开式)为：

$$\mathrm{e}^x = \sum_{n=0}^{\infty} \frac{1}{n!} x^n \quad (-\infty < x < +\infty),$$

$$\sin x = \sum_{n=0}^{\infty} (-1)^n \frac{1}{(2n+1)!} x^{2n+1} \quad (-\infty < x < +\infty),$$

$$\cos x = \sum_{n=0}^{\infty} (-1)^n \frac{1}{(2n)!} x^{2n} \quad (-\infty < x < +\infty),$$

$$\ln(1+x) = \sum_{n=1}^{\infty} (-1)^{n-1} \frac{1}{n} x^n \quad (-1 < x \leqslant 1),$$

$$(1+x)^\alpha = 1 + \sum_{n=1}^{\infty} \frac{\alpha(\alpha-1)(\alpha-2)\cdots(\alpha-n+1)}{n!} x^n \quad (\text{当 } \alpha > 0 \text{ 时}, x \in [-1,1];$$

当 $-1 < \alpha < 0$ 时, $x \in (-1,1]$;当 $\alpha \leqslant -1$ 时, $x \in (-1,1))$.

6. 幂级数的分析运算

设幂级数 $\displaystyle\sum_{n=0}^{\infty} a_n x^n$ 的收敛半径为 $R(R > 0)$,和函数为 $s(x)$,则

(1) $\displaystyle\lim_{x \to x_0} s(x) = \sum_{n=0}^{\infty} a_n x_0{}^n \quad (x_0 \in (-R,R))$,

特别,当 $\displaystyle\sum_{n=0}^{\infty} a_n x^n$ 在点 $x = R$ (或 $x = -R$) 收敛时,有

$$\lim_{x \to R^-} s(x) = \sum_{n=0}^{\infty} a_n R^n (\text{或} \lim_{x \to (-R)^+} s(x) = \sum_{n=0}^{\infty} a_n (-R)^n).$$

(2) $\displaystyle s'(x) = \sum_{n=1}^{\infty} (a_n x^n)' = \sum_{n=1}^{\infty} n a_n x^{n-1} \quad (x \in (-R,R))$.

(3) $\displaystyle\int_0^x s(t) \mathrm{d}t = \sum_{n=0}^{\infty} \int_0^x a_n t^n \mathrm{d}t = \sum_{n=0}^{\infty} \frac{a_n}{n+1} x^{n+1} \quad (x \in (-R,R))$.

7. 函数 $f(x)$ 展开成傅里叶级数及正、余弦级数

设 $f(x)$ 是周期为 $2l(l > 0)$ 的周期函数,则它的傅里叶级数为

$$\frac{a_0}{2} + \sum_{n=1}^{\infty} a_n \cos \frac{n\pi x}{l} + b_n \sin \frac{n\pi x}{l},$$

其中 $a_0 = \dfrac{1}{l} \displaystyle\int_{-l}^{l} f(x) \mathrm{d}x$, $a_n = \dfrac{1}{l} \displaystyle\int_{-l}^{l} f(x) \cos \dfrac{n\pi x}{l} \mathrm{d}x$, $b_n = \dfrac{1}{l} \displaystyle\int_{-l}^{l} f(x) \sin \dfrac{n\pi x}{l} \mathrm{d}x, n = 1,2,\cdots$.

狄利克雷收敛定理：

设 $f(x)$ 是周期为 $2l(l > 0)$ 的周期函数,如果它满足：

(1) 在一个周期内连续或只有有限个第一类间断点;

(2) 在一个周期内只有有限个极值点,

则 $f(x)$ 的傅里叶级数收敛,且当 x 是 $f(x)$ 的连续点时,傅里叶级数收敛于 $f(x)$,即

$$f(x) = \frac{a_0}{2} + \sum_{n=1}^{\infty} a_n \cos \frac{n\pi x}{l} + b_n \sin \frac{n\pi x}{l} \quad (\text{称 } f(x) \text{ 展开成傅里叶级数});$$

当 x 是 $f(x)$ 的间断点时,傅里叶级数收敛于 $\frac{1}{2}[f(x^+) + f(x^-)]$.

二、典型例题精解

A　　组

例 6.1　下列级数的收敛性结论为_____.

(1) $\displaystyle\sum_{n=1}^{\infty}\left(\cos\frac{1}{\sqrt{n}}\right)^{n^2}$;

(2) $\displaystyle\sum_{n=1}^{\infty}\left(e^{\frac{1}{\sqrt{n}}}-1\right)\sin\frac{1}{\sqrt{n+1}}$;

(3) $\displaystyle\sum_{n=1}^{\infty}\left(\ln\frac{1}{n}-\ln\sin\frac{1}{n}\right)$.

分析　(1) 记 $u_n=\left(\cos\dfrac{1}{\sqrt{n}}\right)^{n^2}$,它是 $\cos\dfrac{1}{\sqrt{n}}$ 的 n^2 次幂,所以宜用根值法判定收敛性.

(2) 记 $u_n=\left(e^{\frac{1}{\sqrt{n}}}-1\right)\sin\dfrac{1}{\sqrt{n+1}}$,它的表达式比较复杂,因此通过寻找等价无穷小($n\to\infty$ 时) 判定收敛性.

(3) 记 $u_n=\ln\dfrac{1}{n}-\ln\sin\dfrac{1}{n}$,与(2)同样需寻找它在 $n\to\infty$ 时的等价无穷小,显然此时需利用函数 $\ln x-\ln\sin x$ 的麦克劳林公式.

精解　(1) 由于 $\displaystyle\lim_{n\to\infty}\sqrt[n]{u_n}=\lim_{n\to\infty}\left(\cos\frac{1}{\sqrt{n}}\right)^{n}=e^{\lim\limits_{n\to\infty}n\ln\cos\frac{1}{\sqrt{n}}}$,　　　　(1)

其中

$$\lim_{n\to\infty}n\ln\cos\frac{1}{\sqrt{n}}=\lim_{n\to\infty}\frac{\ln\left[1+\left(\cos\dfrac{1}{\sqrt{n}}-1\right)\right]}{\dfrac{1}{n}}$$

$$=-\lim_{n\to\infty}\frac{1-\cos\dfrac{1}{\sqrt{n}}}{\dfrac{1}{n}}=-\lim_{n\to\infty}\frac{\dfrac{1}{2}\left(\dfrac{1}{\sqrt{n}}\right)^2}{\dfrac{1}{n}}=-\frac{1}{2}.\qquad(2)$$

将式(2)代入式(1) 得 $\displaystyle\lim_{n\to\infty}\sqrt[n]{u_n}=e^{-\frac{1}{2}}<1$,所以正项级数 $\displaystyle\sum_{n=1}^{\infty}\left(\cos\frac{1}{\sqrt{n}}\right)^{n^2}$ 收敛.

(2) 由于 $n\to\infty$ 时,

$$u_n=\left(e^{\frac{1}{\sqrt{n}}}-1\right)\sin\frac{1}{\sqrt{n+1}}\sim\frac{1}{\sqrt{n}}\cdot\frac{1}{\sqrt{n+1}}\sim\frac{1}{n},$$

而 $\displaystyle\sum_{n=1}^{\infty}\frac{1}{n}$ 发散,所以正项级数 $\displaystyle\sum_{n=1}^{\infty}\left(e^{\frac{1}{\sqrt{n}}}-1\right)\sin\frac{1}{\sqrt{n+1}}$ 发散.

297

(3) 将 $u_n = \ln\dfrac{1}{n} - \ln\sin\dfrac{1}{n}$ 中的 $\dfrac{1}{n}$ 改写成 x 得

$$\ln x - \ln\sin x = -\ln\dfrac{\sin x}{x} = -\ln\dfrac{x - \dfrac{1}{3!}x^3 + o(x^3)}{x}$$

$$= -\ln\left[1 - x^2\left(\dfrac{1}{6} + o(1)\right)\right]$$

$$\sim x^2\left(\dfrac{1}{6} + o(1)\right) \sim \dfrac{1}{6}x^2 \ (x \to 0^+),$$

由此可知当 $n \to \infty$ 时,

$$u_n = \ln\dfrac{1}{n} \sim \ln\sin\dfrac{1}{n} \sim \dfrac{1}{6n^2},$$

而 $\displaystyle\sum_{n=1}^{\infty}\dfrac{1}{6n^2}$ 收敛,所以正项级数 $\displaystyle\sum_{n=1}^{\infty}\left(\ln\dfrac{1}{n} - \ln\sin\dfrac{1}{n}\right)$ 收敛.

附注 寻找 $x \to 0$ 时 $f(x)$ 的等价无穷小主要有以下几种方法:

(1) 利用常用的等价无穷小,它们是:当 $x \to 0$ 时

$$\sin x \sim x, \ \tan x \sim x, \ \arcsin x \sim x, \ \arctan x \sim x,$$

$$e^x - 1 \sim x, \ \ln(1+x) \sim x, \ (1+x)^\alpha - 1 \sim \alpha x \ (\alpha \neq 0), \ 1 - \cos x \sim \dfrac{1}{2}x^2.$$

(2) 利用常用函数的带佩亚诺型余项的麦克劳林公式,它们是:当 $x \to 0$ 时

$$e^x = 1 + x + \dfrac{1}{2!}x^2 + \cdots + \dfrac{1}{n!}x^n + o(x^n),$$

$$\sin x = x - \dfrac{1}{3!}x^3 + \cdots + (-1)^{n-1}\dfrac{1}{(2n-1)!}x^{2n-1} + o(x^{2n}),$$

$$\cos x = 1 - \dfrac{1}{2!}x^2 + \cdots + (-1)^n\dfrac{1}{(2n)!}x^{2n} + o(x^{2n+1}),$$

$$\ln(1+x) = x - \dfrac{1}{2}x^2 + \cdots + (-1)^{n-1}\dfrac{1}{n}x^n + o(x^n),$$

$$(1+x)^\alpha = 1 + \alpha x + \dfrac{\alpha(\alpha-1)}{2!}x^2 + \cdots + \dfrac{\alpha(\alpha-1)\cdots(\alpha-n+1)}{n!}x^n + o(x^n).$$

例 6.2 级数 $\displaystyle\sum_{n=1}^{\infty}\sin\pi(3+\sqrt{5})^n$ 的收敛性结论是_____.

分析 记 $u_n = \sin\pi(3+\sqrt{5})^n$,如果能把其中的 $3+\sqrt{5}$ 替换成 $3-\sqrt{5}$,则可由 $\displaystyle\sum_{n=1}^{\infty}|\sin\pi(3-\sqrt{5})^n|$ 收敛性得所给级数的收敛性.

精解 容易知道,

$$(3+\sqrt{5})^n + (3-\sqrt{5})^n = \sum_{i=0}^{n}C_n^i 3^{n-i}(\sqrt{5})^i + \sum_{i=0}^{n}C_n^i(-1)^i 3^{n-i}(\sqrt{5})^i$$

$$= \sum_{i=0}^{n}C_n^i[1 + (-1)^i]3^{n-i}(\sqrt{5})^i$$

$$= 2[3^n + C_n^2 3^{n-2}\cdot 5 + C_n^4 3^{n-4}\cdot 5^2 + \cdots]\xlongequal{\text{记}}A_n,$$

则 A_n 是偶数,所以,对 $n = 1, 2, \cdots$ 有

$$|\sin\pi(3+\sqrt{5})^n| = |\sin\pi[A_n - (3-\sqrt{5})^n]| = |\sin\pi(3-\sqrt{5})^n| \leqslant \pi(3-\sqrt{5})^n,$$

而 $\displaystyle\sum_{n=1}^{\infty}\pi(3-\sqrt{5})^n$ 收敛 （这是由于该级数是公比 $= 3-\sqrt{5} < 1$ 的正项等比级数），因此 $\displaystyle\sum_{n=1}^{\infty}\sin(3+\sqrt{5})^n$ 绝对收敛.

附注 由于 $\displaystyle\sum_{n=1}^{\infty}\sin\pi(3+\sqrt{5})^n$ 是任意项级数，所以应从考虑 $\displaystyle\sum_{n=1}^{\infty}|\sin(3+\sqrt{5})^n|$ 的收敛性入手.

由于 $\displaystyle\lim_{n\to\infty}\frac{|\sin\pi(3+\sqrt{5})^{n+1}|}{|\sin\pi(3+\sqrt{5})^n|}$ 与 $\displaystyle\lim_{n\to\infty}\sqrt[n]{|\sin\pi(3+\sqrt{5})^n|}$ 都不易计算，因此采用比较法判定.

例 6.3 已知级数 $\displaystyle\sum_{n=1}^{\infty}\frac{1}{(n^2+2n+3)^\alpha}$ 发散，而级数 $\displaystyle\sum_{n=1}^{\infty}\left(\frac{1}{n}-\sin\frac{1}{n}\right)^\alpha$ 收敛，则正数 α 取值范围为_____.

分析 所给的两个级数都是正项级数，寻找它们通项在 $n\to\infty$ 时的等价无穷小，由此即可确定 α 取值范围.

精解 当 $n\to\infty$ 时，$\dfrac{1}{(n^2+2n+3)^\alpha} \sim \dfrac{1}{n^{2\alpha}}$，由此可知 $\displaystyle\sum_{n=1}^{\infty}\frac{1}{(n^2+2n+3)^\alpha}$ 发散时，$0 < 2\alpha \leqslant 1$，即 $0 < \alpha \leqslant \dfrac{1}{2}$. \hfill (1)

$n\to\infty$ 时，$\dfrac{1}{n}-\sin\dfrac{1}{n} \sim \dfrac{1}{6n^3}$（这是因为 $\displaystyle\lim_{x\to 0^+}\frac{x-\sin x}{x^3}=\frac{1}{6}$），即 $\left(\dfrac{1}{n}-\sin\dfrac{1}{n}\right)^\alpha \sim \dfrac{1}{6^\alpha n^{3\alpha}}$，由此可知，$\displaystyle\sum_{n=1}^{\infty}\left(\frac{1}{n}-\sin\frac{1}{n}\right)^\alpha$ 收敛时，$3\alpha > 1$，即 $\alpha > \dfrac{1}{3}$. \hfill (2)

由式(1)、式(2)得到 α 的取值范围为 $\left(\dfrac{1}{3}, \dfrac{1}{2}\right]$.

附注 正项级数 $\displaystyle\sum_{n=1}^{\infty}u_n$ 比较法的极限形式是：

如果存在正项级数 $\displaystyle\sum_{n=1}^{\infty}v_n$，使得 $\displaystyle\lim_{n\to\infty}\frac{u_n}{v_n}=l$，则

当 $0 \leqslant l < +\infty$ 时，由 $\displaystyle\sum_{n=1}^{\infty}v_n$ 收敛可推得 $\displaystyle\sum_{n=1}^{\infty}u_n$ 收敛；当 $0 < l \leqslant +\infty$ 时，由 $\displaystyle\sum_{n=1}^{\infty}v_n$ 发散可推得 $\displaystyle\sum_{n=1}^{\infty}u_n$ 发散.

由此可以得以下的结论：

(1) 设 $n\to\infty$ 时，$u_n \sim \dfrac{c}{n^p}$（c,p 都是正的常数），则当 $p>1$ 时，$\displaystyle\sum_{n=1}^{\infty}u_n$ 收敛；当 $0 < p \leqslant 1$ 时，$\displaystyle\sum_{n=1}^{\infty}u_n$ 发散.

(2) 设 $n\to\infty$ 时，$u_n \sim \dfrac{c}{n^\alpha \ln^\beta n}$（$c,\alpha,\beta$ 都是正的常数），则当 $\alpha>1$ 或 $\alpha=1$ 而 $\beta>1$ 时，$\displaystyle\sum_{n=1}^{\infty}u_n$

收敛,否则 $\displaystyle\sum_{n=1}^{\infty} u_n$ 发散.

例 6.4 下列级数收敛性的结论是_____.

(1) $\displaystyle\sum_{n=2}^{\infty} \frac{(-1)^n}{\sqrt{n}+(-1)^n}$;

(2) $\displaystyle\sum_{n=2}^{\infty} \frac{(-1)^n}{\sqrt{n+(-1)^n}}$.

分析 所给的两个级数都是交错级数,但不满足莱布尼茨定理的条件,所以应从将级数的通项表示成两项之和,即将一个级数表示成两个级数之和入手.

精解 (1) 由于 $\dfrac{(-1)^n}{\sqrt{n}+(-1)^n} = \dfrac{(-1)^n[\sqrt{n}-(-1)^n]}{n-1} = (-1)^n \dfrac{\sqrt{n}}{n-1} - \dfrac{1}{n-1}$,以及由莱

布尼茨定理知交错级数 $\displaystyle\sum_{n=2}^{\infty}(-1)^n \frac{\sqrt{n}}{n-1}$ 收敛(这是因为 $\left\{\dfrac{\sqrt{n}}{n-1}\right\}$ 收敛于零,此外由 $f(x)=$

$\dfrac{\sqrt{x}}{x-1}$ 的导数 $f'(x)=-\dfrac{1+x}{2\sqrt{x}(x-1)^2}<0(x\geqslant 2)$ 知 $\left\{\dfrac{\sqrt{n}}{n-1}\right\}$ 单调减少),而 $\displaystyle\sum_{n=2}^{\infty}\dfrac{1}{n-1}$ 发散,所

以 $\displaystyle\sum_{n=2}^{\infty}\dfrac{(-1)}{\sqrt{n}+(-1)^n}$ 发散.

(2) 由于 $\dfrac{(-1)^n}{\sqrt{n+(-1)^n}} = (-1)^n \dfrac{1}{\sqrt{n}}\left[1+(-1)^n\dfrac{1}{n}\right]^{-\frac{1}{2}}$

$$= (-1)^n \dfrac{1}{\sqrt{n}}\left[1-\dfrac{1}{2}(-1)^n\dfrac{1}{n}+o\left(\dfrac{1}{n}\right)\right] \text{(这里利用了函数}(1+x)^{-\frac{1}{2}}\text{ 的带佩亚诺}$$

$$\text{型余项的麦克劳林公式)}$$

$$= (-1)^n \dfrac{1}{\sqrt{n}}+\dfrac{1}{n^{\frac{3}{2}}}\left(-\dfrac{1}{2}+o(1)\right),$$

以及由莱布尼茨定理知交错级数 $\displaystyle\sum_{n=2}^{\infty}(-1)^n\dfrac{1}{\sqrt{n}}$ 条件收敛,而 $\displaystyle\sum_{n=2}^{\infty}\dfrac{1}{n^{\frac{3}{2}}}\left[\dfrac{1}{2}+o(1)\right]$ 绝对收敛(这是

因为当 n 大于某个正整数时, $\left|\dfrac{1}{n^{\frac{3}{2}}}\left[-\dfrac{1}{2}+o(1)\right]\right| \leqslant \dfrac{1}{n^{\frac{3}{2}}}$,而 $\displaystyle\sum_{n=2}^{\infty}\dfrac{1}{n^{\frac{3}{2}}}$ 收敛),所以

$\displaystyle\sum_{n=2}^{\infty}\dfrac{(-1)^n}{\sqrt{n+(-1)^n}}$ 条件收敛.

附注 当 $\displaystyle\sum_{n=1}^{\infty}u_n$ 是交错级数,但不满足莱布尼茨定理条件时,往往将 u_n 表示成 $u_n = v_n +$

w_n,然后分别考虑 $\displaystyle\sum_{n=1}^{\infty}v_n$ 与 $\displaystyle\sum_{n=1}^{\infty}w_n$ 的收敛性.

将 u_n 表示成 v_n+w_n 通常有以下两种方法:

(1) 利用代数运算将 u_n 表示成 v_n+w_n,例如本题的第(1)小题;

(2) 利用带佩亚诺型余项的麦克劳林公式将 u_n 表示成 v_n+w_n,例如本题的第(2)小题.

当 $\displaystyle\sum_{n=1}^{\infty}v_n$ 绝对收敛而 $\displaystyle\sum_{n=1}^{\infty}w_n$ 条件收敛时, $\displaystyle\sum_{n=1}^{\infty}u_n$ 条件收敛;当 $\displaystyle\sum_{n=1}^{\infty}v_n$ 收敛而 $\displaystyle\sum_{n=1}^{\infty}w_n$ 发散时,

$\displaystyle\sum_{n=1}^{\infty} u_n$ 发散.

例 6.5 $\displaystyle\frac{\dfrac{1}{3!}+\dfrac{\pi^4}{7!}+\dfrac{\pi^8}{11!}+\dfrac{\pi^{12}}{15!}+\cdots}{1+\dfrac{\pi^4}{5!}+\dfrac{\pi^8}{9!}+\dfrac{\pi^{12}}{13!}+\cdots}=$ _____.

分析 利用 $\sin\pi=\pi-\dfrac{\pi^3}{3!}+\dfrac{\pi^5}{5!}-\dfrac{\pi^7}{7!}+\dfrac{\pi^9}{9!}-\dfrac{\pi^{11}}{11!}+\dfrac{\pi^{13}}{13!}-\dfrac{\pi^{15}}{15!}+\cdots$

$\qquad=\left(\pi+\dfrac{\pi^5}{5!}+\dfrac{\pi^9}{9!}+\dfrac{\pi^{15}}{13!}+\cdots\right)-\left(\dfrac{\pi^3}{3!}+\dfrac{\pi^7}{7!}+\dfrac{\pi^{11}}{11!}+\dfrac{\pi^{15}}{15!}+\cdots\right)$ 即可.

精解 记 $a=\pi+\dfrac{\pi^5}{5!}+\dfrac{\pi^9}{9!}+\dfrac{\pi^{13}}{13!}+\cdots,$

$\qquad b=\dfrac{\pi^3}{3!}+\dfrac{\pi^7}{7!}+\dfrac{\pi^{11}}{11!}+\dfrac{\pi^{15}}{15!}+\cdots,$

则 $\sin\pi=a-b,$ 即 $a=b,$ 所以

$$\frac{\dfrac{1}{3!}+\dfrac{\pi^4}{7!}+\dfrac{\pi^8}{11!}+\dfrac{\pi^{12}}{15!}+\cdots}{1+\dfrac{\pi^4}{5!}+\dfrac{\pi^8}{9!}+\dfrac{\pi^{12}}{13!}+\cdots}=\frac{\dfrac{1}{\pi^3}\left(\dfrac{\pi^3}{3!}+\dfrac{\pi^7}{7!}+\dfrac{\pi^{11}}{11!}+\dfrac{\pi^{15}}{15!}+\cdots\right)}{\dfrac{1}{\pi}\left(\pi+\dfrac{\pi^5}{5!}+\dfrac{\pi^9}{9!}+\dfrac{\pi^{13}}{13!}+\cdots\right)}$$

$$=\frac{1}{\pi^2}\cdot\frac{b}{a}=\frac{1}{\pi^2}.$$

附注 只要记住 $\sin x$ 的麦克劳林展开式,就容易推出 $a=b,$ 使本题获解.

例 6.6 分别记 $\displaystyle\sum_{n=1}^{\infty}\arctan\frac{1}{n^2+n+1}$ 与 $\displaystyle\sum_{n=1}^{\infty}\arctan\frac{2}{8n^2-4n-1}$ 的和为 s_1 与 s_2,则 s_1 与 s_2 的大小关系为_____.

分析 利用 $\arctan\dfrac{a-b}{1+ab}=\arctan a-\arctan b$ 将各个级数的通项都表示为两项之差,由此通过计算部分和数列的极限算出 s_1 与 s_2.

精解 先计算 s_1,由于对 $i=1,2,\cdots$ 有

$$\arctan\frac{1}{i^2+i+1}=\arctan\frac{(i+1)-i}{1+i(i+1)}=\arctan(i+1)-\arctan i,$$

所以

$$s_1=\sum_{n=1}^{\infty}\arctan\frac{1}{n^2+n+1}=\lim_{n\to\infty}\sum_{i=1}^{n}[\arctan(i+1)-\arctan i]$$

$$=\lim_{n\to\infty}[\arctan(n+1)-\arctan 1]=\frac{\pi}{2}-\frac{\pi}{4}=\frac{\pi}{4}.$$

其次计算 s_2. 由于对 $i=1,2,\cdots,$ 有

$$\arctan\frac{2}{8i^2-4i-1}=\arctan\frac{4}{16i^2-8i-2}=\arctan\frac{(4i+1)-(4i-3)}{1+(4i+1)(4i-3)}$$

$$=\arctan(4i+1)-\arctan(4i-3),$$

所以

$$s_2=\sum_{n=1}^{\infty}\arctan\frac{2}{8n^2-4n-1}=\lim_{n\to\infty}\sum_{i=1}^{n}[\arctan(4i+1)-\arctan(4i-3)]$$

301

$$= \lim_{n \to \infty}[\arctan(4n+1) - \arctan 1] = \frac{\pi}{2} - \frac{\pi}{4} = \frac{\pi}{4}.$$

因此 $s_1 = s_2$.

附注 收敛级数 $\sum\limits_{n=1}^{\infty} a_n$ 的和 s 通常有两种计算方法：

方法一，计算 $\sum\limits_{n=1}^{\infty} a_n$ 的部分和数列 $\{s_n\}$(其中 $s_n = \sum\limits_{i=1}^{n} a_i$) 的极限，它即为 s；

方法二，构造相应的幂级数 $\sum\limits_{n=1}^{\infty} a_n x^n$，并算出它的和函数 $s(x)$. 当 $x=1$ 在 $\sum\limits_{n=1}^{\infty} a_n x^n$ 的收敛域内时，$s = s(1)$；当 $x=1$ 是 $\sum\limits_{n=1}^{\infty} a_n x^n$ 收敛域的边界点时，$s = \lim\limits_{x \to 1^-} s(x)$.

本题的两个级数利用公式 $\arctan \dfrac{a-b}{1+ab} = \arctan a - \arctan b$ 易于求得它们的部分和，因此采用方法一计算.

例 6.7 下列级数的收敛性结论为_____.

(1) $\sum\limits_{n=2}^{\infty} \dfrac{\ln(e^n + n^2)}{n^2 \ln^2 n}$；

(2) $\sum\limits_{n=2}^{\infty} \left(\dfrac{n-1}{n+1}\right)^n \dfrac{e^2}{\sqrt[3]{n^3+2} \cdot \ln n}$.

分析 寻找所给的各个级数(都是正项级数)通项在 $n \to \infty$ 时的形如 $\dfrac{c}{n^\alpha \ln^\beta n}$($c$ 是正的常数)的等价无穷小，即可确定它们的收敛性.

精解 (1) 当 $n \to \infty$ 时，$\dfrac{\ln(e^n + n^2)}{n^2 \ln^2 n} \sim \dfrac{\ln e^n}{n^2 \ln^2 n} = \dfrac{1}{n \ln^2 n}$，而 $\sum\limits_{n=2}^{\infty} \dfrac{1}{n \ln^2 n}$ 收敛，所以 $\sum\limits_{n=2}^{\infty} \dfrac{\ln(e^n + n^2)}{n^2 \ln^2 n}$ 收敛.

(2) 当 $n \to \infty$ 时，$\left(\dfrac{n-1}{n+1}\right)^n \dfrac{e^2}{\sqrt[3]{n^3+2} \cdot \ln n} \sim \dfrac{1}{e^2} \cdot \dfrac{e^2}{\sqrt[3]{n^3} \ln n} = \dfrac{1}{n \ln n}$(这里利用了

$\lim\limits_{n \to \infty} \left(\dfrac{n-1}{n+1}\right)^n = \lim\limits_{n \to \infty} \dfrac{\left(1 - \dfrac{1}{n}\right)^n}{\left(1 + \dfrac{1}{n}\right)^n} = \dfrac{1}{e^2}$)，而 $\sum\limits_{n=2}^{\infty} \dfrac{1}{n \ln n}$ 发散，所以 $\sum\limits_{n=2}^{\infty} \left(\dfrac{n-1}{n+1}\right)^2 \dfrac{e^2}{\sqrt[3]{n^2+2} \cdot \ln n}$

发散.

附注 正项级数 $\sum\limits_{n=2}^{\infty} \dfrac{1}{n^\alpha \ln^\beta n}$(其中 α, β 都是正的常数)的收敛性的结论如下：

当 $\alpha > 1$，或 $\alpha = 1$ 而 $\beta > 1$ 时，级数收敛，否则发散.

例 6.8 设正项级数 $\sum\limits_{n=1}^{\infty} u_n$ 发散，记 $s_n = \sum\limits_{i=1}^{n} u_i$，则级数 $\sum\limits_{n=1}^{\infty} \dfrac{u_n}{s_n}$，$\sum\limits_{n=1}^{\infty} \dfrac{u_n}{s_n^2}$ 的收敛性结论是_____.

分析 (1) 设 $u_n = 1(n = 1, 2, \cdots)$，则 $\sum\limits_{n=1}^{\infty} \dfrac{u_n}{s_n} = \sum\limits_{n=1}^{\infty} \dfrac{1}{n}$ 发散. 由此特例可以推测对一般的

正项级数 $\sum\limits_{n=1}^{\infty} u_n$，$\sum\limits_{n=1}^{\infty} \dfrac{u_n}{s_n}$ 应是发散. 用反证法可证明这一结论.

（2）只要证明正项级数 $\sum\limits_{n=1}^{\infty} \dfrac{u_n}{s_n^2}$ 的部分和数列是有界的即可推出该级数收敛.

精解　（1）设 $\sum\limits_{n=1}^{\infty} \dfrac{u_n}{s_n}$ 是收敛的，则由柯西审敛原理知，对于 $\dfrac{1}{2}>0$，存在正整数 N，当 $n>N$ 时，对任意正整数 p 都有

$$\frac{u_{n+1}}{s_{n+1}}+\frac{u_{n+2}}{s_{n+2}}+\cdots+\frac{u_{n+p}}{s_{n+p}}<\frac{1}{2}. \tag{1}$$

但另一方面，由 $\sum\limits_{n=1}^{\infty} u_n$ 是正项级数知 $\{s_n\}$ 单调增加，所以有

$$\frac{u_{n+1}}{s_{n+1}}+\frac{u_{n+2}}{s_{n+2}}+\cdots+\frac{u_{n+p}}{s_{n+p}}>\frac{1}{s_{n+p}}(u_{n+1}+u_{n+2}+\cdots+u_{n+p})$$

$$=\frac{1}{s_{n+p}}(s_{n+p}-s_n)=1-\frac{s_n}{s_{n+p}}. \tag{2}$$

由于 $\lim\limits_{n\to\infty} s_n=+\infty$，所以对每个大于 N 的 n 和充分大的 p，$\dfrac{s_n}{s_{n+p}}<\dfrac{1}{2}$，所以由式（2）得

$$\frac{u_{n+1}}{s_{n+1}}+\frac{u_{n+2}}{s_{n+2}}+\cdots+\frac{u_{n+p}}{s_{n+p}}>1-\frac{1}{2}=\frac{1}{2}. \tag{3}$$

式（1）、式（3）矛盾表明 $\sum\limits_{n=1}^{\infty} \dfrac{u_n}{s_n}$ 是发散的.

（2）由于对任意 $n=2,3,\cdots$

$$\sum_{i=2}^{n}\frac{u_i}{s_i^2}\leqslant\sum_{i=2}^{n}\frac{u_i}{s_i s_{i-1}}=\sum_{i=2}^{n}\frac{s_i-s_{i-1}}{s_i s_{i-1}}=\sum_{i=2}^{n}\left(\frac{1}{s_{i-1}}-\frac{1}{s_i}\right)=\frac{1}{s_1}-\frac{1}{s_n}<\frac{1}{s_1}=\frac{1}{u_1}.$$

即 $\sum\limits_{i=1}^{\infty} \dfrac{u_n}{s_n^2}$ 的部分和数列有上界. 因此 $\sum\limits_{n=1}^{\infty} \dfrac{u_n}{s_n^2}$ 收敛.

附注　级数 $\sum\limits_{n=1}^{\infty} u_n$ 的柯西审敛原理是：

级数 $\sum\limits_{n=1}^{\infty} u_n$ 收敛的充分必要条件为：对任意给定的 $\varepsilon>0$，存在正整数 N，当 $n>N$ 时，对于任意正整数 p，都有

$$|u_{n+1}+u_{n+2}+\cdots+u_{n+p}|<\varepsilon.$$

例 6.9　幂级数 $\sum\limits_{n=1}^{\infty}\left[1-n\ln\left(1+\dfrac{1}{n}\right)\right]x^n$ 的收敛域为_____.

分析　先计算收敛半径 R，确定收敛区间 $(-R,R)$，然后判别级数 $\sum\limits_{n=1}^{\infty}\left[1-n\ln\left(1+\dfrac{1}{n}\right)\right]R^n$ 和 $\sum\limits_{n=1}^{\infty}\left[1-n\ln\left(1+\dfrac{1}{n}\right)\right](-R)^n$ 的收敛性，确定收敛域.

精解　记 $a_n=1-n\ln\left(1+\dfrac{1}{n}\right)$，则当 $n\to\infty$ 时，

$$a_n=1-n\ln\left(1+\frac{1}{n}\right)=1-n\left[\frac{1}{n}-\frac{1}{2n^2}+o\left(\frac{1}{n^2}\right)\right]$$

$$= \frac{1}{2n} + o\left(\frac{1}{n}\right) \sim \frac{1}{2n},$$

$$a_{n+1} \sim \frac{1}{2(n+1)}.$$

所以,$\rho = \lim\limits_{n \to \infty}\left|\frac{a_{n+1}}{a_n}\right| = \lim\limits_{n \to \infty} \dfrac{\dfrac{1}{2(n+1)}}{\dfrac{1}{2n}} = 1.$ 因此所给幂级数的收敛半径 $R = \dfrac{1}{\rho} = 1$,从而收

敛区间为 $(-1,1)$.

当 $x = 1$ 时,所给幂级数成为正项级数 $\sum\limits_{n=1}^{\infty}\left[1 - n\ln\left(1 + \frac{1}{n}\right)\right]$,由于 $1 - n\ln\left(1 + \frac{1}{n}\right) \sim \frac{1}{2n}$,

而 $\sum\limits_{n=1}^{\infty} \frac{1}{2n}$ 发散,所以 $\sum\limits_{n=1}^{\infty}\left[1 - n\ln\left(1 + \frac{1}{n}\right)\right]$ 发散,从而点 $x = 1$ 不在收敛域上.

当 $x = -1$ 时,所给幂级数成为交错级数 $\sum\limits_{n=1}^{\infty}(-1)^n\left[1 - n\ln\left(1 + \frac{1}{n}\right)\right].$

由于 $\lim\limits_{n \to \infty}\left[1 - n\ln\left(1 + \frac{1}{n}\right)\right] = 0$,且由 $f(x) = 1 - \dfrac{\ln(1+x)}{x}(x \geqslant 1)$ 的导数

$$f'(x) = -\frac{\dfrac{x}{1+x} - \ln(1+x)}{x^2} = -\frac{\dfrac{x}{1+x} - [\ln(1+x) - \ln(1+0)]}{x^2}$$

$$= -\frac{\dfrac{x}{1+x} - \dfrac{x}{1+\xi}}{x^2} \quad (\text{其中 } \xi \in (0,x))$$

$$> 0$$

知 $\left\{1 - n\ln\left(1 + \frac{1}{n}\right)\right\}$ 单调减少,所以由交错级数莱布尼茨定理知 $\sum\limits_{n=1}^{\infty}(-1)^n\left[1 - n\ln\left(1 + \frac{1}{n}\right)\right]$ 收敛,

从而点 $x = -1$ 在收敛域上.

综上所述,所给幂级数的收敛域为 $[-1,1)$.

附注 幂级数 $\sum\limits_{n=0}^{\infty} a_n x^n$ 的收敛域的计算方法是:

先算出 $\sum\limits_{n=0}^{\infty} a_n x^n$ 的收敛区间,如果收敛区间 $(-\infty, +\infty)$,则收敛域也为 $(-\infty, +\infty)$;如果

收敛区间为 $(-R,R)$(R 为正数),则考虑 $\sum\limits_{n=0}^{\infty} a_n x^n$ 在点 $x = -R,R$ 的收敛性,将收敛点并入收敛

区间得收敛域.

本题就是按此方法一步一步计算的.

例 6.10 设函数 $f(x)$ 在 $[-\pi,\pi]$ 上连续,且满足 $f(x + \pi) = -f(x)$,则 $f(x)$ 的傅里叶

系数 $b_{2n} = \underline{\hspace{3cm}}$($n = 1, 2, \cdots$).

分析 利用 b_{2n} 计算公式直接计算.

精解 $b_{2n} = \dfrac{1}{\pi}\displaystyle\int_{-\pi}^{\pi} f(x)\sin 2nx\, dx$

$$= \frac{1}{\pi}\left[\int_0^{\pi} f(x)\sin 2nx\, dx + \int_{-\pi}^0 f(x)\sin 2nx\, dx\right]$$

$$\xlongequal{\text{第一个积分中令 } x = t + \pi} \frac{1}{\pi}\left[\int_{-\pi}^0 f(t+\pi)\sin 2n(t+\pi)\mathrm{d}x + \int_{-\pi}^0 f(x)\sin 2nx\,\mathrm{d}x\right]$$

$$= \frac{1}{\pi}\left[\int_{-\pi}^0 -f(t)\sin 2nt\,\mathrm{d}t + \int_{-\pi}^0 f(x)\sin 2nx\,\mathrm{d}x\right]$$

$$= \frac{1}{\pi}\left[\int_{-\pi}^0 -f(x)\sin 2nx\,\mathrm{d}x + \int_{\pi}^0 f(x)\sin 2nx\,\mathrm{d}x\right] = 0 \,(n=1,2,\cdots)$$

附注　同样可以计算 $a_{2n} = 0\,(n=1,2,\cdots)$. 事实上,

$$a_{2n} = \frac{1}{\pi}\int_{-\pi}^{\pi} f(x)\cos 2nx\,\mathrm{d}x$$

$$= \frac{1}{\pi}\left[\int_0^{\pi} f(x)\cos 2nx\,\mathrm{d}x + \int_{-\pi}^0 f(x)\cos 2nx\,\mathrm{d}x\right]$$

$$\xlongequal{\text{第一个积分中令 } x = t + \pi} \frac{1}{\pi}\left[\int_{-\pi}^0 f(t+\pi)\cos 2n(t+\pi)\mathrm{d}t + \int_{-\pi}^0 f(x)\cos 2nx\,\mathrm{d}x\right]$$

$$= \frac{1}{\pi}\left[\int_{-\pi}^0 -f(x)\cos 2nx\,\mathrm{d}x + \int_{-\pi}^0 f(x)\cos 2nx\,\mathrm{d}x\right] = 0.$$

例 6.11　设 $\{u_n\}, \{c_n\}$ 都是正数数列. 证明:

(1) 如果 $c_n u_n \leqslant c_{n+1} u_{n+1}\,(n=1,2,\cdots)$, 则当 $\displaystyle\sum_{n=1}^{\infty}\frac{1}{c_n}$ 发散时, $\displaystyle\sum_{n=1}^{\infty} u_n$ 也发散;

(2) 如果对某个正的常数 a, 有 $c_n\dfrac{u_n}{u_{n+1}} - c_{n+1} \geqslant a\,(n=1,2,\cdots)$, 则当 $\displaystyle\sum_{n=1}^{\infty}\frac{1}{c_n}$ 收敛时, $\displaystyle\sum_{n=1}^{\infty} u_n$ 也收敛.

分析　由于 $\displaystyle\sum_{n=1}^{\infty} u_n$ 是正项级数, 所以可用比较法判别其收敛性.

精解　(1) 由 $c_n u_n \leqslant c_{n+1} u_{n+1}$ 得 $\dfrac{u_{n+1}}{u_n} \geqslant \dfrac{c_n}{c_{n+1}}\,(n=1,2,\cdots)$. 所以

$$\frac{u_{n+1}}{u_n} \cdot \frac{u_n}{u_{n-1}} \cdot \cdots \cdot \frac{u_2}{u_1} \geqslant \frac{c_n}{c_{n+1}} \cdot \frac{c_{n-1}}{c_n} \cdot \cdots \cdot \frac{c_1}{c_2},$$

即 $\dfrac{u_{n+1}}{u_1} \geqslant \dfrac{c_1}{c_{n+1}}$, 或 $u_n \geqslant c_1 u_1 \cdot \dfrac{1}{c_n}\,(n=1,2,\cdots)$.

于是, 根据正项级数比较法知, 由 $\displaystyle\sum_{n=1}^{\infty}\frac{1}{c_n}$ 发散得 $\displaystyle\sum_{n=1}^{\infty} u_n$ 发散.

(2) 由 $c_n\dfrac{u_n}{u_{n+1}} - c_{n+1} \geqslant a$ 得 $c_n u_n - c_{n+1} u_{n+1} \geqslant a u_{n+1}$, 即

$$\frac{c_n}{c_{n+1} + a} \geqslant \frac{u_{n+1}}{u_n} \text{ 或 } \frac{u_{n+1}}{u_n} < \frac{c_n}{c_{n+1}}\,(n=1,2,\cdots).$$

所以, 与(1)同样可得 $u_n \leqslant c_1 u_1 \cdot \dfrac{1}{c_n}\,(n=1,2,\cdots)$.

于是, 根据正项级数比较法知, 由 $\displaystyle\sum_{n=1}^{\infty}\frac{1}{c_n}$ 收敛得 $\displaystyle\sum_{n=1}^{\infty} u_n$ 收敛.

附注　本题中正项级数 $\displaystyle\sum_{n=1}^{\infty} u_n$ 的收敛性是用比较法判别的, 其中按题设选用比较级数为

正项级数 $\displaystyle\sum_{n=1}^{\infty}\frac{1}{c_n}$.

305

例 6.12 求幂级数 $\displaystyle\sum_{n=1}^{\infty}\frac{1}{n\cdot 3^n+n^2\cdot 2^n}x^n$ 的收敛域.

分析 先计算收敛半径 R，确定收敛区间 $(-R,R)$，然后考虑 $x=-R,R$ 是否为收敛点，确定收敛域.

精解 记 $a_n=\dfrac{1}{n\cdot 3^n+n^2\cdot 2^n}$，则由

$$\rho=\lim_{n\to\infty}\left|\frac{a_{n+1}}{a_n}\right|=\lim_{n\to\infty}\frac{\dfrac{1}{(n+1)\cdot 3^{n+1}+(n+1)^2\cdot 2^{n+1}}}{\dfrac{1}{n\cdot 3^n+n^2\cdot 2^n}}$$

$$=\lim_{n\to\infty}\frac{n\cdot 3^n+n^2\cdot 2^n}{(n+1)3^{n+1}+(n+1)^2\cdot 2^{n+1}}=\lim_{n\to\infty}\frac{n\cdot 3^n}{(n+1)\cdot 3^{n+1}}=\frac{1}{3}$$

知收敛半径 $R=\dfrac{1}{\rho}=3$.

当 $R=-3$ 时，幂级数成为 $\displaystyle\sum_{n=1}^{\infty}\frac{1}{n\cdot 3^n+n^2\cdot 2^n}(-3)^n=\sum_{n=1}^{\infty}(-1)^n\frac{1}{n\left[1+n\left(\dfrac{2}{3}\right)^n\right]}$.

由于

$$\frac{1}{n\left[1+n\left(\dfrac{2}{3}\right)^n\right]}=\frac{1}{n}\left[1-n\left(\frac{2}{3}\right)^n+o\left(n\left(\frac{2}{3}\right)^n\right)\right]=\frac{1}{n}+\left(\frac{2}{3}\right)^n(-1+o(1))\quad（当 n\geqslant N,$$

N 是某个充分大的正整数），所以

$$\sum_{n=N}^{\infty}\frac{1}{n\cdot 3^n+n^2\cdot 2^n}\cdot(-3)^n=\sum_{n=N}^{\infty}(-1)^n\frac{1}{n}+\sum_{n=N}^{\infty}(-1)^n\left(\frac{2}{3}\right)^n(-1+o(1)).$$

显然，$\displaystyle\sum_{n=N}^{\infty}(-1)^n\frac{1}{n}$ 条件收敛，$\displaystyle\sum_{n=N}^{\infty}(-1)^n\left(\frac{2}{3}\right)^n(-1+o(1))$ 绝对收敛，因此

$\displaystyle\sum_{n=1}^{\infty}\frac{1}{n\cdot 3^n+n^2\cdot 2^n}\cdot(-3)^n$ 条件收敛.

当 $R=3$ 时，幂级数成为 $\displaystyle\sum_{n=1}^{\infty}\frac{1}{n\cdot 3^n+n^2\cdot 2^n}\cdot 3^n=\sum_{n=1}^{\infty}\left|\frac{1}{n\cdot 3^n+n^2\cdot 2^n}\cdot(-3^n)\right|$，并且上

面已证 $\displaystyle\sum_{n=1}^{\infty}\frac{1}{n\cdot 3^n+n^2\cdot 2^n}\cdot(-3)^n$ 条件收敛，因此 $\displaystyle\sum_{n=1}^{\infty}\frac{1}{n\cdot 3^n+n^2\cdot 2^n}\cdot 3^n$ 发散.

综上所述，所给幂级数的收敛域为 $[-3,3)$.

附注 $\displaystyle\sum_{n=1}^{\infty}(-1)^n\frac{1}{n\left[1+n\left(\dfrac{2}{3}\right)^n\right]}$ 是交错级数，但易检验不满足莱布尼茨定理条件. 所以，

利用带佩亚诺型余项的麦克劳林公式将该交错级数表示成两个级数之和，由它们的收敛性推

出 $\displaystyle\sum_{n=1}^{\infty}(-1)^n\frac{1}{n\left[1+n\left(\dfrac{2}{3}\right)^n\right]}=\sum_{n=1}^{\infty}\frac{1}{n\cdot 3^n+n^2\cdot 2^n}(-3)^n$ 条件收敛（而不是简单的收敛），由

此也推出 $\displaystyle\sum_{n=1}^{\infty}\frac{1}{n\cdot 3^n+n^2\cdot 2^n}\cdot 3^n$ 发散. 这样处理是比较快捷的.

例 6.13　将下列函数展开成 x 的幂级数：

$(1) f(x) = \dfrac{1}{4}\ln\dfrac{1+x}{1-x} + \dfrac{1}{2}\arctan x;$

$(2) f(x) = \arctan\dfrac{x-x^2}{1+x^3}.$

分析　由于 $f(x)$ 的表达式比较复杂，所以先将 $f'(x)$ 展开成 x 的幂级数，然后再逐项积分，将 $f(x)$ 展开成 x 的幂级数.

精解　(1) 由于 $f'(x) = \dfrac{1}{4}\left(\dfrac{1}{1+x} + \dfrac{1}{1-x}\right) + \dfrac{1}{2(1+x^2)} = \dfrac{1}{1-x^4} \xlongequal{\text{令 } t=x^4} \dfrac{1}{1-t}$

$$= \sum_{n=0}^{\infty} t^n = \sum_{n=0}^{\infty} x^{4n} \quad (x \in (-1,1)),$$

所以 $\displaystyle\int_0^x f'(x)\mathrm{d}x = \int_0^x \sum_{n=0}^{\infty} t^{4n}\mathrm{d}t.$ 由此将 $f(x)$ 展开成 x 的幂级数：

$$f(x) = f(0) + \sum_{n=0}^{\infty} \int_0^x t^{4n}\mathrm{d}t = \sum_{n=0}^{\infty} \frac{1}{4n+1}x^{4n+1} \quad (x \in (-1,1)).$$

(2) $f'(x) = (\arctan x - \arctan x^2)' = \dfrac{1}{1+x^2} - \dfrac{2x}{1+x^4}$

$$= \sum_{n=0}^{\infty}(-1)^n x^{2n} - 2x\sum_{n=0}^{\infty}(-1^n)x^{4n}$$

$$= \sum_{n=0}^{\infty}(-1)^n x^{2n} - \sum_{n=0}^{\infty}(-1)^n \cdot 2x^{4n+1},$$

所以，$\displaystyle\int_0^x f'(x)\mathrm{d}x = \int_0^x\Big[\sum_{n=0}^{\infty}(-1)^n x^{2n} - \sum_{n=0}^{\infty}(-1)^n \cdot 2x^{4n+1}\Big]\mathrm{d}x.$ 由此得 $f(x)$ 的 x 幂级数展开式

$$f(x) = f(0) + \sum_{n=0}^{\infty}(-1)^n \frac{1}{2n+1}x^{2n+1} - \sum_{n=0}^{\infty}(-1)^n \frac{1}{2n+1}x^{4n+2}$$

$$= \sum_{n=0}^{\infty}(-1)^n \frac{1}{2n+1}x^{2n+1} - \sum_{n=0}^{\infty}(-1)^n \frac{1}{2n+1}x^{4n+2} = \sum_{n=0}^{\infty}a_k x^k \quad (x \in (-1,1)),$$

其中，$a_{2n+1} = (-1)^n\dfrac{1}{2n+1}$，$a_{4n+2} = (-1)^{n+1}\dfrac{1}{2n+1}(n=0,1,2,\cdots)$，其他 $a_k = 0$.

附注　当 $f(x)$ 是常用函数或它们的线性组合时，通常可直接利用常用函数的麦克劳林展开式将 $f(x)$ 展开成 x 的幂级数；当 $f(x)$ 不是常用函数或它们的线性组合时，往往考虑先将它们的导数展开成 x 的幂级数，然后逐项积分将 $f(x)$ 展开成 x 的幂级数，本题正是如此求解的.

例 6.14　求下列级数的和：

$(1) \displaystyle\sum_{n=0}^{\infty}(-1)^n\frac{n^2-n+1}{2^n};$

$(2) \displaystyle\sum_{n=1}^{\infty}(-1)^{n-1}\frac{1}{n(3n+1)}.$

分析　用幂级数方法计算所给的两个级数之和.

精解　(1) 构造幂级数 $\displaystyle\sum_{n=0}^{\infty}(-1)^n\frac{n^2-n+1}{2^n}x^n$，则它的收敛区间为 $(-2,2)$. 记其和函数为

$s(x)$，则在 $(-2,2)$ 内，

$$s(x) = \sum_{n=0}^{\infty} (-1)^n \frac{n^2 - n + 1}{2^n} x^n = \sum_{n=0}^{\infty} (-1)^n (n^2 - n + 1) \left(\frac{x}{2}\right)^n$$

$$= \sum_{n=0}^{\infty} (-1)^n (n^2 - n + 1) t^n \quad (\text{其中 } t = \frac{x}{2})$$

$$= \sum_{n=0}^{\infty} (-1)^n n(n-1) t^n + \sum_{n=0}^{\infty} (-1)^n t^n$$

$$= t^2 \sum_{n=2}^{\infty} (-1)^n n(n-1) t^{n-2} + \sum_{n=0}^{\infty} (-1)^n t^n$$

$$= t^2 \sum_{n=2}^{\infty} (-1)^n (t^n)'' + \frac{1}{1+t} = t^2 \left[\sum_{n=2}^{\infty} (-1)^n t^n\right]'' + \frac{1}{1+t}$$

$$= t^2 \left(\frac{t^2}{1+t}\right)'' + \frac{1}{1+t} = \frac{2t^2}{(1+t)^3} + \frac{1}{1+t} = \frac{4x^2}{(2+x)^3} + \frac{2}{2+x}.$$

于是，$\displaystyle\sum_{n=0}^{\infty} (-1)^n \frac{n^2 - n + 1}{2^n} = s(1) = \frac{4}{27} + \frac{2}{3} = \frac{22}{27}.$

(2) 构造幂级数 $\displaystyle\sum_{n=1}^{\infty} (-1)^n \frac{1}{n(3n+1)} x^{3n+1}$，显然它的收敛域为 $[-1,1]$，记其上的和函数为 $s(x)$，则对 $x \in (-1,1)$ 有

$$s'(x) = \left[\sum_{n=1}^{\infty} (-1)^n \frac{1}{n(3n+1)} x^{3n+1}\right]'$$

$$= \sum_{n=1}^{\infty} (-1)^n \frac{1}{n} x^{3n} =\!=\!=\!= -\sum_{n=1}^{\infty} (-1)^{n-1} \frac{1}{n} (x^3)^n$$

$$=-\ln(1+x^3) \quad (\text{这里利用 } \ln(1+t) = \sum_{n=1}^{\infty} (-1)^{n-1} \frac{1}{n} t^n \quad (t \in (-1,1]))$$

所以，$s(x) = s(0) - \displaystyle\int_0^x \ln(1+t^3) \, dt = -\int_0^x \ln(1+t^3) \, dt \quad (x \in (-1,1)).$

因此，

$$s = s(1) = \lim_{x \to 1^-} s(x) =-\lim_{x \to 1^-} \int_0^x \ln(1+t^3) \, dt =-\int_0^1 \ln(1+t^3) \, dt$$

$$=-\left[t\ln(1+t^3) \Big|_0^1 - \int_0^1 t \cdot \frac{3t^2}{1+t^3} \, dt\right]$$

$$=-\ln 2 + 3 \int_0^1 \left(1 - \frac{1}{1+t^3}\right) dt$$

$$=-\ln 2 + 3 - 3 \int_0^1 \frac{1}{1+t^3} \, dt$$

$$=-\ln 2 + 3 - \int_0^1 \left(\frac{1}{1+t} - \frac{t-2}{t^2-t+1}\right) dt$$

$$=-2\ln 2 + 3 + \frac{1}{2} \int_0^1 \left[\frac{2t-1}{t^2-t+1} - \frac{3}{\left(t - \frac{1}{2}\right)^2 + \left(\frac{\sqrt{3}}{2}\right)^2}\right] dt$$

$$=-2\ln 2+3+\frac{1}{2}\left[\ln(t^2-t+1)-2\sqrt{3}\arctan\frac{2t-1}{\sqrt{3}}\right]\Big|_0^1$$

$$=-2\ln 2+3-\frac{\pi}{\sqrt{3}}.$$

附注 当收敛级数 $\sum\limits_{n=1}^{\infty}a_n$ 的部分和数列不易确定或其极限不易计算时,要计算该级数的

和 s 往往采用幂级数方法,即构造适当的幂级数,例如 $\sum\limits_{n=1}^{\infty}a_n x^n$. 算出它的收敛区间及和函数

$s(x)$. 如果 $x=1$ 位于收敛区间之内,则 $s=s(1)$;如果 $x=1$ 位于收敛区间的边界,则 $s=\lim\limits_{x\to 1^-}s(x)$. 本题的(1) 与(2)都是按此方法计算的.

例 6.15 设 $a_0=1,a_1=-2,a_2=\dfrac{7}{2},a_{n+1}=-\left(1+\dfrac{1}{n+1}\right)a_n\quad(n\geqslant 2)$.

(1) 证明:当 $|x|<1$ 时幂级数 $\sum\limits_{n=0}^{\infty}a_n x^n$ 收敛;

(2) 求上述幂级数在 $(-1,1)$ 内的和函数.

分析 (1) 确定 a_n 的表达,然后计算 $\sum\limits_{n=0}^{\infty}a_n x^n$ 的收敛半径,证明问题的结论.

(2) 利用导数方法计算 $\sum\limits_{n=0}^{\infty}a_n x^n$ 的和函数.

精解 (1) 由 $a_{n+1}=-\left(1+\dfrac{1}{n+1}\right)a_n=-\dfrac{n+2}{n+1}a_n$

$$=\left(-\frac{n+2}{n+1}\right)\cdot\left(-\frac{n+1}{n}\right)a_{n-1}=(-1)^2\cdot\frac{n+2}{n}a_{n-1}$$

$$=(-1)^3\frac{n+2}{n-1}a_{n-2}=\cdots=(-1)^{n-1}\cdot\frac{n+2}{3}a_2$$

$$=(-1)^{n-1}\cdot\frac{n+2}{3}\cdot\frac{7}{2}=(-1)^{n-1}\cdot\frac{7}{6}(n+2)\quad(n\geqslant 2)$$

得 $a_n=(-1)^{n-2}\cdot\dfrac{7}{6}(n+1)\quad(n\geqslant 3)$.

由此可得 $\rho=\lim\limits_{n\to\infty}\left|\dfrac{a_{n+1}}{a_n}\right|=\lim\limits_{n\to\infty}\left|\dfrac{(-1)^{n-1}\cdot\dfrac{7}{6}(n+2)}{(-1)^{n-2}\cdot\dfrac{7}{6}(n+1)}\right|=1$,所以 $\sum\limits_{n=0}^{\infty}a_n x^n$ 的收敛半径 $R=$

$\dfrac{1}{\rho}=1$,因此,当 $|x|<1$ 时,$\sum\limits_{n=0}^{\infty}a_n x^n$ 收敛.

(2) 由上述计算知

$$\sum_{n=0}^{\infty}a_n x^n=1-2x+\frac{7}{2}x^2+\sum_{n=3}^{\infty}(-1)^{n-2}\frac{7}{6}(n+1)x^n. \tag{1}$$

由于在 $(-1,1)$ 内,

$$\sum_{n=3}^{\infty}(-1)^{n-2}\frac{7}{6}(n+1)x^n=\frac{7}{6}\sum_{n=3}^{\infty}(-1)^n(n+1)x^n$$

$$= \frac{7}{6} \sum_{n=3}^{\infty} \left[(-1)^n x^{n+1} \right]' = \frac{7}{6} \left[\sum_{n=3}^{\infty} (-1)^n x^{n+1} \right]'$$

$$= -\frac{7}{6} \left[\sum_{n=3}^{\infty} (-x)^{n+1} \right]' = -\frac{7}{6} \cdot \left[\frac{(-x)^4}{1-(-x)} \right]' = -\frac{7}{6} \left(\frac{x^4}{1+x} \right)'$$

$$= -\frac{7}{6} \cdot \frac{4x^3 + 3x^4}{(1+x)^2}.$$

将它代入式(1) 得 $\sum_{n=0}^{\infty} a_n x^n$ 的和函数

$$s(x) = 1 - 2x + \frac{7}{2} x^2 - \frac{7(4x^3 + 3x^4)}{6(1+x)^2} = \frac{6 + 3x^2 + 2x^3}{6(1+x)^2}.$$

附注 容易知道当 $x = -1, 1$ 时,$\sum_{n=0}^{\infty} a_n x^n$ 都是发散的,所以 $\sum_{n=0}^{\infty} a_n x^n$ 的收敛域为 $(-1, 1)$.

所谓用导数方法计算 $\sum_{n=0}^{\infty} a_n x^n$ 的和函数 $s(x)$ 有两种情形:

(1) 如果 a_n 是 n 的分式函数(分母中也可能有 $n!$ 因子),则在收敛区间,对 $s(x) = \sum_{n=0}^{\infty} a_n x^n$ 求导(或求二阶导数) 得

$$s'(x) = \sum_{n=1}^{\infty} n a_n x^{n-1} \quad (\text{或 } s''(x) = \sum_{n=2}^{\infty} n(n-1) a_n x^{n-2}).$$

将右边的幂级数与常用函数的麦克劳林展开式相比较得到 $s'(x)$(或 $s''(x)$),然后积分得到 $s(x)$.

(2) 如果 a_n 是 n 的多项式,例如本题的 $a_n = (-1)^n \frac{7}{6}(n+1)$,则将 $s(x) = \sum_{n=0}^{\infty} a_n x^n$ 表示为 $\sum_{n=1}^{\infty} (b_{n+1} x^{n+1})' = \left(\sum_{n=1}^{\infty} b_{n+1} x^{n+1} \right)'$ 或 $\sum_{n=1}^{\infty} (b_{n+2} x^{n+2})'' = \left(\sum_{n=1}^{\infty} b_{n+2} x^{n+2} \right)''$,然后将 $\sum_{n=1}^{\infty} b_{n+1} x^{n+1}$(或 $\sum_{n=1}^{\infty} b_{n+2} x^{n+2}$)与常用函数的麦克劳林展开式比较得到其和函数,求导(或求二阶导数)即得 $s(x)$.

B 组

例 6.16 设 $u_1 > 0$,$\{u_n\}$ 是单调增加数列,证明:$\sum_{n=1}^{\infty} \left(1 - \frac{u_n}{u_{n+1}} \right)$ 收敛的充分必要条件是 $\{u_n\}$ 有上界;

分析 $\sum_{n=1}^{\infty} \left(1 - \frac{u_n}{u_{n+1}} \right)$ 是正项级数,因此充分性可从 $\sum_{n=1}^{\infty} \left(1 - \frac{u_n}{u_{n+1}} \right)$ 的部分和数列有上界得到. 必要性可用反证法证明.

精解 充分性:由 $\{u_n\}$ 有上界知存在 $M > 0$,使得 $u_n \leqslant M (n = 1, 2, \cdots)$.

于是,由 $\{u_n\}$ 单调增加知 $\sum_{n=1}^{\infty} \left(1 - \frac{u_n}{u_{n+1}} \right)$ 是正项级数,并且

$$\sum_{k=1}^{n} \left(1 - \frac{u_k}{u_{k+1}} \right) = \sum_{k=1}^{n} \frac{u_{k+1} - u_k}{u_{k+1}} \leqslant \frac{1}{u_2} \sum_{k=1}^{n} (u_{k+1} - u_k) = \frac{1}{u_2} (u_{n+1} - u_1) \leqslant \frac{2M}{u_2} \quad (n = 1, 2, \cdots).$$

因此 $\sum\limits_{n=1}^{\infty}\left(1-\dfrac{u_n}{u_{n+1}}\right)$ 收敛.

必要性:设 $\sum\limits_{n=1}^{\infty}\left(1-\dfrac{u_n}{u_{n+1}}\right)$ 收敛,则由柯西审敛原理知,对 $\dfrac{1}{2}>0$,存在正整数 N,对于任意 $n>N$ 有

$$\sum_{k=N}^{n}\left(1-\frac{u_k}{u_{k+1}}\right)<\frac{1}{2}. \tag{1}$$

如果 $\{u_n\}$ 不是有上界的,则对于 u_N,存在 $m>N$,使得 $u_m \geqslant 2u_N$,于是有

$$\sum_{k=N}^{m-1}\left(1-\frac{u_k}{u_{k+1}}\right)=\sum_{k=N}^{m-1}\frac{u_{k+1}-u_k}{u_{k+1}}\geqslant\frac{1}{u_m}\sum_{k=N}^{m-1}(u_{k+1}-u_k)$$

$$=\frac{1}{u_m}(u_m-u_N)=1-\frac{u_N}{u_m}\geqslant\frac{1}{2}. \tag{2}$$

显然,式(1)、式(2)矛盾,由此可知 $\{u_n\}$ 是有上界的.

附注　充分性的证明是比较简单的.必要性是由 $\sum\limits_{n=1}^{\infty}\left(1-\dfrac{u_n}{u_{n+1}}\right)$ 收敛推出 $\{u_n\}$ 有上界.因此可用反证法证明,即假定 $\{u_n\}$ 不是有上界,推出与柯西审敛原理的矛盾.由本例及例 6.8 可见,当某个级数收敛时,要证明其他有关的结论时,往往要应用柯西审敛原理.

例 6.17　设数列 $\{a_n\}$ 单调减少收敛于零,且对任意正整数 n,$(a_1-a_n)+(a_2-a_n)+\cdots+(a_{n-1}-a_n)$ 有界,则 $\sum\limits_{n=1}^{\infty}a_n$ 收敛.

分析　由于 $\sum\limits_{n=1}^{\infty}a_n$ 是正项级数,所以只要证明它的部分和数列 $\{s_n\}$(其中,$s_n=\sum\limits_{i=1}^{n}a_i$)有上界即可.

精解　由题设知,对任意正整数 n 存在 $M>0$,使得

$$M\geqslant(a_1-a_n)+(a_2-a_n)+\cdots+(a_{n-1}-a_n)$$
$$=(a_1+a_2+\cdots+a_n)-na_n.$$

由于 $\{a_n\}$ 单调减少收敛于零,所以对于任意正整数 m 存在 n,使得 $a_n<\dfrac{1}{2}a_m$.于是利用 $\{a_n\}$ 单调减少,上式成为

$$M\geqslant(a_1+a_2+\cdots+a_m)+(a_{m+1}+\cdots+a_n)-ma_n-(n-m)a_n$$

$$>(a_1+a_2+\cdots+a_m)+(n-m)a_n-\frac{m}{2}a_m-(n-m)a_n$$

$$=(a_1+a_2+\cdots+a_m)-\frac{m}{2}a_m, \tag{1}$$

即　$M>ma_m-\dfrac{m}{2}a_m=\dfrac{m}{2}a_m$.将它代入式(1)得

$$M>(a_1+a_2+\cdots+a_m)-M,$$

从而对任意正整数 m 有

$$\sum_{i=1}^{m}a_i<2M.$$

因此 $\sum_{n=1}^{\infty} a_n$ 收敛.

附注 注意本题证明的技巧:

先推得 $M>(a_1+a_2+\cdots+a_m)-\dfrac{m}{2}a_m$,进一步由此式推得 $\dfrac{m}{2}a_m<M.$

由此得到 $a_1+a_2+\cdots+a_m<2M.$

例 6.18 (1) 设函数 $f(x)$ 在点 $x=0$ 的某个邻域内有连续的导数,且 $\lim\limits_{x\to 0}\dfrac{f(x)}{x}=a>0.$

证明: $\sum_{n=1}^{\infty} f\left(\dfrac{1}{n}\right)$ 发散,而 $\sum_{n=1}^{\infty}(-1)^n f\left(\dfrac{1}{n}\right)$ 条件收敛.

(2) 设偶函数 $f(x)$ 在点 $x=0$ 的某个邻域内有连续的二阶导数,且 $f(0)=1$,证明:级数 $\sum_{n=1}^{\infty}\left|f\left(\dfrac{1}{n}\right)-1\right|$ 绝对收敛.

分析 (1) 写出 $f(x)$ 在点 $x=0$ 处的零阶泰勒公式,利用它即可证明问题结论.

(2) 写出 $f(x)$ 在点 $x=0$ 处的一阶泰勒公式,利用它即可证明问题结论.

精解 (1) 由 $\lim\limits_{x\to 0}\dfrac{f(x)}{x}=a$ 知 $f(0)=0,f'(0)=a>0$,所以存在 $\delta>0$,在 $(0,\delta)$ 内 $f'(x)>0$,

由此得 $f(x)>f(0)=0.$ 因此可以认为 $\sum_{n=1}^{\infty} f\left(\dfrac{1}{n}\right)$ 是正项级数,$\sum_{n=1}^{\infty}(-1)^n f\left(\dfrac{1}{n}\right)$ 是交错级数.

由 $f(x)$ 在点 $x=0$ 处的零阶泰勒公式

$$f(x)=f(0)+f'(\xi)x=f'(\xi)x \quad (\xi \text{ 是介于 } 0 \text{ 与 } x \text{ 之间的实数})$$

得 $f\left(\dfrac{1}{n}\right)=f'(\xi_n)\dfrac{1}{n}$ $\left(\xi_n \text{ 是对应 } x=\dfrac{1}{n} \text{ 的 } \xi\right).$ 于是有

$$\lim_{n\to\infty}\frac{f\left(\dfrac{1}{n}\right)}{\dfrac{1}{n}}=\lim_{n\to\infty}f'(\xi_n)=\lim_{\xi_n\to 0}f'(\xi_n)=f'(0)=a>0,$$

所以 $\sum_{n=1}^{\infty} f\left(\dfrac{1}{n}\right)$ 发散.

由于在 $(0,\delta)$ 内 $f'(x)>0$,所以 $\left\{f\left(\dfrac{1}{n}\right)\right\}$ 单调减少,此外

$$\lim_{n\to\infty}f\left(\frac{1}{n}\right)=\lim_{n\to\infty}\left[f'(\xi_n)\frac{1}{n}\right]=0,$$

所以,由莱布尼茨定理知交错级数 $\sum_{n=1}^{\infty}(-1)^n f\left(\dfrac{1}{n}\right)$ 收敛. 但上面已证 $\sum_{n=1}^{\infty} f\left(\dfrac{1}{n}\right)$ 发散,即 $\sum_{n=1}^{\infty}\left|(-1)^n f\left(\dfrac{1}{n}\right)\right|$ 发散. 因此 $\sum_{n=1}^{\infty}(-1)^n f\left(\dfrac{1}{n}\right)$ 条件收敛.

(2) 由于偶函数 $f(x)$ 在点 $x=0$ 处可导,所以 $f'(0)=0$,因此由 $f(x)$ 在点 $x=0$ 处的一阶泰勒公式

$$f(x)=f(0)+f'(0)x+\frac{1}{2!}f''(\xi)x^2=1+\frac{1}{2}f''(\xi)x^2 \quad (\xi \text{ 是介于 } 0 \text{ 与 } x \text{ 之间的实数})$$

得 $f\left(\dfrac{1}{n}\right)-1=\dfrac{1}{2}f''(\xi_n)\dfrac{1}{n^2}$ $\left(\xi_n\in\left(0,\dfrac{1}{n}\right)\right).$ 于是有

$$\left| f\left(\frac{1}{n}\right) - 1 \right| = \frac{1}{2n^2} \left| f''(\xi) \right| \leqslant \frac{M}{2n^2} \quad (n \geqslant N, N \text{是某个充分大的正整数})$$

(这是因为 $f''(x)$ 在点 $x=0$ 的某个邻域 $(-\delta, \delta)$ 内连续, 所以在 $\left[0, \frac{\delta}{2}\right]$ 上 $|f''(x)| \leqslant M, M$ 是某个正数. 于是存在正整数 N, 当 $n \geqslant N$ 时, $\frac{1}{n} \in \left(0, \frac{\delta}{2}\right)$, 从而有 $|f''(\xi)| \leqslant M$).

因此 $\displaystyle\sum_{n=1}^{\infty} \left| f\left(\frac{1}{n}\right) - 1 \right|$ 绝对收敛.

附注　应记住以下结论

设 $f(x)$ 在点 $x = x_0$ 处连续, 且 $\displaystyle\lim_{x \to x_0} \frac{f(x)}{x - x_0} = A$, 则 $f(x_0) = 0, f'(x_0) = A$.

例 6.19　判别级数 $\displaystyle\sum_{n=1}^{\infty} \frac{(-3)^n}{[3^n + (-2)^n]n}$ 和 $\displaystyle\sum_{n=1}^{\infty} \frac{3^n}{[3^n + (-2)^n]n}$ 的收敛性.

分析　$\displaystyle\sum_{n=1}^{\infty} \frac{(-3)^n}{[3^n + (-2)^n]n}$ 是交错级数, 但不满足莱布尼茨定理条件. 所以考虑将通项 $u_n = \dfrac{(-3)^n}{[3^n + (-2)^n]n}$ 写成两项之和, 构成两个级数, 由它们的收敛性推出 $\displaystyle\sum_{n=1}^{\infty} u_n$ 的收敛性. 由此也可得 $\displaystyle\sum_{n=1}^{\infty} |u_n| = \sum_{n=1}^{\infty} \frac{3^n}{[3^n + (-2)^n]n}$ 的收敛性.

精解　由于 $u_n = \dfrac{(-3)^n}{[3^n + (-2)^n]n} = (-1)^n \dfrac{1}{n} \left[1 + \left(-\dfrac{2}{3}\right)^n \right]^{-1}$

$$= (-1)^n \frac{1}{n} \left[1 - \left(-\frac{2}{3}\right)^n (1 + o(1)) \right]$$

$$= (-1)^n \frac{1}{n} - \frac{1}{n} \left(\frac{2}{3}\right)^n (1 + o(1)) \quad (n \geqslant N, N \text{是充分大的正整数}),$$

其中, $\displaystyle\sum_{n=N}^{\infty} (-1)^n \frac{1}{n}$ 条件收敛, $\displaystyle\sum_{n=N}^{\infty} \frac{1}{n} \left(-\frac{2}{3}\right)^n (1 + o(1))$ 绝对收敛, 所以 $\displaystyle\sum_{n=N}^{\infty} u_n$ 条件收敛, 从而所给级数 $\displaystyle\sum_{n=1}^{\infty} u_n$ 条件收敛.

由于 $\displaystyle\sum_{n=1}^{\infty} \frac{3^n}{[3^n + (-2)^n]n} = \sum_{n=1}^{\infty} |u_n|$. 由上计算知 $\displaystyle\sum_{n=1}^{\infty} |u_n|$ 发散, 所以 $\displaystyle\sum_{n=1}^{\infty} \frac{3^n}{[3^n + (-2)^n]n}$ 发散.

附注　题解中, $\displaystyle\sum_{n=1}^{\infty} \frac{3^n}{[3^n + (-2)^n]n}$ 发散是直接从 $\displaystyle\sum_{n=1}^{\infty} \frac{(-3)^n}{[3^n + (-2)^n]n}$ 的条件收敛推得, 比较快捷. 当然也可由

$$\frac{3^n}{[3^n + (-2)^n]n} = \frac{1}{n} \left[1 + \left(-\frac{2}{3}\right)^n \right]^{-1}$$

$$= \frac{1}{n} \left[1 - \left(-\frac{2}{3}\right)^n (1 + o(1)) \right]^{-1}$$

$$= \frac{1}{n} - \frac{1}{n} \left(-\frac{2}{3}\right)^n (1 + o(1)) \quad (n \geqslant N, N \text{是充分大的正整数})$$

推出 $\sum\limits_{n=1}^{\infty}\dfrac{3^n}{[3^n+(-2)^n]n}$ 发散.

例 6.20 求级数 $\dfrac{1}{1^{x^2+y^2}}-\dfrac{1}{2^z}+\dfrac{1}{3^{x^2+y^2}}-\dfrac{1}{4^z}+\cdots$ 的条件收敛域 M 的测度(如果 M 是立体,则它的测度为体积;如果 M 是曲面,则它的测度为面积).

分析 先确定所给级数的条件收敛域 M,然后计算它的测度.

精解 记所给级数

$$\dfrac{1}{1^{x^2+y^2}}-\dfrac{1}{2^z}+\dfrac{1}{3^{x^2+y^2}}-\dfrac{1}{4^z}+\cdots \tag{1}$$

的通项为 u_n,则

(1) 当 $\min\{x^2+y^2,z\}>1$ 时,由 $\sum\limits_{n=1}^{\infty}|u_n|$ 收敛知式(1) 绝对收敛.

(2) 当 $\min\{x^2+y^2,z\}\leqslant 0$ 时,由 $\lim\limits_{n\to\infty}u_n\neq 0$ 知式(1) 发散.

(3) 当 $0<\min\{x^2+y^2,z\}\leqslant 1$ 时,分以下三种情形考虑:

1) $x^2+y^2<z$ (此时有 $x^2+y^2\leqslant 1$).由

$$\lim_{n\to\infty}\dfrac{|u_{2n}|}{|u_{2n-1}|}=\lim_{n\to\infty}\dfrac{\dfrac{1}{(2n)^z}}{\dfrac{1}{(2n-1)^{x^2+y^2}}}=0$$

知,当 $n>N$(N 是某个充分大的正数)时,$|u_{2n}|<\dfrac{1}{2}|u_{2n-1}|$,即 $\dfrac{1}{(2n)^z}<\dfrac{1}{2}\cdot\dfrac{1}{(2n-1)^{x^2+y^2}}$,所以,

$$\begin{aligned}
s_{2n}&=\sum_{k=1}^{2n}u_k=\sum_{k=1}^{N}(u_{2k-1}-u_{2k})+\sum_{k=N+1}^{n}\left[\dfrac{1}{(2k-1)^{x^2+y^2}}-\dfrac{1}{(2k)^z}\right]\\
&>\sum_{k=1}^{N}(u_{2k-1}-u_{2k})+\sum_{k=N+1}^{n}\left[\dfrac{1}{(2k-1)^{x^2+y^2}}-\dfrac{1}{2(2k-1)^{x^2+y^2}}\right]\\
&=\sum_{k=1}^{N}(u_{2k-1}-u_{2k})+\dfrac{1}{2}\sum_{k=N+1}^{n}\dfrac{1}{(2k-1)^{x^2+y^2}}\to+\infty\quad(n\to\infty).
\end{aligned}$$

因此式(1) 发散.

2) $x^2+y^2>z$(此时有 $0<z\leqslant 1$).与 1) 同样可证此时式(1) 发散.

3) $x^2+y^2=z$(此时有 $0<z\leqslant 1$).由于此时式(1) 成为条件收敛级数

$$\dfrac{1}{1^z}-\dfrac{1}{2^z}+\dfrac{1}{3^z}-\dfrac{1}{4^z}+\cdots.$$

综上所述,$M=\{(x,y,z)\mid z=x^2+y^2,0<z\leqslant 1\}$,它的测度为面积

$$S=\iint\limits_{M}\mathrm{d}S=\iint\limits_{D_{xy}}\sqrt{1+z_x^2+z_y^2}\,\Big|_{z=x^2+y^2}\mathrm{d}\sigma\quad(\text{其中 } D_{xy}=\{(x,y)\mid x^2+y^2\leqslant 1\}\text{ 是 } M\text{ 在 } xOy$$

$$\text{平面的投影})$$

$$=\iint\limits_{D_{xy}}\sqrt{1+4(x^2+y^2)}\,\mathrm{d}\sigma\xrightarrow{\text{极坐标}}\int_0^{2\pi}\mathrm{d}\theta\int_0^1\sqrt{1+4r^2}\,r\mathrm{d}r$$

$$=2\pi\cdot\dfrac{1}{8}\cdot\dfrac{2}{3}(1+4r^2)^{\frac{3}{2}}\Big|_0^1=\dfrac{\pi}{6}(5\sqrt{5}-1).$$

附注 在题解中,为确定所给级数的收敛域 M,对这一级数的收敛情况进行全面讨论是必要的,而且也只有这样才能将条件收敛点 (x,y,z) 一个不漏地全部找到.

在讨论所给级数的收敛性时,利用级数 $\sum\limits_{n=1}^{\infty}(-1)^n\dfrac{1}{n^p}$ 的收敛性:

当 $p>1$ 时,级数绝对收敛;当 $0<p\leqslant1$ 时,级数条件收敛;当 $p\leqslant0$ 时,级数发散.

例 6.21 设函数 $f(x)=\begin{cases}\dfrac{x^2+1}{x}\arctan x,x\neq0,\\1,\qquad\qquad\quad x=0\end{cases}$ 的麦克劳林展开式为 $f(x)=\sum\limits_{n=0}^{\infty}a_nx^n$,求幂级数 $\sum\limits_{n=1}^{\infty}|a_{2n}|x^n(0<x<1)$ 的和函数.

分析 先写出 $f(x)$ 的麦克劳林展开式确定 $a_{2n}(n=0,1,2,\cdots)$,然后利用导数方法计算 $\sum\limits_{n=0}^{\infty}|a_{2n}|x^n(0<x<1)$ 的和函数.

精解 由于当 $|x|<1$ 时 $(\arctan x)'=\dfrac{1}{1+x^2}=\sum\limits_{n=0}^{\infty}(-1)^nx^{2n}$,所以,

$$\arctan x=\sum_{n=0}^{\infty}(-1)^n\frac{1}{2n+1}x^{2n+1}\qquad(|x|<1).$$

因此,当 $0<|x|<1$ 时,

$$\begin{aligned}f(x)&=\frac{x^2+1}{x}\arctan x=\left(x+\frac{1}{x}\right)\sum_{n=0}^{\infty}(-1)^n\frac{1}{2n+1}x^{2n+1}\\&=\sum_{n=0}^{\infty}(-1)^n\frac{1}{2n+1}x^{2(n+1)}+\sum_{n=0}^{\infty}(-1)^n\frac{1}{2n+1}x^{2n}\\&=\sum_{m=1}^{\infty}(-1)^{m-1}\frac{1}{2m-1}x^{2m}+\sum_{n=0}^{\infty}(-1)^n\frac{1}{2n+1}x^{2n}\qquad(\text{其中 }m=n+1)\\&=\sum_{n=1}^{\infty}(-1)^{n-1}\frac{1}{2n-1}x^{2n}+\sum_{n=0}^{\infty}(-1)^n\frac{1}{2n+1}x^{2n}\\&=1+\sum_{n=1}^{\infty}(-1)^{n-1}\left(\frac{1}{2n-1}-\frac{1}{2n+1}\right)x^{2n}\\&=1+\sum_{n=1}^{\infty}(-1)^{n-1}\frac{2}{4n^2-1}x^{2n}\qquad(0<|x|<1).\end{aligned}$$

显然,上式在 $x=0$ 时也成立,所以

$$a_{2n}=(-1)^{n-1}\frac{2}{4n^2-1}(n=1,2,\cdots).$$

下面计算幂级数 $\sum\limits_{n=1}^{\infty}|a_{2n}|x^n=\sum\limits_{n=1}^{\infty}\dfrac{2}{4n^2-1}x^n$ 在 $(0,1)$ 内的和函数 $s(x)$:

$$\begin{aligned}s(x)&=\sum_{n=1}^{\infty}\frac{2}{4n^2-1}x^n=\sum_{n=1}^{\infty}\frac{1}{2n-1}x^n-\sum_{n=1}^{\infty}\frac{1}{2n+1}x^n\\&=\sum_{m=0}^{\infty}\frac{1}{2m+1}x^{m+1}-\frac{1}{x}\sum_{m=1}^{\infty}\frac{1}{2m+1}x^{m+1}\\&=x+\left(1-\frac{1}{x}\right)\sum_{m=1}^{\infty}\frac{1}{2m+1}x^{m+1},\end{aligned}\tag{1}$$

其中，$$\sum_{m=1}^{\infty}\frac{1}{2m+1}x^{m+1}\xrightarrow{\text{令}x=t^2}t\sum_{m=1}^{\infty}\frac{1}{2m+1}t^{2m+1}=t\int_0^t\Big(\sum_{m=1}^{\infty}u^{2m}\Big)\mathrm{d}u$$

$$=t\int_0^t\frac{u^2}{1-u^2}\mathrm{d}u=-t\int_0^t\Big(1-\frac{1}{1-u^2}\Big)\mathrm{d}u=-t\Big(t-\frac{1}{2}\ln\frac{1+t}{1-t}\Big)$$

$$=-x+\frac{1}{2}\sqrt{x}\ln\frac{1+\sqrt{x}}{1-\sqrt{x}}. \tag{2}$$

将式（2）代入式（1）得

$$s(x)=x+\Big(1-\frac{1}{x}\Big)\Big[-x+\frac{1}{2}\sqrt{x}\ln\frac{1+\sqrt{x}}{1-\sqrt{x}}\Big]$$

$$=1+\frac{1}{2}\Big(1-\frac{1}{x}\Big)\sqrt{x}\ln\frac{1+\sqrt{x}}{1-\sqrt{x}}(0<x<1).$$

附注 题解中有两点值得注意：

(1) 由于 $f(x)$ 是分段函数，因此先在 $0<|x|<1$ 内写出 $f(x)$ 的麦克劳林展开式然后检验这个展开式在 $x=0$ 处也成立，从而得到 $f(x)$ 在 $(-1,1)$ 内的麦克劳林展开式（实际上，这个展开式的成立范围为 $[-1,1]$）.

(2) 通过对幂级数 $\sum_{m=1}^{\infty}u^{2m}$ 逐项积分得到 $\sum_{m=1}^{\infty}\frac{1}{2m+1}t^{2m+1}$ 的和函数，由此算得 $\sum_{n=1}^{\infty}|a_{2n}|x^n$ 的和函数 $s(x)$.

例 6.22 将函数 $f(x)=\sum_{n=1}^{\infty}\frac{1}{4^n\cdot n}(x+1)^{2n}(-3<x<1)$ 展开成 x 的幂级数.

分析 将幂级数 $\sum_{n=1}^{\infty}\frac{1}{4^n\cdot n}(x+1)^{2n}$ 与 $\ln(1-t)=-\sum_{n=1}^{\infty}\frac{1}{n}t^n$ 比较得 $f(x)$ 的表达式，然后将它展开成 x 的幂级数.

精解 $$f(x)=\sum_{n=1}^{\infty}\frac{1}{4^n\cdot n}(x+1)^{2n}=\sum_{n=1}^{\infty}\frac{1}{n}\Big[\Big(\frac{x+1}{2}\Big)^2\Big]^n$$

$$\xrightarrow{\text{令}t=\left(\frac{x+1}{2}\right)^2}\sum_{n=1}^{\infty}\frac{1}{n}t^n=-\ln(1-t)=-\ln\Big(1-\Big(\frac{x+1}{2}\Big)^2\Big)$$

$$=2\ln 2-\ln(3+x)-\ln(1-x)$$

（显然以上运算在 $-3<x<1$ 是合理的），

所以，$f(x)=2\ln 2-\ln(3+x)-\ln(1-x)=2\ln 2-\ln 3-\ln\Big(1+\frac{x}{3}\Big)-\ln(1-x)$

$$=2\ln 2-\ln 3-\sum_{n=1}^{\infty}(-1)^{n-1}\frac{1}{n}\Big(\frac{x}{3}\Big)^n+\sum_{n=1}^{\infty}\frac{1}{n}x^n$$

$$=2\ln 2-\ln 3-\sum_{n=1}^{\infty}\frac{1}{n}\Big[(-1)^{n-1}\frac{1}{3^n}-1\Big]x^n. \tag{1}$$

由于 $\ln\Big(1+\frac{x}{3}\Big)=\sum_{n=1}^{\infty}(-1)^{n-1}\frac{1}{n}\Big(\frac{x}{3}\Big)^n$ 成立范围为 $(-3,3]$；$\ln(1-x)=-\sum_{n=1}^{\infty}\frac{1}{n}x^n$ 成立范围为 $[-1,1)$. 所以式（1）仅在 $[-1,1)$ 上成立，即

$$f(x)=2\ln 2-\ln 3-\sum_{n=1}^{\infty}\frac{1}{n}\Big[(-1)^{n-1}\frac{1}{3^n}-1\Big]x^n, x\in[-1,1).$$

附注 本题的幂级数求和函数与函数展开成 x 的幂级数都利用常用函数的麦克劳林展开式得到,但这种将幂级数求和函数与函数展开成 x 的幂级数的综合题是十分新颖的.

例 6.23 设幂级数 $\displaystyle\sum_{n=0}^{\infty} \frac{(n+1)^2}{n!} x^n$ 的和函数为 $s(x)$.

(1) 作函数 $y - s(x)$ 的概图;

(2) 求曲线 $y = s(x)$ 与 x 轴围成的有界闭区域 D 的面积 A.

分析 (1) 先利用 $e^x = \displaystyle\sum_{n=0}^{\infty} \frac{1}{n!} x^n (-\infty < x < +\infty)$ 算出 $\displaystyle\sum_{n=0}^{\infty} \frac{(n+1)^2}{n!} x^n$ 的和函数 $s(x)$. 然后用函数作图方法画出函数 $y = s(x)$ 的概图.

(2) 根据 $y = s(x)$ 的概图计算 D 的面积 A.

精解 (1) $\displaystyle\sum_{n=0}^{\infty} \frac{(n+1)^2}{n!} x^n$ 的收敛域为 $(-\infty, +\infty)$,所以

$$
\begin{aligned}
s(x) &= \sum_{n=0}^{\infty} \frac{(n+1)^2}{n!} x^n = \sum_{n=0}^{\infty} \frac{n(n-1)+3n+1}{n!} x^n \\
&= x^2 \sum_{n=2}^{\infty} \frac{1}{(n-2)!} x^{n-2} + 3x \sum_{n=1}^{\infty} \frac{1}{(n-1)!} x^{n-1} + \sum_{n=0}^{\infty} \frac{1}{n!} x^n \\
&= x^2 \sum_{k=0}^{\infty} \frac{1}{k!} x^k + 3x \sum_{m=0}^{\infty} \frac{1}{m!} x^m + \sum_{n=0}^{\infty} \frac{1}{n!} x^n \quad (\text{其中 } k = n-2, m = n-1) \\
&= (x^2 + 3x + 1)e^x \quad (-\infty < x < +\infty).
\end{aligned}
$$

下面用函数作图方法画出 $y = s(x)$ 的概图.

$s'(x) = (x^2 + 5x + 4)e^x$,方程 $s'(x) = 0$ 的根为 $x = -4, -1$;

$s''(x) = (x^2 + 7x + 9)e^x$,方程 $s''(x) = 0$ 的根为 $x_1 = \frac{1}{2}(-7 - \sqrt{13}), x_2 = \frac{1}{2}(-7 + \sqrt{13})$.

据此列表如下

x	$(-\infty, x_1)$	x_1	$(x_1, -4)$	-4	$(-4, x_2)$	x_2	$(x_2, -1)$	-1	$(-1, +\infty)$
$s'(x)$	$+$	$+$	$+$	0	$-$	$-$	$-$	0	$+$
$s''(x)$	$+$	0	$-$	$-$	$-$	0	$+$	$+$	$+$
$s(x)$	↗ 凹		↗ 凸		↘ 凸		↘ 凹		↗ 凹

$s(x)$ 有零点 $x = \frac{1}{2}(-3-\sqrt{5}), \frac{1}{2}(-3+\sqrt{5})$,有极大值点 $x = -4$(极大值 $s(-4) = 5e^{-4}$),极小值点 $x = -1$(极小值 $s(-1) = -e^{-1}$). 曲线 $y = s(x)$ 有拐点 $A = \left(\frac{1}{2}(-7-\sqrt{13}), (6+2\sqrt{13})e^{\frac{1}{2}(-7-\sqrt{13})}\right)$ 和 $B\left(\frac{1}{2}(-7+\sqrt{13}), (6-2\sqrt{13})e^{\frac{1}{2}(-7+\sqrt{13})}\right)$.

由 $\displaystyle\lim_{x \to -\infty} s(x) = 0$ 知曲线 $y = s(x)$ 有水平渐近线 $y = 0$,此外无其他渐近线.

因此,$y = y(x)$ 的图形如图 6.23 所示.

(2) D 如图 6.23 的阴影部分所示,它的面积

$$
S = \int_{\frac{1}{2}(-3-\sqrt{5})}^{\frac{1}{2}(-3+\sqrt{5})} |s(x)| \, dx
$$

$$=-\int_{\frac{1}{2}(-3+\sqrt{5})}^{\frac{1}{2}(-3-\sqrt{5})}(x^2+3x+1)e^x\mathrm{d}x$$

$$=-\int_{\frac{1}{2}(-3-\sqrt{5})}^{\frac{1}{2}(-3+\sqrt{5})}(x^2+3x+1)\mathrm{d}e^x$$

$$=-\left[(x^2+3x+1)e^x\Big|_{\frac{1}{2}(-3-\sqrt{5})}^{\frac{1}{2}(-3+\sqrt{5})}-\int_{\frac{1}{2}(-3-\sqrt{5})}^{\frac{1}{2}(-3+\sqrt{5})}(2x+3)e^x\mathrm{d}x\right]$$

$$=\int_{\frac{1}{2}(-3-\sqrt{5})}^{\frac{1}{2}(-3+\sqrt{5})}(2x+3)\mathrm{d}e^x$$

$$=(2x+3)e^x\Big|_{\frac{1}{2}(-3-\sqrt{5})}^{\frac{1}{2}(-3+\sqrt{5})}-2\int_{\frac{1}{2}(-3-\sqrt{5})}^{\frac{1}{2}(-3+\sqrt{5})}e^x\mathrm{d}x$$

$$=\sqrt{5}e^{\frac{1}{2}(-3+\sqrt{5})}+\sqrt{5}e^{\frac{1}{2}(-3-\sqrt{5})}-2\left[e^{\frac{1}{2}(-3+\sqrt{5})}-e^{\frac{1}{2}(-3-\sqrt{5})}\right]$$

$$=(\sqrt{5}-2)e^{\frac{1}{2}(-3+\sqrt{5})}+(\sqrt{5}+2)e^{\frac{1}{2}(-3-\sqrt{5})}.$$

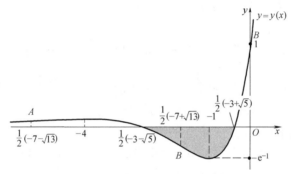

图 6.23

附注 题解中的 $s(x)$ 是利用 e^x 的麦克劳林展开式直接算得的,但也可以用导数方法计算,具体如下:

$$\sum_{n=0}^{\infty}\frac{(n+1)^2}{n!}x^n=\sum_{n=0}^{\infty}\frac{(n+1)(n+2)}{n!}x^n-\sum_{n=0}^{\infty}\frac{n+1}{n!}x^n$$

$$=\sum_{n=0}^{\infty}\frac{1}{n!}(x^{n+2})''-\sum_{n=1}^{\infty}\frac{1}{n!}(x^{n+1})'=\left(\sum_{n=0}^{\infty}\frac{1}{n!}x^{n+2}\right)''-\left(\sum_{n=0}^{\infty}\frac{1}{n!}x^{n+1}\right)'$$

$$=(x^2e^x)''-(xe^x)'=(2xe^x+x^2e^x)'-(xe^x)'$$

$$=\left[(x+x^2)e^x\right]'=(1+3x+x^2)e^x.$$

例 6.24 设函数 $f(x)=\sum_{n=1}^{\infty}\frac{x^n}{n^2}(0\leqslant x\leqslant 1)$,且已知 $f(1)=\sum_{n=1}^{\infty}\frac{1}{n^2}=\frac{\pi^2}{6}$.

(1) 证明:$f(x)+f(1-x)+\ln x\ln(1-x)=\frac{\pi^2}{6}(0\leqslant x\leqslant 1)$;

(2) 求积分 $\int_0^1\frac{1}{2-x}\ln\frac{1}{x}\mathrm{d}x$.

分析 (1) 记 $F(x)=f(x)+f(1-x)+\ln x\ln(1-x)$,定义 $\ln x\ln(1-x)\big|_{x=0}=\lim_{x\to 0^+}\ln x\ln(1-x)$ 和 $\ln x\ln(1-x)\big|_{x=1}=\lim_{x\to 1^-}\ln x\ln(1-x)$,则 $F(x)$ 在 $[0,1]$ 上连续,因此只

要证明 $F'(x) = 0 (0 < x < 1)$，就得证 $F(x) = F(1) = \dfrac{\pi^2}{6} (0 \leqslant x \leqslant 1)$.

(2) $\displaystyle\int_0^1 \dfrac{1}{2-x} \ln\dfrac{1}{x} \mathrm{d}x \xlongequal{\text{令} t = 2-x} -\int_0^2 \dfrac{\ln(2-t)}{t} \mathrm{d}t$，然后将 $\ln(2-t)$ 展开成 t 的幂级数，逐项积分并利用(1)的结果即可得到所求积分的值.

精解 (1) 定义 $\ln x \ln(1-x)\big|_{x=1} = \lim\limits_{x\to 1^-} \ln x \ln(1-x) = \lim\limits_{x\to 1^-} \dfrac{\ln(1-x)}{\dfrac{1}{\ln x}}$

$$\xlongequal{\text{洛必达法则}} \lim_{x\to 1^-} \dfrac{-\dfrac{1}{1-x}}{-\dfrac{1}{x\ln^2 x}} = \lim_{x\to 1^-} \dfrac{x\ln^2 x}{1-x} \xlongequal{\text{洛必达法则}} \lim_{x\to 1^-} \dfrac{\ln^2 x + 2\ln x}{-1} = 0,$$

同样，定义 $\ln x \ln(1-x)\big|_{x=0} = \lim\limits_{x\to 0^+} \ln x \ln(1-x) \xlongequal{\text{令} t=1-x} \lim\limits_{x\to 1^-} \ln t \ln(1-t) = 0$，

则 $F(x) = f(x) + f(1-x) + \ln x \ln(1-x)$ 在 $[0,1]$ 上连续，且对 $x \in (0,1)$ 有

$$F'(x) = f'(x) - f'(1-x) + \dfrac{\ln(1-x)}{x} - \dfrac{\ln x}{1-x}$$

$$= \left[f'(x) + \dfrac{\ln(1-x)}{x} \right] - \left[f'(1-x) + \dfrac{\ln x}{1-x} \right], \qquad (1)$$

其中 $f'(x) + \dfrac{\ln(1-x)}{x} = \left(\displaystyle\sum_{n=1}^{\infty} \dfrac{x^n}{n^2} \right)' - \dfrac{\ln(1-x)}{x} \xlongequal{\text{逐项求导}} \displaystyle\sum_{n=1}^{\infty} \dfrac{1}{n} x^{n-1} - \dfrac{\ln(1-x)}{x}$

$$= \dfrac{1}{x} \sum_{n=1}^{\infty} \dfrac{1}{n} x^n + \dfrac{\ln(1-x)}{x} = -\dfrac{\ln(1-x)}{x} + \dfrac{\ln(1-x)}{x} = 0, \qquad (2)$$

$$f'(1-x) + \dfrac{\ln x}{1-x} \xlongequal{\text{令} t=1-x} f'(t) + \dfrac{\ln(1-t)}{t} = 0. \qquad (3)$$

将式(2)、式(3)代入式(1)得 $F'(x) = 0 (0 < x < 1)$. 于是 $F(x) = C (0 \leqslant x \leqslant 1)$. 由于 $C = F(1) = f(1) + f(0) + \ln x \ln(1-x)\big|_{x=1} = f(1) = \displaystyle\sum_{n=1}^{\infty} \dfrac{1}{n^2} = \dfrac{\pi^2}{6}$，因此

$$F(x) = \dfrac{\pi^2}{6} (0 \leqslant x \leqslant 1).$$

(2) $\displaystyle\int_0^1 \dfrac{1}{2-x} \ln\dfrac{1}{x} \mathrm{d}x \xlongequal{\text{令} t=2-x} -\int_1^2 \dfrac{\ln(2-t)}{t} \mathrm{d}t$

$$= -\int_1^2 \dfrac{\ln 2 + \ln\left(1 - \dfrac{t}{2}\right)}{t} \mathrm{d}t = -\int_1^2 \dfrac{\ln 2}{t} \mathrm{d}t - \int_1^2 \dfrac{-\displaystyle\sum_{n=1}^{\infty} \dfrac{1}{n}\left(\dfrac{t}{2}\right)^n}{t} \mathrm{d}t$$

$$= -\ln^2 2 + \int_1^2 \sum_{n=1}^{\infty} \dfrac{1}{2^n \cdot n} t^{n-1} \mathrm{d}t = -\ln^2 2 + \sum_{n=1}^{\infty} \dfrac{1}{2^n \cdot n} \int_1^2 t^{n-1} \mathrm{d}t$$

$$= -\ln^2 2 + \sum_{n=1}^{\infty} \dfrac{1}{n^2} - \sum_{n=1}^{\infty} \dfrac{1}{n^2} \cdot \left(\dfrac{1}{2}\right)^n = -\ln^2 2 + \dfrac{\pi^2}{6} - f\left(\dfrac{1}{2}\right)$$

$$= -\ln^2 2 + \dfrac{\pi^2}{6} - \dfrac{1}{2}\left(\dfrac{\pi^2}{6} - \ln^2 2\right) \quad \left(\text{由(1)知 } f\left(\dfrac{1}{2}\right) + f\left(1 - \dfrac{1}{2}\right) + \ln\dfrac{1}{2}\ln\left(1 - \dfrac{1}{2}\right)\right.$$

$$\left. = \dfrac{\pi^2}{6}，\text{所以 } f\left(\dfrac{1}{2}\right) = \dfrac{1}{2}\left(\dfrac{\pi^2}{6} - \ln^2 2\right)\right)$$

319

$$= \frac{\pi^2}{12} - \frac{1}{2}\ln^2 2.$$

附注 当 $f(x)$ 在 $[a,b]$ 上连续,在 (a,b) 内可导且导数为零时,$f(x) = C(x \in [a,b])$. 所以为了证明 $f(x) + f(1-x) + \ln x \ln(1-x) = \frac{\pi^2}{6}(0 \leqslant x \leqslant 1)$,必须保证 $f(x) + f(1-x) + \ln x \ln(1-x)$ 在 $[0,1]$ 上连续,为此应定义 $\ln x \ln(1-x)$ 在 $x = 0$ 和 $x = 1$ 处的值,使得它在 $x = 0$ 处右连续和 $x = 1$ 处左连续. 题解就是按此思路进行的.

例 6.25 设函数 $f(x)$ 是以 2π 为周期的周期函数,且 $f(x) = e^x(0 \leqslant x < 2\pi)$. 写出 $f(x)$ 的傅里叶展开式,并求级数 $\sum_{n=1}^{\infty} \frac{1}{n^2+1}$ 之和.

分析 按公式算出傅里叶系数 $a_0, a_n, b_n(n = 1, 2, \cdots)$,由此可以得到 $f(x)$ 的傅里叶展开式. 然后按狄利克雷收敛定理计算 $\sum_{n=1}^{\infty} \frac{1}{n^2+1}$ 之和.

精解
$$a_0 = \frac{1}{\pi} \int_0^{2\pi} e^x dx = \frac{1}{\pi}(e^{2\pi} - 1),$$
$$a_n = \frac{1}{\pi} \int_0^{2\pi} e^x \cos nx \, dx = \frac{e^{2\pi} - 1}{\pi} \cdot \frac{1}{n^2+1},$$
$$b_n = \frac{1}{\pi} \int_0^{2\pi} e^x \sin nx \, dx = -\frac{e^{2\pi} - 1}{\pi} \cdot \frac{n}{n^2+1} \qquad (n = 1, 2, \cdots),$$

所以,e^x 的傅里叶级数为
$$\frac{a_0}{2} + \sum_{n=1}^{\infty} a_n \cos nx + b_n \sin nx$$
$$= \frac{e^{2\pi} - 1}{2\pi} + \sum_{n=1}^{\infty} \frac{e^{2\pi} - 1}{\pi} \left(\frac{1}{n^2+1} \cos nx - \frac{n}{n^2+1} \sin nx \right),$$

由于 $f(x)$ 在 $x = 2n\pi(n = 0, \pm 1, \pm 2, \cdots)$ 处间断,在间断点处上述级数的和为 $\frac{1}{2}[f(0^+) + f((2\pi)^-)] = \frac{1}{2}(1 + e^{2\pi})$,在 $(-\infty, +\infty)$ 的其他点处,$f(x)$ 连续,在这些连续点处,上述级数的和为 $f(x) = e^x$.

因此,$f(x)$ 的傅里叶级数展开式为
$$f(x) = \frac{e^{2\pi} - 1}{2\pi} + \sum_{n=1}^{\infty} \frac{e^{2\pi} - 1}{\pi} \left(\frac{1}{n^2+1} \cos nx - \frac{n}{n^2+1} \sin nx \right) (x \neq 2n\pi, n = 0, \pm 1, \pm 2, \cdots).$$

当 $x = 0$ 时,由狄利克雷收敛定理知上式右边级数的和为 $\frac{1}{2}(1 + e^{2\pi})$,所以
$$\frac{e^{2\pi} - 1}{2\pi} + \sum_{n=1}^{\infty} \frac{e^{2\pi} - 1}{\pi} \cdot \frac{1}{n^2+1} = \frac{1}{2}(1 + e^{2\pi}),$$

即 $\sum_{n=1}^{\infty} \frac{1}{n^2+1} = \frac{\pi}{e^{2\pi} - 1} \left[\frac{1}{2}(1 + e^{2\pi}) - \frac{e^{2\pi} - 1}{2\pi} \right] = \frac{\pi}{2} \cdot \frac{e^{2\pi} + 1}{e^{2\pi} - 1} - \frac{1}{2}$.

附注 本题利用傅里叶展开式求得 $\sum_{n=1}^{\infty} \frac{1}{n^2+1}$ 的和. 例 6.24 中的 $\sum_{n=1}^{\infty} \frac{1}{n^2} = \frac{\pi^2}{6}$ 也可由傅里叶展开式求得. 具体如下:

设 $f(x)$ 是以 2π 为周期的周期函数,且 $f(x) = |x| (-\pi \leqslant x \leqslant \pi)$,则由 $f(x)$ 是偶函数

知 $b_n = 0(n=1,2,\cdots)$,此外,

$$a_0 = \frac{1}{\pi}\int_{-\pi}^{\pi}f(x)\mathrm{d}x = \frac{2}{\pi}\int_0^{\pi}x\mathrm{d}x = \pi,$$

$$a_n = \frac{1}{\pi}\int_{-\pi}^{\pi}f(x)\cos nx\mathrm{d}x = \frac{2}{\pi}\int_0^{\pi}x\cos nx\mathrm{d}x = \frac{2}{n\pi}\int_0^{\pi}x\mathrm{d}\sin nx$$

$$= \frac{2}{n\pi}\left(x\sin nx\Big|_0^{\pi} - \int_0^{\pi}\sin nx\mathrm{d}x\right) = \frac{2}{n^2\pi}\cos nx\Big|_0^{\pi}$$

$$= \frac{2}{n^2\pi}(\cos n\pi - 1) = \frac{2}{n^2\pi}[(-1)^n - 1] = \begin{cases} -\dfrac{4}{n^2\pi} & ,n=1,3,\cdots, \\ 0, & n=2,4,\cdots, \end{cases}$$

所以,$f(x)$ 的傅里叶展开式

$$f(x) = \frac{a_0}{2} + a_1\cos x + a_3\cos 3x + a_5\cos 5x + \cdots$$

$$= \frac{\pi}{2} - \frac{4}{\pi}\left(\frac{1}{1^2}\cos x + \frac{1}{3^2}\cos 3x + \frac{1}{5^2}\cos 5x + \cdots\right) \quad (-\infty < x < \infty).$$

于是有 $f(0) = \frac{\pi}{2} - \frac{4}{\pi}\left(\frac{1}{1^2} + \frac{1}{3^2} + \frac{1}{5^2} + \cdots + \frac{1}{(2n-1)^2} + \cdots\right)$,即

$$\sum_{n=1}^{\infty}\frac{1}{(2n-1)^2} = \frac{\pi^2}{8}.$$

由此推得

$$\sum_{n=1}^{\infty}\frac{1}{n^2} = \sum_{n=1}^{\infty}\frac{1}{(2n-1)^2} + \sum_{n=1}^{\infty}\frac{1}{(2n)^2} = \frac{\pi^2}{8} + \frac{1}{4}\sum_{n=1}^{\infty}\frac{1}{n^2},$$

即 $\frac{3}{4}\sum_{n=1}^{\infty}\frac{1}{n^2} = \frac{\pi^2}{8}$. 所以,$\sum_{n=1}^{\infty}\frac{1}{n^2} = \frac{\pi^2}{6}$.

三、主要方法梳理

1. 级数收敛性判别法

级数 $\sum_{n=1}^{\infty}u_n$ 的收敛性可按以下程序判别:

(1) 计算极限 $\lim_{n\to\infty}u_n$,如果 $\lim_{n\to\infty}u_n \neq 0$,则 $\sum_{n=1}^{\infty}u_n$ 发散;如果 $\lim_{n\to\infty}u_n = 0$,则进入(2).

(2) 如果 $\sum_{n=1}^{\infty}u_n$ 是正项级数,则用比值法、根值法或比较法判别. 比较法中的比较级数可以通过适当放大或缩小 u_n 得到,也可以寻找 u_n 的同阶无穷小($n\to\infty$)得到(证明抽象的正项级数收敛性时,通常由证明它的部分和数列有上界或用比较法). 如果 $\sum_{n=1}^{\infty}u_n$ 是任意项级数,则进入(3).

(3) 如果 $\sum_{n=1}^{\infty}|u_n|$ 收敛,则 $\sum_{n=1}^{\infty}u_n$ 绝对收敛;如果 $\sum_{n=1}^{\infty}|u_n|$ 发散,则进入(4).

(4) 如果 $\sum\limits_{n=1}^{\infty}|u_n|$ 发散结论是由比值法或根值法得到的,则 $\sum\limits_{n=1}^{\infty}u_n$ 发散;否则进入(5).

(5) 如果 $\sum\limits_{n=1}^{\infty}u_n$ 是交错级数,且满足莱布尼茨定理条件,则 $\sum\limits_{n=1}^{\infty}u_n$ 条件收敛;如果 $\sum\limits_{n=1}^{\infty}u_n$ 不是交错级数,或虽是交错级数但不满足莱布尼茨定理条件,则将通项 u_n 表示成 $u_n=v_n+w_n$,当 $\sum\limits_{n=1}^{\infty}v_n$ 绝对收敛而 $\sum\limits_{n=1}^{\infty}w_n$ 条件收敛时,$\sum\limits_{n=1}^{\infty}u_n$ 条件收敛;当 $\sum\limits_{n=1}^{\infty}v_n$ 收敛而 $\sum\limits_{n=1}^{\infty}w_n$ 发散时,$\sum\limits_{n=1}^{\infty}u_n$ 发散.如果以上处理也不能确定 $\sum\limits_{n=1}^{\infty}u_n$ 的收敛性,则可考虑进入(6).

(6) 计算 $\sum\limits_{n=1}^{\infty}u_n$ 的部分和数列 $\{s_n\}$(其中 $s_n=\sum\limits_{i=1}^{n}u_i$),如果 $\sum\limits_{n=1}^{\infty}u_n$ 是正项级数,则当 $\{s_n\}$ 有上界时,$\sum\limits_{n=1}^{\infty}u_n$ 收敛,否则 $\sum\limits_{n=1}^{\infty}u_n$ 发散;如果 $\sum\limits_{n=1}^{\infty}u_n$ 是任意项级数,则当 $\{s_n\}$ 收敛时,$\sum\limits_{n=1}^{\infty}u_n$ 收敛;否则 $\sum\limits_{n=1}^{\infty}u_n$ 发散.

以上是级数收敛性判别的一般思路,但对具体级数作收敛性判别时,未必要按部就班地逐一执行这一程序的每一步.例如,当 $\lim\limits_{n\to\infty}u_n$ 不易计算时,可跳过(1) 这一步直接进入下一步;又例如,$\lim\limits_{n\to\infty}s_n$ 比较容易计算时,可直接进入(6),等等.

2. 幂级数收敛域的计算

幂级数 $\sum\limits_{n=0}^{\infty}a_nx^n$ 收敛域计算步骤如下:

(1) 用以下方法算出 $\sum\limits_{n=0}^{\infty}a_nx^n$ 的收敛区间:

如果 $\lim\limits_{n\to\infty}\left|\dfrac{a_{n+1}}{a_n}\right|$ (或 $\lim\limits_{n\to\infty}\sqrt[n]{|a_n|}$) 存在为 ρ,则当 $\rho\neq0$ 时 $\sum\limits_{n=0}^{\infty}a_nx^n$ 的收敛区间为 $\left(-\dfrac{1}{\rho},\dfrac{1}{\rho}\right)$;当 $\rho=0$ 时 $\sum\limits_{n=0}^{\infty}a_nx^n$ 的收敛区间为 $(-\infty,+\infty)$.

如果 $\sum\limits_{n=0}^{\infty}a_nx^n$ 是缺项幂级数,即 $\sum\limits_{n=0}^{\infty}a_nx^n$ 有无穷多个系数为零,则 $\lim\limits_{n\to\infty}\left|\dfrac{a_{n+1}}{a_n}\right|$ (或 $\lim\limits_{n\to\infty}\sqrt[n]{|a_n|}$) 不存在,此时将 $\sum\limits_{n=0}^{\infty}a_nx^n$ 理解成 $\sum\limits_{n=0}^{\infty}u_n(x)$(其中对 $n=0,1,\cdots,u_n(x)$ 不恒为零),然后计算 $\lim\limits_{n\to\infty}\left|\dfrac{u_{n+1}(x)}{u_n(x)}\right|$ (或 $\lim\limits_{n\to\infty}\sqrt[n]{|u_n(x)|}$),如果为 $\rho(x)$,则收敛区间为 $\{x\mid\rho(x)<1\}$.

(2) 由收敛区间计算收敛域:

当收敛区间为 $(-\infty,+\infty)$ 时,收敛域也为 $(-\infty,+\infty)$;

当收敛区间为 $(-R,R)(R>0)$ 时,考虑 $\sum\limits_{n=0}^{\infty}a_nx^n$ 在点 $x=-R,R$ 的收敛性,将其中的收敛点并入收敛区间即得收敛域.

注 (1) 当 a_n 表达式比较复杂时,可以将 $\sum\limits_{n=0}^{\infty} a_n x^n$ 表示成若干个幂级数之和,对各个幂级数用上述方法确定收敛域,则它们的公共部分即为 $\sum\limits_{n=0}^{\infty} a_n x^n$ 的收敛域.

(2) 有时,将 $\sum\limits_{n=0}^{\infty} a_n x^n$ 与常用函数 $e^x, \sin x, \cos x, \ln(1+x), (1+x)^a$ 的幂级数展开式比较,或将 $\sum\limits_{n=0}^{\infty} a_n x^n$ 表示成若干个幂级数之和,并将其中的各个幂级数与上述常用函数的幂级数展开式比较,利用这些常用函数的幂级数展开式收敛域可快捷地确定 $\sum\limits_{n=0}^{\infty} a_n x^n$ 的收敛域.

3. 函数展开成 x 的幂级数的方法

将函数 $f(x)$ 展开为 x 的幂级数 $\sum\limits_{n=0}^{\infty} a_n x^n$ 的方法是:

(1) 将 $f(x)$ 表示成常用函数 $e^x, \sin x, \cos x, \ln(1+x), (1+x)^a$ 等的线性组合(注意:这里的线性组合中的系数可为常数或 x 的正整数次幂),或通过变量代换将 $f(x)$ 表示成上述常用函数或它们的线性组合,然后利用常用函数的麦克劳林展开式以及幂级数在收敛区间或两个幂级数的公共收敛区间内可以作线性运算等性质,将 $f(x)$ 展开成 x 的幂级数 $\sum\limits_{n=0}^{\infty} a_n x^n$.

(2) 如果 $f(x)$ 的表达式比较复杂,可以先将 $f'(x)$ 或 $f''(x)$ 等展开成 x 的幂函数,然后利用幂级数在收敛区间内可逐项积分将 $f(x)$ 展开成 x 的幂级数 $\sum\limits_{n=0}^{\infty} a_n x^n$.

4. 幂级数求和函数方法

求幂级数 $\sum\limits_{n=0}^{\infty} a_n x^n$ 和函数 $s(x)$ 的方法是:

(1) 对 $\sum\limits_{n=0}^{\infty} a_n x^n$ 进行适当的代数运算,或作适当的变量代换,使其成为常用函数或它们的线性组合的麦克劳林展开式,从而求得 $\sum\limits_{n=0}^{\infty} a_n x^n$ 的和函数 $s(x)$.

(2) 如果 $\sum\limits_{n=0}^{\infty} a_n x^n$ 的系数比较复杂,可通过对

$$s(x) = \sum_{n=0}^{\infty} a_n x^n$$

在其收敛区间内逐项求导或积分,使右边的幂级数成为常用函数或它们的线性组合的麦克劳林级数,由此求得 $s'(x)$ 或 $\int_0^x s(t)\mathrm{d}t$,然后用积分或求导得到 $\sum\limits_{n=0}^{\infty} a_n x^n$ 和函数 $s(x)$.

(3) 当用上述方法不易求得 $\sum\limits_{n=0}^{\infty} a_n x^n$ 的和函数 $s(x)$ 时,可通过对 $\sum\limits_{n=0}^{\infty} a_n x^n$ 求导建立它的和函数 $s(x)$ 应满足的微分方程,然后解此微分方程得到 $s(x)$.

323

5. 收敛级数求和方法

收敛级数 $\sum\limits_{n=1}^{\infty} a_n$ 求和 s 的方法是：

(1) 计算 $\sum\limits_{n=1}^{\infty} a_n$ 的部分和数列 $\{s_n\}$ 的极限,如果 $\lim\limits_{n\to\infty} s_n = s$,则 $\sum\limits_{n=1}^{\infty} a_n = s$.

(2) 如果 $\sum\limits_{n=1}^{\infty} a_n$ 的部分和数列通项 s_n 不易计算,则构造相应的幂级数 $\sum\limits_{n=1}^{\infty} a_n x^n$,并求出它的和函数 $s(x)$,当 $x = 1$ 是 $\sum\limits_{n=1}^{\infty} a_n x^n$ 收敛区间内的点时,$s = s(1)$;当 $x = 1$ 是 $\sum\limits_{n=1}^{\infty} a_n x^n$ 收敛区间的边界点时,$s = \lim\limits_{n\to1^-} s(x)$.

6. $f(x) (0 \leqslant x \leqslant 2l)$ 展开成傅里叶级数方法

设 $f(x)$ 在 $[0,2l]$ 上满足狄利克雷收敛定理条件,则 $f(x)$ 可以按以下步骤展开成傅里叶级数:

(1) 将 $f(x)(0 \leqslant x \leqslant 2l)$ 作 $2l$ 为周期的周期延拓,记为 $F(x)$,算出 $F(x)$ 的傅里叶级数

$$F(x) \sim \frac{a_0}{2} + \sum_{n=1}^{\infty} a_n \cos\frac{n\pi x}{l} + b_n \sin\frac{n\pi x}{l}, \tag{1}$$

其中,$a_0 = \dfrac{1}{l}\displaystyle\int_0^{2l} f(x)\mathrm{d}x, a_n = \dfrac{1}{l}\displaystyle\int_0^{2l} f(x)\cos\frac{n\pi x}{l}\mathrm{d}x, b_n = \dfrac{1}{l}\displaystyle\int_0^{2l} f(x)\sin\frac{n\pi x}{l}\mathrm{d}x, n = 1, 2, \cdots$.

(2) 将式(1) 限制于 $[0,2l]$ 上得 $f(x)$ 的傅里叶级数

$$f(x) \sim \frac{a_0}{2} + \sum_{n=1}^{\infty} a_n \cos\frac{n\pi x}{l} + b_n \sin\frac{n\pi x}{l},$$

并且 $f(x)$ 的傅里叶级数的和函数 $s(x)$ 是以 $2l$ 为周期的周期函数,在一个周期上

$$s(x) = \begin{cases} f(x), & x \text{ 是 } f(x) \text{ 在 } (0,2l) \text{ 内的连续点,} \\ \dfrac{1}{2}[f(x^+) + f(x^-)], & x \text{ 是 } f(x) \text{ 在 } (0,2l) \text{ 内的间断点,} \\ \dfrac{1}{2}\{f(0^+) + f[(2l)^-]\}, & x = 0, 2l. \end{cases}$$

7. $f(x) (0 \leqslant x \leqslant l)$ 展开成正弦级数或余弦级数的方法

设 $f(x)$ 在 $[0,l]$ 上满足狄利克雷收敛定理条件,则 $f(x)$ 可以按以下步骤展开成正弦级数:

(1) 将 $f(x)(0 \leqslant x \leqslant l)$ 作奇延拓得函数 $f_1(x)(-l < x \leqslant l)$(这里要求 $f_1(0) = 0$),然后再将 $f_1(x)$ 作 $2l$ 为周期的周期延拓,记为 $F_1(x)$,则 $F_1(x)$ 的傅里叶级数为正弦级数,即

$$F_1(x) \sim \sum_{n=0}^{\infty} b_n \sin\frac{n\pi x}{l}, \tag{1}$$

其中,$b_n = \dfrac{2}{l}\displaystyle\int_0^{l} f(x)\sin\frac{n\pi x}{l}\mathrm{d}x, n = 1, 2, \cdots$.

(2) 将式(1) 限制于 $[0,l]$ 上得 $f(x)$ 的以 $2l$ 为周期的正弦级数:

$$f_1(x) \sim \sum_{n=0}^{\infty} b_n \sin \frac{n\pi x}{l} .$$

设 $f(x)$ 在 $[0,l]$ 上满足狄利克雷收敛定理条件,则 $f(x)$ 可以按以下步骤展开成余弦级数:

(1) 将 $f(x)(0 \leqslant x \leqslant l)$ 作偶延拓得函数 $f_2(x)(-l < x \leqslant l)$,然后再将 $f_2(x)$ 作 $2l$ 为周期的周期延拓,记为 $F_2(x)$,则 $F_2(x)$ 的傅里叶级数为余弦级数

$$F_2(x) \sim \frac{a_0}{2} + \sum_{n=1}^{\infty} a_n \cos \frac{n\pi x}{l} , \tag{2}$$

其中,$a_n = \dfrac{2}{l} \displaystyle\int_0^l f(x) \cos \dfrac{n\pi x}{l} \mathrm{d}x \quad (n = 0, 1, 2, \cdots).$

(2) 将式(2)限制于 $[0,l]$ 上得 $f(x)$ 的以 $2l$ 为周期的余弦级数:

$$f_2(x) \sim \frac{a_0}{2} + \sum_{n=1}^{\infty} a_n \cos \frac{n\pi x}{l}.$$

四、精选备赛练习题

A 组

6.1 级数 $\displaystyle\sum_{n=1}^{\infty} (\sqrt{n+2} - 2\sqrt{n+2} + \sqrt{n})$ 与级数 $\displaystyle\sum_{n=1}^{\infty} \frac{1}{(n+1)\sqrt{n} + n\sqrt{n+1}}$ 的和分别为 _____.

6.2 级数 $\displaystyle\sum_{n=1}^{\infty} \frac{n+2}{n! + (n+1)! + (n+2)!} =$ _____.

6.3 设 m 是正整数,a_n 是 $(1+x)^{m+n}$ 展开式中 x^n 的系数 $(n = 0, 1, 2, \cdots)$,则级数 $\displaystyle\sum_{n=0}^{\infty} \frac{1}{a_n} =$ _____.

6.4 曲线 $y = 2\mathrm{e}^{-x}\sin x (x \geqslant 0)$ 与 x 轴围成的无界图形的面积 $S =$ _____.

6.5 设级数 $\displaystyle\sum_{n=2}^{\infty} \ln[n(n+1)^a (n+2)^b]$ 收敛,则 a, b 的值分别为 _____.

6.6 级数 $\displaystyle\sum_{n=1}^{\infty} \frac{1}{(1+x^2)(1+x^4)\cdots(1+x^{2^n})}$ 的收敛域为 _____.

6.7 级数 $\displaystyle\sum_{n=1}^{\infty} \frac{n}{(n+2)\cdot 2^n}$ 的和与幂级数 $\displaystyle\sum_{n=1}^{\infty} \frac{1}{n(3^n + 2^n)} x^n$ 的收敛域分别为 _____.

6.8 极限 $\displaystyle\lim_{x \to 1^-} (1-x)^3 \sum_{n=1}^{\infty} n^2 x^n =$ _____.

6.9 幂级数 $\displaystyle\sum_{n=1}^{\infty} (-1)^n \frac{n^3}{(n+1)!} x^n$ 的和函数 $s(x) =$ _____.

6.10 设函数 $f(x) = \begin{cases} x^2, & 0 \leqslant x \leqslant \frac{1}{2}, \\ 1-x, & \frac{1}{2} < x \leqslant 1 \end{cases}$ 的余弦级数的和函数为

$$s(x) = \frac{a_0}{2} + \sum_{n=1}^{\infty} a_n \cos n\pi x \qquad (-\infty < x < +\infty),$$

其中,$a_n = 2\int_0^1 f(x)\cos n\pi x \mathrm{d}x, n = 0,1,2,\cdots,$则 $s\left(-\dfrac{9}{2}\right) = $ _____.

6.11 证明以下命题:

(1) 设正项数列 $\{a_n\}$ 单调减少收敛于零,则级数 $\sum\limits_{n=1}^{\infty} (-1)^{n-1} \sqrt{a_n \cdot a_{n-1}}$ 收敛;

(2) 设正项数列 $\{a_n\}$ 单调减少而级数 $\sum\limits_{n=1}^{\infty} (-1)^{n-1} a_n$ 发散,则级数 $\sum\limits_{n=1}^{\infty} \left(\dfrac{1}{a_n^{\lambda}+1}\right)^n$ 对任意正数 λ 收敛.

6.12 设级数 $\sum\limits_{n=1}^{\infty} a_n = s$,证明:$\lim\limits_{n\to\infty} \dfrac{1}{n} \sum\limits_{k=1}^{n} k a_k = 0$ 及 $\sum\limits_{n=1}^{\infty} \dfrac{a_1 + 2a_2 + \cdots + na_n}{n(n+1)} = s.$

6.13 (1) 求广义幂级数 $\sum\limits_{n=1}^{\infty} \dfrac{1}{2n+3} \left(\dfrac{1-x}{1+x}\right)^n$ 的收敛域;

(2) 求级数 $\sum\limits_{n=1}^{\infty} \left[(-1)^{n-1} \dfrac{1}{2n+1} + \dfrac{1}{n^2+1}\right]$ 的和.

6.14 求幂级数 $\sum\limits_{n=1}^{\infty} \dfrac{1}{a^n+b^n} x^n (a>0, b>0)$ 的收敛域.

6.15 设数列 $\{a_n\}$ 定义如下:

$$a_1 = a(a>1), \quad a_{n+1} = \frac{1}{2}\left(a_n + \frac{1}{a_n}\right)(n=1,2,\cdots).$$

证明:(1) 极限 $\lim\limits_{n\to\infty} a_n$ 存在;(2) 级数 $\sum\limits_{n=1}^{\infty} \left(\dfrac{a_n}{a_n+1} - 1\right)$ 收敛.

B　　组

6.16 将函数 $f(x) = \dfrac{1+x}{(1-x)^3}$ 展开成关于 x 的幂级数.

6.17 求级数 $1 - \dfrac{1}{2} + \dfrac{1 \cdot 3}{2 \cdot 4} - \cdots + (-1)^n \dfrac{1 \cdot 3 \cdot \cdots \cdot (2n-1)}{2 \cdot 4 \cdot \cdots \cdot (2n)} + \cdots$ 的和.

6.18 设 $a_0 = \sqrt{3}, a_1 = \sqrt{3-\sqrt{6}}, a_2 = \sqrt{3-\sqrt{6+\sqrt{6}}}, \cdots, a_n = \sqrt{3 - \underbrace{\sqrt{6+\sqrt{\cdots+\sqrt{6}}}}_{n\text{层根号}}},$

$\cdots,$求幂级数 $\sum\limits_{n=0}^{\infty} a_n x^n$ 的收敛域.

6.19 求幂级数 $\sum\limits_{n=1}^{\infty} \left(1 + \dfrac{1}{2} + \cdots + \dfrac{1}{n}\right) x^n$ 的收敛域与和函数.

6.20 设两条抛物线 $y = nx^2 + \dfrac{1}{n}, y = (n+1)x^2 + \dfrac{1}{n+1}$ 的交点横坐标的绝对值为 a_n.

求:

(1) 这两条抛物线围成的图形的面积 S_n;

(2) 级数 $\sum\limits_{n=1}^{\infty} \dfrac{S_n^2}{a_n^2}$ 的和.

6.21　设 $\alpha = \lim\limits_{x \to 0^+} \dfrac{x^2 \tan \dfrac{x}{2}}{1 - (1+x)^{\int_0^x \sin^2 \sqrt{t}\,dt}}$，求级数 $\sum\limits_{n=1}^{\infty} n^2 (\sin \alpha)^{n-1}$ 的和.

6.22　设函数 $\dfrac{1}{1 - x - x^2}$ 的麦克劳林展开式为 $\sum\limits_{n=1}^{\infty} a_n x^n$.

(1) 求级数 $\sum\limits_{n=0}^{\infty} \dfrac{a_{n+1}}{a_n a_{n+2}}$ 的和 A；

(2) 对(1)中求得的 A，证明：对 $n = 1, 2, \cdots$，方程 $(1 - \cos x)^n = \dfrac{1}{A} \cos x$ 在 $\left(0, \dfrac{\pi}{2}\right)$ 内有且仅有一个实根.

6.23　设函数 $z(k) = \sum\limits_{n=0}^{\infty} \dfrac{n^k}{n!} \mathrm{e}^{-1}$.

(1) 求 $z(0), z(1)$ 和 $z(2)$ 之值；

(2) 证明：当 k 为正整数时，$z(k)$ 也为正整数.

6.24　设函数 $f(x)$ 在 $[-\pi, \pi]$ 上具有连续的二阶导数，$f(\pi) \neq f(-\pi)$，且 $f(x)$ 的傅里叶展开式为

$$f(x) = \frac{a_0}{2} + \sum_{n=1}^{\infty} a_n \cos nx + b_n \sin nx \quad (x \in (-\pi, \pi)).$$

证明：级数 $\sum\limits_{n=1}^{\infty} a_n$ 绝对收敛，而级数 $\sum\limits_{n=1}^{\infty} b_n$ 条件收敛.

6.25　求幂级数 $\sum\limits_{n=0}^{\infty} (-1)^n \dfrac{2n^2 + 1}{(2n)!} x^{2n}$ 的和函数 $f(x)$ 在 $[-\pi, \pi]$ 上的傅里叶系数 $a_n = \dfrac{1}{\pi} \displaystyle\int_{-\pi}^{\pi} f(x) \cos nx \, \mathrm{d}x (n = 0, 1, 2, \cdots)$.

6.26　证明以下各题：

(1) 设 $\varphi(x)$ 是连续的周期函数，周期为 $T(T > 0)$，且 $\displaystyle\int_0^T \varphi(x)\,\mathrm{d}x = 0$. 函数 $f(x)$ 在 $[0, T]$ 上具有连续的导数. 记

$$a_n = \int_0^T f(x) \varphi(nx) \,\mathrm{d}x \quad (n = 1, 2, \cdots),$$

则级数 $\sum\limits_{n=1}^{\infty} a_n^2$ 收敛.

(2) 设 $\{a_n\}$ 是正项单调增加数列，则级数 $\sum\limits_{n=1}^{\infty} \dfrac{n}{a_1 + a_2 + \cdots + a_n}$ 收敛的充分必要条件是 $\sum\limits_{n=1}^{\infty} \dfrac{1}{a_n}$ 收敛.

(3) 设正项级数 $\sum\limits_{n=1}^{\infty} a_n$ 收敛，和为 S. 记 $r_n = \sum\limits_{k=n}^{\infty} a_k$. 证明：当 $0 < p < 1$ 时，

$$\sum_{n=1}^{\infty} \frac{a_n}{r_n^p} \leqslant \int_0^S \frac{\mathrm{d}x}{x^p} = \frac{S^{1-p}}{1-p}.$$

6.27　计算下列问题：

(1) 设 $a_0 = 0, a_1 = 1, a_{n+1} = 3a_n + 4a_{n-1}, n = 1, 2, \cdots$，求幂级数 $\sum\limits_{n=1}^{\infty} \dfrac{a_n}{n!} x^n$ 的收敛域与和函数.

(2) 设 $u_1 > 4, u_{n+1} = \sqrt{12 + u_n}, a_n = \dfrac{1}{\sqrt{u_n - 4}}, n = 1, 2, \cdots$. 求幂级数 $\sum\limits_{n=1}^{\infty} a_n x^n$ 的收敛域.

6.28 设曲线 $y = \dfrac{1}{x^3}$ 与直线 $y = \dfrac{x}{n^4}, y = \dfrac{x}{(n+1)^4}$ 在第一象限围成的图形面积为 $S(n)$，其中 $n = 1, 2, \cdots$.

(1) 求证 $S(n) = \dfrac{2n+1}{n^2(n+1)^2}$；

(2) 求级数 $\sum\limits_{n=1}^{\infty} S(n)$.

6.29 证明下列各题:

(1) 级数 $\sum\limits_{n=1}^{\infty} \left(\dfrac{1}{\sqrt{n}} - \sqrt{\ln \dfrac{n+1}{n}} \right)$ 收敛,且其和小于 1;

(2) 当 $p \geqslant 1$ 时,$\sum\limits_{n=1}^{\infty} \dfrac{1}{(n+1)\sqrt[p]{n}} \leqslant p$.

6.30 证明以下各题:

(1) 设 $\lim\limits_{n \to \infty} n a_n = a$,级数 $\sum\limits_{n=1}^{\infty} n(a_n - a_{n+1})$ 收敛,其和为 b,则级数 $\sum\limits_{n=1}^{\infty} a_n$ 收敛,并求其和.

(2) 设 $a_n \geqslant 0 (n = 1, 2, \cdots)$,和函数 $S(x) = \sum\limits_{n=1}^{\infty} a_n x^n$ 在 $[0, R)$ 上有界,则级数 $\sum\limits_{n=1}^{\infty} a_n R^n$ 收敛.

附：解答

6.1 由于 $s_n = \sum\limits_{k=1}^{n} (\sqrt{k+2} - 2\sqrt{k+1} + \sqrt{k})$

$= \sum\limits_{k=1}^{n} (\sqrt{k+2} - \sqrt{k+1}) - \sum\limits_{k=1}^{n} (\sqrt{k+1} - \sqrt{k})$

$= (\sqrt{n+2} - \sqrt{2}) - (\sqrt{n+1} - 1)$

$= \sqrt{n+2} - \sqrt{n+1} - \sqrt{2} + 1$

$= \dfrac{1}{\sqrt{n+2} + \sqrt{n+1}} - \sqrt{2} + 1 \to 1 - \sqrt{2} \quad (n \to \infty)$,

所以,$\sum\limits_{n=1}^{\infty} (\sqrt{n+2} - 2\sqrt{n+2} + \sqrt{n}) = 1 - \sqrt{2}$.

由于 $\sigma_n = \sum\limits_{k=1}^{n} \dfrac{1}{(k+1)\sqrt{k} + k\sqrt{k+1}} = \sum\limits_{k=1}^{n} \dfrac{1}{\sqrt{k(k+1)}} \cdot \dfrac{1}{\sqrt{k+1} + \sqrt{k}}$

$= \sum\limits_{k=1}^{n} \dfrac{\sqrt{k+1} - \sqrt{k}}{\sqrt{k(k+1)}} = \sum\limits_{k=1}^{n} \left(\dfrac{1}{\sqrt{k}} - \dfrac{1}{\sqrt{k+1}} \right)$

$$= 1 - \frac{1}{\sqrt{n+1}} \to 1 \quad (n \to \infty),$$

所以，$\displaystyle\sum_{n=1}^{\infty} \frac{1}{(n+1)\sqrt{n} + n\sqrt{n+1}} = 1.$

6.2 由于 $\displaystyle s_n = \sum_{k=1}^{n} \frac{k+2}{k! + (k+1)! + (k+2)!} = \sum_{k=1}^{n} \frac{1}{k!(k+2)}$

$$= \sum_{k=1}^{n} \frac{k+1}{(k+2)!} = \sum_{k=1}^{n} \left(\frac{1}{(k+1)!} - \frac{1}{(k+2)!} \right)$$

$$= \frac{1}{2!} - \frac{1}{(n+2)!} \to \frac{1}{2} \quad (n \to \infty),$$

所以，$\displaystyle\sum_{n=1}^{\infty} \frac{n+2}{n! + (n+1)! + (n+2)!} = \frac{1}{2}.$

6.3 由于 $a_n = C_{m+n}^n = C_{m+n}^m$

$$= \frac{(m+n)(m+n-1)\cdots(m+n-n+2)(m+n-m+1)}{m!}$$

$$= \frac{(n+1)(n+2)\cdots(n+m-1)(n+m)}{m!},$$

所以，$\displaystyle\sum_{k=0}^{n-1} \frac{1}{a_k} = \sum_{k=0}^{n-1} \frac{m!}{(k+1)(k+2)\cdots(k+m-1)(k+m)}$

$$= m! \sum_{k=0}^{n-1} \frac{1}{(k+1)(k+2)\cdots(k+m-1)(k+m)}$$

$$= \frac{m!}{m-1} \sum_{k=0}^{n-1} \frac{(k+m)-(k+1)}{(k+1)(k+2)\cdots(k+m-1)(k+m)}$$

$$= \frac{m!}{m-1} \left[\sum_{k=0}^{n-1} \frac{1}{(k+1)(k+2)\cdots(k+m-1)} - \frac{1}{(k+2)\cdots(k+m-1)(k+m)} \right]$$

$$= \frac{m!}{m-1} \left[\frac{1}{1 \cdot 2 \cdot \cdots \cdot (m-1)} - \frac{1}{(n+1)\cdots(n+m-2)(n+m-1)} \right] \to \frac{m}{m-1}$$

$$(n \to \infty).$$

因此 $\displaystyle\sum_{n=0}^{\infty} \frac{1}{a_n} = \frac{m}{m-1}.$

6.4 由图答 6.4 可知

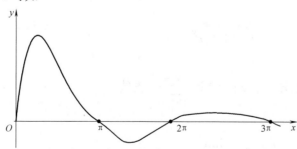

图答 6.4

$$S = \int_0^{\pi} 2e^{-x} \sin x\,dx - \int_{\pi}^{2\pi} 2e^{-x} \sin x\,dx + \cdots + (-1)^n \int_{n\pi}^{(n+1)\pi} 2e^{-x} \sin x\,dx + \cdots$$

$$= \sum_{n=0}^{\infty} (-1)^n \int_{n\pi}^{(n+1)\pi} 2e^{-x} \sin x dx.$$

由于 $\int e^{-x} \sin x dx = -\int \sin x de^{-x} = -(e^{-x} \sin x - \int e^{-x} \cos x dx) = -e^{-x} \sin x + \int e^{-x} \cos x dx$

$$= -e^{-x} \sin x - \int \cos x de^{-x} = -e^{-x} \sin x - e^{-x} \cos x - \int e^{-x} \sin x dx,$$

即 $\int e^{-x} \sin x dx = -\dfrac{1}{2} e^{-x}(\cos x + \sin x) + C$，所以

$$S = \sum_{n=0}^{\infty} (-1)^{n+1} e^{-x}(\cos x + \sin x) \Big|_{n\pi}^{(n+1)\pi}$$

$$= \sum_{n=0}^{\infty} (-1)^{n+1} \left[e^{-(n+1)\pi}(-1)^{n+1} - e^{-n\pi}(-1)^n \right]$$

$$= (e^{-\pi} + 1) \sum_{n=0}^{\infty} e^{-n\pi} = \frac{e^{-\pi} + 1}{1 - e^{-\pi}} = \frac{e^{\pi} + 1}{e^{\pi} - 1}.$$

6.5 记 $u_n = \ln[n(n+1)^a(n+2)^b]$，则当 $n \to \infty$ 时，

$$u_n = \ln n + a\ln(n+1) + b\ln(n+2)$$

$$= (1+a+b)\ln n + a\ln\left(1 + \frac{1}{n}\right) + b\ln\left(1 + \frac{2}{n}\right)$$

$$= (1+a+b)\ln n + a\left[\frac{1}{n} - \frac{1}{2n^2}(1+o(1))\right] + b\left[\frac{2}{n} - \frac{2}{n^2}(1+o(1))\right]$$

$$= (1+a+b)\ln n + (a+2b)\frac{1}{n} - \left(\frac{a}{2} + 2b\right) \cdot \frac{1}{n^2}(1+o(1))$$

所以，由 $\displaystyle\sum_{n=2}^{\infty} u_n$ 收敛知 $\begin{cases} 1+a+b = 0, \\ a+2b = 0, \end{cases}$

即 $a = -2, b = 1.$

6.6 记 $u_n = \dfrac{1}{(1+x^2)(1+x^4)\cdots(1+x^{2^n})}$，则

$$\lim_{n\to\infty} \frac{u_{n+1}}{u_n} = \lim_{n\to\infty} \frac{\dfrac{1}{(1+x^2)(1+x^4)\cdots(1+x^{2^n})(1+x^{2^{n+1}})}}{\dfrac{1}{(1+x^2)(1+x^4)\cdots(1+x^{2^n})}}$$

$$= \lim_{n\to\infty} \frac{1}{1+x^{2^{n+1}}} = \begin{cases} 0, & |x| > 1, \\ \dfrac{1}{2}, & x = -1 \text{ 或 } 1, \\ 1, & |x| < 1, \end{cases}$$

所以由正项级数比值法知，当 $|x| \geqslant 1$ 时，$\displaystyle\sum_{n=1}^{\infty} u_n$ 收敛.

当 $|x| < 1$ 时，由

$$\lim_{n\to\infty} u_n = \lim_{n\to\infty} \frac{1}{(1+x^2)(1+x^4)\cdots(1+x^{2^n})}$$

$$= \lim_{n\to\infty} \frac{1-x^2}{1-x^{2^{n+1}}} = 1 - x^2 \neq 0$$

知 $\sum\limits_{n=1}^{\infty} u_n$ 发散. 所以所给级数的收敛域为 $(-\infty, -1] \bigcup [1, +\infty)$.

6.7　$\sum\limits_{n=1}^{\infty} \dfrac{n}{(n+2) \cdot 2^n} \xlongequal{\text{令}\, m=n+2} \sum\limits_{m=3}^{\infty} \dfrac{m-2}{m \cdot 2^{m-2}} = \sum\limits_{m=3}^{\infty} \dfrac{1}{2^{m-2}} - 8\sum\limits_{m=3}^{\infty} \dfrac{1}{m}\left(\dfrac{1}{2}\right)^m$

$\qquad = \dfrac{\frac{1}{2}}{1-\frac{1}{2}} - 8\left[-\ln\left(1-\dfrac{1}{2}\right) - \dfrac{1}{2} - \dfrac{1}{8}\right] = 8\ln\dfrac{1}{2} + 6.$

记 $a_n = \dfrac{1}{n(2^n + 3^n)}$, 则 $\lim\limits_{n\to\infty} \dfrac{a_{n+1}}{a_n} = \lim\limits_{n\to\infty} \dfrac{\frac{1}{(n+1)(2^{n+1}+3^{n+1})}}{\frac{1}{n(2^n+3^n)}} = \dfrac{1}{3}$. 所以, 所给的幂级数的

收敛区间为 $(-3, 3)$.

当 $x = -3$ 时, 所给幂级数成为

$\sum\limits_{n=1}^{\infty} \dfrac{1}{n(3^n + 2^n)} \cdot (-3)^n = \sum\limits_{n=1}^{\infty} (-1)^n \dfrac{1}{n\left[1 + \left(\frac{2}{3}\right)^n\right]}$

$\qquad\qquad = \sum\limits_{n=1}^{\infty} (-1)^n \dfrac{1}{n}\left[1 - \left(\dfrac{2}{3}\right)^n (1 + o(1))\right]$

$\qquad\qquad = \sum\limits_{n=1}^{\infty} (-1)^n \dfrac{1}{n} - \sum\limits_{n=1}^{\infty} (-1)^n \dfrac{1}{n}\left(\dfrac{2}{3}\right)^n (1 + o(1)).$

显然, 右边的第一个级数条件收敛, 第二个级数绝对收敛, 所以 $\sum\limits_{n=1}^{\infty} \dfrac{1}{n(3^n + 2^n)}(-3)^n$ 条件收

敛. 由此也可得到, $x = 3$ 时所给幂级数成为的级数

$\sum\limits_{n=1}^{\infty} \dfrac{1}{n(3^n + 2^n)} \cdot 3^n = \sum\limits_{n=1}^{\infty} \left|\dfrac{1}{n(3^n + 2^n)} \cdot (-3)^n\right|$

发散. 因此所给幂级数的收敛域为 $[-3, 3)$.

6.8　因为 $\sum\limits_{n=1}^{\infty} n^2 x^n = \sum\limits_{n=2}^{\infty} n(n-1) x^n + \sum\limits_{n=1}^{\infty} n x^n$

$\qquad\qquad = x^2 \sum\limits_{n=2}^{\infty} (x^n)'' + x\sum\limits_{n=1}^{\infty} (x^n)'$

$\qquad\qquad = x^2 \left(\sum\limits_{n=2}^{\infty} x^n\right)'' + x\left(\sum\limits_{n=1}^{\infty} x^n\right)'$

$\qquad\qquad = x^2 \cdot \left(\dfrac{x^2}{1-x}\right)'' + x\left(\dfrac{x}{1-x}\right)'$

$\qquad\qquad = \dfrac{2x^2}{(1-x)^3} + \dfrac{x}{(1-x)^2}, x \in (-1, 1).$

所以 $\lim\limits_{n\to 1^-} (1-x)^3 \sum\limits_{n=1}^{\infty} n^2 x^n = \lim\limits_{n\to 1^-} (1-x)^3 \left[\dfrac{2x^2}{(1-x)^3} + \dfrac{x}{(1-x)^2}\right] = 2.$

6.9　记 $a_n = (-1)^n \dfrac{n^3}{(n+1)!}$, 则由

$$\lim_{n \to \infty} \left| \frac{a_{n+1}}{a_n} \right| = \lim_{n \to \infty} \left| \frac{(-1)^{n+1} \frac{(n+1)^3}{(n+2)!}}{(-1)^n \frac{n^3}{(n+1)!}} \right| = \lim_{n \to \infty} \left(1 + \frac{1}{n}\right)^3 \frac{1}{n+2} = 0,$$

所以,所给幂级数的收敛域为 $(-\infty, +\infty)$.

由于 $a_n = (-1)^n \dfrac{n^3}{(n+1)!} = (-1)^n \dfrac{(n+1)n(n-1) + (n+1) - 1}{(n+1)!}$

$$= (-1)^n \frac{1}{(n-2)!} + (-1)^n \frac{1}{n!} - (-1)^n \frac{1}{(n+1)!} \qquad (n \geqslant 2),$$

所以 $\displaystyle\sum_{n=1}^{\infty} (-1)^n \frac{n^3}{(n+1)!} x^n = -\frac{1}{2} x + \sum_{n=2}^{\infty} (-1)^n \frac{n^3}{(n+1)!} x^n$

$$= -\frac{1}{2} x + \sum_{n=2}^{\infty} (-1)^n \frac{1}{(n-2)!} x^n + \sum_{n=2}^{\infty} (-1)^n \frac{1}{n!} x^n - \sum_{n=2}^{\infty} (-1)^n \frac{1}{(n+1)!} x^n. \qquad (1)$$

由于 $\displaystyle\sum_{n=2}^{\infty} (-1)^n \frac{1}{(n-2)!} x^n$

$$= x^2 \sum_{n=2}^{\infty} (-1)^n \frac{1}{(n-2)!} x^{n-2} \xlongequal{\diamondsuit \, m = n-2} x^2 \sum_{m=0}^{\infty} (-1)^m \frac{1}{m!} x^m = x^2 e^{-x},$$

$$\sum_{n=2}^{\infty} (-1)^n \frac{1}{n!} x^n = \sum_{n=0}^{\infty} (-1)^n \frac{1}{n!} x^n - 1 + x = e^{-x} - 1 + x,$$

并且,当 $x \neq 0$ 时,

$$\sum_{n=2}^{\infty} (-1)^n \frac{1}{(n+1)!} x^n$$

$$= \frac{1}{x} \sum_{n=2}^{\infty} (-1)^n \frac{1}{(n+1)!} x^{n+1} \xlongequal{\diamondsuit \, m = n+1} -\frac{1}{x} \sum_{m=3}^{\infty} (-1)^m \frac{1}{m!} x^m$$

$$= -\frac{1}{x} \left[\sum_{m=0}^{\infty} (-1)^m \frac{1}{m!} x^m - 1 + x - \frac{1}{2} x^2 \right]$$

$$= -\frac{1}{x} \left(e^{-x} - 1 + x - \frac{1}{2} x^2 \right).$$

将它们代入式(1)得,当 $x \neq 0$ 时

$$\sum_{n=1}^{\infty} (-1)^n \frac{n^3}{(n+1)!} x^n = -\frac{1}{2} x + x^2 e^{-x} + e^{-x} - 1 + x + \frac{1}{x} \left(e^{-x} - 1 + x - \frac{1}{2} x^2 \right)$$

$$= e^{-x} \left(x^2 + 1 + \frac{1}{x} \right) - \frac{1}{x}.$$

此外,当 $x = 0$ 时,所给幂级数的和为零. 因此

$$s(x) = \begin{cases} e^{-x} \left(x^2 + 1 + \dfrac{1}{x} \right) - \dfrac{1}{x}, & x \neq 0, \\ 0, & x = 0. \end{cases}$$

6.10 $\quad \dfrac{a_0}{2} + \displaystyle\sum_{n=1}^{\infty} a_n \cos n\pi x$ 是 $f(x)$ 的偶延拓的余弦级数,因此点 $x = -\dfrac{9}{2}$ 是点 $x = \dfrac{1}{2}$ 的

延拓,所以 $s\left(-\dfrac{9}{2}\right) = s\left(\dfrac{1}{2}\right)$.

$x = \dfrac{1}{2}$ 是 $f(x)$ 的间断点,所以

$$s\left(-\frac{9}{2}\right) = s\left(\frac{1}{2}\right) = \frac{1}{2}\left[f\left(\left(\frac{1}{2}\right)^-\right) + f\left(\left(\frac{1}{2}\right)^+\right)\right] = \frac{1}{2}\left(\frac{1}{4} + \frac{1}{2}\right) = \frac{3}{8}.$$

6.11 （1）由于正项数列$\{a_n\}$单调减少收敛于零，所以$\{\sqrt{a_n \cdot a_{n-1}}\}$也是单调减少收敛于零，因此由交错级数的莱布尼茨定理知$\sum\limits_{n=1}^{\infty}(-1)^{n-1}\sqrt{a_n \cdot a_{n-1}}$收敛.

（2）由于正项数列$\{a_n\}$单调减少，但交错级数$\sum\limits_{n=1}^{\infty}(-1)^{n-1}a_n$发散，所以$\lim\limits_{n\to\infty}a_n = a > 0$，从而$\{a_n^\lambda\}$单调减少收敛于$a^\lambda > 0$，于是由

$$\left(\frac{1}{a_n^\lambda + 1}\right)^n < \left(\frac{1}{a^\lambda + 1}\right)^n \qquad (n = 1, 2, \cdots)$$

及$\sum\limits_{n=1}^{\infty}\left(\frac{1}{a^\lambda + 1}\right)^n$收敛知正项级数$\sum\limits_{n=1}^{\infty}\left(\frac{1}{a_n^\lambda + 1}\right)^n$对任意正数$\lambda$收敛.

6.12 （1）记$s_n = \sum\limits_{k=1}^{n}a_k(n = 1, 2, \cdots)$，则$s = \lim\limits_{n\to\infty}s_n$，且

$$\sum_{k=1}^{n}ka_k = a_1 + 2a_2 + \cdots + na_n$$
$$= s_1 + 2(s_2 - s_1) + \cdots + n(s_n - s_{n-1})$$
$$= -(s_1 + s_2 + \cdots + s_n) + (n+1)s_n.$$

于是，

$$\frac{1}{n}\sum_{k=1}^{n}ka_k = -\frac{s_1 + s_2 + \cdots + s_n}{n} + \frac{n+1}{n}s_n, \tag{1}$$

其中，$\lim\limits_{n\to\infty}\frac{n+1}{n}s_n = s$，$\lim\limits_{n\to\infty}\frac{s_1 + s_2 + \cdots + s_n}{n} \xlongequal{\text{施笃茨定理}} \lim\limits_{n\to\infty}s_n = s$. 将它们代入式（1）得

$$\lim_{n\to\infty}\frac{1}{n}\sum_{k=0}^{n}ka_k = 0.$$

（2）
$$\frac{1}{n(n+1)}\sum_{k=1}^{n}ka_k = \frac{1}{n}\sum_{k=1}^{n}ka_k - \frac{1}{n+1}\sum_{k=1}^{n}ka_k$$
$$= \frac{1}{n}\sum_{k=1}^{n}ka_k - \frac{1}{n+1}\sum_{k=1}^{n+1}ka_k + a_{n+1}. \tag{2}$$

记 $b_n = \frac{1}{n}\sum\limits_{k=1}^{n}ka_k$，则式（2）成为

$$\frac{1}{n(n+1)}\sum_{k=1}^{n}ka_k = b_n - b_{n+1} + a_{n+1},$$

于是，$\sum\limits_{n=1}^{m}\frac{a_1 + 2a_2 + \cdots + na_n}{n(n+1)} = \sum\limits_{n=1}^{m}(b_n - b_{n+1}) + \sum\limits_{n=1}^{m}a_{n+1}$

$$= b_1 - b_{m+1} + \sum_{n=2}^{m}a_n = a_1 - b_{m+1} + \sum_{n=2}^{m}a_n = \sum_{n=1}^{m}a_n - b_{m+1}.$$

由此得到

$$\sum_{n=1}^{\infty}\frac{a_1 + 2a_2 + \cdots + na_n}{n(n+1)} = \sum_{n=1}^{\infty}a_n - \lim_{m\to\infty}b_{m+1} = s(\text{这里}\lim_{m\to\infty}b_{m+1} = 0\text{是根据（1）的证明}).$$

6.13　（1）记 $a_n = \dfrac{1}{2n+3}$ ，则由

$$\lim_{n \to \infty} \left| \frac{a_{n+1}}{a_n} \right| = \lim_{n \to \infty} \frac{\dfrac{1}{2n+5}}{\dfrac{1}{2n+3}} = 1$$

知，幂级数 $\displaystyle\sum_{n=1}^{\infty} \frac{1}{2n+3} y^n$ （其中 $y = \dfrac{1-x}{1+x}$）的收敛区间为 $(-1,1)$．显然，当 $y = -1$ 时，对应的级数条件收敛；当 $y = 1$ 时，对应的级数发散，所以它的收敛域为 $[-1,1)$．

因此，所给广义幂级数的收敛域为

$$\left\{ x \,\middle|\, \frac{1-x}{1+x} \in [-1,1) \bigcap ((-\infty, -1) \bigcup (-1, +\infty)) \right\}$$

$$= \left\{ x \,\middle|\, \frac{1-x}{1+x} \in (-1,1) \right\} = (0, +\infty).$$

（2）　$\displaystyle\sum_{n=1}^{\infty} \left[(-1)^{n-1} \frac{1}{2n+1} + \frac{1}{n^2+1} \right] = \sum_{n=1}^{\infty} (-1)^{n-1} \frac{1}{2n+1} + \sum_{n=1}^{\infty} \frac{1}{n^2+1}.$ 　　(1)

对 $\displaystyle\sum_{n=1}^{\infty} (-1)^{n-1} \frac{1}{2n+1}$ 作幂级数 $\displaystyle\sum_{n=1}^{\infty} (-1)^{n-1} \frac{1}{2n+1} x^{2n+1}$，记它的和函数为 $s(x)$，则

$$s'(x) = \sum_{n=1}^{\infty} (-1)^{n-1} \left(\frac{1}{2n+1} x^{2n+1} \right)' = \sum_{n=1}^{\infty} (-1)^{n-1} x^{2n}$$

$$= x^2 \sum_{n=1}^{\infty} (-x^2)^{n-1} = x^2 \cdot \frac{1}{1-(-x^2)} = \frac{x^2}{1+x^2}.$$

所以 $s(x) = \displaystyle\int_0^x \frac{t^2}{1+t^2} \mathrm{d}t = \int_0^x \left(1 - \frac{1}{1+t^2} \right) \mathrm{d}t = x - \arctan x (x \in [-1,1])$．因此

$$\sum_{n=1}^{\infty} (-1)^{n-1} \frac{1}{2n+1} = \lim_{x \to 1^-} s(x) = \lim_{x \to 1^-} (x - \arctan x) = 1 - \frac{\pi}{4}.$$

在例 6.25 中已算得 $\displaystyle\sum_{n=1}^{\infty} \frac{1}{n^2+1} = \frac{\pi}{2} \cdot \frac{\mathrm{e}^{2\pi}+1}{\mathrm{e}^{2\pi}-1} - \frac{1}{2}$．将它们代入式(1) 得

$$\sum_{n=1}^{\infty} \left[(-1)^{n-1} \frac{1}{2n+1} + \frac{1}{n^2+1} \right] = 1 - \frac{\pi}{4} + \frac{\pi}{2} \cdot \frac{\mathrm{e}^{2\pi}+1}{\mathrm{e}^{2\pi}-1} - \frac{1}{2}$$

$$= \frac{1}{2} - \frac{\pi}{4} + \frac{\pi}{2} \cdot \frac{\mathrm{e}^{2\pi}+1}{\mathrm{e}^{2\pi}-1} = \frac{1}{2} + \frac{\pi}{4} + \frac{\pi}{\mathrm{e}^{2\pi}-1}.$$

6.14　记 $a_n = \dfrac{1}{a^n + b^n}$ ，则 $a_n > 0 (n = 1, 2, \cdots)$．由

$$\lim_{n \to \infty} \frac{a_{n+1}}{a_n} = \lim_{n \to \infty} \frac{\dfrac{1}{a^{n+1}+b^{n+1}}}{\dfrac{1}{a^n+b^n}} = \lim_{n \to \infty} \frac{a^n+b^n}{a^{n+1}+b^{n+1}}$$

$$= \lim_{n \to \infty} \frac{\left(\dfrac{a}{b} \right)^n + 1}{a \left(\dfrac{a}{b} \right)^n + b} = \begin{cases} \dfrac{1}{b}, & 0 < \dfrac{a}{b} < 1, \\[2mm] \dfrac{2}{a+b}, & \dfrac{a}{b} = 1, \\[2mm] \dfrac{1}{a}, & \dfrac{a}{b} > 1 \end{cases} = \begin{cases} \dfrac{1}{b}, & 0 < a \leqslant b, \\[2mm] \dfrac{1}{a}, & 0 < b < a \end{cases}$$

知,当 $0<a\leqslant b$ 时,所给幂级数的收敛区间为 $(-b,b)$,此外,当 $x=-b,b$ 时,所给幂级数分别成为

$$\sum_{n=1}^{\infty}(-1)^{n-1}\frac{b^{n}}{a^{n}+b^{n}}\text{ 和}\sum_{n=1}^{\infty}\frac{b^{n}}{a^{n}+b^{n}}.$$

由于此时 $\lim\limits_{n\to\infty}\dfrac{b^{n}}{a^{n}+b^{n}}\neq0$,所以这两个级数都发散,从而当 $0<a\leqslant b$ 时,所给幂级数的收敛域为 $(-b,b)$.

同理可得,当 $0<b<a$ 时,所给幂级数的收敛域为 $(-a,a)$.

综上所述,所给幂级数的收敛域为 $(-\max(a,b),\max(a,b))$.

6.15　(1) $a_{n+1}=\dfrac{1}{2}\Big(a_{n}+\dfrac{1}{a_{n}}\Big)\geqslant\sqrt{a_{n}\cdot\dfrac{1}{a_{n}}}=1$ 　　 $(n=1,2,\cdots)$,即 $\{a_{n}\}$ 有下界.

此外,由递推式得 $f(x)=\dfrac{1}{2}\Big(x+\dfrac{1}{x}\Big)(x\geqslant1)$,于是由 $f'(x)=\dfrac{1}{2}\Big(1-\dfrac{1}{x^{2}}\Big)\geqslant0$ 及

$$a_{2}-a_{1}=\frac{1}{2}\Big(a+\frac{1}{a}\Big)-a=-\frac{1}{2}\Big(a-\frac{1}{a}\Big)=-\frac{a^{2}-1}{2a}<0$$

知 $\{a_{n}\}$ 是单调减少数列.所以 $\lim\limits_{n\to\infty}a_{n}$ 存在.

(2) 由 $\{a_{n}\}$ 单调减少知 $\sum\limits_{n=1}^{\infty}\Big(\dfrac{a_{n}}{a_{n+1}}-1\Big)$ 是正项级数,由于对 $n=1,2,\cdots$ 有 $\dfrac{a_{n}}{a_{n+1}}-1=\dfrac{a_{n}-a_{n+1}}{a_{n+1}}\leqslant a_{n}-a_{n+1}$(这里利用了 $a_{n+1}\geqslant1$),并且正项级数 $\sum\limits_{n=1}^{\infty}(a_{n}-a_{n+1})$ 收敛.所以由正项级数比较法知 $\sum\limits_{n=1}^{\infty}\Big(\dfrac{a_{n}}{a_{n+1}}-1\Big)$ 收敛.

6.16　$f(x)=\dfrac{1+x}{(1-x)^{3}}=\dfrac{-(1-x)+2}{(1-x)^{3}}=-\dfrac{1}{(1-x)^{2}}+\dfrac{2}{(1-x)^{3}}$

$\qquad=-\Big(\dfrac{1}{1-x}\Big)'+\Big(\dfrac{1}{1-x}\Big)''=-\Big(\sum\limits_{n=0}^{\infty}x^{n}\Big)'+\Big(\sum\limits_{n=0}^{\infty}x^{n}\Big)''$

$\qquad=-\sum\limits_{n=1}^{\infty}nx^{n-1}+\sum\limits_{n=2}^{\infty}n(n-1)x^{n-2}$

$\qquad=-\sum\limits_{n=1}^{\infty}nx^{n-1}+\sum\limits_{m=1}^{\infty}m(m+1)x^{m-1}$　　(其中 $m=n-1$)

$\qquad=-\sum\limits_{n=1}^{\infty}nx^{n-1}+\sum\limits_{n=1}^{\infty}n(n+1)x^{n-1}$

$\qquad=\sum\limits_{n=1}^{\infty}n^{2}x^{n-1}$　　 $(-1<x<1)$.

6.17　作幂级数

$$1+\sum_{n=1}^{\infty}(-1)^{n}\frac{1\cdot3\cdot\cdots\cdot(2n-1)}{2\cdot4\cdot\cdots\cdot(2n)}x^{n}.$$

由于

$$1+\sum_{n=1}^{\infty}(-1)^{n}\frac{1\cdot3\cdot\cdots\cdot(2n-1)}{2\cdot4\cdot\cdots\cdot(2n)}x^{n}=1+\sum_{n=1}^{\infty}(-1)^{n}\frac{\dfrac{1}{2}\cdot\dfrac{3}{2}\cdot\cdots\cdot\Big(n-\dfrac{1}{2}\Big)}{n!}x^{n}$$

$$= 1 + \sum_{n=1}^{\infty} \frac{\left(-\frac{1}{2}\right)\left(-\frac{1}{2}-1\right)\cdots\left(-\frac{1}{2}-n+1\right)}{n!} x^n$$

$$= (1+x)^{-\frac{1}{2}} \qquad (-1 < x \leqslant 1),$$

所以,$1 - \frac{1}{2} + \frac{1 \cdot 3}{2 \cdot 4} - \cdots + (-1)^n \frac{1 \cdot 3 \cdot \cdots \cdot (2n-1)}{2 \cdot 4 \cdot \cdots \cdot (2n)} + \cdots = \lim_{x \to 1^-} (1+x)^{-\frac{1}{2}} = \frac{\sqrt{2}}{2}.$

6.18 记 $b_n = \sqrt{6 + \sqrt{6 + \cdots + \sqrt{6}}}$,则 $b_1 = \sqrt{6}$,$b_{n+1} = \sqrt{6 + b_n}$,$n = 1, 2, \cdots$.

将递推式中的 b_n 改为 x 得函数 $f(x) = \sqrt{6 + x}$. 由于

$$f'(x) = \frac{1}{2\sqrt{6+x}} > 0,$$

$$b_2 - b_1 = \sqrt{6 + \sqrt{6}} - \sqrt{6} > 0,$$

所以,$\{b_n\}$ 单调增加. 此外,$b_n = \sqrt{6 + \sqrt{6 + \cdots + \sqrt{6}}} < \sqrt{6 + \sqrt{6 + \cdots + \sqrt{9}}} = 3 (n = 1, 2, \cdots)$ 即 $\{b_n\}$ 有上界. 因此 $\lim\limits_{n \to \infty} b_n$ 存在,记为 B.

对递推式 $b_{n+1} = \sqrt{6 + b_n}$ 的两边令 $n \to \infty$ 取极限得 $B = \sqrt{6 + B}$,即 $B = 3$($B = -2$ 不合题意,舍去). 由此得到 $\lim\limits_{n \to \infty} b_n = 3$.

下面计算 $\sum\limits_{n=0}^{\infty} a_n x^n$ 的收敛区间:

由于

$$\rho = \lim_{n \to \infty} \left| \frac{a_{n+1}}{a_n} \right| = \lim_{n \to \infty} \frac{\sqrt{3 - b_{n+1}}}{\sqrt{3 - b_n}} = \lim_{n \to \infty} \frac{\sqrt{3 - \sqrt{6 + b_n}}}{\sqrt{3 - b_n}}$$

$$= \lim_{n \to \infty} \frac{1}{\sqrt{3 + \sqrt{6 + b_n}}} = \frac{1}{\sqrt{6}},$$

所以,所给幂级数的收敛区间为 $(-\sqrt{6}, \sqrt{6})$.

当 $x = \sqrt{6}, -\sqrt{6}$ 时,所给幂级数分别成为

$$\sum_{n=0}^{\infty} a_n (\sqrt{6})^n = \sqrt{3} + \sum_{n=1}^{\infty} \sqrt{(3 - b_n)6^n}, \quad \sum_{n=0}^{\infty} a_n (-\sqrt{6})^n = \sqrt{3} + \sum_{n=1}^{\infty} (-1)^n \sqrt{(3 - b_n)6^n}.$$

由于

$$\sqrt{(3 - b_n)6^n} = \sqrt{\frac{(9 - b_n^2)6^n}{3 + b_n}} = \sqrt{\frac{(3 - b_{n-1})6^n}{3 + b_n}}$$

$$= \sqrt{\frac{(9 - b_{n-1}^2)6^n}{(3 + b_n)(3 + b_{n-1})}} = \sqrt{\frac{(3 - b_{n-2})6^n}{(3 + b_n)(3 + b_{n-1})}}$$

$$= \cdots = \sqrt{\frac{(9 - b_1^2)6^n}{(3 + b_n)(3 + b_{n-1})\cdots(3 + b_1)}}$$

$$= \sqrt{\frac{6^n}{(3 + b_n)(3 + b_{n-1})\cdots(3 + b_1)}} \sqrt{3} > \sqrt{3},$$

所以 $\lim\limits_{n \to \infty} \sqrt{(3 - b_n)6^n} \neq 0$. 因此上述两个级数都发散. 由此可知,所给幂级数的收敛域为 $(-\sqrt{6}, \sqrt{6})$.

6.19 记 $a_n = 1 + \dfrac{1}{2} + \cdots + \dfrac{1}{n}$,则由

$$1 \leqslant \sqrt[n]{a_n} \leqslant \sqrt[n]{n}\,(n=1,2,\cdots),$$

且 $\lim\limits_{n\to\infty}1 = \lim\limits_{n\to\infty}\sqrt[n]{n} = 1$ 得 $\rho = \lim\limits_{n\to\infty}\sqrt[n]{a_n} = 1$,所以所给幂级数的收敛区间为 $(-1,1)$.

当 $x=1,-1$ 时,所给幂级数分别成为 $\sum\limits_{n=1}^{\infty}a_n$ 与 $\sum\limits_{n=1}^{\infty}(-1)^n a_n$. 由于

$$\lim\limits_{n\to\infty}a_n = \sum\limits_{n=1}^{\infty}\dfrac{1}{n} = +\infty,$$

所以,上述两个级数都发散. 从而所给幂级数的收敛域为 $(-1,1)$.

对 $x \in (-1,1)$ 有

$$\sum\limits_{n=1}^{\infty}\Big(1+\dfrac{1}{2}+\cdots+\dfrac{1}{n}\Big)x^n = \sum\limits_{n=1}^{\infty}\dfrac{1}{n}x^n \cdot \sum\limits_{n=0}^{\infty}x^n = -\ln(1-x)\cdot\dfrac{1}{1-x} = -\dfrac{\ln(1-x)}{1-x}.$$

6.20 (1) 解方程组

$$\begin{cases} y = nx^2 + \dfrac{1}{n}, \\ y = (n+1)x^2 + \dfrac{1}{n+1} \end{cases} \quad 得\ x = \pm\dfrac{1}{\sqrt{n(n+1)}}\ (两抛物线交点横坐标).$$

于是 $a_n = \dfrac{1}{\sqrt{n(n+1)}}$. 由此可得

$$S_n = \int_{-a_n}^{a_n}\Big\{\Big(nx^2+\dfrac{1}{n}\Big)-\Big[(n+1)x^2+\dfrac{1}{n+1}\Big]\Big\}\mathrm{d}x$$

$$= 2\int_0^{a_n}\Big[-x^2+\dfrac{1}{n(n+1)}\Big]\mathrm{d}x = \dfrac{4}{3[n(n+1)]^{\frac{3}{2}}}.$$

(2) 由于 $\dfrac{S_n^2}{a_n^2} = \dfrac{\frac{16}{9[n(n+1)]^3}}{\frac{1}{n(n+1)}} = \dfrac{16}{9}\cdot\dfrac{1}{[n(n+1)]^2}$,所以

$$\sum\limits_{n=1}^{\infty}\dfrac{S_n^2}{a_n^2} = \dfrac{16}{9}\sum\limits_{n=1}^{\infty}\dfrac{1}{[n(n+1)]^2} = \dfrac{16}{9}\sum\limits_{n=1}^{\infty}\Big(\dfrac{1}{n}-\dfrac{1}{n+1}\Big)^2$$

$$= \dfrac{16}{9}\Big[\sum\limits_{n=1}^{\infty}\dfrac{1}{n^2}+\sum\limits_{n=1}^{\infty}\dfrac{1}{(n+1)^2}-2\sum\limits_{n=1}^{\infty}\dfrac{1}{n(n+1)}\Big]$$

$$= \dfrac{16}{9}\Big(2\sum\limits_{n=1}^{\infty}\dfrac{1}{n^2}-1-2\Big) = \dfrac{16}{9}\Big(2\cdot\dfrac{\pi^2}{6}-3\Big) = \dfrac{16}{27}\pi^2 - \dfrac{16}{3}$$

(计算中利用了 $\sum\limits_{n=1}^{\infty}\dfrac{1}{n^2} = \dfrac{\pi^2}{6}$,见例 6.25 的附注).

6.21 $\alpha = \lim\limits_{x\to 0^+}\dfrac{x^2\tan\frac{x}{2}}{1-(1+x)^{\int_0^x \sin^2\sqrt{t}\mathrm{d}t}} = -\lim\limits_{x\to 0^+}\dfrac{x^2\tan\frac{x}{2}}{e^{\ln(1+x)\cdot\int_0^x \sin^2\sqrt{t}\mathrm{d}t}-1}$

$$= -\lim\limits_{x\to 0^+}\dfrac{\frac{x^3}{2}}{\ln(1+x)\cdot\int_0^x \sin^2\sqrt{t}\mathrm{d}t} = -\dfrac{1}{2}\lim\limits_{x\to 0^+}\dfrac{x^2}{\int_0^x \sin^2\sqrt{t}\mathrm{d}t}$$

$$\xrightarrow{\text{洛必达法则}} -\frac{1}{2}\lim_{x\to0^+}\frac{2x}{\sin^2\sqrt{x}}=-1.$$

为了计算 $\sum_{n=1}^{\infty}n^2(\sin\alpha)^{n-1}$,作幂级数 $\sum_{n=1}^{\infty}n^2x^{n-1}$,显然它的收敛域为$(-1,1)$.
当 $x\in(-1,1)$ 时,

$$\sum_{n=1}^{\infty}n^2x^{n-1}=\sum_{n=2}^{\infty}n(n-1)x^{n-1}+\sum_{n=1}^{\infty}nx^{n-1}=x\sum_{n=2}^{\infty}n(n-1)x^{n-2}+\sum_{n=1}^{\infty}nx^{n-1}$$

$$=x\sum_{n=2}^{\infty}(x^n)''+\sum_{n=1}^{\infty}(x^n)'=x\Big(\sum_{n=2}^{\infty}x^n\Big)''+\Big(\sum_{n=1}^{\infty}x^n\Big)'$$

$$=\frac{2x}{(1-x)^3}+\frac{1}{(1-x)^2}=\frac{1+x}{(1-x)^3}.$$

于是有

$$\sum_{n=1}^{\infty}n^2(\sin\alpha)^{n-1}=\sum_{n=1}^{\infty}n^2(-\sin1)^{n-1}=\frac{1-\sin1}{(1+\sin1)^3}.$$

6.22 (1) 由 $\dfrac{1}{1-x-x^2}=\sum_{n=0}^{\infty}a_nx^n$ 得

$$1=(1-x-x^2)\sum_{n=0}^{\infty}a_nx^n=\sum_{n=0}^{\infty}a_nx^n-\sum_{n=0}^{\infty}a_nx^{n+1}-\sum_{n=0}^{\infty}a_nx^{n+2}$$

$$=\sum_{n=0}^{\infty}a_nx^n-\sum_{n=1}^{\infty}a_{n-1}x^n-\sum_{n=2}^{\infty}a_{n-2}x^n$$

$$=a_0+(a_1-a_0)x+\sum_{n=2}^{\infty}(a_n-a_{n-1}-a_{n-2})x^n. \tag{1}$$

比较式(1)的两边关于 x 同次幂的系数得
$$a_0=1,a_1=1,a_n=a_{n-1}+a_{n-2}\quad(n\geqslant2). \tag{2}$$

由此得到

$$\sum_{k=0}^{n}\frac{a_{k+1}}{a_ka_{k+2}}=\sum_{k=0}^{n}\frac{a_{k+2}-a_k}{a_ka_{k+2}}=\sum_{k=0}^{n}\Big(\frac{1}{a_k}-\frac{1}{a_{k+2}}\Big)$$

$$=\frac{1}{a_0}+\frac{1}{a_1}-\Big(\frac{1}{a_{n+1}}+\frac{1}{a_{n+2}}\Big)=2-\Big(\frac{1}{a_{n+1}}+\frac{1}{a_{n+2}}\Big). \tag{3}$$

此外,由式(2)知

$$a_0=1,$$
$$a_1=1$$
$$a_2=a_1+a_0=2,$$
$$a_3=a_2+a_1=3,$$
$$a_4=a_3+a_2=5>4,$$
$$a_5=a_4+a_3>4+3>5,$$
$$\vdots$$

一般有 $a_n\geqslant n(n\geqslant2)$.所以 $\lim\limits_{n\to\infty}\Big(\dfrac{1}{a_{n+1}}+\dfrac{1}{a_{n+2}}\Big)=0.$ \hfill (4)

式(3)中令 $n\to\infty$ 取极限,并将式(4)代入得

$$\sum_{n=0}^{\infty}\frac{a_{n+1}}{a_n a_{n+2}}=2.$$

(2)
$$(1-\cos x)^n=\frac{1}{2}\cos x.$$

记 $f_n(x)=(1-\cos x)^n-\dfrac{1}{2}\cos x$，则对任意 $n=1,2,\cdots,f_n(x)$ 在 $\left[0,\dfrac{\pi}{2}\right]$ 上连续，且

$$f_n(0)f_n\left(\frac{\pi}{2}\right)=\left(-\frac{1}{2}\right)\cdot 1<0,$$

所以由连续函数零点定理知方程 $f_n(x)=0$ 在 $\left(0,\dfrac{\pi}{2}\right)$ 内有实根．此外，由

$$f_n'(x)=n(1-\cos x)^{n-1}\sin x+\frac{1}{2}\sin x>0$$

知，上述的实根是唯一的，因此，对 $n=1,2,\cdots$，方程 $(1-\cos x)^n=\dfrac{1}{2}\cos x$ 在 $\left(0,\dfrac{\pi}{2}\right)$ 内有且仅有一个实根．

6.23　(1) $z(0)=\displaystyle\sum_{n=0}^{\infty}\frac{1}{n!}\mathrm{e}^{-1}=\mathrm{e}^{-1}\sum_{n=0}^{\infty}\frac{1}{n!}=\mathrm{e}^{-1}\cdot\mathrm{e}=1,$

$z(1)=\displaystyle\sum_{n=0}^{\infty}\frac{n}{n!}\mathrm{e}^{-1}=\mathrm{e}^{-1}\sum_{n=1}^{\infty}\frac{1}{(n-1)!}=\mathrm{e}^{-1}\cdot\mathrm{e}=1,$

$z(2)=\displaystyle\sum_{n=0}^{\infty}\frac{n^2}{n!}\mathrm{e}^{-1}=\mathrm{e}^{-1}\sum_{n=0}^{\infty}\frac{n(n-1)+n}{n!}$

$\qquad=\mathrm{e}^{-1}\left[\displaystyle\sum_{n=2}^{\infty}\frac{1}{(n-2)!}+\sum_{n=1}^{\infty}\frac{1}{(n-1)!}\right]=\mathrm{e}^{-1}(\mathrm{e}+\mathrm{e})=2.$

(2) 用数学归纳法证明．

由(1) 知，当 $k=0,1,2$ 时，$z(k)$ 为正整数，现设 $z(k)$ 为正整数，则

$z(k+1)=\displaystyle\sum_{n=0}^{\infty}\frac{n^{k+1}}{n!}\mathrm{e}^{-1}=\sum_{n=1}^{\infty}\frac{n^k}{(n-1)!}\mathrm{e}^{-1}\xlongequal{\text{令}\,m=n-1}\sum_{m=0}^{\infty}\frac{(m+1)^k}{m!}\mathrm{e}^{-1}$

$\qquad=\displaystyle\sum_{m=0}^{\infty}\frac{1}{m!}\left(\sum_{i=0}^{k}C_k^i m^i\right)\mathrm{e}^{-1}=\sum_{i=0}^{k}C_k^i\sum_{m=0}^{\infty}\frac{m^i}{m!}\mathrm{e}^{-1}.$

显然，对于 $i=0,1,\cdots,k,C_k^i$ 是正整数，且由归纳法假定知 $\displaystyle\sum_{m=0}^{\infty}\frac{m^i}{m!}\mathrm{e}^{-1}=z(i)(i=0,1,\cdots,k)$ 为

正整数．所以 $\displaystyle\sum_{i=0}^{k}C_k^i\sum_{m=0}^{\infty}\frac{m^i}{m!}\mathrm{e}^{-1}$，即 $z(k+1)$ 是正整数．

于是由数学归纳法知，对任意正整数 $k,z(k)$ 也是正整数．

6.24　因为对 $n=1,2,\cdots$ 有

$a_n=\dfrac{1}{\pi}\displaystyle\int_{-\pi}^{\pi}f(x)\cos nx\,\mathrm{d}x=\dfrac{1}{n\pi}\int_{-\pi}^{\pi}f(x)\mathrm{d}\sin nx$

$\quad=\dfrac{1}{n\pi}\left[f(x)\sin nx\Big|_{-\pi}^{\pi}-\displaystyle\int_{-\pi}^{\pi}f'(x)\sin nx\,\mathrm{d}x\right]$

$\quad=\dfrac{1}{\pi n^2}\displaystyle\int_{-\pi}^{\pi}f'(x)\mathrm{d}\cos nx=\dfrac{1}{\pi n^2}\left[f'(x)\cos nx\Big|_{-\pi}^{\pi}-\int_{-\pi}^{\pi}f''(x)\cos nx\,\mathrm{d}x\right]$

$\quad=\dfrac{1}{\pi n^2}\left\{(-1)^n\left[f'(\pi)-f'(-\pi)\right]-\displaystyle\int_{-\pi}^{\pi}f''(x)\cos nx\,\mathrm{d}x\right\},$

并且由 $f(x)$ 在 $[-\pi,\pi]$ 上有连续的二阶导数知,存在 $|f'(x)|$ 和 $|f''(x)|$ 在 $[-\pi,\pi]$ 上的最大值,分别记为 m_1,m_2,则

$$|a_n| = \frac{1}{\pi n^2}\left|(-1)^n[f'(\pi)-f'(-\pi)]-\int_{-\pi}^{\pi}f''(x)\cos nx\,\mathrm{d}x\right|$$

$$\leqslant \frac{1}{\pi n^2}\left[|f'(\pi)|+|f'(-\pi)|+\int_{-\pi}^{\pi}|f''(x)|\,\mathrm{d}x\right]$$

$$\leqslant \frac{1}{\pi n^2}(2m_1+2\pi m_2)\quad(n=1,2,\cdots).$$

由此可知 $\sum_{n=1}^{\infty}a_n$ 绝对收敛.

因为对 $n=1,2,\cdots$ 有

$$b_n = \frac{1}{\pi}\int_{-\pi}^{\pi}f(x)\sin nx\,\mathrm{d}x = -\frac{1}{\pi n}\int_{-\pi}^{\pi}f(x)\mathrm{d}\cos nx$$

$$=-\frac{1}{\pi n}\left[f(x)\cos nx\Big|_{-\pi}^{\pi}-\int_{-\pi}^{\pi}f'(x)\cos nx\,\mathrm{d}x\right]$$

$$=\frac{1}{\pi n}\left\{(-1)^{n-1}[f(\pi)-f(-\pi)]+\frac{1}{n}\int_{-\pi}^{\pi}f'(x)\mathrm{d}\sin nx\right\}$$

$$=(-1)^{n-1}\frac{1}{\pi n}[f(\pi)-f(-\pi)]+\frac{1}{\pi n^2}\left[f'(x)\sin nx\Big|_{-\pi}^{\pi}-\int_{-\pi}^{\pi}f''(x)\sin nx\,\mathrm{d}x\right]$$

$$=(-1)^{n-1}\frac{1}{\pi n}[f(\pi)-f(-\pi)]-\frac{1}{\pi n^2}\int_{-\pi}^{\pi}f''(x)\sin nx\,\mathrm{d}x,$$

所以,$\sum_{n=1}^{\infty}b_n = \sum_{n=1}^{\infty}(-1)^{n-1}\frac{1}{\pi n}[f(\pi)-f(-\pi)]-\sum_{n=1}^{\infty}\frac{1}{\pi n^2}\int_{-\pi}^{\pi}f''(x)\sin nx\,\mathrm{d}x.$

由于 $f(\pi)\neq f(-\pi)$,所以交错级数 $\sum_{n=1}^{\infty}(-1)^{n-1}\frac{1}{\pi n}[f(\pi)-f(-\pi)]$ 条件收敛;此外,由

$$\left|\frac{1}{\pi n^2}\int_{-\pi}^{\pi}f''(x)\sin nx\,\mathrm{d}x\right|\leqslant\frac{1}{\pi n^2}\int_{-\pi}^{\pi}|f''(x)|\,\mathrm{d}x\leqslant\frac{2m_2}{n^2}\quad(n=1,2,\cdots)$$

知,$\sum_{n=1}^{\infty}\frac{1}{\pi n^2}\int_{-\pi}^{\pi}f''(x)\sin nx\,\mathrm{d}x$ 绝对收敛,所以 $\sum_{n=1}^{\infty}b_n$ 条件收敛.

6.25 $f(x) = \sum_{n=1}^{\infty}(-1)^n\frac{2n^2+1}{(2n)!}x^{2n} = \frac{1}{2}\sum_{n=0}^{\infty}(-1)^n\frac{2n(2n-1)+2n+2}{(2n)!}x^{2n}$

$$=\frac{1}{2}\sum_{n=1}^{\infty}(-1)^n\frac{1}{(2n-2)!}x^{2n}+\frac{1}{2}\sum_{n=1}^{\infty}(-1)^n\frac{1}{(2n-1)!}x^{2n}+\sum_{n=0}^{\infty}(-1)^n\frac{1}{(2n)!}x^{2n}$$

$$=-\frac{1}{2}x^2\sum_{n=0}^{\infty}(-1)^n\frac{1}{(2n)!}x^{2n}-\frac{1}{2}x\sum_{n=1}^{\infty}(-1)^{n-1}\frac{1}{(2n-1)!}x^{2n-1}+\sum_{n=0}^{\infty}(-1)^n\frac{1}{(2n)!}x^{2n}$$

$$=-\frac{1}{2}x^2\cos x-\frac{1}{2}x\sin x+\cos x$$

$$=\left(1-\frac{1}{2}x^2\right)\cos x-\frac{1}{2}x\sin x\quad(-\infty<x<+\infty).$$

所求的 $f(x)$ 的傅里叶系数

$$a_0 = \frac{1}{\pi}\int_{-\pi}^{\pi} f(x)\mathrm{d}x = \frac{2}{\pi}\int_0^{\pi}\Big[\Big(1-\frac{1}{2}x^2\Big)\cos x - \frac{1}{2}x\sin x\Big]\mathrm{d}x$$

$$= \frac{2}{\pi}\Big[\int_0^{\pi}\Big(1-\frac{1}{2}x^2\Big)\mathrm{d}\sin x - \frac{1}{2}\int_0^{\pi}x\sin x\mathrm{d}x\Big]$$

$$= \frac{2}{\pi}\Big[\Big(1-\frac{1}{2}x^2\Big)\sin x\Big|_0^{\pi} + \int_0^{\pi}x\sin x\mathrm{d}x - \frac{1}{2}\int_0^{\pi}x\sin x\mathrm{d}x\Big]$$

$$= -\frac{1}{\pi}\int_0^{\pi}x\mathrm{d}\cos x = -\frac{1}{\pi}\Big[x\cos x\Big|_0^{\pi} - \int_0^{\pi}\cos x\mathrm{d}x\Big] = 1,$$

$$a_1 = \frac{1}{\pi}\int_{-\pi}^{\pi} f(x)\cos x\mathrm{d}x = \frac{2}{\pi}\int_0^{\pi}\Big[\Big(1-\frac{1}{2}x^2\Big)\cos^2 x - \frac{1}{2}x\sin x\cos x\Big]\mathrm{d}x$$

$$= \frac{2}{\pi}\int_0^{\pi}\Big[\Big(1-\frac{1}{2}x^2\Big)\cdot\frac{1}{2}(1+\cos 2x) - \frac{1}{4}x\sin 2x\Big]\mathrm{d}x$$

$$= \frac{1}{\pi}\Big[\int_0^{\pi}\Big(1-\frac{1}{2}x^2\Big)\mathrm{d}x + \int_0^{\pi}\Big(1-\frac{1}{2}x^2\Big)\cos 2x\mathrm{d}x - \frac{1}{2}\int_0^{\pi}x\sin 2x\mathrm{d}x\Big]$$

$$= 1 - \frac{1}{6}\pi^2 + \frac{1}{2\pi}\Big[\int_0^{\pi}\Big(1-\frac{1}{2}x^2\Big)\mathrm{d}\sin 2x - \int_0^{\pi}x\sin 2x\mathrm{d}x\Big]$$

$$= 1 - \frac{1}{6}\pi^2 + \frac{1}{2\pi}\Big[\Big(1-\frac{1}{2}x^2\Big)\sin 2x\Big|_0^{\pi} + \int_0^{\pi}x\sin 2x\mathrm{d}x - \int_0^{\pi}x\sin 2x\mathrm{d}x\Big]$$

$$= 1 - \frac{1}{6}\pi^2.$$

$$a_n = \frac{1}{\pi}\int_{-\pi}^{\pi} f(x)\cos nx\mathrm{d}x = \frac{2}{\pi}\int_0^{\pi}\Big[\Big(1-\frac{1}{2}x^2\Big)\cos x\cos nx - \frac{1}{2}x\sin x\cos nx\Big]\mathrm{d}x$$

$$= \frac{1}{\pi}\int_0^{\pi}\Big\{\Big(1-\frac{1}{2}x^2\Big)\big[\cos(n+1)x + \cos(n-1)x\big] - \frac{1}{2}x\big[\sin(n+1)x - \sin(n-1)x\big]\Big\}\mathrm{d}x$$

$$= \frac{1}{\pi}\Big\{\int_0^{\pi}\Big(1-\frac{1}{2}x^2\Big)\mathrm{d}\Big[\frac{\sin(n+1)x}{n+1} + \frac{\sin(n-1)x}{n-1}\Big] - \frac{1}{2}\int_0^{\pi}x\big[\sin(n+1)x - \sin(n-1)x\big]\mathrm{d}x\Big\}$$

$$= \frac{1}{\pi}\Big\{\Big(1-\frac{1}{2}x^2\Big)\Big[\frac{\sin(n+1)x}{n+1} - \frac{\sin(n-1)x}{n-1}\Big]\Big|_0^{\pi} + \int_0^{\pi}x\Big[\frac{\sin(n+1)x}{n+1} + \frac{\sin(n-1)x}{n-1}\Big]\mathrm{d}x -$$

$$\frac{1}{2}\int_0^{\pi}x\big[\sin(n+1)x - \sin(n-1)x\big]\mathrm{d}x\Big\}$$

$$= \frac{1}{\pi}\int_0^{\pi}x\Big[\Big(\frac{1}{n+1} - \frac{1}{2}\Big)\sin(n+1)x + \Big(\frac{1}{n-1} + \frac{1}{2}\Big)\sin(n-1)x\Big]\mathrm{d}x$$

$$= \frac{1}{\pi}\Big[\frac{n-1}{2(n+1)^2}\int_0^{\pi}x\mathrm{d}\cos(n+1)x - \frac{n+1}{2(n-1)^2}\int_0^{\pi}x\mathrm{d}\cos(n-1)x\Big]$$

$$= \frac{1}{\pi}\Big\{\frac{n-1}{2(n+1)^2}\Big[x\cos(n+1)x\Big|_0^{\pi} - \int_0^{\pi}\cos(n+1)\mathrm{d}x\Big] -$$

$$\frac{n+1}{2(n-1)^2}\Big[x\cos(n-1)x\Big|_0^{\pi} - \int_0^{\pi}\cos(n-1)x\mathrm{d}x\Big]\Big\}$$

$$= (-1)^n\frac{3n^2+1}{(n^2-1)^2} \quad (n=2,3,\cdots).$$

6.26　(1) 记 $\Phi(x)=\displaystyle\int_0^x\varphi(t)\mathrm{d}t$,则对任意 x 有

$$\Phi(x+T)=\int_0^{x+T}\varphi(t)\mathrm{d}t=\int_0^T\varphi(t)\mathrm{d}t+\int_T^{x+T}\varphi(t)\mathrm{d}t$$

$$=\int_T^{x+T}\varphi(t)\mathrm{d}t\Big(\text{利用题设}\int_0^T\varphi(t)\mathrm{d}t=0\Big)$$

$$=\int_0^x\varphi(t)\mathrm{d}t(\text{利用 }\varphi(t)\text{ 是 }T\text{ 为周期的周期函数})$$

$$=\Phi(x),$$

所以,$\Phi(x)$ 是 T 为周期的周期函数,记它在 $[0,T]$ 上的最大值与最小值分别为 M 与 m,则 $|\Phi(x)|\leqslant\max\{|M|,|m|\}\xlongequal{\text{记}}M_1$,且由

$$a_n=\int_0^T f(x)y(nx)\mathrm{d}x=\frac{1}{n}\int_0^T f(x)\mathrm{d}\Phi(nx)$$

$$=\frac{1}{n}\Big[f(x)\Phi(nx)\Big|_0^T-\int_0^T\Phi(nx)f'(x)\mathrm{d}x\Big]$$

$$=-\frac{1}{n}\int_0^T\Phi(nx)f'(x)\mathrm{d}x\Big(\text{这里由于 }\Phi(nT)=\int_0^{nT}\varphi(t)\mathrm{d}t=n\int_0^T\varphi(t)\mathrm{d}t=0\text{ 以及 }\Phi(0)=0\Big)$$

知 $|a_n|\leqslant\dfrac{1}{n}\displaystyle\int_0^T|\Phi(nx)||f'(x)|\mathrm{d}x\leqslant\dfrac{M_1}{n}\int_0^T|f'(x)|\mathrm{d}x$

$$=\frac{M_1M_2}{n}\Big(\text{其中 }M_2=\int_0^T|f'(x)|\mathrm{d}x\Big).$$

记 $K=(M_1M_2)^2$,则 $a_n^2\leqslant\dfrac{K}{n^2}(n=1,2,\cdots)$,所以 $\displaystyle\sum_{n=1}^\infty a_n^2$ 收敛.

(2) 显然,$\displaystyle\sum_{n=1}^\infty\dfrac{n}{a_1+a_2+\cdots+a_n}$ 与 $\displaystyle\sum_{n=1}^\infty\dfrac{1}{a_n}$ 都是正项级数.

必要性. 设 $\displaystyle\sum_{n=1}^\infty\dfrac{n}{a_1+a_2+\cdots+a_n}$ 收敛,则对 $n=1,2,\cdots$,由

$$0<a_1+a_2+\cdots+a_n\leqslant na_n(\text{利用正项数列}\{a_n\}\text{的单调增加})$$

得 $\dfrac{n}{a_1+a_2+\cdots+a_n}\geqslant\dfrac{1}{a_n}$,所以由正项级数的比较判别法知 $\displaystyle\sum_{n=1}^\infty\dfrac{1}{a_n}$ 收敛.

充分性. 设 $\displaystyle\sum_{n=1}^\infty\dfrac{1}{a_n}$ 收敛. 记 $b_n=\dfrac{n}{a_1+a_2+\cdots+a_n}$,则对 $k=1,2,\cdots$ 有

$$b_{2k}=\frac{2k}{a_1+\cdots+a_k+a_{k+1}+\cdots+a_{2k}}<\frac{2k}{a_{k+1}+\cdots+a_{2k}}<\frac{2k}{ka_k}=\frac{2}{a_k}.$$

对 $k=0,1,2,\cdots$ 有

$$b_{2k+1}=\frac{2k+1}{a_1+\cdots+a_k+a_{k+1}+\cdots+a_{2k+1}}<\frac{2(k+1)}{a_{k+1}+\cdots+a_{2k+1}}<\frac{2(k+1)}{(k+1)a_k}=\frac{2}{a_k}.$$

于是由级数 $\dfrac{2}{a_0}+\dfrac{2}{a_1}+\dfrac{2}{a_1}+\cdots+\dfrac{2}{a_k}+\dfrac{2}{a_k}+\cdots$ 收敛知 $\displaystyle\sum_{n=1}^\infty b_n$ 收敛,即 $\displaystyle\sum_{n=1}^\infty\dfrac{n}{a_1+a_2+\cdots+a_n}$ 收敛.

(3) 显然本小题只要证明不等式成立即可.

考虑收敛的广义积分 $\int_0^S \frac{\mathrm{d}x}{x^p}$. 用分点

$$\cdots, r_{k+1}, r_k, \cdots, r_2, r_1 = S(\text{其中} \cdots < r_{k+1} < r_k < \cdots < r_2 < r_1)$$

将 $[0, S]$ 分成无穷多个小区间

$$\cdots, [r_{k+1}, r_k], \cdots, [r_2, r_1],$$

则对 $k = 1, 2, \cdots$ 有

$$\frac{a_k}{r_k^p} = \frac{1}{r_k^p} \int_{r_{k+1}}^{r_k} \mathrm{d}x \leqslant \int_{r_{k+1}}^{r_k} \frac{\mathrm{d}x}{x^p},$$

所以 $\displaystyle\sum_{k=1}^\infty \frac{a_k}{r_k^p} \leqslant \sum_{k=1}^n \int_{r_{k+1}}^{r_k} \frac{\mathrm{d}x}{x^p} = \int_{r_{n+1}}^{r_1} \frac{\mathrm{d}x}{x^p} \leqslant \int_0^S \frac{\mathrm{d}x}{x^p},$

即正项级数 $\displaystyle\sum_{n=1}^\infty \frac{a_n}{r_n^p}$ 的部分和数列有上界，从而该级数收敛，且其和小于 $\int_0^S \frac{\mathrm{d}x}{x^p}$.

6.27 （1）首先计算所给幂级数的收敛半径，为此考虑 $\frac{a_{n+1}}{a_n}$. 由题设得

$$\frac{a_{n+1}}{a_n} = 3 + \frac{4}{\frac{a_n}{a_{n-1}}}, \text{即} b_{n+1} = 3 + \frac{4}{b_n}\left(\text{其中} b_{n+1} = \frac{a_{n+1}}{a_n}\right). \tag{1}$$

由此得到 $b_{2n+1} = \frac{13b_{2n-1} + 12}{3b_{2n-1} + 4}(n = 2, 3, \cdots)$. 记

$$f(x) = \frac{13x + 12}{3x + 4}(\text{即将上式右边的} b_{2n-1} \text{改为} x \text{所得的函数}),$$

则 $f'(x) > 0$. 于是由 $b_3 < b_5$ 知 $\{b_{2n-1}\}$ 单调增加，此外由

$$b_{2n+1} = \frac{13b_{2n-1} + 12}{3b_{2n-1} + 4} = \frac{13}{3}\left(\frac{39b_{2n-1} + 36}{39b_{2n-1} + 52}\right) = \frac{13}{3}\left(1 - \frac{16}{39b_{2n-1} + 52}\right) < \frac{13}{3}$$

知 $\{b_{2n+1}\}$ 有上界. 因此由数列极限存在准则 II 得证 $\lim\limits_{n\to\infty} b_{2n-1}$ 存在，记为 A.

由式（1）可得 $b_{2n} = \frac{13b_{2n-2} + 13}{3b_{2n-2} + 4}(n = 2, 3, \cdots)$，因此同样可证 $\lim\limits_{n\to\infty} b_{2n}$ 存在，由于 $\{b_{2n}\}$ 的递推式与 $\{b_{2n+1}\}$ 的递推式具有相同的形式，所以也有 $\lim\limits_{n\to\infty} b_{2n} = A$. 由此得到 $\lim\limits_{n\to\infty} b_n = A$. 于是由

$$\rho = \lim_{n\to\infty} \frac{\frac{a_{n+1}}{(n+1)!}}{\frac{a_n}{n!}} = \lim_{n\to\infty}\left(\frac{1}{n+1} \cdot \frac{a_{n+1}}{a_n}\right) = \lim_{n\to\infty} \frac{b_{n+1}}{n+1} = 0$$

得到所给幂级数的收敛半径 $R = +\infty$，从而收敛域为 $(-\infty, +\infty)$.

记所给幂级数的和函数为 $S(x)$，则

$$S(x) = \sum_{n=1}^\infty \frac{a_n}{n!} x^n (-\infty < x < +\infty),$$

并且 $S'(x) = \sum_{n=1}^\infty \frac{a_n}{(n-1)!} x^{n-1} = \sum_{n=0}^\infty \frac{a_{n+1}}{n!} x^n = a_0 + \sum_{n=1}^\infty \frac{a_{n+1}}{n!} x^n,$

于是有 $S''(x) = \sum_{n=1}^\infty \frac{a_{n+1}}{(n-1)!} x^{n-1} = \sum_{n=0}^\infty \frac{a_{n+2}}{n!} x^n$

$$= a_2 + \sum_{n=1}^{\infty} \frac{a_{n+2}}{n!} x^n$$

$$= a_2 + \sum_{n=1}^{\infty} \frac{3a_{n+1} + 4a_n}{n!} x^n$$

$$= a_2 + 3\sum_{n=1}^{\infty} \frac{a_{n+1}}{n!} x^n + 4\sum_{n=1}^{\infty} \frac{a_n}{n!} x^n$$

$$= a_2 + 3[S'(x) - a_1] + 4S(x)$$

$$= 3S'(x) + 4S(x),$$

即 $S'' - 3S' - 4S = 0.$ 它的通解为

$$S(x) = C_1 e^{4x} + C_2 e^{-x}, \tag{2}$$

并且
$$S'(x) = 4C_1 e^{4x} - C_2 e^{-x}, \tag{3}$$

将 $S(0) = a_0 = 0, S'(0) = a_1 = 1$ 代入式(2)、式(3) 得 $C_1 = \dfrac{1}{5}, C_2 = -\dfrac{1}{5}.$ 将它们代入式(1) 得

$$S(x) = \frac{1}{5} e^{4x} - \frac{1}{5} e^{-x} (-\infty < x < +\infty).$$

(2) 将递推式 $u_1 > 0, u_{n+1} = \sqrt{12 + u_n}(n = 1, 2, \cdots)$ 知 $u_n > 4(n = 1, 2, \cdots).$ 于是,对 $n = 1, 2, \cdots$ 有

$$u_{n+1} - u_n = \sqrt{12 + u_n} - u_n = \frac{12 + u_n - u_n^2}{\sqrt{12 + u_n} + u_n} = \frac{u_n + 3}{\sqrt{12 + u_n} + u_n}(4 - u_n) < 0,$$

由此可知 $\{u_n\}$ 单调减少有下界,因此由数列极限存在准则 Ⅱ 知 $\lim\limits_{n \to \infty} u_n$ 存在,记为 $A.$ 对递推式两边令 $n \to \infty$ 取极限得 $A = \sqrt{12 + A}.$ 解此方程得 $A = 4, -3$(不合题意,舍去),所以 $\lim\limits_{n \to \infty} u_n = 4.$

由于 $\lim\limits_{n \to \infty} \frac{a_{n+1}}{a_n} = \lim\limits_{n \to \infty} \frac{\sqrt{u_n - 4}}{\sqrt{u_{n+1} - 4}} = \sqrt{\lim\limits_{n \to \infty} \frac{u_n - 4}{\sqrt{12 + u_n} - 4}}$

$$= \sqrt{\lim\limits_{n \to \infty} \frac{(u_n - 4)(\sqrt{12 + u_n} + 4)}{u_n - 4}} = 2\sqrt{2},$$

所以所给幂级数的收敛区间为 $\left(-\dfrac{1}{2\sqrt{2}}, \dfrac{1}{2\sqrt{2}}\right).$

由于 $\sqrt{u_n - 4} = \sqrt{\sqrt{12 + u_n} - 4} = \sqrt{\dfrac{u_n - 4}{\sqrt{12 + u_{n-1}} + 4}}$

$$< \frac{\sqrt{u_{n-1} - 4}}{(2\sqrt{2})^1} < \cdots < \frac{\sqrt{u_1 - 4}}{(2\sqrt{2})^{n-1}},$$

所以, $a_n \left(\dfrac{1}{2\sqrt{2}}\right)^n = \dfrac{1}{\sqrt{u_n - 4}} \ \dfrac{1}{(2\sqrt{2})^n} > \dfrac{(2\sqrt{2})^{n-1}}{\sqrt{u_1 - 4}} \cdot \dfrac{1}{(2\sqrt{2})^n}$

$$= \frac{1}{2\sqrt{2} \ \sqrt{u_1 - 4}} (n = 1, 2, \cdots),$$

从而 $\lim\limits_{n\to\infty}a_n\left(\dfrac{1}{2\sqrt{2}}\right)^n\neq 0$，以及 $\lim\limits_{n\to\infty}a_n\left(-\dfrac{1}{2\sqrt{2}}\right)^n\neq 0$，即 $\sum\limits_{n=1}^{\infty}a_n\left(\dfrac{1}{2\sqrt{2}}\right)^n$ 与 $\sum\limits_{n=1}^{\infty}a_n\left(-\dfrac{1}{2\sqrt{2}}\right)^n$ 都发

散．因此所给幂级数的收敛域为 $\left(-\dfrac{1}{2\sqrt{2}},\dfrac{1}{2\sqrt{2}}\right)$.

6.28 （1） $\begin{aligned}[t] S(n) &= \frac{1}{2}\int_{\arctan\frac{1}{(n+1)^4}}^{\arctan\frac{1}{n^4}} r^2 \mathrm{d}\theta \\ &= \frac{1}{2}\int_{\arctan\frac{1}{(n+1)^4}}^{\arctan\frac{1}{n^4}} \frac{1}{\cos^{\frac{3}{2}}\theta\sin^{\frac{1}{2}}\theta}\mathrm{d}\theta \\ &= \frac{1}{2}\int_{\arctan\frac{1}{(n+1)^4}}^{\arctan\frac{1}{n^4}} \frac{1}{\tan^{\frac{1}{2}}\theta}\mathrm{d}\tan\theta \\ &\xupersetmath{\diamondsuit t=\tan\theta}\frac{1}{2}\int_{\frac{1}{(n+1)^4}}^{\frac{1}{n^4}} t^{-\frac{1}{2}}\mathrm{d}t = \frac{2n+1}{n^2(n+1)^2}. \end{aligned}$

（2） $\begin{aligned}[t] \sum_{n=1}^{\infty}S(n) &= \lim_{n\to\infty}\sum_{k=1}^{n}S(k) = \lim_{n\to\infty}\sum_{k=1}^{n}\frac{2k+1}{k^2(k+1)^2} \\ &= \lim_{n\to\infty}\sum_{k=1}^{n}\left[\frac{1}{k^2}-\frac{1}{(k+1)^2}\right] = \lim_{n\to\infty}\left[1-\frac{1}{(n+1)^2}\right] = 1. \end{aligned}$

6.29 （1）由 $\ln\dfrac{n+1}{n} = \ln(n+1)-\ln n = \dfrac{1}{\xi}\;(\xi\in(n,n+1))$

得 $\dfrac{1}{n+1} < \ln\dfrac{n+1}{n} < \dfrac{1}{n}$，所以

$$0 < \frac{1}{\sqrt{n}} - \sqrt{\ln\frac{n+1}{n}} < \frac{1}{\sqrt{n}} - \frac{1}{\sqrt{n+1}} \quad (n=1,2,\cdots).$$

由于 $\sum\limits_{n=1}^{\infty}\left(\dfrac{1}{\sqrt{n}}-\dfrac{1}{\sqrt{n+1}}\right) = \lim\limits_{n\to\infty}\sum\limits_{k=1}^{n}\left(\dfrac{1}{\sqrt{k}}-\dfrac{1}{\sqrt{k+1}}\right) = \lim\limits_{n\to\infty}\left(1-\dfrac{1}{\sqrt{n+1}}\right) = 1$，所以，正项级

数 $\sum\limits_{n=1}^{\infty}\left(\dfrac{1}{\sqrt{n}}-\sqrt{\ln\dfrac{n+1}{n}}\right)$ 收敛，其和小于 $\sum\limits_{n=1}^{\infty}\left(\dfrac{1}{\sqrt{n}}-\dfrac{1}{\sqrt{n+1}}\right)$ 的和，即小于 1.

（2）当 $p\geqslant 1$ 时，由

$$\frac{1}{(n+1)\sqrt[p]{n}} = n^{1-\frac{1}{p}}\cdot\frac{1}{n(n+1)} = n^{1-\frac{1}{p}}\left(\frac{1}{n}-\frac{1}{n+1}\right)$$

$$= n^{1-\frac{1}{p}}\left[\left(\frac{1}{\sqrt[p]{n}}\right)^p-\left(\frac{1}{\sqrt[p]{n+1}}\right)^p\right]$$

$$= n^{1-\frac{1}{p}}\cdot p\xi^{p-1}\left(\frac{1}{\sqrt[p]{n}}-\frac{1}{\sqrt[p]{n+1}}\right)$$

$\left(\xi\in\left(\dfrac{1}{\sqrt[p]{n+1}},\dfrac{1}{\sqrt[p]{n}}\right)\right.$ 是对函数 x^p 在 $\left[\dfrac{1}{\sqrt[p]{n+1}},\dfrac{1}{\sqrt[p]{n}}\right]$ 上应用拉格朗日中值定理所得$\Big)$

$$= n^{1-\frac{1}{p}}\cdot p\cdot\left(\frac{1}{\sqrt[p]{n+\theta}}\right)^{p-1}\left(\frac{1}{\sqrt[p]{n}}-\frac{1}{\sqrt[p]{n+1}}\right)$$

$\left(\text{由于 }\xi\text{ 是}\left(\dfrac{1}{\sqrt[p]{n+1}},\dfrac{1}{\sqrt[p]{n}}\right)\text{ 内的某一点，所以有 }\xi\in\dfrac{1}{\sqrt[p]{n+\theta}},\theta\in(0,1)\right)$

$$= \left(\frac{n}{n+\theta}\right)^{1-\frac{1}{p}} \cdot p\left(\frac{1}{\sqrt[p]{n}} - \frac{1}{\sqrt[p]{n+1}}\right)$$

$$\leqslant p\left(\frac{1}{\sqrt[p]{n}} - \frac{1}{\sqrt[p]{n+1}}\right) \quad (n=1,2,\cdots)$$

知，$\displaystyle\sum_{n=1}^{\infty} \frac{1}{(n+1)\sqrt[p]{n}} \leqslant p\sum_{n=1}^{\infty}\left(\frac{1}{\sqrt[p]{n}} - \frac{1}{\sqrt[p]{n+1}}\right) = p\lim_{n\to\infty}\sum_{k=1}^{n}\left(\frac{1}{\sqrt[p]{k}} - \frac{1}{\sqrt[p]{k+1}}\right)$

$$= p\lim_{n\to\infty}\left(1 - \frac{1}{\sqrt[p]{n+1}}\right) = p.$$

6.30　(1) 由于 $\displaystyle\sum_{k=1}^{n} a_k = a_1 + a_2 + \cdots + a_n$

$$= (a_1-a_2)+2(a_2-a_3)+3(a_3-a_4)+\cdots+(n-1)(a_{n-1}-a_{n-2})+$$
$$n(a_n-a_{n+1})+(n+1)a_{n+1}-a_{n+1},$$

$$= \sum_{k=1}^{n} k(a_k-a_{k+1})+(n+1)a_{n+1}-a_{n+1},$$

所以，$\displaystyle\sum_{n=1}^{\infty} a_n = \lim_{n\to\infty}\sum_{k=1}^{n} a_n = \lim_{n\to\infty}\sum_{k=1}^{n} k(a_k-a_{k+1})+\lim_{n\to\infty}(n+1)a_{n+1}-\lim_{n\to\infty}a_{n+1},$ 　(1)

由于 $\displaystyle\lim_{n\to\infty}\sum_{k=1}^{n} k(a_k-a_{k+1}) = \sum_{n=1}^{\infty} n(a_n-a_{n+1}) = b,$

$$\lim_{n\to\infty}(n+1)a_{n+1} = a,$$

$$\lim_{n\to\infty}a_{n+1} = \lim_{n\to\infty}\left[(n+1)a_{n+1}\cdot\frac{1}{n+1}\right] = a\cdot 0 = 0,$$

所以,将它们代入式(1)得 $\displaystyle\sum_{n=1}^{\infty} a_n = a+b.$ 由此可知 $\displaystyle\sum_{n=1}^{\infty} a_n$ 收敛,且和为 $a+b.$

(2) 从计算 $\displaystyle\lim_{n\to\infty}S_n(R)$ 入手,其中

$$S_n(R) = \sum_{k=1}^{n} a_k R^k\,(n=1,2,\cdots).$$

由于数列 $\{S_n(R)\}$ 单调增加,且

$$S_n(R) = \lim_{x\to R^-}\sum_{k=1}^{n} a_k x^k = \lim_{x\to R^-}S_n(x),$$

其中 $S_n(x) = \displaystyle\sum_{k=1}^{n} a_k x^k\,(x\in[0,R),n=1,2,\cdots)$,则由 $S(x)$ 在 $[0,R)$ 上有界知,存在正数 M,使得

$$S_n(x) \leqslant S(x) \leqslant M(x\in[0,R),n=1,2,\cdots).$$

由此可知 $S_n(R)\leqslant M(n=1,2,\cdots)$,即 $\{S_n(R)\}$ 单调增加有上界,所以由数列极限存在准则 Ⅱ

知,$\displaystyle\lim_{n\to\infty}S_n(R)$ 存在,即 $\displaystyle\sum_{n=1}^{\infty} a_n R^n$ 收敛.

第七章
微 分 方 程

一、核心内容提要

1. 一阶微分方程及其解法

在高等数学范畴里,一阶微分方程有以下五类:

(1) 变量可分离的微分方程

它是形如

$$g(y)\mathrm{d}y = f(x)\mathrm{d}x \text{(其中 } f,g \text{ 分别是 } x \text{ 与 } y \text{ 的已知函数)}$$

的微分方程. 两边分别对 y 和 x 积分即得该微分方程的通解.

(2) 齐次微分方程

它是形如 $\dfrac{\mathrm{d}y}{\mathrm{d}x} = \varphi\left(\dfrac{y}{x}\right)$(其中 φ 是已知函数)的微分方程.

令 $u = \dfrac{y}{x}$,转换成变量可分离的微分方程后求解.

(3) 一阶线性微分方程

它是形如 $\dfrac{\mathrm{d}y}{\mathrm{d}x} + p(x)y = q(x)$(其中 $p(x),q(x)$ 是已知函数)的微分方程,其通解为

$$y = \mathrm{e}^{-\int p(x)\mathrm{d}x}\left(C + \int q(x)\mathrm{e}^{\int p(x)\mathrm{d}x}\mathrm{d}x\right) \text{(其中不定积分只取原函数)}.$$

(4) 伯努利方程

它是形如 $\dfrac{\mathrm{d}y}{\mathrm{d}x} + p(x)y = q(x)y^n$(其中 $p(x),q(x)$ 是已知函数,$n \neq 0,1$)的微分方程. 令 $z = y^{1-n}$,转换成一阶线性微分方程后求解.

(5) 全微分方程

它是形如 $p(x,y)\mathrm{d}x + q(x,y)\mathrm{d}y = 0$ $\left(\text{其中 } p(x,y),q(x,y) \text{ 是已知函数,且 } \dfrac{\partial p}{\partial y} = \dfrac{\partial q}{\partial x}\right)$ 的微分方程.

求出满足 $\mathrm{d}u(x,y) = p(x,y)\mathrm{d}x + q(x,y)\mathrm{d}y$ 的 $u(x,y)$ 即得全微分方程的通解 $u(x,y) = C$.

2. 二阶微分方程及其解法

在高等数学范畴里,二阶微分方程有以下两类:

(1) 可降阶的二阶微分方程

它们有三种类型：

$y''=f(x)$. 二次积分后即可得到通解.

$y''=f(x,y')$. 令 $p=y'$ 降为一阶微分方程 $p'=f(x,p)$ 后求解.

$y''=f(y,y')$. 令 $p=y'$ 降为一阶微分方程 $p\dfrac{\mathrm{d}p}{\mathrm{d}y}=f(y,p)$ 后求解.

(2) 二阶线性微分方程

它是形如

$$y''+p(x)y'+q(x)y=f(x) \tag{1}$$

的微分方程. 当 $f(x)=0$ 时,称为二阶齐次线性微分方程

$$y''+p(x)y'+q(x)y=0. \tag{2}$$

设 $y_1(x),y_2(x)$ 是式(2)的两个线性无关的特解,则它的通解为 $y=C_1y_1(x)+C_2y_2(x)$.

设 y^* 是式(1)的特解,则 $y=C_1y_1(x)+C_2y_2(x)+y^*$ 是式(1)的通解.

注(1) 二阶常系数齐次线性微分方程的解法

设二阶常系数齐次线性微分方程

$$y''+py'+qy=0(其中,p,q 是已知常数), \tag{3}$$

则它的特征方程为 $\qquad r^2+pr+q=0.$ (4)

当式(4)有两个互异的实根 λ_1,λ_2 时,式(3)的通解为

$$y=C_1\mathrm{e}^{\lambda_1 x}+C_2\mathrm{e}^{\lambda_2 x};$$

当式(4)有两个相同的实根 $\lambda_1=\lambda_2=\lambda$ 时,式(3)的通解为

$$y=(C_1+C_2x)\mathrm{e}^{\lambda x};$$

当式(4)有一对共轭复根 $\lambda_1=\alpha+\mathrm{i}\beta,\lambda_2=\alpha-\mathrm{i}\beta(\beta\neq0)$时,式(3)的通解为

$$y=\mathrm{e}^{\alpha x}(C_1\cos\beta x+C_2\sin\beta x).$$

(2) 二阶常系数非齐次线性微分方程特解计算法

设二阶常系数非齐次线性微分方程

$$y''+py'+qy=f(x)(p,q 是已知常数,f(x) 是已知函数). \tag{5}$$

如果 $f(x)=\mathrm{e}^{\lambda x}P_m(x)(P_m(x)$ 是 x 的 m 次多项式),则当 λ 是式(4)的 $k(k=0,1,2)$ 重根时,式(5)有特解 $y^*=\mathrm{e}^{\lambda x}x^kQ_m(x)(Q_m(x)$ 是 x 的 m 次多项式,它的系数可将 y^* 代入式(5)确定)；

如果 $f(x)=\mathrm{e}^{\alpha x}[P_l(x)\sin\beta x+Q_n(x)\cos\beta x]$(其中 $P_l(x),Q_n(x)$ 分别是 x 的 l 次与 n 次多项式,$\beta\neq0$),则当 $\alpha+\mathrm{i}\beta$ 是式(4)的 $k(k=0,1)$ 重根时,式(5)有特解 $y^*=\mathrm{e}^{\alpha x}x^k[R_m^{(1)}(x)\cdot\cos\beta x+R_m^{(2)}(x)\sin\beta x](R_m^{(1)}(x),R_m^{(2)}(x)$ 都是 x 的 $m=\max\{l,n\}$ 次多项式,它们的系数可将 y^* 代入式(5)确定.

二、典型例题精解

A 组

例 7.1 微分方程的 $y'=\mathrm{e}^y-\dfrac{2}{x}$ 的通解为_____.

分析 所给的一阶微分方程不是"核心内容提要"所述的五类一阶微分方程之一,但作适当变量代换可转换成其中一类.

精解 所给微分方程可以写成

$$e^{-y}y' = 1 - \frac{2}{x}e^{-y} 或 (e^{-y})' = -1 + \frac{2}{x}e^{-y}.$$

记 $u = e^{-y}$,则所给微分方程成为

$$u' - \frac{2}{x}u = -1. (一阶线性微分方程) \tag{1}$$

式(1)的通解为

$$u = e^{-\int -\frac{2}{x}dx}\left(C + \int(-1)e^{\int -\frac{2}{x}dx}dx\right) = x^2\left(C - \int \frac{1}{x^2}dx\right) = Cx^2 + x.$$

所以原微分方程的通解为

$$e^{-y} = Cx^2 + x.$$

附注 当要求解的一阶微分方程不是"核心内容提要"中所述的五类微分方程时,可以通过适当的变量代换转换成其中一类. 通常,使用的变量代换有三种:

(1) 自变量代换;

(2) 函数代换(本题就是使用了函数代换);

(3) 自变量、函数相结合的代换.

例 7.2 微分方程 $\dfrac{dy}{dx} = \dfrac{y^2}{4} + \dfrac{1}{x^2}$ 的通解为_____.

分析 所给的一阶微分方程不是上述的五类一阶微分方程之一,但作适当变量代换,可转换成其中一类.

精解 所给微分方程两边同除 y^2 得

$$\frac{1}{y^2}\frac{dy}{dx} = \frac{1}{4} + \frac{1}{x^2y^2}, 即 \frac{d\frac{1}{y}}{dx} = -\frac{1}{4} - \frac{1}{x^2}\left(\frac{1}{y}\right)^2.$$

记 $u = \dfrac{1}{y}$,则所给微分方程成为

$$\frac{du}{dx} = -\frac{1}{4} - \left(\frac{u}{x}\right)^2. (齐次方程) \tag{1}$$

令 $v = \dfrac{u}{x}$,则式(1)成为

$$v + x\frac{dv}{dx} = -\left(\frac{1}{4} + v^2\right), 即 \frac{dv}{\left(v + \frac{1}{2}\right)^2} = -\frac{dx}{x},$$

所以 $x = Ce^{\left(v+\frac{1}{2}\right)^{-1}}$,即 $x = Ce^{\left(\frac{u}{x}+\frac{1}{2}\right)^{-1}}$. 因此所给微分方程的通解为

$$x = Ce^{\left(\frac{1}{xy}+\frac{1}{2}\right)^{-1}} = Ce^{\frac{2xy}{2+xy}}.$$

附注 题解中施行两次变量代换,第一次变量代换 $u = \dfrac{1}{y}$ 是为了把所给微分方程转换成齐次方程,而第二次变量代换 $v = \dfrac{u}{x}$ 则是求解齐次方程所必须作的变量代换.

例 7.3 微分方程 $y'\cos y = (1 + \cos x\sin y)\sin y$ 的通解为_____.

分析 由于 $y'\cos y=(\sin y)'$，所以可作变量代换 $u=\sin y$.

精解 令 $u=\sin y$，则所给微分方程成为

$$u'-u=\cos x \cdot u^2.\text{(伯努利方程)} \tag{1}$$

令 $z=\dfrac{1}{u}$，式(1)成为

$$z'+z=-\cos x,\text{(一阶线性微分方程)}$$

它的通解为

$$z=\mathrm{e}^{-\int\mathrm{d}x}\left(C+\int-\cos x \cdot \mathrm{e}^{\int\mathrm{d}x}\mathrm{d}x\right)=\mathrm{e}^{-x}\left(C-\int\mathrm{e}^x\cos x\mathrm{d}x\right)$$

$$=\mathrm{e}^{-x}\left[C-\frac{1}{2}\mathrm{e}^x(\cos x+\sin x)\right]=C\mathrm{e}^{-x}-\frac{1}{2}(\cos x+\sin x).$$

由此得到式(1)的通解为

$$\frac{1}{u}=C\mathrm{e}^{-x}-\frac{1}{2}(\cos x+\sin x).$$

因此，所给微分方程的通解为

$$\csc y=C\mathrm{e}^{-x}-\frac{1}{2}(\cos x+\sin x).$$

附注 题解作了两次变量代换，第一次是令 $u=\sin y$，其目的是为了把所给方程转换成伯努利方程；第二次是令 $z=\dfrac{1}{u}$，它是求解伯努利方程所必须的变量代换.

例 7.4 微分方程 $y(2xy+1)\mathrm{d}x+x(1+2xy-x^3y^3)\mathrm{d}y=0$ 的通解为_____.

分析 所给微分方程无论写成 $\dfrac{\mathrm{d}y}{\mathrm{d}x}=-\dfrac{y(2xy+1)}{x(1+2xy-x^3y^3)}$，或写成 $\dfrac{\mathrm{d}x}{\mathrm{d}y}=-\dfrac{x(1+2xy-x^3y^3)}{y(2xy+1)}$.

都不是上述的五类一阶微分方程之一，因此将所给微分方程分项，然后逐项积分求得通解.

精解 所给微分方程可以改写成

$$(2xy^2\mathrm{d}x+2x^2y\mathrm{d}y)+(y\mathrm{d}x+x\mathrm{d}y)-x^4y^3\mathrm{d}y=0,$$

即

$$\mathrm{d}(x^2y^2)+\mathrm{d}(xy)-x^4y^3\mathrm{d}y=0.$$

上式两边同除以 x^4y^4 得

$$\frac{\mathrm{d}(x^2y^2)}{x^4y^4}+\frac{\mathrm{d}(xy)}{x^4y^4}-\frac{\mathrm{d}y}{y}=0,$$

逐项积分得

$$\mathrm{d}\left(-\frac{1}{x^2y^2}-\frac{1}{3x^3y^3}-\ln y\right)=0.$$

所以所给微分方程的通解为 $\dfrac{1}{x^2y^2}+\dfrac{1}{3x^3y^3}+\ln y=C$.

附注 本题不是全微分方程，但经"改造"后的

$$\frac{\mathrm{d}(x^2y^2)}{x^4y^4}+\frac{\mathrm{d}(xy)}{x^4y^4}-\frac{\mathrm{d}y}{y}=0$$

成为全微分方程. 这是求解形如

$$P(x,y)\mathrm{d}y+Q(x,y)\mathrm{d}x=0$$

的非全微分方程常用的方法. 如何"改造"？首先是适当的分项，本题就是如此处理的.

例 7.5　设 $y=y(x)$ 是微分方程 $x\mathrm{d}y+(x-2y)\mathrm{d}x=0$ 的一个解,使 $[1,2]$ 上的曲边梯形(曲边方程 $y=y(x)$)绕 x 轴旋转一周而成的旋转体体积为最小,则 $y(x)=$ ＿＿＿＿ .

分析　先算出所给微分方程的通解,然后按旋转体体积最小确定通解中的任意常数,得到 $y=y(x)$.

精解　所给微分方程即为 $\dfrac{\mathrm{d}y}{\mathrm{d}x}-\dfrac{2}{x}y=-1.$ (一阶线性微分方程)

它的通解为

$$y=\mathrm{e}^{-\int-\frac{2}{x}\mathrm{d}x}\left(C+\int(-1)\mathrm{e}^{\int-\frac{2}{x}\mathrm{d}x}\mathrm{d}x\right)=x^2\left(C-\int\frac{1}{x^2}\mathrm{d}x\right)=x^2\left(C+\frac{1}{x}\right)=Cx^2+x.$$

于是 $[1,2]$ 上的曲边梯形绕 x 轴旋转一周而成的旋转体体积为

$$V(C)=\pi\int_1^2 y^2\mathrm{d}x=\pi\int_1^2(Cx^2+x)^2\mathrm{d}x=\pi\int_1^2(C^2x^4+2Cx^3+x^2)\mathrm{d}x$$

$$=\pi\left(\frac{31}{5}C^2+\frac{15}{2}C+\frac{7}{3}\right)\quad(-\infty<C<\infty).$$

由于 $V'(C)=\pi\left(\dfrac{62}{5}C+\dfrac{15}{2}\right)\begin{cases}<0,&C<-\dfrac{75}{124},\\=0,&C=-\dfrac{75}{124},\\>0,&C>-\dfrac{75}{124},\end{cases}$ 所以 $C=-\dfrac{75}{124}$ 使 $V(C)$ 取最小值,从而

$$y(x)=-\frac{75}{124}x^2+x.$$

附注　计算微分方程的满足初始条件的特解时,通常是先求出该微分方程的通解,然后由初始条件确定其中的常数,获得特解 .

本题中,"使 $[1,2]$ 上的曲边梯形(曲边方程 $y=y(x)$)绕 x 轴旋转一周而成的旋转体体积为最小"实际上是给出了一个确定通解中常数的初始条件 .

例 7.6　设曲线 $y=y(x)$ 经过原点和点 $M(1,2)$,且满足二阶微分方程 $y''+\dfrac{2}{1-y}(y')^2=0$,则 $y(2),y'(2)$ 的值分别为 ＿＿＿＿ .

分析　所给微分方程是可降阶的二阶微分方程,因此先算出通解,再计算 $y(2),y'(2)$.

精解　令 $p=y'$,则 $y''=p\dfrac{\mathrm{d}p}{\mathrm{d}y}.$ 于是所给微分方程成为一阶微分方程

$$p\frac{\mathrm{d}p}{\mathrm{d}y}+\frac{2}{1-y}p^2=0. \tag{1}$$

由题设知 $y(x)\neq C$(常数),因此式(1)可以写成

$$\frac{1}{p}\mathrm{d}p=\frac{2}{y-1}\mathrm{d}y.$$

它的通解为 $p=C_1(y-1)^2$,即 $\dfrac{\mathrm{d}y}{\mathrm{d}x}=C_1(y-1)^2$. 它的通解为

$$-\frac{1}{y-1}=C_1x+C_2. \tag{2}$$

将 $y(0)=0$ 和 $y(1)=2$ 代入式(2)得

$$\begin{cases} 1 = C_2, \\ -1 = C_1 + C_2, \end{cases} \text{即 } C_1 = -2, C_2 = 1.$$

将它们代入式(2)得

$$y(x) = \frac{1}{2x-1} + 1,$$

因此，$y(2) = \frac{4}{3}$，$y'(2) = -\frac{2}{(2x-1)^2}\Big|_{x=2} = -\frac{2}{9}$.

附注 题中所给的微分方程是可降阶的二阶微分方程，由于微分方程中不明显出现 x，所以令 $p = q'$，且将 y'' 表示成 $y'' = p\dfrac{\mathrm{d}p}{\mathrm{d}y}$.

例 7.7 (1) 设 $y_1 = 1, y_2 = \mathrm{e}^x, y_3 = 2\mathrm{e}^x, y_4 = \mathrm{e}^x + \dfrac{1}{\pi}$ 都是某个二阶齐次线性微分方程的特解，则该微分方程为_____.

(2) 设 $y_1 = \mathrm{e}^x, y_2 = \mathrm{e}^x + \mathrm{e}^{\frac{1}{2}x}, y_3 = \mathrm{e}^x + \mathrm{e}^{-x}$ 是二阶非齐次线性微分方程的特解，则该微分方程为_____.

分析 (1) 从 y_1, y_2, y_3, y_4 中确定两个线性无关的特解，即可确定该二阶齐次线性微分方程(不妨设其为常系数的).

(2) 从 y_1, y_2, y_3 中确定所求的二阶非齐次线性微分方程对应的齐次线性微分方程的两个线性无关的特解，并确定所求的二阶非齐次线性微分方程的一个特解，由此即可确定该二阶非齐次线性微分方程(不妨设其为常系数的).

精解 (1) 显然，$y_1 = 1, y_2 = \mathrm{e}^x$ 线性无关，所以所求的二阶常系数齐次线性微分方程的特征方程有根 $\lambda = 0, 1$. 特征方程为 $r(r-1) = 0$，即 $r^2 - r = 0$. 因此所求的二阶齐次线性微分方程为

$$y'' - y' = 0.$$

(2) $y_2 - y_1 = \mathrm{e}^{\frac{1}{2}x}, y_3 - y_1 = \mathrm{e}^{-x}$，且线性无关，所以，所求的二阶常系数非齐次线性微分方程对应的齐次线性微分方程的特征方程有根 $\lambda = \dfrac{1}{2}, -1$. 特征方程为 $\left(r - \dfrac{1}{2}\right)(r+1) = 0$，即 $r^2 + \dfrac{1}{2}r - \dfrac{1}{2} = 0$. 所以，所求的二阶常系数非齐次线性微分方程为

$$y'' + \frac{1}{2}y' - \frac{1}{2}y = f(x). \tag{1}$$

将特解 $y_1 = \mathrm{e}^x$ 代入得

$$\mathrm{e}^x + \frac{1}{2}\mathrm{e}^x - \frac{1}{2}\mathrm{e}^x = f(x), \text{即 } f(x) = \mathrm{e}^x.$$

将它代入式(1)得所求的非齐次线性微分方程为

$$y'' + \frac{1}{2}y' - \frac{1}{2}y = \mathrm{e}^x.$$

附注 二阶常系数线性微分方程是最简单的二阶线性微分方程，因此由特解确定某个二阶线性微分方程时，可从二阶常系数线性微分方程入手.

例 7.8 微分方程 $(x^2 \ln x)y'' - xy' + y = 0$ 的通解为_____.

分析 所给的二阶微分方程既不是常系数线性微分方程，也不是三种可降阶的微分方

程,但注意到其中出现 $\ln x$,所以考虑令 $t=\ln x$,作变量代换.

精解 令 $t=\ln x$,即 $x=\mathrm{e}^t$,则

$$y'=\frac{\mathrm{d}y}{\mathrm{d}x}=\frac{\mathrm{d}y}{\mathrm{d}t}\cdot\frac{1}{x},y''=\frac{\mathrm{d}^2y}{\mathrm{d}x^2}=\frac{\mathrm{d}}{\mathrm{d}x}\left(\frac{\mathrm{d}y}{\mathrm{d}t}\cdot\frac{1}{x}\right)=\frac{\mathrm{d}^2y}{\mathrm{d}t^2}\frac{1}{x}\cdot\frac{1}{x}-\frac{1}{x^2}\frac{\mathrm{d}y}{\mathrm{d}t}=\frac{1}{x^2}\left(\frac{\mathrm{d}^2y}{\mathrm{d}t^2}-\frac{\mathrm{d}y}{\mathrm{d}t}\right).$$

将它们代入所给的微分方程得

$$t\left(\frac{\mathrm{d}^2y}{\mathrm{d}t^2}-\frac{\mathrm{d}y}{\mathrm{d}t}\right)-\frac{\mathrm{d}y}{\mathrm{d}t}+y=0,\text{即 } t\frac{\mathrm{d}}{\mathrm{d}t}\left(\frac{\mathrm{d}y}{\mathrm{d}t}-y\right)-\left(\frac{\mathrm{d}y}{\mathrm{d}t}-y\right)=0. \tag{1}$$

令 $u=\dfrac{\mathrm{d}y}{\mathrm{d}t}-y$,则式(1)成为

$$t\frac{\mathrm{d}u}{\mathrm{d}t}-u=0.$$

它的通解为 $u=C_1t$,即

$$\frac{\mathrm{d}y}{\mathrm{d}t}-y=C_1t,$$

它的通解为

$$y=\mathrm{e}^{-\int-\mathrm{d}t}\left(C_2+\int C_1t\mathrm{e}^{\int-\mathrm{d}t}\mathrm{d}t\right)=\mathrm{e}^t\left(C_2+C_1\int t\mathrm{e}^{-t}\mathrm{d}t\right)=C_2\mathrm{e}^t-C_1(t+1).$$

从而,所给微分方程的通解为

$$y=C_2\mathrm{e}^{\ln x}-C_1(\ln x+1)=C_2x-C_1(\ln x+1).$$

附注 本题是通过变量代换后,再降阶成为一阶微分方程求得通解. 这里为降阶所作的变量代换是 $u=\dfrac{\mathrm{d}y}{\mathrm{d}t}-y$,而不是令 $u=\dfrac{\mathrm{d}y}{\mathrm{d}t}$.

例 7.9 微分方程 $y^{(4)}+3y''-4y=\mathrm{e}^x$ 的通解为_____.

分析 所给微分方程是四阶常系数非齐次线性微分方程,所以先算出 $y^{(4)}+3y''-4y=0$ 的通解,然后计算 $y^{(4)}+3y''-4y=\mathrm{e}^x$ 的一个特解. 由此即可算出所给微分方程的通解.

精解 $y^{(4)}+3y''-4y=0$ 的特征方程 $r^4+3r^2-4=0$ 有根 $r=-1,1,2\mathrm{i},-2\mathrm{i}$. 所以,$y^{(4)}+3y''-4y=0$ 的通解 $Y=C_1\mathrm{e}^{-x}+C_2\mathrm{e}^x+C_3\cos 2x+C_4\sin 2x$.

此外,所给的微分方程有形如 $y^*=Ax\mathrm{e}^x$ 的特解,将它代入所给的微分方程得

$$A(x+4)\mathrm{e}^x+3A(x+2)\mathrm{e}^x-4Ax\mathrm{e}^x=\mathrm{e}^x,\text{即 } A=\frac{1}{10}.$$

将它代入 $y^*=Ax\mathrm{e}^x$ 得 $y^*=\dfrac{1}{10}x\mathrm{e}^x$.

因此,所给微分方程的通解为 $y=Y+y^*=C_1\mathrm{e}^{-x}+C_2\mathrm{e}^x+C_3\cos 2x+C_4\sin 2x+\dfrac{1}{10}x\mathrm{e}^x$.

附注 四阶常系数非齐次(或齐次)线性微分方程的通解计算法,与二阶的类似.

例 7.10 设函数 $y(x)$ 具有连续的一阶导数,且满足

$$x\int_0^x y(t)\mathrm{d}t=(x+1)\int_0^x ty(t)\mathrm{d}t,$$

则当 $x\neq 0$ 时 $y(x)=$_____.

分析 求导,消去所给等式中的积分运算,转换成微分方程,求解微分方程即得到 $y(x)$.

精解 所给等式两边求导得

$$\int_0^x y(t)\,\mathrm{d}t + xy(x) = \int_0^x ty(t)\,\mathrm{d}t + (x+1)xy(x),$$

即 $\int_0^x y(t)\,\mathrm{d}t = \int_0^x ty(t)\,\mathrm{d}t + x^2 y(x)$.

再对等式的两边求导得

$$y(x) = xy(x) + 2xy(x) + x^2 y'(x),$$

化简得 $x^2 y' = (1-3x)y$,即

$$\frac{\mathrm{d}y}{\mathrm{d}x} + \left(\frac{3}{x} - \frac{1}{x^2}\right)y = 0 \quad .(一阶线性微分方程)$$

它的通解为

$$y(x) = C\mathrm{e}^{-\int\left(\frac{3}{x}-\frac{1}{x^2}\right)\mathrm{d}x} = \frac{C}{x^3}\mathrm{e}^{-\frac{1}{x}}(x \neq 0).$$

附注 题设中所给的等式称为积分方程,求解积分方程总是通过求导转换成微分方程,然后解微分方程得到未知函数.

本题得到的不是一个未知函数,而是一族未知函数,这是因为根据题设无法确定 $y = \dfrac{C}{x^3}\mathrm{e}^{-\frac{1}{x}}$ 中的常数 C.

例 7.11 设函数 $y = y(x)(x \geqslant 0)$ 具有连续的导数,且 $y(0) = 1$. 已知曲线 $y = y(x)$,x 轴,y 轴及过点 $(x,0)$ 且垂直于 x 轴的直线围成的图形的面积与曲线 $y = y(x)$ 在 $[0,x]$ 上的一段弧长值相等,求 $y(x)$ 的表达式.

分析 由题设建立 $y(x)$ 满足的积分方程,然后求导转换成微分方程,解此微分方程得 $y(x)$ 的表达式.

精解 $[0,x]$ 上曲边梯形面积 $= \int_0^x y(t)\,\mathrm{d}t$.

曲线 $y = y(x)$ 在 $[0,x]$ 上的一段弧长 $= \int_0^x \sqrt{1+[y'(t)]^2}\,\mathrm{d}t$.

由题设得

$$\int_0^x y(t)\,\mathrm{d}t = \int_0^x \sqrt{1+[y'(t)]^2}\,\mathrm{d}t.$$

上式两边求导得

$$[y(x)]^2 = 1 + [y'(x)]^2,\ 即 (y')^2 - y^2 = -1.$$

由此得到 $y' = \pm\dfrac{1}{\sqrt{y^2-1}}$,即 $\sqrt{y^2-1}\,\mathrm{d}y = \pm\mathrm{d}x$.

它的通解为

$$\ln(y+\sqrt{y^2-1}) + \ln C = \pm x,\ 即 C(y+\sqrt{y^2-1}) = \mathrm{e}^{\pm x}. \tag{1}$$

将 $y(0) = 1$ 代入式(1)得 $C = 1$. 代入式(1)得

$$y+\sqrt{y^2-1} = \mathrm{e}^{\pm x},\ 即 y = \frac{1}{2}(\mathrm{e}^x + \mathrm{e}^{-x}).$$

附注 照理 $\int \sqrt{y^2-1}\,\mathrm{d}y = \ln\left|y+\sqrt{y^2-1}\right| + C$,但在求解微分方程时,上式右边的绝对值号不加也可以,而且可以将 C 写成 $\ln C$. 这样做是为使得表达式简化.

例 7.12 求微分方程

$$\cos^4 x \frac{d^2 y}{dx^2} + 2\cos^2 x (1 - \sin x \cos x) \frac{dy}{dx} + y = \tan x$$

的通解.

分析 所给微分方程是二阶线性微分方程,但不是常系数的,所以需作变量代换. 注意到 $\frac{1}{\cos^2 x} dx = d\tan x$,故令 $t = \tan x$.

精解 令 $t = \tan x$,则

$$\frac{dy}{dx} = \frac{dy}{dt} \frac{dt}{dx} = \frac{dy}{dt} \sec^2 x,$$

$$\frac{d^2 y}{dx^2} = \frac{d}{dx}\left(\frac{dy}{dx}\right) = \frac{d}{dx}\left(\frac{dy}{dt} \sec^2 x\right) = \frac{d^2 y}{dt^2} \frac{dt}{dx} \sec^2 x + \frac{dy}{dt} \cdot 2\sec^2 x \tan x$$

$$= \frac{d^2 y}{dt^2} \sec^4 x + \frac{dy}{dt} \cdot 2\sec^2 x \tan x.$$

将它们代入所给微分方程得

$$\left(\frac{d^2 y}{dt^2} + 2\cos^2 x \tan x \frac{dy}{dt}\right) + 2(1 - \sin x \cos x) \frac{dy}{dt} + y = t,$$

即

$$\frac{d^2 y}{dt^2} + 2\frac{dy}{dt} + y = t. \tag{1}$$

式(1)对应的齐次线性微分方程

$$\frac{d^2 y}{dt^2} + 2\frac{dy}{dt} + y = 0 \tag{2}$$

的特征方程 $r^2 + 2r + 1 = 0$ 的根 $r = -1$(二重). 所以式(2)的通解为

$$Y = (C_1 t + C_2) e^{-t}.$$

式(1)有形如 $y^* = At + B$ 的特解,将它代入式(1)得

$$2A + At + B = t, \quad 即 \begin{cases} A = 1, \\ 2A + B = 0. \end{cases}$$

解此方程组得 $A = 1, B = -2$. 所以 $y^* = t - 2$.

从而式(1)的通解为 $y = Y + y^* = (C_1 t + C_2) e^{-t} + t - 2$. 由此得到所给的微分方程的通解为

$$y = (C_1 \tan x + C_2) e^{-\tan x} + \tan x - 2.$$

附注 本题是利用自变量代换 $t = \tan x$ 将所给的二阶线性微分方程转换成二阶常系数线性微分方程,求得原微分方程的通解.

例 7.13 求在 $(-\infty, +\infty)$ 上的连续函数 $y = y(x)$,使得它在 $(-\infty, -1) \cup (-1, 1) \cup (1, +\infty)$ 上满足微分方程

$$y' + y = \varphi(x), \text{其中} \varphi(x) = \begin{cases} x, & x \leqslant -1, \\ 1, & -1 < x \leqslant 1, \\ \sin x, & x > 1, \end{cases}$$

并且满足条件 $y(0) = 1$.

分析 先用一阶线性微分方程的通解公式写出 $y' + y = \varphi(x)$ 的通解,然后用分段函数不定积分方法计算其中的有关 $\varphi(x)$ 的不定积分.

精解 所给微分方程的通解为

$$y = e^{-\int dx}\left(C + \int \varphi(x) e^{\int dx} dx\right) = e^{-x}\left(C + \int \varphi(x) e^x dx\right)$$

$$= e^{-x}(C + \Phi(x)) \quad （其中 \Phi(x) = \int_0^x \varphi(t) e^t dt）. \tag{1}$$

由于 $\varphi(x) e^x = \begin{cases} x e^x, & x \leqslant -1, \\ e^x, & -1 < x \leqslant 1, \\ e^x \sin x, & x > 1, \end{cases}$ 所以，

当 $-1 < x \leqslant 1$ 时，

$$\Phi(x) = \int_0^x \varphi(t) e^t dt = \int_0^x e^t dt = e^x - 1.$$

当 $x \leqslant -1$ 时，

$$\Phi(x) = \int_0^x \varphi(t) e^t dt = \int_0^{-1} e^t dt + \int_{-1}^x t e^t dt$$

$$= (e^{-1} - 1) + (t - 1) e^t \Big|_{-1}^x = (x - 1) e^x + 3e^{-1} - 1.$$

当 $x > 1$ 时，

$$\Phi(x) = \int_0^x \varphi(t) e^t dt = \int_0^1 e^t dt + \int_1^x e^t \sin t dt$$

$$= (e - 1) + \frac{1}{2} e^x(\sin x - \cos x) + \frac{1}{2} e(\cos 1 - \sin 1).$$

将上述算得的 $\Phi(x)$ 代入式(1)得

$$y = y(x) = \begin{cases} e^{-x}\left[C + (x-1) e^x + 3e^{-1} - 1\right], & x \leqslant -1, \\ e^{-x}(C + e^x - 1), & -1 < x \leqslant 1, \\ e^{-x}\left[C + (e-1) + \frac{1}{2} e^x(\sin x - \cos x) + \frac{1}{2} e(\cos 1 - \sin 1)\right], & x > 1. \end{cases} \tag{2}$$

将 $y(0) = 1$ 代入式(2)，由 $e^{-x}(C + e^x - 1)\big|_{x=0} = 1$ 得 $C = 1$. 将它代入式(2)得

$$y = y(x) = \begin{cases} x - 1 + 3e^{-(x+1)}, & x \leqslant -1, \\ 1, & -1 < x \leqslant 1, \\ \frac{1}{2}(\sin x - \cos x) + \left[1 + \frac{1}{2}(\cos 1 - \sin 1)\right] e^{-x+1}, & x > 1. \end{cases}$$

附注 当 $q(x)$ 为分段函数时，一阶线性微分方程 $y' + p(x) y = q(x)$ 都可按本题解法求解，即先写出通解，然后对其中的分段函数的一个原函数可按计算积分上限函数方法计算.

例 7.14 设函数 $y = y(x)$ 满足微分方程 $y'' + 4y' + 4y = e^{-2x}$ 及 $y(0) = 2, y'(0) = -4$，求广义积分 $\int_0^{+\infty} y(x) dx$.

分析 由所给微分方程的通解

$$y(x) = (C_1 + C_2 x) e^{-2x} + A x^2 e^{-2x}$$

（不必确定 C_1, C_2 及 A 的值）知 $\lim\limits_{x \to +\infty} y(x) = \lim\limits_{x \to +\infty} y'(x) = 0$. 由此利用所给微分方程直接计算 $\int_0^{+\infty} y(x) dx$.

精解 由所给微分方程

$$y'' + 4y' + 4y = e^{-2x} \tag{1}$$

知,它的齐次线性微分方程 $y'' + 4y' + 4y = 0$ 通解为

$$Y = (C_1 + C_2 x)e^{-2x},$$

并且式(1)有形如 $y^* = Ax^2 e^{-2x}$ 的特解. 所以式(1)有通解

$$y(x) = Y + y^* = (C_1 + C_2 x)e^{-2x} + Ax^2 e^{-2x},$$

并且

$$y'(x) = (C_2 - 2C_1 - 2C_2 x)e^{-2x} + 2A(x - x^2)e^{-2x}.$$

由此可知,$\lim\limits_{x \to +\infty} y(x) = \lim\limits_{x \to +\infty} y'(x) = 0.$

于是,$\displaystyle\int_0^{+\infty} y(x)\mathrm{d}x \xlongequal{\text{式(1)代入}} \frac{1}{4}\int_0^{+\infty}(e^{-2x} - y'' - 4y')\mathrm{d}x$

$$= -\frac{1}{4}\left[\frac{1}{2}e^{-2x} + y'(x) + 4y(x)\right]\Big|_0^{+\infty}$$

$$= \frac{1}{4}\left[\frac{1}{2} + y'(0) + 4y(0)\right] = \frac{1}{4}\left(\frac{1}{2} - 4 + 8\right) = \frac{9}{8}.$$

附注 这里顺便计算 $y = y(x)$ 的表达式.

题解中已知,所给微分方程式(1)有形如 $y^* = Ax^2 e^{-2x}$ 的特解. 将它代入式(1)得

$$2A(1 - 4x + 2x^2)e^{-2} + 8A(x - x^2)e^{-2x} + 4Ax^2 e^{-2x} = e^{-2x},$$

即 $2A = 1$,所以 $A = \dfrac{1}{2}$. 因此式(1)的通解为

$$y(x) = (C_1 + C_2 x)e^{-2x} + \frac{1}{2}x^2 e^{-2x}, \tag{2}$$

并且

$$y'(x) = (C_2 - 2C_1 - 2C_2 x)e^{-2x} + (x - x^2)e^{-2x}.$$

将 $y(0) = 2, y'(0) = -4$ 代入 $y(x)$ 与 $y'(x)$ 得

$$\begin{cases} C_1 = 2, \\ C_2 - 2c_1 = -4 \end{cases} \quad 即 \ C_1 = 2, C_2 = 0.$$

将它们代入式(2)得所求的 $y = y(x)$ 为

$$y(x) = \left(2 + \frac{1}{2}x^2\right)e^{-2x}.$$

例 7.15 设 $y_1(x), y_2(x), y_3(x)$ 都是非齐次线性微分方程

$$y'' + P_1(x)y' + P_2(x)y = \varphi(x)$$

的特解,其中,$P_1(x), P_2(x), \varphi(x)$ 为已知函数,且

$$\frac{y_2(x) - y_1(x)}{y_3(x) - y_1(x)} \neq 常数.$$

证明:$y = (1 - C_1 - C_2)y_1(x) + C_1 y_2(x) + C_2 y_3(x)$ 是所给微分方程的通解,其中 C_1, C_2 是任意常数.

分析 先确定所给微分方程对应的齐次线性微分方程的通解,然后加上 $y_1(x)$ 即得所给的非齐次线性微分方程的通解.

精解 $y_2(x) - y_1(x), y_3(x) - y_1(x)$ 是齐次线性微分方程

$$y'' + P_1(x)y' + P_2(x)y = 0 \tag{1}$$

的两个特解,并且由 $\dfrac{y_2(x) - y_1(x)}{y_3(x) - y_1(x)} \neq 常数$ 知 $y_2(x) - y_1(x), y_3(x) - y_1(x)$ 线性无关,所以式

357

(1)的通解为 $C_1[y_2(x)-y_1(x)]+C_2[y_3(x)-y_1(x)]$，从而所给的非齐次线性微分方程

$$y''+P_1(x)y'+P_2(x)y=\varphi(x)$$

的通解为

$$y=C_1[y_2(x)-y_1(x)]+C_2[y_3(x)-y_1(x)]+y_1(x)$$
$$=(1-C_1-C_2)y_1(x)+C_1y_2(x)+C_2y_3(x),$$

其中，C_1,C_2 是任意常数．

附注 本题也可作为结论将它记住，即用二阶非齐次线性微分方程的三个特解 $y_1(x)$，$y_2(x)$，$y_3(x)$（它们满足 $\dfrac{y_2(x)-y_1(x)}{y_3(x)-y_1(x)}\neq$ 常数）来表示该微分方程的通解．

B 组

例 7.16 求微分方程 $y'+x=\sqrt{x^2+y}$ 的通解．

分析 所给的一阶微分方程不是五类一阶微分方程之一，现设法作变量代换将其转换成五类微分方程中的某一类，然后求解．

精解 令 $y=x^2u$，则所给微分方程成为

$$\left(2xu+x^2\frac{du}{dx}\right)+x=x\sqrt{1+u},\ \text{即}\ \frac{du}{\sqrt{1+u}-1-2u}=\frac{dx}{x}. \tag{1}$$

由于

$$\int\frac{1}{\sqrt{1+u}-1-2u}du\xrightarrow{\text{令}\ t=\sqrt{1+u}}-\int\frac{2t}{2t^2-t-1}dt$$

$$=-\frac{1}{3}\int\left(\frac{2}{t-1}+\frac{1}{t+\frac{1}{2}}\right)dt=-\frac{1}{3}\ln\left[(t-1)^2\left(t+\frac{1}{2}\right)\right]+C_1,$$

所以，式(1)的两边分别积分得

$$-\frac{1}{3}\ln\left[(t-1)^2\left(t+\frac{1}{2}\right)\right]=\ln x-\frac{1}{3}\ln C,$$

即 $(t-1)^2\left(t+\frac{1}{2}\right)x^3=C$，或 $\left(t^3-\frac{3}{2}t^2+\frac{1}{2}\right)x^3=C$．

于是，所给微分方程的通解为

$$\left[\left(1+\frac{y}{x^2}\right)^{\frac{3}{2}}-\frac{3}{2}\left(1+\frac{y}{x^2}\right)+\frac{1}{2}\right]x^3=C,$$

即

$$(x^2+y^2)^{\frac{3}{2}}-x^3-\frac{3}{2}xy=C.$$

附注 本题是利用变量代换将所给微分方程转换成变量可分离的微分方程．选取变量代换为 $y=x^2u$ 的目的是使根号 $\sqrt{x^2+y}=x\sqrt{1+u}$ 内仅是 u 的函数．

例 7.17 有一平底容器，其内侧壁是由曲线 $x=\varphi(y)(y\geqslant0)$ 绕 y 轴旋转而成的旋转曲面（见图 7.17），容器底面圆的半径为 2m，根据设计要求，当以 3m³/min 的速率向容器内注入液体时，液面的面积将以 π m²/min 的速率均匀扩大（假设注入液体前，容器内无液体）．

(1) 根据 t 时刻液面的面积，写出 t 与 $\varphi(y)$ 之间的关系式；

（2）求 $x=\varphi(y)$ 的表达式．

分析　（1）由题设"液面面积以 π m² /min 的速率均匀扩大"得 $\pi dt = d\pi\varphi^2(y)$ ，由此可以确定 t 与 $\varphi(y)$ 的关系式．

（2）由题设"以 3m³ /min 的速率向容器内注入液体"得 $3dt = \pi\varphi^2(y)dy$ ，由此等式及（1）可以确定 $x=\varphi(y)$ 的表达式．

精解　（1）由于液面面积以 π m² /min 的速率均匀扩大，所以

$$\pi dt = d\pi\varphi^2(y). \tag{1}$$

式（1）的两边积分得

$$\pi t = \pi\varphi^2(y) + \pi C, \text{即 } t = \varphi^2(y) + C. \tag{2}$$

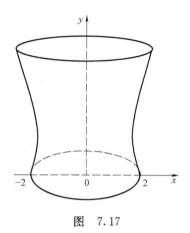

图　7.17

由题设知， $t=0$ 时， $y=0$ ，且 $\varphi(0)=2$ ．将它们代入式（2）得

$$0 = 2^2 + C, \text{即 } C = -4.$$

将它代入式（2）得 $t = \varphi^2(y) - 4$ ．

（2）由于"以 3m³ /min 的速率向容器内注入液体"，所以

$$3dt = \pi\varphi^2(y)dy. \tag{3}$$

由式（1）、式（3）得 $3d\varphi^2(y) = \pi\varphi^2(y)dy$ ，即

$$\varphi'(y) - \frac{\pi}{6}\varphi(y) = 0.$$

它的通解为 $\varphi(y) = C_2 e^{\frac{\pi}{6}y}$ ．

由题设知 $\varphi(0)=2$ ，将它代入上式得 $C_2=2$ ，所以

$$x = \varphi(y) = 2e^{\frac{\pi}{6}y}.$$

附注　本题实际上是利用微分方程求未知函数 $x=\varphi(y)$ ，这个微分方程是根据题设的两条件"液面面积以 π m² /min 的速率均匀扩大"和"以 3m³ /min 的速率向容器内注入液体"，以 t 为参数建立两个关系式，然后消 t 得到以 $\varphi(y)$ 为未知函数的微分方程．

例 7.18　设曲线 $y=f(x)$ 从点 $(1,1)$ 到点 $(x,f(x))(x>1)$ ，它在 $[1,x]$ 上所围成的曲边梯形面积的值等于该曲线终点横坐标 x 与纵坐标 y 之比的 2 倍减去 $2(x>1)$ ．

（1）求 $f(x)$ 的表达式；

（2）画出曲线 $y=f(x)(x\geqslant1)$ ．

分析　（1）按题设建立以 $f(x)$ 为未知函数的微分方程，求解后得到 $f(x)$ 的表达式．

（2）由函数作图方法画出曲线 $y=f(x)(x\geqslant1)$ ．

精解　（1）由题设可知

$$\int_1^x f(t)dt = \frac{2x}{f(x)} - 2 \quad (x>1).$$

上式两边求导得

$$f(x) = \frac{2[f(x) - xf'(x)]}{f^2(x)}, \text{即 } y = \frac{2(y - xy')}{y^2}.$$

整理得
$$\frac{\mathrm{d}y}{y(y^2-2)}=-\frac{\mathrm{d}x}{2x}.$$
(1)

由于 $\int \frac{\mathrm{d}y}{y(y^2-2)}=\frac{1}{2}\int\left(\frac{y}{y^2-2}-\frac{1}{y}\right)\mathrm{d}y=\frac{1}{4}\ln(y^2-2)-\frac{1}{2}\ln y+C_1,$

所以,式(1)的两边分别积分得

$$\frac{1}{4}\ln(y^2-2)-\frac{1}{2}\ln y=-\frac{1}{2}\ln x+\frac{1}{4}\ln C,$$

即 $x^2(y^2-2)=Cy^2.$
(2)

将 $x=1$ 时 $y=1$ 代入上式得

$$1\cdot(-1)=C\cdot 1,即 C=-1.$$

将它代入式(2)得

$$x^2(y^2-2)=-y^2,即 y^2=\frac{2x^2}{1+x^2}.$$

由于题设中指出曲线 $y=f(x)$ 在 $[1,x]$ 上形成曲边梯形,因此 $y=f(x)\geqslant 0.$ 从而所求的 $f(x)$ 的表达式为

$$f(x)=\frac{\sqrt{2}x}{\sqrt{1+x^2}}(x\geqslant 1).$$

(2) 由于,当 $x>1$ 时

$$f'(x)=\frac{\sqrt{2}\left(\sqrt{1+x^2}-\frac{x^2}{\sqrt{1+x^2}}\right)}{1+x^2}=\frac{\sqrt{2}}{(1+x^2)^{\frac{3}{2}}}>0,$$

$$f''(x)=-\frac{3\sqrt{2}x}{(1+x^2)^{\frac{5}{2}}}<0,$$

所以,曲线 $y=f(x)(x\geqslant 1)$ 单调上升,且是凸的. 此外,由

$$\lim_{x\to+\infty}f(x)=\lim_{x\to+\infty}\frac{\sqrt{2}x}{\sqrt{1+x^2}}=\sqrt{2}$$

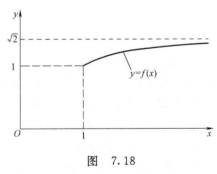

图 7.18

知,曲线 $y=f(x)(x\geqslant 1)$ 有水平渐近线 $y=\sqrt{2}.$ 因此曲线 $y=f(x)$ 如图 7.18 所示.

附注 题解中要注意的是 $f(x)\geqslant 0(x\geqslant 1)$,这是因为曲线 $y=f(x)$ 在 $[1,x]$ 上形成曲边梯形.

例 7.19 设函数 $y=f(x)$ 在 $\left[\frac{1}{2},+\infty\right)$ 上连续,且 $f(2)=\frac{4}{3}.$ 如果由曲线 $y=f(x)$,直线 $x=\frac{1}{2},x=t\left(t>\frac{1}{2}\right)$ 及 x 轴围成的平面图形 D_t 绕 x 轴旋转一周而成的旋转体体积 $V(t)=\frac{\pi}{2}\left[4t^2 f(t)-f\left(\frac{1}{2}\right)\right],$ 求该平面图形绕 y 轴旋转一周而成的旋转体体积 $V_y.$

分析 先根据所给条件建立关于 $f(x)$ 的微分方程,并求解得到 $f(x)$ 的表达式,然后计算 D_t 绕 y 轴旋转一周而成的旋转体体积 $V_y.$

精解 D_t 绕 x 轴旋转一周而成的旋转体体积

$$V(t) = \pi\int_{\frac{1}{2}}^{t}\left[f(x)\right]^2\mathrm{d}x,$$

所以由题设得

$$\pi\int_{\frac{1}{2}}^{t}\left[f(x)\right]^2\mathrm{d}x = \frac{\pi}{2}\left[4t^2 f(t) - f\left(\frac{1}{2}\right)\right] \quad \left(t \geqslant \frac{1}{2}\right).$$

上式两边分别求导得

$$\left[f(t)\right]^2 = 4tf(t) + 2t^2 f'(t),$$

改记为

$$y^2 = 4ty + 2t^2 y',$$

即

$$y' + \frac{2}{t}y = \frac{1}{2t^2}y^2 \quad \left(t > \frac{1}{2}\right). \quad (伯努利方程)$$

令 $u = \dfrac{1}{y}$，则上述微分方程成为

$$\frac{\mathrm{d}u}{\mathrm{d}t} - \frac{2}{t}u = -\frac{1}{2t^2}\left(t > \frac{1}{2}\right). \quad (一阶线性微分方程)$$

它的通解为

$$u = \mathrm{e}^{-\int -\frac{2}{t}\mathrm{d}t}\left(C + \int -\frac{1}{2t^2}\mathrm{e}^{\int -\frac{2}{t}\mathrm{d}t}\mathrm{d}t\right) = t^2\left(C - \int \frac{1}{2t^4}\mathrm{d}t\right) = t^2\left(C + \frac{1}{6t^3}\right). \quad (1)$$

由 $f(2) = \dfrac{4}{3}$ 得 $u(2) = \dfrac{1}{f(2)} = \dfrac{3}{4}$，将它代入式(1)得

$$\frac{3}{4} = 4\left(C + \frac{1}{48}\right), \text{即 } C = \frac{1}{6}.$$

将它代入式(1)得 $u = \dfrac{t^3+1}{6t}$，即 $y = f(x) = \dfrac{1}{u(x)} = \dfrac{6x}{x^3+1} \quad \left(x \geqslant \dfrac{1}{2}\right).$

于是

$$V_y = 2\pi\int_{\frac{1}{2}}^{t}x\,|\,f(x)\,|\,\mathrm{d}x = 4\pi\int_{\frac{1}{2}}^{t}\frac{1}{x^3+1}\mathrm{d}(x^3+1)$$

$$= 4\pi\left[\ln(t^3+1) - 2\ln 3 + 3\ln 2\right] \quad \left(t \geqslant \frac{1}{2}\right).$$

附注 顺便画出 $y = f(x) = \dfrac{6x}{1+x^3}\left(x \geqslant \dfrac{1}{2}\right)$ 的概图，并计算曲线 $y = f(x)$ 与直线 $x = \dfrac{1}{2}$，$y = 0$ 围成的无界图形 D 的面积.

显然，$x \geqslant \dfrac{1}{2}$ 时，$f(x) > 0$，且

$$f'(x) = \frac{2\left(\frac{1}{2} - x^3\right)}{(1+x^3)^2}\begin{cases} >0, & \frac{1}{2} < x < \sqrt[3]{\frac{1}{2}}, \\[2mm] =0, & x = \sqrt[3]{\frac{1}{2}}, \\[2mm] <0, & x > \sqrt[3]{\frac{1}{2}}. \end{cases}$$

此外，由 $\displaystyle\lim_{x \to +\infty}y = \lim_{x \to +\infty}\frac{6x}{1+x^3} = 0$ 知曲线 $y = f(x)\left(x \geqslant \dfrac{1}{2}\right)$ 有渐近线为 $y = 0$. 因此 $y = f(x)$

的图形如图 7.19 所示. 由图可知, D 的面积为

$$S = \int_{\frac{1}{2}}^{+\infty} f(x)\mathrm{d}x = \int_{\frac{1}{2}}^{+\infty} \frac{6x}{x^3+1}\mathrm{d}x,$$

由于

$$\frac{6x}{x^3+1} = \frac{-2}{x+1} + \frac{2x+2}{x^2-x+1}$$

$$= \frac{-2}{x+1} + \frac{2x-1}{x^2-x+1}$$

$$+ \frac{3}{\left(x-\frac{1}{2}\right)^2 + \left(\frac{\sqrt{3}}{2}\right)^2},$$

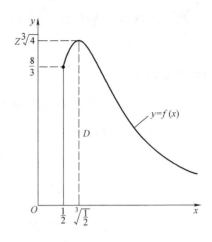

图 7.19

所以

$$\int \frac{6x}{x^3+1}\mathrm{d}x = \int \frac{-2}{x+1}\mathrm{d}x + \int \frac{2x-1}{x^2-x+1}\mathrm{d}x + \int \frac{3}{\left(x-\frac{1}{2}\right)^2 + \left(\frac{\sqrt{3}}{2}\right)^2}\mathrm{d}x$$

$$= \ln\frac{x^2-x+1}{(x+1)^2} + 2\sqrt{3}\arctan\frac{2x-1}{\sqrt{3}} + C.$$

因此 $S = \left[\ln\frac{x^2-x+1}{(x+1)^2} + 2\sqrt{3}\arctan\frac{2x-1}{\sqrt{3}}\right]\Big|_{\frac{1}{2}}^{+\infty} = \sqrt{3}\pi + \ln 3$.

例 7.20 设函数 $y=y(x)(x>0)$ 满足微分方程

$$\frac{\mathrm{d}^2 y}{\mathrm{d}x^2} + \frac{\mathrm{d}y}{\mathrm{d}x} - 2y = 0$$

及 $y(0)=6, y(\ln 2)=5$.

(1)求 $\varphi(x)=y(\ln x)$ 的表达式;

(2)绘出函数 $y=\varphi(x)$ 的图形.

分析 (1)先算出所给的二阶常系数齐次线性微分方程的解 $y=y(x)$, 并确定 $\varphi(x)=y(\ln x)$ 的表达式.

(2)对(1)算得的 $\varphi(x)$, 根据函数作图方法作出 $y=\varphi(x)$ 的图形.

精解 (1)二阶常系数齐次线性微分方程

$$\frac{\mathrm{d}^2 y}{\mathrm{d}x^2} + \frac{\mathrm{d}y}{\mathrm{d}x} - 2y = 0 \tag{1}$$

的特征方程 $r^2+r-2=0$ 有根 $r=-2, 1$, 所以式(1)有通解

$$y = C_1\mathrm{e}^{-2x} + C_2\mathrm{e}^x. \tag{2}$$

将 $y(0)=6, y(\ln 2)=5$ 代入式(2)得

$$\begin{cases} C_1 + C_2 = 6, \\ \dfrac{1}{4}C_1 + 2C_2 = 5, \end{cases} \text{即 } C_1 = 4, C_2 = 2.$$

将它们代入式(2)得 $y(x) = 4\mathrm{e}^{-2x} + 2\mathrm{e}^x (x>0)$. 于是

$$\varphi(x) = y(\ln x) = \frac{4}{x^2} + 2x (x \geqslant 1).$$

（2）由于 $\varphi'(x)=-\dfrac{8}{x^3}+2=\dfrac{2}{x^3}(x^3-4)\begin{cases}<0, & 1<x<\sqrt[3]{4},\\ =0, & x=\sqrt[3]{4},\\ >0, & x>\sqrt[3]{4},\end{cases}$

$$\varphi''(x)=\frac{24}{x^4}>0(x>1),$$

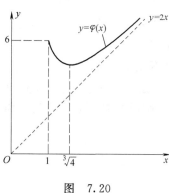

图 7.20

所以，$y=\varphi(x)(x\geqslant1)$ 在 $[1,\sqrt[4]{3}]$ 上单调减少，在 $(\sqrt[3]{4},+\infty)$ 上单调增加，$\varphi(\sqrt[4]{3})=3\sqrt[3]{4}$ 是最小值．曲线 $y=\varphi(x)$ 在 $[1,+\infty)$ 上是凹的．

此外，$a=\lim\limits_{x\to+\infty}\dfrac{y}{x}=\lim\limits_{x\to+\infty}\dfrac{1}{x}\left(\dfrac{4}{x^2}+2x\right)=2$，

$b=\lim\limits_{x\to+\infty}(y-ax)=\lim\limits_{x\to+\infty}\left[\left(\dfrac{4}{x^2}+2x\right)-2x\right]=0$，

所以曲线 $y=\varphi(x)$ 有非铅直渐近线 $y=2x$，无铅直渐近线．因此 $y=\varphi(x)$ 的图形如图 7.20 所示．

例 7.21 求二阶微分方程 $y''+(4x+e^{2y})(y')^3=0$（其中 $y'\neq0$）的通解．

分析 所给微分方程不是二阶常系数线性微分方程，也不是三种可降阶的二阶微分方程，但微分方程中关于 x 的表达式比较简单，因此考虑互换函数与自变量，即将 y 看做自变量，将 x 看做未知函数的方法求解所给的微分方程．

精解 因为

$$\frac{\mathrm{d}y}{\mathrm{d}x}=\left(\frac{\mathrm{d}x}{\mathrm{d}y}\right)^{-1},$$

$$\frac{\mathrm{d}^2y}{\mathrm{d}x^2}=\frac{\mathrm{d}}{\mathrm{d}x}\left(\frac{\mathrm{d}y}{\mathrm{d}x}\right)=\frac{\mathrm{d}}{\mathrm{d}y}\left(\frac{\mathrm{d}x}{\mathrm{d}y}\right)^{-1}\cdot\frac{\mathrm{d}y}{\mathrm{d}x}=-\left(\frac{\mathrm{d}x}{\mathrm{d}y}\right)^{-2}\cdot\frac{\mathrm{d}^2x}{\mathrm{d}y^2}\cdot\frac{\mathrm{d}y}{\mathrm{d}x}=-\frac{\mathrm{d}^2x}{\mathrm{d}y^2}\cdot\left(\frac{\mathrm{d}y}{\mathrm{d}x}\right)^3,$$

所以，所给的微分方程成为

$$-\frac{\mathrm{d}^2x}{\mathrm{d}y^2}\cdot\left(\frac{\mathrm{d}y}{\mathrm{d}x}\right)^3+(4x+e^{2y})\left(\frac{\mathrm{d}y}{\mathrm{d}x}\right)^3=0,$$

即 $$\frac{\mathrm{d}^2x}{\mathrm{d}y^2}-4x=e^{2y}.（二阶常系数非齐次线性微分方程）\tag{1}$$

式（1）对应的齐次线性微分方程

$$\frac{\mathrm{d}^2x}{\mathrm{d}y^2}-4x=0\tag{2}$$

的特征方程 $r^2-4=0$ 有根 $r=-2,2$，所以式（2）的通解为

$$X=C_1e^{-2y}+C_2e^{2y}.$$

此外，式（1）应有形如 $x^*=Aye^{2y}$ 的特解．将它代入式（1）得 $A=\dfrac{1}{4}$．从而

$$x^*=\frac{1}{4}ye^{2y}.$$

所以式（1）的通解为

$$x=X+x^*=C_1e^{-2y}+C_2e^{2y}+\frac{1}{4}ye^{2y}.$$

附注 当所给的二阶微分方程既不是常系数线性微分方程，也不是三种可降阶的微分

363

方程时,除作变量代换将它降为一阶微分方程或转换成常系数线性微分方程外,还可以利用交换函数与自变量达到上述的目的. 本题就是用这一方法求解的.

例 7.22 求微分方程 $y'' + y' - 2y = \dfrac{e^x}{1 + e^x}$ 的通解.

分析 所给微分方程是二阶常系数线性微分方程,但右端函数不是 $e^{\alpha x} P_n(x)$,$e^{\alpha x}[Q_l(x) \cos \beta x + R_m(x) \sin \beta x]$(其中 $P_n(x), Q_l(x), R_m(x)$ 分别是 n, l, m 次多项式)形式,所以不能用常规方法计算. 因此利用变量代换将它降成一阶微分方程方法求解.

精解 由于 $y'' + y' - 2y = (y'' + 2y') - (y' + 2y) = (y' + 2y)' - (y' + 2y)$. 所以令 $u = y' + 2y$,则所给微分方程成为一阶线性微分方程

$$u' - u = \frac{e^x}{1 + e^x}. \tag{1}$$

它的通解为

$$u = e^{-\int -dx}\left(C_1 + \int \frac{e^x}{1 + e^x} \cdot e^{\int -dx} dx\right) = e^x \left(C_1 + \int \frac{e^x}{1 + e^x} \cdot e^{-x} dx\right)$$

$$= e^x \left(C_1 + \int \frac{1}{1 + e^x} dx\right) = e^x \left(C_1 - \int \frac{1}{1 + e^{-x}} de^{-x}\right) = e^x [C_1 - \ln(1 + e^{-x})].$$

于是有 $\quad \dfrac{dy}{dx} + 2y = e^x[C_1 - \ln(1 + e^{-x})].$ （一阶线性微分方程） $\tag{2}$

式(2)的通解为

$$y = e^{-\int 2dx}\left\{C_2 + \int e^x[C_1 - \ln(1 + e^{-x})] e^{\int 2dx} dx\right\}$$

$$= e^{-2x}\left\{C_2 + \int e^{3x}[C_1 - \ln(1 + e^{-x})] dx\right\}, \tag{3}$$

其中

$$\int e^{3x}[C_1 - \ln(1 + e^{-x})] dx = \frac{1}{3}\int[C_1 - \ln(1 + e^{-x})] de^{3x}$$

$$= \frac{1}{3} e^{3x}[C_1 - \ln(1 + e^{-x})] - \frac{1}{3}\int \frac{e^{2x}}{1 + e^{-x}} dx$$

$$= \frac{1}{3} e^{3x}[C_1 - \ln(1 + e^{-x})] - \frac{1}{3}\int\left(e^{2x} - e^x + 1 - \frac{e^{-x}}{1 + e^{-x}}\right) dx$$

$$= \frac{1}{3} e^{3x}[C_1 - \ln(1 + e^{-x})] - \frac{1}{6} e^{2x} + \frac{1}{3} e^x - \frac{1}{3} x - \frac{1}{3}\ln(1 + e^{-x})$$

(这里的不定积分不必加任意常数). 将它代入式(3)得

$$y = \frac{1}{3} C_1 e^x + C_2 e^{-2x} - \frac{1}{3} e^x \ln(1 + e^x) - \frac{1}{6} + \frac{1}{3} e^{-x} - \frac{1}{3} x e^{-2x} - \frac{1}{3} e^{-2x}\ln(1 + e^{-x}).$$

附注 本题是通过变量代换,将求解所给的二阶微分方程转换成求解两个一阶线性微分方程. 这里的变量代换 $u = y' + 2y$ 完全是按所给的微分方程的特点选定的.

例 7.23 (1)验证函数 $y(x) = 1 + \dfrac{x^3}{3!} + \dfrac{x^6}{6!} + \dfrac{x^9}{9!} + \cdots + \dfrac{x^{3n}}{(3n)!} + \cdots (-\infty < x < +\infty)$ 满足微分方程

$$y'' + y' + y = e^x;$$

(2)利用(1)的结果求幂级函数 $\sum\limits_{n=0}^{\infty}\dfrac{1}{(3n)!}x^{3n}$ 的和函数 $s(x)$.

分析 (1)对所给幂级数逐项求导验证 $y(x)$ 满足 $y''+y'+y=e^x$.

(2)解微分方程求得 $y(x)$,它即为所给幂级数的和函数 $s(x)$.

精解 (1) $\qquad y'(x)=\sum\limits_{n=0}^{\infty}\left(\dfrac{1}{(3n)!}x^{3n}\right)'=\sum\limits_{n=1}^{\infty}\dfrac{1}{(3n-1)!}x^{3n-1},$

$$y''(x)=\sum\limits_{n=1}^{\infty}\left[\dfrac{1}{(3n-1)!}x^{3n-1}\right]'=\sum\limits_{n=1}^{\infty}\dfrac{1}{(3n-2)!}x^{3n-2},$$

所以,$y''+y'+y=\sum\limits_{n=1}^{\infty}\dfrac{1}{(3n-2)!}x^{3n-2}+\sum\limits_{n=1}^{\infty}\dfrac{1}{(3n-1)!}x^{3n-1}+1+\sum\limits_{n=1}^{\infty}\dfrac{1}{(3n)!}x^{3n}$

$$=1+\sum\limits_{n=1}^{\infty}\dfrac{1}{n!}x^n=e^x,$$

即 $y(x)=1+\dfrac{x^3}{3!}+\dfrac{x^6}{6!}+\cdots+\dfrac{x^{3n}}{(3n)!}+\cdots(-\infty<x<+\infty)$ 满足微分方程 $y''+y'+y=e^x$.

(2) $\qquad\qquad\qquad\qquad y''+y'+y=e^x.$ $\qquad\qquad$ (1)

的齐次线性微分方程

$$y''+y'+y=0 \qquad\qquad (2)$$

的特征方程 $r^2+r+1=0$ 的根为 $r=-\dfrac{1}{2}\pm\dfrac{\sqrt{3}}{2}i$,所以式(2)的通解为

$$Y=e^{-\frac{1}{2}x}\left(C_1\cos\dfrac{\sqrt{3}}{2}x+C_2\sin\dfrac{\sqrt{3}}{2}x\right).$$

此外,式(1)有特解 $y^*=\dfrac{1}{3}e^x$,因此式(1)的通解为

$$y=Y+y^*=e^{-\frac{1}{2}x}\left(C_1\cos\dfrac{\sqrt{3}}{2}x+C_2\sin\dfrac{\sqrt{3}}{2}x\right)+\dfrac{1}{3}e^x, \qquad (3)$$

以及

$$y'=e^{-\frac{1}{2}x}\left[\left(-\dfrac{1}{2}C_1+\dfrac{\sqrt{3}}{2}C_2\right)\cos\dfrac{\sqrt{3}}{2}x+\left(-\dfrac{1}{2}C_2-\dfrac{\sqrt{3}}{2}C_1\right)\sin\dfrac{\sqrt{3}}{2}x\right]+\dfrac{1}{3}e^x. \qquad (4)$$

由 $y(x)$ 的幂级数定义知,$y(0)=1,y'(0)=0$. 将它们代入式(3)、式(4)得

$$\begin{cases}1=C_1+\dfrac{1}{3},\\[2mm] 0=-\dfrac{1}{2}C_1+\dfrac{\sqrt{3}}{2}C_2+\dfrac{1}{3},\end{cases}\qquad 即\ C_1=\dfrac{2}{3},C_2=0.$$

将它代入式(3)得

$$y=\dfrac{2}{3}e^{-\frac{1}{2}x}\cos\dfrac{\sqrt{3}}{2}x+\dfrac{1}{3}e^x.$$

由此得到,$\sum\limits_{n=0}^{\infty}\dfrac{1}{(3n)!}x^{3n}$ 的和函数 $s(x)=\dfrac{2}{3}e^{-\frac{1}{2}x}\cos\dfrac{\sqrt{3}}{2}x+\dfrac{1}{3}e^x$ $\quad(-\infty<x<+\infty)$.

附注 本题实际上是利用微分方程求幂级数和函数 $s(x)$. 这一方法的步骤是:

(1)建立和函数 $s(x)$ 所满足的微分方程;

(2)求解上列的微分方程的满足初始条件的特解即得 $s(x)$.

例 7.24 已知函数 $f(x)$ 在 $(0,+\infty)$ 上可导,且 $f(0)=1$ 和满足

$$f'(x)+f(x)-\frac{1}{x+1}\int_0^x f(t)\,\mathrm{d}t=0.$$

(1)求 $f'(x)$;

(2)计算定积分 $\int_0^1\left[f'(x)-\frac{\mathrm{e}^{-x}}{(1+x)^2}\right]\mathrm{d}x$.

分析 (1)将等式改写为

$$(x+1)[f'(x)+f(x)]-\int_0^x f(t)\,\mathrm{d}t=0$$

后求导转化为以 $f'(x)$ 为未知函数的微分方程,求解微分方程即得 $f'(x)$.

(2)将(1)中求得的 $f'(x)$ 代入 $\int_0^1\left[f'(x)-\frac{\mathrm{e}^{-x}}{(1+x)^2}\right]\mathrm{d}x$ 计算这个定积分.

精解 (1)将题中所给等式改写为

$$(x+1)[f'(x)+f(x)]-\int_0^x f(t)\,\mathrm{d}t=0\ ,$$

上式两边求导得

$$f'(x)+f(x)+(x+1)[f''(x)+f'(x)]-f(x)=0,$$

即 $\qquad f''(x)+\dfrac{x+2}{x+1}f'(x)=0.$ (以 $f'(x)$ 为未知函数的一阶线性微分方程)

它的通解为

$$f'(x)=C\mathrm{e}^{-\int\frac{x+2}{x+1}\mathrm{d}x}=C\mathrm{e}^{-\int(1+\frac{1}{x+1})\mathrm{d}x}=\frac{C\mathrm{e}^{-x}}{1+x}. \tag{1}$$

将 $f(0)=1$ 代入

$$f'(x)+f(x)-\frac{1}{x+1}\int_0^x f(t)\,\mathrm{d}t=0$$

得 $f'(0)+1=0$,即 $f'(0)=-1$. 将它代入式(1)得 $C=-1$. 因此

$$f'(x)=-\frac{\mathrm{e}^{-x}}{1+x}.$$

(2) $\displaystyle\int_0^1\left[f'(x)-\frac{\mathrm{e}^{-x}}{(1+x)^2}\right]\mathrm{d}x=\int_0^1\left[-\frac{\mathrm{e}^{-x}}{1+x}-\frac{\mathrm{e}^{-x}}{(1+x)^2}\right]\mathrm{d}x=\int_0^1\frac{1}{1+x}\mathrm{d}\mathrm{e}^{-x}-\int_0^1\frac{\mathrm{e}^{-x}}{(1+x)^2}\mathrm{d}x$

$\displaystyle\qquad\qquad =\frac{\mathrm{e}^{-x}}{1+x}\Big|_0^1+\int_0^1\frac{\mathrm{e}^{-x}}{(1+x)^2}\mathrm{d}x-\int_0^1\frac{\mathrm{e}^{-x}}{(1+x)^2}\mathrm{d}x$

$\displaystyle\qquad\qquad =\frac{1}{2\mathrm{e}}-1.$

附注 本题的解答过程中有两点值得注意:

(1)要将题设中的等式

$$f'(x)+f(x)-\frac{1}{x+1}\int_0^x f(t)\,\mathrm{d}t=0\ (称为积分方程)$$

转换成微分方程,即去掉上式中的积分运算,应首先将它改写成

$$(x+1)[f'(x)+f(x)]-\int_0^x f(t)\,\mathrm{d}t=0,$$

即使积分号前的系数为1.

(2)计算 $\int_0^1 \left[-\dfrac{e^{-x}}{1+x} - \dfrac{e^{-x}}{(1+x)^2} \right] dx$ 应采用分项积分法，而且对 $\int_0^1 -\dfrac{e^{-x}}{1+x} dx$ 施行分部积分法，消去 $\int_0^1 -\dfrac{e^{-x}}{(1+x)^2} dx$.

例 7.25　设函数 $y(x)$ 满足

$$y(x) = x^3 - x\int_1^x \frac{y(t)}{t^2} dt + y'(x) \quad (x > 0),$$

并且 $\lim\limits_{x \to +\infty} \dfrac{y(x)}{x^3}$ 存在，求 $y(x)$.

分析　将所给等式两边同时除以 x 后求导转换成微分方程，求解该微分方程并利用 $\lim\limits_{x \to +\infty} \dfrac{y(x)}{x^3}$ 存在求得 $y(x)$.

精解　将所给等式改写成

$$\frac{y(x)}{x} = x^2 - \int_1^x \frac{y(t)}{t^2} dt + \frac{y'(x)}{x}, \tag{1}$$

对上式两边求导得

$$\frac{xy'-y}{x^2} = 2x - \frac{y}{x^2} + \frac{xy''-y'}{x^2},$$

即

$$y'' - \frac{x+1}{x}y' = -2x^2 \ (x>0). \tag{2}$$

它是以 y' 为未知函数的一阶线性微分方程，所以有

$$y' = e^{-\int -\frac{x+1}{x} dx}\left(C_1 + \int -2x^2 e^{\int -\frac{x+1}{x} dx} dx \right) = xe^x \left(C_1 + \int -2x^2 \cdot \frac{1}{x} e^{-x} dx \right)$$

$$= xe^x \left(C_1 - 2\int xe^{-x} dx \right) = C_1 xe^x + 2x^2 + 2x.$$

从而式(2)的通解为

$$y = \int (C_1 xe^x + 2x^2 + 2x) dx = C_1(x-1)e^x + \frac{2}{3}x^3 + x^2 + C_2 \quad (x>0). \tag{3}$$

于是，由 $\lim\limits_{x \to +\infty} \dfrac{y(x)}{x^3}$，即 $\lim\limits_{x \to +\infty} \dfrac{C_1(x-1)e^x + \dfrac{2}{3}x^3 + x^2 + C_2}{x^3}$ 存在，得 $C_1 = 0$. 将它代入式(3)得

$$y = \frac{2}{3}x^3 + x^2 + C_2. \tag{4}$$

另外，由式(1)知 $y(1) = 1 + y'(1)$，即

$$\left(\frac{2}{3}x^3 + x^2 + C_2 \right)\Big|_{x=1} = 1 + \left(\frac{2}{3}x^3 + x^2 + C_2 \right)'\Big|_{x=1}.$$

由此得到 $C_2 = \dfrac{10}{3}$. 将它代入式(4)得所求的 $y(x) = \dfrac{2}{3}x^3 + x^2 + \dfrac{10}{3} (x>0)$.

附注　题解中有两点值得注意：

(1) 为了将题设中的等式

$$y(x) = x^3 - x \int_1^x \frac{y(t)}{t^2} \mathrm{d}t + y'(x)$$

转换成微分方程,即去掉上式中的积分运算,应使积分号前的系数为 1,因此应将该等式改写成

$$\frac{y(x)}{x} = x^2 - \int_1^x \frac{y(t)}{t^2} \mathrm{d}t + \frac{y'(x)}{x}.$$

(2)为了确定

$y = C_1(x-1)\mathrm{e}^x + \dfrac{2}{3}x^3 + x^2 + C_2 \ (x > 0)$ 中的任意常数 C_1 与 C_2,除直接利用题设

$\lim\limits_{x \to +\infty} \dfrac{y(x)}{x^3}$ 存在,还利用题设所隐含的条件 $y(1) = 1 + y'(1)$.

例 7.26 设 $f(x)$ 可微,且满足 $x = \int_0^x f(t)\mathrm{d}t + \int_0^x tf(t-x)\mathrm{d}t$,求

(1) $f(x)$ 的表达式;

(2) $\int_{-\frac{\pi}{4}}^{\frac{3\pi}{4}} |f(x)|^n \mathrm{d}x$ (其中 $n = 2, 3, \cdots$).

分析 (1) 应通过求导消去题设等式中的积分运算,转换成微分方程(为此需先对 $\int_0^x tf(t-x)\mathrm{d}t$ 作变量代换 $u = t - x$,将 x 从被积函数中移走),求解微分方程得 $f(x)$ 的表达式.

(2) 对(1) 算得的 $f(x)$,利用定积分的有关性质计算 $\int_{-\frac{\pi}{4}}^{\frac{3\pi}{4}} |f(x)|^n \mathrm{d}x$.

精解 (1) 由于 $\int_0^x tf(t-x)\mathrm{d}t \xlongequal{\text{令}u=t-x} \int_{-x}^0 (u+x)f(u)\mathrm{d}u = \int_{-x}^0 tf(t)\mathrm{d}t + x\int_{-x}^0 f(t)\mathrm{d}t$,

所以,题设中的等式成为

$$x = \int_0^x f(t)\mathrm{d}t + \int_{-x}^0 tf(t)\mathrm{d}t + x\int_{-x}^0 f(t)\mathrm{d}t.$$

上式两边求导得

$$1 = f(x) - xf(-x) + \int_{-x}^0 f(t)\mathrm{d}t + xf(-x),$$

即

$$1 = f(x) + \int_{-x}^0 f(x)\mathrm{d}t. \tag{1}$$

式(1) 的两边求导得

$$f'(x) + f(-x) = 0. \tag{2}$$

式(2) 的两边求导得

$$f''(x) - f'(-x) = 0. \tag{3}$$

将式(2) 中的 x 换为 $-x$ 得

$$f'(-x) + f(x) = 0. \tag{4}$$

由式(3)、式(4) 得 $\qquad f''(x) + f(x) = 0,$

它的通解为

$$f(x) = C_1 \cos x + C_2 \sin x, \tag{5}$$

以及

$$f'(x) = -C_1 \sin x + C_2 \cos x. \tag{6}$$

由式(1)可得 $f(0) = 1$，由式(2)得 $f'(0) = -f(0) = -1$. 将它们代入式(5)、式(6)得 $C_1 = 1, C_2 = -1$. 将它们代入式(5)得

$$f(x) = \cos x - \sin x = \sqrt{2}\cos\left(x + \frac{\pi}{4}\right).$$

$$(2) \int_{-\frac{\pi}{4}}^{\frac{3\pi}{4}} |f(x)|^n dx = \int_{-\frac{\pi}{4}}^{\frac{3\pi}{4}} (\sqrt{2})^n \left|\cos\left(x + \frac{\pi}{4}\right)\right|^n dx \xlongequal{\diamondsuit\, t = x + \frac{\pi}{4}} 2^{\frac{n}{2}} \int_0^\pi |\cos t|^n dt$$

$$= 2^{\frac{n}{2}} \cdot \int_{-\frac{\pi}{2}}^{\frac{\pi}{2}} |\cos t|^n dt \quad (\text{因为} |\cos t|^n \text{是以} \pi \text{为周期的周期函数})$$

$$= 2^{\frac{n+2}{2}} \int_0^{\frac{\pi}{2}} \cos^n t\, dt = \begin{cases} 2^{\frac{n+2}{2}} \cdot \dfrac{(n-1)(n-3)\cdots 2}{n \cdot (n-2) \cdots \cdot 3}, & n = 3, 5, \cdots, \\ 2^{\frac{n+2}{2}} \cdot \dfrac{(n-1)(n-3)\cdots 1}{n \cdot (n-2) \cdots \cdot 2} \cdot \dfrac{\pi}{2}, & n = 2, 4, 6, \cdots. \end{cases}$$

附注　计算积分上限函数 $\int_a^x f(t, x) dt$ 的导数时，首先应作变量代换将被积函数中的 x 移出，即移到积分上限或移到积分号之外，本题对 $\int_0^x tf(t-x) dt$ 就是如此处理的.

例 7.27　求级数 $\sum_{n=1}^\infty (-1)^{y(n)} \dfrac{1}{n(n+1)}$ 之和，其中 $y = y(x)$ 是微分方程 $\dfrac{4}{\pi^2} \dfrac{d^2 y}{dx^2} + y = x$ 的满足 $y(0) = 1, y'(0) = 1 + \dfrac{\pi}{2}$ 的解.

分析　先算出所给微分方程满足初始条件的特解，然后根据 $y(n)$ 计算所给级数之和.

精解　所给微方程

$$\frac{4}{\pi^2} \frac{d^2 y}{dx^2} + y = x \tag{1}$$

是二阶常系数线性微分方程，它的齐次线性微分方程

$$\frac{4}{\pi^2} \frac{d^2 y}{dx^2} + y = 0 \tag{2}$$

的特征方程 $\dfrac{4}{\pi^2} r^2 + 1 = 0$ 的根为 $r = \pm \dfrac{\pi}{2} i$，所以式(2)的通解为

$$Y = C_1 \cos \frac{\pi}{2} x + C_2 \sin \frac{\pi}{2} x.$$

此外，式(1)有特解 $y^* = x$. 所以，式(1)的通解为

$$y = Y + y^* = C_1 \cos \frac{\pi}{2} x + C_2 \sin \frac{\pi}{2} x + x, \tag{3}$$

并且，

$$y' = -\frac{\pi}{2} C_1 \sin \frac{\pi}{2} x + \frac{\pi}{2} C_2 \cos \frac{\pi}{2} x + 1. \tag{4}$$

将 $y(0) = 1, y'(0) = 1 + \dfrac{\pi}{2}$ 代入式(3)、式(4)得

$$\begin{cases} C_1 = 1, \\ \dfrac{\pi}{2} C_2 + 1 = 1 + \dfrac{\pi}{2} \end{cases}, \text{即 } C_1 = C_2 = 1.$$

将它们代入式(3)得

$$y = \cos \frac{\pi}{2} x + \sin \frac{\pi}{2} x + x.$$

从而 $(-1)^{y(n)} = (-1)^{\cos \frac{n\pi}{2} + \sin \frac{n\pi}{2} + n}$

$$= (-1)^{\cos \frac{n\pi}{2} + \sin \frac{n\pi}{2}} \cdot (-1)^n = (-1)^{n-1} \quad (\text{这是因为} \cos \frac{n\pi}{2} + \sin \frac{n\pi}{2} = -1 \text{ 或 } 1, n = 1, 2, \cdots).$$

下面计算所给级数的和 s：

$$s = \sum_{n=1}^{\infty} (-1)^{y(n)} \cdot \frac{1}{n(n+1)} = \sum_{n=1}^{\infty} (-1)^{n-1} \left(\frac{1}{n} - \frac{1}{n+1} \right)$$

$$= \sum_{n=1}^{\infty} (-1)^{n-1} \frac{1}{n} + \sum_{n=1}^{\infty} (-1)^n \frac{1}{n+1}$$

$$= \sum_{n=1}^{\infty} (-1)^{n-1} \frac{1}{n} + \sum_{m=2}^{\infty} (-1)^{m-1} \frac{1}{m} \quad (\text{其中 } m = n+1)$$

$$= \sum_{n=1}^{\infty} (-1)^{n-1} \frac{1}{n} + \sum_{n=1}^{\infty} (-1)^{n-1} \frac{1}{n} - 1 = 2 \sum_{n=1}^{\infty} (-1)^{n-1} \frac{1}{n} - 1$$

$$= 2\ln(1+x) \Big|_{x=1} - 1 = 2\ln 2 - 1 \quad (\text{这是利用了} \ln(1+x) = \sum_{n=1}^{\infty} (-1)^{n-1} \frac{1}{n} x^n \ (-1 < x \leqslant 1)).$$

附注 我们知道

$$\sum_{n=1}^{\infty} \frac{1}{n(n+1)} = 1.$$

本题计算了 $\displaystyle\sum_{n=1}^{\infty} (-1)^{n-1} \frac{1}{n(n+1)} = 2\ln 2 - 1.$

显然这两个级数的计算方法是不同的. 前者的和是利用该级数部分和数列的极限得到的, 后者的和是利用 $\ln(1+x)$ 的麦克劳林展开式得到的.

例 7.28 设函数 $y_1(x) = (-1)^{n+1} \dfrac{1}{3(n+1)^2} (n\pi \leqslant x < (n+1)\pi, n = 0, 1, 2, \cdots), y_2(x)$

是下列微分方程的满足 $y_2(0) = 0, y_2'(0) = -\dfrac{1}{3}$ 的特解：

$$y_2'' + 2y_2' - y_2 = e^{-x} \sin x,$$

求广义积分 $\displaystyle\int_0^{+\infty} \min\{y_1(x), y_2(x)\} dx.$

分析 先算出 $y_2(x)$ 及 $\min\{y_1(x), y_2(x)\}$，然后计算广义积分

$$\int_0^{+\infty} \min\{y_1(x), y_2(x)\} dx.$$

精解 微分方程

$$y_2'' + 2y_2' - y_2 = e^{-x} \sin x \tag{1}$$

是二阶常系数线性微分方程, 它的齐次线性微分方程

$$y''_2 + 2y'_2 - y_2 = 0 \tag{2}$$

的特征方程 $r^2 + 2r - 1 = 0$ 的根为 $r = -1 + \sqrt{2}, -1 - \sqrt{2}$,所以式(2)的通解为

$$Y = C_1 e^{(-1+\sqrt{2})x} + C_2 e^{(-1-\sqrt{2})x}.$$

此外,式(1)有形如 $y^* = e^{-x}(a\sin x + b\sin x)$ 的特解.将它代入式(1)得

$e^{-x}\{(-2b\cos x + 2a\sin x) + 2[(b-a)\cos x - (a+b)\sin x] - (a\cos x + b\sin x)\} = e^{-x}\sin x$,即 $-3a\cos x - 3b\sin x = \sin x$.

由此得到 $a = 0, b = -\dfrac{1}{3}$.将它们代入 y^*,得

$$y^* = -\frac{1}{3}e^{-x}\sin x.$$

于是,式(1)的通解为

$$y_2 = Y + y^* = C_1 e^{(-1+\sqrt{2})x} + C_2 e^{(-1-\sqrt{2})x} - \frac{1}{3}e^{-x}\sin x, \tag{3}$$

并且

$$y'_2 = (-1+\sqrt{2})C_1 e^{(-1+\sqrt{2})x} + (-1-\sqrt{2})C_2 e^{(-1-\sqrt{2})x} + \frac{1}{3}e^{-x}\sin x - \frac{1}{3}e^{-x}\cos x. \tag{4}$$

将初始条件 $y_2(0) = 0, y'_2(0) = -\dfrac{1}{3}$ 代入式(3)、式(4)得

$$\begin{cases} C_1 + C_2 = 0, \\ (-1+\sqrt{2})C_1 + (-1-\sqrt{2})C_2 - \dfrac{1}{3} = -\dfrac{1}{3}. \end{cases}$$

解方程组得 $C_1 = C_2 = 0$.因此所求的 $y_2(x)$ 为

$$y_2(x) = -\frac{1}{3}e^{-x}\sin x.$$

为了确定 $\min\{y_1(x), y_2(x)\}$ 的表达式,记

$$f(x) = e^{\pi x} - (x+1)^2 \quad (x \geqslant 0),$$

则由 $f'(x) = \pi e^{\pi x} - 2(x+1) > 0 (x > 0)$ 及 $f(0) = 0$ 知 $f(x) \geqslant 0 (x \geqslant 0)$,由此得到

$$e^{\pi x} \geqslant (x+1)^2,\text{即}\frac{1}{3}e^{-\pi x} \leqslant \frac{1}{3(x+1)^2} \quad (x \geqslant 0).$$

特别对 $n = 0, 1, 2, \cdots$,

$$\frac{1}{3}e^{-\pi n} \leqslant \frac{1}{3(n+1)^2}.$$

于是,当 $x \in [n\pi, (n+1)\pi)(n = 0, 1, 2, \cdots)$ 时

$$|y_2(x)| \leqslant \frac{1}{3}e^{-\pi n} \leqslant \frac{1}{3(n+1)^2} = |y_1(x)|. \tag{5}$$

由于对于 $n = 0, 2, 4, \cdots, y_1(x)$ 与 $y_2(x)$ 都取非正值,所以由式(5)知 $y_1(x) < y_2(x)$;对于 $n = 1, 3, 5, \cdots, y_1(x)$ 与 $y_2(x)$ 都取非负值,所以由式(5)知 $y_2(x) < y_1(x)$,因此,对 $n = 0, 1, 2, \cdots$ 有

$$\min\{y_1(x), y_2(x)\} = \begin{cases} y_1(x), & 2n\pi \leqslant x < (2n+1)\pi, \\ y_2(x), & (2n+1)\pi \leqslant x < (2n+2)\pi \end{cases}$$

$$= \begin{cases} -\dfrac{1}{3(2n+1)^2}, & 2n\pi \leqslant x < (2n+1)\pi, \\ -\dfrac{1}{3}e^{-x}\sin x, & (2n+1)\pi \leqslant x < (2n+2)\pi. \end{cases}$$

于是, $\displaystyle\int_0^{+\infty} \min\{y_1(x),y_2(x)\}\,\mathrm{d}x = \sum_{n=0}^{\infty}\left(\int_{2n\pi}^{(2n+1)\pi} y_1(x)\,\mathrm{d}x + \int_{(2n+1)\pi}^{(2n+2)\pi} y_2(x)\,\mathrm{d}x\right)$

$$= \sum_{n=0}^{\infty}\left(\int_{2n\pi}^{(2n+1)\pi} -\frac{1}{3(2n+1)^2}\,\mathrm{d}x + \int_{(2n+1)\pi}^{(2n+2)\pi} -\frac{1}{3}e^{-x}\sin x\,\mathrm{d}x\right)$$

$$= -\frac{\pi}{3}\sum_{n=0}^{\infty}\frac{1}{(2n+1)^2} - \frac{1}{3}\sum_{n=0}^{\infty}\int_{(2n+1)\pi}^{(2n+2)\pi} e^{-x}\sin x\,\mathrm{d}x, \tag{6}$$

其中, $\displaystyle\sum_{n=0}^{\infty}\frac{1}{(2n+1)^2} = \sum_{n=1}^{\infty}\frac{1}{n^2} - \sum_{n=1}^{\infty}\frac{1}{(2n)^2} = \frac{3}{4}\sum_{n=0}^{\infty}\frac{1}{n^2} = \frac{3}{4}\cdot\frac{\pi^2}{6} = \frac{\pi^2}{8}$ （这里利用 $\displaystyle\sum_{n=1}^{\infty}\frac{1}{n^2} = \frac{\pi^2}{6}$,

参看例 6.24）,

$$\sum_{n=0}^{\infty}\int_{(2n+1)\pi}^{(2n+2)\pi} e^{-x}\sin x\,\mathrm{d}x \xrightarrow{t=x-(2n+1)\pi} -\sum_{n=0}^{\infty}e^{-(2n+1)\pi}\cdot\int_0^{\pi} e^{-t}\sin t\,\mathrm{d}t$$

$$= -\frac{e^{-\pi}}{1-e^{-2\pi}}\cdot\frac{1}{2}(e^{-\pi}+1) = -\frac{1}{2(e^{\pi}-1)}.$$

将它们代入式(6)得

$$\int_0^{+\infty} \min\{y_1(x),y_2(x)\}\,\mathrm{d}x = -\frac{\pi}{3}\cdot\frac{\pi^2}{8} - \frac{1}{3}\cdot\left[-\frac{1}{2(e^{\pi}-1)}\right] = -\frac{\pi^3}{24} + \frac{1}{6(e^{\pi}-1)}.$$

附注 本题获解的关键是确定

$$\min\{y_1(x),y_2(x)\} = \begin{cases} y_1(x), & 2n\pi \leqslant x < (2n+1)\pi, \\ y_2(x), & (2n+1)\pi \leqslant x < (2n+2)\pi, \end{cases} \quad n=0,1,2,\cdots.$$

例 7.29 设微分方程 $y'' - \dfrac{1}{x}y' + q(x)y = 0$ 有两个满足 $y_1 y_2 = 1$ 的特解 $y_1(x)$ 和 $y_2(x)$（表达式待定）,求该微分方程的通解.

分析 分 $y_1(x)$ 恒为常数与不恒为常数两种情形来解本题.

精解 （1）当 $y_1(x) = a$（常数）时,由 $y_1\cdot y_2 = 1$ 知 $a\neq 0$,并且由 $y_1(x)=a$ 是所给微分方程

$$y'' - \frac{1}{x}y' + q(x)y = 0 \tag{1}$$

的特解知 $aq(x) = 0$,由此推得 $q(x) = 0$,因此,此时式(1)成为

$$y'' - \frac{1}{x}y' = 0. \tag{2}$$

式(2)有特解 x^2,它与 $y_1(x) = a$ 线性无关.因此式(1)的通解为

$$y = C_1 a + C_2 x^2 \ (C_1, C_2 \text{ 是任意常数}).$$

（2）当 $y_1(x)$ 不恒为常数时,则由 $y_1 y_2 = 1$ 知 y_1 与 $y_2 = \dfrac{1}{y_1}$ 是式(1)的两个线性无关的特解.于是式(1)的通解为 $C_1 y_1 + C_2 \dfrac{1}{y_1}$.下面计算 $y_1(x)$.

将 y_1 和 $\dfrac{1}{y_1}$ 分别代入式(1)得

$$y''_1 - \frac{1}{x}y'_1 + q(x)y_1 = 0, \tag{3}$$

$$\left(\frac{1}{y_1}\right)'' - \frac{1}{x}\left(\frac{1}{y_1}\right)' + q(x) \cdot \frac{1}{y_1} = 0. \tag{4}$$

由式(4)得 $-\dfrac{y''_1 y_1 - 2(y'_1)^2}{y_1^3} + \dfrac{1}{x}\dfrac{y'_1}{y_1^2} + q(x) \cdot \dfrac{1}{y_1} = 0.$ 将式(3)代入得

$$\frac{2(y'_1)^2}{y_1^3} - \frac{1}{y_1^2}[-q(x)y_1] + q(x) \cdot \frac{1}{y_1} = 0, \text{即 } q(x) = -\frac{(y'_1)^2}{y_1^2}. \tag{5}$$

将它代入式(3)得

$$y''_1 - \frac{1}{x}y'_1 - \frac{(y'_1)^2}{y_1^2} \cdot y_1 = 0, \text{即} \frac{y''_1}{y_1} - \left(\frac{y'_1}{y_1}\right)^2 - \frac{1}{x}\frac{y'_1}{y_1} = 0. \tag{6}$$

令 $z = \dfrac{y'_1}{y_1}$,则式(6)成为

$$\frac{\mathrm{d}z}{\mathrm{d}x} - \frac{1}{x} \cdot z = 0,$$

它有特解 $z = 2x$,因此可取特解 $y_1(x) = \mathrm{e}^{x^2}, y_2(x) = \mathrm{e}^{-x^2}.$ 由此得到式(1)的通解为 $y = C_1 \mathrm{e}^{x^2} + C_2 \mathrm{e}^{-x^2}.$

附注 由于 $y_1 y_2 = 1$ 不一定能推出 y_1 与 $y_2 = \dfrac{1}{y_1}$ 是两个线性无关的特解,所以本题必须分 $y_1(x)$ 恒为常数与不恒为常数两种情形讨论.

例 7.30 设函数 $\psi(t) = \begin{cases} 1, & \text{级数} \displaystyle\sum_{n=1}^{\infty}(-1)^n n^{1-\frac{t}{\pi}} \text{ 发散}, \\ 0, & \text{级数} \displaystyle\sum_{n=1}^{\infty}(-1)^n n^{1-\frac{t}{\pi}} \text{ 收敛}, \end{cases}$ 求在$[0, +\infty)$上可导函数 $y = y(t)$,使得它除在 $\psi(t)$ 的分段点处外满足微分方程

$$y'' - 2y' + \frac{5}{4}y = \psi(t) \quad (t > 0)$$

及 $y(0) = y'(0) = 0.$

分析 先确定使 $\psi(t)$ 取值为 $0, 1$ 的 t 的范围,然后求满足所给微分方程及初始条件的可导函数 $y = y(x)$.

精解 $\displaystyle\sum_{n=1}^{\infty}(-1)^n n^{1-\frac{t}{\pi}} = \sum_{n=1}^{\infty}(-1)^n \frac{1}{n^{\frac{t}{\pi}-1}}$,所以它仅在 $\dfrac{t}{\pi} - 1 > 0$,即 $t > \pi$ 时收敛.

因此,

$$\psi(t) = \begin{cases} 1, & 0 < t \leqslant \pi, \\ 0, & t > \pi. \end{cases}$$

下面计算满足微分方程

$$\frac{\mathrm{d}^2 y}{\mathrm{d}t^2} - 2\frac{\mathrm{d}y}{\mathrm{d}t} + \frac{5}{4}y = \psi(t) \quad (t > 0) \tag{1}$$

及 $y(0) = y'(0) = 0$ 的可导函数 $y = y(t).$

当 $0 < t < \pi$ 时,式(1)成为

$$\frac{\mathrm{d}^2 y}{\mathrm{d}t^2} - 2\frac{\mathrm{d}y}{\mathrm{d}t} + \frac{5}{4}y = 1. \tag{2}$$

它对应的齐次线性微分方程的通解为 $Y = e^t \left(C_1 \cos \dfrac{t}{2} + C_2 \sin \dfrac{t}{2} \right)$，且式(2) 有特解 $y^* = \dfrac{4}{5}$. 所以式(2) 的通解为

$$y_1(t) = y + y^* = e^t \left(C_1 \cos \frac{t}{2} + C_2 \sin \frac{t}{2} \right) + \frac{4}{5}, \tag{3}$$

并且

$$y'_1(t) = e^t \left[C_1 \left(\cos \frac{t}{2} - \frac{1}{2} \sin \frac{t}{2} \right) + C_2 \left(\sin \frac{t}{2} + \frac{1}{2} \cos \frac{t}{2} \right) \right]. \tag{4}$$

将 $y(0) = y'(0) = 0$ 代入式(3)、式(4) 得

$$\begin{cases} 0 = C_1 + \dfrac{4}{5}, \\ 0 = C_1 + \dfrac{1}{2} C_2, \end{cases} \quad 即 \ C_1 = -\frac{4}{5}, C_2 = \frac{8}{5}.$$

将它们代入式(3) 得

$$y_1(t) = \frac{4}{5} e^t \left(-\cos \frac{t}{2} + 2 \sin \frac{t}{2} \right) + \frac{4}{5}. \tag{5}$$

当 $t > \pi$ 时，式(1) 成为

$$\frac{\mathrm{d}^2 y}{\mathrm{d} t^2} - 2 \frac{\mathrm{d} y}{\mathrm{d} t} + \frac{5}{4} y = 0,$$

它的通解为

$$y_2(t) = e^t \left(C_3 \cos \frac{t}{2} + C_4 \sin \frac{t}{2} \right), \tag{6}$$

并且

$$y'_2(t) = e^t \left[C_3 \left(\cos \frac{t}{2} - \frac{1}{2} \sin \frac{t}{2} \right) + C_4 \left(\sin \frac{t}{2} + \frac{1}{2} \cos \frac{t}{2} \right) \right].$$

由于 $y(t)$ 在点 $x = \pi$ 处可导，所以有

$$\begin{cases} y_2(\pi) = \lim\limits_{t \to \pi^-} y_1(t), \\ y'_2(\pi) = \lim\limits_{t \to \pi^-} \cdot \dfrac{y_1(t) - y_1(\pi)}{t - \pi} \quad (其中 \ y_1(\pi) = \lim\limits_{t \to \pi^-} y_1(t)). \end{cases}$$

即

$$\begin{cases} C_4 = \dfrac{8}{5} + \dfrac{4}{5} e^{-\pi}, \\ e^{\pi} \left(C_4 - \dfrac{1}{2} C_3 \right) = 2 e^{\pi}, \end{cases} \quad 所以 \ C_3 = -\frac{4}{5} + \frac{8}{5} e^{-\pi}, C_4 = \frac{8}{5} + \frac{4}{5} e^{-\pi}.$$

将它们代入式(6) 得

$$y_2(t) = \frac{4}{5} e^t \left[(-1 + 2 e^{-\pi}) \cos \frac{t}{2} + (2 + e^{-\pi}) \sin \frac{t}{2} \right].$$

于是，所求的函数

$$y = y(t) = \begin{cases} y_1(t), & 0 \leqslant t \leqslant \pi, \\ y_2(t), & t > \pi. \end{cases}$$

$$= \begin{cases} \dfrac{4}{5} e^t \left(-\cos \dfrac{t}{2} + 2\sin \dfrac{t}{2} \right) + \dfrac{4}{5}, & 0 \leqslant t \leqslant \pi, \\[3mm] \dfrac{4}{5} e^t \left[(-1 + 2e^{-\pi}) \cos \dfrac{t}{2} + (2 + e^{-\pi}) \sin \dfrac{t}{2} \right], & t > \pi. \end{cases}$$

附注　题中所给的微分方程是二阶常系数非齐次线性微分方程,但它的右端函数 $\psi(t)$ 是分段函数,求在 $[0, +\infty)$ 上可导函数 $y = y(x)$ 的方法分三步:

(1) 在 $(0, \pi)$ 内求微分方程

$$\frac{d^2 y}{dt^2} - 2 \frac{dy}{dt} + \frac{5}{4} y = 1$$

的满足 $y(0) = y'(0) = 0$ 的特解 $y = y_1(t)$;

(2) 利用 $y(t)$ 在 $t = \pi$ 的可导性得

$$y(\pi) = y_1(\pi) = (\lim_{t \to \pi^-} y_1(t)) \text{和} \ y'(\pi) = \lim_{x \to \pi^-} \frac{y_1(x) - y_1(\pi)}{x - \pi},$$

由此确定 $y(\pi), y'(\pi)$ 的值,分别记为 a, b;

(3) 在 $(\pi, +\infty)$ 上求解微分方程

$$\frac{d^2 y}{dt^2} - 2 \frac{dy}{dt} + \frac{5}{4} y = 0$$

的满足 $y(\pi) = a, y'(\pi) = b$ 的特解 $y = y_2(t)$.

于是,所求的 $y = y(x)$ 为

$$y(t) = \begin{cases} y_1(t), & 0 \leqslant t \leqslant \pi, \\ y_2(t), & t > \pi. \end{cases}$$

例 7.31　验证 $y_1 = \dfrac{\sin x}{x}$ 是微分方程 $y'' + \dfrac{2}{x} y' + y = 0 \, (x \neq 0)$ 的解,并求该微分方程的通解.

分析　计算 $y''_1 + \dfrac{2}{x} y'_1 + y_1$ 即可验证 y_1 是所给微分方程的解. 然后令 $y = y_1 u$,求解以 u 为未知函数的微分方程,即可得到所求的通解.

精解　由于 $y'_1 = \dfrac{x\cos x - \sin x}{x^2}, y''_1 = \dfrac{-x^2 \sin x - 2x\cos x + 2\sin x}{x^3}$,

所以 $y''_1 + \dfrac{2}{x} y'_1 + y_1 = \dfrac{-x^2 \sin x - 2x\cos x + 2\sin x}{x^3} + \dfrac{2(x\cos x - \sin x)}{x^3} + \dfrac{\sin x}{x} = 0.$

由此可知, y_1 是所给微分方程的解.

为计算所给微分方程的通解,令 $y = y_1 u$,则将

$$y' = y'_1 u + y_1 u', \quad y'' = y''_1 u + 2y'_1 u' + y_1 u''$$

代入所给的微分方程得

$$y_1 u'' + 2\left(y'_1 + \frac{y_1}{x} \right) u' + \left(y''_1 + \frac{2y'_1}{x} + y_1 \right) u = 0.$$

利用 $y''_1 + \dfrac{2}{x} y'_1 + y_1 = 0$ 化简上式得

$$y_1 u'' + 2\left(y'_1 + \frac{y_1}{x} \right) u' = 0, \text{即} \ u'' + 2\left(\frac{y'_1}{y_1} + \frac{1}{x} \right) u' = 0.$$

则
$$u' = C_1 e^{-\int 2\left(y_1' + \frac{1}{x}\right)dx} = C_1 e^{-2\ln(xy_1)}$$
$$= \frac{C_1}{x^2 y_1^2} = \frac{C_1}{\sin^2 x}.$$

从而所给微分方程的通解为
$$y = y_1 u = y_1 \left(\int \frac{C_1}{\sin^2 x} dx + C_2 \right)$$
$$= \frac{\sin x}{x} (-C_1 \cot x + C_2)$$
$$= \frac{1}{x} (-C_1 \cos x + C_2 \sin x).$$

附注   求解二阶非常系数齐次线性微分方程
$$y'' + p(x)y' + q(x)y = 0 (其中 p(x), q(x) 是不恒为常数的已知函数)$$
时,如果已知它的一个解 $y_1(x)$,则有时可利用未知函数变换 $y = y_1(x)u$ 求得通解.

例 7.32   设函数 $f(x)$ 在 $[a, +\infty)(a \geqslant 0)$ 上连续且有界,证明:微分方程
$$y'' + 5y' + 4y = f(x)$$
的任一解 $y(x)$ 在 $[a, +\infty)$ 上有界.

分析   易知所给微分方程对应的齐次线性微分方程
$$y'' + 5y' + 4y = 0$$
有特解 $y_1 = e^{-x}$,所以可作未知函数变换 $y = e^{-x}u$ 求出 $y'' + 5y' + 4y = f(x)$ 的任一解的表达式,由此证明问题的结论.

精解   令 $y = e^{-x}u$ 代入所给的微分方程
$$y'' + 5y' + 4y = f(x) \tag{1}$$
得
$$u'' + 3u' = e^x f(x).$$
所以,
$$u' = e^{-\int 3dx} \left(C_1' + \int e^x f(x) e^{\int 3dx} dx \right)$$
$$= e^{-3x} \left(C_1' + \int e^{4x} f(x) dx \right)$$
$$= C_1' e^{-3x} + e^{-3x} \int e^{4x} f(x) dx,$$
$$u = -\frac{1}{3} C_1' e^{-3x} + \int e^{-3x} \left(\int e^{4x} f(x) dx \right) dx + C_2,$$

因此,式(1)的通解为
$$y = e^{-x}u = -\frac{1}{3} C_1' e^{-4x} + e^{-x} \int e^{-3x} \left(\int e^{4x} f(x) dx \right) dx + C_2 e^{-x}$$
$$= C_1 e^{-4x} + C_2 e^{-x} + e^{-x} \int e^{-3x} \left(\int e^{4x} f(x) dx \right) dx \left(其中 C_1 = -\frac{1}{3} C_1' \right).$$

由于上式中的不定积分只表示被积函数的原函数,所以可以用积分上限函数表示为
$$y = C_1 e^{-4x} + C_2 e^{-x} + e^{-x} \int_a^x e^{-3t} \left(\int_a^t e^{4u} f(u) du \right) dt$$
$$= C_1 e^{-4x} + C_2 e^{-x} - \frac{1}{3} e^{-x} \int_a^x \left(\int_a^t e^{4u} f(u) du \right) de^{-3t}$$

$$= C_1 e^{-4x} + C_2 e^{-x} - \frac{1}{3} e^{-x} \left[e^{-3t} \int_a^t e^{4u} f(u) \, du \Big|_a^x - \int_a^x e^t f(t) \, dt \right]$$

$$= C_1 e^{-4x} + C_2 e^{-x} - \frac{1}{3} e^{-4x} \int_a^x e^{4u} f(u) \, du + \frac{1}{3} e^{-x} \int_a^x e^t f(t) \, dt. \qquad (2)$$

从而对式(1)的任一解 $y(x)$（当 $y(x)$ 取定时，式(2)中的 C_1, C_2 随之确定），在 $[a, +\infty)$ 上有

$$| y | \leqslant | C_1 | + | C_2 | + \frac{1}{3} e^{-4x} \cdot e^{4x} M + \frac{1}{3} e^{-x} \cdot e^x M$$

$$\text{（其中 } | f(x) | \leqslant M, x \in [a, +\infty)\text{）}$$

$$= | C_1 | + | C_2 | + \frac{2}{3} \xrightarrow{\text{记}} M.$$

即 y 在 $[a, +\infty)$ 上有界.

附注 求解二阶非常系数非齐次线性微分方程

$$y'' + p(x) y' + q(x) y = f(x) \qquad (*)$$

（其中，$p(x), q(x)$ 是不恒为常数的已知函数，$f(x)$ 是不恒为零的已知函数）时，如果已知对应的齐次线性微分方程

$$y'' + p(x) y' + q(x) y = 0$$

的一个解 $y_1(x)$，则有时可利用未知函数变换 $y = y_1(x) u$ 求得方程 $(*)$ 的通解.

三、主要方法梳理

1. 一阶微分方程的解法

一阶微分方程可按以下程序求解：

(1) 考察所给的一阶微分方程是否为五类微分方程（变量可分离微分方程，齐次微分方程，一阶线性微分方程，伯努利方程和全微分方程）之一，如果是，则按相应的方法求解；如果不是，则进入(2).

(2) 采用以下三种方法将所给的一阶微分方程转换成上述五类微分方程之一，然后求解：

1) 根据所给的一阶微分方程的特点，作适当的变量代换（自变量代换，未知函数代换以及自变量与未知函数的混合代换）；

2) 将自变量与未知函数互换（即将自变量看做未知函数，同时将未知函数看做自变量）；

3) 将所给的微分方程适当分项，分别凑全微分.

2. 二阶微分方程的解法

二阶微分方程可按以下程序求解：

(1) 考察所给的二阶微分方程是否为三种可降阶的二阶微分方程（即 $y'' = f(x)$，$y'' = f(x, y)$，$y'' = f(y, y')$）或二阶常系数线性微分方程（其右端函数是零，或 $e^{\alpha x} P_n(x)$，或 $e^{\alpha x} [P_l(x) \cos \beta x + Q_m(x) \sin \beta x]$，或它们的线性组合），如果是，则按相应的方法求解；如果不是，则进入(2).

(2) 采用以下方法将所给的二阶微分方程降阶成一阶微分方程或转换成二阶常系数线性微分方程：

1) 根据所给的二阶微分方程的特点,作适当的变量代换(自变量代换,未知函数代换以及自变量与未知函数的混合代换);

这里特别要提及的是:微分方程

$$x^2 \frac{\mathrm{d}^2 y}{\mathrm{d} x^2} + px \frac{\mathrm{d} y}{\mathrm{d} x} + qy = f(x) \quad \text{(二阶欧拉方程)}$$

(其中 p、q 是常数) 总是作变量代换 $x = \mathrm{e}^t$ 化为二阶常系数线性微分方程.

2) 将自变量与未知函数互换,但此时应注的是

$$\frac{\mathrm{d}^2 x}{\mathrm{d} y^2} \neq \left(\frac{\mathrm{d}^2 y}{\mathrm{d} x^2} \right)^{-1}, \text{而} \frac{\mathrm{d}^2 x}{\mathrm{d} y^2} = \frac{\mathrm{d}}{\mathrm{d} y} \left(\frac{\mathrm{d} x}{\mathrm{d} y} \right) = \frac{\mathrm{d}}{\mathrm{d} x} \left(\frac{\mathrm{d} y}{\mathrm{d} x} \right)^{-1} \frac{\mathrm{d} x}{\mathrm{d} y} = -\frac{\mathrm{d}^2 y}{\mathrm{d} x^2} \cdot \left(\frac{\mathrm{d} y}{\mathrm{d} x} \right)^{-2} \cdot \left(\frac{\mathrm{d} y}{\mathrm{d} x} \right)^{-1} = -\frac{\mathrm{d}^2 y}{\mathrm{d} x^2} \cdot \left(\frac{\mathrm{d} y}{\mathrm{d} x} \right)^{-3}.$$

3. 右端函数是分段函数的一阶线性微分方程与二阶常系数线性微分方程的解法

(1) 右端函数是分段函数的一阶线性微分方程解法

设 $\varphi(x) = \begin{cases} \varphi_1(x), & x < a, \\ \varphi_2(x), & x > a \end{cases}$, 求在 $(-\infty, +\infty)$ 上的连续函数 $\varphi = y(x)$, 使得它在 $(-\infty, a) \bigcup (a, +\infty)$ 上满足一阶线性微分方程

$$y' + p(x)y = \varphi(x) \tag{1}$$

及初始条件 $y(x_0) = y_0 (x_0 \in (-\infty, a))$ 的方法是:

先算出式(1)的通解

$$y = \mathrm{e}^{-\int p(x) \mathrm{d} x} \left(C + \int \varphi(x) \mathrm{e}^{\int p(x) \mathrm{d} x} \mathrm{d} x \right), \tag{2}$$

其中 $\int \varphi(x) \mathrm{e}^{\int p(x) \mathrm{d} x} \mathrm{d} x$ 用分段函数不定积分方法计算. 然后用 $y(x_0) = y_0$ 确定常数. 注意:在式(2) 中的各个不定积分仅需写出其中一个原函数即可.

(2) 右端函数是分段函数的二阶常系数线性微分方程解法

设 $\varphi(x) = \begin{cases} \varphi_1(x), & x < a, \\ \varphi_2(x), & x > a, \end{cases}$ 求在 $(-\infty, +\infty)$ 上可导函数 $y = y(x)$, 使得它在 $(-\infty, a) \bigcup (a, +\infty)$ 上满足二阶常系数非齐次线性微分方程

$$y'' + py' + qy = \varphi(x)$$

及初始条件 $y(x_0) = y_0, y'(x_0) = y_1 (x_0 \in (-\infty, a))$ 的方法是:

先在 $(-\infty, a)$ 求解

$$\begin{cases} y'' + py' + qy = \varphi_1(x), \\ y(x_0) = y_0, y'(x_0) = y_1 \end{cases}$$

得 $y_1(x)$, 再在 $(a, +\infty)$ 上求解

$$\begin{cases} y'' + py' + qy = \varphi_2(x), \\ y(a) = \lim_{x \to a^-} y_1(x), \\ y'(a) = \lim_{x \to a^-} \dfrac{y_1(x) - y_1(a)}{x - a}. \end{cases}$$

得 $y = y_2(x)$. 由此得到所求的函数

$$y = y(x) = \begin{cases} y_1(x), & x \leqslant a, \\ y_2(x), & x > a. \end{cases}$$

4. 积分方程 $y(x)=\displaystyle\int_0^x g(x,y(t))\mathrm{d}t+h(x)$ 的解法

求解积分方程 $y(x)=\displaystyle\int_0^x g(x,y(t))\mathrm{d}t+h(x)$(其中 $y(x)$ 是未知函数,$g(x,y)$ 是已知连续函数,$h(x)$ 是已知可微函数)的程序是:

(1)通过适当的变量代换,将 $g(x,y(t))$ 中的 x 移走(即转换到积分上限或移到积分号外);

(2)将经上述处理后的方程两边对 x 求导(求一次导数或两次导数)转化成微分方程;

(3)解微分方程(其初始条件可由所给积分方程或其他题设条件中得到),即可得到 $y=y(x)$.

四、精选备赛练习题

A 组

7.1　微分方程 $(1+y^2)\mathrm{d}x+(x-\arctan y)\mathrm{d}y=0$ 的通解为_____.

7.2　微分方程 $\dfrac{1}{y}\dfrac{\mathrm{d}y}{\mathrm{d}x}=2x+\dfrac{x-x^3}{y}\,(y\neq0)$ 的通解为_____.

7.3　设 $y=y(x,C)$ 是微分方程 $2x^4y\dfrac{\mathrm{d}y}{\mathrm{d}x}+y^4=4x^6$ 的通解,则 $\displaystyle\lim_{C\to+\infty}\dfrac{y^2(x,C)}{x^3}=$

_____.

7.4　微分方程 $(6y-x^2y^2)\mathrm{d}x-x\mathrm{d}y=0$ 满足 $y\big|_{x=-1}=4$ 的特解为_____.

7.5　微分方程 $y''-3y'+2y=2\mathrm{e}^{-x}\cos x+\mathrm{e}^{2x}(4x+5)$ 的通解为_____.

7.6　微分方程 $(2+x)^2y''+(2+x)y'+y=x\ln(2+x)$ 的通解为_____.

7.7　已知函数 $f(x)$ 满足 $xf(x)=1+\displaystyle\int_0^x s^2f(s)\mathrm{d}s$,则 $f(x)=$_____.

7.8　设 $\displaystyle\int_0^1 f(xt)\mathrm{d}t=\dfrac{1}{2}f(x)+1$,则函数 $f(x)=$_____.

7.9　设函数 $y=f(x)$ 可导,且对任意 h 成立
$$f(x+h)-f(x)=\int_x^{x+h}\frac{t(t^2+1)}{f(t)}\mathrm{d}t,$$
则满足 $f(1)=\sqrt{2}$ 的 $f(x)$ 表达式为_____.

7.10　设函数 $f(x)$ 满足方程
$$f''(x)+f'(x)-2f(x)=0 \text{ 与 } f''(x)+f(x)=2\mathrm{e}^x,$$
则 $f(x)=$_____.

7.11　求下列微分方程的通解:

(1)$x^2yy''=(y-xy')^2$;

(2)$x^2y''-(y')^2-2xy'=0$.

7.12　求三阶微分方程
$$4x^4y'''-4x^3y''+4x^2y'=1$$

的通解.

7.13 设函数 $f(x),g(x)$ 具有连续的二阶导数,曲线积分

$$\oint_C [y^2 f(x)+2ye^x+2yg(x)]\mathrm{d}x+2[yg(x)+f(x)]\mathrm{d}y=0,$$

其中 C 为 xOy 平面上任一简单闭曲线.

(1) 求使 $f(0)=g(0)=0$ 的 $f(x)$ 与 $g(x)$ 的表达式;

(2) 计算沿任一条曲线 Γ 从点 $(0,0)$ 到点 $(1,1)$ 的曲线积分

$$\int_\Gamma [y^2 f(x)+2ye^x+2yg(x)]\mathrm{d}x+2[yg(x)+f(x)]\mathrm{d}y.$$

7.14 设 $\varphi(x)=\begin{cases}2, & x<1,\\0, & x>1,\end{cases}$ 求在 $(-\infty,+\infty)$ 上的连续函数 $y=y(x)$,使得它在 $(-\infty,1)\bigcup(1,+\infty)$ 上满足微分方程

$$y'-2y=\varphi(x)$$

及初始条件 $y(0)=0$.

7.15 求微分方程 $x^2 y''+xy'-y=\dfrac{1}{x+1}$(其中 $x>0$)的通解.

B 组

7.16 设连续曲线 $y=y(x)$ 是凸的,其上任一点 $(x,y(x))$ 处的曲率为 $\dfrac{1}{\sqrt{1+(y')^2}}$,且此曲线在点 $(0,1)$ 处的切线方程为 $y=x+1$,求 $y=y(x)$ 的最大值.

7.17 设变量 x 与 y 的关系由如下方程确定:

$$x=\int_0^y \frac{1}{\sqrt{1+4t^2}}\mathrm{d}t,$$

求 $y=y(x)$ 的表达式.

7.18 有一高度为 $h(t)$(t 为时间) 的雪堆在融化过程中,其侧面方程为

$$z=h(t)-\frac{2(x^2+y^2)}{h(t)}(长度单位为 \mathrm{cm},时间单位为 \mathrm{h}),$$

已知 $h(0)=100$,并且当 $50<h\leqslant 100$ 时,体积减少速率与侧面积的 $\dfrac{3}{2}$ 次方成正比;当 $0\leqslant h\leqslant 50$ 时,体积减少速率与侧面积成正比(比例系数都为 0.9),问这一雪堆全部融化需多长时间,其中 $h(t)$ 是连续函数,且除 $t=t_0$(这里 $h(t_0)=50$)外 $h(t)$ 处处可导.

7.19 设函数 $y=y(x)$ 满足微分方程

$$x^2 \frac{\mathrm{d}^2 y}{\mathrm{d}x^2}+2x\frac{\mathrm{d}y}{\mathrm{d}x}-2y=0$$

及 $y(1)=3,y(-1)=5$,作函数 $y=y(x)$ 的图形.

7.20 设 $\varphi(x)=\begin{cases}\sin x, & x<\dfrac{\pi}{2},\\x, & x>\dfrac{\pi}{2},\end{cases}$ 求在 $(-\infty,+\infty)$ 上的连续可导函数 $y=y(x)$,使得它在 $\left(-\infty,\dfrac{\pi}{2}\right)\bigcup\left(\dfrac{\pi}{2},+\infty\right)$ 上满足微分方程

$$y'' + y = \varphi(x)$$

及初始条件 $y(0) = 1, y'(0) = 0$.

7.21 利用幂级数求解微分方程 $y'' - xy' - y = 0$.

7.22 设函数 $f(x)$ 可微,满足

$$f(x) = e^x + e^x \int_0^x [f(t)]^2 dt,$$

求 $f(x)$ 的表达式.

7.23 设函数 $y = y(x)$ 二阶可导,且 $y' \neq 0$,此外设 $x = x(y)$ 是 $y = y(x)$ 的反函数,满足微分方程

$$\frac{d^2 x}{dy^2} + (y + \sin x)\left(\frac{dx}{dy}\right)^3 = 0,$$

求满足 $y(0) = 0, y'(0) = \frac{3}{2}$ 的函数 $y = y(x)$.

7.24 设连续函数 $u(x)$ 满足

$$u(x) = \int_0^1 k(x,y)u(y)dy + 1 \quad (0 \leqslant x \leqslant 1),$$

其中,$k(x,y) = \begin{cases} x(1-y), & x \leqslant y, \\ y(1-x), & y < x, \end{cases}$ 求 $u(x)$.

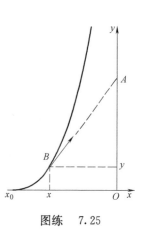

图练 7.25

7.25 一小船 A 从原点出发,以匀速 v_0 沿 y 轴正向行驶,另一小船 B 从 x 轴上的点 $(x_0, 0)(x_0 < 0)$ 与船 A 同时出发,朝 A 追去,其速度方向始终指向 A(图练 7.25),大小为常数 $v_1 (v_1 > v_0)$. 求小船 B 的运动轨迹方程.

7.26 求解下列各题:

(1) 设 $f(x)$ 是以 2π 为周期的周期函数,且有二阶连续导数以及满足 $f(x) + 3f'(x+\pi) = \sin x$,求 $f(x)$ 的表达式.

(2) 设 $z = z(u,v)$ 是具有二阶连续偏导数的函数,且 $z = z(x-2y, x+3y)$ 满足

$$6\frac{\partial^2 z}{\partial x^2} + \frac{\partial^2 z}{\partial x \partial y} - \frac{\partial^2 z}{\partial y^2} = 2\frac{\partial z}{\partial x} + \frac{\partial z}{\partial y},$$

求 $z(u,v)$ 的表达式.

7.27 问一阶微分方程 $\frac{dy}{dx} + y\cos x = \sin x$ 的所有解中有无以周期为 2π 的解?若有,算出周期解的表达式;若无,说明理由.

7.28 设 $y = y(x)$ 是一阶微分方程

$$\frac{dy}{dx} = \frac{1}{1+x^2+y^2}$$

的任一解,证明:$\lim_{x \to +\infty} y(x)$ 与 $\lim_{x \to -\infty} y(x)$ 都存在.

7.29 设函数 $p(x), q(x)$ 都在 $[a,b]$ 上连续,且 $q(x) < 0$. 证明:微分方程 $y'' + p(x)y' + q(x)y = 0$ 的满足 $y(a) = y(b) = 0$ 的解 $y(x) \equiv 0 (x \in [a,b])$.

7.30 设 $y = y(x)$ 是微分方程

$$x\frac{dy}{dx} - (2x^2+1)y = x^2 \quad (x > 1)$$

的满足 $y(1) = y_1$ 的解,讨论极限 $\lim\limits_{x \to +\infty} y(x)$.

附：解答

7.1 所给微分方程可改写成

$$\frac{dx}{dy} + \frac{1}{1+y^2}x = \frac{\arctan y}{1+y^2}. \quad \text{(一阶线性微分方程)}$$

它的通解为

$$
\begin{aligned}
x &= e^{-\int \frac{1}{1+y^2}dy}\left(C + \int \frac{\arctan y}{1+y^2}e^{\int \frac{1}{1+y^2}dy}dy\right) \\
&= e^{-\arctan y}\left(C + \int \frac{\arctan y}{1+y^2}e^{\arctan y}dy\right) \\
&= e^{-\arctan y}\left(C + \int \arctan y\, de^{\arctan y}\right) \\
&= e^{-\arctan y}(C + e^{\arctan y} \cdot \arctan y - e^{\arctan y}) \\
&= Ce^{-\arctan y} + \arctan y - 1.
\end{aligned}
$$

7.2 所给微分方程可改写成

$$\frac{dy}{dx} - 2xy = x(1-x^2). \quad \text{(一阶线性微分方程)}$$

$$
\begin{aligned}
y &= e^{-\int -2x\,dx}\left[C + \int x(1-x^2)e^{\int -2x\,dx}dx\right] \\
&= e^{x^2}\left[C + \int x(1-x^2)e^{-x^2}dx\right] \\
&= e^{x^2}\left[C - \frac{1}{2}\int(1-x^2)de^{-x^2}\right] \\
&= e^{x^2}\left\{C - \frac{1}{2}\left[(1-x^2)e^{-x^2} - \int e^{-x^2}d(1-x^2)\right]\right\} \\
&= e^{x^2}\left[C - \frac{1}{2}(1-x^2)e^{-x^2} + \frac{1}{2}e^{-x^2}\right] \\
&= Ce^{x^2} + \frac{1}{2}x^2.
\end{aligned}
$$

7.3 令 $y = z^m$ (m 是待定常数),则所给的微分方程成为

$$2mx^4z^{2m-1}\frac{dz}{dx} + z^{4m} = 4x^6,$$

即

$$\frac{dz}{dx} = \frac{4x^6 - z^{4m}}{2mx^4z^{2m-1}}. \tag{1}$$

显然,当 $m = \frac{3}{2}$ 时,式(1)成为

$$\frac{dz}{dx} = \frac{4x^6 - z^6}{3x^4z^2}. \quad \text{(齐次方程)} \tag{2}$$

令 $u = \dfrac{z}{x}$,则式(2)成为

$$\frac{3u^2\,\mathrm{d}u}{4-3u^3-u^6}=\frac{\mathrm{d}x}{x},\text{即}\frac{1}{5}\left(\frac{1}{u^3+4}-\frac{1}{u^3-1}\right)\mathrm{d}u^3=\frac{\mathrm{d}x}{x}.$$

所以，$\dfrac{u^3+4}{u^3-1}=Cx^5$，即 $u^3=\dfrac{Cx^5+4}{Cx^5-1}$. 因此所给微分方程的通解为

$$y^2=y^2(x,C)=\frac{(Cx^5+4)x^3}{Cx^5-1}.$$

于是，

$$\lim_{C\to+\infty}\frac{y^2(x,C)}{x^3}=\lim_{C\to+\infty}\frac{Cx^5+4}{Cx^5-1}=1.$$

7.4　将所给微分方程改写成

$$\frac{\mathrm{d}y}{\mathrm{d}x}=\frac{6y-x^2y^2}{x},\text{即}\frac{\mathrm{d}y}{\mathrm{d}x}-\frac{6}{x}y=-xy^2.\quad\text{（伯努利方程）}$$

令 $u=\dfrac{1}{y}$，则上述伯努利方程成为

$$\frac{\mathrm{d}u}{\mathrm{d}x}+\frac{6}{x}u=x.\quad\text{（一阶线性微分方程）}$$

它的通解为

$$u=\mathrm{e}^{-\int\frac{6}{x}\mathrm{d}x}\left(C+\int x\mathrm{e}^{\int\frac{6}{x}\mathrm{d}x}\mathrm{d}x\right)$$

$$=\frac{1}{x^6}\left(C+\int x^7\mathrm{d}x\right)=\frac{1}{x^6}\left(C+\frac{1}{8}x^8\right)=\frac{8C+x^8}{8x^6},$$

所以，原微分方程的通解为

$$\frac{1}{y}=\frac{8C+x^8}{8x^6},\text{即}y=\frac{8x^6}{8C+x^8}.\tag{1}$$

将 $y(-1)=4$ 代入式 (1) 得 $4=\dfrac{8}{8C+1}$，即 $C=\dfrac{1}{8}$. 将它代入式 (1) 得所给微分方程满足 $y(-1)=4$ 的解为 $y=\dfrac{8x^6}{1+x^8}$.

7.5　所给微分方程

$$y''-3y'+2y=2\mathrm{e}^{-x}\cos x+\mathrm{e}^{2x}(4x+5)\tag{1}$$

的齐次线性微分方程

$$y''-3y'+2y=0\tag{2}$$

的特征方程 $r^2-3r+2=0$ 的根为 $r=1,2$，所以式 (2) 的通解为

$$Y=C_1\mathrm{e}^x+C_2\mathrm{e}^{2x}.$$

此外，式 (1) 有形如 $y^*=\mathrm{e}^{-x}(A\cos x+B\sin x)+\mathrm{e}^{2x}x(Cx+D)$ 的特解，将它代入式 (1) 得 $A=\dfrac{1}{5},B=-\dfrac{1}{5},C=2,D=1$. 所以，式 (1) 的通解为

$$y=Y+y^*=C_1\mathrm{e}^x+C_2\mathrm{e}^{2x}+\frac{1}{5}\mathrm{e}^{-x}(\cos x-\sin x)+\mathrm{e}^{2x}(2x^2+x).$$

7.6　所给微分方程

$$(2+x)^2y''+(2+x)y'+y=x\ln(2+x)\tag{1}$$

是二阶欧拉方程，故令 $\mathrm{e}^t=2+x$，则式 (1) 成为

$$\frac{\mathrm{d}^2 y}{\mathrm{d}t^2} + y = t\mathrm{e}^t - 2t. \tag{2}$$

式(2) 对应的齐次线性微分方程

$$\frac{\mathrm{d}^2 y}{\mathrm{d}t^2} + y = 0 \tag{3}$$

的特征方程 $r^2 + 1 = 0$ 的根为 $r = \mathrm{i}, -\mathrm{i}$. 所以式(3) 的通解为

$$Y = C_1 \cos t + C_2 \sin t.$$

此外,式(2) 有形如 $y^* = \mathrm{e}^t(a_0 + a_1 t) + (b_0 + b_1 t)$ 的特解. 将它代入式(2) 得 $a_0 = -\frac{1}{2}$,

$a_1 = \frac{1}{2}, b_0 = 0, b_1 = -2.$ 因此式(2) 有特解

$$y^* = \mathrm{e}^t\left(-\frac{1}{2} + \frac{1}{2}t\right) - 2t.$$

所以式(2) 的通解为

$$y = Y + y^* = C_1 \cos t + C_2 \sin t + \frac{1}{2}\mathrm{e}^t(t-1) - 2t.$$

从而式(1) 的通解为

$$y = C_1 \cosln(2+x) + C_2 \sinln(2+x) + \frac{1}{2}(x+2)[\ln(2+x) - 1] - 2\ln(2+x).$$

7.7　所给等式两边求导得

$$xf'(x) + f(x) = x^2 f(x), \text{即} \frac{\mathrm{d}y}{\mathrm{d}x} + \frac{1-x^2}{x}y = 0,$$

它的通解为

$$y = f(x) = C\mathrm{e}^{-\int \frac{1-x^2}{x}\mathrm{d}x} = \frac{C}{x}\mathrm{e}^{\frac{1}{2}x^2}. \tag{1}$$

将式(1) 代入所给等式,并令 $x = 1$ 得

$$C\mathrm{e}^{\frac{1}{2}} = 1 + \int_0^1 s^2 \cdot C\frac{\mathrm{e}^{\frac{1}{2}s^2}}{s}\mathrm{d}s = 1 + C\int_0^1 s\mathrm{e}^{\frac{1}{2}s^2}\mathrm{d}s$$

$$= 1 + C\mathrm{e}^{\frac{1}{2}s^2}\Big|_0^1 = 1 + C(\mathrm{e}^{\frac{1}{2}} - 1),$$

即 $C = 1.$ 将它代入式(1) 得 $f(x) = \frac{1}{x}\mathrm{e}^{\frac{1}{2}x^2}.$

7.8　当 $x = 0$ 时,所给等式成为

$$\int_0^1 f(0)\mathrm{d}t = \frac{1}{2}f(0) + 1, \text{即} f(0) = 2. \tag{1}$$

当 $x \neq 0$ 时,由 $\int_0^1 f(xt)\mathrm{d}t \xlongequal{\diamondsuit u = xt} \frac{1}{x}\int_0^x f(u)\mathrm{d}u$ 知所给等式成为

$$\frac{1}{x}\int_0^x f(u)\mathrm{d}u = \frac{1}{2}f(x) + 1, \text{即} \int_0^x f(u)\mathrm{d}u = \frac{1}{2}xf(x) + x.$$

上式两边求导得

$$f(x) = \frac{1}{2}f(x) + \frac{1}{2}xf'(x) + 1, \text{即} y' - \frac{1}{x}y = -\frac{2}{x}.$$

它的通解为

384

$$y = \mathrm{e}^{-\int -\frac{1}{x}\mathrm{d}x}\left(C + \int -\frac{2}{x}\mathrm{e}^{\int -\frac{1}{x}\mathrm{d}x}\right) = x\left(C - \int \frac{2}{x^2}\mathrm{d}x\right) = x\left(C + \frac{2}{x}\right) = Cx + 2 \quad (x \neq 0). \quad (2)$$

式(1)、式(2) 合并得 $f(x) = Cx + 2$(C 是任意常数).

7.9 由所给等式得

$$\frac{f(x+h) - f(x)}{h} = \frac{\int_x^{x+h} \frac{t(t^2+1)}{f(t)}\mathrm{d}t}{h}.$$

上式两边令 $h \to 0$ 得

$$f'(x) = \lim_{h \to 0} \frac{\int_x^{x+h} \frac{t(t^2+1)}{f(t)}\mathrm{d}t}{h} \xrightarrow{\text{洛必达法则}} \lim_{h \to 0} \frac{(x+h)\left[(x+h)^2+1\right]}{f(x+h)} = \frac{x(x^2+1)}{f(x)}.$$

即 $y\mathrm{d}y = x(x^2+1)\mathrm{d}x$. 它的通解为

$$y^2 = \frac{1}{2}(x^2+1)^2 + C, \text{即 } f^2(x) = \frac{1}{2}(x^2+1)^2 + C. \quad (1)$$

将 $f(1) = \sqrt{2}$ 代入式(1) 得,$2 = \frac{1}{2} \cdot 4 + C$,即 $C = 0$. 将它代入式(1) 得

$$f^2(x) = \frac{1}{2}(x^2+1)^2, \text{即 } f(x) = \frac{1}{\sqrt{2}}(x^2+1) \quad (\text{由于 } f(1) = \sqrt{2}, \text{所以 } f(x) = -\frac{1}{\sqrt{2}}(x^2+1) \text{ 应舍去}).$$

7.10 $f''(x) + f'(x) - 2f(x) = 0$ 的特征方程为 $r^2 + r - 2 = 0$,它的根 $r = 1, -2$,所以通解为 $f(x) = C_1\mathrm{e}^x + C_2\mathrm{e}^{-2x}$. 将它代入 $f''(x) + f(x) = 2\mathrm{e}^x$ 得

$$(C_1\mathrm{e}^x + C_2\mathrm{e}^{-2x})'' + (C_1\mathrm{e}^x + C_2\mathrm{e}^{-2x}) = 2\mathrm{e}^x,$$

即

$$2C_1\mathrm{e}^x + 5C_2\mathrm{e}^{-2x} = 2\mathrm{e}^x.$$

由此得 $C_1 = 1, C_2 = 0$. 所以 $f(x) = \mathrm{e}^x$.

7.11 (1) 将所给微分方程改写为

$$x^2 y y'' = y^2 - 2xyy' + x^2(y')^2,$$

即

$$x^2\left[yy'' - (y')^2\right] = y^2 - 2xyy',$$

两边同除以 $x^2 y^2$ 得

$$\frac{yy' - (y')^2}{y^2} = \frac{1}{x^2} - \frac{2}{x} \cdot \left(\frac{y'}{y}\right), \text{即 } \left(\frac{y'}{y}\right)' + \frac{2}{x}\left(\frac{y'}{y}\right) = \frac{1}{x^2}.$$

令 $u = \frac{y'}{y}$,则所给微分方程成为

$$u' + \frac{2}{x}u = \frac{1}{x^2}.$$

它的通解为

$$u = \mathrm{e}^{-\int \frac{2}{x}\mathrm{d}x}\left(C_1 + \int \frac{1}{x^2}\mathrm{e}^{\int \frac{2}{x}\mathrm{d}x}\mathrm{d}x\right) = \frac{1}{x^2}\left(C_1 + \int \frac{1}{x^2} \cdot x^2\mathrm{d}x\right) = \frac{C_1}{x^2} + \frac{1}{x},$$

于是有 $\frac{y'}{y} = \frac{C_1}{x^2} + \frac{1}{x}$,即

$$\ln y = \int\left(\frac{C_1}{x^2} + \frac{1}{x}\right)\mathrm{d}x = -\frac{C_1}{x} + \ln x + \ln C_2,$$

所以,原微分方程的通解为

$$y = \mathrm{e}^{-\frac{C_1}{x} + \ln x + \ln C_2} = C_2 x \mathrm{e}^{\frac{C_1}{x}}.$$

(2) 令 $p = y'$,则所给微分方程成为

$$x^2 p' - p^2 - 2xp = 0, 即 \; p' - \frac{2}{x}p = \frac{1}{x^2}p^2.$$　　　　(1)

令 $u = \frac{1}{p}$,则式(1) 成为

$$\frac{\mathrm{d}u}{\mathrm{d}x} + \frac{2}{x}u = -\frac{1}{x^2}.$$

它的通解为

$$u = \mathrm{e}^{-\int \frac{2}{x}\mathrm{d}x}\left(C_1 + \int -\frac{1}{x^2}\mathrm{e}^{\int \frac{2}{x}\mathrm{d}x}\right)$$

$$= \frac{1}{x^2}\left(C_1 - \int \frac{1}{x^2} \cdot x^2 \mathrm{d}x\right) = \frac{1}{x^2}(C_1 - x),$$

由此得到 $\frac{1}{p} = \frac{1}{x^2}(C_1 - x)$,即 $\frac{\mathrm{d}y}{\mathrm{d}x} = \frac{x^2}{C_1 - x}$. 所以原微分方程的通解为

$$y = -\frac{1}{2}(C_1 + x)^2 - C_1^2\ln(C_1 - x) + C_2.$$

7.12　将所给微分方程改写成

$$x^3 y''' - x^2 y'' + xy' = \frac{1}{4x}.　　　(三阶欧拉方程)$$　　　　(1)

令 $x = \mathrm{e}^t$,则式(1) 成为

$$\frac{\mathrm{d}^3 y}{\mathrm{d}t^3} - 4\frac{\mathrm{d}^2 y}{\mathrm{d}t^2} + 4\frac{\mathrm{d}y}{\mathrm{d}t} = \frac{1}{4}\mathrm{e}^{-t}.$$　　　　(2)

式(2) 的齐次线性微分方程

$$\frac{\mathrm{d}^3 y}{\mathrm{d}t^3} - 4\frac{\mathrm{d}^2 y}{\mathrm{d}t^2} + 4\frac{\mathrm{d}y}{\mathrm{d}t} = 0.$$　　　　(3)

的特征方程 $r^3 - 4r^2 + 4r = 0$ 的根为 $r = 0, 2$(二重). 所以式(3) 的通解为

$$Y = C_1 + (C_2 + C_3 t)\mathrm{e}^{2t}.$$

此外,式(2) 有形如 $y^* = A\mathrm{e}^{-t}$ 的特解. 将它代入式(2) 得 $A = -\frac{1}{36}$. 所以

$$y^* = -\frac{1}{36}\mathrm{e}^{-t}.$$

因此式(2) 的通解为

$$y = Y + y^* = C_1 + (C_2 + C_3 t)\mathrm{e}^{2t} - \frac{1}{36}\mathrm{e}^{-t},$$

从而原微分方程的通解为

$$y = C_1 + (C_2 + C_3\ln x)x^2 - \frac{1}{36x}.$$

7.13　(1) 由题设知 $\dfrac{\partial\{2[yg(x) + f(x)]\}}{\partial x} = \dfrac{\partial[y^2 f(x) + 2y\mathrm{e}^x + 2yg(x)]}{\partial y}$,

即　　　　$2yg'(x) + 2f'(x) = 2yf(x) + 2\mathrm{e}^x + 2g(x),$

或者　　　$y[g'(x) - f(x)] + [f'(x) - g(x) - \mathrm{e}^x] = 0.$

因此

$$\begin{cases} g'(x) = f(x), & (1) \\ f'(x) = g(x) + e^x. & (2) \end{cases}$$

式（1）两边求导得

$$g''(x) = f'(x)$$

将它代入式（2）得

$$g''(x) - g(x) = e^x. \qquad (3)$$

式（3）的齐次线性微分方程

$$g''(x) - g(x) = 0 \qquad (4)$$

的特征方程 $r^2 - 1 = 0$ 的根 $r = -1, 1$，所以式（4）的通解为

$$G = C_1 e^{-x} + C_2 e^x.$$

此外，式（3）有形如 $g^* = Axe^x$ 的特解. 将它代入式（3）得 $A = \dfrac{1}{2}$. 所以

$$g^* = \frac{1}{2} xe^x.$$

因此，式（3）的通解为

$$g(x) = G + g^* = C_1 e^{-x} + C_2 e^x + \frac{1}{2} xe^x. \qquad (5)$$

将它代入式（1）得

$$f(x) = \left(C_1 e^{-x} + C_2 e^x + \frac{1}{2} xe^x \right)' = -C_1 e^{-x} + C_2 e^x + \frac{1}{2} e^x + \frac{1}{2} xe^x. \qquad (6)$$

将 $f(0) = g(0) = 0$ 分别代入式（5）、式（6）得

$$\begin{cases} C_1 + C_2 = 0, \\ -C_1 + C_2 + \frac{1}{2} = 0, \end{cases} \text{即 } C_1 = \frac{1}{4}, C_2 = -\frac{1}{4}.$$

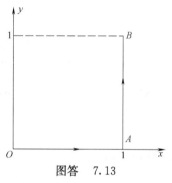

图答 7.13

将它们分别代入式（5）、式（6）得

$$f(x) = -\frac{1}{4} e^{-x} - \frac{1}{4} e^x + \frac{1}{2} e^x + \frac{1}{2} xe^x,$$

$$g(x) = \frac{1}{4} e^x - \frac{1}{4} e^{-x} + \frac{1}{2} xe^x.$$

（2）

$$\int_\Gamma [y^2 f(x) + 2ye^x + 2yg(x)] dx + 2[yg(x) + f(x)] dy$$

$$= \int_{\overline{OA}} [y^2 f(x) + 2ye^x + 2yg(x)] dx + 2[yg(x) + f(x)] dy +$$

$$\int_{\overline{AB}} [y^2 f(x) + 2ye^x + 2yg(x)] dx + 2[yg(x) + f(x)] dy$$

$$= \int_0^1 2[yg(1) + f(1)] dy = g(1) + 2f(1)$$

$$= \left(\frac{1}{4} e - \frac{1}{4} e^{-1} + \frac{1}{2} e \right) + 2 \left(-\frac{1}{4} e^{-1} - \frac{1}{4} e + \frac{1}{2} e + \frac{1}{2} e \right)$$

$$= -\frac{3}{4} e^{-1} + \frac{9}{4} e \quad \text{（其中 } A = (1,0), B = (1,1) \text{ 如图答 7.13 所示）.}$$

7.14 所给微分方程的通解为

$$y = e^{-\int -2 dx} \left[C + \int \varphi(x) e^{\int -2 dx} dx \right]$$

$$= e^{2x}\left[C + \int \varphi(x) e^{-2x} dx\right] = e^{2x}\left[C + \Phi(x)\right] \tag{1}$$

(其中 $\Phi(x) = \int_1^x \varphi(t) e^{-2t} dt$).

由于 $\varphi(t) e^{-2t} = \begin{cases} 2e^{-2t}, & t < 1, \\ 0, & t > 1, \end{cases}$ 所以

当 $x \leqslant 1$ 时, $\Phi(x) = \int_1^x 2e^{-2t} dt = e^{-2} - e^{-2x}$,

当 $x > 1$ 时, $\Phi(x) = \int_1^x 0 dt = 0$.

将它们代入式(1) 得

$$y = \begin{cases} e^{2x}(C + e^{-2} - e^{-2x}), & x \leqslant 1, \\ e^{2x}C, & x > 1. \end{cases} \tag{2}$$

将 $y(0) = 0$ 代入式(2) 得 $0 = C + e^{-2} - 1$, 即 $C = 1 - e^{-2}$. 将它代入式(2) 得所求的函数

$$y = \begin{cases} e^{2x}(1 - e^{-2x}), & x \leqslant 1 \\ (1 - e^{-2}) e^{2x}, & x > 1. \end{cases}$$

7.15 所给微分方程

$$x^2 y'' + xy' - y = \frac{1}{x+1} \tag{1}$$

是二阶欧拉方程, 故令 $x = e^t$, 则式(1) 成为

$$\frac{d^2 y}{dt^2} - y = \frac{1}{e^t + 1},$$

或

$$\frac{d}{dt}\left(\frac{dy}{dt} - y\right) + \left(\frac{dy}{dt} - y\right) = \frac{1}{e^t + 1}. \tag{2}$$

记 $u = \frac{dy}{dt} - y$, 则式(2) 成为

$$\frac{du}{dt} + u = \frac{1}{e^t + 1}. \tag{3}$$

式(3) 的通解为

$$u = e^{-\int dt}\left(C_1 + \int \frac{1}{e^t + 1} e^{\int dt} dt\right) = e^{-t}\left(C_1 + \int \frac{e^t}{e^t + 1} dt\right)$$
$$= C_1 e^{-t} + e^{-t}\ln(e^t + 1),$$

所以 $\frac{dy}{dt} - y = C_1 e^{-t} + e^{-t}\ln(e^t + 1)$, 它的通解为

$$y = e^{-\int -dt}\left\{C_2 + \int\left[C_1 e^{-t} + e^{-t}\ln(e^t + 1)\right] e^{\int -dt} dt\right\}$$
$$= e^t\left\{C_2 + \int\left[C_1 e^{-2t} + e^{-2t}\ln(e^t + 1)\right] dt\right\}$$
$$= C_2 e^t - \frac{1}{2}C_1 e^{-t} + e^t \int e^{-2t}\ln(e^t + 1) dt, \tag{4}$$

其中 $\int e^{-2t}\ln(e^t + 1) dt = -\frac{1}{2}\int \ln(e^t + 1) de^{-2t}$

$$= -\frac{1}{2}\left[e^{-2t}\ln(e^t + 1) - \int \frac{e^{-t}}{e^t + 1} dt\right]$$

$$=-\frac{1}{2}e^{-2t}\ln(e^t+1)-\frac{1}{2}\int\left(1-\frac{1}{e^{-t}+1}\right)de^{-t}$$

$$=-\frac{1}{2}e^{-2t}\ln(e^t+1)-\frac{1}{2}[e^{-t}-\ln(e^{-t}+1)]\quad\text{（这里只需取一个原函数即可）．}$$

将它代入式(4)得

$$y=C_2e^t-\frac{1}{2}C_1e^{-t}-\frac{1}{2}e^{-t}\ln(e^t+1)-\frac{1}{2}+\frac{1}{2}e^t\ln(e^{-t}+1),$$

$$=C_2x-\frac{C_1}{2x}-\frac{1}{2x}\ln(x+1)-\frac{1}{2}+\frac{1}{2}x\ln\left(\frac{1}{x}+1\right)(x>0).$$

7.16 由于凸曲线 $y=y(x)$ 在其上任一点处的曲率为 $\dfrac{-y''}{[1+(y')^2]^{\frac{3}{2}}}$．所以由题设条件得

$$\begin{cases}\dfrac{-y''}{[1+(y')^2]^{\frac{3}{2}}}=\dfrac{1}{\sqrt{1+(y')^2}},\\ y(0)=1,\\ y'(0)=1,\end{cases}\quad\text{即}\begin{cases}y''=-[1+(y')^2],&(1)\\ y(0)=1,&(2)\\ y'(0)=1.&(3)\end{cases}$$

令 $p=y'$，则式(1)成为 $\dfrac{dp}{dx}=-(1+p^2)$，所以 $\arctan p=-x+C$．

上式中令 $x=0$，则由式(3)得 $C_1=\arctan 1=\dfrac{\pi}{4}$，所以 $\arctan p=\dfrac{\pi}{4}-x$，即

$$\frac{dy}{dx}=\tan\left(\frac{\pi}{4}-x\right).\tag{4}$$

式(4)的通解为

$$y=\ln\left|\cos\left(\frac{\pi}{4}-x\right)\right|+C_2.$$

上式中令 $x=0$，则由式(2)得 $C_2=1+\dfrac{1}{2}\ln 2$，所以

$$y=y(x)=\ln\left|\cos\left(\frac{\pi}{4}-x\right)\right|+1+\frac{1}{2}\ln 2.\tag{5}$$

由题设知，所求的曲线段是连续的，且过点 $(0,1)$，因此式(5)中的 $x\in\left(-\dfrac{\pi}{4},\dfrac{3\pi}{4}\right)$．

于是，$y=\ln\cos\left(\dfrac{\pi}{4}-x\right)+1+\dfrac{1}{2}\ln 2\left(-\dfrac{\pi}{4}<x<\dfrac{3\pi}{4}\right)$．

由式(4)知 $\dfrac{dy}{dx}\begin{cases}>0,&-\dfrac{\pi}{4}<x<\dfrac{\pi}{4},\\ =0,&x=\dfrac{\pi}{4},\\ <0,&\dfrac{\pi}{4}<x<\dfrac{3\pi}{4},\end{cases}$ 所以 $y\left(\dfrac{\pi}{4}\right)=1+\dfrac{1}{2}\ln 2$ 是 $y=y(x)$ 的最大值．

7.17 由 $x=\displaystyle\int_0^y\frac{1}{\sqrt{1+4t^2}}dt$ 得 $\dfrac{dx}{dy}=\dfrac{1}{\sqrt{1+4y^2}}$，即 $\dfrac{dy}{dx}=\sqrt{1+4y^2}$，

$$\frac{d^2y}{dx^2}=\frac{4y}{\sqrt{1+4y^2}}\cdot\frac{dy}{dx}=4y,$$

由此可知 $y=y(x)$ 满足微分方程

$$\frac{\mathrm{d}^2 y}{\mathrm{d}x^2} - 4y = 0. \text{(二阶常系数齐次线性微分方程)} \tag{1}$$

它的特征方程 $r^2 - 4 = 0$ 的根 $r = -2, 2$,所以式(1)的通解为

$$y = C_1 \mathrm{e}^{-2x} + C_2 \mathrm{e}^{2x}. \tag{2}$$

将 $y(0) = 0, y'(0) = 1$,代入

$$\begin{cases} C_1 + C_2 = 0, \\ -C_1 + C_2 = \dfrac{1}{2}, \end{cases} \quad \text{即 } C_1 = -\frac{1}{4}, C_2 = \frac{1}{4}.$$

将它们代入式(1)得所求的函数 $y(x) = -\dfrac{1}{4}\mathrm{e}^{-2x} + \dfrac{1}{4}\mathrm{e}^{2x}$.

7.18 在时刻 t,雪堆体积

$$V(t) = \iint\limits_{D} \Big[h(t) - \frac{2(x^2+y^2)}{h(t)} \Big] \mathrm{d}\sigma \quad \text{(其中 } D \text{ 是雪堆在 } xOy \text{ 平面的投影,即}$$

$$D = \Big\{ (x, y) \,\Big|\, x^2 + y^2 \leqslant \frac{1}{2}h^2(t) \Big\} \text{)}$$

$$\xrightarrow{\text{极坐标}} \int_0^{2\pi} \mathrm{d}\theta \int_0^{\frac{1}{\sqrt{2}}h(t)} \Big[h(t) - \frac{2r^2}{h(t)} \Big] r \mathrm{d}r = \frac{\pi}{4} h^3(t), \tag{1}$$

侧面积 $S(t) = \iint\limits_{D} \sqrt{1 + (z'_x)^2 + (z'_y)^2} \, \mathrm{d}\sigma = \iint \sqrt{1 + \Big[-\frac{4x}{h(t)}\Big]^2 + \Big[-\frac{4y}{4(t)}\Big]^2} \, \mathrm{d}\sigma$

$$\xrightarrow{\text{极坐标}} \frac{1}{h(t)} \int_0^{2\pi} \mathrm{d}\theta \int_0^{\frac{1}{\sqrt{2}}h(t)} \sqrt{h^2(t) + 16r^2} \, r \mathrm{d}r = \frac{13}{12}\pi h^2(t). \tag{2}$$

由题设知

$$\frac{\mathrm{d}V}{\mathrm{d}t} = \begin{cases} -0.9[S(t)]^{\frac{3}{2}}, & 0 < t < t_0, \\ -0.9[S(t)], & t > t_0. \end{cases} \tag{3}$$

(其中,t_0 是 $h(t) = 50$ 的时刻),将式(1)、式(2)代入式(3)得

$$\frac{\mathrm{d}h(t)}{\mathrm{d}t} = \begin{cases} -1.3\Big(\frac{13\pi}{12}\Big)^{\frac{1}{2}} h(t), & 0 < t < t_0, \\ -1.3, & t > t_0, \end{cases} \tag{4}$$

并且

$$h(0) = 100, h(t_0) = 50. \tag{5}$$

下面求式(4)的满足初始条件式(5)的解:

当 $0 < t < t_0$ 时,$\dfrac{\mathrm{d}h(t)}{\mathrm{d}t} = -1.3\Big(\dfrac{13\pi}{12}\Big)^{\frac{1}{2}} h(t)$ 的通解为

$$h(t) = C_1 \mathrm{e}^{-1.3\left(\frac{13\pi}{12}\right)\frac{1}{2}t}.$$

由 $h(0) = 0$ 得上式中的 $C_1 = 100$,所以,此时有

$$h(t) = 100\mathrm{e}^{-1.3\left(\frac{13\pi}{12}\right)^{\frac{1}{2}t}} \quad (0 \leqslant t \leqslant t_0).$$

利用 $h(t)$ 在 t_0 处的连续性和 $h(t_0) = 50$ 得

$$50 = 100\mathrm{e}^{-1.3\left(\frac{13\pi}{12}\right)^{\frac{1}{2}t_0}}, \text{即 } t_0 = \frac{\ln 2}{1.3\Big(\frac{13\pi}{12}\Big)^{\frac{1}{2}}}.$$

当 $t > t_0$ 时，$\dfrac{\mathrm{d}h(t)}{\mathrm{d}t} = -1.3$ 的通解为

$$h(t) = -1.3t + C_2.$$

利用 $h(t)$ 在 t_0 处的连续性和 $h(t_0) = 50$ 得 $C_2 = 50 + 1.3t_0 = 50 + \dfrac{\ln 2}{\left(\frac{13\pi}{12}\right)^{\frac{1}{2}}}$，所以有

$$h(t) = -1.3t + 50 + \frac{\ln 2}{\left(\frac{13\pi}{12}\right)^{\frac{1}{2}}} \quad (t > t_0).$$

于是，$t = \dfrac{1}{1.3}\left[50 + \dfrac{\ln 2}{\left(\frac{13\pi}{12}\right)^{\frac{1}{2}}} - h\right]$，从而

$$\lim_{h \to 0^+} t = \lim_{h \to 0^+} \frac{1}{1.3}\left[50 + \frac{\ln 2}{\left(\frac{13\pi}{12}\right)^{\frac{1}{2}}} - h\right] = \frac{1}{1.3}\left[50 + \frac{\ln 2}{\left(\frac{13\pi}{12}\right)^{\frac{1}{2}}}\right] \approx 38.75,$$

即这一雪堆全部融化需 38.75h.

7.19　所给微分方程

$$x^2 \frac{\mathrm{d}^2 y}{\mathrm{d}x^2} + 2x \frac{\mathrm{d}y}{\mathrm{d}x} - 2y = 0 \tag{1}$$

是二阶欧拉方程，令 $x = \mathrm{e}^t$，则式(1) 成为

$$\frac{\mathrm{d}^2 y}{\mathrm{d}t^2} + \frac{\mathrm{d}y}{\mathrm{d}t} - 2y = 0. \tag{2}$$

式(2) 的特征方程 $r^2 + r - 2 = 0$ 的根 $r = 1, -2$，所以它的通解为

$$y = C_1 \mathrm{e}^t + C_2 \mathrm{e}^{-2t}.$$

从而式(1) 的通解为

$$y = C_1 x + \frac{C_2}{x^2}. \tag{3}$$

将 $y(1) = 3$，$y(-1) = 5$ 代入式(3) 得

$$\begin{cases} 3 = C_1 + C_2, \\ 5 = -C_1 + C_2, \end{cases} \quad \text{即 } C_1 = -1, C_2 = 4.$$

将它代入式(3) 得

$$y = y(x) = -x + \frac{4}{x^2}.$$

$y(x)$ 的定义域为 $(-\infty, 0) \bigcup (0, +\infty)$，且 $y(x)$ 的零点 $x = \sqrt[3]{4}$.

由 $y'(x) = -1 - \dfrac{8}{x^3} = -\dfrac{1}{x^3}(x^3 + 8)$ 知 $y'(x) = 0$ 的根为 $x = -2$.

此外，$y''(x) = \dfrac{24}{x^4} > 0$.

据此列表如下：

x	$(-\infty, -2)$	-2	$(-2, 0)$	$(0, \sqrt[3]{4})$	$\sqrt[3]{4}$	$(\sqrt[3]{4}, +\infty)$
$y'(x)$	$-$	0	$+$	$-$		$-$
$y''(x)$	$+$	$+$	$+$	$+$	$+$	$+$
$y(x)$	$+, \searrow, 凹$		$+, \nearrow, 凹$	$+, \searrow, 凹$	0	$-, \searrow, 凹$

由表可知,函数 $y=y(x)$ 有极小值 $y(-2)=3$,无极大值,此外,曲线 $y=y(x)$ 有铅直渐近线 $x=0$,且由

$$a=\lim_{x\to\infty}\frac{y(x)}{x}=\lim_{x\to\infty}\frac{-x+\dfrac{4}{x^2}}{x}=-1,$$

$$b=\lim_{x\to\infty}[y(x)-ax]=\lim_{x\to\infty}\left(-x+\frac{4}{x^2}+x\right)=0$$

知,曲线 $y=y(x)$ 有非铅直渐近线 $y=-x$.综上所述,曲线 $y=y(x)$ 的图形如图答 7.19 所示.

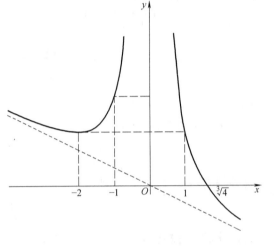

7.20 在 $\left(-\infty,\dfrac{\pi}{2}\right)$ 上求解

$$\begin{cases} y''+y=\sin x, & (1) \\ y(0)=1, & (2) \\ y'(0)=0. & (3) \end{cases}$$

式(1) 的齐次线性微分方程

$$y''+y=0$$

的特征方程 $r^2+1=0$ 的根为 $r=-\mathrm{i},\mathrm{i}$,所以它的通解为

$$Y=C_1\cos x+C_2\sin x.$$

此外,式(1) 有形如 $y^*=x(A\cos x+B\sin x)$ 的特解,将它代入式(1) 得 $A=-\dfrac{1}{2}$,

$B=0.$ 所以

$$y^*=-\frac{1}{2}x\cos x.$$

图答　7.19

因此,式(1) 的通解

$$y=Y+y^*=C_1\cos x+C_2\sin x-\frac{1}{2}x\cos x, \qquad (4)$$

且

$$y'=-C_1\sin x+C_2\cos x-\frac{1}{2}\cos x+\frac{1}{2}x\sin x. \qquad (5)$$

将式(2)、式(3) 代入式(4)、式(5) 得

$$\begin{cases} 1=C_1, \\ 0=C_2-\dfrac{1}{2}, \end{cases} \quad 即 C_1=1,C_2=\frac{1}{2}.$$

所以,所求的函数 $y=y(x)$ 在 $\left(-\infty,\dfrac{\pi}{2}\right)$ 上的表达式为

$$y=y_1(x)=\cos x+\frac{1}{2}\sin x-\frac{1}{2}x\cos x,$$

且

$$y_1'(x)=-\sin x+\frac{1}{2}x\sin x.$$

利用 $y(x)$ 及 $y'(x)$ 在点 $x = \dfrac{\pi}{2}$ 处的连续性知

$$y\left(\frac{\pi}{2}\right) = \lim_{x \to \frac{\pi}{2}^-} y_1(x) = \lim_{x \to \frac{\pi}{2}^-} \left(\cos x + \frac{1}{2}\sin x - \frac{1}{2}x\cos x\right) = \frac{1}{2},$$

$$y'\left(\frac{\pi}{2}\right) = \lim_{x \to \frac{\pi}{2}^-} y'_1(x) = \lim_{x \to \frac{\pi}{2}^-} \left(-\sin x + \frac{1}{2}x\sin x\right) = \frac{\pi}{4} - 1.$$

于是，在 $\left(\dfrac{\pi}{2}, +\infty\right)$ 上求解

$$\begin{cases} y'' + y = x, & (6) \\ y\left(\dfrac{\pi}{2}\right) = \dfrac{1}{2}, & (7) \\ y'\left(\dfrac{\pi}{2}\right) = \dfrac{\pi}{4} - 1. & (8) \end{cases}$$

式(6)有特解 $y^{**} = x$，从而式(6)的通解为

$$y = Y + y^{**} = C'_1\cos x + C'_2\sin x + x, \tag{9}$$

且

$$y' = -C'_1\sin x + C'_2\cos x + 1. \tag{10}$$

将式(7)、式(8)代入式(9)、式(10)得

$$\begin{cases} C'_2 + \dfrac{\pi}{2} = \dfrac{1}{2}, \\ -C'_1 + 1 = \dfrac{\pi}{4} - 1, \end{cases} \quad 即\ C'_1 = 2 - \frac{\pi}{4},\ C'_2 = \frac{1}{2} - \frac{\pi}{2}.$$

所以，所求的函数 $y = y(x)$ 在 $\left(\dfrac{\pi}{2}, +\infty\right)$ 上的表达式为

$$y = y_2(x) = \left(2 - \frac{\pi}{4}\right)\cos x + \left(\frac{1}{2} - \frac{\pi}{2}\right)\sin x + x.$$

综上所述得 $y = y(x) = \begin{cases} y_1(x), & x < \dfrac{\pi}{2}, \\ y_2(x), & x \geqslant \dfrac{\pi}{2} \end{cases} = \begin{cases} \cos x + \dfrac{1}{2}\sin x - \dfrac{1}{2}x\cos x, & x < \dfrac{\pi}{2}, \\ \left(2 - \dfrac{\pi}{4}\right)\cos x + \left(\dfrac{1}{2} - \dfrac{\pi}{2}\right)\sin x + x, & x \geqslant \dfrac{\pi}{2}. \end{cases}$

7.21 设 $y(x) = \displaystyle\sum_{n=0}^{\infty} a_n x^n$ 是所给微分方程

$$y'' - xy' - y = 0 \tag{1}$$

的解. 将它代入式(1)得

$$\left(\sum_{n=0}^{\infty} a_n x^n\right)'' - x\left(\sum_{n=0}^{\infty} a_n x^n\right)' - \sum_{n=0}^{\infty} a_n x^n = 0,$$

即

$$\sum_{n=2}^{\infty} n(n-1)a_n x^{n-2} - \sum_{n=1}^{\infty} na_n x^n - \sum_{n=0}^{\infty} a_n x^n = 0,$$

或

$$\sum_{n=0}^{\infty} (n+2)(n+1)a_{n+2}x^n - \sum_{n=1}^{\infty} na_n x^n - a_0 - \sum_{n=1}^{\infty} a_n x^n = 0.$$

合并同次幂项得

$$(-a_0 + 2a_2) + \sum_{n=1}^{\infty} [(n+2)(n+1)a_{n+2} - (n+1)a_n]x^n = 0.$$

比较上式两边同次幂系数得

$$2a_2 - a_0 = 0, 即 \ a_2 = \frac{1}{2}a_0,$$

$$(n+2)a_{n+2} - a_n = 0, 即 \ a_{n+2} = \frac{1}{n+2}a_n, n = 1, 2, \cdots.$$

由此得到

$$a_2 = \frac{1}{2}a_0 = \frac{1}{2 \cdot 1!}a_0, a_4 = \frac{1}{4}a_2 = \frac{1}{2^2 \cdot 2!}a_0, a_6 = \frac{1}{6}a_4 = \frac{1}{2^3 \cdot 3!}a_0, \cdots, a_{2k} = \frac{1}{2^k \cdot k!}a_0, \cdots;$$

$$a_3 = \frac{1}{3}a_1, a_5 = \frac{1}{5}a_3 = \frac{1}{3 \cdot 5}a_1, a_7 = \frac{1}{7}a_5 = \frac{1}{3 \cdot 5 \cdot 7}a_1, \cdots, a_{2k+1} = \frac{1}{3 \cdot 5 \cdot 7 \cdots (2k+1)}a_1, \cdots.$$

所以,所给微分方程的解为

$$y = \sum_{k=0}^{\infty} a_{2k}x^{2k} + \sum_{k=0}^{\infty} a_{2k+1}x^{2k+1}$$

$$= a_0 \sum_{k=0}^{\infty} \frac{1}{2^k \cdot k!}x^{2k} + a_1 \sum_{k=0}^{\infty} \frac{1}{3 \cdot 5 \cdot 7 \cdots (2k+1)}x^{2k+1}, 其中 \ a_0, a_1 \ 任意常数.$$

7.22　将所给等式改写为

$$e^{-x}f(x) = 1 + \int_0^x [f(t)]^2 \mathrm{d}t.$$

上式两边求导得

$$-e^{-x}f(x) + e^{-x}f'(x) = [f(x)]^2, 即 \ y' - y = e^x y^2. \quad (伯努利方程) \tag{1}$$

令 $u = \dfrac{1}{y}$,则式(1)成为

$$\frac{\mathrm{d}u}{\mathrm{d}x} + u = -e^x.$$

它的通解为

$$u = e^{-\int \mathrm{d}x} \left(C + \int -e^x \cdot e^{\int \mathrm{d}x} \mathrm{d}x \right)$$

$$= e^{-x} \left(C - \frac{1}{2}e^{2x} \right) = Ce^{-x} - \frac{1}{2}e^x.$$

所以,

$$y = \frac{1}{Ce^{-x} - \dfrac{1}{2}e^x}, 即 \ f(x) = \frac{1}{Ce^{-x} - \dfrac{1}{2}e^x}. \tag{2}$$

由题设中所给等式可得 $f(0) = 1$.将它代入式(2)得

$$1 = \frac{1}{C - \dfrac{1}{2}}, 即 \ C = \frac{3}{2}.$$

将它代入式(2)得所求的函数为

$$f(x) = \frac{1}{\dfrac{3}{2}e^{-x} - \dfrac{1}{2}e^x} = \frac{2}{3e^{-x} - e^x}.$$

7.23 由于$\dfrac{\mathrm{d}x}{\mathrm{d}y} = \left(\dfrac{\mathrm{d}y}{\mathrm{d}x}\right)^{-1}$,

$$\frac{\mathrm{d}^2 x}{\mathrm{d}y^2} = \frac{\mathrm{d}}{\mathrm{d}y}\left(\frac{\mathrm{d}x}{\mathrm{d}y}\right) = \frac{\mathrm{d}}{\mathrm{d}x}\left(\frac{\mathrm{d}y}{\mathrm{d}x}\right)^{-1}\left(\frac{\mathrm{d}x}{\mathrm{d}y}\right) = -\left(\frac{\mathrm{d}y}{\mathrm{d}x}\right)^{-2}\frac{\mathrm{d}^2 y}{\mathrm{d}x^2} \cdot \left(\frac{\mathrm{d}y}{\mathrm{d}x}\right)^{-1} = -\left(\frac{\mathrm{d}y}{\mathrm{d}x}\right)^{-3}\frac{\mathrm{d}^2 y}{\mathrm{d}x^2},$$

所以,所给的微分方程成为

$$-\left(\frac{\mathrm{d}y}{\mathrm{d}x}\right)^{-3}\frac{\mathrm{d}^2 y}{\mathrm{d}x^2} + (y + \sin x)\left(\frac{\mathrm{d}y}{\mathrm{d}x}\right)^{-3} = 0,$$

即
$$\frac{\mathrm{d}^2 y}{\mathrm{d}x^2} - y = \sin x. \tag{1}$$

式(1)的齐次线性微分方程

$$\frac{\mathrm{d}^2 y}{\mathrm{d}x^2} - y = 0$$

的特征方程 $r^2 - 1 = 0$ 的根为 $r = -1, 1$. 所以它的通解为 $Y = C_1 \mathrm{e}^{-x} + C_2 \mathrm{e}^x$. 此外,式(1)有形如 $y^* = A\cos x + B\sin x$ 的特解. 将它代入式(1) 得 $A = 0, B = -\dfrac{1}{2}$. 所以式(1)的通解为

$$y = Y + y^* = C_1 \mathrm{e}^{-x} + C_2 \mathrm{e}^x - \frac{1}{2}\sin x, \tag{2}$$

且
$$y' = -C_1 \mathrm{e}^{-x} + C_2 \mathrm{e}^x - \frac{1}{2}\cos x. \tag{3}$$

将 $y(0) = 0, y'(0) = \dfrac{3}{2}$ 代入式(2)、式(3) 得

$$\begin{cases} 0 = C_1 + C_2, \\ \dfrac{3}{2} = -C_1 + C_2 - \dfrac{1}{2}, \end{cases} \quad 即 \ C_1 = -1, C_2 = 1.$$

将它的代入式(2) 得所求的函数为

$$y(x) = -\mathrm{e}^{-x} + \mathrm{e}^x - \frac{1}{2}\sin x.$$

7.24 由题设得

$$u(x) = (1-x)\int_0^x yu(y)\mathrm{d}y + x\int_x^1 (1-y)u(y)\mathrm{d}y + 1. \tag{1}$$

上式两边求得导得

$$\begin{aligned} u'(x) &= -\int_0^x yu(y)\mathrm{d}y + (1-x)xu(x) + \int_x^1 (1-y)u(y)\mathrm{d}y - x(1-x)u(x) \\ &= -\int_0^x yu(u)\mathrm{d}y + \int_x^1 (1-y)u(y)\mathrm{d}y. \end{aligned}$$

即
$$u'(x) = -\int_0^x yu(y)\mathrm{d}y + \int_x^1 (1-y)u(y)\mathrm{d}y.$$

上式两边求导得

$$u''(x) = -xu(x) - (1-x)u(x),$$

即
$$u''(x) + u(x) = 0.$$

它的通解为

$$u(x) = C_1 \cos x + C_2 \sin x. \tag{2}$$

由式(1) 得 $u(0) = u(1) = 1$. 将它们代入式(2) 得

$$\begin{cases} 1 = C_1, \\ 1 = C_1 \cos 1 + C_2 \sin 1, \end{cases} \text{即 } C_1 = 1, C_2 = \frac{1 - \cos 1}{\sin 1} = \tan \frac{1}{2}.$$

将它们代入式(2) 得所求的函数

$$u(x) = \cos x + \tan \frac{1}{2} \cdot \sin x.$$

7.25 (1) 设小船 B 在时刻 t 的位置为 $(x(t), y(t))$，则由图练 7.25 可得 B 在时刻 t 的速度为

$$\frac{\mathrm{d}x(t)}{\mathrm{d}t} \boldsymbol{i} + \frac{\mathrm{d}y(t)}{\mathrm{d}t} \boldsymbol{j} = v_1 \cdot \frac{-x\boldsymbol{i} + (v_0 t - y)\boldsymbol{j}}{\sqrt{(-x)^2 + (v_0 t - y)^2}},$$

即

$$\begin{cases} \dfrac{\mathrm{d}x}{\mathrm{d}t} = -\dfrac{v_1 x}{\sqrt{x^2 + (v_0 t - y)^2}}, & (1) \\[4mm] \dfrac{\mathrm{d}y}{\mathrm{d}x} = \dfrac{v_1 (v_0 t - y)}{\sqrt{x^2 + (v_0 t - y)^2}}. & (2) \end{cases}$$

由式(1)、式(2) 得

$$\frac{\mathrm{d}y}{\mathrm{d}x} = -\frac{v_0 t - y}{x}, \text{即} -x \frac{\mathrm{d}y}{\mathrm{d}x} = v_0 t - y. \tag{3}$$

式(3) 的两边对 x 求导得

$$\frac{\mathrm{d}t}{\mathrm{d}x} = -\frac{x}{v_0} \cdot \frac{\mathrm{d}^2 y}{\mathrm{d}x^2}. \tag{4}$$

此外，由 $\sqrt{\left(\dfrac{\mathrm{d}x}{\mathrm{d}t}\right)^2 + \left(\dfrac{\mathrm{d}y}{\mathrm{d}t}\right)^2} = v_1$ 得 $\dfrac{\mathrm{d}t}{\mathrm{d}x} = \dfrac{1}{v_1} \sqrt{1 + \left(\dfrac{\mathrm{d}y}{\mathrm{d}x}\right)^2}$. $\tag{5}$

由式(4)、式(5) 得

$$x \frac{\mathrm{d}^2 y}{\mathrm{d}x^2} + \frac{v_0}{v_1} \sqrt{1 + \left(\frac{\mathrm{d}y}{\mathrm{d}x}\right)^2} = 0. \tag{6}$$

令 $p = \dfrac{\mathrm{d}y}{\mathrm{d}x}$，则式(6) 成为

$$x \frac{\mathrm{d}p}{\mathrm{d}x} + \frac{v_0}{v_1} \sqrt{1 + p^2} = 0.$$

它的通解为

$$p + \sqrt{1 + p^2} = C_1 x^{\frac{v_0}{v_1}}. \tag{7}$$

由题设知，$t = 0$ 时 $x = x_0, \dfrac{\mathrm{d}y}{\mathrm{d}t} = 0, \dfrac{\mathrm{d}x}{\mathrm{d}t} = v_1$，因此，$p \mid_{x = x_0} = \dfrac{\dfrac{\mathrm{d}y}{\mathrm{d}t}}{\dfrac{\mathrm{d}x}{\mathrm{d}t}} \Big|_{t=0} = \dfrac{0}{v_1} = 0$. 将它代

入式(7) 得 $1 = C_1 x_0^{\frac{v_0}{v_1}}$，即 $C_1 = x_0^{\frac{v_0}{v_1}}$. 将它代入式(7) 得

$$p + \sqrt{1 + p^2} = \left(\frac{x_0}{x}\right)^{\frac{v_0}{v_1}}.$$

由此解得 $\dfrac{\mathrm{d}y}{\mathrm{d}x} = p = \dfrac{1}{2}\left[\left(\dfrac{x_0}{x}\right)^{\frac{v_0}{v_1}} - \left(\dfrac{x}{x_0}\right)^{\frac{v_0}{v_1}}\right]$. 积分得

$$y = \dfrac{1}{2}\left[\dfrac{v_1 x}{v_1 - v_0}\left(\dfrac{x_0}{x}\right)^{\frac{v_0}{v_1}} - \dfrac{v_1 x}{v_1 + v_0}\left(\dfrac{x}{x_0}\right)^{\frac{v_0}{v_1}}\right] + C_2. \tag{8}$$

由题设知 $x = x_0$ 时 $y = 0$，代入式(8)得 $C_2 = -\dfrac{v_0 v_1 x_0}{v_1^2 - v_0^2}$，代入式(8)得小船 B 的运动轨迹方程为

$$y = \dfrac{1}{2}\left[\dfrac{v_1 x}{v_1 - v_0}\left(\dfrac{x_0}{x}\right)^{\frac{v_0}{v_1}} - \dfrac{v_1 x}{v_1 + v_0}\left(\dfrac{x}{x_0}\right)^{\frac{v_0}{v_1}}\right] - \dfrac{v_0 v_1 x_0}{v_1^2 - v_0^2}.$$

7.26 (1) 对 $f(x) + 3f'(x + \pi) = \sin x$. $\tag{1}$

令 $t = x + \pi$ 得 $f(t - \pi) + 3f'(t) = -\sin t$. 再由 $f(t)$ 的周期性知

$$f(t + \pi) + 3f'(t) = -\sin t, \quad 即\ f(x + \pi) + 3f'(x) = -\sin x.$$

上式两边对 x 求导得

$$f'(x + \pi) + 3f''(x) = -\cos x. \tag{2}$$

式(1)−式(2)×3 得

$$f''(x) - \dfrac{1}{9}f(x) = -\dfrac{1}{9}(\sin x + 3\cos x). \text{(二阶常系数非齐次线性微分方程)} \tag{3}$$

式(3) 对应的齐次线性微分方程

$$f''(x) - \dfrac{1}{9}f(x) = 0$$

的通解为 $F(x) = C_1 \mathrm{e}^{\frac{1}{3}x} + C_2 \mathrm{e}^{-\frac{1}{3}x}$. 此外，式(3) 应有特解

$$f^* = A\sin x + B\cos x,$$

将它代入式(3) 得

$$-A\sin x - B\cos x - \dfrac{1}{9}(A\sin x + B\cos x) = -\dfrac{1}{9}\sin x - \dfrac{1}{3}\cos x,$$

因此有 $\begin{cases} -\dfrac{10}{9}A = -\dfrac{1}{9}, \\ -\dfrac{10}{9}B = -\dfrac{1}{3}, \end{cases}$ 即 $A = \dfrac{1}{10}, B = \dfrac{3}{10}$.

所以，$f^* = \dfrac{1}{10}\sin x + \dfrac{3}{10}\cos x$. 由此得到式(3) 的通解为

$$f(x) = C_1 \mathrm{e}^{\frac{1}{3}x} + C_2 \mathrm{e}^{-\frac{1}{3}x} + \dfrac{1}{10}\sin x + \dfrac{3}{10}\cos x.$$

因此所求的以 2π 为周期的周期函数为

$$f(x) = \dfrac{1}{10}\sin x + \dfrac{3}{10}\cos x.$$

(2) 记 $u = x - 2y, v = x + 3y$，则

$$2\dfrac{\partial z}{\partial x} + \dfrac{\partial z}{\partial y} = 2\left(\dfrac{\partial z}{\partial u}\dfrac{\partial u}{\partial x} + \dfrac{\partial z}{\partial v}\dfrac{\partial v}{\partial x}\right) + \left(\dfrac{\partial z}{\partial u}\dfrac{\partial u}{\partial y} + \dfrac{\partial z}{\partial v}\dfrac{\partial v}{\partial y}\right)$$

$$= 2\left(\dfrac{\partial z}{\partial u} + \dfrac{\partial z}{\partial v}\right) + \left(-2\dfrac{\partial z}{\partial u} + 3\dfrac{\partial z}{\partial v}\right) = 5\dfrac{\partial z}{\partial v}, \tag{1}$$

$$6\frac{\partial^2 z}{\partial x^2}+\frac{\partial^2 z}{\partial x\partial y}-\frac{\partial^2 z}{\partial y^2}=\left(6\frac{\partial^2 z}{\partial x^2}+3\frac{\partial^2 z}{\partial x\partial y}\right)-\left(2\frac{\partial^2 z}{\partial x\partial y}+\frac{\partial^2 z}{\partial^2 y}\right)$$

$$=3\frac{\partial}{\partial x}\left(2\frac{\partial z}{\partial x}+\frac{\partial z}{\partial y}\right)-\frac{\partial}{\partial y}\left(2\frac{\partial z}{\partial x}+\frac{\partial z}{\partial y}\right)$$

$$=\left(3\frac{\partial}{\partial x}-\frac{\partial}{\partial y}\right)\left(2\frac{\partial z}{\partial x}+\frac{\partial z}{\partial y}\right)$$

$$=\left(3\frac{\partial}{\partial x}-\frac{\partial}{\partial y}\right)\left(5\frac{\partial z}{\partial v}\right)$$

$$=5\left[3\left(\frac{\partial^2 z}{\partial v\partial u}\frac{\partial u}{\partial x}+\frac{\partial^2 z}{\partial v^2}\frac{\partial v}{\partial x}\right)-\left(\frac{\partial^2 z}{\partial v\partial u}\frac{\partial u}{\partial y}+\frac{\partial^2 z}{\partial v^2}\frac{\partial v}{\partial y}\right)\right]$$

$$=5\left[3\frac{\partial^2 z}{\partial v\partial u}+3\frac{\partial^2 z}{\partial v^2}-\left(-2\frac{\partial^2 z}{\partial v\partial u}+3\frac{\partial^2 z}{\partial v^2}\right)\right]$$

$$=25\frac{\partial^2 z}{\partial v\partial u}. \tag{2}$$

将式(1)、式(2) 代入所给等式得

$$25\frac{\partial^2 z}{\partial v\partial u}=5\frac{\partial z}{\partial v},\ 即\ \frac{\partial}{\partial u}\left(\frac{\partial z}{\partial v}\right)=\frac{1}{5}\frac{\partial z}{\partial v}.$$

所以，$\dfrac{\partial z}{\partial v}=C_1(u)\mathrm{e}^{\frac{1}{5}v}$. 因此

$$z=z(u,v)=\int C_1(u)\mathrm{e}^{\frac{1}{5}v}\mathrm{d}u+C_2(v)$$

$$=\mathrm{e}^{\frac{1}{5}v}\int C_1(u)\mathrm{d}u+C_2(v)$$

其中 $C_1(u)，C_2(v)$ 都是具有连续导数的任意函数，不定积分表示被积函数的原函数.

    7.27   所给微分方程是一阶线性微分方程，它的满足 $y(0)=y_0$ 的解（由于 y_0 可任取，所以这里的解即为所给微分方程的任一解）为

$$y=y(x)=\mathrm{e}^{-\int_0^x\cos t\mathrm{d}t}\left(y_0+\int_0^x\sin t\mathrm{e}^{\int_0^t\cos u\mathrm{d}u}\mathrm{d}t\right)$$

$$=\mathrm{e}^{-\sin x}\left(y_0+\int_0^x\sin t\mathrm{e}^{\sin t}\mathrm{d}t\right),$$

则对任意实数 x，由

$$y(x+2\pi)=\mathrm{e}^{-\sin(x+2\pi)}\left(y_0+\int_0^{x+2\pi}\sin t\mathrm{e}^{\sin t}\mathrm{d}t\right)$$

$$=\mathrm{e}^{-\sin x}\left(y_0+\int_0^{2\pi}\sin t\mathrm{e}^{\sin t}\mathrm{d}t+\int_{2\pi}^{x+2\pi}\sin t\mathrm{e}^{\sin t}\mathrm{d}t\right)$$

$$=\mathrm{e}^{-\sin x}\left(y+\int_0^x\sin t\mathrm{e}^{\sin t}\mathrm{d}t\right)+\mathrm{e}^{-\sin x}\int_0^{2\pi}\sin t\mathrm{e}^{\sin t}\mathrm{d}t$$

$$=y(x)+\mathrm{e}^{-\sin x}\int_0^{2\pi}\sin t\mathrm{e}^{\sin t}\mathrm{d}t$$

及

$$\int_0^{2\pi}\sin t\mathrm{e}^{\sin t}\mathrm{d}t=\int_0^{\pi}\sin t\mathrm{e}^{\sin t}\mathrm{d}t+\int_{\pi}^{2\pi}\sin t\mathrm{e}^{\sin t}\mathrm{d}t$$

$$=\int_0^{\pi}\sin t\mathrm{e}^{\sin t}\mathrm{d}t+\int_0^{\pi}-\sin u\mathrm{e}^{-\sin u}\mathrm{d}u（其中\ u=t-\pi）$$

$$=\int_0^{\pi}\sin t\mathrm{e}^{\sin t}\mathrm{d}u-\int_0^{\pi}\sin t\mathrm{e}^{-\sin t}\mathrm{d}t$$

$$= \int_0^\pi \sin t (e^{\sin t} - e^{-\sin t}) dt$$

> 0（这是因为 $\sin t(e^{\sin t} - e^{-\sin t}) \geqslant 0 (x \in [0,\pi])$，且仅在 $x = 0, \pi$ 处等号成立）.

知，$y(x+2\pi) \neq y(x)$，即 $y(x)$ 不是以 2π 为周期的周期函数. 所以，所给的微分方程的所有解中无周期为 2π 的周期解.

7.28　设 $y = y(x)$ 是所给方程的任一解，则由

$$\frac{dy}{dx} = \frac{1}{1 + x^2 + y^2} > 0$$

知当 $x \to +\infty$ 时，$y(x)$ 单调增加，当 $x \to -\infty$ 时，$y(x)$ 单调减少.

记 $y_0 = y(0)$，则由 $dy = \dfrac{1}{1 + x^2 + y^2} dx$ 得

$$y(x) = y_0 + \int_0^x \frac{1}{1 + t^2 + y^2(t)} dt.$$

于是，当 $x \geqslant 0$ 时，

$$y(x) < y_0 + \int_0^x \frac{1}{1 + t^2} dt = y_0 + \arctan x < y_0 + \frac{\pi}{2};$$

当 $x < 0$ 时，

$$y(x) > y_0 + \int_0^x \frac{1}{1 + t^2} dt = y_0 + \arctan x > y_0 - \frac{\pi}{2}.$$

由此可知，当 $x \to +\infty$ 时，$y(x)$ 单调增加且有上界，从而 $\lim\limits_{x \to +\infty} y(x)$ 存在；当 $x \to -\infty$ 时，$y(x)$ 单调减少且有下界，从而 $\lim\limits_{x \to -\infty} y(x)$ 存在.

7.29　用反证法证明 $y(x) \equiv 0 (x \in [a,b])$. 故设存在 $x_1 \in (a,b)$，使得 $y(x_1) \neq 0$.

如果 $y(x_1) > 0$，则由 $y(a) = y(b) = 0$ 知存在 $\xi \in (a,b)$，使得

$$y(\xi) = M > 0 \text{（其中 } M \text{ 是 } y(x) \text{ 在} [a,b] \text{上的最大值）.}$$

从而有 $y'(\xi) = 0$，将它代入所给的微分方程得

$$y''(\xi) + q(\xi) y(\xi) = 0, \text{即 } y''(\xi) = -q(\xi) y(\xi) > 0,$$

由此可知，$y(\xi)$ 是 $y(x)$ 在(a,b) 内的极小值，这与 $y(\xi)$ 是 $y(x)$ 在$[a,b]$ 上的最大值矛盾.

如果 $y(x_1) < 0$，则由 $y(a) = y(b) = 0$ 知存在 $\eta \in (a,b)$，使得

$$y(\eta) = m < 0 \text{（其中 } m \text{ 是 } y(x) \text{ 在} [a,b] \text{上的最小值）.}$$

从而有 $y'(\eta) = 0$. 将它代入所给的微分方程得

$$y''(\eta) + q(\eta) y(\eta) = 0, \text{即 } y''(\eta) = -q(\eta) y(\eta) < 0,$$

由此可知，$y(\eta)$ 是 $y(x)$ 在(a,b) 内的极大值，这与 $y(\eta)$ 是 $y(x)$ 在$[a,b]$ 上的最小值矛盾.

以上矛盾证明在(a,b) 内不存在使 $y(x) \neq 0$ 的点. 从而 $y(x) \equiv 0 (x \in (a,b))$. 由 $y(x)$ 的连续性知 $y(x) \equiv 0 (x \in [a,b])$.

7.30　所给微分方程可改写成

$$\frac{dy}{dx} - \left(2x + \frac{1}{x}\right) y = x,$$

所以 $y(x) = e^{\int \left(2x + \frac{1}{x}\right) dx} \left(C + \int x e^{-\int \left(2x + \frac{1}{x}\right) dx} dx\right)$

$$= x e^{x^2} \left(C + \int x \cdot x^{-1} e^{-x^2} dx\right)$$

$$= x e^{x^2} (C + \int e^{-x^2} \, \mathrm{d}x).$$

取 e^{-x^2} 的一个原函数为 $\int_1^x e^{-t^2} \, \mathrm{d}t$,则由 $y(1) = y_1$ 得

$$y(x) = x e^{x^2} \left(e^{-1} y_1 + \int_1^x e^{-t^2} \, \mathrm{d}t \right).$$

由此可知,当 $\lim\limits_{x \to +\infty} \left(e^{-1} y_1 + \int_1^x e^{-t^2} \, \mathrm{d}t \right) = e^{-1} y_1 + \int_1^{+\infty} e^{-t^2} \, \mathrm{d}t \neq 0$,

即 $y_1 \neq - e \int_1^{+\infty} e^{-t^2} \, \mathrm{d}t$ 时, $\lim\limits_{x \to +\infty} y(x) = \infty$.

当 $\lim\limits_{x \to +\infty} \left(e^{-1} y_1 + \int_1^x e^{-t^2} \, \mathrm{d}t \right) = 0$,即 $y_1 = - e \int_1^{+\infty} e^{-t^2} \, \mathrm{d}t$ 时,

$$\lim_{x \to +\infty} y(x) = \lim_{x \to +\infty} \frac{e^{-1} y_1 + \int_1^x e^{-t^2} \, \mathrm{d}t}{\dfrac{1}{x} e^{-x^2}}$$

$$\xlongequal{\text{洛必达法则}} \lim_{x \to +\infty} \frac{e^{-x^2}}{-\dfrac{1}{x^2} e^{-x^2} - 2 e^{-x^2}}$$

$$= \lim_{x \to +\infty} \frac{x^2}{-1 - 2x^2} = -\frac{1}{2}.$$

附录

全国大学生(本科·非数学类)数学竞赛初赛、决赛试题及精解

第一届(2009年)初赛试题及精解

试　题

一、填空题(每小题5分,共20分)

(1) 计算 $\displaystyle\iint\limits_{D}\frac{(x+y)\ln\left(1+\frac{y}{x}\right)}{\sqrt{1-x-y}}\mathrm{d}x\mathrm{d}y=$ _____,其中区域 D 是由直线 $x+y=1$ 与两坐标轴所围三角形区域.

(2) 设 $f(x)$ 是连续函数,满足 $f(x)=3x^2-\displaystyle\int_0^2 f(x)\mathrm{d}x-2$,则 $f(x)=$ _____.

(3) 曲面 $z=\dfrac{x^2}{2}+y^2-2$ 的平行平面 $2x+2y-z=0$ 的切平面方程是_____.

(4) 设函数 $y=y(x)$ 由方程 $xe^{f(y)}=e^y\ln 29$ 确定,其中 f 具有二阶导数,且 $f'\neq 1$,则 $\dfrac{\mathrm{d}^2 y}{\mathrm{d}x^2}=$ _____.

二、(5分)求极限 $\displaystyle\lim_{x\to 0}\left(\frac{e^x+e^{2x}+\cdots+e^{nx}}{n}\right)^{\frac{e}{x}}$,其中 n 是给定的正整数.

三、(15分)设函数 $f(x)$ 连续,$g(x)=\displaystyle\int_0^1 f(xt)\mathrm{d}t$,且 $\displaystyle\lim_{x\to 0}\frac{f(x)}{x}=A$,$A$ 为常数,求 $g'(x)$ 并讨论 $g'(x)$ 在 $x=0$ 处的连续性.

四、(15分)已知平面区域 $D=\{(x,y)\mid 0\leqslant x\leqslant\pi,0\leqslant y\leqslant\pi\}$,$L$ 为 D 的正向边界,试证:

(1) $\displaystyle\oint_L xe^{\sin y}\mathrm{d}y-ye^{-\sin x}\mathrm{d}x=\oint_L xe^{-\sin y}\mathrm{d}y-ye^{\sin x}\mathrm{d}x$;

(2) $\displaystyle\oint_L xe^{\sin y}\mathrm{d}y-ye^{-\sin x}\mathrm{d}x\geqslant\frac{5}{2}\pi^2$.

五、(10分)已知 $y_1=xe^x+e^{2x}$,$y_2=xe^x+e^{-x}$,$y_3=xe^x+e^{2x}-e^{-x}$ 是某二阶常系数线性非齐次微分方程的三个解,试求此微分方程.

六、(10分)设抛物线 $y=ax^2+bx+2\ln c$ 过原点,当 $0\leqslant x\leqslant 1$ 时,$y\geqslant 0$,又已知该抛物线与 x 轴及直线 $x=1$ 所围图形的面积为 $\dfrac{1}{3}$,试确定 a,b,c,使此图形绕 x 轴旋转一周而成的旋转体的体积 V 最小.

七、(15分)已知 $u_n(x)$ 满足 $u_n'(x)=u_n(x)+x^{n-1}e^x$($n$ 为正整数),且 $u_n(1)=\dfrac{e}{n}$,求函数项级数 $\displaystyle\sum_{n=1}^{\infty}u_n(x)$ 之和.

八、(10 分) 求 $x \to 1^-$ 时,与 $\sum\limits_{n=0}^{\infty} x^{n^2}$ 等价的无穷大量.

精　解

一、(1) 由于 $D = \left\{ (r, \theta) \,\middle|\, 0 \leqslant r \leqslant \dfrac{1}{\cos\theta + \sin\theta}, 0 \leqslant \theta \leqslant \dfrac{\pi}{2} \right\}$,所以

$$
\iint\limits_D \frac{(x+y)\ln\left(1 + \dfrac{y}{x}\right)}{\sqrt{1-x-y}} \mathrm{d}x\mathrm{d}y
$$

$$
= \int_0^{\frac{\pi}{2}} \mathrm{d}\theta \int_0^{\frac{1}{\cos\theta + \sin\theta}} \frac{r(\cos\theta + \sin\theta)\ln(1+\tan\theta)}{\sqrt{1 - r(\cos\theta + \sin\theta)}} \cdot r\mathrm{d}r
$$

$$
= \int_0^{\frac{\pi}{2}} (\cos\theta + \sin\theta)\ln(1+\tan\theta)\mathrm{d}\theta \int_0^{\frac{1}{\cos\theta + \sin\theta}} \frac{1}{\sqrt{1 - r(\cos\theta + \sin\theta)}} \cdot r^2\mathrm{d}r, \tag{1}
$$

其中,

$$
\int_0^{\frac{1}{\cos\theta + \sin\theta}} \frac{1}{\sqrt{1 - r(\cos\theta + \sin\theta)}} \cdot r^2 \mathrm{d}r
$$

$$
\xlongequal{\diamondsuit\ t = 1 - r(\cos\theta + \sin\theta)} \int_0^1 \frac{(1-t)^2}{\sqrt{t}(\cos\theta + \sin\theta)^3} \mathrm{d}t
$$

$$
= \frac{1}{(\cos\theta + \sin\theta)^3} \int_0^1 (t^{-\frac{1}{2}} - 2t^{\frac{1}{2}} + t^{\frac{3}{2}})\mathrm{d}t
$$

$$
= \frac{16}{15} \cdot \frac{1}{(\cos\theta + \sin\theta)^3}. \tag{2}
$$

将式(2) 代入式(1) 得

$$
\iint\limits_D \frac{(x+y)\ln\left(1 + \dfrac{y}{x}\right)}{\sqrt{1-x-y}} \mathrm{d}x\mathrm{d}y = \frac{16}{15} \int_0^{\frac{\pi}{2}} \frac{\ln(1+\tan\theta)}{(\cos\theta + \sin\theta)^2} \mathrm{d}\theta
$$

$$
= \frac{16}{15} \int_0^{\frac{\pi}{2}} \frac{\ln(1+\tan\theta)}{(1+\tan\theta)^2} \mathrm{d}(1+\tan\theta)
$$

$$
= -\frac{16}{15} \int_0^{\frac{\pi}{2}} \ln(1+\tan\theta) \, \mathrm{d}\frac{1}{1+\tan\theta}
$$

$$
= -\frac{16}{15} \left[\frac{\ln(1+\tan\theta)}{1+\tan\theta} \,\bigg|_0^{\frac{\pi}{2}} - \int_0^{\frac{\pi}{2}} \frac{1}{(1+\tan\theta)^2} \, \mathrm{d}(1+\tan\theta) \right]
$$

$$
= -\frac{16}{15} \cdot \frac{1}{1+\tan\theta} \,\bigg|_0^{\frac{\pi}{2}} = \frac{16}{15}.
$$

(2) 记 $A = \int_0^2 f(x)\mathrm{d}x$,则所给等式成为

$$
f(x) = 3x^2 - A - 2. \tag{1}
$$

两边积分得

$$
\int_0^2 f(x)\mathrm{d}x = \int_0^2 (3x^2 - A - 2)\mathrm{d}x = 8 - 2(A+2) = 4 - 2A,
$$

即 $A = 4 - 2A$.

所以 $A = \dfrac{4}{3}$. 代入式(1) 得

$$f(x) = 3x^2 - \frac{10}{3}.$$

（3）设切点为 (x_0, y_0, z_0)，则曲面 $z = \frac{x^2}{2} + y^2 - 2$ 在点 (x_0, y_0, z_0) 的法向量为 $(x_0, 2y_0, -1)$. 于是由题设得

$$\begin{cases} z_0 = \dfrac{x_0^2}{2} + y_0^2 - 2, \\ \dfrac{x_0}{2} = \dfrac{2y_0}{2} = \dfrac{-1}{-1}. \end{cases}$$

解此方程组得 $x_0 = 2, y_0 = 1, z_0 = 1$. 所以所求的切平面方程为

$$2(x - 2) + 2(y - 1) + (-1)(z - 1) = 0,$$

即 $2x + 2y - z = 5$.

（4）所给方程两边对 x 求导得

$$e^{f(y)} + x e^{f(y)} f'(y) \frac{dy}{dx} = e^y \frac{dy}{dx} \ln 29,$$

即

$$e^{f(y)} + (e^y \ln 29) f'(y) \frac{dy}{dx} = (e^y \ln 29) \frac{dy}{dx},$$

$$e^{f(y)} = e^y \ln 29 [1 - f'(y)] \frac{dy}{dx}.$$

两边同乘 x 得

$$x e^{f(y)} = e^y \ln 29 \cdot x [1 - f'(y)] \frac{dy}{dx},$$

即

$$e^y \ln 29 = e^y \ln 29 \cdot x [1 - f'(y)] \frac{dy}{dx}.$$

由此得到
$$\frac{dy}{dx} = \frac{1}{x[1 - f'(y)]}. \tag{1}$$

于是，$$\frac{d^2 y}{dx^2} = -\frac{[1 - f'(y)] - x f''(y) \dfrac{dy}{dx}}{x^2 [1 - f'(y)]^2}$$

$$\xlongequal{\text{式(1) 代入}} -\frac{[1 - f'(y)] - x f''(y) \cdot \dfrac{1}{x[1 - f'(y)]}}{x^2 [1 - f'(y)]^2}$$

$$= -\frac{[1 - f'(y)]^2 - f''(y)}{x^2 [1 - f'(y)]^3}.$$

二、
$$\lim_{x \to 0} \left(\frac{e^x + e^{2x} + \cdots + e^{nx}}{n} \right)^{\frac{e}{x}}$$

$$= e^{\lim\limits_{x \to 0} \frac{e}{x} \ln \frac{e^x + e^{2x} + \cdots + e^{nx}}{n}} \tag{1}$$

其中，
$$\lim_{x \to 0} \frac{e}{x} \ln \frac{e^x + e^{2x} + \cdots + e^{nx}}{n}$$

$$= \mathrm{e} \lim_{x \to 0} \frac{\ln\left(1 + \dfrac{\mathrm{e}^x + \mathrm{e}^{2x} + \cdots + \mathrm{e}^{nx} - n}{n}\right)}{x}$$

$$= \mathrm{e} \lim_{x \to 0} \frac{\mathrm{e}^x + \mathrm{e}^{2x} + \cdots + \mathrm{e}^{nx} - n}{nx}$$

$$= \frac{\mathrm{e}}{n} \lim_{x \to 0} \sum_{i=1}^{n} \frac{\mathrm{e}^{ix} - 1}{x} = \frac{\mathrm{e}}{n} \sum_{i=1}^{n} \lim_{x \to 0} \frac{\mathrm{e}^{ix} - 1}{x}$$

$$= \frac{\mathrm{e}}{n} \sum_{i=1}^{n} i = \frac{\mathrm{e}}{n} \cdot \frac{1}{2} n(n+1) = \frac{\mathrm{e}}{2}(n+1). \tag{2}$$

将式（2）代入式（1）得

$$\lim_{x \to 0}\left(\frac{\mathrm{e}^x + \mathrm{e}^{2x} + \cdots + \mathrm{e}^{nx}}{n}\right)^{\frac{\mathrm{e}}{x}} = \mathrm{e}^{\frac{\mathrm{e}}{2}(n+1)}.$$

三、由 $f(x)$ 连续及 $\lim\limits_{x \to 0} \dfrac{f(x)}{x} = A$ 知 $f(0) = 0$，$f'(0) = A$. 由此可知

$$g(0) = \int_0^1 f(0)\mathrm{d}t = 0.$$

当 $x \neq 0$ 时，由 $g(x) = \int_0^1 f(xt)\mathrm{d}t \xlongequal{u=xt} \dfrac{1}{x}\int_0^x f(u)\mathrm{d}u$ 得

$$g'(x) = \frac{xf(x) - \displaystyle\int_0^x f(u)\mathrm{d}u}{x^2},$$

以及 $g'(0) = \lim\limits_{x \to 0} \dfrac{g(x) - g(0)}{x} = \lim\limits_{x \to 0} \dfrac{\dfrac{1}{x}\displaystyle\int_0^x f(t)\mathrm{d}t}{x} = \lim\limits_{x \to 0} \dfrac{\displaystyle\int_0^x f(t)\mathrm{d}t}{x^2}$

$$\xlongequal{\text{洛必达法则}} \lim_{x \to 0} \frac{f(x)}{2x} = \frac{A}{2}.$$

由此可知，$\lim\limits_{x \to 0} g'(x) = \lim\limits_{x \to 0} \dfrac{xf(x) - \displaystyle\int_0^x f(u)\mathrm{d}u}{x^2}$

$$= \lim_{x \to 0} \frac{f(x)}{x} - \lim_{x \to 0} \frac{\displaystyle\int_0^x f(u)\mathrm{d}u}{x^2}$$

$$= A - \lim_{x \to 0} \frac{\displaystyle\int_0^x f(u)\mathrm{d}u}{x^2}$$

$$= A - \frac{A}{2} = \frac{A}{2} = g'(0),$$

所以 $g'(x)$ 在 $x = 0$ 处连续.

四、（1）由格林公式得

$$\oint_L x\mathrm{e}^{\sin y}\mathrm{d}y - y\mathrm{e}^{-\sin x}\mathrm{d}x = \iint_D (\mathrm{e}^{\sin y} + \mathrm{e}^{-\sin x})\mathrm{d}\sigma, \tag{1}$$

$$\oint_L x\mathrm{e}^{-\sin y}\mathrm{d}y - y\mathrm{e}^{\sin x}\mathrm{d}x = \iint_D (\mathrm{e}^{-\sin y} + \mathrm{e}^{\sin x})\mathrm{d}\sigma. \tag{2}$$

由于 D 关于直线 $y = x$ 对称，函数 $\mathrm{e}^{\sin y} - \mathrm{e}^{\sin x}$ 及 $\mathrm{e}^{-\sin x} - \mathrm{e}^{-\sin y}$ 在对称点处的值互为相反

数,所以

$$\iint\limits_{D}(\mathrm{e}^{\sin y}-\mathrm{e}^{\sin x})\mathrm{d}\sigma=0,\iint\limits_{D}(\mathrm{e}^{-\sin x}-\mathrm{e}^{-\sin y})\mathrm{d}\sigma=0,$$

即

$$\iint\limits_{D}\mathrm{e}^{\sin y}\mathrm{d}\sigma=\iint\limits_{D}\mathrm{e}^{\sin x}\mathrm{d}\sigma,\iint\limits_{D}\mathrm{e}^{-\sin x}\mathrm{d}\sigma=\iint\limits_{D}\mathrm{e}^{-\sin y}\mathrm{d}\sigma. \tag{3}$$

将它们代入式(1),且与式(2) 比较得

$$\oint\limits_{L}x\,\mathrm{e}^{\sin y}\mathrm{d}y-y\mathrm{e}^{-\sin x}\mathrm{d}x=\iint\limits_{D}(\mathrm{e}^{\sin x}+\mathrm{e}^{-\sin y})\mathrm{d}\sigma=\oint\limits_{L}x\,\mathrm{e}^{-\sin y}\mathrm{d}y-y\mathrm{e}^{\sin x}\mathrm{d}x.$$

(2) $$\oint\limits_{L}x\,\mathrm{e}^{\sin y}\mathrm{d}y-y\mathrm{e}^{-\sin x}\mathrm{d}x=\iint\limits_{D}(\mathrm{e}^{\sin y}+\mathrm{e}^{-\sin x})\mathrm{d}\sigma$$

$$\xlongequal{\text{利用式}(3)}\iint\limits_{D}(\mathrm{e}^{\sin y}+\mathrm{e}^{-\sin y})\mathrm{d}\sigma. \tag{4}$$

由于 $\mathrm{e}^{\sin y}+\mathrm{e}^{-\sin y}=\displaystyle\sum_{n=0}^{\infty}\frac{1}{n!}(\sin y)^{n}+\sum_{n=0}^{\infty}(-1)^{n}\frac{1}{n!}(\sin y)^{n}$

$$=2+2\cdot\frac{1}{2!}\sin^{2}y+2\cdot\frac{1}{4!}\sin^{4}y+\cdots$$

$$\geqslant 2+\sin^{2}y=\frac{5}{2}-\frac{1}{2}\cos 2y,$$

所以,由式(4) 得

$$\oint\limits_{L}x\,\mathrm{e}^{\sin y}\mathrm{d}y-y\mathrm{e}^{-\sin x}\mathrm{d}x\geqslant\iint\limits_{D}\Big(\frac{5}{2}-\frac{1}{2}\cos 2y\Big)\mathrm{d}\sigma$$

$$=\frac{5}{2}\cdot\pi^{2}-\frac{1}{2}\int_{0}^{\pi}\mathrm{d}x\int_{0}^{\pi}\cos 2y\mathrm{d}y=\frac{5}{2}\pi^{2}.$$

五、设所求的二阶常系数非齐次线性微分方程为

$$y''+py'+qy=f(x)(\text{其中 }p,q\text{ 是常数}). \tag{1}$$

由于 $y_1-y_3=\mathrm{e}^{-x}$, $2y_1-y_2-y_3=\mathrm{e}^{2x}$ 是对应的齐次线性微分方程

$$y''+py'+qy=0 \tag{2}$$

的两个线性无关的特解,所以式(2) 的特征方程有根 $-1,2$,从而

$$p=-(-1+2)=-1,q=(-1)\cdot 2=-2.$$

由于 $y_1=x\mathrm{e}^{x}+\mathrm{e}^{2x}$ 是式(1) 的一个特解,而 e^{2x} 是式(2) 的一个特解,所以 $x\mathrm{e}^{x}$ 是式(1) 的一个特解. 将 $p=-1,q=-2$ 及 $y=x\mathrm{e}^{x}$ 代入式(1) 得

$$(x+2)\mathrm{e}^{x}-(x+1)\mathrm{e}^{x}-2x\mathrm{e}^{x}=f(x).$$

所以,$f(x)=\mathrm{e}^{x}-2x\mathrm{e}^{x}$. 因此所求的常系数非齐次线性微分方程为

$$y''-y'-2y=\mathrm{e}^{x}-2x\mathrm{e}^{x}.$$

六、由题设知

$$\begin{cases}0=2\ln c(\text{抛物线 }y=ax^{2}+bx+2\ln c\text{ 通过原点}), & (1)\\[2mm]\displaystyle\int_{0}^{1}(ax^{2}+bx+2\ln c)\mathrm{d}x=\frac{1}{3}(\text{抛物线 }y=ax^{2}+bx+2\ln c\text{ 与直线 }x=1,y=0 & (2)\end{cases}$$

围成的图形 D 的面积为 $\dfrac{1}{3}$).

由式(1) 得 $c = 1$，代入式(2) 得

$$\frac{1}{3}a + \frac{1}{2}b = \frac{1}{3}，即\ a = 1 - \frac{3}{2}b.$$

于是，所给抛物线成为 $y = \left(1 - \frac{3}{2}b\right)x^2 + bx.$ 由此可得 D 绕 x 轴旋转一周而成的旋转体体积为

$$V = \pi\int_0^1\left[\left(1 - \frac{3}{2}b\right)x^2 + bx\right]^2 \mathrm{d}x = \pi\int_0^1\left[\left(1 - \frac{3}{2}b\right)^2 x^4 + 2b\left(1 - \frac{3}{2}b\right)x^3 + b^2 x^2\right]\mathrm{d}x$$

$$= \pi\left[\frac{1}{5}\left(1 - \frac{3}{2}b\right)^2 + \frac{1}{2}b\left(1 - \frac{3}{2}b\right) + \frac{1}{3}b^2\right]$$

$$= \pi\left(\frac{1}{5} - \frac{1}{10}b + \frac{1}{30}b^2\right).$$

由 $\dfrac{\mathrm{d}V}{\mathrm{d}b} = \pi\left(-\dfrac{1}{10} + \dfrac{1}{15}b\right) \begin{cases} < 0, & b < \dfrac{3}{2}, \\ = 0, & b = \dfrac{3}{2}, \\ > 0, & b > \dfrac{3}{2}. \end{cases}$

得在 $b = \dfrac{3}{2}$ 时，V 取最小值．因此所求的 a,b,c 的值分别为 $a = -\dfrac{5}{4}, b = \dfrac{3}{2}, c = 1.$

七、$u_n'(x) = u_n(x) + x^{n-1}\mathrm{e}^x$，即

$$u_n'(x) - u_n(x) = x^{n-1}\mathrm{e}^x \quad(\text{一阶线性微分方程})$$

的通解为

$$u_n(x) = \mathrm{e}^{\int \mathrm{d}x}\left(C + \int x^{n-1}\mathrm{e}^x \cdot \mathrm{e}^{\int -\mathrm{d}x}\mathrm{d}x\right)$$

$$= \mathrm{e}^x\left(C + \int x^{n-1}\mathrm{d}x\right) = \mathrm{e}^x\left(C + \frac{1}{n}x^n\right). \tag{1}$$

将 $u_n(1) = \dfrac{\mathrm{e}}{n}$ 代入式(1) 得

$$\frac{\mathrm{e}}{n} = \mathrm{e}\left(C + \frac{1}{n}\right)，即\ C = 0.$$

将它代入式(1) 得 $u_n(x) = \dfrac{1}{n}x^n\mathrm{e}^x.$ 从而

$$\sum_{n=1}^\infty u_n(x) = \sum_{n=1}^\infty \frac{1}{n}x^n\mathrm{e}^x = \mathrm{e}^x\sum_{n=1}^\infty \frac{1}{n}x^n = -\mathrm{e}^x\ln(1-x) \quad(-1 \leqslant x < 1).$$

八、本题即为寻找 $x \to 1^-$ 时的无穷大量 $g(x)$，它使得

$$\lim_{x \to 1^-} \frac{\sum_{n=0}^\infty x^{n^2}}{g(x)} = 1.$$

由于对 $n = 0,1,2,\cdots,$ 有

$$\int_n^{n+1} x^{t^2}\mathrm{d}t = x^{\xi^2} \quad(\xi \in [n, n+1]),$$

所以，当 $x \to 1^-$ 时，由 $x^{n^2} \geqslant \int_n^{n+1} x^{t^2}\mathrm{d}t$ 得

$$\int_0^{+\infty} x^{t^2}\,dt \leqslant \sum_{n=0}^{\infty} x^{n^2};\tag{1}$$

由 $\qquad x^{(n+1)^2} \leqslant \int_n^{n+1} x^{t^2}\,dt$，即 $x^{n^2} \leqslant \int_{n-1}^{n} x^{t^2}\,dt$ 得

$$\sum_{n=1}^{\infty} x^{n^2} \leqslant \int_0^{+\infty} x^{t^2}\,dt，即\sum_{n=0}^{\infty} x^{n^2} \leqslant 1 + \int_0^{+\infty} x^{t^2}\,dt.\tag{2}$$

由式(1)、式(2) 得

$$\int_0^{+\infty} x^{t^2}\,dt \leqslant \sum_{n=0}^{\infty} x^{n^2} \leqslant 1 + \int_0^{+\infty} x^{t^2}\,dt \ (x\to1^-),$$

其中 $\displaystyle\int_0^{+\infty} x^{t^2}\,dt = \int_0^{+\infty} e^{-t^2\ln\frac{1}{x}}\,dt \xlongequal{u=t\sqrt{\ln\frac{1}{x}}} \dfrac{1}{\sqrt{\ln\frac{1}{x}}} \int_0^{+\infty} e^{-u^2}\,du$

$$= \frac{\sqrt{\pi}}{2}\Big(\ln\frac{1}{x}\Big)^{-\frac{1}{2}} \to +\infty\,(x\to1^-) \quad \Big(这里利用\int_0^{+\infty} e^{-u^2}\,du = \frac{\sqrt{\pi}}{2}\Big).$$

于是记 $g(x) = \dfrac{\sqrt{\pi}}{2}\Big(\ln\dfrac{1}{x}\Big)^{-\frac{1}{2}}$，则由

$$\lim_{x\to1^-} \frac{\displaystyle\int_0^{+\infty} x^{t^2}\,dt}{g(x)} = \lim_{x\to1^-} \frac{1+\displaystyle\int_0^{+\infty} x^{t^2}\,dt}{g(x)} = 1\ 知$$

$$\lim_{x\to1^-} \frac{\displaystyle\sum_{n=0}^{\infty} x^{t^2}}{g(x)} = 1.$$

因此，$x\to1^-$ 时，$\displaystyle\sum_{n=0}^{\infty} x^{n^2}$ 的等价无穷大为 $g(x) = \dfrac{\sqrt{\pi}}{2}\Big(\ln\dfrac{1}{x}\Big)^{-\frac{1}{2}}$.

第一届(2009 年)决赛试题及精解

试　　题

一、计算下列各题(每小题 5 分，共 20 分)：

(1) 求极限 $\displaystyle\lim_{n\to\infty}\sum_{k=1}^{n-1}\Big(1+\frac{k}{n}\Big)\sin\frac{k\pi}{n^2}$.

(2) 计算 $\displaystyle\iint_{\Sigma}\frac{ax\,dy\,dz+(z+a)^2\,dx\,dy}{\sqrt{x^2+y^2+z^2}}$，其中 Σ 为下半球面 $z=-\sqrt{a^2-y^2-x^2}$ 的上侧，$a>0$.

(3) 现要设计一个容积为 V 的一个圆柱体容器. 已知上下两底的材料费为单位面积 a 元，而侧面的材料费为单位面积 b 元. 试给出最节省的设计方案：即高和上下底的直径之比为何值时所需费用最少？

(4) 已知 $f(x)$ 在区间 $\Big(\dfrac{1}{4},\dfrac{1}{2}\Big)$ 内满足 $f'(x)=\dfrac{1}{\sin^3 x+\cos^3 x}$，求 $f(x)$.

二、(10 分) 求下列极限：

(1) $\displaystyle\lim_{n\to\infty} n\Big[\Big(1+\frac{1}{n}\Big)^n - e\Big]$；

(2) $\lim\limits_{n\to\infty}\left(\dfrac{a^{\frac{1}{n}}+b^{\frac{1}{n}}+c^{\frac{1}{n}}}{3}\right)^n$，其中 $a>0,b>0,c>0$.

三、（10 分）设 $f(x)$ 在点 $x=1$ 附近有定义，且在点 $x=1$ 处可导，$f(1)=0$，$f'(1)=2$. 求 $\lim\limits_{x\to0}\dfrac{f(\sin^2x+\cos x)}{x^2+x\tan x}$.

四、（10 分）设函数 $f(x)$ 在 $[0,+\infty)$ 上连续，反常积分 $\int_0^{+\infty}f(x)\mathrm{d}x$ 收敛，求

$$\lim_{y\to+\infty}\frac{1}{y}\int_0^y xf(x)\mathrm{d}x.$$

五、（12 分）设函数 $f(x)$ 在 $[0,1]$ 上连续，在 $(0,1)$ 内可微，且 $f(0)=f(1)=0$，$f\left(\dfrac{1}{2}\right)=1$. 证明：

(1) 存在 $\xi\in\left(\dfrac{1}{2},1\right)$ 使得 $f(\xi)=\xi$；

(2) 存在 $\eta\in(0,\xi)$ 使得 $f'(\eta)=f(\eta)-\eta+1$.

六、（14 分）设 $n>1$ 为整数，$F(x)=\int_0^x\mathrm{e}^{-t}\left(1+\dfrac{t}{1!}+\dfrac{t^2}{2!}+\cdots+\dfrac{t^n}{n!}\right)\mathrm{d}t$. 证明：方程 $F(x)=\dfrac{n}{2}$ 在区间 $\left(\dfrac{n}{2},n\right)$ 内至少有一个实根.

七、（12 分）是否存在 $\mathbb{R}^1$ 中的可微函数 $f(x)$ 使得 $f(f(x))=1+x^2+x^4-x^3-x^5$？若存在，请给出一个例子；若不存在，请给出证明.

八、（12 分）设函数 $f(x)$ 在 $[0,\infty)$ 上一致连续，且对于固定的 $x\in[0,\infty)$，当自然数 $n\to\infty$ 时 $f(x+n)\to0$. 证明：函数序列 $\{f(x+n):n=1,2,\cdots\}$ 在 $[0,1]$ 上一致收敛于 0.

精　解

一、(1) 由于 $\dfrac{k\pi}{n^2}-\dfrac{1}{6}\left(\dfrac{k\pi}{n^2}\right)^3<\sin\dfrac{k\pi}{n^2}<\dfrac{k\pi}{n^2}(k=1,2,\cdots,n)$ 得

$$\sum_{k=1}^n\left(1+\frac{k}{n}\right)\left[\frac{k\pi}{n^2}-\frac{1}{6}\left(\frac{k\pi}{n^2}\right)^3\right]<\sum_{k=1}^n\left(1+\frac{k}{n}\right)\sin\frac{k\pi}{n^2}<\sum_{k=1}^n\left(1+\frac{k}{n}\right)\frac{k\pi}{n^2}.$$

由于 $\lim\limits_{n\to\infty}\sum\limits_{k=1}^n\left(1+\dfrac{k}{n}\right)\dfrac{k\pi}{n^2}=\pi\lim\limits_{n\to\infty}\dfrac{1}{n}\sum\limits_{k=1}^n\left(1+\dfrac{k}{n}\right)\dfrac{k}{n}=\pi\int_0^1(1+x)x\mathrm{d}x=\dfrac{5}{6}\pi,$

$$\lim_{n\to\infty}\sum_{k=1}^n\left(1+\frac{k}{n}\right)\left[\frac{k\pi}{n^2}-\frac{1}{6}\left(\frac{k\pi}{n^2}\right)^3\right]$$

$$=\pi\lim_{n\to\infty}\frac{1}{n}\sum_{k=1}^n\left(1+\frac{k}{n}\right)\frac{k}{n}-\lim_{n\to\infty}\left[\frac{\pi^3}{6n^2}\cdot\frac{1}{n}\sum_{k=1}^n\left(1+\frac{k}{n}\right)\left(\frac{k}{n}\right)^3\right]$$

$$=\pi\int_0^1(1+x)x\mathrm{d}x-\lim_{n\to\infty}\frac{\pi^3}{6n^2}\cdot\int_0^1(1+x)x^3\mathrm{d}x$$

$$=\frac{5}{6}\pi,$$

所以由数列极限存在准则 I 得

$$\lim_{n\to\infty}\sum_{k=1}^{n-1}\left(1+\frac{k}{n}\right)\sin\frac{k\pi}{n^2}=\lim_{n\to\infty}\sum_{k=1}^n\left(1+\frac{k}{n}\right)\sin\frac{k\pi}{n^2}-\lim_{n\to\infty}\left(1+\frac{n}{n}\right)\sin\frac{n\pi}{n^2}$$

$$=\lim_{n\to\infty}\sum_{k=1}^{n}\left(1+\frac{k}{n}\right)\sin\frac{k\pi}{n^2}=\frac{5}{6}\pi.$$

(2) $\iint\limits_{\Sigma}\dfrac{ax\,\mathrm{d}y\,\mathrm{d}z+(z+a)^2\,\mathrm{d}x\,\mathrm{d}y}{\sqrt{x^2+y^2+z^2}}=\dfrac{1}{a}\iint\limits_{\Sigma}ax\,\mathrm{d}y\,\mathrm{d}z+(z+a)^2\,\mathrm{d}x\,\mathrm{d}y$

$=\dfrac{1}{a}\oiint\limits_{\Sigma+S(内侧)}ax\,\mathrm{d}y\,\mathrm{d}z+(z+a)^2\,\mathrm{d}x\,\mathrm{d}y-\dfrac{1}{a}\iint\limits_{S}ax\,\mathrm{d}y\,\mathrm{d}z+(z+a)^2\,\mathrm{d}x\,\mathrm{d}y(S$ 是 Σ 在平面 $z=0$ 的投影,下侧)

$=-\dfrac{1}{a}\oiint\limits_{\Sigma+S(外侧)}ax\,\mathrm{d}y\,\mathrm{d}z+(z+a)^2\,\mathrm{d}x\,\mathrm{d}y+\dfrac{1}{a}\iint\limits_{x^2+y^2\leqslant a^2}a^2\,\mathrm{d}x\,\mathrm{d}y$

$=-\dfrac{1}{a}\iiint\limits_{\Omega}(2z+3a)\,\mathrm{d}v+a\cdot\pi a^2(\Omega$ 是由 $\Sigma+S$ 围成的下半球)

$=-\dfrac{2}{a}\iiint\limits_{\Omega}z\,\mathrm{d}v-3\cdot\dfrac{2}{3}\pi a^3+\pi a^3$

$=-\dfrac{2}{a}\int_0^{2\pi}\mathrm{d}\theta\int_{\frac{\pi}{2}}^{\pi}\mathrm{d}\varphi\int_0^a r\cos\varphi\cdot r^2\sin\varphi\,\mathrm{d}r-\pi a^3$

$=-\dfrac{2}{a}\cdot2\pi\cdot\int_{\frac{\pi}{2}}^{\pi}\cos\varphi\sin\varphi\mathrm{d}\varphi\cdot\dfrac{1}{4}a^4-\pi a^3$

$=-\pi a^3\cdot\dfrac{1}{2}\sin^2\varphi\Big|_{\frac{\pi}{2}}^{\pi}-\pi a^3$

$=\dfrac{1}{2}\pi a^3-\pi a^3=-\dfrac{1}{2}\pi a^3.$

(3)设圆柱体容器的高与底的直径分别为 h 与 d,则所需费用为

$$L=2a\cdot\pi\left(\frac{d}{2}\right)^2+b\cdot2\pi\cdot\frac{d}{2}\cdot h$$

$$=\frac{1}{2}\pi ad^2+\pi bdh. \tag{1}$$

由 $V=\pi\left(\dfrac{d}{2}\right)^2 h$ 得 $h=\dfrac{4V}{\pi d^2}$,代入式(1)得

$$L=\frac{1}{2}\pi ad^2+\pi bd\cdot\frac{4V}{\pi d^2}=\frac{1}{2}\pi ad^2+\frac{4bV}{d} \quad (d>0).$$

由于 $\dfrac{\mathrm{d}L}{\mathrm{d}d}=\pi ad-\dfrac{4bV}{d^2}=\dfrac{\pi ad^3-4bV}{d^2}$

$$=\frac{\pi a}{d^2}\left(d^3-\frac{4bV}{\pi a}\right)\begin{cases}<0, & 0<d<\sqrt[3]{\dfrac{4bV}{\pi a}},\\[2mm] =0, & d=\sqrt[3]{\dfrac{4bV}{\pi a}},\\[2mm] >0, & d>\sqrt[3]{\dfrac{4bV}{\pi a}},\end{cases}$$

所以,高与底的直径之比为

$$\frac{h}{d}=\frac{\dfrac{4V}{\pi d^2}}{d}=\frac{4V}{\pi}\ \frac{1}{d^3}=\frac{4V}{\pi}\cdot\frac{\pi a}{4bV}=\frac{a}{b}$$

时所需费用最少.

(4) $f(x) = \int \dfrac{1}{\sin^3 x + \cos^3 x} \mathrm{d}x$

$= \int \dfrac{1}{(\sin x + \cos x)(\sin^2 x + \cos^2 x - \sin x \cos x)} \mathrm{d}x$

$= \int \dfrac{2}{(\cos x + \sin x)(2\sin^2 x + 2\cos^2 x - 2\sin x \cos x)} \mathrm{d}x$

$= \int \dfrac{2}{(\cos x + \sin x)[1 + (\cos x - \sin x)^2]} \mathrm{d}x$

$= \int \left[\dfrac{2}{3(\cos x + \sin x)} + \dfrac{2(\cos x + \sin x)}{3[1 + (\cos x - \sin x)^2]} \right] \mathrm{d}x$

$= \int \dfrac{\sqrt{2}}{3\sin\left(x + \frac{\pi}{4}\right)} \mathrm{d}x + \int \dfrac{2}{3[1 + (\cos x - \sin x)^2]} \mathrm{d}(\sin x - \cos x)$

$= \dfrac{\sqrt{2}}{3} \ln \tan\left(\dfrac{x}{2} + \dfrac{\pi}{8}\right) + \dfrac{2}{3} \arctan(\sin x - \cos x) + C.$

二、(1) $\lim\limits_{n \to \infty} n\left[\left(1 + \dfrac{1}{n}\right)^n - \mathrm{e}\right] = \lim\limits_{n \to \infty} \dfrac{\left(1 + \frac{1}{n}\right)^n - \mathrm{e}}{\frac{1}{n}}.$

由于 $\lim\limits_{x \to 0} \dfrac{(1+x)^{\frac{1}{x}} - \mathrm{e}}{x} = \mathrm{e} \lim\limits_{x \to 0} \dfrac{\mathrm{e}^{\frac{1}{x}\ln(1+x)-1} - 1}{x}$

$= \mathrm{e} \lim\limits_{x \to 0} \dfrac{\frac{1}{x}\ln(1+x) - 1}{x} = \mathrm{e} \lim\limits_{x \to 0} \dfrac{\ln(1+x) - x}{x^2} = \mathrm{e} \lim\limits_{x \to 0} \dfrac{\left(x - \frac{1}{2}x^2 + o(x^2)\right) - x}{x^2} = -\dfrac{\mathrm{e}}{2},$

所以, $\lim\limits_{n \to \infty} n\left[\left(1 + \dfrac{1}{n}\right)^n - \mathrm{e}\right] = -\dfrac{\mathrm{e}}{2}.$

(2) $\lim\limits_{n \to \infty} \left(\dfrac{a^{\frac{1}{n}} + b^{\frac{1}{n}} + c^{\frac{1}{n}}}{3}\right)^n = \mathrm{e}^{\lim\limits_{n \to \infty} g(n)},$ \hfill (1)

其中

$\lim\limits_{n \to \infty} g(n) = \lim\limits_{n \to \infty} n\ln \dfrac{a^{\frac{1}{n}} + b^{\frac{1}{n}} + c^{\frac{1}{n}}}{3} = \lim\limits_{n \to \infty} \ln\left(1 + \dfrac{a^{\frac{1}{n}} + b^{\frac{1}{n}} + c^{\frac{1}{n}} - 3}{3}\right) \Big/ \dfrac{1}{n}$

$= \lim\limits_{n \to \infty} \dfrac{\frac{a^{\frac{1}{n}} + b^{\frac{1}{n}} + c^{\frac{1}{n}} - 3}{3}}{\frac{1}{n}} = \dfrac{1}{3} \lim\limits_{n \to \infty} \left[\dfrac{a^{\frac{1}{n}} - 1}{\frac{1}{n}} + \dfrac{b^{\frac{1}{n}} - 1}{\frac{1}{n}} + \dfrac{c^{\frac{1}{n}} - 1}{\frac{1}{n}}\right]$

$= \dfrac{1}{3}(\ln a + \ln b + \ln c) = \dfrac{1}{3}\ln(abc).$ \hfill (2)

将式(2)代入式(1)得

$$\lim\limits_{n \to \infty} \left(\dfrac{a^{\frac{1}{n}} + b^{\frac{1}{n}} + c^{\frac{1}{n}}}{3}\right)^n = \mathrm{e}^{\frac{1}{3}\ln(abc)} = \sqrt[3]{abc}.$$

三、$\lim\limits_{x \to 0} \dfrac{f(\sin^2 x + \cos x)}{x^2 + x\tan x} = \lim\limits_{x \to 0} \left[\dfrac{f(1 + (\sin^2 x + \cos x - 1)) - f(1)}{\sin^2 x + \cos x - 1} \cdot \dfrac{\sin^2 x + \cos x - 1}{x^2 + x\tan x}\right]$

$$=\lim_{x \to 0} \frac{f[1+(\sin^2 x+\cos x-1)]-f(1)}{\sin^2 x+\cos x-1} \cdot \lim_{x \to 0} \frac{\sin^2 x+\cos x-1}{x^2+x \tan x}, \tag{1}$$

其中 $\lim\limits_{x \to 0} \dfrac{f[1+(\sin^2 x+\cos x-1)]-f(1)}{\sin^2 x+\cos x-1} \xrightarrow{\diamondsuit\, t=\sin^2 x+\cos x-1} \lim\limits_{t \to 0} \dfrac{f(1+t)-f(1)}{t}=f'(1)=2,$

$$\lim_{x \to 0} \frac{\sin^2 x+\cos x-1}{x^2+x \tan x}=\lim_{x \to 0} \frac{\dfrac{\sin^2 x}{x^2}+\dfrac{\cos x-1}{x^2}}{1+\dfrac{\tan x}{x}}=\frac{1}{4}.$$

将它们代入式(1)得

$$\lim_{x \to 0} \frac{f(\sin^2 x+\cos x)}{x^2+x \tan x}=2 \cdot \frac{1}{4}=\frac{1}{2}.$$

四、 记 $F(x)=\displaystyle\int_0^x f(t)\mathrm{d}t$，则

$$\lim_{y \to +\infty} \frac{1}{y}\int_0^y x f(x)\mathrm{d}x=\lim_{y \to +\infty} \frac{1}{y}\int_0^y x\mathrm{d}F(x)$$

$$=\lim_{y \to +\infty} \frac{1}{y}\left[xF(x)\Big|_0^y-\int_0^y F(x)\mathrm{d}x\right]$$

$$=\lim_{y \to +\infty} F(y)-\lim_{y \to +\infty} \frac{\displaystyle\int_0^y F(x)\mathrm{d}x}{y}$$

$$\xRightarrow{\text{第二项使用洛必达法则}} \lim_{y \to +\infty} F(y)-\lim_{y \to +\infty} F(y)$$

$$=\int_0^{+\infty} f(x)\mathrm{d}x-\int_0^{+\infty} f(x)\mathrm{d}x=0.$$

五、(1) 记 $F_1(x)=f(x)-x$，则 $F_1(x)$ 在 $\left[\dfrac{1}{2},1\right]$ 上连续，且

$$F_1\left(\frac{1}{2}\right)F_1(1)=\left(1-\frac{1}{2}\right)(0-1)<0,$$

所以由连续函数零点定理知，存在 $\xi \in \left(\dfrac{1}{2},1\right)$，使得 $F(\xi)=0$，即 $f(\xi)=\xi.$

(2) 将欲证等式中的 η 改为 x 得

$$f'(x)-f(x)=1-x. \text{（一阶线性微分方程）}$$

它的通解为 $f(x)=\mathrm{e}^x\left(C+\displaystyle\int(1-x)\mathrm{e}^{-x}\mathrm{d}x\right)=\mathrm{e}^x(C+x\mathrm{e}^{-x})$，即

$$\mathrm{e}^{-x}[f(x)-x]=C,$$

所以作辅助函数 $F_2(x)=\mathrm{e}^{-x}[f(x)-x]$，则 $F_2(x)$ 在 $[0,\xi]$ 上连续，在 $(0,\xi)$ 内可导，且 $F_2(0)=F_2(\xi)=0$（利用(1)已证的结论）. 因此，由罗尔定理知存在 $\eta \in (0,\xi)$，使得 $F_2'(\eta)=0$，即

$$\mathrm{e}^{-\eta}[f'(\eta)-1]-\mathrm{e}^{-\eta}[f(\eta)-\eta]=0,$$

化简得 $\qquad\qquad f'(\eta)=f(\eta)-\eta+1.$

六、 记 $G(x)=F(x)-\dfrac{n}{2}$，则 $G(x)$ 在 $\left[\dfrac{n}{2},n\right]$ 上连续，并且

由于 $G\left(\dfrac{n}{2}\right) = F\left(\dfrac{n}{2}\right) - \dfrac{n}{2} = \displaystyle\int_0^{\frac{n}{2}} \mathrm{e}^{\,t}\left(1 + \dfrac{t}{1!} + \dfrac{t^2}{2!} + \cdots + \dfrac{t^n}{n!}\right)\mathrm{d}t - \dfrac{n}{2}$

$\qquad\qquad < \displaystyle\int_0^{\frac{n}{2}} \mathrm{e}^{-t} \cdot \mathrm{e}^t \mathrm{d}t - \dfrac{n}{2} = \dfrac{n}{2} - \dfrac{n}{2} = 0,$

此外，$\qquad G(n) = F(n) - \dfrac{n}{2} = \displaystyle\int_0^n \mathrm{e}^{-t}\left(1 + \dfrac{t}{1!} + \dfrac{t^2}{2!} + \cdots + \dfrac{t^n}{n!}\right)\mathrm{d}t - \dfrac{n}{2},$ $\qquad(1)$

其中，

$\displaystyle\int_0^n \mathrm{e}^{-t}\left(1 + \dfrac{t}{1!} + \dfrac{t^2}{2!} + \cdots + \dfrac{t^n}{n!}\right)\mathrm{d}t$

$= -\displaystyle\int_0^n \left(1 + \dfrac{t}{1!} + \dfrac{t^2}{2!} + \cdots + \dfrac{t^n}{n!}\right)\mathrm{d}\mathrm{e}^{-t}$

$= -\left[\left(1 + \dfrac{t}{1!} + \dfrac{t^2}{2!} + \cdots + \dfrac{t^n}{n!}\right)\mathrm{e}^{-t}\,\Big|_0^n - \displaystyle\int_0^n \mathrm{e}^{-t}\left(1 + \dfrac{1}{1!}t + \dfrac{1}{2!}t^2 + \cdots + \dfrac{1}{(n-1)!}t^{n-1}\right)\right]\mathrm{d}t$

$= 1 - \mathrm{e}^{-n}\displaystyle\sum_{k=0}^n \dfrac{n^k}{k!} + \displaystyle\int_0^n \mathrm{e}^{-t}\left[1 + \dfrac{1}{1!}t + \dfrac{1}{2!}t^2 + \cdots + \dfrac{1}{(n-1)!}t^{n-1}\right]\mathrm{d}t$

$= 1 - \mathrm{e}^{-n}\displaystyle\sum_{k=0}^n \dfrac{n^k}{k!} - \displaystyle\int_0^n \left[1 + \dfrac{1}{1!}t + \dfrac{1}{2!}t^2 + \cdots + \dfrac{1}{(n-1)!}t^{n-1}\right]\mathrm{d}\mathrm{e}^{-t}$

$= 1 - \mathrm{e}^{-n}\displaystyle\sum_{k=0}^n \dfrac{n^k}{k!} - \left\{\left[1 + \dfrac{1}{1!}t + \dfrac{1}{2!}t^2 + \cdots + \dfrac{1}{(n-1)!}t^{n-1}\right]\mathrm{e}^{-t}\,\Big|_0^n - \right.$

$\qquad \left. \displaystyle\int_0^n \mathrm{e}^{-t}\left[1 + \dfrac{1}{1!}t + \dfrac{1}{2!}t^2 + \cdots + \dfrac{1}{(n-2)!}t^{n-2}\right]\mathrm{d}t\right\}$

$= 2 - \mathrm{e}^{-n}\left(\displaystyle\sum_{k=0}^n \dfrac{n^k}{k!} + \displaystyle\sum_{k=0}^{n-1} \dfrac{n^k}{k!}\right) + \displaystyle\int_0^n \mathrm{e}^{-t}\left[1 + \dfrac{1}{1!}t + \dfrac{1}{2!}t^2 + \cdots + \dfrac{1}{(n-2)!}t^{n-2}\right]\mathrm{d}t$

$= \cdots$

$= n + 1 - \mathrm{e}^{-n}\left(\displaystyle\sum_{k=0}^n \dfrac{n^k}{k!} + \displaystyle\sum_{k=0}^{n-1} \dfrac{n^k}{k!} + \cdots + \displaystyle\sum_{k=0}^1 \dfrac{n^k}{k!} + \displaystyle\sum_{k=0}^0 \dfrac{n^k}{k!}\right)$

$= n + 1 - \mathrm{e}^{-n}\displaystyle\sum_{k=0}^n \displaystyle\sum_{m=0}^{n-k} \dfrac{n^m}{m!}$

$= n + 1 - \mathrm{e}^{-n}\displaystyle\sum_{m=0}^n (n - m + 1)\dfrac{n^m}{m!}$

$= n + 1 - \mathrm{e}^{-n}\left[(n+1)\displaystyle\sum_{m=0}^n \dfrac{n^m}{m!} - \displaystyle\sum_{m=0}^n m \cdot \dfrac{n^m}{m!}\right]$

$= n + 1 - \mathrm{e}^{-n}\left[(n+1)\displaystyle\sum_{m=0}^n \dfrac{n^m}{m!} - n\displaystyle\sum_{m=1}^n \dfrac{n^{m-1}}{(m-1)!}\right]$

$= n + 1 - \mathrm{e}^{-n}\left[(n+1)\displaystyle\sum_{m=0}^n \dfrac{n^m}{m!} - n\displaystyle\sum_{m=0}^{n-1} \dfrac{n^m}{m!}\right]$

$$= n + 1 - e^{-n}\left(\sum_{m=0}^{n}\frac{n^m}{m!} + \frac{n^{n+1}}{n!}\right)$$

$$> n + 1 - e^{-n} \cdot \sum_{m=0}^{\infty}\frac{n^m}{m!} - e^{-n} \cdot \frac{n^{n+1}}{\sqrt{2\pi n} \cdot n^n \cdot e^{-n}} \left(\text{利用 } n! = \sqrt{2\pi n} \cdot n^n e^{-n+\frac{\theta_n}{12n}}, \text{其中}\right.$$

$$\left. \theta_n \in (0,1)\right)$$

$$= n - \sqrt{\frac{n}{2\pi}}$$

将它代入式(1)得

$$G(n) = n - \sqrt{\frac{n}{2\pi}} - \frac{n}{2} = \frac{n}{2} - \sqrt{\frac{n}{2\pi}} > 0.$$

因此由连续函数零点定理知,方程 $G(x) = 0$,即 $F(x) = \dfrac{n}{2}$ 在 $\left(\dfrac{n}{2}, n\right)$ 内至少有一个实根.

七、在 $\mathbb{R}^1$ 中满足 $f(f(x)) = 1 + x^2 + x^4 - x^3 - x^5$ 的可微函数 $f(x)$ 是不存在的,现用反证法证明如下:

如果存在题中所述的函数 $f(x)$,则有

$$f(f(f(x))) = 1 + f^2(x) + f^4(x) - f^3(x) - f^5(x).$$

由于 $f(f(1)) = 1$,所以在上式中令 $x = 1$ 得

$$f(1) = 1 + f^2(1) + f^4(1) - f^3(1) - f^5(1),$$

即 $[1 - f(1)][1 + f^2(1) + f^4(1)] = 0$,从而 $f(1) = 1$.

对题设等式两边求导得

$$f'(f(x))f'(x) = 2x + 4x^3 - 3x^2 - 5x^4.$$

将 $x = 1$ 代入上式得 $[f'(1)]^2 = 2 + 4 - 3 - 5 = -2$. 这是矛盾的,它表明题中所要求的函数 $f(x)$ 是不存在的.

八、 $f(x)$ 在 $[0, +\infty)$ 上一致连续是:对任给 $\varepsilon > 0$,存在只与 ε 有关的 $\delta > 0$,使得 $[0, +\infty)$ 上的任意 x_1, x_2,当 $|x_1 - x_2| < \delta$ 时有 $|f(x_1) - f(x_2)| < \varepsilon$.

函数序列 $\{f(x+n): n = 1, 2, \cdots\}$ 在 $[0,1]$ 上一致收敛于 0 是:对任给 $\varepsilon > 0$,存在仅与 ε 有关的正整数 N,当 $n > N$ 时,对任意 $x \in [0,1]$ 都有 $|f(x+n)| < \varepsilon$.

本题解答如下:

由于 $f(x)$ 在 $[0, +\infty)$ 上一致连续,所以对任给 $\varepsilon > 0$,存在只与 ε 有关的正整数 k,当 $[0, +\infty)$ 上的任意 x_1, x_2 满足 $|x_1 - x_2| < \dfrac{1}{k}$ 时,有 $|f(x_1) - f(x_2)| < \dfrac{\varepsilon}{2}$.

现对 $l = 0, 1, 2, \cdots, k-1$ 考虑数列 $\left\{f\left(\dfrac{l}{k} + n\right): n = 1, 2, \cdots\right\}$. 由题设条件知,这 k 个数列

及 $\{f(1+n): n = 1, 2, \cdots\}$ 在 $n \to \infty$ 时都收敛于 0,因此对 $\dfrac{\varepsilon}{2}$,存在正整数 N,当 $n > N$ 时,对任意 $l = 0, 1, 2, \cdots, k-1$ 有 $\left|f\left(\dfrac{l}{k} + n\right)\right| < \dfrac{\varepsilon}{2}$ 及 $|f(1+n)| < \dfrac{\varepsilon}{2}$.

由于对任意 $x \in [0,1)$,存在正整数 $m(0 \leqslant m \leqslant k-1)$,使得

$$\frac{m}{k} \leqslant x < \frac{m+1}{k}.$$

于是,对上述的 ε 及 N,当 $n > N$ 时

$$|f(x+n)| \leqslant \left|f(x+n) - f\left(\frac{m}{k}+n\right)\right| + \left|f\left(\frac{m}{k}+n\right)\right| < \frac{\varepsilon}{2} + \frac{\varepsilon}{2} = \varepsilon.$$

显然,以上论断对 $x = 1$ 也成立. 因此,函数序列 $\{f(x+n): n = 1, 2, \cdots\}$ 在 $[0,1]$ 上一致收敛.

第二届(2010 年)预赛试题及精解

试　题

一、计算下列各题(每小题 5 分,共 25 分)

(1) 设 $x_n = (1+a)(1+a^2)\cdots(1+a^{2^n})$,其中 $|a| < 1$,求 $\lim\limits_{n \to \infty} x_n$.

(2) 求 $\lim\limits_{x \to \infty} e^{-x} \left(1 + \frac{1}{x}\right)^{x^2}$.

(3) 设 $s > 0$,求 $I_n = \int_0^{+\infty} e^{-sx} x^n \mathrm{d}x \, (n = 1, 2, \cdots)$.

(4) 设函数 $f(t)$ 有二阶连续导数,$r = \sqrt{x^2 + y^2}$,$g(x,y) = f\left(\frac{1}{r}\right)$,求 $\dfrac{\partial^2 g}{\partial x^2} + \dfrac{\partial^2 g}{\partial y^2}$.

(5) 求直线 $l_1 : \begin{cases} x - y = 0, \\ z = 0 \end{cases}$ 与直线 $l_2 : \dfrac{x-2}{4} = \dfrac{y-1}{-2} = \dfrac{z-3}{-1}$ 的距离.

二、(15 分) 设函数 $f(x)$ 在 $(-\infty, +\infty)$ 上具有二阶导数,且

$$f''(x) > 0, \quad \lim_{x \to +\infty} f'(x) = \alpha > 0, \quad \lim_{x \to -\infty} f'(x) = \beta < 0.$$

此外,存在一点 x_0,使得 $f(x_0) < 0$,证明:方程 $f(x) = 0$ 在 $(-\infty, +\infty)$ 上恰有两个实根.

三、(15 分) 设函数 $y = f(x)$ 由参数方程

$$\begin{cases} x = 2t + t^2, \\ y = \psi(t) \end{cases} \quad (t > -1)$$

确定,且 $\dfrac{\mathrm{d}^2 y}{\mathrm{d}x^2} = \dfrac{3}{4(1+t)}$,其中 $\psi(t)$ 具有二阶导数,曲线 $y = \psi(x)$ 与 $y = \int_1^{t^2} e^{-u^2} \mathrm{d}u + \dfrac{3}{2e}$ 在 $t = 1$ 处相切,求 $\psi(t)$.

四、(15 分) 设 $a_n > 0 \, (n = 1, 2, \cdots)$,记 $S_n = \sum\limits_{k=1}^{n} a_k$. 证明:

(1) 当 $\alpha > 1$ 时,级数 $\sum\limits_{n=1}^{\infty} \dfrac{a_n}{S_n^\alpha}$ 收敛;

(2) 当 $\alpha \leqslant 1$,且 $S_n \to \infty \, (n \to \infty)$ 时,级数 $\sum\limits_{n=1}^{\infty} \dfrac{a_n}{S_n^\alpha}$ 发散.

五、(15 分) 设 l 是过原点、方向为 (α, β, γ)(其中 $\alpha^2 + \beta^2 + \gamma^2 = 1$)的直线,均匀椭球 $\dfrac{x^2}{a^2} + \dfrac{y^2}{b^2} + \dfrac{z^2}{c^2} \leqslant 1$(其中 $0 < c < b < a$,密度为 1)绕 l 旋转. 求

(1) 转动惯量;

(2) 转动惯量关于方向 (α, β, γ) 的最大值与最小值.

六、(15 分) 设函数 $\varphi(x)$ 具有连续的导数,在围绕原点的任意光滑或分段光滑简单闭曲线

C 上，曲线程分 $\oint_C \dfrac{2xy\mathrm{d}x+\varphi(x)\mathrm{d}y}{x^4+y^2}$ 的值为常数.

(1)设 L 为正向闭曲线 $(x-2)^2+y^2=1$，证明：$\oint_L \dfrac{2xy\mathrm{d}x+\varphi(x)\mathrm{d}y}{x^4+y^2}=0$；

(2)求函数 $\varphi(x)$；

(3)求 $\oint_C \dfrac{2xy\mathrm{d}x+\varphi(x)\mathrm{d}y}{x^4+y^2}$.

精　　解

一、(1)由于

$$x_n=(1-a)(1+a)(1+a^2)\cdots(1+a^{2^n})\cdot\frac{1}{1-a}$$

$$=(1-a^2)(1+a^2)\cdots(1+a^{2^n})\cdot\frac{1}{1-a}$$

$$=\cdots=(1-a^{2^n})(1+a^{2^n})\cdot\frac{1}{1-a}$$

$$=\frac{1-a^{2^{n+1}}}{1-a}.$$

并且由 $|a|<1$ 知，$\lim\limits_{n\to\infty}a^{2^{n+1}}=0$，所以

$$\lim_{n\to\infty}x_n=\lim_{n\to\infty}\frac{1-a^{2^{n+1}}}{1-a}=\frac{1}{1-a}$$

(2)由于 $\lim\limits_{x\to\infty}\mathrm{e}^{-x}\left(1+\dfrac{1}{x}\right)^{x^2}=\mathrm{e}^{\lim\limits_{x\to\infty}\left[x^2\ln\left(1+\frac{1}{x}\right)-x\right]}$，其中

$$\lim_{x\to\infty}\left[x^2\ln\left(1+\frac{1}{x}\right)-x\right]\xlongequal{\diamondsuit t=\frac{1}{x}}\lim_{t\to0}\frac{\ln(1+t)-t}{t^2}$$

$$=\lim_{t\to0}\frac{\left[t-\frac{1}{2}t^2+o(t^2)\right]-t}{t^2}=-\frac{1}{2}.$$

所以，$\lim\limits_{x\to\infty}\mathrm{e}^{-x}\left(1+\dfrac{1}{x}\right)^{x^2}=\mathrm{e}^{-\frac{1}{2}}$.

(3)由于对 $n=1,2,\cdots$ 有

$$I_n=\int_0^{+\infty}\mathrm{e}^{-sx}x^n\mathrm{d}x=\frac{1}{n+1}\int_0^{+\infty}\mathrm{e}^{-sx}\mathrm{d}x^{n+1}$$

$$=\frac{1}{n+1}\left(\mathrm{e}^{-sx}x^{n+1}\Big|_0^{+\infty}+s\int_0^{+\infty}\mathrm{e}^{-sx}x^{n+1}\mathrm{d}x\right)$$

$$=\frac{s}{n+1}I_{n+1}（这里由于当 s>0 时，\lim_{x\to+\infty}\mathrm{e}^{-sx}x^{n+1}=0），$$

即 $I_{n+1}=\dfrac{n+1}{s}I_n=\dfrac{(n+1)n}{s^2}I_{n-1}=\cdots=\dfrac{(n+1)n\cdots2\cdot1}{s^{n+1}}I_0$，所以对 $n=1,2,\cdots$ 有

$$I_n=\frac{n!}{s^n}I_0=\frac{n!}{s^n}\int_0^{+\infty}\mathrm{e}^{-sx}\mathrm{d}x=-\frac{n!}{s^{n+1}}\mathrm{e}^{-sx}\Big|_0^{+\infty}=\frac{n!}{s^{n+1}}.$$

(4)由于 $\mathrm{d}g(x,y)=\mathrm{d}f\left(\dfrac{1}{r}\right)=-f'\left(\dfrac{1}{r}\right)\dfrac{x\mathrm{d}x+y\mathrm{d}y}{r^3}$，所以

$$\frac{\partial g}{\partial x} = -\frac{x}{r^3} f'\left(\frac{1}{r}\right), \quad \frac{\partial g}{\partial y} = -\frac{y}{r^3} f'\left(\frac{1}{r}\right).$$

由此得到

$$\frac{\partial^2 g}{\partial x^2} = -\frac{r^3 - 3xr^2 \cdot \dfrac{x}{r}}{r^6} \cdot f'\left(\frac{1}{r}\right) + \frac{x}{r^3} f''\left(\frac{1}{r}\right) \cdot \frac{x}{r^3}$$

$$= \frac{2x^2 - y^2}{r^5} f'\left(\frac{1}{r}\right) + \frac{x^2}{r^6} f''\left(\frac{1}{r}\right).$$

同理可得

$$\frac{\partial^2 g}{\partial y^2} = \frac{2y^2 - x^2}{r^5} f'\left(\frac{1}{r}\right) + \frac{y^2}{r^6} f''\left(\frac{1}{r}\right).$$

因此,$\dfrac{\partial^2 g}{\partial x^2} + \dfrac{\partial^2 g}{\partial y^2} = \dfrac{1}{r^3} f'\left(\dfrac{1}{r}\right) + \dfrac{1}{r^4} f''\left(\dfrac{1}{r}\right).$

(5)l_1 的方程可以改写成 $\dfrac{x}{1} = \dfrac{y}{1} = \dfrac{z}{0}$,所以,它过点 $O(0,0,0)$,方向向量为 $\boldsymbol{\alpha} = (1,1,0)$;$l_2$ 过点 $P(2,1,3)$,方向向量为 $\boldsymbol{\beta} = (4,-2,-1)$,所以 l_1 与 l_2 的距离

$$d = \frac{|(\overrightarrow{OP} \times \boldsymbol{\alpha}) \cdot \boldsymbol{\beta}|}{|\boldsymbol{\alpha} \times \boldsymbol{\beta}|} = \frac{|[\overrightarrow{OP}, \boldsymbol{\alpha}, \boldsymbol{\beta}]|}{|\boldsymbol{\alpha} \times \boldsymbol{\beta}|}$$

其中 $|(\overrightarrow{OP} \times \boldsymbol{\alpha}) \cdot \boldsymbol{\beta}|$ 是图附 10-1 中的平行六面体体积,$|\boldsymbol{\alpha} \times \boldsymbol{\beta}|$ 是该平行六面体底面面积,所以

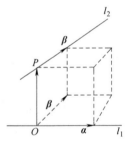

图附 10-1

$$d = \frac{|[(2,1,3),(1,1,0),(4,-2,-1)]|}{|(1,1,0) \times (4,-2,-1)|}$$

$$= \frac{\left| \begin{vmatrix} 2 & 1 & 3 \\ 1 & 1 & 0 \\ 4 & -2 & -1 \end{vmatrix} \right|}{\left| \begin{vmatrix} \boldsymbol{i} & \boldsymbol{j} & \boldsymbol{k} \\ 1 & 1 & 0 \\ 4 & -2 & -1 \end{vmatrix} \right|} = \frac{19}{|-\boldsymbol{i} - \boldsymbol{j} - 6\boldsymbol{k}|} = \frac{19}{\sqrt{38}} = \frac{\sqrt{38}}{2}.$$

二、由 $\lim\limits_{x \to +\infty} f'(x) = \alpha > 0$, $\lim\limits_{x \to -\infty} f'(x) = \beta < 0$ 知,存在 $\xi \in (-\infty, +\infty)$,使得 $f'(\xi) = 0$. 于是由 $f''(x) < 0$ 得

$$f'(x) = \begin{cases} < 0, & x < \xi, \\ = 0, & x = \xi, \\ > 0, & x > \xi. \end{cases}$$

由此可知,$f(\xi)$ 是 $f(x)$ 在 $(-\infty, +\infty)$ 上的最小值. 从而 $f(\xi) \leqslant f(x_0) < 0$.

此外,由 $\lim\limits_{x \to +\infty} f'(x) = \alpha > 0$ 知,对 $\dfrac{\alpha}{2} > 0$,存在 $x_1 > \xi$,使得 $x \geqslant x_1$ 时,$f'(x) > \dfrac{\alpha}{2}$. 由此推得

$$f(x) - f(x_1) = f'(y)(x - x_1) \quad (y \in (x_1, x))$$

$$> \frac{\alpha}{2}(x - x_1),$$

即 $f(x) > f(x_1) + \dfrac{\alpha}{2}(x - x_1) \to +\infty \, (x \to +\infty)$. 从而 $\lim\limits_{x \to +\infty} f(x) = +\infty$.

同样可得 $\lim\limits_{x\to-\infty}f(x)=+\infty$. 因此 $y=f(x)$ 的概图如图附 10-2 所示. 由图可知,方程 $f(x)=0$ 在 $(-\infty,+\infty)$ 上恰有两个实根。

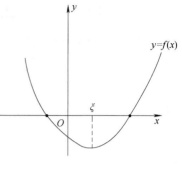

图附　10-2

三、由 $\dfrac{\mathrm{d}y}{\mathrm{d}x}=\dfrac{\varphi'(t)}{2(1+t)}$ 得

$$\frac{\mathrm{d}^2y}{\mathrm{d}x^2}=\frac{\dfrac{\mathrm{d}}{\mathrm{d}t}\Big(\dfrac{\mathrm{d}y}{\mathrm{d}x}\Big)}{\dfrac{\mathrm{d}x}{\mathrm{d}t}}=\frac{\dfrac{\mathrm{d}}{\mathrm{d}t}\Big[\dfrac{\psi'(t)}{2(1+t)}\Big]}{2(1+t)}=\frac{\psi''(t)(1+t)-\psi'(t)}{4(1+t)^3},$$

所以由题设得

$$\frac{\psi''(t)(1+t)-\psi'(t)}{4(1+t)^3}=\frac{3}{4(1+t)},\ \text{即}(1+t)\psi''(t)-\psi'(t)=3(1+t)^2,$$

或 $\qquad\qquad (1+t)^2\psi''(t)-(1+t)\psi'(t)=3(1+t)^3.\ \text{(二阶欧拉方程)}\qquad\qquad (1)$

令 $1+t=\mathrm{e}^{\tau}$,则式(1)成为

$$\frac{\mathrm{d}^2\psi}{\mathrm{d}\tau^2}-2\frac{\mathrm{d}\psi}{\mathrm{d}\tau}=3\mathrm{e}^{3\tau}.\qquad\qquad (2)$$

式(2)的通解为 $\psi=c_1+c_2\mathrm{e}^{2\tau}+\mathrm{e}^{3\tau}$,即

$$\psi(t)=c_1+c_2(1+t)^2+(1+t)^3,\qquad\qquad (3)$$

以及 $\qquad\qquad \psi'(t)=2c_2(1+t)+3(1+t)^2.\qquad\qquad (4)$

由曲线 $y=\psi(t)$ 与 $y=\displaystyle\int_1^{t^2}\mathrm{e}^{-u^2}\mathrm{d}u+\frac{3}{2\mathrm{e}}$ 在 $t=1$ 处相切知

$$\psi(1)=\frac{3}{2\mathrm{e}},\ \psi'(1)=(\mathrm{e}^{-t^4}\cdot 2t)|_{t=1}=\frac{2}{\mathrm{e}}.\qquad\qquad (5)$$

将式(5)代入式(3)与式(4)得

$$\begin{cases}\dfrac{3}{2\mathrm{e}}=c_1+4c_2+8,\\[2mm]\dfrac{2}{\mathrm{e}}=4c_2+12,\end{cases}\ \text{即}\ c_1=-\frac{1}{2\mathrm{e}}+4,\ c_2=\frac{1}{2\mathrm{e}}-3.$$

将它的代入式(3)得

$$\psi(t)=-\frac{1}{2\mathrm{e}}+4+\Big(\frac{1}{2\mathrm{e}}-3\Big)(1+t)^2+(1+t)^3.$$

四、由于 $a_n>0(n=1,2,\cdots)$,所以 $\{S_n\}$ 单调增加.

(1) 当 $2>1$ 时,显然 $\displaystyle\int_{a_1}^{+\infty}\frac{1}{x^a}\mathrm{d}x$ 收敛,记其值为 A. 对于 $n=2,3,\cdots$,当 $x\in[S_{n-1},S_n]$ 时,有 $\dfrac{1}{S_n^a}\leqslant\dfrac{1}{x^a}$. 所以由

$$\frac{a_n}{S_n^a}=\frac{S_n-S_{n-1}}{S_n^a}=\int_{S_{n-1}}^{S_n}\frac{1}{S_n^a}\mathrm{d}x\leqslant\int_{S_{n-1}}^{S_n}\frac{1}{x^a}\mathrm{d}x$$

得 $\displaystyle\sum_{k=1}^n\frac{a_k}{S_k^a}=\frac{1}{a_1^{a-1}}+\sum_{k=2}^n\frac{a_k}{S_k^a}\leqslant\frac{1}{a_1^{a-1}}+\int_{a_1}^{S_n}\frac{1}{x^a}\mathrm{d}x$

$$<\frac{1}{a_1^{a-1}}+\int_{a_1}^{+\infty}\frac{1}{x^a}\mathrm{d}x=\frac{1}{a_1^{a-1}}+A,$$

即 $\sum\limits_{n=1}^{\infty}\dfrac{a_n}{S_n^{\alpha}}$ 的部分和数列 $\left\{\sum\limits_{k=1}^{n}\dfrac{a_k}{S_k^{\alpha}}\right\}$ 有界,从而当 $\alpha>1$ 时 $\sum\limits_{n=1}^{\infty}\dfrac{a_n}{S_n^{\alpha}}$ 收敛.

(2) 当 $\alpha=1$ 时,由于

$$\sum_{k=n+1}^{n+p}\frac{a_k}{S_k}\geqslant\frac{1}{s_{n+p}}\sum_{k=n+1}^{n+p}a_k=\frac{S_{n+p}-S_n}{S_{n+p}}=1-\frac{S_n}{S_{n+p}}$$

由于 $S_n\to+\infty(n\to\infty)$,所以对任意 n,当 p 充分大时,$\dfrac{S_n}{S_{n+p}}<\dfrac{1}{2}$,从而

$$\sum_{k=n+1}^{n+p}\frac{a_k}{S_k}>\frac{1}{2}$$

因此,由柯西收敛原理知,$\sum\limits_{n=1}^{\infty}\dfrac{a_n}{S_n}$ 发散.

(3)当 $\alpha<1$ 时,由于 $\dfrac{a_n}{S_n^{\alpha}}>\dfrac{a_n}{S_n}(n=1,2,\cdots)$ 及以上已证的 $\sum\limits_{n=1}^{\infty}\dfrac{a_n}{S_n}$ 发散知 $\sum\limits_{n=1}^{\infty}\dfrac{a_n}{S_n^{\alpha}}$ 发散.

五、椭球 $\Omega:\dfrac{x^2}{a^2}+\dfrac{y^2}{b^2}+\dfrac{z^2}{c^2}\leqslant1$ 上任一点 $P(x,y,z)$ 到 $l:\dfrac{x}{\alpha}=\dfrac{y}{\beta}=\dfrac{z}{\gamma}$ 的距离的平方

$$d^2=x^2+y^2+z^2-(\alpha x+\beta y+\gamma z)^2.$$

这是由于如图附 11-3 所示的那样,$\overrightarrow{OP}^2=x^2+y^2+z^2$,$\overrightarrow{OQ}^2$ 是 $\overrightarrow{OP}$ 在单位向量 (α,β,γ) 上的投影的平方,即 $\overrightarrow{OQ}^2=[(x,y,z)\cdot(\alpha,\beta,\gamma)]^2=(\alpha x+\beta y+\gamma z)^2$. 所以由图附 11-3 可知,

$$d^2=\overrightarrow{PQ}^2=x^2+y^2+z^2-(\alpha x+\beta y+\gamma z)^2$$
$$=(1-\alpha^2)x^2+(1-\beta^2)y^2+(1-\gamma^2)z^2-2\alpha\beta xy-2\alpha\gamma xz-2\beta\gamma yz.$$

(1)所求的转动惯量为

图附 11-3

$$J(\alpha,\beta,\gamma)=\iiint\limits_{\Omega}d^2\,\mathrm{d}\sigma$$
$$=\iiint\limits_{\Omega}[(1-\alpha^2)x^2+(1-\beta^2)y^2+(1-\gamma^2)z^2-2\alpha\beta xy-2\alpha\gamma xz-2\beta\gamma yz]\mathrm{d}\sigma, \tag{1}$$

其中,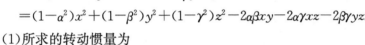 $\iiint\limits_{\Omega}x^2\mathrm{d}\sigma\xlongequal[\substack{z=cr\cos\varphi}]{\substack{令\\ \begin{cases}x=ar\cos\theta\sin\varphi\\y=br\sin\theta\sin\varphi\\z=cr\cos\varphi\end{cases}}}\int_0^{2\pi}\mathrm{d}\theta\int_0^{\pi}\mathrm{d}\varphi\int_0^1(ar\cos\theta\sin\varphi)^2\cdot abcr^2\sin\varphi\mathrm{d}r$

$$=a^3bc\int_0^{2\pi}\cos^2\theta\mathrm{d}\theta\int_0^{\pi}\sin^3\varphi\mathrm{d}\varphi\int_0^1r^4\mathrm{d}r=\frac{4\pi}{15}a^3bc, \tag{2}$$

同样可以算得

$$\iiint\limits_{\Omega}y^2\mathrm{d}\sigma=\frac{4\pi}{15}ab^3c,\iiint\limits_{\Omega}z^2\mathrm{d}\sigma=\frac{4\pi}{15}abc^3. \tag{3}$$

此外,由 Ω 关于平面 $x=0$ 对称,在对称点处 $\alpha\beta xy$ 的值互为相反数,故

$$\iiint\limits_{\Omega}\alpha\beta xy\mathrm{d}\sigma=0, \tag{4}$$

同理可得 $\iiint\limits_{\Omega}\alpha\gamma xz\mathrm{d}\sigma=\iiint\limits_{\Omega}\beta\gamma yz\mathrm{d}\sigma=0,$ \hfill (5)

所以,将式(2)~式(5)代入式(1)得

$$J(\alpha,\beta,\gamma)=\frac{4\pi}{15}abc[(1-\alpha^2)a^2+(1-\beta^2)b^2+(1-\gamma^2)c^2].$$

(2)本小题即为计算 $J(\alpha,\beta,\gamma)$ 在约束条件 $\alpha^2+\beta^2+\gamma^2=1$ 下的最值,故作拉格朗日函数

$$F(\alpha,\beta,\gamma)=(1-\alpha^2)a^2+(1-\beta^2)b^2+(1-\gamma^2)c^2+\lambda(\alpha^2+\beta^2+\gamma^2-1),$$

则由拉格朗日乘数法得

$$\begin{cases}\dfrac{\partial F}{\partial\alpha}=0,\\[2mm]\dfrac{\partial F}{\partial\beta}=0,\\[2mm]\dfrac{\partial F}{\partial\gamma}=0,\\[2mm]\alpha^2+\beta^2+\gamma^2=1,\end{cases}\quad\text{即}\quad\begin{cases}(\lambda-a^2)\alpha=0,\\(\lambda-b^2)\beta=0,\\(\lambda-c^2)\gamma=0,\\\alpha^2+\beta^2+\gamma^2=1.\end{cases}$$

由此得到 $J(\alpha,\beta,\gamma)$ 在约束条件 $\alpha^2+\beta^2+\gamma^2=1$ 下的可能极值点为

$$(\alpha,\beta,\gamma)=(0,0,\pm1),(0,\pm1,0),(\pm1,0,0).$$

于是由

$$J(0,0,\pm1)=\frac{4\pi}{15}abc(a^2+b^2),$$

$$J(0,\pm1,0)=\frac{4\pi}{15}abc(a^2+c^2),$$

$$J(\pm1,0,0)=\frac{4\pi}{15}abc(b^2+c^2)$$

及 $0<c<b<a$ 知, $J(\alpha,\beta,\gamma)$ 的最大值为 $J(0,0,\pm1)=\frac{4\pi}{15}abc(a^2+b^2)$(此时椭球绕 z 轴旋转);

最小值为 $J(\pm1,0,0)=\frac{4\pi}{15}abc(b^2+c^2)$(此时椭球绕 x 轴旋转).

六、(1)记 $\displaystyle\oint_C\frac{2xy\mathrm{d}x+\varphi(x)\mathrm{d}x}{x^4+y^2}=I.$

在 L 上任取不同的两点 A,B,作曲线 $\overset{\frown}{AaB}$,使得 $\overset{\frown}{BbAaB}$ 是围绕原点的正向闭曲线(如图附 11-4 所示),则

$$\oint_L\frac{2xy\mathrm{d}x+\varphi(x)\mathrm{d}y}{x^4+y^2}=\int_{\overset{\frown}{BbA}}+\int_{\overset{\frown}{AmB}}\frac{2xy\mathrm{d}x+\varphi(x)\mathrm{d}y}{x^4+y^2}$$

$$=\int_{\overset{\frown}{BbA}}+\int_{\overset{\frown}{AaB}}+\int_{\overset{\frown}{AmB}}+\int_{\overset{\frown}{BaA}}\frac{2xy\mathrm{d}x+\varphi(x)\mathrm{d}y}{x^4+y^2}$$

$$=\oint_{\overset{\frown}{BbAaB}}+\oint_{\overset{\frown}{AmBaA}}\frac{2xy\mathrm{d}x+\varphi(x)\mathrm{d}y}{x^4+y^2}.\tag{1}$$

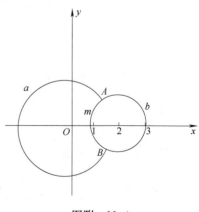

图附　11-4

由题设知, $\displaystyle\oint_{\overset{\frown}{BbAaB}}\frac{2xy\mathrm{d}x+\varphi(x)\mathrm{d}y}{x^4+y^2}=I;\tag{2}$

由于 $\overset{\frown}{AmBaA}$ 是围绕原点的负向闭曲线,所以

$$\oint_{\overset{\frown}{AmBaA}}\frac{2xy\mathrm{d}x+\varphi(x)\mathrm{d}y}{x^4+y^2}=-I.\tag{3}$$

将式(2),式(3)代入式(1)得

$$\oint_L \frac{2xy\mathrm{d}x+\varphi(x)\mathrm{d}y}{x^4+y^2}=I-I=0.$$

(2) 与(1)同样可证,对任意不围绕原点也不通过原点的光滑简单闭曲线 C_1,有 $\oint_{C_1} \frac{2xy\mathrm{d}x+\varphi(x)\mathrm{d}y}{x^4+y^2}=0$,所以有

$$\frac{\partial \frac{\varphi(x)}{x^4+y^2}}{\partial x}=\frac{\partial \frac{2xy}{x^4+y^2}}{\partial y}, 即 \frac{\varphi'(x)(x^4+y^2)-\varphi(x)\cdot 4x^3}{(x^4+y^2)^2}=\frac{2x(x^4+y^2)-2xy\cdot 2y}{(x^4+y^2)^2}((x,y)\neq(0,0))$$

化简得 $x^4\varphi'(x)-4x^3\varphi(x)-2x^5=-[2x+\varphi'(x)]y^2$. 由此得到

$$\begin{cases} \varphi'(x)=-2x, & (4) \\ x^4\varphi'(x)-4x^3\varphi(x)-2x^5=0. & (5) \end{cases}$$

将式(4)代入式(5)得 $\varphi(x)=-x^2$.

(3) $\oint_C \frac{2xy\mathrm{d}x+\varphi(x)\mathrm{d}y}{x^4+y^2}=\oint_{C_2} \frac{2xy\mathrm{d}x-x^2\mathrm{d}y}{x^4+y^2}$

（其中,$C_2:x^4+y^2=1$,且 $(x^4+y^2)|_{(0,0)}=0<1$,所以,C_2 是围绕原点的光滑简单闭曲线. 故由题设知,在 C 上积分与在 C_2 上积分相等）

$$=\oint_{C_2} 2xy\mathrm{d}x-x^2\mathrm{d}y \xlongequal{格林公式} \iint_{D_2}\left[\frac{\partial(-x^2)}{\partial x}-\frac{\partial(2xy)}{\partial y}\right]\mathrm{d}\sigma$$

（其中,D_2 是由 C_2 围成的闭区域）

$$=\iint_{D_2}(-4x)\mathrm{d}\sigma=0(由于 D_2 关于 y 轴对称. 在对称点处 -4x 的值互为相反数).$$

第二届(2010 年)决赛试题及精解

试 题

一、计算下列各题(每小题 5 分,共 15 分).

(1) $\lim\limits_{x\to 0}\left(\frac{\sin x}{x}\right)^{\frac{1}{1-\cos x}}$;

(2) $\lim\limits_{n\to\infty}\left(\frac{1}{n+1}+\frac{1}{n+2}+\cdots+\frac{1}{n+n}\right)$;

(3) 已知 $\begin{cases} x=\ln(1+\mathrm{e}^{2t}), \\ y=t-\arctan \mathrm{e}^t, \end{cases}$ 求 $\frac{\mathrm{d}^2 y}{\mathrm{d}x^2}$.

二、(10 分)求方程 $(2x+y-4)\mathrm{d}x+(x+y-1)\mathrm{d}y=0$ 的通解.

三、(15 分)设函数 $f(x)$ 在点 $x=0$ 的某邻域内有二阶连续导数,且 $f(0),f'(0),f''(0)$ 均不为零. 证明:存在唯一一组实数 k_1,k_2,k_3,使得

$$\lim_{h\to 0}\frac{k_1 f(h)+k_2 f(2h)+k_3 f(3h)-f(0)}{h^2}=0.$$

四、(17分) 设 $\Sigma_1: \dfrac{x^2}{a^2} + \dfrac{y^2}{b^2} + \dfrac{z^2}{c^2} = 1$,其中 $a > b > c > 0$,$\Sigma_2: z^2 = x^2 + y^2$,$\Gamma$ 为 Σ_1 和 Σ_2 的交线.求椭球面 Σ_1 在 Γ 上各点的切平面到原点距离的最大值和最小值.

五、(16分) 已知 S 是空间曲线 $\begin{cases} x^2 + 3y^2 = 1, \\ z = 0 \end{cases}$ 绕 y 轴旋转形成的椭球面的上半部分($z \geqslant 0$)(取上侧),π 是 S 在点 $P(x,y,z)$ 点处的切平面,$\rho(x,y,z)$ 是原点到切平面 π 的距离,λ,μ,ν 表示 S 的正法向的方向余弦.计算

(1) $\displaystyle\iint\limits_{S} \dfrac{z}{\rho(x,y,z)} \mathrm{d}S$;

(2) $\displaystyle\iint\limits_{S} z(\lambda x + 3\mu y + \nu z) \mathrm{d}S$.

六、(12分) 设 $f(x)$ 是在 $(-\infty, +\infty)$ 内的可微函数,且 $|f'(x)| < mf(x)$,其中 $0 < m < 1$.任取实数 a_0,定义 $a_n = \ln f(a_{n-1})$,$n = 1, 2, \cdots$.证明:$\displaystyle\sum_{n=1}^{\infty}(a_n - a_{n-1})$ 绝对收敛.

七、(15分) 是否存在区间 $[0, 2]$ 上的连续函数 $f(x)$,满足 $f(0) = f(2) = 1$,$|f'(x)| \leqslant 1$,$\left| \displaystyle\int_0^2 f(x) \mathrm{d}x \right| \leqslant 1$?请说明理由.

精　　解

一、(1) $\displaystyle\lim_{x \to 0}\left(\dfrac{\sin x}{x}\right)^{\frac{1}{1-\cos x}} = \mathrm{e}^{\lim\limits_{x \to 0} \frac{\ln\left(\frac{\sin x}{x}\right)}{1-\cos x}}$, （1）

其中,$\displaystyle\lim_{x \to 0} \dfrac{\ln\left(\dfrac{\sin x}{x}\right)}{1-\cos x} = \lim_{x \to 0} \dfrac{\ln \dfrac{x - \dfrac{1}{3!}x^3 + o(x^4)}{x}}{\dfrac{1}{2}x^2} = \lim_{x \to 0} \dfrac{\ln\left[1 + \left(-\dfrac{1}{6}x^2 + o(x^3)\right)\right]}{\dfrac{1}{2}x^2}$

$$= \lim_{x \to 0} \dfrac{-\dfrac{1}{6}x^2 + o(x^3)}{\dfrac{1}{2}x^2} = -\dfrac{1}{3}.$$

将上式代入式(1)得

$$\lim_{x \to 0}\left(\dfrac{\sin x}{x}\right)^{\frac{1}{1-\cos x}} = \mathrm{e}^{-\frac{1}{3}}.$$

(2) $\displaystyle\lim_{n \to \infty}\left(\dfrac{1}{n+1} + \dfrac{1}{n+2} + \cdots + \dfrac{1}{n+n}\right) = \lim_{n \to \infty} \dfrac{1}{n}\sum_{i=1}^{n}\dfrac{1}{1 + \dfrac{i}{n}}$

$$= \int_0^1 \dfrac{1}{1+x}\mathrm{d}x \text{(由于 } \dfrac{1}{n}\sum_{i=1}^{n}\dfrac{1}{1+\dfrac{i}{n}} \text{ 是函数 } \dfrac{1}{1+x} \text{ 在}[0,1]\text{上的积分和式)}$$

$$= \ln(1+x)\Big|_0^1 = \ln 2.$$

(3) $\dfrac{\mathrm{d}y}{\mathrm{d}x} = \dfrac{\dfrac{\mathrm{d}}{\mathrm{d}t}(t - \arctan \mathrm{e}^t)}{\dfrac{\mathrm{d}}{\mathrm{d}t}\ln(1+\mathrm{e}^{2t})} = \dfrac{1 - \dfrac{\mathrm{e}^t}{1+\mathrm{e}^{2t}}}{\dfrac{2\mathrm{e}^{2t}}{1+\mathrm{e}^{2t}}} = \dfrac{1 + \mathrm{e}^{2t} - \mathrm{e}^t}{2\mathrm{e}^{2t}}$

$$= \frac{1}{2}(e^{-2t} + 1 - e^{-t}),$$

$$\frac{d^2 y}{dx^2} = \frac{\frac{d}{dt}\left(\frac{dy}{dx}\right)}{\frac{d}{dt}x} = \frac{\frac{d}{dt}\left[\frac{1}{2}(e^{-2t} + 1 - e^{-t})\right]}{\frac{d}{dt}\ln(1 + e^{2t})} = \frac{\frac{1}{2}(-2e^{-2t} + e^{-t})}{\frac{2e^{2t}}{1 + e^{2t}}}$$

$$= \frac{1}{4} \cdot \frac{-2e^{-2t} + e^{-t} - 2 + e^{t}}{e^{2t}} = \frac{1}{4}(-2e^{-4t} + e^{-3t} - 2e^{-2t} + e^{-t}).$$

二、所给方程可以改写为

$$(2x dx + y dy) + (y dx + x dy) - (4 dx + dy) = 0, \tag{1}$$

即

$$d\left(x^2 + \frac{1}{2}y^2\right) + d(xy) - d(4x + y) = 0.$$

所以,所给方程的通解为

$$x^2 + \frac{1}{2}y^2 + xy - (4x + y) = C.$$

三、由题设可知,在点 $x = 0$ 的某个邻域内有

$$f(x) = f(0) + f'(0)x + \frac{1}{2!}f''(0)x^2 + o(x^2),$$

所以有　　$k_1 f(h) + k_2 f(2h) + k_3 f(3h) - f(0)$

$$= k_1\left[f(0) + f'(0)h + \frac{1}{2}f''(0)h^2 + o(h^2)\right] + k_2\left[f(0) + f'(0)(2h) + \frac{1}{2}f''(0)(2h)^2 + o(h^2)\right] + k_3\left[f(0) + f'(0)(3h) + \frac{1}{2}f''(0)(3h)^2 + o(h^2)\right] - f(0)$$

$$= (k_1 + k_2 + k_3 - 1)f(0) + (k_1 + 2k_2 + 3k_3)f'(0)h + \frac{1}{2}(k_1 + 4k_2 + 9k_3)f''(0)h^2 + o(h^2).$$

因此,使得

$$\lim_{h \to 0} \frac{k_1 f(h) + k_2 f(2h) + k_3 f(3h) - f(0)}{h^2} = 0 \tag{1}$$

的 k_1, k_2, k_3 应满足

$$\begin{cases} (k_1 + k_2 + k_3 - 1)f(0) = 0, \\ (k_1 + 2k_2 + 3k_3)f'(0) = 0, \\ (k_1 + 4k_2 + 9k_3)f''(0) = 0. \end{cases} \tag{2}$$

于是,由 $f(0), f'(0), f''(0)$ 均不为零,式(2)可化简为

$$\begin{cases} k_1 + k_2 + k_3 = 1, \\ k_1 + 2k_2 + 3k_3 = 0, \\ k_1 + 4k_2 + 9k_3 = 0. \end{cases}$$

它是一个非齐次线性方程组,由于系数行列式 $\begin{vmatrix} 1 & 1 & 1 \\ 1 & 2 & 3 \\ 1 & 4 & 9 \end{vmatrix} = 2 \neq 0$,所以上述方程有唯一解,这

表明存在唯一的一组实数 k_1, k_2, k_3, 使得式(1)成立.

四、由于对称性,只需考虑 Γ 的第一卦限部分

$$\begin{cases} \dfrac{x^2}{a^2} + \dfrac{y^2}{b^2} + \dfrac{z^2}{c^2} = 1, \\ z^2 = x^2 + y^2 \end{cases} (0 \leqslant x \leqslant a, 0 \leqslant y \leqslant b, 0 \leqslant z \leqslant c)$$

即可.

Σ_1 在 Γ 的点 (x, y, z) 处的切平面方程为

$$\frac{x}{a^2}(X - x) + \frac{y}{b^2}(Y - y) + \frac{z}{c^2}(Z - z) = 0,$$

于是它到原点的距离为

$$d(x, y, z) = \left. \frac{\left| \dfrac{x}{a^2}(X - x) + \dfrac{y}{b^2}(Y - y) + \dfrac{z}{c^2}(Z - z) \right|}{\sqrt{\left(\dfrac{x}{a^2}\right)^2 + \left(\dfrac{y}{b^2}\right)^2 + \left(\dfrac{z}{c^2}\right)^2}} \right|_{X = Y = Z = 0}$$

$$= \frac{\dfrac{x^2}{a^2} + \dfrac{y^2}{b^2} + \dfrac{z^2}{c^2}}{\sqrt{\dfrac{x^2}{a^4} + \dfrac{y^2}{b^4} + \dfrac{z^2}{c^4}}} = \frac{1}{\sqrt{\dfrac{x^2}{a^4} + \dfrac{y^2}{b^4} + \dfrac{z^2}{c^4}}} (利用 (x, y, z) \in \Sigma_1).$$

作拉格朗日函数

$$F(x, y, z, \lambda, \mu) = \frac{x^2}{a^4} + \frac{y^2}{b^4} + \frac{z^2}{c^4} + \lambda\left(\frac{x^2}{a^2} + \frac{y^2}{b^2} + \frac{z^2}{c^2} - 1\right) + \mu(x^2 + y^2 - z^2),$$

则 $\quad \dfrac{\partial F}{\partial x} = 2\left(\dfrac{1}{a^4} + \dfrac{\lambda}{a^2} + \mu\right)x, \dfrac{\partial F}{\partial y} = 2\left(\dfrac{1}{b^4} + \dfrac{\lambda}{b^2} + \mu\right)y, \dfrac{\partial F}{\partial z} = 2\left(\dfrac{1}{c^4} + \dfrac{\lambda}{c^2} - \mu\right)z.$

$$\begin{cases} \dfrac{\partial F}{\partial x} = 0, \\ \dfrac{\partial F}{\partial y} = 0, \\ \dfrac{\partial F}{\partial z} = 0, \\ \dfrac{x^2}{a^2} + \dfrac{y^2}{b^2} + \dfrac{z^2}{c^2} - 1 = 0, \\ x^2 + y^2 - z^2 = 0, \end{cases} 即 \begin{cases} \left(\dfrac{1}{a^4} + \dfrac{\lambda}{a^2} + \mu\right)x = 0, \\ \left(\dfrac{1}{b^4} + \dfrac{\lambda}{b^2} + \mu\right)y = 0, \\ \left(\dfrac{1}{c^4} + \dfrac{\lambda}{c^2} - \mu\right)z = 0, \\ \dfrac{x^2}{a^2} + \dfrac{y^2}{b^2} + \dfrac{z^2}{c^2} - 1 = 0, \\ x^2 + y^2 - z^2 = 0. \end{cases}$$

此方程组有解 $x = 0, y = z = \dfrac{bc}{\sqrt{b^2 + c^2}}$ 和 $y = 0, x = z = \dfrac{ac}{\sqrt{a^2 + c^2}}$, 它们即为 $\dfrac{x^2}{a^4} + \dfrac{y^2}{b^4} + \dfrac{z^2}{c^4}$

在约束条件 $\dfrac{x^2}{a^2} + \dfrac{y^2}{b^2} + \dfrac{z^2}{c^2} = 1$ 与 $z^2 = x^2 + y^2$ 下的可能极值点,且

$$\left. \frac{x^2}{a^4} + \frac{y^2}{b^4} + \frac{z^2}{c^4} \right|_{\left(0, \frac{bc}{\sqrt{b^2+c^2}}, \frac{bc}{\sqrt{b^2+c^2}}\right)} = \frac{b^4 + c^4}{b^2 c^2 (b^2 + c^2)},$$

$$\left.\frac{x^2}{a^4}+\frac{y^2}{b^4}+\frac{z^2}{c^4}\right|_{\left(\frac{ac}{\sqrt{a^2+c^2}},0,\frac{ac}{\sqrt{a^2+c^2}}\right)}=\frac{a^4+c^4}{a^2c^2(a^2+c^2)}.$$

记 $f(t)=\frac{t^4+c^4}{t^2(t^2+c^2)}$,则

$$f'(t)=\frac{2c^2t(t^4-2c^2t^2-c^4)}{t^4(t^2+c^2)^2}$$

$$=\frac{2c^2t[t^2+(\sqrt{2}-1)c^2](t+\sqrt{1+\sqrt{2}}c)}{t^4(t^2+c^2)^2}(t-\sqrt{1+\sqrt{2}}c).$$

由此可知,当 $0<t\leqslant\sqrt{1+\sqrt{2}}c$ 时,$f'(t)\leqslant0$(且仅当 $t=\sqrt{1+\sqrt{2}}c$ 时取等号),即此时 $f(t)$ 单调减少. 当 $t>\sqrt{1+\sqrt{2}}c$ 时,$f'(t)>0$,即此时 $f(t)$ 单调增加.

因此,当 $\sqrt{1+\sqrt{2}}c\leqslant b$ 时,$f(t)$ 在 $[b,a]$ 上的最大值为 $f(a)=\frac{a^4+c^4}{a^2(a^2+c^2)}$,最小值为 $f(b)$

$=\frac{b^4+c^4}{b^2(b^2+c^2)}$. 从而此时 d 的最大值为 $bc\sqrt{\frac{b^2+c^2}{b^4+c^4}}$,最小值为 $ac\sqrt{\frac{a^2+c^2}{a^4+c^4}}$.

当 $b<\sqrt{1+\sqrt{2}}c<a$ 时,$f(t)$ 在 $[b,a]$ 上的最大值为

$$\max\{f(a),f(b)\}=\max\left\{\frac{a^4+c^4}{a^2(a^2+c^2)},\frac{b^4+c^4}{b^2(b^2+c^2)}\right\},$$

最小值为 $f(\sqrt{1+\sqrt{2}}c)=2(\sqrt{2}-1)$,从而此时 d 的最大值为 $\dfrac{c}{\sqrt{2\sqrt{2}-2}}$,最小值为

$$\frac{1}{\sqrt{\max\left\{\frac{a^4+c^4}{a^2c^2(a^2+c^2)},\frac{b^4+c^4}{b^2c^2(b^2+c^2)}\right\}}}=\min\left\{bc\sqrt{\frac{b^2+c^2}{b^4+c^4}},ac\sqrt{\frac{a^2+c^2}{a^4+c^4}}\right\}$$

$$\left(\text{这里利用}\frac{1}{\sqrt{\max\{p,q\}}}=\frac{1}{\max\{\sqrt{p},\sqrt{q}\}}=\min\left\{\frac{1}{\sqrt{p}},\frac{1}{\sqrt{q}}\right\}(p>0,q>0)\right).$$

当 $a<\sqrt{1+\sqrt{2}}c$ 时,$f(t)$ 在 $[b,a]$ 上的最大值为 $f(b)=\frac{b^4+c^4}{b^2(b^2+c^2)}$,最小值为 $f(a)=$

$\frac{a^4+c^4}{a^2(a^2+c^2)}$. 从而此时 d 的最大值为 $ac\sqrt{\frac{a^2+c^2}{a^4+c^4}}$,最小值为 $bc\sqrt{\frac{b^2+c^2}{b^4+c^4}}$.

五、(1) 由题设知,S 的方程为

$$x^2+3y^2+z^2=1(z\geqslant0).$$

S 的法向量为 $\{x,3y,z\}$,于是 π 的方程为

$$x(X-x)+3y(Y-y)+z(Z-z)=0.$$

由此得到 $\rho(x,y,z)=\left|\dfrac{x(X-x)+3y(Y-y)+z(Z-z)}{\sqrt{x^2+(3y)^2+z^2}}\right|_{X=Y=Z=0}$

$$= \frac{x^2 + 3y^2 + z^2}{\sqrt{x^2 + 9y^2 + z^2}} = \frac{1}{\sqrt{x^2 + 9y^2 + z^2}} \text{（利用 } P(x,y,z) \in S），$$

所以 $\quad\displaystyle\iint_S \frac{z}{\rho(x,y,z)} \mathrm{d}S = \iint_S z\sqrt{x^2 + 9y^2 + z^2}\,\mathrm{d}S$

$$= \iint_D z\sqrt{x^2 + 9y^2 + z^2} \cdot \sqrt{1 + \left(\frac{\partial z}{\partial x}\right)^2 + \left(\frac{\partial z}{\partial y}\right)^2}\,\Bigg|_{z = \sqrt{1 - x^2 - 3y^2}}\,\mathrm{d}\sigma$$

$$\text{（其中 } D = \{(x,y) \mid x^2 + 3y^2 \leqslant 1\} \text{是 } S \text{ 在 } xOy \text{ 平面的投影）}$$

$$= \iint_D \sqrt{1 - x^2 - 3y^2} \cdot \sqrt{1 + 6y^2} \cdot \sqrt{1 + \left(\frac{-x}{\sqrt{1 - x^2 - 3y^2}}\right)^2 + \left(\frac{-3y}{\sqrt{1 - x^2 - 3y^2}}\right)^2}\,\mathrm{d}\sigma$$

$$= \iint_D (1 + 6y^2)\,\mathrm{d}\sigma = \pi \cdot 1 \cdot \frac{1}{\sqrt{3}} + 6\iint_D y^2\,\mathrm{d}\sigma$$

$$= \frac{\pi}{\sqrt{3}} + 6\int_0^{2\pi}\mathrm{d}\theta\int_0^1 \frac{r^2}{3}\sin^2\theta\left|\frac{\partial(x,y)}{\partial(r,\theta)}\right|\mathrm{d}r \left\{\text{其中} \begin{cases} x = r\cos\theta, \\ y = \dfrac{1}{\sqrt{3}}r\sin\theta \end{cases}\right.$$

$$= \frac{\pi}{\sqrt{3}} + 6\int_0^{2\pi}\sin^2\theta\,\mathrm{d}\theta\int_0^1 \frac{1}{3\sqrt{3}}r^3\,\mathrm{d}r$$

$$= \frac{\pi}{\sqrt{3}} + 6 \cdot \pi \cdot \frac{1}{12\sqrt{3}} = \frac{\sqrt{3}}{2}\pi.$$

(2)S 的正法向的方向余弦为

$$\lambda = \frac{x}{\sqrt{x^2 + (3y)^2 + z^2}}, \mu = \frac{3y}{\sqrt{x^2 + (3y)^2 + z^2}}, \nu = \frac{z}{\sqrt{x^2 + (3y)^2 + z^2}}.$$

所以，$\displaystyle\iint_S z(\lambda x + 3\mu y + \nu z)\mathrm{d}S = \iint_S z \cdot \frac{x^2 + 9y^2 + z^2}{\sqrt{x^2 + 9y^2 + z^2}}\mathrm{d}S$

$$= \iint_S z \cdot \sqrt{x^2 + 9y^2 + z^2}\,\mathrm{d}S = \frac{\sqrt{3}}{2}\pi \text{（利用（1）的计算结果）}.$$

六、记 $F(x) = \ln f(x)(-\infty < x < +\infty)$，则 $F(x)$ 在任意闭区间$[a,b]$上满足拉格朗日中值定理条件，所以存在 $\xi \in (a,b)$，使得

$$F(b) - F(a) = F'(\xi)(b - a) = \frac{f'(\xi)}{f(\xi)}(b - a),$$

从而有 $\quad |F(b) - F(a)| = \dfrac{|f'(\xi)|}{|f(\xi)|}(b - a) < \dfrac{mf(\xi)}{f(\xi)}(b - a) = m(b - a).$

于是对 $n = 3,4,\cdots$ 有 $|a_n - a_{n-1}| = |\ln f(a_{n-1}) - \ln f(a_{n-2})| = |F(a_{n-1}) - F(a_{n-2})| < m|a_{n-1} - a_{n-2}|.$

由此可知，对 $n = 3,4,\cdots$ 有

$$| a_n - a_{n-1} | < m^{n-2} | a_2 - a_1 | \quad (n = 3, 4, \cdots),$$

所以 $\displaystyle\sum_{n=3}^{\infty} | a_n - a_{n-1} |$ 收敛，即 $\displaystyle\sum_{n=3}^{\infty} (a_n - a_{n-1})$ 绝对收敛．从而 $\displaystyle\sum_{n=1}^{\infty} (a_n - a_{n-1})$ 绝对收敛．

七、不存在题中所要求的函数，现用反证法证之．

设在 $[0,2]$ 上存在连续可微的函数 $f(x)$，它还满足

$$f(0) = f(2) = 1, \ | f'(x) | \leqslant 1, \ \left| \int_0^2 f(x) \mathrm{d}x \right| \leqslant 1,$$

则在 $[0,1]$ 上 $f(x)$ 满足拉格朗日中值定理条件，所以对任意 $x \in (0,1)$，存在 $\xi_1 \in (0,x)$ 使得

$$f(x) - f(0) = f'(\xi_1)(x - 0), \text{即 } f(x) = 1 + f'(\xi_1)x,$$

利用　　　　　　 $| f'(x) | \leqslant 1$ 得　 $1 - x \leqslant f(x) \quad (x \in (0,1]).$

由题设 $f(0) = 1$ 知，这一不等式成立范围可扩大为 $x \in [0,1]$．

同样，对任意 $x \in [1,2)$，存在 $\xi_2 \in (x,2)$ 使得

$$f(x) - f(2) = f'(\xi_2)(x - 2), \text{即 } f(x) = 1 + f'(\xi_2)(x - 2),$$

利用 $| f'(x) | \leqslant 1$ 得　 $1 + (x - 2) \leqslant f(x)$，即 $x - 1 \leqslant f(x)(x \in [1,2)).$

由题设 $f(2) = 1$ 知，这一不等式成立范围可扩大为 $x \in [1,2]$．

$$\int_0^2 f(x)\mathrm{d}x = \int_0^1 f(x)\mathrm{d}x + \int_1^2 f(x)\mathrm{d}x$$

$$> \int_0^1 (1-x)\mathrm{d}x + \int_1^2 (x-1)\mathrm{d}x(\text{因为在} [0,1] \text{或} [1,2] \text{上至少存在一点，}$$

$$\text{使得} 1 - x < f(x) \text{ 或 } x - 1 < f(x))$$

$$= -\frac{1}{2}(1-x)^2 \Big|_0^1 + \frac{1}{2}(x-1)^2 \Big|_1^2$$

$$= \frac{1}{2} + \frac{1}{2} = 1.$$

这与 $f(x)$ 所满足的 $\left| \int_0^2 f(x)\mathrm{d}x \right| \leqslant 1$ 矛盾．

第三届（2011 年）初赛试题及精解

试　题

一、计算下列各题（每小题 6 分，共 24 分）．

(1) 求极限 $\displaystyle\lim_{x \to 0} \dfrac{(1+x)^{\frac{2}{x}} - \mathrm{e}^2 [1 - \ln(1+x)]}{x}$．

(2) 设 $a_n = \cos\dfrac{\theta}{2} \cdot \cos\dfrac{\theta}{2^2} \cdot \cdots \cdot \cos\dfrac{\theta}{2^n}$，求极限：$\displaystyle\lim_{n \to \infty} a_n$．

(3) 求 $\displaystyle\iint_D \mathrm{sgn}(xy - 1)\mathrm{d}x\mathrm{d}y$，其中 $D = \{(x,y) \mid 0 \leqslant x \leqslant 2, 0 \leqslant y \leqslant 2\}$．

(4) 求幂级数 $\sum\limits_{n=1}^{\infty}\dfrac{2n-1}{2^n}x^{2n-2}$ 的和函数,并求级数 $\sum\limits_{n=1}^{\infty}\dfrac{2n-1}{2^{2n-1}}$ 的和.

二、(第(1) 小题 6 分,第(2) 小题 10 分,共 16 分) 设 $\{a_n\}$ 为数列,a,λ 为有限数,求证:

(1) 如果 $\lim\limits_{n\to\infty}a_n=a$,则 $\lim\limits_{n\to\infty}\dfrac{a_1+a_2+\cdots+a_n}{n}=a$.

(2) 如果存在正整数 p,使得 $\lim\limits_{n\to\infty}(a_{n+p}-a_n)=\lambda$,则 $\lim\limits_{n\to\infty}\dfrac{a_n}{n}=\dfrac{\lambda}{p}$.

三、(15 分) 设函数 $f(x)$ 在闭区间 $[-1,1]$ 上具有连续的三阶导数,且 $f(-1)=0$,$f(1)=1$,$f'(0)=0$,求证:在开区间 $(-1,1)$ 内至少存在一点 x_0,使得 $f'''(x_0)=3$.

四、(15 分) 在平面上,有一条从点 $(a,0)$ 向右的射线,其线密度为 ρ,在点 $(0,h)$ 处,(其中 $h>0$) 有一质量为 m 的质点,求射线对该点的引力.

五、(15 分) 设 $z=z(x,y)$ 是由方程 $F\left(z+\dfrac{1}{x},z-\dfrac{1}{y}\right)=0$ 确定的隐函数,且具有连续的二阶偏导数,以及 $F'_u(u,v)=F'_v(u,v)\neq 0$,求证:$x^2\dfrac{\partial z}{\partial x}-y^2\dfrac{\partial z}{\partial y}=1$ 和 $x^3\dfrac{\partial^2 z}{\partial x^2}+xy(x-y)\dfrac{\partial^2 z}{\partial x\partial y}-y^3\dfrac{\partial^2 z}{\partial y^2}=0$.

六、(15 分) 设函数 $f(x)$ 连续,a,b,c 为不全为零的常数,Σ 是单位球面 $x^2+y^2+z^2=1$. 记曲面积分 $I=\iint\limits_{\Sigma}f(ax+by+cz)\mathrm{d}S$,求证:$I=2\pi\displaystyle\int_{-1}^{1}f(\sqrt{a^2+b^2+c^2}\,u)\mathrm{d}u$.

精　　解

一、(1) $\lim\limits_{x\to 0}\dfrac{(1+x)^{\frac{2}{x}}-\mathrm{e}^2[1-\ln(1+x)]}{x}$

$\quad=\lim\limits_{x\to 0}\dfrac{\mathrm{e}^{\frac{2}{x}\ln(1+x)}-\mathrm{e}^2}{x}+\mathrm{e}^2\lim\limits_{x\to 0}\dfrac{\ln(1+x)}{x}$

$\quad=\mathrm{e}^2\lim\limits_{x\to 0}\dfrac{\mathrm{e}^{\frac{2}{x}\ln(1+x)-2}-1}{x}+\mathrm{e}^2$

$\quad=\mathrm{e}^2\lim\limits_{x\to 0}\dfrac{\dfrac{2}{x}\ln(1+x)-2}{x}+\mathrm{e}^2$

$\quad=2\mathrm{e}^2\lim\limits_{x\to 0}\dfrac{\ln(1+x)-x}{x^2}+\mathrm{e}^2$

$\quad=2\mathrm{e}^2\lim\limits_{x\to 0}\dfrac{\left[x-\dfrac{1}{2}x^2+o(x^2)\right]-x}{x^2}+\mathrm{e}^2$

$\quad=2\mathrm{e}^2\cdot\left(-\dfrac{1}{2}\right)+\mathrm{e}^2=0.$

(2) 当 $\theta=0$ 时,$a_n=1(n=1,2,\cdots)$,所以 $\lim\limits_{n\to\infty}a_n=1$. 当 $\theta\neq 0$ 时,对充分大的 n,$\sin\dfrac{\theta}{2^n}\neq$

0,所以有

$$a_n = \cos\frac{\theta}{2}\cos\frac{\theta}{2^2}\cdots\cos\frac{\theta}{2^n}$$

$$= \cos\frac{\theta}{2}\cos\frac{\theta}{2^2}\cdots\cos\frac{\theta}{2^n}\sin\frac{\theta}{2^n}\Big/\sin\frac{\theta}{2^n}$$

$$= \cos\frac{\theta}{2}\cos\frac{\theta}{2^2}\cdots\cos\frac{\theta}{2^{n-1}}\Big/2\sin\frac{\theta}{2^n}$$

$$= \cdots$$

$$= \cos\frac{\theta}{2}\sin\frac{\theta}{2}\Big/2^{n-1}\sin\frac{\theta}{2^n}$$

$$= \sin\theta\Big/2^n\sin\frac{\theta}{2^n}$$

从而 $\lim\limits_{n\to\infty}a_n = \lim\limits_{n\to\infty}\dfrac{\sin\theta}{2^n\sin\dfrac{\theta}{2^n}} = \lim\limits_{n\to\infty}\dfrac{\sin\theta}{\sin\dfrac{\theta}{2^n}\Big/\dfrac{1}{2^n}} = \dfrac{\sin\theta}{\theta}.$

(3) 由于 $\mathrm{sgn}(xy-1) = \begin{cases} -1, & (x,y)\in D_1, \\ 0, & xy-1=0, \\ 1, & (x,y)\in D_2, \end{cases}$

其中,D_1,D_2 是 D 被曲线 $xy=1$ 划分成的两块,D_1 位于该曲线之下,D_2 位于该曲线之上,所以

$$\iint\limits_{D}\mathrm{sgn}(xy-1)\mathrm{d}x\mathrm{d}y = \iint\limits_{D_1}-\mathrm{d}x\mathrm{d}y + \iint\limits_{D_2}\mathrm{d}x\mathrm{d}y$$

$$= -\iint\limits_{D}\mathrm{d}x\mathrm{d}y + 2\iint\limits_{D_2}\mathrm{d}x\mathrm{d}y$$

$$= -4 + 2\int_{\frac{1}{2}}^{2}\mathrm{d}x\int_{\frac{1}{x}}^{2}\mathrm{d}y = 2 - 4\ln2.$$

(4) 记 $u_n(x) = \dfrac{2n-1}{2^n}x^{2n-2}$,则

$$\lim_{n\to\infty}\left|\frac{u_{n+1}(x)}{u_n}\right| = \lim_{n\to\infty}\frac{\dfrac{2n+1}{2^{n+1}}}{\dfrac{2n-1}{2^n}}x^2 = \frac{1}{2}x^2,$$

所以,所给幂级数的收敛区间为 $\{x\mid\frac{1}{2}x^2<1\} = (-\sqrt{2},\sqrt{2})$. 此外,$x=\pm\sqrt{2}$ 时,所给幂级数发散,因此,收敛域为 $(-\sqrt{2},\sqrt{2})$.

对 $x\in(-\sqrt{2},\sqrt{2})$,记和函数为 $S(x)$,则

$$S(x) = \sum_{n=1}^{\infty}\frac{2n-1}{2^n}x^{2n-2} = \sum_{n=1}^{\infty}\left(\frac{1}{2^n}x^{2n-1}\right)'$$

$$= \frac{1}{\sqrt{2}}\left[\sum_{n=1}^{\infty}\left(\frac{x}{\sqrt{2}}\right)^{2n-1}\right]'$$

$$= \frac{1}{\sqrt{2}}\left[\frac{\dfrac{x}{\sqrt{2}}}{1-\left(\dfrac{x}{\sqrt{2}}\right)^2}\right]'$$

$$= \frac{2+x^2}{(2-x^2)^2},$$

即

$$\sum_{n=1}^{\infty} \frac{2n-1}{2^n} x^{2n-2} = \frac{2+x^2}{(2-x^2)^2} (-\sqrt{2} < x < \sqrt{2}).$$

将 $x = \frac{1}{\sqrt{2}}$ 代入上式得

$$\begin{aligned}
\sum_{n=1}^{\infty} \frac{2n-1}{2^{2n-1}} &= \sum_{n=1}^{\infty} \frac{2n-1}{2^n} \left(\frac{1}{\sqrt{2}}\right)^{2n-2} \\
&= \frac{2+x^2}{(2-x^2)^2} \bigg|_{x=\frac{1}{\sqrt{2}}} \\
&= \frac{10}{9}.
\end{aligned}$$

二、(1) 记 $S_n = \sum_{k=1}^{n} a_k (n = 1, 2, \cdots)$，则由施笃茨定理知

$$\begin{aligned}
\lim_{n\to\infty} \frac{a_1 + a_2 + \cdots + a_n}{n} &= \lim_{n\to\infty} \frac{S_n}{n} = \lim_{n\to\infty} \frac{S_n - S_{n-1}}{n-(n-1)} \\
&= \lim_{n\to\infty} a_n = a.
\end{aligned}$$

(2) 由于 $\{a_n\}_{n=0}^{\infty}$ 由 p 个子数列 $\{a_{np+i}\}_{n=0}^{\infty} (i = 0, 1, 2, \cdots, p-1)$ 组成，且对 $i \in \{0, 1, 2, \cdots, 1-p\}$ 都由

$$\lim_{n\to\infty} \frac{a_{np+i}}{np+i} = \lim_{n\to\infty} \frac{a_{np+i} - a_{(n-1)p+i}}{(np+i) - [(n-1)p+i]} = \frac{\lambda}{p} (利用施笃茨定理),$$

所以，$\lim_{n\to\infty} \frac{a_n}{n} = \frac{\lambda}{p}$.

三、由于 $f(x)$ 在 $[-1,1]$ 上具有连续的三阶连续偏导数，所以对任意 $x \in [-1,1]$，对应存在 $\eta \in (-1,1)$，使得

$$f(x) = f(0) + f'(0)x + \frac{1}{2!}f''(0)x^2 + \frac{1}{3!}f'''(\xi)x^3,$$

利用 $f'(0) = 0$ 得

$$f(x) = f(0) + \frac{1}{2}f''(0)x^2 + \frac{1}{6}f'''(\xi)x^3.$$

特别

$$0 = f(0) + \frac{1}{2}f''(0) - \frac{1}{6}f'''(\xi_1) (\xi_1 \text{ 是对应 } x = -1 \text{ 的 } \xi), \tag{1}$$

$$1 = f(0) + \frac{1}{2}f''(0) + \frac{1}{6}f'''(\xi_2) (\xi_2 \text{ 是对应 } x = 1 \text{ 的 } \xi). \tag{2}$$

式(2)－式(1)得

$$1 = \frac{1}{6}[f'''(\xi_1) + f'''(\xi_2)], \text{ 即 } \frac{1}{2}[f'''(\xi_1) + f'''(\xi_2)] = 3. \tag{3}$$

由 $f'''(x)$ 在 $[\xi_1, \xi_2]$ 上连续，知

$$m \leqslant \frac{1}{2}[f'''(\xi_1) + f'''(\xi_2)] \leqslant M,$$

其中 M,m 分别为 $f'''(x)$ 在 $[\xi_1,\xi_2]$ 上的最大值与最小值,于是由介值定理知存在 $x_0 \in [\eta_1,\eta_2]$ $\subset (-1,1)$,使得 $f'''(x_0) = \dfrac{1}{2}[f'''(\xi_1)+f'''(\xi_2)] = 3$.

四、由题设知,射线对质点的引力元为

$$G\rho dx \cdot m \frac{x\boldsymbol{i}-h\boldsymbol{j}}{(x^2+h^2)^{\frac{3}{2}}},$$

所以,射线对质点的引力为

$$F = \int_a^{+\infty} Gm\rho \frac{x\boldsymbol{i}-h\boldsymbol{j}}{(x^2+h^2)^{\frac{3}{2}}}dx$$

$$= Gm\rho\left[\int_a^{+\infty} \frac{x}{(x^2+h^2)^{\frac{3}{2}}}dx\boldsymbol{i} - h\int_a^{+\infty} \frac{1}{(x^2+h^2)^{\frac{3}{2}}}dx\boldsymbol{j}\right] \qquad (1)$$

其中

$$\int_a^{+\infty} \frac{x}{(x^2+h^2)^{\frac{3}{2}}}dx = -(x^2+h^2)^{-\frac{1}{2}}\Big|_a^{+\infty} = \frac{1}{\sqrt{a^2+h^2}}, \qquad (2)$$

$$\int_a^{+\infty} \frac{1}{(x^2+h^2)^{\frac{3}{2}}}dx \xrightarrow{\text{令}\,x=h\tan t} \int_{\arctan\frac{a}{h}}^{\frac{\pi}{2}} \frac{1}{h^3\sec^3 t}h\sec^2 t\,dt$$

$$= \frac{1}{h^2}\sin t\Big|_{\arctan\frac{a}{h}}^{\frac{\pi}{2}} = \frac{1}{h^2}\left(1 - \frac{a}{\sqrt{a^2+h^2}}\right). \qquad (3)$$

将式(2)、式(3)代入式(1)得

$$F = \frac{Gm\rho}{\sqrt{a^2+h^2}}\boldsymbol{i} + Gm\rho\left(\frac{a}{h\sqrt{a^2+h^2}} - \frac{1}{h}\right)\boldsymbol{j}$$

五、对所给方程两边求全微分得

$$F'_u \cdot \left(dz - \frac{1}{x^2}dx\right) + F'_v \cdot \left(dz + \frac{1}{y^2}dy\right) = 0,$$

所以,
$$dz = \frac{F'_u}{x^2(F'_u+F'_v)}dx - \frac{F'_v}{y^2(F'_u+F'_v)}dy.$$

因此得到

$$\frac{\partial z}{\partial x} = \frac{F'_u}{x^2(F'_u+F'_v)}, \frac{\partial z}{\partial y} = -\frac{F'_v}{y^2(F'_u+F'_v)}.$$

因此
$$x^2\frac{\partial z}{\partial x} - y^2\frac{\partial z}{\partial y} = \frac{F'_u+F'_v}{F'_u+F'_v} = 1.$$

由于
$$x^3\frac{\partial^2 z}{\partial x^2} + xy(x-y)\frac{\partial^2 z}{\partial x\partial y} - y^3\frac{\partial^2 z}{\partial y^2}$$

$$= \left(2x^2\frac{\partial z}{\partial x} + x^3\frac{\partial^2 z}{\partial x^2} - xy^2\frac{\partial^2 z}{\partial x\partial y}\right) + \left(x^2 y\frac{\partial^2 z}{\partial x\partial y} - 2y^2\frac{\partial z}{\partial y} - y^3\frac{\partial^2 z}{\partial y^2}\right)$$

（利用已证明的 $x^2\dfrac{\partial z}{\partial x} - y^2\dfrac{\partial z}{\partial y} = 1$）

$$= x\frac{\partial}{\partial x}\left(x^2\frac{\partial z}{\partial x} - y^2\frac{\partial z}{\partial y}\right) + y\frac{\partial}{\partial y}\left(x^2\frac{\partial z}{\partial x} - y^2\frac{\partial z}{\partial y}\right)$$

$$= 0(利用已证明的\ x^2\frac{\partial z}{\partial x} - y^2\frac{\partial z}{\partial y} = 1).$$

六、记 $\lambda = \sqrt{a^2 + b^2 + c^2} > 0$，令 $u = \frac{a}{\lambda}x + \frac{b}{\lambda}y + \frac{c}{\lambda}z$，则向量 $\left(\frac{a}{\lambda}, \frac{b}{\lambda}, \frac{c}{\lambda}\right)$ 是向量 (a, b, c) 的单位向量.

对 O_{xyz} 的坐标系作旋转变换，使得新的坐标系 O_{uvw} 的 u 轴正向与 (a, b, c) 同向，此时 Σ 成为 $\Sigma': u^2 + v^2 + w^2 = 1$，且由旋转变换保持曲面面积不变，所以

$$I = \iint\limits_{\Sigma} f(ax + by + cz)\mathrm{d}S$$

$$= \iint\limits_{\Sigma'} f(\lambda u)\mathrm{d}S'$$

$$= 2\iint\limits_{\Sigma''} f(\lambda u)\mathrm{d}S'\ (由于\ S'\ 关于平面\ w = 0\ 对称，在对称点处\ f(\lambda u)\ 的值彼此相$$

$$等，所以\iint\limits_{\Sigma'} f(\lambda u)\mathrm{d}S' = 2\iint\limits_{\Sigma''} f(\lambda u)\mathrm{d}S'\ 其中\ \Sigma''\ 是\ \Sigma'\ 的\ w \geqslant 0\ 部分，$$

$$此时\ \Sigma'': w = \sqrt{1 - u^2 - v^2})$$

$$= 2\iint\limits_{D_{uv}} f(\lambda u)\sqrt{1 + \left(\frac{\partial w}{\partial u}\right)^2 + \left(\frac{\partial w}{\partial v}\right)^2}\,\bigg|_{w = \sqrt{1 - u^2 - v^2}}\mathrm{d}u\mathrm{d}v$$

$$(其中\ D_{uv} = \{(u, v)\,|\,u^2 + v^2 \leqslant 1\})$$

$$= 2\iint\limits_{D_{uv}} f(\lambda u)\frac{1}{\sqrt{1 - u^2 - v^2}}\mathrm{d}u\mathrm{d}v$$

$$= 2\int_{-1}^{1}\mathrm{d}u\int_{-\sqrt{1 - u^2}}^{\sqrt{1 - u^2}} f(\lambda u)\frac{1}{\sqrt{1 - u^2 - v^2}}\mathrm{d}v$$

$$= 2\int_{-1}^{1} f(\lambda u)\arcsin\frac{v}{\sqrt{1 - u^2}}\,\bigg|_{v = -\sqrt{1 - u^2}}^{v = \sqrt{1 - u^2}}\mathrm{d}u$$

$$= 2\pi\int_{-1}^{1} f(\lambda u)\mathrm{d}u = 2\pi\int_{-1}^{1} f(\sqrt{a^2 + b^2 + c^2}\,u)\mathrm{d}u.$$

第三届(2011 年)决赛试题及精解

试 题

一、计算下列各题(每小题 6 分，共 30 分):

(1) $\lim\limits_{x \to 0}\dfrac{\sin^2 x - x^2\cos^2 x}{x^2\sin^2 x}$.

(2) $\lim\limits_{x\to+\infty}\left[\left(x^3+\dfrac{x}{2}-\tan\dfrac{1}{x}\right)\mathrm{e}^{\frac{1}{x}}-\sqrt{1+x^6}\right]$.

(3) 设函数 $f(x,y)$ 有二阶连续偏导数,满足 $(f'_x)^2 f''_{yy}-2f'_x f'_y f''_{xy}+(f'_y)^2 f''_{xx}=0$,且 $f'_y\neq 0,y=y(x,z)$ 是由方程 $z=f(x,y)$ 所确定的函数,求 $\dfrac{\partial^2 y}{\partial x^2}$.

(4) 求不定积分 $I=\int\left(1+x-\dfrac{1}{x}\right)\mathrm{e}^{x+\frac{1}{x}}\mathrm{d}x$.

(5) 求曲面 $x^2+y^2=az$ 和 $z=2a-\sqrt{x^2+y^2}\ (a>0)$ 所围立体的表面积.

二、(13 分)讨论 $\int_0^{+\infty}\dfrac{x}{\cos^2 x+x^a\sin^2 x}\mathrm{d}x$ 的收敛性,其中 a 是一个常数.

三、(13 分)设 $f(x)$ 在 $(-\infty,+\infty)$ 上无穷次可微,并且满足:存在 $M>0$,使得 $|f^{(k)}(x)|\leqslant M(x\in(-\infty,+\infty),k=1,2,\cdots)$,且满足 $f\left(\dfrac{1}{2^n}\right)=0(n=1,2,\cdots)$. 求证:在 $(-\infty,+\infty)$ 上有 $f(x)\equiv 0$.

四、(第(1)小题 6 分,第(2)小题 10 分,共 16 分)设 D 为椭圆形 $\dfrac{x^2}{a^2}+\dfrac{y^2}{b^2}\leqslant 1(a>b>0)$、面密度为 ρ 的均质薄板,l 为通过椭圆焦点 $(-c,0)$(其中 $c^2=a^2-b^2$)垂直于薄板的旋转轴.

(1) 求薄板 D 绕 l 旋转的转动惯量 J.

(2) 对于固定的转动惯量,讨论椭圆薄板的面积是否有最大值和最小值.

五、(12 分)设连续可微函数 $z=z(x,y)$ 由方程 $F(xz-y,x-yz)=0$(其中 $F(u,v)$ 有连续的偏导数)唯一确定,L 为正向单位圆周. 试求:$I=\oint_L(xz^2+2yz)\mathrm{d}y-(2xz+yz^2)\mathrm{d}x$.

六、(第(1)小题 6 分,第(2)小题 10 分,共 16 分)

(1) 求解微分方程 $\begin{cases}\dfrac{\mathrm{d}y}{\mathrm{d}x}-xy=x\mathrm{e}^{x^2},\\ y(0)=1.\end{cases}$

(2) 如果 $y=f(x)$ 为上述方程的解,证明:$\lim\limits_{n\to\infty}\int_0^1\dfrac{n}{n^2x^2+1}f(x)\mathrm{d}x=\dfrac{\pi}{2}$.

精　解

一、(1) $\lim\limits_{x\to 0}\dfrac{\sin^2 x-x^2\cos^2 x}{x^2\sin^2 x}=\lim\limits_{x\to 0}\dfrac{\sin^2 x-x^2\cos^2 x}{x^4}$

$=\lim\limits_{x\to 0}\left(\dfrac{\sin x+x\cos x}{x}\cdot\dfrac{\sin x-x\cos x}{x^3}\right)$

$=\lim\limits_{x\to 0}\left(\dfrac{\sin x}{x}+\cos x\right)\cdot\lim\limits_{x\to 0}\dfrac{\sin x-x\cos x}{x^3}$

$=2\lim\limits_{x\to 0}\dfrac{\left(x-\frac{1}{3!}x^3+o(x^4)\right)-x\left(1-\frac{1}{2!}x^2+o(x^3)\right)}{x^3}$

$=2\lim\limits_{x\to 0}\dfrac{\frac{1}{3}x^3+o(x^4)}{x^3}=\dfrac{2}{3}$.

(2) $\lim\limits_{x\to+\infty}\left[\left(x^3+\dfrac{x}{2}-\tan\dfrac{1}{x}\right)\mathrm{e}^{\frac{1}{x}}-\sqrt{1+x^6}\right]$

$=\lim\limits_{x\to+\infty}\left\{\left[\left(x^3+\dfrac{x}{2}\right)\mathrm{e}^{\frac{1}{x}}-\sqrt{1+x^6}\right]-\tan\dfrac{1}{x}\cdot\mathrm{e}^{\frac{1}{x}}\right\}$

其中，$\qquad\lim\limits_{x\to+\infty}\left[\left(x^3+\dfrac{x}{2}\right)\mathrm{e}^{\frac{1}{x}}-\sqrt{1+x^6}\right]$

$\xlongequal{\text{令}\,t=\frac{1}{x}}\lim\limits_{t\to0^+}\dfrac{\left(1+\dfrac{t^2}{2}\right)\mathrm{e}^t-\sqrt{1+t^6}}{t^3}$

$=\lim\limits_{t\to0^+}\dfrac{\left(1+\dfrac{t^2}{2}\right)(1+t+o(t))-\left(1+\dfrac{1}{2}t^6+o(t^6)\right)}{t^3}$

$=\lim\limits_{t\to0^+}\dfrac{t+o(t)}{t^3}=+\infty,$

$\lim\limits_{x\to+\infty}\tan\dfrac{1}{x}\mathrm{e}^{\frac{1}{x}}=0.$

所以，$\qquad\lim\limits_{x\to+\infty}\left[\left(x^3+\dfrac{x}{2}-\tan\dfrac{1}{x}\right)\mathrm{e}^{\frac{1}{x}}-\sqrt{1+x^6}\right]=+\infty.$

(3) $z=f(x,y)$ 两边对 x 求导得

$$0=f_x'+f_y'\dfrac{\partial y}{\partial x},\quad \dfrac{\partial y}{\partial x}=-\dfrac{f_x'}{f_y'}.$$

于是，$\qquad\dfrac{\partial^2 y}{\partial x^2}=-\dfrac{\dfrac{\partial}{\partial x}(f_x')f_y'-f_x'\dfrac{\partial}{\partial x}(f_y')}{(f_y')^2}$

$=-\dfrac{\left(f_{xx}''+f_{xy}''\dfrac{\partial y}{\partial x}\right)f_y'-f_x'\left(f_{yx}''+f_{yy}''\dfrac{\partial y}{\partial x}\right)}{(f_y')^2}$

$=-\dfrac{f_y'f_{xx}''-f_x'f_{xy}''+[-f_x'f_y'f_{xy}''+(f_x')^2f_{yy}'']/f_y'}{(f_y')^2}$

$=-\dfrac{(f_y')^2f_{xx}''-2f_x'f_y'f_{xy}''+(f_x')^2f_{yy}''}{(f_y')^3}$

$=0\,(\text{利用题设}(f_x')f_{yy}''-2f_x'f_y'f_{xy}''+(f_y')^2f_{xx}''=0).$

(4) $\qquad I=\int\left(1+x-\dfrac{1}{x}\right)\mathrm{e}^{x+\frac{1}{x}}\,\mathrm{d}x$

$=\int\mathrm{e}^{x+\frac{1}{x}}\,\mathrm{d}x+\int x\left(1-\dfrac{1}{x^2}\right)\mathrm{e}^{x+\frac{1}{x}}\,\mathrm{d}x$

$=\int\mathrm{e}^{x+\frac{1}{x}}\,\mathrm{d}x+\int x\mathrm{e}^{x+\frac{1}{x}}\,\mathrm{d}\left(x+\dfrac{1}{x}\right)$

$=\int\mathrm{e}^{x+\frac{1}{x}}\,\mathrm{d}x+\int x\mathrm{d}\mathrm{e}^{x+\frac{1}{x}}$

$=\int\mathrm{e}^{x+\frac{1}{x}}\,\mathrm{d}x+x\mathrm{e}^{x+\frac{1}{x}}-\int\mathrm{e}^{x+\frac{1}{x}}\,\mathrm{d}x=x\mathrm{e}^{x+\frac{1}{x}}+C.$

(5) 所求表面积 $S = \iint\limits_{D_{xy}} \sqrt{1 + \left(\dfrac{\partial z}{\partial x}\right)^2 + \left(\dfrac{\partial z}{\partial y}\right)^2}\ \Big|_{z=\frac{1}{a}(x^2+y^2)}\, \mathrm{d}\sigma$

$$+ \iint\limits_{D_{xy}} \sqrt{1 + \left(\frac{\partial z}{\partial x}\right)^2 + \left(\frac{\partial z}{\partial y}\right)^2}\ \Big|_{z=2a-\sqrt{x^2+y^2}}\, \mathrm{d}\sigma$$

（其中 $D_{xy} = \{(x,y) \mid x^2 + y^2 \leqslant a^2\}$ 是两曲面的交线在 xOy 平面投影围成的区域）

$$= \iint\limits_{D_{xy}} \left(\sqrt{1 + \frac{4(x^2+y^2)}{a^2}} + \sqrt{2}\right) \mathrm{d}\sigma = \iint\limits_{D_{xy}} \sqrt{1 + \frac{4(x^2+y^2)}{a^2}}\, \mathrm{d}\sigma + \sqrt{2}\pi a^2$$

$$\xrightarrow{\text{极坐标}} \int_0^{2\pi}\mathrm{d}\theta \int_0^a \left(\sqrt{1 + \frac{4r^2}{a^2}} \cdot r\right)\mathrm{d}r + \sqrt{2}\pi a^2$$

$$= \frac{\pi}{6}a^2 (5\sqrt{5} + 6\sqrt{2} - 1).$$

二、由于 $\displaystyle\int_0^{+\infty} \frac{x}{\cos^2 x + x^\alpha \sin^2 x}\mathrm{d}x = \sum_{n=0}^{\infty} \int_{n\pi}^{(n+1)\pi} \frac{x}{\cos^2 x + x^\alpha \sin^2 x}\mathrm{d}x$

$$\xrightarrow{\diamond\, t = x - n\pi} \sum_{n=0}^{\infty} \int_0^{\pi} \frac{t + n\pi}{\cos^2 t + (t + n\pi)^\alpha \sin^2 t}\mathrm{d}t.$$

当 $\alpha \leqslant 0$ 时，由于

$$\int_0^{\pi} \frac{t + n\pi}{\cos^2 t + (t + n\pi)^\alpha \sin^2 t}\mathrm{d}t > \int_0^{\pi} \frac{n\pi}{1 + 1}\mathrm{d}t > \pi \cdot \frac{n\pi}{2} \to +\infty\, (n \to \infty),$$

所以，此时，级数 $\displaystyle\sum_{n=0}^{\infty} \int_0^{\pi} \frac{t + n\pi}{\cos^2 t + (t + n\pi)^\alpha \sin^2 t}\mathrm{d}t$ 发散.

当 $0 < \alpha \leqslant 4$ 时，由于

$$\int_0^{\pi} \frac{t + n\pi}{\cos^2 t + (t + n\pi)^\alpha \sin^2 t}\mathrm{d}t > \int_0^{\pi} \frac{n\pi}{1 + (2n\pi)^\alpha \sin^2 t}\mathrm{d}t >$$

$$\int_0^{(2n\pi)^{-\alpha/2}} \frac{n\pi}{1 + (2n\pi)^\alpha \sin^2 t}\mathrm{d}t > \int_0^{(2n\pi)^{-\alpha/2}} \frac{n\pi}{1 + (2n\pi)^\alpha (2n\pi)^{-\alpha}}\mathrm{d}t = \frac{1}{4} \cdot \frac{1}{(2n\pi)^{\frac{\alpha}{2}-1}},$$

并且 $\displaystyle\sum_{n=1}^{\infty} \frac{1}{4} \cdot \frac{1}{(2n\pi)^{\frac{\alpha}{2}-1}}$ 发散，所以由正项级数比较判别法知

$$\sum_{n=0}^{\infty} \int_0^{\pi} \frac{t + n\pi}{\cos^2 t + (t + n\pi)^\alpha \sin^2 t}\mathrm{d}t$$

发散.

当 $\alpha > 4$ 时，由于

$$\int_0^{\pi} \frac{t + n\pi}{\cos^2 t + (t + n\pi)^\alpha \sin^2 t}\mathrm{d}t < \int_0^{\pi} \frac{2n\pi}{1 + [(n\pi)^\alpha - 1]\sin^2 t}\mathrm{d}t$$

$$< 2\int_0^{\frac{\pi}{2}} \frac{2n\pi}{1 + \frac{1}{2}(n\pi)^\alpha \sin^2 t}\mathrm{d}t < 2\int_0^{\frac{\pi}{2}} \frac{2n\pi}{1 + \frac{1}{2}(n\pi)^\alpha \left(\frac{2}{\pi}t\right)^2}\mathrm{d}t$$

$$\xrightarrow{\diamond\, u = \frac{\sqrt{2}}{\pi}(n\pi)^{\alpha/2}t} 4n\pi \cdot \frac{1}{\frac{\sqrt{2}}{\pi}(n\pi)^{\alpha/2}} \int_0^{\frac{1}{\sqrt{2}}(n\pi)^{\alpha/2}} \frac{1}{1 + u^2}\mathrm{d}u$$

$$< \frac{2\sqrt{2}\pi^2 n}{(n\pi)^{\alpha/2}} \int_0^{+\infty} \frac{1}{1+u^2} \mathrm{d}u$$

$$= \frac{2\sqrt{2}\pi^2 n}{\pi^{\alpha/2} n^{\alpha/2}} \cdot \frac{\pi}{2}$$

$$= \frac{\sqrt{2}}{\pi^{\frac{\alpha}{2}-3}} \cdot \frac{1}{n^{\frac{\alpha}{2}-1}} (n \text{ 充分大时}),$$

并且 $\displaystyle\sum_{n=1}^{\infty} \frac{1}{n^{\frac{\alpha}{2}-1}}$ 收敛,所以由正项级数比较判别法知

$$\sum_{n=0}^{\infty} \int_0^{\pi} \frac{t+n\pi}{\cos^2 t + (t+n\pi)^{\alpha} \sin^2 t} \mathrm{d}t$$

收敛.

综上所述,当 $\alpha \leqslant 4$ 时, $\displaystyle\int_0^{+\infty} \frac{x}{\cos^2 x + x^{\alpha} \sin^2 x} \mathrm{d}x$ 发散, $\alpha > 4$ 时, $\displaystyle\int_0^{+\infty} \frac{x}{\cos^2 x + x^{\alpha} \sin^2 x} \mathrm{d}x$ 收敛.

三、由于 $f(x)$ 无穷次可微,且对任意 x 有 $|f^{(k)}(x)| \leqslant M(k=1,2,\cdots)$,所以,$f(x)$ 的麦克劳林公式余项 $R_k(x)(x \in (-\infty, +\infty))$ 有

$$\lim_{k \to \infty} R_k(x) = \lim_{k \to \infty} \frac{f^{(k)}(x)}{k!} x^k = 0.$$

因此,$f(x)$ 可展开成麦克劳林级数

$$f(x) = \sum_{n=0}^{\infty} \frac{f^{(k)}(0)}{k!} x^k (x \in (-\infty, +\infty)). \tag{1}$$

显然,$f(0) = \displaystyle\lim_{n \to \infty} f\left(\frac{1}{2^n}\right) = 0.$ 此外,由

$$f\left(\frac{1}{2^n}\right) = f(0) + f'(\xi_n') \cdot \frac{1}{2^n}$$

$$= f'(\xi_n') \cdot \frac{1}{2^n} \left(\xi_n' \in \left(0, \frac{1}{2^n}\right)\right),$$

即 $\qquad f'(\xi_n') = 0$ 得 $\qquad f'(0) = \displaystyle\lim_{n \to \infty} f'(\xi_n') = 0.$

另外,由 $\quad f\left(\frac{1}{2^n}\right) = f(0) + f'(0)\frac{1}{2^n} + \frac{1}{2!}f''(\xi_n'') \cdot \frac{1}{2^{2n}} = f''(\xi_n'') \cdot \frac{1}{2!}\frac{1}{2^{2n}} \left(\xi_n'' \in \left(0, \frac{1}{2^n}\right)\right)$

即 $\quad f''(\xi_n'') = 0$ 得 $\quad f''(0) = \displaystyle\lim_{n \to \infty} f''(\xi_n'') = 0.$

同理可得 $\quad f^{(3)}(0) = f^{(4)}(0) = \cdots = 0.$

将 $f^{(k)}(0) = 0 (k=0,1,2,\cdots)$ 代入式(1)得

$$f(x) \equiv 0 (x \in (-\infty, +\infty)).$$

四、(1) $J = \displaystyle\iint_D \rho d^2(x,y) \mathrm{d}x\mathrm{d}y$(其中 $d^2 = (x+c)^2 + y^2$)

$$= \iint_D \rho[(x+c)^2 + y^2] \mathrm{d}x\mathrm{d}y$$

$$= \iint_D \rho(x^2 + y^2) \mathrm{d}x\mathrm{d}y + \iint_D 2\rho cx \mathrm{d}x\mathrm{d}y + \rho\iint_D c^2 \mathrm{d}x\mathrm{d}y, \tag{1}$$

其中 $\iint\limits_{D}\rho(x^2+y^2)\mathrm{d}x\mathrm{d}y \xrightarrow{x=ar\cos\theta,y=br\sin\theta} \rho\int_0^{2\pi}\mathrm{d}\theta\int_0^1 r^2(a^2\cos^2\theta+b^2\sin^2\theta)\left|\dfrac{\partial(x,y)}{\partial(r,\theta)}\right|\mathrm{d}r$

$$= \rho\int_0^{2\pi}\mathrm{d}\theta\int_0^1 r^2(a^2\cos^2\theta+b^2\sin^2\theta)\cdot abr\,\mathrm{d}r$$

$$= \frac{ab\rho}{4}\int_0^{2\pi}(a^2\cos^2\theta+b^2\sin^2\theta)\mathrm{d}\theta$$

$$= \frac{ab\rho}{4}\int_0^{2\pi}\left[a^2\cdot\frac{1}{2}(1+\cos2\theta)+b^2\cdot\frac{1}{2}(1-\sin2\theta)\right]\mathrm{d}\theta$$

$$= \frac{\pi}{4}\rho ab(a^2+b^2). \tag{2}$$

$\iint\limits_{D}2\rho x\,\mathrm{d}x\mathrm{d}y=0$(因为 D 关于 y 轴对称,$2\rho x$ 在对称点处的值互为相反数,所以 $\iint\limits_{D}2\rho x\,\mathrm{d}x\mathrm{d}y=0$),

$$\tag{3}$$

$$\iint\limits_{D}\rho c^2\mathrm{d}x\mathrm{d}y=\pi ab\rho c^2. \tag{4}$$

将式(2)～式(4)代入式(1)得

$$J=\frac{\pi}{4}\rho ab(5a^2-3b^2).$$

(2) $J=\frac{\pi}{4}\rho k$(常数),即 $ab(5a^2-3b^2)=k$,于是本小题即为考虑函数 $\pi ab(a>b>0)$ 在约束条件 $5a^3b-3ab^3-k=0$ 下的最值问题. 为此作拉格朗日函数:

$$F(a,b,\lambda)=\pi ab+\lambda(5a^3b-3ab^3-k)\quad(a>b>0).$$

令 $\begin{cases}\dfrac{\partial F}{\partial a}=0,\\[2mm]\dfrac{\partial F}{\partial b}=0,\\[2mm]5a^3b-3ab^3-k=0,\end{cases}$ 即 $\begin{cases}\pi b+\lambda(15a^2b-3b^3)=0, & (1)\\[2mm]\pi a+\lambda(5a^3-9ab^2)=0, & (2)\\[2mm]5a^3b-3ab^3-k=0.\end{cases}$

由式(1)、式(2)得 $\begin{cases}\pi+\lambda(15a^2-3b^2)=0,\\[2mm]\pi+\lambda(5a^2-9b^2)=0.\end{cases}$

由此得到矛盾的等式: $10a^2=-6b^2$,所以 πab 在约束条件 $\frac{\pi}{4}\rho(5a^3b-3ab^3)-k=0$ 下无可能极值点,因此当 J 为常数时,椭圆薄板的面积无最大值与最小值.

五、由格林公式得

$$I=\iint\limits_{D}\left[\frac{\partial(xz^2+2yz)}{\partial x}+\frac{\partial(2xz+yz^2)}{\partial y}\right]\quad(D=\{(x,y)\mid x^2+y^2\leqslant1\}\text{ 是由 }L\text{ 围成的平面区域})$$

$$=\iint\limits_{D}\left[2z^2+2(xz+y)\frac{\partial z}{\partial x}+2(x+yz)\frac{\partial z}{\partial y}\right]\mathrm{d}x\mathrm{d}y. \tag{1}$$

所给方程两边求全微分得

$$F_u'\cdot(z\mathrm{d}x+x\mathrm{d}z-\mathrm{d}y)+F_v'\cdot(\mathrm{d}x-z\mathrm{d}y-y\mathrm{d}z)=0$$

(这里 $u=xz-y,v=x-yz$),即

$$dz = \frac{zF_u' + F_v'}{yF_v' - xF_u'}dx - \frac{F_u' + zF_v'}{yF_v' - xF_u'}dy,$$

所以，$\dfrac{\partial z}{\partial x} = \dfrac{zF_u' + F_v'}{yF_v' - xF_u'}, \dfrac{\partial z}{\partial y} = -\dfrac{F_u' + zF_v'}{yF_v' - xF_u'}.$ （2）

将式（2）代入式（1）得

$$I = \iint\limits_{D}\left[2z^2 + 2(xz + y)\cdot\frac{zF_u' + F_v'}{yF_v' - xF_u'} - 2(x + yz)\frac{F_u' + zF_v'}{yF_v' - xF_u'}\right]dxdy$$

$$= \iint\limits_{D}(2z^2 - 2z^2 + 2)dxdy$$

$$= 2\iint\limits_{D}dxdy = 2\pi.$$

六、(1) $\dfrac{dy}{dx} - xy = xe^{x^2}$ 的通解为

$$y = e^{\int xdx}\left(C + \int xe^{x^2}e^{-\int xdx}dx\right)$$

$$= e^{\frac{1}{2}x^2}\left(C + \int xe^{\frac{1}{2}x^2}dx\right)$$

$$= e^{\frac{1}{2}x^2}(C + e^{\frac{1}{2}x^2})$$

$$= Ce^{\frac{1}{2}x^2} + e^{x^2}.$$

将 $y(0) = 1$ 代入上式得 $C = 0$. 所以满足 $y(0) = 1$ 的解为 $y = e^{x^2}$.

(2) 由于 $f(x) = e^{x^2}$ 连续，所以存在正数 M，使得 $|f(x)| < M(x\in[0,1])$，特别 $f(x)$ 在点 $x = 0$ 处连续，所以对 $\varepsilon > 0$，存在 $\delta\in(0,1)$，使得 $|f(x) - f(0)| < \dfrac{\varepsilon}{\pi}$. 于是

$$\int_0^1 \frac{n}{n^2x^2 + 1}[f(x) - f(0)]dx$$

$$= \int_0^\delta \frac{n}{n^2x^2 + 1}[f(x) - f(0)]dx + \int_\delta^1 \frac{n}{n^2x^2 + 1}[f(x) - f(0)]dx. \quad (1)$$

由于

$$\left|\int_0^\delta \frac{n}{n^2x^2 + 1}[f(x) - f(0)]dx\right| \leqslant \frac{\varepsilon}{\pi}\int_0^\delta \frac{n}{n^2x^2 + 1}dx < \frac{\varepsilon}{\pi}\int_0^1 \frac{n}{n^2x^2 + 1}dx$$

$$= \frac{\varepsilon}{\pi}\arctan n < \frac{\varepsilon}{\pi}\cdot\frac{\pi}{2} = \frac{\varepsilon}{2}(n > N_1, N_1 \text{ 是某个充分大的正整数}), \quad (2)$$

$$\left|\int_\delta^1 \frac{n}{n^2x^2 + 1}[f(x) - f(0)]dx\right| \leqslant 2M\int_\delta^1 \frac{n}{n^2x^2 + 1}dx$$

$$= 2M[\arctan n - \arctan(\delta n)]$$

$$= 2M\arctan\frac{(1 - \delta)n}{1 + \delta n^2} < \frac{\varepsilon}{2} \quad (3)$$

（其中，$n > N_2$，N_2 是某个充分大的正整数，这是

$$因为 2M\arctan\frac{(1-\delta)n}{1+\delta n^2} \to 0(n \to \infty)),$$

所以,由式(1),式(2),式(3)知,当 $n>N=\max\{N_1,N_2\}$ 时有

$$\left|\int_0^1 \frac{n}{n^2x^2+1}[f(x)-f(0)]\mathrm{d}x\right| < \frac{\varepsilon}{2}+\frac{\varepsilon}{2}=\varepsilon.$$

从而 $\displaystyle\lim_{n\to\infty}\int_0^1 \frac{n}{n^2x^2+1}[f(x)-f(0)]\mathrm{d}x=0$,即

$$\lim_{n\to\infty}\int_0^1 \frac{n}{n^2x^2+1}f(x)\mathrm{d}x = \lim_{n\to\infty}\int_0^1 \frac{n}{n^2x^2+1}f(0)\mathrm{d}x$$

$$= \lim_{n\to\infty}\int_0^1 \frac{n}{n^2x^2+1}\mathrm{d}x$$

$$= \lim_{n\to\infty}\arctan n = \frac{\pi}{2}.$$

第四届(2012 年)初赛试题及精解

试　题

一、计算下列各题(每小题 6 分,共 30 分):

(1) $\displaystyle\lim_{n\to\infty}(n!)^{\frac{1}{n^2}}$.

(2) 求通过直线 $L:\begin{cases}2x+y-3z+2=0\\5x+5y-4z+3=0\end{cases}$ 的两个相互垂直的平面 π_1 和 π_2,使其中一个平面过点 $(4,-3,1)$.

(3) 已知函数 $z=u(x,y)\mathrm{e}^{ax+by}$,且 $\dfrac{\partial^2 u}{\partial x \partial y}=0$,确定 a 和 b,使函数 $z=z(x,y)$ 满足

$$\frac{\partial^2 z}{\partial x \partial y} - \frac{\partial z}{\partial x} - \frac{\partial z}{\partial y} + z = 0.$$

(4) 设函数 $u=u(x)$ 连续可微,$u(2)=1$,且 $\displaystyle\int_L (x+2y)u\mathrm{d}x+(x+u^3)u\mathrm{d}y$ 在右半平面上与路径无关,求 $u(x)$.

(5) 求极限 $\displaystyle\lim_{x\to+\infty}\sqrt[3]{x}\int_x^{x+1}\frac{\sin t}{\sqrt{t+\cos t}}\mathrm{d}t$.

二、(10 分)计算 $\displaystyle\int_0^{+\infty}\mathrm{e}^{-2x}|\sin x|\mathrm{d}x$.

三、(本题 10 分),求方程 $x^2\sin\dfrac{1}{x}=2x-501$ 的近似解,精确到 0.001.

四、(12 分)设函数 $y=f(x)$ 二阶可导,且 $f''(x)>0$,$f(0)=0$,$f'(0)=0$,求 $\displaystyle\lim_{x\to0}\frac{x^3 f(u)}{f(x)\sin^3 u}$,其中 u 是曲线 $y=f(x)$ 上点 $(x,f(x))$ 处的切线在 x 轴上的截距.

五、(12 分)求最小实数 C,使得对满足 $\displaystyle\int_0^1|f(x)|\mathrm{d}x=1$ 的连续函数 f,都有 $\displaystyle\int_0^1 f(\sqrt{x})\mathrm{d}x$

$\leqslant C.$

六、(12 分),设 f 为连续函数,$t>0$,区域 Ω 是由抛物面 $z=x^2+y^2$ 和球面 $x^2+y^2+z^2=t^2$ 所围起来的上半部分,定义三重积分

$$F(t)=\iiint\limits_{\Omega}f(x^2+y^2+z^2)\mathrm{d}v,\text{求 }F(t)\text{ 的导数 }F'(t).$$

七、(14 分)设 $\sum\limits_{n=1}^{\infty}a_n$ 和 $\sum\limits_{n=1}^{\infty}b_n$ 为正项级数.

(1) 若 $\lim\limits_{n\to\infty}\left(\dfrac{a_n}{a_{n+1}b_n}-\dfrac{1}{b_{n+1}}\right)>0$,则 $\sum\limits_{n=1}^{\infty}a_n$ 收敛;

(2) 若 $\lim\limits_{n\to\infty}\left(\dfrac{a_n}{a_{n+1}b_n}-\dfrac{1}{b_{n+1}}\right)<0$,且 $\sum\limits_{n=1}^{\infty}b_n$ 发散,则 $\sum\limits_{n=1}^{\infty}a_n$ 发散.

精　　解

一、(1) $\lim\limits_{n\to\infty}(n!)^{\frac{1}{n^2}}=\mathrm{e}^{\lim\limits_{n\to\infty}\frac{\ln(n!)}{n^2}}$,

其中,$\lim\limits_{n\to\infty}\dfrac{\ln(n!)}{n^2}=\lim\limits_{n\to\infty}\dfrac{\sum\limits_{k=1}^{n}\ln k}{n^2}\xlongequal{\text{施笃茨定理}}\lim\limits_{n\to\infty}\dfrac{\ln n}{n^2-(n-1)^2}=0,$

所以,$\lim\limits_{n\to\infty}(n!)^{\frac{1}{n^2}}=\mathrm{e}^0=1.$

(2) 通过 L 的平面束为

$$\lambda(2x+y-3z+2)+\mu(5x+5y-4z+3)=0,$$

即 $\qquad(2\lambda+5\mu)x+(\lambda+5\mu)y+(-3\lambda-4\mu)z+2\lambda+3\mu=0.$ (1)

设 π_1 通过点 $(4,-3,1)$,则 π_1 对应的 λ,μ 应满足

$$4(2\lambda+5\mu)-3(\lambda+5\mu)+(-3\lambda-4\mu)+2\lambda+3\mu=0,$$

即 $\lambda=-\mu.$ 将它代入式(1)得 $\pi_1:3x+4y-z=-1.$

通过 L 的与 π_1 垂直的平面 π_2 对应的 λ,μ 应满足

$$3(2\lambda+5\mu)+4(\lambda+5\mu)+(3\lambda+4\mu)=0,$$

即 $\lambda=-3\mu.$ 将它代入式(1)得 $\pi_2:x-2y-5z=-3.$

(3) $\dfrac{\partial z}{\partial x}=\left(\dfrac{\partial u}{\partial x}+au\right)\mathrm{e}^{ax+by},$

$\dfrac{\partial z}{\partial y}=\left(\dfrac{\partial u}{\partial y}+bu\right)\mathrm{e}^{ax+by},$

$\dfrac{\partial^2 z}{\partial x\partial y}=\left[\dfrac{\partial^2 u}{\partial x\partial y}+a\dfrac{\partial u}{\partial y}+\left(\dfrac{\partial u}{\partial x}+au\right)b\right]\mathrm{e}^{ax+by}$

$\qquad=\left(a\dfrac{\partial u}{\partial y}+b\dfrac{\partial u}{\partial x}+abu\right)\mathrm{e}^{ax+by},$

所以,$\dfrac{\partial^2 z}{\partial x\partial y}-\dfrac{\partial z}{\partial x}-\dfrac{\partial z}{\partial y}+z$

$\qquad=\left[\left(a\dfrac{\partial u}{\partial y}+b\dfrac{\partial u}{\partial x}+abu\right)-\left(\dfrac{\partial u}{\partial x}+au\right)-\left(\dfrac{\partial u}{\partial y}+bu\right)+u\right]\mathrm{e}^{ax+by}$

$\qquad=\left[(a-1)\dfrac{\partial u}{\partial y}+(b-1)\dfrac{\partial u}{\partial x}+(ab-a-b+1)u\right]\mathrm{e}^{ax+by}.$

于是,要使 $\dfrac{\partial^2 z}{\partial x \partial y} - \dfrac{\partial z}{\partial x} - \dfrac{\partial z}{\partial y} + z = 0$, 即

$$(a-1)\frac{\partial u}{\partial y} + (b-1)\frac{\partial u}{\partial x} + (ab-a-b+1)u = 0,$$

必须 $\begin{cases} a-1=0, \\ b-1=0, \\ ab-a-b+1=0, \end{cases}$ 所以 $a=b=1$.

(4) 由题设知

$$\frac{\partial[(x+u^3)u]}{\partial x} = \frac{\partial[(x+2y)u]}{\partial y},$$

即

$$\frac{\mathrm{d}x}{\mathrm{d}u} - \frac{1}{u}x = 4u^2.$$

解此微分方程得

$$x = \mathrm{e}^{\int \frac{1}{u}\mathrm{d}u}\left(C + \int 4u^2 \mathrm{e}^{-\int \frac{1}{u}\mathrm{d}u}\right)$$

$$= u\left(C + \int 4u\,\mathrm{d}u\right) = Cu + 2u^3.$$

于是由 $u(2)=1$ 得 $2=C+2$, 即 $C=0$. 所以 $x=2u^3$, 即

$$u = \left(\frac{x}{2}\right)^{\frac{1}{3}}.$$

(5) 由于对充分大的 x 有

$$\sqrt[3]{x}\int_x^{x+1} \frac{-1}{\sqrt{t-1}}\mathrm{d}t < \sqrt[3]{x}\int_x^{x+1} \frac{\sin t}{\sqrt{t+\cos t}}\mathrm{d}t < \sqrt[3]{x}\int_x^{x+1} \frac{1}{\sqrt{t-1}}\mathrm{d}t,$$

并且

$$\lim_{x\to+\infty} \sqrt[3]{x}\int_x^{x+1} \frac{1}{\sqrt{t-1}}\mathrm{d}t = \lim_{x\to+\infty} 2\sqrt[3]{x}(\sqrt{x}-\sqrt{x-1})$$

$$= 2\lim_{x\to+\infty} \frac{\sqrt[3]{x}}{\sqrt{x}+\sqrt{x-1}} = 0,$$

所以

$$\lim_{x\to+\infty} \sqrt[3]{x}\int_x^{x+1} \frac{\sin t}{\sqrt{t+\cos t}}\mathrm{d}t = 0.$$

二、由 $\displaystyle\int_0^{+\infty} \mathrm{e}^{-2x}|\sin x|\mathrm{d}x$ 收敛知

$$\int_0^{+\infty} \mathrm{e}^{-2x}|\sin x|\mathrm{d}x = \sum_{n=0}^{\infty} \int_{n\pi}^{(n+1)\pi} \mathrm{e}^{-2x}|\sin x|\mathrm{d}t$$

$$\xrightarrow{\text{令} t=x-n\pi} \sum_{n=0}^{\infty} \int_0^{\pi} \mathrm{e}^{-2(t+n\pi)}\sin t\,\mathrm{d}t$$

$$= \sum_{n=0}^{\infty} \mathrm{e}^{-2n\pi} \cdot \int_0^{\pi} \mathrm{e}^{-2t}\sin t\,\mathrm{d}t, \tag{1}$$

440

其中, $\displaystyle\int_0^{\pi} \mathrm{e}^{-2t}\sin t\,\mathrm{d}t = -\int_0^{\pi} \mathrm{e}^{-2t}\mathrm{d}\cos t$

$$= -\left[\mathrm{e}^{-2t}\cos t\,\Big|_0^{\pi} + 2\int_0^{\pi} \mathrm{e}^{-2t}\cos t\,\mathrm{d}t\right]$$

$$= \mathrm{e}^{-2\pi} + 1 - 2\int_0^{\pi} \mathrm{e}^{-2t}\mathrm{d}\sin t$$

$$= e^{-2\pi} + 1 - 2\left[e^{-2t}\sin t \Big|_0^\pi + 2\int_0^\pi e^{-2t}\sin t\, dt \right]$$

$$= e^{-2\pi} + 1 - 4\int_0^\pi e^{-2t}\sin t\, dt,$$

即 $\int_0^\pi e^{-2t}\sin t\, dt = \dfrac{1}{5}(e^{-2\pi}+1).$ 　　　　　　　　　　　　　　(2)

将式(2)代入式(1)得

$$\int_0^{+\infty} e^{-2x}\,|\sin x|\,dx = \sum_{n=0}^\infty e^{-2n\pi}\cdot\frac{1}{5}(e^{-2\pi}+1)$$

$$= \frac{1}{1-e^{-2\pi}}\cdot\frac{1}{5}(e^{-2\pi}+1) = \frac{e^{2\pi}+1}{5(e^{2\pi}-1)}.$$

三、记 $f(x) = x^2\sin\dfrac{1}{x} - 2x$，则 $f(x)$ 是 $(-\infty,0)\bigcup(0,+\infty)$ 上可导的奇函数.

由于

$$f'(x) = 2x\sin\frac{1}{x} - \cos\frac{1}{x} - 2$$

$$= 2\cdot\frac{\sin\dfrac{1}{x}}{\dfrac{1}{x}} - \cos\frac{1}{x} - 2$$

$$< 2 - \cos\frac{1}{x} - 2 = -\cos\frac{1}{x} < 0\,(x>0),$$

所以，$y = f(x)$ 单调减少，在点 $x=0$ 处左右极限存在且都为 0. 因此方程 $x^2\sin\dfrac{1}{x} = 2x - 501$ 如有解，必为唯一的，记它为 x_0.

记 $f_1(x) = f(x) + 501$，则利用

$$x - \frac{1}{3!}x^3 < \sin x < x\,(x>0),$$

有

$$f_1(501) = 501^2\sin\frac{1}{501} - 2\times501 + 501$$

$$< 501 - 2\times501 + 501 = 0,$$

$$f(500.999) = 500.999\left(500.999\sin\frac{1}{500.999} - 1\right) - 500.999 + 501$$

$$> 500.999\left[500.999\left[\frac{1}{500.999} - \frac{1}{3!}\frac{1}{(500.999)^3}\right] - 1\right] + 0.001$$

$$= -\frac{1}{6\times500.999} + 0.001 > 0,$$

所以由连续函数零点定理知 $x_0 \in (500.999, 501)$，由此可知，所给方程的精确到 0.001 的近似解可取为 $x = 501$.

四、由 $f''(x) > 0$ 知，对 $x > 0$ 有 $f'(x) > f'(0) = 0$，以及 $f(x) > f(0) = 0$；对 $x < 0$ 有 $f'(x) < f(0) = 0$ 以及 $f(x) < f(0) = 0$，即 $x \neq 0$ 时，$f'(x) \neq 0$ 以及 $f(x) \neq 0$，且在点 $x = 0$ 的充分小的去心邻域内有

$$f(x)=f(0)+f'(0)x+\frac{1}{2}f''(0)x^2+o(x^2)-\frac{1}{2}f''(0)x^2+o(x^2),$$

$$f'(x)=f'(0)+f''(0)x+o(x)=f''(0)x+o(x).$$

此外,由曲线 $y=f(x)$ 在点 $(x,f(x))(x\neq0)$ 处的切线方程为

$$Y-f(x)=f'(x)(X-x)$$

得该切线在 x 轴上的截距

$$u=x-\frac{f(x)}{f'(x)}.$$

显然 $\lim_{x\to0}u=\lim_{x\to0}\left[x-\frac{f(x)}{f'(x)}\right]=-\lim_{x\to0}\frac{f(x)}{f'(x)}=-\lim_{x\to0}\frac{\dfrac{f(x)-f(0)}{x}}{\dfrac{f'(x)-f'(0)}{x}}=-\frac{f'(0)}{f''(0)}=0,$

即 $u\to0(x\to0$ 时$)$.

于是, $\lim_{x\to0}\dfrac{x^3f(u)}{f(x)\sin^3u}=\lim_{x\to0}\dfrac{x^3f(u)}{u^3f(x)}$

$$=\lim_{x\to0}\frac{x^3\left[\frac{1}{2}f''(0)u^2+o(u^2)\right]}{u^3\left[\frac{1}{2}f''(0)x^2+o(x^2)\right]}$$

$$=\frac{1}{\lim\limits_{x\to0}\dfrac{u}{x}}\cdot\frac{\lim\limits_{u\to0}\dfrac{\frac{1}{2}f''(0)u^2+o(u^2)}{u^2}}{\lim\limits_{x\to0}\dfrac{\frac{1}{2}f''(0)x^2+o(x^2)}{x^2}}$$

$$=\frac{1}{\lim\limits_{x\to0}\dfrac{u}{x}}, \tag{1}$$

其中 $\lim\limits_{x\to0}\dfrac{u}{x}=\lim\limits_{x\to0}\dfrac{x-\dfrac{f(x)}{f'(x)}}{x}=1-\lim\limits_{x\to0}\dfrac{\frac{1}{2}f''(0)x^2+o(x^2)}{x[f''(0)x+o(x^2)]}$

$$=1-\frac{\lim\limits_{x\to0}\dfrac{\frac{1}{2}f''(0)x^2+o(x^2)}{x^2}}{\lim\limits_{x\to0}\dfrac{x[f''(0)x+o(x)]}{x^2}}=1-\frac{\frac{1}{2}f''(0)}{f''(0)}=\frac{1}{2}. \tag{2}$$

将式(2)代入式(1)得

$$\lim_{x\to0}\frac{x^3f(u)}{f(x)\sin^3u}=\frac{1}{\frac{1}{2}}=2.$$

五、由于 $\displaystyle\int_0^1|f(\sqrt{x})|\,\mathrm{d}x\xlongequal{\text{令}t=\sqrt{x}}\int_0^1 2t|f(t)|\,\mathrm{d}t\leqslant 2\int_0^1|f(t)|\,\mathrm{d}t=2,$

所以 $\displaystyle\int_0^1 f(\sqrt{x})\mathrm{d}x\leqslant2.$ 它表明所求的

$$C \leqslant 2. \tag{1}$$

另一方面,对于 $f_n(x) = (n+1)x^n$ 有

$$\int_0^1 | f_n(x) | \mathrm{d}x = \int_0^1 (n+1)x^n \mathrm{d}x = 1,$$

而 $\displaystyle\int_0^1 f_n(\sqrt{x})\mathrm{d}x = \int_0^1 (n+1)x^{\frac{n}{2}}\mathrm{d}x = \frac{2(n+1)}{n+2}$ 小于 2 而趋向于 $2(n\to\infty)$,它表明所求的 C 不能小于 2,即 $C \geqslant 2.$ $\tag{2}$

由式(1)、式(2)得 $C=2.$

六、抛物面 $z = x^2 + y^2$ 与球面 $x^2 + y^2 + z^2 = t^2$ 的交线为

$$\begin{cases} x^2 + y^2 = a^2 \left(a^2 = \dfrac{\sqrt{1+4t^2}-1}{2}, a>0\right), \\ z = a^2, \end{cases}$$

将 Ω 的柱坐标表示为

$$\Omega = \{(r,\theta,z) \,|\, 0 \leqslant \theta \leqslant 2\pi, 0 \leqslant r \leqslant a, r^2 \leqslant z \leqslant \sqrt{t^2-r^2}\}.$$

所以,

$$\begin{aligned} F(t) &= \iiint\limits_{\Omega} f(x^2+y^2+z^2)\mathrm{d}v \\ &= \int_0^{2\pi}\mathrm{d}\theta \int_0^a \mathrm{d}r \int_{r^2}^{\sqrt{t^2-r^2}} f(r^2+z^2)r\mathrm{d}z \\ &= 2\pi \int_0^a \left(r \int_{r^2}^{\sqrt{t^2-r^2}} f(r^2+z^2)\mathrm{d}z\right)\mathrm{d}r. \end{aligned}$$

从而　$F'(t) = 2\pi\left[a \int_{a^2}^{\sqrt{t^2-a^2}} f(a^2+z^2)\mathrm{d}z \cdot \frac{\mathrm{d}a}{\mathrm{d}t} + \int_0^a rf(r^2+t^2-r^2)\frac{\mathrm{d}\sqrt{t^2-r^2}}{\mathrm{d}t}\mathrm{d}r \right],$ $\tag{1}$

其中,由

$$\sqrt{t^2-a^2} = t^2 - \left(\frac{\sqrt{1+4t^2}-1}{2}\right)^2 = a^2 \tag{2}$$

知

$$\int_{a^2}^{\sqrt{t^2-a^2}} f(a^2+z^2)\mathrm{d}z = 0, \tag{3}$$

$$\begin{aligned} \int_0^a rf(r^2+t^2-r^2)\frac{\mathrm{d}\sqrt{t^2-r^2}}{\mathrm{d}t}\mathrm{d}r &= tf(t^2)\int_0^a \frac{r}{\sqrt{t^2-r^2}}\mathrm{d}r \\ &= tf(t^2)(t - \sqrt{t^2-a^2}) = tf(t^2)(t-a^2) (利用式(2)) \\ &= \frac{1}{2}t(2t - \sqrt{1+4t^2}+1)f(t^2). \end{aligned} \tag{4}$$

将式(3)、式(4)代入式(1)得

$$F'(t) = \pi t(2t - \sqrt{1+4t^2}+1)f(t^2) \quad (t>0).$$

七、记 $\displaystyle\lim_{n\to\infty}\left(\frac{a_n}{a_{n+1}b_n} - \frac{1}{b_{n+1}}\right) = a,$

(1)由题设知 a 为正数或 $+\infty$. 取 $b \in (0,a)$,则存在正整数 N,当 $n \geqslant N$ 时,

$$\frac{a_n}{a_{n+1}b_n} - \frac{1}{b_{n+1}} > b, \text{即} \frac{a_n}{b_n} - \frac{a_{n+1}}{b_{n+1}} \geqslant ba_{n+1} > 0. \tag{1}$$

由此可知, $\left\{\dfrac{a_n}{b_n}\right\}$ 单调减少有下界, 因此 $\lim\limits_{n\to\infty}\dfrac{a_n}{b_n}$ 存在. 由

$$\lim_{n\to\infty}\sum_{k=N}^{n-1}\left(\frac{a_k}{b_k} - \frac{a_{k+1}}{b_{k+1}}\right) = \frac{a_N}{b_N} - \lim_{n\to\infty}\frac{a_n}{b_n}$$

存在知, $\sum\limits_{n=1}^{\infty}\left(\dfrac{a_n}{b_n} - \dfrac{a_{n+1}}{b_{n+1}}\right)$ 收敛. 于是由式(1)及正项级数比较判别法得 $\sum\limits_{n=1}^{\infty}a_n$ 收敛.

(2) 由题设知 a 为负数或 $-\infty$. 取 $c\in(a,0)$, 则存在正整数 M, 当 $n\geqslant M$ 时,

$$\frac{a_n}{a_{n+1}b_n} - \frac{1}{b_{n+1}} < c < 0, \text{即} \frac{a_{n+1}}{a_n} > \frac{b_{n+1}}{b_n}.$$

从而

$$a_n = \frac{a_n}{a_{n-1}} \cdot \frac{a_{n-1}}{a_{n-2}}\cdots\frac{a_{M+1}}{a_M}\cdot a_M > \frac{b_n}{b_{n-1}}\cdot\frac{b_{n-1}}{b_{n-2}}\cdots\frac{b_{M+1}}{b_M}\cdot a_M = \frac{a_M}{b_M}\cdot b_n.$$

于是由题设 $\sum\limits_{n=1}^{\infty}b_n$ 发散及正项级数比较判别法知 $\sum\limits_{n=1}^{\infty}a_n$ 发散.

第四届(2012 年)决赛试题及精解

试　题

一、(每小题 5 分,共 25 分)

(1) 计算 $\lim\limits_{x\to 0^+}\left[\ln(x\ln a)\cdot\ln\left(\dfrac{\ln ax}{\ln\frac{x}{a}}\right)\right](a>1)$.

(2) 设函数 $f(u,v)$ 具有连续偏导数, 且满足 $f_u(u,v)+f_v(u,v)=uv$, 求 $y(x)=\mathrm{e}^{-2x}f(x,x)$ 所满足的一阶微分方程. 并求其通解.

(3) 求在 $[0,+\infty)$ 上的可微函数 $f(x)$, 使 $f(x)=\mathrm{e}^{-u(x)}$, 其中 $u=\displaystyle\int_0^x f(t)\mathrm{d}t$.

(4) 计算不定积分 $\displaystyle\int x\arctan x\ln(1+x^2)\mathrm{d}x$.

(5) 过直线 $\begin{cases}10x+2y-2z=27,\\ x+y-z=0\end{cases}$ 作曲面 $3x^2+y^2-z^2=27$ 的切平面, 求此切平面的方程.

二、(本题 15 分)设曲面 $\Sigma: z^2=x^2+y^2, 1\leqslant z\leqslant 2$, 其面密度为常数 ρ. 求在原点处的质量为 1 的质点和 Σ 之间的引力(记引力常数为 G).

三、(本题 15 分)设函数 $f(x)$ 在 $[1,+\infty)$ 上连续可导, 且

$$f'(x) = \frac{1}{1+f^2(x)}\left[\sqrt{\frac{1}{x}} - \sqrt{\ln\left(1+\frac{1}{x}\right)}\right],$$

证明: $\lim\limits_{x\to+\infty}f(x)$ 存在.

四、(本题 15 分)设函数 $f(x)$ 在 $[-2,2]$ 上二阶可导, 且 $|f(x)|<1$, 又 $f^2(0)+[f'(0)]^2$

＝4. 试证在$(-2,2)$内至少存在一点 ξ,使得 $f(\xi)+f''(\xi)=0$.

五、(本题 15 分)求二重积分 $I = \iint\limits_{x^2+y^2\leqslant 1} \left| x^2+y^2-x-y \right| \mathrm{d}x\mathrm{d}y.$

六、(本题 15 分)若对于任何收敛于零的序列 $\{x_n\}$,级数 $\sum\limits_{n=1}^{\infty} a_n x_n$ 都是收敛的,试证明级数 $\sum\limits_{n=1}^{\infty} |a_n|$ 收敛.

精　解

一、(1) $\lim\limits_{x\to 0^+} \left[\ln(x\ln a) \cdot \ln \dfrac{\ln ax}{\ln \frac{x}{a}} \right]$

$$= \lim_{x\to 0^+} \frac{\ln \dfrac{\ln x + \ln a}{\ln x - \ln a}}{\dfrac{1}{\ln x + \ln\ln a}} = \lim_{x\to 0^+} \frac{\ln\left(1+\dfrac{2\ln a}{\ln x - \ln a}\right)}{\dfrac{1}{\ln x}}$$

$$= \lim_{x\to 0^+} \frac{2\ln a \cdot \ln x}{\ln x - \ln a} = 2\ln a.$$

(2) 由于 $y(x)=\mathrm{e}^{-2x} f(x,x)$,

$$y'(x)=-2\mathrm{e}^{-2x} f(x,x)+\mathrm{e}^{-2x}\left[f_u'(x,x)+f_v'(x,x)\right]$$
$$=-2y(x)+x^2\mathrm{e}^{-2x},$$

所以,$y(x)$所满足的微分方程为

$$y'+2y=x^2\mathrm{e}^{-2x} \text{(一阶线性微分方程)},$$

它的通解为

$$y=\mathrm{e}^{-\int 2\mathrm{d}x}\left(C+\int x^2\mathrm{e}^{-2x}\cdot \mathrm{e}^{\int 2\mathrm{d}x}\mathrm{d}x\right)$$

$$=\mathrm{e}^{-2x}\left(C+\int x^2\mathrm{d}x\right)=\mathrm{e}^{-2x}\left(C+\frac{1}{3}x^3\right).$$

(3) 由于　$f(x)=\mathrm{e}^{-u(x)}=\mathrm{e}^{-\int_0^x f(t)\mathrm{d}t}$,所以 $\qquad\qquad(1)$

$$f'(x)=\mathrm{e}^{-\int_0^x f(t)\mathrm{d}t}\left[-f(x)\right]=-\left[f(x)\right]^2,$$

即 $y'=-y^2$(其中 $y=f(x)$),或 $\left(\dfrac{1}{y}\right)'=1$. 从而 $\dfrac{1}{y}=x+C.$ $\qquad\qquad(2)$

由式(1)知 $y|_{x=0}=1$,将它代入式(2)得 $C=1$.所示 $y=\dfrac{1}{1+x}$,

即 $f(x)=\dfrac{1}{1+x}$.

(4) $\displaystyle\int x\arctan x\ln(1+x^2)\mathrm{d}x$

$$= \frac{1}{2}\int \arctan x\ln(1+x^2)\mathrm{d}x^2$$

$$= \frac{1}{2}\left\{x^2\arctan x\ln(1+x^2)-\int\left[\frac{x^2}{1+x^2}\ln(1+x^2)+x^2\cdot\frac{2x}{1+x^2}\arctan x\right]\mathrm{d}x\right.$$

$$= \frac{1}{2} x^2 \arctan x \ln(1+x^2) -$$

$$\frac{1}{2} \iint \left[\ln(1+x^2) - \frac{\ln(1+x^2)}{1+x^2} + 2x \arctan x - 2x \cdot \frac{\arctan x}{1+x^2} \right] dx$$

$$= \frac{1}{2} x^2 \arctan x \ln(1+x^2) - \frac{1}{2} \int \ln(1+x^2) dx + \frac{1}{2} \int \frac{\ln(1+x^2)}{1+x^2} dx -$$

$$\int x \arctan x \, dx + \int \frac{x}{1+x^2} \arctan x \, dx$$

$$= \frac{1}{2} x^2 \arctan x \ln(1+x^2) - \frac{1}{2} \left[x\ln(1+x^2) - \int \frac{2x^2}{1+x^2} dx \right] +$$

$$\frac{1}{2} \left[\ln(1+x^2) \arctan x - \int \frac{2x}{1+x^2} \arctan x \, dx \right] -$$

$$\int x \arctan x \, dx + \int \frac{x}{1+x^2} \arctan x \, dx$$

$$= \frac{1}{2} (x^2+1) \arctan x \ln(1+x^2) - \frac{1}{2} x\ln(1+x^2) +$$

$$\int \frac{x^2}{1+x^2} dx - \int x \arctan x \, dx$$

$$= \frac{1}{2} (x^2+1) \arctan x \ln(1+x^2) - \frac{1}{2} x\ln(1+x^2) + \int \frac{x^2}{1+x^2} dx -$$

$$\frac{1}{2} x^2 \arctan x + \frac{1}{2} \int \frac{x^2}{1+x^2} dx$$

$$= \frac{1}{2} (x^2+1) \arctan x \ln(1+x^2) - \frac{1}{2} x\ln(1+x^2) - \frac{1}{2} x^2 \arctan x +$$

$$\frac{3}{2} \int \left(1 - \frac{1}{1+x^2} \right) dx$$

$$= \frac{1}{2} (x^2+1) \arctan x \ln(1+x^2) - \frac{1}{2} x\ln(1+x^2) - \frac{1}{2} x^2 \arctan x +$$

$$\frac{3}{2} x - \frac{3}{2} \arctan x + C.$$

(5) 记 $F(x,y,z) = 3x^2 + y^2 - z^2 - 27$,则

$$F'_x = 6x, \quad F'_y = 2y, \quad F'_z = -2z.$$

记切点为 (x_0, y_0, z_0) (其中 $3x_0^2 + y_0^2 - z_0^2 = 27$),则切平面方程为

$$6x_0(x - x_0) + 2y_0(y - y_0) - 2z_0(z - z_0) = 0,$$

即 $\qquad\qquad 3x_0 x + y_0 y - z_0 z = 27.$ $\qquad\qquad\qquad$ (1)

过直线 $\begin{cases} 10x + 2y - 2z = 27, \\ x + y - z = 0 \end{cases}$ 的平面束为

$$(10x + 2y - 2z - 27) + \lambda(x + y - z) = 0,$$

即 $\qquad\qquad (10+\lambda)x + (2+\lambda)y - (2+\lambda)z = 27.$ $\qquad\qquad$ (2)

比较式(1)与式(2)得

$$3x_0 = 10 + \lambda,$$

$$y_0 = 2 + \lambda,$$

$$z_0 = 2 + \lambda,$$

以及 $3x_0^2 + y_0^2 - z_0^2 = 27$. 由此得到 $\lambda = -1, -19$. 将它们代入式(2)，对应地得到所求的切平面为

$$9x + y - z - 27 = 0$$

与

$$9x + 17y - 17z + 27 = 0.$$

二、设曲面 Σ 对原点处质量为 1 的质点的引力为 $\boldsymbol{F} = F_x \boldsymbol{i} + F_y \boldsymbol{j} + F_z \boldsymbol{k}$，

则

$$\boldsymbol{F} = \iint\limits_{\Sigma} G\rho \frac{x\boldsymbol{i} + y\boldsymbol{j} + z\boldsymbol{k}}{r^3} \mathrm{d}S$$

$$= G\rho \left(\iint\limits_{\Sigma} \frac{x}{r^3} \mathrm{d}S\boldsymbol{i} + \iint\limits_{\Sigma} \frac{y}{r^3} \mathrm{d}S\boldsymbol{j} + \iint\limits_{\Sigma} \frac{z}{r^3} \mathrm{d}S\boldsymbol{k} \right),$$

其中 $r = \sqrt{x^2 + y^2 + z^2}$.

由于 Σ 关于平面 $x = 0$ 对称，在对称点处函数 $\dfrac{x}{r^3}$ 的值互为相反数，所以 $\iint\limits_{\Sigma} \dfrac{x}{r^3} \mathrm{d}S = 0$. 同理 $\iint\limits_{\Sigma} \dfrac{y}{r^3} \mathrm{d}S = 0$. 此外，

$$\iint\limits_{\Sigma} \frac{z}{r^3} \mathrm{d}S = \iint\limits_{D_{xy}} \frac{z}{r^3} \sqrt{1 + (z_x')^2 + (z_y')^2} \bigg|_{z = \sqrt{x^2 + y^2}} \mathrm{d}\sigma$$

（其中 $D_{xy} = \left\{ (x,y) \,\middle|\, 1 \leqslant x^2 + y^2 \leqslant 4 \right\}$ 是 S 在 xOy 平面的投影）

$$= \frac{1}{2} \iint\limits_{D_{xy}} \frac{1}{x^2 + y^2} \mathrm{d}\sigma \xrightarrow{\text{极坐标}} \frac{1}{2} \int_0^{2\pi} \mathrm{d}\theta \int_1^2 \frac{1}{r_1^2} \cdot r_1 \mathrm{d}r_1 = \pi\ln 2.$$

因此，$\boldsymbol{F} = G\rho\pi\ln 2 \boldsymbol{k}$.

三、由 $\quad \ln(1+t) - \ln 1 = \dfrac{t}{1+\xi} (\xi \in (0,t))$ 知

$$\frac{t}{1+t} < \ln(1+t) < t \, (t > 0). \tag{1}$$

由此得到 $\sqrt{\dfrac{1}{x}} - \sqrt{\ln\left(1 + \dfrac{1}{x}\right)} > 0 \,(x \geqslant 1)$，所以

$$f'(x) = \frac{1}{1 + f^2(x)} \left[\sqrt{\frac{1}{x}} - \sqrt{\ln\left(1 + \frac{1}{x}\right)} \right] > 0 \,(x \geqslant 1),$$

即 $f(x)$ 在 $[1, +\infty)$ 上单调增加.

由于 $f(x) = f(1) + \displaystyle\int_1^x f'(t)\mathrm{d}t$

$$= f(1) + \int_1^x \frac{1}{1 + f^2(t)} \left[\sqrt{\frac{1}{x}} - \sqrt{\ln\left(1 + \frac{1}{t}\right)} \right] \mathrm{d}t$$

$$\leqslant f(1) + \int_1^x \left[\sqrt{\frac{1}{t}} - \sqrt{\ln\left(1 + \frac{1}{t}\right)} \right] \mathrm{d}t$$

$$\leqslant f(1) + \int_1^x \left(\sqrt{\frac{1}{t}} - \sqrt{\frac{1}{1+t}} \right) \mathrm{d}t \,（\text{利用式(1)}）$$

$$= f(1) + \int_1^x \frac{\sqrt{1+t} - \sqrt{t}}{\sqrt{t(1+t)}} \mathrm{d}t$$

$$= f(1) + \int_1^x \frac{1}{\sqrt{t(1+t)}(\sqrt{1+t} + \sqrt{t})} \mathrm{d}t$$

$$\leqslant f(1) + \int_1^x \frac{1}{2t^{\frac{3}{2}}} \mathrm{d}t$$

$$< f(1) + \int_1^{+\infty} \frac{1}{2t^{\frac{3}{2}}} \mathrm{d}t = f(1) + 1(x \geqslant 1),$$

所以, $f(x)$ 在 $[1, +\infty)$ 上有界. 因此 $\lim\limits_{x \to +\infty} f(x)$ 存在.

四、记 $F(x) = [f'(x)]^2 + f^2(x)$, 则 $F(x)$ 在 $[-2, 2]$ 上可导.

由于 $f(x)$ 在 $[-2, 0]$ 与 $[0, 2]$ 上都满足拉格朗日中值定理条件, 所以存在 $a \in (-2, 0)$ 与 $b \in (0, 2)$, 使得

$$f'(a) = \frac{1}{2}[f(0) - f(-2)], \quad f'(b) = \frac{1}{2}[f(2) - f(0)],$$

从而由 $|f(x)| < 1 (x \in [-2, 2])$ 得

$$|f'(a)| < 1, \quad |f'(b)| < 1,$$

以及 $F(a) < 2, F(b) < 2$. 但 $F(0) = 4$, 所以 $F(x)$ 在 (a, b) 内取到最大值(记为 M), 即存在 $\xi \in (a, b)$, 使得

$$F(\xi) = M.$$

于是由费马引理知 $F'(\xi) = 0$, 即

$$2f'(\xi)[f''(\xi) + f(\xi)] = 0. \tag{1}$$

由 $4 \leqslant F(\xi) = [f'(\xi)]^2 + f^2(\xi) < [f'(\xi)]^2 + 1$ 知 $f'(\xi) \neq 0$, 所以由式(1)得 $f''(\xi) + f(\xi) = 0 (\xi \in (a, b) \subset (-2, 2))$.

五、由于

$$|x^2 + y^2 - x - y| = \begin{cases} -(x^2 + y^2 - x - y), & x^2 + y^2 - x - y \leqslant 0, \\ x^2 + y^2 - x - y, & x^2 + y^2 - x - y > 0. \end{cases}$$

所以用圆 $C: x^2 + y^2 - x - y = 0$, 即 $\left(x - \frac{1}{2}\right)^2 + \left(y - \frac{1}{2}\right)^2 = \frac{1}{2}$ 将 $D = \{(x, y) \mid x^2 + y^2 \leqslant 1\}$ 分成 D_1 与 D_2 两部分, 其中 D_1 位于 C 的内部, D_2 位于 C 的外部, 如图附 12-1 所示.

$$I = \iint_D |x^2 + y^2 - x - y| \, \mathrm{d}\sigma$$

$$= \iint_{D_1} -(x^2 + y^2 - x - y) \mathrm{d}\sigma + \iint_{D_2} (x^2 + y^2 - x - y) \mathrm{d}\sigma$$

$$= -\iint_{D_1} (x^2 + y^2 - x - y) \mathrm{d}\sigma + \left[\iint_D (x^2 + y^2 - x - y) \mathrm{d}\sigma - \iint_{D_1} (x^2 + y^2 - x - y) \mathrm{d}\sigma \right]$$

$$= -2\iint_{D_1} (x^2 + y^2 - x - y) \mathrm{d}\sigma + \iint_D (x^2 + y^2 - x - y) \mathrm{d}\sigma, \tag{1}$$

图附 12-1

其中, $\iint_{D_1} (x^2 + y^2 - x - y) \mathrm{d}\sigma$

$$= 2\iint_{D_1'} (x^2 + y^2 - x - y) \mathrm{d}\sigma \, (D_1' \text{ 是 } D_1 \text{ 的位于直线 } y = x \text{ 下方部分, 如图附 12-1 阴影部}$$

分所示）

$$\xlongequal{\text{极坐标}} 2\int_{-\frac{\pi}{4}}^{0}\mathrm{d}\theta\int_{0}^{\cos\theta+\sin\theta}\left[r^2-r(\cos\theta+\sin\theta)\right]r\mathrm{d}r+$$

$$2\int_{0}^{\frac{\pi}{4}}\mathrm{d}\theta\int_{0}^{1}\left[r^2-r(\cos\theta+\sin\theta)\right]r\mathrm{d}r$$

$$=-\frac{1}{6}\int_{-\frac{\pi}{4}}^{0}(\cos\theta+\sin\theta)^4\mathrm{d}\theta+2\int_{0}^{\frac{\pi}{4}}\left[\frac{1}{4}-\frac{1}{3}(\cos\theta+\sin\theta)\right]\mathrm{d}\theta$$

$$=-\frac{1}{6}\int_{-\frac{\pi}{4}}^{0}4\cos^4\left(\theta-\frac{\pi}{4}\right)\mathrm{d}\theta+2\left(\frac{1}{4}\theta-\frac{1}{3}\sin\theta+\frac{1}{3}\cos\theta\right)\Big|_{0}^{\frac{\pi}{4}}$$

$$=-\frac{1}{6}\int_{-\frac{\pi}{2}}^{-\frac{\pi}{4}}4\cos^4 t\mathrm{d}t+\frac{\pi}{8}-\frac{2}{3}\left(\text{其中 }t=\theta-\frac{\pi}{4}\right)$$

$$=-\frac{1}{6}\int_{-\frac{\pi}{2}}^{-\frac{\pi}{4}}(1+\cos 2t)^2\mathrm{d}t+\frac{\pi}{8}-\frac{2}{3}$$

$$=-\frac{1}{6}\int_{-\frac{\pi}{2}}^{-\frac{\pi}{4}}\left(\frac{3}{2}+2\cos 2t+\frac{1}{2}\cos 4t\right)\mathrm{d}t+\frac{\pi}{8}-\frac{2}{3}$$

$$=-\frac{1}{6}\left(\frac{3}{2}t+\sin 2t+\frac{1}{8}\sin 4t\right)\Big|_{-\frac{\pi}{2}}^{-\frac{\pi}{4}}+\frac{\pi}{8}-\frac{2}{3}$$

$$=\frac{\pi}{16}-\frac{1}{2}, \tag{2}$$

$$\iint\limits_{D}(x^2+y^2-x-y)\mathrm{d}\sigma=\int_{0}^{2\pi}\mathrm{d}\theta\int_{0}^{1}\left[r^2-r(\cos\theta+\sin\theta)\right]r\mathrm{d}r$$

$$=\int_{0}^{2\pi}\left[\frac{1}{4}-\frac{1}{3}(\cos\theta+\sin\theta)\right]\mathrm{d}\theta$$

$$=\left(\frac{1}{4}\theta-\frac{1}{3}\sin\theta+\frac{1}{3}\cos\theta\right)\Big|_{0}^{2\pi}=\frac{\pi}{2}. \tag{3}$$

将式(2)、式(3)代入式(1)得

$$I=-2\left(\frac{\pi}{16}-\frac{1}{2}\right)+\frac{\pi}{2}=\frac{3\pi}{8}+1.$$

六、用反证法证明$\displaystyle\sum_{n=1}^{\infty}|a_n|$收敛.

设$\displaystyle\sum_{n=1}^{\infty}|a_n|$发散，则数列$\{S_n\}=\left\{\displaystyle\sum_{k=1}^{n}|a_k|\right\}$单调增加，趋向于$+\infty$，因此，对1存在正整数$n_1$，使得$S_{n_1}>1$；

对2存在正整数n_2，使得$S_{n_2}-S_{n_1}>2(n_2>n_1)$；

$$\vdots$$

对正整数k存在正整数n_k，使得$S_{n_k}-S_{n_{k-1}}>k(n_k>n_{k-1})$；

$$\vdots$$

记$y_i=\begin{cases}\dfrac{1}{k}, & a_i>0, \\ 0, & a_i=0, \\ -\dfrac{1}{k}, & a_i<0,\end{cases}$其中$n_{k-1}+1<i\leqslant n_k,k=1,2,\cdots$，则取$\{x_n\}$为$\{y_n\}$有

$$
\left.\sum_{n=1}^{\infty} a_n x_n\right|_{x_n = y_n} = (a_1 y_1 + a_2 y_2 + \cdots + a_{n_1} y_{n_1}) +
$$
$$
(a_{n_1+1} y_{n_1+1} + a_{n_1+2} y_{n_1+2} + \cdots + a_{n_2} y_{n_2}) +
$$
$$
(a_{n_2+1} y_{n_2+1} + a_{n_2+2} y_{n_2+2} + \cdots + a_{n_3} y_{n_3}) + \cdots +
$$
$$
(a_{n_{k-1}+1} y_{n_{k-1}+1} + a_{n_{k-1}+2} y_{n_{k-1}+2} + \cdots + a_{n_k} y_{n_k}) + \cdots
$$
$$
= \frac{1}{1}(|a_1| + |a_2| + \cdots + |a_{n_1}|) +
$$
$$
\frac{1}{2}(|a_{n_1+1}| + |a_{n_1+2}| + \cdots + |a_{n_2}|) +
$$
$$
\frac{1}{3}(|a_{n_2+1}| + |a_{n_2+2}| + \cdots + |a_{n_3}|) +
$$
$$
\frac{1}{k}(|a_{n_{k-1}+1}| + |a_{n_{k-1}+2}| + \cdots + |a_{n_k}|) + \cdots
$$
$$
= \frac{S_{n_1}}{1} + \frac{S_{n_2} - S_{n_1}}{2} + \frac{S_{n_3} - S_{n_2}}{3} + \cdots + \frac{S_{n_k} - S_{n_{k-1}}}{k} + \cdots (\text{正项级数}).
$$

由于 $\dfrac{S_{n_k} - S_{n_{k-1}}}{k} > 1 (k = 1, 2, \cdots)$，而 $\displaystyle\sum_{k=1}^{\infty} 1$ 发散，所以 $\displaystyle\sum_{n=1}^{\infty} a_n x_n$ 对于收敛于零的数列 $\{x_n\} = \{y_n\}$

是发散的，这与题设矛盾. 从而得证 $\displaystyle\sum_{n=1}^{\infty} |a_n|$ 收敛.

第五届(2014 年)预赛试题及精解

试　题

一、解答下列各题(每小题 4 分，共 24 分)

(1) 求极限 $\displaystyle\lim_{n \to \infty}(1 + \sin\pi \sqrt{1 + 4n^2})^n$.

(2) 证明广义积分 $\displaystyle\int_0^{+\infty} \frac{\sin x}{x} \mathrm{d}x$ 不绝对收敛.

(3) 设函数 $y = y(x)$ 由 $x^3 + 3x^2 y - 2y^3 = 2$ 所确定，求 $y(x)$ 的极值.

(4) 过曲线 $y = \sqrt[3]{x} (x \geqslant 0)$ 上的点 A 作切线，使得该切线与曲线及 x 轴所围成的平面图形的面积为 $\dfrac{3}{4}$. 求点 A 的坐标.

二、(12 分) 计算定积分 $I = \displaystyle\int_{-\pi}^{\pi} \frac{x \sin x \cdot \arctan e^x}{1 + \cos^2 x} \mathrm{d}x$.

三、(12 分) 设函数 $f(x)$ 在点 $x = 0$ 处存在二阶导数 $f''(0)$，且 $\displaystyle\lim_{x \to 0} \frac{f(x)}{x} = 0$. 证明：级数 $\displaystyle\sum_{n=1}^{\infty} \left| f\left(\frac{1}{n}\right) \right|$ 收敛.

四、(10 分) 设函数 $f(x)$ 满足 $|f(x)| \leqslant \pi$，$f'(x) \geqslant m > 0 (a \leqslant x \leqslant b)$. 证明
$$
\left| \int_a^b \sin f(x) \mathrm{d}x \right| \leqslant \frac{2}{m}.
$$

五、(14 分) 设 Σ 是光滑闭曲面，方向朝外. 设有曲面积分

$$I = \iint_{\Sigma} (x^3 - x)\mathrm{d}y\mathrm{d}z + (2y^3 - y)\mathrm{d}z\mathrm{d}x + (3z^3 - z)\mathrm{d}x\mathrm{d}y,$$

试确定曲面 Σ，使得 I 的值最小，并求最小值.

六、(14 分) $I_a = \int_C \dfrac{y\mathrm{d}x - x\mathrm{d}y}{(x^2 + y^2)^a}$，其中 a 为常数，曲线 C 为椭圆 $x^2 + xy + y^2 = r^2$，取正向. 求极限 $\lim\limits_{r \to +\infty} I_a(r)$.

七、(14 分)判断级数 $\sum\limits_{n=1}^{\infty} \dfrac{1 + \frac{1}{2} + \cdots + \frac{1}{n}}{(n+1)(n+2)}$ 的收敛性，若收敛求其和.

精　解

一、(1) 由于 $\sin\pi\sqrt{1+4n^2} = \sin(\pi\sqrt{1+4n^2} - 2n\pi)$

$$= \sin\frac{\pi}{\sqrt{1+4n^2}+2n},$$

所以 $\lim\limits_{n\to\infty}(1+\sin\pi\sqrt{1+4n^2})^n = e^{\lim\limits_{n\to\infty}\frac{\ln(1+\sin\pi\sqrt{1+4n^2})}{\frac{1}{n}}} = e^{\lim\limits_{n\to\infty}\frac{\sin\frac{\pi}{\sqrt{1+4n^2}+2n}}{\frac{1}{n}}}$

$= e^{\lim\limits_{n\to\infty}\frac{\frac{\pi}{\sqrt{1+4n^2}+2n}}{\frac{1}{n}}} = e^{\lim\limits_{n\to\infty}\frac{n\pi}{\sqrt{1+4n^2}+2n}} = e^{\frac{\pi}{4}}.$

(2) 设 $\int_0^{+\infty}\left|\dfrac{\sin x}{x}\right|\mathrm{d}x$ 收敛，则

$$\int_0^{+\infty}\left|\frac{\sin x}{x}\right|\mathrm{d}x = \sum_{n=0}^{\infty}\int_{n\pi}^{(n+1)\pi}\frac{|\sin x|}{x}\mathrm{d}x \xlongequal{\pi} \sum_{n=0}^{\infty}a_n,$$

故正项级数 $\sum\limits_{n=0}^{\infty}a_n$ 收敛.

另一方面，$a_n = \int_{n\pi}^{(n+1)\pi}\dfrac{|\sin x|}{x}\mathrm{d}x > \dfrac{1}{(n+1)\pi}\int_{n\pi}^{(n+1)\pi}|\sin x|\mathrm{d}x = \dfrac{1}{(n+1)\pi}\int_0^{\pi}\sin x\mathrm{d}x =$

$\dfrac{2}{(n+1)\pi}(n=0,1,2,\cdots)$，而 $\sum\limits_{n=0}^{\infty}\dfrac{2}{(n+1)\pi}$ 发散，所以比较法知 $\sum\limits_{n=0}^{\infty}a_n$ 发散.

以上矛盾表明 $\int_0^{+\infty}\left|\dfrac{\sin x}{x}\right|\mathrm{d}x$ 发散，从而 $\int_0^{+\infty}\dfrac{\sin x}{x}\mathrm{d}x$ 不是绝对收敛的.

(3) 记 $F(x,y) = x^3 + 3x^2y - 2y^3 - 2$，则 $F(x,y)$ 有连续的偏导数. 由于 $y=y(x)$ 是由方程 $F(x,y)=0$ 确定的隐函数，所以 $y(x)$ 可导，且

$$y' = -\frac{F'_x(x,y)}{F'_y(x,y)} = \frac{x^2 + 2xy}{2y^2 - x^2} \tag{1}$$

由 $x^2 + 2xy = 0$ 得 $x=0, y=-\dfrac{x}{2}$. 将它们分别代入 $F(x,y)=0$ 得

$$(x,y) = (0,-1),(-2,1).$$

故 $x=0,-2$ 是 $y(x)$ 的可能极值点.

由式(1)得

$$y'' = \frac{(2x+2y+2xy')(2y^2-x^2)-(x^2+2xy)(4yy'-2x)}{(2y^2-x^2)^2}$$

由于 $y''\Big|_{\substack{x=0\\y=-1\\y'=0}}=-1<0$，所以 $y(0)=-1$ 是 $y=y(x)$ 的极大值；

$y''\Big|_{\substack{x=-2\\y=1\\y'=0}}=1>0$，所以 $y(-2)=1$ 是 $y=y(x)$ 的极小值.

(4)设 $A=(x_0,\sqrt[3]{x_0})(x_0>0)$，则曲线 $y=\sqrt[3]{x}$，即 $x=y^3$ 在

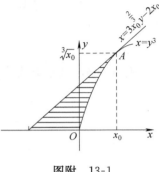

点 A 处的切线方程为 $y-\sqrt[3]{x_0}=\dfrac{1}{3x_0^{\frac{2}{3}}}(x-x_0)$，即 $x=3x_0^{\frac{2}{3}}y-$

$2x_0$. 则题中的平面图形如图附 13-1 的阴影部分所示. 所以由题设得

$$\frac{3}{4}=\int_0^{\sqrt[3]{x_0}}\big[(3x_0^{\frac{2}{3}}y-2x_0)-y^3\big]\mathrm{d}y$$

$$=\Big(\frac{3}{2}x_0^{\frac{2}{3}}y^2-2x_0y-\frac{1}{4}y^4\Big)\Big|_0^{\sqrt[3]{x_0}}=\frac{3}{4}x_0^{\frac{4}{3}},$$

即 $x_0=1$. 因此 $A=(1,1)$.

图附 13-1

二、由于 I 是非奇非偶函数 $\dfrac{x\sin x\cdot\mathrm{arctane}^x}{1+\cos^2x}$ 在对称区间 $[-\pi,\pi]$ 上的定积分，所以

$$I=\int_0^\pi\Big[\frac{x\sin x\cdot\mathrm{arctane}^x}{1+\cos^2x}+\frac{(-x)\sin(-x)\cdot\mathrm{arctane}^{-x}}{1+\cos^2(-x)}\Big]\mathrm{d}x$$

$$=\frac{\pi}{2}\int_0^\pi\frac{x\sin x}{1+\cos^2x}\mathrm{d}x\Big(\text{由于 }\mathrm{arctane}^x+\mathrm{arctane}^{-x}=\mathrm{arctane}^x+\arctan\frac{1}{\mathrm{e}^x}=\frac{\pi}{2}\Big)$$

$$=\frac{\pi}{2}\Big(\int_0^{\frac{\pi}{2}}\frac{x\sin x}{1+\cos^2x}\mathrm{d}x+\int_{\frac{\pi}{2}}^\pi\frac{x\sin x}{1+\cos^2x}\mathrm{d}x\Big)$$

$$=\frac{\pi}{2}\Big(\int_0^{\frac{\pi}{2}}\frac{x\sin x}{1+\cos^2x}\mathrm{d}x+\int_0^{\frac{\pi}{2}}\frac{(\pi-t)\sin t}{1+\cos^2t}\mathrm{d}t\Big)(\text{其中 }t=\pi-x)$$

$$=\frac{\pi}{2}\Big(\int_0^{\frac{\pi}{2}}\frac{x\sin x}{1+\cos^2x}\mathrm{d}x+\int_0^{\frac{\pi}{2}}\frac{(\pi-x)\sin x}{1+\cos^2x}\mathrm{d}x\Big)$$

$$=\frac{\pi^2}{2}\int_0^{\frac{\pi}{2}}\frac{\sin x}{1+\cos^2x}\mathrm{d}x=\frac{\pi^2}{2}\big[-\arctan(\cos x)\big]\Big|_0^{\frac{\pi}{2}}=\frac{\pi^2}{2}\cdot\frac{\pi}{4}=\frac{\pi^3}{8}.$$

三、由 $f(x)$ 在点 $x=0$ 处连续及 $\lim\limits_{x\to0}\dfrac{f(x)}{x}=0$ 得 $f(0)=f'(0)=0$. 于是

$$\lim_{x\to0}\frac{f(x)}{x^2}\xupdownarrow{\text{洛必达法则}}\lim_{x\to0}\frac{f'(x)}{2x}=\frac{1}{2}\lim_{x\to0}\frac{f'(x)-f'(0)}{x}=\frac{1}{2}f''(0),$$

特别有 $\lim\limits_{n\to\infty}\dfrac{f\left(\frac{1}{n}\right)}{\frac{1}{n^2}}=\dfrac{1}{2}f''(0)$. 由此可知 $\left\{\dfrac{f\left(\frac{1}{n}\right)}{\frac{1}{n^2}}\right\}$ 有界，即存在正数 A，使得 $\left|\dfrac{f\left(\frac{1}{n}\right)}{\frac{1}{n^2}}\right|\leqslant A$，

即 $\left|f\left(\dfrac{1}{n}\right)\right|\leqslant\dfrac{A}{n^2}(n=1,2,\cdots)$.

于是由 $\sum\limits_{n=1}^\infty\dfrac{A}{n^2}$ 收敛知，$\sum\limits_{n=1}^\infty\left|f\left(\dfrac{1}{n}\right)\right|$ 收敛.

四、由于 $f'(x)>0(a\leqslant x\leqslant b)$，所以，$y=f(x)$ 在 $[a,b]$ 上有反函数，记为 $x=\varphi(y)$，它

在 $[f(a),f(b)](\subseteq[-\pi,\pi])$ 上可导，且 $0<\varphi'(y)=\dfrac{1}{f'(x)}\leqslant\dfrac{1}{m}$. 由此得到

$$\left|\int_a^b \sin f(x)\mathrm{d}x\right| \xlongequal[\text{则 } x=\varphi(y)]{\text{令 } y=f(x)} \left|\int_{f(a)}^{f(b)} \sin y \cdot \varphi'(y)\mathrm{d}y\right|, \tag{1}$$

并且当 $(f(a),f(b)]$ 位于点 $y=0$ 的下侧时，有

$$\left|\int_{f(a)}^{f(b)} \sin y \cdot \varphi'(y)\mathrm{d}y\right| = \int_{f(a)}^{f(b)} -\sin y \cdot \varphi'(y)\mathrm{d}y \leqslant \frac{1}{m}\int_{f(a)}^{f(b)} -\sin y\mathrm{d}y$$

$$\leqslant \frac{1}{m}\int_{-\pi}^{0} -\sin y\mathrm{d}y = \frac{2}{m}; \tag{2}$$

当 $[f(a),f(b)]$ 位于点 $y=0$ 的上侧时，有

$$\left|\int_{f(a)}^{f(b)} \sin y \cdot \varphi'(y)\mathrm{d}y\right| = \int_{f(a)}^{f(b)} \sin y \cdot \varphi'(y)\mathrm{d}y \leqslant \frac{1}{m}\int_{f(a)}^{f(b)} \sin y\mathrm{d}y$$

$$\leqslant \frac{1}{m}\int_{0}^{\pi} \sin y\mathrm{d}y = \frac{2}{m}; \tag{3}$$

当 $[f(a),f(b)]$ 包含点 $y=0$ 时，有

$$\left|\int_{f(a)}^{f(b)} \sin y \cdot \varphi'(y)\mathrm{d}y\right| = \left|\int_{f(a)}^{0} \sin y \cdot \varphi'(y)\mathrm{d}y + \int_{0}^{f(b)} \sin y \cdot \varphi'(y)\mathrm{d}y\right|$$

$$\leqslant \max\left\{\left|\int_{f(a)}^{0} \sin y \cdot \varphi'(y)\mathrm{d}y\right|, \left|\int_{0}^{f(b)} \sin y \cdot \varphi'(y)\mathrm{d}y\right|\right\}$$

$$\leqslant \max\left\{\frac{2}{m},\frac{2}{m}\right\}(利用式(2),式(3))$$

$$=\frac{2}{m}.$$

综上所述，$\left|\int_{f(a)}^{f(b)} \sin y \cdot \varphi'(y)\mathrm{d}y\right| \leqslant \frac{2}{m}$. 将它代入式 (1) 得证 $\left|\int_a^b \sin f(x)\mathrm{d}x\right| \leqslant \frac{2}{m}$.

五、设由 Σ 围成的立体为 Ω，则由高斯公式得

$$I = \iint_\Sigma (x^3-x)\mathrm{d}y\mathrm{d}z + (2y^3-y)\mathrm{d}z\mathrm{d}x + (3z^3-z)\mathrm{d}x\mathrm{d}y$$

$$= 3\iiint_\Omega (x^2+2y^2+3z^2-1)\mathrm{d}V.$$

由于 $x^2+2y^2+3z^2-1$ 仅在椭球 $\Omega_0: x^2+2y^2+3z^2 \leqslant 1$ 内取负值，故欲使 I 的值为最小，应取 Ω 为 Ω_0，即 Σ 应取 Ω_0 的表面 $\Sigma_0: x^2+2y^2+3z^2 = 1$.

记 I 的最小值为 I_0，则

$$I_0 = 3\iiint_{\Omega_0} (x^2+2y^2+3z^2-1)\mathrm{d}V$$

$$\xLeftarrow{\text{令}\begin{cases} x=r\cos\theta\sin\varphi, \\ y=\frac{1}{\sqrt{2}}r\sin\theta\sin\varphi, \\ z=\frac{1}{\sqrt{3}}r\cos\varphi, \end{cases}} 3\int_0^{2\pi}\mathrm{d}\theta\int_0^\pi\mathrm{d}\varphi\int_0^1 (r^2-1)\cdot 1\cdot\frac{1}{\sqrt{2}}\cdot\frac{1}{\sqrt{3}}r^2\sin\varphi\mathrm{d}r$$

$$=\sqrt{6}\pi\int_0^\pi\sin\varphi\mathrm{d}\varphi\int_0^1(r^4-r^2)\mathrm{d}r = -\frac{4\sqrt{b}}{15}\pi.$$

六、令 $\begin{cases} x=u-\sigma, \\ y=u+\sigma, \end{cases}$ 则 $x^2+xy+y^2 = 3u^2+\sigma^2$. 令 $\begin{cases} u=\frac{r}{\sqrt{3}}\cos\theta, \\ \sigma=r\sin\theta, \end{cases}$ 则积分曲线的参数表示

式为

$$\begin{cases} x = \dfrac{r}{\sqrt{3}}(\cos\theta - \sqrt{3}\sin\theta), \\[2mm] y = \dfrac{r}{\sqrt{3}}(\cos\theta + \sqrt{3}\sin\theta), \end{cases}$$

且起点参数 $\theta = 0$,终点参数为 $\theta = 2\pi$. 此外

$$x^2 + y^2 = \frac{2}{3}r^2(\cos^2\theta + 3\sin^2\theta), \quad y\mathrm{d}x - x\mathrm{d}y = -\sqrt{3}\left(\frac{2r^2}{3}\right).$$

于是 $I_\alpha(r) = \oint\limits_{x^2+xy+y^2=r^2} \dfrac{y\mathrm{d}x - x\mathrm{d}y}{(x^2+y^2)^\alpha} = \displaystyle\int_0^{2\pi} \dfrac{-\sqrt{3}\left(\dfrac{2r^2}{3}\right)}{\left(\dfrac{2r^2}{3}\right)^t (\cos^2\theta + 3\sin^2\theta)^\alpha}\mathrm{d}\theta$

$$= -\sqrt{3}\left(\frac{2r^2}{3}\right)^{1-t}\int_0^{2\pi} \frac{1}{(\cos^2\theta + 3\sin^2\theta)^\alpha}\mathrm{d}\theta.$$

由于对任意实数 α, $\displaystyle\int_0^{2\pi} \dfrac{1}{(\cos^2\theta + 3\sin^2\theta)^\alpha}\mathrm{d}\theta$ 是定积分,其值大于零,且与 r 无关,所以

$$\lim_{r\to+\infty} I_\alpha(r) = -\lim_{r\to+\infty}\sqrt{3}\left(\frac{2r^2}{3}\right)^{1-\alpha} \cdot \int_0^{2\pi} \frac{1}{(\cos^2\theta + 3\sin^2\theta)^\alpha}\mathrm{d}\theta.$$

显然,$\alpha > 1$ 时,$\displaystyle\lim_{r\to+\infty} I_\alpha(r) = 0$;$\alpha < 1$ 时,$\displaystyle\lim_{r\to+\infty} I_\alpha(r) = -\infty$. 此外,

$$\lim_{r\to+\infty} I_1(r) = -\lim_{r\to+\infty}\sqrt{3}\int_0^{2\pi} \frac{1}{\cos^2\theta + 3\sin^2\theta}\mathrm{d}\theta = -4\sqrt{3}\int_0^{\frac{\pi}{2}} \frac{1}{\cos^2\theta + 3\sin^2\theta}\mathrm{d}\theta$$

$$= -4\int_0^{\frac{\pi}{2}} \frac{1}{1 + 3\tan^2\theta}\mathrm{d}\sqrt{3}\tan\theta = -4\arctan(\sqrt{3}\tan\theta)\Big|_0^{\frac{\pi}{2}} = -2\pi.$$

因此,$\displaystyle\lim_{r\to+\infty} I_\alpha(r) = \begin{cases} 0, & \alpha > 1, \\ -2\pi, & \alpha = 1, \\ -\infty, & \alpha < 1. \end{cases}$

七、由于 $\displaystyle\sum_{k=1}^{n} \dfrac{1 + \dfrac{1}{2} + \cdots + \dfrac{1}{k}}{(k+1)(k+2)} = \sum_{k=1}^{\infty}\left(\dfrac{1 + \dfrac{1}{2} + \cdots + \dfrac{1}{k}}{k+1} - \dfrac{1 + 2 + \cdots + \dfrac{1}{k}}{k+2}\right)$

$$= \sum_{k=1}^{n}\left[\frac{1 + \dfrac{1}{2} + \cdots + \dfrac{1}{k}}{k+1} - \frac{1 + \dfrac{1}{2} + \cdots + \dfrac{1}{k} + \dfrac{1}{k+1}}{k+2} + \frac{1}{(k+1)(k+2)}\right]$$

$$= \sum_{k=1}^{n}\left(\frac{1 + \dfrac{1}{2}\cdots + \dfrac{1}{k}}{k+1} - \frac{1 + \dfrac{1}{2} + \cdots + \dfrac{1}{k} + \dfrac{1}{k+1}}{k+2}\right) + \sum_{k=1}^{n}\left(\frac{1}{k+1} - \frac{1}{k+2}\right)$$

$$= \left(\frac{1}{2} - \frac{1 + \dfrac{1}{2} + \cdots + \dfrac{1}{n} + \dfrac{1}{n+1}}{n+2}\right) + \left(\frac{1}{2} - \frac{1}{n+2}\right)$$

$$= 1 - \frac{1}{n+2} - \frac{1 + \dfrac{1}{2} + \cdots + \dfrac{1}{n} + \dfrac{1}{n+1}}{n+2},$$

所以,$\displaystyle\sum_{n=1}^{\infty} \dfrac{1 + \dfrac{1}{2} + \cdots + \dfrac{1}{n}}{(n+1)(n+2)} = \lim_{n\to\infty}\sum_{k=1}^{n} \dfrac{1 + \dfrac{1}{2} + \cdots + \dfrac{1}{k}}{(k+1)(k+2)}$

$$= 1 - 0 - \lim_{n \to \infty} \frac{1 + \frac{1}{2} + \cdots + \frac{1}{n} + \frac{1}{n+1}}{n+2}$$

$$\xrightarrow{\text{施笃兹定理}} 1 - \lim_{n \to \infty} \frac{\frac{1}{n+2}}{1} = 1.$$

由此可知，$\displaystyle\sum_{n=1}^{\infty} \frac{1 + \frac{1}{2} + \cdots + \frac{1}{n}}{(n+1)(n+2)}$ 收敛，且其和为 1.

第五届(2014 年)决赛试题及精解

试　题

一、解答下列各题(每小题 7 分，共 28 分)：

(1) 计算积分 $\displaystyle\int_0^{2\pi} x \left(\int_x^{2\pi} \frac{\sin^2 t}{t^2} dt \right) dx$.

(2) 设 $f(x)$ 是 $[0,1]$ 上的连续函数，且满足 $\displaystyle\int_0^1 f(x) dx = 1$，求一个这样的函数 $f(x)$，使得积分 $I = \displaystyle\int_0^1 (1 + x^2) f^2(x) dx$. 取到最小值.

(3) 设 $F(x,y,z), G(x,y,z)$ 有连续偏导数，$\dfrac{\partial(F,G)}{\partial(x,z_0)} \neq 0$，曲线 $\Gamma:\begin{cases} F(x,y,z) = 0 \\ G(x,y,z) = 0 \end{cases}$，过点 $P_0(x_0, y_0, z_0)$. 记 Γ 在 xOy 平面上的投影曲线为 S，求 S 上过点 (x_0, y_0) 的切线方程.

(4) 设矩阵 $\boldsymbol{A} = \begin{bmatrix} 1 & 2 & 1 \\ 3 & 4 & a \\ 1 & 2 & 2 \end{bmatrix}$，其中 a 为常数，矩阵 $\boldsymbol{B}$ 满足关系式 $\boldsymbol{AB} = \boldsymbol{A} - \boldsymbol{B} + \boldsymbol{E}$，其中 $\boldsymbol{E}$ 是单位矩阵且 $\boldsymbol{B} \neq \boldsymbol{E}$. 若秩 $rank(\boldsymbol{A} + \boldsymbol{B}) = 3$，求常数 a 的值.

二、(12 分) 设 $f \in \mathrm{C}^4(-\infty, +\infty)$，

$$f(x+h) = f(x) + f'(x)h + \frac{1}{2} f''(x + \theta h) h^2,$$

其中 θ 是与 x, h 无关的常数. 证明：f 是不超过三次的多项式.

三、(12 分) 设当 $x > -1$ 时，可微函数 $f(x)$ 满足条件

$$f'(x) + f(x) - \frac{1}{1+x} \int_0^x f(t) dt = 0 \text{ 且 } f(0) = 1.$$

试证：当 $x \geqslant 0$ 时，$\mathrm{e}^x \leqslant f(x) \leqslant 1$ 成立.

四、(10 分) 设 $D = \{(x,y) \mid 0 \leqslant x \leqslant 1, 0 \leqslant y \leqslant 1\}$，$I = \displaystyle\iint\limits_D f(x,y) dx dy$，其中函数 $f(x,y)$ 在 D 上有连续二阶偏导数. 若对任何 x, y 有 $f(0, y) = f(x, 0) = 0$，且 $\dfrac{\partial^2 f}{\partial x \partial y} \leqslant A$. 证明：$I \leqslant \dfrac{A}{4}$.

五、(12 分) 设函数 $f(x)$ 连续可导，$P(x,y,z) = Q(x,y,z) = R(x,y,z) = f[(x^2 + y^2)z]$，有向曲面 Σ_1 是圆柱体 $x^2 + y^2 \leqslant t^2, 0 \leqslant z \leqslant 1$ 的表面，方向朝外. 记曲面积分 $I_t = \displaystyle\iint\limits_{\Sigma_1} P(x,y,z) dy dz + Q(x,y,z) dz dx + R(x,y,z) dx dy$，求极限 $\displaystyle\lim_{t \to 0^+} \frac{I_t}{t^4}$.

六、(12 分) 设 $A_1 B$ 是两个 n 阶正定矩阵,求证 AB 正定的充分必要条件是 $AB = BA$.

七、(12 分) 设 $\sum\limits_{n=0}^{\infty} a_n x^n$ 的收敛半径为 1,$\lim\limits_{n \to \infty} n a_n = 0$,且 $\lim\limits_{x \to \Gamma^-} \sum\limits_{n=0}^{\infty} a_n x^n = A$. 证明:$\sum\limits_{n=0}^{\infty} a_n$ 收敛且 $\sum\limits_{n=0}^{\infty} a_n = A$.

精　解

一、(1) 由于

$$\int_0^{2\pi} x \left(\int_x^{2\pi} \frac{\sin^2 t}{t^2} dt \right) dx = \iint\limits_{D} x \cdot \frac{\sin^2 t}{t^2} d\sigma \text{(其中 } D \text{ 如图附 14-1 阴影}$$

部分所示)

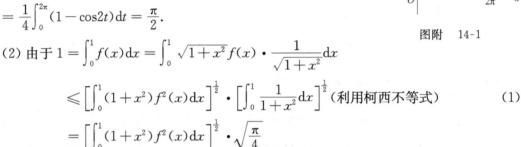

$$= \int_0^{2\pi} \frac{\sin^2 t}{t^2} \left(\int_0^t x dx \right) dt = \int_0^{2\pi} \frac{\sin^2 t}{t^2} \cdot \frac{1}{2} t^2 dt$$

$$= \frac{1}{4} \int_0^{2\pi} (1 - \cos 2t) dt = \frac{\pi}{2}.$$

图附　14-1

(2) 由于 $1 = \int_0^1 f(x) dx = \int_0^1 \sqrt{1 + x^2} f(x) \cdot \frac{1}{\sqrt{1 + x^2}} dx$

$$\leqslant \left[\int_0^1 (1 + x^2) f^2(x) dx \right]^{\frac{1}{2}} \cdot \left[\int_0^1 \frac{1}{1 + x^2} dx \right]^{\frac{1}{2}} \text{(利用柯西不等式)} \tag{1}$$

$$= \left[\int_0^1 (1 + x^2) f^2(x) dx \right]^{\frac{1}{2}} \cdot \sqrt{\frac{\pi}{4}}$$

所以,$\int_0^1 (1 + x^2) f^2(x) dx \geqslant \dfrac{4}{\pi}$.

由式(1) 仅当 $\sqrt{1 + x^2} f(x) = \dfrac{k}{\sqrt{1 + x^2}}$,即 $f(x) = \dfrac{k}{1 + x^2}$(其中 k 是常数) 时取等号,所以 $\int_0^1 (1 + x^2) f^2(x) dx \geqslant \dfrac{4}{\pi}$ 仅当 $f(x) = \dfrac{k}{1 + x^2}$ 时取等号.将它代入 $\int_0^1 f(x) dx = 1$ 得 $k = \dfrac{4}{\pi}$.因此,使 $I = \int_0^1 (1 + x^2) f^2(x) dx$ 取最小的函数为

$$f(x) = \frac{4}{\pi(1 + x^2)}.$$

(3) 由 $\dfrac{\partial(F, G)}{\partial(x, z)} = \begin{vmatrix} F_x & F_z \\ G_x & G_2 \end{vmatrix} \neq 0$ 知,矩阵 $\begin{pmatrix} F_x & F_y & F_z \\ G_x & G_y & G_z \end{pmatrix}$ 的秩为 2,即该矩阵是满秩的,所以

$\Gamma: \begin{cases} F(x, y, z) = 0, \\ G(x, y, z) = 0 \end{cases}$ 在点 $P_0(x_0, y_0, z_0)$ 处的切线 γ 的方程为

$$\frac{x - x_0}{\begin{vmatrix} F_y & F_z \\ G_y & G_z \end{vmatrix}_{P_0}} = \frac{y - y_0}{\begin{vmatrix} F_z & F_x \\ G_z & G_x \end{vmatrix}_{P_0}} = \frac{z - z_0}{\begin{vmatrix} F_x & F_y \\ G_x & G_y \end{vmatrix}_{P_0}}$$

即 $\begin{cases} \dfrac{x - x_0}{(F_y G_z - F_z G_y)|_{P_0}} = \dfrac{z - z_0}{(F_z G_y - F_y G_x)|_{P_0}}, \\ \dfrac{y - y_0}{(F_z G_x - F_x G_z)|_{P_0}} = \dfrac{z - z_0}{(F_x G_y - F_y G_x)|_{P_0}}. \end{cases}$ 从中消去可得

$$\frac{x-x_0}{(F_yG_z-F_zG_y)|_{P_0}}=\frac{y-y_0}{(F_zG_x-F_xG_z)|_{P_0}},即$$

$$(F_xG_z-F_zG_x)|_{P_0}(x-x_0)+(F_zG_z-F_xG_z)|_{P_0}(y-y_0)=0. \tag{1}$$

式(1)所示的直线是 r 在 xOy 平面上的投影,故式(1)即为 Γ 在 xOy 平面上的投影 S 在点 (x_0,y_0) 处的切线方程.

(4)由 $\boldsymbol{AB}=\boldsymbol{A}-\boldsymbol{B}+\boldsymbol{E}$ 得 $(\boldsymbol{A}+\boldsymbol{E})(\boldsymbol{B}-\boldsymbol{E})=\boldsymbol{O}$(零矩阵).

$$3=rank(\boldsymbol{A}+\boldsymbol{B})=rank[(\boldsymbol{A}+\boldsymbol{E})+(\boldsymbol{B}-\boldsymbol{E})]\leqslant rank(\boldsymbol{A}+\boldsymbol{E})+rank(\boldsymbol{B}-\boldsymbol{E}),$$

即
$$rank(\boldsymbol{A}+\boldsymbol{E})+rank(\boldsymbol{B}-\boldsymbol{E})\geqslant3. \tag{1}$$

另一方面,$3=rank(\boldsymbol{A}+\boldsymbol{B})=rank[\boldsymbol{A}+\boldsymbol{E})+(\boldsymbol{B}-\boldsymbol{E})]$

$$\geqslant rank(\boldsymbol{A}+\boldsymbol{E})+rank(\boldsymbol{B}-\boldsymbol{E})-rank[(\boldsymbol{A}+\boldsymbol{E})(\boldsymbol{B}-\boldsymbol{E})]$$

$$=rank(\boldsymbol{A}+\boldsymbol{E})+rank(\boldsymbol{B}-\boldsymbol{E}),$$

即
$$rank(\boldsymbol{A}+\boldsymbol{E})+rank(\boldsymbol{B}-\boldsymbol{E})\leqslant3. \tag{2}$$

由式(1)与式(2)得
$$rank(\boldsymbol{A}+\boldsymbol{E})+rank(\boldsymbol{B}-\boldsymbol{E})=3. \tag{3}$$

由于 $rank(\boldsymbol{A}+\boldsymbol{E})=rank\begin{bmatrix}2&2&1\\3&5&a\\1&2&3\end{bmatrix}\geqslant2$,并且由 $\boldsymbol{B}\neq\boldsymbol{E}$ 知 $rank(\boldsymbol{B}-\boldsymbol{E})\geqslant1$. 因此由式(3)

知,$rank(\boldsymbol{A}+\boldsymbol{E})=2$,即 $\begin{vmatrix}2&2&1\\3&5&a\\1&2&3\end{vmatrix}=0.$ 由此得到 $a=\dfrac{13}{2}.$

二、由于 $f\in C^4(-\infty,+\infty)$(即 $f(x)$ 在 $(-\infty,+\infty)$ 上具有四阶连续导数),所以由泰勒公式知,对任意 x 与 h,存在介于 x 与 $x+h$ 之间的实数量,使得

$$f(x+h)=f(x)+f'(x)h+\frac{1}{2!}f''(x)h^2+\frac{1}{3!}f^{(3)}(x)h^3+\frac{1}{4!}f^{(4)}(\xi)h^4$$

$$=f(x)+f'(x)h+\frac{1}{2}f''(x)h^2+\frac{1}{6}f^{(3)}(x)h^3+\frac{1}{\theta_4}f^{(4)}(\xi)h^4; \tag{1}$$

对任意 x,θ 及 h,存在介于 x 与 $x+\theta h$ 之间的实数 η,使得

$$f''(x+\theta h)=f''(x)+f^{(3)}(x)(\theta h)+\frac{1}{2!}f^{(4)}(\eta)(\theta h)^2. \tag{2}$$

将式(2)代入题设的 $f(x+h)=f(x)+f'(x)h+\dfrac{1}{2}f''(x+\theta h)h^2$ 得

$$f(x+h)=f(x)+f'(x)h+\frac{1}{2}\left[f''(x)h^2+f^{(3)}(x)\theta h^3+\frac{1}{2!}f^{(4)}(\eta)(\theta h)^2\right]$$

$$=f(x)+f'(x)h+\frac{1}{2}f''(x)h^2+\frac{1}{2}f^{(3)}(x)\theta h^3+\frac{1}{4}f^{(4)}(\eta)\theta^2 h^4. \tag{3}$$

比较式(1)与式(3)得

$$\frac{1}{6}f^{(3)}(x)h^3+\frac{1}{24}f^{(4)}(\xi)h^4=\frac{1}{2}f^{(3)}(x)\theta h^3+\frac{1}{4}f^{(4)}(\eta)\theta^2 h^4,$$

即
$$\left(\frac{1}{6}-\frac{1}{2}\theta\right)f^{(3)}(x)=\frac{1}{4}\left[f^{(4)}(\eta)\theta^2-\frac{1}{6}f^{(4)}(\xi)\right]h. \tag{4}$$

当 $\theta\neq\dfrac{1}{3}$ 时,对式(4)的两边令 $h\to0$ 得 $f^{(3)}(x)=0(-\infty<x<+\infty)$. 所以,此时 $f(x)$ 是不

超过二次的多项式.

当 $\theta=\dfrac{1}{3}$ 时,有 $\dfrac{1}{9}f^{(4)}(\eta)\theta^2=\dfrac{1}{6}f^{(4)}(\xi)=0.$ \hfill (5)

令 $h\to0$,则 $\xi\to x_1\eta\to x$.所以对式(5)的两边令 $h\to0$,则由 $f^{(4)}(x)$ 连续得 $\dfrac{1}{3}f^{(4)}(x)=\dfrac{1}{2}f^{(4)}(x)$ $=0$,即 $f^{(4)}(x)=0(-\infty<x<+\infty)$.所以,此时 $f(x)$ 是不超过三次的多项式.

综上所述,$f(x)$ 是不超过三次的多项式.

三、所给的积分方程可以改写成

$$(1+x)f'(x)+(1+x)f(x)-\int_0^x f(t)\mathrm{d}t=0.\qquad(1)$$

式(1)两边求导得

$$(1+x)f''(x)+(2+x)f'(x)=0,\text{即}f''(x)+\left(1+\dfrac{1}{1+x}\right)f'(x)=0.$$

所以,$f'(x)=C\mathrm{e}^{-\int(1+\frac{1}{1+x}\mathrm{d}x)}=\dfrac{C\mathrm{e}^{-x}}{1+x}.$ \hfill (2)

式(1)两边令 $x=0$,并将 $f(0)=1$ 代入得 $f'(0)=-1$.将它代入式(2)得 $C=-1$.所以有 $f'(x)=-\dfrac{\mathrm{e}^{-x}}{1+x}$.由此可知,当 $x>-1$ 时,$f'(x)<0$.从而

$$f(x)\leqslant f(0),\text{即}f(x)\leqslant-1(x\geqslant0).\qquad(3)$$

此外,由 $f(x)-f(0)=-\displaystyle\int_0^x\dfrac{\mathrm{e}^{-t}}{1+t}\mathrm{d}t$ 得

$$f(x)=1-\int_0^x\dfrac{\mathrm{e}^{-t}}{1+t}\mathrm{d}t\geqslant1-\int_0^x\mathrm{e}^{-t}\mathrm{d}t=\mathrm{e}^{-x}(x\geqslant0).\qquad(4)$$

由式(3)与式(4)证得

$$\mathrm{e}^{-x}\leqslant f(x)\leqslant1(x\geqslant0).$$

四、由于 $I=\displaystyle\iint\limits_D f(x,y)\mathrm{d}x\mathrm{d}y=\int_0^1\left(\int_0^1 f(x,y)\mathrm{d}y\right)\mathrm{d}x$

$$=-\int_0^1\left[\int_0^1 f(x,y)\mathrm{d}(1-y)\right]\mathrm{d}x$$

$$=-\int_0^1\left[(1-y)f(x,y)\Big|_{y=0}^{y=1}-\int_0^1(1-y)\dfrac{\partial f(x,y)}{\partial y}\mathrm{d}y\right]\mathrm{d}x$$

$$=\int_0^1\left[\int_0^1(1-y)\dfrac{\partial f(x,y)}{\partial y}\mathrm{d}y\right]\mathrm{d}x(\text{这里利用了}f(x,0)=0)$$

$$=\int_0^1\left[(1-y)\int_0^1\dfrac{\partial f(x,y)}{\partial y}\mathrm{d}x\right]\mathrm{d}y(\text{交换积分次序})$$

$$=-\int_0^1\left[(1-y)\int_0^1\dfrac{\partial f(x,y)}{\partial y}\mathrm{d}(1-x)\right]\mathrm{d}y$$

$$=-\int_0^1(1-y)\left[(1-x)\dfrac{\partial f(x,y)}{\partial y}\Big|_{x=0}^{x=1}-\int_0^1(1-x)\dfrac{\partial^2 f(x,y)}{\partial y\partial x}\mathrm{d}x\right]\mathrm{d}y$$

$$=\int_0^1\left[(1-y)\int_0^1(1-x)\dfrac{\partial^2 f(x,y)}{\partial y\partial x}\mathrm{d}x\right]\mathrm{d}y$$

$$\left(\text{由于}f(0,y)=0,\text{所以}\dfrac{\partial f}{\partial y}\Big|_{x=0}=\dfrac{\partial f(0,y)}{\partial y}=0\right)$$

$$= \iint\limits_{D}(1-x)(1-y)\frac{\partial^2 f(x,y)}{\partial \times \partial y}\mathrm{d}x\mathrm{d}y$$

$$\leqslant A\iint\limits_{D}(1-x)(1-y)\mathrm{d}x\mathrm{d}y(\text{由于在 } D \text{ 上}(1-x)(1-y)\geqslant 0$$

所以，$I\leqslant A\iint\limits_{D}(1-x)(1-y)\mathrm{d}x\mathrm{d}y = A\int_0^1(1-x)\mathrm{d}x\cdot\int_0^1(1-y)\mathrm{d}y = \dfrac{A}{4}$，即 $I\leqslant\dfrac{A}{4}$.

五、$I_t = \iint\limits_{\Sigma_1}P\mathrm{d}y\mathrm{d}z + Q\mathrm{d}z\mathrm{d}x + R\mathrm{d}x\mathrm{d}y$

$$\xlongequal{\text{高斯公式}}\iiint\limits_{\Omega}\Big(\frac{\partial P}{\partial x}+\frac{\partial Q}{\partial y}+\frac{\partial R}{\partial z}\Big)\mathrm{d}v(\text{其中 }\Omega\text{ 是圆柱体 }x^2+y^2\leqslant t^2).$$

$$= \iiint\limits_{\Omega}(2xz+2yz+x^2+y^2)f'[(x^2+y^2)z]\mathrm{d}v.$$

由于 Ω 关于平面 $x=0$ 对称，且在对称点处 $2xzf'[(x^2+y^2)z]$ 的值互为相反数，所以 $\iiint\limits_{\Omega}2xzf'\mathrm{d}v = 0.$

由于 Ω 关于平面 $y=0$ 对称，且在对称点处 $2yzf'[(x^2+y^2)z]$ 的值互为相反数，所以 $\iiint\limits_{\Omega}2yzf'\mathrm{d}v = 0.$

于是 $I_t = \iiint\limits_{\Omega}(x^2+y^2)f[(x^2+y^2)z]\mathrm{d}v = \int_0^1\mathrm{d}z\iint\limits_{x^2+y^2\leqslant t^2}(x^2+y^2)f'[(x^2+y^2)z]\mathrm{d}\sigma$

$$= \int_0^1\mathrm{d}z\int_0^{2\pi}\mathrm{d}\theta\int_0^t r^2 f'(r^2 z)r\mathrm{d}r(\text{其中 }x=r\cos\theta, y=r\sin\theta)$$

$$= 2\pi\int_0^t\Big[\int_0^1 r^3 f'(r^2 z)\mathrm{d}z\Big]\mathrm{d}r.$$

由此得到 $\lim\limits_{t\to 0^+}\dfrac{I_t}{t^4} = \lim\limits_{t\to 0^+}\dfrac{2\pi\int_0^t\Big[\int_0^1 r^3 f'(r^2 z)\mathrm{d}z\Big]\mathrm{d}r}{t^4}$

$$\xlongequal{\text{洛必达法则}}\frac{\pi}{2}\lim_{t\to 0^+}\frac{\int_0^1 f'(t^2 z)\mathrm{d}(t^2 z)}{t^2} = \frac{\pi}{2}\lim_{t\to 0^+}\frac{f(t^2 z)\Big|_{y=0}^{z=1}}{t^2}$$

$$= \frac{\pi}{2}\lim_{t\to 0^+}\frac{f(t^2)-f(0)}{t^2} = \frac{\pi}{2}f'(0).$$

六、必要性. 设 A,B 都是 n 阶正定矩阵. 如果 AB 也是正定矩阵，则有 A,B,AB 都是实对称矩阵，故有 $A^\mathrm{T}=A, B^\mathrm{T}=B, (AB)^\mathrm{T}=AB$. 因此有

$$AB=(AB)^\mathrm{T}=B^\mathrm{T}A^\mathrm{T}=BA,$$

充分性. 设 A,B 都是 n 阶正定矩阵，且 $AB=BA$，则

$$(AB)^\mathrm{T}=B^\mathrm{T}A^\mathrm{T}=BA=AB,$$

故 AB 是 n 阶实对称矩阵.

由于 A,B 是正定矩阵，所以分别存在 n 阶可逆矩阵 P,Q，使得

$$A=P^\mathrm{T}P, B=Q^\mathrm{T}Q.$$

于是，$\qquad (P^\mathrm{T})^{-1}ABP^\mathrm{T}=(P^\mathrm{T})^{-1}P^\mathrm{T}PQ^\mathrm{T}QP^\mathrm{T}=(PQ^\mathrm{T})(QP^\mathrm{T})=(QP^\mathrm{T})^\mathrm{T}(QP^\mathrm{T})$

由于 Q 和 P^T 都可逆，所以 QP^T 可逆，从而 $(P^\mathrm{T})^{-1}ABP^\mathrm{T}$ 是正定矩阵，它的特征值全为正. 因此与它相似的实对称矩阵 AB 的特征值也会为正，从而 AB 是正定矩阵.

七、显然

$$\left|\sum_{k=0}^{n}a_k-A\right|=\left|\left(\sum_{k=0}^{n}a_k-\sum_{k=0}^{n}a_kx^k\right)-\sum_{k=n+1}^{\infty}a_kx^k+\left(\sum_{k=0}^{\infty}a_kx^k-A\right)\right|$$

$$\leqslant\left|\sum_{k=0}^{n}a_k(1-x^k)\right|+\left|\sum_{k=n+1}^{\infty}a_kx^k\right|+\left|\sum_{k=0}^{\infty}a_kx^k-A\right|. \tag{1}$$

由于 $\lim\limits_{x\to1^-}\sum\limits_{k=0}^{\infty}a_kx^k=A$，所以对 $\varepsilon>0$，存在 $\delta>0$，当 $1-\sigma<x<1$ 时，

$$\left|\sum_{k=0}^{\infty}a_kx^k-A\right|<\frac{\varepsilon}{3}. \tag{2}$$

对上述的 δ，存在正整数 N_1，当 $n>N_1$ 时，$\dfrac{1}{n}<\delta$. 故取 $x=1-\dfrac{1}{n}$，则 $1-\delta<x<1$. 于是

$$\left|\sum_{k=0}^{n}a_k(1-x^k)\right|=(1-x)\left|\sum_{k=0}^{n}a_k(1+x+\cdots+x^{k-1})\right|$$

$$<(1-x)\sum_{k=0}^{n}k\mid a_k\mid=\frac{1}{n}\sum_{k=0}^{n}k\mid a_k\mid\left(\text{将 }x=1-\frac{1}{n}\text{ 代入}\right).$$

由于 $\lim\limits_{n\to\infty}\dfrac{\sum\limits_{k=0}^{n}k\mid a_k\mid}{n}\xrightarrow{\text{施笃兹定理}}\lim\limits_{n\to\infty}n\mid a_n\mid=0(利用题设\lim\limits_{n\to\infty}na_n=0)$，所以对 $\varepsilon>0$，存在正整

数 N_2，当 $n>N_2$ 时，$\dfrac{1}{n}\sum\limits_{k=0}^{n}k\mid a_k\mid<\dfrac{\varepsilon}{3},n\mid a_n\mid<\dfrac{\varepsilon}{3}$.

记 $N=\max\{N_1,N_2\}$，则当 $n>N$ 时，

$$\left|\sum_{k=0}^{n}a_k(1-x^k)\right|<\frac{\varepsilon}{3}. \tag{3}$$

$$\left|\sum_{k=n+1}^{\infty}a_kx^k\right|<\sum_{k=n+1}^{\infty}\frac{k}{n}\mid a_k\mid x^k=\frac{1}{n}\sum_{k=n+1}^{\infty}k\mid a_k\mid x^k$$

$$<\frac{\varepsilon}{3n}\sum_{k=0}^{\infty}x^k(利用 n\mid a_n\mid<\frac{\varepsilon}{3}(n>N))$$

$$=\frac{\varepsilon}{3n}\cdot\frac{1}{1-x}=\frac{\varepsilon}{3n}\cdot\frac{1}{1-\left(1-\frac{1}{n}\right)}\left(\text{将 }x=1-\frac{1}{n}\text{ 代入}\right)$$

$$=\frac{\varepsilon}{3} \tag{4}$$

将式(2) ～ 式(4) 代入式(1) 知，对 $\varepsilon>0$，存在正整数 N，当 $n>N$ 时

$$\left|\sum_{k=0}^{n}a_k-A\right|<\frac{\varepsilon}{3}+\frac{\varepsilon}{3}+\frac{\varepsilon}{3}=\varepsilon,$$

所以，$\sum\limits_{n=0}^{\infty}a_n$ 收敛于 A，即 $\sum\limits_{n=0}^{\infty}a_n=A$.

第六届(2015 年)预赛试题及精解

试　题

一、填空题(每小题 6 分，共 30 分)

(1) 已知 $y_1=e^x,y_2=xe^x$ 是二阶常系数齐次线性微分方程的解，则该微分方程是_____.

（2）设有曲面 $S:z = x^2 + 2y^2$ 和平面 $\Pi:2x + 2y + z = 0$，则与 Π 平行的 S 的切平面方程是_____.

（3）设 $y = y(x)$ 是由方程 $x = \int_1^{y-x} \sin^2\left(\frac{\pi t}{4}\right)\mathrm{d}t$ 所确定的隐函数，则 $\left.\dfrac{\mathrm{d}y}{\mathrm{d}x}\right|_{x=0} = $ _____.

（4）设 $x_n = \displaystyle\sum_{k=1}^n \frac{k}{(k+1)!}(n=1,2,\cdots)$，则 $\displaystyle\lim_{n\to\infty} x_n = $ _____.

（5）已知 $\displaystyle\lim_{x\to 0}\left[1 + x + \frac{f(x)}{x}\right]^{\frac{1}{x}} = \mathrm{e}^3$，则 $\displaystyle\lim_{x\to 0}\frac{f(x)}{x^2} = $ _____.

二、（12分）设 n 为正整数，计算

$$I = \int_{\mathrm{e}^{-2n\pi}}^1 \left|\frac{\mathrm{d}}{\mathrm{d}x}\cos\left(\ln\frac{1}{x}\right)\right|\mathrm{d}x.$$

三、（14分）设函数 $f(x)$ 在 $[0,1]$ 上有二阶导数，且有正常数 A,B，使得 $|f(x)| \leqslant A$，$|f''(x)| \leqslant B$. 证明：对于任意 $x \in [0,1]$，有 $|f'(x)| \leqslant 2A + \dfrac{B}{2}$.

四、（14分）（1）设一球缺高为 h，所在球的半径为 R. 证明：该球缺的体积为 $\dfrac{\pi}{3}(3R-h)h^2$，球冠的面积为 $2\pi Rh$.

（2）设球体 $(x-1)^2 + (y-1)^2 + (z-1)^2 \leqslant 12$ 被平面 $\Sigma:x+y+z = 6$ 所截的小球缺为 Ω. 记球缺上的球冠为 Σ，方向指向球外，求曲面积分

$$I = \iint_{\Sigma} x\,\mathrm{d}y\mathrm{d}z + y\,\mathrm{d}z\mathrm{d}x + z\,\mathrm{d}x\mathrm{d}y.$$

五、（15分）设 f 在 $[a,b]$ 上非负连续，严格单调增加，且存在 $x_n \in [a,b]$，使得

$$[f(x_n)]^n = \frac{1}{b-a}\int_a^b [f(x)]^n\mathrm{d}x(n = 1,2,\cdots),$$

求 $\displaystyle\lim_{n\to\infty} x_n$.

六、（15分）设 $A_n = \dfrac{n}{n^2 + 1^2} + \dfrac{n}{n^2 + 2^2} + \cdots + \dfrac{n}{n^2 + n^2}$，求 $\displaystyle\lim_{n\to\infty} n\left(\frac{\pi}{4} - A_n\right)$.

精　解

一、（1）由于 y_1 与 y_2 是所求的微分方程 $y'' + py' + qy = 0$ （1）
的两个线性无关的特解，所以式（1）对应的特征方程 $\lambda^2 + p\lambda + q = 0$ 有二重根 $\lambda = 1$. 由此得到

$$p = -(1+1) = -2, \quad q = 1 \cdot 1 = 1.$$

将它们代入式（1）得所求的微分方程为 $\underline{y'' - 2y' + y = 0}$.

（2）设切点为 $P(x_0, y_0, x_0^2 + 2y_0^2)$，则由题设知，$S$ 在点 P 处的法向量为 $(2x_0, 4y_0, -1)$ 与 Π 的法向量 $(2,2,-1)$ 平行，故有

$$\frac{2x_0}{2} = \frac{4y_0}{2} = \frac{-1}{1}, \text{即 } x_0 = -1, y_0 = -\frac{1}{2}.$$

因此，所求的切平面方程为

$$-2(x+1) - 2\left(y+\frac{1}{2}\right) - \left(z - \frac{3}{2}\right) = 0, \text{即 } \underline{2x + 2y + z + \frac{3}{2} = 0.}$$

（3）所给方程两边对 x 求导得

$$1 = \sin^2 \frac{\pi(y-x)}{4}\left(\frac{\mathrm{d}y}{\mathrm{d}x} - 1\right). \tag{1}$$

由所给方程知, $x = 0$ 时, $y = 1$, 将它们代入式 (1) 得

$$1 = \sin^2 \frac{\pi}{4} \cdot \left(\frac{\mathrm{d}y}{\mathrm{d}x}\Big|_{x=0} - 1\right)$$

所以, $\dfrac{\mathrm{d}y}{\mathrm{d}x}\Big|_{x=0} = \underline{\quad 3 \quad}$.

(4) $\displaystyle\lim_{n\to\infty} x_n = \lim_{n\to\infty}\sum_{k=1}^{n} \frac{k}{(k+1)!} = \sum_{k=1}^{\infty} \frac{(k+1)-1}{(k+1)!} = \sum_{k=1}^{\infty}\frac{1}{k!} - \sum_{k=1}^{\infty}\frac{1}{(k+1)!}$

$$= (\mathrm{e}-1) - (\mathrm{e}-1-1) = \underline{\quad 1 \quad}\left(这里利用 \sum_{k=0}^{\infty}\frac{1}{k!} = \mathrm{e}\right).$$

(5) 由 $\mathrm{e}^3 = \displaystyle\lim_{x\to0}\left[1 + x + \frac{f(x)}{x}\right]^{\frac{1}{x}} = \mathrm{e}^{\lim\limits_{x\to0}\frac{1}{x}\ln\left[1+x+\frac{f(x)}{x}\right]}$ 知,

$$3 = \lim_{x\to0} \frac{\ln\left[1 + x + \dfrac{f(x)}{x}\right]}{x} \tag{1}$$

由此可得 $\displaystyle\lim_{x\to0}\ln\left[1 + x + \frac{f(x)}{x}\right] = 0$, 从而有 $\ln\left[1 + x + \dfrac{f(x)}{x}\right] \sim x + \dfrac{f(x)}{x}\,(x\to0)$.

将它代入式 (1) 得

$$3 = \lim_{x\to0} \frac{x + \dfrac{f(x)}{x}}{x} = 1 + \lim_{x\to0}\frac{f(x)}{x^2}, 即 \lim_{x\to0}\frac{f(x)}{x^2} = 2.$$

二、$I = \displaystyle\int_{\mathrm{e}^{-2n\pi}}^{1}\left|\frac{\mathrm{d}}{\mathrm{d}x}\cos\ln\frac{1}{x}\right|\mathrm{d}x = \int_{\mathrm{e}^{-2n\pi}}^{1}\left|\frac{\mathrm{d}}{\mathrm{d}t}\cos t \cdot \left(-\frac{1}{x}\right)\right|\mathrm{d}x\left(其中 t = \ln\frac{1}{x} = -\ln x\right)$

$$= \int_{\mathrm{e}^{-2n\pi}}^{1}|\sin t|\frac{1}{x}\mathrm{d}x = -\int_{2n\pi}^{0}|\sin t|\,\mathrm{d}t = \int_{0}^{2n\pi}|\sin t|\,\mathrm{d}t$$

$$= 2n\int_{0}^{\pi}\sin t\,\mathrm{d}t = 4n.$$

三、由题设知, 任取 $x \in [0,1]$, 则对 $t \in [0,x]$, 存在 $\xi \in (0,1)$, 使得

$$f(t) = f(x) + f'(x)(t-x) + \frac{1}{2!}f''(\xi)(t-x)^2,$$

特别有 $f(0) = f(x) - f'(x)x + \dfrac{1}{2}f''(\xi_1)x^2$ (ξ_1 是对应 $t = 0$ 的 ξ),

$$f(1) = f(x) + f'(x)(1-x) + \frac{1}{2}f''(\xi_2)(1-x)^2 (\xi_2 是对应 t = 1 的 \xi),$$

则 $f(1) - f(0) = f'(x) + \dfrac{1}{2}\left[-f''(\xi_1)x^2 + f''(\xi_2)(1-x)^2\right]$, 即

$$f'(x) = f(1) - f(0) - \frac{1}{2}\left[-f''(\xi_1)x^2 + f''(\xi_2)(1-x)^2\right].$$

由此得到, 对 $x \in [0,1]$ 有

$$|f'(x)| \leqslant |f(1)| + |f(0)| + \frac{1}{2}\left[f''(\xi_1)x^2 + f''(\xi_2)(1-x)^2\right]$$

$$\leqslant 2A+\frac{B}{2}[x^2+(1-x)^2]\text{（利用 }|f(x)|\leqslant A,|f''(x)|\leqslant B,x\in[0,1])$$

$$=2A+\frac{B}{2}\text{（由于 }x^2+(1-x)^2\text{ 在}[0,1]\text{上的最大值为 }1).$$

四、（1）设球缺所在的球体方程为 $x^2+y^2+z^2\leqslant R^2$，球缺如图附 15-1 阴影部分所示. 显然，该球缺是 yOz 平面上的曲线 $y=\sqrt{R^2-z^2}$ 绕 z 轴旋转一周而成的旋转体，故它的体积为

$$V=\pi\int_{R-h}^{R}(\sqrt{R^2-z^2})^2\mathrm{d}z=\pi\Big(R^2z-\frac{1}{3}z^3\Big)\Big|_{R-h}^{R}$$

$$=\frac{\pi}{3}(3R-h)h^2,$$

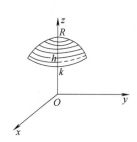

图附　15-1

而球冠的面积

$$S=2\pi\int_{R-h}^{R}y\sqrt{1+\Big(\frac{\mathrm{d}y}{\mathrm{d}z}\Big)^2}\Big|_{y=\sqrt{R^2-z^2}}\mathrm{d}z=2\pi\int_{R-h}^{R}\sqrt{R^2-z^2}\cdot\frac{R}{\sqrt{R^2-z^2}}\mathrm{d}z$$

$$=2\pi Rh.$$

（2）记球缺底面为 Σ_1，且朝向球缺外，则

$$I=\iint_{\Sigma}x\mathrm{d}y\mathrm{d}z+y\mathrm{d}z\mathrm{d}x+z\mathrm{d}x\mathrm{d}y=\oiint_{\Sigma+\Sigma_1}x\mathrm{d}y\mathrm{d}z+y\mathrm{d}z\mathrm{d}x+z\mathrm{d}x\mathrm{d}y-\iint_{\Sigma_1}x\mathrm{d}y\mathrm{d}z+y\mathrm{d}z\mathrm{d}x+z\mathrm{d}x\mathrm{d}y$$

$$\underset{\text{上式右端第一项应用高斯公式}}{=\!=\!=\!=\!=\!=\!=}3\iiint_{\Omega}\mathrm{d}v-\iint_{\Sigma_1}(x\cos\alpha+y\cos\beta+z\cos\gamma)\mathrm{d}S,\tag{1}$$

其中 $(\cos\alpha,\cos\beta,\cos\gamma)=$ 有向曲面 Σ_1 的单位法向量 $=$ 平面 Σ 的向下单位法向量 $=\Big(-\frac{1}{\sqrt{3}},-\frac{1}{\sqrt{3}},-\frac{1}{\sqrt{3}}\Big)$.

由于将 $\begin{cases}x=t,\\y=t,(t>0)\\z=t,\end{cases}$ 代入 $x+y+z=6$ 得 $t=2$，所以 Σ_1（圆）的圆心为 $M=(2,2,2)$；

将 $\begin{cases}x=t,\\y=t,(t>0)\\z=t\end{cases}$ 代入 $(x-1)^2+(y-1)^2+(z-1)^2=12$ 得 $t=3$，所以球缺顶点为 $M_1=(3,$

3,3)，所以球缺的高 $h=\overline{MM_1}=\sqrt{3}$，且球体 $(x-1)^2+(y-1)^2+(z-1)^2\leqslant12$ 的半径为 $R=2\sqrt{3}$. 因此由（1）知

$$\iiint_{\Omega}\mathrm{d}v=\frac{\pi}{3}(3\cdot2\sqrt{2}-\sqrt{3})(\sqrt{3})^2=5\sqrt{3}\pi.\tag{2}$$

此外，$(x-1)^2+(y-1)^2+(z-1)^2\leqslant12$ 的球心 $O_1=(1,1,1)$，所以 Σ_1 的半径 $R_1=\sqrt{R^2-\overline{O_1M}^2}=3$，因此

$$\iint_{\Sigma_1}(x\cos\alpha+y\cos\beta+z\cos\gamma)\mathrm{d}S=-\frac{1}{\sqrt{3}}\iint_{\Sigma_1:x+y+z=6}(x+y+z)\mathrm{d}S$$

$$=-\frac{6}{\sqrt{3}}\iint_{\Sigma_1}\mathrm{d}S=-\frac{6}{\sqrt{3}}\cdot\Sigma_1\text{ 的面积}=-\frac{6}{\sqrt{3}}\cdot\pi R_1^2=-18\sqrt{3}\pi.\tag{3}$$

将式(2),式(3)代入式(1)得

$$I = 3 \cdot 5\sqrt{3}\pi - (-18\sqrt{3}\pi) = 33\sqrt{3}\pi.$$

五、由于 $f(x)$ 在 $[a,b]$ 上连续且单调增加,所以 $f(x)$ 在 $[a,b]$ 上有最大值 $M = f(b)$. 下面证明 $\lim\limits_{n\to\infty} \sqrt[n]{\dfrac{1}{b-a}\int_a^b [f(x)]^n \mathrm{d}x} = n$.

由于当 n 充分大时 $\left[b-\dfrac{1}{n},b\right] \subseteq [a,b]$,且有

$$\sqrt[n]{\frac{1}{b-a}\int_a^b [f(x)]^n \mathrm{d}x} > \sqrt[n]{\frac{1}{b-a}\int_{b-\frac{1}{n}}^b [f(x)]^n \mathrm{d}x}$$

$$= \sqrt[n]{\frac{1}{n(b-a)}} f(\xi_n) \text{ (其中 } \xi_n \text{ 是 } [f(x)]^n \text{ 在 } \left[b-\frac{1}{n},b\right] \text{ 上应用积分中值定理所得的中值,}$$

$$\text{且 } \xi_n \in \left[b-\frac{1}{n},b\right]),$$

另一方面,$\sqrt[n]{\dfrac{1}{b-a}\int_a^b [f(x)]^n \mathrm{d}x} \leqslant M.$ 所以

$$\sqrt[n]{\frac{1}{n(b-a)}} f(\xi_n) < \sqrt[n]{\frac{1}{b-a}\int_a^b [f(x)]^n \mathrm{d}x} \leqslant M \, (n=1,2,\cdots).$$

$\lim\limits_{n\to\infty} \sqrt[n]{\dfrac{1}{n(b-a)}} f(\xi_n) = M = \lim\limits_{n\to\infty} M$(这是因为 $n \to \infty$ 时,$\xi_n \to b$,所以由 $f(x)$ 连续得 $\lim\limits_{n\to\infty} f(\xi_n) = f(b) = M$),因此由数列极限存在准则 I 知

$$\lim_{n\to\infty} \sqrt[n]{\frac{1}{b-a}\int_a^b [f(x)]^n \mathrm{d}x} = M. \tag{1}$$

由题设 $[f(x_n)]^n = \dfrac{1}{b-a}\int_a^b [f(x)]^n \mathrm{d}x$ 得 $f(x_n) = \sqrt[n]{\dfrac{1}{b-a}\int_a^b [f(x)]^n \mathrm{d}x}.$ \qquad (2)

由于 f 是严格单调增加的连续函数,所以存在连续的反函数 f^{-1},故由式(2)得

$$x_n = f^{-1}\left\{ \sqrt[n]{\frac{1}{b-a}\int_a^b [f(x)]^n \mathrm{d}x} \right\}, \text{ 且}$$

$$\lim_{n\to\infty} x_n = \lim_{n\to\infty} f^{-1}\left\{ \sqrt[n]{\frac{1}{b-a}\int_a^b [f(x)]^n \mathrm{d}x} \right\}$$

$$= f^{-1}\left\{ \lim_{n\to\infty} \sqrt[n]{\frac{1}{b-a}\int_a^b [f(x)]^n \mathrm{d}x} \right\} = f^{-1}(M) = b.$$

六、由于 $A_n = \dfrac{n}{n^2+1^2} + \dfrac{n}{n^2+2^2} + \cdots + \dfrac{n}{n^2+n^2} = \dfrac{1}{n}\sum\limits_{i=1}^n \dfrac{1}{1+\left(\frac{i}{n}\right)^2}$ 是 $f(x) = \dfrac{1}{1+x^2}$ 在

$[0,1]$ 上的积分和式,所以

$$\lim_{n\to\infty} A_n = \int_0^1 \frac{1}{1+x^2} \mathrm{d}x = \arctan x \Big|_0^1 = \frac{\pi}{4}.$$

因此,$\lim\limits_{n\to\infty} n\left(\dfrac{\pi}{4} - A_n\right) = \lim\limits_{n\to\infty} n\left(\int_0^1 \dfrac{1}{1+x^2} \mathrm{d}x - A_n\right)$

$$= \lim_{n\to\infty} n \sum_{i=1}^n \int_{\frac{i-1}{n}}^{\frac{i}{n}} \left[\frac{1}{1+x^2} - \frac{1}{1+\left(\frac{i}{n}\right)^2} \right] \mathrm{d}x$$

$$= \lim_{n \to \infty} n \sum_{i=1}^{n} \int_{\frac{i-1}{n}}^{\frac{i}{n}} \left[f(x) - f\left(\frac{i}{n}\right) \right] \mathrm{d}x$$

$$= \lim_{n \to \infty} n \sum_{i=1}^{n} \int_{\frac{i-1}{n}}^{\frac{i}{n}} \frac{f(x) - f\left(\frac{i}{n}\right)}{x - \frac{i}{n}} \left(x - \frac{i}{n} \right) \mathrm{d}x$$

$$\xrightarrow{\underline{\text{定积分中值定理的推广形式}}} \lim_{n \to \infty} n \sum_{i=1}^{n} \frac{f(\xi_i) - f\left(\frac{i}{n}\right)}{\xi_i - \frac{i}{n}} \int_{\frac{i-1}{n}}^{\frac{i}{n}} \left(x - \frac{i}{n} \right) \mathrm{d}x$$

$$\left(\xi_i \in \left[\frac{i-1}{n}, \frac{i}{n} \right], i = 1, 2, \cdots, n \right)$$

$$= \lim_{n \to \infty} n \sum_{i=1}^{n} \frac{f(\xi_i) - f\left(\frac{i}{n}\right)}{\xi_i - \frac{i}{n}} \left(\frac{-1}{2n^2} \right)$$

$$= -\frac{1}{2} \lim_{n \to \infty} \frac{1}{n} \sum_{i=1}^{n} \frac{f(\xi_i) - f\left(\frac{i}{n}\right)}{\xi_i - \frac{i}{n}}$$

$$\xrightarrow{\underline{\text{拉格朗日中值定理}}} -\frac{1}{2} \lim_{n \to \infty} \frac{1}{n} \sum_{i=1}^{n} f'(\eta_i) \left(\eta_i \in \left(\xi_i, \frac{i}{n} \right), i = 1, 2, \cdots, n \right)$$

$$= -\frac{1}{2} \int_0^1 f'(x) \mathrm{d}x = \frac{1}{2} \left[f(0) - f(1) \right].$$

第六届(2015 年)决赛试题及精解

试　　题

一、填空题(每小题 5 分,共 30 分)

(1) 极限 $\lim\limits_{x \to \infty} \dfrac{\left(\int_0^x \mathrm{e}^{u^2} \mathrm{d}u \right)^2}{\int_0^x \mathrm{e}^{2u^2} \mathrm{d}u}$ 的值是_____.

(2) 设实数 $a \neq 0$,微分方程 $\begin{cases} y'' - a(y')^2 = 0, \\ y(0) = 0, \\ y'(0) = -1 \end{cases}$ 的解是_____.

(3) 设 $\boldsymbol{A} = \begin{bmatrix} \lambda & 0 & 0 \\ 0 & \lambda & 0 \\ -1 & 1 & \lambda \end{bmatrix}$,则 $\boldsymbol{A}^{50} = $ _____.

(4) 不定积分 $I = \displaystyle\int \frac{x^2 + 1}{x^4 + 1} \mathrm{d}x$ 是_____.

(5) 设曲线积分 $I = \oint_L \dfrac{x \mathrm{d}y - y \mathrm{d}x}{|x| + |y|}$,其中 L 是以 $(1,0),(0,1),(-1,0),(0,-1)$ 为顶点的正方形的边界曲线,方向为逆时针,则 $I = $ _____.

(6) 设 D 是平面上由光滑闭曲线围成的有界区域,其面积 $A > 0$,函数 $f(x,y)$ 在该区域及其边界上连续且取正值. 记 $J_n = \left(\dfrac{1}{A}\iint\limits_D f^{\frac{1}{n}}(x,y)\mathrm{d}\sigma\right)^n (n=1,2,\cdots)$，求 $\lim\limits_{n\to\infty} J_n$.

二、（12 分）设 $l_j, j=1,2,\cdots,n$ 是平面上点 P_0 处的 $n(n\geqslant 2)$ 个方向向量，相邻两个向量之间夹角为 $\dfrac{2\pi}{n}$. 若函数 $f(x,y)$ 在点 P_0 处有连续偏导数，证明：

$$\sum_{j=1}^n \frac{\partial f(P_0)}{\partial l_j} = 0.$$

三、（14 分）设 A_1, A_2, B_1, B_2 都为 n 阶方阵，其中 A_2, B_2 可逆. 证明：存在可逆矩阵 P, Q，使得 $PA_iQ = B_i (i=1,2)$ 成立的充分必要条件是 $A_1A_2^{-1}$ 和 $B_1B_2^{-1}$ 相似.

四、（14 分）设 $p > 0, x_1 = \dfrac{1}{4}, x_{n+1} = x_n^p + x_n^{2p} (n=1,2,\cdots)$，证明：$\sum\limits_{n=1}^\infty \dfrac{1}{1+x_n^p}$ 收敛并求其和.

五、（15 分）（1）展 $[-\pi,\pi)$ 上的函数 $f(x) = |x|$ 成傅里叶级数，并证明 $\sum\limits_{k=1}^\infty \dfrac{1}{k^2} = \dfrac{\pi^2}{6}$.

（2）求广义积分 $I = \displaystyle\int_0^{+\infty} \dfrac{u}{1+u^2}\mathrm{d}u$ 的值.

六、（15 分）设 $f(x,y)$ 为 $\mathbf{R}^2$ 上的非负的连续函数. 若 $\lim\limits_{k\to+\infty}\iint\limits_{x^2+y^2\leqslant t^2} f(x,y)\mathrm{d}\sigma$ 存在为 I，则称广义积分 $\iint\limits_{\mathbf{R}^2} f(x,y)\mathrm{d}\sigma$ 收敛于 I.

（1）设 $f(x,y)$ 在 $\mathbf{R}^2$ 上的非负且连续. 若 $\iint\limits_{\mathbf{R}^2} f(x,y)\mathrm{d}\sigma$ 收敛于 I，证明：极限 $\lim\limits_{t\to+\infty}\iint\limits_{-t\leqslant x, y\leqslant t} f(x,y)\mathrm{d}\sigma$ 存在且为 I.

（2）设 $\iint\limits_{\mathbf{R}^2} \mathrm{e}^{ax^2+2bxy+cy^2}\mathrm{d}\sigma$ 收敛于 I，其中实二次型 $ax^2 + 2bxy + cy^2$ 在正交变换下的标准型为 $\lambda_1 u^2 + \lambda_2 v^2$. 证明 λ_1 和 λ_2 都小于零.

精　　解

一、（1）$\lim\limits_{x\to\infty} \dfrac{\left(\int_0^x \mathrm{e}^{u^2}\mathrm{d}u\right)^2}{\int_0^x \mathrm{e}^{2u^2}\mathrm{d}u} \xlongequal{洛必达法则} \lim\limits_{x\to\infty} \dfrac{2\int_0^x \mathrm{e}^{u^2}\mathrm{d}u \cdot \mathrm{e}^{x^2}}{\mathrm{e}^{2x^2}}$

$= 2\lim\limits_{x\to\infty} \dfrac{\int_0^x \mathrm{e}^{u^2}\mathrm{d}u}{\mathrm{e}^{x^2}} \xlongequal{洛必达法则} 2\lim\limits_{x\to\infty} \dfrac{\mathrm{e}^{x^2}}{2x\mathrm{e}^{x^2}} = \underline{0}.$

（2）记 $p = y'$，则 $y'' = p\dfrac{\mathrm{d}p}{\mathrm{d}y}$. 将它们代入原方程得

$$p\frac{\mathrm{d}p}{\mathrm{d}y} - ap^2 = 0, \text{即}\frac{\mathrm{d}p}{\mathrm{d}y} - ap = 0(\text{这是因为 } p \text{ 不恒为零}).$$

于是，$\qquad\qquad\qquad\qquad\qquad p = C_1\mathrm{e}^{ay}.$ （1）

由 $y(0) = 0, y'(0) = -1$ 知，$p\,|_{y=0} = -1$. 将它代入式（1）得 $C_1 = -1$. 因此

$$p = -e^{ay}, \text{即 } e^{-ay}dy = -dx.$$

所以，
$$\frac{1}{a}e^{-ay} = x + C_2. \tag{2}$$

将 $y(0) = 0$ 代入式 (2) 得 $C_2 = \frac{1}{a}$，所以原微分方程的解为 $e^{-ay} = ax + 1$，即 $y = -\frac{1}{a}\ln(ax + 1)$ (当 $a > 0$ 时，$x > -\frac{1}{a}$；当 $a < 0$ 时 $x < -\frac{1}{a}$).

(3) 由于 $\boldsymbol{A} = \begin{bmatrix} \lambda & & \\ & \lambda & \\ & & \lambda \end{bmatrix} + \begin{bmatrix} 0 & 0 & 0 \\ 0 & 0 & 0 \\ -1 & 1 & 0 \end{bmatrix} = \lambda\boldsymbol{E}_3 + \boldsymbol{B}$，其中 E 是 3 阶单位矩阵，$\boldsymbol{B} = \begin{bmatrix} 0 & 0 & 0 \\ 0 & 0 & 0 \\ -1 & 1 & 0 \end{bmatrix}$，显然 $\boldsymbol{B}^2 = \boldsymbol{O}$ (3 阶零矩阵). 所以

$$\boldsymbol{A}^{50} = (\lambda\boldsymbol{E} + \boldsymbol{B})^{50} = (\lambda\boldsymbol{E})^{50} + C_{50}^1(\lambda\boldsymbol{E})^{49}\boldsymbol{B} + C_{50}^2(\lambda\boldsymbol{E})^{48}\boldsymbol{B}^2 + \cdots + C_{50}^{50}(\lambda\boldsymbol{E})^0\boldsymbol{B}^{50}$$

$$= \lambda^{50}\boldsymbol{E} + 50\lambda^{49}\boldsymbol{B} = \begin{bmatrix} \lambda^{50} & 0 & 0 \\ 0 & \lambda^{50} & 0 \\ -50\lambda^{49} & 50\lambda^{49} & \lambda^{50} \end{bmatrix}.$$

(4) $I = \displaystyle\int \frac{x^2 + 1}{x^4 + 1}dx = \int \frac{1 + \frac{1}{x^2}}{x^2 + \frac{1}{x^2}}dx = \int \frac{1}{\left(x - \frac{1}{x}\right)^2 + 2}d\left(x - \frac{1}{x}\right)$

$$= \frac{1}{\sqrt{2}}\arctan\frac{1}{\sqrt{2}}\left(x - \frac{1}{x}\right) + C.$$

(5) 由于 L：$|x| + |y| = 1$，所以

$$I = \oint_L \frac{xdy - ydx}{|x| + |y|} = \oint_L xdy - ydx$$

$$\xrightarrow{\text{格林公式}} \iint_D (1 + 1)d\sigma \text{（其中 } D \text{ 是由 } L \text{ 围成的闭区域，它的面积为 } 2\text{）}$$

$$= 4.$$

(6) 记 $F(t) = \dfrac{1}{A}\displaystyle\iint_D f^t(x, y)d\sigma \, (t \geqslant 0)$，则

$$\lim_{t \to 0^+}[F(t)]^{\frac{1}{t}} = e^{\lim\limits_{t \to 0^+}\frac{\ln F(t)}{t}}. \tag{1}$$

由于 $\displaystyle\lim_{t \to 0^+}\frac{\ln F(t)}{t} = \lim_{t \to 0^+}\frac{\ln F(t) - \ln F(0)}{t}$

$$= [\ln F(t)]'|_{t=0} = \frac{F'(0)}{F(0)} = F'(0) \left(\text{由于 } F(0) = \frac{1}{A}\iint_D d\sigma = 1\right)$$

$$= \lim_{t \to 0^+}\frac{F(t) - F(0)}{t} \quad \lim_{t \to 0^+}\frac{\frac{1}{A}\iint_D f^t(x, y)d\sigma - 1}{t}$$

$$= \lim_{t \to 0^+}\frac{1}{A}\iint_D \frac{f^t(x, y) - 1}{t}d\sigma = \frac{1}{A}\iint_D \lim_{t \to 0^+}\frac{f^t(x, y) - f^0(x, y)}{t}d\sigma$$

$$= \frac{1}{A}\iint\limits_{D}\frac{\partial}{\partial t}f^{t}(x,y)\Big|_{t=0}\mathrm{d}\sigma = \frac{1}{A}\iint\limits_{D}f^{t}(x,y)\ln f(x,y)\Big|_{t=0}\mathrm{d}\sigma$$

$$= \frac{1}{A}\iint\limits_{D}\ln f(x,y)\mathrm{d}\sigma, \tag{2}$$

所以,将式(2)代入式(1)得

$$\lim_{t\to 0^{+}}\left[F(t)\right]^{\frac{1}{t}} = \mathrm{e}^{\frac{1}{A}\iint\limits_{D}\ln f(x,y)\mathrm{d}\sigma}.$$

从而
$$\lim_{n\to\infty}J_{n} = \lim_{n\to\infty}\left[\frac{1}{A}\iint\limits_{D}f^{\frac{1}{n}}(x,y)\mathrm{d}\sigma\right]^{n} = \mathrm{e}^{\frac{1}{A}\iint\limits_{D}\ln f(x,y)\mathrm{d}\sigma}.$$

二、设 $l_{1}^{0},l_{2}^{0},\cdots,l_{n}^{0}$ 分别是 $l_{1},l_{2},\cdots,l_{n}$ 的单位向量,由题设不妨设 $l_{j}^{0} = (\cos j\alpha,\sin j\alpha)(i=1,2,\cdots,n)$,

其中 $\alpha = \dfrac{2\pi}{n}$.

当 $n=2$ 时,结论显然成立,下面设 $n\geqslant 3$,则

$$\sum_{j=1}^{n}\frac{\partial f(P_{0})}{\partial l_{j}} = \sum_{j=1}^{n}\left[\frac{\partial f(P_{0})}{\partial x}\cos j\alpha + \frac{\partial f(P_{0})}{\partial y}\sin j\alpha\right]$$

$$= \frac{\partial f(P_{0})}{\partial x}\sum_{j=1}^{n}\cos j\alpha + \frac{\partial f(P_{0})}{\partial x}\sum_{j=1}^{n}\sin j\alpha, \tag{1}$$

其中
$$\sum_{j=1}^{n}\cos jn = \frac{1}{\sin\alpha}\sum_{j=1}^{n}\cos j\alpha\sin\alpha = \frac{1}{\sin\alpha}\cdot\frac{1}{2}\sum_{j=1}^{n}\left[\sin(j+1)\alpha - \sin(j-1)\alpha\right]$$

$$= \frac{1}{2\sin\alpha}\left[-\sin\alpha + \sin n\alpha + \sin(n+1)\alpha\right]$$

$$= \frac{1}{2\sin\dfrac{2\pi}{n}}\left[-\sin\frac{2\pi}{n} + \sin 2\pi + \sin\left(2\pi + \frac{2\pi}{n}\right)\right] = 0 \tag{2}$$

同样可得
$$\sum_{j=1}^{n}\sin j\alpha = 0. \tag{3}$$

将式(2),式(3)代入式(1)得 $\sum\limits_{j=1}^{n}\dfrac{\partial f(P_{0})}{\partial l_{j}} = 0$.

三、必要性.设存在可逆矩阵 P,Q 使得
$$PA_{1}Q = B_{1},PA_{2}Q = B_{2},$$
则 $A_{1} = P^{-1}B_{1}Q^{-1},A_{2} = P^{-1}B_{2}Q^{-1}$,即 $A_{2}^{-1} = QB_{2}^{-1}P$. 于是有
$$A_{1}A_{2}^{-1} = (P^{-1}B_{1}Q^{-1})(QB_{2}^{-1}P) = P^{-1}B_{1}B_{2}^{-1}P.$$
由此可知,$A_{1}A_{2}^{-1}\sim B_{1}B_{2}^{-1}$.

充分性.设 $A_{1}A_{2}^{-1}\sim B_{1}B_{2}^{-1}$,则存在可逆矩阵 C,使得
$$C^{-1}A_{1}A_{2}^{-1}C = B_{1}B_{2}^{-1},\text{即 } C^{-1}A_{1}A_{2}^{-1}CB_{2} = B_{1}. \tag{1}$$

记 $P = C^{-1},Q = A_{2}^{-1}CB_{2}$,则 P,Q 都是可逆矩阵,且由式(1)知 $PA_{1}Q = B_{1}$,
并且由 $Q = A_{2}^{-1}CB_{2}$ 得 $PA_{2}Q = B_{2}$.

四、记 $y_{n} = x_{n}^{p}$,则 $y_{1} = \left(\dfrac{1}{4}\right)^{p}$,$y_{n+1} = y_{n} + y_{n}^{2}(n=2,3,\cdots)$. \tag{1}

显然,$\{y_{n}\}$ 是正项数列,且由

$$y_{n+1} - y_n = y_n^2 > 0 (n = 2, 3, \cdots)$$

知 $\{y_n\}$ 单调增加,故 $\{y_n\}$ 或收敛或发散于 t_∞.

如果 $\{y_n\}$ 收敛,记其极限为 A,显然 $A \geqslant \left(\dfrac{1}{4}\right)^p > 0$. \hfill (2)

令 $n \to \infty$,对式(1)两边取极限得

$$A = A + A^2, \text{即} A = 0.$$

这与式(2)矛盾,所以 $\lim\limits_{n \to \infty} y_n = +\infty$. \hfill (3)

由式(1)得 $\dfrac{1}{y_{n+1}} = \dfrac{1}{y_n(1+y_n)} = \dfrac{1}{y_n} - \dfrac{1}{y_n+1}$,即 $\dfrac{1}{1+y_n} = \dfrac{1}{y_n} - \dfrac{1}{y_{n+1}} (n = 1, 2, \cdots)$

因此,$\displaystyle\sum_{n=1}^{\infty} \dfrac{1}{1+x_n^p} = \sum_{n=1}^{\infty} \left(\dfrac{1}{y_n} - \dfrac{1}{y_{n+1}}\right) = \lim_{n \to \infty} \sum_{k=1}^{n} \left(\dfrac{1}{y_k} - \dfrac{1}{y_{k+1}}\right)$

$$= \lim_{n \to \infty} \left(\dfrac{1}{y_1} - \dfrac{1}{y_{n+1}}\right) = \dfrac{1}{y_1} (\text{利用式}(3))$$

$$= 4^p.$$

由此可知,当 $p > 0$ 时,$\displaystyle\sum_{n=1}^{\infty} \dfrac{1}{1+x_n^p}$ 收敛,其和为 4^p.

五、(1) 由于 $f(x)$ 是偶函数,所以 $f(x)$ 的傅里叶级数为余弦级数,它的系数为

$$a_0 = \dfrac{2}{\pi} \int_0^\pi f(x) \mathrm{d}x = \dfrac{2}{\pi} \int_0^\pi x \mathrm{d}x = \pi,$$

$$a_n = \dfrac{2}{\pi} \int_0^\pi f(x) \cos nx \, \mathrm{d}x = \dfrac{2}{\pi} \int_0^\pi x \cos nx \, \mathrm{d}x = \dfrac{2}{n\pi} \int_0^\pi x \mathrm{d} \sin nx$$

$$= \dfrac{2}{n\pi} \left[x \sin nx \Big|_0^\pi - \int_0^\pi \sin nx \mathrm{d}x \right] = \dfrac{2}{n^2 \pi} \cos nx \Big|_0^\pi = \dfrac{2}{n^2 \pi} [(-1)^n - 1]$$

$$= \begin{cases} -\dfrac{4}{(2k-1)^2}, & n = 2k-1, \\ 0, & n = 2k, \end{cases} \quad k = 1, 2, \cdots.$$

由于 $f(x)$ 在 $(-\pi, \pi)$ 上连续,所以由狄里克雷收敛定理知,$f(x)$ 的傅里叶展开式为

$$f(x) = \dfrac{a_0}{2} + \sum_{k=1}^{\infty} a_{2k-1} \cos(2k-1)x$$

$$= \dfrac{\pi}{2} - \dfrac{4}{\pi} \sum_{k=1}^{\infty} \dfrac{1}{(2k-1)^2} \cos(2k-1)x,$$

特别有 $f(0) = \dfrac{\pi}{2} - \dfrac{4}{\pi} \displaystyle\sum_{k=1}^{\infty} \dfrac{1}{(2k-1)^2}$,故 $\displaystyle\sum_{k=1}^{\infty} \dfrac{1}{(2k-1)^2} = \dfrac{\pi^2}{8}$. \hfill (1)

于是,$\displaystyle\sum_{k=1}^{\infty} \dfrac{1}{k^2} = \left(1 + \dfrac{1}{3^2} + \dfrac{1}{5^2} + \cdots\right) + \left(\dfrac{1}{2^2} + \dfrac{1}{4^2} + \cdots\right)$

$$= \sum_{k=1}^{\infty} \dfrac{1}{(2k-1)^2} + \sum_{k=1}^{\infty} \dfrac{1}{(2k)^2} \xrightarrow{\text{式}(1)\text{代入}} \dfrac{\pi^2}{8} + \dfrac{1}{4} \sum_{k=1}^{\infty} \dfrac{1}{k^2},$$

即　$\dfrac{3}{4} \displaystyle\sum_{k=1}^{\infty} \dfrac{1}{k^2} = \dfrac{\pi^2}{8}$. 由此得到 $\displaystyle\sum_{k=1}^{\infty} \dfrac{1}{k^2} = \dfrac{\pi^2}{6}$.

(2) $\displaystyle\int_0^{+\infty} \dfrac{u}{1 + \mathrm{e}^u} \mathrm{d}u = \int_0^{+\infty} \dfrac{u \mathrm{e}^{-u}}{1 + \mathrm{e}^{-u}} \mathrm{d}u = -\int_0^{+\infty} u \mathrm{d} \ln(1 + \mathrm{e}^{-u})$

$$= -\left.\Big| u\ln(1+\mathrm{e}^{-u}) \right|_0^{+\infty} - \int_0^{+\infty} \ln(1+\mathrm{e}^{-u})\mathrm{d}u$$

$$= \int_0^{+\infty} \ln(1+\mathrm{e}^{-u})\mathrm{d}u\,(这是因为\ \lim_{u\to+\infty} u\ln(1+\mathrm{e}^{-u}) = \lim_{u\to+\infty} \frac{\ln(1+\mathrm{e}^{-u})}{\frac{1}{u}}$$

$$= \lim_{u\to+\infty} \frac{\mathrm{e}^{-u}}{\frac{1}{u}} = \lim_{u\to+\infty} \frac{u}{\mathrm{e}^u} = 0)$$

$$\xrightarrow{\ 令\ t=\mathrm{e}^{-u}\ } \int_0^1 \frac{\ln(1+t)}{t}\mathrm{d}t\,(定积分)$$

$$= \int_0^1 \sum_{n=1}^{\infty}(-1)^{n-1}\frac{1}{n}t^{n-1}\mathrm{d}t = \sum_{n=1}^{\infty}(-1)^{n-1}\int_0^1 \frac{1}{n}t^{n-1}\mathrm{d}t$$

$$(这是由于在幂级数的收敛域(-1,1]上可以通项积分)$$

$$= \sum_{n=1}^{\infty}(-1)^{n-1}\frac{1}{n^2} = \sum_{k=1}^{\infty}\frac{1}{(2k-1)^2} - \sum_{k=1}^{\infty}\frac{1}{(2k)^2}$$

$$= \frac{\pi^2}{8} - \frac{1}{4}\sum_{k=1}^{\infty}\frac{1}{k^2} = \frac{\pi^2}{8} - \frac{1}{4}\cdot\frac{\pi^2}{6}\,(利用(1)的计算结果)$$

$$= \frac{\pi^2}{12}.$$

六、(1) 由于 $f(x)$ 在 $\mathbf{R}^2$(即 xOy 平面)上非负,且对任意 $t>0$ 有

$$\{(x,y)\mid x^2+y^2\leqslant t^2\} \subset \{(x,y)\mid -t\leqslant x,y\leqslant t\} \subset \{(x,y)\mid x^2+y^2\leqslant (2t)^2\},$$

所以,对任意 $t>0$ 有

$$\iint\limits_{x^2+y^2\leqslant t^2} f(x,y)\mathrm{d}\sigma \leqslant \iint\limits_{-t\leqslant x,y\leqslant t} f(x,y)\mathrm{d}\sigma \leqslant \iint\limits_{x^2+y^2\leqslant (2t)^2} f(x,y)\mathrm{d}\sigma. \tag{1}$$

由于 $\iint\limits_{\mathbf{R}^2} f(x,y)\mathrm{d}\sigma$ 收敛于 I,所以 $\lim\limits_{t\to+\infty}\iint\limits_{x^2+y^2\leqslant t^2} f(x,y)\mathrm{d}\sigma = \lim\limits_{t\to+\infty}\iint\limits_{x^2+y^2\leqslant (2t)^2} f(x,y)\mathrm{d}\sigma = I$,因此由

式(1) 得 $\lim\limits_{t\to+\infty}\iint\limits_{-t\leqslant x,y\leqslant t} f(x,y)\mathrm{d}\sigma$ 存在且为 I.

(2) 记 $\boldsymbol{A} = \begin{pmatrix} a & b \\ b & c \end{pmatrix}$(实对称矩阵),则存在正交矩阵 $\boldsymbol{P}$,使得

$$\boldsymbol{P}^{\mathrm{T}}\boldsymbol{A}\boldsymbol{P} = \begin{pmatrix} \lambda_1 & \\ & \lambda_2 \end{pmatrix}(\lambda_1,\lambda_2\ 是\ \boldsymbol{A}\ 的特征值,它们都是实数).$$

记 $\begin{pmatrix} x \\ y \end{pmatrix} = \boldsymbol{P}\begin{pmatrix} u \\ v \end{pmatrix}$,则

$$ax^2+2bxy+cy^2 = (x,y)\begin{pmatrix} a & b \\ b & c \end{pmatrix}\begin{pmatrix} x \\ y \end{pmatrix} = (u,v)\boldsymbol{P}^{\mathrm{T}}\boldsymbol{A}\boldsymbol{P}\begin{pmatrix} u \\ v \end{pmatrix} = \lambda_1 u^2 + \lambda_2 v^2,$$

$$x^2+y^2 = (x,y)\begin{pmatrix} x \\ y \end{pmatrix} = (u,v)\boldsymbol{P}^{\mathrm{T}}\boldsymbol{P}\begin{pmatrix} u \\ v \end{pmatrix} = u^2+v^2.$$

记 $I(t) = \iint\limits_{x^2+y^2\leqslant t^2} \mathrm{e}^{ax^2+2bxy+cy^2}\mathrm{d}\sigma$,则由 $\iint\limits_{\mathbf{R}^2} \mathrm{e}^{ax^2+2bxy+cy^2}\mathrm{d}\sigma$ 收敛于 I 知,

$$I = \lim_{t \to +\infty} I(t) = \lim_{t \to +\infty} \iint_{x^2+y^2 \leqslant t^2} e^{ax^2+2bxy+cy^2} \, d\sigma$$

$$= \lim_{t \to +\infty} \iint_{u^2+v^2 \leqslant t^2} e^{\lambda_1 u^2 + \lambda_2 v^2} \left| \frac{\partial(x,y)}{\partial(u,v)} \right| \, du \, dv. \tag{2}$$

由 $\begin{pmatrix} x \\ y \end{pmatrix} = \boldsymbol{P} \begin{pmatrix} u \\ v \end{pmatrix} \stackrel{记}{=\!=\!=} \begin{pmatrix} P_{11} & P_{12} \\ P_{21} & P_{22} \end{pmatrix} \begin{pmatrix} u \\ v \end{pmatrix}$ 得

$$\begin{cases} x = P_{11}u + P_{12}v \\ y = P_{21}u + P_{22}v \end{cases}$$

因此 $\dfrac{\partial(x,y)}{\partial(u,v)} = \begin{vmatrix} P_{11} & P_{12} \\ P_{21} & P_{22} \end{vmatrix} = |\boldsymbol{P}| = 1$ 或 -1，从而 $\left| \dfrac{\partial(x,y)}{\partial(u,v)} \right| = 1$. 将它代入式(2)得

$$I = \lim_{t \to +\infty} \iint_{u^2+v^2 \leqslant t^2} e^{\lambda_1 u^2 + \lambda_2 v^2} \, du \, dv = \lim_{t \to +\infty} \iint_{-t \leqslant u, v \leqslant t} e^{\lambda_1 u^2 + \lambda_2 v^2} \, du \, dv$$

$$= \lim_{t \to +\infty} \left[\int_{-t}^{t} e^{\lambda_1 u^2} \, du \cdot \int_{-t}^{t} e^{\lambda_2 u^2} \, dv \right] = 4 \lim_{t \to +\infty} \left[\int_{0}^{t} e^{\lambda_1 u^2} \, du \cdot \int_{0}^{t} e^{\lambda_2 v^2} \, dv \right]. \tag{3}$$

由 $\int_{0}^{t} e^{\lambda_1 u^2} \, du$，$\int_{0}^{t} e^{\lambda_2 v^2} \, dv$ 都是单调增加函数知，$\lim\limits_{t \to +\infty} \int_{0}^{+\infty} e^{\lambda_1 v^2} \, dv$ 与 $\lim\limits_{t \to +\infty} \int_{0}^{t} e^{\lambda_2 v^2} \, dv$ 都不为零. 于是由(3)知，$\lim\limits_{t \to +\infty} \int_{0}^{t} e^{\lambda_1 u^2} \, du$，$\lim\limits_{t \to +\infty} \int_{0}^{t} e^{\lambda_2 v^2} \, dv$ 都存在，即 $\int_{0}^{+\infty} e^{\lambda_1 u^2} \, du$，$\int_{0}^{+\infty} e^{\lambda_2 v^2} \, dv$ 都收敛. 但 $\int_{0}^{+\infty} e^{\lambda_1 u^2} \, du$，$\int_{0}^{+\infty} e^{\lambda_2 v^2} \, dv$ 当且仅当 $\lambda_1, \lambda_2 < 0$ 时收敛，由此证得 $\iint_{\mathbf{R}^2} e^{ax^2+2bxy+cy^2} \, d\sigma$ 收敛于 I 时，λ_1 与 λ_2 都小于零.

第七届(2016 年)预赛试题及精解

试　题

一、填空题(每小题 6 分,共 30 分)：

(1) 极限 $\lim\limits_{n \to \infty} n \left(\dfrac{\sin \frac{\pi}{n}}{n^2+1} + \dfrac{\sin \frac{2\pi}{n}}{n^2+2} + \cdots + \dfrac{\sin \frac{n\pi}{n}}{n^2+n} \right) = $ _____.

(2) 设函数 $z = z(x,y)$ 由方程 $F\left(x + \dfrac{z}{y}, y + \dfrac{z}{x} \right) = 0$ 所确定,其中 $F(x,y)$ 具有连续偏导数,且 $xF_u + yF_v \neq 0$,则(结果要求不显含有 F 及其偏导数) $x \dfrac{\partial z}{\partial x} + y \dfrac{\partial z}{\partial y} = $ _____.

(3) 曲面 $z = x^2 + y^2 + 1$ 在点 $M(1, -1, 3)$ 处的切平面与曲面 $z = x^2 + y^2$ 所围区域体积为_____.

(4) 函数 $f(x) = \begin{cases} 3, & x \in [-5, 0), \\ 0, & x \in [0, 5] \end{cases}$ 在 $[-5, 5)$ 的傅里叶级数 $x = 0$ 的收敛值为 _____.

(5) 设区间 $(0, +\infty)$ 上的函数 $u(x)$ 定义为 $u(x) = \int_{0}^{+\infty} e^{-x^2} \, dt$,则 $u(x)$ 的初等函数表达式为_____.

二、(12 分) 设 M 是以三个正半轴为母线的半圆锥面,求其方程.

三、(12 分) 设 $f(x)$ 在 (a,b) 内二阶可导,且存在常数 α,β,使得对于任意 $x \in (a,b)$,有 $f'(x) = \alpha f(x) + \beta f''(x)$. 证明: $f(x)$ 在 (a,b) 内无穷次可导.

四、(14 分) 求幂级数 $\displaystyle\sum_{n=0}^{\infty} \frac{n^3+2}{(n+1)!}(x-1)^n$ 的收敛域与和函数.

五、(16 分) 设函数 $f(x)$ 在 $[0,1]$ 上连续,且

$$\int_0^1 f(x)\mathrm{d}x = 0, \int_0^1 xf(x)\mathrm{d}x = 1.$$

证明:(1) 存在 $x_0 \in [0,1]$,使得 $\mid f(x_0) \mid > 4$;

　　　(2) 存在 $x_1 \in [0,1]$,使得 $\mid f(x_1) \mid = 4$.

六、(16 分) 设 $f(x,y)$ 在 $x^2+y^2 \leqslant 1$ 上有二阶连续偏导数,且 $(f''_{x^2})^2 + 2(f''_{xy})^2 + (f''_{yy})^2 \leqslant M$(常数). 若 $f(0,0) = f'_x(0,0) = f'_y(0,0) = 0$. 证明:

$$\left| \iint\limits_{x^2+y^2 \leqslant 1} f(x,y)\mathrm{d}x\mathrm{d}y \right| \leqslant \frac{\pi\sqrt{M}}{4}.$$

精　　解

一、(1) $\displaystyle\lim_{n\to\infty} n\left(\frac{\sin\frac{\pi}{n}}{n^2+1} + \frac{\sin\frac{2\pi}{n}}{n^2+2} + \cdots + \frac{\sin\frac{n\pi}{n}}{n^2+n} \right) = \lim_{n\to\infty}\sum_{i=1}^{n} \frac{\sin\frac{\pi i}{n}}{n+\frac{i}{n}}.$ 　　　(1)

由于对 $n = 1,2,\cdots$,有

$$\frac{1}{n+1}\sum_{i=1}^{n}\sin\frac{\pi i}{n} < \sum_{i=1}^{n} \frac{\sin\frac{\pi i}{n}}{n+\frac{i}{n}} < \frac{1}{n}\sum_{i=1}^{n}\sin\frac{\pi i}{n},$$

并且 $\displaystyle\lim_{n\to\infty} \frac{1}{n}\sum_{i=1}^{n}\sin\frac{\pi i}{n} = \int_0^1 \sin\pi x\mathrm{d}x = \frac{2}{\pi}$,

$$\lim_{n\to\infty} \frac{1}{n+1}\sum_{i=1}^{n}\sin\frac{\pi i}{n} = \lim_{n\to\infty}\left(\frac{n}{n+1} \cdot \frac{1}{n}\sum_{i=1}^{n}\sin\frac{\pi i}{n} \right) = 1 \cdot \frac{2}{\pi} = \frac{2}{\pi},$$

所以,由数列极限存在准则 I 知,

$$\lim_{n\to\infty} n\left(\frac{\sin\frac{\pi}{n}}{n^2+1} + \frac{\sin\frac{2\pi}{n}}{n^2+2} + \cdots + \frac{\sin\frac{n\pi}{n}}{n^2+n} \right) = \frac{2}{\pi}.$$

(2) 所给方程两边求全微分得

$$F'_u \cdot \left(\mathrm{d}x + \frac{y\mathrm{d}z - z\mathrm{d}y}{y^2} \right) + F'_v \cdot \left(\mathrm{d}y + \frac{x\mathrm{d}z - z\mathrm{d}x}{x^2} \right) = 0,$$

即 $\left(\dfrac{F'_u}{y} + \dfrac{F'_v}{x} \right)\mathrm{d}z + \left(F'_u - \dfrac{z}{x^2}F'_v \right)\mathrm{d}x + \left(F'_v - \dfrac{z}{y^2}F'_u \right)\mathrm{d}y = 0,$

所以,$\dfrac{\partial z}{\partial x} = -\dfrac{F'_u - \dfrac{z}{x^2}F'_v}{\dfrac{F'_u}{y} + \dfrac{F'_v}{x}} = \dfrac{\dfrac{y}{x}zF'_v - xyF'_u}{xF'_u + yF'_v},$

$$\frac{\partial z}{\partial y} = -\frac{F'_v - \frac{z}{y^2}F'_u}{\frac{F'_u}{y} + \frac{F'_v}{x}} = \frac{\frac{x}{y}zF'_u - xyF'_v}{xF'_u + yF'_v}.$$

于是,$x\dfrac{\partial z}{\partial x} + y\dfrac{\partial z}{\partial y} = x \cdot \dfrac{\frac{y}{x}zF'_v - xyF'_u}{xF'_u + yF'_v} + y \cdot \dfrac{\frac{x}{y}zF'_u - xyF'_v}{xF'_u + yF'_v}$

$$= \frac{z(xF'_u + yF'_v) - xy(xF'_u + yF'_v)}{xF'_u + yF'_v} = z - xy.$$

(3) 曲面 $S_1:z = x^2 + y^2 + 1$ 在点 $M(1,-1,3)$ 的切平面 Π 的方程为

$$2x\mid_{x=1}(x-1) + 2y\mid_{y=-1}(y+1) + (-1)(z-3) = 0,$$

即

$$z = 2x - 2y - 1.$$

由 Π 与 $S_2:z = x^2 + y^2$ 所围区域 Ω 在 xOy 平面的投影为 D:

$$(x-1)^2 + (y+1)^2 \leqslant 1,$$

所以,Ω 的体积为

$$\iint\limits_D [(2x - 2y - 1) - (x^2 + y^2)]\mathrm{d}\sigma = \iint\limits_D [1 - (x-1)^2 - (y+1)^2]\mathrm{d}\sigma$$

$$\xrightarrow{\diamondsuit \begin{cases} x = 1 + r\cos\theta \\ y = -1 + r\sin\theta \end{cases}} \int_0^{2\pi}\mathrm{d}\theta\int_0^1 (1 - r^2)r\mathrm{d}r = \frac{\pi}{2}.$$

(4) $f(x)$ 的傅里叶级数在点 $x = 0$ 处的收敛值 $= \dfrac{1}{2}[f(0^-) + f(0^+)] = \dfrac{3}{2}$.

(5) 显然,$u(x) > 0,(x > 0)$. 由

$$u^2(x) = \int_0^{+\infty}\mathrm{e}^{-xt^2}\mathrm{d}t \cdot \int_0^{+\infty}\mathrm{e}^{-xs^2}\mathrm{d}s = \iint\limits_{s,t \geqslant 0}\mathrm{e}^{-x(s^2+t^2)}\mathrm{d}s\mathrm{d}t$$

$$= \lim_{R\to+\infty}\iint\limits_{s^2+t^2 \leqslant R^2(s,t>0)}\mathrm{e}^{-x(s^2+t^2)}\mathrm{d}s\mathrm{d}t \xrightarrow{\diamondsuit\ s=r\cos\theta,t=r\sin\theta} \lim_{R\to+\infty}\int_0^{2\pi}\mathrm{d}\theta\int_0^R\mathrm{e}^{-xr^2}r\mathrm{d}r$$

$$= \lim_{R\to+\infty}\left[-\frac{\pi}{4x}\int_0^R\mathrm{e}^{-xr^2}\mathrm{d}(-xr^2)\right] = \lim_{R\to+\infty}\left(-\frac{\pi}{4x}\mathrm{e}^{-xr^2}\right)\Big|_0^R = \frac{\pi}{4x}$$

得 $u(x) = \dfrac{\sqrt{\pi}}{2\sqrt{x}}(x \in (0, +\infty))$.

二、M 的顶点为原点,准线为过点

$$A(1,0,0),B(0,1,0),C(0,0,1)$$

的圆 Γ,它是以 O 为中心且过点 A,B,C 的球面 $x^2 + y^2 + z^2 = 1$ 与平面 $x + y + z = 1$ 的交线.

设 $P(x,y,z)$ 是 M 上的任一点,过点 P 的母线与准线的交点为 (x_0, y_0, z_0),则这条母线的方程为

$$\frac{x_0}{x} = \frac{y_0}{y} = \frac{z_0}{z}(=t), \quad 即 \begin{cases} x_0 = tx, \\ y_0 = ty, \\ z_0 = tz. \end{cases} \tag{1}$$

显然 x_0, y_0, z_0 满足 $\begin{cases} x_0^2 + y_0^2 + z_0^2 = 1, \\ x_0 + y_0 + z_0 = 1. \end{cases}$ \quad (2)

将式(1)代入式(2)得

$$\begin{cases} t^2(x^2 + y^2 + z^2) = 1, \\ t(x + y + z) = 1, \end{cases}$$

消去其中的 t 得 $(x + y + z)^2 = x^2 + y^2 + z^2$,化简得 $xy + yz + zx = 0(x, y, z \geqslant 0)$,它即为 M 的方程.

三、由题设得

$$\beta f''(x) = f'(x) - \alpha f(x) \tag{1}$$

当 $\beta = 0$ 时,$f'(x) = \alpha f(x)$. $\tag{2}$

于是在 (a, b) 内,由 $f(x)$ 二阶可导及式(2) 知,$f(x)$ 三阶可导;由 $f(x)$ 三阶可导及式(2) 知,$f(x)$ 四阶可导;⋯. 依次类推知,在 (a, b) 内 $f(x)$ 无穷阶可导.

当 $\beta \neq 0$ 时,由式(1) 得 $\quad f''(x) = \dfrac{1}{\beta} f'(x) - \dfrac{\alpha}{\beta} f(x)$. $\tag{3}$

于是在 (a, b) 内,由 $f(x)$ 二阶可导及式(3) 知,$f(x)$ 三阶可导;由 $f(x)$ 三阶可导及式(3) 知,$f(x)$ 四阶可导;⋯. 依次类推知,在 (a, b) 内 $f(x)$ 无穷阶可导.

四、记 $a_n = \dfrac{n^3 + 2}{(n+1)!} (n = 0, 1, 2, \cdots)$,则

$$\int = \lim_{n \to \infty} \left| \frac{a_{n+1}}{a_n} \right| = \lim_{n \to \infty} \frac{\dfrac{(n+1)^3 + 2}{(n+2)!}}{\dfrac{n^3 + 2}{(n+1)!}} = \lim_{n \to \infty} \frac{(n+1)^3 + 2}{(n+2)(n^3 + 2)} = 0.$$

所以,收敛半径 $R = +\infty$. 因此所给幂级数的收敛域为 $(-\infty, +\infty)$.

由于 $\displaystyle\sum_{n=0}^{\infty} \frac{n^3 + 2}{(n+1)!} (x-1)^n = \sum_{n=0}^{\infty} \frac{(n+1)n(n-1) + (n+1) + 1}{(n+1)!} (x-1)^n$

$$= \sum_{n=2}^{\infty} \frac{1}{(n-2)!} (x-1)^n + \sum_{n=0}^{\infty} \frac{1}{n!} (x-1)^n + \sum_{n=0}^{\infty} \frac{1}{(n+1)!} (x-1)^n, \tag{1}$$

其中,$\displaystyle\sum_{n=2}^{\infty} \frac{1}{(n-2)!} (x-1)^n \xlongequal{\text{令}m=n-2} (x-2)^2 \sum_{n=0}^{\infty} \frac{1}{m!} (x-1)^m = (x-1)^2 \mathrm{e}^{x-1}$,

$\displaystyle\sum_{n=0}^{\infty} \frac{1}{n!} (x-1)^n = \mathrm{e}^{x-1}$,

$$\sum_{n=0}^{\infty} \frac{1}{(n+1)!} (x-1)^n = \begin{cases} \dfrac{1}{x-1} \displaystyle\sum_{n=0}^{\infty} \frac{1}{(n+1)!} (x-1)^{n+1}, & x \neq 1, \\ 1, & x = 1 \end{cases}$$

$$= \begin{cases} \dfrac{1}{x-1} (\mathrm{e}^{x-1} - 1), & x \neq 1, \\ 1, & x = 1. \end{cases}$$

将它们代入式(1) 得所给幂级数的和函数

$$S(x) = (x-1)^2 \mathrm{e}^{x-1} + \mathrm{e}^{x-1} + \begin{cases} \dfrac{1}{x-1} (\mathrm{e}^{x-1} - 1), & x \neq 1, \\ 1, & x = 1 \end{cases}$$

$$= \begin{cases} (x^2 - 2x + 2) \mathrm{e}^{x-1} + \dfrac{1}{x-1} (\mathrm{e}^{x-1} - 1), & x \neq 1, \\ 2, & x = 1. \end{cases}$$

五、(1) 如果不存在使用 $|f(x_0)|>4$ 的 $x_0\in[0,1]$，则对任意 $x\in[0,1]$，都有 $|f(x)|\leqslant 4$. 于是有

$$\int_0^1\left|x-\frac{1}{2}\right||f(x)|\,\mathrm{d}x\leqslant 4\int_0^1\left|x-\frac{1}{2}\right|\mathrm{d}x=1. \tag{1}$$

另一方面，$\int_0^1\left|x-\frac{1}{2}\right||f(x)|\,\mathrm{d}x>\int_0^1\left(x-\frac{1}{2}\right)f(x)\,\mathrm{d}x=\int_0^1 xf(x)\,\mathrm{d}x-\frac{1}{2}\int_0^1 f(x)\,\mathrm{d}x=1.$

$$\tag{2}$$

由式(1)，式(2)得 $\int_0^1\left|x-\frac{1}{2}\right||f(x)|\,\mathrm{d}x=1$，从而 $\int_0^1\left|x-\frac{1}{2}\right|(4-|f(x)|)\,\mathrm{d}x=0.$

由此得到 $|f(x)|=4$. 从而由 $f(x)$ 的连续性知，$f(x)=4(x\in[0,1])$ 或 $f(x)=-4(x\in[0,1])$. 这都与 $\int_0^1 f(x)\,\mathrm{d}x=0$ 矛盾. 因此，存在 $x_0\in[0,1]$，使得 $|f(x_0)|>4$.

(2) 如果不存在使得 $|f(x_2)|<4$ 的点 $x_2\in[0,1]$，则对任意 $x\in[0,1]$ 都有 $|f(x)|\geqslant 4$. 于是 $f(x)\geqslant 4(x\in[0,1]$ 或 $f(x)\leqslant-4(x\in[0,1])$，这都与 $\int_0^1 f(x)\,\mathrm{d}x=0$ 矛盾. 因此存在 $x_2\in[0,1]$，使得 $|f(x_2)|<4$.

显然 $x_2\neq x_0$，不妨设 $x_0<x_2$，则对 $|f(x)|$ 在 $[x_0,x_2]$ 上应用连续函数介值定理得，存在 $x_1\in(x_0,x_2)\subset[0,1]$，使得 $|f(x_1)|=4$.

六、$f(x,y)$ 在点 $(0,0)$ 处的一阶泰勒公式为

$$f(x,y)=f(0,0)+[f_x'(0,0)x+f_y'(0,0)y]+$$
$$\frac{1}{2}[f_{xx}''(\theta x,\theta y)x^2+f_{xy}''(\theta x,\theta y)\cdot 2xy+f_{yy}''(\theta x,\theta y)y^2]（其中\ 0<\theta<1）$$
$$=\frac{1}{2}[f_{xx}''(\theta x,\theta y)x^2+\sqrt{2}f_{xy}''(\theta x,\theta y)\cdot\sqrt{2}xy+f_{yy}''(\theta x,\theta y)y^2],$$

所以，$|f(x,y)|\leqslant\frac{1}{2}\sqrt{(f_{xx}'')^2+(\sqrt{2}f_{xy}'')^2+(f_{yy}'')^2}\cdot\sqrt{(x^2)^2+(\sqrt{2}xy)^2+(y^2)^2}$

$$（利用\ |ax+by+cz|\leqslant\sqrt{a^2+b^2+c^2}\cdot\sqrt{x^2+y^2+z^2}）$$
$$=\frac{1}{2}\sqrt{(f_{xx}'')^2+2(f_{xy}'')^2+(f_{yy}'')^2}(x^2+y^2)\leqslant\sqrt{\frac{M}{2}}(x^2+y^2).$$

由此得到

$$\left|\iint_{x^2+y^2\leqslant 1}f(x,y)\,\mathrm{d}x\mathrm{d}y\right|\leqslant\iint_{x^2+y^2\leqslant 1}|f(x,y)|\,\mathrm{d}x\mathrm{d}y\leqslant\iint_{x^2+y^2\leqslant 1}\frac{\sqrt{M}}{2}(x^2+y^2)\,\mathrm{d}x\mathrm{d}y$$

$$\xlongequal[y=r\sin\theta]{\Leftrightarrow x=r\cos\theta}\frac{\sqrt{M}}{2}\int_0^{2\pi}\mathrm{d}\theta\int_0^1 r^2\cdot r\mathrm{d}r=\frac{\pi\sqrt{M}}{4}.$$

第七届(2016 年)决赛试题及精解

试　题

一、填空题(每小题 6 分，共 30 分)：

(1) 微分方程 $y''-(y')^3=0$ 的通解为_____.

(2) 设 $D:1\leqslant x^2+y^2\leqslant 4$,则积分 $\displaystyle\iint\limits_D(x+y^2)\mathrm{e}^{-(x^2+y^2-4)}\mathrm{d}x\mathrm{d}y$ 的值是_____.

(3) 设 $f(t)$ 二阶连续可导,且 $f(t)\neq0$. 若 $\begin{cases}x=\displaystyle\int_0^t f(s)\mathrm{d}s\\[2mm] y=f(t),\end{cases}$ 则 $\dfrac{\mathrm{d}^2 y}{\mathrm{d}x^2}=$ _____.

(4) 设 $\lambda_1,\lambda_2,\cdots,\lambda_n$ 是 n 阶矩阵 $\boldsymbol{A}$ 的特征值,$f(x)$ 为多项式,则矩阵 $f(\boldsymbol{A})$ 的行列式的值为

_____.

(5) $\displaystyle\lim_{n\to\infty}\big[n\sin(2\pi n!\,\mathrm{e})\big]$ 的值是_____.

二、(14 分) 设 $f(u,v)$ 在全平面上有连续的偏导数. 证明:曲面

$$f\left(\frac{x-a}{z-c},\frac{y-b}{z-c}\right)=0$$

的所有切平面都交于点 (a,b,c).

三、(14 分) 设 $f(x)$ 在 $[a,b]$ 上连续,证明:

$$2\int_a^b\left[f(x)\int_a^b f(t)\mathrm{d}t\right]\mathrm{d}x=\left(\int_a^b f(x)\mathrm{d}x\right)^2.$$

四、(14 分) 设 $\boldsymbol{A}$ 是 $m\times n$ 矩阵,$\boldsymbol{B}$ 是 $n\times p$ 矩阵,$\boldsymbol{C}$ 是 $p\times q$ 矩阵. 证明:

$$R(\boldsymbol{AB})+R(\boldsymbol{BC})-R(\boldsymbol{B})\leqslant R(\boldsymbol{ABC}),$$

其中 $R(\boldsymbol{X})$ 表示矩阵 $\boldsymbol{X}$ 的秩.

五、(14 分) 设 $I_n=\displaystyle\int_0^{\frac{\pi}{4}}\tan^n x\,\mathrm{d}x$,其中 n 为正整数.

(1) 若 $n\geqslant2$,计算:I_n+I_{n-2};

(2) 设 p 为实数,讨论级数 $\displaystyle\sum_{n=1}^{\infty}(-1)^n I_n^p$ 的绝对收敛性和条件收敛性.

六、(14 分) 设 $P(x,y,z)$ 和 $R(x,y,z)$ 在空间上有连续偏导数. 记上半球面 $S:z=z_0+\sqrt{r^2-(x-x_0)^2-(y-y_0)^2}$,方向向上. 若对任何点 (x_0,y_0,z_0) 和 $r>0$,曲面积分 $\displaystyle\iint\limits_S P\mathrm{d}y\mathrm{d}z+R\mathrm{d}x\mathrm{d}y=0$. 证明:$\dfrac{\partial P}{\partial x}\equiv0$.

精　　解

一、(1) 记 $p=y'$,则所给方程成为

$$p\frac{\mathrm{d}p}{\mathrm{d}y}-p^3=0,\text{即}\frac{\mathrm{d}p}{p^2}=\mathrm{d}y,$$

所以 $-\dfrac{1}{p}=y+C_1$,即 $\dfrac{\mathrm{d}y}{\mathrm{d}x}=-\dfrac{1}{y+C_1}$,或 $(y+C_1)\mathrm{d}y=-\mathrm{d}x$. 由此得到

$$\frac{1}{2}y^2+C_1 y=-x+C_2.$$

因此所求的通解是由方程 $y^2+2C_1 y+2(x-C_2)=0$ 确定的隐函数 $y=y(x)$,其中 C_1,C_2 是任意常数.

(2) $I=\displaystyle\iint\limits_D(x+y^2)\mathrm{e}^{-(x^2+y^2-4)}\mathrm{d}x\mathrm{d}y$

$$= \mathrm{e}^4 \iint\limits_D y^2 \mathrm{e}^{-(x^2+y^2)} \mathrm{d}x\mathrm{d}y \text{（由于} D \text{关于} y \text{轴对称，在对称点处} x\mathrm{e}^{-(x^2+y^2)} \text{的值互为相反数，}$$

$$\text{所以} \iint\limits_D x\mathrm{e}^{-(x^2+y^2)} \mathrm{d}x\mathrm{d}y = 0)$$

$$\xrightarrow{\quad \Leftrightarrow \begin{cases} x = r\cos\theta \\ y = r\sin\theta \end{cases} \quad} \mathrm{e}^4 \int_0^{2\pi} \sin^2\theta \mathrm{d}\theta \int_1^2 r^3 \mathrm{e}^{-r^2} \mathrm{d}r, \tag{1}$$

其中，$\displaystyle\int_0^{2\pi} \sin^2\theta \mathrm{d}\theta = \frac{1}{2}\int_0^{2\pi}(1-\cos 2\theta)\mathrm{d}\theta = \pi,$ \hfill (2)

$$\int_1^2 r^3 \mathrm{e}^{-r^2} \mathrm{d}r \xrightarrow{\quad \Leftrightarrow t = r^2 \quad} \frac{1}{2}\int_0^4 t\mathrm{e}^{-t}\mathrm{d}t = -\frac{1}{2}\int_1^4 t\mathrm{d}\mathrm{e}^{-t}$$

$$= -\frac{1}{2}\left(t\mathrm{e}^{-t}\Big|_1^4 - \int_1^4 \mathrm{e}^{-t}\mathrm{d}t\right) = -\frac{5}{2}\mathrm{e}^{-4} + \mathrm{e}^{-1}. \tag{3}$$

将式(2)，式(3) 代入式(1) 得

$$I = \mathrm{e}^4 \cdot \pi\left(-\frac{5}{2}\mathrm{e}^{-4} + \mathrm{e}^{-1}\right) = \pi\left(\mathrm{e}^3 - \frac{5}{2}\right).$$

(3) $\displaystyle\frac{\mathrm{d}y}{\mathrm{d}x} = \frac{\dfrac{\mathrm{d}y}{\mathrm{d}t}}{\dfrac{\mathrm{d}x}{\mathrm{d}t}} = \frac{f'(t)}{\dfrac{\mathrm{d}}{\mathrm{d}t}\displaystyle\int_0^t f(s)\mathrm{d}S} = \frac{f'(t)}{f(t)},$

$$\frac{\mathrm{d}^2 y}{\mathrm{d}x^2} = \frac{\dfrac{\mathrm{d}}{\mathrm{d}t}\left(\dfrac{\mathrm{d}y}{\mathrm{d}x}\right)}{\dfrac{\mathrm{d}x}{\mathrm{d}t}} = \frac{\dfrac{f''(t)f(t) - [f'(t)]^2}{f^2(t)}}{f(t)} = \frac{f''(t)f(t) - [f'(t)]^2}{f^3(t)}.$$

(4) 由于 $\boldsymbol{A}$ 的全部特征值 $\lambda_1, \lambda_2, \cdots, \lambda_n$，所以 $f(\boldsymbol{A})$ 的全部特征值 $f(\lambda_1), f(\lambda_2), \cdots, f(\lambda_n)$。因此，根据"$n$ 阶矩阵 $\boldsymbol{M}$ 有特征值 $\mu_1, \mu_2, \cdots, \mu_n$ 时，$|\boldsymbol{M}| = \mu_1\mu_2\cdots\mu_n$" 得：

$$|f(\boldsymbol{A})| = f(\lambda_1)f(\lambda_2)\cdots f(\lambda_n).$$

(5) 由于当 $n \to \infty$ 时，

$$\mathrm{e} = 1 + 1 + \frac{1}{2!} + \cdots + \frac{1}{n!} + \frac{1}{(n+1)!}(1+0(1)),$$

所以，$\displaystyle 2\pi n!\mathrm{e} = 2\pi n!\left(1 + 1 + \frac{1}{2!} + \cdots + \frac{1}{n!}\right) + \frac{2\pi}{n+1}(1+0(1))$

$$= 2\pi N + \frac{2\pi}{n+1}(1+0(1))\left(\text{其中}, N = n!\left(1 + 1 + \frac{1}{2!} + \cdots + \frac{1}{n!}\right)\text{是正整数}\right).$$

因此，$\displaystyle\lim_{n\to\infty}[n\sin(2\pi n!\mathrm{e})] = \lim_{n\to\infty}n\sin\left[2\pi N + \frac{2\pi}{n+1}(1+0(1)\right]$

$$= \lim_{n\to\infty}n\sin\left[\frac{2\pi}{n+1}(1+0(1))\right] = \lim_{n\to\infty}\frac{\sin\left[\dfrac{2\pi}{n+1}(1+0(1))\right]}{\dfrac{1}{n}} = \lim_{n\to\infty}\frac{\dfrac{2\pi}{n+1}(1+0(1))}{\dfrac{1}{n}}$$

$$= 2\pi.$$

二、记 $\displaystyle F(x,y,z) = f\left(\frac{x-a}{z-c}, \frac{y-b}{z-c}\right)$，则

$$F_x' = \frac{f_u'}{z-c}, \quad F_y' = \frac{f_v'}{z-c}.$$

$$F'_z = -f'_u \cdot \frac{x-a}{(z-c)^2} - f'_v \cdot \frac{y-b}{(z-c)^2} = -\frac{(x-a)f'_u + (y-b)f'_v}{(z-c)^2}.$$

所以,该曲面在任一点 $(x,y,z)(z \neq c)$ 处的切平面方程为

$$\frac{f'_u}{z-c}(X-x) + \frac{f'_v}{z-c}(Y-y) - \frac{(x-a)f'_u + (y-b)f'_v}{(z-c)^2}(Z-z) = 0.$$

由于 $\dfrac{f'_u}{z-c}(a-x) + \dfrac{f'_v}{z-c}(b-y) - \dfrac{(x-a)f'_u + (y-b)f'_v}{(z-c)^2}(c-z)$

$$= \frac{f'_u}{z-c}(a-x) + \frac{f'_v}{z-c}(b-y) + \frac{(x-a)f'_u + (q-b)f'_v}{z-c} = 0,$$

所以曲面上的任一点 $(x,y,z)(z \neq c)$ 处的切平面都相交于点 (a,b,c).

三、记 $D = \{(x,t) \mid a \leqslant x, y \leqslant b\}$. 则 D 被直线 $t = x$ 划分成两部分,记位于该直线上方部分为 D_1. 显然 D 关于直线 $t = x$ 对称,在对称点处 $f(x)f(t)$ 的值不变,所以

$$\iint\limits_{D} f(x)f(t)\mathrm{d}x\mathrm{d}t = 2\iint\limits_{D_1} f(x)f(t)\mathrm{d}x\mathrm{d}t = 2\int_a^b \left[f(x)\int_x^b f(t)\mathrm{d}t\right]\mathrm{d}x.$$

另一方面, $\iint\limits_{D} f(x)f(t)\mathrm{d}x\mathrm{d}t = \int_a^b f(x)\mathrm{d}x \cdot \int_a^b f(t)\mathrm{d}t = \left[\int_a^b f(x)\mathrm{d}x\right]^2.$

由此证得 $2\int_a^b \left[f(x)\int_x^b f(t)\mathrm{d}t\right]\mathrm{d}x = \left[\int_a^b f(x)\mathrm{d}x\right]^2.$

四、由于 $\begin{pmatrix} E_m & A \\ O & E_n \end{pmatrix}\begin{pmatrix} ABC & O \\ O & B \end{pmatrix}\begin{pmatrix} E_q & O \\ -C & E_p \end{pmatrix}$

$$= \begin{pmatrix} ABC & AB \\ O & B \end{pmatrix}\begin{pmatrix} E_q & O \\ -C & E_p \end{pmatrix} = \begin{pmatrix} O & AB \\ -BC & B \end{pmatrix},$$

其中 E_t 是 t 阶单位矩阵,O 是零矩阵. 由于 $\begin{pmatrix} E_m & A \\ O & E_n \end{pmatrix}$, $\begin{pmatrix} E_q & O \\ -C & E_p \end{pmatrix}$ 都是可逆矩阵,所以

$$R\begin{pmatrix} ABC & O \\ O & B \end{pmatrix} = R\begin{pmatrix} O & AB \\ -BC & B \end{pmatrix}, \tag{1}$$

由于 $\begin{pmatrix} O & AB \\ -BC & B \end{pmatrix}\begin{pmatrix} O & -E_q \\ E_p & O \end{pmatrix} = \begin{pmatrix} AB & O \\ B & BO \end{pmatrix}$,其中 $\begin{pmatrix} O & -E_q \\ E_p & O \end{pmatrix}$ 是可逆矩阵,

所以,$R\begin{pmatrix} O & AB \\ -BC & B \end{pmatrix} = R\begin{pmatrix} AB & O \\ B & -BC \end{pmatrix} = R\begin{pmatrix} AB & O \\ B & BC \end{pmatrix}. \tag{2}$

将式(2)代入式(1)得

$$R\begin{pmatrix} ABC & O \\ O & B \end{pmatrix} = R\begin{pmatrix} AB & O \\ B & BC \end{pmatrix} \geqslant R(AB) + R(BC),$$

即 $R(ABC) + R(B) \geqslant R(AB) + R(BC)$. 由此证得

$$R(AB) + R(BC) - R(B) \leqslant R(ABC).$$

五、(1) 当 $n \geqslant 2$ 时,

$$I_n + I_{n-2} = \int_0^{\frac{\pi}{4}} \tan^n x\,\mathrm{d}x + \int_0^{\frac{\pi}{4}} \tan^{n-2} x\,\mathrm{d}x$$

$$= \int_0^{\frac{\pi}{4}} \tan^{n-2} x\,\mathrm{d}\tan x = \frac{1}{n-1}\tan^{n-1} x \Big|_0^{\frac{\pi}{4}} = \frac{1}{n-1}.$$

（2）显然 $I_n^p = \left(\int_0^{\frac{\pi}{4}} \tan^n x \, \mathrm{d}x\right)^p > 0 (n = 1, 2, \cdots)$.

当 $p \leqslant 0$ 时，$I_n^p \geqslant \left(\int_0^{\frac{\pi}{4}} \mathrm{d}x\right)^p = \left(\frac{\pi}{4}\right)^p (n = 1, 2, \cdots)$ 知，$\lim\limits_{n \to \infty}(-1)^n I_n^p \neq 0$，所以 $\sum\limits_{n=1}^{\infty}(-1)^n I_n^p$ 发散.

下面考虑 $p > 0$ 的情形.

对 $n \geqslant 2$，由 $\tan_x^{n+2} \leqslant \tan^n x \leqslant \tan^{n-2} x \left(x \in \left[0, \frac{\pi}{4}\right]\right)$ 知，

$$I_{n+2} \leqslant I_n \leqslant I_{n-2}, \text{即 } I_{n+2} + I_n \leqslant 2I_n \leqslant I_n + I_{n-2}.$$

利用（1）的结果得 $\dfrac{1}{2(n+1)} \leqslant I_n \leqslant \dfrac{1}{2(n-1)}$. 于是：

当 $p > 1$ 时，由 $\sum\limits_{n=2}^{\infty}\left[\dfrac{1}{2(n-1)}\right]^p$ 收敛知 $\sum\limits_{n=2}^{\infty}(-1)^n I_n^p$ 绝对收敛，即 $\sum\limits_{n=1}^{\infty}(-1)^n I_n^p$ 绝对收敛.

当 $0 < p \leqslant 1$ 时，由于 $\{I_n^p\}$ 单调减少（这是由于 $I_n = \int_0^{\frac{\pi}{4}} \tan^n x \, \mathrm{d}x > \int_0^{\frac{\pi}{4}} \tan^{n+1} x \, \mathrm{d}x = I_{n+1}$ 知，$I_n^p > I_{n+1}^p, n = 1, 2, \cdots$)，并且 $\lim\limits_{n \to \infty} I_n^p = 0$（这是由于 $I_n^p \leqslant \left[\dfrac{1}{2(n-1)}\right]^p, n = 2, 3, \cdots$)，故由莱布尼茨定理知，交错级数 $\sum\limits_{n=1}^{\infty}(-1)^n I_n^p$ 收敛. 但此时 $\sum\limits_{n=1}^{\infty} \left|(-1)^n I_n^p\right| = \sum\limits_{n=1}^{\infty} I_n^p$ 是发散的（这是由于当 $0 < p \leqslant 1$ 时，$I_n^p > \left[\dfrac{1}{2(n+1)}\right]^p (n = 1, 2, 3, \cdots)$，并且 $\sum\limits_{n=1}^{\infty}\left[\dfrac{1}{2(n+1)}\right]^p$ 发散）. 由上述可知，当 $0 < p \leqslant 1$ 时，$\sum\limits_{n=1}^{\infty}(-1)^n I_n^p$ 条件收敛.

六、记平面 $z = z_0$ 位于球面 $(x - x_0)^2 + (y - y_0)^2 + (z - z_0)^2 = r^2$ 内的部分为 S_1（它在 xOy 平面上的投影区域为 $D = \{(x, y) \mid (x - x_0)^2 + (y - y_0)^2 \leqslant r^2\}$)，且设其方向向下，并记 $S + S_1$ 围成的闭区域为 Ω，则

$$\iint_S P \, \mathrm{d}y\mathrm{d}z + R \, \mathrm{d}x\mathrm{d}y + \iint_{S_1} P(x, y, z_0) \, \mathrm{d}y\mathrm{d}z + R(x, y, z_0) \, \mathrm{d}x\mathrm{d}y = \iiint_\Omega \left(\frac{\partial P}{\partial x} + \frac{\partial R}{\partial z}\right) \mathrm{d}\tau.$$

于是，由题设得 $-\iint_D R(x, y, z_0) \, \mathrm{d}x\mathrm{d}y = \iiint_\Omega \left(\frac{\partial P}{\partial x} + \frac{\partial R}{\partial z}\right) \mathrm{d}\tau.$ \hfill (1)

下面先证 $R(x, y, z_0) \equiv 0$. 用反证法，设 $R(x_0, y_0, z_0) \neq 0$，则由于

$\iint_D R(x, y, z_0) \, \mathrm{d}x\mathrm{d}y = \pi r^2 R(\xi, \eta, z_0)$（根据二重积分中值定理，其中 (ξ, η) 位于 D 的内部），

所以，$\lim\limits_{r \to 0^-} \dfrac{1}{r^2} \iint_D R(x, y, z_0) \, \mathrm{d}x\mathrm{d}y = \pi \lim\limits_{r \to 0^+} R(\xi, \eta, z_0) = \pi R(x_0, y_0, z_0) \neq 0.$ \hfill (2)

另一方面，由于 $\iiint_\Omega \left[\dfrac{\partial P(x, y, z)}{\partial x} + \dfrac{\partial R(x, y, z)}{\partial z}\right] \mathrm{d}\tau = \left[\dfrac{\partial P(\xi_1, \eta_1, \zeta_1)}{\partial x} + \dfrac{\partial R(\xi_1, \eta_1, \zeta_1)}{\partial z}\right] \cdot$

$\dfrac{2\pi}{3} r^3$（根据三重积分中值定理，其中 (ξ_1, η_1, ζ_1) 位于 Ω 的内部），所以

$$\lim_{r \to 0^+} \frac{1}{r^2} \iiint_\Omega \left[\frac{\partial P(x, y, z)}{\partial x} + \frac{\partial R(x, y, z)}{\partial z}\right] \mathrm{d}\tau = 0. \tag{3}$$

于是,式(1)两边令 $r \to 0^+$ 取极限并将式(2)与式(3)代入得 $R(x_0, y_0, z_0) = 0$. 这与反证法假定矛盾,所以 $R(x_0, y_0, z_0) = 0$. 由于 (x_0, y_0, z_0) 是任一点,因此 $R(x, y, z) \equiv 0$.   (4)

将式(4)代入式(1)得 $\iiint\limits_{\Omega} \dfrac{\partial P}{\partial x} \mathrm{d}v = 0$. 于是存在点 $(\xi_2, \eta_2, \zeta_2) \in \Omega$,使得 $\dfrac{\partial P(\xi_2, \eta_2, \zeta_2)}{\partial x} = 0$.

由于 $r \to 0$ 时,$(\xi_2, \eta_2, \zeta_2) \to (x_0, y_0, z_0)$. 于是由 $\dfrac{\partial P}{\partial x}$ 的连续性得 $\dfrac{\partial P(x_0, y_0, z_0)}{\partial x} = 0$. 由于 (x_0, y_0, z_0) 是任意一点,所以 $\dfrac{\partial P}{\partial x} \equiv 0$.

第八届(2017 年)预赛试题及精解

试　题

一、填空题(每小题 6 分,共 30 分)

(1) 若 $f(x)$ 在点 $x = a$ 处可导,且 $f(a) \neq 0$,则 $\lim\limits_{n \to \infty} \left[\dfrac{f\left(a + \dfrac{1}{n}\right)}{f(a)} \right]^n = $ _____.

(2) 若 $f(1) = 0$,$f'(1)$ 存在,则极限

$$I = \lim_{x \to 0} \frac{f(\sin^2 x + \cos x) \tan 3x}{(\mathrm{e}^{x^2} - 1) \sin x} = \underline{\qquad}.$$

(3) 设 $f(x)$ 有连续导数,且 $f(1) = 2$. 记 $z = f(\mathrm{e}^x y^2)$,若 $\dfrac{\partial z}{\partial x} = z$,则当 $x > 0$ 时 $f(x) = $ _____.

(4) 设 $f(x) = \mathrm{e}^x \sin 2x$,则 $f^{(4)}(0) = $ _____.

(5) 曲面 $z = \dfrac{x^2}{2} + y^2$ 平行于平面 $2x + 2y - z = 0$ 的切平面方程为 _____.

二、(14 分) 设 $f(x)$ 在 $[0,1]$ 上可导,$f(0) = 0$,且当 $x \in (0,1)$,$0 < f'(x) < 1$. 证明:当 $a \in (0,1)$ 时,

$$\left(\int_0^a f(x) \mathrm{d}x \right)^2 > \int_0^a f^3(x) \mathrm{d}x,$$

三、(14 分) 某物体所在的空间区域为 $\Omega: x^2 + y^2 + 2z^2 \leqslant x + y + 2z$,密度函数为 $x^2 + y^2 + z^2$,求该物体的质量

$$M = \iiint\limits_{\Omega} (x^2 + y^2 + z^2) \mathrm{d}x\mathrm{d}y\mathrm{d}z.$$

四、(14 分) 设函数 $f(x)$ 在 $[0,1]$ 上具有连续导数,$f(0) = 0$,$f(1) = 1$. 证明:

$$\lim_{n \to \infty} n \left[\int_0^1 f(x) \mathrm{d}x - \frac{1}{n} \sum_{k=1}^n f\left(\frac{k}{n}\right) \right] = -\frac{1}{2}.$$

五、(14 分) 设函数 $f(x)$ 在 $[0,1]$ 上连续,且 $I = \int_0^1 f(x) \mathrm{d}x \neq 0$. 证明:在 $(0,1)$ 内存在不同的两点 x_1, x_2,使得

$$\frac{1}{f(x_1)} + \frac{1}{f(x_2)} = \frac{2}{I}.$$

六、(14 分) 设 $f(x)$ 在 $(-\infty,+\infty)$ 上可导,且

$$f(x)=f(x+2)=f(x+\sqrt{3}),$$

用傅里叶级数理论证明 $f(x)$ 为常数.

精　　解

一、(1) $\lim\limits_{n\to\infty}\left[\dfrac{f\left(a+\dfrac{1}{n}\right)}{f(a)}\right]^n=\mathrm{e}^{\lim\limits_{n\to\infty}\frac{\ln f\left(a+\frac{1}{n}\right)-\ln f(a)}{\frac{1}{n}}}$

$$=\mathrm{e}^{[\ln f(x)]'|_{x=a}}=\underline{\mathrm{e}^{\frac{f'(a)}{f(a)}}}.$$

(2) $I=\lim\limits_{x\to0}\dfrac{f(\sin^2x+\cos x)\tan3x}{(\mathrm{e}^{x^2}-1)\sin x}=\lim\limits_{x\to0}\dfrac{f(\sin^2x+\cos x)\cdot3x}{x^3}$

$$=3\lim\limits_{x\to0}\left\{\dfrac{f[1+(\sin^2x+\cos x-1)]-f(1)}{\sin^2x+\cos x-1}\cdot\dfrac{\sin^2x+\cos x-1}{x^2}\right\}$$

$$=3f'(1)\left(1-\dfrac{1}{2}\right)=\underline{\dfrac{3}{2}f'(1)}.$$

(3) 由 $\dfrac{\partial z}{\partial x}=z$ 得 $f'(\mathrm{e}^xy^2)\mathrm{e}^xy^2=f(\mathrm{e}^xy^2)$. 记 $u=\mathrm{e}^xy^2$,则上式成为

$$f'(u)u=f(u),\text{即 }f(u)=Cu.$$

将 $f(1)=2$ 代入上式得 $C=2$. 所以 $f(u)=2u$,即 $\underline{f(x)=2x(x>0)}$.

(4) 由于 $f(x)=\left[1+x+\dfrac{1}{2!}x^2+\dfrac{1}{3!}x^3+o(x^3)\right]\left[2x-\dfrac{1}{3!}(2x)^3+o(x^4)\right]$

$$=\left[1+x+\dfrac{1}{2}x^2+\dfrac{1}{6}x^3+o(x^3)\right]\left[2x-\dfrac{4}{3}x^3+o(x^4)\right]$$

$$=\cdots+\left[\dfrac{1}{6}\cdot2+1\cdot\left(-\dfrac{4}{3}\right)\right]x^4+o(x^4)$$

$$=\cdots+x^4+o(x^4).$$

所以,$f^{(4)}(0)=24\cdot(-1)=\underline{-24}.$

(5) 设切点为 $\left(x_0,y_0,\dfrac{x_0^2}{2}+y_0^2\right)$,则所给曲面在切点处的法向量为 $(x_0,2y_0,-1)$. 故由题设知

$$\dfrac{x_0}{2}=\dfrac{2y_0}{2}=\dfrac{-1}{-1},\text{即 }x_0=2,y_0=1,z_0=3.$$

所以所求的切平面方程为

$2(x-2)+2(y-1)-(z-3)=0$,即 $\underline{2x+2y-z=3}$.

二、记 $F(x)=\left[\int_0^xf(t)\mathrm{d}t\right]^2$,$G(x)=\int_0^xf^3(t)\mathrm{d}t$,则它们在 $[0,a]$ 上连续,在 $(0,a)$ 内可导且 $G'(x)=f(x)>0$(这是由 $f'(x)>0$ 知 $f(x)>f(0)=0,x\in(0,a)$),所以由柯西中值定理知,存在 $\xi\in(0,a)$,使得

$$\dfrac{F(a)}{G(a)}=\dfrac{F(a)-F(0)}{G(a)-G(0)}=\dfrac{F'(\xi)}{G'(\xi)}=\dfrac{2f(\xi)\int_0^\xi f(t)\mathrm{d}t}{f^3(\xi)}=\dfrac{2\int_0^\xi f(t)\mathrm{d}t}{f^2(\xi)}. \tag{1}$$

记 $F_1(x) = 2\int_0^x f(t)\mathrm{d}t, G_1(x) = f^2(x)$，则它们在 $[0,\xi]$ 上连续，在 $(0,\xi)$ 内可导且 $G_1'(x) = 2f(x)f'(x) > 0$，所以由柯西中值定理知，存在 $\eta \in (0,\xi)$，使得

$$\frac{2\int_0^\xi f(t)\mathrm{d}t}{f^2(\xi)} = \frac{F_1(\xi) - F_1(0)}{G_1(\xi) - G_1(0)} = \frac{F_1'(\eta)}{G_1'(\eta)} = \frac{2f(\eta)}{2f'(\eta)f'(\eta)} = \frac{1}{f'(\eta)} > 1, \qquad (2)$$

将式(2)代入式(1)得

$$\frac{F(a)}{G(a)} > 1, \text{即} \left[\int_0^a f(x)\mathrm{d}x\right]^2 > \int_0^a f^3(x)\mathrm{d}x.$$

三、Ω 的方程可以改写成 $\left(x - \dfrac{1}{2}\right)^2 + \left(y - \dfrac{1}{2}\right)^2 + \dfrac{\left(z - \dfrac{1}{2}\right)^2}{\dfrac{1}{2}} \leqslant 1.$ 令

$$\begin{cases} x = \dfrac{1}{2} + r\cos\theta\sin\varphi, \\[2mm] y = \dfrac{1}{2} + r\sin\theta\sin\varphi, \quad \text{则} \\[2mm] z = \dfrac{1}{2} + \sqrt{\dfrac{1}{2}}r\cos\varphi, \end{cases}$$

$\Omega = \{(r,\theta,\varphi) \mid 0 \leqslant r \leqslant 1, -\pi \leqslant \theta \leqslant \pi, 0 \leqslant \varphi \leqslant \pi\}$，

$\mathrm{d}x\mathrm{d}y\mathrm{d}z = \dfrac{1}{\sqrt{2}}r^2\sin\varphi\,\mathrm{d}r\mathrm{d}\theta\mathrm{d}\varphi$，

$$\begin{aligned} x^2 + y^2 + z^2 &= \left(\frac{1}{2} + r\cos\theta\sin\varphi\right)^2 + \left(\frac{1}{2} + r\sin\theta\sin\varphi\right)^2 + \left(\frac{1}{2} + \frac{1}{\sqrt{2}}r\cos\varphi\right)^2 \\ &= \frac{3}{4} + r\left(\cos\theta\sin\varphi + \sin\theta\sin\varphi + \frac{1}{\sqrt{2}}\cos\varphi\right) + r^2\left(\sin^2\varphi + \frac{1}{2}\cos^2\varphi\right). \end{aligned}$$

于是，$M = \iiint\limits_\Omega (x^2 + y^2 + z^2)\mathrm{d}x\mathrm{d}y\mathrm{d}z$

$$= \int_0^\pi\mathrm{d}\varphi\int_{-\pi}^\pi\mathrm{d}\theta\int_0^1\left[\frac{3}{4} + r\left(\cos\theta\sin\varphi + \sin\theta\sin\varphi + \frac{1}{\sqrt{2}}\cos\varphi\right) + r^2\left(\sin^2\varphi + \frac{1}{2}\cos^2\varphi\right)\right]\frac{1}{\sqrt{2}}r^2\sin\varphi\,\mathrm{d}r$$

$$= \frac{1}{\sqrt{2}}\int_0^\pi\mathrm{d}\varphi\int_{-\pi}^\pi\mathrm{d}\theta\int_0^1\left[\frac{3}{4}r^2\sin\varphi + r^3\left(\cos\theta\sin^2\varphi + \sin\theta\sin^2\varphi + \frac{1}{\sqrt{2}}\cos\varphi\sin\varphi\right) + r^4\left(\sin^3\varphi + \frac{1}{2}\sin\varphi\cos^2\varphi\right)\right]$$

$$= \frac{1}{\sqrt{2}}\int_0^\pi\mathrm{d}\varphi\int_{-\pi}^\pi\left[\frac{1}{4}\sin\varphi + \frac{1}{4}\left(\cos\theta\sin^2\varphi + \sin\theta\sin^2\varphi + \frac{1}{\sqrt{2}}\cos\varphi\sin\varphi\right) + \frac{1}{5}\left(\sin^3\varphi + \frac{1}{2}\sin\varphi\cos^2\varphi\right)\right]$$

$$= \frac{1}{\sqrt{2}}\int_0^\pi\left[\frac{\pi}{2}\sin\varphi + \sqrt{2}\pi\cos\varphi\sin\varphi + \frac{2\pi}{5}\left(\sin^3\varphi + \frac{1}{2}\sin\varphi\cos^2\varphi\right)\right]\mathrm{d}\varphi$$

$$= \frac{1}{\sqrt{2}}\left[\pi + \frac{2\pi}{5}\int_0^\pi\sin\varphi\left(1 - \frac{1}{2}\cos^2\varphi\right)\mathrm{d}\varphi\right]$$

$$= \frac{1}{\sqrt{2}}\left(\pi + \frac{2\pi}{3}\right) = \frac{5\sqrt{2}\pi}{6}.$$

四、将 $[0,1]$ 等分成 n 个小区间：

$$[x_0, x_1], [x_1, x_2], \cdots, [x_{k-1}, x_k], \cdots, [x_{n-1}, x_n],$$

其中 $x_k = \dfrac{k}{n}, k = 0, 1, \cdots, n,$ 则

$$\lim_{n \to \infty} n\Big[\int_0^1 f(x)\mathrm{d}x - \frac{1}{n}\sum_{k=1}^n f\Big(\frac{k}{n}\Big)\Big]$$

$$= \lim_{n \to \infty} n\Big[\sum_{k=1}^n \int_{x_{k-1}}^{x_k} f(x)\mathrm{d}x - \frac{1}{n}\sum_{k=1}^n f(x_k)\Big]$$

$$= \lim_{n \to \infty} n\Big[\sum_{k=1}^n \int_{x_{k-1}}^{x_k} f(x)\mathrm{d}x - \sum_{k=1}^n \int_{x_{k-1}}^{x_k} f(x_k)\mathrm{d}x\Big]$$

$$= \lim_{n \to \infty} n\sum_{k=1}^n \int_{x_{k-1}}^{x_k} \frac{f(x) - f(x_k)}{x - x_k}(x - x_k)\mathrm{d}x$$

$$= \lim_{n \to \infty} n\sum_{k=1}^n \frac{f(\xi_k) - f(x_k)}{\xi - x_k}\int_{x_{k-1}}^{x_k}(x - x_k)\mathrm{d}x$$

$$\Big(\text{对} \frac{f(x) - f(x_k)}{x - x_k}(x - x_k) \text{ 在} [x_{k-1}, x_k] \text{上应用积分中值定理,}$$

$$\text{其中 } \xi_k \in (x_{k-1}, x_k), k = 1, 2, \cdots, n\Big)$$

$$= \lim_{n \to \infty} n\sum_{k=1}^n f'(\eta_k)\Big[-\frac{1}{2}(x_k - x_{k-1})^2\Big]$$

$$\Big(\text{对 } f(x) \text{ 在} [\xi_k, x_k] \text{上应用拉格朗日中值定理,其中 } \eta_k \in (\xi_k,$$

$$x_k) \subset (x_{k-1}, x_k), k = 1, 2, \cdots, n\Big)$$

$$= -\frac{1}{2}\lim_{n \to \infty}\frac{1}{n}\sum_{k=1}^n f'(\eta_k) = -\frac{1}{2}\int_0^1 f'(x)\mathrm{d}x = \frac{1}{2}[f(0) - f(1)]$$

$$= -\frac{1}{2}.$$

五、 记 $F(x) = \dfrac{1}{I}\displaystyle\int_0^x f(t)\mathrm{d}t,$ 则 $F(x)$ 在 $[0,1]$ 上连续,且 $F(0) = 0, F(1) = 1.$ 于是由连续

函数介值定理知,对 $\dfrac{1}{2}$,存在 $\xi \in (0,1)$,使得 $F(\xi) = \dfrac{1}{2}$.

由于 $F(x)$ 在 $[0,\xi]$ 上连续,在 $(0,\xi)$ 内可导,故由拉格朗日中值定理知,存在 $x_1 \in (0,\xi)$,使得

$$F(\xi) - F(0) = F'(x_1)(\xi - 0),\ \text{即}\ \frac{1}{f(x_1)} = \frac{2}{I}\xi. \tag{1}$$

由于 $F(x)$ 在 $[\xi,1]$ 上连续,在 $(\xi,1)$ 内可导,故由拉格朗日中值定理知,存在 $x_2 \in (\xi,1)$,使得

$$F(1) - F(\xi) = F'(x_2)(1 - \xi),\ \text{即}\ \frac{1}{f(x_2)} = \frac{2}{I}(1 - \xi). \tag{2}$$

由式(1),式(2) 相加得 $\dfrac{1}{f(x_1)} + \dfrac{1}{f(x_2)} = \dfrac{2}{I}$.

六、 由 $f(x) = f(x+2)(-\infty < x < +\infty)$ 知,$f(x)$ 是以 2 为周期的周期函数,所以它的傅里叶系数

$$a_0 = \int_{-1}^1 f(x)\mathrm{d}x,$$

$$a_n = \int_{-1}^1 f(x)\cos n\pi x\mathrm{d}x, \tag{1}$$

$$b_n = \int_{-1}^{1} f(x)\sin n\pi x \mathrm{d}x, \tag{2}$$

$n = 1, 2, \cdots$.

将 $f(x) = f(x + \sqrt{3})(-\infty < x < +\infty)$ 代入式 (1) 得

$$a_n = \int_{-1}^{1} f(x + \sqrt{3})\cos n\pi x \mathrm{d}x \xrightarrow{\;\diamondsuit\, t = x + \sqrt{3}\;} \int_{-1+\sqrt{3}}^{1+\sqrt{3}} f(t)\cos n\pi(t - \sqrt{3})\mathrm{d}t$$

$$= \int_{-1+\sqrt{3}}^{1+\sqrt{3}} f(t)(\cos n\pi t\cos\sqrt{3}n\pi + \sin n\pi t\sin\sqrt{3}n\pi)\mathrm{d}t$$

$$= \cos\sqrt{3}n\pi \int_{-1+\sqrt{3}}^{1+\sqrt{3}} f(t)\cos n\pi t\mathrm{d}t + \sin\sqrt{3}n\pi \int_{-1+\sqrt{3}}^{1+\sqrt{3}} f(t)\sin n\pi t\mathrm{d}t$$

$$= \cos\sqrt{3}n\pi \int_{-1}^{1} f(t)\cos n\pi t\mathrm{d}t + \sin\sqrt{3}n\pi \int_{-1}^{1} f(t)\sin n\pi t\mathrm{d}t$$

（由于 $f(t)$ 是周期为 2 的周期函数,所以它的傅里叶系数可以在长为 2 的
任意区间上计算,因此 $\int_{-1+\sqrt{3}}^{1+\sqrt{3}} f(t)\cos n\pi t\mathrm{d}t = \int_{-1}^{1} f(t)\cos n\pi t\mathrm{d}t$,

$\int_{-1+\sqrt{3}}^{1+\sqrt{3}} f(t)\sin n\pi t\mathrm{d}t = \int_{-1}^{1} f(t)\sin n\pi t\mathrm{d}t$)

$$= \cos\sqrt{3}\pi n \cdot a_n + \sin\sqrt{3}\pi n \cdot b_n$$

即
$$(\cos\sqrt{3}\pi n - 1)a_n + \sin\sqrt{3}\pi n \cdot b_n = 0 \tag{1}$$

同样可得
$$\sin\sqrt{3}n\pi \cdot a_n + (1 - \cos\sqrt{3}n\pi) \cdot b_n = 0 \tag{2}$$

联立式 (1) 与式 (2),由于

$$\begin{vmatrix} \cos\sqrt{3}n\pi - 1 & \sin\sqrt{3}n\pi \\ \sin\sqrt{3}n\pi & 1 - \cos\sqrt{3}n\pi \end{vmatrix} = -4\sin^2\frac{\sqrt{3}\pi}{2} \neq 0,$$

所以,由式 (1) 与式 (2) 得 $a_n = b_n = 0$. 以上计算对 $n = 1, 2, \cdots$ 都正确.

由于 $f(x)$ 可导,所以由狄利克雷收敛定理知,对 $-\infty < x < +\infty$ 有

$$f(x) = \frac{a_0}{2} + \sum_{n=1}^{\infty}(a_n\cos n\pi x + b_n\sin n\pi x)$$

$$= \frac{a_0}{2} = \int_{-1}^{1} f(x)\mathrm{d}x (常数).$$

由此证得,$f(x)$ 在 $(-\infty, +\infty)$ 上是常数.

第八届(2017 年)决赛试题及精解

试　题

一、填空题(每小题 6 分,共 30 分)

(1) 过单叶双曲面 $\dfrac{x^2}{4} + \dfrac{y^2}{2} - 2z^2 = 1$ 与球面 $x^2 + y^2 + z^2 = 4$ 的交线且与直线
$\begin{cases} x = 0, \\ 3y + z = 0 \end{cases}$ 垂直的平面方程为_____.

(2) 设可微函数 $f(x,y)$ 满足 $\dfrac{\partial f}{\partial x}=-f(x,y)$，$f\left(0,\dfrac{\pi}{2}\right)=1$，且 $\lim\limits_{n\to\infty}\left[\dfrac{f\left(0,y+\dfrac{1}{n}\right)}{f(0,y)}\right]^{n}=\mathrm{e}^{\cot y}$，则 $f(x,y)=$ _____.

(3) 已知 $\boldsymbol{A}$ 为 n 阶可逆反对称矩阵，$\boldsymbol{b}$ 为 n 维列向量，设 $\boldsymbol{B}=\begin{pmatrix}\boldsymbol{A}&\boldsymbol{b}\\\boldsymbol{b}^{\mathrm{T}}&\boldsymbol{0}\end{pmatrix}$，则 $rank(\boldsymbol{B})=$ _____.

(4) $\sum\limits_{n=1}^{100}n^{-\frac{1}{2}}$ 的整数部分为 _____.

(5) 曲线 $L_1:y=\dfrac{1}{3}x^3+2x(0\leqslant x\leqslant1)$ 绕直线 $L_2:y=\dfrac{4}{3}$ 旋转生成的旋转曲面的面积为 _____.

二、(14 分) 设 $0<x<\dfrac{\pi}{2}$，证明：$\dfrac{4}{\pi^2}<\dfrac{1}{x^2}-\dfrac{1}{\tan^2 x}<\dfrac{2}{3}$.

三、(14 分) 设 $f(x)$ 为 $(-\infty,+\infty)$ 上连续的周期为 1 的周期函数，且满足 $0\leqslant f(x)\leqslant1$ 与 $\int_0^1 f(x)\mathrm{d}x=1$. 证明：当 $0\leqslant x\leqslant13$ 时，有

$$\int_0^{\sqrt{x}}f(t)\mathrm{d}t+\int_0^{\sqrt{x+27}}f(t)\mathrm{d}t+\int_0^{\sqrt{13-x}}f(t)\mathrm{d}t\leqslant11,$$

并给出取等号的条件.

四、(14 分) 设函数 $f(x,y,z)$ 在区域 $\Omega=\{(x,y,z)\mid x^2+y^2+z^2\leqslant1\}$ 上具有二阶连续偏导数，且满足 $\dfrac{\partial^2 f}{\partial x^2}+\dfrac{\partial^2 f}{\partial y^2}+\dfrac{\partial^2 f}{\partial z^2}=\sqrt{x^2+y^2+z^2}$. 计算

$$I=\iiint_\Omega\left(x\dfrac{\partial f}{\partial x}+y\dfrac{\partial f}{\partial y}+z\dfrac{\partial f}{\partial z}\right)\mathrm{d}x\mathrm{d}y\mathrm{d}z.$$

五、(14 分) 设 n 阶矩阵 $\boldsymbol{A},\boldsymbol{B}$ 满足 $\boldsymbol{AB}=\boldsymbol{A}+\boldsymbol{B}$；证明：若存在正整数 k，使得 $\boldsymbol{A}^k=\boldsymbol{O}$(零矩阵)，则行列式 $|\boldsymbol{B}+2017\boldsymbol{A}|=|\boldsymbol{B}|$.

六、(14 分) 设 $a_n=\sum\limits_{k=1}^{n}\dfrac{1}{k}-\ln n(n=1,2,\cdots)$.

(1) 证明：极限 $\lim\limits_{n\to\infty}a_n$ 存在；

(2) 记 $\lim\limits_{n\to\infty}a_n=c$，讨论级数 $\sum\limits_{n=1}^{\infty}(a_n-c)$ 的收敛性.

精　解

一、(1) 由于所给直线 $L:\begin{cases}x=0,\\3y+z=0\end{cases}$ 的方向向量为

$$(1,0,0)\times(0,3,1)=(0,-1,3),$$

所以与 L 垂直的平面 $\varPi$ 的方程为

$$y-3z=D.$$

显然点 $(2,0,0)$ 在单叶双曲面与球面的交线上，它必位于 $\varPi$ 上，所以 $D=0$. 因此所求的平

面方程为 $y-3z=0$.

(2) 由于 $\lim\limits_{n\to\infty}\left[\dfrac{f\left(0,y+\dfrac{1}{n}\right)}{f(0,y)}\right]^{n}=\mathrm{e}^{\lim\limits_{n\to\infty}\frac{\ln f\left(0,y+\frac{1}{n}\right)-\ln f(0,y)}{\frac{1}{n}}}$

$=\mathrm{e}^{[\ln f(0,y)]'}$,

所以，由题设得 $[\ln f(0,y)]'=\cot y=(\ln\sin y+C)'$，从而

$$f(0,y)=\ln\sin y+C. \tag{1}$$

将 $f\left|0,\dfrac{\pi}{2}\right|=1$ 代入式(1)得 $C_1=0$. 于是式(1) 成为 $\ln f(0,y)=\ln\sin y$. $\tag{2}$

由 $\dfrac{\partial f}{\partial x}=-f$ 得 $\dfrac{\partial\ln f(x,y)}{\partial x}=-1$，即 $\ln f(x,y)=-x+C_2(y)$ $\tag{3}$

将 $x=0$ 代入式(3)得 $C_2(y)=\ln f(0,y)=\ln\sin y$. 将它代入式(3) 得

$$\ln f(x,y)=-x+\ln\sin y,$$

所以，$f(x,y)=\mathrm{e}^{-x}\sin y$.

(3) 由于 $\begin{bmatrix}\boldsymbol{E}_n & \boldsymbol{0}\\ -\boldsymbol{b}^{\mathrm{T}}\boldsymbol{A}^{-1} & 1\end{bmatrix}\begin{bmatrix}\boldsymbol{A} & \boldsymbol{b}\\ \boldsymbol{b}^{\mathrm{T}} & 0\end{bmatrix}\begin{bmatrix}\boldsymbol{E}_n & -\boldsymbol{A}^{-1}\boldsymbol{b}\\ \boldsymbol{0} & 1\end{bmatrix}$

$=\begin{bmatrix}\boldsymbol{A} & \boldsymbol{b}\\ \boldsymbol{0} & -\boldsymbol{b}^{\mathrm{T}}\boldsymbol{A}^{-1}\boldsymbol{b}\end{bmatrix}\begin{bmatrix}\boldsymbol{E}_n & \boldsymbol{A}^{-1}\boldsymbol{b}\\ \boldsymbol{0} & 1\end{bmatrix}=\begin{bmatrix}\boldsymbol{E}_n & \boldsymbol{0}\\ \boldsymbol{0} & -\boldsymbol{b}^{\mathrm{T}}\boldsymbol{A}^{-1}\boldsymbol{b}\end{bmatrix}$,

其中，$\boldsymbol{E}_n$ 是 n 阶单位矩阵，且由

$$-\boldsymbol{b}^{\mathrm{T}}\boldsymbol{A}^{-1}\boldsymbol{b}=(-\boldsymbol{b}^{\mathrm{T}}\boldsymbol{A}^{-1}\boldsymbol{b})^{\mathrm{T}}=-\boldsymbol{b}^{\mathrm{T}}(\boldsymbol{A}^{\mathrm{T}})^{-1}\boldsymbol{b}=-\boldsymbol{b}^{\mathrm{T}}(-\boldsymbol{A})^{-1}\boldsymbol{b}=\boldsymbol{b}^{\mathrm{T}}\boldsymbol{A}^{-1}\boldsymbol{b}$$

知，$-\boldsymbol{b}^{\mathrm{T}}\boldsymbol{A}^{-1}\boldsymbol{b}=0$，所以

$$\begin{bmatrix}\boldsymbol{E}_n & \boldsymbol{0}\\ -\boldsymbol{b}^{\mathrm{T}}\boldsymbol{A}^{-1} & 1\end{bmatrix}\begin{bmatrix}\boldsymbol{A} & \boldsymbol{b}\\ \boldsymbol{b}^{\mathrm{T}} & 0\end{bmatrix}\begin{bmatrix}\boldsymbol{E}_n & -\boldsymbol{A}^{-1}\boldsymbol{b}\\ \boldsymbol{0} & 1\end{bmatrix}=\begin{bmatrix}\boldsymbol{E}_n & \boldsymbol{0}\\ \boldsymbol{0} & 0\end{bmatrix}.$$

由于 $\begin{bmatrix}\boldsymbol{E}_n & \boldsymbol{0}\\ -\boldsymbol{b}^{\mathrm{T}}\boldsymbol{A}^{-1} & 1\end{bmatrix}$,$\begin{bmatrix}\boldsymbol{E}_n & -\boldsymbol{A}^{-1}\boldsymbol{b}\\ \boldsymbol{0} & 1\end{bmatrix}$ 都是可逆矩阵，所以，

$$rank(\boldsymbol{B})=rank\begin{pmatrix}\boldsymbol{A} & \boldsymbol{b}\\ \boldsymbol{b}^{\mathrm{T}} & 0\end{pmatrix}=rank\begin{pmatrix}\boldsymbol{E}_n & \boldsymbol{0}\\ \boldsymbol{0} & 0\end{pmatrix}=n.$$

(4) $\sum\limits_{n=1}^{100}n^{-\frac{1}{2}}=1+\sum\limits_{n=2}^{100}n^{-\frac{1}{2}}$（图附 17-1a 中的阴影部

分面积）

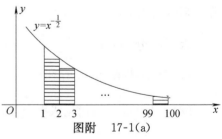

图附　17-1(a)

$$<1+\int_1^{100}x^{-\frac{1}{2}}\mathrm{d}x=1+2\sqrt{x}\,|_1^{100}=19,$$

$$\sum\limits_{n=1}^{100}n^{-\frac{1}{2}}=\frac{1}{\sqrt{100}}+\sum\limits_{n=1}^{99}n^{-\frac{1}{2}}$$（图附 17-1b 中的阴影

部分面积）

$$>0.1+\int_1^{100}x^{-\frac{1}{2}}\mathrm{d}x$$

$$=0.1+2\sqrt{x}\,|_1^{100}=18.1,$$

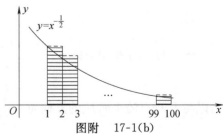

图附　17-1(b)

即 $18.1 < \sum\limits_{n=1}^{100} n^{-\frac{1}{2}} < 19$，所以

$$\left[\sum_{n=1}^{100} n^{-\frac{1}{2}}\right] = 18.$$

（5）在 L_1 上任取一点 $P(x,y)$，过点 P 作 L_2 的垂线，垂足为 Q（见图附 17-2）则旋转曲面面积元素

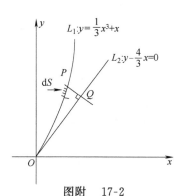

$$dS = 2\pi \overline{PQ} dS = \left.\frac{\left|y - \dfrac{4}{3}x\right|}{\sqrt{\left(\dfrac{4}{3}\right)^2 + 1}} d \sqrt{1 + (y')^2}\right|_{y=\frac{1}{3}x^3 + 2x}$$

$$= \frac{2\pi}{5}(x^3 + 2x)\sqrt{x^4 + 4x^2 + 5}\,dx,$$

所以旋转曲面面积

$$S = \int_0^1 \frac{2\pi}{5}(x^3 + 2x)\sqrt{x^4 + 4x^2 + 5}\,dx$$

$$= \frac{2\pi}{5} \cdot \frac{1}{4}\int_0^1 \sqrt{x^4 + 4x^2 + 5}\,d(x^4 + 4x^2 + 5) = \frac{\pi}{10} \cdot \frac{2}{3}(x^4 + 4x^2 + 5)^{\frac{3}{2}}\bigg|_0^1$$

$$= \frac{\sqrt{5}\pi}{3}(2\sqrt{2} - 1).$$

二、记 $f(x) = \dfrac{1}{x^2} - \dfrac{1}{\tan^2 x}\left(0 < x < \dfrac{\pi}{2}\right)$，则

$$f'(x) = -\frac{2}{x^3} + \frac{2\cos x}{\sin^3 x} = \frac{2(x^3 \cos x - \sin^3 x)}{x^3 \sin^3 x} = \frac{2\cos x}{\sin^3 x}\left[x^3 - \left(\frac{\sin x}{\sqrt[3]{\cos x}}\right)^3\right]$$

$$= \frac{2\cos x}{\sin^3 x}\left(x^2 + \frac{x\sin x}{\sqrt[3]{\cos x}} + \frac{\sin^2 x}{\sqrt[3]{\cos^2 x}}\right)(x - \sin x \cos^{-\frac{1}{3}} x). \tag{1}$$

记 $\varphi(x) = x - \sin x \cos^{-\frac{1}{3}} x\left(0 \leqslant x < \dfrac{\pi}{2}\right)$，则

$$\varphi'(x) = 1 - \frac{1}{3}\left(2\cos^{\frac{2}{3}} x + \cos^{-\frac{4}{3}} x\right) = 1 - \frac{1}{3}\left(\cos^{\frac{2}{3}} x + \cos^{\frac{2}{3}} x + \cos^{-\frac{4}{3}} x\right)$$

$$\leqslant 1 - \frac{1}{3} \cdot 3\sqrt[3]{\cos^{\frac{2}{3}} x \cdot \cos^{\frac{2}{3}} x \cdot \cos^{-\frac{4}{3}} x}\,(\text{利用公式：}a + b + c \geqslant 3\sqrt[3]{abc}, a, b, c > 0)$$

所以 $\varphi(x) < \varphi(0) = 0$，即 $x - \sin x \cos^{-\frac{1}{3}} x < 0\left(0 < x < \dfrac{\pi}{2}\right)$. 将它代入式（1）得 $f'(x) < 0\left(0 < x < \dfrac{\pi}{2}\right)$，由此得到

$$\lim_{x \to \left(\frac{\pi}{2}\right)^-} f(x) < f(x) < \lim_{x \to 0^+} f(x). \tag{2}$$

由于 $\lim\limits_{x \to \left(\frac{\pi}{2}\right)^-} f(x) = \lim\limits_{x \to \left(\frac{\pi}{2}\right)^-}\left(\dfrac{1}{x^2} - \dfrac{1}{\tan^2 x}\right) = \dfrac{4}{\pi^2}$, $\tag{3}$

$$\lim_{x \to 0^+} f(x) = \lim_{x \to 0^+}\left(\frac{1}{x^2} - \frac{1}{\tan^2 x}\right) = \lim_{x \to 0^+} \frac{\tan^2 x - x^2}{x^2 \tan^2 x}$$

$$= \lim_{x \to 0^+}\left(\frac{\tan x + x}{x} \cdot \frac{\tan x - x}{x^3}\right) = 2\lim_{x \to 0} \frac{\tan x - x}{x^3}$$

$$\underline{\text{洛必达法则}} \, 2\lim_{x\to 0^+}\frac{\sec^2 x-1}{3x^2}=\frac{2}{3}\lim_{x\to 0^+}\frac{\tan^2 x}{x^2}=\frac{2}{3}. \tag{4}$$

将式(3)，式(4) 代入式(2) 得

$$\frac{4}{\pi^2}<\frac{1}{x^2}-\frac{1}{\tan^2 x}<\frac{2}{3} \qquad \left(0<x<\frac{\pi}{2}\right).$$

三、由 $0\leqslant f(x)\leqslant 1(-\infty<x<+\infty)$ 得

$$\int_1^{\sqrt{x}}f(t)\mathrm{d}t+\int_0^{\sqrt{x+27}}f(t)\mathrm{d}t+\int_0^{\sqrt{13-x}}f(t)\mathrm{d}t\leqslant\sqrt{x}+\sqrt{x+27}+\sqrt{13-x}$$

$$=1\cdot\sqrt{x}+\sqrt{2}\cdot\sqrt{\frac{1}{2}(x+27)}+\sqrt{\frac{2}{3}}\sqrt{\frac{3}{2}(13-x)}$$

$$\leqslant\sqrt{1^2+(\sqrt{2})^2+\left(\sqrt{\frac{2}{3}}\right)^2}\cdot\sqrt{(\sqrt{x})^2+\left[\sqrt{\frac{1}{2}(x+27)}\right]^2+\left[\sqrt{\frac{3}{2}(13-x)}\right]^2}$$

$$=\sqrt{\frac{11}{3}}\cdot\sqrt{33}=11, \tag{1}$$

其中不等式(1) 是利用 $ax+by+cz\leqslant\sqrt{a^2+b^2+c^2}\cdot\sqrt{x^2+y^2+z^2}(a,b,c,x,y,z\geqslant 0)$ 推得的.

式(1) 取等号的充分必要条件是

$$\frac{\sqrt{x}}{1}=\frac{\sqrt{\frac{1}{2}(x+27)}}{\sqrt{2}}=\frac{\sqrt{\frac{3}{2}(13-x)}}{\sqrt{\frac{2}{3}}},即\sqrt{x}=\frac{1}{2}\sqrt{x+27}=\frac{3}{2}\sqrt{13-x}.由此得到 x=$$

9. 对 $0\leqslant x\leqslant 13$,

当 $x=9$ 时, $\int_0^{\sqrt{x}}f(t)\mathrm{d}t+\int_0^{\sqrt{x+27}}f(t)\mathrm{d}t+\int_0^{\sqrt{13-x}}f(t)\mathrm{d}t$

$$=\int_1^3 f(t)\mathrm{d}t+\int_0^6 f(t)\mathrm{d}t+\int_0^2 f(t)\mathrm{d}t$$

$$=(3+6+2)\int_0^1 f(t)\mathrm{d}t(由于 f(t) 是周期为 1 的周期函数)$$

$$=11\left(由于\int_0^1 f(t)\mathrm{d}t\right);$$

当 $x\neq 9$ 时,由式(1) 知

$$\int_0^{\sqrt{x}}f(t)\mathrm{d}t+\int_0^{\sqrt{x+27}}f(t)\mathrm{d}t+\int_0^{\sqrt{13-x}}f(t)\mathrm{d}t<11.$$

因此,式(1) 取等号的充分必要条件是 $x=9$.

四、记球面 $\Sigma:x^2+y^2+z^2=1$ 的外侧单位法向量为 $\boldsymbol{n}=(\cos\alpha,\cos\beta,\cos\gamma)$,

则 $\oiint\limits_{\Sigma}\dfrac{\partial f}{\partial\boldsymbol{n}}\mathrm{d}S=\oiint\limits_{\Sigma}\left(\dfrac{\partial f}{\partial x}\cos\alpha+\dfrac{\partial f}{\partial y}\cos\beta+\dfrac{\partial f}{\partial z}\cos\gamma\right)\mathrm{d}S$

$$=\oiint\limits_{\Sigma}\frac{\partial f}{\partial x}\mathrm{d}y\mathrm{d}z+\frac{\partial f}{\partial y}\mathrm{d}z\mathrm{d}x+\frac{\partial f}{\partial z}\mathrm{d}x\mathrm{d}y$$

$$\underline{\text{高斯公式}}\iiint\limits_{\Omega}\left(\frac{\partial^2 f}{\partial x^2}+\frac{\partial^2 f}{\partial y^2}+\frac{\partial^2 f}{\partial z^2}\right)\mathrm{d}\tau. \tag{1}$$

此外，$\displaystyle\oiint_{\Sigma}\frac{\partial f}{\partial n}\mathrm{d}S=\oiint_{\Sigma}(x^2+y^2+z^2)\frac{\partial f}{\partial n}\mathrm{d}S$

$$=\oiint_{\Sigma}(x^2+y^2+z^2)\frac{\partial f}{\partial x}\mathrm{d}y\mathrm{d}z+(x^2+y^2+z^2)\frac{\partial f}{\partial y}\mathrm{d}z\mathrm{d}x+(x^2+y^2+z^2)\frac{\partial f}{\partial z}\mathrm{d}y\mathrm{d}x$$

$$\xrightarrow{\text{高斯公式}}\iiint_{\Omega}\left\{\left[2x\frac{\partial f}{\partial x}+(x^2+y^2+z^2)\frac{\partial^2 f}{\partial x^2}\right]+\left[zy\frac{\partial f}{\partial y}+(x^2+y^2+z^2)\frac{\partial^2 f}{\partial y^2}\right]+\right.$$
$$\left.\left[2z\frac{\partial f}{\partial z}+(x^2+y^2+z^2)\frac{\partial^2 f}{\partial z^2}\right]\right\}\mathrm{d}v$$

$$=2\iiint_{\Omega}\left(x\frac{\partial f}{\partial x}+y\frac{\partial f}{\partial y}+z\frac{\partial f}{\partial z}\right)\mathrm{d}v+\iiint_{\Omega}(x^2+y^2+z^2)\left(\frac{\partial^2 f}{\partial x^2}+\frac{\partial^2 f}{\partial y^2}+\frac{\partial^2 f}{\partial z^2}\right)\mathrm{d}v$$

$$=2I+\iiint_{\Omega}(x^2+y^2+z^2)\left(\frac{\partial^2 f}{\partial x^2}+\frac{\partial^2 f}{\partial y^2}+\frac{\partial^2 f}{\partial z^2}\right)\mathrm{d}v. \tag{2}$$

由式(1)与式(2)得

$$I=\frac{1}{2}\iiint_{\Omega}\left[1-(x^2+y^2+z^2)\right]\sqrt{x^2+y^2+z^2}\,\mathrm{d}v$$

$$\xrightarrow[z=r\cos\varphi]{\text{令}\begin{cases}x=r\cos\theta\sin\varphi\\ y=r\sin\theta\sin\varphi\\ z=r\cos\varphi\end{cases}}\frac{1}{2}\iiint_{\Omega}(1-r^2)r\cdot r^2\sin\varphi\mathrm{d}\varphi$$

$$=\frac{1}{2}\int_0^{2\pi}\mathrm{d}\theta\int_0^{\pi}\sin\varphi\mathrm{d}\varphi\int_0^1(r^3-r^5)\mathrm{d}r=\frac{\pi}{6}.$$

五、由 $\boldsymbol{AB}=\boldsymbol{A}+\boldsymbol{B}$ 得$(\boldsymbol{A}-\boldsymbol{E})(\boldsymbol{B}-\boldsymbol{E})=\boldsymbol{E}$(其中 $\boldsymbol{E}$ 是 n 阶单位矩阵)，所以$(\boldsymbol{A}-\boldsymbol{E})(\boldsymbol{B}-\boldsymbol{E})=(\boldsymbol{B}-\boldsymbol{E})(\boldsymbol{A}-\boldsymbol{E})$，化简得 $\boldsymbol{AB}=\boldsymbol{BA}$.

(1) 当 $\boldsymbol{B}$ 可逆时，由上式得 $\boldsymbol{B}^{-1}\boldsymbol{A}=\boldsymbol{AB}^{-1}$. 从而

$$(\boldsymbol{B}^{-1}\boldsymbol{A})^2=(\boldsymbol{B}^{-1}\boldsymbol{A})(\boldsymbol{B}^{-1}\boldsymbol{A})=\boldsymbol{B}^{-1}(\boldsymbol{AB}^{-1})\boldsymbol{A}=\boldsymbol{B}^{-1}(\boldsymbol{B}^{-1}\boldsymbol{A})\boldsymbol{A}=(\boldsymbol{B}^{-1})^2\boldsymbol{A}^2$$
$$(\boldsymbol{B}^{-1}\boldsymbol{A})^3=(\boldsymbol{B}^{-1}\boldsymbol{A})^2(\boldsymbol{B}^{-1}\boldsymbol{A})=(\boldsymbol{B}^{-1})^2\boldsymbol{A}^2(\boldsymbol{B}^{-1}\boldsymbol{A})=(\boldsymbol{B}^{-1})^2\boldsymbol{A}(\boldsymbol{AB}^{-1})\boldsymbol{A}$$
$$=(\boldsymbol{B}^{-1})^2(\boldsymbol{AB}^{-1})\boldsymbol{A}^2=(\boldsymbol{B}^{-1})^3\boldsymbol{A}^3.$$

依次类推得$(\boldsymbol{B}^{-1}\boldsymbol{A})^k=(\boldsymbol{B}^{-1})^k\boldsymbol{A}^k=\boldsymbol{O}$，所以$(\boldsymbol{B}^{-1}\boldsymbol{A})^k$ 的特征值都为零，从而 $\boldsymbol{B}^{-1}\boldsymbol{A}$ 的特征值也都为零. 因此 $\boldsymbol{E}+2017\boldsymbol{B}^{-1}\boldsymbol{A}$ 的特征值全为1. 由此可知，
$$|\boldsymbol{B}+2017\boldsymbol{A}|=|\boldsymbol{B}||\boldsymbol{E}+2017\boldsymbol{B}^{-1}\boldsymbol{A}|=|\boldsymbol{B}|.$$

(2) 当 $\boldsymbol{B}$ 不可逆时，由于 $|t\boldsymbol{E}+\boldsymbol{B}|$ 是 n 次多项式，至多有 n 个实根，故存在无穷多个 t，使得 $|t\boldsymbol{E}+\boldsymbol{B}|\neq 0$，因此由(1) 的证明知，有
$$|(t\boldsymbol{E}+\boldsymbol{B})+2017\boldsymbol{A}|=|t\boldsymbol{E}+\boldsymbol{B}|. \tag{1}$$

由于多项式是连续函数，所以式(1)是恒等式. 因此在 $t=0$ 时也成立. 将 $t=0$ 代入式(1) 得证 $|\boldsymbol{B}+2017\boldsymbol{A}|=|\boldsymbol{B}|$.

综上所述，对满足题设条件的 $\boldsymbol{A}$ 与 $\boldsymbol{B}$ 都有
$$|\boldsymbol{B}+2017\boldsymbol{A}|=|\boldsymbol{B}|.$$

六、(1) 由于对 $n=1,2,\cdots$ 有
$$a_{n+1}-a_n=\frac{1}{n+1}-\ln(n+1)+\ln n=\frac{1}{n+1}-\ln\left(1+\frac{1}{n}\right)$$

$$< \frac{1}{n+1} - \frac{\frac{1}{n}}{1+\frac{1}{n}} = 0(这里利用 \ln(1+x) > \frac{x}{1+x}, x > 0),$$

所以 $\{a_n\}$ 是单调减少数列. 此外, 对 $n = 1, 2, \cdots$ 有

$$a_n = \sum_{k=1}^{n} \frac{1}{k} - \ln n > \int_{1}^{n+1} \frac{1}{x} dx - \ln n = \ln(n+1) - \ln n > 0,$$

所以 $\{a_n\}$ 有下界. 从而由数列极限存在准则 Ⅱ 知, $\lim\limits_{n \to \infty} a_n$ 存在.

(2) 由于 $\{a_n\}$ 单调减少趋于 c, 所以 $\sum\limits_{n=1}^{\infty} (a_n - c)$ 是正项级数.

由于 $a_n = a_1 + \sum\limits_{k=2}^{n} (a_k - a_{k-1}) = 1 + \sum\limits_{k=2}^{n} \left[\frac{1}{k} - \ln k + \ln(k-1) \right]$

$$= 1 + \sum_{k=2}^{n} \left[\frac{1}{k} - \ln\left(1 + \frac{1}{k-1}\right) \right],$$

所以, a_n 是 $1 + \sum\limits_{n=2}^{\infty} \left[\frac{1}{n} - \ln\left(1 + \frac{1}{n-1}\right) \right]$ 的部分和, 它收敛于 c, 于是对 $n = 1, 2, \cdots$

有 $\quad a_n - c = -\sum\limits_{k=n+1}^{\infty} \left[\frac{1}{k} - \ln\left(1 + \frac{1}{k-1}\right) \right] = \sum\limits_{k=n+1}^{\infty} \left[\ln\left(1 + \frac{1}{k-1}\right) - \frac{1}{k} \right]$

$$> \sum_{k=n+1}^{\infty} \left[\frac{1}{k-1} - \frac{1}{2(k-1)^2} - \frac{1}{k} \right] (利用 \ln(1+x) > x - \frac{x^2}{2}, x > 0). \quad (1)$$

由于 $n \sum\limits_{k=n+1}^{\infty} \left(\frac{1}{k-1} - \frac{1}{2(k-1)^2} - \frac{1}{k} \right) > n \sum\limits_{k=n+1}^{\infty} \left[\frac{1}{k-1} - \frac{1}{k} - \frac{1}{2(k-1)(k-2)} \right]$

$$= n \sum_{k=n+1}^{\infty} \left[\left(\frac{1}{k-1} - \frac{1}{k} \right) - \frac{1}{2} \left(\frac{1}{k-2} - \frac{1}{k-1} \right) \right]$$

$$= n \left[\frac{1}{n} - \frac{1}{2(n-1)} \right] = 1 - \frac{n}{2(n-1)} \to \frac{1}{2} (n \to \infty),$$

$$n \sum_{k=n+1}^{\infty} \left[\frac{1}{k-1} - \frac{1}{2(k-1)^2} - \frac{1}{k} \right] < n \sum_{k=n+1}^{\infty} \left[\frac{1}{k-1} - \frac{1}{k} - \frac{1}{2k(k-1)} \right]$$

$$= \frac{n}{2} \sum_{k=n+1}^{\infty} \left(\frac{1}{k-1} - \frac{1}{k} \right) = \frac{1}{2},$$

所以, 由数列极限存在准则 Ⅱ 知

$$\lim_{n \to \infty} \frac{\sum\limits_{k=n+1}^{\infty} \left[\frac{1}{k-1} - \frac{1}{2(k-1)^2} - \frac{1}{k} \right]}{\frac{1}{n}} = \lim_{n \to \infty} n \sum_{k=n+1}^{\infty} \left[\frac{1}{k-1} - \frac{1}{2(k-1)^2} - \frac{1}{k} \right]$$

$$= \frac{1}{2} \neq 0.$$

因此由 $\sum\limits_{n=1}^{\infty} \frac{1}{n}$ 发散知 $\sum\limits_{k=n+1}^{\infty} \left[\frac{1}{k-1} - \frac{1}{2(k-1)^2} - \frac{1}{k} \right]$ 发散. 从而由式(1) 知 $\sum\limits_{n=1}^{\infty} (a_n - c)$ 发散.

参 考 文 献

[1]　同济大学应用数学系，高等数学 [M].7 版 . 北京：高等教育出版社，2014.

[2]　李心灿，等 . 大学生数学竞赛试题研究生入学考试难题解析选编 [M]. 北京：机械工业出版社，2011.

[3]　陈启浩，等 . 高等数学精讲精练 [M].4 版 . 北京：北京师范大学出版社，2015.